SERIES NO. 2

TOP SERIES

최신판

소방시설관리사

1차 문제풀이 요약정리

유정석 · 정명진

PART 01 소방안전관리론
PART 02 소방전기회로 및 소방수리학 · 약제화학
PART 03 소방관련법령
PART 04 위험물의 성상 및 시설기준
PART 05 소방시설의 구조원리

예문사

머리말

안녕하십니까?
탑소방학원입니다.

소방시설관리사 1차 시험은 기본 개념을 이해하고 많은 문제를 풀이함으로서 응용력을 키워야만 시험에서 실수를 줄여 합격할 수 있습니다. 이 책은 수험생들이 꼭 알아야하는 내용으로 구성하였으므로, 소방시설관리사 1차 시험을 대비하는데 부족함이 없으며, 빠른 합격의 길로 안내할 거라는 확신이 듭니다.

▼ 이 책의 특징

1. 최근 개정법을 반영하여 문제를 수록하였습니다.
2. 상세한 문제풀이로 응용력을 키울 수 있도록 하였습니다.
3. 요약정리를 통해 효율성을 높였습니다.

끝으로 부족한 부분은 계속 보완할 것이며, 본서로 공부하시는 수험생 여러분들에게 많은 도움이 되었으면 하는 바람과 합격의 영광이 함께 하시길 기원 드립니다. 또한 본 교재의 출판을 도와주신 도서출판 예문사 임직원 여러분들과 도움을 주신 모든 분들에게 깊은 감사를 드리며 부족한 저를 믿고 따라준 가족에게 고마움을 전하고 싶습니다.

There is no royal road to learning. (학문에는 왕도가 없다.)

탑소방학원 원장 유 정 석

시험 정보

1. 시험과목 및 시험방법

가. 시험과목 「화재예방, 소방시설 설치 · 유지 및 안전관리에 관한 법률시행령 제29조」

구분	시험 과목
제1차 시험	1. 소방안전관리론(연소 및 소화, 화재예방관리, 건축물소방안전기준, 인원수용 및 피난계획에 관한 부분으로 한정) 및 화재역학(화재성상, 화재하중, 열전달, 화염확산, 연소속도, 구획화재, 연소생성물 및 연기의 생성 · 이동에 관한 부분으로 한정) 2. 소방수리학 · 약제화학 및 소방전기(소방관련 전기공사재료 및 전기제어에 관한 부분으로 한정) 3. 소방관련 법령(「소방기본법」, 「소방기본법 시행령」, 「소방기본법 시행규칙」, 「소방시설공사업법」, 「소방시설공사업법 시행령」, 「소방시설공사업법 시행규칙」, 「화재예방, 소방시설 설치유지 및 안전관리에 관한 법률」, 「화재예방, 소방시설 설치유지 및 안전관리에 관한 법률 시행령」, 「화재예방, 소방시설 설치유지 및 안전관리에 관한 법률 시행규칙」, 「위험물안전관리법」, 「위험물안전관리법 시행령」, 「위험물안전관리법 시행규칙」, 「다중이용업소의 안전관리에 관한 특별법 」, 「다중이용업소의 안전관리에 관한 특별법 시행령」, 「다중이용업소의 안전관리에 관한 특별법 시행규칙」) 4. 위험물의 성상 및 시설기준 5. 소방시설의 구조원리(고장진단 및 정비를 포함)
제2차 시험	1. 소방시설의 점검실무행정(점검절차 및 점검기구 사용법 포함) 2. 소방시설의 설계 및 시공

나. 시험방법 「화재예방, 소방시설설치 · 유지 및 안전관리에 관한 법률시행령 제28조」

- 제1차 시험 : 객관식 4지 선택형
- 제2차 시험 : 논문형을 원칙으로 기입형 가미

※ 제1차 시험과 제2차 시험은 구분하여 접수 · 시행하며 1차 시험문제지 및 가답안은 공개. 2차 시험 문제지는 공개하나 답안 및 채점기준은 공개하지 않음.

2. 응시자격 및 결격사유

가. 응시자격 「화재예방, 소방시설 설치 · 유지 및 안전관리에 관한 법률시행령 제27조」

1) 소방기술사 · 위험물기능장 · 건축사 · 건축기계설비기술사 · 건축전기설비기술사 또는 공조냉동기계기술사 자격취득자
2) 소방설비기사 자격을 취득한 후 2년 이상 소방청장이 정하여 고시하는 소방에 관한 실무경력(이하 "소방실무경력" 이라 함)이 있는 사람
3) 소방설비산업기사 자격을 취득한 후 3년 이상 소방실무경력이 있는 사람
4) 「국가과학기술 경쟁력 강화를 위한 이공계지원 특별법」 제2조 제1호에 따른 이공계(이하 "이공계"라 한다) 분야를 전공한 사람으로서 다음 각 목의 어느 하나에 해당하는 사람

   가. 이공계 분야의 박사학위를 취득한 사람

   나. 이공계 분야의 석사학위를 취득한 후 2년 이상 소방실무경력이 있는 사람

   다. 이공계 분야의 학사학위를 취득한 후 3년 이상 소방실무경력이 있는 사람
5) 소방안전공학(소방방재공학, 안전공학을 포함) 분야 석사학위 이상을 취득한 후 2년 이상 소방실무경력이 있는 사람
6) 위험물산업기사 또는 위험물기능사 자격을 취득한 후 3년 이상 소방실무경력이 있는 사람
7) 소방공무원으로 5년 이상 근무한 경력이 있는 사람
8) 대학에서 소방안전 관련학과를 졸업한 후 3년 이상 소방실무경력이 있는 사람
9) 산업안전기사 자격을 취득한 후 3년 이상 소방실무경력이 있는 사람
10) 다음 각 목의 어느 하나에 해당하는 사람

   가. 특급 소방안전관리대상물의 소방안전관리자로 2년 이상 근무한 실무경력이 있는 사람

   나. 1급 소방안전관리대상물의 소방안전관리자로 3년 이상 근무한 실무경력이 있는 사람

   다. 2급 소방안전관리대상물의 소방안전관리자로 5년 이상 근무한 실무경력이 있는 사람

   라. 3급 소방안전관리대상물의 소방안전관리자로 7년 이상 근무한 실무경력이 있는 사람

   마. 10년 이상 소방실무경력이 있는 사람

   ※ 시험에서 부정한 행위를 한 응시자에 대하여는 그 시험을 정지 또는 무효로 하고, 그 처분이 있은 날부터 2년간 시험 응시자격을 정지한다.(법 제26조의2)

나. 결격사유 「화재예방, 소방시설설치 · 유지 및 안전관리에 관한 법률 제27조」

1) 피성년후견인
2) 화재예방, 소방시설설치 · 유지 및 안전관리에 관한 법률, 소방기본법, 소방시설공사업법 또는 위험물 안전관리법에 따른 금고 이상의 실형을 선고 받고 그 집행이 종료(집행이 끝난 것으로 보는 경우를 포함)되거나 집행이 면제된 날부터 2년이 지나지 아니한 사람)
3) 화재예방, 소방시설설치 · 유지 및 안전관리에 관한 법률, 소방기본법, 소방시설공사업법 또는 위험물안전관리법에 따른 금고 이상의 형의 집행유예 선고를 받고 그 유예기간 중에 있는 사람
4) 화재예방, 소방시설설치 · 유지 및 안전관리에 관한 법률 제28조에 따라 자격이 취소(제27조 제1호에 해당하여 자격이 취소된 경우는 제외한다)된 날부터 2년이 지나지 아니한 사람)

※ 결격사유에 해당하는 자는 소방시설관리사가 될 수 없으며, **결격사유 기준일은 제2차 시험 시행일**

3. 합격자 결정

가. 제1차 시험

매과목 100점을 만점으로 하여 매과목 40점 이상, 전과목 평균 60점 이상 득점한 자

나. 제2차 시험

매과목 100점을 만점으로 하되, 시험위원의 채점점수 중 최고점수와 최저점수를 제외한 점수가 매과목 평균 40점 이상, 전과목 평균 60점 이상을 득점한 자

4. 시험의 일부(과목) 면제사항

가. 제1차 시험의 면제

- 매 회차 시험공고 참조
- 별도 제출서류 없음(원서접수 시 자격정보시스템에서 자동 확인)

나. 제1차 시험과목의 일부 면제

면제대상	면제과목	면제근거
소방기술사 자격을 취득한 후 15년 이상 소방실무경력이 있는 자	소방수리학 · 약제화학 및 소방전기(소방 관련 전기공사 재료 및 전기제어에 관한 부분에 한함)	화재예방, 소방시설설치 · 유지 및 안전관리에 관한 법률시행령 제31조
소방공무원으로 15년 이상 근무한 경력이 있는 사람으로서 5년 이상 소방청장이 정하여 고시하는 소방시설 관련 업무 경력이 있는 자	소방 관련 법령	

다. 제2차 시험과목의 일부 면제

1) 면제대상자 및 과목

면제대상	면제과목	면제근거
소방기술사 · 위험물기능장 · 건축사 · 건축기계설비기술사 · 건축전기설비기술사 · 공조냉동기계기술사 자격 취득자	소방시설의 설계 및 시공	화재예방, 소방시설설치 · 유지 및 안전관리에 관한 법률시행령 제31조
소방공무원으로 5년 이상 근무한 경력이 있는 사람	소방시설의 점검실무행정(점검절차 및 점검기구 사용법 포함)	

2) **면제과목 선택**「화재예방, 소방시설 설치 · 유지 및 안전관리에 관한 법률시행령 제31조 제1항, 제2항 단서조항」

- 1차시험 과목면제자 중 2과목 면제에 해당하는 사람(소방기술사 자격을 취득한 후 15년 이상 소방실무경력이 있는 자 & 소방공무원으로 15년 이상 근무한 경력이 있는 사람으로서 5년 이상 소방청장이 정하여 고시하는 소방시설 관련 업무 경력이 있는 자)은 본인이 선택한 **한 과목만 면제** 가능
- 소방공무원으로 5년 이상 근무한 경력이 있는 자로서 소방기술사 · 위험물기능장 · 건축사 · 건축기계설비기술사 · 건축전기설비기술사 · 공조냉동기계기술사 자격취득자는 제2차 시험과목 중 1과목을 선택하여 응시 가능

5. 수험자 유의사항

가. 제 1 · 2차시험 공통 유의사항

1) 수험원서 또는 제출서류(응시자격 등) 의 허위작성 · 위조 · 기재오기 · 누락 및 연락불능의 경우에 발생하는 불이익은 전적으로 수험자 책임입니다.

※ Q-NET의 회원정보에 반드시 연락가능한 전화번호로 수정

2) 수험자는 시험시행 전까지 시험장 위치 및 교통편을 확인하여야 하며(단, 시험실 출입은 할 수 없음), 시험당일 입실시간까지 신분증, 수험표, 검정색 사인펜을 소지하고 해당 시험실의 지정된 좌석에 착석하여야 합니다.

※ 시험전일 18:00부터 소방시설관리사 홈페이지(큐넷)[마이페이지-진행 중인 접수내역]에서 시험실을 사전확인하실 수 있습니다.

※ 신분증 인정범위 : 주민등록증, 운전면허증, 여권(유효기간 내), 공무원증, 외국인등록증 및 재외동포국내거소증, 신분확인증빙서 및 주민등록발급신청서, 국가자격증, 복지카드(유효기간 내 장애인등록증), 국가유공자증 등

3) 본인이 원서접수 시 선택한 시험장이 아닌 다른 시험장이나 지정된 시험실 좌석 이외에는 응시할 수 없습니다.

4) 개인용 손목시계를 준비하여 시험시간을 관리하시기 바라며, 휴대전화기 등 데이터를 저장할 수 있는 전자기기는 시계대용으로 사용할 수 없습니다.

※ 손목시계는 시각만 확인할 수 있는 단순한 것을 사용하여야 합니다.

※ 시험시간은 타종에 의하여 관리되며, 교실에 비치되어 있는 시계 및 감독위원의 시간안내는 단순참고사항이며 시간 관리의 책임은 수험자에게 있음

5) 데이터 저장기능이 있는 전자계산기는 본인이 직접 리셋(초기화)하여 감독위원의 확인을 받아야 하며, 동 사항을 위반 시 부정행위로 처리 됩니다.

※ 단, 메모리(sd카드 포함) 내용이 제거되지 않은 계산기는 사용 불가

6) 시험시간 중에는 화장실 출입이 불가하고 종료 시까지 퇴실할 수 없으므로 과다한 수분섭취를 자제하는 등 건강관리에 유의하시기 바랍니다.

※ 단, 배탈 · 설사 등 긴급사항 발생으로 중도 퇴실하는 경우 시험실 재입실이 불가하며, 시험(해당교시)종료 시까지 시험본부에 대기하여야 함

7) 수험자는 감독위원의 지시에 따라야 하며, 부정한 행위를 한 수험자 및 허위기재한 수험자(응시원서 접수시 타인의 사진 등재자 포함)에 대하여는 당해 시험을 무효로 하고, 그 처분일로부터 2년간 응시자격이 정지될 수 있습니다.

8) 시험이 시작되면 **통신기기 및 전자기기**[휴대용 전화기, 휴대용 개인정보단말기(PDA), 휴대용 멀티미디어 재생장치(PMP), 휴대용 컴퓨터, 휴대용 카세트, 디지털 카메라, 음성파일 변환기(MP3), 휴대용 게임기, 전자사전, 카메라펜, 시각표시 외의 기능이 부착된 시계, **스마트워치 등] 를 휴대할 수 없으며** 만약 시험 중 휴대폰 등 통신장비를 휴대하고 있다가 적발될 경우 실제 사용 여부와 관계없이 **부정행위자로 처리될 수 있습니다.**

※ 휴대폰은 배터리와 본체를 분리하여야 하며, 분리되지 않는 기종은 전원OFF하여 가방에 보관(스마트폰의 비행기탑승 모드 등 허용안함)

9) 시험 종료 후 감독위원의 답안카드(답안지) **제출지시에 불응**한 채 계속 답안카드(답안지)를 작성하는 경우 **당해시험은 무효처리**하고 부정행위자로 처리될 수 있으니 유의하시기 바랍니다.

10) 시험 당일 시험장 내에는 주차공간이 협소하므로 **대중교통을 이용**하여 주시고, 교통혼잡이 예상되므로 미리 입실하시기 바랍니다.

11) 시험장은 시험응시를 위해 제공된 공공장소이므로 깨끗하게 사용하여 주시고, 시험장 전체가 금연구역이므로 시험장 내 흡연을 금해 주실 것을 당부 드립니다.(국민건강진흥법 제34조3항 10만 원 이하의 과태료를 부과한다.)

나. 제1차 시험 수험자 유의사항

1) 답안카드에 기재된 수험자 유의사항 및 답안카드 작성요령을 준수하시기 바랍니다.

2) 답안카드는 반드시 **검정색 사인펜**으로 작성하여야 합니다.

3) 답안카드를 잘못 작성한 경우 **답안카드의 교체 사용을 원칙**으로 하나, 불가피하게 수정테이프를 사용하여 정정할 경우 결과는 전산자동채점에 따르며, 이에 따른 불이익은 전적으로 수험자 책임입니다.

※ 답안 이외 수험번호 등의 내용은 수정테이프 사용불가

※ 수정액 및 스티커는 사용불가

4) 채점은 전산자동판독결과에 따르므로 답안카드 기재착오, 마킹착오, 지정 필기구 이외 기타 필기구 사용 등 **답안카드 작성 유의사항을 위반하여 발생한 전산자동판독상의 불이익**은 전적으로 수험자의 책임입니다.

다. 제2차 시험 수험자 유의사항

1) 답안지는 **검정색 또는 청색 필기구 중 한가지 필기구만**을 사용하여 작성해야 하며, 연필 · 기타 유색 필기구 · 굵은 사인펜 등으로 작성한 답안은 0점 처리합니다.

2) 답안을 정정할 때에는 반드시 정정부분을 두 줄(=)로 긋고 표시하여야 하며, 두 줄로 긋지 않은 답안은 정정하지 않은 것으로 간주합니다.

※ 답안 정정 횟수는 제한이 없으며, 수정테이프 및 수정액은 사용할 수 없음

3) 답안지에 수험번호와 성명 기재란 외에 답안과 관련 없는 특수한 표시를 하거나 특정 인임을 암시하는 문구를 기재한 경우, 해당 과목을 0점 처리합니다.

6. 과목별 공부방법

가. 소방안전관리론 및 화재역학

연소, 화재성상, 화재역학, 화재예방에 대한 개념을 이해하고, 필수사항을 암기하면 고득점을 올릴 수 있으며, 최근에는 소방기술사에 관련된 내용이 자주 출제되므로, 폭 넓은 공부가 필요합니다.

나. 소방전기회로 및 소방수리학·약제화학

1) 소방전기는 약 8~10 문제가 출제되며, 이 중 계산문제는 5문제 내외이므로 필수 공식만 숙지하면 됩니다.
2) 소방수리학은 2차 시험과 아주 밀접한 관계가 있으며, 용어의 정의 및 단위환산에 대한 이해가 필수이며, 약 10~13 문제 정도 출제됩니다.
3) 약제화학은 소방안전관리론의 소화와 관련하여 공부하면 효율적이며, 약 3~5 문제가 출제됩니다.

다. 소방관련법령

소방관련법령은 문제의 지문이 길어 문제풀이 요령이 필요하며, 법 · 령 · 시행규칙을 같이 공부하는 것이 효율적입니다. 2차 시험의 점검실무행정 과목과 밀접한 관련이 있으며, 1차 시험에서 과락이 많이 나오는 과목이므로 확실한 준비가 필요합니다.

라. 위험물의 성상 및 시설기준

1차 시험과목 중 과락이 제일 많은 과목입니다. 위험물의 성상은 이야기로 암기하고, 위험물 안전관리법은 그림으로 이해하는 공부방법이 필요합니다. 기본 개념을 이해하고 문제풀이로 마무리하는 것이 효율적인 공부방법이 될 것 같습니다.

마. 소방시설의 구조원리

소방시설관리사 시험의 핵심이라 할 수 있는 국가화재안전기준에 관한 내용이며 2차 시험과 아주 밀접한 관계가 있습니다. 최근에는 2차 시험에 출제되던 계산문제가 출제가 되므로, 이에 대한 준비를 하여야 하며, 각 소방시설별 설치기준 위주로 공부하는 것이 효율적입니다.

차 례

요약정리

PART

01

소방안전관리론

PART 01 소방안전관리론

1. 연소

① 산화반응 ② 발열반응 ③ 열과 빛

> **➢ 산화반응**
> 산소와 결합, 산화수 증가, 수소를 잃는, 전자를 잃는

2. 연소의 색깔

색상	담암적색	암적색	적색	휘적색	황적색	백적색	휘백색
온도[℃]	550	700	850	950	1,100	1,300	1,500 이상

3. 연소의 필요요소

구 분	필요 요소	소화	
3요소	가연물	제거소화	물리적 소화
	산소공급원	질식소화	
	점화원	냉각소화	
4요소	연쇄반응	억제소화	화학적 소화

4. 가연물

산화반응 시 발열반응을 할 수 있는 물질, 불에 탈 수 있는 물질

> **➢ 가연물이 될 수 없는 물질**
> ① 산소와 반응할 수 없는 물질 ② 불활성 기체 ③ 흡열반응하는 물질

5. 산소공급원

① 공기 중의 산소(체적비 : 21%, 중량비 : 23wt%)

② 화합물 내의 산소(제1류 · 제5류 · 제6류)

6. 점화원

가연물과 산소를 반응시킬 수 있는 에너지, 활성화 에너지 또는 착화 에너지

① 화학적 에너지 : 연소열 · 자연발열 · 분해열 · 용해열

② 기계적 에너지 : 마찰열 · 마찰스파크 · 압축열

③ 전기적 에너지 : 저항가열 · 유도가열 · 유전가열 · 아크가열 · 정전기가열 · 낙뢰에 의한 발열

> ➢ **점화원이 될 수 없는 것** : 기화열, 증발열, 냉각열, 단열팽창 등

7. 연쇄반응

발열반응에 의한 연소열에 의해 원인계인 미반응 부분의 활성화가 계속 일어나는 현상

8. 연소의 분류

① 상태별 분류

종류	연소 형태
기체	확산 · 예혼합
액체	증발 · 분해
고체	표면 · 분해 · 증발 · 자기

② 불꽃 유무에 의한 분류

구 분	불꽃이 있는 연소	불꽃이 없는 연소
물질	기체 · 액체 · 고체	고체
화재	표면화재	심부화재
종류	확산 · 예혼합 · 증발 · 자기 · 분해 · 자연발화	표면 · 훈소 · 작열
소화	물리적 · 화학적	물리적

9. 연소속도 : 질량 감소속도

> ➢ **연소속도가 빨라지는 경우(위험하다)**
>
> ↑ : 가연물 온도 · 산소 농도 · 발열량 · 주변 압력
>
> ↓ : 가연물 입자 · 활성화에너지 · 자신 압력

10. 비열 : 어떤 물질의 단위 질량을 단위 온도만큼 상승시키는 데 필요한 열량

> 물 : 1, 얼음 : 0.5

① C[cal/g · ℃], [kcal/kg · ℃]
② 1cal : 1g의 물질을 1℃ 높이는 데 필요한 열량
③ 1BTU : 1lb의 물질을 1°F 높이는 데 필요한 열량

11. 잠열 : 물질의 상태가 변할 때 필요한 열량

$Q = m \cdot \gamma$(물의 증발잠열 : 539 kcal/kg, 얼음의 융해잠열 : 80kcal/kg)

12. 현열 : 물질의 온도가 변할 때 필요한 열량

$Q = m \cdot C \cdot \Delta t$(물의 비열 : 1kcal/kg · ℃, 얼음의 비열 : 0.5kcal/kg · ℃)

13. 인화점 < 연소점 < 발화점

① 인화점 : 점화원에 의해 불이 붙을 수 있는 최저온도

디에틸에테르(−45), 아세트알데히드(−37.7), 이황화탄소(−30), 벤젠(−11)

② 연소점 : 착화된 상태에서 점화원을 제거하여도 연소가 지속될 수 있는 최저온도
③ 발화점 : 점화원 없이 스스로 불이 붙을 수 있는 최저온도

> **➢ 발화점이 낮아질 수 있는 조건**
> 산소와의 친화력이 좋을수록, 발열량이 클수록, 압력이 높을수록
> 분자구조가 복잡할수록, 접촉금속의 열전도성이 클수록, 탄화수소의 분자량이 클수록

14. 연소범위

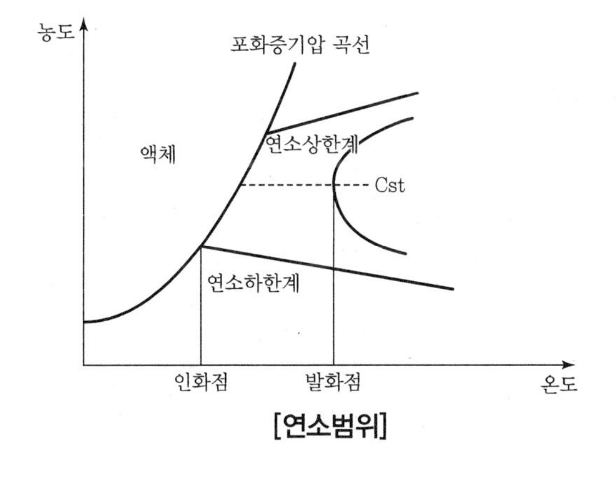

[연소범위]

가스	하한계(%)	상한계(%)
아세틸렌	2.5	81.0
산화에틸렌	3.0	80.0
수소	4.0	75.0
일산화탄소	12.0	74.0
이황화탄소	1.2	44.0
메탄	5.0	15.0
에탄	3.0	12.4
프로판	2.1	9.5
부탄	1.8	8.4

> ➢ **연소범위 영향 요소**
> 1. 넓어지는 경우 : 산소농도가 클수록 · 온도가 높을수록 · 압력이 높을수록(H · CO↓)
> 2. 좁아지는 경우 : 불활성 가스 첨가

15. 밀도

밀도= $\frac{질량}{부피}$ (단위체적당 질량)

16. 비중

- 기체의 비중 = $\frac{측정기체의\ 밀도}{표준상태의\ 공기밀도} = \frac{측정기체의\ 분자량}{공기의\ 분자량(=29)}$
- 고체, 액체의 비중 = $\frac{측정물질의\ 밀도}{4℃\ 물의\ 밀도} = \frac{측정물질의\ 비중량}{4℃\ 물의\ 비중량}$

17. 연소 시 발생하는 이상 현상

① 불완전연소
② 선화(분출속도 > 연소속도)
③ 역화(분출속도 < 연소속도)
④ 블로우 오프
⑤ 옐로 팁

18. 폭발

① 핵폭발
② 물리적 폭발(보일러 · 수증기 · 고압용기)
③ 화학적 폭발(산화 · 분진 · 분해 · 중합)
↳ 25~45~80mg/l

19. 폭연(Deflagration) · 폭굉(Detonation)

폭연 ← 음속 → 폭굉(밀폐 · 충격파 · 1,000~3,500m/s)

20. 위험장소

0종 장소(본질안전방폭구조) · 1종 장소 · 2종 장소

21. 화재

① 통제를 벗어난 광적인 연소현상
② 의도에 반하는 연소현상
③ 인적 · 물적 피해를 주는 연소현상

화재분류	형식승인	KS	특징
일반	A급	A급	연기는 백색, 소화기 백색, 재가 남는다. 냉각소화
유류 · 가스	B급	B급	액체가연물(제4류), 연기는 흑색, 소화기 황색, 주수소화(×), 질식소화
전기	C급	C급	질식소화, 과 · 단 · 지 · 누 · 접 · 스 · 절 · 열 · 정 · 낙
금속	–	D급	온도↑(2,000~3,000℃), 주수소화(×), Dry Powder, 30~80[mg/l]
주방	–	K급	재발화 위험, 인화점(300~315℃), 발화점(390~410℃)

> **정전기 방지대책**
> 공기 이온화 · 습도(70%↑) · 접지 · 유속↓ · 도체화

22. 고비점 액체 위험물에서 발생될 수 있는 현상

종 류	현 상
보일 오버 (Boil over)	탱크 유면에서 화재 발생 → 고온의 열류층 형성 → 열파에 의해 탱크 하부 수분이 급격히 비등하면서 상층의 유류를 탱크 밖으로 분출시키는 현상
슬롭 오버 (Slop over)	탱크 유면에서 화재 발생 → 고온의 열류층 형성 → 물분무 또는 포소화설비 방사 → 열류층 교란 → 고온층 아래 차가운 유류가 불이 붙은 상태로 분출
프로스 오버 (Froth over)	화재가 아닌 경우로서 물이 고점도 유류와 접촉되면 급속히 비등하여 거품과 같은 형태로 분출되는 현상

23. 가스의 분류

구분	내용
가연성 가스	• 연소범위의 하한값이 10% 이하 • 상한값과 하한값의 차이가 20% 이상 예 메탄, 에탄, 프로판, 수소, 아세틸렌 등
조연성 가스	가연물의 연소에 필요한 산소를 공급해 줄 수 있는 가스 예 공기, 산소, 오존, 할로겐원소 등
불연성 가스	산화반응을 하지 않거나 흡열반응을 하는 가스 예 CO_2, H_2O, P_2O_5, He, Ne, Ar, Kr, Xe, Rn, N_2 등
압축가스	임계온도가 낮아 기체로 저장 또는 취급되는 가스 예 수소, 질소, 산소, 염소, 헬륨, 아르곤 등
액화가스	임계온도가 높아 액체로 저장 또는 취급되는 가스 예 LPG, LNG, CO_2 등

24. BLEVE(Boiling Liquid Expanding Vapor Explosion, 비등액체팽창증기폭발)

정의	가연성 액화가스의 저장탱크 주위에 화재가 발생되어 기상부의 탱크 강판이 국부적으로 가열된 경우 그 부분의 강도가 약해져 파열되면서 내부의 가열된 액화가스가 급속히 비등하면서 팽창, 폭발하는 현상이다.
대책	• 탱크 내부의 압력을 감압 • 방유제를 경사지게 설치 • 물분무 설비를 설치 • 탱크 외벽에 대하여 단열조치(탱크 주위에 흙을 쌓아 덮는다 · 탱크를 지면 아래로 매설) • 이송배관을 설치 • 탱크에 대한 기계적 충돌을 방지

25. 화재피해의 분류

화재소실정도	국소화재	전체의 10% 미만이 소손된 것으로 바닥 면적이 3.3m² 미만이거나 내부의 수용물만 소손
	부분소화재	전체의 10% 이상 30% 미만이 소손
	반소화재	전체의 30% 이상 70% 미만이 소손
	전소화재	전체의 70% 이상이 소손 · 70% 미만이라 할지라도 재수리 후 사용이 불가능
	즉소화재	인명피해가 없고 피해액이 경미(50만 원 미만)한 화재, 화재 건수에 이를 포함
인명피해	사상자	화재현장에서 사망 또는 부상을 당한 사람
	사망자	화재현장에서 부상을 당한 후 72시간 이내에 사망한 경우
	중상자	의사의 진단을 기초로 하여 3주 이상의 입원치료를 필요로 하는 부상
	경상자	중상 이외의 (입원치료를 필요로 하지 않는 것도 포함) 부상

26. 화상 분류

1도 화상(홍반성 화상)	• 햇빛	• 약간 붉게 보이는 정도
2도 화상(수포성 화상)	• 진피가 손상	• 수포 발생(분홍색)
3도 화상(괴사성 화상)	• 피부의 모든 층이 타 버린 화상	• 검게 된다.
4도 화상(흑색 화상)	• 근육, 신경, 뼛속까지 손상	• 통증이 거의 없을 수 있다.

27. 열전달

전도(Fourier의 열전달법칙)	$Q = K \cdot A \cdot \frac{\Delta t}{l}$	복사에너지 단원자 · 이원자 분자 : 흡수, 투과 삼원자 분자 : 흡수 전도, 대류, 복사는 2개 이상의 과정이 동시에 발생한다.
대류(Newton의 냉각법칙)	$Q = h \cdot A \cdot (T_1 - T_2)$	
복사(Stenfan – Boltzmann 법칙) : 면적 · 절대온도 4승에 비례	$Q = \varepsilon \cdot \sigma \cdot \Phi \cdot A \cdot T^4$	

Q : 전도열량(W = J/s = cal/s)
K : 열전도도(W/m · ℃), (J/s · m · ℃)
$h\left(=\frac{K}{l}\right)$: 열전도 계수(W/m² · ℃)
A : 접촉면적(m^2)
Δt : 온도차[$T_1 - T_2$(℃)]
l : 두께(m)
σ : 스테판-볼츠만 상수[5.67×10^{-8}(W/m^2 · K^4), 5.67×10^{-11}(kW/m^2 · K^4)]

28. 화재성장 3요소

① 발화 ② 화염확산 ③ 연소속도

➢ 화재성장속도

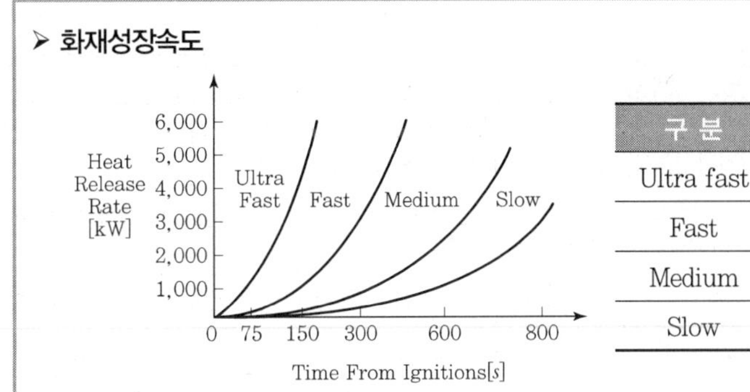

구 분	t	α
Ultra fast	75s	0.1876
Fast	150s	0.0468
Medium	300s	0.0117
Slow	600s	2.93×10^{-3}

29. 화재플럼

구 분	특 징
연속화염	연료표면 바로 위의 영역
간헐화염	화염의 존재와 소멸이 반복되는 영역, 화염 주기 $f=\frac{1.5}{\sqrt{D}}$(Hz) D : 화염 직경
부력플럼	화염 상부의 대류 열기류 영역

① 평균 화염 높이

$L_f = 0.23Q^{\frac{2}{5}} - 1.02D$(m) 여기서, Q : 에너지 방출속도(kW), D : 화염직경(m)

② 천장제트흐름(Ceiling Jet Flow)

① 연소생성물이 부력에 의해 천장 면 아래에 얕은 층을 형성하는 비교적 빠른 속도의 가스 흐름

② Ceiling Jet Flow 두께 : 실 높이의 5~12%

최고 온도와 최고 속도의 범위 : 실 높이 1% 이내

30. 연소생성물의 위험성

종 류	특 징	허용농도[ppm]
CO	Hb과 결합하여 COHb로 되어 산소 운반 방해	50
CO_2	0.1%(공중위생한계), 10%(시력장애, 1분 이내 의식 상실), 20%(단시간 내 사망)	5,000
아크롤레인	석유제품, 유지류 등의 연소시 발생, 강한 자극성으로 감각기관과 폐를 자극	0.5
HCl	부식성, 눈, 기관지 등을 자극하여 행동 장애를 유발	5
H_2S	썩은 달걀 냄새	10
$COCl_2$	2차 대전 때 나치의 유태인 학살에 이용, CCl_4가 고열 금속과 접촉되면 발생	0.1
PH_3	생선 썩은 냄새	0.3

31. 독성과 관련된 용어

구 분	내 용
TLV 허용농도	근로자가 유해 요인에 노출될 때, 노출기준 이하 수준에서는 거의 모든 근로자에게 건강상 나쁜 영향을 미치지 아니하는 기준을 의미
TWA 시간가중 평균노출기준	1일 8시간 작업을 기준으로 하여 유해요인의 측정치에 발생시간을 곱하여 8시간으로 나눈 값을 의미
STEL 단시간 노출기준	근로자가 15분 동안 노출될 수 있는 최대허용농도로서 이 농도에서는 1일 4회 60분 이상 노출이 금지되어 있다.
Ceiling 최고노출기준	근로자가 1일 작업시간 동안 잠시라도 노출되어서는 안 되는 기준
LC50 50% 치사농도	한 무리의 실험동물 50%를 죽게 하는 독성 물질의 농도
LD50 50% 치사량	독극물의 투여량에 대한 시험 생물의 반응을 치사율로 나타낼 수 있을 때의 투여량(한 무리의 50%가 사망한다는 것)

32. 연기의 유해성

① 생리적 ② 시계적 ③ 심리적

<table>
<tr><th>감광계수</th><th>가시거리</th><th>특 징</th><th rowspan="2">피난 한계시야</th><td colspan="2">잘 아는 : 3~5m</td></tr>
<tr><td>0.1Cs</td><td>20~30m</td><td>연기감지기가 작동되는 농도</td><td colspan="2">잘 모르는 : 20~30m</td></tr>
<tr><td>1.0Cs</td><td>1~2m</td><td>전방이 거의 보이지 않을 정도의 농도</td><th rowspan="3">연기 이동속도</th><td>수평</td><td>0.5~1m/s</td></tr>
<tr><td>10Cs</td><td>수십 cm</td><td>최성기 때 화재 층의 연기 농도</td><td>수직</td><td>2~3m/s</td></tr>
<tr><td>30Cs</td><td>-</td><td>화재 실에서 연기가 배출될 때 농도</td><td>수직공간</td><td>3~5m/s</td></tr>
</table>

33. 목조건축물의 화재

화재원인－무염착화－발염착화－출화－최성기－연소낙하－소화

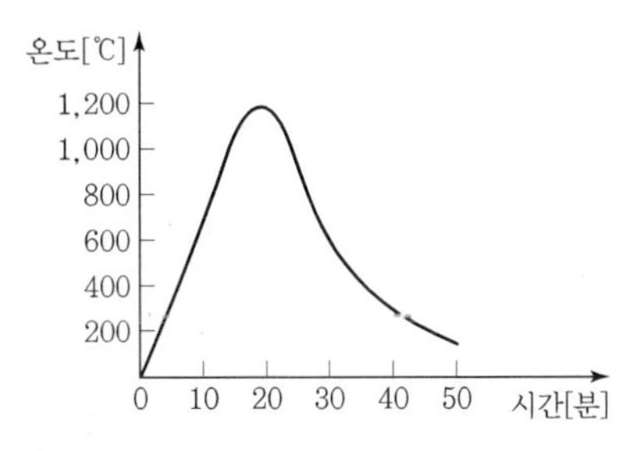

① 화재원인 : 접염, 복사열, 비화
① 옥내출화 : 건축물 실내의 천장 속, 벽 내부에서 착화
② 옥외출화 : 창, 출입구 등의 개구부 등에서 착화

구 분	특 징
목조	고온 단기형(약 1,200℃, 5~15분)
내화	저온 장기형(약 800℃, 30~3시간)

➢ **목재와 함수율 관계**
1. 수분 15% 이상 : 착화 어렵다.
2. 발화되면 50% 이상의 수분 함량에도 연소가 지속

➢ **목재의 열분해 단계**
1. 100℃ : 수분 및 휘발성분이 증발하여 갈색
2. 170℃ : 열분해되어 가연성 기체가 생성(흑갈색)
3. 260℃ : 목재의 인화점
4. 480℃ : 목재의 발화점, 폭발적으로 연소

34. 내화건축물 화재

초기－발화－성장기－최성기－감쇠기

구 분	발생 원인	발생 시기
Flash over	에너지 축적	성장기
Back draft	공기 공급	최성기 이후(감쇠기)

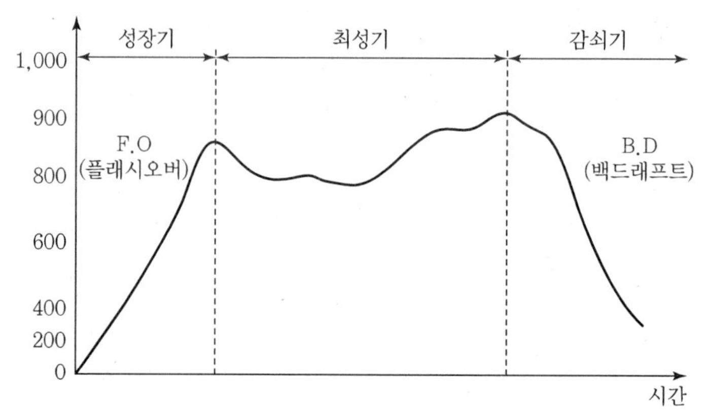

[초기 – 발화 – 성장기 – 최성기 – 감쇠기]

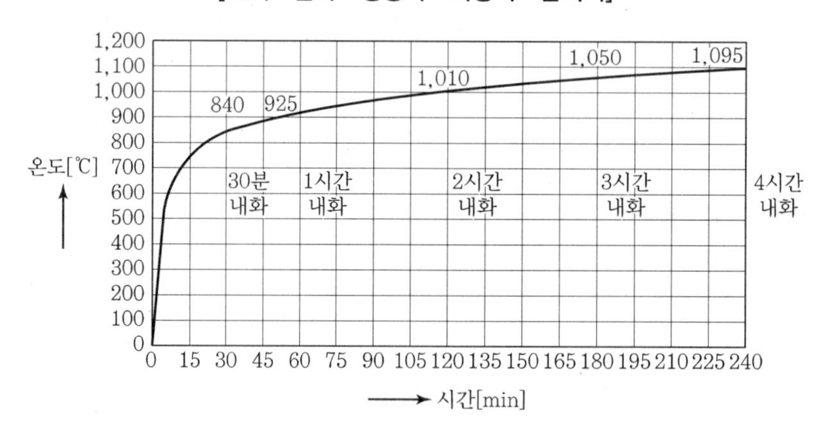

35. 플래시오버

플래시오버의 발생조건	플래시오버의 방지대책
• 충분한 크기의 열방출속도에 도달할 것 • 바닥에서의 열류가 20(kW/m²) 이상일 것 • 실내 복사열원의 온도가 500℃ 이상일 것 • 연소속도가 40(g/s) 이상일 것 • 다양한 열 복사원이 있을 것 • 산소농도가 10%, CO_2/CO=150 정도일 것	• 천장, 벽 등의 내장재를 불연화한다. • 개구부의 크기를 제한한다. • 실내의 연료하중을 감소시킨다. • 가구 등은 가급적 소형화한다.

➢ 플래시오버가 발생하기 위한 열방출속도

1. Thomas식 $Q = 7.8A_t + 378A\sqrt{H}$ (kW)

2. McCaffrey식 $Q = 610(hA_t A\sqrt{H})^{\frac{1}{2}}$ (kW)

여기서, A_t : 구획 내부 표면적(m^2), A : 개구부 면적(m^2)

h : 열전도 계수($kW/m^2℃$), H : 개구부 높이(m)

36. 화재가혹도

① 최고온도 : 화재강도, 주수율 결정[l/m²]

② 지속시간 : 화재하중, 주수시간 결정[min]

> ➢ 화재하중(연료하중)
>
> $$W[\text{kg/m}^2] = \frac{\Sigma(G_t \cdot H_t)}{H_o \cdot A_f} = \frac{\Sigma Q_t}{4{,}500 \times A_f}$$

37. 건축물의 주요 구조부

주계단 · 내력벽 · 기둥 · 바닥 · 보 · 지붕

(다만, 사잇벽 · 사잇기둥 · 최하층 바닥 · 작은보 · 차양 · 옥외 계단 등은 제외한다.)

38. 내화구조 vs 방화구조

내화구조	방화구조
• 화재에 견딜 수 있는 성능 • 진화 후 재사용	• 화염 확산을 막을 수 있는 성능 • 재사용 불가

39. 차열 방화문 vs 비차열 방화문

차열 방화문	비차열 방화문(차염성 · 차연성)
차열성 · 차염성 · 차연성	갑종 : 비차열 1시간 이상, 차열 30분 이상
	을종 : 비차열 30분 이상

40. 방화구획 종류

① 면적별 구획

구 분		자동식 소화설비 미설치	자동식 소화설비 설치
10층 이하		1,000m² 이내	3,000m² 이내
11층 이상	일반재료	200m² 이내	600m² 이내
	불연재료	500m² 이내	1,500m² 이내

② 층별 구획

3층 이상의 층과 지하층은 층마다 구획할 것. 다만, 지하 1층에서 지상으로 직접 연결하는 경사로 부위는 제외한다.

③ 용도별 구획

문화 및 집회시설 · 의료시설 · 공동주택 등 주요 구조부를 내화구조로 해야 하는 부분은 그 부분과 다른 부분을 방화구획할 것

④ 수직관통부 구획

엘리베이터 권상기실, 계단, 경사로, 린넨슈트, 피트 등 수직관통부를 방화구획한다.

> **방화댐퍼 설치기준**
> 1. 철재로서 철판의 두께가 1.5[mm] 이상일 것
> 2. 화재가 발생한 경우에는 연기의 발생 또는 온도의 상승에 의하여 자동으로 닫힐 것
> 3. 닫힌 경우에는 방화에 지장이 있는 틈이 생기지 아니할 것
> 4. 산업표준화법에 의한 한국산업규격상의 방화댐퍼의 방연시험방법에 적합할 것

41. 일체형 셔터의 출입구 기준(갑종방화문으로부터 3m 이내에 설치할 것)

① 화재안전기준에 적합한 비상구 유도등 또는 비상구 유도표지를 설치할 것

② 출입구 부분은 셔터의 다른 부분과 색상을 달리하여 쉽게 구분이 되도록 할 것

③ 출입구의 유효너비 0.9[m] 이상, 유효높이 2[m] 이상일 것

42. 상층으로 연소 확대 방지

종 류	구 조
스팬드럴	① 창문을 통해서 아래층에서 위층으로 연소가 확대되는 것을 방지 ② 아래층 창문 상단에서 위층 창문 하단까지의 거리는 90[cm] 이상
캔틸레버	① 스팬드럴 높이의 한계를 보완하기 위해서 설치 ② 건물 외벽에서 돌출된 부분의 거리는 50[cm] 이상
발코니	발코니 등의 구조 변경절차 및 설치기준(국토해양부 고시 제 2012-745호) ① 방화판 또는 방화유리창을 설치할 것 아파트 2층 이상의 층에서 스프링클러의 살수범위에 포함되지 않는 발코니를 구조 변경하는 경우에는 발코니 끝부분에 바닥판 두께를 포함하여 높이가 90[cm] 이상 ② 난간 등의 구조 발코니를 거실 등으로 사용하는 경우 난간의 높이는 1.2[m] 이상이어야 하며 난간에 난간살이 있는 경우에는 난간 살 사이의 간격을 10[cm] 이하의 간격으로 설치할 것

43. 피난계획

1) 기본원칙

> **안전구획**
> ① 제1차 안전구획 : 복도 ② 제2차 안전구획 : 전실(부속실) ③ 제3차 안전구획 : 계단

Fool - proof	Fail - safe
① 누구나 식별 가능하도록 간단명료하게 설치 ② 인간행동 특성에 부합하도록 설계 ③ Fool - proof의 예 • 간단 명료한 피난통로, 유도등, 유도표지 등 • 소화설비, 경보설비에 위치표시, 사용방법 부착 • 피난방향으로 개방	① 한가지가 고장으로 실패하더라도 다른 수단에 의해 안전이 확보 ② 2방향 이상의 피난경로 ③ Fail - safe의 예 • 2방향 이상의 피난로 확보 • 보조적 피난기구의 설치 • 소화설비의 자동 · 수동 기동 장치 • 경보설비의 감지기 · 발신기 설치 등

2) 인간의 본능

① 귀소본능
② 지광본능
③ 추종본능
④ 퇴피본능
⑤ 좌회본능

3) 성능 위주 피난계획

ASET > RSET

RSET(총 피난시간) 줄이는 대책	ASET(거주가능시간) 늘이는 대책
• 피난거리 단축 · 비상구 수 증대 • 계단 및 통로 폭 확대 · 대피훈련	• 자동식 소화설비 설치 • 방화구획 · 제연설비

44. 피난계단 · 특별피난계단

구분		항목	내용
피난계단		대상	5층 이상 또는 지하 2층 이하
		예외	건축물의 주요구조부가 내화구조 또는 불연재료로 된 경우로서 • 5층 이상의 층의 바닥면적 합계 : 200[m^2] 이하이거나 • 5층 이상의 층의 바닥면적 200[m2] 이내마다 방화구획된 경우
특별피난계단	일반	대상	• 11층 이상(공동주택 16층 이상) 또는 지하 3층 이하 • 판매시설 : 직통계단 중 1개 이상
		예외	• 갓복도식 공동주택 : 각 층의 계단실 및 승강기에서 각 세대로 통하는 복도의 한쪽 면이 외기에 개방된 구조의 공동주택 • 바닥면적 400[m^2] 미만인 층
	강화	대상	5층 이상의 층으로서, 전시장, 동식물원, 판매시설, 운수시설, 운동시설, 위락시설, 관광휴게시설, 생활권수련시설 용도로 쓰이는 바닥면적이 2,000[m^2]을 넘는 층
		기준	직통계단 외에 추가적으로 매 2,000[m^2]마다 1개소의 피난계단 또는 특별피난계단을 설치할 것(4층 이하의 층에는 쓰지 않는 피난계단 또는 특별피난계단만 해당)

45. 방화계획

① 공간적 대응 : 대항성, 회피성, 도피성

② 설비적 대응 : 소방시설(소화설비, 경보설비, 피난설비 등)

46. 복도형태에 따른 피난특성

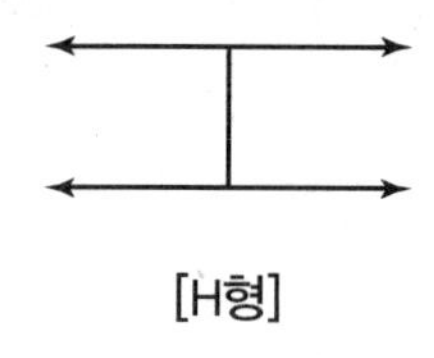

[H형]

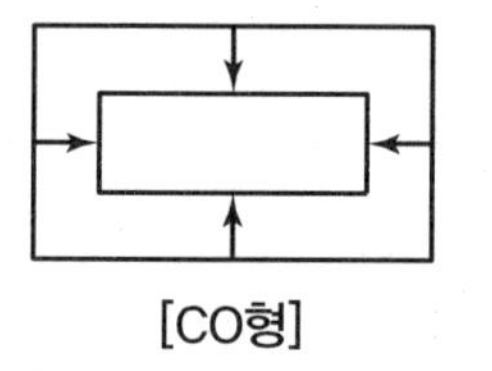

[CO형]

피난자가 집중되어 패닉(Panic)현상 발생

PART

02

소방전기회로 및 소방수리학 · 약제화학

CHAPTER 01 소방전기회로

1. 전기량

① 전하의 크기

② 기호 : Q, 단위 : [C](쿨롱)

③

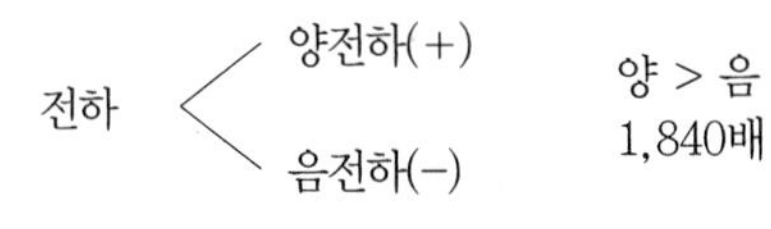

2. 전류

① $I=\frac{Q}{t}[\mathrm{A}],\ Q=I\cdot t[\mathrm{C}]$

② 기호 : I, 단위 : [A](암페어)

3. 전압

① $V=\frac{W}{Q}[\mathrm{V}],\ W=Q\cdot V[\mathrm{C}]$

② 기호 : V, 단위 : [V](볼트)

4. 옴의 법칙

$I=\frac{V}{R}=G\cdot V(\because\ G=\frac{1}{R},\ R[\Omega],\ G[\mho][\mathrm{S}])$

5. 키르히호프의 법칙

① 제1법칙(전류평형의 법칙) $\Sigma I_i=\Sigma I_o$

② 제2법칙(전압평형의 법칙) $\Sigma E=\Sigma IR$

6. 줄열

$H=0.24\,VIt[\mathrm{cal}]$

여기서, V : 전압[V], I : 전류[A], t : 시간[sec]

7. 전선의 저항

$$R = \rho\frac{L}{A} = \rho\frac{L}{\pi r^2} = \rho\frac{4L}{\pi d^2}\,[\Omega]$$

8. 전압분배법칙 · 전류분배법칙의 비교

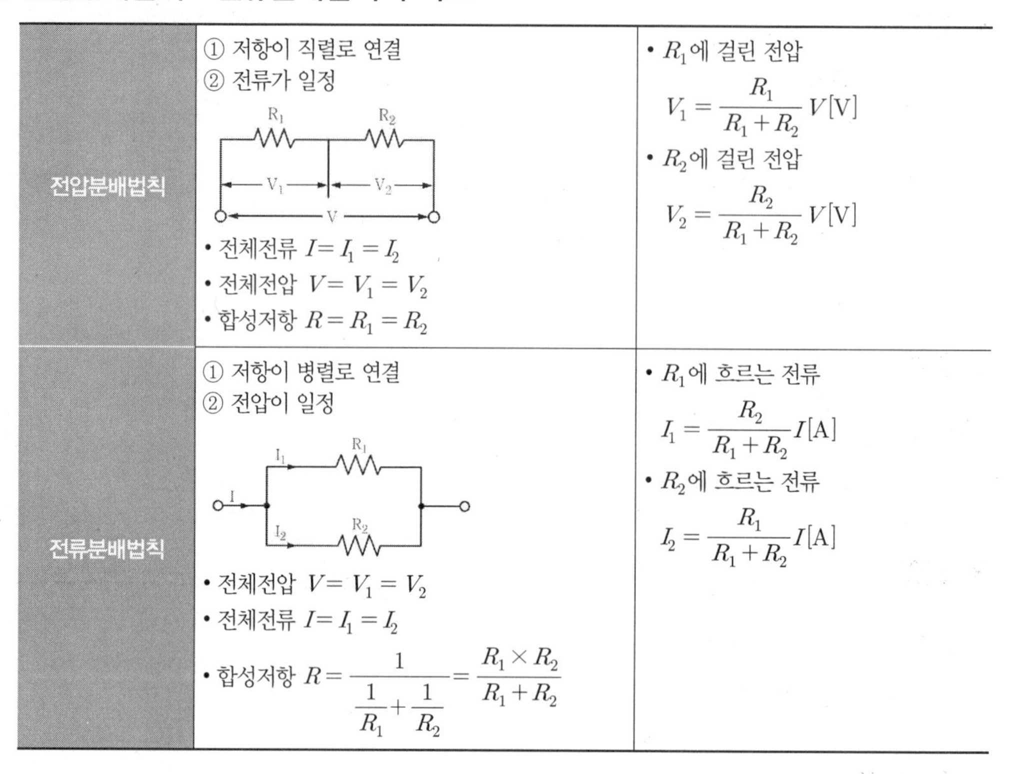

전압분배법칙	① 저항이 직렬로 연결 ② 전류가 일정 (회로도: R_1, R_2, V_1, V_2, V) • 전체전류 $I = I_1 = I_2$ • 전체전압 $V = V_1 = V_2$ • 합성저항 $R = R_1 = R_2$	• R_1에 걸린 전압 $V_1 = \frac{R_1}{R_1+R_2}V[\mathrm{V}]$ • R_2에 걸린 전압 $V_2 = \frac{R_2}{R_1+R_2}V[\mathrm{V}]$
전류분배법칙	① 저항이 병렬로 연결 ② 전압이 일정 (회로도: I, I_1, I_2, R_1, R_2) • 전체전압 $V = V_1 = V_2$ • 전체전류 $I = I_1 = I_2$ • 합성저항 $R = \frac{1}{\frac{1}{R_1}+\frac{1}{R_2}} = \frac{R_1 \times R_2}{R_1+R_2}$	• R_1에 흐르는 전류 $I_1 = \frac{R_2}{R_1+R_2}I[\mathrm{A}]$ • R_2에 흐르는 전류 $I_2 = \frac{R_1}{R_1+R_2}I[\mathrm{A}]$

9. 전력과 전력량

$$1[\mathrm{kW \cdot h}] = 860[\mathrm{kcal}]$$

전력	단위 시간당 한일	$P = \frac{W}{t} = VI = I^2R = \frac{V^2}{R}$ [W] 또는 [J/sec]
전력량	일정 시간 동안 전기에너지가 한 일의 양	$W = Pt = VIt = I^2Rt = \frac{V^2}{R}t$ [J] 또는 [W · sec]

10. 배율기와 분류기

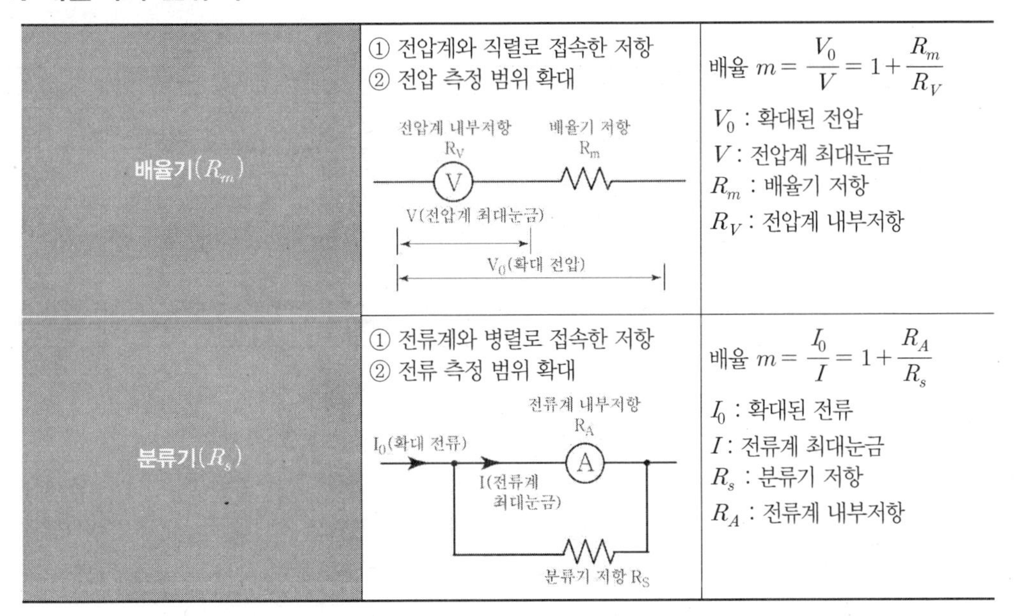

구분	설명	공식
배율기(R_m)	① 전압계와 직렬로 접속한 저항 ② 전압 측정 범위 확대	배율 $m=\frac{V_0}{V}=1+\frac{R_m}{R_V}$ V_0 : 확대된 전압 V : 전압계 최대눈금 R_m : 배율기 저항 R_V : 전압계 내부저항
분류기(R_s)	① 전류계와 병렬로 접속한 저항 ② 전류 측정 범위 확대	배율 $m=\frac{I_0}{I}=1+\frac{R_A}{R_s}$ I_0 : 확대된 전류 I : 전류계 최대눈금 R_s : 분류기 저항 R_A : 전류계 내부저항

11. 교류의 값

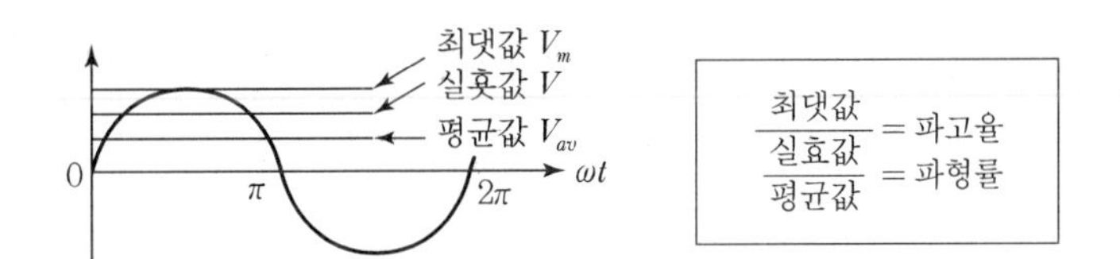

① 순시값 $v=V_m\sin wt$[V], $i=I_m\sin wt$[A](여기서, 각속도 $w=2\pi f$[rad/sec])

② 최댓값 V_m

③ 실횻값 $V_m\times\frac{1}{\sqrt{2}}$

④ 평균값 $V_{av}=V_m\times\frac{2}{\pi}$

12. R-L-C 회로

① 위상 비교

구 분	기본 회로	
	임피던스	위 상
저항(R)만의 회로	$R[\Omega]$	전압과 전류는 동상
인덕턴스(L)만의 회로	$X_L = wL = 2\pi fL[\Omega]$	전류는 전압보다 위상이 $\frac{\pi}{2}(90^\circ)$ 뒤진다.
정전용량(C)만의 회로	$X_c = \frac{1}{wC} = \frac{1}{2\pi fC}[\Omega]$	전류는 전압보다 위상이 $\frac{\pi}{2}(90^\circ)$ 앞선다.

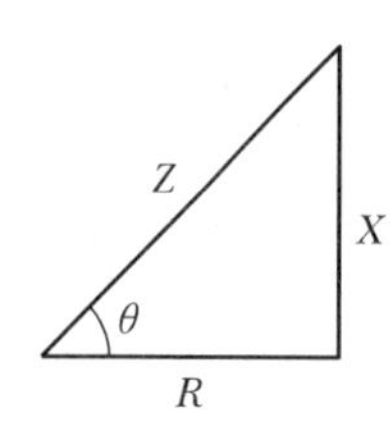

임피던스 $Z = R + jX = \sqrt{R^2 + X^2}\,[\Omega]$
(+ : 유도성, − : 용량성)
유효전력 $P_a = \sqrt{P^2 + P_r^2}\,[\text{VA}]$

구 분	기본 회로		
	임피던스	위상각	역률
$R-L$	$\sqrt{R^2+(wL)^2}$	$\tan^{-1}\frac{wL}{R}$	$\frac{R}{\sqrt{R^2+(wL)^2}}$
$R-C$	$\sqrt{R^2+(\frac{1}{wC})^2}$	$\tan^{-1}\frac{1}{wCR}$	$\frac{R}{\sqrt{R^2+(\frac{1}{wC})^2}}$
$R-L-C$	$\sqrt{R^2+(wL-\frac{1}{wC})^2}$	$\tan^{-1}\frac{wL-\frac{1}{wC}}{R}$	$\frac{R}{\sqrt{R^2+(wL-\frac{1}{wC})^2}}$

13. 교류의 전력

구분	단상	3상
피상전력 P_a[VA]	$P_a = VI$[VA]	$P_a = 3V_PI_P = \sqrt{3}\,V_lI_l$[VA]
유효전력 P[W]	$P = VI\cos\theta$[W]	$P = 3V_PI_P\cos\theta = \sqrt{3}\,V_lI_l\cos\theta$[W]
무효전력 P_r[Var]	$P_r = VI\sin\theta$[Var]	$P_r = 3V_PI_P\sin\theta = \sqrt{3}\,V_lI_l\sin\theta$[Var]

14. $Y \leftrightarrow \Delta$ 변환

① $Y \rightarrow \Delta$ 변환 $R_{\Delta} = 3R_Y \, (\Delta = 3Y)$

② $\Delta \rightarrow Y$ 변환 $R_Y = \frac{1}{3} R_{\Delta} \left(Y = \frac{1}{3} \Delta \right)$

15. 공진

공진 조건	$X_L = X_C$에서 $wL = \frac{1}{wC}$, $2\pi fL = \frac{1}{2\pi fC}$	공진의 의미 ① 전압과 전류가 동상이다 ② 리액턴스(X) : 0, 역률 : 1 ③ 임피던스 : 최소, 전류 : 최대
공진 각속도	$w = \frac{1}{\sqrt{LC}}$ [rad/sec] (L[H], C[F])	
공진 주파수	$f = \frac{1}{2\pi \sqrt{LC}}$ [Hz] (L[H], C[F])	

16. 브리지 평형

$$Z_1 \cdot Z_4 = Z_2 \cdot Z_3 \, (Z = R + jX)$$

① 마주보는 임피던스의 곱이 서로 같으면 평형이다.

② Ⓖ(검류계)에는 전류가 흐르지 않는다.(I=0)

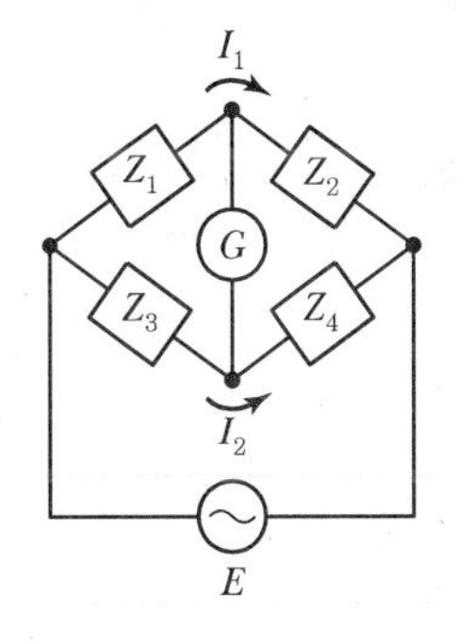

17. 비정현파 교류

$(v = V_0 + V_{m1}\sin(\omega t + \theta_1) + V_{m2}\sin(2\omega t + \theta_2) + V_{m3}\sin(3\omega t + \theta_3) + \rightarrow)$

직류분 기본파 전 고조파 →

비정현파 = 직류분 + 기본파 + 전 고조파		
비정현파 실횻값	$V = \sqrt{V_0^2 + V_1^2 + V_2^2 + V_3^2 \cdots + V_n^2}$	V_0 : 직류분 V_1 : 기본파 실횻값 $\left[= \left(\frac{V_{m1}}{\sqrt{2}} \right)^2 \right]$
비정현파 왜형률	$D = \frac{\text{전 고조파 실횻값}}{\text{기본파 실횻값}} = \frac{\sqrt{V_2^2 + V_3^2 + \cdots V_n^2}}{\sqrt{V_1^2} = V_1}$	V_2 : 2고조파 실횻값 $\left[= \left(\frac{V_{m2}}{\sqrt{2}} \right)^2 \right]$ V_3 : 3고조파 실횻값 $\left[= \left(\frac{V_{m3}}{\sqrt{2}} \right)^2 \right]$

18. 중첩의 원리

전압원	단락(전류원만의 회로)	(변환)
전류원	개방(전압원만의 회로)	(변환)

19. 정전력(쿨롱의 법칙)

$$F = 9 \times 10^9 \frac{Q_1 Q_2}{r^2} [\mathrm{N}]$$

① 두 전하(전기량)의 곱에 비례

② 거리의 제곱에 비례

20. 진공의 유전율

$$\varepsilon_0 : 8.855 \times 10^{-12}$$

21. 전계의 세기

$$E = 9 \times 10^9 \frac{Q}{r^2} [\mathrm{V/m}] \text{ 또는 } [\mathrm{N/C}]$$

22. 전기력선의 성질

① 전기력선의 방향은 그 점의 전계의 방향과 같고 전기력선 밀도는 그 점에서의 전계의 크기와 같다.

② 전기력선은 정전하에서 시작하여 부전하에서 그친다.

③ 전하가 없는 곳에서는 전기력선의 발생, 소멸이 없고 연속적이다.

④ 전위가 높은 점에서 낮은 점으로 향한다.

⑤ 그 자신만으로 폐곡선이 되는 일은 없다.

⑥ 전계가 0이 아닌 곳에서는 2개의 전기력선은 교차하지 않는다.

⑦ 도체 내부에는 전기력선이 없다.

⑧ 도체면(등전위면)에서는 전기력선은 수직으로 출입한다.

⑨ 단위 전하 ± 1 [C]에는 $1/\varepsilon_0$개의 전기력선이 출입한다.

23. 정전용량의 계산

① 직렬접속 $\frac{1}{C} = \frac{1}{C_1} + \frac{1}{C_2} + \cdots + \frac{1}{C_n}$ [F]

② 병렬접속 $C = C_1 + C_2 + \cdots + C_n$ [F]

24. 콘덴서에 저장되는 에너지

$$W = \frac{1}{2CV^2} \text{[J]}$$

여기서, C : 정전용량
V : 콘덴서에 가해지는 전압

$W = \frac{1}{2}CV^2$에서 $V = \sqrt{\frac{2W}{C}}$ [V]

25. 콘덴서의 절연파괴

내압이 같은 콘덴서 직렬연결 시 각 콘덴서 양단 간에 걸리는 전압은 용량에 반비례하므로 용량이 제일 작은 콘덴서가 제일 먼저 파괴된다.

26. 기자력

$$F = NI \text{[AT]}$$

여기서, F : 기자력
N : 권수
I : 전류

27. 전자력(쿨롱의 법칙)

$$F = 6.33 \times 10^4 \times \frac{m_1 m_2}{r^2} \text{[N]}$$

여기서, F : 자극 간에 작용하는 쿨롱력[N]
m_1, m_2 : 점자극의 세기[Wb]
r : 자극 간의 거리[m]

28. 진공의 투자율

$$\mu_0 : 1.257 \times 10^{-6} \text{[H/m]}$$

29. 코일에 저장되는 에너지

$$W = \frac{1}{2}LI^2 \text{[J]}$$

여기서, L : 인덕턴스[H]
I : 전류[A]

30. 자계의 세기

① 단위 자극에 작용하는 힘 $H = 6.33 \times 10^4 \times \frac{m}{r^2}$ [AT/m]

② 단위길이당의 기자력 $H = \frac{NI}{l}$ [AT/m]

③ 자력선에 수직인 단위면적을 통과하는 자력선의 수, 즉 자력선 밀도가 그 점에 대한 자계의 세기와 같다.

31. 두 평행도선에 작용하는 힘

$$F = \frac{2I_1 I_2}{r} \times 10^{-7} \text{ [N/m]}$$

32. 히스테리시스 곡선

① 종축 : 잔류자기[잔류자속밀도(B)]
횡축 : 보자력(H)

② 보자력 : 잔류자기를 제거하기 위해 추가로 가해주는 보정 자기장

33. 전류와 자계 사이의 작용을 나타내는 법칙

① 앙페르의 오른손 법칙 : 전류가 만드는 자계의 방향 결정

② 플레밍의 왼손 법칙 : 자계 내에 놓여진 전류도선이 받는 힘의 방향 결정 (전동기에 적용)

③ 플레밍의 오른손 법칙 : 자계 내에서 도체가 운동할 때 도체에 유도되는 유도기전력의 방향결정 (발전기에 적용)

④ 비오-사바르의 법칙 : 자계 내 전류 도선이 만드는 자계의 세기 결정

⑤ 렌츠의 법칙 : 전자유도현상에서 코일에 생기는 유도기전력의 방향 결정

⑥ 패러데이의 법칙 : 유기기전력의 크기 결정

34. 전자유도 법칙에 의한 기전력

$$e_1 = M\frac{di_2}{dt}$$

여기서, e_1 : 유도기전력
M : 상호인덕턴스
i_2 : 다른 코일에 흐르는 전류

35. 인덕턴스의 접속

1) 직렬 접속

$$\text{합성 인덕턴스 } L_0 = L_1 + L_2 \pm 2M[\text{H}]$$

① M의 부호는 화동 결합이면 $+2M$

② 차동 결합이면 $-2M$

2) 병렬 접속

$$\text{합성 인덕턴스 } L_0 = \frac{L_1 L_2 - M^2}{L_1 + L_2 \pm 2M}[\text{H}]$$

① M의 부호는 화동 결합이면 $-2M$

② 차동 결합이면 $+2M$

3) 결합계수

$$k = \frac{M}{\sqrt{L_1 L_2}}$$

여기서, k : 결합계수$(0 < k \leq 1)$
M : 상호인덕턴스
L_1, L_2 : 자기인덕턴스

36. 지시계기의 구성요소

① 구동장치
② 제어장치
③ 제동장치
④ 가동부 지시장치
⑤ 지침 및 눈금

37. 오차와 보정률

① 오차 $= \dfrac{M - T}{T}$

② 보정률 $= \dfrac{T - M}{M}$

여기서, M : 지시값
T : 참값

38. 부울대수

① $A+0=A$　　　　$A \cdot 0=0$

② $A+1=1$　　　　$A \cdot 1=A$

③ $A+A=A$　　　　$A \cdot A=A$

④ $A+\overline{A}=1$　　　　$A \cdot \overline{A}=0$

⑤ $\overline{\overline{A}}=A$　　　　$\overline{\overline{\overline{A}}}=\overline{A}$(짝수 부정은 긍정, 홀수 부정은 부정)

39. 측정 계측기

① 굵은 나전선의 저항 : 캘빈더블 브리지

② 수천옴의 가는 전선의 저항 : 휘트스톤 브리지

③ 전해액의 저항 : 콜라우시 브리지

④ 옥내 전등선의 절연저항 : 메거

⑤ 인덕턴스 측정 : 맥스웰브리지

⑥ 정전용량 및 유전체 손실각 측정 : 셰링브리지

⑦ 미소전류 및 미소전압의 측정 : 검류계

40. 논리회로

<table>
<tr><th>명칭</th><th>유접점</th><th>무접점 다이오드</th><th>논리회로</th><th>진리표</th></tr>
<tr><td>AND 회로</td><td>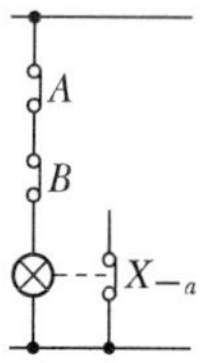
</td><td>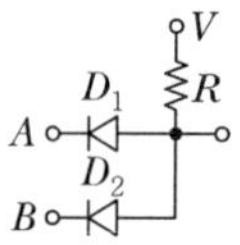
</td><td>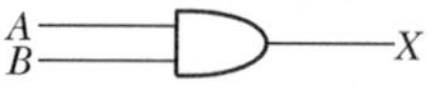

$X=A \cdot B$
입력신호 A, B가 동시에 1일 때만
출력신호 X가 1이 된다.</td><td><table><tr><th>A</th><th>B</th><th>X</th></tr><tr><td>0</td><td>0</td><td>0</td></tr><tr><td>0</td><td>1</td><td>0</td></tr><tr><td>1</td><td>0</td><td>0</td></tr><tr><td>1</td><td>1</td><td>1</td></tr></table></td></tr>
<tr><td>OR 회로</td><td>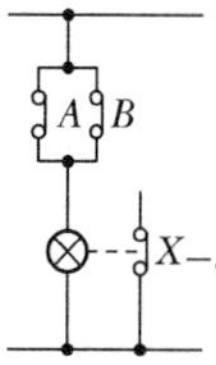
</td><td>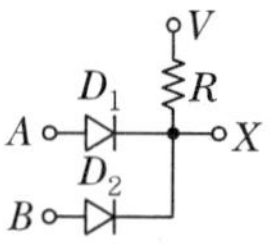
</td><td>

$X=A+B$
입력신호 A, B 중
어느 하나라도 1이면
출력신호 X가 1이 된다.</td><td><table><tr><th>A</th><th>B</th><th>X</th></tr><tr><td>0</td><td>0</td><td>0</td></tr><tr><td>0</td><td>1</td><td>1</td></tr><tr><td>1</td><td>0</td><td>1</td></tr><tr><td>1</td><td>1</td><td>1</td></tr></table></td></tr>
<tr><td>NOT 회로</td><td>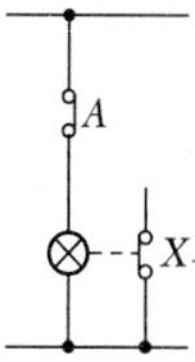
</td><td>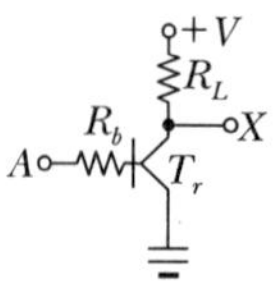
</td><td>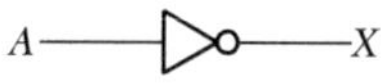

$X=\overline{A}$
입력신호 A가 0일 때만
출력신호 X가 1이 된다.</td><td><table><tr><th>A</th><th>X</th></tr><tr><td>0</td><td>1</td></tr><tr><td>1</td><td>0</td></tr></table></td></tr>
</table>

명칭	유접점	무접점 다이오드	논리회로	진리표
NAND 회로	A, B, X_{-b}	$+V$, D_1, D_A, D_2, A, B, T_r, X	$X=\overline{A \cdot B}$ 입력신호 A, B가 동시에 1일 때만 출력신호 X가 0이 된다. (AND 회로의 부정)	A B X: 0 0 1 / 0 1 1 / 1 0 1 / 1 1 0
NOR 회로	A, B, X_{-b}	$+V$, D_1, D_2, A, B, T_r, X	$X=\overline{A+B}$ 입력신호 A, B가 동시에 0일 때만 출력신호 X가 1이 된다. (OR 회로의 부정)	A B X: 0 0 1 / 0 1 0 / 1 0 0 / 1 1 0

41. 회로시험기로 측정할 수 있는 것

① 직류전압
② 직류전류
③ 교류전압
④ 저항
⑤ 도통상태

42. 전압계 및 전류계의 연결

① 전압계는 부하에 병렬로 접속한다.(배율기는 전압계에 직렬로 연결)
② 전류계는 부하에 직렬로 접속한다.(분류기는 전류계에 병렬로 연결)

43. 직류계기 및 교류계기

① 가동코일형 계기 : 직류 (평균값 지시)
② 정전형 계기 : 직류 및 교류 (평균값 및 실횻값 지시)
③ 유도형 계기 : 교류 (실횻값 지시)
④ 열전형 계기 : 직류 및 교류 (평균값 및 실횻값 지시)

44. 역률의 측정

$\cos\theta = \dfrac{P}{VI}$이므로 이를 측정하려면 전력계와 전압계, 전류계가 필요하다.

45. 전력계

1) 전력계법

① 1전력계법 $P = 2W$[W]

② 2전력계법 $P = W_1 + W_2$[W]

③ 3전력계법 $P = W_1 + W_2 + W_3$[W]

2) 3전압계법

$$P = \frac{1}{2} \cdot \frac{1}{R} \cdot (V_3^2 - V_2^2 - V_1^2)[\mathrm{W}]$$

3) 3전류계법

$$P = \frac{1}{2} \cdot R \cdot (I_3^2 - I_2^2 - I_1^2)[\mathrm{W}]$$

46. 적산전력계

1) 잠동현상

무부하 상태에서 정격 주파수 및 정격 전압의 110 [%]를 인가하여 계기의 원판이 1회전 이상 회전하는 현상

2) 방지대책

① 원판에 작은 구멍을 뚫는다.

② 원판에 소 철편을 붙인다.

47. 계기용 변류기[CT]

① 1차 권선의 선로에 직렬로 접속한다.

② 2차측 표준전류는 일반적으로 5 [A]이다.

③ 운전 중 변류기 2차를 개방하면 안 되는 이유 : 2차측에 고전압이 유기되어 철심 중의 자속이 급격히 증가하여 철손이 증가하므로 열이 발생하여 소손될 우려가 있기 때문

48. 계기용 변압기[PT]

2차측은 표준전압은 일반적으로 110[V]이다.

➢ **변압비**

$$a = \frac{V_1}{V_2} = \frac{N_1}{N_2} = \frac{I_2}{I_1} = \sqrt{\frac{Z_1}{Z_2}}$$

49. 전지의 이상현상

1) 국부작용

불순물에 의해 전지 내부에 국부적으로 전위차가 발생하여 기전력이 감소되는 현상

2) 성극작용(분극작용)

수소가스에 의해 기전력이 감소되는 현상

50. 충전방식

1) **부통충전** : 필요할 때마다 충전
2) **급속충전** : 짧은 시간에 충전
3) **부동충전**
   ① **충전기** : 상용부하 전력 부담
   ② **축전지** : 일시적인 대전류 부하에 대한 전력 부담

• 충전기 2차 충전전류[A]$= \dfrac{\text{축전지 정격용량[Ah]}}{\text{정격 방전율[h]}} + \dfrac{\text{상시부하[VA]}}{\text{표준전압[V]}}$

• 충전기 2차 차단기용량[VA]$=$ 충전기 2차 충전전류 $\times$ 표준전압

4) **세류충전** : 자기 방전량을 상시 충전
5) **균등충전** : 1~3개월마다 장시간 충전

51. 축전지 용량

$$C = \frac{1}{L} KI[\text{Ah}]$$

여기서, L : 보수율(0.8)
K : 용량환산시간계수
I : 방전전류

52. 3상 유도전동기 기동법

1) 전전압 기동법(직입기동) : 5[Hp](3.7[Kw]) 이하의 소용량
2) 감압 기동법(저전압기동)
   ① $Y-\Delta$ 기동법(Y 기동 시 기동전류가 $\frac{1}{3}$로 감소된다.)
   ② 기동보상법
   ③ 리액터기동법
   ④ 콘돌퍼기동법
   ⑤ 2차 저항법(비례추이원리)

53. 동기속도 · 회전자속도

① 동기속도 $N_S = \frac{120f}{P}[\text{rpm}]$

② 회전자속도 $N = N_s(1-s) = \frac{120f}{P}(1-s)[\text{rpm}]$

54. 직류 전동기

1) 속도제어 종류

① 계자제어법 ② 저항제어법 ③ 전압제어법

2) 제동방법

① 역전제동 ② 발전제동 ③ 회생제동 ④ 직류제동

55. 동기 발전기

① 1상의 유기기전력

$$E = 4.44KfN\phi[V]$$

여기서, K : 권선계수,
f : 주파수[Hz]
N : 1상의 권선수
ϕ : 1극의 자속[Wb]

② 동기 발전기 병렬운전 조건

기전력의 (크기 · 위상 · 파형 · 주파수 · 상회전 방향)이(가) 같을 것

56. V결선

① 고장 전 출력 $P_{\triangle} = 3P_1[\text{KVA}]$

② 고장 후 출력 $P_V = \sqrt{3}P_1[\text{KVA}]$

③ 출력비=0.577

④ 이용률=0.866

CHAPTER 02 소방수리학

1. 물질의 구분

구분	전단력 가할 시	전단력 제거 시
고체	변형	평형
유체(액체, 기체)	변형	변형

2. 유체의 분류

① 압축성 유체 : 압력의 변화에 따라서 체적과 밀도가 변하는 유체

② 비압축성 유체 : 압력의 변화에도 체적과 밀도가 변하지 않는 유체

③ 점성 유체 : 점성의 영향이 큰 유체

④ 비점성 유체 : 점성의 영향을 무시할 수 있는 유체

⑤ 이상유체(완전유체) : 비점성, 비압축성의 유체로 점성의 영향이 무시될 수 있고, 밀도가 변하지 않는 유체

3. 차원과 단위

구분		절대단위			중력단위		
		질량	길이	시간	중량	길이	시간
차원		M	L	T	F	L	T
단위	MKS계	kg	m	s	kgf	m	s
	CGS계	g	cm	s	gf	cm	s

4. 무차원수

레이놀즈 수	프루드 수	마하 수	코시 수	웨버 수	오일러 수
$\frac{관성력}{점성력}$	$\frac{관성력}{중력}$	$\frac{관성력}{탄성력}$	$\frac{관성력}{탄성력}$	$\frac{관성력}{표면장력}$	$\frac{압력}{관성력}$
$Re = \frac{\rho VD}{\mu}$	$Fr = \frac{V}{\sqrt{Lg}}$	$Ma = \frac{V}{\sqrt{K/\rho}}$	$Ca = \frac{\rho V^2}{K}$	$We = \frac{\rho L V^2}{\sigma}$	$Eu = \frac{2P}{\rho V^2}$

5. 기본단위에 붙이는 접두사

접두사	약자	크기	접두사	약자	크기
tetra−	T−	10^{12}	centi−	c−	10^{-2}
giga−	G−	10^{9}	mili−	m−	10^{-3}
mega−	M−	10^{6}	micro−	μ−	10^{-6}
kilo−	k−	10^{3}	nano−	n−	10^{-9}
hectro−	h−	10^{2}	pico−	p−	10^{-12}
deka−	da−	10	femto−	f−	10^{-15}
deci−	d−	10^{-1}	atto−	a−	10^{-18}

6. 주요 물리량의 단위

물리량	기호	중력단위	절대단위
길이	l	m	m
질량	m	$\frac{kg_f \cdot s^2}{m}$	kg
시간	t	s	s
면적	A	m^2	m^2
체적	V	m^3	m^3
속도	v	$\frac{m}{s}$	$\frac{m}{s}$
가속도	a	$\frac{m}{s^2}$	$\frac{m}{s^2}$
각속도	w	$\frac{rad}{s}$	$\frac{rad}{s}$
밀도	ρ	$\frac{kg_f \cdot s^2}{m^4}$	$\frac{kg}{m^3}$
비중량	γ	$\frac{kg_f}{m^3}$	$\frac{kg}{m^2 \cdot s^2}$
힘(무게)	F	kgf	N, $\frac{kg \cdot m}{s^2}$
압력	p	$\frac{kg_f}{m^2}$	$\frac{N}{m^2}$(Pa)
동력	P	$\frac{kg_f \cdot m}{s}$	W(J/s), $\frac{kg \cdot m^2}{s^3}$
일(에너지)	W	$kg_f \cdot m$	J, N · m, $\frac{kg \cdot m^2}{s^2}$

물리량	기호	중력단위	절대단위
점성계수	μ	$\frac{kg_f \cdot s}{m^2}$	$\frac{N \cdot s}{m^2}$
동점성계수	ν	$\frac{m^2}{s}$	$\frac{m^2}{s}$
상용온도	θ	℃	℃
절대온도	θ	°K	°K
기체상수	R	$\frac{m}{°K}$	$\frac{kJ}{kg \cdot °K}$

7. 주요 물리량

1) 힘(force) : 뉴턴의 운동 제2법칙

① $F[\text{N}] = m \cdot a$

② $1[\text{N}] = 1[\text{kg}] \times 1\left[\frac{\text{m}}{\text{s}^2}\right] = 1\left[\frac{\text{kg} \cdot \text{m}}{\text{s}^2}\right]$

$= 10^3[\text{g}] \times 10^2\left[\frac{\text{cm}}{\text{s}^2}\right] = 10^5\left[\frac{\text{g} \cdot \text{cm}}{\text{s}^2}\right]$

2) 중량(weight, 무게)

① $W = m \times g$

② $1[\text{kg}_f] = 9.8[\text{N}]$

$$1[\text{kg}_f] = 9.8[\text{N}] = 9.8\left[\frac{\text{kg} \cdot \text{m}}{\text{s}^2}\right],\ 1[\text{kg}] = \frac{1}{9.8}\left[\frac{\text{kg}_f \cdot \text{s}^2}{\text{m}}\right]$$

3) 압력(pressure)

① $p = \frac{F}{A}\left[\frac{\text{N}}{\text{m}^2} = \text{Pa}\right]$

② 표준 대기압 1atm=760[mmHg]=0.76[mHg]

=10,332[mmH_2O]=10.332[mH_2O]

=1.0332[kgf/cm^2]=10,332[kgf/m^2]

=101,325[N/m^2][Pa]=0.101325[MPa]

=1,013[mbar]=14.7Psi[lbf/in^2]

4) 밀도(density)

① 액체의 밀도

㉠ $\rho = \frac{\text{물체의 질량}}{\text{물체의 부피}} = \frac{m}{V}\left[\frac{\text{kg}}{\text{m}^3}\right]\left[\frac{\text{kg}_f \cdot \text{s}^2}{\text{m}^4}\right]$

㉡ 4[℃] 물의 밀도

- SI단위 : $1,000\left[\frac{kg}{m^3}\right]$
- 중력단위 : $102\left[\frac{kg_f \cdot s^2}{m^4}\right]$

② 기체의 밀도

㉠ 표준상태(0℃, 1기압)일 때

$$\rho = \frac{분자량[kg]}{22.4[m^3]} = \frac{분자량[g]}{22.4[l]}$$

㉡ 표준상태가 아닐 때

$$\rho = \frac{PM}{RT}$$

여기서, ρ : 밀도[kg/m³]

P : 압력[N/m²]

M : 분자량[kg/k−mol]

T : 절대온도[K]

R : 기체정수[N · m/k−mol · K]

5) 비체적(specific)

① $v_s = \frac{물체의 부피}{물체의 질량} = \frac{V}{m}$

② SI단위 $v_s = \frac{1}{\rho}\left[\frac{m^3}{kg}\right]$

③ 중력단위 $v_s = \frac{1}{\rho}\left[\frac{m^4}{kg_f \cdot s^2}\right]$

6) 비중량(speckfic weight)

① $\gamma = \frac{물체의 중량}{물체의 부피} = \frac{W}{V} = \frac{m \cdot g}{V} = \rho \cdot g\left[\frac{N}{m^3}\right]\left[\frac{kg_f}{m^3}\right]$

② 4[℃] 물의 비중량

㉠ 0 SI단위 $9,800\left[\frac{N}{m^3}\right]$

㉡ 중력단위 $1,000\left[\frac{kg_f}{m^3}\right]$

7) 비중(specific gravity)

① 액비중

$$s = \frac{물체의 밀도(\rho)}{4[℃]물의 밀도(\rho_w)} = \frac{물체의 비중량(\gamma = \rho \cdot g)}{4[℃]물의 비중량(\gamma_w = \rho_w \cdot g)}$$

② 기체비중(증기비중)

$$s = \frac{\text{측정기체의 분자량[kg]}}{\text{공기의 평균 분자량[kg]}} = \frac{\text{측정기체의 밀도[kg/m}^3\text{]}}{\text{공기의 밀도[kg/m}^3\text{]}}$$

➲ 공기의 평균 분자량 ≒ 29

8) 일(work)

$$[\text{일}] = [\text{힘}] \times [\text{거리}], \quad 1[\text{J}] = 1[\text{N}] \times 1[\text{m}]$$

9) 동력(power)

① $\text{동력} = \dfrac{\text{일량}}{\text{시간}}$

② 절대단위

$$1\left[\frac{\text{J}}{\text{s}}\right] = 1\left[\frac{\text{N}\cdot\text{m}}{\text{s}}\right] = 1\left[\frac{\text{kg}\cdot\text{m}}{\text{s}^2}\,\frac{\text{m}}{\text{s}}\right] = 1\left[\frac{\text{kg}\cdot\text{m}^2}{\text{s}^3}\right] = 1[\text{W}]$$

③ 중력단위

$$1\left[\frac{\text{kg}\cdot\text{m}^2}{\text{s}^3}\right] = 1 \times \frac{1}{9.8}\left[\frac{\text{kg}_\text{f}\cdot\text{s}^2}{\text{m}}\,\frac{\text{m}^2}{\text{s}^3}\right] = 0.102\left[\frac{\text{kg}_\text{f}\cdot\text{m}}{\text{s}}\right]$$

$$1[\text{kW}] = 102\left[\frac{\text{kg}_\text{f}\cdot\text{m}}{\text{s}}\right] \quad 1[\text{Hp}] = 76\left[\frac{\text{kg}_\text{f}\cdot\text{m}}{\text{s}}\right] \quad 1[\text{Ps}] = 75\left[\frac{\text{kg}_\text{f}\cdot\text{m}}{\text{s}}\right]$$

10) 온도(temperature)

① 섭씨온도[℃]와 화씨온도[℉]

표준 대기압하에서 순수한 물을 기준

구분	어는점	끓는점	비고
[℃]	0	100	100등분
[℉]	32	212	180등분

➢ 섭씨온도와 화씨온도의 관계

섭씨온도를 화씨온도로 변환 : $\text{F} = 1.8\text{℃} + 32$

화씨온도를 섭씨온도로 변환 : $\text{℃} = \dfrac{1}{1.8}(\text{°F} - 32)$

② 절대온도

㉠ 켈빈(Kelvin) 온도 : K=℃+273.15

㉡ 랭킨(Rankine) 온도 : R=℉+460

8. 이상기체에 적용되는 식

1) 보일(Boyle)의 법칙

$$PV=C,\quad P_1V_1=P_2V_2$$

2) 샤를(Charles)의 법칙

$$\frac{V}{T}=C,\quad \frac{V_1}{T_1}=\frac{V_2}{T_2}$$

3) 보일-샤를(Boyle-Charles)의 법칙

$$\frac{PV}{T}=C,\quad \frac{P_1V_1}{T_1}=\frac{P_2V_2}{T_2}$$

4) 아보가드로의 법칙

① 같은 온도와 압력에서 기체들은 그 종류에 관계없이 일정한 부피 속에는 같은 수의 분자가 들어 있다.

② 모든 기체 1mol이 표준상태(0℃, 1기압)에서 차지하는 체적은 22.4l이고 그 속에는 6.023×10^{23}개의 분자가 존재한다.

5) 이상기체 상태방정식

$$PV=nRT\text{에서 } n=\frac{m}{M},\quad PV=\frac{m}{M}RT$$

6) 돌턴의 분압법칙

① 혼합물의 부피는 각 성분 기체의 부피의 합과 같다.($V=V_1+V_2+V_3\cdots V_n$)

② 혼합 기체 내에서 각 성분 기체가 가지는 압력, 즉 분압의 합은 혼합 기체가 나타내는 압력(전압)과 같다.($P=P_1+P_2+P_3\cdots P_n$)

③ 각 성분의 분압의 비는 각 성분의 몰 분율의 비와 같다.

$$\left(P_1:P_2:P_3:\cdots:P_n=\frac{n_1}{n}:\frac{n_2}{n}:\frac{n_3}{n}:\cdots:\frac{n_n}{n}\right)$$

7) 그레이엄의 확산속도의 법칙

$$\frac{U_2}{U_1} = \sqrt{\frac{M_1}{M_2}} = \sqrt{\frac{\rho_1}{\rho_2}}$$

9. 액체의 성질

1) Newton의 점성법칙

식	유체의 점성계수 μ가 작용	$\tau = \left(\frac{F}{A}\right)$
$F = A\frac{\Delta u}{\Delta y}$	$F = \mu A\frac{\Delta u}{\Delta y}$	$\tau = \mu\frac{du}{dy}$

2) 점성계수(Coefficient of Viscosity)

① 절대점성계수(Absolute Viscosity) : μ

㉠ $\mu = \frac{\tau}{du/dy} = \frac{전단력/면적}{속도/거리}$

㉡ $1P = 100CP = 1[g/cm \cdot s] = 0.1[kg/m \cdot s] = 0.1[N \cdot s/m^2]$

▼ 점성계수의 단위 및 차원

구 분	단위	차원
절대단위	$kg/m \cdot s$, $g/cm \cdot s$	$[ML^{-2}T^{-2}]$
중력단위	$kgf \cdot s/m^2$, $gf \cdot s/cm^2$	$[FTL^{-2}]$

② 동점성계수(Kinematic Viscosity) : ν

㉠ $\nu = \frac{\mu}{\rho} = \frac{g/cm \cdot s}{g/cm^3} = \frac{cm^2}{s}$

㉡ $1St = 100cSt = 1cm^2/s = 1 \times 10^{-4}m^2/s$

3) 표면장력(Surface Tension)

① 분자력에 의해 액면을 유지시키려고 하는 단위길이당 인장력. 단위는 [N/m]

② $\sigma = \frac{Pd}{4}$

4) 체적탄성계수와 압축률

① 체적탄성계수(Bulk Modulus) : K

$$K = -\frac{\Delta P}{\frac{\Delta V}{V}} = \frac{\Delta P}{\frac{\Delta \rho}{\rho}}$$

② 압축률(Compressibility, 壓縮率) : β

$$\beta = \frac{1}{K} = -\frac{\frac{\Delta V}{V}}{\Delta P}$$

5) 아르키메데스의 원리

$$F = \gamma_1 V_1$$

- 부력 $F = \gamma_1 \cdot V_1$ (γ_1 : 유체의 비중량, V_1 : 잠긴 물체의 체적)
- 중량 $W = \gamma \cdot V$ (γ : 물체의 비중량, V : 물체의 전체 체적)

6) 파스칼의 원리

$$P_1 = P_2 \text{에서, } \frac{F_1}{A_1} = \frac{F_2}{A_2} \left(A_1 = \frac{\pi D_1^2}{4},\ A_2 = \frac{\pi D_2^2}{4} \right)$$

10. 압력의 구분

1) 절대압력과 계기압력

① **절대압력**(Absolute Pressure) : 완전 진공을 기준으로 하여 측정한 압력

㉠ 대기압보다 클 경우 : 절대압력＝대기압＋계기압력

㉡ 대기압보다 작을 경우 : 절대압력＝대기압－진공압력

② **게이지압력**(Gauge Pressure) : 대기압을 0으로 보는 압력

③ **진공압력**(Vacuum Pressure) : 진공계가 지시하는 압력

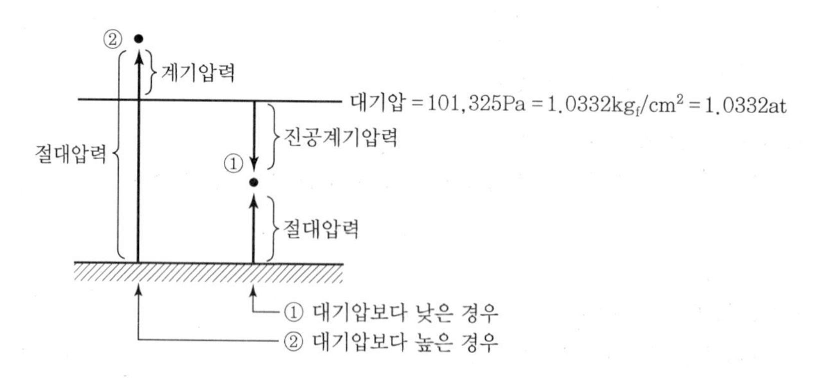

2) 압력의 측정

① 액주계(Manometer, 液柱計)

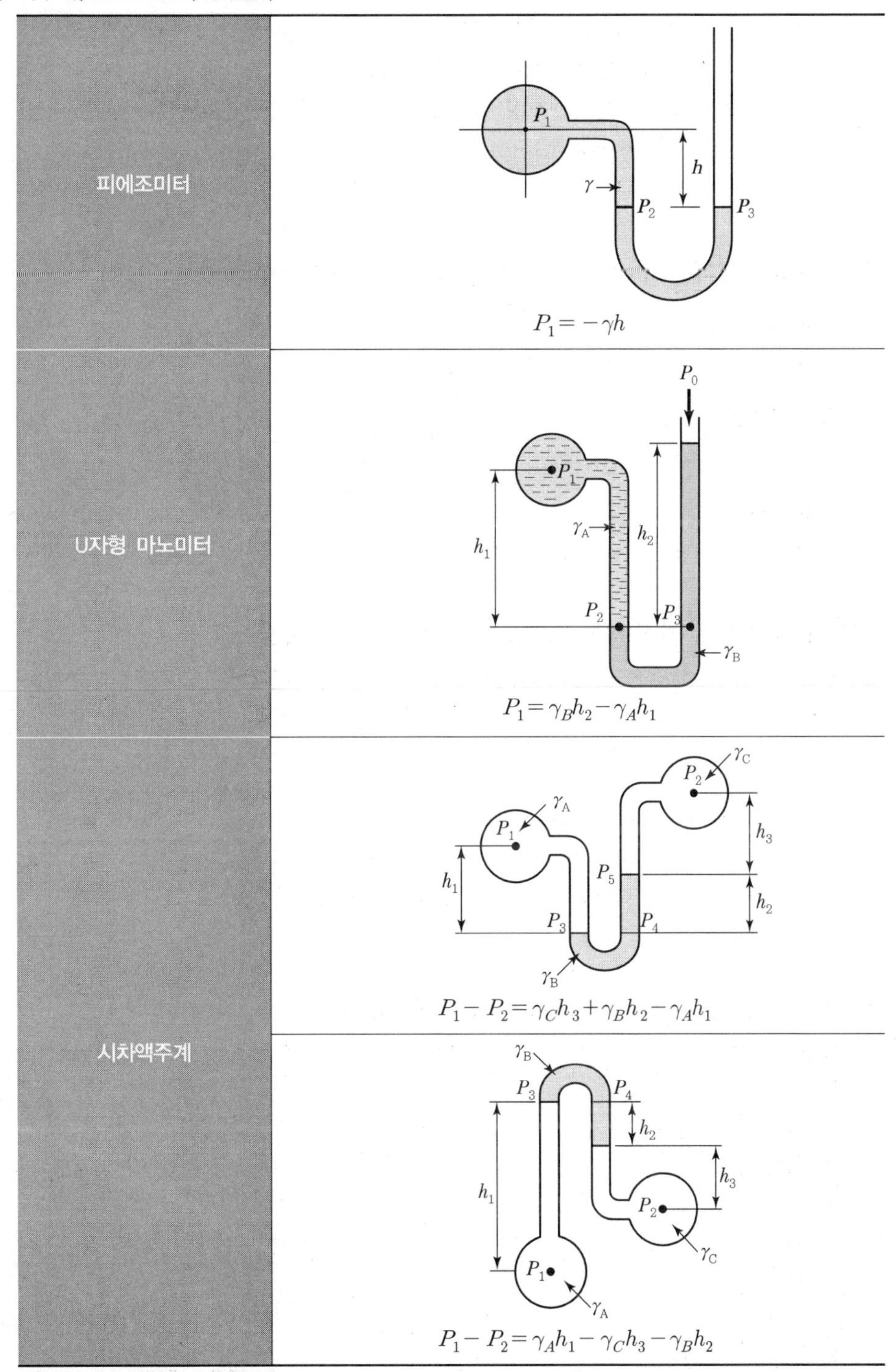

② 탄성압력계

㉠ 브루동 압력계(Bourdon Pressure Gauge)

금속의 탄성을 이용한 것. 최대 측정 가능 범위 : 보통 $1 \sim 2,000 kgf/cm^2$

㉡ 다이어프램 압력계(Diaphragm Pressure Gauge)

다이어프램의 변형을 이용하여 미소압력을 측정, 측정압력은 $20 \sim 5,000 mmH_2O$

㉢ 벨로스 압력계(Bellows Type Pressure Gauge)

저압 측정용. 측정압력은 $0.01 \sim 10 kgf/cm^2$

11. 연속방정식(Equation of Continuity) : 질량보존의 법칙

1) 체적유량

$Q[m^3/s] = AV \quad Q_1 = Q_2$이므로 $A_1 V_1 = A_2 V_2$

2) 질량유량

$G[kg/s] = AV\rho \quad m_1 = m_2$이므로 $A_1 V_1 \rho_1 = A_2 V_2 \rho_2$

3) 중량유량

$W[kgf/s] = AV\gamma \quad w_1 = w_2$이므로 $A_1 V_1 \gamma_1 = A_2 V_2 \gamma_2$

12. 오일러의 운동방정식(Euler Equation of Motion)

오일러의 운동방정식을 적분한 것이 베르누이 방정식이다.

$$\frac{dP}{\gamma} + \frac{vdv}{g} + dz = 0$$

> ➤ **오일러의 운동방정식의 가정 조건**
> - 유체는 유선을 따라 흐른다.
> - 유체의 유동은 정상류이다.
> - 유체는 비압축성 유체이다.
> - 유체는 비점성 유체이다.

13 베르누이 방정식(Bernoulli's Equation) : 에너지 보존의 법칙

에너지로 표현	$\frac{1}{2}mv^2$	+	mgh	+	PV	=	C	[N · m]
	운동 E		위치 E		압력 E			
수두로 표현	$\frac{v^2}{2g}$	+	h	+	$\frac{P}{\gamma}$	=	C	[m]
	속도수두		위치수두		압력수두			
압력으로 표현	$\frac{v^2}{20g}$	+	$\frac{1}{10}h$	+	P_n	=	C	[kgf/cm^2]
	동압		낙차압		정압			

> **베르누이 방정식의 가정조건**
> - 정상상태의 흐름이다.(정상유동이다.)
> - 비점성 유체이다.(마찰력이 없다.)
> - 유체입자는 유선을 따라 움직인다.(적용되는 임의의 두 점은 같은 유선상에 있다.)
> - 비압축성 유체의 흐름이다.

14. 베르누이 방정식의 응용

1) 토리첼리의 정리(Torricelli Principle)

$V_2[\mathrm{m/s}] = \sqrt{2gH}\,(Z_1 - Z_2 = H)$

2) 피토관(Pitot Tube)

① 관 속의 유속 $V_1[\mathrm{m/s}] = \sqrt{\dfrac{2g}{\gamma}(P_s - P_1)}$

② 관 속의 유속 $V_1[\mathrm{m/s}] = \sqrt{2gh\left(\dfrac{\gamma_s}{\gamma} - 1\right)}$

3) 벤투리관(Venturi Tube)

① $V_2[\mathrm{m/s}] = \dfrac{1}{\sqrt{1 - \left(\dfrac{D_2}{D_1}\right)^4}} \times \sqrt{2gh\left(\dfrac{\gamma_s}{\gamma} - 1\right)}$

② $Q[\mathrm{m^3/s}] = A_2 V_2$

$$= \frac{\pi D_2^2}{4} \times \frac{1}{\sqrt{1 - \left(\dfrac{D_2}{D_1}\right)^4}} \times \sqrt{2gh\left(\frac{\gamma_s}{\gamma} - 1\right)}$$

4) 실제 유체에 대한 베르누이 방정식

① 베르누이 방정식을 실제 유체에 적용

$$H_L[\mathrm{m}] = \frac{P_1 - P_2}{\gamma} + \frac{V_1^2 - V_2^2}{2g} + (Z_1 - Z_2)$$

> **손실수두 $H_L[\mathrm{m}]$**
>
> 배관의 단면적이 변하는 부분이나 배관 부속기기(엘보, 티, 밸브 등)에서 발생하는 유체 마찰로 인하여 유체가 원래 가졌던 압력에너지의 손실을 수두로 나타낸 양을 말한다.

② 펌프가 유체에 가해지는 에너지를 베르누이 방정식으로 나타낼 경우

$$H_P[\mathrm{m}] = \frac{P_2 - P_1}{\gamma} + \frac{V_2^2 - V_1^2}{2g} + (Z_2 - Z_1) + H_L$$

15. 실제 유체의 흐름

1) 유체 흐름의 구분

구분	레이놀즈 수	내용
층류	$Re \leq 2,100$	유체가 질서정연하게 흐르는 흐름
난류	$Re \geq 4,000$	유체가 무질서하게 흐르는 흐름
임계(천이)영역	$2,100 < Re < 4,000$	층류에서 난류로 바뀌는 영역

2) 레이놀즈 수

$$\text{Re No} = \frac{\rho VD}{\mu} = \frac{VD}{\nu}$$

3) 유체의 마찰 손실

① 주손실

㉠ 다르시-바이스바흐식(Darcy-Weisbach) : 모든 유체의 층류, 난류에 적용

$$h_L = f \cdot \frac{L}{D} \cdot \frac{V^2}{2g} = K \cdot \frac{V^2}{2g} [\text{m}]$$

> ➤ f(관마찰계수)
>
> • 층류일 때 $f = \frac{64}{Re}$
>
> • 난류일 때 $f = 0.3164 Re^{-\frac{1}{4}}$ (단, $Re \leq 10^5$)

㉡ 하젠-포아즈웰 방정식(Hagen Poiseuille Equation) : 층류에 적용

압력강하(ΔP)$= \frac{128\mu LQ}{\pi D^4} = \frac{32\mu LV}{D^2}$ [$\text{N/m}^2 = \text{Pa}$]

㉢ 하젠-윌리엄스식(Hazen-Willams Fomula) : 난류 흐름인 물에 적용

[SI 단위] $P = 6.053 \times 10^4 \times \frac{Q^{1.85}}{C^{1.85} \times d^{4.87}} \times L$ [MPa]

[중력단위] $P_f = 6.174 \times 10^5 \times \frac{Q^{1.85}}{C^{1.85} \times d^{4.87}} \times L$ [$\text{kg}_\text{f}/\text{cm}^2$]

㉣ 수력반경(Hydraulic Radius) : 원 관 이외의 관이나 덕트 등에서의 마찰손실을 계산

• 수력반경$(R_h) = \frac{\text{유동단면적}(\text{m}^2)}{\text{접수길이}(\text{m})}$

• 손실수두$(h_L) = f \frac{L}{4R_h} \frac{V^2}{2g}$

- 단면이 원형인 관의 수력반경 $R_h = \dfrac{\dfrac{\pi D^2}{4}}{\pi D} = \dfrac{D}{4}$ $\quad \therefore\ D = 4R_h$
- 단면이 사각형인 관의 수력반경 $R_h = \dfrac{가로 \times 세로}{2(가로 + 세로)}$
- 단면이 동심 2중관의 수력반경 $R_h = \dfrac{1}{4}(D-d)$

② 부차적 손실 : 주 손실 외의 관 부속물(밸브, 엘보, 티 등)에서의 마찰손실

$h_L = K\dfrac{V^2}{2g}$ (부차적 손실은 속도수두에 비례한다.)

㉠ 돌연 확대 손실

$$h_L = \frac{(V_1 - V_2)^2}{2g} = \left(1 - \frac{A_1}{A_2}\right)^2 \cdot \frac{V_1^2}{2g} = K \cdot \frac{V_1^2}{2g}$$

> **➤ 돌연 확대부분에서의 손실계수**
>
> $$K = \left(1 - \frac{A_1}{A_2}\right)^2$$

㉡ 돌연 축소 손실

$$h_L = \frac{(V_0 - V_2)^2}{2g} = \left(\frac{1}{C_c} - 1\right)^2 \cdot \frac{{V_2}^2}{2g} = K \cdot \frac{{V_2}^2}{2g}$$

> **➤ 돌연 축소부분에서의 손실계수**
>
> $$K = \left(\frac{1}{C_c} - 1\right)^2$$

16. 배관의 종류

1) 배관용 강관(Steel Pipe)

① 배관용 탄소강관(SPP, KS D 3507)

㉠ 사용압력(1.2MPa 미만)이 낮은 유체(물이나 가스 등)에 사용되는 배관이다.

㉡ 백관 : 내식성을 주기 위해 강관에 용융 아연 도금을 한 것

㉢ 흑관 : 도금은 하지 않고, 1차 방청도장만 한 것

② 압력 배관용 탄소강관(SPPS, KS D 3562)

㉠ 소화설비 배관 중 주로 고압(사용압력 1.2MPa 이상, 10MPa 이하)인 유체에 사용되는 배관이다.

㉡ 관의 호칭은 지름과 두께로 나타내며, 관의 두께는 스케줄 번호로 나타낸다.

③ 고압 배관용 탄소강관(SPPH, KS D 3564)

고압(사용압력 10MPa 이상)의 배관에 주로 사용하는 배관이다.

④ 고온 배관용 탄소강관(SPHT, KS D 3570)

고온 증기관(사용온도 350℃ 이상)에 주로 사용되는 배관이다.

➢ **강관의 두께**

$$\text{Sch.No} = \frac{P}{S} \times 1{,}000$$

여기서, P : 사용압력(MPa), S : 허용응력(N/mm^2) = $\frac{\text{인장강도}}{\text{안전율}}$

Sch. No는 무차원수로 10, 20, 30, 40, 80 등이 있으며 번호가 클수록 두꺼운 관이다.

➢ **강관의 특성**

1. 충격, 진동에 대한 저항력이 크고, 외력에도 잘 파괴되지 않는다.
2. 용접성이 우수하다.
3. 반영구적인 내식성이 있다.
4. 보수가 용이하다.
5. 주철관에 비해 가볍고 인장강도가 크다.

2) 동 및 동합금관

열과 전기의 양도체로 내식성이 우수하고 가공이 용이하며, 마찰저항은 적으나 기계적 성질이 약하므로 아연(Zn), 주석(Sn), 규소(Si), 니켈(Ni) 등을 첨가시켜 기계적 성질을 개량한 동 합금관을 사용한다.

3) 주철관

고급 주철관, 덕 타일 주철관 등이 있으며, 인장강도는 25 ~45kgf/mm이다. 모르타르 라이닝 도장 등을 하며, 이음에는 소켓형, 플랜지형, 메커니컬 조인트 등이 있다.

4) 스테인리스 강관(STS)

내식성이 우수하고, 강관에 비해 저온 충격성, 기계적 성질이 좋으며 두께가 얇고 위생적이다.

5) 염소화염화비닐수지 배관(CPVC ; Chlorinated Poly Vinyl Chloride)

C factor 150으로 마찰손실이 없고 반영구적으로 사용이 가능하다.

17. 강관의 이음

1) 나사이음

소구경(관경 50mm 이하)의 저압용 탄소강관의 접합에 사용되는 이음방법이다.

2) 용접이음

대구경(관경 50mm 이상)의 배관에 사용되는 이음방법으로 맞대기 용접, 삽입형 용접, 플랜지 용접 등이 있다.

3) 플랜지 이음

기기의 접속 및 관을 자주 해체 또는 교환할 필요가 있는 곳에 적합하다.

4) 그루브 이음(Grooved Joint)

그루브 커플링을 설치하여 연결하는 방식이다.

18. 관 부속물

1) 관 이음쇠의 종류

① 배관의 방향을 변경 : 엘보, 티

② 배관을 연결 : 유니온, 플랜지, 니플, 소켓

③ 배관의 지름을 변경 : 리듀서, 부싱

④ 배관을 분기 : 티, 와이, 크로스

⑤ 배관의 말단 부분 : 플러그, 캡

2) 신축이음(Expansion Joints)

강관은 30m마다, 동관은 20m마다 1개씩 설치한다.

① 루프형(Loop Expansion Joints)

고온 및 고압의 옥외 배관에 가장 많이 설치하며, 곡률반경은 관 지름의 6배 이상으로 한다.

② 벨로스형(Bellows Expansion Joints)

공간은 많이 필요하지 않으나, 누수의 염려가 있고, 고압의 배관에는 부적합하다.

③ 슬리브형(Sleeve Expansion Joints)

물, 온수, 기름 등의 배관에 널리 사용되며, 장시간 사용 시 패킹의 마모로 누수가 발생할 수 있다.

④ 스위블형(Swivel Expansion Joints)

2개 이상의 엘보를 이용하며, 설치비는 저렴하나 신축량이 큰 배관의 경우 나사 이음부에서 누설이 발생할 수 있으므로, 부적당하다.

> ➤ **신축이음의 신축흡수율 크기**
> 루프형 > 슬리브형 > 벨로스형 > 스위블형

19. 밸브(Valve)

1) 게이트 밸브(Gate Valve)

① 개폐 여부를 육안으로 식별할 수 있는 개폐표시형 밸브이다.

② 소화설비용 개폐밸브로 많이 사용하나, 유량조절용으로는 부적합하다.

2) 스톱 밸브(Stop Valve)

유체의 흐름을 차단하거나, 유량을 제어할 수 있는 밸브로서 밸브 내에서 유체의 흐름방향을 변경할 수 있다.

① 글로브 밸브 : 펌프 성능시험배관의 유량조절밸브로 가장 적합하다.
② 앵글 밸브(Angle Valve) : 옥내소화전설비의 방수구, 스프링클러설비의 유수검지장치의 배수밸브 등과 같이 유체의 흐름 방향을 직각으로 변경하는 경우에 사용한다.

3) 버터플라이 밸브(Butterfly Valve)

신속히 개폐할 수 있으나 누설의 우려가 많고 마찰손실이 커서 소화설비의 흡입 측 배관에는 사용할 수 없는 밸브이다.

4) 체크 밸브(Check Valve) : 역류방지기능

① **스윙형(Swing Check Valve)** : Disk가 상하로 개폐되며, 수평 및 수직 배관에 사용이 가능하다.
② **리프트형(Lift Check Valve)** : 밸브가 수직으로 개폐되는 형식으로 수평 및 수직 배관에 모두 사용이 가능하다.

> ➤ **스모렌스키 체크 밸브**
> 1. 충격에 강해 소화설비용 토출 측 배관에 가장 많이 사용된다.
> 2. By-pass 밸브를 이용하여 수동으로 물을 역류시킬 수 있다.

5) 안전밸브(Safety Valve)

작동압력이 고정되어 있으며, 압력챔버 상부에 설치 시 압축공기가 배출된다.

6) 릴리프밸브(Relief Valve)

작동압력을 임의로 조정할 수 있으며, 펌프의 체절압력 미만에서 개방된다.

20. 펌프

1) 원심펌프(Centrifugal Pump)

볼류트 펌프	터빈 펌프
케이싱 내부에 안내깃이 없다.	케이싱 내부에 안내깃이 있다.
양정이 낮고 토출량이 많은 곳에 사용	양정이 높고 토출량이 적은 곳에 사용

2) 왕복펌프

① 피스톤의 왕복직선운동에 의해 실린더 내부가 진공이 되어 액체를 송수하는 펌프
② 양정이 크고, 유량이 작은 경우에 적합

3) 회전펌프

기어, 베인, 스크류(나사) 등 케이싱 내의 회전자를 회전시켜 회전운동에 의해 액체를 연속으로 수송하는 펌프로 점성이 큰 액체의 압송에 적합

4) 펌프의 동력

수동력 (Water Horse Power)	축동력 (Brake Horse Power)	전달동력 (Electrical or Engine Horse Power)
펌프에 의해 유체(물)에 주어지는 동력	모터에 의해 펌프에 주어지는 동력	실제 운전에 필요한 동력
$P_w = \dfrac{\gamma \times Q \times H}{102 \times 60}$[kW]	$P_s = \dfrac{\gamma \times Q \times H}{102 \times 60 \times \eta}$[kW]	$P = \dfrac{\gamma \times Q \times H}{102 \times 60 \times \eta} \times K$[kW]

5) 펌프의 상사(相似)법칙

구분	펌프 1대	펌프 2대
유 량	$Q_2 = \dfrac{N_2}{N_1} \times Q_1$	$Q_2 = \dfrac{N_2}{N_1} \times \left(\dfrac{D_2}{D_1}\right)^3 \times Q_1$
양 정	$H_2 = \left(\dfrac{N_2}{N_1}\right)^2 \times H_1$	$H_2 = \left(\dfrac{N_2}{N_1}\right)^2 \times \left(\dfrac{D_2}{D_1}\right)^2 \times H_1$
축동력	$L_2 = \left(\dfrac{N_2}{N_1}\right)^3 \times L_1$	$L_2 = \left(\dfrac{N_2}{N_1}\right)^3 \times \left(\dfrac{D_2}{D_1}\right)^5 \times L_1$

6) 비속도(비교회전도)

$$N_s = \frac{N\sqrt{Q}}{\left(\dfrac{H}{n}\right)^{\frac{3}{4}}}$$

7) 펌프의 압축비

$$K = \sqrt[n]{\frac{P_2}{P_1}}$$

8) 펌프의 직 · 병렬 연결

구분		직렬 연결	병렬 연결
성 능	유량(Q)	Q	$2Q$
	양정(H)	$2H$	H

9) 유효흡입수두(NPSHav ; Available Net Positive Suction Head)

$$NPSH_{av} = 10.3 \pm H_h - H_f - H_v$$

① $\boldsymbol{H_h}$: 펌프의 흡입양정(낙차환산수두)[m]

㉠ 수조가 펌프보다 낮은 경우 : $-H_h$

㉡ 수조가 펌프보다 높은 경우 : $+H_h$

② H_f : 흡입배관의 마찰손실 수두[m]

=직관의 손실수두+관 부속류 등의 손실수두

③ H_v : 물의 포화증기압 환산수두[m]

10) 필요흡입수두(NPSHre ; Required Net Positive Suction Head)

① Thoma의 캐비테이션 계수

$$NPSH_{re} = \sigma H$$

② 실험에 의한 방법

$$\frac{NPSH_{re}}{H} = 0.03 \quad \therefore \ NPSH_{re} = 0.03 \times H$$

③ 비속도에 의한 계산

$$N_s = \frac{N\sqrt{Q}}{H^{\frac{3}{4}}} \quad \therefore \ H_{re} = \left(\frac{N\sqrt{Q}}{N_s}\right)^{\frac{4}{3}}$$

> **Cavitation이 발생되지 않을 조건**
>
> $NPSH_{av} \geq NPSH_{re}$
>
> **설계 조건**
>
> $NPSH_{av} \geq NPSH_{re} \times 1.3$

11) 공동(Cavitation)현상

발생원인	방지법
• 펌프의 설치 위치가 수원보다 높을 경우 • 펌프의 흡입관경이 작은 경우 • 펌프의 마찰손실, 흡입 측 수두가 큰 경우 • 흡입 측 배관의 유속이 빠른 경우 • 펌프의 흡입 압력이 유체의 증기압보다 낮은 경우	• 펌프 위치를 가급적 수면에 가깝게 설치한다. • 펌프의 회전수를 낮춘다. • 흡입 관경을 크게 한다. • 2대 이상의 펌프를 사용한다. • 양흡입 펌프를 사용한다.

12) 수격(Water Hammering)작용

발생원인	방지법
• 펌프의 급격한 기동 또는 정지를 하는 경우 • 밸브의 급격한 개방 또는 폐쇄를 하는 경우	• 펌프에 플라이휠(Fly Wheel)을 설치한다. • 펌프 토출 측에 Air Chamber를 설치한다. • 배관의 관경을 가능한 한 크게 하여 유속을 낮춘다. • 토출 측에 수격방지기(Water Hammering Cushion)를 설치한다. • 각종 밸브는 서서히 조작한다. • 대규모 설비에는 Surge Tank를 설치한다.

13) 맥동(Surging)현상

발생원인	방지법
• 펌프의 양정곡선이 산형 곡선이고 곡선의 상승부에서 운전이 되는 경우 • 배관의 개폐밸브가 닫혀 있는 경우 • 유량조절밸브가 탱크 뒤쪽에 있는 경우 • 배관 중에 공기탱크나 물탱크가 있는 경우	• 배관 내 필요 없는 수조는 제거한다. • 배관 내 기체상태인 부분이 없도록 한다. • 펌프의 양수량을 증가시키거나 임펠러의 회전수를 변경한다. • 유량조절밸브를 펌프 토출 측 직후에 설치한다. • 배관 내 유속을 조절한다.

21. 송풍기

1) 풍압에 의한 분류

① Fan : 압력 상승이 0.1[kgf/cm^2] 이하인 것

② Blower : 압력 상승이 0.1[kgf/cm^2] 이상, 1.0[kgf/cm^2] 이하인 것

③ 압축기 : 압력 상승이 1.0[kgf/cm^2] 이상인 것

2) 형식에 의한 분류

① 원심식 송풍기

㉠ 다익형 송풍기 : 소음이 높고 효율이 낮아 주로 국소통풍용, 저속덕트용, 소방의 배연 및 급기가압용으로 사용된다.

㉡ 터보형 송풍기 : 고속덕트 공조용으로 사용된다.

㉢ 리밋 로드형 송풍기 : 공장의 환기 및 공조의 저속 덕트용으로 사용된다.

㉣ 익형 송풍기 : 효율이 대단히 높고 소음이 적어 고속회전이 가능하여 고속덕트용으로 사용된다.

② 축류식 송풍기 : 베인형, 튜브형, 프로펠러형 송풍기

> **➤ 프로펠러형 송풍기의 특징**
> • 고속운전에 적합하며 효율이 높다.
> • 풍량은 크지만 풍압이 낮다.
> • 소음이 심하다.
> • 환기, 배기용으로 사용한다.

3) 송풍기의 동력

공기동력 (Air Horse Power)	축동력 (Brake Horse Power)	전달동력 (Electrical or Engine Horse Power)
송풍기에 의해 유체(공기)에 주어지는 동력	모터에 의해 송풍기에 주어지는 동력	실제 운전에 필요한 동력
$P_a = \dfrac{P_t \times Q}{102 \times 60}$[kW]	$P_s = \dfrac{P_t \times Q}{102 \times 60 \times \eta}$[kW]	$P = \dfrac{P_t \times Q}{102 \times 60 \times \eta} \times K$[kW]

4) 송풍기의 번호

① 원심식 송풍기

$$No = \frac{\text{임펠러의 바깥지름[mm]}}{150}$$

② 축류식 송풍기

$$No = \frac{\text{임펠러의 바깥지름[mm]}}{100}$$

CHAPTER 03 약제화학

1. 소화약제의 분류

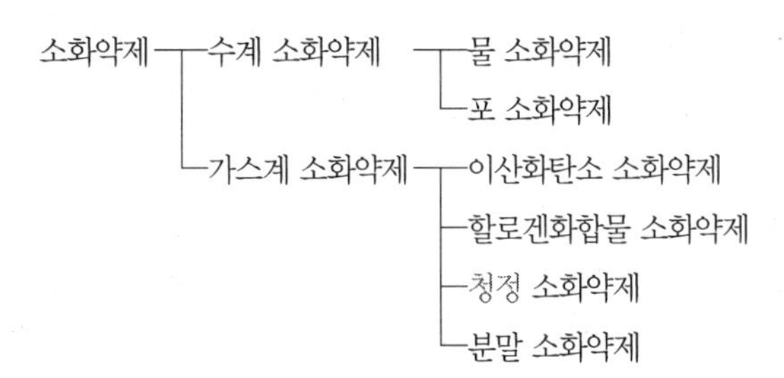

2. 물 소화약제

1) 물의 소화효과

냉각효과	물의 높은 증발잠열은 화열보다 물에 의한 열손실을 크게 하여 냉각시키는 작용을 한다.
질식효과	물이 수증기로 기화되면 체적이 약 1,700배로 팽창되어 주변의 공기를 밀어내 산소농도를 낮추는 작용을 한다.
희석효과	수용성 액체 화재 시 물을 주입하면 가연성 물질의 농도를 낮추는 작용을 한다.
유화효과	가연성 액체 화재 시 물을 방사하게 되면 일시적으로 물과 기름이 혼합되는 Emulsion 현상이 발생하여 가연성 가스 방출 방지 및 산소 공급 차단 등의 효과가 있다.

2) 물의 특성

① 비열 : 1kcal/kg℃
② 증발잠열 : 539kcal/kg
③ 융해잠열 : 80kcal/kg
④ 기화 체적 : 약 1,700배
⑤ 비중 : 1
⑥ 밀도 : 1,000kg/m^3
⑦ 비중량 : 9,800N/m^3

3) 장점 및 단점

장 점	단 점
• 쉽게 구할 수 있으며, 독성이 없다. • 비열과 잠열이 커서 냉각효과가 크다. • 방사형태가 다양하다.(봉상주수, 적상주수, 무상주수) • 화학적으로 안정하여 첨가제를 혼합하여 사용할 수 있다.	• 0℃ 이하에서는 동결의 우려가 있다. • 소화 후 수손에 의한 2차 피해 우려가 있다. • B급 화재(유류화재), C급 화재(전기화재), D급 화재(금속 화재)에는 적응성이 없다.

4) 물 소화약제의 방사방법

구분	형태	적용설비	소화효과	적용화재
봉상	물이 가늘고 긴 물줄기 형상	옥내소화전, 옥외소화전	냉각	A급
적상	샤워기 형상	스프링클러	냉각	A급
무상	물안개 또는 구름의 형상	물분무, 미분무	질식, 냉각, 희석, 유화	A, B, C급

5) 소화효과 증대를 위한 첨가제

첨가제	특성
부동액 (Antifreeze Agent)	• 0℃ 이하의 온도에서 물의 특성상 동결로 인한 부피팽창에 의하여 배관을 파손하게 되므로 겨울철 등 한랭지역에서는 물의 어는 온도를 낮추기 위하여 동결 방지제인 부동액을 사용 • 부동액 : 에틸렌글리콜, 프로필렌글리콜, 글리세린 등
침투제 (Wetting Agent)	• 물은 표면장력이 크므로 심부화재에 사용 시 가연물에 깊게 침투하지 못하는 성질이 있다. 물에 계면활성제 첨가로 표면장력을 낮추어 침투효과를 높인 첨가제 • 침투제 : 계면활성제 등
증점제 (Viscosity Agent)	• 물의 점성을 강화하여 부착력을 증대시켜 산불화재 등에 사용하여 잎 및 가지 등에 소화가 곤란한 부분에 소화효과를 증대시키는 첨가제 • 증점제 : CMC 등
유화제 (Emulsifier Agent)	• 에멀션(물과 기름의 혼용상태) 효과를 이용하여 산소의 차단 및 가연성 가스의 증발을 막아 소화효과를 증대시킨 소화약제 • 유화제 : 친수성 콜로이드, 에틸렌글리콜, 계면활성제 등

3. 강화액 소화약제

① **첨가물** : 탄산칼륨(K_2CO_3) 등

② **비중** : 1.3 이상

③ **pH값** : pH 12 이상의 강알칼리성

④ **동결점** : −20℃ 이하

⑤ **소화효과** : 미분일 경우 유류화재에도 소화효과 있음

⑥ **표면장력** : 33dyne/cm 이하(물소화약제 72.75dyne/cm)로 표면장력이 낮아서 심부화재에 효과적

4. 포소화약제

1) 장점 및 단점

장 점	단 점
• 인체에 무해하고, 화재 시 열분해에 의한 독성가스의 생성이 없다. • 인화성 · 가연성 액체 화재 시 매우 효과적이다. • 옥외에서도 소화효과가 우수하다.	• 동절기에는 동결로 인한 포의 유동성의 한계로 설치상 제약이 있다. • 단백포 약제의 경우에는 변질 · 부패의 우려가 있다. • 소화약제 잔존물로 인한 2차 피해가 우려된다.

2) 소화효과

① 질식효과 : 방사된 포 약제가 가연물을 덮어 가연성 가스의 생성을 억제함과 동시에 산소 공급을 차단시킨다.

② 냉각효과 : 포 수용액에 포함되어 있는 물이 증발되면서 화재면 주위를 냉각시킨다.

3) 포소화약제의 구비조건

① 소포성

② 유동성

③ 접착성

④ 안정성, 응집성

⑤ 내유성

⑥ 내열성

⑦ 무독성

4) 기계포 소화약제

단백포 (3%,6%)	• 내열성이 우수하여 화재 면에 오래 남으므로, 재발화가 방지된다. • 포의 안정성이 높고, 가격이 저렴하다. • 부패 · 변질 우려가 높아 장기 보관이 어렵다. • 유류에 접촉 시 오염 우려가 있어, 표면하주입식에는 부적합하다. • 다른 포 약제에 비해 유동성이 적어 소화속도가 느리다.
합성계면 활성제포 (1%, 1.5%, 2%, 3%, 6%)	• 저발포, 중발포, 고발포에 사용이 가능하다. • 인체에 무해하며, 포의 유동성이 우수하고, 반영구적이다. • 유류화재 외에 A급 화재에도 적용이 가능하다. • 내열성과 내유성이 좋지 않아 윤화현상이 발생할 우려가 있다. • 쉽게 분해되지 않으므로, 환경 오염을 유발할 수 있다.
수성막포 (3%, 6%) Light Water	• 수명이 반영구적이다. • 수성막과 거품의 이중효과로 소화성능이 우수하다. • 석유류 화재는 휘발성이 커서 부적합하다. • C급 화재에는 사용이 곤란하다.
불화단백포 (3%, 6%)	단백포의 단점을 보완하여 내유성 · 유동성 · 내열성 등을 개선한 약제로 표면하주입방식에 사용 가능하나 단백포에 비해 비싼 단점이 있다.
내알코올형 포	수용성 액체(알코올, 에테르, 케톤, 에스테르 등)의 화재에 포를 사용할 때 발생되는 파포현상을 방지하기 위해 개발된 포 소화약제이다.

➢ **포소화약제 팽창비**

$$\text{팽창비} = \frac{\text{방출 후 포의 체적}}{\text{방출 전 포수용액의 체적(포원액+물)}} = \frac{\text{방출 후 포의 체적}(l)}{\dfrac{\text{원액의 양}(l) \times 100}{\text{농도}(\%)}}$$

> ➤ **25% 환원시간**
>
> 포의 25% 환원시간은 용기에 채집한 포(거품)의 25%가 포수용액으로 환원되는 데 걸리는 시간
>
> 1. 소화약제의 형식승인 및 제품검사의 기술기준

구분	팽창률	발포 전 포수용액 용량의 25%인 포수용액이 거품으로부터 환원되는 데 필요한 시간
단백포 등	6배 이상	1분 이상
수성막포	5배 이상	1분 이상
합성계면활성제포	500배 이상	3분 이상
방수포용 포	6배 이상 10배 미만	2분 이상

> 2. 소방설비용 헤드의 성능인증 및 제품검사의 기술기준

구분	팽창률	25% 환원시간
단백포 등	5배 이상	1분 이상
수성막포	–	1분 이상
합성계면활성제포	5배 이상	30초 이상

5. 이산화탄소(CO_2) 소화약제

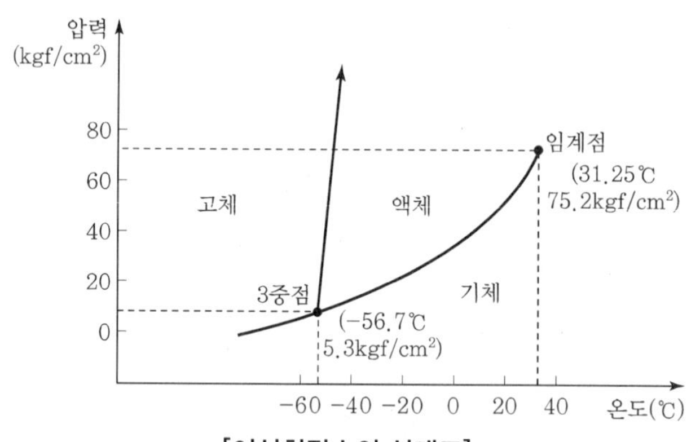

[이산화탄소의 상태도]

구분	기준값	구분	기준값
분자량	44	삼중점	−56.7℃
비중	1.53	임계온도	31.25℃
융해열	45.2cal/g	임계압력	75.2kgf/cm^2
증발열	137cal/g	비점	−78℃
밀도	1.98g/l	승화점	−78.5℃

1) 이산화탄소의 소화효과

① 질식효과 : 산소 농도를 15% 이하로 떨어뜨리는 질식소화 작용

② 냉각효과 : CO_2의 잠열 및 줄 · 톰슨 효과에 의해 주위의 열을 흡수하는 냉각소화작용

2) 이산화탄소의 장단점

장 점	단 점
• 비중이 커서 A급 심부화재에 적용이 가능하다. • 잔존물이 남지 않으며, 부패 및 변질 등의 우려가 없다. • 무색 · 무취이며, 화학적으로 매우 안정한 물질이다. • 전기적 비전도성인 기체로 전기화재가 적용 가능하다. • 자체 증기압이 커서 별도의 가압원이 필요하지 않다. • 임계온도가 높아 액체 상태로 저장이 가능하다.	• 방출 시 인명 피해 우려가 크다. • 고압으로 방사되므로 소음이 매우 크다. • 줄 · 톰슨 효과에 의한 운무현상과 동상 등의 피해 우려가 크다. • 지구온난화 물질이다.

3) 충전비

$$C = \frac{V}{G}$$

① CO_2 소화기 : 1.5 이상

② CO_2 소화설비

㉠ 고압식 1.5 이상 1.9 이하

㉡ 저압식 1.1 이상 1.4 이하

> **이산화탄소소화약제와 위험물과의 반응식(금속화재 사용금지)**

과산화칼륨 : $2K_2O_2 + 2CO_2 \rightarrow 2K_2CO_3 + O_2$

마그네슘 : $2Mg + CO_2 \rightarrow 2MgO + C$

칼륨과 이산화탄소 : $4K + 3CO_2 \rightarrow 2K_2CO_3 + C$

사염화탄소 + 탄산가스 : $CCl_4 + CO_2 \rightarrow 2COCl_2$

> **이산화탄소의 농도별 인체영향**

농도	인체에 미치는 영향	농도	인체에 미치는 영향
1%	공중위생상의 상한선	2%	불쾌감 감지
3%	호흡수 증가	4%	두부에 압박감 감지
6%	두통, 현기증	8%	호흡곤란
10%	시력장애, 1분 이내에 의식불명하여 방치 시 사망	20%	중추신경 마비로 사망

> **이산화탄소 농도**

$$CO_2[\%] = \frac{21 - O_2}{21} \times 100$$

> **이산화탄소 기화체적**

$$CO_2[m^3] = \frac{21 - O_2}{O_2} \times V$$

6. 할론 소화약제

1) 소화효과

주된 소화효과는 억제소화(부촉매효과)로 화재 면에 방사 시 열분해에 생성물이 가연물과 산소의 반응을 억제하는 소화작용을 한다.

2) 장점 및 단점

① 역제소화의 소화능력이 우수하다.
② 전기의 비전도성으로 전기화재에 적응성이 있다.
③ 약제의 변질 · 부패 우려가 없다.
④ 소화 후 기기 등을 오염시키지 않는다.
⑤ 오존층 파괴 물질이다.
⑥ 열분해 시 독성 물질이 생성된다.

➢ 할로겐 원소의 특징

- 전기음성도 크기, 이온화에너지 크기
  F > Cl > Br > I
- 소화 효과, 오존층 파괴 지수
  F < Cl < Br < I

원소	원자량	원소	원자량
F	19	Br	80
Cl	35.5	I	127

1. 미군에서 제조한 것으로서 할론소화약제는 영어명을 함께 숙지하여야 한다.
2. 할로겐족 명명법

원소기호	약호	한글명(위험물에서 사용)	영어명(소화약제에서 사용)
F	F	불소	플루오린
Cl	C	염소	클로오르
Br	B	취소	브롬
I		옥소	요오드

3. 첫 번째 숫자는 탄소의 개수이며, 다음부터는 할로겐 원소 순서대로 F, Cl, Br로 작성하며, 해당 원소가 없는 경우에는 0, 마지막 숫자가 0이면 생략한다.

예 Halon 1 3 0 1 → CF_3Br

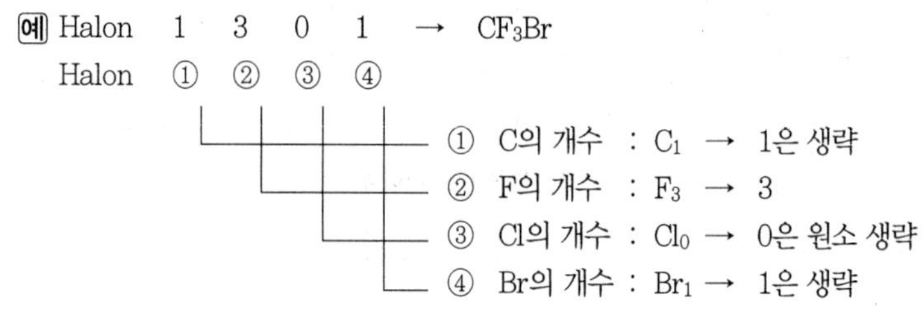

3) 할론 소화약제의 특징

구분	특징
할론2402	• 무색, 투명한 액체 • 독성은 할론1211, 1301보다 강하지만 104보다는 약하다.
할론1211	• 자체 압력이 부족하므로 질소가스로 가압하여 사용된다. • 상온에서 기체이며 증기비중은 5.7 • 주로 유류화재와 전기화재에 사용
할론1301	• 상온에서 기체이며 무색무취의 비전도성, 증기비중 5.13 • 자체증기압이 1.4(MPa)이므로, 질소로 충전하여 4.2(MPa)로 사용한다. • 소화약제 중에서 소화효과가 가장 우수하지만, 오존파괴지수 또한 가장 크다.
할론1011	• 상온에서 액체이며 증기비중은 4.5, 기체 밀도는 0.0058(g/cm^3) • 독성이 있음
할론104	• 무색투명한 휘발성 액체로 특유의 냄새와 독성이 있다. • 메탄에 수소 대신 염소원자 4개를 치환하여 생성 • 공기, 수분, 이산화탄소 등과 반응하여 포스겐($COCl_2$) 가스 발생

7. 할로겐화합물 및 불활성기체 소화약제

1) 할로겐화합물 및 불활성기체 소화약제의 구비조건

① 소화성능이 기존의 할론소화약제와 유사하여야 한다.

② 독성이 낮아야 하며 설계농도는 최대허용농도(NOAEL) 이하이어야 한다.

③ 환경영향성 ODP, GWP, ALT가 낮아야 한다.

④ 소화 후 잔존물이 없어야 하고 전기적으로 비전도성이며 냉각효과가 커야 한다.

⑤ 저장 시 분해되지 않고 금속용기를 부식시키지 않아야 한다.

⑥ 기존의 할론소화약제보다 설치비용이 크게 높지 않아야 한다.

2) 소화효과

① 할로겐화합물 소화약제

부촉매효과 · 질식효과 · 냉각효과

② 불활성기체 소화약제

질식효과 · 냉각효과

3) 할로겐화합물 및 불활성기체 소화약제의 분류

① 할로겐화합물 소화약제

<table>
<tr><th>약제명</th><th>약제명</th><th>화학식</th><th>구조식</th><th>분자량</th></tr>
<tr><td rowspan="4">HFC</td><td>HFC
−23</td><td>CHF_3</td><td>H
|
F − C − F
|
F</td><td>12+1+19×3
=70</td></tr>
<tr><td>HFC
−125</td><td>CHF_2CF_3</td><td>H F
| |
F − C − C − F
| |
F F</td><td>12×2+1+19×5
=120</td></tr>
<tr><td>HFC
−227ea</td><td>CF_3CHFCF_3</td><td>F H F
| | |
F − C − C − C − F
| | |
F F F</td><td>12×3+1+19×7
=170</td></tr>
<tr><td>HFC
−236fa</td><td>$CF_3CH_2CF_3$</td><td>F H F
| | |
F − C − C − C − F
| | |
F H F</td><td>12×3+1×2+
19×6=152</td></tr>
<tr><td rowspan="2">HCFC</td><td>HCFC−
BLEND A</td><td>• HCFC−123 : 4.75%
• HCFC−22 : 82%
• HCFC−124 : 9.5%
• $C_{10}H_{16}$: 3.75%</td><td></td><td></td></tr>
<tr><td>HCFC
−124</td><td>$CHClFCF_3$</td><td>H F
| |
F − C − C − F
| |
Cl F</td><td>12×2+1+35.5
+19×4=136.5</td></tr>
<tr><td>FIC</td><td>FIC
−13I1</td><td>CF_3I</td><td>I
|
F − C − F
|
F</td><td>12+19×3+127
=196</td></tr>
<tr><td rowspan="2">FC</td><td>FC−3
−1−10</td><td>C_4F_{10}</td><td>F F F F
| | | |
F − C − C − C − C − F
| | | |
F F F F</td><td>12×4+19×10
=238</td></tr>
<tr><td>FK−5
−1−12</td><td>$CF_3CF_2C(O)CF(CF_3)_2$</td><td>F F O F F
| | ‖ | |
F − C − C − C − C − C − F
| | | F
F F F − C − F
F</td><td>12×6+16+
19×12=316</td></tr>
</table>

② 불활성기체 소화약제

종류	화학식	분자량
IG−01	Ar(100%)	40
IG−100	N_2(100%)	28
IG−55	N_2(50%), Ar(50%)	$28\times0.5+40\times0.5=34$
IG−541	N_2(52%), Ar(40%), CO_2(8%)	$28\times0.52+40\times0.4+44\times0.08=34.08$

➤ 할로겐화합물 및 불활성기체 소화약제의 명명법

1. 할로겐화합물 계열

1) 계열 구분

계열	구성	청정소화약제명
HFC(Hydro Fluoro Carbon)	C에 F, H 결합	HFC－125, HFC－227ea HFC－23, HFC－236fa
HCFC(Hydro Chloro Fluoro Carbon)	C에 Cl, F, H 결합	HCFC－BLEND A HCFC－124
FIC(Fluoroiodo Carbon)	C에 I, F 결합	FIC－13I1
FC or PFC(Perfluoro Carbon)	C에 F 결합	FC－3－1－10 FK－5－1－12

2) 명명법

① 첫 번째 숫자는 탄소의 개수에서 1 빼기
② 두 번째 숫자는 수소의 개수에 1 더하기
③ 세 번째 숫자는 불소의 개수
④ 네 번째 문자는 브롬은 B, 옥소는 I로 표시
⑤ 다섯 번째 숫자는 브롬이나 옥소의 개수 표시

예 HCFC 1 2 4 → C_2HFCl_4 → $CHClFCF_3$

HCFC ① ② ③ ④

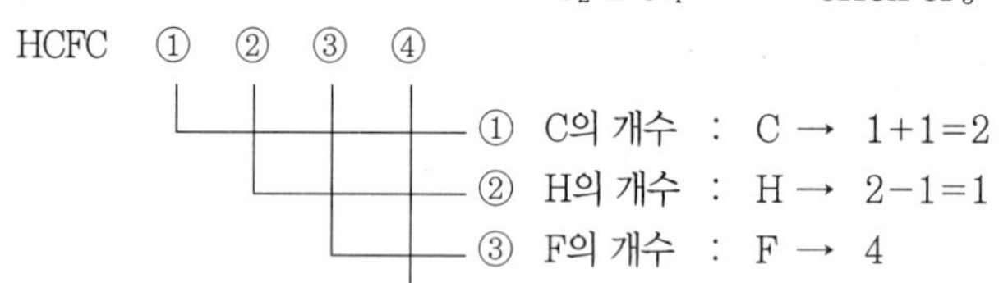

2. 불활성기체 계열

① 첫 번째 숫자는 질소(N_2)의 농도 %이며 반올림하여 한 자리로 표시, 없으면 생략
② 두 번째 숫자는 아르곤(Ar)의 농도 %이며 반올림하여 한 자리로 표시, 없으면 생략
③ 세 번째 숫자는 이산화탄소(CO_2)의 농도 %이며 반올림하여 한 자리로 표시, 없으면 생략

예 IG － 5 4 1

IG － ① ② ③

① N_2의 농도 % : 52% → 5
② Ar의 농도 % : 40% → 4
③ CO_2의 농도 % : 8% → 1

➤ 할로겐화합물 및 불활성기체 소화약제의 비체적

$S = K_1 + K_2 \times t$

여기서, K_1 : 표준상태에서의 비체적, K_2 : 비체적증가분

$$K_1 = \frac{22.4}{\text{분자량}}, \quad K_2 = K_1 \times \frac{1}{273} = \frac{22.4}{\text{분자량}} \times \frac{1}{273}$$

8. 분말소화약제

1) 소화효과

① 부촉매(억제)효과
② 질식효과
③ 냉각효과
④ 비누화 현상
⑤ 방진작용

2) 종류

분말 종류	주성분	분자식	성분비	색상	적응 화재
제1종 분말	탄산수소나트륨	$NaHCO_3$	90wt% 이상	백색	B, C급
제2종 분말	탄산수소칼륨	$KHCO_3$	92wt% 이상	담회색	B, C급
제3종 분말	인산암모늄	$NH_4H_2PO_4$	75wt% 이상	담홍색	A, B, C급
제4종 분말	탄산수소칼륨과 요소	$KHCO_3+CO(NH_2)_2$	–	회색	B, C급

3) 열분해반응식

① 제1종 분말약제 : $NaHCO_3$(탄산수소나트륨)

㉠ 270[℃] $2NaHCO_3 \rightarrow Na_2CO_3+CO_2\uparrow + H_2O\uparrow - 30.3$[kcal]

㉡ 850[℃] $2NaHCO_3 \rightarrow Na_2O+2CO_2\uparrow + H_2O\uparrow - 104.4$[kcal]

② 제2종 분말약제 : $KHCO_3$(탄산수소칼륨)

㉠ 190[℃] $2KHCO_3 \rightarrow K_2CO_3+CO_2\uparrow + H_2O\uparrow - 29.82$[kcal]

㉡ 890[℃] $2KHCO_3 \rightarrow K_2O+2CO_2\uparrow + H_2O\uparrow - 127.1$[kcal]

③ 제3종 분말약제 : $NH_4H_2PO_4$(제1인산암모늄)

㉠ 166[℃] $NH_4H_2PO_4 \rightarrow H_3PO_4+NH_3\uparrow$ → 질식작용

㉡ 216[℃] $2H_3PO_4 \rightarrow H_4P_2O_7+H_2O\uparrow - 77$kcal → 냉각작용

㉢ 360[℃] $H_4P_2O_7 \rightarrow 2HPO_3+H_2O\uparrow$ → 피막을 형성하여 재연방지

④ 제4종 분말약제 : $KHCO_3$(탄산수소칼륨)$+CO(NH_2)_2$(요소)

$2KHCO_3+CO(NH_2)_2 \rightarrow K_2CO_3+2NH_3+2CO_2\uparrow - Q$[kcal]

> **분말입자의 크기**
> - 입자의 범위 : 10~75micron
> - 최적입자의 범위 : 20~25micron
>
> **표면처리제**
> 스테아르산 아연, 스테아르산 알미늄, 실리콘

9. CDC(Compatible Dry Chemical) 소화약제

1) Twin Agent System : CDC 소화약제와 수성막포를 함께 적용한 설비

① TWIN 20/20 : ABC 분말약제 20kg+수성막포 20l

② TWIN 40/40 : ABC 분말약제 40kg+수성막포 40l

2) 소화효과 : 희석효과 · 질식효과 · 냉각효과 · 부촉매효과

10. 금속화재용 분말소화약제(Dry Powder)

1) Dry Powder가 가져야 하는 특성

① 요철이 있는 금속 표면을 피복할 수 있을 것

② 냉각효과가 있을 것

③ 고온에 견딜 수 있을 것

④ 금속이 용융된 경우(Na, K 등)에는 용융 액면상에 뜰 것

2) 소화효과 : 질식효과 · 냉각효과

11. 간이소화용구

마른모래, 팽창질석, 팽창진주암 등

1) 마른모래(ABCD급)

① 가연물이 포함되지 않고, 반드시 건조되어 있을 것

② 부속기구(양동이, 삽 등)를 비치할 것

2) 팽창질석

팽창질석(Vermiculite)은 운모가 풍화 또는 변질되어 생성된 것으로 함유하고 있는 수분이 탈수되면 팽창하여 늘어나는 성질을 가지고 있다.

3) 팽창진주암

팽창진주암(Perlite)은 천연유리를 조각으로 분쇄한 것을 말한다. 팽창진주암은 3~4%의 수분을 함유하고 있으며, 화재 시에 820~1,100℃의 온도에 노출되면 체적이 약 15~20배 정도 팽창하는 특성이 있다.

PART

03

소방관련법령

PART 01 소방관련법령

1. 소방 관련법의 목적

기본법	• 화재를 예방 · 경계하거나 진압하고 • 화재, 재난 · 재해, 그 밖의 위급한 상황에서의 구조 · 구급 활동 등을 통하여 • 국민의 생명 · 신체 및 재산을 보호함으로써 • 공공의 안녕 및 질서 유지와 복리증진에 이바지함을 목적
공사업법	• 소방시설공사 및 소방기술의 관리에 필요한 사항을 규정함 • 소방시설업을 건전하게 발전시키고 소방기술을 진흥 • 화재로부터 공공의 안전을 확보하고 국민경제에 이바지함을 목적
시설법	• 화재와 재난 · 재해 등 위급한 상황으로부터 국민의 생명 · 신체 및 재산을 보호하기 위해 • 화재의 예방 및 안전관리에 관한 국가와 지방자치단체의 책무와 소방시설등의 설치 · 유지 및 소방대상물의 안전관리에 관하여 필요한 사항을 정함으로써 • 공공의 안전과 복리 증진에 이바지함을 목적
다중법	• 화재 등 재난 등 위급한 상황으로부터 국민의 생명 · 신체 및 재산을 보호 • 다중이용업소의 안전시설등의 설치 · 유지 및 안전관리와 화재위험평가, 다중이용업주의 화재배상책임보험에 필요한 사항을 정함 • 공공의 안전과 복리 증진에 이바지함을 목적
위험물법	• 위험물의 저장 · 취급 및 운반과 이에 따른 안전관리에 관한 사항을 규정함 • 위험물로 인한 위해를 방지하여 공공의 안전을 확보함을 목적으로 한다.

2. 용어 정의

1) 소방기본법

소방대상물	건축물, 차량, 선박(항구에 매어둔 선박만 해당), 선박 건조 구조물, 산림, 그 밖의 인공 구조물 또는 물건
관계지역	소방대상물이 있는 장소 및 그 이웃 지역으로서 화재의 예방 · 경계 · 진압, 구조 · 구급 등의 활동에 필요한 지역
관계인	소유자 · 관리자 · 점유자
소방본부장	특별시 · 광역시 · 특별자치시 · 도 또는 특별자치도에서 화재의 예방 · 경계 · 진압 · 조사 및 구조 · 구급 등의 업무를 담당하는 부서의 장
소방대	화재를 진압하고 화재, 재난 · 재해, 그 밖의 위급한 상황에서 구조 · 구급 활동 등을 하기 위하여 다음 각 목의 사람으로 구성된 조직체 • 소방공무원 • 의무소방원 • 의용소방대원
소방대장	소방본부장 또는 소방서장 등 화재, 재난 · 재해, 그 밖의 위급한 상황이 발생한 현장에서 소방대를 지휘하는 사람

2) 소방시설공사업법

구분	내용
소방시설업	• 소방시설설계업 • 소방시설공사업 • 소방시설감리업 • 방염처리업
방염업 종류	• 섬유류 방염업 : 커튼 · 카펫 등 섬유류를 주된 원료로 하는 방염대상물품을 제조 또는 가공 공정에서 방염처리 • 합성수지류 방염업 : 합성수지류를 주된 원료로 한 방염대상물품을 제조 또는 가공 공정에서 방염처리 • 합판 · 목재류 방염업 : 합판 또는 목재류를 제조 · 가공 공정 또는 설치 현장에서 방염처리
소방 시설업자	소방시설업을 경영하기 위하여 소방시설업을 등록한 자
감리원	소방기술자로서 해당 소방시설공사를 감리하는 사람
소방기술자	• 소방기술 경력 등을 인정받은 사람 • 소방시설업과 소방시설관리업의 기술인력으로 등록된 사람 1. 소방시설관리사 2. 소방기술사, 소방설비기사, 소방설비산업기사, 위험물기능장, 위험물산업기사, 위험물기능사
발주자	소방시설의 설계, 시공, 감리 및 방염을 소방시설업자에게 도급하는 자 (다만, 수급인으로서 도급받은 공사를 하도급하는 자는 제외)

3) 화재예방, 소방시설 설치유지 및 안전에 관한 법률

구분	내용
소방시설	소화설비, 경보설비, 피난설비, 소화용수설비, 소화활동설비(대통령령으로 정하는 것)
소방시설등	소방시설, 비상구, 방화문, 방화셔터
소방용품	소방시설등을 구성하거나 소방용으로 사용되는 제품 또는 기기로서 대통령령으로 정하는 것
무창층	지상층 중 모든 요건을 갖춘 개구부의 면적의 합계가 해당 층의 바닥면적의 30분의 1 이하인 층 1. 크기는 지름 50cm 이상의 원이 내접할 수 있는 크기일 것 2. 해당 층의 바닥면으로부터 개구부 밑부분까지의 높이가 1.2m 이내일 것 3. 도로 또는 차량이 진입할 수 있는 빈터를 향할 것 4. 화재 시 건축물로부터 쉽게 피난할 수 있도록 창살이나 그 밖의 장애물이 설치되지 아니할 것 5. 내부 또는 외부에서 쉽게 부수거나 열 수 있을 것
피난층	곧바로 지상으로 갈 수 있는 출입구가 있는 층

4) 다중이용업법

구분	내용
다중이용업	불특정 다수인이 이용하는 영업 중 화재 등 재난 발생 시 생명 · 신체 · 재산상의 피해가 발생할 우려가 높은 것으로서 대통령령으로 정하는 영업
안전시설등	소방시설, 비상구, 영업장 내부 피난통로, 그 밖의 안전시설로서 대통령령으로 정하는 것
실내장식물	건축물 내부의 천장이나 벽에 붙이는(설치하는)것. 단, 가구류(옷장, 찬장, 식탁, 식탁용 의자, 사무용 책상, 사무용 의자 및 계산대 등 이와 비슷한 것)와 너비 10cm 이하인 반자돌림대 제외 1. 종이류(두께 2mm 이상) · 합성수지류 또는 섬유류를 주원료로 한 물품 2. 합판이나 목재

실내장식물	3. 공간을 구획하기 위하여 설치하는 간이 칸막이 4. 흡음이나 방음을 위하여 설치하는 흡음재(흡음용 커튼 포함) 또는 방음재(방음용 커튼 포함)
화재위험 평가	다중이용업소가 밀집한 지역 또는 건축물에 대하여 화재 발생 가능성과 화재로 인한 불특정 다수인의 생명 · 신체 · 재산상의 피해 및 주변에 미치는 영향을 예측 · 분석하고 이에 대한 대책을 마련하는 것
밀폐구조의 영업장	지상층에 있는 다중이용업소의 영업장 중 채광 · 환기 · 통풍 및 피난 등이 용이하지 못한 구조로 되어 있으면서 무창층의 기준에 해당하는 영업장(개구부 면적 합계가 영업장 바닥면적의 30분의 1 이하가 되는 것)
영업장의 내부구획	다중이용업소의 영업장 내부를 이용객들이 사용할 수 있도록 벽 또는 칸막이 등을 사용하여 구획된 실을 만드는 것

5) 위험물안전관리법

위험물	인화성 또는 발화성 등의 성질을 가지는 것으로서 대통령령이 정하는 물품
지정수량	위험물의 종류별로 위험성을 고려하여 대통령령이 정하는 수량으로서 제6호의 규정에 의한 제조소등의 설치허가 등에 있어서 최저의 기준이 되는 수량
제조소	위험물을 제조할 목적으로 지정수량 이상의 위험물을 취급하기 위하여 허가를 받은 장소
저장소	지정수량 이상의 위험물을 저장하기 위한 대통령령이 정하는 장소로서 허가를 받은 장소
취급소	지정수량 이상의 위험물을 제조외의 목적으로 취급하기 위한 대통령령이 정하는 장소로서 허가를 받은 장소
제조소등	제조소 · 저장소 · 취급소

3. 소방업무의 종합계획

기본법	소방업무 종합계획	소방청장	5년마다
	소방업무 세부계획	시 · 도지사	매년
소설안법	화재안전정책 기본계획	국가	5년마다
	화재안전정책 시행계획	소방청장	매년
소설안법	소방안전 특별관리 기본계획	소방청장	5년마다 (10월 31일까지)
	소방안전 특별관리 시행계획	소방청장	매년 (12월 31일까지)
다중법	다중이용업소의 안전관리기본계획	소방청장	5년마다
	매년 연도별 안전관리계획	소방청장	매년

4. 소방박물관

	소방박물관	소방체험관
설립권자	소방청장	시 · 도지사
설립운영사항	행정안전부령	시 · 도 조례
인원	소방박물관장 1인 , 부관장 1인 운영위원회 : 7인 이내	

5. 종합상황실(119)

설치 · 운영	• 종합상황실의 설치 · 운영에 필요한 사항–행정안전부령 • 종합상황실 설치 · 운영권자–소방청장, 소방본부장, 소방서장 • 근무방법, 운영에 관한사항–소방청장, 소방본부장, 소방서장 • 24시간 운영체제 유지
실장의 업무	• 화재, 재난 · 재해 그 밖에 구조 · 구급이 필요한 상황의 발생의 신고접수 • 가까운 소방서에 인력 및 장비의 동원을 요청하는 등의 사고수습 • 출동지령 또는 동급 이상의 소방기관 및 유관기관에 대한 지원요청 • 재난상황의 전파 및 보고 • 재난상황이 발생한 현장에 대한 지휘 및 피해현황의 파악 • 재난상황의 수습에 필요한 정보수집 및 제공
종합상황실 실장 보고	• 사망자가 5인 이상 발생하거나 사상자가 10인 이상 발생한 화재 • 이재민이 100인 이상 발생한 화재 • 재산피해액이 50억원 이상 발생한 화재 • 관공서 · 학교 · 정부미도정공장 · 문화재 · 지하철 또는 지하구의 화재 • 층수 11층 이상인 건축물, 지하상가, 시장, 백화점, 관광호텔 • 지정수량의 3천배 이상의 위험물의 제조소 · 저장소 · 취급소 • 5층 이상 or 객실(병상)30실 이상 숙박시설(종합병원 · 정신병원 · 한방병원 · 요양소)
보고순서 : 소방서 ↓ 소방본부 ↓ 소방청	• 연면적 1만5천m^2 이상인 공장 또는 화재경계지구에서 발생한 화재 • 철도차량, 항구에 매어둔 총 톤수가 1천톤 이상인 선박, 항공기, 발전소 또는 변전소에서 발생한 화재 • 가스 및 화약류의 폭발에 의한 화재 • 다중이용업소의 화재 • 통제단장의 현장지휘가 필요한 재난상황 • 언론에 보도된 재난상황 • 그 밖에 소방청장이 정하는 재난상황

6. 소방력

소방력	소방업무를 수행하는 데 필요한 인력과 장비
대통령령	경비 부담, 민간소방인력의 보상, 동원된 소방력의 운영에 관한 사항
행정안전부령	• 소방기관이 소방업무를 수행하는 데 필요한 인력과 장비 등 기준 • 소방자동차 등 소방장비의 분류 · 표준화와 그 관리 등에 필요한 사항
시 · 도지사	관할구역의 소방력을 확충하기 위하여 필요한 계획을 수립하여 시행

7. 소방력의 동원 요청(경비 부담은 재난이 발생한 시 · 도에서 부담)

[통지내용]

- 동원을 요청하는 인력 및 장비의 규모
- 소방력 이송 수단 및 집결장소
- 소방활동을 수행하게 될 재난의 규모, 원인 등 소방활동에 필요한 정보

8. 국고보조 대상사업의 범위

1) 대상범위, 기준보조율 : 대통령령

2) 소방활동장비의 설비 종류 와 규격 : 행정안전부령

3) 국고보조 대상사업의 범위

① 소방활동장비와 설비의 구입 및 설치

㉠ 소방자동차, 소방헬리콥터, 소방정

㉡ 소방전용통신설비 및 전산설비

㉢ 방화복 등 소방활동에 필요한 소방장비

➲ 주의 : 방열복 아님

② 소방관서용 청사의 건축

9. 소방용수시설 등

<table>
<tr><td colspan="2">설치기준</td><td colspan="2">행정안전부령</td></tr>
<tr><td colspan="2">설치 · 유지</td><td colspan="2">시 · 도지사</td></tr>
<tr><td colspan="2">조 사</td><td colspan="2">소방본부장, 소방서장(월 1회 이상 조사, 결과 2년간 보관)</td></tr>
<tr><td colspan="2" rowspan="2">소방대상물
수평거리</td><td>주거 · 상업 · 공업 지역</td><td>100미터 이하</td></tr>
<tr><td>외의 지역</td><td>140미터 이하</td></tr>
<tr><td rowspan="3">구
분</td><td>소화전</td><td colspan="2">• 상수도와 연결하여 지하식 또는 지상식의 구조
• 소방용 호스와 연결하는 소화전의 연결금속구의 구경은 65밀리미터</td></tr>
<tr><td>급수탑</td><td colspan="2">• 급수배관의 구경은 100밀리미터 이상
• 개폐밸브는 지상에서 1.5미터 이상 1.7미터 이하의 위치에 설치</td></tr>
<tr><td>저수조</td><td colspan="2">• 지면으로부터의 낙차가 4.5미터 이하일 것
• 흡수부분의 수심이 0.5미터 이상일 것
• 소방펌프자동차가 쉽게 접근할 수 있도록 할 것
• 흡수에 지장없게 토사 및 쓰레기 등을 제거할 수 있는 설비를 갖출 것
• 흡수관의 투입구 : 사각형 – 한 변의 길이 60cm 이상
원형 – 지름이 60cm 이상
• 저수조에 물을 공급하는 방법 : 상수도에 연결하여 자동으로 급수</td></tr>
</table>

10. 화재의 예방조치 명령(명령권자 : 소방본부장, 소방서장)

① 불장난, 모닥불, 흡연, 화기취급, 그 밖에 화재예방상 위험하다고 인정되는 행위의 금지 또는 제한
② 타고 남은 불 또는 화기가 있을 우려가 있는 재의 처리
③ 함부로 버려두거나 그냥 둔 위험물, 그 밖에 불에 탈 수 있는 물건을 옮기거나 치우게 하는 등의 조치

➲ 보관(대통령령) : 14일 동안 공고→ 종료일로부터 7일간 보관 → 매각(지체없이 세입조치)

11. 화재경계지구의 지정(지정권자 : 시 · 도지사)

대통령령으로 정하는 지역	• 시장지역 • 공장 · 창고가 밀집한 지역 • 목조건물이 밀집한 지역 연막소독 시 신고지역 • 위험물의 저장 및 처리시설이 밀집한 지역(소방서장, 본부장) • 석유화학제품을 생산하는 공장이 있는 지역 • 산업단지 • 소방시설 · 소방용수시설 또는 소방출동로가 없는 지역 • 소방본부장 또는 소방서장이 화재가 발생할 우려가 높거나 화재가 발생하는 경우 그로 인하여 피해가 클 것으로 인정하는 지역
소방 특별조사	• 실시권자 : 소방본부장, 소방서장 • 횟수 : 연 1회 이상 실시 • 화재경계지구 내 소방대상물의 위치 · 구조 및 설비 등에 대한 소방특별조사
훈련 및 교육	• 실시자 : 소방본부장, 소방서장 • 횟수 : 연 1회 이상 실시 • 관계인 훈련 · 교육 통보 : 10일 전까지

12. 특수가연물

	간격	저장 높이	저장 바닥 면적
일반	1m 이상	10m 이하	50m^2 이하(석탄 · 목탄 200m^2 이하)
살수설비 or 대형 소화기	1m 이상	15m 이하	200m^2 이하(석탄 · 목탄 300m^2 이하)

▼ 특수가연물 지정수량

품 명		수 량	암기법
면화류		200kg 이상	면이
나무껍질 및 대팻밥		400kg 이상	나사
넝마 및 종이부스러기		1,000kg 이상	넝
사류		1,000kg 이상	사
볏짚류		1,000kg 이상	볏 천천천
가연성 고체류		3,000kg 이상	가고파라 삼천리
석탄 · 목탄류		10,000kg 이상	석목만
가연성 액체류		2m^3 이상	가액2
목재가공품 및 나무부스러기		10m^3 이상	목나십
합성수지류	발포시킨 것	20m^3 이상	합2
	그 밖의 것	3,000kg 이상	외 삼천

13. 보일러 등의 불의 사용에 있어서 지켜야 하는 사항

구분	내용
보일러	• 보일러와 벽 · 천장 사이의 거리는 0.6m 이상 • 경유 · 등유 등 액체연료 －연료탱크 : 본체에서 수평거리 1m 이상 이격 －연료 개폐밸브 : 연료탱크로부터 0.5m 이내 －배관 : 여과장치 －연료탱크에는 불연재료로 된 받침대를 설치(연료탱크 전도금지) • 기체연료 －환기구를 설치하는 등 가연성 가스가 머무르지 아니하도록 할 것 －배관 : 금속관 －개폐밸브 : 연료용기 등으로부터 0.5m 이내 －가스누설경보기 설치
난로	• 연통 : 천장으로부터 0.6m 이상, 건물 밖으로 0.6m 이상 • 이동식 난로 사용금지(단, 받침대고정, 전도시 연료차단장치 설치 시 제외) －다중이용업의 영업소, 학원, 독서실, 숙박업 · 목욕장업 · 세탁업 －휴게 · 일반음식점영업, 단란 · 유흥주점영업, 제과점영업의 영업장 －영화상영관, 공연장, 박물관 및 미술관 －병원 · 의원 · 한의원 및 조산원, 상점가, 가설건축물, 역 · 터미널
건조설비	• 벽 · 천장 사이 거리 : 0.5m 이상 • 건조물품이 열원과 직접 접촉하지 아니할 것 • 벽 · 천장 · 바닥 : 불연재료
수소가스를 넣는 기구	• 용량의 90퍼센트 이상을 유지 • 띄우는 각도 : 지표면에 대하여 45도 이하, 바람 7m/s 이하에서 진행
용접 · 용단기구	• 용접 또는 용단 작업장 －용접 또는 용단 작업자로부터 반경 5m 이내에 소화기를 갖출 것 －용접 또는 용단 작업장 주변 반경 10m 이내에 가연물 적재금지
전기시설	• 과전류차단기 설치 • 전선 및 접속기구는 내열성
노 · 화덕설비	• 실내 : 흙바닥 또는 금속 외의 불연재료 • 벽 · 천장 : 불연재료 • 턱 : 녹는 물질이 확산되지 아니하도록 높이 0.1m 이상 • 시간당 열량이 30만kcal 이상인 노 －주요구조부 : 불연재료 －창문과 출입구 : 갑종방화문 또는 을종방화문 －노 주위에는 1m 이상 공간을 확보
음식조리를 위하여 설치하는 설비	• 배기덕트 : 0.5mm 이상 아연도금강판, 이와 동등 이상의 내식성 불연재료 • 주방시설에는 동물 또는 식물의 기름을 제거할 수 있는 필터 등을 설치 • 조리기구는 반자 또는 선반으로부터 0.6m 이상 떨어지게 할 것 • 조리기구 0.15m 이내 : 주요구조부는 석면판 또는 단열성이 있는 불연
숫자	• 0.1m : 턱 • 0.5m : 개폐밸브, 건조설비, 배기덕트 등 • 0.6m : 보일러와 벽, 천장(단 건조설비는 0.5m), 조리기구, 연통 • 1.0m : 보일러, 노 주위 공간

14. 소방활동등(실시권자 : 소방청장, 소방본부장, 소방서장)

1) 소방지원활동의 종류

- 산불에 대한 예방 · 진압 등 지원활동
- 자연재해에 따른 급수 · 배수 및 제설 등 지원활동
- 집회 · 공연 등 각종 행사 시 사고에 대비한 근접대기 등 지원활동
- 화재, 재난 · 재해로 인한 피해복구 지원활동
- 119에 접수된 생활안전 및 위험제거활동(화재, 재난 · 재해, 그 밖의 위급한 상황에 해당되지 아니하는 것)
- 군 · 경찰 등 유관기관에서 실시하는 훈련지원 활동
- 행정안전부령 소방시설 오작동 신고에 따른 조치활동
- 방송제작 또는 촬영 관련 지원활동

2) 생활지원활동의 종류

- 붕괴, 낙하 등이 우려되는 고드름, 나무, 위험 구조물 등의 제거활동
- 위해동물, 벌 등의 포획 및 퇴치 활동
- 끼임, 고립 등에 따른 위험제거 및 구출 활동
- 단전사고 시 비상전원 또는 조명의 공급
- 그 밖에 방치하면 급박해질 우려가 있는 위험을 예방하기 위한 활동

3) 소방자동차의 보험가입

- 가입자 : 시도지사(국가에서 일부 지원 가능)
- 소방자동차의 우선 통행에 관하여는 「도로교통법」에서 정함

15. 소방교육

- 교육, 훈련 종류 및 대상자, 교육, 훈련사항 : 행정안전부령
- 2년마다 1회(2주 이상) 이상 실시

화재진압훈련	화재진압업무를 담당하는 소방공무원	+의무소방원, 의용소방대원
인명구조훈련	구조업무를 담당하는 소방공무원	
응급처치훈련	구급업무를 담당하는 소방공무원	
인명대피훈련	소방공무원	
현장지휘훈련	지방소방위 · 지방소방경 · 지방소방령 및 지방소방정(위경령 정)	

16. 소방안전교육사 배치기준

배치 대상	배치 기준
소방청	2명 이상
소방본부	2명 이상
한국소방산업기술원	2명 이상
한국소방안전원	본회 2명 이상
	시 · 도지부 : 1명 이상
소방서	1명 이상

17. 소방신호

구 분	발령 시	타종	싸이렌		
			간격	시간	회수
경계신호	화재예방상 필요하다고 인정될 때 화재위험경보 시	1타와 연2타를 반복	5초	30초	3회
발화신호	화재가 발생한 때	난타	5초	5초	3회
해제신호	소화활동이 필요없다고 인정될 때	상당한 간격을 두고 1타씩 반복	–	1분	1회
훈련신호	훈련상 필요하다고 인정되는 때	연3타반복	10초	1분	3회

18. 소방활동 종사명령

설정권자	소방대장
출입자 (대통령령 정함)	• 소방활동구역 안에 있는 소방대상물의 소유자 · 관리자 · 점유자 • 전기 · 가스 · 수도 · 통신 · 교통의 업무에 종사하는 사람으로서 원활한 소방활동을 위하여 필요한 사람 • 의사 · 간호사 그 밖의 구조 · 구급업무에 종사하는 사람 • 취재인력 등 보도업무에 종사하는 사람 • 수사업무에 종사하는 사람 • 그 밖에 소방대장이 소방활동을 위하여 출입을 허가한 사람
활동비용 지급불가	• 소방대상물에 화재 · 재난 · 재해, 위급한 상황이 발생한 경우 그 관계인 • 고의, 과실로 화재 · 구조 · 구급 활동이 필요한 상황을 발생시킨 사람 • 화재 또는 구조 · 구급 현장에서 물건을 가져간 사람
보상권자	시 · 도지사
소방용수 시설 사용금지	• 정당한 사유 없이 소방용수시설을 사용하는 행위 • 정당한 사유 없이 손상 · 파괴 · 철거등 소방용수시설의 효용을 해치는 행위 • 소방용수시설의 정당한 사용을 방해하는 행위

19. 화재원인 및 피해조사(소화활동과 동시 실시, 전문교육 : 2년마다)

화재원인조사	발화원인 조사	화재가 발생한 과정, 화재가 발생한 지점 및 불이 붙기 시작한 물질
	발견 · 통보 · 초기소화상황 조사	화재의 발견 · 통보 및 초기소화 등 일련의 과정
	연소상황 조사	화재의 연소경로 및 확대원인 등의 상황
	피난상황 조사	피난경로, 피난상의 장애요인 등의 상황
	소방시설 등 조사	소방시설의 사용 또는 작동 등의 상황
화재피해조사	인명피해조사	• 소방활동 중 발생한 사망자 및 부상자 • 그 밖에 화재로 인한 사망자 및 부상자
	재산피해조사	• 열에 의한 탄화, 용융, 파손 등의 피해 • 소화활동 중 사용된 물로 인한 피해 • 그 밖에 연기, 물품반출, 화재로 인한 폭발 등에 의한 피해

20. 협회

	한국소방안전원(사단법인)	한국소방시설협회(사단법인)
업무	• 소방기술과 안전관리에 관한 교육 및 조사 · 연구 • 소방기술과 안전관리에 관한 각종 간행물 발간 • 화재 예방과 안전관리의식 고취를 위한 대국민 홍보 • 소방업무에 관하여 행정기관이 위탁하는 업무 • 그 밖에 회원의 복리 증진 등 정관으로 정하는 사항	• 소방시설업의 기술발전과 소방기술의 진흥을 위한 조사 · 연구 · 분석 및 평가 • 소방산업의 발전 및 소방기술의 향상을 위한 지원 • 소방시설업의 기술발전과 관련된 국제교류 · 활동 및 행사의 유치 • 이 법에 따른 위탁 업무의 수행
정관	• 기재사항 – 대통령령 • 정관변경 – 소방청장 인가	소방시설업자 10명 이상 발기 ↓ 정관의결 ↓ 소방청장 인가 → 설립등기

21. 금액산정기준

소방활동장비 및 설비	① 국내조달품	=정부고시가격
	② 수입물품	=조달청에서 조사한 해외시장의 시가
	③ 금액이 없는 경우	=2 이상의 공신력 있는 물가조사기관에서 조사한 가격의 평균가격
소방기술용역 산정기준	① 소방시설 설계	=통신부문에 적용하는 공사비 요율에 따른 방식
	② 소방공사 감리	=실비정액 가산방식
소방안전관리	③ 관리업자 대행	=엔지니어링산업 진흥법
시공능력 평가액 =합계	㉠ 실적평가액	=연평균 공사 실적액
	㉡ 자본금평가액 (70%)	=(실질자본금×실질자본금의 평점+소방청장이 지정한 금융회사 또는 소방산업공제조합에 출자 · 예치 · 담보한 금액)×70/100
	㉢ 기술력평가액 (30%)	=전년도 공사업계의 기술자1인당 평균생산액×보유기술인력가중치합계×30/100+전년도 기술개발투자액
	㉣ 경력평가액 (20%)	=실적평가액×공사업 경영기간 평점×20/100
	㉤ 신인도평가액	=(실적평가액+자본금평가액+기술력평가액+경력평가액)×신인도 반영비율 합계

[시공능력 평가(협회 서류 제출)]

- 매년 2월 15일(법인 매년 4월 15일, 개인 매년 6월 10일)
- 서류 보완 15일 이내

22. 해당일 정리

성능위주설계 재검토	2015년 1월 1일을 기준으로 매 3년이 되는 시점
소방시설공사 시공능력평가	매년 2월 15일까지 (실적증빙서류 : 법인 4월15일, 개인 6월10일)
소방시설공사 시공능력평가 공시	매년 7월 31일
방재의 날	매년 5월 25일
안전의 날	매월 4일
소방의 날	매년 11월 9일
다중이용업 연도별 안전관리계획	전년 12월 31일까지
다중이용업 집행계획 실적 제출	매년 1월 31일 까지
작동기능점검, 종합정밀점검	사용승인일의 말일까지 (종합대상은 작동점검 후 6개월이 되는 달)
공공기관의 종합정밀점검	6월 30일(사용승인일이 1월에서 6월인 경우)

23. 기술인력 등록기준(자본금), 영업범위 – 대통령령

업종	구분	분야	인력	기술인력	영업범위	자본금
설계업	전문		주	1명 이상(소방기술사)	모든 특정소방대상물 설계 (제연설비 설치 시 모든 대상물)	–
			보조	1명 이상		
	일반	기계	주	1명 이상(소방기술사 or 기계분야소방설비기사)	아파트 기계분야 설계(제연설비 제외) 연면적 3만m²(공장 1만m²) 미만(제연설비 제외) 위험물제조소등 기계분야 소방시설의 설계	–
			보조	1명 이상		
		전기	주	1명 이상(소방기술사 or 전기분야소방설비기사)	아파트 전기분야 설계 연면적 3만m²(공장 1만m²) 미만 위험물제조소등 전기분야 소방시설의 설계	–
			보조	1명 이상		
감리업	전문			• 소방기술사 1명 이상 • 특급감리원 각 1명 이상 • 고급감리원 이상 각 1명 이상 • 중급감리원 이상 각 1명 이상 • 초급감리원 이상 각 1명 이상 (기계, 전기 동시 중복가능)	모든 특정소방대상물 감리 (제연설비 설치 시 모든 대상물)	–
	일반	기계		• 특급감리원 1명 이상 • 고급 or 중급이상 감리원 1명 이상 • 초급 이상 감리원 1명 이상	아파트의 기계분야(제연설비는 제외) 연면적 3만m²(공장 1만m²) 미만(제연설비 제외) 위험물제조소등 기계분야	–
		전기		• 특급감리원 1명 이상 • 고급 or 중급이상 감리원 1명 이상 • 초급 이상 감리원 1명 이상	연면적 3만m²(공장 1만m²) 미만 아파트의 전기분야 위험물제조소등 전기분야	–
공사업	전문		주	각 명 이상(기계&전기) 소방기술사 or 소방설비기사	모든 특정소방대상물 공사 · 개설 · 이전 및 정비	법인 : 1억 원 이상 개인 : 자산평가액 1억 원 이상
			보조	2명 이상		
	일반	기계	주	1명 이상[소방기술사 or 소방설비기사(기계)]	연면적 1만m² 미만 기계분야 위험물제조소등에 설치되는 기계분야	법인 : 1억 원 이상 개인 : 자산평가액 1억 원 이상
			보조	1명 이상		
		전기	주	1명 이상[소방기술사 or 소방설비기사(전기)]	연면적 1만m² 미만 전기분야 위험물제조소등에 설치되는 전기분야	법인 : 1억 원 이상 개인 : 자산평가액 1억 원 이상
			보조	1명 이상		
소방시설 관리업			주	소방시설관리사 1명 이상	※ 보조인력자격 : 소방설비기사, 소방설비산업기사 소방공무원+3년 경력 소방관련학과 졸업	–
			보조	2명 이상		
화재위험 평가대행				인력 : 소방기술사 1명 이상 (관련기사+3년 경력) 1명 이상		장비 : 모의시험컴퓨터 모의시험프로그램

24. 소방시설업 등록신청

1) 소방시설업 등록신청

공기업, 준정부기관, 지방공사로 등록하지 아니하고 소방시설업을 할 수 있는 경우

- 주택의 건설 · 공급을 목적으로 설립되었을 것
- 설계 · 감리 업무를 주요 업무로 규정하고 있을 것

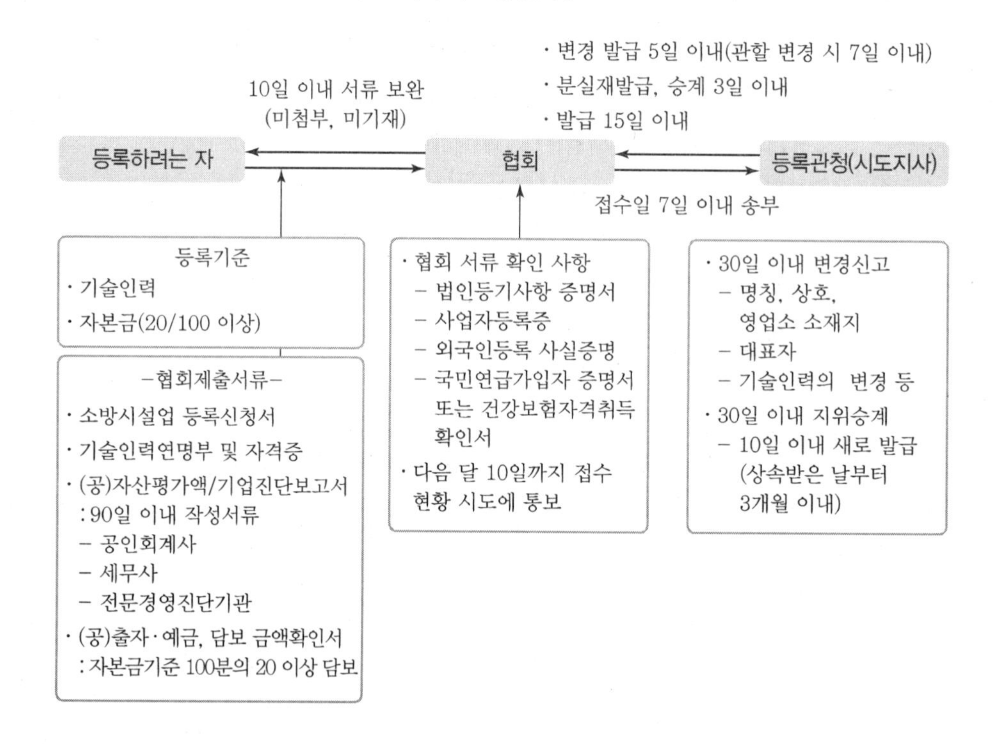

2) 소방시설관리업 등록신청

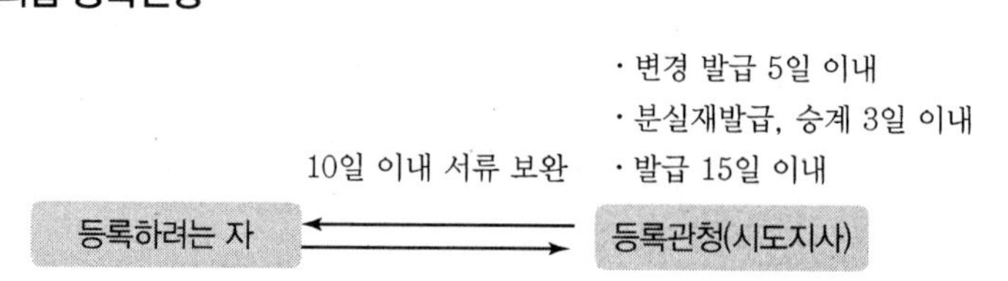

25. 성능위주설계

대통령령	자격, 기술인력 및 자격에 따른 설계의 범위와 그밖에 필요한 사항
행정안전부령	성능위주설계의 방법과 그밖에 필요한 사항
자 격	전문소방시설설계업 등록자로서 소방기술사 2명 이상
고려사항	용도, 위치, 구조, 수용 인원, 가연물의 종류 및 양 등
대상물	• 연면적 20만m^2 이상 특정소방대상물(단, 아파트 제외) • 건축물의 높이 100m 이상, 지하층을 포함한 층수가 30층 이상(단, 아파트 제외) • 연면적 3만m^2 이상 : 철도 및 도시철도 시설, 공항시설 • 하나의 건축물 영화상영관이 10개 이상인 특정소방대상물
성능위주 설계 변경신고	• 연면적이 10% 이상 증가되는 경우 • 연면적을 기준으로 10% 이상 용도변경이 되는 경우 • 층수가 증가되는 경우 • 소방시설 설치 · 유지 및 안전관리에 관한 법률 과 화재안전기준을 적용하기 곤란한 특수공간으로 변경되는 경우 • 건축법에 따라 허가를 받았거나 신고한 사항을 변경하려는 경우 • 허가 또는 신고사항의 변경으로 종전의 성능위주설계 심의내용과 달라지는 경우

26. 소방기술인 자격기준

구분	자격사항						
	소방 기술사	소방시설 관리사	관련 기술사	소방설비 기사	소방설비 산업기사	관련 기사	관련 산업기사
특급	○	5년	5년	8년	11년	13년	–
고급		○	3년	5년	8년	11년	13년
중급			○	○	3년	5년	8년
초급					○	2년	4년

구분	학력					경력			
	박사	석사	학사	전문 학사	고졸	학사	전문 학사	고졸	기타
특급	3년	9년	12년	15년	–	–	–	–	–
고급	1년	6년	9년	12년	15년	12	15	18	22
중급	○	3	6년	9년	12년	9	12	15	18
초급	○	○	○	2	4	3	5	7	9

27. 감리원의 자격기준

	소방 기술사	소방설비 기사	소방설비 산업기사	소방관련 학사학위	소방관련 학과졸업	소방 공무원	기타
특급	○	8년	12년	-	-	-	-
고급		5년	8년	-	-	-	-
중급		3년	6년	-	-	-	-
초급		1년	2년	1년	3년	3년	5년

28. 위원회

구분	중앙 소방기술 심의위원회	지방 소방기술 심의위원회	하도급계약 심사위원회	소방특별 조사위원회	중앙소방 특별조사단
위원장	소방청장이 위촉	시 · 도지사가 위촉	발주기관의 장	소방본부장	소방청장이 위촉
구성 (위원장 포함)	60명 이내 (회의 : 위원장이 13명 지정)	5명 이상 9명 이하 (위원장 포함)	10명 (위원장, 부위원장 각1명 포함)	7명 이내 (위원장 포함)	21명 이내 (단장 포함)
임기	2년 (1회 연임 가능)		3년 (1회 연임 가능)	2년 (1회 연임 가능)	

구분	중앙 소방기술심의위원회	지방 소방기술심의위원회
심의 내용	• 화재안전기준에 관한 사항 • 소방시설 구조, 원리 등에서 공법이 특수한 설계 및 시공 • 소방시설 설계 및 공사감리의 방법 • 소방시설공사 하자 판단기준 • 기타 대통령령으로 정한 사항	• 소방시설에 하자가 있는지의 판단에 관한 사항 • 기타 대통령령으로 정한 사항
대통령령	• 연면적 10만m^2 이상 설계 · 시공 · 감리의 하자 유무 • 새로운 소방시설과 소방용품 등의 도입 여부에 관한 사항 • 기타소방기술과 관련하여 소방청장이 심의에 부치는 사항	• 연면적 10만m^2 미만 설계 · 시공 · 감리의 하자 유무 • 소방본부장 또는 소방서장이 화재안전기준 또는 위험물 제조소등의 시설기준의 적용에 관하여 기술검토를 요청하는 사항 • 기타소방기술과 관련하여 시 · 도지사가 심의에 부치는 사항

29. 착공신고 대상

<table>
<tr><td rowspan="2">신설</td><td rowspan="2">신축, 증축
개축, 재축
대수선
구조변경
용도변경</td><td colspan="2">• 옥내소화전설비(호스릴옥내소화전설비 포함), 옥외소화전설비,
• 스프링클러설비 · 간이스프링(캐비닛형 포함), 화재조기진압용 스프링클러설비, 물분무소화설비 · 포소화설비 · 이산화탄소소화설비 · 할로겐화합물소화설비 · 청정소화약제소화설비 · 미분무소화설비 · 강화액소화설비 및 분말소화설비,
• 연결송수관설비, 연결살수설비, 연소방지설비
• 제연설비(기계설비공사업자가 공사할 때 제외)
• 소화용수설비(기계설비공사업자 or 상 · 하수도설비공사업자가 공사할 때 제외)</td></tr>
<tr><td colspan="2">• 자동화재탐지설비, 비상경보설비
• 비상방송설비(정보통신공사업자가 공사하는 경우 제외)
• 비상콘센트설비(전기공사업자가 공사하는 경우 제외)
• 무선통신보조설비(정보통신공사업자가 공사하는 경우는 제외)</td></tr>
<tr><td rowspan="2">증설</td><td rowspan="2">신축, 증축
개축, 재축
대수선,
구조변경
용도변경으로
설비, 구역
증설</td><td colspan="2">옥내 · 옥외소화전설비</td></tr>
<tr><td colspan="2">• 방호구역 : 스프링클러설비, 간이스프링클러설비, 물분무등소화설비
• 경계구역 : 자동화재탐지설비
• 제연구역 : 제연설비(타 용도와 겸용제연설비–기계설비공사업자가 공사할 때 제외)
• 살수구역 : 연결살수설비, 연소방지설비
• 송수구역 : 연결송수관설비
• 전용회로 : 비상콘센트설비</td></tr>
<tr><td rowspan="3">보수</td><td rowspan="3" colspan="2">전부 또는 일부를 교체하거나 보수하는 공사(단, 소방시설을 긴급히 교체하거나 보수하여야 하는 경우에는 신고 제외)</td><td>수신반</td></tr>
<tr><td>소화펌프</td></tr>
<tr><td>동력(감시)제어반</td></tr>
</table>

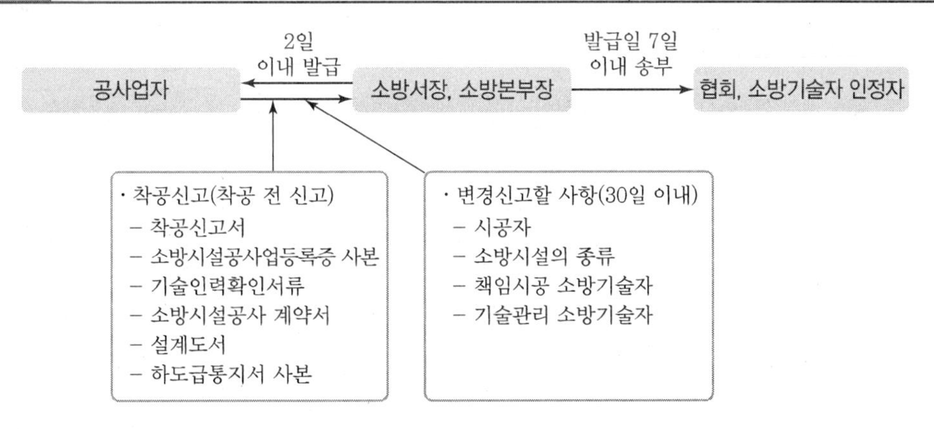

30. 완공검사 현장확인 대상

- 문화및집회 · 종교 · 판매 · 노유자 · 수련 · 운동 · 숙박 · 창고시설, 지하상가, 다중이용업소
- 가스계(이산화탄소 · 할로겐화합물 · 청정소화약제)소화설비(호스릴 제외)가 설치되는 것
- 연면적 1만m^2 이상이거나 11층 이상인 특정소방대상물(아파트 제외)
- 가연성가스시설 중 지상에 노출된 가연성 가스탱크의 저장용량 합계가 1천톤 이상

31. 하자보수

하자기간	2년	피난기구, 유도등, 유도표지, 비상경보설비, 비상조명등, 비상방송설비 무선통신보조설비
	3년	옥내소화전 · 스프링클러 · 간이스프링클러 · 물분무등소화설비 옥외소화전, 자동소화장치, 자동화재탐지설비 상수도소화용수설비 및 소화활동설비(무선통신보조설비 제외)
하자발생 시	3일 이내 보수 or 보수일정을 기록한 하자보수계획을 관계인에게 서면통보	
하자 미조치	• 관계인이 소방본부장 · 소방서장에게 통지가능한 경우 • 공사업자가 기간에 하자보수를 이행하지 아니한 경우 • 공사업자가 기간에 하자보수계획을 서면으로 알리지 아니한 경우 • 공사업자가 하자보수계획이 불합리다고 인정되는 경우	
심의요청	지방소방기술심의위원회	
하자보수 보증금	소방시설공사금액의 100분의 3 이상(단, 500만 원 이하의 공사는 제외)	

32. 감리원 배치기준

책임	보조	연면적	지하포함 층수	기타
특급 중 소방기술사	초급	20만m^2 이상	40층 이상	–
특급	초급	3만m^2 이상~20만m^2 미만 (아파트 제외)	16층 이상 40층 미만	–
고급	초급	3만m^2 이상~20만m^2 미만 (아파트)	–	물분무등소화설비 or 제연설비
중급		5천m^2 이상~3만m^2 미만	16층 미만	–
초급		5천m^2 미만	–	지하구

33. 감리

감리자 업무	• 소방시설등의 설치계획표의 적법성 검토 • 소방시설등 설계도서의 적합성(=적법성+기술상의 합리성) 검토 • 소방시설등 설계 변경 사항의 적합성 검토 • 소방용품의 위치 · 규격 및 사용 자재의 적합성 검토 • 시공이 설계도서와 화재안전기준에 맞는지에 대한 지도 · 감독 • 완공된 소방시설등의 성능시험 • 공사업자가 작성한 시공 상세 도면의 적합성 검토 • 피난시설 및 방화시설의 적법성 검토 • 실내장식물의 불연화(不燃化)와 방염 물품의 적법성 검토
감리자 지정대상	• 옥내소화전설비 신설 · 개설 · 증설 • 스프링클러설비등(캐비닛형 간이스프링 제외)신설 · 개설, 방호 · 방수구역 증설 • 물분무등소화설비(호스릴방식 제외) 신설 · 개설, 방호 · 방수구역 증설 • 옥외소화전설비 신설 · 개설 · 증설 • 자동화재탐지설비 신설 · 개설, 경계구역 증설 • 통합감시시설 신설 · 개설 • 소화용수설비 신설 · 개설 • 소화활동설비 시공 –제연설비 신설 · 개설, 제연구역 증설 –연결송수관설비 신설 · 개설 –연결살수설비 신설 · 개설, 송수구역 증설 –비상콘센트설비 신설 · 개설, 전용회로 증설 –무선통신보조설비 신설 · 개설 –연소방지설비 신설 · 개설, 살수구역 증설 • 수신반, 소화펌프, 동력(감시)제어반 전부, 일부를 개설 · 이전 · 나 정비
	감리자 지정 제외 대상 • 중앙소방기술심의위원회의 심의대상 • 성능위주설계 대상
지정신고 변경신고	지정(착공신고일까지), 변경(30일 이내) 소방본부장 · 소방서장, 2일 이내 처리
감리자 배치	감리원 배치일부터 7일 이내 소방본부장 또는 소방서장에게 통보

34. 감리의 종류 및 세부 배치 기준

종류	대상	방법
상주 감리	1. 연면적 3만m^2 이상 (아파트 제외) 2. 아파트(지하층 포함 16층 이상, 500세대 이상)	• 공사 현장 상주 → 업무 수행 → 감리일지 기록 • 감리업자는 책임감리원 업무대행 –1일 이상 현장 이탈 시 → 감리일지 기록 → 발주청, 발주자 확인 –민방위기본법, 향토예비군 설치법에 따른 교육, 유급휴가로 현장 이탈 시
일반 감리	상주공사감리 제외 대상	• 공사 현장 방문하여 감리업무 수행 • 주1회 이상 방문 → 감리업무 수행 → 감리일지 기록 • 업무대행자 지정 : 14일 이내 • 지정된 업무대행자 : 주 2회 이상 방문 → 감리업무 수행 → 책임감리원 통보 → 감리일지 기록

종류	세부 배치 기준
상주 감리	• (기계분야의 감리원+전기분야의 감리원) 각 1명 이상. 단, (기계+전기) 자격을 함께 취득한 사람은 1명 이상 배치 • 감리현장 책임감리원 배치기간 : 소방시설용 배관(전선관 포함)을 설치, 매립하는 때부터 소방시설 완공검사증명서를 발급받을 때까지
일반 감리	• (기계분야의 감리원+전기분야의 감리원) 각 1명 이상. 단, (기계+전기) 자격을 함께 취득한 사람은 1명 이상 배치 • 소방설비별 중요설비공사기간 동안 책임감리원을 배치할 것 • 방문 : 책임감리원은 주 1회 이상 현장 방문 • 1명 : 감리현장 5개 이하, 감리현장 연면적의 총 합계가 10만m^2 이하일 것. 단, 지하층 포함 층수가 16층 미만인 아파트는 연면적의 합계에 관계없이 1명의 책임감리원이 5개 이내의 공사현장 감리}(자동화재탐지설비, 옥내소화전설비 중 하나만 설치하는 2개의 감리현장이 최단 차량주행거리로 30km 이내에 있는 경우에는 1개로 본다.)

35. 소방기술자 공사현장 배치

구 분	배치기준
특급기술자인 소방기술자 (기계분야 or 전기분야)	• 연면적 20만m^2 이상 공사 현장 • 지하층을 포함한 층수가 40층 이상 공사 현장
고급기술자 이상 (기계분야 or 전기분야)	• 연면적 3만m^2 이상 20만m^2 미만(아파트 제외) • 지하층을 포함한 층수가 16층 이상 40층 미만
중급기술자 이상 (기계분야 or 전기분야)	• 물분무등소화설비 or 제연설비 설치 공사 현장 • 일반 : 연면적 5천m^2 이상 3만m^2 미만(아파트 제외) • 아파트 : 연면적 1만m^2 이상 20만m^2 미만 아파트
초급기술자 이상 (기계분야 or 전기분야)	• 지하구 • 일반 : 연면적 1천m^2 이상 5천m^2 미만(아파트 제외) • 아파트 : 연면적 1천m^2 이상 1만m^2 미만
자격수첩 받은 소방기술자	연면적 1천m^2 미만

1) 소방기술자를 소방시설공사 현장 배치 제외

① 소방시설의 비상전원 : 전기공사업자가 공사하는 경우

② 소화용수시설 : 기계설비공사업자 또는 상 · 하수도설비공사업자가 공사하는 경우

③ 소방 외의 용도와 겸용되는 제연설비 : 기계설비공사업자가 공사하는 경우

④ 소방 외의 용도와 겸용되는 비상방송설비 또는 무선통신보조설비 : 정보통신공사업자가 공사하는 경우

2) 1명의 소방기술자를 2개의 공사현장을 초과하여 배치금지 제외 2가지

① 연면적 5천m^2 미만인 공사 현장에만 배치하는 경우(단, 연면적의 합계는 2만m^2 미만)

② 연면적 5천m^2 이상인 공사 현장 2개 이하와 5천m^2 미만 공사현장에 같이 배치하는 경우 (단, 연면적의 합계는 1만m^2 미만)

36. 공사 도급

하도급제한	제3자에게 하도급 제한
하도급가능	소방시설공사업자가 소방시설공사와 해당 공사를 함께 도급받은 경우 • 주택건설사업 • 건설업 • 전기공사업 • 정보통신공사업
적정성심사	• 도급금액 중 하도급 부분에 상당하는 금액의 100분의 82에 해당하는 금액에 미달하는 경우 • 소방시설공사 등에 대한 발주자의 예정가격의 100분의 60에 해당하는 금액에 미달하는 경우
대금지급	지급받은 날부터 15일 이내 현금으로 지급
하도급계약 공개	• 대상 : 공기업, 준정부기관, 지방공사, 지방공단 • 금액 1천만 원 이상 • 하도급통보받은 날로부터 30일 이내 홈페이지에 게재

37. 소방용품

소화설비	• 소화기구(소화약제 외 간이소화용구는 제외) • 자동소화장치 • 소화전, 관창, 소방호스, 스프링클러헤드, 기동용 수압개폐장치, 유수제어밸브, 가스관선택밸브
경보설비	• 누전경보기, 가스누설경보기 • 발신기, 수신기, 중계기, 감지기 및 음향장치(경종만 해당)
피난설비	• 피난사다리, 구조대, 완강기(간이완강기 및 지지대 포함) • 공기호흡기(충전기 포함) • 피난구유도등, 통로유도등, 객석유도등, 예비전원이 내장된 비상조명등
소화용 사용	• 소화약제(상업용, 캐비닛형 자동소화장치, 포이할청분강의 소화약제) • 방염제(방염액 · 방염도료, 방염성 물질)

38. 소방시설

① **소화설비** : 물 또는 그 밖의 소화약제를 사용하여 소화하는 기계 · 기구 또는 설비
② **경보설비** : 화재발생 사실을 통보하는 기계 · 기구 또는 설비
③ **피난설비** : 화재가 발생할 경우 피난하기 위하여 사용하는 기구 또는 설비
④ **소화용수설비** : 화재를 진압하는 데 필요한 물을 공급하거나 저장하는 설비
⑤ **소화활동설비** : 화재를 진압하거나 인명구조활동을 위하여 사용하는 설비

<table>
<tr><td rowspan="5">소화설비</td><td>소화기구</td><td>• 소화기 : 간이소화용구(에어로졸식 소화용구, 투척용 소화용구, 소화약제 외의 것을 이용한 간이소화용구)
• 자동확산소화기</td></tr>
<tr><td>자동소화장치</td><td>• 주거용 주방자동소화장치 • 상업용 주방자동소화장치
• 캐비닛형 자동소화장치 • 가스자동소화장치
• 분말자동소화장치 • 고체에어로졸자동소화장치</td></tr>
<tr><td>스프링클러 설비등</td><td>• 스프링클러설비
• 간이스프링클러설비(캐비닛형 포함)
• 화재조기진압용 스프링클러설비</td></tr>
<tr><td>물분무등 소화설비</td><td>• 물 분무 소화설비 • 미분무소화설비
• 포소화설비 • 이산화탄소소화설비
• 할로겐화합물소화설비 • 청정소화약제소화설비
• 분말소화설비 • 강화액소화설비</td></tr>
<tr><td colspan="2">• 옥내소화전설비(호스릴 포함)
• 옥외소화전설비</td></tr>
<tr><td>경보설비</td><td colspan="2">• 비상경보설비(비상벨설비, 자동식 사이렌설비)
• 시각경보기 • 자동화재탐지설비 • 비상방송설비
• 자동화재속보설비 • 통합감시시설 • 누전경보기
• 가스누설경보기 • 단독경보형 감지기</td></tr>
<tr><td rowspan="4">피난설비</td><td>피난기구</td><td>• 피난사다리 • 구조대 • 완강기</td></tr>
<tr><td>인명구조기구</td><td>• 방열복 • 공기호흡기 • 인공소생기</td></tr>
<tr><td>유도등</td><td>• 피난유도선 • 피난구유도등 • 통로유도등
• 객석유도등 • 유도표지</td></tr>
<tr><td colspan="2">• 비상조명등 및 휴대용 비상조명등</td></tr>
<tr><td>소화용수설비</td><td colspan="2">• 상수도소화용수설비 • 소화수조 · 저수조, 그 밖의 소화용수설비</td></tr>
<tr><td>소화활동설비</td><td colspan="2">• 제연설비 • 연결송수관설비 • 연결살수설비
• 비상콘센트설비 • 무선통신보조설비 • 연소방지설비</td></tr>
</table>

39. 근린생활시설 면적에 따라 구분

미만	면적기준	이상
단란주점	$150m^2$	위락시설
공연장 · 집회장 · 비디오물업 등	$300m^2$	문화 및 집회시설
탁구장, 테니스장, 체육도장, 체력단련장, 볼링장, 당구장, 골프연습장, 물놀이형시설	$500m^2$	운동시설
금유업소 · 사무소 등		업무시설
제조업소 · 수리점 등		공장
게임제공업 등		판매시설(상점)
학원		교육연구시설
고시원		숙박시설
슈퍼마켓, 일용품 등 소매점	$1,000m^2$	판매시설(상점)
의약품 및 의료기기 판매소, 자동차영업소		판매시설
운동시설(체육관)		문화 및 집회시설(체육관)

1) 유사명칭 시설의 분류

특정대상물		유사명칭 특정대상물
근린생활시설	치과의원	치과병원 → 의료시설
	동물병원	병원 → 의료시설
	독서실	도서관 → 교육연구시설, 공공도서관 → 업무시설
	장의사	봉안당 → 묘지관련시설(*종교집회장에 설치 시 종교시설)
	세탁소	가공(세탁) → 공장
	학원($500m^2$ 미만)	학원($500m^2$ 이상) → 교육연구시설, 무도학원 → 위락시설
		자동차운전학원, 정비학원 → 항공기 및 자동차 관련시설
위락시설	유원시설업	유원지 → 관광휴게시설
노유자시설	정신요양시설	요양병원 → 의료시설
	어린이집	어린이회관 → 관광휴게시설
관광휴게시설	야외극장	(실내)극장 → 근린생활시설($300m^2$ 미만) (실내)극장 → 문화 및 집회시설($300m^2$ 이상)

2) 혼동되는 특정대상물 정리

- 오피스텔 : 숙박시설(×) → 업무시설(○) · 보건소 : 의료시설(×) → 업무시설(○)
- 유스호스텔 : 숙박시설(×) → 수련시설(○)
- 동식물원 : 동식물관련(×) → 문화 및 집회시설(○)
- 마권장외발매소 : 판매시설(×) → 문화 및 집회시설(○)
- 공항시설 : 항공기 및 자동차관련시설(×) → 운수시설 (○)
- 항만시설 : 항공기 및 자동차관련시설(×) → 운수시설 (○)

40. 둘 이상의 건물을 별개 or 하나의 건물로 보는 경우

1) 각각 별개의 특정소방대상물로 보는 경우

내화구조로 된 하나의 특정소방대상물이 개구부가 없는 내화구조의 바닥과 벽으로 구획

2) 둘 이상의 특정소방대상물이 연결통로로 연결된 경우

<table>
<tr><td rowspan="2">내화구조</td><td>벽이 없는 구조</td><td>길이 6m 이하</td><td rowspan="2">※ 바닥에서 천장 높이의 2분의 1 이상인 경우에는 벽이 있는 구조로 본다.</td></tr>
<tr><td>벽이 있는 구조</td><td>길이 10m 이하</td></tr>
<tr><td>내화구조 이외</td><td colspan="3">하나의 소방대상물</td></tr>
<tr><td colspan="4">콘베이어로 연결되거나 플랜트설비의 배관 등으로 연결되어 있는 경우</td></tr>
<tr><td colspan="4">지하보도, 지하상가, 지하가로 연결된 경우</td></tr>
<tr><td colspan="4">방화셔터 또는 갑종방화문이 설치되지 않은 피트로 연결된 경우</td></tr>
<tr><td colspan="4">지하구로 연결된 경우</td></tr>
</table>

3) 연결통로 등으로 연결된 둘 이상의 건물을 별개의 소방대상물로 보는 경우

① 양쪽에 화재 시 경보설비 또는 자동소화설비의 작동과 연동하여 자동으로 닫히는 방화셔터 또는 갑종 방화문이 설치된 경우

② 양쪽에 화재 시 자동으로 방수되는 방식의 드렌처설비 또는 개방형 스프링클러헤드가 설치된 경우 단, 지하가와 연결되는 지하층에 지하층 또는 지하가에 설치된 방화문이 자동폐쇄장치, 자동화재 탐지설비 또는 자동소화설비와 연동하여 닫히는 구조이거나 상부에 드렌처설비를 설치한 경우에는 지하가로 보지 않는다.

4) 연소 우려가 있는 건축물의 구조

① 건축물대장의 건축물 현황도에 표시된 대지경계선 안에 둘 이상의 건축물이 있는 경우

② 각각의 건축물이 다른 건축물의 외벽으로부터 수평거리가 1층의 경우에는 6미터 이하, 2층 이상 층의 경우에는 10미터 이하인 경우

③ 개구부가 다른 건축물을 향하여 설치되어 있는 경우

41. 소방특별조사(실시권자 : 소방청장, 소방본부장, 소방서장)

목적	• 관계지역 또는 관계인에 대해 적합하게 설치 · 유지 · 관리되고 있는지 여부 확인 • 소방대상물에 화재, 재난 · 재해 등의 발생 위험이 있는지 등을 확인 • 개인의 주거에 대하여는 관계인의 승낙이 있거나 화재발생의 우려가 뚜렷하여 긴급한 필요가 있는 때로 한정
조사 절차	• 7일 전 관계인에게 조사대상, 조사기간, 조사사유 등을 서면으로 통보 • 관계인의 승낙 없이 해가 뜨기 전이나 해가 진 뒤에 조사 금지 • 통보 예외조건 –화재, 재난 · 재해가 발생할 우려가 뚜렷해 긴급 조사할 경우 –사전 통지 시 조사목적을 달성할 수 없다고 인정되는 경우
연기사유 (조사 시작 3일 전)	• 태풍, 홍수 등 재난이 발생하여 소방대상물을 관리가 매우 어려운 경우 • 관계인이 질병, 장기출장 등으로 소방특별조사에 참여할 수 없는 경우 • 권한 있는 기관에 자체점검기록부, 교육 · 훈련일지 등 소방특별조사에 필요한 장부 · 서류 등이 압수되거나 영치되어 있는 경우
실시해야 할 경우	• 소방시설등, 방화시설, 피난시설 등에 대한 자체점검 등이 불성실하거나 불완전하다고 인정되는 경우 • 소방기본법에 따른 화재경계지구에 대한 소방특별조사 등 다른 법률에서 소방특별조사를 실시하도록 한 경우 • 국가적 행사 등 주요 행사가 개최되는 장소 및 그 주변의 관계 지역에 대하여 소방안전관리 실태를 점검할 필요가 있는 경우 • 화재가 자주 발생하였거나 발생할 우려가 뚜렷한 곳에 점검이 필요한 경우 • 재난예측정보, 기상예보 등을 분석한 결과 소방대상물에 화재, 재난 · 재해의 발생 위험이 높다고 판단되는 경우 • 화재, 재난 · 재해, 그 밖의 긴급한 상황이 발생할 경우 인명 또는 재산 피해의 우려가 현저하다고 판단되는 경우
조사항목	• 소방안전관리 업무 수행에 관한 사항 • 소방계획서의 이행에 관한 사항 • 자체점검 및 정기적 점검 등에 관한 사항 • 화재의 예방조치 등에 관한 사항 • 불을 사용하는 설비 등의 관리와 특수가연물의 저장 · 취급에 관한 사항 • 다중이용업소의 안전관리에 관한 특별법에 따른 안전관리에 관한 사항 • 위험물 안전관리법에 따른 안전관리에 관한 사항
공무원이 할 수 있는 행위	• 관계인에게 필요한 보고를 하도록 하거나 자료의 제출을 명하는 것 • 소방대상물의 위치 · 구조 · 설비 또는 관리 상황을 조사하는 것 • 소방대상물의 위치 · 구조 · 설비 또는 관리 상황에 대하여 관계인에게 질문하는 것

42. 건축허가 동의

1) 건축허가 동의 절차

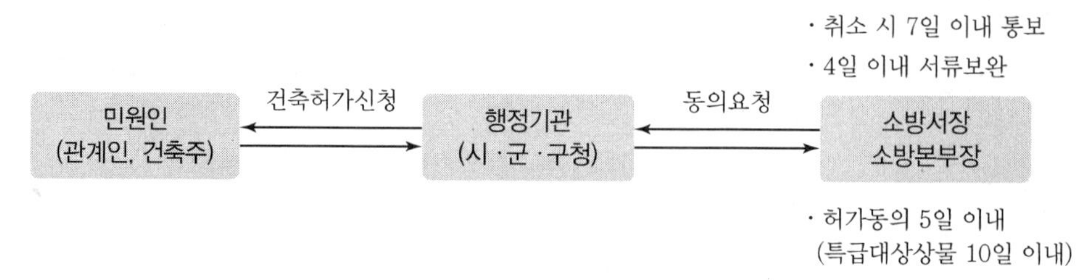

2) 건축허가등의 동의대상물의 범위

건축물	연면적 400m² 이상	모두
	연면적 100m² 이상	학교시설
	연면적 150m² 이상	지하층 또는 무창층(공연장 100m² 이상)
	연면적 200m² 이상	노유자 · 수련시설
	연면적 300m² 이상	장애인 의료 재활시설, 정신의료기관
주차용도	바닥면적 200m² 이상	차고 · 주차장
	기계식 주차 20대 이상	승강기 등 기계장치에 의한 주차시설

- 항공기격납고, 관망탑, 항공관제탑, 방송용 송수신탑
- 위험물저장 및 처리시설, 지하구
- 노유자시설에 해당하지 않는 노인 관련 시설
- 아동복지시설(아동상담소, 아동전용시설, 지역아동센터 제외)
- 장애인거주시설
- 정신질환관련시설(24시간 주거하지 않으면 제외)
- 노숙인 관련 시설 중 노숙인자활시설, 노숙인재활시설 및 노숙인요양시설
- 결핵환자 · 한센인이 24시간 생활하는 노유자시설
- 요양병원

3) 건축허가 동의 제외대상

① 소화기구, 누전경보기, 피난기구, 방열복 · 방화복 · 공기호흡기 및 인공소생기, 유도등 또는 유도표지가 화재안전기준에 적합한 경우 그 특정소방대상물

② 건축물의 증축 또는 용도변경으로 인하여 해당 특정소방대상물에 추가로 소방시설이 설치되지 아니하는 경우 그 특정소방대상물

43. 수용인원 산정방법

숙박시설	침대 있음	종사자 수+침대의 수(2인용 침대는 2인으로 산정)
	침대 없음	종사자 수+ $\frac{바닥면적의\ 합계}{3m^2}$
숙박 외	강의실, 상담실, 실습실, 휴게실, 교무실	$\frac{바닥면적의\ 합계}{1.9m^2}$
	강당, 문화 및 집회시설, 운동시설, 종교시설 : (긴 의자 정면너비를 0.45m로 나누어 얻은 수)	$\frac{바닥면적의\ 합계}{4.6m^2}$
	그 밖의 소방대상물	$\frac{바닥면적의\ 합계}{3m^2}$

※ 바닥면적 산정 시 제외 장소 : 복도, 계단, 화장실의 바닥면적 제외, 계산결과 소수점 이하는 반올림

44. 수용인원에 따라 설치해야 할 소방시설

스프링클러설비	• 문화 및 집회시설, 종교시설, 운동시설로서 수용인원 100명 이상 • 판매시설, 운수시설 및 물류터미널로서 수용인원 500명 이상 • 지붕 또는 외력이 불연재료가 아니거나 내화구조가 아닌 창고시설 중 수용인원 250명 이상
경보설비	50명 이상의 근로자가 작업하는 옥내작업장
자동화재탐지설비	연면적 $400m^2$ 이상인 노유자시설 및 숙박시설이 있는 수련시설로서 수용인원 100명 이상
공기호흡기	수용인원 100명 이상인 문화 및 집회시설 중 영화상영관
휴대용 비상조명등	수용인원 100명 이상의 영화상영관, 판매시설 중 대규모점포, 철도 및 도시철도 시설 중 지하역사, 지하가중 지하상가
제연설비	수용인원 100명 이상의 문화 및 집회시설 주 영화상영관, 판매시설 중 대규모점포, 철도 및 도시철도시설 중 지하역사, 지하가 중 지하상가

45. 지하층 포함 여부

1) 지하층

① 지하층 제외

- 비상방송설비 설치대상 : 지하층을 제외한 층수가 11층 이상인 것
- 공동소방안전관리 대상 : 고층건축물(지하층을 제외한 층수가 11층 이상)
- 다중이용업소 비상구 설치대상 : 영업장의 위치가 4층(지하층은 제외) 이하인 것

② 지하층 포함

- 성능위주설계를 하여야 하는 특정소방대상물 : 지하층을 포함한 층수가 30층 이상
- 특급기술자인 소방기술자 배치기준 : 지하층을 포함한 층수가 30층 이상
- 고급기술자인 소방기술자 배치기준지하층을 포함한 층수가 16층 이상 30층 미만
- 상주공사감리 : 지하층을 포함한 층수가 16층 이상으로서 500세대 이상인 아파트
- 소방기술사 자격을 취득한 사람 1명 이상 감리원 배치 : 지하층을 포함한 층수가 40층 이상
- 중급 감리원 이상의 소방감리원 1명 이상 감리원 배치 : 지하층을 포함한 층수가 16층 미만
- 인명구조기구 중 방열복, 인공소생기, 공기호흡기 설치 : 지하층 포함 7층 이상 관광호텔
- 인명구조기구 중 방열복, 공기호흡기 설치 : 지하층을 포함하는 층수가 5층 이상인 병원
- 비상조명등 설치대상 : 지하층을 포함하는 층수가 5층 이상, 연면적 3천m^2 이상
- 연결송수관설비 설치대상 : 지하층을 포함하는 층수가 7층 이상
- 특급소방안전관리자 선임대상 : 30층 이상(지하층을 포함한다)

2) 무창층에 설치해야 할 소방시설

① 옥내소화전

② 스프링클러

③ 비상경보설비

④ 비상조명등

⑤ 제연설비

46. 피난시설, 방화구획 및 방화시설의 유지 · 관리

관계인은 피난시설, 방화구획 및 방화벽, 내부 마감재료 등의 금지행위

① 피난시설, 방화구획 및 방화시설을 폐쇄하거나 훼손하는 등의 행위

② 피난시설, 방화구획 및 방화시설의 주위에 물건을 쌓아두거나 장애물을 설치하는 행위

③ 피난시설, 방화구획 및 방화시설의 용도에 장애를 주거나 소방활동에 지장을 주는 행위

④ 그 밖에 피난시설, 방화구획 및 방화시설을 변경하는 행위

47. 소방시설기준의 적용특례

1) 증축 or 용도변경 당시 기준 적용

2) 강화된 기준 적용 설비

- 소화기구, 비상경보설비, 자동화재속보설비, 피난설비
- 지하구 중 공동구
- 노유자시설 : 간이스프링클러설비 및 자동화재탐지설비
- 의료시설 : 스프링클러설비, 간이스프링클러설비, 자동화재탐지설비, 자동화재속보설비

3) 소방시설을 설치하지 아니할 수 있는 경우

- 화재 위험도가 낮은 특정소방대상물
- 화재안전기준을 적용하기 어려운 특정소방대상물
- 화재안전기준을 다르게 적용할 특수한 용도 또는 구조를 가진 특정소방대상물
- 위험물 안전관리법에 따른 자체소방대가 설치된 특정소방대상물

4) 기존 부분을 증축 당시의 적용하지 아니할 수 있는 경우

- 기존 부분과 증축 부분이 내화구조로 된 바닥과 벽으로 구획된 경우
- 기존 부분과 증축 부분이 갑종 방화문(자동방화셔터 포함)으로 구획되어 있는 경우
- 자동차 생산공장 등 화재 위험이 낮은 특정소방대상물 내부에 연면적 $33m^2$ 이하의 직원 휴게실을 증축하는 경우
- 자동차 생산공장 등 화재위험이 낮은 특정소방대상물에 캐노피를 설치하는 경우

5) 용도변경 전 기준을 적용하는 경우

- 구조 · 설비가 화재연소 확대요인이 줄거나 피난 · 화재진압활동이 쉬워지도록 변경
- 문화 및 집회시설 중 공연장 · 집회장 · 관람장, 판매시설, 운수시설, 창고시설 중 물류터미널이 불특정 다수인이 이용하는 것이 아닌 일정한 근무자가 이용하는 용도로 변경
- 천장 · 바닥 · 벽 등에 고정되어 있는 가연성 물질의 양이 줄어드는 경우
- 다중이용업소, 문화 및 집회시설, 종교, 판매, 운수, 의료, 노유자, 수련, 운동, 숙박, 위락, 창고 중 물류터미널, 위험물 저장 및 처리 시설 중 가스시설, 장례식장이 각각 규정된 시설 외의 용도로 변경

48. 특정소방대상물의 소방시설 설치의 면제기준

면제 시설	설치 면제기준
스프링클러설비	물분무등소화설비 설치 시
물분무등소화설비	차고 · 주차장에 스프링클러설비 설치 시
간이스프링클러설비	스프링클러설비, 물분무소화설비, 미분무소화설비를 설치 시
비상경보설비 단독경보형 감지기	자동화재탐지설비를 설치 시
비상경보설비	단독경보형감지기를 2개 이상의 단독경보형 감지기와 연동하여 설치 시
비상방송설비	자동화재탐지설비 or 비상경보설비와 같은 수준 이상의 음향을 발하는 장치를 부설한 방송설비를 설치 시
피난설비	위치 · 구조, 설비의 상황에 따라 피난상 지장이 없다고 인정되는 경우
연결살수설비	• 송수구를 부설한 스프링클러설비, 간이스프링클러설비, 물분무소화설비 또는 미분무소화설비를 설치 시 • 물분무장치 등에 소방대가 사용할 수 있는 연결송수구가 설치되거나 물분무장치 등에 6시간 이상 공급할 수 있는 수원이 확보된 경우
제연설비	• 공기조화설비를 제연설비기준에 적합하게 설치하고 공기조화설비가 화재 시 제연설비기능으로 자동전환되는 구조로 설치 시 • 외부 공기와 통하는 배출구 면적의 합계가 해당 제연구역에 바닥면적의 100분의 1 이상이고, 배출구부터 각 부분까지의 수평거리가 30m 이내이며, 공기유입구가 화재안전기준에 적합하게 설치 시 • 노대와 연결된 특별피난계단 or 노대가 설치된 비상용 승강기의 승강장
비상조명등	피난구유도등 or 통로유도등을 화재안전기준에 적합하게 설치 시
누전경보기	아크경보기 or 전기 관련 법령에 따른 지락차단장치를 설치한 경우
무선통신보조설비	이동통신 구내 중계기 선로설비 또는 무선이동중계기등을 설치 시
상수도소화용수설비	• 수평거리 140m 이내에 공공의 소방을 위한 소화전 설치시 면제 • 소방본부장 또는 소방서장이 상수도소화용수설비의 설치가 곤란하다고 인정하는 경우로서 소화수조 또는 저수조 설치 시 면제
연소방지설비	스프링클러설비, 물분무소화설비, 미분무소화설비를 설치 시 면제
연결송수관설비	옥외에 연결송수구 및 옥내에 방수구가 부설된 옥내소화전설비, 스프링클러설비, 간이스프링클러설비, 연결살수설비를 설치 시 면제
자동화재탐지설비	(자동화재탐지설비 기능과 성능을 가진) 스프링클러설비 또는 물분무등소화설비를 설치 시 면제
옥외소화전설비	보물 또는 국보로 지정된 목조문화재에 상수도소화용수설비 설치 시
옥내소화전	호스릴 방식의 미분무소화설비 설치 시
자동소화장치	물분무등소화설비 설치 시

49. 임시소방시설

임시소방시설	설치대상	설치면제
소화기	모든 건축허가동의 대상	
간이소화장치	• 연면적 3천m^2 이상 • 해당 층 바닥면적 600m^2 이상인 지하층, 무창층 및 4층 이상의 층	옥내소화전, 소화기
비상경보장치	• 연면적 400m^2 이상 • 해당 층 바닥면적 150m^2 이상인 지하층 또는 무창층	비상방송설비 또는 자동화재탐지설비
간이피난유도선	바닥면적 150m^2 이상인 지하층 또는 무창층	피난유도선, 피난구유도등, 통로유도등 또는 비상조명등

50. 소방계획서에 포함될 내용

- 소방안전관리대상물의 위치 · 구조 · 연면적 · 용도 및 수용인원 등 일반 현황
- 소방안전관리대상물에 설치한 소방시설 · 방화시설, 전기시설 · 가스시설 및 위험물시설의 현황
- 화재 예방을 위한 자체점검계획 및 진압대책
- 소방시설 · 피난시설 및 방화시설의 점검 · 정비계획
- 피난층 및 피난시설의 위치와 피난경로의 설정, 장애인 및 노약자의 피난계획 등을 포함한 피난계획
- 방화구획, 제연구획, 건축물의 내부 마감재료 및 방염물품의 사용현황과 그 밖의 방화구조 및 설비의 유지 · 관리계획
- 법 제22조에 따른 소방훈련 및 교육에 관한 계획
- 근무자 및 거주자의 자위소방대 조직과 대원의 임무(장애인 및 노약자의 피난 보조 임무를 포함)에 관한 사항
- 증축 · 개축 · 재축 · 이전 · 대수선 중인 특정소방대상물의 공사장 소방안전관리에 관한 사항
- 공동 및 분임 소방안전관리에 관한 사항
- 소화와 연소 방지에 관한 사항
- 위험물의 저장 · 취급에 관한 사항(제조소등은 제외)
- 그 밖에 소방안전관리를 위하여 소방본부장 또는 소방서장이 소방안전관리대상물의 위치 · 구조 · 설비 또는 관리 상황 등을 고려하여 소방안전관리에 필요하여 요청하는 사항

51. 방염

<table>
<tr><td rowspan="1">방염 대상</td><td colspan="2">• 근린생활시설 중 체력단련장, 숙박시설, 방송통신시설 중 방송국 및 촬영소
• 옥내에 있는 문화 및 집회시설, 종교시설, 운동시설(수영장 제외)
• 의료시설 중 종합병원, 요양병원 및 정신의료기관
• 노유자시설 및 숙박이 가능한 수련시설
• 다중이용업의 영업장

➢ 다중이용업의 실내장식물
• 불연재료 또는 준불연재료로 설치
• 방염성능이상 설치면적
합판, 목재 실내장식물 설치 시 : 영업장 천장과 벽을 합한 면적의 10분의 3 이하
(스프링클러설비, 간이스프링클러설비가 설치된 경우에는 10분의 5) 이하인 부분

• 층수가 11층 이상인 것(아파트 제외)
• 교육연구시설 중 합숙소</td></tr>
<tr><td rowspan="2">방염 대상 물품</td><td>제조 가공</td><td>• 창문에 설치하는 커튼류(블라인드 포함)
• 카펫, 두께가 2mm 미만인 벽지류(종이벽지 제외)
• 전시용 합판 또는 섬유판, 무대용 합판 또는 섬유판
• 암막 · 무대막(영화상영관 · 골프 연습장업에 설치하는 스크린 포함)
• 섬유류 또는 합성수지류 등을 원료로 하여 제작된 소파 · 의자
(단란주점영업, 유흥주점영업, 노래연습장업 영업장)</td></tr>
<tr><td>실내 장식물</td><td>• 종이류(두께 2mm 이상) · 합성수지류 · 섬유류를 주원료로 한 물품
• 합판, 목재
• 간이칸막이(접이식, 이동식 등으로 구획하지 아니한 벽체)
• 흡음이나 방음을 위하여 설치하는 흡음재 · 방음재(커튼 포함)</td></tr>
<tr><td>방염 성능</td><td colspan="2">• 20초 이내 : 버너의 불꽃을 제거한 때부터 불꽃을 올리며 연소하는 상태가 그칠 때까지 시간
• 30초 이내 : 버너의 불꽃을 제거한 때부터 불꽃을 올리지 아니하고 연소하는 상태가 그칠 때까지 시간
• $50cm^2$ 미터 : 탄화한 면적
• 20cm 이내 : 탄화한 길이
• 불꽃의 접촉 횟수는 3회 이상 : 불꽃에 의하여 완전히 녹을 때
• 최대연기밀도는 400 이하 : 소방청장이 정하여 고시한 방법으로 발연량을 측정하는 경우</td></tr>
<tr><td>방염 권장</td><td colspan="2">다중이용업소 · 의료시설 · 노유자시설 · 숙박시설 또는 장례식장 → 침구류 · 소파 · 의자에 대하여 방염처리가 필요하다고 인정되는 경우에는 방염처리된 제품을 사용하도록 권장할 수 있다.</td></tr>
</table>

52. 소방시설을 설치하지 아니할 수 있는 특정소방대상물

화재 위험도가 낮은 특정소방대상물	석재, 불연성금속, 불연성 건축재료 등의 가공공장 · 기계조립공장 · 주물공장 또는 불연성 물품을 저장하는 창고	옥외소화전, 연결살수
	소방기본법 따른 소방대가 조직되어 24시간 근무하고 있는 청사 및 차고	옥내소화전, 스프링클러, 물분무등 비상방송, 피난기구, 소화용수, 연결송수관, 연결살수
화재안전기준을 적용하기 어려운 특정소방대상물	펄프공장의 작업장, 음료수 공장의 세정 또는 충전을 하는 작업장, 그 밖에 이와 비슷한 용도로 사용하는 것	스프링클러, 상수도소화용수, 연결살수
	정수장, 수영장, 목욕장, 농예 · 축산 · 어류양식용 시설, 그 밖에 이와 비슷한 용도로 사용되는 것	자동화재탐지, 상수도소화용수, 연결살수
화재안전기준을 달리 적용하여야 하는 특수한 용도 또는 구조를 가진 특정소방대상물	원자력발전소, 핵폐기물처리시설	연결송수관, 연결살수
위험물 안전관리법에 따른 자체 소방대가 설치된 특정소방대상물	자체소방대가 설치된 위험물 제조소 등에 부속된 사무실	옥내소화전, 소화용수, 연결송수관, 연결살수

53. 특정소방대상물의 소방안전관리

1) 일반건축물

특급	1. 30층 이상(지하층포함), 높이 120m 이상 2. 연면적 20만m^2 이상 3. 아파트 : 50층 이상(지하층제외) 또는 높이 200m 이상 동 · 식물원, 철강 등 불연성 물품을 저장 · 취급하는 창고, 위험물 저장 및 처리 시설 중 위험물 제조소등, 지하구를 제외
1급	1. 층수 11층 이상 2. 연면적 1만5천m^2 이상 3. 가연성가스 1천톤 이상 저장 · 취급 시설 4. 아파트 : 30층 이상 또는 120m 이상 동 · 식물원, 철강 등 불연성 물품을 저장 · 취급하는 창고, 위험물 저장 및 처리 시설 중 위험물 제조소등, 지하구를 제외
2급	1. 옥내소화전설비, 스프링클러, 간이스프링클러설비,물분무등소화설비(호스릴(Hose Reel) 방식의 물분무등소화설비만을 설치한 경우는 제외) 설치 2. 도시가스사업 허가받은 시설, 가연성가스 100톤 이상 1천톤 미만 3. 지하구, 공동주택, 보물 · 국보로 지정된 목조건축물
3급	자동화재탐지설비 설치

2) 아파트

특급	아파트 50층 이상(지하층제외) 또는 높이 200m 이상
1급	아파트 30층 이상 또는 120m 이상
2급	특급과 1급을 제외한 공동주택

54. 특정소방대상물의 소방안전관리 업무대행

업무대행	범위	• 1급특정소방대상물 중 층수가 11층 이상인 것(연면적 1만5천m^2 미만 중) • 2급 모두
	업무	• 피난시설, 방화구획 및 방화시설의 유지 · 관리 • 소방시설이나 그 밖의 소방 관련 시설의 유지 · 관리

55. 소방안전관리보조자 선임인원

아파트	1명(단, 초과되는 300세대마다 1명 추가)
연면적 1만5천m^2 이상(아파트 제외)	1명(단, 초과되는 연면적 1만5천m^2마다 1명 추가)
공동주택 중 기숙사, 의료시설, 노유자시설, 수련시설, 숙박시설(1,500m^2 미만 24시 제외)	1명 이상

56. 공동소방안전관리

① 관리의 권원이 분리된 것 중 소방본부장이나 소방서장이 지정하는 특정소방대상물

② 대상

- 고층건축물(지하층 제외 층수 11층 이상 건축물)
- 지하가
- 복합건축물 연면적 5천m^2 이상인 것 또는 층수가 5층 이상인 것
- 판매시설 중 도매시장 및 소매시장
- 특정소방대상물 중 소방본부장 또는 소방서장이 지정하는 것

57. 소방안전관리업무

- 피난계획에 관한 사항과 대통령령으로 정하는 사항이 포함된 소방계획서 작성 · 시행
- 자위소방대 및 초기대응체계의 구성 · 운영 · 교육
- 피난시설, 방화구획 및 방화시설의 유지 · 관리
- 소방훈련 및 교육
- 소방시설이나 그 밖의 소방 관련 시설의 유지 · 관리
- 화기 취급의 감독
- 그 밖에 소방안전관리에 필요한 업무

58. 소방안전관리자의 자격

특급

자격 사항	경력
소방기술사, 소방시설관리사	–
소방설비기사	5년 이상 1급 소방대상물의 소방안전관리자로 근무
소방설비산업기사	7년 이상 1급 소방대상물의 소방안전관리자로 근무
소방공무원	20년 이상 근무

교육 및 시험		
특급시험 합격자	5년 이상 1급 소방대상물 소방안전관리자 근무 (소방설비기사 2년, 소방설비산업기사 3년)	
	7년 이상 1급 소방대상물 소방안전관리보조자	
특급 강습 수료 후 특급시험에 합격한 사람	소방설비기사	2년 이상 1급 소방안전관리자 근무
	소방설비산업기사	3년 이상 1급 소방안전관리자 근무

구분	자격
1급	• 소방설비기사, 소방설비산업기사 • 산업안전기사, 산업안전산업기사+2년 이상 2급 소방안전관리실무경력 • 소방공무원 7년 이상 근무 경력 • (위험물자격증)위험물안전관리자, 전기안전관리자, 가스안전관리자+선임
2급	• 건축사, 산업안전(산업)기사, 건축(산업)기사, 일반기계기사, 전기기능장, 전기(산업)기사, 전기공사(산업)기사 자격을 가진 사람 • 위험물기능장(산업기사, 기능사) • 소방공무원 3년 이상 근무 경력
소방시설관리사	• 소방기술사, 위험물기능장, 건축사, 건축기계 · 건축전기설비기술사, 공조냉동기술사 • 소방설비기사(소방안전(방재)공학 석사학위 이상 취득)+2년 이상 소방실무 • 소방설비산업기사(소방안전관리학과(관련) 대학 졸업)+3년 이상 소방실무 • 위험물산업기사, 위험물기능사+3년 이상 소방실무 • 소방공무원 5년 이상 근무 경력 • 산업안전기사+3년 이상 소방실무 • 10년 이상 소방실무

59. 자체점검의 구분과 점검방법 · 횟수 및 시기

구 분	종합 정밀 점검	작동 기능 점검
점검 범위	작동기능점검을 포함하여 화재안전기준 및 건축법 등 관련법령에서 정하는 기준에 적합 여부를 점검	소방시설 등을 인위적으로 조작하여 정상적으로 작동하는지를 점검
대상	• 스프링클러설비, 물분무 등 소화설비가 설치된 연면적 5,000m² 이상(위험물제조소 등 제외) 다만, 아파트의 경우 연면적이 5,000m² 이상이고 층수가 11층 이상인 것 • 단란주점 · 유흥주점 · 영화상영관 · 비디오물감상실 · 복합영상물제공업 · 노래연습장 · 산후조리원 · 고시원 · 안마시술소의 다중이용업의 영업장이 설치된 연면적이 2,000m² 이상 • 제연설비가 설치된 터널 • 공공기관 중 연면적 1,000m² 이상으로 옥내소화전설비, 자동화재탐지설비가 설치된 것(소방기본법에 따른 소방대가 근무하는 공공기관은 제외)	모든 특정소방대상물 제외 • 소화기 • 위험물 제조소 등 • 특급대상처 제외
시기	• 건축물 사용승인일이 속하는 달에 실시 • 학교 1월에서 6월 사이에 있는 경우 6월 30일까지 • 특급 대상물은 반기에 1회 이상(연2회 이상)	• 종합정밀점검 대상 : 종합정밀점검을 받은 달부터 6월이 되는 달 • 작동기능점검 대상 : 건축물의 사용승인일이 속하는 달의 말일까지
점검자 (자격)	• 소방시설관리업자, 소방안전관리자로 선임된 소방시설관리사 · 소방기술사 1명 이상 • 소방안전관리자로 선임된 소방시설관리사 · 소방기술사가 점검하는 경우에는 소방안전관리자의 자격을 갖춘 사람을 보조점검자로 둘 수 있다.	특정소방대상물의 관계인, 특정소방대상물의 소방안전관리자 소방시설관리업자
인력 배치	• 1단위 10,000m², 300세대 • 추가 1인 3,000m², 70세대	• 1단위 12,000m², 350세대 • 추가 1인 3,500m², 90세대

60. 점검인력 배치기준

※ 1단위 – 소방시설관리사 1인 + 보조인력 2인(소규모 점검의 1단위 – 보조인력 1인)

구분		1단위 (관리사+보조 2)	보조인력 (최대 4일)	최대
일반건축물	종합	10,000m²/일	3,000m²/일	22,000m²/일
	작동	12,000m²/일	3,500m²/일	26,000m²/일
아파트	종합	300세대/일	70세대/일	580세대/일
	작동	350세대/일	90세대/일	710세대/일

1) 점검면적 = {(실제점검면적 × 가감계수) × (1-설비계수의 합)} × (1 + 거리계수)

※ 가감계수

구분	대상 용도	가감계수
1류	노유자시설, 숙박시설, 위락시설, 의료시설(정신보건의료기관), 수련시설	1.2
2류	문화 및 집회시설, 종교시설, 의료시설(정신보건시설 제외), 교정 및 군사시설(군사시설 제외), 지하가, 복합건축물, 발전시설, 판매시설	1.1
3류	근린생활시설, 운동시설, 업무시설, 방송통신시설, 운수시설	1.0
4류	공장, 위험물 저장 및 처리시설, 창고시설	0.9
5류	공동주택(아파트 제외), 교육연구시설, 항공기 및 자동차 관련 시설, 동물 및 식물 관련 시설, 분뇨 및 쓰레기 처리시설, 군사시설, 묘지 관련 시설, 관광휴게시설, 장례식장, 지하구, 문화재	0.8

※ 설비계수 합 =
- 스프링클러 없으면 0.1, 있으면 0
- 제연설비 없으면 0.1, 있으면 0
- 물분무소화설비 없으면 0.15, 있으면 0

(미설치 설비합) 합계

※거리계수 {(대상물 간 최단 주행거리/5km)값을 올림정수} × 0.02

2) 아파트와 아파트 외 용도 점검 시 → 세대수를 면적으로 환산하여 합산

① 종합 : 아파트세대수 × 33.3 → 면적환산(10,000/300 = 33.3)

② 작동 : 아파트세대수 × 34.3 → 면적환산(12,000/350 = 34.3)

③ 소규모 : 아파트세대수 × 38.9 → 면적환산(3,500/90 = 38.9)

3) 종합정밀점검과 작동기능점검을 하루에 할 경우

작동점검면적(세대수) × 0.8 = 종합정밀점검면적

61. 다중이용업의 범위

- 휴게음식점영업 · 일반음식점영업 · 제과점영업으로 바닥면적합계가 100m²(지하층 바닥면적 합계 66m²) 이상인 것. 다만, 영업장 지상 1층 또는 지상과 직접 접하는 층에 설치되고 그 영업장의 주된 출입구가 건축물 외부의 지면과 직접 연결되는 곳에서 하는 영업을 제외
- 단란주점영업과 유흥주점영업
- 영화상영관 · 비디오물감상실업 · 비디오물소극장업 · 복합영상물제공업
- 목욕장업, 목욕장업 중 하나의 영업장대리석 등 돌을 가열하여 발생하는 열기나 원적외선 등을 이용하여 땀을 배출하게 할 수 있는 시설을 갖춘 것으로서 수용인원 100명 이상인 것
- 게임제공업 · 인터넷컴퓨터게임시설제공업, 복합유통게임제공업. 다만, 영업장 지상 1층 또는 지상과 직접 접하는 층에 설치되고 그 영업장의 주된 출입구가 건축물 외부의 지면과 직접 연결되는 곳에서 하는 영업을 제외
- 노래연습장업
- 학원으로 수용인원 300인 이상, 학원으로 수용인원 100~300인으로서 하나의 건축물에 기숙사가 있는 경우, 학원이 둘 이상으로 합계가 300인 이상인 경우, 하나의 건축물에 다중이용업과 학원이 함께 있는 경우
- 산후조리업, 고시원업, 권총사격장, 골프연습장업(실내), 안마시술소
- 전화방업 · 화상대화방업 · 수면방업 · 콜라텍업

62. 다중이용업소 통보 – 허가관청이 소방본부장, 소방서장에 통보

허가 후 14일 이내	• 영업주의 성명 · 주소 • 다중이용업의 종류 · 영업장 면적	• 다중이용업소의 상호 · 소재지 • 허가등 일자
수리 후 30일 이내	• 휴업 · 폐업 또는 휴업 후 영업의 재개(再開) • 영업 내용의 변경 • 다중이용업주의 변경 또는 다중이용업주 주소의 변경 • 다중이용업소 상호 또는 주소의 변경	

63. 다중이용업소 안전점검(정기점검)

행정안전부령	안전점검의 대상, 점검자의 자격, 점검주기, 점검방법, 그 밖에 필요한 사항
대상	다중이용업소의 영업장에 설치된 안전시설 등
자격	• 해당 영업장의 다중이용업주, 다중이용업소가 위치한 특정소방대상물의 소방안전관리자 • 해당 업소의 종업원 중 소방안전관리자 자격을 취득한 자, 소방기술사 · 소방설비기사 또는 소방설비산업기사 자격을 취득한 자 • 소방시설관리업자
주기	매 분기별 1회 이상 점검(연 4회) – 자체점검을 실시한 경우에는 제외
방법	안전시설 등의 작동 및 유지 · 관리 상태를 점검
서식	별지 제10호서식의 안전시설 등 세부점검표(1년 보관)

64. 내부구획 중 천장(반자속)까지 구획하는 곳

- 단란주점 및 유흥주점 영업
- 노래연습장업

65. 다중이용업소 안전관리 기본계획

기본계획 사항	1. 다중이용업소의 안전관리에 관한 기본 방향 2. 다중이용업소의 자율적인 안전관리 촉진에 관한 사항 3. 다중이용업소의 화재안전에 관한 정보체계의 구축 및 관리 4. 다중이용업소의 안전 관련 법령 정비 등 제도 개선에 관한 사항 5. 다중이용업소의 적정한 유지 · 관리에 필요한 교육과 기술 연구 · 개발 5의2. 다중이용업소의 화재배상책임보험에 관한 기본 방향 5의3. 다중이용업소의 화재배상책임보험 가입관리전산망의 구축 · 운영 5의4. 다중이용업소의 화재배상책임보험제도의 정비 및 개선에 관한 사항 6. 다중이용업소의 화재위험평가의 연구 · 개발에 관한 사항 7. 그 밖에 다중이용업소의 안전관리에 관하여 대통령령으로 정하는 사항 1) 안전관리 중 · 장기 기본계획에 관한 사항 가. 다중이용업소의 안전관리체제 나. 안전관리실태평가 및 개선계획 2) 시 · 도 안전관리기본계획에 관한 사항
기본계획 수립지침	1. 화재 등 재난 발생 경감대책 가. 화재피해 원인조사 및 분석 나. 안전관리정보의 전달 · 관리체계 구축 다. 화재 등 재난 발생에 대비한 교육 · 훈련과 예방에 관한 홍보 2. 화재 등 재난 발생을 줄이기 위한 중 · 장기 대책 가. 다중이용업소 안전시설 등의 관리 및 유지계획 나. 소관법령 및 관련기준의 정비
집행계획 포함사항	1. 다중이용업소 밀집지역의 소방시설 설치, 유지 · 관리와 개선계획 2. 다중이용업주와 종업원에 대한 소방안전교육 · 훈련계획 3. 다중이용업주와 종업원에 대한 자체지도 계획 4. 다중이용업소의 화재위험평가의 실시 및 평가 5. 평가결과에 따른 조치계획

66. 다중이용업소 화재위험평가

실시자	소방청장, 소방본부장, 소방서장
대 상	• 2천m^2 지역 안에 다중이용업소가 50개 이상 밀집하여 있는 경우 • 5층 이상인 건축물로서 다중이용업소가 10개 이상 있는 경우 • 하나의 건축물에 다중이용업소영업장 바닥면적 합계가 1천m^2 이상인 경우

[화재위험 유발지수]

위험유발지수의 산정기준 · 방법 등은 소방청장이 정하여 고시

등급	평가점수	위험수준
A	80 이상	20 미만
B	60 이상 79 이하	20 이상 39 이하
C	40 이상 59 이하	40 이상 59 이하
D	20 이상 39 이하	60 이상 79 이하
E	20 미만	80 이상

67. 다중이용업소 안전관리기준

1) 신고대상

① 안전시설등을 설치하려는 경우

② 영업장 내부구조 변경(영업장 면적 증가, 구획된 실의 증가, 내부통로 구조 변경)

③ 안전시설등의 공사를 마친 경우

2) 안전시설 등

<table>
<tr><td rowspan="3">소화
설비</td><td>소화기
자동확산소화장치</td><td>영업장 안의 구획된 실마다 설치할 것</td></tr>
<tr><td>간이
스프링클러설비</td><td>화재안전기준에 따라 설치할 것. 단, 구획된 실마다 간이스프링클러헤드 또는 스프링클러헤드가 설치 시 간이스프링클러설비 설치 면제</td></tr>
<tr><td>비상벨설비 또는
자동화재탐지설비</td><td>• 구획된 실마다 설치
• 자동화재탐지설비를 설치하는 경우에는 지구음향장치 및 감지기는 구획된 실마다 설치, 영업장마다 수신기를 별도 설치</td></tr>
<tr><td rowspan="4">피난
설비</td><td>피난기구(간이완강기,
피난밧줄 제외)</td><td>4층 이하의 비상구(발코니 또는 부속실)에는 피난기구 설치</td></tr>
<tr><td>피난유도선</td><td>• 유도등 및 유도표지의 화재안전기준에 따라 설치할 것
• 내부 피난통로, 복도에 전류에 의하여 빛을 내는 피난유도선 설치</td></tr>
<tr><td>유도등, 유도표지
비상조명등</td><td>구획된 실마다 설치</td></tr>
<tr><td>휴대용 비상조명등</td><td>구획된 실마다 설치</td></tr>
<tr><td colspan="2">영업장내부 피난통로</td><td>• 폭 : 120cm 이상(양옆에 구획된 실 : 150cm 이상)
• 주 출입구 or 비상구까지 세 번 이상 구부러지지 않을 것</td></tr>
<tr><td colspan="2">창문</td><td>• 층별로 (가로50cm×세로50cm) 이상 열리는 창문 1개 이상 설치
• 영업장 내부 피난통로 or 복도에 바깥 공기와 접하는 부분에 설치할 것 (구획된 실에 설치하는 것 제외)</td></tr>
<tr><td colspan="2">영상음향
차단장치</td><td>• 화재 시 감지기에 의하여 자동으로 음향 · 영상 정지
• 수동으로도 조작할 수 있도록 설치할 것
• 수동차단스위치 : 관계인이 일정하게 거주 or 일정한 근무장소 “영상음향차단스위치” 표지 부착
• 부하용량에 맞은 누전차단기(과전류차단기포함)를 설치
• 실내 등의 전원이 차단되지 않는 구조로 설치할 것</td></tr>
<tr><td colspan="2">보일러실과 영업장 사이의
방화구획</td><td>• 보일러실과 영업장 사이의 출입문은 방화문 설치
• 개구부에는 자동방화댐퍼를 설치할 것</td></tr>
</table>

68. 비상구

1) 공통 기준

① **설치 위치** : 비상구는 영업장(2개 이상의 층이 있는 경우에는 각각의 층별 영업장) 주된 출입구의 반대방향에 설치, 주된 출입구로부터 영업장의 긴 변 길이의 2분의 1 이상 떨어진 위치에 설치할 것. 다만, 건물구조로 인하여 주된 출입구의 반대방향에 설치할 수 없는 경우에는 영업장의 긴 변 길이의 2분의 1 이상 떨어진 위치에 설치 가능

② **비상구 규격** : (가로 75cm×세로 150cm) 이상(비상구 문틀 제외)

③ **비상구 구조**

㉠ 비상구는 구획된 실 또는 천장으로 통하는 구조가 아닌 것으로 할 것

㉡ 비상구는 다른 영업장 또는 다른 용도의 시설을 경유하는 구조가 아닐 것

④ **문이 열리는 방향** : 피난방향으로 열리는 구조로 할 것

> **자동문[미서기(슬라이딩)문] 설치조건**
> 1. 화재감지기와 연동하여 개방되는 구조
> 2. 정전 시 자동으로 개방되는 구조
> 3. 수동으로 개방되는 구조

⑤ **문의 재질** : 주요구조부가 내화구조 → 비상구와 주된 출입구의 문은 방화문

> **불연재료 설치조건**
> 1. 주요 구조부가 내화구조가 아닌 경우
> 2. 건물의 구조상 비상구 또는 주된 출입구의 문이 지표면과 접하는 경우로서 화재연소 확대 우려가 없는 경우
> 3. 비상구 또는 주 출입구의 문이 피난계단 또는 특별피난계단의 설치기준에 따라 설치하여야 하는 문이 아니거나 방화구획이 아닌 곳에 위치한 경우

2) 복층구조 영업장의 기준

① 각 층마다 영업장 외부의 계단 등으로 피난할 수 있는 비상구를 설치할 것

② 비상구의 문 위 ⑤ 문의 재질에 따른 재질로 설치할 것

③ 비상구의 문이 열리는 방향은 실내에서 외부로 열리는 구조로 할 것

④ 어느 하나의 층에 비상구를 설치할 것

㉠ 건축물 주요 구조부를 훼손하는 경우

㉡ 옹벽 또는 외벽이 유리로 설치된 경우 등

3) 영업장의 위치가 4층(지하층 제외) 이하

피난 시에 유효한 발코니(가로 75cm×세로 150cm×높이 100cm) 이상인 난간. 또는 부속실(준불연재료 이상으로 바닥에서 천장까지 구획된 실로서(가로 75cm×세로 150cm) 이상인 것)을 설치하고, 그 장소에 적합한 피난기구를 설치할 것

69. 안전시설등 설치대상

소화기 또는 자동확산 소화기	
간이스프링클러설비	• 지하층에 설치된 영업장 • 밀폐구조의 영업장 • 산후조리업, 고시원업(지상 1층에 있거나 피난층 제외) • 권총사격장의 영업장
자동화재탐지설비	노래반주기 등 영상음향장치를 사용하는 영업장
가스누설경보기	가스시설을 사용하는 주방이나 난방시설이 있는 영업장
피난기구	• 미끄럼대 • 피난사다리 • 구조대 • 완강기
유도등, 유도표지 또는 비상조명등	
휴대용 비상조명등	
영업장 내부 피난통로	• 복합영상물제공업의 영업장 • 산후조리업의 영업장 • 노래연습장업의 영업장 • 고시원업의 영업장 • 단란주점영업 • 유흥주점영업의 영업장 • 비디오물 감상실업의 영업장 ➲ 종합정밀점검 대상에서 안마시술소, 영화상영관 제외
그 밖의 안전시설	• 영상음향차단장치 : 노래반주기 등 영상음향장치를 사용하는 영업장 • 누전차단기 • 창문 : 고시원업의 영업장

70. 피난안내도

비치대상	다중이용업의 영업장 ※ 제외가능 1. 영업장으로 사용하는 바닥면적의 합계가 33제곱미터 이하인 경우 2. 구획된 실이 없고, 영업장 어느 부분에서도 출입구, 비상구를 확인할 수 있는 경우	
피난안내 영상물 상영 대상	• 영화상영관 및 비디오물소극장업의 영업장 • 노래연습장업의 영업장 • 단란주점영업 및 유흥주점영업의 영업장(피난안내 영상물을 상영시설 있는 경우) • 인터넷컴퓨터게임시설제공업의 영업장(책상마다 피난안내도를 비치한 경우에는 제외) • 피난안내 영상물을 상영할 수 있는 시설을 갖춘 영업장	
비치위치	• 영업장 주 출입구 부분의 손님이 쉽게 볼 수 있는 위치 • 구획된 실의 벽, 탁자 등 손님이 쉽게 볼 수 있는 위치	
영상물 상영시기	영화상영관 및 비디오물 소극장업	매회 영화상영 또는 비디오물 상영 시작 전
	노래연습장업 등	매회 새로운 이용객이 입장하여 노래방 기기 등을 작동할 때
포함 내용	• 화재 시 대피할 수 있는 비상구 위치 • 구획된 실 등에서 비상구 및 출입구까지의 피난 동선 • 소화기, 옥내소화전 등 소방시설의 위치 및 사용방법 • 피난 및 대처방법	
크기 재질	• 크기 : 바닥면적 400m^2 미만 : B4(257mm×364mm) 이상 바닥면적 400m^2 이상 : A3(297mm×420mm) 이상 • 재질 : 종이(코팅처리), 아크릴, 강판 등 쉽게 훼손 또는 변형되지 않는 것	

71. 청문

- 소방시설업 등록취소처분, 영업정지처분
- 소방기술 인정 자격취소처분
- 소방시설관리사 자격의 취소 및 정지
- 소방시설관리업의 등록취소 및 영업정지
- 소방용품의 형식승인 취소 및 제품검사 중지
- 소방용품의 성능인증의 취소
- 소방용품의 우수품질인증의 취소
- 전문기관의 지정취소 및 업무정지
- 다중이용업소의 평가대행자의 등록취소, 업무정지
- 위험물 제조소등 설치허가의 취소
- 위험물 탱크시험자의 등록취소

72. 권한의 위임 · 위탁 등

1) 소방청장 → 한국소방산업기술원에 위탁

① 방염성능검사 중 대통령령으로 정하는 검사

② 소방용품의 형식승인

③ 형식승인의 변경승인, 형식승인의 취소

④ 성능인증 및 제39조의3에 따른 성능인증의 취소

⑤ 성능인증의 변경인증

⑥ 우수품질인증 및 그 취소

2) 소방청장 → 한국소방안전원

① 소방기술자 실무교육

② 소방안전관리자 등에 대한 교육

3) 소방청장 → 한국소방시설관리업협회에 위탁

① 소방시설업 등록신청의 접수 및 신청내용의 확인

② 소방시설업 등록사항 변경신고의 접수 및 신고내용의 확인

③ 소방시설업 휴업 · 폐업 등 신고의 접수 및 신고내용의 확인

④ 소방시설업자의 지위승계 신고의 접수 및 신고내용의 확인

⑤ 시공능력 평가 및 공시

⑥ 소방시설관리사증의 발급 · 재발급에 관한 업무

⑦ 점검능력 평가 및 공시에 관한 업무

⑧ 데이터베이스 구축에 관한 업무

73. 벌금

1) 5년 이하의 징역 또는 5천만 원 이하 벌금

(설) 소방시설에 폐쇄 · 차단 등의 행위를 한 자

- 7년 이하의 징역 또는 7천만 원 이하 벌금 : 상해에 이르게 한 때
- 10년 이하의 징역 또는 1억 원 이하 벌금 : 사람을 사망에 이르게 한 때

2) 5년 이하의 징역 또는 3천만 원 이하 벌금

(기) 정당한 사유없이 소방대의 화재진압 및 인명구조등 소방활동 방해

- 위력을 사용하여 출동한 소방대의 화재진압 · 인명구조 또는 구급활동을 방해하는 행위
- 소방대가 화재진압 · 인명구조 또는 구급활동을 위하여 현장에 출동하거나 현장에 출입하는 것을 고의로 방해하는 행위
- 출동한 소방대원에게 폭행 또는 협박을 행사하여 화재진압 · 인명구조 또는 구급활동을 방해하는 행위

- 출동한 소방대의 소방장비를 파손하거나 그 효용을 해하여 화재진압 · 인명구조 또는 구급활동을 방해하는 행위

(기) 소방자동차의 출동을 방해한 사람
(기) 사람을 구출하는 일 또는 불을 끄거나 불이 번지지 아니하도록 하는 일을 방해한 사람
(기) 정당한 사유 없이 소방용수시설을 사용하거나 소방용수시설의 효용을 해치거나 그 정당한 사용을 방해한 사람

3) 3년 이하의 징역 또는 3천만원 이하 벌금

(기) 강제처분(소방대상물 · 토지)을 방해한 자 또는 정당한 사유 없이 그 처분에 따르지 아니한 자
(공) 소방시설업 등록을 하지 아니하고 영업을 한 자
(설) 명령을 정당한 사유 없이 위반한 자
(설) 관리업의 등록을 하지 아니하고 영업을 한 자
(설) 소방용품의 형식승인을 받지 아니하고 소방용품을 제조하거나 수입한 자
(설) 형식승인제품의 제품검사를 받지 아니한 자
(설) 형식승인되지 않은 소방용품을 판매 · 진열하거나 소방시설공사에 사용한 자
(설) 제품검사를 받지 않거나 합격표시를 하지 아니한 소방용품을 판매 · 진열하거나 소방시설공사에 사용한 자
(설) 거짓이나 그 밖의 부정한 방법으로 전문기관으로 지정을 받은 자

4) 1년 이하의 징역 또는 1천만 원 이하 벌금

(공) 영업정지처분을 받고 그 영업정지 기간에 영업을 한 자
(공) 설계나 시공을 적법하게 하지 아니한 자
(공) 감리업자의 업무를 수행하지 아니하거나 거짓으로 감리한 자
(공) 공사감리자를 지정하지 아니한 자
(공) 감리 보고를 거짓으로 한 자
(공) 공사감리 결과의 통보 또는 공사감리 결과보고서의 제출을 거짓으로 한 자
(공) 소방시설업자가 아닌 자에게 소방시설공사등을 도급한 자
(공) 제3자에게 소방시설공사 시공을 하도급한 자
(공) 소방기술자의 업무를 위반하여 법 또는 명령을 따르지 아니하고 업무를 수행한 자
(다) 평가대행자로 등록하지 아니하고 화재위험평가 업무를 대행한 자
(다) 다른 사람에게 정보를 제공하거나 부당한 목적으로 이용한 자
(설) 정당한 사유 없이 소방특별조사 결과에 따른 조치명령을 위반한 자
(설) 정당한 업무를 방해한 자, 조사 · 검사 업무를 수행하면서 알게 된 비밀을 제공 또는 누설하거나 목적 외의 용도로 사용한 자
(설) 관리업의 등록증이나 등록수첩을 다른 자에게 빌려준 자
(설) 영업정지처분을 받고 그 영업정지기간 중에 관리업의 업무를 한 자
(설) 소방시설등에 대한 자체점검을 하지 않거나 관리업자 등에게 정기적으로 점검하게 하지 아니한 자

(설) 소방시설관리사증을 다른 자에게 빌려주거나 동시에 둘 이상의 업체에 취업한 사람

(설) 제품검사에 합격하지 아니한 제품에 합격표시를 하거나 합격표시를 위조 또는 변조하여 사용한 자

(설) 조사 · 검사 업무를 수행하면서 알게 된 비밀을 제공 또는 누설하거나 목적 외의 용도로 사용한 자

(설) 제품검사에 합격하지 아니한 소방용품에 성능인증을 받았다는 표시 또는 제품검사에 합격하였다는 표시를 하거나 성능인증을 받았다는 표시 또는 제품검사에 합격하였다는 표시를 위조 또는 변조하여 사용한 자

(설) 형식승인의 변경승인을 받지 아니한 자

(설) 성능인증의 변경인증을 받지 아니한 자

(설) 우수품질인증을 받지 아니한 제품에 우수품질인증 표시를 하거나 우수품질인증 표시를 위조하거나 변조하여 사용한 자

5) 300만 원 이하 벌금

(기) (긴급, 손실)강제처분(소방대상물 · 토지 외)을 방해한 자 또는 정당한 사유 없이 그 처분에 따르지 아니한 자

(기) 화재조사 등의 업무를 하는 관계인의 정당한 업무를 방해하거나 화재조사를 수행하면서 알게 된 비밀을 다른 사람에게 누설한 사람

(공) 소방시설업 등록증이나 등록수첩을 다른 자에게 빌려준 자

(공) 소방시설공사 현장에 감리원을 배치하지 아니한 자

(공) 공사업자가 감리업자의 보완 요구에 따르지 아니한 자

(공) 관계인이 공사감리 계약을 해지하거나 대가 지급을 거부하거나 지연시키거나 불이익을 준 때

(공) 소방기술자가 자격수첩 또는 경력수첩을 빌려 준 경우

(공) 소방기술자가 동시에 둘 이상의 업체에 취업한 경우

(공) 관계공무원이 관계인의 업무를 방해하거나 업무상 알게 된 비밀을 누설한 사람

(설) 소방특별조사를 정당한 사유 없이 거부 · 방해 또는 기피한 자

(설) 방염성능검사에 불합격물품에 합격표시를 하거나 합격표시를 위 · 변조하여 사용한 자

(설) 방염성능 시 거짓 시료를 제출한 자

(설) 소방안전관리자 또는 소방안전관리보조자를 선임하지 아니한 자

(설) 공동 소방안전관리자를 선임하지 아니한 자

(설) 소방 · 피난 · 방화시설, 방화구획 등의 위반을 발견하고 필요한 조치를 요구하지 않은 소방안전관리자

(설) 소방안전관리자에게 불이익한 처우를 한 관계인

(설) 점검기록표를 거짓으로 작성하거나 해당 특정소방대상물에 부착하지 아니한 자

(설) 업무수행 중 알게 된 비밀을 이 법에서 정한 목적 외의 용도로 사용하거나 다른 사람 또는 기관에 제공하거나 누설한 사람

6) 200만 원 이하 벌금

(기) 정당한 사유 없이 화재예방조치 명령에 따르지 아니하거나 이를 방해한 자

(기) 정당한 사유 없이 화재조사 등에 따른 관계 공무원의 출입 또는 조사를 거부 · 방해 또는 기피한 자

7) 100만 원 이하 벌금

(기) 화재경계지구 안의 소방대상물에 대한 소방특별조사를 거부 · 방해 또는 기피한 자

(기) 정당한 사유 없이 소방대의 생활안전활동을 방해한 자

(기) 정당한 사유 없이 소방대가 현장에 도착할 때까지 사람을 구출하는 조치 또는 불을 끄거나 불이 번지지 아니하도록 하는 조치를 하지 아니한 사람

(기) 피난 명령을 위반한 사람

(기) 정당한 사유 없이 물의 사용이나 수도의 개폐장치의 사용 또는 조작을 하지 못하게 하거나 방해한 자

(기) 위험물질의 공급을 차단하는 등 조치를 정당한 사유 없이 방해한 자

(공) 교육기관 또는 협회에서 명령을 위반하여 보고 또는 자료 제출을 하지 아니하거나 거짓으로 한 자

(공) 소방시설업감독등을 위반하여 관계 공무원의 출입 · 검사 · 조사를 거부 · 방해 · 기피한 자

PART

04

위험물의 성상 및 시설기준

PART 01 위험물의 성상 및 시설기준

1. 각 류별 공통성질 및 저장취급방법

류 별	공통성질
제1류 산화성 고체	• 대부분 무색결정 또는 백색 분말 예외) 과망간산칼륨(흑자색), 중크롬산암모늄(등적색) • 불연성, 강산화성, 조연성 가스(산소) 발생 • 비중 1보다 크고 대부분 수용성인 경우 많음 • 대부분 조해성 • 가열 · 충격 · 마찰 및 다른 약품과 접촉 시 분해되어 산소 발생 • 알칼리금속과 산화물은 물과 반응 시 산소 발생
제2류 가연성 고체	• 낮은 온도에서 착화되기 쉬운 가연성 고체 • 연소반응속도가 빠름(속연성) • 대부분 유독성, 연소 시 유독가스 발생 • 비중 1보다 크고(물보다 무겁고) 물에 불용 • 환원성 물질로 산화물(1 · 6류)과 접촉 시 발화 • 금속분은 물 · 산과 접촉 시 발열 · 발화
제3류 자연 발화성 금수성 물질	• 대부분 무기성 고체(단, 알킬알루미늄은 유기성 액체) • 공기 중에 노출될 경우 열을 흡수하여 자연발화 • 물과 접촉 시 급격히 반응하여 발열 • 물과 반응하여 가연성 가스 생성(황린 제외)
제4류 인화성 액체	• 상온에서 매우 인화되기 쉬운 액체 • 일반적으로 물보다 가볍고 물에 녹기 어려움 • 증기는 공기보다 무거움(단, 시안화수소는 제외) • 착화 온도가 낮은 것은 재연소 위험 • 증기와 공기가 약간 혼합되어 있어도 연소함 • 일반적으로 전기의 부도체로 정전기에 주의(정전기 제거를 위해 접지설비를 설치)
제5류 자기 연소성 물질	• 자기반응(폭발)성 물질임 • 가연물이면서 자체에 산소를 함유 • 연소 시 속도가 빨라 폭발성을 지님 • 가열 · 충격 · 마찰 등에 인화폭발위험 • 장기간 공기 중 방치 시 자연발화 가능 • 대부분 물에 녹지 않으며 모두 유기질화물임
제6류 산화성 액체	• 강산화성 액체로서 불연성이며 강산성임 • 분해하여 산소를 발생 • 비중은 1보다 크고 물과 접촉 시 발열함 • 유기물과 접촉 시 발열 발화된 경우 많음 • 증기는 유독하며 취급 시 보호구를 착용

2. 류별을 달리하는 위험물의 혼재기준

서로 다른 두 가지 이상의 위험물이 혼합 · 혼촉하였을 때 발열 · 발화하는 현상
(단, 지정수량의 10분의 1 적용 제외)

류 별	제1류	제2류	제3류	제4류	제5류	제6류
제1류		×	×	×	×	○
제2류	×		×	○	○	×
제3류	×	×		○	×	×
제4류	×	○	○		○	×
제5류	×	○	×	○		×
제6류	○	×	×	×	×	

1 − 6
2 − 5
3 − 4

○ −혼재 불가, × −혼재 가능

3. 복수성상물품 : 성상을 2가지 이상 포함하는 물품

복수성상물	복수성상물품
산화성 고체(제1류)+가연성 고체(제2류)	제2류
산화성 고체(제1류)+자기반응성 물질(제5류)	제5류
가연성 고체(제2류)+자연발화성 물질(제3류)	제3류
자연발화성 물질, 금수성 물질(제3류)+인화성 액체(제4류)	제3류
인화성 액체(제4류)+자기반응성 물질(제5류)	제5류

위험물의 위험성 : 3 · 5류 > 4류 > 2류 > 1 · 6류

4. 제6류 위험물(산화성 액체)

액체로서 산화력의 잠재적인 위험성을 판단하기 위하여 고시로 정하는 시험에서 고시로 정하는 성질과 상태를 나타내는 것

위험등급	품명	지정수량
I	1. 과염소산 2. 과산화수소 3. 질산	300kg
	4. 할로겐 화합물(F, Cl, Br, I) 등 포함 오플로르화브롬(BrF_5) 삼플로르화브롬(BrF_3) 오플로르화요오드(IF_5)	

5. 과산화수소(H_2O_2, 300kg)

• 위험물의 기준 : 농도에 의한 구분

농도	용도
3wt%	소독약인 옥시풀
30~40wt%	일반 시판품
36wt%	위험물의 기준
60wt% 이상	단독으로 폭발 가능

• 순수한 것은 점성이 있는 무색의 액체, 많을 경우에는 청색
• 산화제 및 환원제로 사용
• 안정제 : 인산(H_3PO_4), 요산($C_5H_4N_4O_3$), 요소 등
• 용기는 갈색 유리병에 구멍이 뚫린 마개를 사용, 직사광선을 피하고 냉암소 등에 저장

6. 질산(HNO_3,300kg)

• 위험물 기준 : 비중 1.49 이상
• 부식성이 강하나 금(Au), 백금(Pt)은 부식시키지 못함(단, 왕수(질산 1+염산 3)는 녹인다.)
• 부동태 : 알루미늄(Al), 코발트(Co), 니켈(Ni), 철(Fe), 크롬(Cr) 등은 묽은 질산에는 녹으나 진한 질산에서는 부식되지 않는 얇은 피막이 금속 표면에 생겨 녹지 않는 현상
• 크산토프로테인반응 : 질산이 단백질과 반응하여 노란색으로 변하는 반응

7. 제1류 위험물(산화성 고체)

위험등급	품명	지정수량
Ⅰ	1. 아염소산염류 2. 염소산염류 3. 과염소산염류 4. 무기과산화물류	50kg
Ⅱ	5. 브롬산염류 6. 질산염류 7. 요오드산염류	300kg
Ⅲ	8. 과망간산염류 9. 중크롬산염류	1,000kg
	10. 그 밖에 행정안전부령이 정하는 것 ① 차아염소산염류	50kg
	② 과요오드산염류 ③ 과요오드산 ④ 크롬, 납 또는 요오드의 산화물 ⑤ 아질산염류 ⑥ 염소화이소시아눌산 ⑦ 퍼옥소이황산염류 ⑧ 퍼옥소붕산염류	300kg

- 고체 : 액체 또는 기체 외의 것
- 액체 : 1기압 및 섭씨 20도에서 액상인 것 또는 섭씨 20도 초과 섭씨 40도 이하에서 액상인 것
- 기체 : 1기압 및 섭씨 20도에서 기상인 것
- 액상 : 수직으로 된 시험관(안지름 30밀리미터, 높이 120밀리미터의 원통형 유리관을 말한다.)에 시료를 55밀리미터까지 채운 다음 당해 시험관을 수평으로 하였을 때 시료액면의 선단이 30밀리미터를 이동하는 데 걸리는 시간이 90초 이내에 있는 것

8. 제1류 위험물의 색상

품명	색상	품명	색상	품명	색상
과망간산칼륨	흑자색	중크롬산칼륨	등적색	과산화칼륨	백색 or 등적색
과망간산암모늄	흑자색	중크롬산나트륨	등적색	과산화나트륨	백색 or 황백색
과망간산나트륨	적자색	중크롬산암모늄	적색		
과망간산칼슘	자색				

9. 제1류 위험물 분해온도 정리

구분	분해온도
~나트륨, ~칼륨	약 300~400℃
~암모늄	약 100~200℃
기타	• 과망간산칼륨, 과망간산나트륨 : 220~400℃ • 과산화바륨 : 840℃

10. 제1류 위험물의 용해성

구분	조해성	온수	냉수	글리세린	알코올	에테르	특징
아염소산나트륨	○	○	○	○	○	○	나트륨 • 물에 잘 녹는다.
염소산나트륨	○	○	○	○	○	○	
과염소산나트륨	○	○	○	○	○	×	
질산나트륨	○	○	○	○	△	○	
염소산암모늄	○						암모늄 • 물에 잘 녹는다.
과염소산암모늄	○	○	○				
질산암모늄	○	○	○		○		
염소산칼륨		○	×	○	×		칼륨 • 물에 녹는다. • 알코올에 녹지 않는다.
과염소산칼륨		△	△		×	×	
브롬산칼륨		○	○		×		
질산칼륨		○	○	○	△		

※ ○ – 잘 녹음, △ – 약간 녹음, × – 안 녹음

11. 무기과산화물(지정수량 : 50kg)

1) 종류

① 알칼리금속 과산화물 : 과산화칼륨(K_2O_2), 과산화나트륨(Na_2O_2)

② 알칼리토금속 과산화물 : 과산화마그네슘(MgO_2), 과산화칼슘(CaO_2), 과산화바륨

2) 무기과산화물은 물과 반응하여 산소가 발생

3) 불연성, 물과 접촉하면 발열, 용기는 밀전 · 밀봉하며 대량의 경우에는 폭발한다.

12. 질산염류(지정수량 : 300kg)

품명	화학식	특징
질산칼륨(초석)	KNO_3	흑색 화약의 원료
질산나트륨(칠레초석)	$NaNO_3$	
질산암모늄	NH_4NO_3	• AN－FO(안포폭약) 폭약의 원료(질산암모늄 94%+경유 6% 혼합물) • 물과는 흡열반응

13. 제2류 위험물(가연성 고체)

고체로서 화염에 의한 발화의 위험성 또는 인화의 위험성을 판단하기 위하여 고시로 정하는 시험에서 고시로 정하는 성질과 상태를 나타내는 것

위험등급	품명	지정수량
II	황화린 적린 유황	100kg
III	철분 금속분 마그네슘	500kg
III	인화성 고체	1,000kg

14. 황화린(지정수량 : 100kg)

명칭	화학식	색상	발화점	성질
삼황화린	P_4S_3	황색	100℃	물에 녹지 않음
오황화린	P_2S_5	담황색	150℃	조해성(물에 용해 시 황화수소와 인산 생성)
칠황화린	P_4S_7	담황색	250℃	조해성(물에 용해 시 황화수소와 인산 생성)
공통특징 : 연소하면 오산화인(P_2O_5)과 이산화황(SO_2)이 생성된다.				

15. 황(지정수량 : 100kg)

- 위험물의 기준 : 순도 60wt% 이상인 것(단, 순도 측정에 있어서 불순물은 활석 등 불연성 물질과 수분에 한한다.)
- 동소체 : 단사황, 사방황, 고무상황
- 전기 부도체, 연소 시 푸른 불꽃을 내며 아황산가스(SO_2) 발생
- 고온의 유황은 수소와 격렬히 반응하여 황화수소(H_2S)를 발생

명칭	비중	발화점	융점	물에 용해	CS_2에 용해
단사황	1.96	–	119	녹지 않음	잘 녹음
사방황	2.07	–	113	녹지 않음	잘 녹음
고무상황	–	360	–	녹지 않음	녹지 않음

16. 적린(지정수량 : 100kg)

- 발화점 : 260℃(황린에 비하여 대단히 안정)
- 동소체 : 적린(제2류 위험물), 황린(제3류 위험물)
- 황린을 공기 차단한 후 약 250℃로 가열하여 적린으로 만든다.
- 공기 중에서 연소하면 오산화인(P_2O_5)이 생성된다.

17. 적린과 황린의 비교

구분	적린(P_4)	황린(P)
류별	제2류	제3류
지정수량	100kg	20kg
위험등급	II	I
색상	암적색	백색, 담황색
발화점	260℃	34℃(위험물 중 최저)
저장	상온 보관	물속에 저장(pH 9)
물에 용해	녹지 않음	녹지 않음
CS_2에 용해	녹지 않음	잘 녹음

18. 철분(지정수량 : 500kg)

- 철의 분말로서 53 마이크로미터(μm)의 표준체를 통과하는 것이 50wt% 미만인 것을 제외
- 비중 : 7.86, 묽은 산에서는 수소가스 발생, 진한 질산에서는 부동태

19. 마그네슘(지정수량 : 500kg)

- 마그네슘 또는 마그네슘을 함유한 것 중 2mm의 체를 통과하지 아니하는 덩어리 또는 직경 2mm 이상의 막대모양의 것을 제외
- 비중 : 1.74(공기 중의 습기 또는 할로겐 원소와는 자연발화할 수 있다.)
- 발열량이 크고, 연소 시 백광과 푸른 불꽃을 내면서 연소
- CO_2 등 질식성 가스와 연소 시는 유독성인 CO가스 발생
- 사염화탄소 등과 고온에서 반응할 경우 맹독성의 포스겐 발생

20. 금속분류(지정수량 : 500kg)

- 위험물의 기준 : 알칼리 금속, 알칼리 토금속, 철 및 마그네슘 이외의 금속분을 말하며, 구리, 니켈분과 150마이크로미터(μm)의 표준체를 통과하는 것이 50wt% 미만인 것을 제외
- 종류 : 알루미늄분(Al), 아연분(Zn), 안티몬분(Sb), 티탄분, 은분 등
- 알루미늄분(Al) : 비중은 2.7, 연성, 전성(퍼짐성)이 좋으며 열전도율, 전기전도도가 큰 은백색의 무른 금속이다.

21. 비중

경금속(비중 4.5 이하)		중금속(비중 4.5 이상)
• 리튬(Li) : 0.53 • 나트륨(Na) : 0.97 • 마그네슘(Mg) : 1.74	• 칼륨(K) : 0.86 • 칼슘(Ca) : 1.55 • 알루미늄(Al) : 2.7	• 철(Fe) : 7.8 • 구리(Cu) : 8.9 • 수은(Hg) : 13.6

※ 제4류 위험물의 비중
- 이황화탄소 – 1.26
- 비중이 1보다 큰 것 – 의산, 초산, 클로로벤젠, 니트로벤젠, 글리세린

[금속의 불꽃반응 색상 불꽃놀이 할 때 불꽃 색깔]

리튬 → 적색	나트륨 → 노란색	칼륨 → 보라색	구리 → 청녹색	칼슘 → 황적색

22. 인화성 고체(지정수량 : 1,000kg)

고형 알코올, 그 밖에 1기압에서 인화점이 40℃ 미만인 고체

23. 제3류 위험물(자연발화성 및 금수성 물질)

고체 또는 액체로서 공기 중에서 발화의 위험성이 있거나 물과 접촉하여 발화하거나 가연성 가스를 발생하는 위험성이 있는 것

위험등급	품명	지정수량
I	칼륨 나트륨 알킬알루미늄 알킬리튬	10kg
	황린	20kg
II	알칼리금속(칼륨 및 나트륨 제외) 및 알칼리 토금속 유기 금속 화합물(알킬알루미늄 및 알칼리튬 제외)	50kg
III	금속의 수소화물 금속의 인화물 칼슘 또는 알루미늄의 탄화물	300kg
	염소화규소 화합물	

24. 알킬알루미늄(R_3Al), 알킬리튬(RLi)(지정수량 : 10kg)

- 상온에서 무색투명한 액체, 고체로서 독성이 있으며 자극성인 냄새가 난다.
- 공기와 접촉 시 자연발화(C_1~C_4까지)
- 물과 접촉 시 폭발적 반응, 가연성 가스 발생
- 용기 : 밀봉, 공기와 물의 접촉을 피하며, 질소 등 불연성 가스 봉입
- 희석제 : 벤젠(C_6H_6), 헥산(C_6H_{14})

화학명	약호	화학식	상태	물과 반응 시 생성가스
트리메틸알루미늄	TMA	$(CH_3)_3Al$	무색 액체	메탄(CH_4)
트리에틸알루미늄	TEA	$(C_2H_5)_3Al$	무색 액체	에탄(C_2H_6)
트리프로필알루미늄	TNP	$(C_3H_7)_3Al$	무색 액체	프로판(C_3H_8)
트리부틸알루미늄	TBC	$(C_4H_9)_3Al$	무색 액체	부탄(C_4H_{10})

25. 칼륨, 나트륨의 특징

구분	칼륨	나트륨
비중	0.86	0.97
공통사항	• 보호액(등유, 경유, 파라핀)에 저장한다. • 알코올과 반응하여 금속알코올레이드와 수소가스를 발생시킨다. • 화학적 활성이 대단히 큰 은백색의 광택이 있는 무른 금속이다. • 공기 중의 수분 또는 물과 반응하여 수소가스를 발생시키며 발화한다. • 주수소화와 사염화탄소나 이산화탄소와는 폭발반응하므로 금지한다.	

26. 황린(지정수량 : 20kg)

- 동소체 : 적린, 황린
- 발화점 : 34℃(위험물 중에서 황린의 발화점이 가장 낮음)
- 황린을 공기 차단한 후 약 250℃로 가열하면 적린(P)이 된다.
- 흡습성, 물과 반응하여 인산(H_3PO_4)을 생성하므로 부식성이 있다.
- 인화수소(PH_3)의 생성을 방지하기 위해 보호액은 pH 9인 약알칼리성 물속에 저장한다.

27. 알칼리 금속류(K, Na 제외) 및 알칼리 토금속류(지정수량 : 50kg)

- 종류 : 금속 리튬(Li), 금속 칼슘(Ca)
- 물과 만나면 심하게 발열하고 가연성의 수소가스를 발생시키므로 위험하다.
- 보호액으로 석유류 속에 저장한다.

28. 물과의 반응 시 생성가스

유 별	품명	발생가스	반응식
제1류	무기과산화물	산소	$2Na_2O_2 + 2H_2O \rightarrow 4NaOH + O_2\uparrow$
제2류	오황화린, 칠황화린	황화수소	$P_2S_5 + 8H_2O \rightarrow 2H_3PO_4$(인산)$ + 5H_2S\uparrow$
	철분, 마그네슘, 금속분	수소	$Mg + 2H_2O \rightarrow Mg(OH)_2 + H_2\uparrow$
제3류	칼륨, 나트륨, 리튬	수소	$2K + 2H_2O \rightarrow 2KOH + H_2\uparrow$
	수소화칼륨, 수소화나트륨	수소	$KH + H_2O \rightarrow KOH + H_2\uparrow$
	트리메틸알루미늄	메탄	$(CH_3)_3Al + 3H_2O \rightarrow Al(OH)_3 + 3CH_4\uparrow$
	트리에틸알루미늄	에탄	$(C_2H_5)_3Al + 3H_2O \rightarrow Al(OH)_3 + 3C_2H_6\uparrow$
	인화칼슘, 인화알루미늄	포스핀	$Ca_3P_2 + 6H_2O \rightarrow 3Ca(OH)_2 + 2PH_3\uparrow$
	탄화칼슘	아세틸렌	$CaC_2 + 2H_2O \rightarrow Ca(OH)_2 + C_2H_2\uparrow$
	탄화알루미늄	메탄	$Al_4C_3 + 12H_2O \rightarrow 4Al(OH)_3 + 3CH_4\uparrow$

29. 제4류 위험물(인화성 액체)

액체(제3석유류, 제4석유류 및 동식물유류에 있어서는 1기압과 섭씨 20도에서 액상인 것에 한한다.)로서 인화의 위험성이 있는 것

1) 제4류 지정품목, 지정수량

분류	지정품목	비수용성	수용성(비×2)	수용성
특수인화물	에테르, 이황화탄소	50		아세트알데히드, 산화프로필렌
제1석유류	아세톤, 가솔린	200	400	아세톤, 피리딘, 시안화수소
알코올류	–	400		메탄올, 에탄올, 프로필알코올
제2석유류	등유, 경유	1,000	2,000	초산, 의산, 에틸셀르솔브
제3석유류	중유, 클레오소트유	2,000	4,000	에틸렌글리콜, 글리세린
제4석유류	기어유, 실린더유	6,000		–
동식물류	–	10,000		–

2) 지정품명 및 인화점에 의한 구분

특수인화물	이황화탄소, 디에틸에테르 그 밖에 1기압에서 발화점이 섭씨 100도 이하인 것 또는 인화점이 섭씨 영하 20℃ 이하이고 비점이 섭씨 40℃ 이하인 것
제1석유류	아세톤, 휘발유 그 밖에 1기압에서 인화점이 섭씨 21℃ 미만인 것
알코올류	분자를 구성하는 탄소원자의 수가 1개부터 3개까지인 포화1가 알코올(변성알코올 포함)
제2석유류	등유, 경유 그 밖에 1기압에서 인화점이 섭씨 21도 이상 섭씨 70도 미만인 것
제3석유류	중유, 클레오소트유 그 밖에 1기압에서 인화점이 섭씨 70도 이상 섭씨 200℃ 미만인 것
제4석유류	기어유, 실린더유 그 밖에 1기압에서 인화점이 섭씨 200도 이상 섭씨 250℃ 미만인 것
동식물유류	동물의 지육 또는 식물의 종자나 과육으로부터 추출한 것으로서 1기압에서 인화점이 섭씨 250℃ 미만인 것

➢ 석유류 분류

1기압에서 액체로서 인화점으로 구분

1. 특수인화물 : 인화점이 −20℃ 이하, 비점 40℃ 이하 발화점이 100℃ 이하
2. 제1석유류 : 인화점 21℃ 미만
3. 제2석유류 : 인화점 21℃ 이상 70℃ 미만
4. 제3석유류 : 인화점 70℃ 이상 200℃ 미만
5. 제4석유류 : 인화점 200℃ 이상 250℃ 미만
6. 동식물류 : 인화점 250℃ 미만

1 ⇔ (21) 2 ⇔ (70) 3 ⇔ (200) 4 ⇔ (250)

30. 특수인화물(지정수량 : 50L)

	디에틸에테르	이황화탄소	아세트알데히드	산화프로필렌
화학식	$C_2H_5OC_2H_5$	CS_2	CH_3CHO	CH_3CHCH_2O
비중	0.71	1.26	0.78	0.83
비점	34.6℃		21℃	34℃
발화점	180℃	90℃	185℃	
인화점	−45℃	−30℃	−38℃	−37℃
연소범위	1.9~48%	1~44%	4.1~57%	2.5~38.5%
저장	공간용적 10% 이상	물 속 (수조)	불연성가스(질소) or 수증기 봉입	
특징	• 정전기 방지제 : 염화칼슘 • 과산화물 생성 −검출시약 : 10% KI용액 −검출 시 : 황색 변화 −제거시약 : 환원철, 황산제일철	• 독성 • 유기용제	• 구리, 마그네슘, 은, 수은 용기사용 금지 • 불연성 가스(질소), 수증기(H_2O)를 봉입 • 산화, 환원작용(은거울반응)과 페얼링 반응	

➲ 이소프렌 : 인화점 −54℃(위험물 중 가장 낮음)

31. 제1석유류(비수용성 : 200L, 수용성 : 400L)

- 정의 : 아세톤 및 휘발유, 그 밖의 액체로서 인화점이 21℃ 미만인 액체
- 수용성(400L) : 아세톤, 피리딘, 시안화수소

1) 아세톤(디메틸케톤, CH_3COCH_3, 지정수량 : 400L)

① 인화점 : −18℃, 무색, 독특한 냄새, 휘발성 액체

② 독성은 없으나 피부에 닿으면 탈지작용을 하고 오래 흡입 시 구토가 일어난다.

2) 휘발유(가솔린, C_5H_{12}~C_9H_{20}, 지정수량 : 200L)

① 발화점 : 300℃, 연소범위 : 1.4~7.6%

② 전기 부도체, 정전기 발생에 주의

3) 벤젠(C_6H_6, 지정수량 : 200L)

① 인화점 : −11℃, 연소범위 : 1.4~7.1%

② 융점 : 5.5℃, 추운 겨울에는 고체상태에서도 가연성 증기 발생

③ 탄소 수에 비해 수소 수가 적기 때문에 연소시키면 그을음을 많이 내며 탄다.

4) 톨루엔($C_6H_5CH_3$, 지정수량 : 200L)

① 인화점 : 4℃

② 벤젠보다는 독성이 적고, 방향성, 무색투명한 액체

③ 톨루엔에 진한 질산과 진한 황산을 가하여 TNT 생성

5) O－크실렌($C_6H_4(CH_3)_2$, 지정수량 : 200L)

6) 피리딘(C_5H_5N, 지정수량 : 400L)

인화점 : 20℃, 물에 잘 녹는 수용성

7) 메틸에틸케톤(MEK, $CH_3COC_2H_5$, 지정수량 : 200L)

① 인화점 : －1℃, 수용성이지만, 비수용성인 지정수량 200L

② 아세톤과 같은 탈지작용

8) 시안화수소(HCN, 지정수량 : 400L)

제4류 위험물 중 증기비중이 0.94로 유일하게 공기보다 가볍다.

32. 알코올류

한 분자 내의 탄소원자가 1개 이상 3개 이하인 포화1가(OH의 개수)의 알코올, 변성 알코올 포함

> ➢ **알코올류 제외**
>
> ① 1분자를 구성하는 탄소원자의 수가 1개 내지 3개의 포화1가 알코올의 함유량이 60중량% 미만인 수용액
>
> ② 가연성 액체량이 60중량% 미만이고, 인화점 및 연소점이 에틸알코올 60중량% 수용액의 인화점 및 연소점을 초과하는 것

1) 메틸알코올(메탄올, CH_3OH)

① 인화점 11℃, 연소범위 7.3~36%

② 독성이 강하여 30~100ml를 섭취하면 실명하며 심하면 사망할 수 있다.

2) 에틸알코올(에탄올, C_2H_5OH)

① 인화점 13℃, 연소범위 4.3~19%

② 술의 원료로 물에 잘 녹으며, 인체에 무해하다.

3) 프로필 알코올(C_3H_7OH)

33. 제2석유류(지정수량 : 비수용성 1,000L, 수용성 2,000L)

1) 등유, 경유, 그 밖의 액체로서 인화점이 21℃ 이상 70℃ 미만인 액체를 말한다.
2) 수용성(2,000L) : 의산, 초산, 에틸셀르솔브
3) 비중 1 이상 : 의산, 초산, 클로로벤젠
4) 종류
   - 등유(지정수량 : 1,000L) 발화점 : 220℃
   - 경유(지정수량 : 1,000L) 발화점 : 약 200℃
   - 의산(포름산, HCOOH, 지정수량 : 2,000L)
     자극성 냄새, 피부에 닿으면 수종(수포상의 화상) 발생, 증기 흡입 시 점막에 염증
   - 초산(아세트산=빙초산, CH_3COOH, 지정수량 : 2,000L)
     식초(3~5%수용액) 물보다 무거운 액체, 수용성, 16.7℃(융점, 녹는점) 이하 빙(氷)초산
   - 테레핀유(송정유, 지정수량 : 1,000L)
   - 스틸렌(지정수량 : 1,000L)
   - 에틸셀르솔브(지정수량 : 2,000L) : 수용성, 유리 세정제의 원료
   - 크실렌(디메틸벤젠, $C_6H_4(CH_3)_2$, 지정수량 : 1,000L)
   - 클로로벤젠(C_6H_5Cl, 지정수량 : 1,000L)
   - 히드라진(N_2H_4)

34. 제3석유류(지정수량 : 비수용성 2,000L, 수용성 4,000L)

1) 중유, 클레오소트유 그 밖의 액체로서 인화점이 70~200℃ 미만인 액체를 말한다.
2) 지정품목 : 중유, 클레오소트유
3) 수용성(4,000L) : 에틸렌글리콜, 글리세린
4) 대부분 비중이 1 이상으로 물보다 무겁다.
5) 종류
   - 중유(지정수량 : 2,000L) : 동점도 A급 중유, B급 중유, C급 중유
   - 클레오소트유(지정수량 : 2,000L)
     황색 또는 암갈색의 끈기가 있는 액체로, 자극성의 타르냄새가 난다.
   - 니트로벤젠($C_6H_5NO_2$, 지정수량 : 2,000L)
     특유한 냄새를 지닌 담황색 또는 갈색의 액체로 암모니아와 같은 냄새가 난다.
   - 에틸렌글리콜($C_2H_4(OH)_2$, 지정수량 : 4,000L)
     무색무취, 단맛, 흡습성이 있는 끈끈한 액체로서 2가(OH가 2개) 알코올이며 주로 자동차 부동액의 원료로 사용된다.
   - 글리세린($C_3H_5(OH)_3$, 지정수량 : 4,000L)
     물보다 무겁고 단맛이 있는 시럽 상태의 무색 액체로서 흡습성이 좋은 3가 알코올

35. 알코올의 가수에 의한 분류(모두 수용성)

<table>
<tr><td rowspan="3">1가</td><td>메틸알코올
CH_3OH</td><td>H
|
H — C — OH
|
H</td><td>2가</td><td>에틸렌글리콜
$C_2H_4(OH)_2$</td><td>H H
| |
H — C — C — H
| |
OH OH</td></tr>
<tr><td>에틸알코올
C_2H_5OH</td><td>H H
| |
H — C — C — OH
| |
H H</td><td rowspan="2">3가</td><td rowspan="2">글리세린
$C_3H_5(OH)_3$</td><td rowspan="2">H H H
| | |
H — C — C — C — H
| | |
OH OH OH</td></tr>
<tr><td>프로필알코올
C_3H_7OH</td><td>H H H
| | |
H — C — C — C — OH
| | |
H H H</td></tr>
</table>

36. 제4석유류(지정수량 : 6,000L)의 종류

방청유, 가소제, 전기절연유, 절삭유, 윤활유

37. 동식물유류(지정수량 : 10,000L)

- 요오드값의 정의 : 유지 100g에 부가되는 요오드의 g 수(클수록 위험)
- 건성유 정의 : 요오드값이 130 이상
- 건성유 종류 : 해바라기유, 동유, 아마인유, 들기름, 정어리유

38. 제5류 위험물(자기반응성 물질)

고체 또는 액체로서 폭발의 위험성 또는 가열분해의 격렬함을 판단하기 위하여 고시로 정하는 시험에서 고시로 정하는 성질과 상태를 나타내는 것

위험등급	품명	지정수량
I	1. 유기 과산화물 2. 질산에스테르류	10kg
II	3. 니트로 화합물 4. 니트로소 화합물 5. 아조 화합물 6. 디아조 화합물 7. 히드라진 유도체	200kg
	8. 히드록실아민 9. 히드록실아민염류	100kg
II	10. 그 밖의 행정안전부령으로 정하는 것 ① 금속의 아지화합물 ② 질산구아니딘	200kg

39. 각 유별 과산화물 정리

제6류 위험물	과산화수소	H_2O_2
제1류 위험물 (무기과산화물)	과산화칼륨	K_2O_2
	과산화나트륨	Na_2O_2
	과산화마그네슘	MgO_2
	과산화칼슘	CaO_2
	과산화바륨	BaO_2
제5류 위험물 (유기과산화물)	과산화벤조일	$(C_6H_5CO)_2O_2$
	과산화메틸에틸케톤	$(CH_3COC_2H_5)_2O_2$

40. 유기과산화물

1) 벤조일퍼옥사이드(과산화벤조일[$(C_6H_5CO)_2O_2$], 지정수량 : 10kg)

- 무색무취의 결정 고체, 가열하면 약 100℃ 부근에서 흰 연기를 내면서 분해
- 희석제－프탈산디메틸, 프탈산디부틸

2) 메틸에틸케톤퍼옥사이드(과산화메틸에틸케톤＝MEKPO, 지정수량 : 10kg)

- 독특한 냄새, 기름모양의 무색 액체, 110℃ 이상에서는 백색 연기를 내면서 맹렬히 발화
- 희석제－프탈산디메틸, 프탈산디부틸

41. 질산에스테르류(지정수량 : 10kg)

1) 질산메틸(CH_3ONO_2)

인화점 : 15℃, 무색투명한 액체

2) 질산에틸($C_2H_5ONO_2$)

인화점 : －10℃, 무색투명한 액체, 방향성, 단맛

3) 니트로글리세린[NG, $C_3H_5(ONO_2)_3$]

- 무색투명한 기름모양 액체(공업용은 담황색), 단맛, 약간의 충격에도 폭발
- 규조토에 흡수시켜 다이너마이트 제조

4) 니트로셀룰로오스(NC)

- 분해온도 : 130℃, 인화점 : 13℃, 백색의 고체, 180℃에서 격렬하게 연소
- 운반 시 함수알코올에 습면

5) 니트로글리콜[$C_2H_4(ONO_2)_2$]

무색투명한 기름상태 액체, 독성이 강함, 니트로글리세린과 혼합 다이너마이트 제조

42. 각 유별 질산 화합물 정리

제6류 위험물 (지정수량 300kg)	질산(HNO_3)	
제1류 위험물 (지정수량 300kg)	질산염류	질산칼륨(KNO_3)
		질산나트륨($NaNO_3$)
		질산암모늄(HH_4NO_3)
제5류 위험물 (지정수량 10kg))	질산에스테르류	질산메틸(CH_3ONO_2)
		질산에틸($C_2H_5ONO_2$)

43. 위험물의 위험도 측정기준

1) **질화도** : 클수록 위험

니트로셀룰로오스 중 질소의 함유율을 퍼센트로 나타낸 값으로, 클수록 위험하다.

2) **요오드값** : 클수록 위험

- 유지 100g에 포함되어 있는 요오드의 g 수
- 건성유 : 130 이상(해바라기유, 동유, 아마인유, 들기름, 정어리유)

44. 각 유별 니트로 화합물 정리

제4류	제3석유류	니트로벤젠
		니트로톨루엔
제5류	질산에스테르류	니트로글리세린
		니트로셀룰로오스
		니트로글리콜
	니트로(소) 화합물	트리니트로톨루엔
		트리니트로페놀(피크린산)

45. 니트로 화합물(지정수량 : 200kg)

1) **트리니트로톨루엔[TNT, $C_6H_2CH_3(NO_2)_3$]**

- 발화점 : 300℃, 담황색의 주상결정, 햇빛에 다갈색 변화
- 비교적 안정된 니트로 폭약이나, 산화되기 쉬운 물질과 공존하면 타격 등에 의해 폭발한다.
- 알칼리와 혼합하면 발화점이 낮아져서 160℃ 이하에서도 폭발 가능

분해반응 : $2C_6H_2CH_3(NO_2)_3 \rightarrow 5H_2 + 2C + 12CO + 3N_2$

2) 트리니트로페놀[피크린산 = 피크르산 = TNP, $C_6H_2(NO_2)_3OH$]

- 발화점 : 약 300℃
- 강한 쓴맛, 독성이 있는 휘황색, 편편한 침상결정 고체
- 단독으로는 타격, 마찰 등에 둔감하고 연소 시 많은 그을음을 내면서 탄다.

분해반응 : $2C_6H_2OH(NO_2)_3 \rightarrow 6CO + 4CO_2 + 3H_2 + 3N_2 + 2C$

46. 위험물의 보호액, 희석제, 안정제 정리

보호액	제3류	칼륨(K), 나트륨(Na)	석유(경유, 등유, 파라핀)
		황린(P_4)	물(pH 9 약알칼리성 물)
	제4류	이황화탄소(CS_2)	수조(물)
	제5류	니트로셀룰로오스	함수알코올
희석제	제3류	알킬알루미늄	벤젠, 헥산
안정제	제5류	유기과산화물	프탈산디메틸, 프탈산디부틸
	제6류	과산화수소(H_2O_2)	인산(H_3PO_4), 요산($C_5H_4N_4O_3$)
기타	아세틸렌(C_2H_2)		아세톤(CH_3COCH_3), 디메틸프로마미드(DMF)

47. 각 유별 위험물의 색상(특별한 언급이 없으면 무색 또는 투명)

제2류	삼황화린	황색
	오황화인, 칠황화인	담황색
	적린(=붉은 인, P)	암적색
제3류	황린(=백린, P4)	백색 or 담황색
	수소화칼륨	회백색
	수소화나트륨	회색
	인화칼슘	적갈색
	인화알루미늄, 인화아연	암회색 or 황색
	탄화알루미늄	황색(순수한 것은 백색)
제4류	경유	담황색 or 담갈색
	중유	갈색 or 암갈색
	클레오소트유	황색
	아닐린	황색 or 담황색
	니트로벤젠	담황색 or 갈색
제5류	니트로글리세린	담황색(공업용)
	트리니트로톨루엔	담황색
	트리니트로페놀	휘황색

48. 각 유별 위험물의 분류기준

류별	품명	기준
제2류	유황	순도 60wt% 이상
	철분	철분으로 53μm 표준체를 통과하는 것이 50wt% 미만인 것 제외
	마그네슘	2mm 체를 통과하지 아니하는 덩어리 및 직경 2mm 이상의 막대모양의 것은 제외
	금속분	구리분, 니켈분 및 150μm의 체를 통과하는 것이 50wt% 미만인 것 제외
	인화성 고체	고형 알코올, 그 밖에 1기압에서 인화점이 40℃ 미만인 고체
제4류	알코올류	탄소원자의 수가 1~3개까지인 포화1가 알코올
제6류	과산화수소	농도 36wt%(중량퍼센트) 이상
	질산	비중 1.49 이상

49. 용어 정의

- 위험물 : 인화성 또는 발화성 등의 성질을 가지는 것으로서 대통령령으로 정하는 물품
  ➲ 항공기, 선박, 철도 및 궤도에 의한 위험물의 저장 · 취급 및 운반은 적용 제외
- 지정수량 : 위험물의 종류별로 위험성을 고려하여 대통령령이 정하는 수량으로 제조소 등의 설치 허가 시에 최저의 기준이 되는 수량
- 제조소 등 : 제조소 · 저장소 · 취급소(제조소 등의 허가권자 : 시 · 도지사)
- 제조소 : 위험물을 제조할 목적으로 지정수량 이상의 위험물을 취급하기 위하여 허가받은 장소
- 저장소 : 지정수량 이상의 위험물을 저장하기 위해 허가받은 장소
- 취급소 : 지정수량 이상의 위험물을 제조 외의 목적으로 취급하기 위해 허가받은 장소
- 관계인 : 관리자, 소유자, 점유자

50. 위험물의 취급기준

- 지정수량 미만 : 시 · 도 조례 적용
- 지정수량 이상 : 위험물안전관리법 적용
- 제조소 등의 위치 · 구조 및 설비의 기술기준 : 행정안전부령 적용
- 제조소 등의 허가 · 신고권자 : 시 · 도지사

1) 지정수량 이상의 위험물을 제조소 등에서 취급하지 않을 수 있는 경우

① 관할소방서장의 승인을 받아 90일 이내의 기간 동안 임시로 저장 또는 취급하는 경우
② 군부대가 지정수량 이상의 위험물을 군사목적으로 임시로 저장 또는 취급하는 경우

2) 제조소의 허가 또는 신고사항이 아닌 경우

① 주택의 난방시설(공동주택의 중앙난방시설을 제외)을 위한 저장소 또는 취급소
② 농예용 · 축산용 또는 수산용으로 필요한 난방시설, 건조시설을 위한 지정수량 20배 이하의 저장소

3) 변경허가를 받지 아니하는 경우

① 주택의 난방시설(공동주택의 중앙난방시설을 제외한다.)을 위한 저장소 또는 취급소
② 농예용 · 축산용 또는 수산용으로 필요한 난방시설 또는 건조시설을 위한 지정수량 20배 이하의 저장소

51. 위험물의 취급

1) 소비작업

① 분사 · 도장작업 : 방화상 유효한 격벽 등으로 구획한 안전한 장소에서 작업할 것
② 담금실 · 열처리 : 위험물의 위험한 온도에 달하지 아니하도록 할 것
③ 버너의 사용 : 버너의 역화를 방지하고 석유류가 넘치지 않도록 할 것

2) 제조과정

① 증류공정 : 위험물 취급설비의 내부압력의 변동으로 액체 및 증기가 새지 않을 것
② 추출공정 : 추출관의 내부압력이 비정상으로 상승하지 않을 것
③ 건조공정 : 위험물의 온도가 국부적으로 상승하지 아니하도록 가열 건조할 것
④ 분쇄공정 : 분말이 부착되어 있는 상태로 기계, 기구를 사용하지 않을 것

52. 위험물안전관리법 날짜별 정리

<table>
<tr><th>기 간</th><th colspan="2">내 용</th></tr>
<tr><td>1일</td><td>제조소</td><td>1일 이내 변경(품명 · 수량 · 지정수량의 배수등) 신고기간</td></tr>
<tr><td>7일</td><td>암반탱크</td><td>7일간 용출되는 지하수 양의 용적과 해당 탱크용적의 1/100 용적 중 큰 용적을 공간용적으로 정함</td></tr>
<tr><td rowspan="2">14일 이내</td><td colspan="2">용도폐지한 날로부터 신고기간</td></tr>
<tr><td colspan="2">안전관리자의 선임 · 해임 시 신고기간</td></tr>
<tr><td rowspan="3">30일 이내</td><td colspan="2">안전관리자의 선임 · 재선임 기간</td></tr>
<tr><td colspan="2">제조소 등의 승계 신고기간</td></tr>
<tr><td colspan="2">안전관리자 직무대행기간(대리자 지정)</td></tr>
<tr><td>90일 이내</td><td colspan="2">관할소방서장의 승인을 받아 임시로 저장 · 취급할 수 있는 기간</td></tr>
</table>

53. 옥외저장소 저장 가능 위험물

1) 제2류 위험물 중 유황 또는 인화성 고체(인화점이 섭씨 0℃ 이상인 것에 한함)
2) 제4류 위험물 중 제1석유류(인화점 0℃ 이상인 것에 한함) · 알코올류 · 제2석유류 · 제3석유류 · 제4석유류 · 동식물유류
3) 제6류 위험물
4) 제2류 위험물 · 제4류 위험물 및 제6류 위험물 중 특별시 · 광역시 또는 도의 조례에서 정하는 위험물

54. 취급소 종류

1) 이송취급소, 주유취급소, 일반취급소
2) **판매취급소** : 제1종(20배 이하), 제2종(40배 이하)

55. 위험물 안전관리자의 구분

위험물 안전관리자의 구분	취급할 수 있는 위험물
위험물기능장 · 위험물산업기사 · 위험물기능사	모든 위험물
안전관리자 교육이수자	제4류 위험물
소방공무원 근무경력 3년 이상인 경력자	

➲ 위험물 안전관리자 선임면제 : 이동탱크저장소

56. 안전관리자의 업무

1) 예방규정에 적합하도록 해당 작업에 대한 지시 및 감독 업무
2) 화재 등의 재난이 발생한 경우 응급조치 및 소방관서 등에 대한 연락 업무
3) 위험물의 취급에 관한 일지의 작성 · 기록
4) 화재 등의 재해 방지에 관하여 인접하는 제조소 등 관계자와 협조체제 유지

57. 제조소 등의 완공검사 신청시기

지하탱크가 있는 제조소 등	해당 지하탱크를 매설하기 전
이동탱크저장소	이동저장탱크를 완공하고 상치장소를 확보한 후
이송취급소	이송배관 공사의 전체 또는 일부를 완료한 후
완공검사 실시가 곤란한 경우	• 배관설치 완료 후 기밀시험, 내압시험을 실시하는 시기 • 지하에 설치하는 경우 매몰하기 직전 • 비파괴시험을 실시하는 시기
위에 해당하지 않는 경우	제조소 등의 공사를 완료한 후

58. 탱크안전성능검사

검사 구분	검사대상	신청시기
기초 · 지반검사	특정 옥외탱크저장소	위험물탱크의 기초 및 지반에 관한 공사의 개시 전
충수 · 수압검사	액체위험물을 저장 또는 취급하는 탱크	위험물을 저장 또는 취급하는 탱크에 배관 그 밖의 부속설비를 부착하기 전
용접부 검사	특정 옥외탱크저장소	탱크 본체에 관한 공사의 개시 전
암반탱크검사	액체위험물을 저장 또는 취급하는 암반 내의 공간을 이용한 탱크	암반탱크의 본체에 관한 공사의 개시 전

59. 예방규정 작성대상

<table>
<tr><th>제조소 등</th><th>지정수량의 배수</th><th>암기</th><th></th><th>정기점검대상</th></tr>
<tr><td>제조소 · 일반취급소</td><td>10배 이상</td><td>십</td><td rowspan="5">}</td><td rowspan="5">1. 지하탱크
2. 이동탱크
3. 예방규정
4. 지하매설 제일주
5. 특정옥외탱크</td></tr>
<tr><td>옥외저장소</td><td>100배 이상</td><td>백</td></tr>
<tr><td>옥내저장소</td><td>150배 이상</td><td>오</td></tr>
<tr><td>옥외탱크저장소</td><td>200배 이상</td><td>이</td></tr>
<tr><td>암반탱크저장소 · 이송취급소</td><td>모두</td><td>모두</td></tr>
</table>

60. 일반취급소 예방규정 제외 대상

제4류 위험물(특수인화물 제외)만을 지정수량의 50배 이하 일반취급소의 사용용도
(제1석유류, 알코올류의 취급량이 지정수량의 10배 이하)

1) 보일러, 버너 등의 위험물을 소비하는 장치로 이루어진 일반취급소
2) 위험물을 용기에 옮겨 담거나 차량에 고정된 탱크에 주입하는 일반취급소

61. 정기점검 및 정기검사

제조소 등의 관계인은 연 1회 이상 점검, 결과 3년간 기록 · 보존

1) 예방규정을 정하는 제조소 등
2) 지하탱크저장소
3) 이동탱크저장소
4) 액체위험물의 최대수량이 100만L 이상인 특정옥외탱크저장소
5) 위험물을 취급하는 탱크로서 지하에 매설된 탱크가 있는 제조소 · 주유취급소 · 일반취급소

62. 자체 소방대(화학소방자동차, 자체 소방대원)

1) 설치대상

제조소 또는 일반취급소로서 제4류 위험물 지정수량의 3천 배 이상

제조소 및 일반취급소 구분	소방차	인원
최대수량의 합이 지정수량의 12만 배 미만	1대	5인
최대수량의 합이 지정수량의 12만 배 이상 24만 배 미만	2대	10인
최대수량의 합이 지정수량의 24만 배 이상 48만 배 미만	3대	15인
최대수량의 합이 지정수량의 48만 배 이상	4대	20인

2) 자체 소방대 설치 제외 대상인 일반취급소

① 보일러, 버너 그 밖에 이와 유사한 장치로 위험물을 소비하는 일반취급소
② 이동저장탱크 그 밖에 이와 유사한 장치로 위험물을 주입하는 일반취급소

③ 용기에 위험물을 옮겨 담는 일반취급소
④ 유압장치, 윤활유순환장치 그 밖에 이와 유사한 장치로 위험물을 취급하는 일반취급소
⑤ 광산보안법의 적용을 받는 일반취급소

63. 위험물 운반용기

1) 용기 재질 : 금속관, 유리, 플라스틱, 파이버, 폴리에틸렌, 합성수지, 종이, 나무
2) 고체용기는 내용적의 95% 이하로 수납 액체용기는 내용적의 98% 이하로 수납하되, 55℃ 충분한 공간 용적을 둘 것
3) 알킬알루미늄 등의 운반용기 내용적은 90% 이하로 수납, 50℃에서 5% 공간용적
4) 운반용기의 용량
   ① 금속 : 30리터 이하
   ② 유리, 플라스틱 : 10리터 이하
   ③ 철재 드럼 : 250리터 이하

64. 저장량

1) 탱크의 용량 : 탱크 내용적 – 탱크 공간용적
2) 탱크의 공간용적 : 탱크의 내용적의 5/100 이상 10/100 이하(용량 90~95%)
3) 운반용기 공간용적 : 고체 95% 이하, 액체 98% 이하, 55℃ 충분한 공간
4) 암반탱크 공간용적 : 탱크 내에 용출하는 7일간의 지하수 양에 상당하는 용적과 해당 탱크의 내용적의 1/100의 용적 중에서 보다 큰 용적으로 함
5) 소화설비 : 약제 방사구의 하부로부터 0.3m 이상 1m 미만의 면으로부터 상부의 용적

65. 보유공지 기능(공지이므로 적재 및 설치 불가)

- 위험물시설의 화재 시 연소확대방지
- 소방활동상의 공간 확보
- 피난상 유효한 공간 확보

취급하는 위험물의 최대수량	공지의 너비
지정수량의 10배 이하	3m 이상
지정수량의 10배 초과	5m 이상

66. 안전거리

- 위험물시설, 그 구성부분과 다른 공작물 또는 방호대상물과 사이에 소방안전상 확보해야 할 수평거리
- 목적 : 연소 확대 방지 및 안전을 위해

건축물	안전거리
사용전압 7,000V 초과 35,000V 이하의 특고압가공전선	3m 이상
사용전압 35,000V 초과의 특고압가공전선	5m 이상
주거용으로 사용되는 것(제조소가 설치된 부지 내에 있는 것을 제외)	10m 이상
고압가스, 액화석유가스, 도시가스를 저장 또는 취급하는 시설	20m 이상
1. 학교 2. 병원 : 종합병원, 병원, 치과병원, 한방병원 및 요양병원 3. 수용인원 300인 이상 : 극장, 공연장, 영화상영관 4. 수용인원 20인 이상 : 복지시설(아동 · 노인 · 장애인 · 모부자복지시설), 보육시설, 정신보건시설, 가정폭력피해자보호시설	30m 이상
유형문화재, 지정문화재	50m 이상

1) 옥내저장소 안전거리 제외대상

① 지정수량의 20배 미만의 제4석유류 저장 또는 취급

② 지정수량의 20배 미만의 동식물유류 저장 또는 취급

③ 제6류 위험물

2) 히드록실아민 등을 취급하는 제조소의 안전거리 특례

안전거리 $D = 51.1\sqrt[3]{N}$ (N=히드록실아민 등의 지정수량(100kg)의 배수)

67. 불연성 격벽에 의한 보유공지 면제

각 조건을 만족하는 방화상 유효한 격벽을 설치하는 경우

1) 방화벽 : 내화구조(단, 제6류 위험물-불연재료)

2) 출입구 및 창 : 자동폐쇄식 갑종방화문

3) 방화벽의 돌출된 격벽의 길이

구분	일반	지정과산화물
외벽 양단	0.5m 이상	1.0m 이상
지붕	0.5m 이상	0.5m 이상

➲ 지정과산화물 : 제5류 위험 중 유기과산화물 또는 이를 포함하는 지정수량 10kg인 것

68. 제조소의 표지 및 게시판

1) 규격

한 변의 길이 0.6m 이상, 다른 한 변의 길이 0.3m 이상의 직사각형

2) 방화 관련 게시판의 기재사항

① 위험물의 유별 · 품명

② 저장최대수량 또는 취급최대수량, 지정수량의 배수

③ 안전관리자의 성명 또는 직명

➲ 탱크제조사 및 지정수량은 필수 기재사항이 아님

3) 유별 표지사항 및 색상(제6류 위험물은 주의사항 표지 없음)

유별		운반용기 주의사항	제조소
제1류 위험물	알칼리금속의 과산화물	화기 · 충격주의, 물기엄금, 가연물접촉주의	물기엄금
	그 밖의 것	화기 · 충격주의, 가연물접촉주의	–
제2류 위험물	철분 · 금속분 · 마그네슘	화기주의, 물기엄금	화기주의
	인화성 고체	화기엄금	화기엄금
	그 밖의 것	화기주의	화기주의
제3류 위험물	자연발화성 물질	화기엄금, 공기접촉엄금	화기엄금
	금수성 물질	물기엄금	물기엄금
제4류 위험물		화기엄금	화기엄금
제5류 위험물		화기엄금, 충격주의	화기엄금
제6류 위험물		가연물접촉주의	–

4) 제조소 등의 표지사항 및 색상

구분	표지사항	색상
제조소 등	위험물제조소	백색 바탕에 흑색 문자
방화에 관하여 필요한 사항을 게시한 게시판	• 유별 · 품명 • 저장최대수량 또는 취급최대수량 • 지정수량의 배수 • 안전관리자의 성명 또는 직명	

5) 주유취급소와 이동탱크저장소의 게시판

구분	주의사항	게시판의 색상(상호반대)	
이동탱크저장소	위험물	흑색 바탕에 황색 문자	반대
주유취급소	주유 중 엔진정지	황색 바탕에 흑색 문자	

69. 건축물의 구조

- 지하층이 없을 것
- 벽 · 기둥 · 바닥 · 보 · 서까래 및 계단 : 불연재료(단, 연소 우려가 있는 외벽 – 개구부가 없는 내화구조의 벽)
- 지붕 : 폭발력이 위로 방출될 정도의 가벼운 불연재료
- 출입구, 비상구 : 갑종방화문 또는 을종방화문(단, 연소 우려가 있는 외벽의 출입구 – 자동폐쇄식의 갑종방화문 설치)
- 건축물의 창 및 출입구의 유리 : 망입유리
- 액체의 위험물을 취급하는 바닥 : 적당한 경사, 최저부에 집유설비 설치

70. 액체위험물을 취급하는 설비의 바닥

- 바닥 둘레의 턱 : 높이 0.15m 이상(펌프실은 0.2m 이상)
- 콘크리트 등 위험물이 스며들지 아니하는 재료
- 바닥의 최저부에 집유설비, 적당한 경사를 할 것
- 비수용성 위험물 : 집유설비에 유분리장치 설치

➲ 비수용성 : 20℃ 물 100g에 용해되는 양이 1g 미만인 것

71. 정전기 제거설비

1) 접지에 의한 방법
2) 공기 중의 상대습도를 70% 이상으로 하는 방법
3) 공기를 이온화하는 방법

72. 환기설비, 배출설비

구분	환기설비(자연배기)	배출설비(강제배기)
용 량	급기구 : 바닥면적 $150m^2$마다	국소 : 1시간 배출용적의 20배
급기구 위치	낮은 곳	높은 곳
급기구 재질	구리망의 인화방지망	구리망의 인화방지망
배출구 위치	2m 이상	2m 이상, 지붕 위
배출구 구조	회전식 고정벤틸레이터, 루프팬	풍기, 배출덕트, 후드 (자동으로 폐쇄되는 방화댐퍼 설치)

➲ 단, 배출설비가 유효하게 설치된 경우 환기설비 설치 제외
조명설비가 유효하게 설치된 경우 채광설비 설치 제외

1) 환기설비 급기구 크기

급기구 바닥면적	급기구의 면적
$150m^2$마다	$800cm^2$ 이상
$120m^2$ 이상~$150m^2$ 미만	$600cm^2$ 이상
$90m^2$ 이상~$120m^2$ 미만	$450cm^2$ 이상
$60m^2$ 이상~$90m^2$ 미만	$300cm^2$ 이상
$60m^2$ 미만	$150cm^2$ 이상

2) 배출설비 전역방출방식으로 할 수 있는 경우

① 위험물취급설비가 배관이음 등으로만 된 경우

② 건축물의 구조 · 작업장소의 분포 등의 조건에 의하여 전역방식이 유효한 경우

3) 배출설비의 배출능력

국소방식	1시간당 배출장소 용적의 20배 이상
전역방식	바닥면적 $1m^2$마다 $18m^3$ 이상

73. 조명설비 및 기타 설비

1) 조명설비

- 방폭등 : 가연성 가스 등이 체류할 우려가 있는 장소의 전등
- 전선 : 내화 · 내열전선
- 점멸스위치 : 출입구 바깥부분에 설치(스위치 점멸 시 스파크 발생 방지)

2) 채광 · 조명설비

채광설비 : 불연재료, 면적을 최소로 할 것

3) 피뢰설비

지정수량 : 10배 이상(단, 제6류 위험물은 설치 제외)

74. 위험물제조소의 배관

- 배관 재질 : 강관, 유리섬유강화플라스틱, 고밀도폴리에틸렌, 폴리우레탄 등
- 배관 구조 : 내관 및 외관의 이중으로 할 것(틈새는 누설 여부 확인을 위한 공간을 둘 것)
- 배관 수압시험압력 : 최대상용압력의 1.5배 이상의 압력에 이상이 없을 것
- 배관은 지하에 매설할 것
- 지상 배관 : 면에 닿지 아니하도록 하고 외면에 부식방지를 위해 도장

75. 압력계 및 안전장치

1) 자동적으로 압력의 상승을 정지시키는 장치
2) 감압 측에 안전밸브를 부착한 감압밸브
3) 안전밸브를 병용하는 경보장치
4) 파괴판 : 안전밸브의 작동이 곤란한 경우 작동

76. 알킬알루미늄 등 취급하는 제조소의 특례

구분	알킬알루미늄 등	아세트알데히드, 산화프로필렌 등
봉입가스	불활성 기체(질소, 이산화탄소) 봉입	불활성 기체 또는 수증기 봉입
운송 시 주의사항	운송책임자의 감독 · 지원을 받아 운송	구리 · 은 · 수은 · 마그네슘 합금 금지 ※ 제한 이유－폭발성 화합물 생성 방지
탱크설비	탱크 용량 1,900리터로 제한 탱크철판 두께 10mm 이상	냉각장치, 보랭장치, 불활성 기체를 봉입하는 장치를 갖출 것

77. 지정수량별 구별

지정수량 $\frac{1}{10}$배 이상	유별 분리하여 저장
지정수량 10배 이상	• 피뢰설비(단, 제6류 위험물 제외) • 비상방송설비, 경보설비, 휴대용 메가폰 등(단, 이동탱크저장소는 제외)
지정수량 100배 이상	자동화재탐지설비

78. 옥내저장소 저장창고의 기준면적

위험물을 저장하는 창고의 종류	기준면적
• 제1류 위험물 중 지정수량 50kg－위험등급 I • 제3류 위험물 중 지정수량 10kg, 황린 10kg－위험등급 I • 제4류 위험물 중 특수인화물－위험등급 I 제1석유류 및 알코올류－위험등급 II • 제5류 위험물 중 지정수량 10kg－위험등급 I • 제6류 위험물 지정수량 300kg－위험등급 I	1,000m² 이하
위(1,000m² 이하) 위험물 외의 위험물을 저장하는 창고	2,000m² 이하
위의 전부에 해당하는 위험물을 내화구조의 격벽으로 완전히 구획된 실에 각각 저장하는 창고(제4석유류, 동식물유, 제6류 위험물은 500m²를 초과할 수 없다.)	1,500m² 이하

79. 옥내저장소의 구조

1) 벽 · 기둥 및 바닥 : 내화구조
2) 옥내저장소의 벽 · 기둥 및 바닥을 불연재료로 할 수 있는 경우
   ① 지정수량의 10배 이하의 위험물의 저장창고
   ② 제2류 위험물(단, 인화성 고체는 제외)
   ③ 제4류 위험물(단, 인화점이 70℃ 미만은 제외)만의 저장창고
3) 보와 서까래 : 불연재료
4) 지붕 : 가벼운 불연재료(단, 천장은 설치금지)
5) 배출설비 : 인화점 70℃ 미만의 위험물을 저장하는 옥내저장소에 설치
6) 출입구 : 갑종방화문, 을종방화문
   연소의 우려가 있는 외벽 출입구 : 자동폐쇄식의 갑종방화문
7) 창, 출입구 유리 : 망입 유리
8) 옥내저장소의 지붕을 내화구조로 할 수 있는 것
   ① 제2류 위험물(단, 분상과 인화성 고체는 제외)
   ② 제6류 위험물

80. 용기를 겹쳐 쌓을 때의 높이

1) 6m 이하 : 기계에 의해 하역하는 구조로 된 용기만을 겹쳐 쌓는 경우
2) 4m 이하 : 제4류 위험물 중 제3석유류, 제4석유류, 동식물유류만을 수납하는 용기
3) 3m 이하 : 그 밖의 것

81. 지정유기과산화물 벽 두께

구분	두께	구조
담	15cm 이상	철근콘크리트조, 철골철근콘크리트조
	20cm 이상	보강시멘트블록조
외벽	20cm 이상	철근콘크리트조, 철골철근콘크리트조
	30cm 이상	보강시멘트블록조
격벽 (150m² 이내마다)	30cm 이상	철근콘크리트조, 철골철근콘크리트조
	40cm 이상	보강시멘트블록조
지정수량 5배 이하	30cm 이상	철근콘크리트조, 철골철근콘크리트조의 벽을 설치 시 담 또는 토제 설치 제외

[지정유기과산화물 저장소 창]

① 창의 설치 높이 : 2m 이상
② 창 하나의 면적 : 0.4m² 이내
③ 벽면 한쪽에 두는 창 면적의 합계 : 당해 벽면의 면적의 1/80 이내

82. 옥내탱크저장소

단층이 아닌 1층 또는 지하층에서 저장취급할 수 있는 위험물

1) 제2류 위험물 중 황화린 · 적린 및 덩어리 유황
2) 제3류 위험물 중 황린
3) 제4류 위험물 중 인화점 38℃ 이상인 것
4) 제6류 위험물 중 질산

83. 선반에 적재

1) 선반의 높이 : 6m 이하
2) 견고한 지반면에 고정할 것
3) 선반은 선반 및 부속설비의 자중 및 중량, 풍하중, 지진 등에 의한 응력에 안전할 것
4) 선반은 위험물을 수납한 용기가 쉽게 낙하하지 아니하는 조치를 강구할 것

84. 옥외저장소 저장 가능 위험물

1) 제2류 위험물 중 유황 또는 인화성 고체(인화점이 섭씨 0℃ 이상인 것에 한한다.)
2) 제4류 위험물 중 제1석유류(인화점 0℃ 이상인 것) · 알코올류
   제2석유류 · 제3석유류 · 제4석유류 · 동식물유류

➲ 제1석유류 중 톨루엔(4℃), 피리딘(20℃)은 저장 가능

3) 제6류 위험물

> **➢ 옥외저장소에 저장할 수 없는 위험물의 품명**
> 1. 제1류, 제3류, 제5류 위험물 : 전부
> 2. 제2류 위험물 : 황화린, 적린, 철, 마그네슘분, 금속분
> 3. 제4류 위험물 : 특수인화물, 인화점이 0℃ 미만인 제1석유류

85. 덩어리 상태의 유황(용기에 수납하지 않는 유황)

1) 하나의 경계표시의 내부 면적 : 100m² 이하
2) 경계표시의 높이 : 1.5m 이상
3) 경계표시에는 유황이 넘치거나 비산하는 것을 방지하기 위한 천막 등을 고정하는 장치를 설치하되, 천막 등을 고정하는 장치는 경계표시의 길이 2m마다 한 개 이상 설치할 것
4) 배수구와 분리장치를 설치할 것

86. 옥외저장소 특례

1) 과염소산, 과산화수소 저장 옥외저장소 특례

불연성 또는 난연성의 천막 등을 설치하여 햇빛을 가릴 것

2) 인화성 고체, 제1석유류, 알코올류의 옥외저장소의 특례

① 살수설비 : 인화성 고체, 제1석유류, 알코올류

② 배수구와 집유설비 : 제1석유류, 알코올류

③ 집유설비에 유분리장치를 설치 : 제1석유류(벤젠, 톨루엔, 휘발유 등)
(온도 20℃의 물 100g에 용해되는 양이 1g 미만의 것에 한한다.)

87. 옥외탱크저장소

[옥외저장탱크 용량에 따른 분류]

1) 특정 옥외저장탱크 : 액체위험물의 최대수량이 100만 l 이상

2) 준특정 옥외저장탱크 : 액체위험물의 최대수량이 50만 l 이상~100만 l 미만

3) 일반 옥외저장탱크 : 액체위험물의 최대수량이 50만 l 미만

88. 통기관

1) 밸브 없는 통기관

① 직경 : 30mm 이상일 것

② 통기관 선단 : 수평면보다 45도 이상 구부려 빗물 등의 침투를 막는 구조로 할 것

③ 인화방지장치 : 가는 눈의 구리망 설치
(단, 인화점 70℃ 이상 위험물 : 인화점 미만의 온도로 저장 또는 취급 시 제외)

④ 통기관 설치 높이 : 지면으로부터 4m 이상

⑤ 가연성의 증기밸브

㉠ 평상시 : 항상 개방되어 있는 구조

㉡ 폐쇄 시 : 10kPa 이하의 압력에서 개방(개방부분 유효단면적 : 777.15mm^2 이상)

2) 대기밸브 부착 통기관

① 5kPa 이하의 압력 차이로 작동할 수 있을 것

② 가는 눈의 구리망 등으로 인화방지장치를 할 것

89. 옥외저장탱크의 펌프설비

1) 펌프설비 주위 보유공지 : 너비 3m 이상(고인화점 위험물은 너비 1m 이상)

> **➢ 펌프설비 보유공지 제외**
> - 제6류 위험물 또는 지정수량의 10배 이하를 취급
> - 방화상 유효한 격벽을 설치한 경우

2) 펌프설비와 옥외저장탱크의 이격거리 : 옥외탱크저장소 보유공지 너비의 1/3 이상
3) 펌프실의 턱 : 바닥에 높이 0.2m 이상의 턱 설치
4) 펌프실 외의 턱 : 바닥에 높이 0.15m 이상의 턱 설치

> **➢ 제4류 위험물 중 비수용성**
> • 집유설비에 유분리장치 설치
> • 비수용성 : 온도 20℃의 물 100g에 용해되는 양이 1g 미만인 것

5) 인화점 21℃ 미만 : "옥외저장 탱크 펌프설비" 표시를 한 게시판 설치

90. 옥외탱크저장소의 방유제

1) 방유제 내의 면적 : 80,000m^2 이하
2) 방유제 높이 : 0.5m 이상 3m 이하
3) 계단 또는 경사로 : 방유제 높이가 1m 이상일 경우 길이 50m마다 계단 설치
4) 방유제 내 옥외저장탱크의 수
   ① 제1석유류, 제2석유류 : 10기 이하
   ② 제3석유류(인화점 70℃ 이상 200℃ 미만) : 20기 이하(모든 탱크의 용량 20만 l 이하일 때)
   ③ 제4석유류(인화점이 200℃ 이상) : 제한 없음
5) 도로 폭 : 방유제 외면의 1/2 이상의 면에 3m 이상의 노면 확보
6) 방유제와 탱크의 옆판과의 상호거리(단, 인화점이 200℃ 이상인 위험물 제외)
   ① 지름 15m 미만인 경우 : 탱크 높이의 1/3 이상
   ② 지름 15m 이상인 경우 : 탱크 높이의 1/2 이상
7) 간막이 둑 : 용량이 1,000만 l 이상에 설치
   ① 간막이 둑의 높이 : 0.3m 이상(방유제의 높이보다 0.2m 이상 낮게 할 것)
   ② 간막이 둑의 재질 : 철근콘크리트, 흙
   ③ 간막이 둑의 용량 : 간막이 둑 안의 탱크 용량의 10% 이상

➲ 이황화탄소는 물속에 저장하므로 방유제를 설치하지 않고, 벽 및 바닥의 두께 0.2m 이상의 철근콘크리트 수조에 보관한다.

구분	제조소의 옥내취급탱크	제조소의 옥외 취급탱크	옥외탱크저장소
1기	탱크용량 이상	탱크용량×0.5 이상(50%)	탱크용량×1.1 이상(110%) (비인화성 물질×1.0)
2기 이상	최대 탱크용량 이상	최대탱크용량×0.5+ (나머지 탱크용량합계×0.1) 이상	최대탱크용량×1.1 이상(110%) (비인화성 물질×1.0)

91. 각 설비별 턱의 높이(기준은 0.15m 이상)

0.1m 이상	주유취급소 펌프실 출입구의 턱
	판매취급소 배합실 출입구의 턱
0.15m 이상	제조소 및 옥외설비의 바닥 둘레의 턱
	옥외저장탱크 펌프실 외의 장소에 설치하는 펌프설비 지반면의 주위의 턱
0.2m 이상	옥외저장탱크 펌프실 바닥 주위의 턱
	옥내탱크저장소의 탱크전용실에 펌프설비 설치 시의 턱

92. 저장온도 기준

1) 보랭장치 있(유)으면 비점, 없(무)으면 40℃
2) 압력탱크 40℃ 이하, 압력탱크 외 30℃ 이하, 아세트알데히드 15℃ 이하
3) 저장온도 기준
   ① 보냉장치가 있는 경우 : 비점 이하
   ② 보냉장치가 없는 경우 : 40℃ 이하
   ③ 압력탱크

압력탱크	아세트알데히드, 에테르, 산화프로필렌	40℃ 이하
압력탱크 이외	에테르, 산화프로필렌	30℃ 이하
	아세트알데히드	15℃ 이하

93. 간이탱크저장소

1) 간이탱크

① 하나의 간이탱크저장소에 설치하는 간이저장탱크 : 3기 이하
동일한 품질의 위험물 간이저장탱크 : 2기 이하
② 용량 : 600l 이하
③ 탱크 두께 : 3.2mm 이상 강판
④ 수압시험 : 70kPa의 압력으로 10분간 시험하여 새거나 변형되지 아니할 것

2) 탱크 이격거리

① 0.5m 이상 : 탱크전용실과 탱크의 거리
② 1m 이상 : 옥외에 설치한 경우 탱크의 보유공지 및 탱크 상호 간의 거리

3) 간이탱크 밸브 없는 통기관

① 지름 : 25mm 이상
② 통기관은 옥외에 설치하되, 그 선단의 높이는 지상 1.5m 이상으로 할 것
③ 인화방지장치 : 가는 눈의 구리망 설치(단, 인화점 70℃ 이상 위험물－인화점 미만의 온도로 저장 또는 취급 시 제외)

구분	일반탱크	간이탱크
지름	30mm 이상	25mm 이상
선단의 높이	4m 이상	1.5m 이상
설치위치	옥외	
선단의 모양	45도 이상 구부림	
선단의 재료	가는 눈의 구리망의 인화방지망	

94. 암반탱크저장소

1) 지하공동설치위치

① 암반투수계수 10~5m/s 이하인 천연암반 내에 설치

② 저장 위험물의 증기압을 억제할 수 있는 지하수면하에 설치

2) 암반탱크 기타 설비

① 지하수위 관측공 : 지하수위, 지하수의 흐름 등을 확인

② 계량장치 : 계량구 · 자동측정이 가능한 계량장치

③ 배수시설 : 암반으로부터 유입되는 침출수 자동배출

④ 펌프설비

95. 이동탱크저장소의 상치장소

옥외	5m 이상 확보	화기취급장소 또는 인근건축물
	3m 이상 확보	화기취급장소 또는 인근건축물이 1층인 경우
	제외	하천의 공지나 수면, 내화구조 또는 불연재료의 담 또는 벽이 접하는 경우
옥내	1층	벽 · 바닥 · 보 · 서까래 · 지붕이 내화구조 또는 불연재료로 된 건축물

➲ 수동식 폐쇄장치 : 길이 15cm 이상의 레버를 설치할 것

96. 철판 두께

이동탱크	방파판	1.6mm	운송 중 내부의 위험물의 출렁임, 쏠림 등을 완화하여 차량의 안전 확보
	방호틀	2.3mm	탱크 전복 시 부속장치(주입구, 맨홀, 안전장치) 보호하기 위하여 부속장치보다 50mm 이상 높게 설치
	측면틀	3.2mm	탱크 전복 시 탱크 본체 파손 방지
	칸막이	3.2mm	탱크 전복 시 탱크의 일부가 파손되더라도 전량의 위험물의 누출 방지, 4,000 l 이하마다 설치
기타		3.2mm	특별한 언급이 없으면 철판의 두께는 모두 3.2mm 이상으로 함
		6mm	콘테이너식 저장탱크 이동저장탱크, 맨홀, 주입구의 뚜껑
		10mm	알킬알루미늄 저장탱크 철판두께

97. 주유취급소 주유공지

- 너비 15m 이상, 길이 6m 이상
- 공지의 바닥 : 주위 지면보다 높게 하고, 적당한 기울기, 배수구, 집유설비, 유분리장치를 설치

98. 주유취급소에 설치할 수 있는 건축물

1) 주유 또는 등유 · 경유를 채우기 위한 작업장
2) 주유취급소의 업무를 행하기 위한 사무소
3) 자동차 등의 점검 및 간이정비를 위한 작업장
4) 자동차 등의 세정을 위한 작업장
5) 주유취급소에 출입하는 사람을 대상으로 한 점포 · 휴게음식점 또는 전시장
6) 주유취급소의 관계자가 거주하는 주거시설
7) 전기자동차용 충전설비

99. 주유원 간이대기실의 기준

1) 불연재료로 할 것
2) 바퀴가 부착되지 아니한 고정식일 것
3) 차량의 출입 및 주유작업에 장애를 주지 아니하는 위치에 설치할 것
4) 바닥면적이 $2.5m^2$ 이하일 것
   (단, 주유공지 및 급유공지 외의 장소에 설치하는 것 제외)

100. 주유취급소의 저장 또는 취급 가능한 탱크

구분	용량
고정급유설비, 고정주유설비	50,000l 이하
고속도로 주유취급소	60,000l 이하
보일러 등 전용탱크	10,000l 이하
폐유탱크 등	2,000l 이하
간이탱크	600l 이하(3기 이하)

101. 주유설비 펌프의 토출량

구 분	제1석유류	등유	경유	이동탱크급유	고정급유
토출량(lpm) 이하	50	80	180	200	300

- 주유취급소 호스의 길이 : 5m 이내
- 현수식 호스의 길이 : 반경 3m 이내에서 높이 0.5m 이상까지
- 이동탱크 호스길이 50m 이내로 하고 그 선단에 축적되는 정전기 제거장치를 설치할 것

102. 주유 및 급유설비의 이격거리

<table>
<tr><th>구분</th><th>주유설비</th><th>급유설비</th><th>점검, 정비</th><th>증기세차기 외</th></tr>
<tr><td>부지 경계선에서 담까지</td><td>2m 이상</td><td>1m 이상</td><td></td><td></td></tr>
<tr><td>개구부 없는 벽까지</td><td colspan="2">1m 이상</td><td></td><td></td></tr>
<tr><td>건축물 벽까지</td><td colspan="2">2m 이상</td><td></td><td></td></tr>
<tr><td>도로 경계선까지, 상호 간</td><td colspan="2">4m 이상</td><td>2m 이상</td><td>2m 이상</td></tr>
<tr><td>고정주유설비</td><td colspan="2"></td><td>4m 이상</td><td>4m 이상</td></tr>
</table>

103. 주유소 담 또는 벽

1) 담 또는 벽

높이 2m 이상의 내화구조 또는 불연재료

2) 방화상 유효한 구조의 유리를 부착 가능

① 유리 부착 위치 : 주입구, 고정주유설비 및 고정급유설비로부터 4m 이상 이격

② 유리 부착 방법

㉠ 지반면으로부터 70cm를 초과하는 부분

㉡ 가로 길이는 2m 이내일 것

㉢ 유리 부착 범위 : 전체 길이의 1/10을 초과하지 아니할 것

104. 셀프용 주유취급소

- 주유호스 : 200kg중 이하의 하중으로 이탈, 누출을 방지할 수 있는 구조일 것
- 주유량의 상한 : 휘발유 100l 이하(주유시간 4분 이하)
  경유는 200l 이하(주유시간 4분 이하)
- 급유량의 상한 : 100l 이하(급유시간 6분 이하)

105. 판매취급소

1) 판매취급소의 구분

① 제1종 판매취급소 : 지정수량의 20배 이하

② 제2종 판매취급소 : 지정수량의 40배 이하

2) 판매취급소 배합실

① 바닥면적 : 6m^2 이상 15m^2 이하

② 내화구조 또는 불연재료로 된 벽으로 구획할 것

③ 출입구 문턱 높이 : 바닥면으로부터 0.1m 이상

106. 이송취급소

1) 이송취급소 설치 제외 장소

① 철도 및 도로의 터널 안

② 고속국도 및 자동차전용도로의 차도 · 길어깨 및 중앙분리대

③ 호수 · 저수지 등으로서 수리의 수원이 되는 곳

④ 급경사지역으로서 붕괴의 위험이 있는 지역

2) 지하매설 배관

① 안전거리

㉠ 건축물(지하가 내의 건축물을 제외한다.) : 1.5m 이상

㉡ 지하가 및 터널 : 10m 이상

㉢ 수도법에 의한 수도시설(위험물의 유입 우려가 있는 것) : 300m 이상

② 다른 공작물과의 보유공지 : 0.3m 이상

③ 배관의 외면과 지표면의 이격거리

㉠ 산, 들 : 0.9m 이상

㉡ 그 밖의 지역 : 1.2m 이상

3) 긴급차단밸브의 설치기준

① 시가지에 설치하는 경우 약 4km 간격

② 산림지역에 설치하는 경우에는 약 10km 간격

③ 하천, 호수 등을 횡단하여 설치하는 경우에는 횡단하는 부분의 양끝

④ 해상 또는 해저를 통과하여 설치하는 경우에는 횡단하는 부분의 양끝

⑤ 도로 또는 철도를 횡단하여 설치하는 경우에는 횡단하는 부분의 양끝

4) 기타 설비 등

① 가연성 증기의 체류방지조치 : 터널로 높이 1.5m 이상인 것

② 비파괴시험 : 지상에 설치된 배관 등은 전체 용접부의 20% 이상을 발췌하여 시험

③ 내압시험 : 최대상용압력의 1.25배 이상의 압력으로 4시간 이상 수압에 견딜 것

④ 압력안전장치 : 상용압력 20kPa 이하~20kPa 이상 24kPa 이하
상용압력 20kPa 초과~최대상용압력의 1.1배 이하

107. 탱크 압력 검사

옥외탱크 옥내탱크	특정옥외저장탱크	방사선투과시험, 진공시험 등의 비파괴시험
	압력탱크 외	충수시험
	압력탱크	최대상용압력×1.5배로 10분간 시험
이동탱크 지하탱크	압력탱크	최대상용압력×1.5배로 10분간 시험(최대상용압력이 46.7kPa 이상탱크)
	압력탱크 외	70kPa의 압력으로 10분간 수압시험
간이탱크		70kPa의 압력으로 10분간 수압시험
압력안전 장치	상용압력 20kPa 이하	20kPa 이상 24kPa 이하
	상용압력 20kPa 초과	최대상용압력의 1.1배 이하

➲ 단, 지하탱크는 기밀시험과 비파괴시험을 한 경우 수압시험 면제

108. 위험물의 보관방법 정리

차광성 피복	• 제1류 위험물 • 제3류 위험물 중 자연발화성 물품 • 제4류 위험물 중 특수인화물 • 제5류 위험물 • 제6류 위험물
방수성 피복	• 제1류 위험물 중 알칼리금속의 과산화물 또는 이를 함유한 것 • 제2류 위험물 중 철분, 마그네슘, 금속분 또는 이를 함유한 것
물의 침투를 막는 구조로 하여야 하는 위험물	• 제1류 위험물 중 알칼리금속의 과산화물 • 제2류 위험물 중 철분, 금속분, 마그네슘 • 제3류 위험물 중 금수성 물질 • 제4류 위험물

109. 소화설비의 소요단위

소요단위 : 소화설비의 설치대상이 되는 건축물 그 밖의 공작물의 규모 또는 위험물의 양의 기준단위

▼ 면적기준

구분	건축물의 외벽	
	내화(기타×2)	기타
제조 · 취급소	$100m^2$	$50m^2$
저장소	$150m^2$	$75m^2$

➲ 지정수량기준 : 1소요단위 = 지정수량의 10배

110. 정기검사와 정기점검의 구분

정기검사	대상	100만 L 이상의 옥외탱크저장소
	횟수	• 1차 : 완공검사필증을 교부받은 날부터 12년 • 2차 이후 : 최근 정기검사를 받은 날로부터 11년
	점검자	소방본부장, 소방서장
	기록보관	차기검사 시까지
정기점검	대상	옥내탱크 · 간이탱크저장소, 판매취급소 제외
	횟수	1년에 1회 이상
	점검자	안전관리자, 위험물운송자, 대행기관, 탱크시험자
	기록보관	3년간 보관
구조안전점검	대상	100만 L 이상의 옥외탱크저장소
	횟수	• 1차 : 완공검사필증을 교부받은 날부터 12년 • 2차 이후 : 최근 정기검사를 받은 날부터 11년
	점검자	위험물안전관리자, 탱크시험자 등
	기록보관	25년 보관(단, 연장 신청한 경우 30년)

111. 간이소화용구의 능력단위

소화설비	용량	능력단위
소화 전용(轉用) 물통	$8l$	0.3
수조(소화 전용 물통 3개 포함)	$80l$	1.5
수조(소화 전용 물통 6개 포함)	$190l$	2.5
마른 모래(삽 1개 포함)	$50l$	0.5
팽창질석 또는 팽창진주암(삽 1개 포함)	$160l$	1.0

112. 소화설비 설치기준(비상전원 45분)

구분	수평거리	방수량 (l/min)	방사 시간	수원량(m^3)	방사압력
옥내 소화전	25m 이하	260	30	Q=N×260×30 N : 가장 많은 층의 설치 개수(최대 5개)	0.35MPa 이상
옥외 소화전	40m 이하	450	30	Q=N×450×30 N : 가장 많은 층의 설치 개수(최대 4개, 최소 2개)	0.35MPa 이상
스프링 클러	1.7m 이하	80	30	Q=N×80×30 N : 개방형의 설치 개수(패쇄형은 30개)	0.1MPa 이상

113. 자동화재탐지설비 설치대상

제조소 등의 구분	제조소 등의 규모, 저장 또는 취급하는 위험물의 종류 및 최대수량 등	경보설비
제조소 및 일반취급소	• 연면적 500m^2 이상인 것 • 옥내에서 지정수량의 100배 이상을 취급하는 것	자동화재 탐지설비
옥내저장소	• 지정수량의 100배 이상을 저장 또는 취급하는 것 • 저장창고의 연면적이 150m^2를 초과하는 것 • 처마높이가 6m 이상인 단층 건물의 것	
옥내탱크 저장소	단층 건물 외의 건축물에 설치된 옥내탱크저장소로서 소화난이도등급 I 에 해당하는 것	
주유취급소	옥내주유취급소	

114. 제조소 등의 소방난이도별로 설치할 소방설비

구분	소화난이도 I	소화난이도 II	소화난이도 III
제조소 일반취급소	연면적 1,000m^2 이상 지정수량의 100배 이상 지반면으로부터 6m 이상	연면적 600m^2 이상 지정수량의 10배 이상	소화난이도 I, II 제외
옥외저장소	지정수량의 100배 (인화성 고체, 1석유류, 알코올류) 내부면적 100m^2 이상(유황)	지정수량의 100배 (소화난이도 I 이외) 지정수량의 10~100배 내부면적 5~100m^2 이상(유황)	내부면적 5m^2 이상(유황)
옥내저장소	지정수량의 150배 이상 연면적 150m^2를 초과 지반면으로부터 6m 이상 단품	지정수량의 10배 이상 단품건물 이외	소화난이도 I, II 제외
옥외탱크저장소	액표면적이 40m^2 이상 높이가 6m 이상 지정수량의 100배 이상 (지중탱크, 해상탱크)		–
암반탱크저장소	액표면적이 40m^2 이상 지정수량의 100배 이상	–	–
이송취급소	모든 대상	–	–
옥내탱크저장소	액표면적이 40m^2 이상 높이가 6m 이상		–
주유취급소	500m^2를 초과	옥내주유취급소	옥내주유취급소 이외
이동탱크저장소	–	–	모든 대상
지하탱크저장소	–	–	모든 대상
판매취급소	–	제2종 판매	제1종 판매

115. 자동화재탐지설비 설치 대상에 해당하지 아니하는 제조소 등

1) 지정수량의 10배 이상을 저장 또는 취급하는 것
2) 설치 설비(다음 중 1개 이상 설치)
   ① 자동화재 탐지설비
   ② 비상경보설비
   ③ 확성장치
   ④ 비상방송설비

PART

05

소방시설의 구조원리

PART 01 소방시설의 구조원리

1. 보행거리 · 수평거리

1) 보행거리

특정 시섬에서 해당 지점까지 동선 상의 이동거리

소방시설	설치기준
소화기	• 소형 : 20m 이내 • 대형 : 30m 이내
발신기	• 기본 : 수평거리 25m 이하 • 추가 : 보행거리 40m 이상
연기감지기	복도 · 통로 : 보행거리 30m 마다(3종 : 20m마다)
통로유도등(복도 · 거실)	구부러진 모퉁이 및 보행거리 20m마다
유도표지	보행거리가 15m 이하가 되는 곳과 구부러진 모퉁이의 벽
휴대용 비상조명등	• 대규모 점포 · 영화상영관 : 보행거리 50m 이내마다 3개 이상 • 지하상가 · 지하역사 : 보행거리 25m 이내마다 3개 이상
연결송수관 방수기구함	피난층과 가장 가까운 층을 기준으로 3개 층마다 설치하되 그 층의 방수구마다 보행거리 5m 이내
무선통신보조설비 (무선기기접속단자)	지상에 설치하는 접속단자는 보행거리 300m 이내마다 설치하고, 다른 용도로 사용되는 접속단자에서 5m 이상의 거리를 둘 것

2) 수평거리

구획 여부와 관계없이 일정한 반경 내에 있는 직선거리

소방시설		설치기준
방수구	옥내소화전	① 수평거리 25m 이하(호스릴옥내소화전설비 포함) ② 복층형 구조의 공동주택 : 세대의 출입구가 설치된 층
	연결송수관	▸ 방수구 추가 배치 ① 지하가(터널 제외) 또는 지하층의 바닥면적 합계가 3,000m² 이상 : 수평거리 25m 이하 ② ①에 해당하지 아니하는 것 : 수평거리 50m 이하
비상콘센트		▸ 비상콘센트 추가 배치 ① 지하상가 또는 지하층의 바닥면적 합계가 3,000m² 이상 : 수평거리 25m 이하 ② ①에 해당하지 아니하는 것 : 수평거리 50m 이하
발신기		1. 기본 : 수평거리 25m 이하 2. 추가 : 보행거리 40m 이상

<table>
<tr><th colspan="2">소방시설</th><th colspan="3">설치기준</th></tr>
<tr><td colspan="2">음향장치(경종 · 사이렌)</td><td colspan="3">수평거리 25m 이하</td></tr>
<tr><td colspan="2">제연설비 배출구</td><td colspan="3">예상제연구역 각 부분으로부터 하나의 배출구까지 : 수평거리 10m 이내</td></tr>
<tr><td colspan="2" rowspan="8">스프링클러헤드</td><th colspan="2">특정소방대상물</th><th>수평거리</th></tr>
<tr><td colspan="2">무대부 · 특수가연물을 저장 또는 취급하는 장소</td><td>1.7m 이하</td></tr>
<tr><td rowspan="2">랙크식 창고</td><td>특수가연물을 저장 또는 취급하는 경우</td><td>1.7m 이하</td></tr>
<tr><td>특수가연물 이외의 물품을 저장 · 취급하는 경우</td><td>2.5m 이하</td></tr>
<tr><td colspan="2">공동주택(아파트) 세대 내의 거실(「스프링클러헤드의 형식승인 및 제품 검사의 기술기준」의 유효반경으로 한다)
주거형헤드 유효반경 : 260cm</td><td>3.2m 이하</td></tr>
<tr><td rowspan="2">기타 소방대상물</td><td>내화구조</td><td>2.3m 이하</td></tr>
<tr><td>비내화구조</td><td>2.1m 이하</td></tr>
<tr style="display:none"></tr>
<tr><td colspan="2">간이헤드</td><td colspan="3">수평거리 2.3m 이하</td></tr>
<tr><td colspan="2">포헤드</td><td colspan="3">수평거리 2.1m 이하</td></tr>
<tr><td colspan="2" rowspan="2">연결살수설비 전용헤드</td><td colspan="3">건축물 : 수평거리 3.7m 이하(스프링클러헤드 : 수평거리 2.3m 이하)</td></tr>
<tr><td colspan="3">가연성 가스를 저장 · 취급하는 시설 · 헤드간 거리 3.7m 이하</td></tr>
<tr><td colspan="2">연소방지설비 전용헤드</td><td colspan="3">헤드간 수평거리 2m 이하(스프링클러헤드 : 수평거리 1.5m 이하)</td></tr>
<tr><td colspan="2">옥외소화전설비</td><td colspan="3">하나의 호스접결구까지의 수평거리 40m 이하</td></tr>
<tr><td rowspan="5">호스릴</td><td>옥내소화전설비</td><td colspan="3">하나의 옥내소화전 방수구까지 수평거리 25m 이하</td></tr>
<tr><td>미분무소화설비</td><td colspan="3">하나의 호스접결구까지 수평거리 25m 이하</td></tr>
<tr><td>포소화설비</td><td colspan="3">하나의 호스릴포방수구까지 수평거리 15m 이하</td></tr>
<tr><td>이산화탄소 · 분말</td><td colspan="3">하나의 호스접결구까지의 수평거리 15m 이하</td></tr>
<tr><td>할로겐화합물</td><td colspan="3">하나의 호스접결구까지의 수평거리 20m 이하</td></tr>
</table>

2. 설치높이

1) 특정소방대상물

<table>
<tr><th colspan="2">소방시설</th><th>설치높이</th></tr>
<tr><td colspan="2">소화기구(자동소화장치 제외)</td><td>바닥으로부터 높이 1.5m 이하</td></tr>
<tr><td rowspan="2">방수구</td><td>옥내소화전</td><td>바닥으로부터 높이 1.5m 이하</td></tr>
<tr><td>연결송수관</td><td>바닥으로부터 높이 0.5m 이상 1m 이하</td></tr>
<tr><td rowspan="2">분사헤드</td><td>캐비닛형 자동소화장치</td><td>방호구역의 바닥으로부터 최소 0.2m 이상 최대 3.7m 이하</td></tr>
<tr><td>할로겐화합물 및 불활성기체 소화약제소화설비</td><td>천장 높이가 3.7m를 초과할 경우에는 추가로 다른 열의 분사헤드를 설치할 것</td></tr>
</table>

소방시설	설치높이
유수검지장치(SP · 간이 · ESFR)	바닥으로부터 0.8m 이상 1.5m 이하
제어밸브(드렌처 설비)	
자동개방밸브 · 수동식개방밸브(물)	
수동식 기동장치 조작부 (포 · CO_2 · 할로겐 · 청정 · 분말)	
조작부 조작스위치(비방)	
수신기 조작스위치(자탐)	
검출부(공기관식 차동식 분포형 감지기)	
스위치(자속)	
휴대용비상조명등	
비상콘센트	
무선기기접속단자(무통)	
송수구 · 채수구	지면으로부터 높이가 0.5m 이상 1m 이하
호스접결구(옥외소화전)	지면으로부터 높이가 0.5m 이상 1m 이하
시각경보장치	바닥으로부터 2m 이상 2.5m 이하. 다만, 천장의 높이가 2m 이하인 경우 천장으로부터 0.15m 이내
종단저항 전용함	바닥으로부터 1.5m 이내
피난구유도등	피난구의 바닥으로부터 1.5m 이상
거실통로유도등	• 바닥으로부터 1.5m 이상 • 기둥 : 기둥 부분의 바닥으로부터 높이 1.5m 이하
통로유도등(복도 · 계단)	바닥으로부터 높이 1m 이하
통로유도표지	
피난유도선 피난유도표시부	• 축광방식 : 바닥으로부터 높이 50cm 이하 • 광원점등방식 : 바닥으로부터 높이 1m 이하
피난구유도표지	출입구 상단
객석유도등	객석의 통로 · 바닥 · 벽

2) 도로터널

소방시설	설치높이
소화기	바닥면으로부터 1.5m 이하
소화전함과 방수구(옥내소화전설비)	설치된 벽면의 바닥면으로부터 1.5m 이하
발신기(비상경보설비 · 자탐설비)	바닥면으로부터 0.8m 이상 1.5m 이하
시각경보기	비상경보설비상부 직근
방수구(연결송수관설비)	옥내소화전함에 병설하거나 독립적으로 터널출입구 부근과 피난 연결통로
비상콘센트(비상콘센트설비)	바닥으로부터 0.8m 이상 1.5m 이하
무전기접속단자(무통설비)	방재실 · 터널 입구 및 출구 · 피난연결통로

3. 소방시설별 비상전원

1) 소화설비

소방시설	설치대상 구분	비상전원 종류				용량
		자	축	비	전	
옥내소화전설비	• 7층 이상으로서 연면적 2,000m² 이상 • 지하층 바닥면적의 합계가 3,000m² 이상	◉	◉		◉	20분 이상
스프링클러설비 미분무소화설비	일반 대상	◉	◉		◉	20분 이상
	차고, 주차장으로 스프링클러설비가 설치된 부분의 바닥면적 합계가 1,000m² 미만	◉	◉	◉	◉	
포소화설비	일반 대상	◉	◉		◉	20분 이상
	• 포헤드 또는 고정포 방출설비가 설치된 부분의 바닥면적 합계가 1,000m² 미만 • 호스릴포소화설비 또는 포소화전만을 설치한 차고 · 주차장	◉	◉	◉	◉	
물분무등 소화설비 (미분무 제외)	대상 건축물 전체	◉	◉		◉	20분 이상
간이스프링클러설비	대상 건축물 전체(단, 전원이 필요한 경우만 해당)	◉	◉	◉	◉	10분 이상
ESFR 스프링클러설비	대상 건축물 전체	◉	◉		◉	20분 이상

① 옥내소화전설비 · 스프링클러설비

㉠ 40분 이상 : 층수가 30층 이상 49층 이하

㉡ 60분 이상 : 층수가 50층 이상

② 간이스프링클러설비

20분 이상 : 근린생활시설 · 생활형 숙박시설 · 복합건축물

③ 옥내소화전설비 · 물분무소화설비

40분 이상 : 터널

2) 경보설비

소방시설	설치대상 구분	종류				용량
		자	축	비	전	
자동화재탐지설비, 비상경보설비, 비상방송설비	대상 건축물 전체		◉		◉	60분 감시 후 10분 이상 경보

① 경보설비 비상전원

㉠ 30층 미만(비상경보설비 · 비상방송설비 · 자동화재탐지설비)

자동화재탐지설비에는 그 설비에 대한 감시상태를 60분간 지속한 후 유효하게 10분 이상 경보할 수 있는 축전지설비(수신기에 내장하는 경우를 포함한다) 또는 전기저장장치(외부 전기에너지를 저장해 두었다가 필요한 때 전기를 공급하는 장치)를 설치하여야 한다. 다만, 상용전원이 축전지설비인 경우에는 그러하지 아니하다.

- 비상경보설비 : 비상벨설비 또는 자동식 사이렌설비
- 비상방송설비 : 비상방송설비

㉡ 30층 이상(비상방송설비 · 자동화재탐지설비)

자동화재탐지설비에는 그 설비에 대한 감시상태를 60분간 지속한 후 유효하게 30분 이상 경보할 수 있는 축전지설비(수신기에 내장하는 경우를 포함한다) 또는 전기저장장치(외부 전기에너지를 저장해 두었다가 필요한 때 전기를 공급하는 장치)를 설치하여야 한다. 다만, 상용전원이 축전지설비인 경우에는 그러하지 아니하다.

- 비상방송설비 : 비상방송설비

3) 피난설비

소방시설	설치대상 구분	종류				용량
		자	축	비	전	
유도등설비	① 11층 이상의 층(지하층 제외) ② 지하층 또는 무창층으로서 용도가 도매시장 · 소매시장 · 여객자동차터미털 · 지하역사 · 지하상가 ③ ①,②로부터 피난층에 이르는 부분		◉			60분 이상
	일반 대상		◉			20분 이상
비상조명등설비	① 11층 이상의 층(지하층 제외) ② 지하층 또는 무창층으로서 용도가 도매시장 · 소매시장 · 여객자동차터미털 · 지하역사 · 지하상가 ③ ①,②로부터 피난층에 이르는 부분 ④ 터널	◉	◉		◉	60분 이상
	일반 대상	◉	◉		◉	20분 이상

4) 소화활동설비

소방시설	설치대상 구분	종류				용량
		자	축	비	전	
제연설비	① 일반 대상	◉	◉		◉	20분 이상
	② 터널	◉	◉		◉	60분 이상
연결송수관설비	지표면에서 최상층 방수구의 높이가 70m 이상	◉	◉		◉	20분 이상
비상콘센트설비	① 지하층을 제외한 층수가 7층 이상으로서 연면적 2,000m² 이상 ② 지하층 바닥면적의 합계가 3,000m² 이상	◉		◉	◉	20분 이상
무선통신보조설비	증폭기를 설치한 경우		◉		◉	30분 이상

[제연설비 · 연결송수관설비]

① 40분 이상 : 층수가 30층 이상 49층 이하

② 60분 이상 : 층수가 50층 이상

4. 헤드 간 거리 S

정방형 $S[\mathrm{m}] = 2R\cos 45° = \sqrt{2}R$

1) 스프링클러헤드 수평거리(R)

특정소방대상물		수평거리
무대부 · 특수가연물을 저장 또는 취급하는 장소		1.7[m] 이하
랙크식 창고	특수가연물을 저장 또는 취급하는 경우	1.7[m] 이하
	특수가연물 이외의 물품을 저장 · 취급하는 경우	2.5[m] 이하
아파트 세대 내의 거실		3.2[m] 이하
기타 소방대상물	내화 구조	2.3[m] 이하
	비내화 구조	2.1[m] 이하

2) 간이헤드 : 수평거리 2.3[m] 이하

3) 화재조기진압용 스프링클러헤드

천장 높이	가지배관의 헤드 사이의 거리	가지배관 사이의 거리
9.1[m] 미만	2.4[m] 이상 3.7[m] 이하	2.4[m] 이상 3.7[m] 이하
9.1[m] 이상 13.7[m] 이하	3.1[m] 이하	2.4[m] 이상 3.1[m] 이하

4) 포헤드 : 수평거리 2.1[m] 이하

5) 연결살수

헤드 종류	일반 건축물		가연성 가스를 저장 · 취급하는 시설
	수평거리(R)	헤드 간 거리(S)	헤드 간 거리(S)
연결살수설비 전용헤드	3.7[m] 이하	5.23[m]	3.7[m] 이하
스프링클러헤드	2.3[m] 이하	3.25[m]	–

6) 연소방지설비

헤드 종류	헤드 간 거리(S)
연소방지설비 전용헤드	2[m] 이하
스프링클러헤드	1.5[m] 이하

5. 양정(펌프 방식)

소방시설	펌프의 양정	
옥내소화전설비	펌프의 양정 $H=h_1+h_2+h_3+17$[m] (호스릴옥내소화전 포함)	h_1 : 건물 실양정[m] h_2 : 배관 마찰손실수두[m] h_3 : 호스 마찰손실수두[m]
옥외소화전설비	펌프의 양정 $H=h_1+h_2+h_3+25$[m]	h_1 : 필요한 실양정[m] h_2 : 배관 마찰손실수두[m] h_3 : 호스 마찰손실수두[m]
스프링클러설비	펌프의 양정 $H=h_1+h_2+10$[m]	h_1 : 건물 실양정[m] h_2 : 배관 마찰손실수두[m]
간이스프링클러설비	펌프의 양정 $H=h_1+h_2+10$[m]	h_1 : 건물 실양정[m] h_2 : 배관 마찰손실수두[m]
ESFR	펌프의 양정 $H=h_1+h_2+h_3$[m]	h_1 : 건물 실양정[m] h_2 : 배관 마찰손실수두[m] h_3 : 최소방사압력환산수두[m]
물분무소화설비	펌프의 양정 $H=h_1+h_2$[m]	h_1 : 물분무헤드 설계압력 환산수두[m] h_2 : 배관 마찰손실수두[m]
미분무소화설비	–	–
포소화설비	펌프의 양정 $H=h_1+h_2+h_3+h_4$[m]	h_1 : 실양정[m] h_2 : 배관 마찰손실수두[m] h_3 : 호스 마찰손실수두[m] h_4 : 방출구의 설계압력 환산수두[m] 또는 노즐선단 방사압력 환산수두[m]

6. 경보방식

1) 전층경보

층수가 5층 미만 또는 연면적이 3,000m² 이하인 특정소방대상물

2) 우선경보

층수가 5층 이상으로서 연면적이 3,000m²를 초과하는 특정소방대상물

① 층수가 30층 미만일 경우(SP · 간이 SP · ESFR · 미분무 · 비상방송 · 자탐)

㉠ 2층 이상의 층에서 발화한 때에는 발화층 및 그 직상층에 경보를 발할 것

㉡ 1층에서 발화한 때에는 발화층 · 그 직상층 및 지하층에 경보를 발할 것

㉢ 지하층에서 발화한 때에는 발화층 · 그 직상층 및 기타의 지하층에 경보를 발할 것

② 층수가 30층 이상일 경우(SP · 비상방송 · 자탐)

㉠ 2층 이상의 층에서 발화한 때에는 발화층 및 그 직상 4개 층에 경보를 발할 것

㉡ 1층에서 발화한 때에는 발화층 · 그 직상 4개 층 및 지하층에 경보를 발할 것

㉢ 지하층에서 발화한 때에는 발화층 · 그 직상층 및 기타의 지하층에 경보를 발할 것

층	30층 미만				30층 이상			
6					O			
5					O	O		
4					O	O		
3	O				O	O		
2	발화 O	O			발화 O	O		
1		발화 O	O			발화 O	O	
지하 1		O	발화 O	O		O	발화 O	O
지하 2		O	O	발화 O		O	O	발화 O
지하 3		O	O	O		O	O	O
지하 4		O	O	O		O	O	O

7. 감지기 기준

1) 감지기 수량 산정

바닥면적 기준	설치장소 기준	
	복도 · 통로	계단 · 경사로
$N=\frac{\text{감지구역 바닥면적}}{\text{감지기 기준면적}}$	$N=\frac{\text{감지구역 보행거리}}{\text{감지기 기준거리}}$	$N=\frac{\text{감지구역 수직거리}}{\text{감지기 기준거리}}$

2) 열감지기 기준 면적[m^2]

부착높이 및 특정소방대상물의 구분		감지기의 종류						
		차동식 스폿형		보상식 스폿형		정온식 스폿형		
		1종	2종	1종	2종	특종	1종	2종
4m 미만	주요 구조부를 내화구조로 한 특정소방대상물 또는 그 부분	90	70	90	70	70	60	20
	기타구조의 특정소방대상물 또는 그 부분	50	40	50	40	40	30	15
4m 이상 8m 미만	주요 구조부를 내화구조로 한 특정소방대상물 또는 그 부분	45	35	45	35	35	30	–
	기타구조의 특정소방대상물 또는 그 부분	30	25	30	25	25	15	–

3) 연기감지기 기준 면적[m²]

부착 높이	감지기의 종류	
	1종 및 2종	3종
4m 미만	150	50
4m 이상 20m 미만	75	–

4) 연기감지기 기준 거리[m]

설치장소	감지기 종류	
	1종 및 2종	3종
복도 · 통로(보행거리)	30	20
계단 · 경사로(수직거리)	15	10

8. 피난기구 설치수량

1) 기본 설치

$$N = \frac{\text{바닥면적}[m^2]}{\text{기준면적}[m^2]}$$

특정소방대상물	기준면적
숙박시설 · 노유자시설 및 의료시설로 사용되는 층	그 층의 바닥면적 500m²마다 1개 이상
위락시설 · 문화집회 및 운동시설 · 판매시설로 사용되는 층 또는 복합용도의 층	그 층의 바닥면적 800m²마다 1개 이상
그 밖의 용도의 층	그 층의 바닥면적 1,000m²마다 1개 이상
계단실형 아파트	각 세대마다

2) 추가 설치

특정소방대상물	피난기구	적용기준
숙박시설 (휴양 콘도미니엄 제외)	완강기 또는 둘 이상의 간이완강기	객실마다 설치(3층 이상)
아파트	공기안전매트 1개 이상	하나의 관리주체가 관리하는 공동주택 구역마다(다만, 옥상으로 피난이 가능하거나 인접세대로 피난할 수 있는 구조인 경우에는 추가로 설치하지 아니할 수 있다)

9. 소화수조 및 저수조

1) 저수량

$Q = K \times 20[\text{m}^3]$ 이상　　$K = \dfrac{\text{소방대상물의 연면적}}{\text{기준면적}}$ (소수점 이하는 1로 본다.)

소방대상물의 구분	기준면적
1. 1층 및 2층의 바닥면적 합계가 15,000m² 이상인 소방대상물	7,500m²
2. 제1호에 해당되지 아니하는 그 밖의 소방대상물	12,500m²

2) 흡수관 투입구

지하에 설치하는 소화용수설비의 흡수관투입구는 그 한 변이 0.6m 이상이거나 직경이 0.6m 이상인 것으로 하고, 소요수량이 80m³ 미만인 것은 1개 이상, 80m³ 이상인 것은 2개 이상을 설치하여야 하며, "흡관투입구"라고 표시한 표지를 할 것

3) 채수구 · 가압송수장치의 1분당 양수량

소요수량	20m³ 이상 40m³ 미만	40m³ 이상 100m³ 미만	100m³ 이상
채수구 수	1개	2개	3개
가압송수장치의 1분당 양수량	1,100l 이상	2,200l 이상	3,300l 이상

[가압송수장치 설치대상]

소화수조 또는 저수조가 지표면으로부터의 깊이(수조 내부 바닥까지의 길이를 말한다)가 4.5m 이상인 지하에 있는 경우

10. 거실제연설비

1) 배출방식

① 단독제연방식

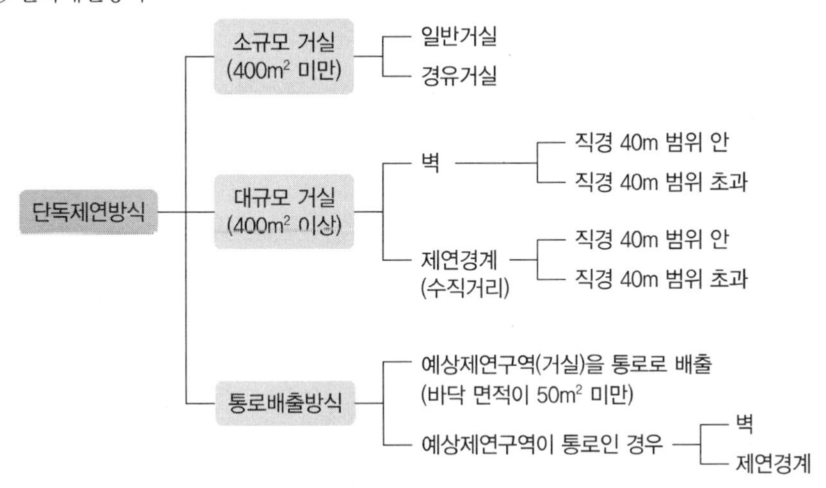

② 공동제연방식

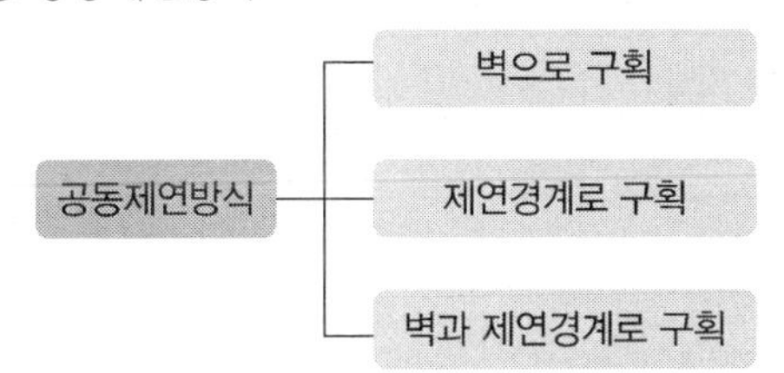

2) 배출량

① 단독제연방식의 배출량

㉠ 소규모 거실(거실 바닥 면적이 $400m^2$ 미만)인 경우

- 일반거실 $Q[m^3/hr] = A[m^2] \times 1[m^3/min \cdot m^2] \times 60[min/hr]$ 이상
  - Am^2 : 거실 바닥 면적($400m^2$ 미만일 것)
  - 최저 배출량은 $5,000m^3/hr$ 이상일 것
- 경유거실 $Q'[m^3/hr] = Q \times 1.5$ 이상
  - 배출량이 최저 배출량 이상인 경우 : 배출량×1.5 이상
  - 배출량이 최저 배출량 미만인 경우 : 5,000×1.5 이상

㉡ 대규모 거실(거실 바닥 면적이 400m² 이상)인 경우

벽으로 구획		제연경계(보 · 제연경계 벽)로 구획		
구분	배출량	수직거리	직경 40m 범위 안	직경 40m 범위 초과
직경 40m 범위 안	40,000m³/hr 이상	2m 이하	40,000m³/hr 이상	45,000m³/hr 이상
직경 40m 범위 초과	45,000m³/hr 이상	2m 초과 2.5m 이하	45,000m³/hr 이상	50,000m³/hr 이상
		2.5m 초과 3m 이하	50,000m³/hr 이상	55,000m³/hr 이상
		3m 초과	60,000m³/hr 이상	65,000m³/hr 이상

㉢ 통로배출방식

• 거실의 바닥 면적이 50m² 미만인 예상제연구역을 통로배출방식으로 하는 경우

수직거리	통로길이		비 고
	40m 이하	40m 초과 60m 이하	
2m 이하	25,000m³/hr 이상	30,000m³/hr 이상	벽으로 구획된 경우를 포함
2m 초과 2.5m 이하	30,000m³/hr 이상	35,000m³/hr 이상	
2.5m 초과 3m 이하	35,000m³/hr 이상	40,000m³/hr 이상	
3m 초과	45,000m³/hr 이상	50,000m³/hr 이상	

• 예상제연구역이 통로인 경우의 배출량은 45,000m³/hr 이상으로 할 것. 다만, 예상제연구역이 제연경계로 구획된 경우에는 그 수직거리에 따라 배출량은 제2항 제2호의 표에 따른다.

➲ 제2항 제2호의 표 : 대규모 거실로 제연구역이 제연경계(보 · 제연경계 벽)으로 구획된 경우

② 공동제연방식의 배출량

㉠ 벽으로 구획된 경우

각 예상제연구역의 배출량을 합한 것 이상

㉡ 제연경계(보 · 제연경계벽)로 구획된 경우

각 예상제연구역의 배출량 중 최대의 것

㉢ 벽과 제연경계로 구획된 경우

배출량=벽으로 구획된 것+제연경계로 구획된 것 중 최대량

(단, 벽으로 구획된 제연구역이 2 이상일 경우 : 각 배출량의 합)

11. 배출풍도

1) 풍도 단면적 $A[\mathrm{m}^2] = \dfrac{배출량[\mathrm{m}^3/\mathrm{s}]}{풍속\ [\mathrm{m/s}]}$ ($Q[\mathrm{m}^3/\mathrm{s}] = A \times V$)

구분		
단면적	사각 풍도	$A[\mathrm{m}^2]$ = 폭[m] × 높이[m]
	원형 풍도	$A[\mathrm{m}^2] = \dfrac{\pi D^2}{4}\left(D[\mathrm{m}] = \sqrt{\dfrac{4A}{\pi}}\right)$
풍속	배출 풍도	• 흡입 측 : 15[m/s] 이하 • 배출 측 : 20[m/s] 이하
	유입 풍도	흡입 측 · 배출 측 : 20[m/s] 이하

2) 강판 두께[mm]

① 사각 풍도 : 풍도 단면의 긴 변을 적용

② 원형 풍도 : 풍도 직경을 적용

풍도 단면의 긴 변 또는 직경의 크기	450mm 이하	450mm 초과 750mm 이하	750mm 초과 1,500mm 이하	1,500mm 초과 2,250mm 이하	2,250mm 초과
강판 두께	0.5mm	0.6mm	0.8mm	1.0mm	1.2mm

12. 급기량

1) 산정식

급기량[m³/s] = 누설량[m³/s] + 보충량[m³/s]

2) 누설량 · 보충량

구분	누설량[m³/s]	보충량[m³/s]
개 념	출입문이 닫혀 있는 상태에서 최소 차압을 유지하기 위한 바람의 양	출입문이 개방된 상태에서 방연풍속을 발생하기 위한 바람의 양
기 준	• 최소 차압 : 40Pa 이상(옥내에 스프링클러설비가 설치된 경우 : 12.5Pa 이상) – 차압계로 측정 • 최대 차압 : 110N 이하 – 폐쇄력 측정기로 측정	• 방연풍속 이상 • 풍속계로 측정
공 식	$Q = 0.827 \times A_t \times P^{\frac{1}{n}} \times N$	$Q_2 = K\left(\dfrac{S \times V}{0.6}\right) - Q_0$

여기서, A_t : 누설틈새 면적의 합[m²]

P : 차압[Pa]

n : 개구부계수(출입문 또는 큰 문 : 2, 작은 문 또는 창문 : 1.6)

N : 전체 부속실의 수

K : 부속실이 20개 이하 → 1, 21개 이상 → 2

S : 제연구역의 출입문 면적[m²]

V : 방연풍속[m/s]

Q_0 : 거실로의 유입풍량[m³/s]

3) 누설틈새 면적

① 출입문의 누설틈새 면적 $A = \frac{L}{l} \times A_d$

여기서, A : 출입문의 틈새면적[m²]

L : 출입문 틈새의 길이[m](L의 수치가 l의 수치 이하인 경우에는 l의 수치로 할 것)

l : 기준틈새길이[m]

A_d : 기준틈새면적[m²]

출입문의 형태		기준틈새길이[m]	기준틈새면적[m²]
외여닫이문	제연구역 실내 쪽으로 개방	5.6	0.01
	제연구역 실외 쪽으로 개방		0.02
쌍여닫이문		9.2	0.03
승강기 출입문		8.0	0.06

② 창문의 누설틈새 면적

창문의 형태		틈새면적[m²]
외여닫이식 창문	창틀에 방수패킹이 없는 경우	$2.55 \times 10^{-4} \times$틈새길이
	창틀에 방수패킹이 있는 경우	$3.61 \times 10^{-4} \times$틈새길이
미닫이식 창문		$1.00 \times 10^{-4} \times$틈새길이

③ 누설틈새 면적의 합

㉠ 직렬 배열 $A_t = \left(\frac{1}{A_1^n} + \frac{1}{A_2^n} + \cdots + \frac{1}{A_n^n} \right)^{-\frac{1}{n}}$

- 출입문 또는 큰 문 n : 2
- 창문 또는 작은 문 n : 1.6

㉡ 병렬 배열 $A_t = A_1 + A_2 + \cdots + A_n$

㉢ 직 · 병렬 배열

- 가압공간의 먼 위치부터 역순으로 계산한다.
- 직렬 배열은 직렬공식을, 병렬 배열은 병렬공식을 각각 적용한다.

④ 방연풍속

제연 구역		방연풍속
계단실 및 그 부속실을 동시에 제연하는 것 · 계단실만 단독으로 제연하는 것		0.5m/s 이상
부속실만 단독으로 제연하는 것 또는 비상용 승강기의 승강장만 단독으로 제연하는 것	부속실 또는 승강장이 면하는 옥내가 거실인 경우	0.7m/s 이상
	부속실 또는 승강장이 면하는 옥내가 복도로서 그 구조가 방화구조(내화시간이 30분 이상인 구조를 말한다.)인 것	0.5m/s 이상

13. 일반건축물과 고층건축물의 소화설비 비교

1) 옥내소화전설비

<table>
<tr><th>구 분</th><th>일반건축물</th><th colspan="2">고층건축물</th><th>비 고</th></tr>
<tr><td rowspan="2">수원의 양</td><td rowspan="2">$N \times 2.6m^3$ 이상</td><td>30층 이상
49층 이하</td><td>$N \times 5.2m^3$ 이상</td><td rowspan="2">N : 최대 5개</td></tr>
<tr><td>50층 이상</td><td>$N \times 7.8m^3$ 이상</td></tr>
<tr><td>펌프방식</td><td>겸용 가능</td><td colspan="2">전용(겸용 불가)</td><td></td></tr>
<tr><td rowspan="2">주배관</td><td rowspan="2">겸용 가능</td><td>30층 이상
49층 이하</td><td>전용(겸용 불가)</td><td rowspan="2">연결송수관설비와
겸용 가능</td></tr>
<tr><td>50층 이상</td><td>전용(겸용 불가)
수직배관 2개 이상</td></tr>
<tr><td rowspan="2">비상전원</td><td rowspan="2">20분 이상</td><td>30층 이상
49층 이하</td><td>40분 이상</td><td rowspan="2"></td></tr>
<tr><td>50층 이상</td><td>60분 이상</td></tr>
</table>

➢ 옥상수원 설치면제

1. 일반건축물
   - 지하층만 있는 건축물
   - 고가수조를 가압송수장치로 설치한 옥내소화전설비
   - 수원이 건축물의 최상층에 설치된 방수구보다 높은 위치에 설치된 경우
   - 건축물의 높이가 지표면으로부터 10m 이하인 경우
   - 주 펌프와 동등 이상의 성능이 있는 별도의 펌프로서 내연기관의 기동과 연동하여 작동되거나 비상전원을 연결하여 설치한 경우
   - 제5조 제1항 제9호 단서에 해당하는 경우
   - 가압수조를 가압송수장치로 설치한 옥내소화전설비
2. 고층건축물
   - 고가수조를 가압송수장치로 설치한 옥내소화전설비
   - 수원이 건축물의 최상층에 설치된 방수구보다 높은 위치에 설치된 경우

➲ 제5조 제1항 제9호 단서
학교 · 공장 · 창고시설(제4조 제2항에 따라 옥상수조를 설치한 대상은 제외한다)로서 동결의 우려가 있는 장소에 있어서는 기동스위치에 보호판을 부착하여 옥내소화전함 내에 설치할 수 있다.

2) 스프링클러설비

<table>
<tr><th>구 분</th><th>일반건축물</th><th colspan="2">고층건축물</th></tr>
<tr><td rowspan="2">수원의 양</td><td rowspan="2">$N \times 1.6m^3$ 이상</td><td>30층 이상
49층 이하</td><td>$N \times 3.2m^3$ 이상</td></tr>
<tr><td>50층 이상</td><td>$N \times 4.8m^3$ 이상</td></tr>
<tr><td>펌프방식</td><td>겸용 가능</td><td colspan="2">전용(겸용 불가)</td></tr>
<tr><td rowspan="2">주배관</td><td rowspan="2">겸용 가능</td><td>30층 이상
49층 이하</td><td>전용(겸용 불가)</td></tr>
<tr><td colspan="2">50층 이상
• 수직배관 2개 이상
• 각각의 수직배관에 유수검지장치 설치
• 헤드는 2개 이상의 가지배관 양 방향에서 소화용수 공급, 수리 계산</td></tr>
<tr><td>경보방식</td><td>• 2층 이상 : 발화층, 그 직상층
• 1층 : 발화층, 그 직상층, 지하층
• 지하층 : 발화층, 그 직상층, 기타 지하층</td><td colspan="2">• 2층 이상 : 발화층, 그 직상 4개 층
• 1층 : 발화층, 그 직상 4개 층, 지하층
• 지하층 : 발화층, 그 직상층, 기타 지하층</td></tr>
<tr><td rowspan="2">비상전원</td><td rowspan="2">20분 이상</td><td>30층 이상
49층 이하</td><td>40분 이상</td></tr>
<tr><td>50층 이상</td><td>60분 이상</td></tr>
</table>

➢ 옥상수원 설치 면제

1. 일반건축물
   - 지하층만 있는 건축물
   - 고가수조를 가압송수장치로 설치한 스프링클러설비
   - 수원이 건축물의 최상층에 설치된 헤드보다 높은 위치에 설치된 경우
   - 건축물의 높이가 지표면으로부터 10m 이하인 경우
   - 주 펌프와 동등 이상의 성능이 있는 별도의 펌프로서 내연기관의 기동과 연동하여 작동되거나 비상전원을 연결하여 설치한 경우
   - 가압수조를 가압송수장치로 설치한 스프링클러설비
2. 고층건축물
   - 고가수조를 가압송수장치로 설치한 스프링클러설비
   - 수원이 건축물의 최상층에 설치된 헤드보다 높은 위치에 설치된 경우

14. 소화기 수량 산출

1) 기본 수량

소화기 설치 수 $N = \dfrac{소요단위}{능력단위}$

① 소요단위 계산(특정소방대상물별 소화기구의 능력단위기준[별표 3])

소요단위 $N' = \dfrac{용도별\ 바닥면적}{기준면적}$

특정소방대상물	소화기구의 능력단위
위락시설	바닥면적 30m²마다 능력단위 1단위 이상
공연장 · 집회장 · 관람장 · 문화재 · 장례식장 및 의료시설	바닥면적 50m²마다 능력단위 1단위 이상
근린생활시설 · 판매시설 · 운수시설 · 숙박시설 · 노유자시설 · 전시장 · 공동주택 · 업무시설 · 방송통신시설 · 공장 · 창고시설 · 항공기 및 자동차 관련 시설 및 관광휴게시설	바닥면적 100m²마다 능력단위 1단위 이상
그 밖의 것	바닥면적 200m²마다 능력단위 1단위 이상

➲ 기준면적 2배
주요 구조부가 내화구조이고 벽 및 반자의 실내에 면하는 부분이 불연재료 · 준불연재료 · 난연재료로 된 경우

② 감소기준 : 소화설비 또는 대형 소화기가 설치된 경우

㉠ 소화설비가 설치된 경우 : 소요단위 수의 $\frac{2}{3}$ 감소($\frac{1}{3}$만 설치)

➲ 소화설비 : 옥내소화전설비 · 스프링클러설비 · 물분무등소화설비 · 옥외소화전설비

㉡ 대형 소화기가 설치된 경우 : 소요단위 수의 $\frac{1}{2}$ 감소($\frac{1}{2}$만 설치)

➲ 감소기준을 적용할 수 없는 특정소방대상물
층수가 11층 이상인 부분, 근린생활시설, 위락시설, 문화 및 집회시설, 운동시설, 판매시설, 운수시설, 숙박시설, 노유자시설, 의료시설, 아파트, 업무시설(무인변전소를 제외한다), 방송통신시설, 교육연구시설, 항공기 및 자동차 관련 시설, 관광 휴게시설

③ 소요단위를 구한 후 능력단위에 맞는 소화기 수량 산출

2) 추가 수량

① 부속용도별로 추가(별표 4를 적용)

② 각 층이 2 이상의 거실로 구획된 경우

㉠ 바닥면적 33m² 이상으로 구획된 각 거실(다중이용업소 : 영업장 안의 구획된 실마다)

㉡ 아파트는 각 세대

15. 방수압력 및 방수량

소방시설	방수압력
옥내소화전설비	0.17[MPa] 이상(각 소화전의 노즐선단) (0.7[MPa] 초과 : 호스접결구 인입 측에 감압장치)
연결송수관설비	0.35[MPa] 이상(최상층에 설치된 노즐선단)
옥외소화전설비	0.25[MPa] 이상(각 옥외소화전의 노즐선단) (0.7[MPa] 초과 : 호스접결구 인입 측에 감압장치)
스프링클러설비	0.1[MPa] 이상 1.2MPa 이하(하나의 헤드 선단)
드렌처설비	0.1[MPa] 이상(각각의 헤드 선단)
간이스프링클러설비	0.1[MPa] 이상(각각의 간이헤드 선단)
ESFR 스프링클러설비	[별표 3]
호스릴포소화설비, 포소화전설비	0.35[MPa] 이상
소화수조 및 저수조	1.5[kg/cm^2] 이상(소화수조가 옥상 또는 옥탑 부분에 설치된 경우 지상에 설치된 채수구 압력)

방수량	
일반	130[l/min] 이상(최대 5개)
터널	190[l/min] 이상(2개-3차로 이하/3개-4차로 이상)

층별 방수구	펌프 토출량	
	계단식 아파트	일반대상
3개 이하	1,200[l/min] 이상	2,400[l/min] 이상
4개	1,600[l/min] 이상	3,200[l/min] 이상
5개 이상	2,000[l/min] 이상	4,000[l/min] 이상

350[l/min] 이상(최대 2개)

80[l/min] 이상(0.1[MPa]의 방수압력 기준으로)

80[l/min] 이상

특정소방대상물	50[l/min] 이상(간이헤드)	일반	2개
		근 · 생 · 복*	5개
주차장	80[l/min] 이상(표준반응형헤드)		

$K\sqrt{10P}$[l/min] 이상

300[l/min] 이상(최대 5개) : 포수용액(1개층의 바닥면적 $200m^2$ 이하 : 230[l/min] 이상)

소요수량	20$[m^3]$ 이상 40$[m^3]$ 미만	40$[m^3]$ 이상 100$[m^3]$ 미만	100$[m^3]$ 이상
가압송수장치의 1분당 양수량	1,100[l] 이상	2,200[l] 이상	3,300[l] 이상

➢ **간이스프링클러 설비**

- 근린생활시설로 사용하는 부분의 바닥면적 합계가 1천$[m^2]$ 이상인 것은 모든 층
- 숙박시설 중 생활형 숙박시설로서 해당 용도로 사용되는 바닥면적의 합계가 600$[m^2]$ 이상인 것
- 복합건축물로서 연면적 1천$[m^2]$ 이상인 것은 모든 층

→ 복합건축물 : 하나의 건축물이 근린생활시설, 판매시설, 업무시설, 숙박시설 또는 위락시설의 용도와 주택의 용도로 함께 사용되는 것

16. 소화설비

1) 수계 소화설비

유효수량 $Q[l] = N \times$ 표준방사량$[l/\text{min} \cdot$ 개$] \times T[\text{min}]$

<table>
<tr><td rowspan="3">옥내소화전설비</td><td>NFSC</td><td colspan="2">$Q[l] = N \times 130 \times T$</td></tr>
<tr><td>위험물</td><td colspan="2">$Q[l] = N \times 260 \times 30$</td></tr>
<tr><td>터널</td><td colspan="2">$Q[l] = N \times 190 \times 40$</td></tr>
<tr><td rowspan="5">스프링클러설비</td><td rowspan="3">NFSC</td><td>폐</td><td>$Q[l] = N \times 80 \times T$</td></tr>
<tr><td rowspan="2">개</td><td>$Q[l] = N \times 80 \times 20$</td></tr>
<tr><td>$Q[l] = N \times q' \times 20$</td></tr>
<tr><td rowspan="2">위험물</td><td>폐</td><td>$Q[l] = 30 \times 80 \times 30$</td></tr>
<tr><td>개</td><td>$Q[l] = N \times 80 \times 30$</td></tr>
<tr><td rowspan="2">간이 SP 설비</td><td rowspan="2">NFSC</td><td colspan="2">$Q[l] = N \times 50 \times T$</td></tr>
<tr><td colspan="2">$Q[l] = N \times 80 \times T$</td></tr>
<tr><td rowspan="2">옥외소화전설비</td><td>NFSC</td><td colspan="2">$Q[l] = N \times 350 \times 20$</td></tr>
<tr><td>위험물</td><td colspan="2">$Q[l] = N \times 450 \times 30$</td></tr>
</table>

<table>
<tr><th colspan="2">물분무 $Q[l] \times$ 표준방사량$[l/\text{min} \cdot m^2] \times 20[\text{min}]$</th></tr>
<tr><td>소방대상물</td><td>수원$[l]$</td></tr>
<tr><td>특수가연물 저장 · 취급 ①</td><td rowspan="3">$Q = A \times 10 \times 20$</td></tr>
<tr><td>절연유 봉입 변압기 ②</td></tr>
<tr><td>컨베이어벨트 ③</td></tr>
<tr><td>케이블트레이 · 덕트 ④</td><td>$Q = A \times 12 \times 20$</td></tr>
<tr><td>차고 · 주차장 ①</td><td>$Q = A \times 20 \times 20$</td></tr>
<tr><td>터널 ⑤</td><td>$Q = A \times 6 \times 3 \times 40$</td></tr>
</table>

<table>
<tr><td rowspan="3">N</td><td>옥내소화전의 설치개수(호스릴옥내소화전)가 가장 많은 층의 설치개수(최대5개)</td><td>$130l/\text{min}$</td><td>0.17MPa</td><td rowspan="3">T</td><td>20 · 40 · 60</td></tr>
<tr><td>옥내소화전이 가장 많이 설치된 층의 옥내소화전 설치개수(최대5개)</td><td>$260l/\text{min}$</td><td>350kPa</td><td>30</td></tr>
<tr><td>3차로 이하 → 2개 / 4차로 이상 → 3개</td><td>$190l/\text{min}$</td><td>0.35MPa</td><td>40</td></tr>
<tr><td>N</td><td>설치장소별
• APT가 아닌 경우 : 가장 많은 층
• APT : 가장 많은 세대</td><td rowspan="2">$80l/\text{min}$</td><td rowspan="3">0.1~
1.2MPa</td><td rowspan="3">T</td><td rowspan="3">20 · 40 · 60</td></tr>
<tr><td rowspan="2">N</td><td>설치된 헤드 개수 30개 이하</td></tr>
<tr><td>30개 초과
q'(가압송수장치의 1분당 송수량) $= K\sqrt{10P}$ $[l/\text{min}]$</td><td>$K\sqrt{10P}$</td></tr>
<tr><td colspan="2">헤드 설치 개수가 30개 미만인 방호대상물인 경우에는 당해 설치개수</td><td rowspan="2">$80l/\text{min}$</td><td rowspan="2">100kPa</td><td rowspan="2">T</td><td rowspan="2">30</td></tr>
<tr><td colspan="2">스프링클러헤드가 가장 많이 설치된 방사구역의 스프링클러헤드 설치개수</td></tr>
<tr><td colspan="2">• 일반대상 : $N \rightarrow 2$
• 근린생활시설 · 생활형숙박시설 · 복합건축물 : $N \rightarrow 5$</td><td>$50l/\text{min}$</td><td rowspan="2">0.1MPa</td><td rowspan="2">T</td><td rowspan="2">10 · 20</td></tr>
<tr><td colspan="2">주차장에 표준반응형 스프링클러헤드를 설치한 경우</td><td>$80l/\text{min}$</td></tr>
<tr><td rowspan="2">N</td><td>옥외소화전의 설치개수(최대 2개)</td><td>$350l/\text{min}$</td><td>0.25MPa</td><td rowspan="2">T</td><td>20</td></tr>
<tr><td>옥외소화전의 설치개수(최대 4개)</td><td>$450l/\text{min}$</td><td>350kPa</td><td>30</td></tr>
</table>

① 특수가연물 저장 · 취급/차고 · 주차장 : 최대방수구역 바닥면적(50[m^2] 이하는 50[m^2])
② 절연유 봉입변압기 : 바닥 부분을 제외한 변압기 표면적을 합한 면적(5면의 합)
③ 컨베이어 벨트 : 벨트 부분의 바닥면적
④ 케이블트레이 · 덕트 : 투영된 바닥면적
⑤ 터널 : 25[m]×폭[m]

ESFR $Q[l] = 12 \times 60 \times K\sqrt{10P}$						
최대 층고	최대 저장높이	화재조기진압용 스프링클러헤드				
		$K=360$	$K=320$	$K=240$	$K=240$	$K=200$
13.7m	12.2m	0.28	0.28	–	–	–
13.7m	10.7m	0.28	0.28	–	–	–
12.2m	10.7m	0.17	0.28	0.36	0.36	0.52
10.7m	9.1m	0.14	0.24	0.36	0.36	0.52
9.1m	7.6m	0.10	0.17	0.24	0.24	0.34

2) 포소화설비

① 수원

구분					
NFSC	수원양	특수가연물을 저장·취급하는 공장·창고			$Q[l] = N \times Q_s \times 10$
		차고·주차장			$Q[l] = [N \times Q_s \times 10] + [N' \times 300 \times 20]$
		항공기격납고			$Q[l] = [N \times Q_s \times 10] + [N' \times 300 \times 20]$
위험물	포수용액양	포방출구	고정포방출구	비수용성	$Q[l] = [A \times Q_1 \times T]$
				수용성	$Q[l] = [A \times Q_2 \times T] \times C$
			보조포소화전		$Q[l] = [N' \times 400 \times 20]$
			배관 충전양		$Q[l] = A \times L \times 1{,}000$
		포헤드			$Q[l] = N \times Q_s \times 10$
		포모니터			$Q[l] = N \times 57{,}000$
		포소화전	옥내		$Q[l] = N \times 6{,}000$
			옥외		$Q[l] = N \times 12{,}000$

미분무 $Q[m^3] = NDTS + V$
여기서, Q : 수원의 양$[m^3]$ N : 방호구역(방수구역) 내 헤드의 개수 D : 설계유량$[m^3/min]$ T : 설계방수시간[min] S : 안전율(1.2 이상) V : 배관의 총 체적$[m^3]$

N	① 포헤드가 가장 많이 설치된 층의 포헤드 수(바닥면적이 200m² 를 초과한 층은 200m² 이내) ② 고정포방출구가 가장 많이 설치된 방호구역 안의 고정포 방출구 수		
Q_s	표준방사량$[l/min]$		
N'	방수구가 가장 많은 층의 설치개수(최대 5개)		
N'	호스릴포 방수구가 가장 많이 설치된 격납고의 호스릴방수구 수(최대 5개)		
$A[m^2]$: 탱크의 액표면적[콘루프탱크$=\frac{\pi D^2}{4}$, 플루팅루프탱크$=\frac{\pi}{4}(D^2-d^2)$] 여기서, Q_1 : 비수용성 위험물 방출률 Q_2 : 수용성 위험물 방출률 C : 위험물 계수(1.0~2.0)			
N'	방유제의 보조포 소화전 수(최대 3개)		
배관 체적$[m^3] = A[m^2] \times L[m]$			
N	가장 많이 설치된 방수구역 내의 포헤드 수(바닥면적 100m² 이상, 100m² 미만인 경우 해당 면적)		
N	모니터 노즐 수(설치개수가 1개인 경우 2개로 적용)	57,000 : 1,900$[l/min] \times 30[min]$	
N	호스 접결구 수(최대 4개, 쌍구형 : 2개 적용)	$200[l/min] \times 30[min]$	$400[l/min] \times 30[min]$

② 포소화약제 저장량

NFSC		
고정포 방출구	고정포 방출구	$Q = A \times Q_1 \times T \times S$
	보조 소화전	$Q = N \times 400 \times 20 \times S$
	배관 충전	$Q = A \times L \times 1{,}000 \times S$
옥내포소화전 · 호스릴 방식	$Q = N \times 300 \times 20 \times S$	
포헤드 · 압축공기포	$Q = N \times Q_s \times 10 \times S$	

▼ **비수용성 위험물**

구분 \ 포방출구 종류	Ⅰ형(Ⅱ · Ⅲ · Ⅳ형)			특형		
	[l/m²]	[l/min · m²]	[min]	[l/m²]	[l/min · m²]	[min]
제1 석유류(휘발유)	120(220)	4	30(55)	240	8	30
제2 석유류(등 · 경유)	80(120)	4	20(30)	160	8	20
제3 석유류(중유)	60(100)	4	15(25)	120	8	15

③ 표준방사량(Q_s)

㉠ 포워터 : 75[l/min] 이상

㉡ 포헤드 · 고정포방출구 · 이동식 포노즐 · 압축공기포헤드 : 설계압력에 따라 방출(제조사 결정)

- 포헤드 1개의 최소 방사량[l/min] 계산 후 표준방사량 결정

  최소방사량 $= A \times K \div$ 설치 헤드 수

  여기서, A : 바닥면적[m²]

  K : 1분당 방사량[l/min · m²]

- 압축공기포 방수량 : 방호구역에 최소 10분간 방사. 다음의 설계방출밀도[l/min · m²] 적용
  - 일반가연물, 탄화수소류 : 1.63[l/min · m²]
  - 특수가연물, 알코올류, 케톤류 : 2.3[l/min · m²]

위험물			
포방출구	고정포 방출구	비수용성	$Q=[A\times Q_1\times T]\times S$
		수용성	$Q=[A\times Q_2\times T]\times C\times S$
	보조포 소화전	$Q=[N'\times 400\times 20]\times S$	
	배관 충전	$Q=A\times L\times 1,000\times S$	
포헤드	$Q=N\times Q_s\times 10\times S$		
포모니터	$Q=N\times 57,000\times S$		
포소화전	옥내	$Q=N\times 6,000\times S$	
	옥외	$Q=N\times 12,000\times S$	

▼ 수용성 위험물

구 분	Ⅰ형	Ⅱ형	특형	Ⅲ형	Ⅳ형
Q_1	8	8	–	–	8
T	20	30	–	–	30

소방대상물	포소화약제의 종류	바닥면적 $1m^2$당 방사량
차고 · 주차장 항공기격납고	단백포 소화약제	$6.5l$ 이상
	합성계면활성제포 소화약제	$8.0l$ 이상
	수성막포 소화약제	$3.7l$ 이상
소방기본법 시행령 별표 2의 특수가연물을 저장 · 취급하는 소방대상물	단백포 소화약제	$6.5l$ 이상
	합성계면활성제포 소화약제	
	수성막포 소화약제	

④ 고정포방출구 방출량[l/min]

㉠ 전역방출방식

$Q = V$(관포체적) $\times K$(방출량)

↳ 방호대상물의 높이보다 0.5m 높은 위치까지의 체적

㉡ 국소방출방식

$Q = A$(방호면적) $\times K$(방출량)

↳ 방호대상물 높이의 3배 거리를 수평으로 연장한 선으로 둘러싸인 부분의 면적

소방대상물	포소화약제의 종류	$1m^3$에 대한 분당 포수용액 방출량
항공기격납고	팽창비가 80 이상 250 미만의 것	2.00l
	팽창비가 250 이상 500 미만의 것	0.50l
	팽창비가 500 이상 1,000 미만의 것	0.29l
차고 또는 주차장	팽창비가 80 이상 250 미만의 것	1.11l
	팽창비가 250 이상 500 미만의 것	0.28l
	팽창비가 500 이상 1,000 미만의 것	0.16l
소방기본법 시행령 별표 2의 특수가연물을 저장 · 취급하는 소방대상물	팽창비가 80 이상 250 미만의 것	1.25l
	팽창비가 250 이상 500 미만의 것	0.31l
	팽창비가 500 이상 1,000 미만의 것	0.18l

17. 가스계 소화설비

1) 전역방출방식(CO_2 · 할론 · 할로겐화합물 및 불활성기체)

W[kg]=방호구역 체적[m^3]×방출계수[kg/m^3] $= V \times f.f$

무유출	할론		$W[kg] = V \times f.f$	$(f.f)\ K[kg/m^3] = \frac{1}{S} \times \frac{C}{100-C}$
	할로겐화합물			
자유유출	CO_2	표면	$W[kg] = (V \times f.f) \times N$	$(f.f)\ K[kg/m^3] = 2.303\log\frac{100}{100-C} \times \frac{1}{S}$
		심부	$W[kg] = V \times f.f$	
	불활성기체		$X[m^3] = V \times f.f \times \frac{Vs}{S}$	$(f.f)\ x[m^3/m^3] = 2.303\log\frac{100}{100-C}$

방호대상물	방호면적 $1m^2$에 대한 1분당 방출량
특수가연물	$3l$
기타의 것	$2l$

<table>
<tr><td rowspan="2">할론 1301</td><td>설계농도</td><td>5%(최소)</td><td>10%(최대)</td></tr>
<tr><td>K</td><td>0.32</td><td>0.64</td></tr>
<tr><td>할로겐화합물 및 불활성기체</td><td colspan="3">최대허용 설계농도가 있음</td></tr>
<tr><td rowspan="2">표면</td><td>S</td><td colspan="2">$0.56[m^3/kg]$(30℃ 비체적)</td></tr>
<tr><td>N</td><td colspan="2">$5.542 \times \log\frac{100}{100-C}$</td></tr>
<tr><td rowspan="2">심부</td><td rowspan="2">S</td><td colspan="2">$0.52[m^3/kg]$(10℃ 비체적)</td></tr>
<tr><td colspan="2">$0.53[m^3/kg]$(10℃ 비체적) : 2분 이내 30% 설계농도</td></tr>
<tr><td>V_S</td><td colspan="3">20℃ 비체적$= k_1 + k_2 \times 20$
$k_2 = k_1 \times \frac{1}{273}$</td></tr>
<tr><td>S</td><td colspan="3">방호구역 최소예상온도 비체적$= k_1 + k_2 \times t$</td></tr>
</table>

▼ **표면화재**

방호구역 체적[m^3]	방호구역 체적 1m^3에 대한 소화약제의 양	소화약제 저장량의 최저한도의 양	설계농도 [%]
45 미만	1.00kg	45kg	43
45 이상 150 미만	0.90kg		40
150 이상 1,450 미만	0.80kg	135kg	36
1,450 이상	0.75kg	1,125kg	34

2) 국소방출방식(CO_2 · 할로겐)

W =방호구역체적[m^2](방호공간 체적[m^3])×방출계수×할증계수$S(V) \times f.f \times h$

평면 (면적)	$W[kg] = S \times K \times h$		$S[m^2]$	$K[kg/m^2]$
		CO_2	방호대상물 표면적	13
		할론 1301		6.8
입면 (체적)	$W[kg] = S \times K \times h$		$V[m^3]$	$K[kg/m^2]$
		CO_2	방호공간의 체적	$8-6\frac{a}{A}$
		할론 1301		$4-3\frac{a}{A}$

▼ 심부화재

방호대상물	방호구역 체적 $1m^3$에 대한 소화약제의 양	설계농도[%]
유압기기를 제외한 전기설비 · 케이블실	1.3kg	50
체적 $55m^3$ 미만의 전기설비	1.6kg	50(57)
서고 · 전자제품 창고 · 목재가공품 창고 · 박물관	2.0kg	65
고무류 · 면화류 창고 · 모피 창고 · 석탄 창고 · 집진설비	2.7kg	75

<table>
<tr><td>h</td><td rowspan="3">S</td><td rowspan="3">• 약제를 방사할 방호대상물의 표면적
• 유류탱크 : 액면의 표면적</td></tr>
<tr><td>1.1(저) · 1.4(고)</td></tr>
<tr><td>1.25</td></tr>
<tr><td rowspan="3">동일</td><td>V</td><td>방호대상물의 각 부분으로부터 0.6m의 거리에 둘러싸인 공간의 체적</td></tr>
<tr><td>A</td><td>• 방호공간의 벽 면적의 합계(4면 합)
• 방호대상물로부터 0.6m를 연장한 가상공간의 벽 면적의 합계
• 장애물로 인해 연장할 수 없는 경우 적용하지 않음</td></tr>
<tr><td>a</td><td>• 방호대상물로부터 0.6m 이내에 실제 설치된 벽 면적의 합
• 0.6m를 초과하는 지점에 벽이 있거나 벽이 없는 경우 : 0</td></tr>
</table>

18. 설치 제외

소방시설	설치 제외 장소
옥내소화전 방수구	• 냉장창고 중 온도가 영하인 냉장실 또는 냉동창고의 냉동실 • 고온의 노가 설치된 장소 또는 물과 격렬하게 반응하는 물품의 저장 또는 취급 장소 • 발전소 · 변전소 등으로서 전기시설이 설치된 장소 • 야외음악당 · 야외극장 또는 그 밖의 이와 비슷한 장소 • 식물원 · 수족관 · 목욕실 · 수영장(관람석 부분을 제외한다) 또는 그 밖의 이와 비슷한 장소
스프링클러 헤드	• 통신기기실 · 전자기기실 · 기타 이와 유사한 장소 • 발전실 · 변전실 · 변압기 · 기타 이와 유사한 전기설비가 설치되어 있는 장소 • 병원의 수술실 · 응급처치실 · 기타 이와 유사한 장소 • 천장과 반자 양쪽이 불연재료로 되어 있는 경우로서 그 사이의 거리 및 구조가 다음 각 목의 1에 해당하는 부분 －천장과 반자 사이의 거리가 2m 미만인 부분 －천장과 반자 사이의 벽이 불연재료이고 천장과 반자 사이의 거리가 2m 이상으로서 그 사이에 가연물이 존재하지 아니하는 부분 • 천장 · 반자 중 한쪽이 불연재료로 되어 있고 천장과 반자 사이의 거리가 1m 미만인 부분 • 천장 및 반자가 불연재료 외의 것으로 되어 있고 천장과 반자 사이의 거리가 0.5m 미만인 부분
ESFR	• 제4류 위험물 • 타이어, 두루마리 종이 및 섬유류, 섬유제품 등 연소 시 화염의 속도가 빠르고 방사된 물이 하부까지에 도달하지 못하는 것
물분무 헤드	• 물에 심하게 반응하는 물질 또는 물과 반응하여 위험한 물질을 생성하는 물질을 저장 또는 취급하는 장소 • 고온의 물질 및 증류범위가 넓어 끓어 넘치는 위험이 있는 물질을 저장 또는 취급하는 장소 • 운전 시에 표면의 온도가 섭씨 260도 이상으로 되는 등 직접 분무를 하는 경우 그 부분에 손상을 입힐 우려가 있는 기계 장치 등이 있는 장소
감지기	• 천장 또는 반자의 높이가 20m 이상인 장소. 다만, 제1항 단서 각 호의 감지기로서 부착 높이에 따라 적응성이 있는 장소는 제외한다. • 헛간 등 외부와 기류가 통하는 장소로서 감지기에 따라 화재 발생을 유효하게 감지할 수 없는 장소 • 부식성 가스가 체류하고 있는 장소 • 고온도 및 저온도로서 감지기의 기능이 정지되기 쉽거나 감지기의 유지관리가 어려운 장소 • 목욕실 · 욕조나 샤워시설이 있는 화장실 및 기타 이와 유사한 장소 • 파이프덕트 등 그 밖의 이와 비슷한 것으로서 2개 층마다 방화구획된 것이나 수평단면적이 $5m^2$ 이하인 것 • 먼지 · 가루 또는 수증기가 다량으로 체류하는 장소 또는 주방 등 평시에 연기가 발생하는 장소(연기감지기에 한한다) • 프레스공장 · 주조공장 등 화재 발생의 위험이 적은 장소로서 감지기의 유지관리가 어려운 장소

<table>
<tr><th>소방시설</th><th colspan="2">설치 제외 장소</th></tr>
<tr><td>이산화탄소 분사헤드</td><td colspan="2">• 니트로셀룰로스 · 셀룰로이드 제품 등 자기연소성 물질을 저장 · 취급하는 장소
• 나트륨 · 칼륨 · 칼슘 등 활성금속물질을 저장 · 취급하는 장소
• 방재실 · 제어실 등 사람이 상시 근무하는 장소
• 전시장 등의 관람을 위하여 다수인이 출입 · 통행하는 통로 및 전시실 등</td></tr>
<tr><td>할로겐화합물 및 불활성기체 소화설비</td><td colspan="2">• 사람이 상주하는 곳으로서 최대허용설계농도를 초과하는 장소
• 위험물안전관리법에서 정하는 제3류 위험물 및 제5류 위험물을 사용하는 장소. 다만, 소화성능이 인정되는 위험물은 제외한다.</td></tr>
<tr><td>피난구유도등</td><td colspan="2">• 바닥면적이 1,000m^2 미만인 층으로서 옥내로부터 직접 지상으로 통하는 출입구
• 거실 각 부분으로부터 쉽게 도달할 수 있는 출입구
• 거실 각 부분으로부터 하나의 출입구에 이르는 보행거리가 20m 이하이고 비상조명등과 유도표지가 설치된 거실의 출입구
• 출입구가 3 이상 있는 거실로서 그 거실 각 부분으로부터 하나의 출입구에 이르는 보행거리가 30m 이하인 경우에는 주된 출입구 2개소 외의 출입구(유도표지가 부착된 출입구). 다만, 공연장, 집회장, 관람장, 전시장, 판매시설 및 영업시설, 숙박시설, 노유자시설, 의료시설의 경우 제외</td></tr>
<tr><td>통로유도등</td><td colspan="2">• 구부러지지 아니한 복도 또는 통로로서 보행거리가 30m 미만인 복도 또는 통로
• 복도 또는 통로로서 보행거리가 20m 미만이고 그 복도 또는 통로와 연결된 출입구 또는 그 부속실의 출입구에 피난구유도등이 설치된 복도 또는 통로</td></tr>
<tr><td>객석유도등</td><td colspan="2">• 주간에만 사용하는 장소로서 채광이 충분한 객석
• 거실 등의 각 부분으로부터 하나의 거실 출입구에 이르는 보행거리가 20m 이하인 객석의 통로로서 그 통로에 통로유도등이 설치된 객석</td></tr>
<tr><td>비상조명등</td><td colspan="2">• 거실의 각 부분으로부터 하나의 출입구에 이르는 보행거리가 15m 이내인 부분
• 의원, 경기장, 아파트 및 기숙사, 의료시설, 학교의 거실(의경의공학)</td></tr>
<tr><td rowspan="2">피난기구</td><td>각 해당 층
(기준에 적합한 층)</td><td>• 주요 구조부가 내화구조
• 실내마감이 불연재료 · 준불연재료 · 난연재료로 되어 있고 방화구획이 적합하게 되어 있는 경우
• 거실 각 부분으로부터 직접 복도로 쉽게 통하여야 함
• 복도에 2 이상의 특별피난계단 또는 피난계단이 적합하게 설치
• 복도의 어느 부분에서도 2 이상의 방향으로 각각 다른 계단에 도달 가능</td></tr>
<tr><td>옥상의 직하층
또는 최상층</td><td>• 주요구조부가 내화구조
• 옥상의 면적이 1,500m^2 이상
• 옥상으로 쉽게 통할 수 있는 창 또는 출입구 설치
• 옥상이 소방사다리차가 쉽게 통행할 수 있는 도로(폭 6m 이상) 또는 공지에 면하여 설치되어 있거나 옥상으로부터 피난층 또는 지상으로 통하는 2 이상의 특별피난계단 또는 피난계단이 적합하게 설치</td></tr>
</table>

소방시설	설치 제외 장소
연결송수관 방수구	• 아파트의 1층 및 2층 • 소방차의 접근이 가능하고 소방대원이 소방차로부터 각 부분에 쉽게 도달할 수 있는 피난층 • 송수구가 부설된 옥내소화전을 설치한 소방대상물(집회장 · 관람장 · 백화점 · 도매시장 · 소매시장 · 판매시설 · 공장 · 창고시설 또는 지하가를 제외한다)로서 다음의 1에 해당하는 층 – 지하층을 제외한 층수가 4층 이하이고 연면적이 6,000m^2 미만인 소방대상물의 지상층 – 지하층의 층수가 2 이하인 소방대상물의 지하층
무선통신보조설비	• 지하층으로서 소방대상물의 바닥부분 2면 이상이 지표면과 동일하거나 지표면으로부터의 깊이가 1m 이하인 경우에는 해당 층에 한하여 무선통신보조설비를 설치하지 아니할 수 있다. • 이동통신구내중계기설로설비 또는 무선이동중계기 등을 화재안전기준의 무선통신보조설비기준에 적합하게 설치한 경우에는 설치가 면제
누전경보기 수신부	• 화약류를 제조하거나 저장 또는 취급하는 장소 • 가연성의 증기 · 먼지 · 가스 등이나 부식성의 증기 · 가스 등이 다량으로 체류하는 장소 • 습도가 높은 장소 • 온도의 변화가 급격한 장소 • 대전류회로 · 고주파 발생회로 등에 따른 영향을 받을 우려가 있는 장소
제연설비	• 제연설비를 설치하여야 할 소방대상물 중 화장실 · 목욕실 · 주차장 · 발코니를 설치한 숙박시설(가족호텔 및 휴양콘도미니엄에 한 한다)의 객실과 사람이 상주하지 아니하는 기계실 · 전기실 · 공조실 · 50m^2 미만의 창고 등으로 사용되는 부분에 대하여는 배출구 · 공기유입구의 설치 및 배출량 산정에서 이를 제외한다. • 공기조화설비를 화재안전기준의 재연설비기준에 적합하게 설치하고 공기조화설비가 화재 시 제연설비기능으로 자동 전환되는 구조로 설치되어 있는 경우 • 직접 외기로 통하는 배출구의 면적의 합계가 당해 제연구역[제연경계(제연설비의 일부인 천장을 포함한다)에 의하여 구획된 건축물 내의 공간을 말한다] 바닥면적의 100분의 1 이상이며, 배출구로부터 각 부분의 수평거리가 30m 이내이고, 공기 유입이 화재안전기준에 적합하게(외기를 직접 자연유입할 경우 유입구의 크기는 배출구 크기 이상인 경우) 설치되어 있는 경우

FIRE FACILITIES MANAGER

TOP SERIES

SERIES NO. 2

최신판

소방시설관리사

1차 문제풀이 요약정리

PART 01 소방안전관리론
PART 02 소방전기회로 및 소방수리학 · 약제화학
PART 03 소방관련법령
PART 04 위험물의 성상 및 시설기준
PART 05 소방시설의 구조원리

http://www.yeamoonsa.com

최신판

소방시설관리사

1차 문제풀이 문제풀이

유정석 · 정명진

PART 01 소방안전관리론
PART 02 소방전기회로 및 소방수리학 · 약제화학
PART 03 소방관련법령
PART 04 위험물의 성상 및 시설기준
PART 05 소방시설의 구조원리

예문사

TOP SERIES

최신판

소방시설관리사

1차 문제풀이 문제풀이

유정석 · 정명진

PART 01 소방안전관리론
PART 02 소방전기회로 및 소방수리학 · 약제화학
PART 03 소방관련법령
PART 04 위험물의 성상 및 시설기준
PART 05 소방시설의 구조원리

차 례

문제풀이

PART

01

소방안전관리론

PART 01 소방안전관리론

01 다음 중 연소의 정의를 설명한 것으로 가장 알맞은 것은 어느 것인가?

① 연소란 일종의 산화반응으로 열과 빛을 동반하는 흡열반응이다.
② 연소란 일종의 산화반응으로 열과 빛을 동반하는 발열반응이다.
③ 연소란 일종의 환원반응으로 열과 빛을 동반하는 흡열반응이다.
④ 연소란 일종의 환원반응으로 열과 빛을 동반하는 발열반응이다.

연소

일종의 산화반응으로 그 반응이 너무 급격하여 열과 빛을 동반하는 발열반응이며 화학적인 반응이다.
① 산소와 화합하는 산화반응이어야 한다.
② 발열반응이어야 한다.
③ 빛을 발생시켜야 한다.

02 다음 중 연소에 대한 설명으로 틀린 것은 어느 것인가?

① 가연물, 산소공급원, 점화원에 의한 연소를 표면연소라 한다.
② 가연물, 산소공급원, 점화원, 순조로운 연쇄반응에 의한 연소를 불꽃연소라 한다.
③ 불꽃연소는 물리적 소화로만 소화가 가능하다.
④ 연쇄반응을 차단하는 소화를 화학적 소화라 한다.

연소의 필요 요소

구분	필요 요소	소화	
3요소	가연물	제거소화	물리적 소화
	산소공급원	질식소화	
	점화원	냉각소화	
4요소	연쇄반응	억제소화	화학적 소화

03 연소의 필요 요소 중 가연물질이 되기 위한 구비 조건으로 맞지 않는 것은?

① 산소와의 친화력이 커야 한다.
② 열전도율이 작아야 한다.
③ 활성화 에너지가 커야 한다.
④ 화학반응 시 발열반응을 해야 한다.

정답 01. ② 02. ③ 03. ③

▶ 가연물질 조건

가연물 : 산화반응 시 발열반응을 할 수 있는 물질, 즉 불에 탈 수 있는 물질을 말한다.

가연물이 되기 쉬운 조건	가연물이 될 수 없는 물질
㉠ 열전도율이 적을 것	㉠ 산소와 반응할 수 없는 물질 (CO_2, H_2O, Fe_2O_3)
㉡ 발열량이 클 것	
㉢ 활성화 에너지가 작을 것	㉡ 불활성기체 (He, Ne, Ar, Kr, Xe, Rn)
㉣ 산소와 친화력이 좋을 것	
㉤ 표면적이 클 것	㉢ 흡열 반응하는 물질 (N_2, NO, NO_3) 예 $N_2 + O_2 \rightarrow 2NO - 43.2kcal$
㉥ 주위의 온도가 높을 것	
㉤ 화학적으로 불안정할 것(고체<액체<기체)	

04 불꽃연소와 작열연소에 대한 설명으로 틀린 것은?

① 불꽃연소는 작열연소보다 단위 시간당 발열량이 크다.
② 작열연소에는 연쇄반응이 동반된다.
③ 작열연소는 연소속도가 느리다.
④ 작열연소는 불완전연소의 경우에, 불꽃연소는 완전연소의 경우에 나타난다.

▶ 연소의 분류

구 분	불꽃이 있는 연소	불꽃이 없는 연소
물질	기체 · 액체 · 고체	고체
화재	표면화재	심부화재
종류	확산연소 · 예혼합연소 · 증발연소 자기연소 · 분해연소 · 자연발화	표면연소 · 훈소 · 작열연소
소화	물리적 소화 · 화학적 소화	물리적 소화

05 다음 중 가연물이 될 수 없는 물질로 알맞게 짝지어진 것은 어느 것인가?

① CH_4, CO_2
② He, N_2
③ C_3H_8, CO
④ C_2H_2, H_2

▶ 가연물이 될 수 없는 물질

① 산소와 반응할 수 없는 물질(CO_2, H_2O, Fe_2O_3)
② 불활성 기체(He, Ne, Ar, Kr, Xe, Rn)
③ 흡열 반응하는 물질(N_2, NO, NO_3)

정답 04. ② 05. ②

06 다음 중 산소공급원이 될 수 없는 것은 어느 것인가?

① 제1류 위험물 ② 제2류 위험물
③ 제5류 위험물 ④ 제6류 위험물

산소공급원의 종류

① 공기 중의 산소(체적비 : 21%, 중량비 : 23wt%)
② 화합물 내의 산소(제1류 위험물, 제5류 위험물, 제6류 위험물)

07 다음 중 공기 중의 산소는 몇 wt%인가?

① 21wt% ② 23wt%
③ 79wt% ④ 76wt%

08 가연물질이 불꽃연소를 하기 위해 필요한 최소한의 산소 농도를 무엇이라 하는가?

① 최소산소농도 ② 최소필요농도
③ 최소연소농도 ④ 최소점화에너지

최소산소농도(MOC ; Minimum Oxygen Concentration)

① 가연물이 연소하기 위하여 필요로 하는 최소한의 산소농도를 말한다.
② 일반적으로 탄화 수소계는 약 10%, 분진은 약 8% 정도이다.
③ MOC=산소 몰수(mol수)×연소 하한계
→ 산소몰수 : 연료 1몰당 필요한 산소몰수

09 메탄(CH_4) 1몰이 완전연소되면 이산화탄소(CO_2) 1몰과 수증기(H_2O) 2몰이 생성되는데 메탄(CH_4) 1몰이 완전연소되기 위한 MOC(Minium Oxygen Concentration)는 얼마인가?

① 5% ② 10%
③ 15% ④ 20%

MOC=산소 몰수×연소 하한계

① 산소 몰수
메탄의 완전연소 방정식 : $CH_4+2O_2 \rightarrow CO_2+2H_2O$
② 메탄의 연소 범위 : 5~15%
③ MOC=산소 몰수×연소 하한계=2×5=10%

정답 06. ② 07. ② 08. ① 09. ②

10 다음 중 가연물과 산소를 반응시킬 수 있는 에너지가 될 수 없는 것은?

① 기화열 ② 연소열
③ 분해열 ④ 용해열

점화원의 구분

점화원이 될 수 있는 것	불꽃, 마찰, 고온표면, 단열압축, 복사열, 자연발화, 정전기 등
점화원이 될 수 없는 것	기화열, 증발열, 냉각열, 단열팽창 등

11 다음 중 점화원이 될 수 있는 기계적 에너지가 아닌 것은 어느 것인가?

① 마찰스파크 ② 마찰열
③ 정전기 ④ 압축열

기계적 에너지(Mechanical Heat Energy

① 마찰열(Frictional Heat) : 물체 간의 마찰에 의하여 발생하는 열
② 마찰스파크(Friction Spark) : 고체 물체끼리의 충돌에 의해 발생되는 순간적인 스파크
③ 압축열(Heat of Compression) : 기체를 압축하면 기체 분자들 간의 충돌 횟수가 증가하고 이로 인하여 내부 에너지가 상승하면서 발생되는 열

12 정전기에 의한 발화를 방지하기 위한 예방대책으로 알맞지 않은 것은?

① 습도를 70% 이하로 유지한다. ② 도체 물질을 사용한다.
③ 공기를 이온화한다. ④ 유류 수송 배관의 유속을 낮춘다.

1. 정전기 발생 : 부도체일 경우 발생
2. 정전기 방지대책
   ① 상대습도를 70% 이상으로 한다.
   ② 공기를 이온화한다.
   ③ 접지를 한다.
   ④ 유류 수송 배관의 유속을 낮춘다.

13 어떤 물질이 공기와 혼합하여 발화되기 위한 최소에너지를 최소점화에너지라 한다. 다음 중 최소점화에너지의 크기를 구하는 식으로 알맞은 것은?

① $E = C(V_1 - V_2)$[J] ② $E = C(V_1 - V_2)^2$[J]

③ $E = \frac{1}{2}C(V_1 - V_2)$[J] ④ $E = \frac{1}{2}C(V_1 - V_2)^2$[J]

정답 10. ① 11. ③ 12. ① 13. ④

14 가연성 혼합기체에 대한 최소점화에너지(MIE)가 가장 작은 물질은?

① C_2H_2　　② C_6H_6
③ C_6H_{14}　　④ CH_4

최소착화(발화 · 점화)에너지(MIE ; Minimum Ignition Energy)

어떤 물질이 공기와 혼합하였을 때 점화원으로 발화하기 위하여 필요한 최소한의 에너지

$$MIE = \frac{1}{2}CV^2$$

여기서, MIE : 최소발화에너지[J], C : 콘덴서용량[F], V : 전압[V]

아세틸렌 · 수소 · 이황화탄소	에틸렌	벤젠	메탄 · 에탄 · 프로판 · 부탄
0.019[mJ]	0.096[mJ]	0.2[mJ]	0.28[mJ]

15 가연성 혼합기를 형성하는 공간에서 점화원에 의해 발화되는 최저온도를 무엇이라 하는가?

① 인화점　　② 연소점
③ 발화점　　④ 발열점

용어의 정의

㉠ 인화점
㉮ 가연성 기체와 공기가 혼합된 상태(가연성 혼합기)에서 점화원에 의해 불이 붙을 수 있는 최저온도를 인화점이라 한다.
㉯ 연소범위 하한계에 도달되는 온도로 액체 가연물의 화재 위험성의 척도이며, 인화점이 낮을수록 위험성은 크다 할 수 있다.

㉡ 연소점
㉮ 연소상태에서 점화원이 없어도 자발적으로 연소가 지속되는 온도를 연소점이라 한다.
㉯ 인화점보다 약 10℃ 정도 높다.
㉰ 인화점에서는 점화원을 제거하면 연소가 중단되나, 연소점에서는 점화원을 제거하더라도 연소는 중단되지 않는다.

㉢ 발화점
㉮ 점화원 없이 스스로 불이 붙을 수 있는 최저온도를 발화점이라 한다.
㉯ 발화점은 일반적으로 인화점보다 훨씬 높은 온도를 나타내며 발화점 역시 낮을수록 위험성은 크다.

16 다음 중 자연발화되기 위한 조건으로 틀린 것은?

① 주위의 온도가 높아야 한다.　　② 열전도율이 커야 한다.
③ 습도가 높아야 한다.　　④ 표면적이 넓어야 한다.

정답 14. ① 15. ① 16. ②

자연발화되기 위한 조건

① 열 축적이 잘 되어야 하므로 주위 온도가 높아야 한다.
② 열전도율이 작아야 한다.
③ 습도가 높아야 한다.
④ 표면적이 넓어야 한다.

※ 자연발화 방지대책

① 습도를 낮게 한다.
② 주변의 온도를 낮게 한다.
③ 통풍이 잘 되도록 한다.
④ 열 축적을 방지한다.

17 다음 중 인화점이 가장 낮은 것은?

① 경유
② 메틸알코올
③ 이황화탄소
④ 등유

액체가연물질의 인화점

① 경유 : 50~70℃
② 메탈알코올 : 11℃
③ 이황화탄소 : −30℃
④ 등유 : 30~60℃

종류	인화점(℃)	종류	인화점(℃)
디에틸에테르	−45	휘발유	−20~−43
이황화탄소	−30	톨루엔	4.5
아세트알데히드	−37.7	등유	30~60
아세톤	−18	중유	60~150

18 발화점이 낮아지는 조건으로 옳지 않은 것은?

① 열전도율이 높고, 화학적인 활성도가 커야 한다.
② 화학적 반응열이 커야 한다.
③ 분자구조가 복잡해야 한다.
④ 가연성 가스가 산소와 친화력이 커야 한다.

발화점이 낮아질 수 있는 조건

① 산소와의 친화력이 좋을수록
② 발열량이 클수록
③ 압력이 높을수록
④ 분자구조가 복잡할수록
⑤ 접촉금속의 열전도성이 클수록
⑥ 탄화수소의 분자량이 클수록

19 다음 중 자연발화에 영향을 미치는 열과 관계가 없는 것은?

① 산화열 ② 분해열 ③ 흡착열 ④ 기화열

정답 17. ③ 18. ① 19. ④

20 다음 중 자연발화가 용이한 물질의 보관 방법으로 옳지 않은 것은?

① 칼륨, 나트륨, 리튬 : 석유류 속에 저장한다.
② 황린, 이황화탄소 : 물속에 저장한다.
③ 아세틸렌 : 알코올 속에 저장한다.
④ 알킬알루미늄 : 공기와의 접촉을 차단하기 위하여 밀폐용기에 저장한다.

③ 아세틸렌 : 아세톤 속에 저장한다.
④ 알킬알루미늄 : 불활성가스로 봉입하여 밀폐용기에 저장한다.

21 연소범위의 온도와 압력에 따른 변화를 설명한 것이다. 옳은 것은?

① 일산화탄소는 압력이 상승하면 넓어진다.
② 온도가 낮아지면 넓어진다.
③ 압력이 상승하면 좁아진다.
④ 불활성기체를 첨가하면 좁아진다.

연소범위 영향요소

① 산소농도가 클수록 연소범위는 넓어진다.
② 압력이 높을수록 연소범위는 넓어진다.(단, 수소 · 일산화탄소는 좁아진다.)
③ 온도가 높을수록 연소범위는 넓어진다.
④ 불활성가스를 첨가하면 연소범위는 좁아진다.

22 수소, 메탄, 아세틸렌, 이황화탄소가 각각 공기와 일정한 비율로 혼합되어 있을 때 위험도가 가장 큰 가연성 가스는 어느 것인가?

① 아세틸렌　　② 수소
③ 이황화탄소　　④ 메탄

위험도

① 아세틸렌 : 2.5~81(%)　$H=\frac{81-2.5}{2.5}=31.4$

② 수소 : 4.0~75(%)　$H=\frac{75-4.0}{4.0}=17.75$

③ 이황화탄소 : 1.2~44(%)　$H=\frac{44-1.2}{1.2}=35.67$

④ 메탄 : 5.0~15(%)　$H=\frac{15-5.0}{5.0}=2$

정답 20. ③ 21. ④ 22. ③

23 수소, 메탄, 아세틸렌, 이황화탄소의 공기 중에서 폭발범위(연소범위)가 넓은 것부터 차례로 나열된 것은?

① 수소 > 메탄 > 아세틸렌 > 이황화탄소
② 아세틸렌 > 수소 > 이황화탄소 > 메탄
③ 이황화탄소 > 아세틸렌 > 메탄 > 수소
④ 메탄 > 이황화탄소 > 수소 > 아세틸렌

연소범위

① 아세틸렌 : 2.5~81(%)
② 수소 : 4.0~75(%)
③ 이황화탄소 : 1.2~44(%)
④ 메탄 : 5.0~15(%)

24 화재의 위험에 관한 사항을 설명한 것으로 알맞지 않은 것은?

① 착화점 · 비점이 낮을수록 위험하다.
② 연소범위(폭발한계)는 넓을수록 위험하다.
③ 온도 · 압력이 높을수록 위험하다.
④ 연소속도가 빠를수록, 증기압이 작을수록 위험하다.

증기압

① 액체가 기체로 될 때의 압력을 말하며, 증기압이 큰 물질은 기체로 되기 쉬워 위험한 물질이라 할 수 있다.
② 비등점이 낮은 물질은 증기압이 크다.

25 혼합가스가 존재할 경우 이 가스의 폭발 하한값은 얼마인가?(단, 혼합가스는 에탄 20%, 프로판 60%, 부탄 20%로 혼합되어 있으며 각 가스의 폭발 하한값은 에탄 3.0, 프로판 2.1, 부탄 1.8이다.)

① 1.5
② 2.16
③ 3.10
④ 4.23

혼합가스의 연소 하한값

$$L = \frac{100}{\frac{V_1}{L_1} + \frac{V_2}{L_2} + \frac{V_3}{L_3}}$$

여기서, L : 혼합가스의 연소 하한값
L_1, L_2, L_3 : 각 성분기체의 연소 하한값
V_1, V_2, V_3 : 각 성분기체의 체적%

$$L = \frac{100}{\frac{V_1}{L_1} + \frac{V_2}{L_2} + \frac{V_3}{L_3}} = \frac{100}{\frac{20}{3} + \frac{60}{2.1} + \frac{20}{1.8}} = 2.158 = 2.16\%$$

정답 23. ② 24. ④ 25. ②

26 메탄(CH_4)의 공기 중 Cst(완전연소 조성농도, 화학양론적 조성비)는 얼마인가?

① 8.5　　② 9.5

③ 10.5　　④ 11.5

화학양론조성비(Cst)

① 가연성 가스와 공기 중의 산소가 완전연소되기 위해 필요한 농도비

$$Cst = \frac{\text{연료몰수}}{\text{연료몰수} + \text{공기몰수}} \times 100\% \quad \left(\text{공기몰수} = \frac{\text{산소몰수}}{0.21}\right)$$

② 메탄의 완전연소 방정식

$CII_4 + 2O_2 \rightarrow CO_2 + 2H_2O$

③ $\text{공기몰수} = \frac{\text{산소몰수}}{0.21} = \frac{2}{0.21} = 9.52$

④ $Cst = \frac{\text{연료몰수}}{\text{연료몰수} + \text{공기몰수}} \times 100 = \frac{1}{1+9.52} \times 100 = 9.5\%$

27 표준상태에서 메탄(CH_4) 1mol이 완전 연소하는 데 필요한 공기 중의 산소는 몇 mol인가?

① 1　　② 2

③ 3　　④ 4

28 0℃, 1atm에서 프로판(C_3H_8) 22g이 완전연소하는 경우 생성되는 이산화탄소(CO_2)의 질량은 몇 g인가?

① 22g　　② 44g

③ 66g　　④ 88g

완전연소 방정식

① 프로판의 완전연소 방정식

$C_3H_8 + 5O_2 \rightarrow 3CO_2 + 4H_2O$

44g　5×32g　3×44g　4×18g

② 프로판 몰수 : 이산화탄소 몰수=1 : 3

프로판 22g은 0.5몰이므로, 이산화탄소 몰수는 1.5몰이다.

③ 1.5몰×44g=66g

29 0℃, 1atm에서 부탄(C_4H_{10}) 1mol을 완전연소시키기 위해 필요한 산소는 몇 l인가?

① 22.4l　　② 44.5l

③ 112l　　④ 145.6l

정답 26. ② 27. ② 28. ③ 29. ④

▶ 완전연소방정식

① 부탄의 완전연소 방정식

$C_4H_{10}+6.5O_2 \rightarrow 4CO_2+5H_2O+Q[kcal]$

② 아보가드로의 법칙 : 표준상태에서 모든 기체 1[mol]에서 차지하는 체적은 22.4[l]이며, 그 속에는 6.023×10^{23}개의 분자 수를 포함한다.

③ 부탄 1[mol]이 연소할 때 산소 6.5[mol]이 소모되므로, $6.5 \times 22.4[l]=145.6[l]$

30 가연성 가스이면서도 독성 가스인 것은?

① 이산화탄소 ② 황화수소
③ 수소 ④ 메탄

▶ H_2S(황화수소)

① 석유정제물, 펄프 등 유황을 함유한 물질의 공기 부족 상태의 연소로 발생됨
② 흡입 시 세포호흡이 중지되어 질식될 우려가 있음(마취성)
③ 자극성이 커서 눈물이 많이 나게 되며, 썩은 달걀 냄새가 남
④ 허용농도 10ppm(0.001%)

31 수소 등의 가연성 기체가 공기 중의 산소와 혼합하면서 발염연소하는 형태를 무엇이라 하는가?

① 확산연소 ② 예혼합연소
③ 증발연소 ④ 분해연소

32 다음 중 기체 가연물의 연소 형태를 설명한 것으로 틀린 것은 어느 것인가?

① 대부분의 기체 가연물의 연소는 확산연소에 해당된다.
② 확산연소는 발염연소 또는 불꽃연소를 한다.
③ 가연성 기체와 공기를 일정한 비율로 혼합시켜 연소하는 것을 예혼합연소라 한다.
④ 확산연소, 예혼합연소는 화재에 해당된다.

▶ 기체 가연물의 연소 형태

① 확산연소

가연성 가스와 공기가 농도가 0이 되는 화염 쪽으로 이동하는 확산의 과정을 통한 연소(Fick's Law : 농도는 높은 곳에서 낮은 곳으로 이동 한다.)이다. 대부분 기체가연물의 연소는 확산연소에 해당되며, 화염의 높이가 30cm 이상이 되면 난류 확산화염이 된다.

② 예혼합연소

가연성 기체와 공기를 완전연소가 될 수 있도록 적당한 혼합비로 미리 혼합시킨 후 연소시키는 형태이다. 연소 효율을 높이기 위하여 인위적인 조작이 필요하며, 화재의 경우에는 해당되지 않는다.

예 산소와 아세틸렌 용접기의 불꽃

정답 30. ② 31. ① 32. ④

33 액체 가연물의 증발 연소를 설명한 것 중 가장 알맞은 것은?

① 가연물의 표면에서 불꽃을 내지 않고 연소하는 형태이다.
② 비등점이 낮고, 증기압이 큰 액체 가연물의 연소 형태이다.
③ 비등점이 높고, 증기압이 작은 액체 가연물의 연소 형태이다.
④ 승화성 물질의 단순 증발에 의해 가연물이 연소하는 형태이다.

액체 가연물의 연소 형태

① 증발연소 : 비점 낮고, 증기압이 커서 쉽게 증발하여 위험하다.
② 분해연소 : 비점 높고, 증기압이 작다.

34 다음 중 고체 가연물의 연소 현상으로 볼 수 없는 것은?

① 자기연소 ② 분해연소
③ 확산연소 ④ 증발연소

고체 가연물의 연소형태

① 표면연소
가연성 기체의 발생 없이 고체 표면에서 불꽃을 내지 않고 연소하는 형태이다. 불꽃연소에 비해 연소열량이 적고 연소속도가 느려 화재에 대한 위험성은 크지 않다.
예 코크스, 목탄, 금속분 등
② 분해연소
가연물이 열분해를 통하여 여러 가지 가연성 기체를 발생하며 연소하는 형태
예 목재, 종이, 섬유, 플라스틱 등
③ 증발연소
승화성 물질의 단순 증발에 의해 발생된 가연성 기체가 연소하는 형태
예 황, 나프탈렌, 장뇌 등
④ 자기연소
가연물 내에 산소를 함유하는 물질이 연소하는 형태이며, 외부로부터 산소공급이 없이도 연소가 진행될 수 있어 연소속도가 매우 빨라 폭발적으로 연소한다.
예 질산에스테르류, 셀룰로이드류, 니트로화합물류 등

35 고체 가연물이 연소되는 메커니즘을 가장 알맞게 설명한 것은 어느 것인가?

① 열분해 – 용융 – 기화 – 연소 ② 용융 – 열분해 – 기화 – 연소
③ 열분해 – 기화 – 용융 – 연소 ④ 용융 – 기화 – 열분해 – 연소

36 숯, 코크스, 금속분 등 가연성 기체의 발생 없이 연소하는 형태는 다음 중 어느 것인가?

① 표면연소 ② 분해연소
③ 증발연소 ④ 자기연소

정답 33. ② 34. ③ 35. ② 36. ①

37 다음 중 표면연소에 적용할 수 없는 소화방법은?

① 냉각소화　　② 질식소화
③ 제거소화　　④ 부촉매소화

연소의 분류

구분	불꽃이 있는 연소	불꽃이 없는 연소
물질	기체 · 액체 · 고체	고체
화재	표면화재	심부화재
종류	확산연소 · 예혼합연소 · 증발연소 자기연소 · 분해연소 · 자연발화	표면연소 · 훈소 · 작열연소
소화	물리적 소화 · 화학적 소화	물리적 소화

38 다음 중 연소속도에 영향을 주는 요인에 해당되지 아니하는 것은?

① 활성화에너지　　② 발열량
③ 가연물의 종류　　④ 점화원의 종류

연소속도의 영향요인

① 가연물의 온도가 높을수록
② 가연물의 입자가 작을수록
③ 산소의 농도가 클수록
④ 주변 압력은 높을수록, 자신의 압력은 낮을수록
⑤ 발열량이 많을수록
⑥ 활성화에너지가 작을수록

39 버너의 불꽃에서 가연성 기체의 분출속도가 연소속도보다 빠를 때 발생되는 연소현상을 무엇이라 하는가?

① 불완전연소　　② 선화(Lifting)
③ 역화(Back Fire)　　④ 블로오프(Blow Off)

연소의 이상 현상

① 불완전연소 : 연소의 필요 요소 중 한 가지 이상이 부적합하여 가연물의 일부가 미연소되는 현상을 불완전연소라 한다. 불완전연소 시 생성물의 대표적인 것은 일산화탄소와 그을음이다.
② 선화(Lifting) : 가연성 기체가 염공(노즐)을 통해 분출되는 속도가 연소속도보다 빠를 때, 불꽃이 염공에 붙지 못하고 일정한 간격을 두고 연소하는 현상이다.
③ 역화(Back Fire) : 가연성 기체의 분출속도가 연소속도보다 느릴 경우 불꽃이 버너의 염공 속으로 진입하는 현상으로 선화(Lifting)와 반대되는 현상이다.
④ 블로오프(Blow Off) : 화염 주변에 공기의 유동이 심하여 불꽃이 노즐에 정착되지 못하고 떨어지면서 꺼지는 현상이다.

정답 37. ④ 38. ④ 39. ②

40 다음 중 불완전연소의 발생 원인에 해당되지 아니하는 것은?

① 공기의 공급이 부족한 경우　② 주위의 온도가 낮은 경우
③ 연료의 공급이 불충분한 경우　④ 주위의 압력이 높은 경우

불완전연소 발생원인

① 주위온도가 낮을 때
② 산소의 공급이 불충분할 때
③ 가연물의 공급상태가 부적합할 때

41 가연물이 천천히 산화되는 경우 산화열의 축적, 발열에 의해 발화하는 현상을 무엇이라 하는가?

① 자연발화　② 자기연소　③ 증발연소　④ 분해연소

자연발화

① 점화원 없이 물질이 서서히 산화되면서 발생된 열의 축적에 의해 발화된다.
② 가연물의 표면온도가 발화점 이상으로 상승되어야 발화가 일어난다.

42 햇빛에 방치해 둔 기름걸레가 자연 발화를 한 경우를 가장 알맞게 설명한 것은?

① 분해열에 의한 발화　② 산화열에 의한 발화
③ 흡착열에 의한 발화　④ 중합열에 의한 발화

43 다음 중 정전기에 의한 발화 과정을 가장 올바르게 설명한 것은 어느 것인가?

① 전하 발생－전하 축적－전하 방전－발화
② 전하 축적－전하 발생－전하 방전－발화
③ 전하 발생－전하 방전－전하 축적－발화
④ 전하 축적－전하 방전－전하 발생－발화

44 건축물 내부에서 화재가 발생하여 실내 온도가 20℃에서 650℃로 되었다면 이로 인하여 팽창된 공기의 부피는 처음 공기의 약 몇 배가 되는가?

① 2.15배　② 3.15배　③ 4.15배　④ 5.15배

샤를의 법칙

$$\frac{V_1}{T_1}=\frac{V_2}{T_2},\ V_2=\frac{T_2}{T_1}\times V_1$$

$$V_2=\frac{(273+650)}{(273+20)}\times V_1=3.15\,V_1$$

정답 40. ④ 41. ① 42. ② 43. ① 44. ②

45 "기체의 체적은 절대온도에 비례하고, 절대압력에 반비례한다."라는 법칙과 관계가 있는 것은?

① 보일의 법칙 ② 샤를의 법칙
③ 보일-샤를의 법칙 ④ 뉴턴의 법칙

▶ 보일-샤를의 법칙

① 보일의 법칙 : 온도가 일정할 때 기체의 체적은 절대압력에 반비례한다.
② 샤를의 법칙 : 압력이 일정할 때 기체의 체적은 절대온도에 비례한다.
③ 보일-샤를의 법칙 : 기체의 체적은 절대온도에 비례하고, 절대압력에 반비례한다.

$$\frac{PV}{T} = C(\text{일정})$$

④ 뉴턴의 법칙 : 제1법칙(관성의 법칙), 제2법칙(가속의 법칙), 제3법칙(작용과 반작용의 법칙)이 있다.

46 23℃에서 증기압이 76mmHg이고 증기밀도가 2인 액체가 있다. 23℃에서의 증기-공기밀도는?(단, 대기압은 표준대기압으로 한다.)

① 0.9 ② 1.0
③ 1.1 ④ 1.2

▶ 증기-공기밀도

액체와 평행상태에 있는 증기와 공기의 혼합가스 증기밀도이다.
증기-공기밀도가 1보다 크면 공기보다 무거우므로 대기 중에서 낮은 곳에 체류하여 인화의 위험이 증대된다.

$$\text{증기-공기밀도} = \frac{pd}{P_0} + \frac{P_0 - p}{P_0}$$

여기서, P_0 : 대기압, p : 특정 온도에서의 증기압, d : 증기밀도

$$\text{증기-밀도} = \frac{(76 \times 2) + (760 - 76)}{760} = 1.1$$

47 할론1301의 증기비중은 약 얼마가 되는가?

① 2.14 ② 3.14 ③ 4.14 ④ 5.14

▶ 증기비중

$$\text{기체의 비중} = \frac{\text{측정기체의 밀도}(g/l)}{\text{표준상태의 공기밀도}(g/l)} = \frac{\text{측정기체의 분자량}}{\text{공기의 분자량}}$$

할론1301(CF_3Br) = (1×12) + (3×19) + (1×80) = 149g

정답 45. ③ 46. ③ 47. ④

$$증기비중 = \frac{할론1301의\ 분자량}{공기의\ 분자량} = \frac{149}{29} = 5.14$$

48 물질의 상태 변화 없이 온도를 변화시키기 위해서 가해진 열을 무엇이라 하는가?

① 잠열　　② 현열
③ 기화열　　④ 융해열

현열과 잠열

① 잠열 : 어떤 물질을 온도 변화 없이 상태를 변화시킬 때 필요한 열량
㉮ 증발잠열 : 액체가 기화할 때 필요한 열(물의 증발잠열 : 539kcal/kg)
㉯ 융해잠열 : 고체가 액화할 때 필요한 열(얼음의 융해잠열 : 80kcal/kg)

$$Q = m \cdot \gamma$$

여기서, Q : 잠열(kcal), m : 질량(kg), γ : 융해, 증발잠열(kcal/kg)

② 현열
현열이란 상태의 변화 없이 온도 변화에 필요한 열량이다.
−5℃의 얼음 → −1℃의 얼음, 20℃의 물 → 80℃의 물

$$Q = m \cdot C \cdot \Delta T$$

여기서, Q : 현열(kcal), m : 질량(kg), C : 물질의 비열(kcal/kg · ℃), ΔT : 온도차(℃)

49 15℃의 물 10kg이 100℃의 수증기가 되기 위해서 필요한 열량은 몇 kcal인가?

① 860　　② 1,720
③ 5,390　　④ 6,240

현열과 잠열의 계산

15℃ 물 → 100℃ 물 → 100℃ 수증기
현열(Q_1)　　잠열(Q_2)

㉮ 현열(Q_1) $= m \cdot C \cdot \Delta T = 10kg \times 1kcal/kg \cdot ℃ \times (100-15)℃ = 850kcal$
㉯ 잠열(Q_2) $= m \cdot \gamma = 10kg \times 539kcal/kg = 5,390kcal$
∴ 필요한 열량 = ㉮ + ㉯ = 850 + 5,390 = 6,240kcal

50 60°F에서 물 1lb를 1°F만큼 상승 시키는 데 필요한 열량을 무엇이라 하는가?

① 1cal　　② 1BTU
③ 1J　　④ 1kW

정답 48. ② 49. ④ 50. ②

51 다음 중 폭굉(Detonation)에 대한 설명으로 틀린 것은 어느 것인가?

① 발열반응으로 연소의 전파속도가 음속보다 느린 현상이다.
② 밀폐된 공간에서 주로 발생되며 충격파가 발생되기도 한다.
③ 연소의 전파속도는 약 1,000~3,500m/s이다.
④ 압력이 높을수록 폭굉 유도거리는 짧아진다.

폭굉(Detonation)

압력파가 미반응 물질 속으로 전파하는 속도가 음속보다 빠른 것으로 파면 선단에서 심한 파괴작용을 동반한다. 압력파의 이동속도는 1,000~3,500m/sec이다.

52 다음 중 방폭구조의 종류에 해당되지 아니하는 것은?

① 내화 방폭구조
② 내압 방폭구조
③ 안전증 방폭구조
④ 압력 방폭구조

방폭구조의 종류

- 내압(耐壓) 방폭구조
- 압력(壓力) 방폭구조
- 유입 방폭구조
- 충전 방폭구조
- 몰드 방폭구조
- 안전증 방폭구조
- 본질안전 방폭구조

53 정상적인 상태에서 지속적 위험분위기를 형성하는 공간에 사용이 가능한 방폭구조는 다음 중 어느 것인가?

① 본질안전 방폭구조
② 유입 방폭구조
③ 충전 방폭구조
④ 압력 방폭구조

위험장소별 방폭구조의 종류

구분	대상장소	방폭구조의 종류
0종 장소	항상 폭발분위기이거나, 장기간 위험성이 존재하는 지역, 인화성 액체용기나 탱크 내부, 가연성 가스용기 내부 등	본질안전 방폭구조
1종 장소	정상상태에서 간헐적으로 폭발분위기로 유지되는 지역이나 릴리프밸브 부근	내압, 압력 방폭구조
2종 장소	비정상상태에서만 폭발분위기가 유지되는 지역	내압, 압력, 안전증 방폭구조

정답 51. ① 52. ① 53. ①

54 다음 중 블레비(BLEVE) 현상을 가장 알맞게 설명한 것은 어느 것인가?

① 화재가 아닌 경우 물 등이 뜨거운 기름표면 아래서 끓을 때 Over Flow되는 현상
② 물이 액체위험물 화재의 뜨거운 표면에 들어가 비등하면서 발생되는 Over Flow 현상
③ 화재 시 열파에 의한 탱크 바닥의 물이 비등으로 인하여 급격하게 Over Flow되는 현상
④ 과열에 의한 탱크 내부의 액화가스가 급격하게 분출하면서 폭발하는 현상

블레비(BLEVE : Boiling Liquid Expanding Vapor Explosion)의 정의

가연성 액화가스의 저장탱크 주위에 화재가 발생되어 기상부의 탱크 강판이 국부적으로 가열된 경우 그 부분의 강도가 약해져 파열되면서 내부의 가열된 액화가스가 급속히 비등하면서 팽창, 폭발하는 현상이다.

55 액화가스를 저장하는 탱크의 용기가 과열로 파괴되면서 분출된 가스에 불이 붙어 큰 화구를 형성하는 것을 무엇이라 하는가?

① BLEVE　　② Fire Ball
③ Boil Over　　④ Flash Over

Fire Ball(화구)

Fire ball은 BLEVE나 UVCE와 같이 Flash 증발로 인해 확산된 인화성 증기가 착화되면서 폭발할 때, 화염이 급속히 확대되어 공기를 끌어올리며 버섯형 화염 형태로 보이는 것을 말한다.

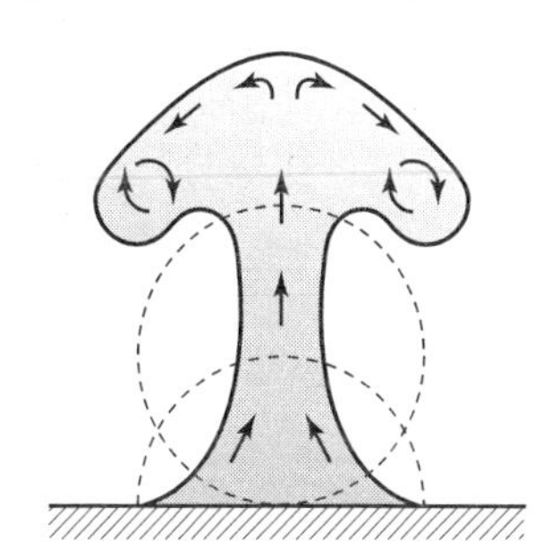

56 다음 중 화학적 폭발에 해당되지 아니하는 것은?

① 분진폭발　　② 분해폭발
③ 분무폭발　　④ 수증기폭발

폭발의 원인별 분류

① 물리적 폭발 : 고압 용기의 파열, 탱크의 감압에 의한 파손, 액체의 폭발적인 증발 등 눈에 보이는 물리적 변화에 의한 폭발로 연소를 동반하지 않는 특징이 있다.
예 보일러 폭발, 수증기 폭발, 고압용기 폭발
② 화학적 폭발 : 화학반응에 의한 폭발적인 연소, 중합, 반응폭주 등에 의하여 발생되는 폭발이며, 연소를 동반하는 특징이 있다.
예 산화폭발, 분해폭발, 중합폭발, 분진폭발, 분무폭발

정답 54. ④ 55. ② 56. ④

57 다음 중 화재의 정의를 설명한 것 중 바르지 못한 것은?

① 사람의 의도에 반하거나 방화에 의하여 불이 발생되어 피해를 주는 연소 현상
② 사람의 통제를 벗어난 광적인 연소 현상
③ 자연 또는 인위적인 원인에 의하여 불이 발생되어 인명 피해를 주는 연소 현상
④ 사람이 이를 제어하여 인류의 문화 및 문명의 발달을 가져오게 한 연소 현상

화재의 정의

사람의 통제를 벗어난 광적인 연소 확대 현상으로 사람의 의도에 반하거나 고의에 의해서 발생하여 인명 및 재산의 피해를 주는 것이다.
① 인간의 통제를 벗어난 광적인 연소현상
② 인간의 의도에 반하는 연소현상
③ 인적 · 물적 피해를 주는 연소현상

58 다음 중 화재의 원인에 대한 설명으로 틀린 것은?

① 주위의 온도가 높을수록 화재가 잘 일어난다.
② 활성화에너지가 작을수록 화재가 잘 일어난다.
③ 열전도율이 클수록 화재가 잘 일어난다.
④ 산소와의 친화력이 클수록 화재가 잘 일어난다.

③ 화재는 열전도율이 작을수록 잘 발생한다.

59 다음 중 가연물의 종류에 따라 화재를 분류한 것 중 틀린 것은?

① 일반화재 – 종이, 목재, 섬유, 합성수지
② 유류화재 – 가솔린, 등유, 경유, 에틸알코올
③ 금속화재 – 칼륨, 유황, 마그네슘, 알루미늄
④ 가스화재 – 도시가스, 메탄, LPG, LNG

유황

① 비금속원소
② 화약과 성냥의 원료
③ 상온에서 황색이고, 무취

정답 57. ④ 58. ③ 59. ③

60 다음은 화재의 종류 및 특징을 설명한 것으로 틀린 것은 어느 것인가?

① 일반화재를 A급 화재라고 하며 연소 후 재를 남기지 않는 화재를 말한다.
② 유류화재를 B급 화재라고 하며 질식소화에 의한 소화가 가장 효과적이다.
③ 전기화재를 C급 화재라고 하며 소화기 표시색은 청색이다.
④ 금속화재를 D급 화재라고 하며 주수소화를 금지한다.

61 일반 가연물 화재인 합성수지 화재의 특징을 설명한 것 중 틀린 것은?

① 열가소성 수지는 열경화성 수지에 비해 화재 위험성이 작다.
② 열경화성 수지에는 페놀수지, 요소수지, 멜라민수지 등이 있다.
③ 연소 시 많은 유독가스가 발생되어 인명피해 우려가 크다.
④ 부도체이므로 정전기 발생에 주의해야 한다.

62 일반 가연물 화재(A급 화재)의 특징을 설명한 것으로 틀린 것은 어느 것인가?

① 목재, 종이 등에 의해 발생되는 화재이며 연기의 색은 백색이다.
② 동물성 섬유는 식물성 섬유에 비해 연소 속도가 빨라 화재 위험이 크다.
③ 소화방법으로는 주수에 의한 냉각소화가 가장 효과적이다.
④ 소화기 색상은 백색이며, 연소 후 재를 남긴다.

▶ 화재의 종류 및 특징

① 일반가연물 화재

종류	목재, 종이, 섬유류, 합성수지류, 특수가연물 등
특징	㉠ 연기의 색상은 백색이며, 연소 후 재가 남는 특징이 있다. ㉡ 고체 상태이므로 기체, 액체에 비해 상대적으로 큰 착화에너지가 필요하다. ㉢ 화재 시 주수에 의한 냉각소화가 효과적이다.

② 합성수지 화재

	열가소성 수지	열경화성 수지
종류	열을 가하면 용융되어 액체로 되고 온도가 내려가면 고체 상태가 되며 화재 위험성이 매우 크다. 예 폴리에틸렌, 폴리프로필렌, 폴리스티렌, 폴리염화비닐, 아크릴수지 등	열을 가하면 용융되지 않고 바로 분해되어 기체를 발생시키며 열가소성에 비해 화재의 위험성이 작다. 예 페놀수지, 요소수지, 멜라민수지, 에폭시수지 등
특징	㉠ 분진 형태의 플라스틱은 스파크, 불꽃 등 작은 에너지로도 착화가 일어날 수도 있다. ㉡ 부도체이므로 정전기에 의해 인화성 증기에 발화 가능성이 있다. ㉢ 열가소성 수지는 열경화성 수지에 비해 화재 위험성이 현저히 크다. ㉣ 연소 시 유독가스에 의한 인명 피해의 우려가 크다.	

정답 60. ① 61. ① 62. ②

63 다음 중 유류화재를 일으키는 물질이 아닌 것은 어느 것인가?

① 휘발유 ② 이황화탄소
③ 페놀 ④ 황린

유류화재 : 제4류 위험물과 같은 액체 가연물로 인한 화재

④ 황린은 제3류 위험물

64 1기압에서 발화점이 섭씨 100도 이하인 것 또는 인화점이 섭씨 영하 20도 이하이고 비점이 40도 이하인 것은 제4류 위험물 중 어느 것인가?

① 특수인화물 ② 제1석유류
③ 제2석유류 ④ 제4석유류

제4류 위험물의 분류

구분	내용
특수인화물	이황화탄소, 디에틸에테르, 그 밖에 1기압에서 발화점이 섭씨 100도 이하인 것 또는 인화점이 섭씨 영하 20도 이하이고 비점이 섭씨 40도 이하인 것
제1석유류	아세톤, 휘발류, 그 밖에 1기압에서 인화점이 섭씨 21도 미만인 것
알코올류	분자를 구성하는 탄소원자의 수가 1~3개까지인 포화 1가 알코올(변성알코올 포함)
제2석유류	등유, 경유, 그 밖에 1기압에서 인화점이 섭씨 21도 이상 섭씨 70도 미만인 것
제3석유류	중유, 클레오소트유, 그 밖에 1기압에서 인화점이 섭씨 70도 이상 섭씨 200도 미만인 것
제4석유류	기어유, 실린더유, 그 밖에 1기압에서 인화점이 섭씨 200도 이상 섭씨 250도 미만인 것
동식물유류	동물의 지육 또는 식물의 종자나 과육으로부터 추출한 것으로서 1기압에서 인화점이 섭씨 250도 미만인 것

65 유류화재의 특징을 설명한 것으로 틀린 것은 어느 것인가?

① 연기의 색상은 흑색을 띠며 연소 후 재를 남기지 아니 한다.
② 화재가 발생된 경우 주수소화에 의한 냉각소화가 가장 효과적이다.
③ 부도체이므로 정전기로 인한 착화에 주의해야 한다.
④ 소화기 색상은 황색이다.

유류화재

종류	제4류 위험물과 같은 액체 가연물
특징	㉠ 연기 색상은 흑색이며, 연소 후 재를 남기지 않는 특징이 있다. ㉡ 용기에서 누설될 경우 연소 면이 급격히 확대된다. ㉢ 대부분 물에 녹지 않고 물보다 가벼우며 주수소화 시 연소 면이 확대되므로 질식소화가 효과적이다. ㉣ A급 화재에 비해 화재 진행 속도가 빠르고 활성화 에너지가 작다. ㉤ 부도체이므로 정전기로 인한 착화의 우려가 있어 정전기 방지대책이 중요하다.

정답 63. ④ 64. ① 65. ②

66 다음은 액체 위험물에서 발생될 수 있는 현상을 설명한 것이다. 가장 알맞은 것은?

- 중질유의 탱크에서 장시간 조용히 연소하다 탱크 내 잔존기름이 갑자기 분출하는 현상
- 유류탱크에서 탱크 바닥에 물과 기름의 에멀션이 섞여 있을 때 이로 인하여 화재가 발생하는 현상
- 연소유면으로부터 100도 이상의 열파가 탱크 저부에 고여 있는 물을 비등하게 하면서 연소유를 탱크 밖으로 비산시키며 연소하는 현상

① Boil Over ② Slop Over
③ Froth Over ④ Flash Over

67 다음 중 화재와 관련이 없는 것은 어느 것인가?

① Boil Over ② Slop Over
③ Froth Over ④ Flash Over

Froth Over

화재가 아닌 경우로서 물이 고점도 유류와 접촉되면 급속히 비등하여 거품과 같은 형태로 분출되는 현상

68 다음에서 보일오버가 발생될 수 있는 조건에 해당되지 아니하는 것은?

① 비점이 물보다 낮은 유류일 것 ② 탱크 내부에 수분이 존재할 것
③ 열파를 형성하는 유류일 것 ④ 물보다 가벼운 유류일 것

보일오버(Boil Over)

① 고비점 액체 위험물에서 발생되는 현상
② 탱크 유면에서 화재 발생 → 고온의 열류층 형성 → 열파에 의해 탱크 하부 수분이 급격히 비등하면서 상층의 유류를 탱크 밖으로 분출시키는 현상

69 알칼리금속 중 금속칼륨이 물과 반응하면 위험해지는 이유로 옳은 것은?

① 산소를 발생시키기 때문에 ② 수소를 발생시키기 때문에
③ 이산화탄소를 발생시키기 때문에 ④ 아세틸렌을 발생시키기 때문에

금속화재(D급 화재)

① $2K + 2H_2O \rightarrow 2KOH + H_2 + Q$[kcal]
② 금속칼륨은 물과 반응 시 수소를 발생시키고 발열반응이 일어난다.

정답 66. ① 67. ③ 68. ① 69. ②

70 다음 중 금속화재의 특징을 설명한 것으로 잘못된 것은 어느 것인가?

① 금속화재를 일으키는 물질에는 나트륨, 칼륨, 마그네슘 등이 있다.
② 금속화재를 일으킬 수 있는 금속, 분진의 양은 30~80 mg/l 정도이다.
③ 금속화재 시에는 주수소화가 가장 효과적이다.
④ 금속화재 시의 온도는 약 2,000~3,000℃로 매우 높다.

금속화재(D급 화재)

종류	Na, K, Al, Mg, 알킬알루미늄, 알킬리튬, 무기과산화물, 그 밖의 금속성 물질(Cu, Ni 제외)
특징	㉠ 연소 시 온도가 매우 높다.(약 2,000~3,000℃) ㉡ 분진 상태로 공기 중에서 부유 시 분진폭발의 우려가 있다. ㉢ 주수소화 시 수증기 폭발의 위험과 수소와 산소 가스가 발생되어 연소가 더욱 심해진다. ㉣ Na, K 등의 금속은 물과 접촉하면 발열반응이 일어난다. $2K + 2H_2O \rightarrow 2KOH + H_2 + Qkcal$ ㉤ 금속의 양이 30~80mg/l 정도이면 금속화재를 일으킬 수 있다.
소화 방법	㉠ 건조사에 의한 질식소화(소규모 금속화재에 사용) ㉡ 금속화재용 소화약제(Dry Powder) 사용

71 다음 중 주방화재를 설명한 것으로 옳은 것은 어느 것인가?

① 주방화재를 식용류 화재라고도 하며 재연의 우려가 높다.
② 제2종 분말소화약제를 사용하여 비누화 현상에 의한 소화를 한다.
③ 인화점 이하로 온도를 떨어뜨릴 경우 재발화가 일어나지 않는다.
④ 발화점은 약 300~315℃ 정도이다.

주방화재(식용유 화재)

② 제1종 분말소화약제(나트륨에 의한 비누화 현상)를 사용한다.
③ 재발화의 위험이 매우 크므로 발화점 이하로 냉각시켜야 한다.
④ 인화점 : 약 300~315℃
연소점 : 약 350~370℃
발화점 : 약 390~410℃

72 다음 중 가연성 가스를 나타낸 것으로 가장 알맞은 것은?

① 연소범위 중 하한값이 10% 이상이거나 상한값과 하한값의 차이가 20% 이하인 가스
② 연소범위 중 하한값이 10% 이하이거나 상한값과 하한값의 차이가 20% 이상인 가스
③ 연소범위 중 하한값이 5% 이상이거나 상한값과 하한값의 차이가 10% 이하인 가스
④ 연소범위 중 하한값이 5% 이하이거나 상한값과 하한값의 차이가 10% 이상인 가스

정답 70. ③ 71. ① 72. ②

73 다음 중 화재를 소실정도에 의해 분류한 경우 잘못 설명된 것은 어느 것인가?

① 전소화재란 전체의 70% 이상 소손된 화재를 말한다.
② 반소화재란 전체의 50% 이상 70% 미만 소손된 화재를 말한다.
③ 즉소화재란 인명피해가 없고 피해액이 경미한 화재를 말한다.
④ 소실 정도가 70% 미만이더라도 재수리가 불가한 경우는 전소화재에 해당된다.

소실 정도에 따른 화재의 분류

① 국소화재 : 전체의 10% 미만이 소손된 경우로서 바닥 면적이 3.3m^2 미만이거나 내부의 수용물만이 소손된 경우
② 부분소화재 : 전체의 10% 이상 30% 미만이 소손된 경우
③ 반소화재 : 전체의 30% 이상 70% 미만이 소손된 경우
④ 전소화재 : 전체의 70% 이상이 소손되거나 70% 미만이라 할지라도 재수리 후 사용이 불가능하도록 소손된 경우
⑤ 즉소화재 : 화재로 인한 인명피해가 없고 피해액이 경미한(동산과 부동산을 포함하여 50만 원 미만) 화재로 화재 건수에 이를 포함한다.

74 화상을 강도에 의해 분류할 경우 4도 화상에 해당되는 것은?

① 피부가 약간 붉게 보이고 햇빛에 의해서도 발생될 수 있으며 홍반성 화상이라 한다.
② 표피가 타들어가 진피가 손상된 화상이며, 수포성 화상이라 한다.
③ 열이 깊숙이 침투하여 검게 되는 화상이며, 괴사성 화상이라 한다.
④ 통증이 전혀 없을 수 있으며 근육, 신경, 뼈 안까지 손상된 화상으로, 흑색 화상이라 한다.

강도에 의한 화상의 분류

구분	내용
1도 화상 (홍반성 화상)	㉠ 일반적으로 햇빛에 의한 화상 ㉡ 피부가 약간 붉게 보이는 정도의 화상
2도 화상 (수포성 화상)	㉠ 표피가 타 들어가 진피가 손상되는 화상 ㉡ 화상 부위가 분홍색으로 되고 수포가 발생
3도 화상 (괴사성 화상)	㉠ 피부의 모든 층이 타 버린 화상 ㉡ 열이 피부 깊숙이 침투하여 검게 된다.
4도 화상 (흑색 화상)	㉠ 근육, 신경, 뼈 속까지 손상되는 화상 ㉡ 통증이 거의 없을 수 있다.

75 다음 중 사망자의 정의를 가장 올바르게 설명한 것은?

① 화재의 현장에서 부상을 당해 24시간 이내에 사망한 사람을 말한다.
② 화재의 현장에서 부상을 당해 48시간 이내에 사망한 사람을 말한다.
③ 화재의 현장에서 부상을 당해 72시간 이내에 사망한 사람을 말한다.
④ 화재의 현장에서 사망 또는 부상을 당한 사람을 말한다.

정답 73. ② 74. ④ 75. ③

인명피해의 종류

① 사상자 : 화재현장에서 사망 또는 부상을 당한 사람
② 사망자 : 화재현장에서 부상을 당한 후 72시간 이내에 사망한 경우
③ 중상자 : 의사의 진단을 기초로 하여 3주 이상의 입원치료를 필요로 하는 부상
④ 경상자 : 중상 이외의(입원치료를 필요로 하지 않는 것도 포함) 부상

76 "화재가 발생한 경우 건물의 기둥, 벽, 건축자재 등은 발화부 방향으로 도괴한다."는 발화부 추정 원칙 중 어느 것에 해당되는가?

① 연소의 상승성　② 도괴방향법
③ 탄화심도　④ 주연흔

발화부 추정 원칙

① 연소의 상승성 : 역삼각형 패턴으로 연소하고, 연소속도는 상방연소 > 수평연소 > 하방연소 순이다.
② 도괴방향법 : 건물의 구조체가 발화부를 향해 도괴하는 현상
③ 탄화심도 : 목재 표면의 탄화된 깊이를 통해 발화부를 추정
④ 주연흔 : 건물 구조체에 발생한 연기의 흔적으로 발화부를 추정
⑤ 박리흔 : 화재에 의한 콘크리트의 폭렬 및 박리상태로 추정
⑥ 변색흔 : 건물 구조체에 발생한 변색의 흔적으로 추정
⑦ 균열흔 : 목재 표면의 균열은 발화부에 가까울수록 작고 가늘다.
⑧ 용융흔 : 발화부 근처일수록 유리파편의 표면이 깨끗하다. 이는 순식간에 열로 인해 파손되었기 때문이다.

77 물질의 특성과 화재 위험성을 설명한 것 중 틀린 것은?

① 온도가 높을수록, 압력이 높을수록 위험하다.
② 연소범위가 넓을수록 위험하다.
③ 인화점, 발화점이 낮을수록, 비점이 높을수록 위험하다.
④ 연소속도, 증기압이 클수록 위험하다.

③ 인화점, 발화점이 낮을수록, 비점이 낮을수록 위험하다.

78 화재를 효과적으로 소화하는 방법 중 물리적 소화에 해당되지 아니하는 것은?

① 제거소화　② 질식소화
③ 냉각소화　④ 억제소화

④ 억제소화(부촉매소화) – 화학적 소화

정답 76. ② 77. ③ 78. ④

79 소화방법 중 가연물 주변의 공기를 차단하여 산소 농도를 15% 이하로 떨어뜨려 소화하는 방법에 해당되지 아니하는 것은?

① 산불 화재 시 진행 방향의 나무를 벌목하는 방법
② 이산화탄소로 가연물을 덮는 방법
③ 포 소화약제로 가연물을 덮는 방법
④ 불연성 고체로 가연물을 덮는 방법

질식소화

① 산소 농도를 15% 이하로 떨어뜨려 소화하는 방법
② 불연성 가스를 첨가 : CO_2, N_2, 수증기 등을 첨가하여 주위 산소를 밀어냄
③ 불연성의 포 거품으로 가연물 표면을 덮음
④ 담요 또는 건조사로 화염을 덮음
⑤ 이산화탄소 소화설비, 불활성가스 청정소화약제 소화설비 등

제거소화

① 산림화재 시 미리 벌목하여 가연물을 제거하는 것
② 유류탱크 화재에서 배관을 통하여 미연소 유류를 이송하는 것
③ 가스화재 시 가스밸브를 닫아 가스공급을 차단하는 것
④ 전기화재 시 전원공급을 차단하는 것

80 다음 중 화학적 소화에 대한 설명으로 틀린 것은 어느 것인가?

① 화학적 소화는 불꽃연소에 효과적이다.
② 화학적 소화는 연쇄반응을 차단시켜 소화한다.
③ 화학적 소화는 표면연소에 효과적이다.
④ 화학적 소화에는 할로겐화합물 소화약제 또는 분말 소화약제를 사용한다.

화학적 소화

① 불꽃연소에만 가능한 소화방법이다.
② 화재 시 부촉매에 의한 연쇄반응을 차단하여 소화한다.
③ 할로겐화합물 소화약제, 분말 소화약제 등을 사용한다.

81 화재가 발생된 경우 가연성 증기의 농도를 연소범위 밖으로 벗어나게 하여 소화하는 방법을 무엇이라 하는가?

① 질식소화방법 ② 제거소화방법
③ 희석소화방법 ④ 억제소화방법

희석소화

㉮ 연소 중인 수용성 액체에 물을 주입하여 농도를 희석
㉯ 불연성 가스를 주입하여 가연성 가스의 농도를 희석

정답 79. ① 80. ③ 81. ③

82 다음 중 화재의 종류와 표시색상의 연결이 올바르지 않은 것은?

① A급 화재 : 백색
② B급 화재 : 황색
③ C급 화재 : 적색
④ D급 화재 : 무색

③ C급 화재 : 청색

83 다음 중 열경화성 수지가 아닌 것은?

① 페놀수지
② 멜라민수지
③ 요소수지
④ 염화비닐수지

① 열경화성 수지-페놀수지, 멜라민수지, 요소수지, 에폭시수지 등
② 열가소성 수지-폴리에틸렌, 폴리염화비닐, 폴리프로필렌, 폴리스티렌 등

84 화재를 연료지배형 화재와 환기지배형 화재로 구분할 경우 다음 중 환기지배형화재로 볼 수 없는 것은?

① 밀폐된 공간 또는 구획된 공간에서 주로 발생한다.
② 플래시오버(Flash Over) 이전에 주로 발생한다.
③ 공기의 인입량에 지배를 받는다.
④ 목조건축물보다 내화건축물일 경우 주로 발생한다.

② 플래시오버(Flash Over) 이전에는 주로 연료지배형 화재이다.

85 목재건축물의 화재 원인에 해당되지 아니하는 것은?

① 접염
② 비화
③ 복사열
④ 흡착열

목재건축물의 화재 원인

① 접염
② 비화
③ 복사열

86 목재건축물 화재의 메커니즘을 가장 알맞게 나타낸 것은 어느 것인가?

① 화재원인 – 무염착화 – 발염착화 – 출화 – 최성기 – 연소낙하 – 소화
② 화재원인 – 발염착화 – 무염착화 – 출화 – 최성기 – 연소낙하 – 소화

정답 82. ③ 83. ④ 84. ② 85. ④ 86. ①

③ 화재원인－출화－무염착화－발염착화－연소낙하－최성기－소화
④ 화재원인－출화－발염착화－무염착화－연소낙하－최성기－소화

목재건축물의 화재 진행 과정

화재원인－무염착화－발염착화－출화－최성기－연소낙하－소화

※ 출화

① 옥내출화
㉠ 건축물 실내의 천장 속, 벽 내부에서 착화
㉡ 준불연성, 난연성으로 피복된 내부에서 착화
② 옥외출화
㉠ 건축물 외부의 가연물질에서 착화
㉡ 창, 출입구 등의 개구부 등에서 착화

87 목재의 연소과정을 설명한 것 중 틀린 것은 어느 것인가?

① 목재는 약 100℃에서 수분의 증발이 일어나고 흑갈색으로 변한다.
② 목재는 약 130℃에서 열분해되어 가연성 기체가 생성된다.
③ 목재의 인화온도는 약 220~260℃ 정도이다.
④ 목재의 발화온도는 약 420~480℃ 정도이다.

목재의 열분해 단계

① 100℃ : 수분 및 휘발성분이 증발하여 갈색으로 변한다.
② 170℃ : 흑갈색으로 변하면서 열분해되어 가연성 기체가 생성된다.
③ 260℃ : 급격한 분해가 일어나며 목재의 인화점이 된다.
④ 480℃ : 목재의 발화점이 되며, 폭발적으로 연소한다.

88 가연물의 연소 시 불꽃 없이 착화되는 현상을 무엇이라 하는가?

① 무염착화 ② 발염착화
③ 출화 ④ 발화

89 목재는 수분 함유량이 많을 경우 화염에 장시간 노출되어도 착화되기 어렵다. 다음 중 착화되기 어려운 수분 함유량은 최소 몇 % 이상인가?

① 5% 이상 ② 10% 이상
③ 15% 이상 ④ 30% 이상

정답 87. ② 88. ① 89. ③

90 내화건축물 화재의 특성을 설명한 것 중 틀린 것은 어느 것인가?

① 화재 초기에는 연료지배형 화재의 특성을 나타낸다.
② 고온 단기형의 화재 특성을 나타낸다.
③ 플래시오버는 화재 성장기에서 발생한다.
④ 플래시오버 이전까지를 거주 가능 시간으로 볼 수 있다.

내화건축물 화재의 특성

① 내화건축물은 목조건축물에 비해 연소온도는 낮지만 연소 지속시간은 길다.
② 저온 장기형이다.(약 800~1,000℃, 30분~3시간)

91 내화건축물 화재의 메커니즘을 가장 알맞게 나타낸 것은 어느 것인가?

① 화재 초기－성장기－최성기－감쇠기
② 화재 초기－최성기－성장기－감쇠기
③ 화재 초기－감쇠기－성장기－최성기
④ 화재 초기－감쇠기－최성기－성장기

내화건축물의 화재 진행단계

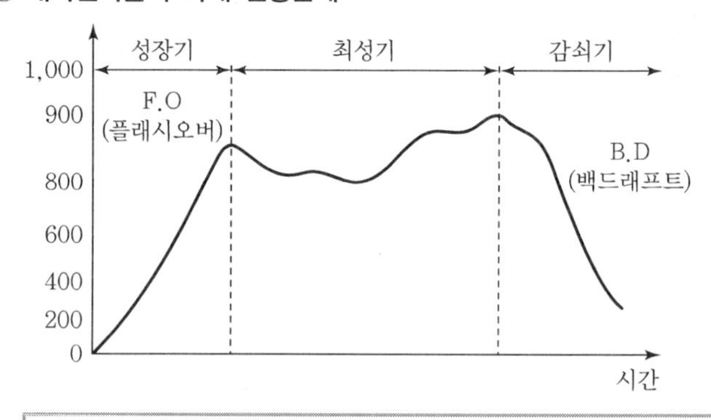

초기－발화－성장기－최성기－감쇠기

① 초기 : 주요 구조부가 가연성이 아니고 공기의 유통도 적기 때문에 연소속도가 완만하다.
② 발화 : 화재의 개시
③ 성장기 : 에너지의 축적에 의해 연소가 급격히 진행되어 검은 연기가 발생되며, 실 전체가 화염에 휩싸이는 Flash Over가 발생한다.
④ 최성기
  ㉮ 환기지배형 화재의 과정으로서, 열방출속도의 변화가 적으며 실의 온도가 매우 높다.
  ㉯ 실의 온도가 약 800~1,000℃에 이르게 되며, 건물의 도괴 방지와 관련하여 지속시간 및 최고온도의 파악이 중요하다.
⑤ 감쇠기
  ㉮ 실내의 가연물이 거의 소진되어 화세가 약해지며, 상당시간 고온으로 유지된 후 연기의 농도도 엷어진다.
  ㉯ 최성기의 환기지배형 화재에서 연료지배형 화재로 전환된다.
  ㉰ Back Draft가 발생할 수 있다.

정답 90. ② 91. ①

92 내장재의 발화시간에 영향을 주는 요인에 해당되지 아니하는 것은?

① 발화온도
② 복사열유속
③ 내장재의 두께
④ 화염확산속도

▶ 내장재 발화시간의 영향 요인

① 발화온도
② 복사열유속
③ 내장재의 두께
④ 화재성장

93 실내공간이 5×5×3m³인 건물 내에 가연물 3kmol이 적재되어 있고, 화재하중이 2kg/m² 일 경우 이 가연물이 완전연소한다고 가정하면 발생되는 총 열량[kcal]은 얼마인가?

① 125,000
② 225,000
③ 325,000
④ 425,000

▶ 화재하중

$$W[\text{kg/m}^2] = \frac{\Sigma(G_t \cdot H_t)}{H_o \cdot A_f} = \frac{\Sigma Q_t}{H_o \times A_f}$$

여기서, W : 연료하중(화재하중)[kg/m²]
G_t : 가연물의 양[kg]
H_t : 가연물의 단위 질량당 발열량[kcal/kg][kJ/kg]
H_o : 목재의 단위 질량당 발열량[4,500kcal/kg][18,855kJ/kg]
A_f : 화재 실의 바닥 면적[m²]
Q_t : 가연물의 전체 발열량[kcal]

$Q_t = 2[\text{kg/m}^2] \times 4,500[\text{kcal/kg}] \times (5\times5)[\text{m}^2]$
$= 225,000[\text{kcal}]$

94 화재하중이란 단위면적당 가연물의 질량을 나타내는데 다음 중 화재하중과의 관계를 틀리게 설명한 것은 어느 것인가?

① 가연물의 질량이 많으면 화재하중은 크다.
② 목재의 발열량은 4,500kcal/kg이다.
③ 화재실의 면적이 클수록 화재하중은 크다.
④ 가연물의 발열량이 크면 화재하중은 크다.

정답 92. ④ 93. ② 94. ③

95 화재가혹도의 설명으로 틀린 것은?

① 화재하중이 작으면 화재가혹도가 작다.
② 화재실 내 단위시간당 축적되는 열이 크면 화재가혹도가 크다.
③ 화재규모 판단척도로 주수시간을 결정한다.
④ 최고온도와 지속시간으로 나타낼 수 있다.

▶ 화재가혹도

① 화재 가혹도는 화재의 최고온도와 지속시간에 의해 표현되는 화재의 규모를 표시하는 지표이다.
② 최고온도와 지속시간
㉠ 최고온도 : 발생 화재의 열 축적률이 크다는 것을 표시하는 화재강도(Fire intensity)의 개념이다.
㉡ 지속시간 : 화재에 의해 연소되는 가연물의 양을 표시하는 연료하중(Fire load)의 개념이다.
③ 화재가혹도는 화재의 시간온도 곡선의 하부면적으로 표현할 수 있다.

96 Thomas' Flash Over 판단기준을 사용해서 바닥면이 6.0m×4.0m, 높이가 3.0m인 방에서 Flash Over가 발생하는 데 필요한 열 발생속도[MW]는 얼마인가?(단, 방에는 창문이 높이 2.0m, 폭 3.0m이고, Flash Over에 대한 열발생속도 $Qf_0=0.007At+0.378Av\sqrt{Hv}$[MW]로 구한다.)

① 3.92 ② 4.35
③ 2.92 ④ 3.45

▶ Flash Over 열 발생속도

$Qf_0=0.007At+0.378Av\sqrt{Hv}$[MW]

① 실내 표면적=천장 면적+벽 면적+바닥 면적−개구부 면저
$=(6\times4\times2)+(6\times3\times2)+(4\times3\times2)-(3\times2)=102m^2$

② 환기인자
$A_v\sqrt{H_v}=(3\times2)\times\sqrt{2}=8.485$

③ $Q=0.007A_t+0.378A_v\sqrt{H_v}$
$=(0.007\times102)+(0.378\times8.485)=3.92$[MW]

97 플래시오버(Flash Over)에 대한 설명으로 틀린 것은 어느 것인가?

① 어느 순간 실 전체에 화염이 확대되는 현상이다.
② 연료지배형 화재에서 환기지배형 화재로 전이되는 단계이다.
③ 화재의 성장 단계 중 최성기 이후에서 발생한다.
④ 플래시오버 이전에 피난이 완료되어야 한다.

정답 95. ③ 96. ① 97. ③

▶ Flash Over(플래시오버)

③ 화재의 성장 단계 중 성장기에서 발생한다.

※ Flash over와 Back draft 비교

구 분	발생원인	발생시기
Flash over	에너지 축적	성장기
Back draft	공기 공급	최성기 이후(감쇠기)

98 내화구조 건물의 표준시간-온도 곡선에서 화재 발생 후 2시간 경과 시 내부 온도는 약 몇 ℃가 되는 가?

① 840 ② 950 ③ 1,010 ④ 1,050

▶ 표준시간-온도 곡선

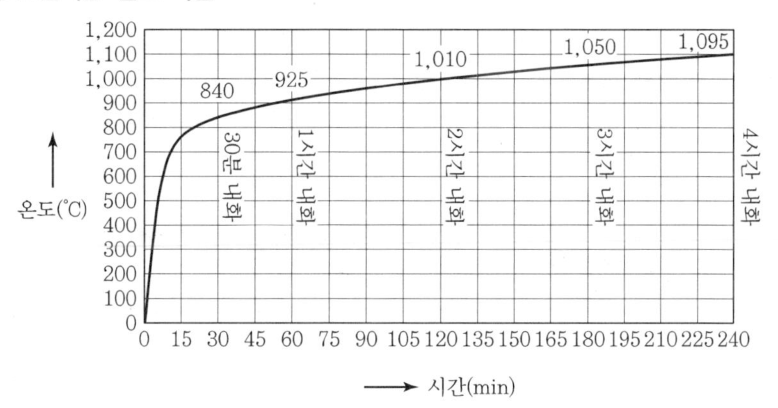

99 화재 성장기 때의 열 방출속도와 관계가 없는 것은?

① 기화열에 비례한다. ② 연소속도에 비례한다.
③ 연소열에 비례한다. ④ 기화면적에 비례한다.

▶ 성장기 때의 열 방출속도

열방출률 $Q = m'' \cdot A \cdot \Delta Hc = \frac{q''}{L_V} \cdot A \cdot \Delta Hc$ [kW]

연소속도 $m'' = \frac{q''}{L_V}$ [g/s · m²]

여기서, m'' : 단위 면적당 질량 연소속도[g/s · m²]
q'' : 연료 표면으로의 순 열류[kW/m²]
L_V : 기화열(kJ/kg), ΔH_c : 연소열[kJ/g]

100 플래시오버(Flash Over) 발생시간이 빨라질 수 있는 조건에 해당되지 아니하는 것은?

① 내장재의 열전도율이 적을수록 ② 내장재가 열분해되기 쉬울수록
③ 개구부의 크기가 클수록 ④ 내장재의 두께가 얇을수록

▶ 플래시오버(Flash Over) 발생시간의 영향인자

① 연료하중이 클수록 화재성장이 촉진된다.
② 화원의 위치가 천장과 벽, 실내의 모서리에 있는 경우 플래시오버가 빠르다.
③ 개구부의 크기
㉮ 너무 작은 경우 : 산소 부족으로 연소가 제대로 이루어지지 않는다.
㉯ 너무 큰 경우 : 유입 공기에 의한 냉각으로 플래시오버가 늦어진다.
㉰ 개구율(개구부면적/벽면적)이 1/3~1/2일 때 플래시오버가 가장 빠르다.
④ 가연물의 발열량(화재강도)이 클수록 열축적이 증대되어 빠르다.
⑤ 내장재의 열전도율이 낮고 내장재의 두께가 얇을수록 플래시오버가 빠르다.
⑥ 화원이 크면 천장부에 닿아 자체 방사열이 커서 플래시오버 발생이 빠르다.

101 면적 $0.5m^2$의 목재 표면에서 연소가 일어날 때 에너지 방출속도(Q)는 몇 kW인가?(단, 목재의 최대 질량연소유속(m'')$=22g/m^2s$, 기화열(L)$=4kJ/s$, 유효연소열($\triangle Hc$)$=30kJ/g$이다.)

① 110 ② 220 ③ 330 ④ 440

▶ 에너지 방출속도(열방출률)

$$Q = m'' \cdot A \cdot \triangle Hc = 22 \times 0.5 \times 30 = 330\text{kJ/s} = 330\text{kW}$$

102 「건축법」상 건축물의 주요 구조부에 해당되지 아니하는 것은?

① 주계단 ② 벽 ③ 기둥 ④ 바닥

▶ 건축물의 주요 구조부

① 건축물의 골격을 유지하는 부분
② 주계단 · 내력벽 · 기둥 · 바닥 · 보 · 지붕(다만, 사잇벽 · 사잇기둥 · 최하층 바닥 · 작은 보 · 차양 · 옥외 계단 등은 제외한다.)

103 「건축법 시행령」상 내화구조의 정의를 설명한 것 중 옳지 않은 것은?

① 화재에 견딜 수 있는 성능을 가진 구조
② 진화 후 재사용이 가능한 구조
③ 화염의 확산을 막을 수 있는 구조
④ 철근콘크리트조, 철골철근콘크리트조, 연와조

정답 100. ③ 101. ③ 102. ② 103. ③

▶ 내화구조

① 정의
내화구조란 화재에 견딜 수 있는 성능을 가진 구조로 쉽게 연소되지 않고 화재 시에도 상당시간 내력의 저하가 없으며 진화 후에 재사용이 가능한 구조

② 목적 및 기능

목적	기능
• 인명 보호 및 원활한 소화활동 • 화재 확대 방지 및 재산보호 • 건물의 도괴 방지	• 차열 및 차염성 • 불연성능 • 충격 및 주수에 대한 강도 유지

104 다음의 내화구조 기준 중 벽에 해당되지 아니하는 것은?

① 철근콘크리트조 또는 철골철근콘크리트조로서 두께가 10cm 이상인 것
② 골구를 철골조로 하고 그 양면을 두께 4cm 이상의 철망모르타르로 덮은 것
③ 벽돌조로서 두께가 10cm 이상인 것
④ 철재로 보강된 콘크리트블록조, 벽돌조, 석조로서 철재를 덮은 콘크리트 블록의 두께가 5cm 이상인 것

▶ 내화구조의 기준(벽)

① 철근콘크리트조 또는 철골철근콘크리트조 : 두께 10cm 이상
② 골구를 철골조로 하고 그 양면을 두께 4cm 이상의 철망모르타르 또는 두께 5cm 이상의 콘크리트블록 · 벽돌 또는 석재로 덮은 것
③ 철재로 보강된 콘크리트 블록조 · 벽돌조 또는 석조로서 철재를 덮은 콘크리트블록 등의 두께 : 5cm 이상
④ 벽돌조 : 두께 19cm 이상
⑤ 고온 · 고압의 증기로 양생된 경량기포 콘크리트패널 또는 경량기포 콘크리트블록조 : 두께 10cm 이상

105 내화구조의 철골철근콘크리트조 기둥은 그 작은 지름이 얼마 이상이 되어야 하는가?

① 5cm 이상 ② 10cm 이상
③ 15cm 이상 ④ 25cm 이상

▶ 내화구조의 기준(기둥)

① 철근콘크리트조 또는 철골철근콘크리트조
② 철골을 두께 6cm(경량골재 : 5cm) 이상의 철망모르타르 또는 두께 7cm 이상의 콘크리트블록 · 벽돌 또는 석재로 덮은 것
③ 철골을 두께 5cm 이상의 콘크리트로 덮은 것

정답 104. ③ 105. ④

106 내화구조의 기준 중 바닥에 해당되지 아니하는 것은?

① 철근콘크리트조 또는 철골철근콘크리트조로서 두께 10cm 이상인 것
② 철재의 양면을 두께 5cm 이상의 철망모르타르 또는 콘크리트로 덮은 것
③ 철재로 보강된 콘크리트블록조, 벽돌조 또는 석조로서 철재를 덮은 콘크리트블록의 두께가 5cm 이상인 것
④ 철근콘크리트조 또는 철골철근콘크리트조로서 두께가 7cm 이상인 것

내화구조의 기준(바닥)

① 철근콘크리트조 또는 철골철근콘크리트조 : 두께 10cm 이상
② 철재로 보강된 콘크리트블록조 · 벽돌조 또는 석조 : 철재를 덮은 콘크리트블록 등의 두께가 5cm 이상인 것
③ 철재의 양면을 두께 5cm 이상의 철망모르타르 또는 콘크리트로 덮은 것

107 다음 중 방화구조 기준으로 알맞은 것은?

① 철망모르타르로서 그 바름 두께가 1cm 이상인 것
② 석고판 위에 시멘트모르타르 또는 회반죽을 바른 것으로서 그 두께의 합계가 2.5cm 이상인 것
③ 두께 1.5cm 이상의 암면보온판 위에 석면시멘트판을 붙인 것
④ 두께 1.0cm 이상의 석고판 위에 석면시멘트판을 붙인 것

방화구조 기준

① 철망모르타르 : 그 바름 두께가 2cm 이상
② 석고판 위에 시멘트모르타르 또는 회반죽을 바른 것 : 그 두께의 합계가 2.5cm 이상
③ 시멘트모르타르 위에 타일을 붙인 것 : 그 두께의 합계가 2.5cm 이상
④ 심벽에 흙으로 맞벽치기한 것
⑤ 「산업표준화법」에 따른 한국산업표준이 정하는 바에 따라 시험한 결과 방화 2급 이상에 해당하는 것

108 방화구획된 벽의 개구부에 설치하여 연소 확대를 방지하는 방화문 중 갑종방화문의 기준으로 알맞은 것은?

① 골구를 철재로 하고 그 양면에 각각 두께 0.5mm 이상의 철판을 붙인 것
② 철재로서 철판의 두께가 1.0mm 이상인 것
③ 철재 및 망이 들어 있는 유리로 된 것
④ 한국산업규격이 정하는 바에 의하여 시험한 결과 비차열 1시간 이상의 성능이 있는 것

정답 106. ④ 107. ② 108. ④

◆ 방화문의 종류

① 비차열성 방화문

화재 시 문 뒤쪽으로의 화염을 차단하는 차염성(Integrity) 및 연기를 차단하는 차연성만을 요구하는 방화문

㉮ 갑종방화문 : KS F 2268-1(방화문의 내화시험방법)에 따른 내화시험 결과, 비차열 1시간 이상 성능이 확보된 것

㉯ 을종방화문 : KS F 2268-1(방화문의 내화시험방법)에 따른 내화시험 결과, 비차열 30분 이상 성능이 확보된 것

② 차열성 방화문

차염성 및 차연성뿐만 아니라 문 뒤쪽으로의 열전달을 차단하는 성능인 차열성(Thermal Insulation)도 요구되는 방화문

→ 차열 : 화재 조건을 표준화한 표준 가열온도 조건에서 가열면의 열이 이면으로 전달되는 것을 차단하는 성능

109 다음 중 갑종방화문을 꼭 설치하여야 하는 장소에 해당되지 아니하는 것은?

① 방화구획에 설치하는 개구부
② 비상용 승강기 승강장의 출입문
③ 연소 우려가 있는 외벽의 개구부
④ 특별피난계단 전실 출입문

◆ 갑종 방화문을 설치해야 하는 경우

① 특별피난계단 : 건축물 내부에서 노대 또는 부속실로 통하는 출입구
② 피난계단 : 건축물 내부에서 계단실로 통하는 출입구
③ 옥외피난계단 : 건축물 내부에서 계단실로 통하는 출입구
④ 방화구획 상의 개구부 : 면적 단위, 층 단위, 용도 단위 방화구획
⑤ 방화벽에 설치하는 개구부
⑥ 비상용 승강장에서 각 층으로 통하는 출입구
⑦ 경사지붕 아래에 설치하는 대피공간의 출입문
⑧ 피난용 승강기 승강장의 출입문, 기계실의 출입문

※ 갑종 또는 을종 방화문을 설치해야 하는 경우

① 특별피난계단 : 노대 또는 부속실로부터 계단실로 통하는 출입구

110 방화셔터에 대한 기준 중 틀린 것은?

① 방화셔터는 연기감지기에 의한 일부폐쇄, 열감지기에 의한 완전폐쇄가 되어야 한다.
② 피난상 유효한 갑종방화문으로부터 1m 이내의 거리에 설치하여야 한다.
③ 일체형 셔터인 경우 출입구 유효너비 0.9m 이상, 유효높이 2m 이상이 되어야 한다.
④ 방화셔터는 비차열 1시간 이상의 성능이 요구된다.

정답 109. ③ 110. ②

방화셔터의 기준

방화구획의 용도로 화재 시의 열, 연기를 감지하여 자동으로 폐쇄되는 장치이다.

① 설치위치

㉮ 피난상 유효한 갑종방화문으로부터 3m 이내에 별도로 설치할 것

㉯ 일체형 셔터의 경우에는 갑종방화문을 설치하지 않을 수 있음

→ 시장, 군수, 구청장이 정하는 기준에 따라 별도의 방화문을 설치할 수 없는 부득이한 경우에만 적용 가능함

② 일체형 셔터의 출입구

㉮ 화재안전기준에 적합한 비상구 유도등 또는 비상구 유도표지를 설치할 것

㉯ 출입구 부분은 셔터의 다른 부분과 색상을 달리하여 쉽게 구분이 되도록 할 것

㉰ 출입구의 유효너비 0.9m 이상, 유효높이 2m 이상일 것

③ 작동기준

㉮ 2단 작동

㉠ 연기감지기에 의한 일부 폐쇄 : 제연경계의 기능

㉡ 열감지기에 의한 완전 폐쇄 : 방화구획의 기능

㉯ 완전 폐쇄 시의 기준

㉠ 셔터의 상부는 상층 바닥에 직접 닿도록 할 것(천장까지 완전히 구획되도록 함)

㉡ 부득이하게 발생한 바닥과의 틈새는 열, 연기의 통로가 되지 않도록 방화구획에 준하는 처리를 할 것

111 다음 방화댐퍼에 대한 설명 중 틀린 것은?

① 덕트 등 설비 관통부에 설치하며 규정온도 이상 시 수동으로 폐쇄되어야 한다.

② 방화댐퍼는 두께 1.5mm 이상의 철판으로 할 것

③ 폐쇄가 된 경우 틈새가 생기지 아니하는 구조로 하여야 한다.

④ 「산업표준화법」에 의한 한국산업규격상의 방화댐퍼의 방연시험방법에 적합할 것

방화댐퍼의 기준

① 철재로서 철판의 두께가 1.5mm 이상일 것

② 화재가 발생한 경우에는 연기의 발생 또는 온도의 상승에 의하여 자동으로 닫힐 것

③ 닫힌 경우에는 방화에 지장이 있는 틈이 생기지 아니할 것

④ 「산업표준화법」에 의한 한국산업규격상의 방화댐퍼의 방연시험방법에 적합할 것

112 을종방화문은 비차열 몇 분 이상의 성능을 확보하여야 하는가?

① 10분 이상　　② 30분 이상

③ 60분 이상　　④ 90분 이상

정답 111. ① 112. ②

113 방화문 성능 기준 중 문세트 시험(KS F 3109)에서 규정한 차연성이란 방화문을 설치한 시험장치 내 압력이 25Pa일 때 방화문을 통한 누설량이 (　　)$m^3/min \cdot m^2$를 초과하지 않아야 한다. 다음 중 (　　) 안에 들어갈 내용이 알맞은 것은?

① 1.0　　② 0.9　　③ 0.8　　④ 0.7

문세트 시험(KS F 3109) 중 차연성 시험

방화문을 설치한 시험장치 내 압력이 25Pa일 때 방화문을 통한 누설량이 0.9$m^3/min \cdot m^2$를 초과하지 않아야 한다.

114 다음 (　　) 안에 들어갈 알맞은 수치는 각각 얼마인가?

> 상층으로의 연소확대를 방지하기 위한 스팬드럴은 아래층 창문 상단에서 위층 창문 하단까지의 거리를 (　　)cm 이상 이격하고, 캔틸레버는 건물의 외벽에서 돌출된 부분의 거리가 (　　) cm 이상 되어야 한다.

① 5, 5　　② 9, 5　　③ 50, 50　　④ 90, 50

115 일정규모 이상의 건축물은 화재로 인한 피해를 최소화하기 위해 방화구획을 하여야 한다. 다음 중 방화구획의 종류에 해당되지 아니하는 것은?

① 수용인원단위 구획　　② 면적단위 구획
③ 층단위 구획　　④ 용도단위 구획

방화구획의 종류

① 면적별 구획

구분		자동식 소화설비 미설치	자동식 소화설비 설치
10층 이하		1,000m^2 이내	3,000m^2 이내
11층 이상	일반재료	200m^2 이내	600m^2 이내
	불연재료	500m^2 이내	1,500m^2 이내

② 층별 구획
3층 이상의 층과 지하층은 층마다 구획할 것. 다만, 지하 1층에서 지상으로 직접 연결하는 경사로 부위는 제외한다.

③ 용도별 구획
문화 및 집회시설 · 의료시설 · 공동주택 등 주요 구조부를 내화구조로 해야 하는 부분은 그 부분과 다른 부분을 방화구획할 것

④ 수직관통부 구획
엘리베이터 권상기실, 계단, 경사로, 린넨슈트, 피트 등 수직관통부를 방화구획한다.

정답 113. ② 114. ④ 115. ①

116 방화구획의 기준을 설명한 것 중 틀린 것은 어느 것인가?

① 3층 이상의 층과 지하층은 내화구조의 바닥으로 구획하여야 한다.
② 10층 이하의 층은 바닥면적 1,000m^2 이내마다 구획 하여야 한다.
③ 11층 이상의 층은 바닥면적 600m^2 이내마다 구획 하여야 한다.
④ 자동식 소화설비가 설치된 경우 기준 면적의 3배 이내마다 구획할 수 있다.

▶ 방화구획의 기준

① 10층 이하의 층은 바닥면적 1,000m^2(스프링클러, 기타 이와 유사한 자동식 소화설비를 설치한 경우에는 바닥면적 3,000m^2) 이내마다 구획할 것
② 11층 이상의 층은 바닥면적 200m^2(스프링클러, 기타 이와 유사한 자동식 소화설비를 설치한 경우에는 600m^2) 이내마다 구획할 것. 다만, 벽 및 반자의 실내에 접하는 부분의 마감을 불연재료로 한 경우에는 바닥면적 500m^2(스프링클러, 기타 이와 유사한 자동식 소화설비를 설치한 경우에는 1,500m^2) 이내마다 구획하여야 한다.
③ 3층 이상의 층과 지하층은 층마다 구획할 것. 다만, 지하 1층에서 지상으로 직접 연결하는 경사로 부위는 제외한다.

117 방화구획 면적을 작게 할 경우의 특징이 아닌 것은?

① 연기의 제어가 용이하다.
② 화재의 성장을 억제할 수 있다.
③ 피난이 용이하다.
④ 정보 전달이 어렵다.

118 「건축법 시행령」상 방화구획을 완화하여 적용할 수 있는 기준이 아닌 것은?

① 문화 및 집회시설(동 · 식물원은 제외한다), 종교시설, 운동시설 또는 장례식장의 용도로 쓰는 거실로서 시선 및 활동공간의 확보를 위하여 불가피한 부분
② 계단실부분 · 복도 또는 승강기의 승강로 부분(해당 승강기의 승강을 위한 승강로비 부분을 포함한다)으로서 그 건축물의 다른 부분과 방화구획으로 구획된 부분
③ 공동주택의 세대별 층간 바닥 부분
④ 주요 구조부가 내화구조 또는 불연재료로 된 주차장

▶ 방화구획의 완화요건(「건축법 시행령」 제46조 제2항)

① 문화 및 집회시설(동 · 식물원은 제외한다), 종교시설, 운동시설 또는 장례식장의 용도로 쓰는 거실로서 시선 및 활동공간의 확보를 위하여 불가피한 부분
② 물품의 제조 · 가공 · 보관 및 운반 등에 필요한 고정식 대형기기 설비의 설치를 위하여 불가피한 부분. 다만, 지하층인 경우에는 지하층의 외벽 한쪽 면(지하층의 바닥면에서 지상층 바닥 아래면까지의 외벽 면적 중 4분의 1 이상이 되는 면을 말한다) 전체가 건물 밖으로 개방되어 보행과 자동차의 진입 · 출입이 가능한 경우에 한정한다.

정답 116. ③ 117. ④ 118. ③

③ 계단실부분 · 복도 또는 승강기의 승강로 부분(해당 승강기의 승강을 위한 승강로비 부분을 포함한다)으로서 그 건축물의 다른 부분과 방화구획으로 구획된 부분
④ 건축물의 최상층 또는 피난층으로서 대규모 회의장 · 강당 · 스카이라운지 · 로비 또는 피난안전구역 등의 용도로 쓰는 부분으로서 그 용도로 사용하기 위하여 불가피한 부분
⑤ 복층형 공동주택의 세대별 층간 바닥 부분
⑥ 주요 구조부가 내화구조 또는 불연재료로 된 주차장
⑦ 단독주택, 동물 및 식물 관련 시설 또는 교정 및 군사시설 중 군사시설(집회, 체육, 창고 등의 용도로 사용되는 시설만 해당한다)로 쓰는 건축물

119 다음 중 방화 재료의 구분이 틀린 것은 어느 것인가?

① 불연재료 – 콘크리트
② 준불연재료 – 유리, 모르타르
③ 불연재료 – 석재, 벽돌
④ 준불연재료 – 목모 시멘트판

방화 재료의 구분

① 불연재료
㉮ 불에 타지 않는 성질을 가진 재료로서 불연성 시험 및 가스 유해성 시험결과 기준을 만족하는 것
㉯ 콘크리트 · 석재 · 벽돌 · 기와 · 철강 · 알루미늄 · 유리 · 시멘트모르타르 · 회
② 준불연재료
㉮ 불연재료에 준하는 성질을 가진 재료로서 열방출률 시험 및 가스 유해성 시험결과 기준을 만족하는 것
㉯ 석고보드 · 목모 시멘트판
③ 난연재료
㉮ 불에 잘 타지 않는 성질을 가진 재료로서 열방출률 시험 및 가스 유해성 시험결과 기준을 만족하는 것
㉯ 난연합판 · 난연플라스틱

120 「건축법 시행령」상 내화건축물인 경우 피난층 이외의 층에서 거실로부터 직통계단까지의 보행거리는 얼마 이하로 하여야 하는가?

① 75m 이하
② 50m 이하
③ 40m 이하
④ 30m 이하

보행거리에 의한 기준

층의 구분			일반 피난층이 아닌 층에서의 거실에서 직통계단까지의 보행거리	
주요 구조부			내화구조 또는 불연재료	기타 구조
용도	일반용도		50m 이하	30m 이하
	공동주택	15층 이하	50m 이하	30m 이하
		16층 이상	40m 이하	30m 이하

정답 119. ② 120. ②

121 「건축법 시행령」상 관람석 또는 집회실로부터 출구를 설치하지 아니하여도 되는 특정소방대상물에 해당하는 것은?

① 전시장 및 동 · 식물원
② 종교집회장(근린생활시설에 해당되지 아니한 것)
③ 위락시설
④ 장례식장

관람석 등으로부터의 출구 설치(「건축법 시행령」 제38조)

① 제2종 근린생활시설 중 공연장 · 종교집회장
② 문화 및 집회시설(전시장 및 동 · 식물원은 제외)
③ 종교시설
④ 위락시설
⑤ 장례식장

122 「건축물의 피난 · 방화구조 등의 기준에 관한 규칙」에서 정한 방화벽의 기준에 해당되지 아니하는 것은?

① 내화구조로서 홀로 설 수 있는 구조일 것
② 방화벽의 양쪽 끝과 윗쪽 끝을 건축물의 외벽면 및 지붕면으로부터 0.2미터 이상 튀어 나오게 할 것
③ 방화벽에 설치하는 출입문의 너비 및 높이는 각각 2.5미터 이하로 할 것
④ 방화벽의 출입문에는 갑종방화문을 설치할 것

방화벽의 기준

① 내화구조로서 홀로 설 수 있는 구조일 것
② 방화벽의 양쪽 끝과 윗쪽 끝을 건축물의 외벽면 및 지붕면으로부터 0.5m 이상 튀어 나오게 할 것
③ 방화벽에 설치하는 출입문의 너비 및 높이는 각각 2.5m 이하로 하고, 해당 출입문에는 갑종방화문을 설치할 것

123 「건축물의 피난 · 방화구조 등의 기준에 관한 규칙」에서 정한 피난안전구역의 기준에 해당되지 아니하는 것은?

① 피난안전구역의 내부마감재료는 불연재료로 설치할 것
② 건축물의 내부에서 피난안전구역으로 통하는 계단은 피난계단의 구조로 설치할 것
③ 비상용 승강기는 피난안전구역에서 승하차 할 수 있는 구조로 설치할 것
④ 피난안전구역의 높이는 2.1미터 이상일 것

정답 121. ① 122. ② 123. ②

◎ 피난안전구역의 구조 및 설비

① 피난안전구역의 바로 아래층 및 위층은 단열재를 설치할 것
② 피난안전구역의 내부 마감 재료는 불연재료로 설치할 것
③ 건축물의 내부에서 피난안전구역으로 통하는 계단은 특별피난계단의 구조로 설치할 것
④ 비상용 승강기는 피난안전구역에서 승하차할 수 있는 구조로 설치할 것
⑤ 피난안전구역에는 식수 공급을 위한 급수전을 1개소 이상 설치하고 예비전원에 의한 조명설비를 설치할 것
⑥ 관리사무소 또는 방재센터 등과 긴급연락이 가능한 경보 및 통신시설을 설치할 것
⑦ 피난안전구역의 높이는 2.1m 이상일 것
⑧ 배연설비를 설치할 것
⑨ 그 밖에 소방방재청장이 정하는 소방 등 재난관리를 위한 설비를 갖출 것

124 「건축물의 피난 · 방화구조 등의 기준에 관한 규칙」에서 정한 건축물의 바깥쪽에 설치하는 피난계단의 구조에 해당되지 아니하는 것은?

① 계단은 그 계단으로 통하는 출입구 외의 창문 등으로부터 1미터 이상의 거리를 두고 설치할 것
② 건축물의 내부에서 계단으로 통하는 출입구에는 갑종방화문을 설치할 것
③ 계단의 유효너비는 0.9미터 이상으로 할 것
④ 계단은 내화구조로 하고 지상까지 직접 연결되도록 할 것

◎ 옥외피난계단의 구조

① 계단의 위치
계단실의 출입구 이외의 창문($1m^2$ 이하의 망입유리 붙박이창은 제외) 등으로부터 2m 이상의 거리를 두고 설치할 것
② 출입구는 갑종방화문으로 할 것
③ 계단의 유효너비는 0.9m 이상으로 할 것
④ 계단의 구조는 내화구조로 지상까지 직접 연결되도록 할 것

125 다음 중 특별피난계단을 설치하여야 하는 경우는?

① 15층 이상의 아파트
② 지하 2층 이하의 지하층
③ 11층 이상의 층
④ 5층 이상의 층

◎ 특별피난계단의 설치 대상

① 건축물의 11층 이상의 층(공동주택은 16층 이상) 또는 지하 3층 이하의 층에 설치하는 직통계단
② 판매시설의 용도로 사용되는 층에서의 직통계단 중 1개소 이상

정답 124. ① 125. ③

126 「건축물의 피난 · 방화구조 등의 기준에 관한 규칙」에서 정한 특별피난계단의 구조에 해당되지 아니하는 것은?

① 계단실 · 노대 및 부속실은 창문 등을 제외하고는 내화구조의 벽으로 각각 구획할 것
② 계단실 및 부속실의 실내에 접하는 부분의 마감은 불연재료로 할 것
③ 계단실에는 비상전원에 의한 조명 설비를 할 것
④ 출입구의 유효너비는 0.9미터 이상으로 하고 피난의 방향으로 열 수 있을 것

특별피난계단의 구조

① 계단실, 부속실의 실내에 접하는 부분의 마감 : 불연재료
② 계단실, 노대 및 부속실(비상용 승강기의 승강장을 겸용하는 부속실 포함)의 벽 : 내화구조
③ 계단실에는 예비전원에 의한 조명설비를 할 것
④ 계단실 실내 측의 창 : 노대, 부속실에 접하는 부분 외에는 설치금지
⑤ 전실(노대, 부속실)의 실내 측의 창 : 계단실에 접하는 부분 외에는 설치금지
⑥ 계단실과 전실 사이의 창 : 망입유리로 된 $1m^2$ 이하의 붙박이창을 설치 가능
⑦ 계단실, 전실에서의 옥외로의 창 : 2m 이상 다른 개구부와 이격시킬 것(예외 : 망이 들어 있는 유리의 붙박이 창으로서 그 면적은 각각 $1m^2$ 이하인 것)
⑧ 계단 : 내화구조로 하고, 피난층 또는 지상까지 직접 연결되도록 할 것
⑨ 출입문
㉮ 건물 내부~전실 : 갑종 방화문
㉯ 전실~계단실 : 갑종 또는 을종 방화문
㉰ 유효폭 0.9m 이상
⑩ 전실(노대 또는 부속실)을 설치할 것
건축물 내부와 계단실은 ㉮ 노대로 연결하거나 ㉯ 부속실을 통해 연결할 것
⑪ 부속실의 구조
㉮ 외부를 향해 열 수 있는 바닥에서 1m 이상 높이에 위치한 면적 $1m^2$ 이상의 창문이 있거나,
㉯ 배연설비가 설치되어 있을 것

127 「건축물의 피난 · 방화구조 등의 기준에 관한 규칙」에서 정한 회전문 설치기준에 해당되지 아니하는 것은?

① 계단이나 에스컬레이터로부터 2m 이상의 거리를 둘 것
② 출입에 지장이 없도록 일정한 방향으로 회전하는 구조로 할 것
③ 회전문의 중심축에서 회전문과 문틀 사이의 간격을 포함한 회전문 날개 끝부분까지의 길이는 100cm 이상이 되도록 할 것
④ 회전문의 회전속도는 분당 회전수가 8회를 넘지 아니하도록 할 것

정답 126. ③ 127. ③

회전문의 설치기준

① 계단이나 에스컬레이터로부터 2미터 이상의 거리를 둘 것
② 회전문과 문틀 사이 및 바닥 사이는 다음 각 목에서 정하는 간격을 확보하고 틈 사이를 고무와 고무펠트의 조합체 등을 사용하여 신체나 물건 등에 손상이 없도록 할 것
㉮ 회전문과 문틀 사이는 5cm 이상
㉯ 회전문과 바닥 사이는 3cm 이하
③ 출입에 지장이 없도록 일정한 방향으로 회전하는 구조로 할 것
④ 회전문의 중심축에서 회전문과 문틀 사이의 간격을 포함한 회전문 날개 끝부분까지의 길이는 140cm 이상이 되도록 할 것
⑤ 회전문의 회전속도는 분당 회전수가 8회를 넘지 아니하도록 할 것
⑥ 자동회전문은 충격이 가해지거나 사용자가 위험한 위치에 있는 경우에는 전자감지장치 등을 사용하여 정지하는 구조로 할 것

128 「건축물의 피난 · 방화구조 등의 기준에 관한 규칙」에서 정한 헬리포트 설치기준에 해당되지 아니하는 것은?

① 헬리포트의 길이와 너비는 각각 22m 이상으로 할 것
② 헬리포트의 중심으로부터 반경 10m 이내에는 헬리콥터의 이 · 착륙에 장애가 되는 건축물, 공작물, 조경시설 또는 난간 등을 설치하지 아니할 것
③ 헬리포트의 주위한계선은 백색으로 하되, 그 선의 너비는 38cm로 할 것
④ 헬리포트의 중앙부분에는 지름 8m의 "Ⓗ" 표지를 백색으로 하되, "H" 표지의 선의 너비는 38cm로, "○" 표지의 선의 너비는 60cm로 할 것

헬리포트 설치기준

② 헬리포트의 중심으로부터 반경 12m 이내에는 헬리콥터의 이 · 착륙에 장애가 되는 건축물, 공작물, 조경시설 또는 난간 등을 설치하지 아니할 것

129 「건축물의 피난 · 방화구조 등의 기준에 관한 규칙」에서 정한 피난용 승강기 승강장의 구조에 해당되지 아니하는 것은?

① 승강장의 출입구를 제외한 부분은 다른 부분과 내화구조의 바닥 및 벽으로 구획할 것
② 승강장은 각 층의 내부와 연결될 수 있도록 하고, 그 출입구에는 을종방화문을 설치할 것
③ 실내에 접하는 부분의 마감은 불연재료로 할 것
④ 예비전원으로 작동하는 조명 설비를 설치할 것

정답 128. ② 129. ②

◎ 피난용 승강기 승강장의 구조

① 승강장의 출입구를 제외한 부분은 해당 건축물의 다른 부분과 내화구조의 바닥 및 벽으로 구획할 것
② 승강장은 각 층의 내부와 연결될 수 있도록 하되, 그 출입구에는 갑종방화문을 설치할 것. 이 경우 방화문은 언제나 닫힌 상태를 유지할 수 있는 구조이어야 한다.
③ 실내에 접하는 부분(바닥 및 반자 등 실내에 면한 모든 부분을 말한다.)의 마감(마감을 위한 바탕을 포함한다.)은 불연재료로 할 것
④ 예비전원으로 작동하는 조명설비를 설치할 것
⑤ 승강장의 바닥면적은 피난용 승강기 1대에 대하여 6제곱미터 이상으로 할 것
⑥ 승강장의 출입구 부근에는 피난용 승강기임을 알리는 표지를 설치할 것
⑦ 「건축물의 설비기준 등에 관한 규칙」따른 배연설비를 설치할 것. 다만, 제연설비를 설치한 경우에는 배연설비를 설치하지 아니할 수 있다.

130 지하층이란 이란 건축물의 바닥이 지표면 아래에 있는 층으로서 바닥에서 지표면까지 평균높이가 해당 층 높이의 ( ) 이상인 것을 말한다. 다음 중 ( ) 안에 들어갈 알맞은 것은?

① 2분의 1
② 3분의 1
③ 4분의 1
④ 5분의 1

◎ 지하층의 정의

건축물의 바닥이 지표면 아래에 있는 층으로서 건축물의 용도에 따라 그 바닥으로부터 지표면까지의 평균높이가 해당 층 높이의 2분의 1 이상인 것

131 「건축물의 피난 · 방화구조 등의 기준에 관한 규칙」에서 정한 피난용승강기 전용 예비전원의 기준에 해당되지 아니하는 것은?

① 정전 시 피난용 승강기, 기계실, 승강장 및 폐쇄회로 텔레비전 등의 설비를 작동할 수 있는 별도의 예비전원 설비를 설치할 것
② 예비전원은 초고층 건축물의 경우에는 1시간 이상, 준초고층 건축물의 경우에는 30분 이상 작동이 가능한 용량일 것
③ 상용전원과 예비전원의 공급을 자동 또는 수동으로 전환이 가능한 설비를 갖출 것
④ 전선관 및 배선은 고온에 견딜 수 있는 내열성 자재를 사용하고, 방수조치를 할 것

◎ 피난용 승강기 전용 예비전원의 기준

① 정전 시 피난용 승강기, 기계실, 승강장 및 폐쇄회로 텔레비전 등의 설비를 작동할 수 있는 별도의 예비전원 설비를 설치할 것
② ①에 따른 예비전원은 초고층 건축물의 경우에는 2시간 이상, 준초고층 건축물의 경우에는 1시간 이상 작동이 가능한 용량일 것
③ 상용전원과 예비전원의 공급을 자동 또는 수동으로 전환이 가능한 설비를 갖출 것
④ 전선관 및 배선은 고온에 견딜 수 있는 내열성 자재를 사용하고, 방수조치를 할 것

정답 130. ① 131. ②

132 「건축물의 피난 · 방화구조 등의 기준에 관한 규칙」에서 정한 지하층의 비상탈출구 기준에 해당되지 아니하는 것은?

① 비상탈출구의 유효너비는 0.75m 이상으로 하고, 유효높이는 1.5m 이상으로 할 것
② 비상탈출구는 출입구로부터 3m 이상 떨어진 곳에 설치할 것
③ 지하층의 바닥으로부터 비상탈출구의 아랫부분까지의 높이가 1.2m 이상이 되는 경우에는 벽체에 발판의 너비가 20cm 이상인 사다리를 설치할 것
④ 비상탈출구의 유도등과 피난통로의 비상조명등의 설치는 건축법령이 정하는 바에 의할 것

지하층의 비상탈출구 기준

① 비상탈출구의 유효너비는 0.75m 이상으로 하고, 유효높이는 1.5m 이상으로 할 것
② 비상탈출구의 문은 피난방향으로 열리도록 하고, 실내에서 항상 열 수 있는 구조로 하여야 하며, 내부 및 외부에는 비상탈출구의 표시를 할 것
③ 비상탈출구는 출입구로부터 3m 이상 떨어진 곳에 설치할 것
④ 지하층의 바닥으로부터 비상탈출구의 아랫부분까지의 높이가 1.2m 이상이 되는 경우에는 벽체에 발판의 너비가 20cm 이상인 사다리를 설치할 것
⑤ 비상탈출구는 피난층 또는 지상으로 통하는 복도나 직통계단에 직접 접하거나 통로등으로 연결될 수 있도록 설치하여야 하며, 피난층 또는 지상으로 통하는 복도나 직통계단까지 이르는 피난통로의 유효너비는 0.75m 이상으로 하고, 피난통로의 실내에 접하는 부분의 마감과 그 바탕은 불연재료로 할 것
⑥ 비상탈출구의 진입부분 및 피난통로에는 통행에 지장이 있는 물건을 방치하거나 시설물을 설치하지 아니할 것
⑦ 비상탈출구의 유도등과 피난통로의 비상조명등의 설치는 소방법령이 정하는 바에 의할 것

133 「건축물의 피난 · 방화구조 등의 기준에 관한 규칙」상 건축물의 옥상에 설치하는 대피공간의 설치기준을 설명한 것 중 틀린 것은?

① 대피공간의 면적은 지붕 수평투영면적의 10분의 1 이상일 것
② 피난계단 또는 직통계단과 연결되도록 할 것
③ 내부마감재료는 불연재료로 할 것
④ 예비전원으로 작동하는 조명설비를 설치할 것

옥상에 설치하는 대피공간의 설치기준

① 대피공간의 면적은 지붕 수평투영면적의 10분의 1 이상일 것
② 특별피난계단 또는 피난계단과 연결되도록 할 것
③ 출입구 · 창문을 제외한 부분은 해당 건축물의 다른 부분과 내화구조의 바닥 및 벽으로 구획할 것
④ 출입구는 유효너비 0.9미터 이상으로 하고, 그 출입구에는 갑종방화문을 설치할 것
⑤ 내부마감재료는 불연재료로 할 것
⑥ 예비전원으로 작동하는 조명설비를 설치할 것
⑦ 관리사무소 등과 긴급 연락이 가능한 통신시설을 설치할 것

정답 132. ④ 133. ②

134 「건축물의 피난 · 방화구조 등의 기준에 관한 규칙」상 피난안전구역의 구조 및 설비에 대한 기준을 설명한 것 중 틀린 것은?

① 피난안전구역의 내부 마감재료는 불연재료로 설치할 것
② 비상용 승강기는 피난안전구역에서 승하차할 수 있는 구조로 설치할 것
③ 피난안전구역의 높이는 2.0m 이상일 것
④ 건축물 내부에서 피난안전구역으로 통하는 계단은 특별피난계단의 구조로 설치할 것

피난안전구역의 구조 및 설비

③ 피난안전구역의 높이는 2.1m 이상일 것

135 「건축물의 설비기준 등에 관한 규칙」에서 정한 비상용 승강기를 설치하지 아니할 수 있는 건축물에 해당되지 아니하는 것은?

① 높이 31미터를 넘는 각 층을 거실의 용도로 쓰는 건축물
② 높이 31미터를 넘는 각 층의 바닥면적의 합계가 500제곱미터 이하인 건축물
③ 높이 31미터를 넘는 층수가 4개 층 이하로서 당해 각 층의 바닥면적의 합계 200제곱미터 이내마다 방화구획으로 구획한 건축물
④ 높이 31미터를 넘는 층수가 4개 층 이하로서 당해 각 층의 바닥면적의 합계 500제곱미터(벽 및 반자가 실내에 접하는 부분의 마감을 불연재료로 한 경우) 이내마다 방화구획으로 구획한 건축물

비상용 승강기 설치 면제 대상

① 높이 31미터를 넘는 각 층을 거실 외의 용도로 쓰는 건축물
② 높이 31미터를 넘는 각 층의 바닥면적의 합계가 500제곱미터 이하인 건축물
③ 높이 31미터를 넘는 층수가 4개 층 이하로서 당해 각 층의 바닥면적의 합계 200제곱미터(벽 및 반자가 실내에 접하는 부분의 마감을 불연재료로 한 경우에는 500제곱미터) 이내마다 방화구획으로 구획한 건축물

136 공동주택 중 아파트의 발코니에 설치하는 대피공간의 구조에 대한 기준을 틀리게 설명한 것은 어느 것인가?

① 출입구에 설치하는 갑종방화문은 거실 쪽에서만 열 수 있는 구조로서 대피공간을 향해 열리는 밖여닫이로 하여야 한다.
② 대피공간은 30분 이상의 내화성능을 갖는 내화구조의 벽으로 구획되어야 하며, 벽 · 천장 및 바닥의 내부 마감 재료는 준불연재료 또는 불연재료를 사용하여야 한다.

정답 134. ③ 135. ① 136. ②

③ 대피공간에 창호를 설치하는 경우에는 폭 0.7미터 이상, 높이 1.0미터 이상은 반드시 외기에 개방될 수 있어야 한다.
④ 대피공간에는 정전에 대비해 휴대용 손전등을 비치하거나 비상전원이 연결된 조명설비가 설치되어야 한다.

공동주택 중 아파트의 발코니에 설치하는 대피공간의 구조

① 출입구에 설치하는 갑종방화문은 거실 쪽에서만 열 수 있는 구조로서 대피공간을 향해 열리는 밖여닫이로 하여야 한다.
② 대피공간은 1시간 이상의 내화성능을 갖는 내화구조의 벽으로 구획되어야 하며, 벽 · 천장 및 바닥의 내부 마감 재료는 준불연재료 또는 불연재료를 사용하여야 한다.
③ 대피공간에 창호를 설치하는 경우에는 폭 0.7미터, 높이 1.0미터 이상은 반드시 개폐 가능하여야 하며, 비상시 외부의 도움을 받는 경우 피난에 장애가 없는 구조로 설치하여야 한다.
④ 대피공간에는 정전에 대비해 휴대용 손전등을 비치하거나 비상전원이 연결된 조명설비가 설치되어야 한다.

137 「건축법」상 고층건축물의 정의를 올바르게 설명한 것은 어느 것인가?

① 층수가 30층 이상이거나 높이가 120m 이상인 건축물을 말한다 .
② 층수가 30층 이상이고 높이가 120m 이상인 건축물을 말한다.
③ 층수가 50층 이상이고 높이가 200m 이상인 건축물을 말한다.
④ 층수가 50층 이상 또는 높이가 200m 이상인 건축물을 말한다.

138 「초고층 및 지하연계 복합건축물 재난관리에 관한 특별법」상 초고층 건축물 등의 관리주체가 관계인, 상시근무자 및 거주자에 대하여 실시하는 교육 · 훈련의 종류, 횟수, 방법, 범위, 그 밖에 필요한 사항은 어디에서 정하는가?

① 소방청령
② 시 · 도조례
③ 행정안전부령
④ 대통령령

「초고층 및 지하연계 복합건축물 재난관리에 관한 특별법」 제14조(교육 및 훈련)

① 초고층 건축물등의 관리주체는 관계인, 상시근무자 및 거주자에게 재난 및 테러 등에 대한 교육 · 훈련(입점자의 피난유도와 이용자의 대피에 관한 훈련을 포함한다)을 실시하여야 한다. 이 경우 관리주체가 상시 근무자나 거주자를 대상으로 소화 · 피난 등의 훈련과 방화관리상 필요한 교육을 실시하는 경우에는 소방훈련 또는 교육을 실시한 것으로 본다.
② 소방청장, 시 · 도지사, 시장 · 군수 · 구청장은 제1항에 따른 교육 · 훈련에 대하여 지도 · 감독을 할 수 있다. 이 경우 방범 · 테러 등의 교육 · 훈련에 관하여 필요한 경우에는 관계 기관의 장에게 협조를 요청할 수 있다.
③ 제1항에 따른 교육 · 훈련의 종류, 횟수, 방법, 범위, 그 밖에 필요한 사항은 행정안전부령으로 정한다.

정답 137. ① 138. ③

139 「초고층 및 지하연계 복합건축물 재난관리에 관한 특별법」상 초고층 건축물의 정의를 가장 올바르게 설명한 것은 어느 것인가?

① 층수가 30층 이상이거나 높이가 120m 이상인 건축물을 말한다.
② 층수가 30층 이상이고 높이가 120m 이상인 건축물을 말한다.
③ 층수가 50층 이상 또는 높이가 200m 이상인 건축물을 말한다.
④ 층수가 50층 이상이고 높이가 200m 이상인 건축물을 말한다.

140 「초고층 및 지하연계 복합건축물 재난관리에 관한 특별법 시행규칙」상 초고층 건축물 등의 관리주체는 관계인, 상시근무자 및 거주자에 대하여 교육 및 훈련을 하여야 한다. 다음 중 관계인 및 상시근무자에 대한 교육 및 훈련에 해당되지 아니하는 것은?

① 재난 발생 상황 보고 · 신고 및 전파에 관한 사항
② 현장 통제와 재난의 대응 및 수습에 관한 사항
③ 재난 발생 시 임무, 재난 유형별 대처 및 행동 요령에 관한 사항
④ 피난안전구역의 위치에 관한 사항

「초고층 및 지하연계 복합건축물 재난관리에 관한 특별법 시행규칙」 제6조(교육 및 훈련 등)

① 재난 발생 상황 보고 · 신고 및 전파에 관한 사항
② 입점자, 이용자 및 거주자 등(장애인 및 노약자를 포함한다)의 대피 유도에 관한 사항
③ 현장 통제와 재난의 대응 및 수습에 관한 사항
④ 재난 발생 시 임무, 재난 유형별 대처 및 행동 요령에 관한 사항
⑤ 2차 피해 방지 및 저감(低減)에 관한 사항
⑥ 외부기관 출동 관련 상황 인계에 관한 사항
⑦ 테러 예방 및 대응 활동에 관한 사항

141 초고층 건축물에 설치하는 종합방재실의 설치기준 등 필요한 사항은 어디에서 정하는가?

① 소방청령　　② 시 · 도조례
③ 행정안전부령　　④ 대통령령

「초고층 및 지하연계 복합건축물 재난관리에 관한 특별법」 제16조(종합방재실의 설치 · 운영) —

④ 종합방재실의 설치기준 등 필요한 사항은 행정안전부령으로 정한다.

142 특정소방대상물의 층수가 99층인 경우 종합방재실의 설치 개수는 몇 개인가?

① 1개　　② 2개
③ 3개　　④ 4개

정답 139. ③ 140. ④ 141. ③ 142. ①

◎ 종합방재실의 개수

① 종합방재실의 개수 : 1개
② 다만, 100층 이상인 초고층 건축물 등의 관리주체는 종합방재실이 그 기능을 상실하는 경우에 대비하여 종합방재실을 추가로 설치하거나, 관계지역 내 다른 종합방재실에 보조종합재난관리체제를 구축하여 재난관리 업무가 중단되지 아니하도록 한다.

143 「초고층 및 지하연계 복합건축물 재난관리에 관한 특별법 시행규칙」상 종합방재실의 위치에 대한 설치기준 중 틀린 것은?

① 1층 또는 피난층
② 승용 승강장, 피난 전용 승강장 및 피난계단으로 이동하기 쉬운 곳
③ 소방대가 쉽게 도달할 수 있는 곳
④ 화재 및 침수 등으로 인하여 피해를 입을 우려가 적은 곳

◎ 종합방재실의 위치

① 1층 또는 피난층. 다만, 초고층 건축물 등에 특별피난계단이 설치되어 있고, 특별피난계단 출입구로부터 5m 이내에 종합방재실을 설치하려는 경우에는 2층 또는 지하 1층에 설치할 수 있으며, 공동주택의 경우에는 관리사무소 내에 설치할 수 있다.
② 비상용 승강장, 피난 전용 승강장 및 특별피난계단으로 이동하기 쉬운 곳
③ 재난정보 수집 및 제공, 방재 활동의 거점 역할을 할 수 있는 곳
④ 소방대가 쉽게 도달할 수 있는 곳
⑤ 화재 및 침수 등으로 인하여 피해를 입을 우려가 적은 곳

144 「초고층 및 지하연계 복합건축물 재난관리에 관한 특별법 시행규칙」상 종합방재실은 1층 또는 피난층에 설치하여야 하는데, 2층 또는 지하 1층에 종합방재실을 설치할 수 있는 경우는?

① 피난계단 출입구로부터 5m 이내에 종합방재실을 설치하려는 경우에
② 피난계단 출입구로부터 10m 이내에 종합방재실을 설치하려는 경우에
③ 특별피난계단 출입구로부터 5m 이내에 종합방재실을 설치하려는 경우에
④ 특별피난계단 출입구로부터 10m 이내에 종합방재실을 설치하려는 경우에

145 「초고층 및 지하연계 복합건축물 재난관리에 관한 특별법 시행규칙」상 종합방재실의 구조 및 면적에 대한 설치기준을 틀리게 설명한 것은?

① 다른 부분과 방화구획으로 설치할 것
② 인력의 대기 및 휴식 등을 위하여 종합방재실과 방화구획된 부속실을 설치할 것
③ 면적은 $10m^2$ 이상으로 할 것
④ 출입문에는 출입 제한 및 통제장치를 갖출 것

정답 143. ② 144. ③ 145. ③

▶ 종합방재실의 구조 및 면적

① 다른 부분과 방화구획으로 설치할 것. 다만, 다른 제어실 등의 감시를 위하여 두께 7mm 이상의 망입유리(두께 16.3mm 이상의 접합유리 또는 두께 28mm 이상의 복층유리를 포함한다)로 된 $4m^2$ 미만의 붙박이창을 설치할 수 있다.
② 인력의 대기 및 휴식 등을 위하여 종합방재실과 방화구획된 부속실을 설치할 것
③ 면적은 $20m^2$ 이상으로 할 것
④ 재난 및 안전관리, 방범 및 보안, 테러 예방을 위하여 필요한 시설 · 장비의 설치와 근무 인력의 재난 및 안전관리 활동, 재난 발생 시 소방대원의 지휘 활동에 지장이 없도록 설치할 것
⑤ 출입문에는 출입 제한 및 통제 장치를 갖출 것

146 「초고층 및 지하연계 복합건축물 재난관리에 관한 특별법 시행규칙」상 종합방재실의 설비 등에 해당되지 아니하는 것은?

① 조명설비(예비전원을 포함한다) 및 급수 · 배수설비
② 상용전원과 예비전원의 공급을 자동 또는 수동으로 전환하는 설비
③ 공기조화 · 냉난방 · 소방 · 승강기 설비의 감시 및 제어시스템
④ 차압계, 폐쇄력측정기, 절연저항계

▶ 종합방재실의 설비 등

① 조명설비(예비전원을 포함한다) 및 급수 · 배수설비
② 상용전원과 예비전원의 공급을 자동 또는 수동으로 전환하는 설비
③ 급기 · 배기설비 및 냉방 · 난방설비
④ 전력 공급 상황 확인 시스템
⑤ 공기조화 · 냉난방 · 소방 · 승강기 설비의 감시 및 제어시스템
⑥ 자료 저장 시스템
⑦ 지진계 및 풍향 · 풍속계
⑧ 소화 장비 보관함 및 무정전 전원공급장치
⑨ 폐쇄회로 텔레비전(CCTV)

147 초고층 건축물에 설치하여야 하는 피난안전구역은 지상으로부터 최대 몇 개 층마다 설치하여야 하는가?

① 10개 층마다　　② 20개 층마다
③ 30개 층마다　　④ 40개 층마다

▶ 「건축법 시행령」 제34조 제3항

③ 초고층 건축물에 설치하여야 하는 피난안전구역은 지상으로부터 최대 30개 층마다 1개소 이상 설치하여야 한다.

정답 146. ④ 147. ③

148 **초고층 건축물 등의 관리주체는 그 건축물 등에 재난 발생 시 상시근무자, 거주자 및 이용자가 대피할 수 있는 피난안전구역을 설치 · 운영하여야 하는데 피난안전구역의 설치 · 운영 기준 및 규모는 어디에서 정하는가?**

① 소방청령 ② 시 · 도조례
③ 행정안전부령 ④ 대통령령

「초고층 및 지하연계 복합건축물 재난관리에 관한 특별법」 제18조 제3항(피난안전구역 설치)

① 초고층 건축물등의 관리주체는 그 건축물 등에 재난 발생 시 상시근무자, 거주자 및 이용자가 대피할 수 있는 피난안전구역을 설치 · 운영하여야 한다.
② 제1항에 따른 피난안전구역의 기능과 성능에 지장을 초래하는 폐쇄 · 차단 등의 행위를 하여서는 아니 된다.
③ 피난안전구역의 설치 · 운영 기준 및 규모는 대통령령으로 정한다.

149 **초고층 및 지하연계 복합건축물의 피난안전구역에 설치하는 소방시설에 해당되지 아니하는 것은?**

① 소화기구(소화기 및 간이소화용구만 해당한다), 옥내소화전설비 및 스프링클러설비
② 자동화재탐지설비
③ 방열복, 공기호흡기, 인공소생기, 피난유도선 유도등, 유도표지
④ 제연설비, 무선통신보조설비

피난안전구역에 설치하는 소방시설

① 소화설비 중 소화기구(소화기 및 간이소화용구만 해당), 옥내소화전설비 및 스프링클러설비
② 경보설비 중 자동화재탐지설비
③ 피난설비 중 방열복, 공기호흡기(보조마스크를 포함한다), 인공소생기, 피난유도선(피난안 전구역으로 통하는 직통계단 및 특별피난계단을 포함), 피난안전구역으로 피난을 유도하기 위한 유도등 · 유도표지, 비상조명등 및 휴대용비상조명등
④ 소화활동설비 중 제연설비, 무선통신보조설비

150 **초고층 건축물 등과 그 주변 지역을 포함하여 재난의 예방 · 대비 · 대응 및 수습 등의 활동에 필요한 지역으로 대통령령으로 정하는 지역을 무엇이라 하는가?**

① 관계지역 ② 화재경계지역
③ 예방지역 ④ 경계지역

정답 148. ④ 149. ② 150. ①

151 **시장 · 군수 · 구청장은 초고층 건축물등의 재난관리를 위하여 필요하다고 인정하는 경우에는 초고층 건축물 등(일반건축물등을 포함한다)의 관계인, 시공자 및 시행자 등에 대하여 해당 시설의 재난 및 안전관리에 대한 자료를 제출하게 하거나 보고하게 할 수 있는데 이를 위반한 자에 대한 벌칙으로 알맞은 것은?**

① 3,000만 원 이하의 벌금
② 2,000만 원 이하의 벌금
③ 1,000만 원 이하의 벌금
④ 300만 원 이하의 벌금

152 **「초고층 및 지하연계 복합건축물 재난관리에 관한 특별법」상 벌칙이 다른 하나는?**

① 재난예방 및 피해경감계획을 제출하지 아니한 자
② 재난 및 안전관리협의회를 구성 또는 운영하지 아니한 자
③ 초기 대응대를 구성 또는 운영하지 아니한 자
④ 총괄재난관리자를 지정하지 아니한 자

④ 총괄재난관리자를 지정하지 아니한 자 : 300만 원 이하 과태료
①~③ : 500만 원 이하 과태료

153 **「초고층 및 지하연계 복합건축물 재난관리에 관한 특별법」상 지하연계 복합건축물이란 층수가 ( )층 이상이거나 1일 수용인원이 ( ) 명 이상인 건축물로서 지하부분이 지하역사 또는 지하도상가와 연결된 건축물을 말한다. 다음 중 ( ) 안의 내용이 알맞게 짝지어진 것은?**

① 11, 3천　　② 11, 5천
③ 30, 5천　　④ 30, 1만

초고층 및 지하연계 복합건축물의 정의

① 초고층 건축물 : 층수가 50층 이상 또는 높이가 200미터 이상인 건축물을 말한다.
② 고층 건축물 : 층수가 30층 이상이거나 높이가 120미터 이상인 건축물을 말한다.
③ 지하연계 복합건축물이란 다음 각 목의 요건을 모두 갖춘 것을 말한다.
　㉮ 층수가 11층 이상이거나 1일 수용인원이 5천 명 이상인 건축물로서 지하부분이 지하역사 또는 지하도상가와 연결된 건축물
　㉯ 건축물 안에 문화 및 집회시설, 판매시설, 운수시설, 업무시설, 숙박시설, 위락시설 중 유원시설업의 시설 또는 대통령령으로 정하는 용도의 시설이 하나 이상 있는 건축물(대통령령으로 정하는 용도의 시설 : 종합병원과 요양병원)

정답 151. ③ 152. ④ 153. ②

154 「초고층 및 지하연계 복합건축물 재난관리에 관한 특별법 시행령」상 지하층이 하나의 용도로 사용되는 경우 피난안전구역의 면적 산정방법으로 옳은 것은?

① 면적＝(피난안전구역 위층의 재실자 수×0.5)×0.28[m^2]
② 면적＝(수용인원×0.1)×0.28[m^2]
③ 면적＝(수용인원×0.5)×0.28[m^2]
④ 면적＝(사용형태별 수용인원의 합×0.1)×0.28[m^2]

피난안전구역 면적

① 초고층 건축물 : (피난안전구역 위층의 재실자 수×0.5)×0.28[m^2]
② 16층 이상 29층 이하인 지하연계 복합건축물의 지상층 : 지상층별 거주밀도가 [m^2]당 1.5명을 초과하는 층은 해당 층의 사용형태별 면적의 합의 10분의 1에 해당하는 면적
③ 지하층

지하층이 하나의 용도로 사용되는 경우		지하층이 둘 이상의 용도로 사용되는 경우
면적	(수용인원×0.1)×0.28[m^2]	(사용형태별 수용인원의 합×0.1)×0.28[m^2]
*수용인원＝사용형태별 면적×거주밀도		

155 건축물의 방화계획 중 건물 내 상층으로의 연소확대 방지에 해당하는 방화계획은?

① 평면계획
② 단면계획
③ 입면계획
④ 내장계획

건축물의 방화계획

① 부지 선정 및 배치계획
소방차량 진입 부지 및 통로 확보, 피난경로 확보
② 평면계획
조닝(Zoning) 계획, 안전구획, 용도구획
③ 단면계획
건축물 내부의 수직 Shaft를 통한 상층 연소확대 방지
④ 입면계획
건축물 외부를 통한 상층 연소 확대 방지대책, 캔틸레버, 스팬드럴 설치
⑤ 재료계획
내장재의 불연화, 방염을 통한 가연물의 불연화
⑥ 설비계획
소화설비, 경보설비, 피난설비 등을 설치하여 건축적인 방재성능을 보완

정답 154. ② 155. ②

156 건축물의 방화계획 중 공간적 대응에 해당하지 아니하는 것은?

① 도피성 ② 피난성 ③ 대항성 ④ 회피성

공간적 대응

① 대항성(對抗性)
건축물의 내화성능, 방화구획성능, 화재방어력, 방연성능, 초기소화대응력 등의 화재사상과 대항하여 저항하는 성능을 가진 항력

② 회피성(回避性)
건축물의 불연화, 난연화, 내장제한, 구획의 세분화, 방화훈련, 불조심 등과 화기취급의 제한 등과 같은 화재의 예방적 조치 및 상황

③ 도피성(逃避性)
화재 발생 시 사람이 궁지에 몰리지 않고 안전하게 피난할 수 있는 공간성과 시스템을 말하며 거실의 배치, 피난통로의 확보, 피난시설의 설치 및 건축물의 구조계획서, 방재계획서 등

157 건축물의 방화계획 중 설비적 대응에 해당하는 것은?

① 내화구조 ② 불연화
③ 직통계단 ④ 소화설비

설비적 대응

화재에 대응하여 설치하는 소화설비, 경보설비, 피난설비 등의 소방시설

158 화재가 발생한 경우 화재로부터 피난할 수 있는 직통계단, 피난계단 등은 방화계획의 무엇에 해당 하는가?

① 대항성 대응 ② 회피성 대응
③ 도피성 대응 ④ 설비적 대응

159 건축물의 방화계획 중 연소 확대 방지계획으로 볼 수 없는 것은?

① 방화구획 ② 방화문
③ 방화셔터 ④ 피난계단

연소 확대 방지계획

① 방화구획
② 방화문
③ 방화셔터
④ 피난계단 : 건축물의 피난계획에 속한다.

정답 156. ② 157. ④ 158. ③ 159. ④

160 건축물 복도의 형태에 따른 특성 중 중앙 코너 방식으로 피난자가 집중되어 패닉(Panic) 현상이 발생할 수 있는 형태는 어느 것인가?

① H형 ② Z형 ③ X형 ④ T형

복도 형태에 따른 피난특성

형태		피난특성
T형		피난자에게 피난경로를 확실히 알려줄 수 있는 형태
Y형		
X형		양방향 피난이 가능한 형태
H형		피난자가 집중되어 패닉(Panic) 현상이 일어날 우려가 있는 형태
CO형		
Z형		중앙 복도형 건축물에서의 피난경로로서 코너식 중 가장 안전한 형태

161 「건축물의 피난 · 방화구조 등의 기준에 관한 규칙」상 오피스텔의 양옆에 거실이 있는 경우 복도의 너비는 얼마 이상이 되어야 하는가?

① 0.9[m] 이상 ② 1.5[m] 이상
③ 1.8[m] 이상 ④ 2.5[m] 이상

복도의 너비

구 분	양옆에 거실이 있는 복도	기타의 복도
유치원 · 초등학교 · 중학교 · 고등학교	2.4[m] 이상	1.8[m] 이상
공동주택 · 오피스텔	1.8[m] 이상	1.2[m] 이상
당해 층 거실의 바닥면적 합계가 200[m²] 이상인 경우	1.5[m] 이상(의료시설의 복도는 1.8[m] 이상)	1.2[m] 이상

정답 160. ① 161. ③

162 건축물의 피난계획을 설명한 것 중 틀린 것은?

① 피난경로는 간단명료하게 할 것
② 피난설비는 가급적 이동식으로 할 것
③ 2방향 이상의 피난 통로를 확보할 것
④ 피난수단은 원시적인 방법으로 할 것

피난계획의 일반적인 원칙

① 2방향 이상의 피난로를 확보할 것
② 피난의 수단은 원시적 방법에 의할 것
③ 피난경로는 간단 · 명료할 것
④ 피난시설은 고정설비에 의할 것
⑤ 피난대책은 Fool－proof와 Fail－safe 원칙에 의할 것
⑥ 피난경로에 따라 일정한 Zone을 형성하고, 최종 대피장소로 접근함에 따라 각 Zone의 안전성을 점차적으로 높일 것
㉮ 제1차 안전구획 : 복도
㉯ 제2차 안전구획 : 전실(부속실)
㉰ 제3차 안전구획 : 계단

163 건축물의 피난계획 중 Fool Proof 원칙에 해당하는 것은?

① 한 가지 피난수단이 실패하더라도 다른 피난 수단을 이용할 수 있는 원칙
② 양방향 피난수단을 이용할 수 있는 원칙
③ 피난수단을 가장 원시적인 방법으로 하는 원칙
④ 피난설비를 이동식으로 하는 원칙

Fool－proof와 Fail–safe

Fool－proof	Fail–safe
① 누구나 식별 가능하도록 간단명료하게 설치한다. ② 피난 시 인간행동 특성에 부합하도록 설계한다. ③ Fool－proof의 예 • 간단명료한 피난 통로, 유도등, 유도 표지 등 • 소화설비, 경보설비에 위치 표시, 사용방법 부착 • 피난 방향으로 개방	① 한 가지가 고장으로 실패하더라도 다른 수단에 의해 안전이 확보되도록 하는 것을 말한다. ② 2방향 이상의 피난 경로 ③ Fail－safe의 예 • 2방향 이상의 피난로 확보 • 피난 실패자를 위한 보조적 피난기구의 설치 • 소화설비의 자동 · 수동 기동 장치 • 경보설비의 감지기 · 발신기 설치 등

164 다음 중 피난시설의 안전구획을 설정하는 경우 포함되지 않는 것은?

① 복도 ② 전실(계단부속실)
③ 계단 ④ 거실

정답 162. ② 163. ③ 164. ④

◎ 피난시설의 안전구획 설정

① 제1차 안전구획 : 복도
② 제2차 안전구획 : 전실(부속실)
③ 제3차 안전구획 : 계단

165 소방시설 등의 성능 위주 설계방법 및 기준상 인명안전기준의 성능기준에 해당되지 아니하는 것은?

① 호흡 한계선은 바닥으로부터 1.8[m]이다.
② 열에 의한 영향은 50[℃] 이하이다.
③ 집회시설의 허용가시거리 한계는 10[m]이다.
④ 일산화탄소(CO)의 독성 기준치는 1,400[ppm]이다.

◎ 인명안전기준의 성능기준

① 호흡 한계선은 바닥으로부터 1.8[m]이다.
② 열에 의한 영향은 60[℃] 이하이다.
③ 집회 · 판매시설의 허용가시거리 한계는 10[m], 기타 시설은 5[m]이다.
④ 독성기준치
　㉮ 일산화탄소(CO) 1,400[ppm]
　㉯ 산소(O_2) 15% 이상
　㉰ 이산화탄소(CO_2) 5% 이하

166 다음 중 안전관리의 3요소(3E)에 해당되지 아니하는 것은?

① 교육(Education)
② 기술(Engineering)
③ 영향(Effect)
④ 시행 · 규제(Enforcement)

◎ 안전관리의 3요소(3E)

① 교육(Education)
② 기술(Engineering)
③ 시행 · 규제(Enforcement)

167 다음 중 전열현상을 설명한 것으로 틀린 것은?

① 고체 간의 열전달 현상으로 열이 고온에서 저온으로 이동하는 것을 전도라 한다.
② 대류는 온도차에 의한 밀도 차이로 열이 전달되는 현상이다.
③ 복사에너지는 절대온도의 4승에 비례한다.
④ 열전달은 전도, 대류, 복사 중 한 가지에 의해서만 일어난다.

정답 165. ② 166. ③ 167. ④

열전달

① 전도(Fourier의 열전달 법칙)
고체 간의 열전달 현상으로 고온체와 저온체의 직접적인 접촉에 의해서 고온에서 저온으로 이동하는 것으로 저온에서 지배적이며 분자 자신은 진동만 일어날 뿐 이동하지는 않는다.

② 대류(Newton의 냉각 법칙)
고온유체와 저온유체 간의 온도차에 의한 밀도 차이로 열전달이 일어나며 유체 분자 간의 이동이 있다. 실내공기의 유동 및 물을 가열하는 것은 주로 대류에 의해서 이루어진다.

③ 복사(Stenfan-Boltzmann 법칙)
원자 내부의 전자는 열을 받거나 빼앗길 때 원래의 에너지 준위에서 벗어나 다른 에너지 준위로 전이한다. 이때 전자기파를 방출 또는 흡수하는데, 이러한 전자기파에 의해 열이 매질을 통하지 않고 고온의 물체에서 저온의 물체로 직접 전달되는 현상이다. 복사에너지는 면적에 비례하고 절대온도의 4승에 비례한다.

④ 전도, 대류, 복사는 단독으로 일어나지 않고 2개 이상의 과정이 동시에 일어난다.

168 다음 중 화재에 가장 큰 영향을 미치는 것은?

① 전도
② 대류
③ 복사
④ ~~용융~~

169 다음 중 열전도율을 나타내는 단위로 가장 알맞은 것은?

① W/m · deg
② W/m² · deg
③ kcal/m² · hr · ℃
④ kcal · m²/hr · ℃

열 전도

$$Q = K \cdot A \cdot \frac{\Delta t}{l}$$

여기서, Q : 전도열량(W=J/s=cal/s), K : 열전도도(W/m · ℃=J/s · m · ℃)
A : 접촉면적(m²), Δt : 온도차($T_1 - T_2$(℃))
l : 두께(m)

170 섭씨온도 30℃를 화씨온도로 변환하면 몇 °F인가?

① 56°F
② 66°F
③ 76°F
④ 86°F

온도 변환

$$°F = \frac{9}{5}℃ + 32 = \left(\frac{9}{5} \times 30\right) + 32 = 86°F$$

정답 168. ③ 169. ① 170. ④

171 두께가 10mm인 창유리의 내부 온도가 15℃, 외부 온도가 −5℃이다. 창의 크기는 2m×2m이고 유리의 열전도율이 1.5 W/m · ℃이라면 창을 통한 열전달률은 몇 kW인가?

① 9　② 10　③ 11　④ 12

▶ 열전달률

$$Q = K \cdot A \cdot \frac{\Delta t}{l}$$

여기서, Q : 전도열량(W=J/s=cal/s)
K : 열전도도(W/m · ℃=J/s · m · ℃)
A : 접촉면적(m^2)
Δt : 온도차($T_1 - T_2$(℃))
l : 두께(m)

$$Q = K \times A \times \frac{\Delta t}{l}$$
$$= 1.5\text{W/m} \cdot ℃ \times (2 \times 2)\text{m}^2 \times \frac{(15+5)℃}{(10 \times 10^{-3})\text{m}}$$
$$= 12{,}000\text{W} = 12\text{kW}$$

172 물체의 표면 온도가 100℃에서 500℃로 변하였다면, 복사에너지는 처음의 몇 배가 되겠는가?

① 약 9배　② 약 12배
③ 약 15배　④ 약 18배

▶ 복사에너지

$Q_1 : Q_2 = (273+100)^4 : (273+500)^4$

$$Q_2 = \left(\frac{773}{373}\right)^4 \times Q_1 = 18.45\,Q_1$$

173 다음 중 물체의 열전도에 영향을 미치는 요소가 아닌 것은?

① 질량　② 비열　③ 열전도율　④ 온도

174 다음 중 연소 시 발생하는 연소 생성물이 아닌 것은?

① 화염　② 산소　③ 연기　④ 열

정답 171. ④　172. ④　173. ①　174. ②

175 일반 가연물 연소 시 발생하는 연소 가스 중 독성은 없으나 공기보다 무겁고 많은 양을 흡입하게 되면 질식의 우려가 있는 연소 생성물은?

① CO(일산화탄소) ② CO_2(이산화탄소)
③ HCl(염화수소) ④ H_2S(황화수소)

▶ CO_2(이산화탄소)

① 비독성 가스이지만, 화재 시 대량으로 발생하여 산소 농도를 저하시킨다.
② 실제 화재 시 호흡속도를 증가시켜 유해가스의 흡입률을 높인다.

176 일산화탄소(CO)가 인체에 위험을 주는 치사 농도는 얼마인가?

① 0.01% ② 0.1% ③ 0.04% ④ 0.4%

▶ 일산화탄소(CO)

4,000ppm에서는 1시간 이내에 치사한다.

$1ppm = \frac{1}{10^6}$, $1\% = 10^2$

ppm을 % 변환 시 : $\frac{1}{10^4} = \frac{1}{10,000}$

$4,000 \div 10,000 = 0.4\%$

177 다음의 연소 생성물 중 독성이 가장 큰 것은?

① $COCl_2$(포스겐) ② HCl(염화수소)
③ CO(일산화탄소) ④ HCN(시안화수소)

▶ 연소생성물의 독성

① $COCl_2$(포스겐) : 허용농도 0.1ppm(0.00001%)
② HCl(염화수소) : 허용농도 5ppm(0.0005%)
③ CO(일산화탄소) : 허용농도 50ppm(0.005%)
④ HCN(시안화수소) : 허용농도 10ppm(0.001%)
⑤ PH_3(포스핀) : 허용농도 0.3ppm(0.00003%)

178 연소 생성물 중 석유제품, 유지류 등의 연소 시 생성되는 가스로서 자극성이 크고 맹독성인 가스는 어느 것인가?

① 시안화수소 ② 아크로레인
③ 포스겐 ④ 일산화탄소

정답 175. ② 176. ④ 177. ① 178. ②

179 불완전연소 시 발생하는 것으로서 인체 내에서 혈액의 산소 운반을 저해하고 두통, 근육 조절 등의 장애를 일으키는 물질은 어느 것인가?

① 일산화탄소 ② 유황 ③ 포스겐 ④ 이산화탄소

CO(일산화탄소)

① 독성이 큰 편은 아니지만, 화재 시 다량 발생하고 거의 모든 화재에서 발생한다.
② 불완전연소에 의해 탄소성분이 CO로 배출된다.(훈소에서는 CO_2보다도 많다고 함)
③ 유해성 : 혈액 내의 헤모글로빈(Hb)과 결합되어 산소결핍을 유발시킨다.
Hb+CO → COHb(카르복시 헤모글로빈)
$O_2Hb+CO \rightarrow COHb+O_2$
→ 폐로 흡입된 CO는 Hb과 결합하여 COHb으로 되어, 헤모글로빈에 의한 산소의 운반을 방해하므로 혈중 산소농도 저하로 산소결핍이 유발된다.
④ 4,000ppm에서는 1시간 이내에 치사한다.

180 다음의 연기에 대한 설명 중 틀린 것은 어느 것인가?

① 연소 시 발생하는 연소 생성물로 산소의 공급이 부족할 경우 백색 연기가 발생한다.
② 가연물이 불완전연소되는 경우 많이 발생한다.
③ 고체 또는 액체 미립자를 연기라 한다.
④ 가연물의 연소 시 열분해된 생성물을 말한다.

① 연소 시 발생하는 연소 생성물로 산소의 공급이 부족할 경우 흑색 연기가 발생한다.

181 가연물이 연소하는 경우 불완전연소하면서 짙은 연기가 발생하는 경우는?

① 공기 공급이 부족한 경우 ② 공기 공급이 충분한 경우
③ 온도가 낮은 경우 ④ 온도가 높은 경우

182 화재 시 발생되는 연소 생성물 중 연기의 수직방향(계단실, 피트 공간 등)에서의 이동 속도로 알맞은 것은?

① 0.3~0.5m/s ② 0.5~1.0m/s
③ 2.0~3.0m/s ④ 3.0~5.0m/s

연기의 이동속도

구분	속도
수평속도	0.5~1m/s
수직속도	2~3m/s(실내 계단 · 승강로 : 3~5m/s)

정답 179. ① 180. ① 181. ① 182. ④

183 실내 화재 시 패닉(Panic)의 발생에 영향을 주지 않는 경우는 어느 것인가?

① 외부와 단절되어 고립된 경우
② 유독가스에 의한 호흡장애가 일어난 경우
③ 연기에 의해 피난이 어려운 경우
④ 화재로 인해 소화설비가 작동된 경우

패닉(Panic) 현상

연기 농도의 증가에 따른 호흡곤란, 시계 제한 등으로 발생하는 극도의 불안감과 공포로 이성적 행동 능력을 상실하게 된다.

184 고온의 연소생성물이 부력에 의한 힘을 받아 상승하면서 천장면 아래에 얕은 층을 형성하는 빠른 속도의 가스 흐름을 무엇이라 하는가?

① Ceiling jet flow
② Back layering
③ Flash over
④ Fire plume

천장 제트 흐름(Ceiling Jet Flow)

① 고온의 연소생성물이 부력에 의해 천장면 아래에 얕은 층을 형성하는 비교적 빠른 속도의 가스 흐름을 말한다.
② Ceiling Jet Flow의 두께는 실 높이(H)의 5~12% 정도이며, 최고 온도와 최고 속도의 범위는 실 높이(H)의 1% 이내이다.
③ 화재안전기준에서 스프링클러 헤드와 그 부착면의 거리를 30cm 이하로 규정한 이유는 건물의 층고를 3m로 보아 Ceiling Jet Flow 내에 헤드가 설치될 수 있도록 하기 위함이다.
④ 천장과 벽 부분 사이에서는 Dead Air Space가 발생되므로, 벽과 스프링클러헤드 간의 공간은 10cm 이상, 연기감지기는 0.6m 이상 이격하도록 규정하고 있다.

185 화재 시 발생하는 화재플럼(Fire plume)의 평균 화염 높이는 열방출률과 어떤 관계가 있는가?

① 평균화염의 높이는 열방출률의 2분의 1승에 비례한다.
② 평균화염의 높이는 열방출률의 3분의 2승에 비례한다.
③ 평균화염의 높이는 열방출률의 5분의 1승에 비례한다.
④ 평균화염의 높이는 열방출률의 5분의 2승에 비례한다.

평균 화염 높이

$$L_f = 0.23Q^{\frac{2}{5}} - 1.02D[\text{m}]$$

여기서, Q : 에너지 방출속도[kW]
D : 화염 직경, 연소면의 직경[m]

정답 183. ④ 184. ① 185. ④

186 실내 건축물 화재 시 발생된 연기가 건물 밖으로 이동하는 주된 요인이 아닌 것은?

① 가스의 팽창 ② 굴뚝효과
③ 바람효과 ④ 소화설비 작동

연기의 유동에 영향을 미치는 요인

① 연돌(굴뚝)효과 ② 외부에서의 풍력
③ 공기유동의 영향 ④ 건물 내 기류의 강제이동
⑤ 비중차 ⑥ 공조설비
⑦ 온도상승에 따른 증기팽창

187 굴뚝효과란 건물 내부와 외부의 온도차에 의한 밀도차로 압력차가 발생하는 것을 말한다. 다음 중 굴뚝효과의 크기가 올바르게 설명된 것은?

① $\Delta P = 3,460H\left(\frac{1}{T_o} + \frac{1}{T_i}\right)$ ② $\Delta P = 3,460H\left(\frac{1}{T_o} - \frac{1}{T_i}\right)$

③ $\Delta P = 3,460H\left(\frac{1}{T_i} + \frac{1}{T_o}\right)$ ④ $\Delta P = 3,460H\left(\frac{1}{T_i} - \frac{1}{T_o}\right)$

연돌효과의 크기

$$\Delta P = 3,460H\left(\frac{1}{T_o} - \frac{1}{T_i}\right)[\text{Pa}]$$

여기서, ΔP : 연돌효과에 의한 압력차[Pa], H : 중성대로부터의 높이[m]
T_o : 외부 공기의 절대온도[K], T_i : 내부 공기의 절대온도[K]

188 다음 중 굴뚝효과의 크기를 결정하는 요인에 해당되지 않는 것은?

① 건물 내외부의 온도차 ② 연기의 농도
③ 중성대로부터의 높이 ④ 외벽의 기밀성

연돌효과의 영향 요인

① 수직공간 내 · 외부의 온도차 : 온도차가 클수록 연기확산이 빨라진다.
② 건물의 높이 : 초고층일수록 높이(H)가 커져 압력차가 커진다.
③ 수직공간의 누설면적
㉮ 중성대 상부의 누설 면적이 크면, 중성대가 상승되어 압력차는 줄어들지만 연기에 의한 확산 피해는 커진다.
㉯ 중성대 하부의 누설 면적이 크면, 중성대가 낮아져 압력차가 커진다.
④ 누설틈새
⑤ 건물 상부의 공기 기류 : 상부에서 수직 공간으로의 기류가 강하면, 연돌효과는 줄어든다.

정답 186. ④ 187. ② 188. ②

189 굴뚝효과(Stack Effect)에서 나타나는 중성대에 관계되는 설명으로 틀린 것은?

① 건물 내의 기류는 항상 중성대의 하부에서 상부로 이동한다.
② 중성대는 상하의 기압이 일치하는 위치에 있다.
③ 중성대의 위치는 건물 내외부의 온도차에 따라 변할 수 있다.
④ 중성대의 위치는 건물 내의 공조상태에 따라 달라질 수 있다.

중성대

① 실내로 들어오는 공기와 나가는 공기 사이에 발생되는 압력이 0인 지점을 말한다.
② 중성대 상부
실내압력이 실외압력보다 커서 연기는 화재실에서 외부로 배출된다.(실내압력 > 실외압력)
③ 중성대 하부
실내압력이 실외압력보다 작아서 공기가 화재실로 유입된다.(실내압력 < 실외압력)

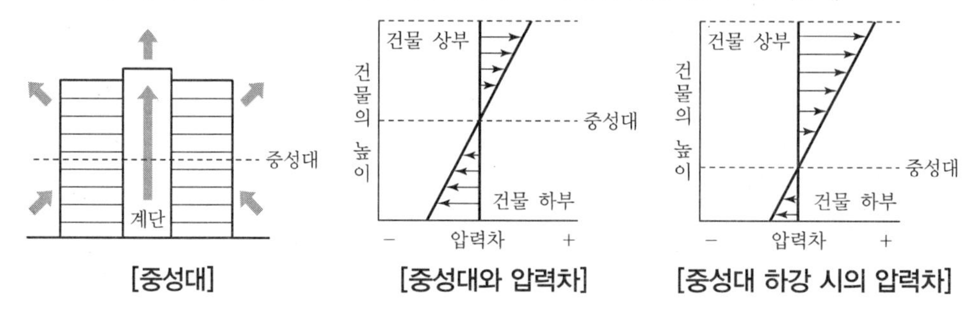

[중성대] [중성대와 압력차] [중성대 하강 시의 압력차]

④ 건물에서의 중성대 높이
㉮ 상부와 하부에 개구부가 있는 건물의 경우 개구부 면적이 같고, 실내 · 외 온도차가 같다면 $h = \frac{1}{2}H$가 되어 건물의 중앙에 중성대가 위치하게 된다.
㉯ 개구부 중 하부 개구부가 크면 하부의 압력차는 상부보다 작게 되고, 중성대는 아래로 이동하게 된다.

190 연기의 농도 표시방법 중 단위체적당 연기 입자의 질량을 나타내는 방법은?

① 중량농도법
② 입자농도법
③ 광학적농도법
④ 상대농도법

연기의 농도측정법

① 중량농도
단위체적당 연기입자의 질량(mg/m^3)을 측정하는 표시법
② 입자농도
단위체적당 연기입자의 개수(개/cm^3)를 측정하는 표시법
③ 광학적 농도
연기 속을 투과하는 빛의 양을 측정하는 방법(Lambert−Beer법칙)으로 감광계수(m^{-1})로 나타낸다.

정답 189. ④ 190. ①

$$C_s = \frac{1}{L}\ln\left(\frac{I_o}{I}\right)$$

여기서, C_s : 감광계수(m^{-1}), L : 투과거리(m)
I_o : 연기가 없을 때 빛의 세기(lux, lm/m^2)
I : 연기가 있을 때의 빛의 세기(lux, lm/m^2)

191 연기의 농도와 가시거리의 관계에서 감광계수가 $0.1m^{-1}$일 때의 상황을 바르게 설명한 것은 어느 것인가?

① 연기감지기가 작동할 정도이며, 가시거리는 20~30m이다.
② 건물 내부에 익숙한 사람이 피난에 지장을 느낄 정도이며, 가시거리는 5m이다.
③ 앞이 거의 보이지 않을 정도이며, 가시거리는 1~2m이다 .
④ 최성기 때 화재실의 농도이며, 가시거리는 0.2~0.5m이다.

▶ 감광계수에 따른 가시거리

감광계수	가시거리	상황 설명
0.1Cs	20~30m	• 희미하게 연기가 감도는 정도의 농도 • 연기감지기가 작동되는 농도 • 건물구조에 익숙지 않은 사람이 피난에 지장을 받을 수 있는 농도
0.3Cs	5m	건물구조를 잘 아는 사람이 피난에 지장을 받을 수 있는 농도
0.5Cs	3m	약간 어두운 정도의 농도
1.0Cs	1~2m	전방이 거의 보이지 않을 정도의 농도
10Cs	수십 cm	• 최성기 때 화재층의 연기 농도 • 유도등도 보이지 않는 암흑상태의 농도
30Cs	–	출화실에서 연기가 배출될 때의 농도

192 고층 건축물의 화재 시 연기를 제어하는 기본방법이 아닌 것은?

① 연기를 공급하여 제어한다.
② 연기를 배기하여 제어한다.
③ 연기를 희석하여 제어한다.
④ 연기를 차단하여 제어한다.

▶ 연기 제어 기본방법

① 차단
② 배기
③ 희석

정답 191. ① 192. ①

193 다음 중 화재 시 연기의 유해성에 해당되지 아니하는 것은?

① 농도적 유해성
② 시각적 유해성
③ 생리적 유해성
④ 심리적 유해성

연기의 유해성

① 생리적 유해성
　㉮ 산소 결핍
　㉯ CO 중독
　㉰ 그 밖의 유독가스에 의한 중독
　㉱ 호흡기의 화상
　㉲ 입자에 의한 자극
② 시계적 유해성
③ 심리적 유해성

194 한 무리 실험동물의 50%를 죽게 하는 독성 물질의 농도로 50%의 치사농도로 반수치사농도라고도 하는 독성과 관련된 용어로 알맞은 것은?

① TWA
② LC50
③ LD50
④ STEL

독성과 관련된 용어

구분	내용
TLV 허용농도	근로자가 유해 요인에 노출될 때, 노출기준 이하의 수준에서는 거의 모든 근로자에게 건강상 나쁜 영향을 미치지 아니하는 기준을 의미
TWA 시간가중 평균노출기준	1일 8시간 작업을 기준으로 하여 유해요인의 측정치에 발생시간을 곱하여 8시간으로 나눈 값을 의미
STEL 단시간 노출기준	근로자가 15분 동안 노출될 수 있는 최대허용농도로서 이 농도에서는 1일 4회 60분 이상 노출이 금지되어 있다.
Ceiling 최고노출기준	근로자가 1일 작업 시간 동안 잠시라도 노출 되어서는 안 되는 기준
LC50 50% 치사농도	한 무리 실험동물의 50%를 죽게 하는 독성 물질의 농도
LD50 50% 치사량	독극물의 투여량에 대한 시험 생물의 반응을 치사율로 나타낼 수 있을 때의 투여량. 한 무리의 50%가 사망한다는 것

195 초등학교 교실의 면적이 $100m^2$이고, 높이가 6m인 경우 바닥에서 3m × 3m 크기의 화재가 발생하였다고 가정할 때, 바닥으로부터 3m 높이까지의 연기가 도달하는 시간은 얼마인가?

① 10
② 12
③ 9
④ 8

정답 193. ① 194. ② 195. ③

연기층 하강 시간

$$t = \frac{20A}{P\sqrt{g}}\left(\frac{1}{\sqrt{y}} - \frac{1}{\sqrt{h}}\right)(\text{sec})$$

여기서, A : 화재 실의 바닥면적(m^2)
P : 화염의 둘레(대형 : 12m, 중형 : 6m, 소형 : 4m)
g : 중력가속도($9.8m/s^2$)
y : 청결층 높이(m)
h : 건물 높이, 실내 높이(m)

$$t = \frac{20 \times 100}{12 \times \sqrt{9.8}}\left(\frac{1}{\sqrt{3}} - \frac{1}{\sqrt{6}}\right) = 9(\text{sec})$$

196 화재 진행과정이 다음과 같은 그림으로 진행될 경우 화재로 인해 발생되는 전체 열 발생량 [MJ]은 얼마인가?

- 성장단계 $Q = \alpha t^2$(α : $0.08612kW/s^2$)
- 일정단계 Q=3,500kW(240초 동안)
- 소멸단계 Q=10kW/s 비율로 일정하게 감소

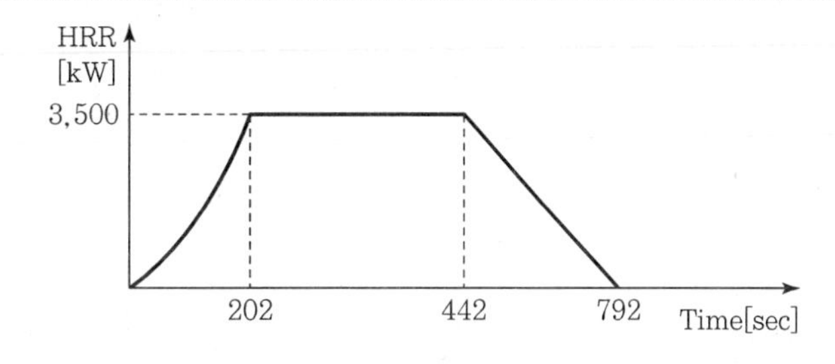

① 1,689 ② 1,789 ③ 1,889 ④ 1,999

열 발생량 [MJ]

① 성장단계(성장기)

$$Q_1 = \alpha t^2 = \alpha\int_0^{202} t^2\,dt = \alpha\left[\frac{1}{3}t^3\right]_0^{202} = 0.08612\left[\frac{1}{3}(202^3 - 0^3)\right] = 236,612\text{kJ} = 236.6\text{MJ}$$

② 일정단계(지속기)

Q_2=3,500kW×(442−202)s=840,000kJ=840MJ

③ 소멸단계(감쇠기)

$$Q_3 = \frac{1}{2} \times 3,500\text{kW} \times (792-442)\text{s} = 612,500\text{kJ} = 612.5\text{MJ}$$

④ 전체 열 발생량

$Q = Q_1 + Q_2 + Q_3$ = 236.6+840+612.5=1,689.1MJ

정답 196. ①

197 다음 중 소화의 원리를 틀리게 설명한 것은?

① 가연성 물질을 인화점 이하로 냉각시킨다.
② 훈소화재는 화학적 소화가 가능하다.
③ 질식소화는 물리적 소화이다.
④ 소화란 연소의 필요 요소 중 하나 이상을 제거하는 것이다.

소화의 원리

① 연소의 3요소 제어(물리적 소화 : 가연물, 산소공급원, 점화원 제어)
② 연소의 4요소 제어(화학적 소화 : 연쇄반응 차단)
③ 물적 조건(농도, 압력)과 에너지 조건(온도, 점화원) 제어

구분	필요요소	소화	
3요소	가연물	제거소화	물리적 소화
	산소공급원	질식소화	
	점화원	냉각소화	
4요소	연쇄반응	억제소화	화학적 소화

198 유전 화재 시 질소폭탄을 투하하는 것은 소화방법 중 어느 것에 해당하는가?

① 억제소화 ② 질식소화
③ 제거소화 ④ 냉각소화

제거소화의 종류

① 산림화재 시 미리 벌목하여 가연물을 제거하는 것
② 유류탱크 화재에서 배관을 통하여 미연소 유류를 이송하는 것
③ 가스화재 시 가스밸브를 닫아 가스 공급을 차단하는 것
④ 전기화재 시 전원 공급을 차단하는 것
⑤ 유전화재 시 질소폭탄을 투하하여 연소에 사용될 산소를 제거한 후 진공상태로 만드는 것

199 물리적 소화의 방법 중 하나인 질식소화는 공기 중의 산소 농도를 얼마 이하로 떨어뜨려 소화하는 것인가?

① 15% 이하 ② 21% 이하
③ 10% 이하 ④ 23% 이하

200 물의 일반적인 성질에 대한 설명으로 옳지 않은 것은?

① 물의 비열은 1cal/g · ℃이다.
② 물의 비중은 0℃에서 가장 크다.

정답 197. ② 198. ③ 199. ① 200. ②

③ 100℃, 1기압에서 증발잠열은 약 539cal/g이다.
④ 액체 상태에서 수증기로 바뀌면 체적이 증가한다.

◐ 물의 일반적 성질

① 물의 비열은 1cal/g · ℃이다.
② 물의 비중은 4℃에서 1이다.
③ 100℃, 1기압에서 증발잠열은 약 539cal/g이다.
④ 액체 상태에서 수증기로 바뀌면 체적이 약 1,700배로 증가한다.
⑤ 물의 융해잠열은 약 80cal/g이다.

201 물을 소화약제로 사용할 경우 기대할 수 없는 소화효과는 어느 것인가?

① 냉각효과 ② 질식효과
③ 희석효과 ④ 부촉매효과

◐ 물의 소화효과

① 냉각소화
㉮ 물의 높은 증발잠열을 이용하여 화열의 발생보다 물에 의한 열손실을 더 크게 하여 냉각시킨다.
㉯ 분무상의 작은 입자가 봉상주수 입자보다 더 쉽게 증발되므로, 열을 더 빨리 흡수한다.
② 질식소화
㉮ 물이 수증기로 기화하면 약 1,700배 체적팽창되어 산소 농도를 낮춘다.
㉯ 냉각소화 효과보다는 적지만, 미세물분무 소화설비 등에서는 그 효과가 크다.
③ 유화작용
㉮ 점성이 있는 가연성 액체에 운동량을 가진 물을 주입시키면, 불연성의 박막인 Emulsion을 형성하여 위험물의 증발을 억제시켜 연소범위 이하의 농도로 만든다.
㉯ 연소 중인 가연성 액체 표면에 물을 방사할 때에는 Slop over에 주의해야 한다.
④ 희석소화
수용성 액체의 화재 시 물을 주입시켜 가연성 물질의 농도를 낮춘다.

202 물을 방사 형태에 따라 분류할 때 전기화재에 적응성이 있는 것은 어느 것인가?

① 봉상주수 ② 적상주수
③ 우상주수 ④ 무상주수

◐ 물의 방사형태에 따른 적응성

① 봉상주수 : 옥내소화전 – A급 화재
② 적상주수 : 스프링클러설비 – A급 화재
③ 무상주수 : 물분무설비, 미분무설비–A · B · C급 화재–소화효과가 가장 크다.

정답 201. ④ 202. ④

203 **4류 위험물 중 휘발유 화재가 발생한 경우 주수소화를 금지하는 이유로 타당한 것은?**

① 물과 반응하여 유독가스를 생성하므로
② 비중이 물보다 가벼워 연소면이 확대될 가능성이 있으므로
③ 가연성 가스인 수소가스가 발생되므로
④ 조연성 가스인 산소가 발생되므로

204 **물을 소화약제로 사용할 경우 소화효과를 높이기 위한 가장 좋은 방법은?**

① 다량의 물로 방사한다.
② 빗방울 형태로 방사한다.
③ 안개 모양으로 방사한다.
④ 천천히 방사한다.

205 **물은 100℃에서 기화될 때 체적이 증가하는데 다음 중 이로 인해 기대할 수 있는 가장 큰 소화효과는?**

① 타격효과
② 촉매효과
③ 제거효과
④ 질식효과

물의 소화효과 중 질식효과

① 물이 수증기로 기화하면 약 1,700배 체적팽창되어 산소 농도를 낮춘다.
② 냉각소화 효과보다는 적지만, 미세물분무 소화설비 등에서는 그 효과가 크다.

206 **다음 중 소화원리와 소화방법의 연결이 잘못된 것은?**

① 억제소화－분말소화설비
② 냉각소화－스프링클러설비
③ 질식소화－이산화탄소 소화설비
④ 제거소화－옥내소화전설비

소화원리와 소화방법

① 억제, 피복소화 : 분말소화설비
② 냉각소화 : 옥내 · 외소화전설비, 스프링클러설비 등
③ 질식소화 : 이산화탄소 소화설비, 불활성가스 청정소화약제 소화설비 등
④ 제거소화 : 가연물을 제거하는 것, 가스화재 시 가스밸브를 닫아 가스 공급을 차단하는 것 등
⑤ 희석소화 : 불연성 가스를 주입하여 가연성 가스의 농도를 희석

207 **소화기 중 대형 소화기에 충전하는 소화약제의 양이 틀린 것은 어느 것인가?**

① 포소화기－20l 이상
② 물소화기－50l 이상
③ 분말소화기－20kg 이상
④ 이산화탄소소화기－50kg 이상

정답 203. ② 204. ③ 205. ④ 206. ④ 207. ②

▶ 대형소화기의 소화약제 양

① 분말소화기 – 20kg 이상
② 할론소화기 – 30kg 이상
③ 이산화탄소소화기 – 50kg 이상
④ 포소화기 – 20l 이상
⑤ 강화액소화기 – 60l 이상
⑥ 물소화기 – 80l 이상

208 다음 중 강화액 소화기의 사용 온도 범위로 가장 알맞은 것은?

① –20℃ 이상 40℃ 이상
② –20℃ 이상 40℃ 이하
③ 40℃ 이상 20℃ 이상
④ –40℃ 이상 20℃ 이하

209 수성막포 소화약제를 설명한 것 중 틀린 것은?

① 유류화재에 가장 뛰어난 소화약제이다.
② 장기간 보관이 가능하다.
③ 저팽창포와 고팽창포 모두에 사용이 가능하다.
④ 유동성이 우수하다.

▶ 수성막포 소화약제

① 유류화재에 가장 뛰어난 소화약제이다.
② 장기간 보관이 가능하다.
③ 저팽창포에 사용이 가능하다.
④ 유동성이 우수하다.
⑤ A급 화재에 적응성이 있다.
⑥ 내열성이 없어서 윤화현상이 생긴다.

210 다음 중 이산화탄소 소화설비의 소화작용에 해당되지 아니하는 것은?

① 억제작용 ② 냉각작용 ③ 질식작용 ④ 피복작용

▶

① 억제작용 : 분말소화설비 및 할로겐화합물계 소화설비

211 다음 중 이산화탄소의 특징을 설명한 것으로 틀린 것은?

① 무색, 무취, 부식성이 없는 기체이다.
② 전기화재에 사용할 수 없다.
③ 영구보존이 가능하다.
④ 액체 상태로 저장이 가능하다.

정답 208. ② 209. ③ 210. ① 211. ②

▶ 이산화탄소의 특징

① 상온, 대기압에서 무색, 무취, 부식성이 없는 비전도성 기체이다.
② 전기화재에 사용이 가능하고, 주된 소화효과는 질식효과이다.
③ 영구보존이 가능하다.
④ 액체 상태로 저장이 가능하다.

212 다음 중 이산화탄소의 농도%를 산출하는 계산식으로 알맞은 것은?

① $\frac{21-O_2}{21} \times 100$
② $\frac{21+O_2}{21} \times 100$
③ $\frac{21-O_2}{O_2} \times 100$
④ $\frac{21+O_2}{21} \times 100$

▶ 방사 후 이산화탄소의 농도% 산출

$$C[\%] = \frac{21-O_2}{21} \times 100$$

여기서, C : CO_2 방사 후 실내의 CO_2 농도%
O_2 : CO_2 방사 후 실내의 산소 농도%

213 불활성 가스 청정소화 약제 중 IG-541의 성분비로 가장 알맞은 것은?

① N_2 : 40%, Ar : 52%, CO_2 : 8%
② N_2 : 52%, Ar : 40%, CO_2 : 8%
③ N_2 : 50%, Ar : 50%
④ N_2 : 52%, Ar : 48%

▶ 불활성 가스 청정소화 약제의 성분비

① IG-01 : Ar 100%
② IG-100 : N_2 100%
③ IG-541 : N_2 52%, Ar 40%, CO_2 8%
④ IG-55 : N_2 50%, Ar 50%

214 다음 중 전기설비에 대한 적응성이 낮은 것은?

① 포에 의한 소화
② 이산화탄소에 의한 소화
③ 물분무에 의한 소화
④ 할로겐화합물에 의한 소화

정답 212. ① 213. ② 214. ①

215 제1종 분말소화약제가 요리용 기름이나 지방질 기름의 화재 시 소화효과가 탁월한 이유에 대한 설명으로 가장 옳은 것은?

① 비누화 반응을 일으키기 때문이다.
② 요오드화 반응을 일으키기 때문이다.
③ 브롬화 반응을 일으키기 때문이다.
④ 질화 반응을 일으키기 때문이다.

비누화 현상

① 중탄산나트륨계의 분말소화약제를 지방이나 식용유 화재에 적용 시 기름의 지방산과 Na^+ 이온이 결합하여 비누를 형성한다.
② 생성된 비누는 기름을 포위하거나, 연소생성물인 가스에 의해 거품을 형성하여 재발화를 방지한다.

216 제3종 분말소화약제의 주성분으로 알맞은 것은?

① $NaHCO_3$
② $KHCO_3$
③ $NH_4H_2PO_4$
④ $KHCO_3 + NH_2CONH_2$

분말소화약제의 종류(216~218번)

종 류	성 분	색 상	적응화재
제1종 분말	$NaHCO_3$(탄산수소나트륨)	백색	B · C급
제2종 분말	$KHCO_3$(탄산수소칼륨)	담회색(자색)	B · C급
제3종 분말	$NH_4H_2PO_4$(인산암모늄)	담홍색	A · B · C급
제4종 분말	$KHCO_3 + NH_2CONH_2$ (탄산수소칼륨 + 요소)	회색	B · C급

217 분말소화약제 중 A · B · C급 화재에 적응성이 있는 소화약제는 어느 것인가?

① 제1종 분말소화약제
② 제2종 분말소화약제
③ 제3종 분말소화약제
④ 제4종 분말소화약제

218 제2종 분말소화약제인 중탄산칼륨($KHCO_3$)는 어떤 색상으로 착색되어 있는가?

① 담홍색
② 담자색
③ 백색
④ 회색

정답 215. ① 216. ③ 217. ③ 218. ②

219 다음 중 축압식 분말소화기의 지시압력계에 표시된 정상 사용 압력 범위의 상한값은 얼마인가?

① 0.70MPa
② 0.78MPa
③ 0.90MPa
④ 0.98MPa

축압식 분말소화기의 지시압력계

㉠ 노란색 부분 : 압력 부족 상태로 정상적으로 방사할 수 없다.
㉡ 녹색 부분 : 정상 사용 압력 범위로 0.7~0.98MPa이 적합하다.
㉢ 빨간색 부분 : 과압의 범위

220 다음 중 소화기의 사용방법으로 올바르지 못한 것은?

① 적응성이 있는 화재에만 사용한다.
② 양옆으로 비로 쓸 듯이 사용한다.
③ 바람을 등지고 풍상에서 풍하로 사용한다.
④ 화염에서 멀리 떨어져 사용한다.

소화기의 사용방법

④ 화염 근처에서 사용한다.

221 화재 시 노출피부에 대한 화상을 입힐 수 있는 최소 열유속으로 옳은 것은?

① $1kW/m^2$
② $4kW/m^2$
③ $10kW/m^2$
④ $15kW/m^2$

화재 시 열에 의한 손상을 받을 수 있는 최소치

① 노출 피부에 대한 통증 : $1kW/m^2$
② 노출 피부에 대한 화상 : $4kW/m^2$
③ 물체의 점화 : $10\sim20kW/m^2$

222 폭굉유도거리가 짧아질 수 있는 조건으로 옳은 것은?

① 관경이 클수록 짧아진다.
② 점화에너지가 클수록 짧아진다.
③ 압력이 낮을수록 짧아진다.
④ 연소속도가 늦을수록 짧아진다.

폭굉유도거리 짧아질 수 있는 조건

① 관경이 작을수록 짧아진다.
② 점화에너지가 클수록 짧아진다.
③ 압력이 높을수록 짧아진다.
④ 연소속도가 빠를수록 짧아진다.

정답 219. ④ 220. ④ 221. ② 222. ②

223 이산화탄소 1.2kg을 18℃ 대기 중(1atm)에 방출하면 몇 L의 가스체로 변하는가?(단, 기체상수가 0.082l · atm/mol · K인 이상기체이며, 소수점 이하는 둘째 자리에서 반올림한다.)

① 0.6　　② 40.3
③ 610.5　　④ 650.8

이상기체 상태방정식

$$PV = nRT = \frac{m}{M}RT$$

여기서, P : 압력, V : 부피, n : mol 수, m : 질량
M : 분자량, R : 기체상수, T : 절대온도

$$V = \frac{mRT}{MP}$$
$$= \frac{1200\text{g} \times 0.082l \cdot \text{atm/mol} \cdot \text{K} \times (18+273)\text{K}}{44\text{g/1mol} \times 1\text{atm}}$$
$$= 650.78l = 650.8l$$

224 가솔린 액면화재에서 직경 5m, 화재 크기 10MW일 때 화염 중심에서 15m 떨어진 점에서의 복사열류는 몇 kW/m²인가?(단, 가솔린의 경우 복사에너지 분율은 50%인 것으로 한다. $\pi = 3.14$, 소수점 셋째 자리에서 반올림한다.)

① 0.76　　② 1.35
③ 1.77　　④ 3.19

복사열류

$$\dot{q}'' = \frac{X_r \dot{Q}}{4\pi c^2}$$

여기서, $\dot{q}''$: 복사열류(W/m²)
X_r : 복사에너지 분율(전체 발열량 중 복사의 형태로 방출되는 비율)
$\dot{Q}$: 에너지 방출률(W)
c : 화염 중심으로부터의 거리(m)

$$\dot{q}'' = \frac{50\% \times 10\text{MW}}{4\pi \times (15\text{m})^2} = \frac{0.5 \times 10 \times 10^6\text{W}}{4 \times 3.14 \times (15\text{m})^2}$$
$$= 1769.29\text{W/m}^2 = 1.77\text{kW/m}^2$$

정답 223. ④ 224. ③

225 연기의 제연방식에 관한 설명으로 옳지 않은 것은?

① 밀폐제연방식은 연기를 일정구획에 한정시키는 방법으로 비교적 소규모 공간의 연기제어에 적당하다.

② 자연제연방식은 연기의 부력을 이용하여 천장, 벽에 설치된 개구부를 통해 연기를 배출하는 방식이다.

③ 기계제연방식은 기계력으로 연기를 제어하는 방식으로 제3종 기계제연방식은 급기 송풍기로 가압하고 자연배출을 유도하는 방식이다.

④ 스모크타워 제연방식은 세로방향 샤프트(Shaft) 내의 부력과 지붕 위에 설치된 루프모니터의 흡입력을 이용하여 제연하는 방식이다.

기계제연방식

① 제1종 기계제연방식 : 강제 급기 · 배기 방식(급기, 배기 모두 송풍기 설치)
② 제2종 기계제연방식 : 강제 급기, 자연 배기 방식(급기만 송풍기 설치)
③ 제3종 기계제연방식 : 자연 급기, 강제 배기 방식(배기만 송풍기 설치)

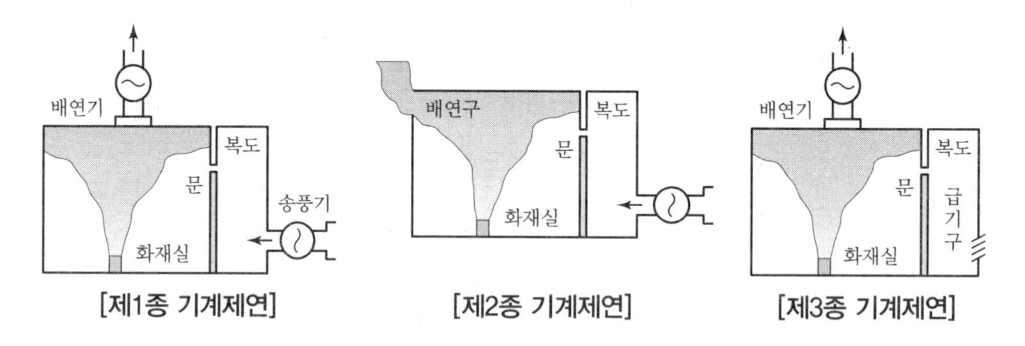

[제1종 기계제연] [제2종 기계제연] [제3종 기계제연]

226 화재 시 연소생성물인 이산화질소(NO_2)에 관한 설명으로 옳지 않은 것은?

① 질산셀룰로오스가 연소될 때 생성된다.

② 푸른색의 기체로 낮은 온도에서는 붉은 갈색의 액체로 변한다.

③ 이산화질소를 흡입하면 인후의 감각신경이 마비된다.

④ 공기 중에 노출된 이산화질소 농도가 200~700ppm이면 인체에 치명적이다.

이산화질소(NO_2)

① 질산셀룰로오스가 연소 또는 분해될 때 생성된다.
② 적갈색(붉은 갈색)의 기체로 낮은 온도에서는 푸른색의 액체로 변한다. 주로, 산화제로 사용된다.
③ 독성이 매우 커서 공기 중에 노출된 이산화질소 농도가 200~700ppm이면 인체에 치명적이다.

정답 225. ③ 226. ②

227 훈소의 일반적인 진행속도(cm/s) 범위로 옳은 것은?

① 0.001~0.01　② 0.05~0.5
③ 0.1~1　④ 10~100

▶ 훈소(燻燒, Smoldering)

① 정의 : 산소와 고체 표면 간에 발생하는 상대적으로 느린 연소과정
② 특징
　㉮ 불꽃이 없고, 실내온도 상승이 느리다.
　㉯ CO 발생량이 많다.
　㉰ 훈소속도 : 0.001~0.01cm/s
　　(표면 화염 확산속도 : 액체 · 고체는 1~100cm/s, 기상은 약 10~10^5cm/s)
③ 위험성
　㉮ 많은 독성물질 배출
　㉯ 연소 표면은 고온(약 1,000℃)이어서 질식, 억제소화 등이 유효하지 않다.

228 특정소방대상물의 수용인원 산정으로 옳은 것은?

- 객실이 30개인 콘도미니엄(온돌방)으로서 객실 1개당 바닥면적이 $66m^2$이다.
- 단, 콘도미니엄의 종사자는 10명이다.

① 660　② 670　③ 760　④ 770

▶ 수용인원 산정방법

① 숙박시설이 있는 특정소방대상물
　㉮ 침대가 있는 숙박시설 : 종사자 수+침대 수(2인용은 2개로 산정)
　㉯ 침대가 없는 숙박시설 : 종사자 수+(바닥면적 합계÷$3m^2$)
② ① 외의 특정소방대상물
　㉮ 강의실, 교무실, 상담실, 실습실, 휴게실 용도 : 바닥면적 합계÷$1.9m^2$
　㉯ 강당, 문화 및 집회시설, 운동시설, 종교시설 : 바닥면적 합계÷$4.6m^2$
　㉰ 그 밖의 특정소방대상물 : 바닥면적 합계÷$3m^2$
∴ 침대가 없는 숙박시설의 수용인원=종사자 10명+[(객실 30개×$66m^2$)÷$3m^2$]=670명

229 건축물의 화재특성에서 플래시오버(flash over)와 롤오버(roll over)에 관한 설명으로 옳지 않은 것은?

① 플래시오버는 공간 내 전체 가연물을 발화시킨다.
② 롤오버에서는 화염이 주변공간으로 확대되어 간다.
③ 롤오버 현상은 플래시오버 현상과는 달리 감쇠기 단계에서 발생한다.
④ 내장재에 따른 플래시오버 발생시간을 보면, 난연성 재료보다는 가연성 재료의 소요시간이 짧다.

정답 227. ① 228. ② 229. ③

◐ 롤오버(Roll over)

① 플래시오버가 발생하기 직전에 작은 불꽃들이 연기 속에서 산재해 있는 상태이다.
② 작은 불꽃들은 고열의 연기가 충만한 실(室)의 천장 부근 또는 개구부의 상부에서 뿜어져 나오는 연기에 섞여 나타난다.
③ 롤오버 현상은 성장기 단계에서 발생한다.

230 −5℃의 얼음 10kg을 100℃의 수증기로 만드는 데 필요한 열량(kcal)은 얼마인가?

① 6,215　　② 6,415
③ 7,190　　④ 7,215

◐ 현열과 잠열

−5℃ 얼음 → 0℃ 얼음 → 0℃ 물 → 100℃ 물 → 100℃ 수증기
현열(Q_1)　잠열(Q_2)　현열(Q_3)　잠열(Q_4)

① 현열(Q_1) $= m \cdot C \cdot \Delta T = 10\text{kg} \times 0.5\text{kcal/kg} \cdot ℃ \times 5℃ = 25\text{kcal}$
② 잠열(Q_2) $= m \cdot \gamma = 10\text{kg} \times 80\text{kcal/kg} = 800\text{kcal}$
③ 현열(Q_3) $= m \cdot C \cdot \Delta T = 10\text{kg} \times 1\text{kcal/kg} \cdot ℃ \times 100℃ = 1{,}000\text{kcal}$
④ 잠열(Q_4) $= m \cdot \gamma = 10\text{kg} \times 539\text{kcal/kg} = 5{,}390\text{kcal}$
∴ 필요한 열량=①+②+③+④=25+800+1,000+5,390=7,215kcal

정답 230. ④

PART

02

소방전기회로 및 소방수리학 · 약제화학

CHAPTER 01 소방전기회로

01 전기의 성질에 대한 설명 중 틀린 것은?

① 원자는 그의 중심에 원자핵이 있다.
② 원자핵은 양성자와 중성자로 되어 있다.
③ 전자 1개의 전하량은 -1.602×10^{-18}[C]이다.
④ 전하를 가지고 있는 것은 전자와 양성자이다.

◐ 전기의 성질

① 양자 및 전자의 전기량(전하량)

구 분	전하량[C]	질량[kg]
양자	$+1.602\times10^{-19}$	1.67×10^{-27}(전자의 약 1,840배)
전자	-1.602×10^{-19}	9.1×10^{-31}

② 자유전자의 이동
금속에 전류가 흐르는 이유는 자유전자의 이동 현상 때문이다.

02 10[A]의 전류가 5분간 도체에 흘렀을 때 도선 단면을 지나는 전기량은 몇 [C]인가?

① 3 ② 50 ③ 3,000 ④ 5,000

◐ 전기량(전하량) Q[C]

① 전하란, 물질의 마찰 등에 의해서 대전된 전기를 말하며, 이 전하의 크기를 전기량(전하량)이라 한다.
② 전류 $I[\mathrm{A}]=\dfrac{Q[\mathrm{C}]}{t[\mathrm{s}]}$ [단위시간 동안 이동한 전기량(전하량)]
③ 전기량(전하량) $Q=I\cdot t=10\times5\times60=3{,}000[\mathrm{C}]$

03 10[C]의 전하가 5초 동안 어느 점을 통과하고 있을 때 전류 값은 몇 [A]인가?

① 2 ② 5 ③ 10 ④ 50

◐

$$I=\frac{Q}{t}=\frac{10}{5}=2[\mathrm{A}]$$

정답 01. ③ 02. ③ 03. ①

04 10[V]의 기전력으로 50[C]의 전기량이 이동할 때 한 일은 몇 [J]인가?

① 240 ② 400 ③ 500 ④ 600

◐ 전압

① 전류를 흐르게 하는 전기적인 에너지의 차이, 전기적인 압력의 차를 말한다.

② 전압 $V[\mathrm{V}]=\dfrac{W[\mathrm{J}]}{Q[\mathrm{C}]}$ (단위 전하가 한 일)

③ 일 $W=Q\cdot V=50\times 10=500[\mathrm{J}]$

05 다음 회로의 합성저항은 몇 [Ω]인가?

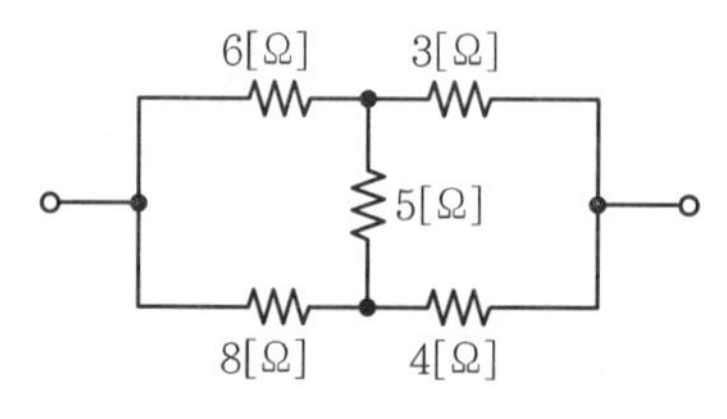

① 0.19 ② 1.28 ③ 2.57 ④ 5.14

◐ 브리지 회로(휘트스톤 브리지, 교류 브리지)의 평형조건

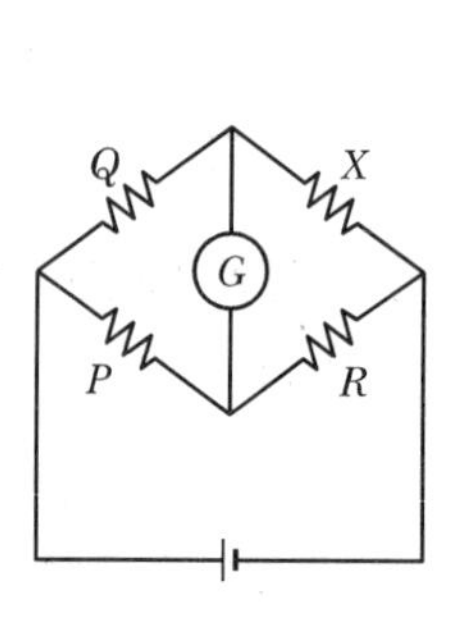

[휘트스톤 브리지 회로]

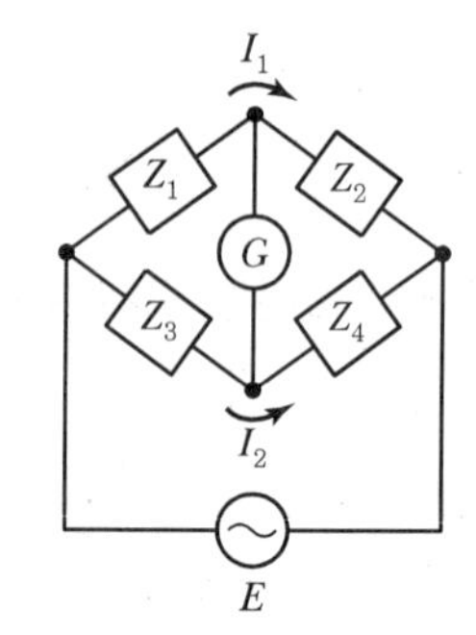

[교류 브리지 회로]

1. 마주보는 저항(임피던스의)의 곱이 서로 같으면 회로는 평형상태이다.
2. 이때, 검류계 Ⓖ에는 전류가 흐르지 않는다.

※ 합성저항

1. 직렬

$R=R_1+R_2+R_3+\cdots+R_n$

2. 병렬

1) 저항이 2개일 경우 $R=\dfrac{R_1\times R_2}{R_1+R_2}$

2) 저항이 3개 이상일 경우 $R=\dfrac{1}{\dfrac{1}{R_1}+\dfrac{1}{R_2}+\dfrac{1}{R_3}+\cdots+\dfrac{1}{R_n}}$

정답 04. ③ 05. ④

06 그림과 같은 회로에서 a, b 단자에서 본 합성저항은 몇 [Ω]인가?

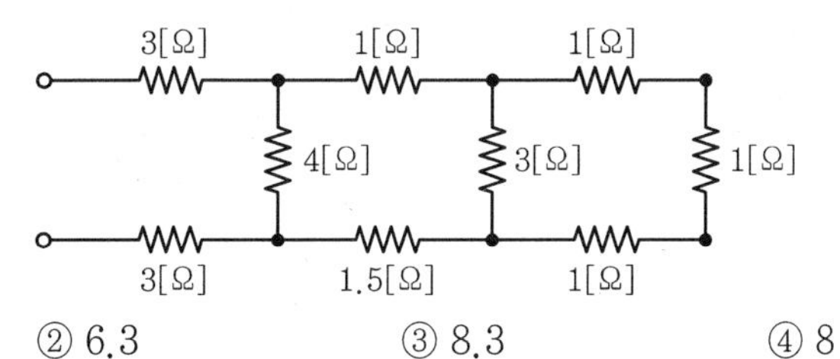

① 6　　② 6.3　　③ 8.3　　④ 8

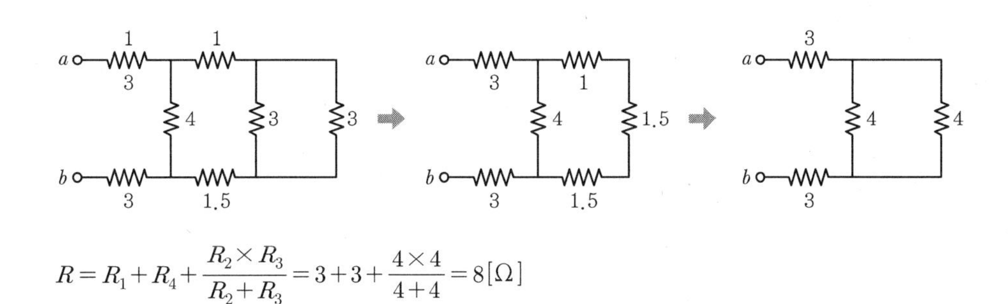

$$R = R_1 + R_4 + \frac{R_2 \times R_3}{R_2 + R_3} = 3 + 3 + \frac{4 \times 4}{4+4} = 8[\Omega]$$

07 그림에서 a, b 간의 합성저항은 몇 [Ω]인가?

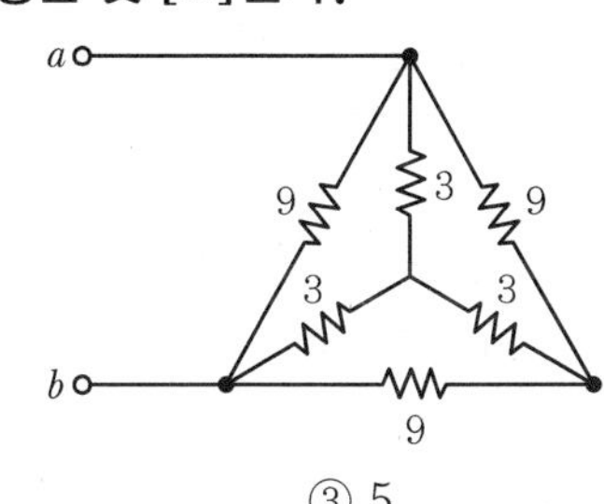

① 3　　② 4　　③ 5　　④ 6

Y결선의 저항을 △결선으로 변환시키면 $R_{\triangle} = 3R_Y$

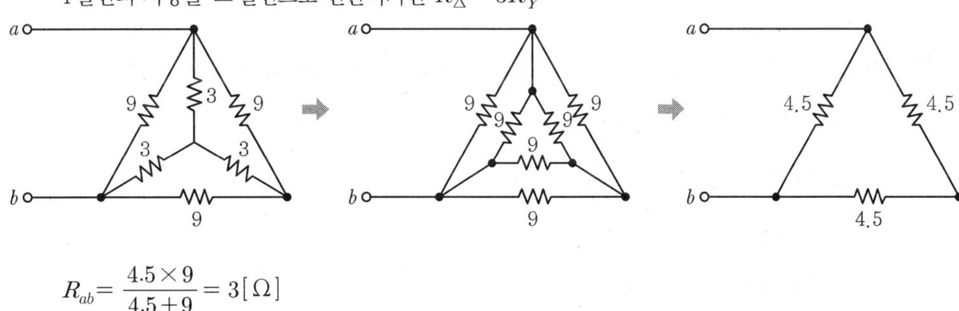

$$R_{ab} = \frac{4.5 \times 9}{4.5 + 9} = 3[\Omega]$$

정답 06. ④ 07. ①

08 다음과 같은 회로에서 50[Ω]의 저항에 흐르는 전류는 몇 [A]인가?

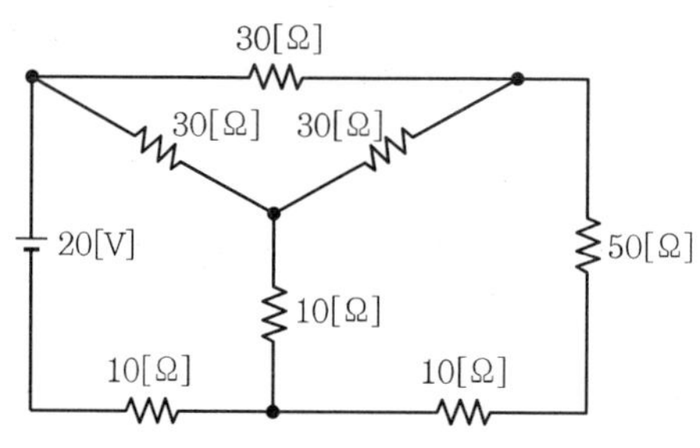

① $\frac{1}{2}$ ② $\frac{1}{4}$ ③ $\frac{1}{6}$ ④ $\frac{1}{8}$

△ 결선된 저항을 Y결선으로 등가변환하면

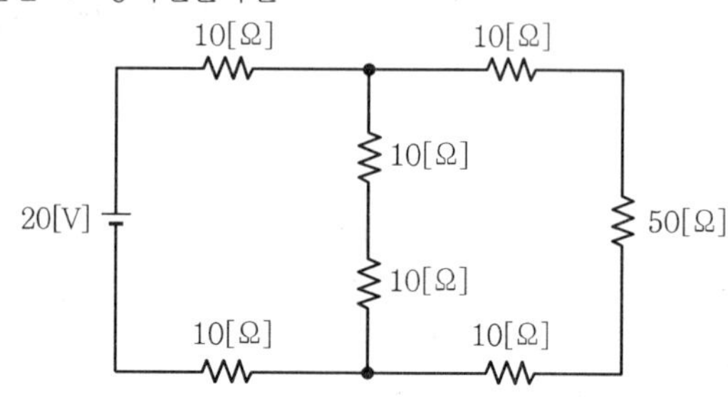

① 전체 전류 $I=\frac{V}{R}=\frac{20}{\frac{3,200}{90}}=\frac{9}{16}$[A]

② 합성저항 $R=10+\frac{20\times70}{20+70}+10=\frac{3,200}{90}$[Ω]

③ 50[Ω]에 흐르는 전류(전류분배법칙)

$$I_{50}=\frac{R_{20}}{R_{20}+R_{70}}\times I$$
$$=\frac{20}{20+70}\times\frac{9}{16}=\frac{1}{8}[A]$$

09 동일한 저항을 가진 두 개의 도선을 병렬로 연결하였을 때의 합성저항은?

① 도선저항 하나의 2배이다.

② 도선저항 하나의 $\frac{1}{2}$ 배이다.

③ 도선저항 하나의 값과 같다.

④ 도선저항 하나의 $\frac{1}{3}$ 배이다.

정답 08. ④ 09. ②

10 다음 그림과 같은 회로에서 전류 I_1을 구하는 식은?

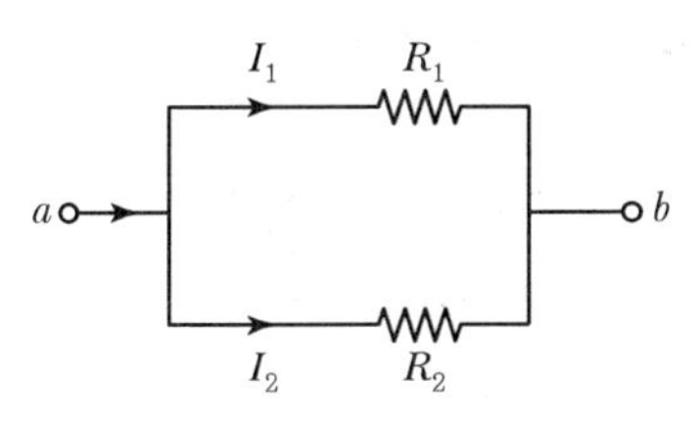

① $I_1 = \dfrac{IR_2}{R_1 + R_2}$

② $I_1 = \dfrac{IR_2}{R_1(R_1 + R_2)}$

③ $I_1 = \dfrac{IR_1}{R_1 + R_2}$

④ $I_1 = \dfrac{IR_1}{R_1(R_1 + R_2)}$

전압분배법칙 · 전류분배법칙

전압분배법칙	전류분배법칙
① 저항이 직렬로 연결 ② 전류가 일정	① 저항이 병렬로 연결 ② 전압이 일정
각 저항에 걸리는 전압은 저항에 비례 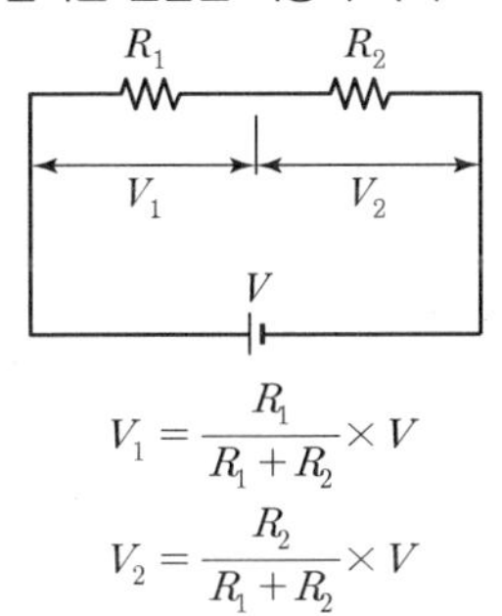 $V_1 = \dfrac{R_1}{R_1 + R_2} \times V$ $V_2 = \dfrac{R_2}{R_1 + R_2} \times V$	각 저항에 흐르는 전류는 저항에 반비례 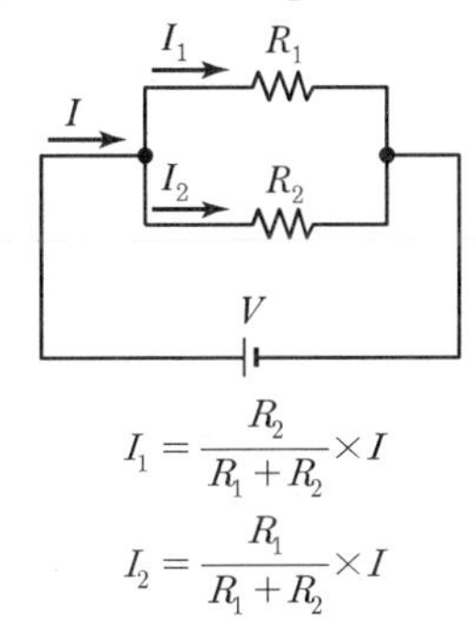 $I_1 = \dfrac{R_2}{R_1 + R_2} \times I$ $I_2 = \dfrac{R_1}{R_1 + R_2} \times I$
전체전류 $I = I_1 = I_2$ 전체전압 $V = V_1 + V_2$ 합성저항 $R = R_1 + R_2$	전체전류 $V = V_1 = V_2$ 전체전압 $I = I_1 + I_2$ 합성저항 $R = \dfrac{1}{\dfrac{1}{R_1} + \dfrac{1}{R_2}} = \dfrac{R_1 \times R_2}{R_1 + R_2}$

정답 10. ①

11 그림과 같은 회로에 흐르는 전전류가 5[A]이면 A, B 사이의 3[Ω]에 흐르는 전류는 몇 [A]인가?(단, 각 저항의 단위는 모두 [Ω]이다.)

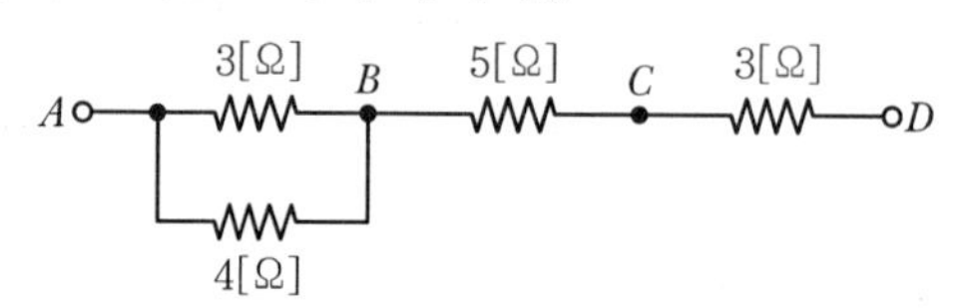

① $\frac{12}{7}$　② $\frac{16}{7}$　③ $\frac{20}{7}$　④ $\frac{24}{7}$

전류분배법칙

3[Ω]에 흐르는 전류

$$I_1 = \frac{R_2}{R_1 + R_2} \times I = \frac{4}{3+4} \times 5 = \frac{20}{7}[\mathrm{A}]$$

12 다음 회로에서 단자 a, b 사이에 4[Ω]의 저항을 접속했을 때 4[Ω]에 흐르는 전류[A]는?

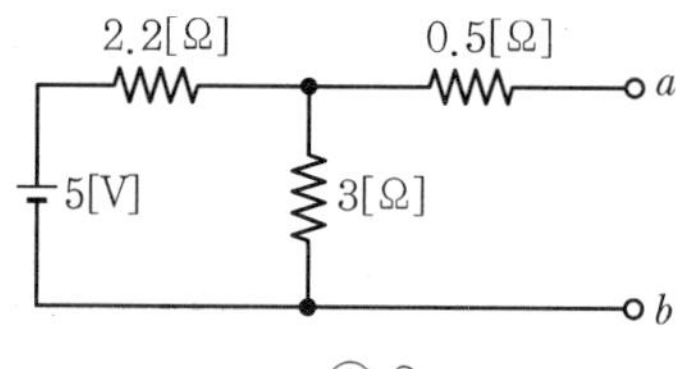

① 0.5　② 1　③ 2　④ 5

전류분배법칙

① 전체전류 $I = \frac{V}{R} = \frac{5}{2.2 + \frac{3 \times 4.5}{3+4.5}} = 1.25[\mathrm{A}]$

② 4[Ω]에 흐르는 전류 $I_2 = \frac{R_1}{R_1 + R_2} \times I = \frac{3}{3+4.5} \times 1.25 = 0.5[\mathrm{A}]$

13 그림과 같은 회로에서 S를 열었을 때 전류계의 지시 값이 10[A]였다면, S를 닫을 때 전류계의 지시값은 몇 [A]인가?

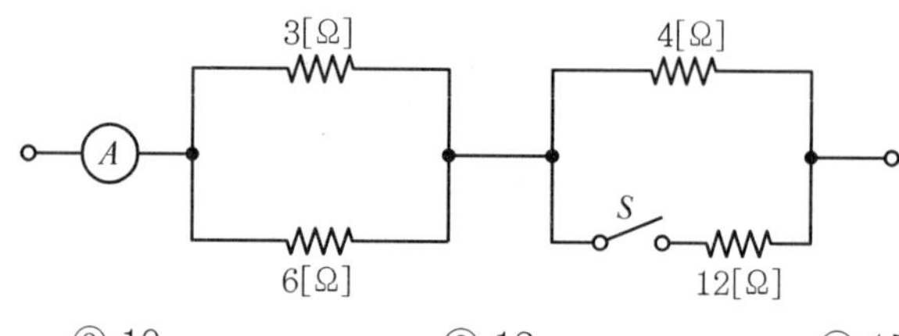

① 8　② 10　③ 12　④ 15

정답 11. ③ 12. ① 13. ③

① S를 닫을 때 전류 $I=\dfrac{V}{R}=\dfrac{60}{\dfrac{3\times6}{3+6}+\dfrac{4\times12}{4+12}}=12[\text{A}]$

② S를 열었을 때 전압 $V=IR=10\times\left(\dfrac{3\times6}{3+6}+4\right)=60[\text{V}]$

14 일정 전압의 직류전원에 저항을 접속하고 전류를 흘릴 때 이 전류값을 20[%] 증가시키려면 저항값을 몇 배로 하여야 하는가?

① 0.64 ② 0.83 ③ 1.2 ④ 1.25

$$\frac{R'}{R}=\frac{\dfrac{V}{I'}}{\dfrac{V}{I}}=\frac{I}{I'(=1.2I)}=\frac{1}{1.2}$$

$\therefore\ R'=0.83R$

15 다음 그림과 같은 회로에서 E_1의 전압을 구하는 식은?

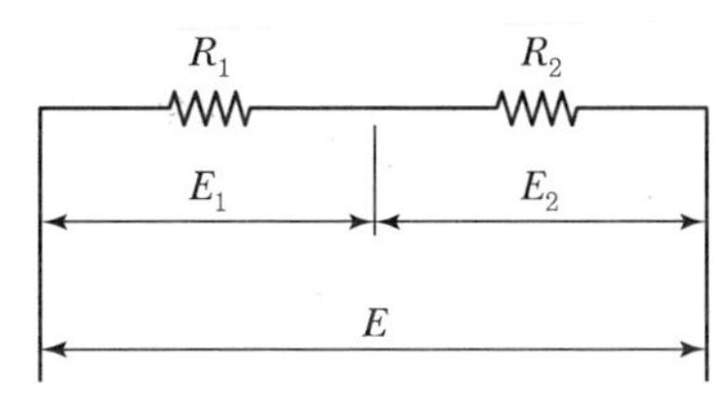

① $E_1=\dfrac{R_2}{R_1+R_2}E$ ② $E_1=\dfrac{(R_1+R_2)E}{R_1R_2}$

③ $E_1=\dfrac{R_1}{R_1+R_2}E$ ④ $E_1=\dfrac{R_1R_2}{R_1+R_2}E$

16 단면적이 2[mm²]이고, 길이가 2[km]인 원형 구리 전선의 저항은 약 얼마인가?(단, 구리의 고유저항은 $1.72\times10^{-8}[\Omega\cdot\text{m}]$이다.)

① 1.72[mΩ] ② 17.2[mΩ] ③ 1.72[Ω] ④ 17.2[Ω]

$$R=\rho\frac{l}{S}=1.72\times10^{-8}\times\frac{2\times1{,}000}{2\times10^{-6}}=17.2[\Omega]$$

정답 14. ② 15. ③ 16. ④

17 다음 그림과 같은 회로에서 저항 20[Ω]에 흐르는 전류[A]는?

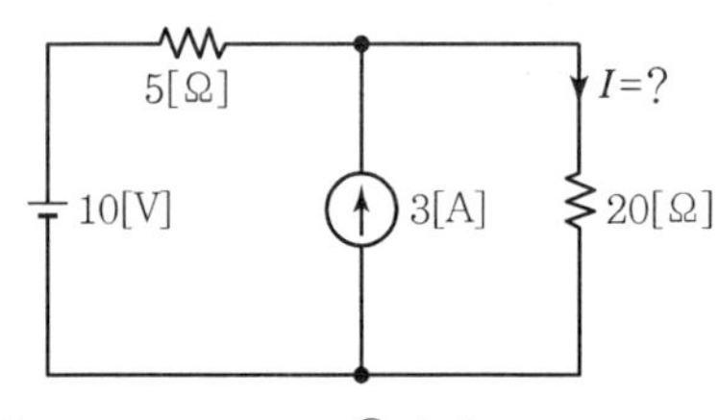

① 0.4　　② 0.6　　③ 1.0　　④ 3

중첩의 원리

① 전압원을 단락시킨 경우((변환)) ← 전류원만의 회로

$R_1 = 5[\Omega]$, $R_2 = 20[\Omega]$이라 할 때 R_1, R_2에 흐르는 전류를 각각 I_1, I_2라 하면 저항 R_2에 흐르는 전류 I_2는

$$I_2 = \frac{R_1}{R_1 + R_2} \times I(\text{전류분배법칙})$$

$$= \frac{5}{5+20} \times 3 = 0.6[\text{A}]$$

② 전류원을 개방시킨 경우((변환)) ← 전압원만의 회로

합성저항 $R = 5 + 20 = 25[\Omega]$이므로

$$I_2 = \frac{V}{R} = \frac{10}{25} = 0.4[\text{A}]$$

∴ 전 전류 $I = 0.6 + 0.4 = 1[\text{A}]$

18 다음 회로에서 4[Ω]의 저항에 흐르는 전류는?

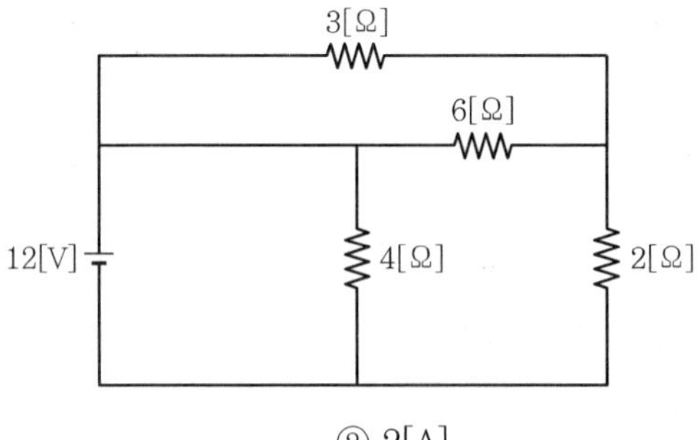

① 1[A]　　② 2[A]
③ 3[A]　　④ 6[A]

정답 17. ③ 18. ③

1) 그림 ④에서

전전류 $I=\dfrac{V}{R}=\dfrac{12}{2}=6[A]$

2) 그림 ③에서

4[Ω]에 흐르는 전류는 전전류의 반이 된다. (← 저항이 동일하므로)

∴ 4[Ω]에 흐르는 전류는 $\dfrac{6[A]}{2}=3[A]$

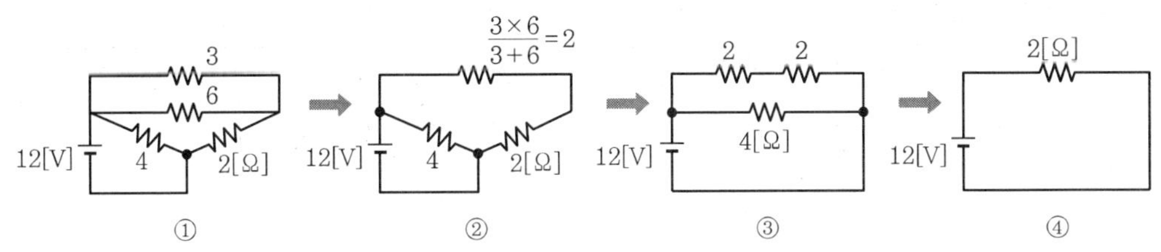

19 주위 온도 0℃에서의 저항이 20[Ω]인 연동선이 있다. 주위 온도가 50[℃]로 되는 경우 저항은 몇 [Ω]인가?(단, 0℃에서 연동선의 온도계수 $\alpha_0=4.3\times10^{-3}$이다.)

① 약 22.3
② 약 23.3
③ 약 24.3
④ 약 25.3

$$R_2=R_1\{1+\alpha_0(t_2-t_1)\}$$
$$=20\times\{1+4.3\times10^{-3}\times(50-0)\}=24.3[\Omega]$$

20 2개의 저항을 직렬로 연결하여 30[V]의 전압을 가하면 6[A]의 전류가 흐르고, 병렬로 연결하여 동일 전압을 가하면 25[A]의 전류가 흐른다. 두 저항값은 각각 몇 [Ω]인가?

① 2, 3
② 3, 5
③ 4, 5
④ 5, 6

저항의 연결

① $I=\dfrac{V}{R}$에서

$R=\dfrac{V}{I}=\dfrac{30}{6}=5[\Omega]$

② $R_1+R_2=5[\Omega]$

21 내부저항이 200[Ω]이며 직류 120[mA]인 전류계를 6[A]까지 측정할 수 있는 전류계로 사용 하고자 한다. 어떻게 하면 되겠는가?

① 24[Ω]의 저항을 전류계와 직렬로 연결한다.
② 12[Ω]의 저항을 전류계와 병렬로 연결한다.
③ 약 6.24[Ω]의 저항을 전류계와 직렬로 연결한다.
④ 약 4.08[Ω]의 저항을 전류계와 병렬로 연결한다.

배율기 · 분류기

배율기(R_m)	분류기(R_s)
① 전압계와 직렬로 접속한 저항 ② 전압 측정 범위 확대 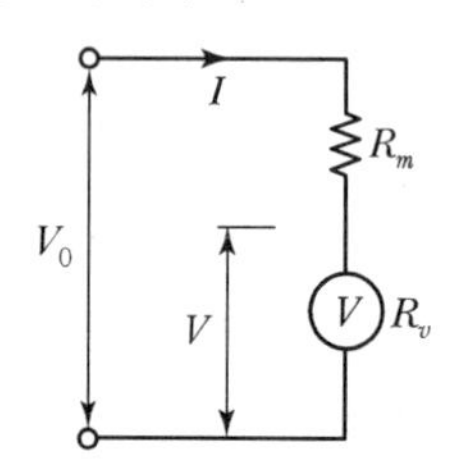 배율 $m=\frac{V_0}{V}=1+\frac{R_m}{R_V}$ 여기서, V_0 : 확대된 전압, V : 전압계 최대눈금 R_m : 배율기 저항, R_V : 전압계 내부저항	① 전류계와 병렬로 접속한 저항 ② 전류 측정 범위 확대 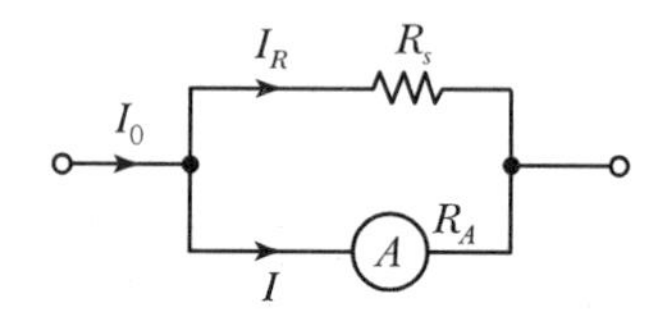 배율 $m=\frac{I_0}{I}=1+\frac{R_A}{R_s}$ 여기서, I_0 : 확대된 전류, I : 전류계 최대눈금 R_s : 분류기 저항, R_A : 전류계 내부저항

분류기 배율 $m=\frac{I_0}{I}=1+\frac{R_A}{R_s}$ 에서,

$$\frac{6}{0.12}=1+\frac{200}{R_S}$$

$$\therefore\ R_s=\frac{200}{\frac{6}{0.12}-1}=4.08[\Omega]$$

22 내부저항이 100[Ω], 최대눈금이 20[V]인 직류 전압계에 1[kΩ]인 배율기를 접속하여 전압을 측정하면 측정 가능한 최대 전압[V]은?

① 880　② 440　③ 220　④ 22

배율기의 배율

$$m=\frac{V_0}{V}=1+\frac{R_m}{R_V}$$

$$V_0=\left(1+\frac{R_m}{R_V}\right)\times V=\left(1+\frac{1{,}000}{100}\right)\times 20=220[\mathrm{V}]$$

정답 21. ④ 22. ③

23 전류의 열작용과 관계가 깊은 것은?

① 옴의 법칙 ② 줄의 법칙
③ 플레밍의 법칙 ④ 키르히호프의 법칙

줄열(열량)

① 저항을 가진 도체에 전류가 흐르면 열이 발생한다.

② $H = 0.24\,VIt = 0.24 I^2 Rt = 0.24 \dfrac{V^2}{R} t\,[\text{cal}]$

여기서, V : 전압[V]
I : 전류[A]
t : 시간[s]

24 0[℃]의 물 4[l]를 효율 80[%]인 전열기로 30분간 가열시켜 온도를 43[℃]로 높이기 위하여 필요한 전열기 용량은 몇 [kW]인가?

① 0.1 ② 0.5 ③ 1 ④ 4.3

전열기 용량

$$P = \frac{mC\Delta T}{860\eta t} = \frac{4 \times 1 \times (43-0)}{860 \times 0.8 \times 0.5} = 0.5[\text{kW}]$$

25 두 종류의 금속으로 폐회로를 만들어 전류를 흘리면 양 접속점에서 한쪽은 온도가 올라가고 다른 쪽은 온도가 내려가는 현상은?

① 펠티에 효과 ② 제백 효과
③ 톰슨 효과 ④ 홀 효과

여러 가지 전기효과

① 제백 효과
㉠ 서로 다른 금속의 접속 면에 온도차가 있으면, 기전력이 발생하는 효과
㉡ 열전대식 감지기, 열반도체식 감지기, 열전온도계

② 펠티에 효과
㉠ 서로 다른 금속의 접속면에 전류를 흐르게 하면, 접속점에서 열의 발생 또는 열의 흡수가 일어나는 효과
㉡ 전자 냉장고, 전자 항온기

③ 톰슨 효과
동일한 금속의 접속면에 온도차를 주고, 고온에서 저온으로 전류를 흐르게 하면, 접속점에서 열의 발생 또는 열의 흡수가 일어나는 효과

정답 23. ② 24. ② 25. ①

26 100[V]로 500[W]의 전력을 소비하는 전열기가 있다. 이 전열기를 80[V]로 사용하면 소비전력은 몇 [W]인가?

① 320 ② 360 ③ 400 ④ 440

전력 $P=\dfrac{W}{t}=VI=I^2R=\dfrac{V^2}{R}$[W] 또는 [J/s]

$$\frac{P'}{P}=\frac{\frac{V'^2}{R}}{\frac{V^2}{R}}=\left(\frac{V'}{V}\right)^2$$

$$\therefore\ P'=\left(\frac{V'}{V}\right)^2\times P=\left(\frac{80}{100}\right)^2\times 500=320[\mathrm{W}]$$

27 정격전압에서 400[W]의 전력을 소비하는 저항에 정격 80[%]의 전압을 가할 때의 전력은 몇 [W]인가?

① 156 ② 220 ③ 256 ④ 320

전력 $P=\dfrac{W}{t}=VI=I^2R=\dfrac{V^2}{R}$[W] 또는 [J/s]

$$\frac{P'}{P}=\frac{\frac{V'^2}{R}}{\frac{V^2}{R}}=\left(\frac{V'}{V}\right)^2$$

$$\therefore\ P'=\left(\frac{V'}{V}\right)^2\times P=\left(\frac{0.8\,V}{V}\right)^2\times P=\left(\frac{0.8\,V}{V}\right)^2\times 400=256[\mathrm{W}]$$

28 같은 저항 4개를 그림과 같이 연결하여 a－b 간에 일정 전압을 가했을 때 소비전력이 가장 큰 것은?

①

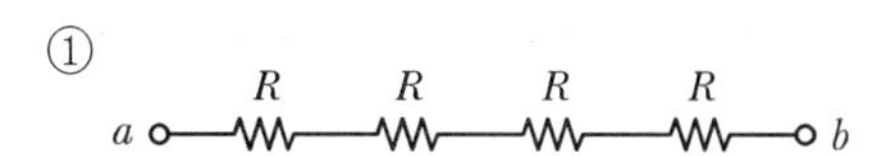

②

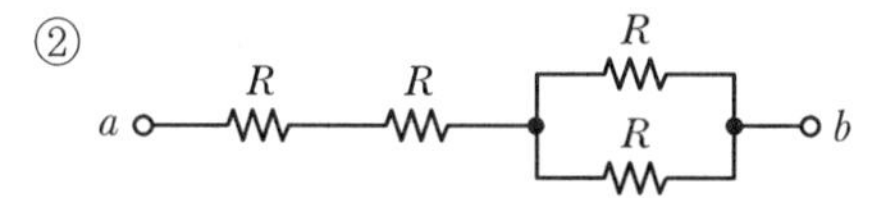

③

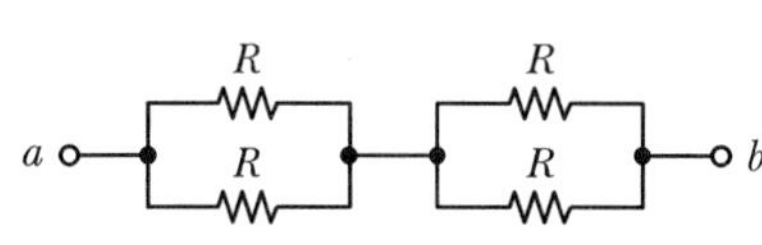

④

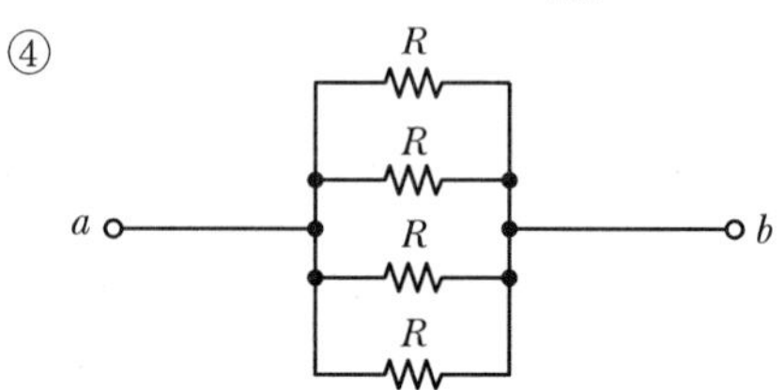

정답 26. ① 27. ③ 28. ④

29 220[V], 100[W], 역률 80[%]의 부하를 매일 5시간씩 30일 동안 사용하는 경우 전력량은 몇 [kWh]인가?

① 5 ② 10
③ 15 ④ 20

◐ 전력량

$W = P \cdot t$

$= 100 \times 5 \times 30 = 15{,}000[\text{Wh}] = 15[\text{kWh}]$

30 기전력 1.2[V], 내부저항 0.4[Ω]의 전지가 길이 20[m], 단면적 1[mm^2]의 동선에 접속된 경우 1분 동안에 발생하는 열량은 몇 [cal]인가?(단, 동의 고유저항 $\rho = 1.6 \times 10^{-8}$ [Ω · m]이다.)

① 12.9 ② 15.8
③ 28.9 ④ 64.8

◐ 줄열

$H = 0.24\,VIt = 0.24I^2Rt = 0.24\dfrac{V^2}{R}t[\text{cal}]$

$H = 0.24I^2Rt$

$= 0.24 \times 1.67^2 \times 0.72 \times 60 = 28.9[\text{cal}]$

① 저항 R_0 = 전기저항(R)+내부저항(r)

$= \rho[\Omega \cdot \text{m}] \times \dfrac{L[\text{m}]}{S[\text{m}^2]} + r[\Omega]$

$= 1.6 \times 10^{-8} \times \dfrac{20}{1 \times 10^{-6}} + 0.4 = 0.72[\Omega]$

② 전류 $I[\text{A}] = \dfrac{V[\text{V}]}{R_0[\Omega]} = \dfrac{1.2}{0.72} = 1.67[\text{A}]$

31 200[V], 60[W] 전등 2개를 매일 5시간씩 점등하고, 600[W] 전열기 1개를 매일 1시간씩 사용할 경우 1개월(30일)의 소비전력량은 몇 [kWh]인가?

① 18 ② 36
③ 180 ④ 360

◐ 전력량

$W = P \cdot t$

$= \{(60 \times 2 \times 5) + (600 \times 1 \times 1)\} \times 30 = 36{,}000[\text{Wh}] = 36[\text{kWh}]$

정답 29. ③ 30. ③ 31. ②

32 어떤 회로에 100[V]의 전압을 가하니 10[A]의 전류가 흘러 7,200[cal]의 열량이 발생하였다. 전류가 흐른 시간은 몇 [s]인가?

① 20 ② 30 ③ 50 ④ 100

줄열

$$H = 0.24VIt = 0.24I^2Rt = 0.24\frac{V^2}{R}t[\text{cal}]$$

$H = 0.24VIt$[cal]에서,

$$t = \frac{H}{0.24VI} = \frac{7,200}{0.24 \times 100 \times 10} = 30[\text{s}]$$

33 15[kW]의 옥내소화전 펌프전동기를 정격상태에서 30분간 사용했을 경우의 전력량을 열량으로 환산하면 몇 [kcal]인가?

① 4,300 ② 6,480 ③ 8,600 ④ 12,960

줄열

$$H = 0.24VIt = 0.24I^2Rt = 0.24\frac{V^2}{R}t[\text{cal}]$$

$$H = 0.24VIt = 0.24Pt[\text{cal}]$$
$$= 0.24 \times 15 \times 10^3 \times 30 \times 60 = 6,480,000[\text{cal}] = 6,480[\text{kcal}]$$

34 같은 재질의 전선으로 길이를 변화시키지 않고 지름을 2배로 하고 전선에 흐르는 전류를 2배로 하면 전력손실은 어떻게 되는가?

① 변하지 않는다.
② $\frac{1}{2}$배가 된다.
③ 2배가 된다.
④ 4배가 된다.

전력

$$P = \frac{W}{t} = VI = I^2R = \frac{V^2}{R}[\text{W}] \text{ 또는 } [\text{J/s}]$$

$$\frac{P'}{P} = \frac{I'^2R'}{I^2R} = \frac{(2I)^2 \times \frac{1}{4}R}{I^2R} = 1 \quad \therefore P' = P$$

① $I' = 2I$

② $$\frac{R'}{R} = \frac{\rho \cdot \frac{L}{A'}}{\rho \cdot \frac{L}{A}} = \frac{A}{A'} = \left(\frac{\frac{\pi D^2}{4}}{\frac{\pi D'^2}{4}}\right) = \left(\frac{D}{D'}\right)^2 = \left(\frac{D}{2D}\right)^2 \quad \therefore R' = \frac{1}{4}R$$

정답 32. ② 33. ② 34. ①

35 반도체의 저항값과 온도의 관계로 옳은 것은?

① 저항값은 온도에 비례한다.
② 저항값은 온도에 반비례한다.
③ 저항값은 온도의 제곱에 비례한다.
④ 저항값은 온도의 제곱에 반비례한다.

반도체의 성질

상온에서 고유저항이 도체보다는 크고 부도체보다는 작은 물질로서 저온에서는 부도체의 성질을, 고온에서는 도체의 성질을 띠게 되며, 이를 부성저항 특성 또는 부온도 특성이라 한다.

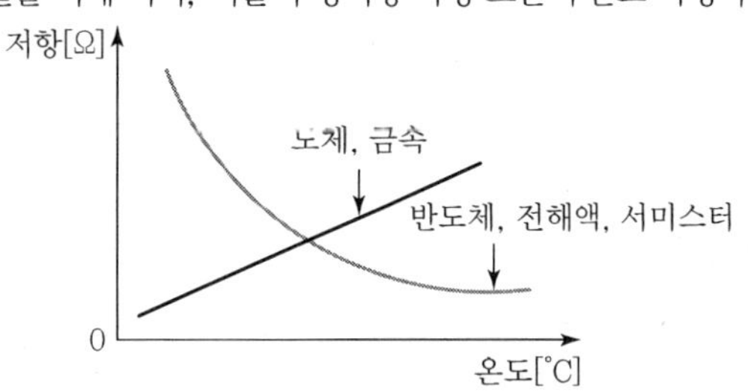

[도체 · 부도체의 온도－저항 특성 곡선]

36 지멘스(Siemens)는 무엇의 단위인가?

① 비저항
② 도전율
③ 컨덕턴스
④ 자속

37 전선의 고유 저항을 $\rho[\Omega \cdot \text{m}]$, 길이 L[m], 지름 D[m]라 할 때 저항 R은 몇 [Ω]인가?

① $\dfrac{L}{\rho D}$
② $\dfrac{L}{\rho D^2}$
③ $\dfrac{\rho L}{\pi D^2}$
④ $\dfrac{4\rho L}{\pi D^2}$

38 전극의 불순물로 인하여 기전력이 감소하는 것은 무엇 때문인가?

① 국부작용
② 성극작용
③ 전기분해
④ 감극현상

전지의 국부작용 · 분극(성극)작용

① 국부작용 : 전해질 용액의 조성이나 온도 · 압력의 변화 및 불순물 등에 의해 용액이 불균일해지면 전지 내부에서 국부적으로 전위차가 발생하는데, 이 전위차를 국부전지라 하며, 국부전지에 의해 전지 내에서 자기방전이 일어나 기전력이 감소되는 현상을 국부작용이라 한다.

② 분극(성극)작용 : 전지에 전류가 흐르면 양극에 발생하는 수소(H_2) 가스가 전류의 흐름을 방해하여, 기전력이 감소되는 현상을 분극작용 또는 성극작용이라 한다.

정답 35. ② 36. ③ 37. ④ 38. ①

39 **전해액에서 도전율은 어느 것에 의하여 증가되는가?**

① 전해액의 농도　　② 전해액의 색깔
③ 전해액의 체적　　④ 전해액의 용기

40 **납축전지가 방전하면 양극물질(P) 및 음극물질(N)은 어떻게 변하는가?**

① P : 과산화납, N : 납　　② P : 과산화납, N : 황산납
③ P : 황산납, N : 납　　④ P : 황산납, N : 황산납

축전지의 화학 반응식

① 납(연) 축전지

$$PbO_2 + 2H_2SO_4 + Pb \underset{충전}{\overset{방전}{\rightleftharpoons}} PbSO_4 + 2H_2O + PbSO_4$$

(+) (전해액) (−) (+) (물) (−)

② 알칼리[니켈−카드뮴(Ni−Cd)] 축전지

$$2NiO(OH) + 2H_2O + Cd \underset{충전}{\overset{방전}{\rightleftharpoons}} 2Ni(OH)_2 + Cd(OH)_2$$

(+) (전해액) (−) (+) (−)

41 **패러데이의 법칙에서 같은 전기량에 의해서 석출되는 물질의 양은 각 물질의 무엇에 비례하는가?**

① 원자량　　② 화학당량
③ 원자가　　④ 전류의 세기

패러데이 법칙

① $W = KQ = KIt$[g]

여기서, W : 석출되는 물질의 양[g]
K : 화학당량[g/C]$\left(=\frac{원자량}{원자가}\right)$
Q : 전해액을 통과하는 전기량[C]

② 전해액에 전류가 흐를 때 석출되는 물질의 양은 통과하는 전기량에 비례한다.

42 **전기분해에서 석출한 물질의 양을 W, 시간을 t, 전류를 I라 하면 다음 중 맞는 식은 어느 것인가?**

① $W = KIt$　　② $W = \frac{KI}{t}$
③ $W = KI^2t$　　④ $W = \frac{Kt}{I}$

정답 39. ① 40. ④ 41. ② 42. ①

43 정전용량 0.2[μF]와 0.5[μF]의 콘덴서를 병렬로 접속한 경우 그 합성용량은 몇 [μF]인가?

① 0.14 ② 0.35 ③ 0.7 ④ 0.9

콘덴서의 접속(합성 정전용량)

합성 정전용량 $C = C_1 + C_2 = 0.2 + 0.5 = 0.7[\mu F]$

① 직렬접속

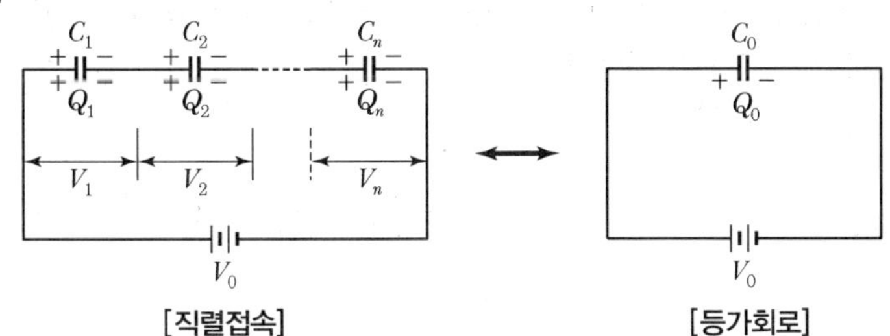

[직렬접속] [등가회로]

$$C[F] = \frac{1}{\frac{1}{C_1} + \frac{1}{C_2} + \frac{1}{C_3}}$$

② 병렬접속

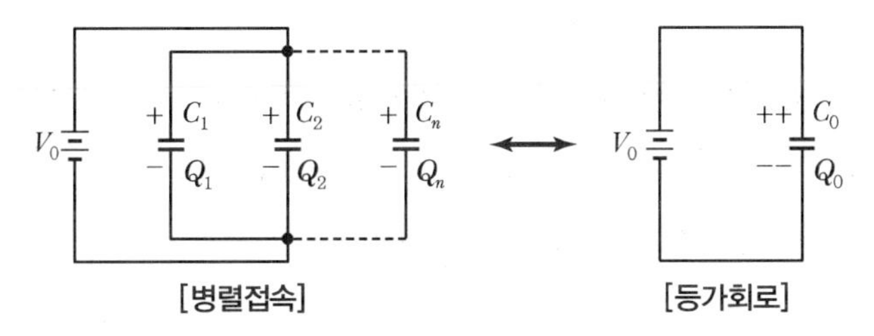

[병렬접속] [등가회로]

$$C[F] = C_1 + C_2 + C_3$$

44 다음 콘덴서 회로의 AB 간, AC 간 정전용량으로 옳은 것은?

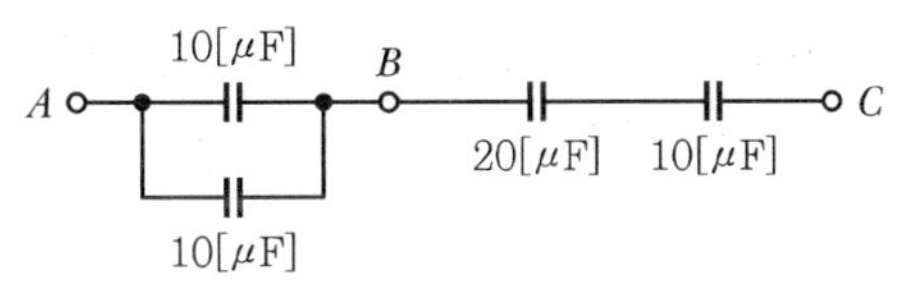

① AB 간 : 20[μF], AC 간 : 5[μF]
② AB 간 : 10[μF], AC 간 : 40[μF]
③ AB 간 : 20[μF], AC 간 : 10[μF]
④ AB 간 : 10[μF], AC 간 : 5[μF]

정답 43. ③ 44. ①

◐ 합성정전 용량

① AB 간(병렬) $C_{AB}=10+10=20[\mu F]$

② AC 간(직렬) $C_{AC}=\dfrac{1}{\dfrac{1}{20}+\dfrac{1}{20}+\dfrac{1}{10}}=5[\mu F]$

45 그림과 같은 회로에 1[C]의 전하를 충전시키려 한다. 이때 양 단자 a, b 사이에는 몇 [V]의 전압을 인가해야 하는가?

① 5×10^6
② 5×10^4
③ 3×10^6
④ 3×10^4

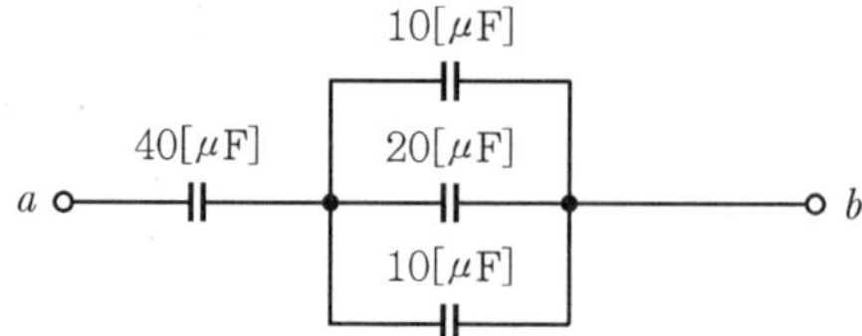

◐

- 전기량(전하량) $Q=CV[C]$
- 전압 $V=\dfrac{Q[C]}{C[F]}=\dfrac{1}{20\times10^{-6}}=50{,}000[V]$

46 다음 중 전기장의 세기에 대한 단위로 맞는 것은?

① V/m ② C/A ③ V/C ④ C/V

◐ 전기장의 세기(전계의 세기)

$$E=\frac{1}{4\pi\varepsilon_0}\frac{Q}{r^2}=9\times10^9\times\frac{Q}{r^2}[V/m]$$

① 전계 중에 단위 점전하를 놓았을 때 이에 작용하는 힘을 말한다.
② 단위는 [N/C] 또는 [V/m]를 사용한다.

47 공기 중에 1×10^{-7}[C]의 (+)전하가 있을 때 이 전하로부터 15[cm]의 거리에 있는 점의 전장의 세기는 몇 [V/m]인가?

① 1×10^4 ② 2×10^4
③ 3×10^4 ④ 4×10^4

◐ 전기장의 세기(전계의 세기)

$$E=\frac{1}{4\pi\varepsilon_0}\frac{Q}{r^2}=9\times10^9\times\frac{Q}{r^2}[V/m]$$

$$E=9\times10^9\times\frac{Q}{r^2}=9\times10^9\times\frac{1\times10^{-7}}{0.15^2}=4\times10^4[V/m]$$

정답 45. ② 46. ① 47. ④

48 평행판 콘덴서에서 콘덴서가 큰 정전용량을 얻기 위한 방법이 아닌 것은?

① 극판의 면적을 넓게 한다.
② 극판 간의 간격을 넓게 한다.
③ 비유전율이 큰 절연물을 사용한다.
④ 극판 간의 간격을 좁게 한다.

콘덴서의 정전용량

① 정전용량이란, 콘덴서에 전하를 축적할 수 있는 용량을 말한다.

② 정진용량 $C[\mathrm{F}] - \varepsilon \cdot \dfrac{A}{d}$

여기서, ε : 유전율[F/m]$=\varepsilon_0 \cdot \varepsilon_s$($\varepsilon_0 = 8.855\times10^{-12}$[F/m], ε_s : 비유전율(공기, 진공=1))
A : 극판의 면적[m^2]
d : 극판의 간격[m]

49 정전용량 2[μF]의 콘덴서를 직류 3,000[V]로 충전할 때 이것에 축적되는 에너지는 몇 [J]인가?

① 6
② 9
③ 12
④ 18

콘덴서에 축적되는 에너지

$$W=\frac{1}{2}QV=\frac{1}{2}CV^2[\mathrm{J}]$$

$$W=\frac{1}{2}CV^2=\frac{1}{2}\times2\times10^{-6}\times3{,}000^2=9[\mathrm{J}]$$

50 콘덴서(Condenser)에 축적되는 에너지를 2배로 만들기 위한 방법으로 옳지 않은 것은?

① 두 극판의 면적을 2배로 한다.
② 두 극판 사이의 간격을 0.5배로 한다.
③ 두 전극 사이에 인가된 전압을 2배로 한다.
④ 두 극판 사이에 유전율이 2배인 유전체를 삽입한다.

콘덴서에 축적되는 에너지

$$W=\frac{1}{2}CV^2=\frac{1}{2}\cdot\varepsilon\frac{A}{d}\cdot V^2[\mathrm{J}]$$

→ ε, A를 2배, d를 0.5배로 하면 W가 2배로 된다.
여기서, C : 정전용량, V : 전압, ε : 유전율, A : 극판 면적, d : 극판 간격

정답 48. ② 49. ② 50. ③

51 커패시터가 직병렬로 접속된 회로에 180[V]의 직류전압이 인가되었을 때, 커패시터에 분담되는 전압 V_1, V_2, V_3는?

180[V]
V_1 40[μF]
V_2 20[μF] V_3 30[μF]

① $V_1 = 40V$, $V_2 = 80V$, $V_3 = 60V$
② $V_1 = 80V$, $V_2 = 40V$, $V_3 = 60V$
③ $V_1 = 80V$, $V_2 = 100V$, $V_3 = 100V$
④ $V_1 = 100V$, $V_2 = 80V$, $V_3 = 80V$

콘덴서의 연결

① $C_1 = 40[\mu F]$, $C_2 = 20 + 30 = 50[\mu F]$
② 콘덴서의 분압법칙

$$V_1 = \frac{C_2}{C_1 + C_2} \times V = \frac{50}{40 + 50} \times 180 = 100[V]$$

③ $V_2 = V_3 = V - V_1 = 180 - 100 = 80[V]$

52 정전흡인력에 대한 설명으로 옳은 것은?

① 전압의 제곱에 비례한다.
② 쿨롱의 법칙으로 직접 계산된다.
③ 극판 간격에 비례한다.
④ 가우스 정리에 의하여 직접 계산된다.

정전흡인력

① $F = \frac{1}{2}\varepsilon_o E^2 = \frac{1}{2}\varepsilon_o \left(\frac{V}{d}\right)^2 [N]$

여기서, F : 정전흡인력[N]
ε_o : 진공의 유전율[F/m]
E : 전계의 세기[V/m]
V : 전압[V]
d : 극판의 간격[m]

② 유전체의 정전흡인력은 전압의 제곱에 비례하고, 극판 간격의 제곱에는 반비례한다.
③ 정전흡인력은 반도체 공장의 청정실(Clean Room) 등에서 정전기 집진장치에 응용된다.

정답 51. ④ 52. ①

53 **내전압이 동일한 1[μF], 2[μF] 및 3[μF] 콘덴서를 직렬로 연결하고, 양단 전압을 상승시킨 경우 가장 먼저 파괴되는 것은?**

① 1[μF]의 콘덴서가 제일 먼저 파괴된다.
② 2[μF]의 콘덴서가 제일 먼저 파괴된다.
③ 3[μF]의 콘덴서가 제일 먼저 파괴된다.
④ 동시에 파괴된다.

정전용량

$$C[\mathrm{F}] = \frac{Q[\mathrm{C}]}{V[\mathrm{V}]}$$

① 정전용량 C는 전압 V에 반비례한다.
② 따라서, 용량이 제일 작은 콘덴서에 가장 높은 전압이 인가된다.

54 **4×10^{-5}[C], 6×10^{-5}[C]의 두 전하가 자유공간에 2[m]의 거리에 있을 때 그 사이에 작용하는 힘은 약 몇 [N]인가?**

① 5.4[N], 흡입력이 작용한다.
② 5.4[N], 반발력이 작용한다.
③ $\frac{7}{9}$[N], 흡입력이 작용한다.
④ $\frac{7}{9}$[N], 반발력이 작용한다.

쿨롱의 법칙

$$F = 9\times10^9 \times \frac{Q_1 \cdot Q_2}{r^2}$$
$$= 9\times10^9 \times \frac{4\times10^{-5}\times6\times10^{-5}}{2^2} = 5.4[\mathrm{N}]$$

55 **진공의 유전율 $10^7/4\pi C^2$와 같은 값[F/m]은?(단, C는 광속도라 한다.)**

① 8.855×10^{-10}
② 8.855×10^{-12}
③ 9×10^2
④ 3.6×10^9

56 **간격이 2[mm], 단면적이 10[mm^2]인 평행전극에 500[V]의 직류전압을 공급할 때 전극 사이 전계의 세기[V/m]는?**

① 2.5×10^5
② 5×10^6
③ 5×10^7
④ 5×10^8

전계의 세기

$$E = \frac{V}{d} = \frac{500}{2\times10^{-3}} = 2.5\times10^5[\mathrm{V/m}]$$

정답 53. ① 54. ② 55. ② 56. ①

57 코일에 전류가 흐를 때 생기는 자력의 세기를 설명한 것 중 옳은 것은?

① 자력의 세기와 전류는 무관하다.
② 자력의 세기와 전류는 반비례한다.
③ 자력의세기는 전류에 비례한다.
④ 자력의 세기는 전류의 2승에 비례한다.

기자력(자력의 세기)

$F = NI$[AT]

여기서, F : 기자력[AT], N : 코일 권수[회], I : 전류[A]

58 환상철심에 코일을 감고 이 코일에 5[A]의 전류를 흘리면 2,000[AT]의 기자력이 생긴다. 코일의 권수는 몇 회인가?

① 200　② 300　③ 400　④ 500

기자력(자력의 세기)

$F = NI$[AT]

$$N = \frac{F}{I} = \frac{2{,}000}{5} = 400$$

59 코일의 권수가 1,250회인 공심 환상솔레노이드의 평균길이가 50[cm]이며, 단면적이 20[cm²]이고, 코일에 흐르는 전류가 1[A]일 때 솔레노이드의 내부자속은 몇 [Wb]인가?

① 6.285×10^{-6}　② 6.285×10^{-8}
③ 3.14×10^{5}　④ 3.14×10^{-8}

자속밀도

$$B = \mu_0 \cdot \mu_s \cdot H = \frac{\phi}{A}[\text{Wb/m}^2]$$

여기서, B : 자속밀도[Wb/m²] 또는 [T](테슬라)
μ_0 : 진공(공기) 중의 투자율[T/m](1.257×10^{-6})
μ : 비투자율(공기, 진공=1)
ϕ : 자속[Wb]
A : 면적[m²]
H : 자계의 세기$\left(= \frac{NI}{l}\right)$[AT/m] 또는 [N/Wb]

$$\phi = \mu_0 \cdot \mu_s \cdot H \cdot A$$
$$= \mu_0 \cdot \mu_s \cdot \frac{NI}{l} \cdot A$$
$$= 1.257 \times 10^{-6} \times 1 \times \frac{1{,}250 \times 1}{0.5} \times 20 \times 10^{-4} = 6.285 \times 10^{-6}[\text{Wb}]$$

정답 57. ③ 58. ③ 59. ①

60 자속밀도 B[Wb/m²]의 자장 중에 있는 m[Wb]의 자극이 받는 힘은 몇 [N]인가?

① mB ② $\frac{mB}{\mu_0}$ ③ $\frac{mB}{\mu_s}$ ④ $\frac{mB}{\mu_0\mu_s}$

$$F=m\cdot H=m\cdot\frac{B}{\mu_0\cdot\mu_s}[\text{N}]$$

61 요소와 단위의 연결 중 틀린 것은?

① 자속밀도 $-$ Wb/m^2
② 유전체밀도 $-$ C/m^2
③ 투자율 $-$ AT/m
④ 유전율 $-$ F/m

62 평형 왕복 도체에 전류가 흐를 때 발생하는 힘의 크기와 방향은?(단, 두 도체 사이의 거리는 r[m]라고 한다.)

① 힘의 크기 : $\frac{1}{r}$에 비례, 힘의 방향 : 반발력
② 힘의 크기 : r에 비례, 힘의 방향 : 흡인력
③ 힘의 크기 : $\frac{1}{r^2}$에 비례, 힘의 방향 : 반발력
④ 힘의 크기 : r^2에 비례, 힘의 방향 : 흡인력

두 평행 도선에 작용하는 힘

$$F=\frac{2I_1I_2}{r}\times10^{-7}[\text{N/m}]$$

① 전류 I_1, I_2가 같은 방향이면, 힘 F는 흡인력이 작용한다.
② 전류 I_1, I_2가 반대 방향이면, 힘 F는 반발력이 작용한다.

63 권수가 200인 코일에서 0.1초 사이에 0.4[Wb]의 자속이 변화한다면, 코일에 발생되는 기전력은?

① 8[V]
② 200[V]
③ 800[V]
④ 2,000[V]

유도기전력

$$e=-N\frac{d\phi}{dt}=200\times\frac{0.4}{0.1}=800[\text{V}]$$

정답 60. ④ 61. ③ 62. ① 63. ③

64 자기 히스테리시스곡선의 횡축과 종축이 나타내는 것은?

① 자장의 세기와 자속밀도
② 투자율과 자장의 세기
③ 잔류자기와 자장의 세기
④ 자장의 세기와 보자력

히스테리시스 곡선(Hysterisis Curve)

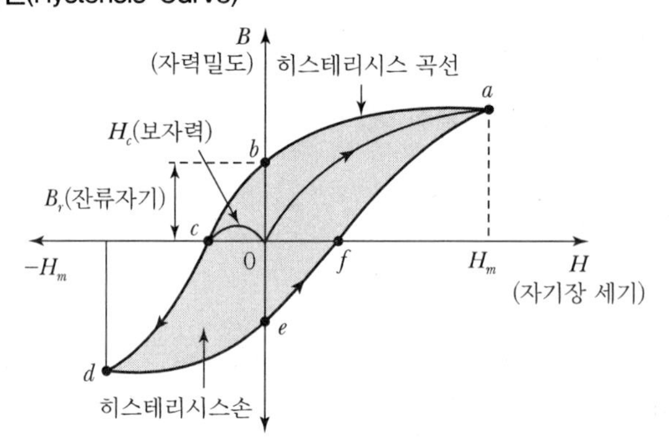

① 종축 : 자속밀도, 횡축 : 자기장의 세기
② 보자력 : 잔류자기를 제거하기 위해 추가로 가해주는 보정 자기장을 말한다.

65 자화되지 않은 강자성체를 외부 자계 내에 놓았더니 히스테리시스 곡선(Hysteresis Loop)이 나타났다. 이에 관한 설명으로 옳은 것을 모두 고른 것은?

ㄱ. 외부자계의 세기를 계속 증가시키면 강자성체의 자속밀도가 계속 증가한다.
ㄴ. 자계의 세기를 0에서 증가시켰다가 다시 0으로 감소시키면 강자성체에는 잔류자기(Residual Magnetization)가 남게 된다.
ㄷ. 히스테리시스 곡선이 이루는 면적에 해당하는 에너지는 손실이다.
ㄹ. 주파수를 낮추면 히스테리시스 곡선이 이루는 면적을 키울 수 있다.

① ㄱ
② ㄴ, ㄷ
③ ㄴ. ㄷ, ㄹ
④ ㄱ, ㄴ, ㄷ, ㄹ

- ㄱ : 외부자계를 계속 증가시키면 강자성체의 자속밀도는 증가하다가 일정 한계치에 이르면 더 이상 증가하지 않는다.
- ㄹ : 히스테리시스 곡선이 이루는 면적을 히스테리시스 손(철심에서 열로 손실되는 에너지)이라 하며, 히스테리시스 손은 주파수와 비례하여 증가한다. 즉, 주파수를 낮추면 히스테리시스곡선이 이루는 면적을 줄일 수 있다.

정답 64. ① 65. ②

66 **전류에 의한 자계의 방향을 결정하는 법칙은?**

① 렌츠의 법칙
② 비오사바르의 법칙
③ 앙페르의 오른나사법칙
④ 플레밍의 오른손법칙

67 **전자유도상에서 코일에 생기는 유도기전력의 방향을 정의한 법칙은?**

① 플레밍의 오른손법칙 ② 플레밍의 왼손법칙
③ 렌츠의 법칙 ④ 패러데이의 법칙

68 **자체 인덕턴스가 각각 250[mH], 360[mH]인 두 코일이 있다. 두 코일 사이의 상호인덕턴스가 210[mH]라면 결합계수는 얼마가 되겠는가?**

① 0.3 ② 0.5
③ 0.7 ④ 0.9

상호인덕턴스

$M[\mathrm{H}] = k\sqrt{L_1 \cdot L_2}$

여기서, $L_1 \cdot L_2$: 자체 인덕턴스($0 < k \leq 1$)

$$k = \frac{M}{\sqrt{L_1 \cdot L_2}} = \frac{210}{\sqrt{250 \times 360}} = 0.7$$

69 **두 코일의 자체 인덕턴스를 L_1[H], L_2[H]라 하고 상호 인덕턴스를 M이라 할 때, 두 코일을 자속이 동일한 방향과 역방향이 되도록 하여 직렬로 각각 연결하였을 경우, 합성 인덕턴스의 큰 쪽과 작은 쪽의 차는?**

① M ② $2M$
③ $4M$ ④ $8M$

인덕턴스의 접속

① 직렬접속 $L = L_1 + L_2 \pm 2M$[H]

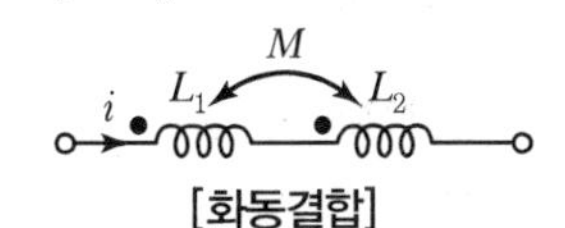

[화동결합]

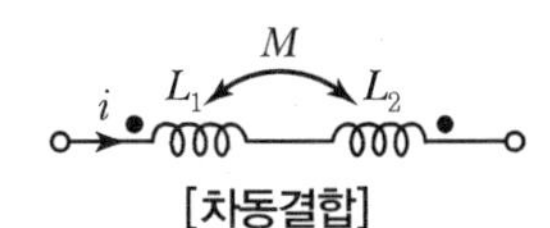

[차동결합]

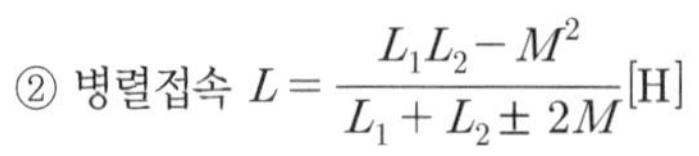

② 병렬접속 $L = \dfrac{L_1 L_2 - M^2}{L_1 + L_2 \pm 2M}$[H]

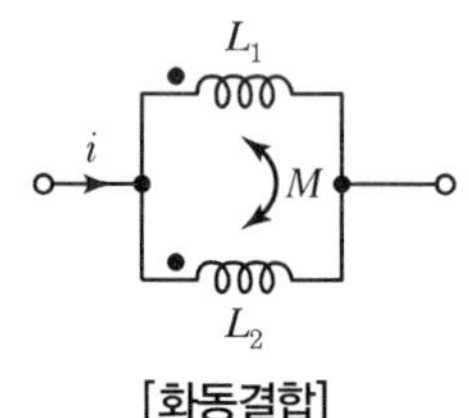

[화동결합]

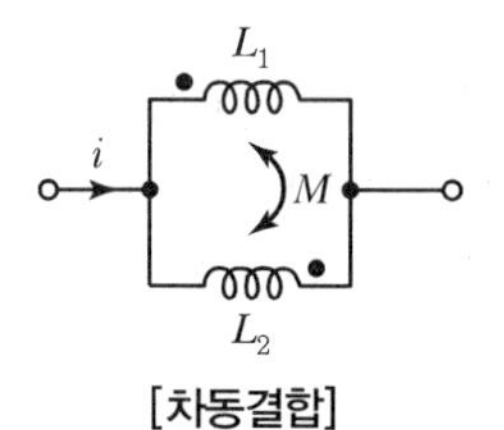

[차동결합]

③ 상호인덕턴스 M의 부호

㉠ 화동(순방향) 결합 : $+2M$

㉡ 차동(역방향) 결합 : $-2M$

④ 합성 인덕턴스는 가동결합일 때 큰 값이 되고, 차동결합일 때 작은 값이 된다.

$L_1 + L_2 + 2M - (L_1 + L_2 - 2M) = 4M$

70 자체 인덕턴스가 20[mH]인 코일에 30[A]의 전류가 흐른 경우 축적된 에너지는 몇 [J]인가?

① 6　② 9　③ 12　④ 18

코일에 축적되는 에너지

$$W = \frac{1}{2}LI^2 = \frac{1}{2} \times 20 \times 10^{-3} \times 30^2 = 9\,[\mathrm{J}]$$

71 그림과 같은 결합회로의 등가 인덕턴스는 어떻게 되는가?

① $L_1 + L_2 + 2M$　② $L_1 + L_2 - 2M$

③ $L_1 + L_2 - M$　④ $L_1 + L_2 + M$

72 그림과 같은 회로에서 a, b 간의 합성 인덕턴스 L_0의 값은?

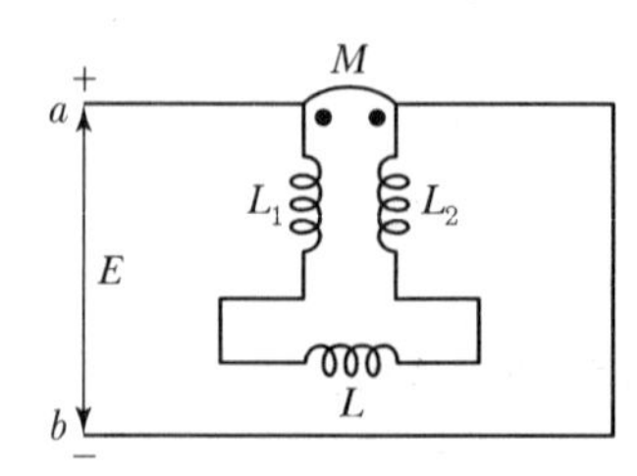

① $L_1 + L_2 + L$　② $L_1 + L_2 - 2M + L$

③ $L_1 + L_2 + 2M + L$　④ $L_1 + L_2 - M + L$

정답 70. ②　71. ①　72. ②

73 A, B 양단에서 본 합성 인덕턴스는?(단, 단위는 [H]이며, 코일 간의 상호유도는 없다고 본다.)

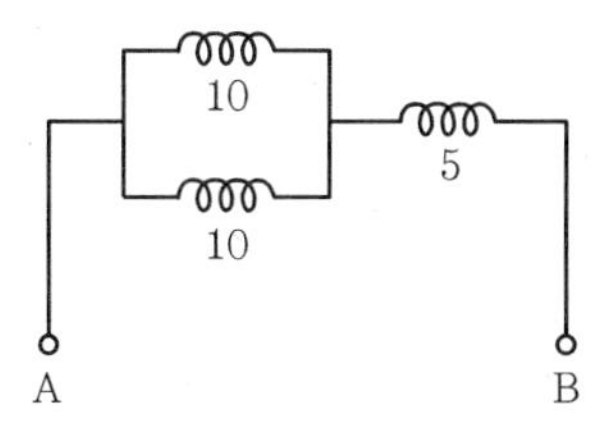

① 25 ② 15
③ 10 ④ 5

인덕턴스의 접속

① 병렬접속 $L = \dfrac{L_1 L_2 - M^2}{L_1 + L_2 \pm 2M} = \dfrac{10 \times 10}{10 + 10} = 5[\mathrm{H}]$

② 직렬접속 $L = L_1 + L_2 \pm 2M = 5 + 5 = 10[\mathrm{H}]$

74 공기 중에서 +m[Wb]의 자극으로부터 나오는 자력선의 총수를 나타낸 것은?

① m ② $\dfrac{\mu_0}{m}$
③ $\dfrac{m}{\mu_0}$ ④ $\mu_0 m$

가우스의 정리

자력선의 총수 $= \dfrac{m}{\mu} = \dfrac{m}{\mu_0 \cdot \mu_s} = \dfrac{m}{\mu_0}$

75 각속도 $\omega = 377$[rad/s]인 사인파 교류의 주파수는 약 몇 [Hz]인가?

① 50 ② 60
③ 300 ④ 600

- 각속도 $\omega = 2\pi f[\mathrm{rad/s}]$
- 주파수 $f = \dfrac{\omega}{2\pi} = \dfrac{377}{2\pi} = 60[\mathrm{Hz}]$

정답 73. ③ 74. ③ 75. ②

76 교류의 파고율은?

① $\frac{실효값}{평균값}$　② $\frac{실효값}{최대값}$

③ $\frac{최대값}{평균값}$　④ $\frac{최대값}{실효값}$

교류의 값

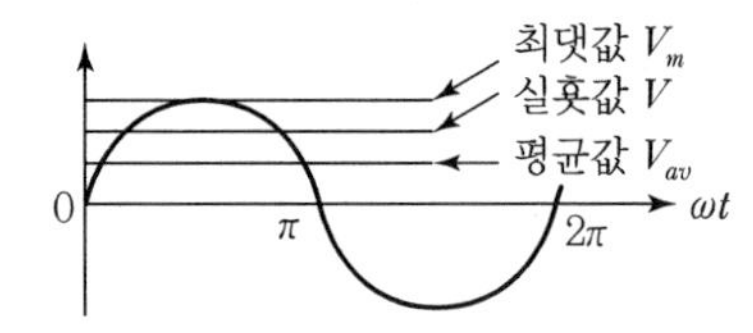

$\frac{최대값}{실효값}$ = 파고율

$\frac{실효값}{평균값}$ = 파형률

① 순시값 $v = V_m \sin wt$[V], $i = I_m \sin wt$[A]

여기서, 각속도 $\omega = 2\pi f$[rad/s]

② 최대값 V_m

③ 실효값 $V = V_m \times \frac{1}{\sqrt{2}}$

④ 평균값 $V_{av} = V_m \times \frac{2}{\pi}$

77 $v = V_m \sin(wt + \theta)$의 실효값은?

① V_m　② $\frac{V_m}{\sqrt{2}}$

③ $\frac{V_m}{2}$　④ $\frac{V_m}{\pi}$

78 그림과 같이 정류회로에서 $v = 35\sqrt{2}\sin wt$[V]일 때 부하 R에 걸리는 전압의 평균치는 몇 [V]인가?

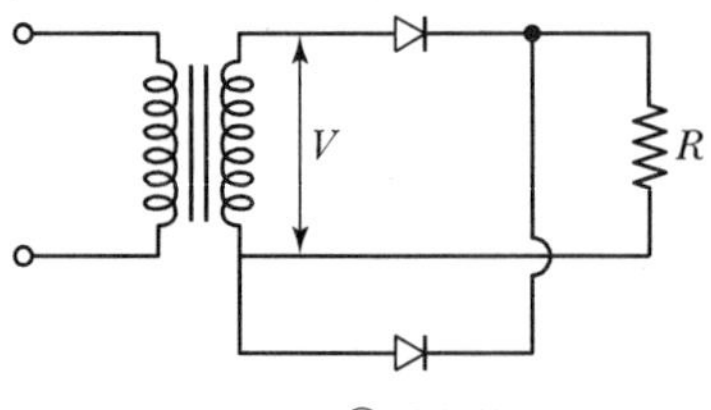

① 30.2　② 31.5

③ 33.7　④ 35.8

정답 76. ④ 77. ② 78. ②

교류의 값

① 평균값

$$V_{av} = V_m \times \frac{2}{\pi} = 35\sqrt{2} \times \frac{2}{\pi} = 31.51[\mathrm{V}]$$

② 실효값

$$V = V_m \times \frac{1}{\sqrt{2}} = 35\sqrt{2} \times \frac{1}{\sqrt{2}} = 35[\mathrm{V}]$$

79 $v = V_m \sin(wt - \theta)$의 파형은?

①
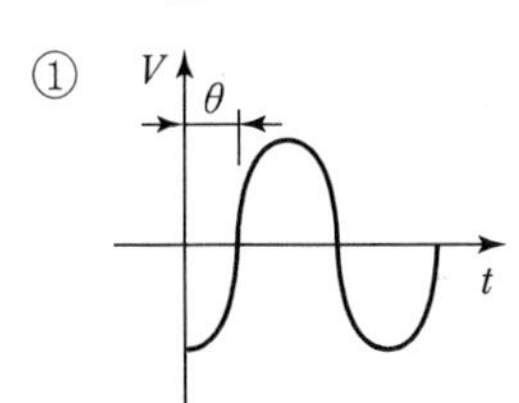

②
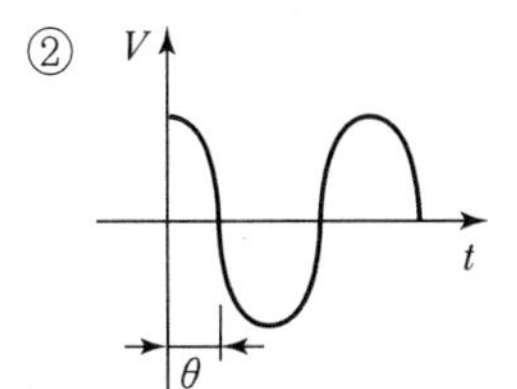

③
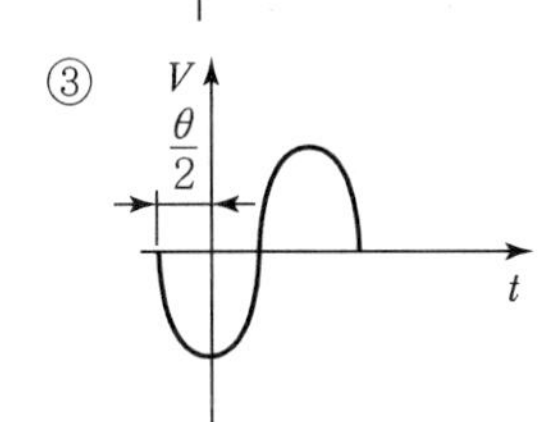

④
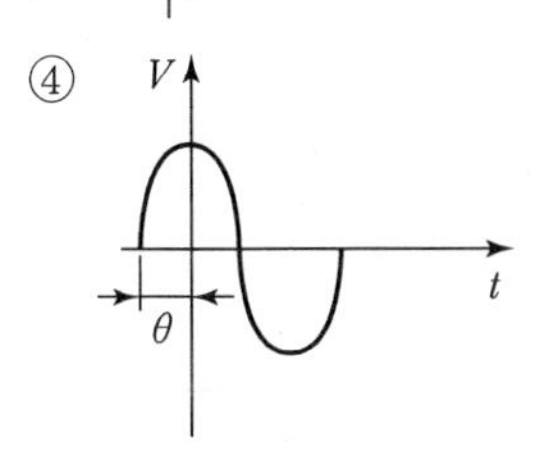

80 어떤 정현파 전압의 평균값이 191[V]이면 최대값은 몇 [V]인가?

① 100　② 200　③ 300　④ 450

교류의 값

평균값 $V_{av} = V_m \times \frac{2}{\pi}$ 에서, $V_m = \frac{V_{av} \times \pi}{2} = \frac{191 \times \pi}{2} = 300.022[\mathrm{V}]$

81 $v = \sqrt{2}\, V\sin wt[\mathrm{V}]$인 전압에서 $wt = \frac{\pi}{6}[\mathrm{rad}]$일 때의 크기가 70.7[V]이면 이 전원의 실효값은 약 몇 [V]가 되는가?

① 100　② 200　③ 300　④ 400

$v = \sqrt{2}\, V\sin\omega t$에서,

$$V = \frac{v}{\sqrt{2}\sin\omega t} = \frac{v}{\sqrt{2}\sin 30°} \frac{70.7}{\sqrt{2} \times 0.5} = 99.98[\mathrm{V}]$$

정답 79. ① 80. ③ 81. ①

82 다음은 정현파 교류전압 파형의 한 주기를 나타내었다. 시간(t)에 따른 전압의 순시값을 가장 근사하게 표현한 것은?

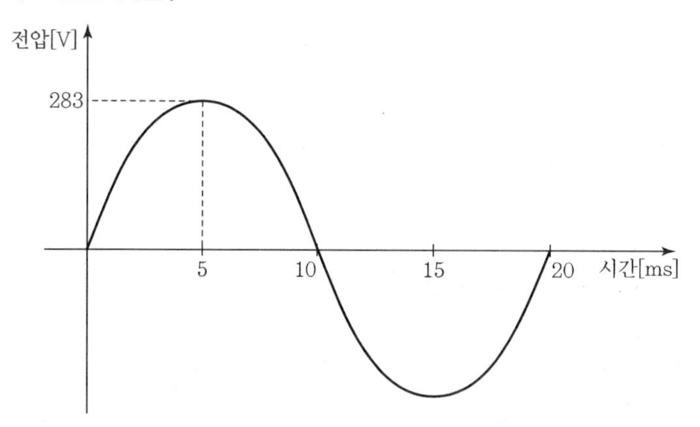

① $v(t) = \sqrt{2} \cdot 200 \cdot \sin 40\pi t$　② $v(t) = \sqrt{2} \cdot 200 \cdot \sin 100\pi t$
③ $v(t) = \sqrt{2} \cdot 220 \cdot \sin 40\pi t$　④ $v(t) = \sqrt{2} \cdot 220 \cdot \sin 100\pi t$

$v(t) = \sqrt{2}\, V \sin \omega t$ 에서

$$V = \frac{V_m}{\sqrt{2}} = \frac{283}{\sqrt{2}} \fallingdotseq 200[\text{V}]$$

$$\omega = \frac{2\pi}{T} = \frac{2\pi}{20 \times 10^{-3}} = 100\pi[\text{rad/sec}]$$

$$\therefore v(t) = \sqrt{2} \cdot 200 \cdot \sin 100\pi t$$

83 $v = 2 + 10\sqrt{2}\sin(\omega t + 30°) + 5\sqrt{2}(2\omega t - 60°) + 20\sqrt{2}\sin(3\omega t - 30°)$[V]의 비정현파에 대한 실효값[V]과 왜형률을 나타낸 것으로 옳은 것은?

① 23, 16.2　② 23, 2.06　③ 22.9, 16.2　④ 22.9, 2.06

비정현파의 실효값

$$V = \sqrt{V_0^2 + V_1^2 + V_2^2 + \cdots + V_n^2}\,[\text{V}]$$

① 비정현파의 실효값

$$V = \sqrt{V_0^2 + V_1^2 + V_2^2 + V_3^2} = \sqrt{2^2 + \left(\frac{10\sqrt{2}}{\sqrt{2}}\right)^2 + \left(\frac{5\sqrt{2}}{\sqrt{2}}\right)^2 + \left(\frac{20\sqrt{2}}{\sqrt{2}}\right)^2} = 23[\text{V}]$$

② 왜형률

$$D = \frac{\sqrt{V_2^2 + V_3^2}}{V_1} = \frac{\sqrt{\left(\frac{5\sqrt{2}}{\sqrt{2}}\right)^2 + \left(\frac{20\sqrt{2}}{\sqrt{2}}\right)^2}}{\left(\frac{10\sqrt{2}}{\sqrt{2}}\right)} = 2.06$$

정답 82. ② 83. ②

84 RLC 직렬회로에서 $R=3[\Omega]$, $X_L=8[\Omega]$, $X_C=4[\Omega]$일 때 합성 임피던스의 크기는 몇 $[\Omega]$인가?

① 5　② 7　③ 8　④ 10

RLC 직렬회로

$$Z=\sqrt{R^2+X^2}=\sqrt{R^2+(X_L-X_C)^2}$$
$$=\sqrt{3^2+(8-4)^2}=5[\Omega]$$
$$X=|X_L-X_c|$$
$$=\left(\omega L-\frac{1}{\omega C}\right)$$

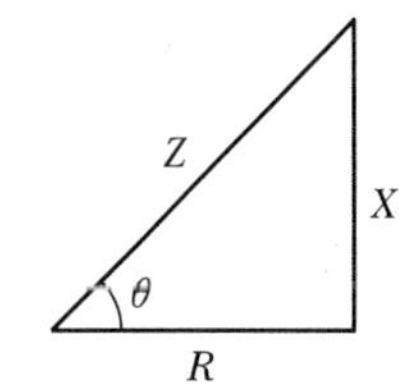

85 그림과 같은 회로의 역률은?

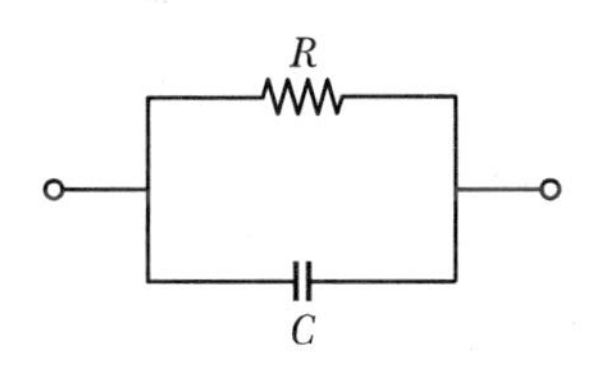

① $1+(wRC)^2$　② $\frac{1}{1+(wRC)^2}$

③ $\sqrt{1+(wRC)^2}$　④ $\frac{1}{\sqrt{1+(wRC)^2}}$

RC 병렬회로

$$\cos\theta=\frac{G}{Y}=\frac{\frac{1}{R}}{\frac{1}{Z}}=\frac{1}{\frac{1}{Z}}\cdot\frac{1}{R}$$
$$=\frac{1}{\sqrt{\left(\frac{1}{R}\right)^2+\left(\frac{1}{X_C}\right)^2}}\times\frac{1}{\sqrt{R^2}}$$
$$=\frac{1}{\sqrt{\frac{R^2}{R^2}+\frac{R^2}{\frac{1}{(\omega C)^2}}}}=\frac{1}{\sqrt{1+(\omega CR)^2}}$$

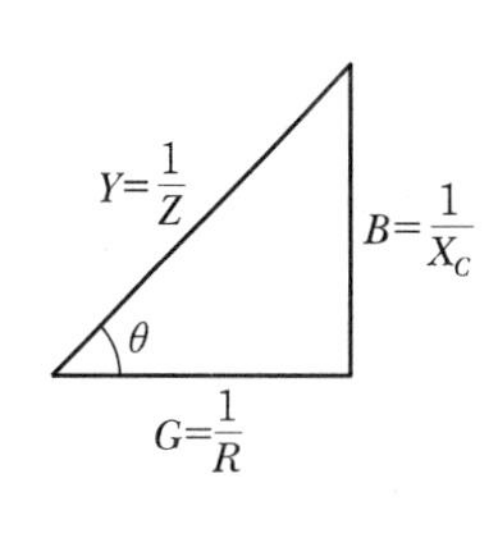

정답 84. ① 85. ④

86 그림과 같은 회로에 200[V]를 가하는 경우의 전류는 약 몇 [A]인가?

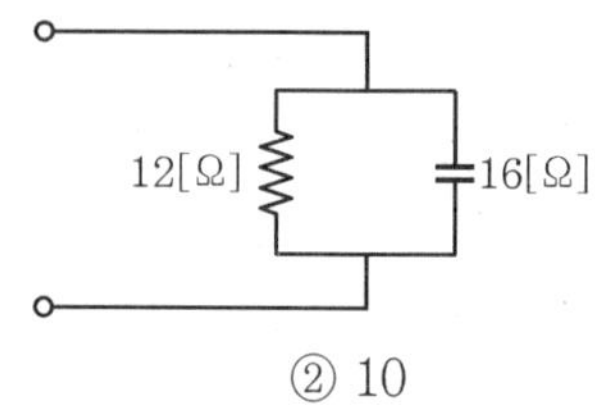

① 8 ② 10
③ 21 ④ 42

RC 병렬회로

$$I=\frac{V}{Z}=YV$$
$$=\sqrt{\left(\frac{1}{R}\right)^2+\left(\frac{1}{X_C}\right)^2}\times V$$
$$=\sqrt{\left(\frac{1}{12}\right)^2+\left(\frac{1}{16}\right)^2}\times 200=20.83[\text{A}]$$

87 저항 R과 인덕턴스 L의 직렬회로에서 시정수는?

① RL ② $\frac{L}{R}$
③ $\frac{R}{L}$ ④ $\frac{L}{Z}$

시정수 τ

① 어떤 회로 또는 제어대상이 외부로부터의 입력에 얼마나 빠르게 혹은 느리게 반응할 수 있는 지를 나타내는 지표를 말한다.
② 전류가 흐르기 시작해서 정상전류의 63.2%에 도달하기까지의 시간을 나타낸다.
③ RL 직렬회로 $\tau=\frac{L}{R}[\text{s}]$
④ RC 직렬회로 $\tau=RC[\text{s}]$

88 RL 직렬회로에서 $R=20[\Omega]$, $L=10[\text{H}]$인 경우 시정수 τ는?

① 0.1[s] ② 0.5[s] ③ 2[s] ④ 200[s]

시정수

$$\tau=\frac{L}{R}=\frac{10}{20}=0.5[\text{s}]$$

정답 86. ③ 87. ② 88. ②

89 $R=10[\text{k}\Omega]$, $C=5[\mu\text{F}]$의 직렬회로에 100[V]의 직류 전압을 인가했을 때 시정수 τ는?

① 5[ms] ② 50[ms] ③ 1[s] ④ 2[s]

시정수

$$\tau = RC$$
$$= 10\times10^{3}\times5\times10^{-6} = 50\times10^{-3}[\text{s}]$$

90 50[μF]의 콘덴서에 60[Hz]의 주파수가 주어졌을 때 용량 리액턴스는 몇 [Ω]인가?

① 26 ② 53 ③ 150 ④ 300

용량 리액턴스

$$X_C = \frac{1}{\omega C} = \frac{1}{2\pi f C}$$
$$= \frac{1}{2\times\pi\times60\times50\times10^{-6}} = 53.05[\Omega]$$

91 그림과 같은 회로에 교류전압 30[V]를 인가할 때 전 전류는 몇 [A]인가?

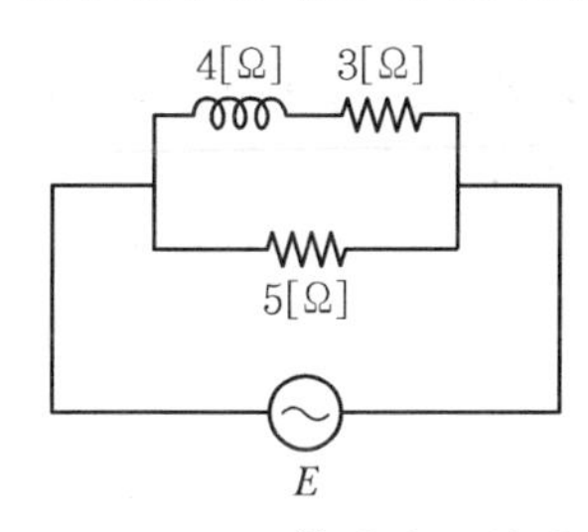

① $9.6+j4.8$ ② $9.6+j9.6$

③ $9.6-j4.8$ ④ $9.6-j9.6$

리액턴스

① 유도리액턴스(코일) $X_L = \omega L = 2\pi f L[\Omega]$ 임피던스 $Z=R+jX_L$

② 용량리액턴스(콘덴서) $X_C = \dfrac{1}{\omega C} = \dfrac{1}{2\pi f C}[\Omega]$ 임피던스 $Z=R-jX_C$

전 전류 $I = \dfrac{V}{Z} = \dfrac{30}{\dfrac{5\times(3+j4)}{5+3+j4}} = 9.6-j4.8[\text{A}]$

정답 89. ② 90. ② 91. ③

92 그림과 같은 회로의 역률은?(단, $R=12[\Omega]$, $X_L=20[\Omega]$, $X_C=4[\Omega]$이다.)

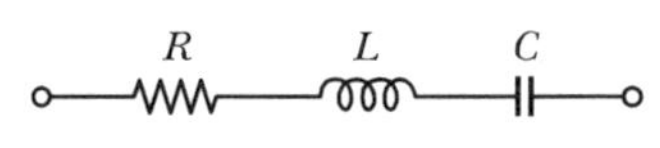

① 0.6
② 0.7
③ 0.8
④ 0.9

▶ RLC 직렬회로

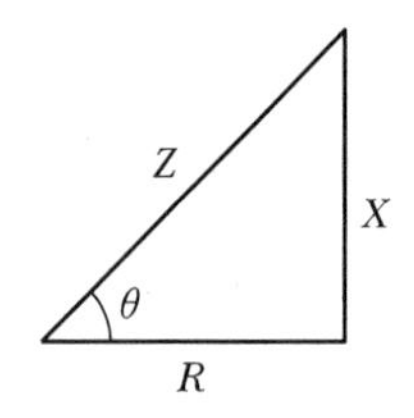

$$\cos\theta=\frac{R}{Z}=\frac{12}{20}=0.6$$

$$Z=\sqrt{R^2+X^2}=\sqrt{R^2+(X_L-X_C)^2}=\sqrt{12^2+(20-4)^2}=20[\Omega]$$

$$X=|X_L-X_c|=\left(\omega L-\frac{1}{\omega C}\right)$$

93 100[Ω]의 저항부하 2개만으로 직렬 연결된 회로에 AC 60[Hz], 220 [V]의 교류전원을 인가하였을 때, 역률은 얼마인가?

① 1
② 0.9
③ 0.8
④ 0.7

▶

$Z=R+jX$ 에서

R만 존재하므로 $X=0$, $Z=R$

$$\therefore \cos\theta=\frac{R}{Z}=1$$

94 $R=25[\Omega]$, $X_L=5[\Omega]$, $X_C=10[\Omega]$을 병렬로 접속한 회로의 어드미턴스는 몇 [℧]인가?

① $0.4-j0.1$
② $0.4+j0.1$
③ $0.04-j0.1$
④ $0.04+j0.1$

▶ RLC 병렬회로

$$Y=G+jB=\frac{1}{R}+j\left(\frac{1}{X_C}-\frac{1}{X_L}\right)$$

$$=\frac{1}{25}+j\left(\frac{1}{10}-\frac{1}{5}\right)=0.04-j0.1$$

정답 92. ① 93. ① 94. ③

95 회로에서 전류 I는 몇 [A]인가?

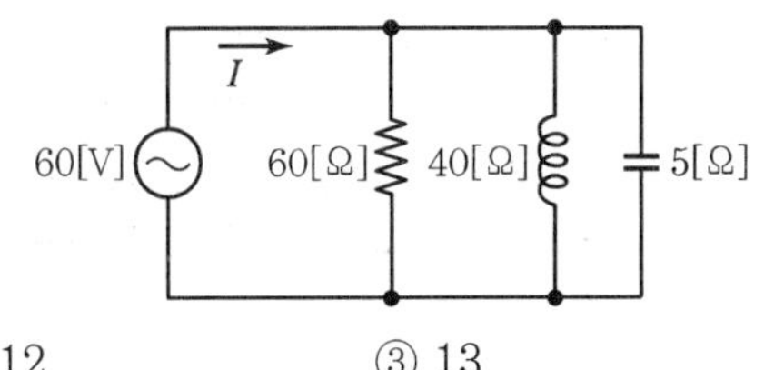

① 11 ② 12 ③ 13 ④ 14

RLC 병렬회로

전류 $I=\dfrac{V}{Z}=YV$

$$=\sqrt{\left(\frac{1}{R}\right)^2+\left(\frac{1}{X_C}-\frac{1}{X_L}\right)^2}\cdot V$$

$$=\sqrt{\left(\frac{1}{60}\right)^2+\left(\frac{1}{5}-\frac{1}{40}\right)^2}\times 60=10.55[\text{A}]$$

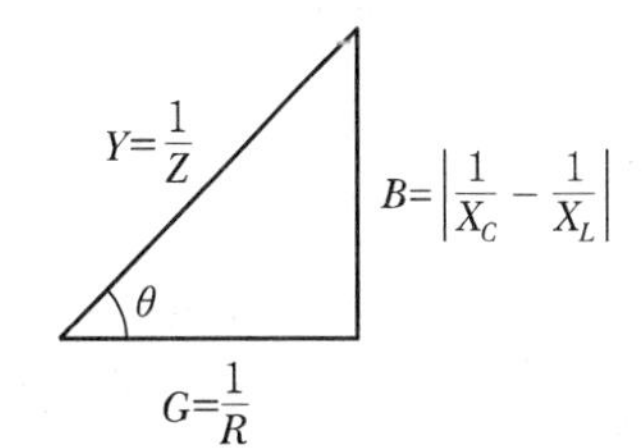

96 그림과 같은 브리지 회로가 평형이 되기 위한 Z의 값은 몇 [Ω]인가?(단, 그림의 임피던스 단위는 모두 [Ω]이다.)

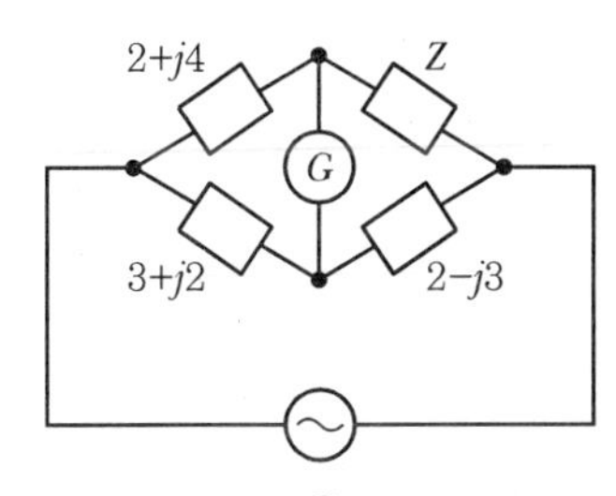

① $4-j2$ ② $2-j4$
③ $-2+j4$ ④ $4+j2$

브리지 회로(교류 브리지 회로)의 평형조건

① 마주보는 저항(임피던스의)의 곱이 서로 같으면 회로는 평형상태이다.
② 이때, 검류계 Ⓖ에는 전류가 흐르지 않는다.
③ $Z_1 \cdot Z_3 = Z_2 \cdot Z_4$ 에서,

$$Z_2=\frac{Z_1\cdot Z_3}{Z_4}=\frac{(2+j4)\times(2-j3)}{3+j2}=4-j2$$

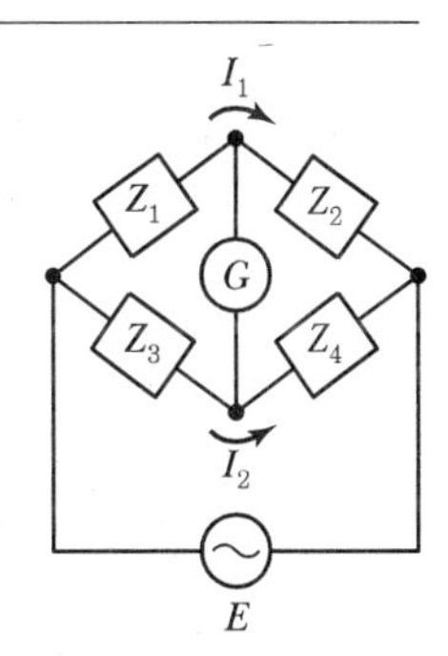

97 그림과 같은 교류 브리지의 평형조건으로 옳은 것은?

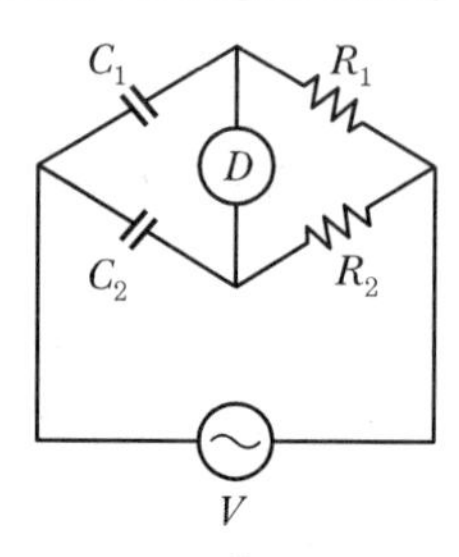

① $C_1R_1 = C_2R_2$　　② $C_1R_2 = C_2R_1$

③ $C_1C_1 = R_1R_2$　　④ $\dfrac{1}{C_1C_2} = R_1R_2$

▶ 브리지 회로(교류 브리지)의 평형조건

① 마주보는 저항(임피던스의)의 곱이 서로 같으면 회로는 평형상태이다.

② 이때, 검류계 Ⓖ에는 전류가 흐르지 않는다.

③ $C_1 \cdot R_2 = C_2 \cdot R_1$에서

$$\frac{1}{\omega C_1} \cdot R_2 = \frac{1}{\omega C_2} \cdot R_1$$

$$\frac{R_2}{R_1} = \frac{\frac{1}{\omega C_2}}{\frac{1}{\omega C_1}} \left(= \frac{\omega C_1}{\omega C_2} = \frac{C_1}{C_2} \right)$$

$$\therefore\ C_1 \cdot R_1 = C_2 \cdot R_2$$

98 LC 회로에서 L 또는 C를 증가시키면 공진 주파수는 어떻게 되는가?

① 증가한다.　　② 감소한다.

③ L에 반비례한다.　　④ C에 반비례한다.

▶ 공진

<table>
<tr><td>공진 조건</td><td>$X_L = X_C$ 에서,
$\omega L = \frac{1}{\omega C}$, $2\pi f L = \frac{1}{2\pi f C}$</td><td rowspan="3">공진의 의미
① 전압과 전류가 동상이다.
② 리액턴스(X) : 0, 역률 : 1
③ 임피던스 : 최소, 전류 : 최대</td></tr>
<tr><td>공진 각속도</td><td>$\omega = \frac{1}{\sqrt{LC}}$[rad/s] ($L$[H], C[F])</td></tr>
<tr><td>공진 주파수</td><td>$f = \frac{1}{2\pi\sqrt{LC}}$[Hz] ($L$[H], C[F])</td></tr>
</table>

정답 97. ① 98. ②

99 RLC 직렬공진회로에서 $R=3[\Omega]$, $L=15[\text{mH}]$, $C=8[\mu\text{F}]$일 때 선택도 Q는 약 얼마인가?

① 14.4 ② 25.4 ③ 34.4 ④ 55.4

◎ 선택도

① 선택도 $Q=\dfrac{\text{리액턴스 성분}}{\text{저항성분}}=\dfrac{\omega L}{R}=\dfrac{1}{\omega CR}=\dfrac{1}{R}\sqrt{\dfrac{L}{C}}$

여기서, R : 저항[Ω]

L : 인덕턴스[H]

C : 커패시턴스[F]

ω : 각속도[rad/s]

② $Q=\dfrac{1}{R}\sqrt{\dfrac{L}{C}}=\dfrac{1}{3}\times\sqrt{\dfrac{15\times10^{-3}}{8\times10^{-6}}}=14.43$

100 콘덴서만의 회로에서 전압과 전류 사이의 위상관계는?

① 전압이 전류보다 180° 앞선다. ② 전압이 전류보다 180° 뒤진다.
③ 전압이 전류보다 90° 앞선다. ④ 전압이 전류보다 90° 뒤진다.

◎ 전압과 전류의 위상

① R만의 회로 : 전압과 전류는 동상이다.
② L만의 회로 : 전압이 전류보다 90° 앞선다.
③ C만의 회로 : 전류가 전압보다 90° 앞선다.

101 그림과 같은 회로에서 부하 L, R, C의 조건 중 역률이 가장 좋은 것은?

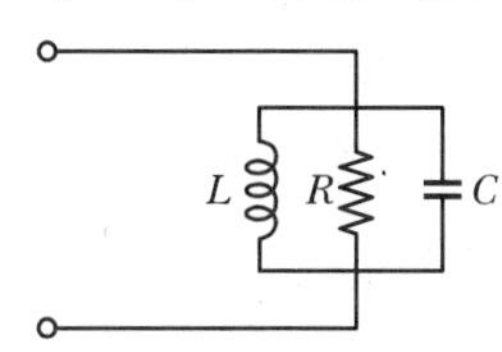

① $L=3[\Omega]$, $R=4[\Omega]$, $C=4[\Omega]$
② $L=3[\Omega]$, $R=3[\Omega]$, $C=4[\Omega]$
③ $L=4[\Omega]$, $R=3[\Omega]$, $C=4[\Omega]$
④ $L=4[\Omega]$, $R=3[\Omega]$, $C=3[\Omega]$

◎ 공진의 의미

① 전압과 전류가 동상이다.
② 리액턴스(X) : 0, 역률 : 1
③ 임피던스 : 최소, 전류 : 최대

정답 99. ① 100. ④ 101. ③

102 어떤 회로에 $V=100+j20$[V]인 전압을 가했을 때 $I=8+j6$[A]인 전류가 흘렀다. 이 회로의 소비전력은 몇 [W]인가?

① 800 ② 920 ③ 1,200 ④ 1,400

피상전력

$P_a = VI = (100+j20)\times(8-j6) = 920-j440$[VA]

103 전압 $V=10+j5$[V], 전류 $I=5+j2$[A]일 때, 소비전력 P[W], 무효전력 Q[Var]는 각각 얼마인가?

① $P=30,\ Q=40$ ② $P=40,\ Q=45$
③ $P=50,\ Q=20$ ④ $P=60,\ Q=5$

피상전력

$P_a = VI = (10+j5)\times(5-j2) = 60+j5$[VA]

104 어떤 회로에 $V=100\angle\frac{\pi}{3}$[V]의 전압을 가하니 $I=10\sqrt{3}+j10$[A]의 전류가 흘렀다. 이 회로의 무효전력[Var]은?

① 0 ② 1,000 ③ 1,732 ④ 2,000

- 피상전력 $P_a = VI$
  $= (50+j50\sqrt{3})\times(10\sqrt{3}-j10) = 1{,}732+j1{,}000$[VA]
- 전압 $V=100\angle\frac{\pi}{3}$
  $= 100\left(\cos\frac{\pi}{3}+j\sin\frac{\pi}{3}\right)$
  $= 100\left(\frac{1}{2}+j\frac{\sqrt{3}}{2}\right) = 50+j50\sqrt{3}$[V]

105 어느 전동기가 회전하고 있을 때 전압 및 전류의 실효값이 각각 50[V], 3[A]이고 역률이 0.8이라면 무효전력은 몇 [Var]인가?

① 70 ② 80 ③ 90 ④ 100

무효전력

$P_r = VI\sin\theta = 50\times3\times0.6 = 90$[Var]

① $\cos^2\theta+\sin^2\theta=1$ ② $\sin\theta=\sqrt{1-\cos^2\theta}=\sqrt{1-0.8^2}=0.6$

정답 102. ② 103. ④ 104. ② 105. ③

106 어느 회로의 유효전력은 80[W]이고, 무효전력은 60[Var]이다. 이때의 역률 $\cos\theta$의 값은?

① 0.8 ② 0.85
③ 0.9 ④ 0.95

교류의 전력

- 역률 $\cos\theta = \dfrac{P}{P_a} = \dfrac{P}{\sqrt{P^2+P_r^2}} = \dfrac{80}{\sqrt{80^2+60^2}} = 0.8$
- 무효율 $\sin\theta = \dfrac{P_r}{P_a} = \dfrac{60}{\sqrt{P^2+P_r^2}} = \dfrac{60}{\sqrt{80^2+60^2}} = 0.6$
- 위상각 $\theta = \tan^{-1}\dfrac{P_r}{P} = \tan^{-1}\dfrac{60}{80} = 36.87$

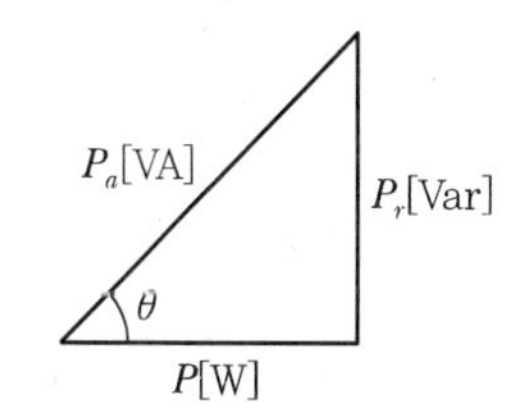

구분	단상	3상
피상전력 P_a[VA]	구분	3상
유효전력 P[W]	피상전력 P_a[VA]	3상
무효전력 P_r[var]	유효전력 P[W]	3상

107 3상 3선식 200[V] 회로에서 10[Ω]의 전열선을 그림과 같이 접속할 때 선 전류는 몇 [A]인가?

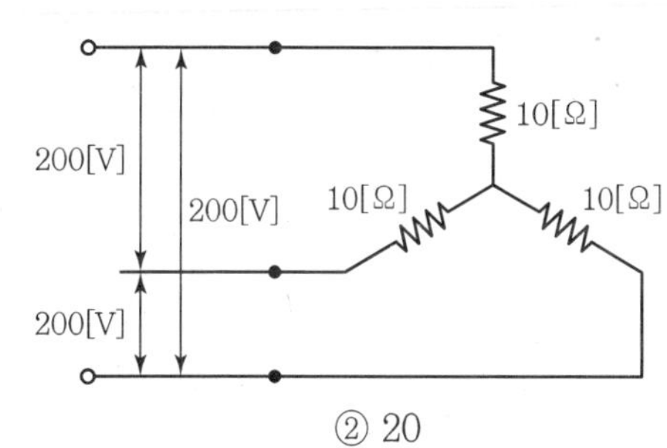

① 12 ② 20
③ 35 ④ 40

3상 결선

선전류 $I_l = I_P = \dfrac{V_P}{R} = \dfrac{\frac{V_l}{\sqrt{3}}}{R} = \dfrac{\frac{200}{\sqrt{3}}}{10} = 11.54$[A]

정답 106. ① 107. ①

※ 3상 교류의 결선법 Y결선과 △결선

구분	Y결선(성형결선)	△결선(삼각결선)
결선방식		
전압	$V_l = \sqrt{3}\, V_P \angle 30$ 여기서, V_l : 선간전압[V] V_P : 상전압[V]	$V_l = V_P$ 여기서, V_l : 선간전압[V] V_P : 상전압[V]
전류	$I_l = I_P$ 여기서, I_l : 선간전압[V] I_P : 상전류[A]	$I_l = \sqrt{3}\, I_P \angle -30$ 여기서, I_l : 선간전압[V] I_P : 상전류[A]

✱ 상전압 V_P : 다상교류의 각 상에 걸리는 전압

선간전압 V_l : 다상교류 회로에서 단자 간에 걸리는 전압

108 전압 220[V], 전류 20[A], 역률 0.6인 3상 회로의 전력은 약 몇 [kW]인가?

① 3.8　　② 4.2

③ 4.6　　④ 5.2

◐ 교류의 전력

유효전력 $P = \sqrt{3}\, VI\cos\theta = \sqrt{3} \times 220 \times 20 \times 0.6 = 4{,}572.6[\mathrm{W}] = 4.56[\mathrm{kW}]$

109 30[Ω]의 저항 3개로 △ 결선 회로를 만든 다음 그것을 다시 Y결선 회로로 변환하면 한 변의 저항은 몇 [Ω]이 되는가?

① 10　　② 30

③ 60　　④ 90

◐ $Y \leftrightarrow \triangle$ 변환

① $Y \rightarrow \triangle$ 변환 $R_\triangle = 3R_Y \; (\triangle = 3Y)$

② $\triangle \rightarrow Y$ 변환 $R_Y = \frac{1}{3} R_\triangle \left(Y = \frac{1}{3} \triangle \right)$

$R_Y = \frac{1}{3} R_\triangle = \frac{1}{3} \times 30 = 10[\Omega]$

정답 108. ③　109. ①

110 60[Hz]의 3상 전압을 전파 정류하면 맥동주파수는 얼마인가?

① 60 ② 120
③ 240 ④ 360

맥동주파수

① 단상 반파 : $1f$, 단상 전파 : $2f$, 3상 반파 : $3f$, 3상 전파 : $6f$
② 3상 전파의 맥동 주파수 $= 6f = 6 \times 60 = 360$[Hz]

111 백분율 오차가 +12.0[%]일 때 백분율 보정은?

① +9.7[%] ② −9.7[%]
③ +10.7[%] ④ −10.7[%]

오차와 보정

백분율 오차 $= \frac{M-T}{T} \times 100$에서, $12 = \frac{M-T}{T} \times 100$이므로,

$$M = \frac{12T}{100} + T = \frac{12T}{100} + \frac{100}{100}T = \frac{112T}{100} = 1.12T$$

백분율 보정 $= \frac{T-M}{M} \times 100 = \frac{T-1.12T}{1.12T} \times 100 = -10.71$[%]

① 오차 $= M-T$

오차율 $= \frac{M-T}{T}$

백분율 오차[%] $= \frac{M-T}{T} \times 100$

② 보정 $= T-M$

보정률 $= \frac{T-M}{M}$

백분율 보정[%] $= \frac{T-M}{M} \times 100$

여기서, M : 지시값(Measurement Value)
T : 참값(True Value)

112 측정량과 별도로 크기를 조정할 수 없는 표준량을 준비하고 이것을 표준량과 평행시켜 표준량으로부터 측정량을 구하는 방법으로 감도가 좋고 정밀 측정에 적합한 측정방법은?

① 편위법 ② 직편법
③ 영위법 ④ 반경법

정답 110. ④ 111. ④ 112. ③

113 잠동(Creeping)이 발생하는 계기는?

① 전압계 ② 전류계 ③ 역률계 ④ 적산전력계

▶ 잠동(Creeping) 현상

적산전력계는 전력량을 측정하는 계측기로, 전력 공급 시 무부하 상태에서 정격 주파수 및 정격 전압의 110%를 인가하므로, 전원이 차단된 경우에도 계기의 원판이 0.5~1회전 정도 더 회전하게 되는데 이러한 현상을 잠동 현상이라 한다.

※ 방지대책

① 원판에 작은 구멍을 뚫어 놓는다.
② 원판에 작은 철편을 매달아 놓는다.

114 직류전압을 측정할 수 없는 계기는?

① 가동코일형 계기 ② 정전형 계기
③ 유도형 계기 ④ 전류력계형

▶ 전기 계기의 종류

종류	구동 토크(동작원리)	사용 회로	교류지시
가동코일형	영구 자석의 자기장 내에 코일을 두고, 이 코일에 전류를 통과시켜 발생되는 힘을 이용	직류	평균값
가동철편형	전류에 의한 자기장이 연철편에 작용하는 힘을 사용	교류	실효값
유도형	회전 자기장 또는 이동 자기장과 이것에 의한 유도 전류와의 상호작용을 이용	교류	실효값
전류력계형	전류 사용 간에 작용하는 힘을 이용	직류 교류	평균값, 실효값
열전형	다른 종류의 금속체 사이에 발생되는 기전력을 이용	직류 교류	평균값, 실효값
정류형	가동 코일형 계기 앞에 정류회로를 삽입하여 교류전압만을 측정	교류	실효값
정전형	• 대전된 대전체 사이에 작용하는 흡인력 또는 반발력(즉, 정전력)을 이용 • 고전압 측정에 쓰임(전류측정에 쓰이지 않음)	직류 교류	평균값, 실효값

115 정류기형 계기의 눈금이 지시하는 것은?

① 최대값 ② 실효값
③평균값 ④ 순시값

정답 113. ④ 114. ③ 115. ②

116 지시 계기의 구비조건으로 해당되지 않는 것은?

① 정확도가 높고, 측정회로에 영향이 적을 것
② 과부하에 견디는 양이 적을 것
③ 응답도가 좋을 것
④ 구조가 간단하고 취급이 쉬울 것

117 3전압계법에 의한 전력 P는?

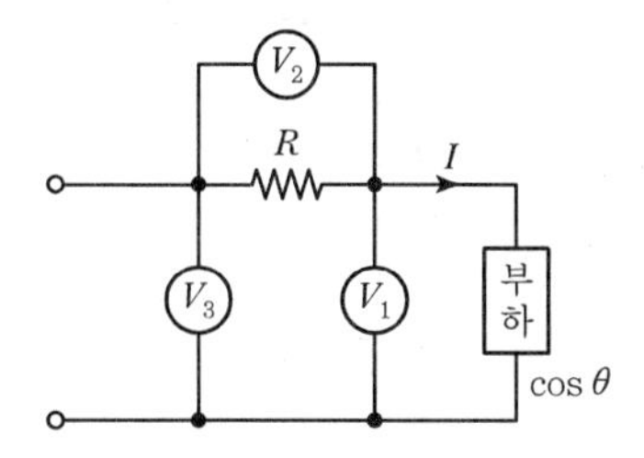

① $P=\frac{1}{2R}(V_3-V_1-V_2)^2$ ② $P=\frac{1}{R}(V_2{}^2-V_1{}^2-V_3{}^2)$
③ $P=\frac{1}{2R}(V_3{}^2-V_1{}^2-V_2{}^2)$ ④ $P=V_3I\cos^2\theta$

전력계

1) 전력계법
① 1전력계법 $P=2W$[W]
② 2전력계법 $P=W_1+W_2$[W]
③ 3전력계법 $P=W_1+W_2+W_3$[W]

2) 3전압계법
$$P=\frac{1}{2}\cdot\frac{1}{R}\cdot(V_3{}^2-V_2{}^2-V_1{}^2)[\text{W}]$$

3) 3전류계법
$$P=\frac{1}{2}\cdot R\cdot(I_3{}^2-I_2{}^2-I_1{}^2)[\text{W}]$$

118 자동화재탐지설비의 배선에 대한 절연저항을 측정하려 한다. 필요한 계기는?

① 메거 ② 회로시험기
③ 전위차계 ④ 휘트스톤 브리지

$$\text{절연저항 } R[\Omega]=\frac{\text{인가한 전압[V]}}{\text{누설전류[A]}}$$

정답 116. ② 117. ③ 118. ①

119 다음은 부하전압과 전류를 측정하기 위한 방법이다. 옳은 것은?

① 전압계 : 부하와 병렬, 전류계 : 부하와 직렬
② 전압계 : 부하와 병렬, 전류계 : 부하와 병렬
③ 전압계 : 부하와 직렬, 전류계 : 부하와 직렬
④ 전압계 : 부하와 직렬, 전류계 : 부하와 병렬

부하(저항) R에 대하여 전류계는 직렬로, 전압계는 병렬로 연결한다.

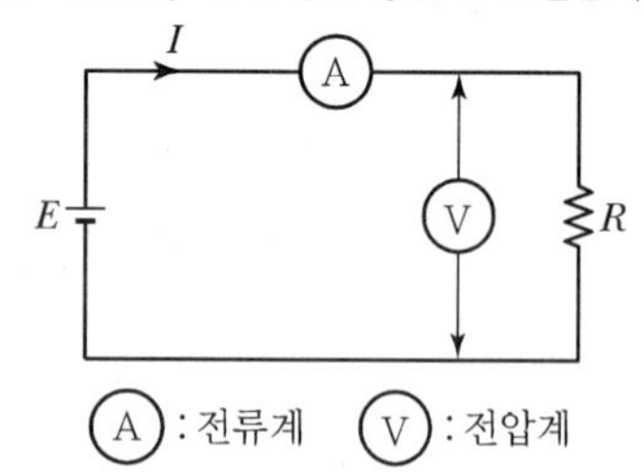

• 분류기는 전류계와 병렬로 연결한다.
• 배율기는 전압계와 직렬로 연결한다.

120 다음 중 계측방법이 잘못된 것은?

① 훅 온 미터에 의한 전류 측정
② 회로시험기에 의한 저항 측정
③ 메거에 의한 접지저항 측정
④ 전류계, 전압계, 전력계에 의한 역률 측정

121 선간전압 E[V]의 3상 평형전원에 대칭 3상 저항부하 R[Ω]이 그림과 같이 접속되었을 때 a, b 두 상 간에 접속된 전력계의 지시값이 W[W]라면 C상의 전류는 몇 [A]인가?

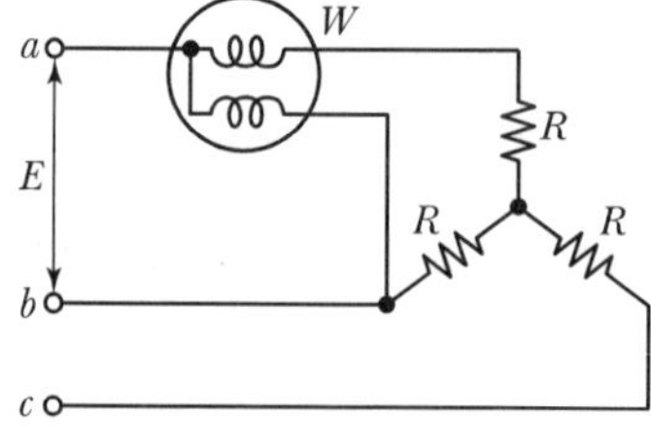

① $\dfrac{2W}{\sqrt{3}E}$
② $\dfrac{W_1 + W_2}{\sqrt{3}E}$
③ $\dfrac{W_1 + W_2 + W_3}{\sqrt{3}E}$
④ $\dfrac{\sqrt{3}W}{\sqrt{E}}$

정답 119. ① 120. ③ 121. ①

122 단상 교류회로에 연결되어 있는 부하의 역률을 측정하고자 한다. 이때 필요한 계측기의 구성으로 옳은 것은?

① 전압계, 전력계, 회전계
② 저항계, 전력계, 전류계
③ 전압계, 전류계, 전력계
④ 전류계, 전압계, 주파수계

역률

$$\cos\theta = \frac{P}{Pa} = \frac{P}{VI}$$

∴ 역률을 측정하기 위해서는 전압계, 전류계, 전력계가 필요하다.

123 제어장치가 제어 대상에 가하는 제어신호로 제어장치의 출력인 동시에 제어대상의 입력인 것은?

① 제어량
② 조작량
③ 목표값
④ 동작신호

피드백 제어시스템

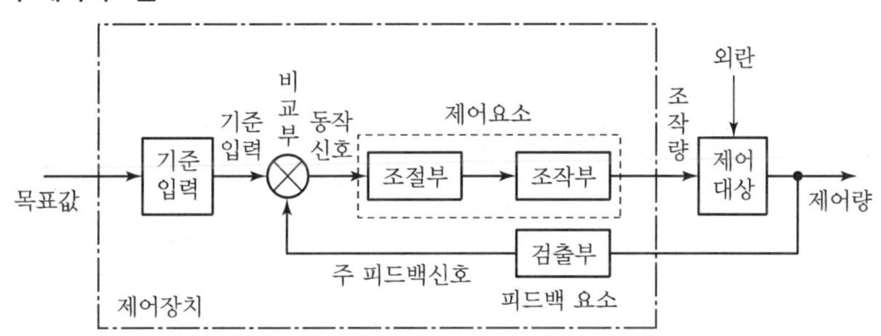

124 피드백 제어의 특징으로 틀린 것은?

① 정확도가 증가한다.
② 대역폭이 크다.
③ 계의 특성 변화에 대한 입력 대 출력비의 감도가 감소한다.
④ 구조가 단순하고 설치비용이 저렴하다.

125 궤환제어계에서 제어요소에 대한 설명으로 옳은 것은?

① 조작부와 검출부로 구성되어 있다.
② 조절부와 검출부로 구성되어 있다.
③ 목표값에 비례하는 신호를 발생하는 제어이다.
④ 동작신호를 조작량으로 변화시키는 요소이다.

정답 122. ③ 123. ② 124. ④ 125. ④

126 **감지기 중 감지선형은 어느 변환요소에 속하는가?**

① 압력 → 변위
② 온도 → 임피던스
③ 온도 → 전압
④ 변위 → 임피던스

127 **목표값이 미리 정해진 시간적 변화를 하는 경우 제어량을 그것에 추종시키기 위한 제어는?**

① 추종 제어
② 정치 제어
③ 비율 제어
④ 프로그램 제어

목적에 의한 제어의 분류

① 정치 제어 : 제어량을 어떤 일정한 목표값으로 유지하는 것을 목적으로 하는 제어
② 비율 제어 : 목표값이 다른 것과 일정 비율 관계를 가지고 변화하는 경우의 추종 제어
③ 프로그램 제어 : 미리 정해진 프로그램에 따라 제어량을 변화시키는 것을 목적으로 하는 제어

128 **제어량이 변화하는 물체의 위치, 방향, 자세 등일 경우의 제어는?**

① 프로세스 제어
② 시퀀스 제어
③ 서보 제어
④ 정치 제어

제어량의 성질에 의한 제어의 분류

① 프로세스 제어 : 제어량이 온도, 유량, 압력, 액위, 농도, 밀도 등의 플랜트나 생산공정 중의 상태량을 제어량으로 하는 제어로서 프로세스에 가해지는 외란(기준 입력신호 이외의 신호요소)의 억제를 주 목적으로 한다.
예 온도조절장치, 압력제어장치
② 서보기구 : 물체의 위치, 방위, 자세 등의 기계적 변위를 제어량으로 해서 목표값의 임의의 변화에 추종하도록 구성된 제어계를 말한다.
예 비행기 및 선박의 방향 제어계, 미사일 발사대의 자동 위치 제어계, 추적용 레이더
③ 자동조정 : 전압, 전류, 주파수, 회전속도, 힘 등 전기적 · 기계적 양을 주로 제어하는 것으로서, 응답속도가 대단히 빨라야 하는 것이 특징이다.
예 정전압 장치, 발전기의 조속기 제어
④ 시퀀스 제어 : 미리 정해 놓은 순서 또는 일정한 논리에 의하여 정해진 순서에 따라 제어의 각 단계를 차례로 진행하는 것을 말한다.
예 전기 세탁기, 교통 신호기, 무인 발전소

129 **제어량이 온도, 압력, 유량 및 액면 등과 같은 일반 공업량일 때의 제어는?**

① 공정 제어
② 프로그램 제어
③ 시퀀스 제어
④ 추종 제어

정답 126. ② 127. ① 128. ③ 129. ①

130 제어요소의 동작특성 중 연속동작이 아닌 제어는?

① 비례 제어
② 비례적분 제어
③ 비례미분 제어
④ 온오프 제어

131 교류전력변환장치로 사용되는 인버터회로에 대한 설명 중 틀린 것은?

① 직류전력을 교류전력으로 변환하는 장치를 인버터라고 한다.
② 전류형 인버터와 전압형 인버터로 구분할 수 있다.
③ 전류방식에 따라서 타려식과 자려식으로 구분할 수 있다.
④ 인버터의 부하장치에는 직류직권전동기를 사용할 수 있다.

132 그림과 같은 피드백 제어의 종합 전달함수$\left(\frac{C}{R}\right)$는?

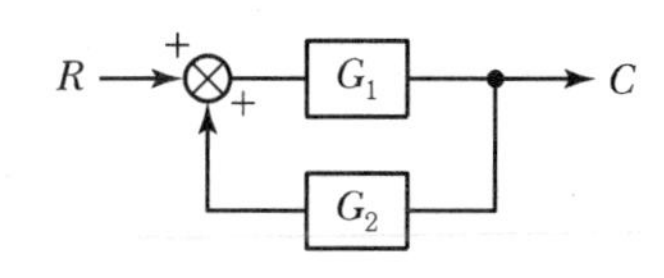

① $\frac{1}{G_1}+\frac{1}{G_2}$　② $\frac{G_1}{1-G_1G_2}$

③ $\frac{G_1}{1+G_1G_2}$　④ $\frac{G_2}{1-G_1G_2}$

전달함수

$G(s)=\frac{C}{R}$

$RG_1+CG_2G_1=C$

$RG_1=C(1-G_2G_1)$

$\therefore \frac{C}{R}=\frac{G_1}{1-G_2G_1}$

정답 130. ④ 131. ④ 132. ②

133 그림의 블록선도에서 전달함수$\left(\frac{C}{R}\right)$는?

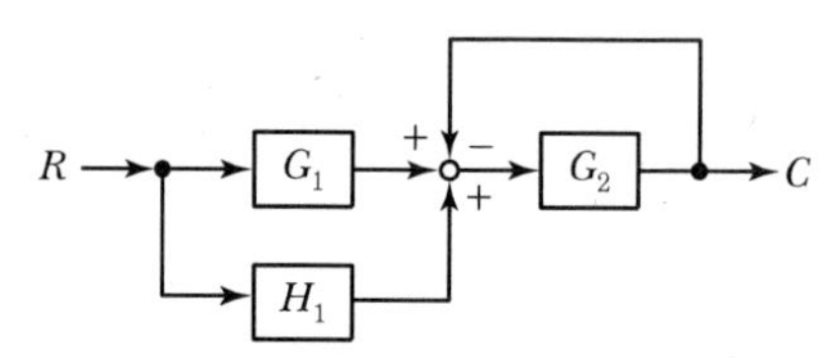

① $\dfrac{H_1}{1+G_1G_2}$

② $\dfrac{G_2(G_1+H_1)}{1+G_2}$

③ $\dfrac{G_1G_2}{1+G_1G_2H_1}$

④ $\dfrac{G_1G_2}{G_1+H_1}$

전달함수

$$G(s)=\frac{C}{R}$$

$$(RG_1+RH_1)G_2-CG_2=C$$

$$RG_1G_2+RH_1G_2=C(1+G_2)$$

$$RG_2(G_1+H_1)=C(1+G_2)$$

$$\therefore\ \frac{C}{R}=\frac{G_2(G_1+H_1)}{1+G_2}$$

134 그림과 같은 블록선도에서 C는?

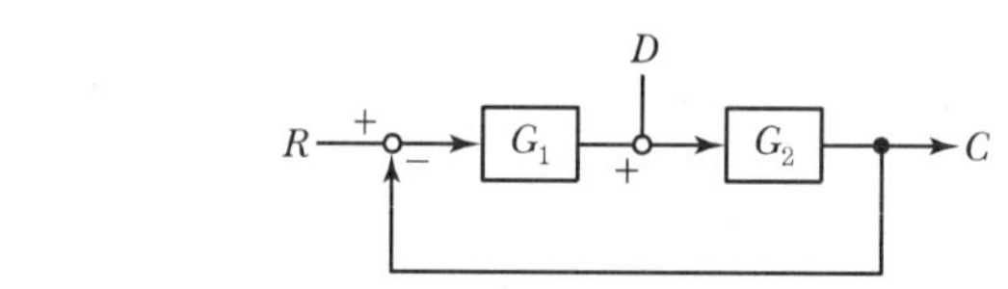

① $C=\dfrac{G_1G_2}{1+G_1G_2}R+\dfrac{G_1}{1+G_1G_2}D$

② $C=\dfrac{G_1G_2}{1+G_1G_2}R+\dfrac{G_1G_2}{1-G_1G_2}D$

③ $C=\dfrac{G_1G_2}{1+G_1G_2}R+\dfrac{G_1G_2}{1+G_1G_2}D$

④ $C=\dfrac{G_1G_2}{1+G_1G_2}R+\dfrac{G_2}{1+G_1G_2}D$

전달함수

$$G(s)=\frac{C}{R}$$

$$RG_1G_2-CG_1G_2+DG_2=C$$

$$RG_1G_2+DG_2=C(1+G_1G_2)$$

$$\therefore\ C=\frac{G_1G_2}{1+G_1G_2}R+\frac{G_2}{1+G_1G_2}D$$

정답 133. ② 134. ④

135 그림과 같은 블록선도에서 C는?

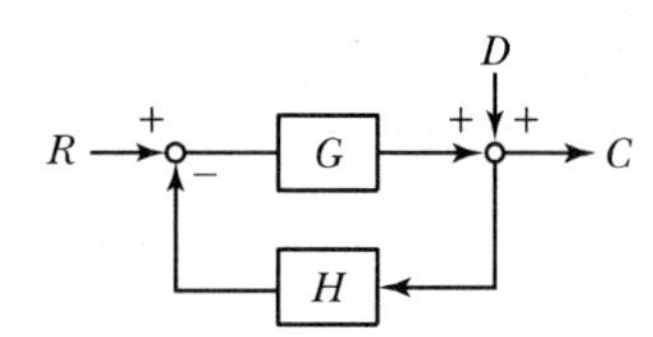

① $C=\dfrac{G}{1+HG}R+\dfrac{G}{1+HG}D$ ② $C=\dfrac{1}{1+HG}R+\dfrac{1}{1+HG}D$

③ $C=\dfrac{G}{1+HG}R+\dfrac{1}{1+HG}D$ ④ $C=\dfrac{1}{1+HG}R+\dfrac{G}{1+HG}D$

전달함수

$$G(s)=\frac{C}{R}$$

$$RG-CHG+D=C$$

$$RG+D=C(1+HG)$$

$$\therefore C=\frac{G}{1+HG}R+\frac{1}{1+HG}D$$

136 그림과 같은 게이트의 명칭은?

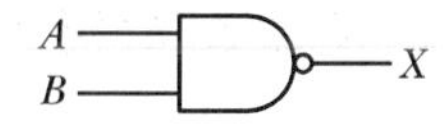

① AND ② NAND ③ OR ④ NOR

논리회로

명칭	유접점	무접점 다이오드	논리회로	진리표
AND 회로	A, B, X_{-a}	V, D_1, R, A, D_2, B	$X=A\cdot B$ 입력신호 A, B가 동시에 1일 때만 출력 신호 X가 1이 된다.	A B X / 0 0 0 / 0 1 0 / 1 0 0 / 1 1 1
OR 회로	A, B, X_{-a}	V, D_1, R, A, X, D_2, B	$X=A+B$ 입력신호 A, B 중 어느 하나라도 1이면 출력신호 X가 1이 된다.	A B X / 0 0 0 / 0 1 1 / 1 0 1 / 1 1 1

회로			논리식	진리표
NOT 회로	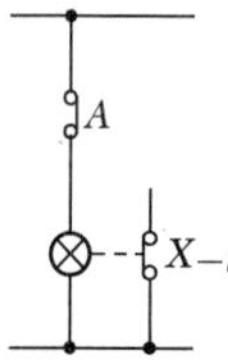	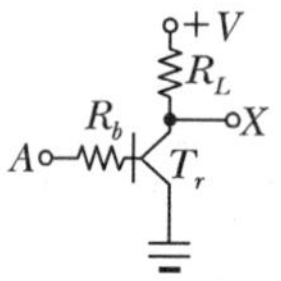	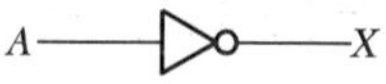 $X=\overline{A}$ 입력신호 A가 0일 때만 출력신호 X가 1이 된다.	A X 0 1 1 0
NAND 회로			$X=\overline{A \cdot B}$ 입력신호 A, B가 동시에 1일 때만 출력신호 X가 0이 된다. (AND 회로의 부정)	A B X 0 0 1 0 1 1 1 0 1 1 1 0
NOR 회로			$X=\overline{A+B}$ 입력신호 A, B가 동시에 0일 때만 출력신호 X가 1이 된다. (OR 회로의 부정)	A B X 0 0 1 0 1 0 1 0 0 1 1 0

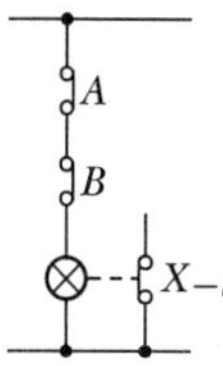

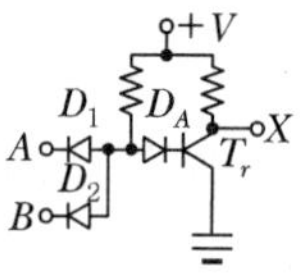

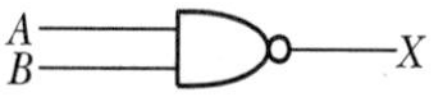

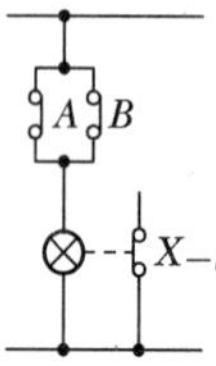

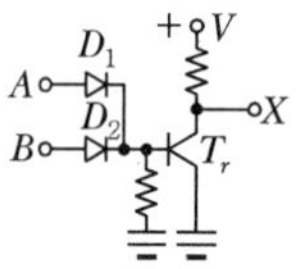

137 다음 그림과 같은 다이오드 논리회로 명칭은?

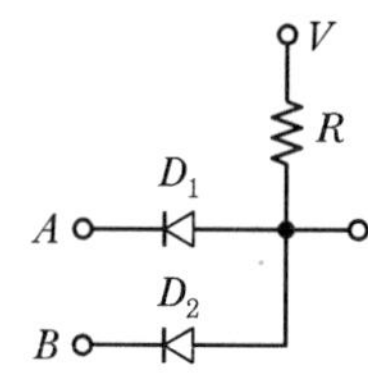

① NOT 회로
② AND 회로
③ OR 회로
④ NAND 회로

138 그림과 같은 무접점회로는 어떤 논리회로인가?

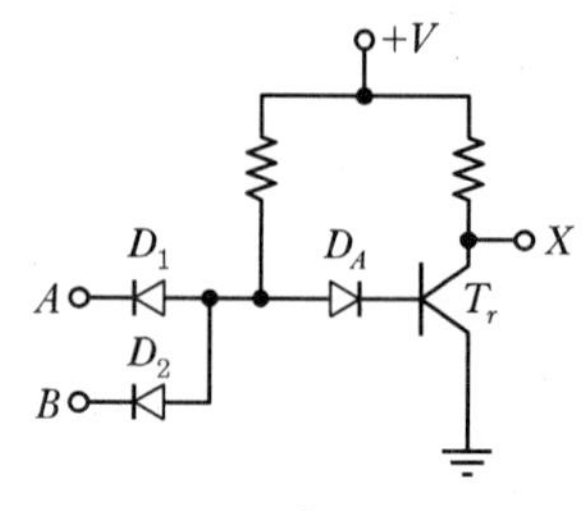

① AND
② OR
③ NOT
④ NAND

정답 137. ② 138. ④

139 그림과 같은 회로의 명칭으로 적당한 것은?

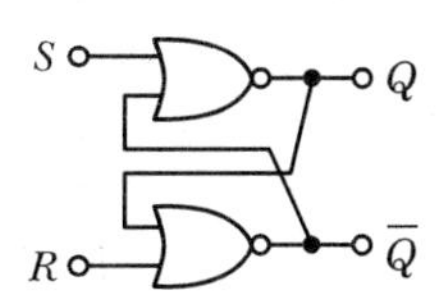

① HALF ADDER 회로
② EXCLUSIVE OR 회로
③ NAND 회로
④ FLIP FLOP 회로

140 전자접촉기의 보조 a 접점에 해당되는 것은?

① 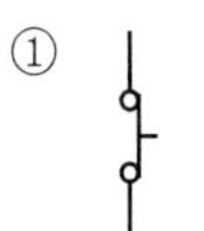 ② 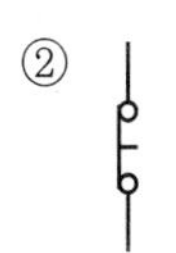 ③ 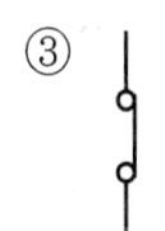 ④ 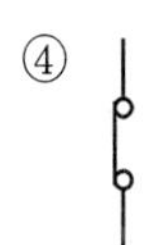

141 다음 논리식 중 성립하지 않는 것은?

① $A + A = A$ ② $A \cdot A = A$
③ $A \cdot \overline{A} = 1$ ④ $A + \overline{A} = 1$

불대수

① 2진수 "0", "1" 및 논리 변수 A, B일 때 다음이 성립한다.
- ㉠ $A+0=A$ $A \cdot 1=A$
- ㉡ $A+A=A$ $A \cdot A=A$
- ㉢ $A+1=1$ $A+\overline{A}=1$
- ㉣ $A \cdot 0=0$ $A \cdot \overline{A}=0$

② 2중 NOT는 NOT이 아니다.
- $\overline{\overline{A}}=A$ $\overline{\overline{A \cdot B}}=A \cdot B$
- $\overline{\overline{A+B}}=A+B$ $\overline{\overline{A}} \cdot B=\overline{A} \cdot B$

③ "0"과 "1"의 연산
- $0+0=0$, $0+1=1$, $\overline{0}=1$
- $0 \cdot 1=0$, $1 \cdot 1=1$, $\overline{1}=0$

정답 139. ④ 140. ③ 141. ③

142 그림과 같은 릴레이 시퀀스 회로의 출력식을 나타내는 것은?

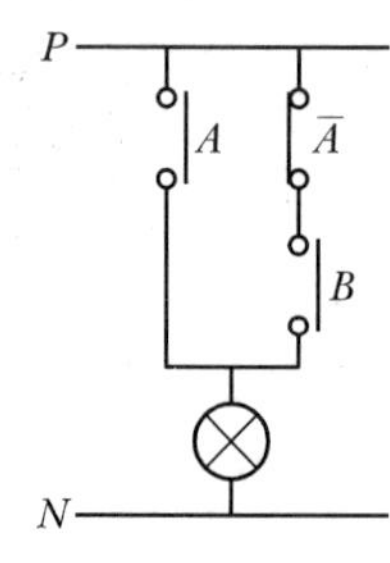

① $\overline{AB}$　② $\overline{A+B}$　③ AB　④ $A+B$

출력

$X = A + (\overline{A}B)$
$= (A+\overline{A}) \cdot (A+B) = A+B$

143 그림과 같은 계전기 접점회로의 논리식은?

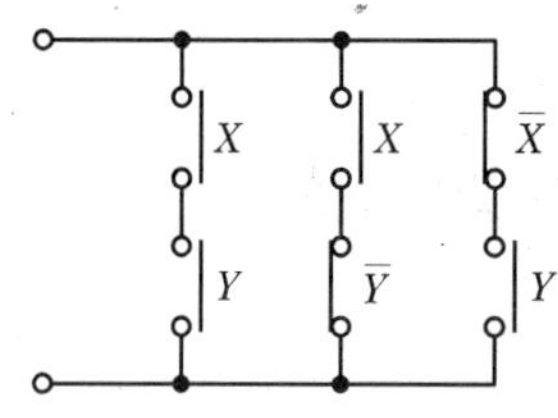

① $XY + X\overline{Y} + \overline{X}Y$　② $(XY)(X\overline{Y})(\overline{X}Y)$
③ $(X+Y)(X+\overline{Y})(\overline{X}+Y)$　④ $(X+Y)+(X+\overline{Y})+(\overline{X}+Y)$

144 그림과 같은 유접점 회로의 논리식은?

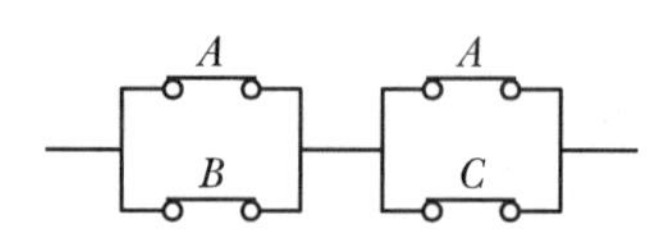

① AB+BC　② A+BC　③ B+AC　④ AB+B

출력

$X = (A+B) \cdot (A+C)$
$= AA + AC + AB + BC$
$= A + AC + AB + BC$
$= A(1+C) + AB + BC$
$= A + AB + BC$
$= A(1+B) + BC$
$= A + BC$

정답 142. ④　143. ①　144. ②

145 논리식 $A \cdot (A+B)$를 간단히 하면?

① A
② B
③ AB
④ $A+B$

출력

$$X=(AA)+(AB)$$
$$=A+AB$$
$$=A(1+B)=A$$

146 그림과 같은 결선도는 전자개폐 기본회로도이다. OFF 스위치와 보조 b접점을 나타내는 것은?

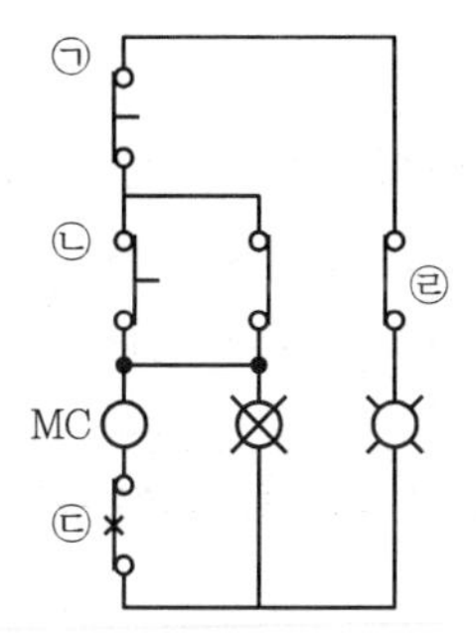

① OFF스위치 : ㉠, 보조 b접점 : ㉣
② OFF스위치 : ㉡, 보조 b접점 : ㉢
③ OFF스위치 : ㉢, 보조 b접점 : ㉡
④ OFF스위치 : ㉣, 보조 b접점 : ㉠

147 그림과 같은 논리회로에서 F의 값은?

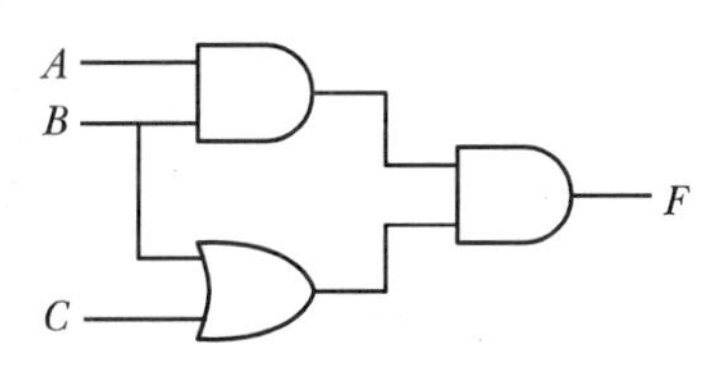

① $F=A+BC$
② $F=1$F$=1$
③ $F=A+B+C$
④ $F=AB(B+C)$

148 다음 논리회로에 대한 논리식을 가장 간략화한 것은?

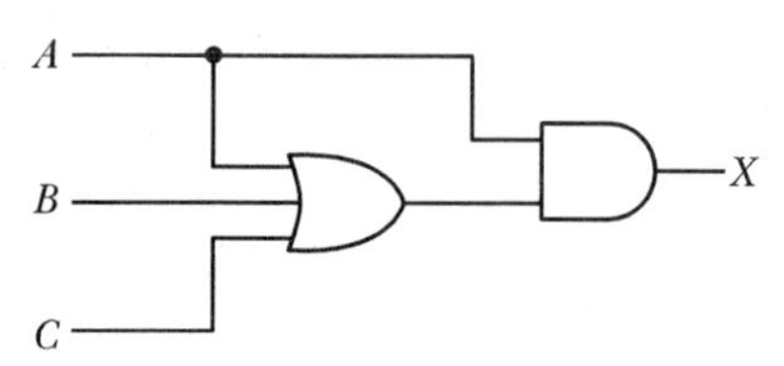

① X=A ② X=AB

③ X=BC ④ X=AB+BC

$X = A(A+B+C) = A + AB + AC = A(1+B+C) = A$

149 그림과 같은 논리회로의 출력 Y는?

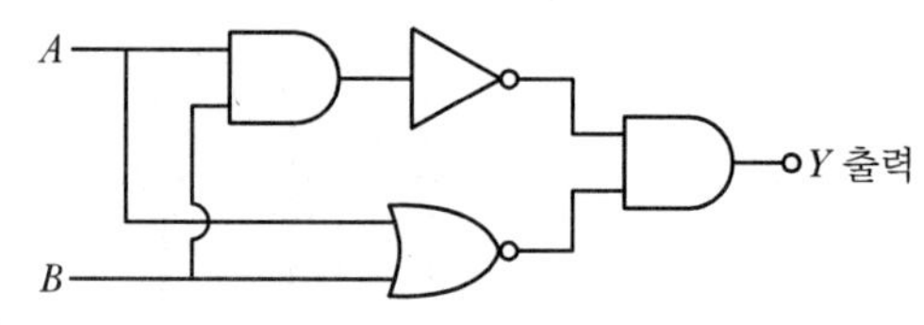

① $Y = \overline{AB} \cdot \overline{(A+B)}$ ② $Y = \overline{AB}(A+B)$

③ $Y = AB + AB$ ④ $Y = \overline{(A+B)} + \overline{AB}$

150 논리식 $A\overline{B}C + A\overline{B}\,\overline{C} + \overline{A}\,\overline{B}C + \overline{A}\,\overline{B}\,\overline{C}$를 간략화한 후 논리회로를 그리면?

① 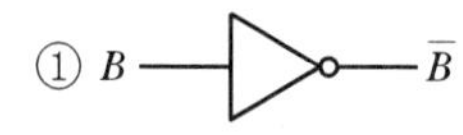

② A, B — $\overline{AB}$

③ 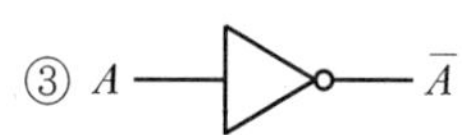

④ A, B — AB

출력

$$X = A\overline{B}C + A\overline{B}\,\overline{C} + \overline{A}\,\overline{B}C + \overline{A}\,\overline{B}\,\overline{C}$$
$$= \overline{B}(AC + A\overline{C} + \overline{A}C + \overline{A}\,\overline{C})$$
$$= \overline{B}\{A(C+\overline{C}) + \overline{A}(C+\overline{C})\}$$
$$= \overline{B}(A+\overline{A}) = \overline{B}$$

정답 148. ① 149. ① 150. ①

151 그림과 같은 논리회로는?

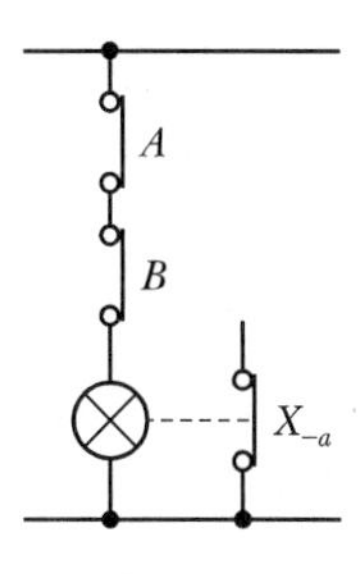

① AND 회로
② OR 회로
③ NOT 회로
④ NAND 회로

152 그림의 유접점 회로를 논리식으로 표시하면?

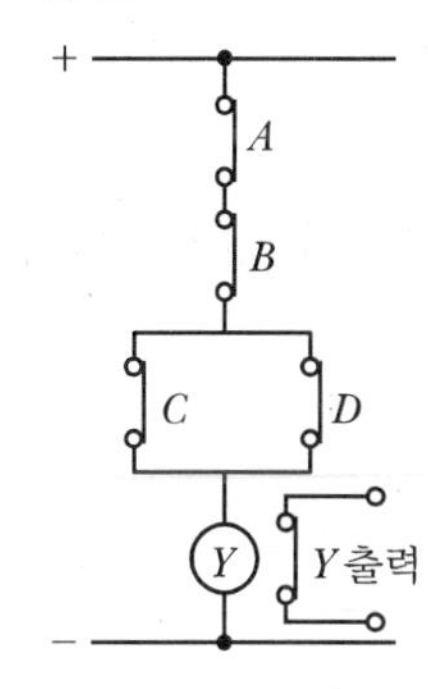

① $ABCD = Y$
② $(A+B)CD = Y$
③ $A+B+CD = Y$
④ $AB(C+D) = Y$

153 다음 표와 같은 진리표의 Gate는?

① AND
② OR
③ NAND
④ NOR

입력		출력
X	Y	Z
0	0	1
0	1	1
1	0	1
1	1	0

정답 151. ① 152. ④ 153. ③

154 다음 타임차트의 논리식은?(단, A, B, C는 입력, X는 출력이다.)

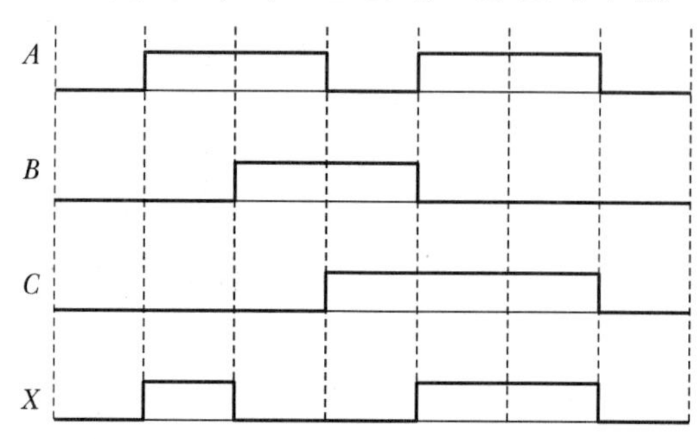

① $X = A\overline{B}$　② $X = \overline{A}B$
③ $X = AB\overline{C}$　④ $X = \overline{A}B\overline{C}$

$X = A\overline{B}$

155 전류증폭정수 $\beta = 49$일 때 베이스 접지 시의 전류증폭정수는?

① 0.89　② 0.92
③ 0.95　④ 0.98

전류증폭정수

① $\alpha = \dfrac{\beta}{1+\beta}$

여기서, α : 베이스 접지 시 전류증폭정수

② $\beta = \dfrac{I_C}{I_B}$

여기서, β : 이미터 접지 시 전류증폭정수
I_C : 컬렉터 전류
I_B : 베이스 전류

$$\alpha = \frac{\beta}{1+\beta} = \frac{49}{1+49} = 0.98$$

정답 154. ① 155. ④

156 전자회로에서 온도보상용으로 많이 사용되고 있는 소자는?

① 저항 ② 리액터
③ 콘덴서 ④ 서미스터

157 그림은 비상시에 대비한 예비전원의 공급회로이다. 직류전압을 일정하게 하기 위해서 콘덴서(C)를 설치한다면 그 위치로 적당한 곳은?

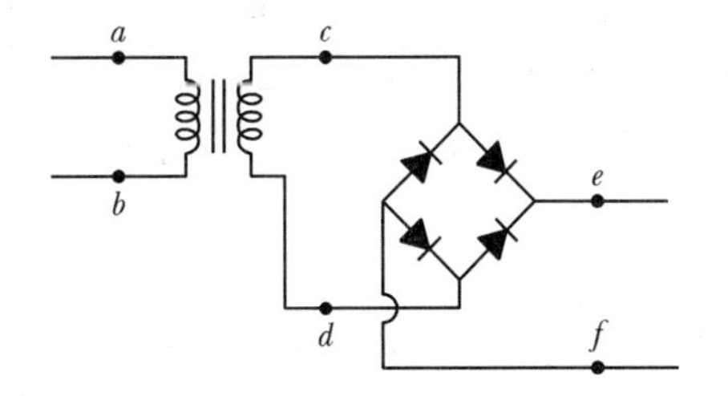

① a와 b 사이
② c와 d 사이
③ e와 f 사이
④ a와 c 사이

158 각종 소방설비의 표시등에 사용되는 발광다이오드(LED)에 대한 설명으로 옳은 것은?

① 응답속도가 매우 빠르다.
② PNP 접합에 역방향 전류를 흘려서 발광시킨다.
③ 전구에 비해 수명이 길고 진동에 약하다.
④ 발광다이오드의 재료로는 Cu, Ag 등이 사용된다.

159 다이오드를 사용한 정류회로에서 과대한 부하전류에 의하여 다이오드가 파손될 우려가 있을 경우의 적당한 대책은?

① 다이오드를 직렬로 추가한다.
② 다이오드를 병렬로 추가한다.
③ 다이오드의 양단에 적당한 값의 저항을 추가한다.
④ 다이오드의 양단에 적당한 값의 콘덴서를 추가한다.

정답 156. ④ 157. ③ 158. ① 159. ②

160 그림과 같은 정전압 회로에서 Q_1의 역할은?

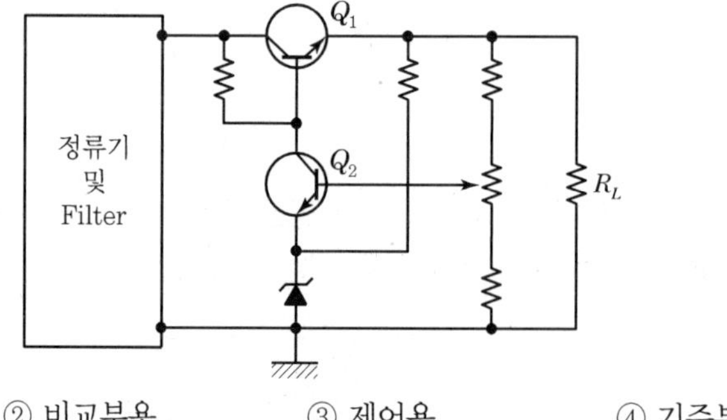

① 증폭용 ② 비교부용 ③ 제어용 ④ 기준부용

161 다음 중 Surge(충격) 전압 등 과입력으로부터 회로를 보호하는 기능이 있는 것은?

① 제너다이오드 ② 바리스터
③ 발광다이오드 ④ 서미스터

다이오드의 종류

① 제너다이오드 : 일정 전압을 유지시키는 데 사용되는 다이오드
② 바리스터 : Surge(충격) 전압 등 과입력으로부터 회로를 보호하는 기능이 있는 다이오드
③ 발광다이오드 : 전기에너지를 빛에너지로 변환시킬 수 있는 다이오드
④ 서미스터 : 부성저항 온도계수(온도가 증가하면 저항이 감소)의 특성을 갖는 다이오드

162 서미스터에 대한 설명으로 옳은 것은?

① 열을 감지하는 감열 저항체 소자이다.
② 온도 상승에 따라 저항값이 증가한다.
③ 구성은 규소, 아연 납 등을 혼합한 것이다.
④ 화학적으로는 수소결합에 해당된다.

163 트렌지스터에 대한 설명으로 적당하지 못한 것은?

① 수명이 길다.
② 저전압, 소전력으로 동작한다.
③ 소형이다.
④ 고온에 잘 견디며 온도 특성이 양호하다.

정답 160. ③ 161. ② 162. ① 163. ④

164 도통 상태에 있는 SCR을 차단 상태로 하기 위한 올바른 방법은?

① 전압의 극성을 바꾸어 준다.

② 양극전압을 더 높게 한다.

③ 게이트 역방향 바이어스를 인가시킨다.

④ 게이트 전류를 차단시킨다.

SCR

① 전류의 흐름을 ON, OFF할 수 있는 기능이 있다.

② 도통 중인 SCR을 차단하기 위해서는 순방향으로 가해진 전압을 역방향으로 변경하면 된다.

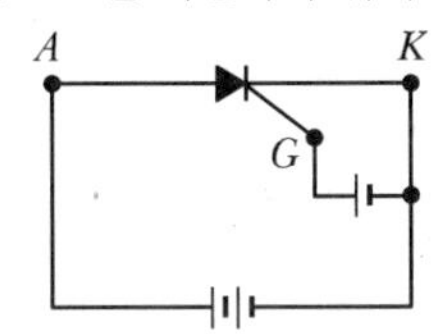

여기서, A : 애노우드(+)

K : 캐소우드(−)

G : 게이트(+)

구분	ON	OFF
A	+	−
K	−	+
G	+	+

165 반도체 소자 중 부저항 특성을 갖지 않는 것은?

① 정류다이오드

② 다이리스터

③ UJT

④ 트라이악(TRIAC)

166 역률을 개선하기 위하여 설치하는 진상 콘덴서는 어느 위치에 설치하는 것이 가장 효과가 좋은가?

① 수전점 ② 고압모선

③ 변압기 2차 측 ④ 부하와 병렬

167 부동충전방식의 일종으로 자기 방전량만큼만 순간순간 항상 보충하는 방식은?

① 급속충전

② 보통충전

③ 균등충전

④ 세류(트리클) 충전

정답 164. ① 165. ① 166. ④ 167. ④

충전방식

① 보통충전 : 필요할 때마다 충전
② 급속충전 : 짧은 시간에 충전
③ 부동충전
  ㉠ 충전기 : 상용부하 전력 부담
  ㉡ 축전지 : 일시적인 대전류 부하에 대한 전력 부담
  • 충전기 2차 충전전류[A]= $\dfrac{\text{축전지 정격용량[Ah]}}{\text{축전지 공칭 방전율[h]}} + \dfrac{\text{상시부하[VA]}}{\text{표준전압[V]}}$
  ※ 축전지 공칭방전율
   – 납(연) 축전지 : 10[h]
   – 알칼리 축전지 : 5[h]
  • 충전기 2차 출력[VA]=충전기 2차 충전전류×표준전압
④ 세류충전 : 자기 방전량을 상시 충전
⑤ 균등충전 : 1~3개월마다 장시간 충전

168 정격용량 100[Ah], 상시부하 1.5[kW], 표준전압 100[V]인 연축전지를 부동충전방식으로 충전하는 경우 충전기 2차 측 출력[kVA]은?

① 2.5　　② 25
③ 1.6　　④ 16

충전기 2차 출력=표준전압×2차 충전전류

$$= 100 \times \left(\frac{100}{10} + \frac{1,500}{100}\right) = 2,500[\text{VA}] = 2.5[\text{kVA}]$$

169 용량환산시간이 1.1, 방전전류가 10[A]인 축전지 용량[Ah]은?

① 10.75　　② 12.5
③ 13.75　　④ 15.5

축전지 용량

$$C = \frac{1}{L}KI[\text{Ah}] = \frac{1}{0.8} \times 1.1 \times 10 = 13.75[\text{Ah}]$$

여기서, L : 보수율(0.8)
K : 용량환산시간계수
I : 방전전류

정답 168. ① 169. ③

170 전압 220[V], 주파수 60[Hz], 4극 10[PS]인 3상 유도전동기의 동기 속도는 몇 [rpm]인가?(단, 전동기의 역률은 0.8이다.)

① 1,200 ② 1,800 ③ 2,400 ④ 3,600

동기속도

① 교류전원을 사용하는 동기 전동기나 유도 전동기에서 만들어지는 회전 자기장의 회전속도

② $N_s = \frac{120f}{P} = \frac{120 \times 60}{4} = 1,800[\text{rpm}]$

171 3상 유도전동기의 감압 기동법이 아닌 것은?

① 2차 저항법 ② $Y-\Delta$ 기동법
③ 리액터 기동법 ④ 직입 기동법

172 직류 전동기의 속도제어의 종류가 아닌 것은?

① 전류제어법 ② 계자제어법
③ 저항제어법 ④ 전압제어법

속도제어의 종류

① 계자제어법(정출력 제어법) : 자속(ϕ)을 변환하여 속도를 제어
② 저항제어법(정토크 제어법) : 전기자 회로에 저항 R_s를 직렬로 접속하여 속도를 제어
③ 전압제어법(정토크 제어법) : 단자전압 V를 변환하여 속도를 제어

173 계기용 변압기 1차 측, 2차 측 권수가 각각 200회, 40회 이며, 2차 측 전압이 20[V]이면 1차측에 가한 전압[V]은?

① 4 ② 10 ③ 100 ④ 200

권수비

$$a = \frac{N_1}{N_2} = \frac{E_1}{E_2} = \frac{V_1}{V_2} = \frac{I_2}{I_1} = \sqrt{\frac{Z_1}{Z_2}}$$

여기서, N_1 : 1차 코일권수, N_2 : 2차 코일권수
E_1 : 1차 기전력[V], E_2 : 2차 기전력[V]
V_1 : 1차 단자전압[V], V_2 : 2차 단자전압[V]
I_1 : 1차 전류[A], I_2 : 2차 전류[A]
Z_1 : 1차 임피던스[Ω], Z_2 : 2차 임피던스[Ω]

$\frac{N_1}{N_2} = \frac{V_1}{V_2}$ 에서, $V_1 = \frac{N_1}{N_2} \times V_2 = \frac{200}{40} \times 20 = 100[\text{V}]$

정답 170. ② 171. ④ 172. ① 173. ③

174 실리콘 정류기의 최고 허용온도[℃]는?

① 80~120
② 140~200
③ 200~250
④ 250~320

175 옥내배선의 분기회로 보호용으로 사용되는 것은?

① MCCB
② DS
③ ACB
④ OS

차단기 및 스위치

① MCCB(Molded Case Circuit Breaker, 배선용 차단기) : 단락 사고로부터 회로를 보호하고 과부하로부터 기계 · 기구의 절연을 방호하는 기능이 있는 차단기
② DS(Disconnet Switch, 단로기) : 부하전류를 차단할 수 없으며, 무부하 상태에서 회로의 접속 변경 또는 전로로부터 기기를 완전히 개방할 경우에 사용한다.
③ ACB(Air Circuit Breaker, 기중 차단기) : 공기 중에 개폐 접점이 있는 저압용 차단기
④ OS(Oil Switch, 유입 개폐기) : 변압기용의 절연유가 들어 있는 기름통 속에 개폐장치를 넣은 것으로 수동으로 부하를 차단한다.

176 400[V] 미만의 저압용 기계 · 기구의 금속제 외함에는 몇 종 접지공사를 하는가?

① 제1종 접지공사
② 제2종 접지공사
③ 제3종 접지공사
④ 특별 제3종 접지공사

177 접지공사를 실시하는 목적으로 옳지 않은 것은?

① 기기의 절연물이 열화 또는 손상되었을 때 흐르는 누설전류로 인한 감전 방지
② 1, 2차 혼촉 사고가 발생하였을 때 인축에 위험을 주는 전류를 대지로 흘려서 감전사고 방지
③ 뇌해를 방지
④ 송전선, 배전선, 고전압 모선 등에서 지락사고가 발생하였을 경우 계전기의 동작 방지

178 저압옥내간선을 분기하는 경우 과전류차단기는 원칙적으로 분기점으로부터 몇 [m] 이내에 설치하여야 하는가?

① 1.5
② 3
③ 4.5
④ 8

정답 174. ② 175. ① 176. ③ 177. ④ 178. ②

179 다음은 금속관을 사용한 소방용 옥내배선 그림 기호의 일부분이다. 공사방법으로 옳지 않은 것은?

―――////―――
HFIX 1.5(16)

① 천장은폐배선을 한다.
② 직경 1.5 [mm]인 전선 4가닥을 사용한다.
③ 내경 16 [mm]의 후강전선관을 사용한다.
④ 저독성 난연 가교 폴리올레핀 절연 전선을 사용한다.

천장은폐배선으로서 HFIX 1.5[mm^2] 4가닥을 내경 16[mm]의 후강전선관에 넣은 것

참고 HFIX : 450/750V 저독성 난연 가교 폴리올레핀 절연 전선

180 금속관 공사에서 금속관의 끝에 사용하는 것이 아닌 것은?

① 링 레듀샤
② 엔트런스 캡
③ 터미널 캡
④ 부싱

181 옥내배선의 분기회로 설계 시 사용전압이 220[V]이고, 15[A] 분기회로로 할 때 1회로의 분기회로 용량은 몇 [VA]인가?

① 1,500
② 3,000
③ 3,300
④ 3,600

분기회로 용량 = 사용전압[V] × 차단기 용량[A] = $220 \times 15 = 3,300$[VA]

182 저압옥내배선의 준공검사의 조합으로 적당한 것은?

① 절연저항 측정, 접지저항 측정, 절연내력 측정
② 절연저항 측정, 온도상승 측정, 접지저항 측정
③ 절연저항 측정, 접지저항 측정, 도통시험
④ 온도상승시험, 접지저항 측정, 도통시험

183 전선 재료 중에서 구비하여야 할 조건은?

① 전기 저항이 클 것
② 기계적 강도가 적을 것
③ 인장 강도가 작을 것
④ 가요성이 풍부할 것

정답 179. ② 180. ① 181. ③ 182. ③ 183. ④

184 **간선의 굵기를 결정하는 데 고려하지 않아도 되는 것은?**

① 허용전류 ② 전압강하
③ 전선관의 굵기 ④ 기계적 강도

185 **폭 15[m], 길이 20[m]인 사무실의 조도를 400[lx]로 할 경우 전광속 4,900[lm]의 형광등 40[W]을 시설할 경우 몇 등을 사용하여야 하는가?(단, 조명률은 50[%], 감광보상률은 1.3으로 한다.)**

① 23등 ② 32등
③ 46등 ④ 64등

조명계산

FUN = DAE

여기서, F : 램프 한 개에 대한 광속[lm]
U : 조명률[%]
N : 감광보상률$\left(=\frac{1}{M}\right)$[%]
M : 유지율(보수율)
E : 평균 조도[lx](작업면에서의 조도)

$$N=\frac{\text{DAE}}{\text{FU}}=\frac{1.3\times15\times20\times400}{4{,}900\times0.5}=63.67 \quad \therefore\ 64\text{개}$$

186 **객석 내의 통로 길이가 10[m]인 곳에 1개의 용량이 25[W]인 객석유도등을 설치하였다. 이때 회로에 흐르는 전류는 몇 [A]인가?(단, 전압은 100[V]로 하고, 선로손실 및 기타 손실은 무시한다.)**

① 0.25 ② 0.5
③ 1 ④ 2.25

전력 $P=VI$[W]에서

전류 $I=\frac{P}{V}=\frac{2\times25}{100}=0.5$[A]

(객석유도등 설치 수 $N=\frac{L}{4}-1=\frac{10}{4}-1=1.5 \quad \therefore$ 2개)

정답 184. ③ 185. ④ 186. ②

187 전양정 55[m], 토출량 0.3[m³/mina], 펌프 효율 0.55, 전달계수 1.1인 옥내소화전설비의 전동기출력은 약 몇 [kW]인가?

① 5.4 ② 5.8 ③ 6.6 ④ 6.9

전동기 용량(전동기 출력)

$$P=\frac{1{,}000\times Q\times H}{102\times 60\times \eta}\times K$$

$$=\frac{1{,}000\times 0.3\times 55}{102\times 60\times 0.55}\times 1.1=5.4[\mathrm{kW}]$$

여기서, Q : 토출량[m³/min]

H : 전양정[m]

η : 효율

K : 전달계수(전동기 직결식 1.1, 내연기관 1.15~1.2)

188 역률 0.6, 출력 20[kW]인 전동기 부하에 병렬로 전력용 콘덴서를 설치하여 역률을 0.9로 개선하려고 한다. 전력용 콘덴서 용량은 몇 [kVA]가 필요한가?

① 16,990 ② 16.99

③ 14,050 ④ 14.05

역률개선용 콘덴서 용량

$$Q_c=P(\tan\theta_1-\tan\theta_2)$$

$$=P\left(\frac{\sin\theta_1}{\cos\theta_1}-\frac{\sin\theta_2}{\cos\theta_2}\right)$$

$$=P\left(\frac{\sqrt{1-\cos^2\theta_1}}{\cos\theta_1}-\frac{\sqrt{1-\cos^2\theta_2}}{\cos\theta_2}\right)$$

여기서, Q_c : 콘덴서 용량[kVA]

P : 유효전력[kW]

$\cos\theta_1$: 개선 전 역률

$\cos\theta_2$: 개선 후 역률

$$\therefore\ Q_c=P\left(\frac{\sqrt{1-\cos^2\theta_1}}{\cos\theta_1}-\frac{\sqrt{1-\cos^2\theta_2}}{\cos\theta_2}\right)$$

$$=20\times\left(\frac{\sqrt{1-0.6^2}}{0.6}-\frac{\sqrt{1-0.9^2}}{0.9}\right)$$

$$=16.99[\mathrm{kVA}]$$

정답 187. ① 188. ②

189 3상 3선식 380[V]로 수전하는 곳의 부하전력이 95[kW], 역률이 85[%], 배선의 길이가 150[m]이며, 전압강하를 8[%]까지 허용하는 경우 전선의 단면적[mm²]은?

① 1.2 ② 14.9
③ 2.4 ④ 25.81

전선의 단면적

$$A = \frac{30.8LI}{1,000e} = \frac{30.8 \times 150 \times 169.81}{1,000 \times 380 \times 0.08} = 25.806[\text{mm}^2]$$

① 부하전류 I[A]

$P[\text{W}] = \sqrt{3}\,\text{VI}\cos\theta$ 에서,

$$I = \frac{P}{\sqrt{3}\,V\cos\theta} = \frac{95 \times 10^3}{\sqrt{3} \times 380 \times 0.85} = 169.81[\text{A}]$$

② 배선의 길이 : 150[m]

③ 전압강하 : 8[%]

※ 전압강하

구 분	계수	전압강하	전선 단면적
단상 3선식 · 직류 3선식 · 3상 4선식	1	$e_1 = \frac{17.8LI}{1,000A}[\text{V}]$	$A = \frac{17.8LI}{1,000e_1}[\text{mm}^2]$
단상 2선식 · 직류 2선식	2	$e_2 = \frac{35.6LI}{1,000A}[\text{V}]$	$A = \frac{35.6LI}{1,000e_2}[\text{mm}^2]$
3상 3선식	$\sqrt{3}$	$e_3 = \frac{30.8LI}{1,000A}[\text{V}]$	$A = \frac{30.8LI}{1,000e_3}[\text{mm}^2]$

여기서, A : 전선 도체의 단면적[mm²]
L : 전선 1본의 길이[m]
I : 부하전류[A]
e_1 : 외측선 또는 각 상의 1선과 중성선 사이의 전압강하[V]
e_2 · e_3 : 각 선 간의 전압강하[V]

정답 189. ④

CHAPTER 02 소방수리학

01 다음은 유체의 정의를 설명한 것이다. ( ) 안에 들어갈 내용으로 옳은 것은?

유체란 아무리 작은 ( )에도 저항할 수 없어 연속적으로 변형되는 물질이다.

① 전단응력 ② 수직응력 ③ 압력 ④ 중력

유체의 정의

유체는 고체에 비해 변형하기 쉽고 어떤 형상도 될 수 있으며, 자유로이 흐르는 특성을 지니고 있으며 전단력을 제거하여도 전단응력이 작용하는 동안 연속적으로 변형을 일으키는 물질을 말한다.

구분	전단력을 가하면	전단력을 제거하면
고체	변형	평형
유체	변형	변형

※ 전단력

유체의 운동방향과 평행한 면에 작용하는 힘을 말하며, 마찰력이라 한다.

02 물리량을 MLT차원계로 나타낸 것으로 옳지 않은 것은?

① 면적 : L^2 ② 가속도 : LT^2

③ 동력 : ML^2T^{-3} ④ 밀도 : ML^{-3}

차원과 단위

구분		절대단위			중력단위		
		질량	길이	시간	중량	길이	시간
차원		M	L	T	F	L	T
단위	MKS계	kg	m	s	kg_f	m	s
	CGS계	g	cm	s	gf	cm	s

① 면적 : $[m^2]$, $[L^2]$

② 가속도 : $[m/s^2]$, $[LT^{-2}]$

③ 동력 : $\left[\frac{N \cdot m}{s} = \frac{kg \cdot m^2}{s^3}\right]$, $[ML^2T^{-3}]$

④ 밀도 : $[kg/m^3]$, $[ML^{-3}]$

정답 01. ① 02. ②

03 동력을 MLT차원계로 올바르게 나타낸 것은?

① $\frac{L^2}{T^2}$　② $\frac{M}{T^2 L}$　③ $\frac{ML^2}{T^2}$　④ $\frac{ML^2}{T^3}$

동력

동력이란 단위 시간당 한 일의 양, 즉 일률을 말한다.

$$동력=\frac{일량}{시간}=\frac{힘\times 거리}{시간}$$

㉠ 절대단위 : $\left[\frac{N\cdot m}{s}=\frac{kg\cdot m^2}{s^3}\right]$, $[ML^2T^{-3}]$

㉡ 중력단위 : $\left[\frac{kg_f\cdot m}{s}\right]$, $[FLT^{-1}]$

04 절대점성계수를 FLT차원계로 올바르게 나타낸 것은?

① $FT^{-1}L^{-2}$　② FT^2L^3
③ FTL^{-2}　④ FTL^{-1}

점성계수

① 절대점성계수
　㉠ 절대단위 : [kg/m · s, g/m · s], $[ML^{-1}T^{-1}]$
　㉡ 중력단위 : $[kg_f\cdot s/m^2,\ g_f\cdot s/m^2]$, $[FTL^{-2}]$

② 동점성계수
　㉠ 절대단위 : $[m^2/s,\ cm^2/s]$, $[L^2T^{-1}]$
　㉡ 중력단위 : $[m^2/s,\ cm^2/s]$, $[L^2T^{-1}]$

05 다음의 단위에 대한 설명으로 옳지 않은 것은?

① $1dyne=1g\cdot cm/s^2$　② 1W=1N/s
③ 1J=1N · m　④ $1N=1kg\cdot m/s^2$

동력

$1Watt=1Joule/s=1N\cdot m/s=1kg\cdot m^2/s^3$

06 다음 중 압력을 나타내는 단위로 옳지 않은 것은?

① N/m^2　② kg_f/cm^2
③ lb_f/in^2　④ J/cm^2

정답 03. ④ 04. ③ 05. ② 06. ④

압력

- 압력 : 유체 속의 어떤 물체 표면에서 단위 면적당 받는 힘이며, $P=\frac{F}{A}$로 나타낸다.
- 힘 : 물체에 작용하여 모양에 변화를 일으키는 원인이며, 기호 : F, 단위 : [N, kg_f]을 사용한다.
- 면적 : 면이 이차원의 공간을 차지하는 넓이의 크기로, 기호 : A, 단위 : [m^2, cm^2]를 사용한다.
- 일 : 힘×거리를 의미하며, 기호 : W, 단위 : [J=N · m]를 사용한다.

07 다음 중 같은 단위가 아닌 것은?

① $kg \cdot m^2/s^2$　② $Pa \cdot m^3$
③ $N \cdot s$　④ J

① $kg \cdot m^2/s^2 = \frac{kg \cdot m \cdot m}{s^2} = N \cdot m$

② $Pa \cdot m^3 = \frac{N}{m^2} \cdot m^3 = N \cdot m$

③ $N \cdot s = \frac{kg \cdot m}{s^2} \cdot s = \frac{kg \cdot m}{s}$

④ $J = N \cdot m$

08 다음 중 주요 물리량을 설명한 것으로 옳지 않은 것은?

① 밀도란 단위 부피당 질량을 말하며, 기체의 밀도는 표준상태일 때는 아보가드로 법칙으로, 표준상태가 아닌 경우에는 샤를의 법칙으로 계산할 수 있다.

② 비체적이란 단위 질량당 부피, 즉 밀도의 역수이며, $v_s = \frac{\text{물체의 부피}}{\text{물체의 질량}} = \frac{V}{m}\left[\frac{m^3}{kg}\right]$이다.

③ 비중량이란 단위 부피당 무게를 말하며, $\gamma = \frac{\text{물체의 중량}}{\text{물체의 부피}} = \frac{W}{V}\left[\frac{N}{m^3}\right]$이다.

④ 비중은 고체 · 액체 물질은 액 비중으로, 기체물질은 증기비중으로 계산한다.

밀도

밀도란 단위 부피당 질량을 말한다.

① 액체의 밀도

$\text{밀도} = \frac{\text{질량}}{\text{부피}}$, $\rho = \frac{m}{V}\left[\frac{kg}{m^3}\right]$

② 기체의 밀도

기체는 압축성 유체이므로 온도, 압력이 변하면 부피가 변하여 밀도가 변한다. 기체의 밀도는 아보가드로 법칙과 이상기체 상태방정식으로 계산할 수 있다.

정답 07. ③ 08. ①

㉠ 표준상태(0℃, 1기압)일 때

$$\rho = \frac{분자량[kg]}{22.4[m^3]} = \frac{분자량[g]}{22.4[l]}$$

㉡ 표준상태가 아닐 때

$$\rho = \frac{PM}{RT}$$

여기서, ρ : 밀도[kg/m³]
P : 압력[N/m²]
M : 분자량[kg/k−mol]
T : 절대온도[K]
R : 기체정수[N · m/k−mol · K]

※ 아보가드로의 법칙

1. 같은 온도와 압력에서 기체들은 그 종류에 관계없이 일정한 부피 속에는 같은 수의 분자가 들어 있다.
2. 모든 기체 1mol이 표준상태(0℃, 1기압)에서 차지하는 체적은 22.4l이고 그 속에는 6.023×10^{23}개의 분자가 존재한다.

09 다음 중 표준대기압(1atm)을 나타낸 것으로 옳지 않은 것은?

① 760mmHg ② 10,332kg_f/m^2
③ 101.325kPa ④ 10,332mH_2O

▶ 표준대기압

1atm = 760[mmHg] = 0.76[mHg]
= 10,332[mmH_2O] = 10.332[mH_2O]
= 1.0332[kg_f/cm^2] = 10,332[kg_f/m^2]
= 101,325[N/m^2][Pa] = 0.101325[MPa]
= 1,013[mbar] = 14.7Psi[lb_f/in^2]

10 섭씨 45[℃]를 화씨온도[℉]로 나타낸 것으로 옳은 것은?

① 7.3 ② 49 ③ 57 ④ 113

▶ 온도

온도란 물질의 차갑고 뜨거운 정도를 나타내는 것을 말한다.

① 섭씨온도를 화씨온도로 변환 : $°F = 1.8 \times ℃ + 32 = 1.8 \times 45 + 32 = 113$

② 화씨온도를 섭씨온도로 변환 : $℃ = \frac{°F - 32}{1.8}$

정답 09. ④ 10. ④

11 기름의 비중이 0.8인 경우 기름의 밀도[$kg_f \cdot s^2/m^4$]로 옳은 것은?

① 81.6　② 800　③ 1,000　④ 7,840

- 액 비중 $s = \dfrac{\text{물체의 밀도}(\rho)}{4[℃]\text{물의 밀도}(\rho_w)} = \dfrac{\text{물체의 비중량}(\gamma = \rho \cdot g)}{4[℃]\text{물의 비중량}(\gamma_w = \rho_w \cdot g)}$
- 기름의 밀도=기름의 비중×물의 밀도

$$= 0.8 \times 1{,}000[kg/m^3] = 800[kg/m^3]$$
$$= 0.8 \times 102[kg_f \cdot s^2/m^4] = 81.6[kg_f \cdot s^2/m^4]$$

12 기름의 비중이 0.8인 경우 기름의 비중량[N/m^3]으로 옳은 것은?

① 81.6　② 800　③ 1,000　④ 7,840

- 액 비중 $s = \dfrac{\text{물체의 밀도}(\rho)}{4[℃]\text{물의 밀도}(\rho_w)} = \dfrac{\text{물체의 비중량}(\gamma = \rho \cdot g)}{4[℃]\text{물의 비중량}(\gamma_w = \rho_w \cdot g)}$
- 기름의 비중량=기름의 비중×물의 비중량

$$= 0.8 \times 9{,}800[N/m^3] = 7{,}840[N/m^3]$$
$$= 0.8 \times 1{,}000[kg_f/m^3] = 800[kg_f/m^3]$$

13 밀도가 80[$kgf \cdot s^2/m^4$]인 유체의 비체적[m^3/kg]으로 옳은 것은?

① 1.276×10^{-5}　② 1.276×10^{-3}
③ 1.45×10^{-3}　④ 2.03×10^{-5}

비체적

비체적이란 단위 질량당 부피, 즉 밀도의 역수를 말한다.

$$v_s = \frac{1}{\rho} = \frac{\text{물체의 부피}}{\text{물체의 질량}} = \frac{V}{m}[m^3/kg]$$

중력단위의 밀도[$kg_f \cdot s^2/m^4$]을 절대단위의 밀도[kg/m^3]로 변환하면

$\rho = 80[kg_f \cdot s^2/m^4] \times 9.8[kg \cdot m/kg_f \cdot s^2] = 784[kg/m^3]$이 되므로

$$\therefore v_s = \frac{1}{\rho} = \frac{1}{784} = 1.276 \times 10^{-3}[m^3/kg]$$

14 표준상태(0℃, 1atm)에서 공기의 밀도[kg/m^3]로 옳은 것은?

① 0.43　② 0.78　③ 1.29　④ 2.29

정답 11. ① 12. ④ 13. ② 14. ③

▶ 표준상태(0℃, 1atm)에서 기체의 밀도

$$\rho = \frac{\text{분자량[kg]}}{22.4[\text{m}^3]} = \frac{28.8}{22.4} = 1.285[\text{kg/m}^3]$$

※ 공기의 평균 분자량

N_2 : 79[%], O_2 : 21[%]

$(28 \times 0.79) + (32 \times 0.21) = 28.8[\text{kg}]$

15 다음 중 수두 100[mmH_2O]로 표시되는 압력[Pa]으로 옳은 것은?

① 9.55×10^{-5} ② 9.88×10^{-4}

③ 980 ④ 980×10^{4}

▶ 표준대기압

1[atm] = 10,332[mmH_2O] = 101,325[Pa]이므로,

10,332[mmH_2O] : 101,325[Pa] = 100[mmH_2O] : x[Pa]

$$\therefore\ x = \frac{100}{10{,}332} \times 101{,}325 = 980.69[\text{Pa}]$$

16 압력계의 눈금 1,250[kPa]을 수두[mH_2O]로 나타낸 것으로 옳은 것은?

① 0.127 ② 12.7 ③ 127 ④ 1,270

▶ 표준대기압

1[atm] = 101.325[kPa] = 10.332[mH_2O]이므로,

101.325[kPa] : 10.332[mH_2O] = 1,250[kPa] : x[mH_2O]

$$\therefore\ x = \frac{1{,}250}{101.325} \times 10.332 = 127.461[\text{mH}_2\text{O}]$$

17 진공계의 눈금이 50[mmHg]일 경우 절대압력[kPa]으로 옳은 것은?(단, 대기압은 101.325[kPa]이다.)

① 45.33 ② 75.98 ③ 94.66 ④ 195.99

▶ 절대압력

절대압력 = 대기압 − 진공압력 = 101.325 − 6.666 = 94.659[kPa]

진공압력 760[mmHg] = 101.325[kPa]이므로

760[mmHg] : 101.325[kPa] = 50[mmHg] : x[kPa]

$$\therefore\ x = \frac{50}{760} \times 101.325 = 6.666[\text{kPa}]$$

정답 15. ③ 16. ③ 17. ③

18 다음의 유체에 대한 설명으로 옳지 않은 것은?

① 실제유체란 점성이 있고, 압축성인 유체를 말한다.
② 이상유체란 점성이 없고, 비압축성인 유체를 말한다.
③ 이상유체란 비점성, 비압축성인 유체로 밀도가 변하는 유체를 말한다.
④ 실제기체는 높은 온도와 낮은 압력일 때 이상기체 상태방정식을 만족한다.

이상유체(완전유체)

이상유체란 비점성, 비압축성의 유체로 점성의 영향이 무실될 수 있으며, 밀도가 변하지 않는 유체를 말한다.

※ 실제기체가 이상기체 상태방정식을 만족할 조건

1. 온도는 높고, 압력이 낮을 것
2. 분자량이 작을 것
3. 분자 간의 인력이 작을 것

19 다음 중 이상기체에 대한 설명으로 옳은 것은?

① 온도가 일정할 때 기체의 체적은 절대압력에 비례한다.
② 압력이 일정할 때 기체의 체적은 절대온도에 반비례한다.
③ 기체의 체적은 절대온도에 비례하고, 절대압력에는 반비례한다.
④ 기체의 체적은 절대압력에 비례하고, 절대온도에는 반비례한다.

이상기체에 적용되는 식

① 보일(Boyle)의 법칙
온도가 일정할 때 기체의 체적은 절대압력에 반비례한다.
$PV = C,\ P_1V_1 = P_2V_2$

② 샤를(Charles)의 법칙
압력이 일정할 때 기체의 체적은 절대온도에 비례한다.
$\frac{V}{T} = C,\ \frac{V_1}{T_1} = \frac{V_2}{T_2}$

③ 보일－샤를(Boyle－Charles)의 법칙
기체의 체적은 절대온도에 비례하고 절대압력에는 반비례한다.
$\frac{PV}{T} = C,\ \frac{P_1V_1}{T_1} = \frac{P_2V_2}{T_2}$

여기서, P : 절대압력
V : 기체의 체적
T : 절대온도(K)

정답 18. ③ 19. ③

20 1[atm], 20[℃]에서 5[l]의 공기가 100[℃]로 되었다면, 공기의 부피[l]로 옳은 것은?

① 6.37　　② 7.36
③ 25　　④ 34.22

샤를의 법칙

$\frac{V_1}{T_1}=\frac{V_2}{T_2}$에서, $V_2=\frac{T_2}{T_1}\times V_1=\frac{100+273}{20+273}\times 5=6.365[l]$

21 상온상압(20[℃], 1atm)에서 체적이 10[m^3]인 이산화탄소를 온도는 60[℃], 압력을 0.2[MPa]로 변경시킨 경우 이산화탄소의 체적[m^3]으로 옳은 것은?

① 5.76　　② 15.2
③ 22.43　　④ 34.22

보일－샤를의 법칙

기체의 체적은 절대온도에 비례하고 절대압력에 반비례한다.

$\frac{PV}{T}=C,\ \frac{P_1V_1}{T_1}=\frac{P_2V_2}{T_2}$

$V_2=\frac{P_1}{P_2}\times\frac{T_2}{T_1}\times V_1=\frac{0.101325}{0.2}\times\frac{60+273}{20+273}\times 10=5.757[m^3]$

22 다음 중 그레이엄의 확산속도의 법칙으로 옳은 것은?(단, U : 확산속도, M : 분자량, ρ : 밀도이다.)

① $\frac{U_2}{U_1}=\sqrt{\frac{M_1}{M_2}}$　　② $\frac{U_2}{U_1}=\sqrt{\frac{M_2}{M_1}}$
③ $\frac{U_2}{U_1}=\sqrt{\frac{\rho_2}{\rho_1}}$　　④ $\frac{U_1}{U_2}=\sqrt{\frac{\rho_1}{\rho_2}}$

그레이엄의 확산속도의 법칙

기체의 확산속도는 그 기체의 분자량(밀도)의 제곱근에 반비례한다.

$\frac{U_2}{U_1}=\sqrt{\frac{M_1}{M_2}}=\sqrt{\frac{\rho_1}{\rho_2}}$

23 실제기체가 이상기체 상태방정식에 잘 맞을 조건은 무엇인가?

① 고온 · 고압　　② 고온 · 저압
③ 저온 · 고압　　④ 저온 · 저압

정답 20. ① 21. ① 22. ① 23. ②

◎ 실제기체가 이상기체 상태방정식을 만족시킬 수 있는 조건

① 온도는 높고, 압력이 낮을수록
② 분자량이 작고 분자 간의 인력이 작을수록
③ 비체적이 클수록

24 유체 속에 잠겨 있는 물체가 받는 부력을 설명한 것으로 옳은 것은?

① 부력은 물체의 중량보다 크다.
② 부력은 물체의 비중량과 밀접한 관계가 있다.
③ 부력은 물체의 중력과 같다.
④ 부력은 그 물체가 배제하는 유체의 무게와 같다.

◎ 아르키메데스의 원리

① 유체 속에 잠겨 있는 물체가 받는 부력은 그 물체가 배제하는 유체의 무게와 같다.
② 유체 위에 떠있는 부양체는 자체의 무게와 같은 무게의 유체를 배제한다.
③ $F=\gamma_1 V_1$

여기서, 부력 $F=\gamma_1 \cdot V_1$(γ_1 : 유체의 비중량, V_1 : 잠긴 물체의 체적)
중량 $W=\gamma \cdot V$(γ : 물체의 비중량, V : 물체의 전체 체적)

25 바닷물에 전체 부피의 80%가 잠겨 있는 빙산의 비중으로 옳은 것은?(단, 바닷물의 비중은 1.05이다.)

① 0.84 ② 0.956 ③ 0.927 ④ 0.912

◎ 아르키메데스의 원리(부력과 중량의 관계)

① 부력 $F=\gamma_1 \cdot V_1$[γ_1(유체의 비중량) : 바닷물의 비중량, V_1(잠긴 물체의 체적) : 빙산의 체적]
② 중량 $W=\gamma \cdot V$[γ(물체의 비중량) : 빙산의 비중량, V(물체의 전체 체적) : 빙산의 전체 체적]

- 부력 $F=\gamma_1 \cdot V_1 = S_1 \cdot \gamma_w \cdot V_1 = 1.05 \times 1{,}000[\text{kg}_\text{f}/\text{m}^3] \times 80[\text{m}^3] = 84{,}000[\text{kg}_\text{f}]$
- 중량 $W=\gamma \cdot V = S \cdot \gamma_w \cdot V = S \times 1{,}000[\text{kg}_\text{f}/\text{m}^3] \times 100[\text{m}^3] = 100{,}000\text{S}[\text{kg}_\text{f}]$

부력과 중량은 같으므로
$F=W$

$84{,}000[\text{kg}_\text{f}] = 100{,}000\text{S}[\text{kg}_\text{f}] \quad \therefore S = \dfrac{84{,}000[\text{kg}_\text{f}]}{100{,}000[\text{kg}_\text{f}]} = 0.84$

[Tip] 잠긴 부분의 %$=\dfrac{\text{물체의 비중}}{\text{유체의 비중}} \times 100$

$\therefore$ 빙산의 비중$=\dfrac{\text{잠긴 부분의 \%}}{100} \times$ 유체의 비중 $=\dfrac{80}{100} \times 1.05 = 0.84$

정답 24. ④ 25. ①

26 다음 그림과 같이 크고 작은 두 실린더에 물이 채워져 있는 경우 작은 피스톤의 지름이 15[mm], 큰 피스톤의 지름이 150[mm]일 때 큰 피스톤 위에 1,000[N]의 중량을 올리기 위하여 작은 피스톤에는 얼마의 힘[N]을 작용시켜야 하는가?

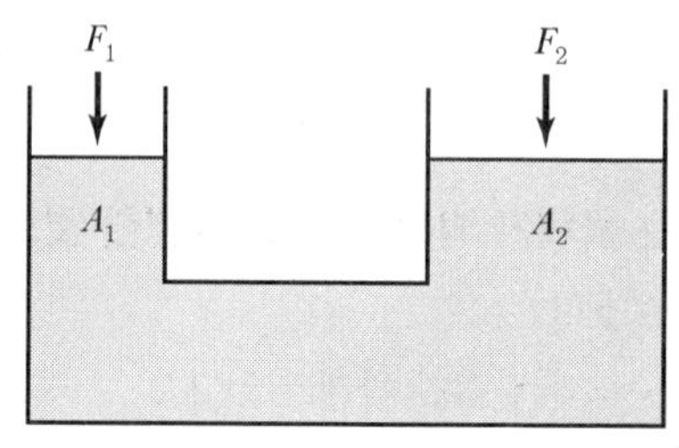

① 10 ② 100 ③ 1,000 ④ 10,000

파스칼의 원리

액체의 일부에 힘을 가하여 압력을 증가시키면 액체 내의 모든 부분의 압력은 다 같이 증가한다.

$P_1 = P_2$에서, $\dfrac{F_1}{A_1} = \dfrac{F_2}{A_2}$

$$F_1 = \frac{A_1}{A_2}F_2 = \left(\frac{D_1}{D_2}\right)^2 F_2 = \left(\frac{15}{150}\right)^2 \times 1{,}000 = 10[\mathrm{N}]$$

27 다음 중 유체의 체적탄성계수와 압축률에 대한 설명으로 옳지 않은 것은?

① 압축률은 체적탄성계수의 역수와 같다.
② 체적탄성계수가 커지면 유체는 압축하기가 어렵다.
③ 유체의 체적이 감소되면 밀도는 감소된다.
④ 체적탄성계수는 체적 변화율에 대한 압력의 변화이다.

체적탄성계수와 압축률

① 체적탄성계수
㉠ 유체가 힘을 받은 경우 압축이 되는 정도를 나타내는 상수
㉡ 체적 변화율에 대한 압력의 변화이며, $K = -\dfrac{\Delta P}{\frac{\Delta V}{V}} = \dfrac{\Delta P}{\frac{\Delta \rho}{\rho}}$로 나타낸다.

② 압축률
㉠ 체적탄성계수의 역수를 말한다.
㉡ 압력에 대한 체적의 변화율이며, $\beta = \dfrac{1}{K} = -\dfrac{\frac{\Delta V}{V}}{\Delta P}$로 나타낸다.

∴ 체적이 감소하면 밀도는 증가한다.

정답 26. ① 27. ③

28 상온에서 유체의 체적을 $\frac{1}{10}$로 압축하는 데 필요한 압력[kg_f/cm^2]으로 옳은 것은?(단, 체적탄성계수 $K=1.5\times10^4$이다.)

① 15　② 150　③ 1,500　④ 15,000

체적탄성계수

$K=-\dfrac{\Delta P}{\dfrac{\Delta V}{V}}$에서, $\Delta P=-K\cdot\dfrac{\Delta V}{V}=1.5\times10^4\times0.1=1{,}500[kg_f/cm^2]$

식에서 – 부호의 의미는 부피가 감소됨을 나타낸다.

29 배관 속 유체의 체적을 0.5%로 감소시키기 위해서 가해져야 하는 압력[kg_f/cm^2]으로 옳은 것은?(단, 유체의 압축률은 $40\times10^{-6}[cm^2/kg_f]$이다.)

① 2×10^{-5}　② 8×10^{-3}　③ 125　④ 12,500

압축률

$\beta=\dfrac{1}{K}=-\dfrac{\dfrac{\Delta V}{V}}{\Delta P}$에서, $\Delta P=-\dfrac{\dfrac{\Delta V}{V}}{\beta}=\dfrac{0.005}{40\times10^{-6}}=125[kg_f/cm^2]$

30 다음 중 압력에 대한 설명으로 옳지 않은 것은?

① 압력이란 단위 면적당 가해지는 힘을 말한다.
② 표준대기압이란 수은주의 기둥을 760[mmHg]만큼 올릴 수 있는 압력을 의미한다.
③ 절대압력은 대기압과 진공압력의 합이다.
④ 대기압은 절대압력과 계기압력의 차이다.

절대압력

절대압력이란 완전 진공상태로부터 읽은 실제압력을 말한다.

① 대기압보다 클 경우 : 절대압력=대기압+계기압력
② 대기압보다 작을 경우 : 절대압력=대기압−진공압력

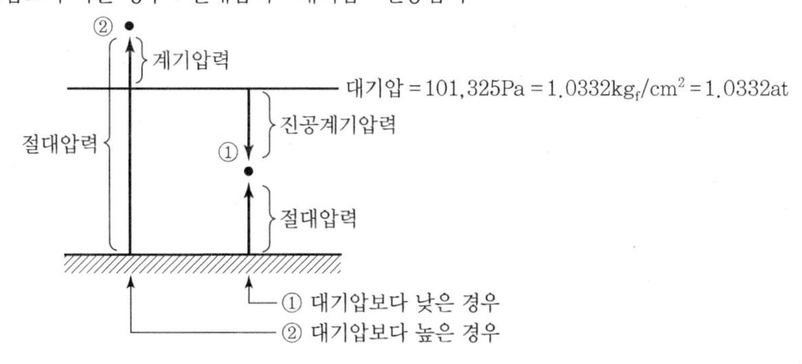

※ 압력의 구분

1. 게이지압력(Gauge Pressure)
   압력계가 지시하는 압력으로 '국소대기압을 기준으로 한 압력', 즉 대기압을 0으로 보는 압력을 말한다.
2. 절대압력(Absolute Pressure)
   '완전 진공을 기준으로 하여 측정한 압력'을 말한다.
3. 진공압력(Vacuum Pressure)
   '대기압보다 낮은 정도의 압력'으로 진공계가 지시하는 압력을 말한다.

31 다음 중 점성에 대한 설명으로 옳지 않은 것은?

① 기체의 점성은 분자 간 운동량 교환과 관계가 있다.
② 기체의 점성은 온도와는 관계가 없다.
③ 액체의 점성은 분자 간 결합력에 관계가 있다.
④ 온도가 상승하면 액체의 점성은 작아진다.

▶ 유체의 온도와 점성의 관계

① 액체는 온도가 상승하면 점성이 작아진다.
② 기체는 온도가 상승하면 점성이 증가한다.

32 이상기체 상태방정식 $PV=nRT$에서 R의 단위가 [N · m/k-mol · K]일 경우 기체상수 R의 값으로 옳은 것은?

① 0.082　　② 0.085
③ 8.314　　④ 8,314

▶ 이상기체 상태방정식

$PV=nRT$에서 $R=\frac{PV}{nT}$

여기서, P : 압력[N/m²]
V : 체적[m³]
n : 몰수[k-mol]
R : 기체상수[N · m/k-mol]
T : 절대온도[K]

$$R=\frac{PV}{nT}=\frac{101,325\times 22.4}{1\times 273}=8,313.846[\text{N}\cdot\text{m/k-mol}\cdot\text{K}]$$

정답 31. ② 32. ④

33 **진공계의 압력이 0.015[MPa], 20[℃]인 기체가 계기압력 0.8[MPa]로 등온 압축된 경우 처음 체적에 대한 나중의 체적비로 옳은 것은?(단, 대기압은 730[mmHg]이다.)**

① 0.012　　② 0.018
③ 0.091　　④ 0.096

보일의 법칙

$P_1V_1 = P_2V_2$에서, $V_2 = \dfrac{P_1}{P_2} \times V_1 = \dfrac{0.082}{0.897} \times V_1 = 0.091\,V_1$

P_1, P_2는 절대압력이므로

$$P_1 = \left(\frac{730}{760} \times 0.101325\right) - 0.015 = 0.082[\text{MPa}]$$

$$P_2 = \left(\frac{730}{760} \times 0.101325\right) + 0.8 = 0.897[\text{MPa}]$$

34 **1[atm], 25[℃]에서 이산화탄소 5[kg]을 방사한 경우 방출된 이산화탄소의 체적[m^3]으로 옳은 것은?**

① 0.23　　② 2.78
③ 27.77　　④ 43.75

이상기체 상태방정식

$PV = nRT = \dfrac{m}{M}RT\left(n = \dfrac{m}{M}\right)$에서

$$V = \frac{mRT}{PM} = \frac{5 \times 0.082 \times (25+273)}{1 \times 44} = 2.776[\text{m}^3]$$

35 **건식 유수검지장치 1차 측 가압수의 압력이 0.4[MPa], 지름이 15[cm]이다. 2차 측의 지름이 20[cm]일 때 2차 측 압축공기의 압력[MPa]은 얼마 이상이 되어야 하는가?**

① 0.13　　② 0.23
③ 0.53　　④ 1.26

건식 유수검지장치

건식 유수검지장치 클래퍼의 개폐 유무는 1차 측 및 2차 측에 작용되는 힘에 의해 결정되며, 1차 측의 힘을 F_1이라 하고, 2차 측의 힘을 F_2라고 하면 $F_1 = F_2$가 되어야 클래퍼가 폐쇄된다.

$F_1 = F_2$에서, $P_1A_1 = P_2A_2\,(F = PA)$이므로

$$P_2 = \frac{A_1}{A_2} \times P_1 = \left(\frac{D_1}{D_2}\right)^2 \times P_1 = \left(\frac{15}{20}\right)^2 \times 0.4 = 0.225[\text{MPa}]$$

정답 33. ③ 34. ② 35. ②

36 윗면이 개방된 용기에 2[m]의 물이 채워져 있고, 물 위로 2[m]의 기름이 채워져 있는 경우 용기 밑바닥에서의 압력[kPa]으로 옳은 것은?(단, 기름의 비중은 0.5이고, 유체 상부면에 작용하는 대기압은 무시한다.)

① 3　② 29.4　③ 3,000　④ 29,400

압력 $P[\text{N/m}^2] = \gamma[\text{N/m}^3] \cdot H[\text{m}]$에서

$P = P_1 + P_2 = (\gamma_1 H_1) + (\gamma_2 H_2) = (9{,}800 \times 2) + (0.5 \times 9{,}800 \times 2) = 29{,}400[\text{Pa}] = 29.4[\text{kPa}]$

37 그림과 같은 액주계에서 원형 파이프 중심의 절대압력[kPa]으로 옳은 것은?(단, 대기압은 101[kPa]이다.)

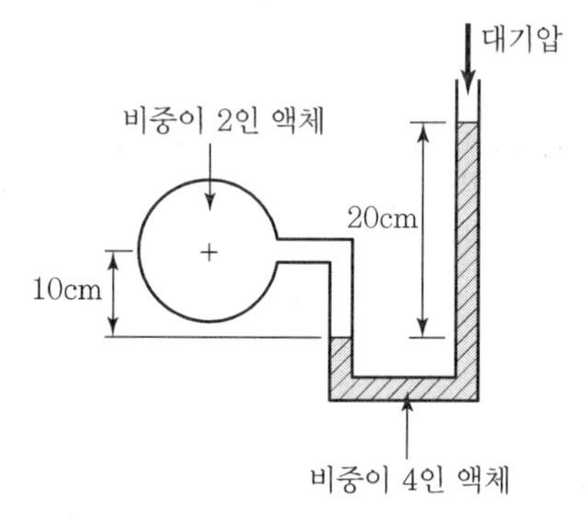

① 10　② 107　③ 95　④ 111

U자형 마노미터

$P_A = P_B$에서,

$P_{중심} + \gamma_A H_1 = \gamma_B H_2$

$P_{중심} + (2 \times 9.8[\text{kN/m}^3] \times 0.1[\text{m}]) = (4 \times 9.8[\text{kN/m}^3] \times 0.2[\text{m}])$

$\therefore P_{중심(게이지압)} = 5.88[\text{kPa}]$

$\therefore P_{중심(절대압력)} =$ 대기압 + 게이지압 $= 101 + 5.88 = 106.88[\text{kPa}]$

38 다음 중 돌턴의 분압법칙을 설명한 것으로 옳은 것은?

① 압력이 일정할 때 기체의 체적은 절대온도에 비례한다.

② 기체의 체적, 온도, 압력, 무게, 밀도 등을 계산할 때 가장 많이 사용한다.

③ 압력 및 온도가 같은 기체를 같은 온도, 같은 압력에서 혼합하면, 각 성분의 분압의 비는 각 성분의 몰 분율의 비와 같다.

④ 기체의 확산속도는 그 기체의 분자량의 제곱근에 반비례한다.

정답　36. ②　37. ②　38. ③

돌턴의 분압법칙

혼합 기체의 부피, 압력, 몰수 등에 관한 법칙으로, 압력 및 온도가 같은 기체를 같은 온도 같은 압력에서 혼합하면,

① 혼합물의 부피는 각 성분 기체의 부피의 합과 같다. ($V= V_1+V_2+V_3\cdots+V_n$)

② 혼합 기체 내에서 각 성분 기체가 가지는 압력, 즉 분압의 합은 혼합 기체가 나타내는 압력(전압)과 같다. ($P=P_1+P_2+P_3\cdots+P_n$)

③ 각 성분의 분압의 비는 각 성분의 몰 분율의 비와 같다.

$$\left(P_1 : P_2 : P_3 : \cdots : P_n = \frac{n_1}{n} : \frac{n_2}{n} : \frac{n_3}{n} : \cdots : \frac{n_n}{n}\right)$$

39 액체의 온도 상승에 따른 점성계수의 변화를 설명한 것으로 옳은 것은?

① 분자 간의 운동량이 증가되어 점성계수는 증가한다.
② 분자 간의 운동량이 감소되어 점성계수는 감소한다.
③ 분자 간의 응집력이 약해져 점성계수가 증가한다.
④ 분자 간의 응집력이 약해져 점성계수가 감소한다.

① 기체상태
온도가 올라가면 기체 간의 운동이 증가하게 되므로 저항은 커진다. 따라서, 점성계수는 증가하게 된다.

② 액체상태
액체의 흐름을 방해하는 성질은 액체 분자 간의 응집력이므로, 온도가 올라가면 이 분자 간의 응집력이 떨어지게 되므로 저항은 작아진다. 즉, 점성계수는 감소하게 된다.

40 "일정온도에서 일정량의 용매에 용해하는 기체의 질량은 그 기체의 압력에 정비례한다." 라는 기체의 용해도에 관한 법칙으로 옳은 것은?

① 그레이엄의 확산속도법칙
② 돌턴의 분압법칙
③ 아보가드로의 법칙
④ 헨리의 법칙

헨리의 법칙

액체 용매와 용매에 잘 녹지 않는 기체의 용해도에 관한 법칙으로 온도와 기체의 부피가 일정할 때 기체의 용해도는 용매와 평형을 이루고 있는 기체의 분압에 비례한다. 이 법칙은 용해도가 큰 기체에 대해서는 적용되지 않으며, 오직 낮은 압력에서 용매에 잘 녹지 않는 기체일 경우에만 적용된다.

예 수소, 산소, 질소, 이산화탄소 등이 있다.

정답 39. ④ 40. ④

41 다음 중 유체의 정압을 설명한 것으로 옳은 것은?

① 개방된 용기에 작용하는 유체의 압력은 유체의 깊이에 반비례한다.
② 개방된 용기에 작용하는 유체의 압력은 밀도에 반비례한다.
③ 유체의 압력은 작용면에 수평으로 작용한다.
④ 밀폐된 용기에서 어느 한 점에 작용하는 압력은 모든 방향에 같은 크기로 작용한다.

정압은 유체가 관 내를 흐르고 있을 때 흐름과 직각방향으로 작용하는 압력으로 유체가 가지는 고유의 압력을 말하며, 어느 한 점에 작용되는 압력은 모든 방향에 같은 크기로 작용한다.

- 동압 : 유체가 관 내를 흐를 때 흐름의 방향에 직각인 면에 작용하며, 유속에 의하여 생기는 압력을 말한다.
- 전압＝동압＋정압

42 다음 중 "열은 스스로 저열원체에서 고열원체로 이동할 수 없다."라는 에너지 흐름의 법칙으로 옳은 것은?

① 열역학 0법칙
② 열역학 1법칙
③ 열역학 2법칙
④ 열역학 3법칙

열역학 법칙

열과 역학적 일의 기본적인 관계를 바탕으로 열 현상과 에너지의 흐름을 규정한 법칙으로 열역학 0법칙, 열역학 1법칙, 열역학 2법칙, 열역학 3법칙으로 구분할 수 있다.

① 열역학 0법칙(온도평형, 열평형의 법칙)
  ㉠ 물체 A와 B가 다른 물체 C와 각각 열평형을 이루었다면 A와 B도 열평형 상태에 있다.
  ㉡ 온도의 존재를 주장하는 것과 같으며, 온도계의 원리를 제시하는 법칙이다.
② 열역학 1법칙(에너지 보존의 법칙)
  ㉠ 열과 일은 상호변환이 가능하다. 즉, 에너지는 형태가 변할 뿐 사라지거나 생성되지는 않으며, 이를 가역과정이라 한다.
  ㉡ 제1종 영구기관이란 외부로부터 에너지 공급 없이 에너지를 생산할 수 있는 기관을 말하며, 열역학 1법칙에 위배되는 기관을 말한다.
  ㉢ 열의 일당량 : $427 kg_f \cdot m/kcal$
  ㉣ 일의 열당량 : $1/427 kcal/kg_f \cdot m$
③ 열역학 2법칙(에너지흐름의 법칙)
  ㉠ 에너지 전달에는 일정한 방향이 있는 것으로 자연계에서 일어나는 모든 과정들은 가역과정이 아니다.
  ㉡ 차가운 물체와 뜨거운 물체를 접촉시키면, 열은 뜨거운 물체에서 차가운 물체로 전달되지만, 반대의 과정은 자발적으로 일어나지 않는다.
  ㉢ 제2종 영구기관이란 열역학 제2법칙에 위배되는 기관으로 저온에서 고온으로 열이 스스로 이동되는 기관 또는 열효율 100%인 기관을 말한다.
④ 열역학 3법칙
  어떠한 경우라도 절대영도(－273.15℃)에는 도달할 수 없다.

정답 41. ④ 42. ③

43 다음 중 탄성을 이용하여 압력을 측정하는 계측기로 타원형 단면의 금속관이 팽창하는 원리를 이용하여 압력을 측정하는 장치로 옳은 것은?

① 다이어프램 압력계 ② 벨로스 압력계
③ 액주계 ④ 브루동 압력계

압력측정장치

① 액주계
측정하려는 압력을 액주의 높이로서 표시할 수 있는 압력계이며, 마노미터라고도 한다.
㉠ 피에조미터 : 액주계의 액체가 측정하려는 유체와 같을 경우 사용하며, 비중이 큰 액체나 압력이 작을 경우 사용한다.
㉡ U자형 마노미터 : U자로 구부러진 유리관 속에 동작 유체와 다른 유체를 넣어서 압력 차에 의한 높이차를 이용하여 압력을 측정할 수 있으며, 비중이 작은 액체나 압력이 큰 경우 사용한다.
㉢ 시차액주계 : 2개의 용기 속의 압력의 차를 측정할 때 사용한다.

② 탄성압력계
탄성을 이용하여 압력을 측정하는 압력계의 총칭으로서 브루동 압력계, 다이어프램 압력계, 벨로스 압력계 등이 있다.
㉠ 브루동 압력계
공기압, 수압, 유압 등을 측정하는 원반형의 압력계로 금속의 탄성을 이용한 것이다. 브루동관에 압력이 가해지면 지침을 회전시켜 압력을 지시한다. 최대 측정 가능 범위는 보통 1~2,000kg_f/cm^2 정도이다.
㉡ 다이어프램 압력계
압력이 가해질 경우 다이어프램의 변형을 이용하여 압력을 측정하는 것으로, 미소 압력을 측정할 수 있으며, 측정 압력은 20~5,000mmH_2O 정도이다.
㉢ 벨로스 압력계
압력이 가해질 경우 금속의 벨로스가 압력에 의해 신축하는 것을 이용하는 것으로 구조가 간단하며, 저압 측정용으로 많이 사용된다. 측정압력은 0.01~10kg_f/cm^2 정도이다.

44 다음 중 Newton의 점성법칙을 설명한 것으로 옳지 않은 것은?

① 전단응력은 점성계수와 속도구배의 곱이 된다.
② 전단응력은 속도구배에 비례한다.
③ 속도구배가 0일 경우 전단응력은 0이다.
④ 전단응력은 점성계수에 반비례한다.

뉴턴의 점성법칙

전단력은 평판의 면적 A와 이동속도에는 비례하지만 두 평판 사이의 거리 y에는 반비례

식	유체의 점성계수 μ가 작용	$\tau=\left(\frac{F}{A}\right)$
$F=A\frac{\Delta u}{\Delta y}$	$F=\mu A\frac{\Delta u}{\Delta y}$	$\tau=\mu\frac{du}{dy}$

여기서, τ : 전단응력[N/m²], F : 전단력[N]

μ : 점성계수[kg/m · s], [N · s/m²], $\frac{du}{dy}$: 속도구배

45 **액체의 동 점성계수가 2Stokes, 비중량이 8,000[N/m³]일 경우 이 액체의 절대점성계수 [N · s/m²]로 옳은 것은?**

① 0.0163　② 0.0263　③ 0.163　④ 0.263

절대점성계수

동 점성계수 $\nu = \frac{\mu}{\rho}$ 이므로

$$\mu = \rho \cdot \nu = \left(\frac{8{,}000[\text{N/m}^3]}{9{,}800[\text{N/m}^3]} \times 1[\text{g/cm}^3]\right) \times 2[\text{cm}^2/\text{s}] = 1.63[\text{g/cm} \cdot \text{s}]$$

$$\therefore\ 1.63\left[\frac{\text{g}}{\text{cm} \cdot \text{s}}\right] = \frac{1.63 \times 10^{-3}}{10^{-2}}\left[\frac{\text{kg}}{\text{m} \cdot \text{s}}\right] = 0.163[\text{kg/m} \cdot \text{s}] = 0.163[\text{N} \cdot \text{s/m}^2]$$

46 **다음 중 연속방정식을 설명한 것으로 옳은 것은?**

① 뉴턴의 제2법칙을 만족시키는 방정식이다.
② 에너지 보존의 법칙을 만족시키는 방정식이다.
③ 유선상의 단위체적당 모멘트를 나타내주는 방정식이다.
④ 질량 보존의 법칙을 만족시키는 방정식이다.

연속방정식

연속방정식은 유체의 흐름에 질량 보존의 법칙을 적용시킨 방정식이다.

47 **오일러의 운동방정식의 가정 조건으로 옳지 않은 것은?**

① 유체는 유선을 따라 흐른다.　② 유체의 유동은 비정상류이다.
③ 유체는 비압축성 유체이다.　④ 유체는 비점성 유체이다.

오일러의 운동방정식

오일러의 운동방정식은 유선을 따라 흐르는 유체의 미소 체적에 대하여 뉴턴의 운동 제2법칙을 이용한 것으로, 오일러의 운동방정식을 적분한 것이 베르누이 방정식이다.

$$\frac{dP}{\gamma} + \frac{vdv}{g} + dz = 0$$

※ 오일러의 운동방정식의 가정 조건

- 유체는 유선을 따라 흐른다.
- 유체의 유동은 정상류이다.
- 유체는 비압축성 유체이다.
- 유체는 비점성 유체이다.

정답 45. ③ 46. ④ 47. ②

48 다음 그림과 같은 관을 흐르는 유체의 연속방정식을 설명한 것으로 옳은 것은?

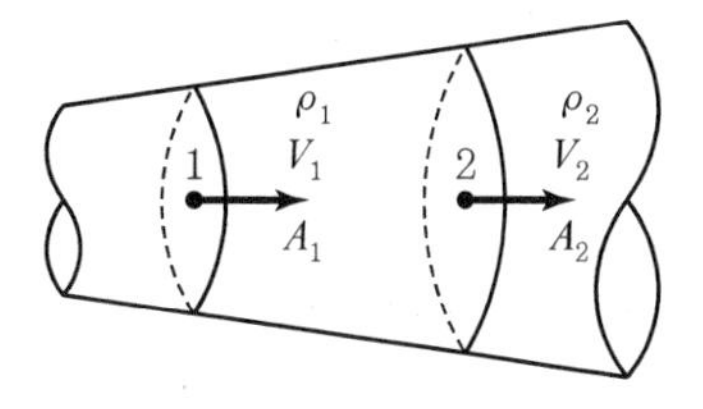

① 방정식은 $\rho_1 A_1 V_1 = \rho_2 A_2 V_2$로 나타낼 수 있다.
② 배관 내의 속도는 항상 일정하다.
③ 방정식은 $\rho_1 A_2 V_2 = \rho_2 A_1 V_1$로 나타낼 수 있다.
④ 방정식은 $\rho_1 V_2 = \rho_2 V_1$로 나타낼 수 있다.

49 직경 4[cm]의 소방용 호스에 물이 50[N/s]로 흐를 경우 소방용 호스의 평균유속[m/s]으로 옳은 것은?

① 0.04　② 0.16　③ 4.06　④ 39.79

연속방정식

$Q = AV$에서, $V = \frac{Q}{A} = \frac{4Q}{\pi D^2} = \frac{4 \times 0.0051}{\pi \times 0.04^2} = 4.058[\text{m/s}]$

$W[\text{N/s}] = Q[\text{m}^3/\text{s}] \cdot \gamma[\text{N/m}^3]$에서, $Q = \frac{W}{\gamma} = \frac{50}{9{,}800} = 0.0051[\text{m}^3/\text{s}]$

여기서, Q : 체적유량[m³/s]
W : 중량유량[N/s]
V : 유속[m/s]
A : 배관의 단면적[m²]$\left(= \frac{\pi D^2}{4}\right)$
D : 배관의 직경[m]

50 내경이 20[mm]인 배관과 내경이 10[mm]인 배관이 연결되어 있고, 배관 속을 분당 30[l]의 물이 흐르는 경우 축소된 배관에서의 유속[m/s]으로 옳은 것은?

① 3.82　② 6.37　③ 10.47　④ 15.48

연속방정식

$Q_1 = Q_2$에서, $Q_2 = A_2 V_2$이므로,

$$V_2 = \frac{Q_2}{A_2} = \frac{\frac{30 \times 10^{-3}}{60}}{\frac{\pi \times 0.01^2}{4}} = 6.366[\text{m/s}]$$

여기서, Q : 체적유량[m³/s]
V : 유속[m/s]
A : 배관의 단면적[m²]$\left(= \frac{\pi D^2}{4}\right)$
D : 배관의 직경[m]

정답 48. ① 49. ③ 50. ②

51 직경이 10[mm]인 오리피스에서 물의 유속이 4[m/s]일 때 방수량[m³/min]으로 옳은 것은?

① 3.141×10^{-4}　　② 1.257×10^{-3}
③ 0.019　　④ 0.075

연속방정식

$$Q=AV=\frac{\pi\times D^2}{4}\times V=\frac{\pi\times0.01^2}{4}\times4=3.141\times10^{-4}[m^3/s]=0.0188[m^3/min]$$

여기서, Q : 체적유량[m³/s]
V : 유속[m/s]
A : 배관의 단면적[m²]$\left(=\frac{\pi D^2}{4}\right)$
D : 배관의 직경[m]

52 지름이 20[cm]인 관에서 유속이 1[m/s]인 물 제트가 넓은 평판에 그림과 같이 60° 경사지게 충돌할 경우 제트가 평판에 수직으로 작용하는 힘 F[N]으로 옳은 것은 ?(단, 중력은 무시한다.)

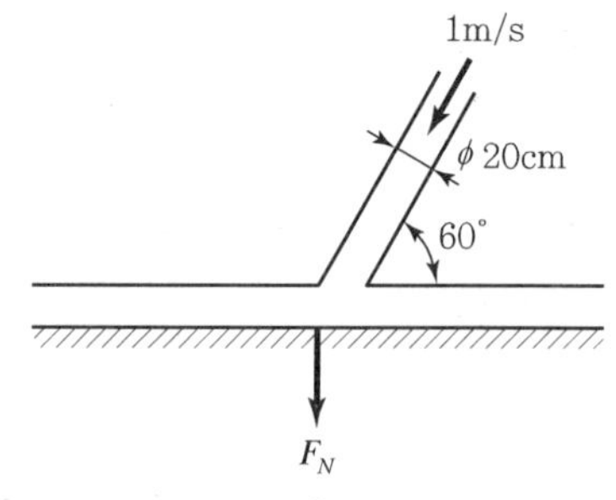

① 2.72　　② 3.14　　③ 27.2　　④ 31.4

$$F=\rho QV\sin\theta=\rho AV^2\sin\theta$$
$$=1{,}000\times\frac{\pi}{4}\times0.2^2\times1^2\times\sin60°=27.2=27.2[N]$$

53 물의 유속을 측정하기 위하여 피토 정압관(Pitot Static Tube)을 사용하였더니 정압과 정체압의 차이가 50[mmHg]일 때 유속[m/s]으로 옳은 것은?(단, 수은의 비중은 13.6이다.)

① 3.51　　② 3.65　　③ 5.79　　④ 11.11

$$V=\sqrt{2gh\left(\frac{r_s}{r_w}-1\right)}=\sqrt{2\times9.8\times0.05\times\left(\frac{13{,}600}{1{,}000}-1\right)}=3.514[m/s]$$

정답 51. ③ 52. ③ 53. ①

54 유체의 유도에 에너지 보존의 법칙을 적용시킨 방정식으로 옳은 것은?

① 베르누이방정식 ② 연속방정식
③ 달시-바이스바하식 ④ 하겐-윌리엄스식

▶ 베르누이방정식

유체의 유도에 에너지 보존의 법칙을 적용시킨 것으로 배관 내 임의의 두 점에서 에너지의 총합(압력에너지, 운동에너지, 위치에너지)은 항상 일정하다.

구분								단위
에너지로 표현	$\frac{1}{2}mv^2$	+	mgh	+	PV	=	C	[N · m]
	운동 E		위치 E		압력 E			
수두로 표현	$\frac{v^2}{2g}$	+	h	+	$\frac{P}{\gamma}$	=	C	[m]
	속도수두		위치수두		압력수두			
압력으로 표현	$\frac{v^2}{20g}$	+	$\frac{1}{10}h$	+	P_n	=	C	[kgf/cm²]
	동압		낙차압		정압			

55 배관 내 물의 유속이 9.8[m/s], 압력이 98[kPa]이며, 배관이 기준면으로부터 5[m] 위에 있는 경우 전 수두[m]로 옳은 것은?

① 9.99 ② 15.5
③ 18.5 ④ 19.9

▶ 베르누이 방정식

전 수두=압력수두+위치수두+속도수두

$$H=\frac{P}{\gamma}+Z+\frac{V^2}{2g}=\frac{98\times10^3}{9{,}800}+5+\frac{9.8^2}{2\times9.8}=19.9[\text{m}]$$

여기서, P : 압력[N/m²]
γ : 비중량[N/m³]
Z : 위치수두[m]
V : 유속[m/s]
g : 중력가속도[m/s²]

56 배관 내 물의 유속이 10[m/s], 압력은 0.1[MPa]일 경우 속도수두[m]와 압력수두[m]로 옳은 것은?

① 속도수두 : 0.51, 압력수두 : 10.2 ② 속도수두 : 5.1, 압력수두 : 10.2
③ 속도수두 : 10.2, 압력수두 : 5.1 ④ 속도수두 : 10.2, 압력수두 : 0.51

정답 54. ① 55. ④ 56. ②

◆ 베르누이 방정식

① 속도수두 $H = \frac{V^2}{2g} = \frac{10^2}{2 \times 9.8} = 5.1[m]$

② 압력수두 $H = \frac{P}{\gamma} = \frac{0.1 \times 10^6}{9{,}800} = 10.2[m]$

57 지면으로부터 수평인 배관에 물이 흐르고 있다. 배관 입구의 지름이 65[mm], 유속이 2.5[m/s]이고, 출구의 지름이 40[mm]인 경우 출구에서의 압력[MPa]으로 옳은 것은? (단, 입구에서의 압력은 0.35[MPa]이고, 배관 내의 마찰손실은 무시한다.)

① 0.331　　② 0.348　　③ 331　　④ 348

◆ 베르누이 방정식

입구에서의 에너지 총합과 출구에서의 에너지 총합은 같으므로

$\frac{P_1}{\gamma} + Z_1 + \frac{V_1^2}{2g} = \frac{P_2}{\gamma} + Z_2 + \frac{V_2^2}{2g}$에서, $Z_1 = Z_2$이므로,

$\frac{P_2}{\gamma} = \frac{P_1}{\gamma} + \frac{V_1^2 - V_2^2}{2g}$에서, 양변에 $\gamma(= \rho \cdot g)$를 곱하면

$P_2 = P_1 + \frac{\rho(V_1^2 - V_2^2)}{2} = 0.35 \times 10^6 + \frac{1{,}000 \times (2.5^2 - 6.6^2)}{2} = 331{,}345[N/m^2] = 0.331[MPa]$

연속방정식

$Q_1 = Q_2$에서, $A_1 V_1 = A_2 V_2$이므로

$V_2 = \frac{A_1}{A_2} \times V_2 = \left(\frac{D_1}{D_2}\right)^2 \times V_1 = \left(\frac{65}{40}\right)^2 \times 2.5 = 6.6[m/s]$

58 수면과 오리피스 출구와의 높이 차가 5[m]인 수조에 직경이 10[cm]인 오리피스가 연결된 경우 오리피스 출구에서의 유속[m/s]으로 옳은 것은?

① 4.42　　② 7.0　　③ 9.89　　④ 10.0

◆ 토리첼리의 정리

$V = \sqrt{2gH} = \sqrt{2 \times 9.8 \times 5} = 9.899[m/s]$

※ 오리피스 출구에서의 유량

$Q_2 = A_2 V_2 = \frac{\pi D_2^2}{4} \times V_2 = \frac{\pi \times 0.1^2}{4} \times 9.89 = 0.078[m^3/s]$

정답 57. ① 58. ③

59 지름이 100[mm]인 배관에 비중이 0.8인 유체가 평균속도 4[m/s]로 흐를 때 유체의 질량유량[kg/s]으로 옳은 것은?(단, 물의 밀도는 1,000[kg/m³]이다.)

① 25.13 ② 31.42 ③ 251.33 ④ 314.16

질량유량

- 질량유량 $G = Q \cdot \rho = AV\rho = \frac{\pi \times 0.1^2}{4} \times 4 \times 0.8 \times 1{,}000 = 25.132[\text{kg/s}]$
- 유체의 비중 $s = \frac{\rho}{\rho_w}$ 에서,

  유체의 밀도 $\rho = s\rho_w = 0.8 \times 1{,}000 = 800[\text{kg/m}^3]$

60 안지름이 20[cm]인 배관으로 중량유량 100[kgf/s]의 물이 흐를 때 배관에서의 평균속도[m/s]로 옳은 것은?

① 0.31 ② 0.63 ③ 3.18 ④ 4.57

배관에서의 유속

- 체적유량 $Q = AV$에서, $V = \frac{Q}{A} = \frac{4Q}{\pi D^2} = \frac{4 \times 0.1}{\pi \times 0.2^2} = 3.183[\text{m/s}]$
- 중량유량 $W = Q\gamma$에서, $Q = \frac{W[\text{kg}_f/\text{s}]}{\gamma[\text{kg}_f/\text{m}^3]} = \frac{100}{1{,}000} = 0.1[\text{m}^3/\text{s}]$

61 관의 지름이 45[cm]이고 관로에 설치된 오리피스의 지름이 3[cm]이다. 이 관로에 물이 유동하고 있을 때 오리피스의 전후 압력수두 차이가 12[cm]일 경우 유량[m³/s]으로 옳은 것은?(단, 유량계수 $C = 0.66$이다.)

① 3.7×10^{-2} ② 6.7×10^{-2}

③ 7.15×10^{-4} ④ 8.55×10^{-4}

벤투리미터 유량계

$$Q = C \cdot A_2 \cdot V_2$$

$$= C \cdot A_2 \frac{1}{\sqrt{1-\left(\frac{A_2}{A_1}\right)^2}} \cdot \sqrt{2gh} = C \cdot \frac{\pi D_2^2}{4} \frac{1}{\sqrt{1-\left(\frac{D_2}{D_1}\right)^4}} \cdot \sqrt{2gh}$$

$$= 0.66 \times \frac{\pi \times 0.03^2}{4} \times \frac{1}{\sqrt{1-\left(\frac{0.03}{0.45}\right)^4}} \times \sqrt{2 \times 9.8 \times 0.12} = 7.15 \times 10^{-4}[\text{m}^3/\text{s}]$$

정답 59. ① 60. ③ 61. ③

62 레이놀즈수가 1,500인 유체가 흐르는 관에 대한 관 마찰계수(f)의 값으로 옳은 것은?

① 0.03 ② 0.043 ③ 12.47 ④ 24.78

◆ 관 마찰계수

층류일 경우 관 마찰계수 $f=\dfrac{64}{Re\ No}=\dfrac{64}{1{,}500}=0.0426$

구분	레이놀즈 수	내용
층류	$Re \leq 2{,}100$	유체가 질서정연하게 흐르는 흐름
난류	$Re \geq 4{,}000$	유체가 무질서하게 흐르는 흐름
임계(천이)영역	$2{,}100 < Re < 4{,}000$	층류에서 난류로 바뀌는 영역

63 단면이 동심 이중관일 경우 수력반경(Rh)을 계산하는 식으로 옳은 것은?(단, 내경은 d, 외경은 D이다.)

① $4(D-d)$ ② $4(D+d)$ ③ $\dfrac{1}{4}(D-d)$ ④ $\dfrac{1}{4}(D+d)$

◆ 수력반경

원관 이외의 관이나 덕트 등에서의 마찰손실을 계산하는 경우에 사용한다.

$$\text{수력반경}=\frac{\text{유동단면적}[\text{m}^2]}{\text{접수길이}[\text{m}]}$$

$$=\frac{\dfrac{\pi D^2}{4}-\dfrac{\pi d^2}{4}}{(\pi D+\pi d)}=\frac{\dfrac{\pi}{4}(D^2-d^2)}{\pi(D+d)}$$

$$=\frac{\dfrac{\pi}{4}(D+d)(D-d)}{\pi(D+d)}=\frac{1}{4}(D-d)$$

64 길이가 400[m]이고 단면이 200[mm]×300[mm]인 직사각형 관에 물이 평균속도 4[m/s]로 흐르는 경우 손실수두[m]로 옳은 것은?(단, 관마찰계수는 0.02이다.)

① 6.80 ② 15.48 ③ 21.27 ④ 27.21

◆ 달시－바이스바하식

$$h_L=f\frac{L}{D}\frac{V^2}{2g}=f\frac{L}{4Rh}\frac{V^2}{2g}=0.02\times\frac{400}{4\times 0.06}\times\frac{4^2}{2\times 9.8}=27.21[\text{m}]$$

여기서, h_L : 마찰손실수두[m]

f : 마찰계수

D : 배관의 직경[m]

L : 직관의 길이[m]

V : 유체의 유속[m/s]

정답 62. ② 63. ③ 64. ④

※ 수력반지름

원관 이외의 관이나 덕트 등에서의 마찰손실을 계산할 경우 수력반지름을 계산하여 달시방정식의 직경에 대입한다.

$$\text{수력반경(Rh)} = \frac{\text{유동단면적}[m^2]}{\text{접수길이}[m]} = \frac{\text{가로} \times \text{세로}}{2 \times (\text{가로} + \text{세로})} = \frac{0.2 \times 0.3}{2 \times (0.2 + 0.3)} = 0.06[m]$$

65 직경은 300[mm], 길이가 1,000[m]인 배관에 비중이 0.85인 유체가 0.03[m^3/s]로 흐를 경우 손실수두[m]로 옳은 것은?(단, 점성계수는 0.101[N · s/m^2]이다.)

① 1.83　　② 3.24

③ 4.32　　④ 5.38

달시－바이스바하식

$$h_L = f\frac{L}{D}\frac{V^2}{2g} = 0.06 \times \frac{1{,}000}{0.3} \times \frac{0.424^2}{2 \times 9.8} = 1.834[m]$$

여기서, h_L : 마찰손실수두[m]

f : 마찰계수

D : 배관의 직경[m]

L : 직관의 길이[m]

V : 유체의 유속[m/s]

$$Q = AV\text{에서, } V = \frac{Q}{A} = \frac{0.03}{\dfrac{\pi \times 0.3^2}{4}} = 0.424[m/s]$$

$$Re\ No = \frac{\rho VD}{\mu}\left[\frac{\dfrac{kg}{m^3}\dfrac{m}{s}m}{\dfrac{N \cdot s}{m^2} = \dfrac{kg \cdot m}{s^2}\dfrac{s}{m^2}}\right] = \frac{850 \times 0.424 \times 0.3}{0.101} = 1{,}070.5$$

$$\text{층류이므로 } f = \frac{64}{Re\ No} = \frac{64}{1{,}070.5} = 0.06$$

66 다음 설명 중 옳은 것은?

① 달시－바이스바하식은 난류흐름인 물에만 적용한다.

② 옥내소화전 노즐에서의 방수량은 압력의 제곱에 비례한다.

③ 관의 마찰손실은 유체의 속도에 비례한다.

④ 층류 흐름에서 관 마찰계수는 레이놀즈수에 반비례한다.

① 주손실

㉠ 달시－바이스바하식은 모든 유체의 층류, 난류에 적용한다.

정답 65. ① 66. ④

$$h_L = f \cdot \frac{L}{D} \cdot \frac{V^2}{2g} = K \cdot \frac{V^2}{2g} [\text{m}]$$

ⓛ 하겐-포아즈웰의 식은 층류에 적용한다.

압력강하(ΔP)$= \frac{128\mu LQ}{\pi D^4} = \frac{32\mu LV}{D^2} [\text{N/m}^2 = \text{Pa}]$

여기서, Q : 유량[m³/s]

ⓒ 하겐-윌리엄스식은 난류 흐름의 물에만 적용한다.

$$P = 6.053 \times 10^4 \times \frac{Q^{1.85}}{C^{1.85} \times d^{4.87}} \times L[\text{MPa}]$$

② 옥내소화전 노즐에서의 방수량

$Q[l/\text{min}] = 0.653 d^2 \sqrt{10P}$

③ 층류에서의 관 마찰계수

$$f = \frac{64}{Re\ No}$$

67 지름이 5[cm]인 원관에 2[m/s]의 유속으로 기름이 흐르고 있다. 기름의 동점성 계수 $\nu = 2 \times 10^{-4}$[m²/s]일 때 관 마찰계수 f로 옳은 것은?

① 0.13 ② 0.27 ③ 0.31 ④ 0.48

관 마찰계수

관 마찰계수 $f = \frac{64}{Re} = \frac{64}{500} = 0.128$

$Re\ No = \frac{VD}{\nu} = \frac{2 \times 0.05}{2 \times 10^{-4}} = 500\,(Re \leq 2{,}100 : \text{층류})$

68 내경이 200[mm]인 원관으로 1,000[m] 떨어진 곳에 수평거리로 물을 이송하려 한다. 1시간에 500[m³]을 물을 보내기 위해 필요한 압력[kPa]으로 옳은 것은?(단, 관마찰계수 $f = 0.02$이다.)

① 220,990 ② 220.99
③ 976,864 ④ 976.86

달시-바이스바하식

필요한 압력 $\Delta P = \gamma \cdot h_L = 9{,}800 \times 99.68 = 976{,}864[\text{Pa}] = 976.86[\text{kPa}]$

- 손실 수두 $h_L = f\,\frac{L}{D}\,\frac{V^2}{2g} = 0.02 \times \frac{1{,}000}{0.2} \times \frac{4.42^2}{2 \times 9.8} = 99.68[\text{m}]$
- 유속 $V = \frac{Q}{A} = \frac{4 \times Q}{\pi \times D^2} = \frac{4 \times \frac{500}{3{,}600}}{\pi \times 0.2^2} = 4.42[\text{m/s}]$

정답 67. ① 68. ④

69 내경이 50[cm], 길이가 1,000[m]인 배관에 소화수가 80[l/s]로 공급되는 경우 상당구배로 옳은 것은?(단, 마찰손실계수 $f=0.03$이고 다른 조건은 무시한다.)

① 0.01255 ② 0.001255
③ 0.00515 ④ 0.000515

상당구배(기울기)

$$상당구배 = \frac{마찰손실수두}{배관의\ 길이}$$

$$L_1 = \frac{h_L}{L} = \frac{0.515}{1{,}000} = 0.000515[\text{m/m}]$$

- 마찰손실수두 $h_L = f\frac{L}{D}\frac{V^2}{2g} = 0.03 \times \frac{1{,}000}{0.5} \times \frac{0.41^2}{2\times 9.8} = 0.515[\text{m}]$
- 유속 $V = \frac{Q}{A} = \frac{0.08}{\frac{\pi \times 0.5^2}{4}} = 0.41[\text{m/s}]$

70 0.02[m³/s]의 유량으로 직경 50[cm]인 주철관 속을 기름이 흐르고 있다. 길이 1,000[m]에 대한 손실수두[m]로 옳은 것은?(단, 기름의 점성계수는 0.0105[kgf · s/m²], 비중은 0.9이다.)

① 0.0152 ② 0.152 ③ 1.488 ④ 14.88

달시-바이스바하식

$$손실수두\ h_l = f\frac{L}{D}\frac{V^2}{2g} = 0.143 \times \frac{1{,}000}{0.5} \times \frac{0.102^2}{2\times 9.8} = 0.152[\text{m}]$$

- $관\ 마찰계수 f = \frac{64}{Re\ No} = \frac{64}{446} = 0.143$
- $Re\ No = \frac{\rho VD}{\mu}\left(\frac{\frac{\text{kg}_f \cdot \text{s}^2}{\text{m}^4}\frac{\text{m}}{\text{s}}\text{m}}{\frac{\text{kg}_f \cdot \text{s}}{\text{m}^2}}\right) = \frac{0.9\times 102 \times 0.102 \times 0.5}{0.0105} = 446$
- 유속 $V = \frac{Q}{A} = \frac{0.02}{\frac{\pi\times 0.5^2}{4}} = 0.102[\text{m/s}]$

71 온도 60[℃], 압력 100[kPa]인 산소가 지름 10[mm]인 관 속을 흐르고 있다. 임계 레이놀즈수가 2,100일 때 층류로 흐를 수 있는 최대 평균속도[m/s]로 옳은 것은?(단, 점성계수 $\mu = 23\times 10^{-6}$[kg/m · s], 기체상수 $R = 260$[N · m/kg · K]이다.)

① 0.418 ② 0.753 ③ 4.182 ④ 6.475

정답 69. ④ 70. ② 71. ③

▶ 레이놀즈수

$$Re\ No = \frac{\rho VD}{\mu} \text{에서, } V = \frac{Re\ No \times \mu}{\rho \times D} = \frac{2{,}100 \times 23 \times 10^{-6}}{1.155 \times 0.01} = 4.182[\text{m/s}]$$

$$\text{밀도 } \rho = \frac{P[\text{kN/m}^2]}{R[\text{N} \cdot \text{m/kg} \cdot \text{K}] \cdot T[\text{K}]} = \frac{100 \times 10^3}{260 \times (60+273)} = 1.155[\text{kg/m}^3]$$

72 다음 설명 중 틀린 것은?

① 층류에서의 흐름은 난류보다 저항이 크다.
② 배관 내에서 유속은 관 중심이 빠르다.
③ 배관에서 유체마찰은 관벽이 가장 크다.
④ 실제 소화배관의 유체흐름은 대부분 난류로서 해석된다.

73 그림과 같은 탱크에 연결된 길이 100[m], 직경 20[cm]인 원관에 부차적 손실계수가 5인 밸브 A가 부착되어 있다. 탱크 수면으로부터 관 출구까지의 전체 손실수두[m]로 옳은 것은?(단, 관 입구에서의 부차적 손실계수는 0.5, 관 마찰계수는 0.02이고 평균속도는 V이다.)

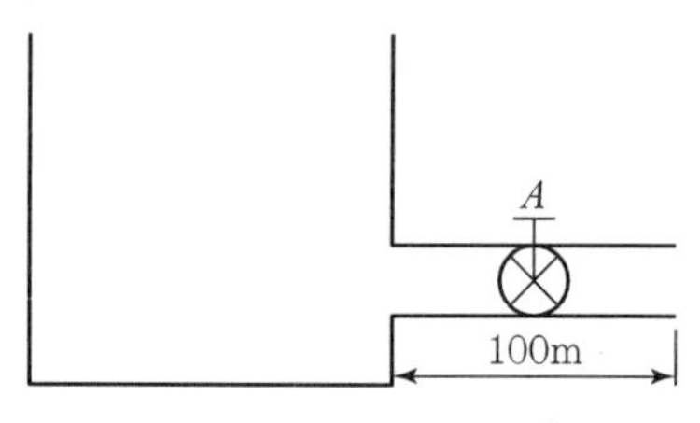

① $1.55\frac{V^2}{2g}$
② $2.55\frac{V^2}{2g}$
③ $15.5\frac{V^2}{2g}$
④ $25.5\frac{V^2}{2g}$

▶ 배관의 총 손실수두=주 손실+부차적 손실(=관 입구 손실+밸브 A 손실)

$$H_L = 0.02 \times \frac{100}{0.2} \times \frac{V^2}{2g} + 0.5 \times \frac{V^2}{2g} + 5 \times \frac{V^2}{2g}$$

$$= \left\{\left(0.02 \times \frac{100}{0.2}\right) + 0.5 + 5\right\}\frac{V^2}{2g} = 15.5\frac{V^2}{2g}[\text{m}]$$

정답 72. ① 73. ③

74 손실계수 K가 6인 배관의 부차적 손실[m]로 옳은 것은?(단, 유속은 4[m/s]이다.)

① 1.224 ② 4.897 ③ 7.350 ④ 19.591

부차적 손실

$$h_L = K\frac{V^2}{2g} = 6 \times \frac{4^2}{2 \times 9.8} = 4.897[\text{m}]$$

75 0.5[m³/s]의 유량으로 원유가 배관을 흐르는 경우 배관의 최소 지름[m]으로 옳은 것은?(단, 원유의 동 점성계수는 5×10^{-5}[m²/s]이고, 임계 레이놀즈수가 2,100이다.)

① 3.03 ② 4.04 ③ 5.05 ④ 6.06

레이놀드 수

$$Re\ No = \frac{\rho VD}{\mu} = \frac{VD}{\nu} \text{에서, } Re\ No = \frac{\frac{Q}{A} \times D}{\nu} = \frac{\frac{QD}{\frac{\pi D^2}{4}}}{\nu} = \frac{\frac{4Q}{\pi D}}{\nu} = \frac{4Q}{\pi D\nu}$$

$$\therefore\ D = \frac{4Q}{\pi \nu Re\ No} = \frac{4 \times 0.5}{\pi \times 5 \times 10^{-5} \times 2{,}100} = 6.06[\text{m}]$$

76 직경 30[cm], 길이 300[m]인 배관에 소화수가 18,000[l/min]으로 흐르고 있다. 손실동력이 36.7[kW]일 때 관 마찰계수로 옳은 것은?

① 0.0058 ② 0.058 ③ 0.0136 ④ 0.131

달시-바이스바하식

손실동력 $P[\text{W}] = \gamma Q H_L$에서, $H_L = f\frac{L}{D}\frac{V^2}{2g}$이므로, $P = \gamma Q f \frac{L}{D}\frac{V^2}{2g}$

$$\therefore\ f = \frac{PD2g}{\gamma QLV^2} = \frac{36.7 \times 10^3 \times 0.3 \times 2 \times 9.8}{9{,}800 \times 0.3 \times 300 \times 4.24^2} = 0.0136$$

- 유량 $Q = 18{,}000[l/\text{min}] = 18{,}000 \times 10^{-3} \div 60 = 0.3[\text{m}^3/\text{s}]$
- 유속 $V = \frac{Q}{A} = \frac{4Q}{\pi D^2} = \frac{4 \times 0.3}{\pi \times 0.3^2} = 4.24[\text{m/s}]$

77 글로브밸브(손실계수 $K=10$)와 티(손실계수 $K=1.5$)가 설치된 배관에 일정량의 물이 이동할 때 배관의 상당길이[m]로 옳은 것은?(단, 관 마찰계수는 0.02, 직경은 30[mm]이다.)

① 10.25 ② 17.25 ③ 22.50 ④ 172.5

정답 74. ② 75. ④ 76. ③ 77. ②

◐ 달시-바이스바하식

$h_L = f\frac{L}{D}\frac{V^2}{2g} = K\frac{V^2}{2g}$[m]에서, $K = f\frac{L}{D}$ 이다.

$\therefore\ L = \frac{KD}{f} = \frac{(10\times 0.03)+(1.5\times 0.03)}{0.02} = 17.25$[m]

78 배관의 마찰손실을 계산하는 하겐-윌리엄스식에 대한 설명으로 옳은 것은?

① ΔP의 단위가 [MPa]일 경우 상수 값은 6.174×10^5이다.

② $\Delta P \propto \frac{1}{Q^{1.85}}$의 관계가 성립되며, 유량 Q의 단위는 [l/mm]이다.

③ 모든 유체의 층류 및 난류에 적용할 수 있다.

④ $\Delta P \propto \frac{1}{d^{4.87}}$의 관계가 성립되며, d[mm]는 배관의 안지름이다.

◐ 하겐-윌리엄스식

난류 흐름인 물에만 적용할 수 있는 식으로

$$\Delta P = 6.053\times 10^4 \times \frac{Q^{1.85}}{C^{1.85}\times d^{4.87}}\times L\text{[MPa]}$$

$$\Delta P \propto L,\ \Delta P \propto Q^{1.85},\ \Delta P \propto \frac{1}{C^{1.85}},\ \Delta P \propto \frac{1}{d^{4.87}}$$

여기서, Q : 유량[l/min]
C : 배관의 마찰손실계수
d : 배관의 내경[mm]
L : 배관의 길이[m]

79 배관 길이가 20[m], 직경이 80[mm]인 배관에 분당 2,400[l]의 소화수가 흐를 경우 배관의 마찰손실압력[MPa]으로 옳은 것은?(단, 조도는 100이다.)

① 0.234
② 0.238
③ 2.382
④ 23.82

◐ 하겐-윌리엄스식

$$\Delta P = 6.053\times 10^4 \times \frac{Q^{1.85}}{C^{1.85}\times d^{4.87}}\times L$$

$$= 6.053\times 10^4 \times \frac{2{,}400^{1.85}}{100^{1.85}\times 80^{4.87}}\times 20 = 0.2335\text{[MPa]}$$

정답 78. ④ 79. ①

80 일정 길이의 배관 속을 200[l/min]의 물이 흐르고 있을 때 마찰손실 압력이 20[kPa]이었다. 동일한 배관에 유량을 300[l/min]으로 증가시킬 경우 마찰손실압력[kPa]으로 옳은 것은?(단, 마찰손실 계산은 하겐 - 윌리엄스의 공식을 이용한다.)

① 9.44 ② 13.33
③ 30 ④ 42.34

◐ 하겐 - 윌리엄스식

$\triangle P_1 : \triangle P_2 = Q_1^{1.85} : Q_2^{1.85}$에서

$$\triangle P_2 = \left(\frac{Q_2}{Q_1}\right)^{1.85} \times \triangle P_1 = \left(\frac{300}{200}\right)^{1.85} \times 20 = 42.34[\text{kPa}]$$

※ 하젠 - 윌리엄스의 공식

$$\Delta P[\text{kPa}] = 6.05 \times 10^4 \times \frac{Q^{1.85}}{C^{1.85} \times d^{4.87}} \times L \text{에서,}$$

$$\triangle P \propto Q^{1.85},\ \triangle P \propto \frac{1}{C^{1.85}},\ \triangle P \propto \frac{1}{d^{4.87}},\ \triangle P \propto L$$

81 원 관에 유체가 층류로 흐를 때 최대유속(V_{max})과 평균유속(V)의 관계로 옳은 것은?

① $V = 0.8\,V_{max}$ ② $V_{max} = 0.8\,V$
③ $V = 0.5\,V_{max}$ ④ $V_{max} = 0.5\,V$

◐ 유체의 최대유속과 평균유속의 관계

① 층류일 때 : $V = 0.5\,V_{max}$
② 난류일 때 : $V = 0.8\,V_{max}$

82 다음 중 레이놀즈 수의 물리적 의미로 가장 옳은 것은?

① 관성력/점성력 ② 관성력/탄성력
③ 관성력/중력 ④ 관성력/표면장력

◐ 무차원수

레이놀즈 수	프루드 수	마하 수	코시 수	웨버 수	오일러 수
$\frac{\text{관성력}}{\text{점성력}}$	$\frac{\text{관성력}}{\text{중력}}$	$\frac{\text{관성력}}{\text{탄성력}}$	$\frac{\text{관성력}}{\text{탄성력}}$	$\frac{\text{관성력}}{\text{표면장력}}$	$\frac{\text{압력}}{\text{관성력}}$
$Re = \frac{\rho VD}{\mu}$	$Fr = \frac{V}{\sqrt{Lg}}$	$Ma = \frac{V}{\sqrt{K/\rho}}$	$Ca = \frac{\rho V^2}{K}$	$We = \frac{\rho L V^2}{\sigma}$	$Eu = \frac{2P}{\rho V^2}$

정답 80. ④ 81. ③ 82. ①

83 지름이 150[mm]인 배관에 동점성계수가 1.3×10^{-3}[cm²/s]인 유체가 층류 상태로 흐를 수 있는 최대 유량[cm³/s]으로 옳은 것은?(단, 레이놀즈 수는 2,100이다.)

① 3.216[cm³/s]
② 32.16[cm³/s]
③ 321.6[cm³/s]
④ 3,216[cm³/s]

유량

$$Q=AV=\frac{\pi\times15^2}{4}\times0.182=32.16[\text{cm}^3/\text{s}]$$

$Re\ No=\frac{\rho VD}{\mu}=\frac{VD}{\nu}$이므로, $V=\frac{Re\ No\ \nu}{D}=\frac{2{,}100\times1.3\times10^{-3}}{15}=0.182[\text{cm/s}]$

84 일정량의 물이 층류상태로 수평 원관에 흐르는 경우 원관의 직경을 2배로 하면 손실수두는 얼마가 되는가?

① $\frac{1}{4}$
② $\frac{1}{8}$
③ $\frac{1}{16}$
④ $\frac{1}{32}$

하겐-포아즈웰 방정식

하겐-포아즈웰 방정식은 층류 유동에만 적용되는 식으로,

압력강하(ΔP)$=\frac{128\mu LQ}{\pi D^4}[\text{N/m}^2=\text{Pa}]$이므로,

손실수두 $H_L=\frac{128\mu LQ}{\gamma\pi D^4}$[m]가 되어 $H_L\propto\frac{1}{D^4}$한다.

$\therefore\ H_L=\frac{1}{D^4}=\frac{1}{2^4}=\frac{1}{16}$

85 비중이 0.86인 원유를 안지름 10[cm]인 수평 원관의 층류 유동으로 2,000[m] 떨어진 곳에 0.12[m³/min]의 유량으로 수송하려 할 때 펌프에 필요한 동력[W]으로 옳은 것은?(단, 원유의 점성계수 $\mu=0.02$[N·s/m²]이다.)

① 0.055
② 0.065
③ 55
④ 65

펌프의 동력

$$P=\frac{\gamma\cdot Q\cdot H}{102\times60}$$

$$=\frac{0.86\times1{,}000\times0.12\times3.87}{102\times60}=0.065[\text{kW}]=65[\text{W}]$$

정답 83. ② 84. ③ 85. ③

※ 하겐 – 포아즈웰 방정식

$$\Delta P = \frac{128\mu LQ}{\pi D^4} = \frac{128 \times 0.02 \times 2{,}000 \times \frac{0.12}{60}}{\pi \times 0.1^4} = 32{,}594.93[\mathrm{Pa}]$$

$$\therefore\ H_L = \frac{\Delta P}{r} = \frac{32{,}594.93}{0.86 \times 9{,}800} = 3.867[\mathrm{m}]$$

86 유체의 마찰손실 중 부차적 손실로 옳지 않은 것은?

① 돌연확대에 의한 손실
② 돌연축소에 의한 손실
③ 관로의 마찰손실
④ 관 부속물의 마찰손실

부차적 손실

부차적 손실(Minor Loss)이란 배관 내에 유체가 흐르는 경우 직관에서의 마찰손실 이외에 단면의 변화, 곡관부 및 밸브(Valve), 엘보(Elbow), 티(Tee) 등과 같은 관 부속물에서의 마찰손실을 말한다.

87 지름 30[cm]인 원형 관과 지름 45[cm]인 원형 관이 급격하게 면적이 확대되도록 직접 연결되어 있을 때 작은 관에서 큰 관 쪽으로 매초 230[l]의 물을 보낼 경우 연결부의 손실수두[m]로 옳은 것은?(단, 면적이 A_1에서 A_2로 돌연확대될 때 작은 관을 기준으로 한 손실계수는 $\left(1-\frac{A_1}{A_2}\right)^2$이다.)

① 0.092
② 0.125
③ 0.165
④ 0.330

돌연확대 손실

$$\therefore\ h_L = \frac{(V_1 - V_2)^2}{2g} = \frac{(3.25-1.45)^2}{2 \times 9.8} = 0.165[\mathrm{m}]$$

- $V_1 = \frac{Q_1}{A_1} = \frac{0.23}{\frac{\pi}{4} \times 0.3^2} = 3.25[\mathrm{m/s}]$
- $V_2 = \frac{Q_2}{A_2} = \frac{0.23}{\frac{\pi}{4} \times 0.45^2} = 1.45[\mathrm{m/s}]$

88 다음 중 유량을 측정할 수 있는 계측기로 옳지 않은 것은?

① 벤투리미터
② 마노미터
③ 오리피스미터
④ 위어

정답 86. ③ 87. ③ 88. ②

▶ 유량계의 종류

① 간접식 유량계 : 오리피스미터, 벤투리미터
② 직접식 유량계 : 로타미터, 위어
※ 마노미터는 비중이 작은 액체나 압력이 큰 경우에 압력을 측정할 수 있는 장치이다.

89 다음 중 유체의 국부속도를 측정할 수 있는 장치로 옳은 것은?

① 오리피스
② 위어
③ 피토관
④ 피에조미터

▶

① 유량측정장치 : 오리피스미터, 벤투리미터, 로타미터, 위어
② 국부속도 : 피토관, 열선유속계
※ 피에조미터는 비중이 큰 액체나 압력이 작은 경우 교란되지 않는 유체의 정압을 측정할 수 있는 장치이다.

90 다음 중 피에조미터의 구멍으로 측정할 수 있는 것으로 옳은 것은?

① 동압과 정압
② 유동하는 유체의 동압
③ 유동하는 유체의 정압
④ 정지유체에서의 정압

91 다음 중 피토관(Pitot tube)에서 측정할 수 있는 것으로 옳은 것은?

① 유동하는 유체의 정압
② 유동하는 유체의 동압
③ 유동하는 유체의 전압
④ 유동하는 유체의 동압과 정압의 차

▶ 피토관(Pitot tube)

유체 흐름의 전압과 정압의 차이를 측정하여 동압을 측정할 수 있는 장치이다.

92 다음의 포소화설비 혼합장치 중 벤투리관의 벤투리 작용만을 이용하는 장치로 옳은 것은?

① 펌프 프로포셔너 방식
② 프레저 프로포셔너 방식
③ 라인 프로포셔너 방식
④ 압축공기포 믹싱챔버 방식

정답 89. ③ 90. ③ 91. ② 92. ③

93 옥내소화전설비에서 노즐에서의 방수량이 0.3[m³/min]일 경우 피토게이지의 방사압력 [MPa]으로 옳은 것은?(단, 노즐 직경은 13[mm]이다.)

① 0.27　② 0.74　③ 2.72　④ 3.24

노즐에서의 방수량

$Q[l/\text{min}] = 0.653d^2\sqrt{10P}$ 에서,

$$P = \frac{1}{10} \times \left(\frac{Q}{0.653 \times d^2}\right)^2 = \frac{1}{10} \times \left(\frac{300}{0.653 \times 13^2}\right)^2 = 0.738[\text{MPa}]$$

여기서, Q : 방사량[l/min]
d : 노즐의 직경[mm]
P : 방사압[MPa]

94 오리피스 전후의 압력차가 0.12[MPa], 물의 유속이 11[m/s]일 경우 속도계수로 옳은 것은?(단, 1[atm]=0.1[MPa]=10[mH_2O])

① 0.72　② 0.81　③ 2.24　④ 7.17

$V = C_v\sqrt{2gH}$ 에서,

$$C_v = \frac{V}{\sqrt{2gH}} = \frac{11}{\sqrt{2 \times 9.8 \times 12}} = 0.717$$

여기서, V : 유속[m/s]
C_v : 속도계수
g : 중력가속도[m/s²]
H : 수두[m]

※ 압력을 수두로 단위변환

0.1[MPa] : 10[mH_2O]=0.12[MPa] : x[mH_2O]

$$\therefore\ x = \frac{0.12[\text{MPa}]}{0.1[\text{MPa}]} \times 10[mH_2O] = 12[mH_2O]$$

95 다음의 유량측정장치 중 배관 내를 흐르는 유체의 유량을 측정할 수 있는 것으로 옳지 않은 것은?

① 오리피스미터　② 로타미터
③ 벤투리미터　④ 위어

유량측정장치

① 배관 내의 유량 측정 : 오리피스미터, 벤투리미터, 로타미터, 방사압력으로 측정(피토게이지)
② 개수로의 유량 측정 : 위어(직각위어, 사각위어)

정답 93. ② 94. ① 95. ④

96 **옥외소화전설비의 노즐에서 방수압력이 1.5배로 된 경우 방수량은 처음의 몇 배인가?**

① 0.82 ② 1.23 ③ 1.5 ④ 2

노즐에서의 방수량

$Q=0.653d^2\sqrt{10P}$에서, $Q \propto \sqrt{10P}$이므로,

$Q_1 : Q_2 = \sqrt{10P_1} : \sqrt{10P_2}$

$$\therefore\ Q_2 = \sqrt{\frac{P_2}{P_1}} \times Q_1 = \sqrt{\frac{1.5}{1}}\,Q_1 = 1.225\,Q_1$$

여기서, Q : 유량[l/min]
D : 노즐의 구경[mm]
P : 방사압력[kg_f/cm^2]

97 **옥내소화전설비의 소방 호스 노즐로부터 소화수가 방사되고 있을 때 피토관의 흡입구를 Vena Contracta 위치에 놓았을 경우 피토관의 수직부에 나타나는 수두의 높이[m]로 옳은 것은?(단, 유속은 4.5[m/s], 중력가속도는 9.8[m/s²]이다.)**

① 0.23 ② 1.03 ③ 2.06 ④ 2.25

속도수두

$$\text{속도수두 } H = \frac{V^2}{2g} = \frac{4.5^2}{2 \times 9.8} = 1.033[\text{m}]$$

98 **다음의 배관 부속 중 동일한 조건에서 마찰손실이 가장 큰 것으로 옳은 것은?**

① 90° 티(분류) ② 90° 티(직류)
③ 45° 엘보 ④ 90° 엘보

부속물의 마찰손실 크기

90° 티(분류) > 90° 엘보 > 45° 엘보 > 90° 티(직류)

99 **소화설비에 사용하는 배관 중 배관용 탄소강관(KS D 3507)에 대한 설명으로 옳지 않은 것은?**

① 사용압력이 1.2[MPa] 미만인 물이나 가스 등의 배관에 많이 사용된다.
② 주철관에 비해서 내식성이 크다.
③ 백관은 내식성을 주기 위해 강관에 용융 아연 도금을 한 것이다.
④ 흑관은 도금은 하지 않고, 1차 방청도장을 한 것이다.

정답 96. ② 97. ② 98. ① 99. ②

◆ 배관용 탄소강관(KS D 3507)

① 소화설비 배관에 주로 사용하며, 비교적 사용압력(1.2MPa 미만)이 낮은 유체(물이나 가스 등)에 사용되는 배관이다.
② 백관 : 내식성을 주기 위해 강관에 용융 아연 도금을 한 것
③ 흑관 : 도금은 하지 않고, 1차 방청도장만 한 것
④ 주철관에 비해 내식성은 작다.

100 소화설비 배관 중 주로 고압(사용압력 1.2[MPa] 이상, 10[MPa] 이하)인 유체에 사용되는 배관으로 옳은 것은?

① 압력 배관용 탄소강관 ② 고압 배관용 탄소강관
③ 고온 배관용 탄소강관 ④ 배관용 탄소강관

◆ 압력 배관용 탄소강관

① 소화설비 배관 중 주로 고압(사용압력 1.2[MPa] 이상, 10[MPa] 이하)인 유체에 사용되는 배관이다.
② 관의 호칭은 호칭 지름과 두께로 나타내며, 관의 두께는 스케줄 번호로 나타낸다.

101 다음 중 옥내소화전설비의 배관 내 사용압력이 1.2[MPa] 미만일 경우 사용할 수 있는 배관으로 옳지 않은 것은?

① 배관용 탄소강관 ② 배관용 스테인리스강관
③ 이음매 없는 구리 합금관 ④ 배관용 아크용접 탄소강강관

◆ 배관의 종류

배관 내 사용압력이 1.2[MPa] 이상일 경우 사용할 수 있는 배관
① 압력 배관용 탄소강관
② 배관용 아크용접 탄소강강관

102 다음 중 C factor가 150으로 마찰손실이 없고 반영구적으로 사용이 가능한 배관으로 옳은 것은?

① 배관용 탄소강관 ② 덕타일 주철관
③ 염소화염화비닐수지 배관 ④ 배관용 스테인리스강관

◆ 염소화염화비닐수지 배관(CPVC)

PVC(Poly Vinyl Chloride)를 염소화시킨 것으로 PVC의 단점인 내열성, 내후성, 내연성을 향상시켰다. C factor가 150으로 마찰손실이 없고 반영구적으로 사용이 가능하다.

정답 100. ① 101. ④ 102. ③

103 다음의 강관 이음 중 각종 기기의 접속 및 관을 자주 해체 또는 교환할 필요가 있는 곳에 적합한 이음방법으로 옳은 것은?

① 나사 이음　　② 용접 이음
③ 플랜지 이음　　④ 그루브 이음

강관의 이음

① 나사 이음 : 소구경(관경 50[mm] 이하)의 저압용 탄소강관의 이음방법이다.
② 용접 이음 : 대구경(관경 50[mm] 이상)의 이음방법으로 맞대기 용접, 삽입형 용접, 플랜지 용접 등이 있다.
③ 그루브 이음 : 배관의 연결 부위에 홈(Grooved)을 내어 홈 사이에 개스킷(Gasket)이 부착된 그루브커플링을 설치하여 연결하는 이음방법이다.

104 다음 중 신축이음의 종류로 옳지 않은 것은?

① 루프형　　② 벨로스형
③ 슬리브형　　④ 스위트형

신축이음

① 루프형(Loop Expansion Joints)
고온 및 고압의 옥외 배관에 가장 많이 설치하며, 루프 형태로 구부려서 설치하므로 공간을 많이 차지한다. 곡률반경은 관 지름의 6배 이상으로 한다.
② 벨로스형(Bellows Expansion Joints)
주름 모양의 원형 판에서 신축을 흡수할 수 있는 것으로, 공간은 많이 필요하지 않으나, 누수의 염려가 있고, 고압의 배관에는 부적합하다.
③ 슬리브형(Sleeve Expansion Joints)
슬리브와 본체 사이에 글랜드 패킹을 넣어 축 방향으로 이동할 수 있도록 만든 이음으로, 물, 온수, 기름 등의 배관에 널리 사용되며, 장시간 사용 시 패킹의 마모로 누수가 발생할 수 있다.
④ 스위블형(Swivel Expansion Joints)
2개 이상의 엘보를 이용하여 나사의 회전에 의해 신축을 흡수하는 것으로, 설치비는 저렴하나 신축량이 큰 배관의 경우 나사 이음부에서 누설이 발생할 수 있으므로, 부적당하다.

105 다음 중 신축이음의 신축 흡수율 크기를 나타낸 것으로 옳은 것은?

① 슬리브형 > 벨로스형 > 스위블형 > 루프형
② 루프형 > 슬리브형 > 벨로스형 > 스위블형
③ 벨로스형 > 루프형 > 슬리브형 > 스위블형
④ 스위블형 > 루프형 > 슬리브형 > 벨로스형

신축이음의 신축 흡수율 크기

루프형 > 슬리브형 > 벨로스형 > 스위블형

정답 103. ③ 104. ④ 105. ②

106 **다음 중 배관에 설치하는 밸브 중 개폐 여부를 육안으로 식별이 가능한 밸브로 디스크(Disk)가 수직으로 차단하므로, 개폐에 많은 시간이 소모되는 밸브로 옳은 것은?**

① 글로브밸브　　② 게이트밸브
③ 앵글밸브　　④ 버터플라이밸브

밸브의 종류

① 글로브밸브 : 개폐 및 유량 조절이 쉬우며, 펌프의 성능시험 배관의 유량조절밸브로 가장 적합하다.
② 앵글밸브 : 옥내소화전설비의 방수구, 스프링클러설비의 유수검지장치의 배수밸브 등과 같이 유체의 흐름 방향을 직각으로 변경하는 경우에 사용한다.
③ 버터플라이밸브 : Disk가 밸브 내부에서 회전하여 신속히 개폐할 수 있는 밸브로 누설의 우려가 많고 게이트밸브보다 마찰손실이 커서 소화설비의 흡입 측 배관에는 사용할 수 없는 밸브이다.

107 **다음 중 유체의 흐름을 차단하거나, 유량을 제어할 수 있는 밸브로서 밸브 내에서 유체의 흐름 방향을 변경할 수 있는 밸브로만 알맞게 짝지어진 것은?**

① 글로브밸브 · 앵글밸브　　② 게이트밸브 · 글로브밸브
③ 체크밸브 · 버터플라이밸브　　④ 릴리프밸브 · 안전밸브

스톱밸브(Stop Valve)

유체의 흐름을 차단하거나, 유량을 제어할 수 있는 밸브로서 밸브 내에서 유체의 흐름 방향을 변경할 수 있는 밸브 : 글로브밸브 · 앵글밸브

108 **유체를 한쪽 방향으로만 흐르게 하는 밸브로서 충격에 강해 소화설비용 토출 측 배관에 가장 많이 사용하는 밸브로 옳은 것은?**

① 스윙형 체크밸브　　② 스모렌스키 체크밸브
③ 웨이퍼 체크밸브　　④ 디스크 체크밸브

스모렌스키 체크밸브

① 충격에 강해 소화설비용 토출 측 배관에 가장 많이 사용된다.
② By-pass 밸브를 이용하여 수동으로 물을 역류시킬 수 있다.

109 **기기나 배관 내의 압력이 일정 압력 이상일 때 자동적으로 작동하는 밸브로 작동 압력이 고정되어 있으며, 압력챔버 상부에 설치 시 압력챔버 상부의 압축공기가 배출되는 밸브로 옳은 것은?**

① 안전밸브　　② 릴리프밸브
③ 체크밸브　　④ 앵글밸브

정답 106. ② 107. ① 108. ② 109. ①

110 **액체의 압력이 상승하여 일정 압력 이상이 될 때 자동적으로 작동하는 밸브로 작동 압력을 임으로 조정할 수 있으며, 소화펌프의 체절압력 미만에서 개방이 되도록 조정하여야 하는 밸브로 옳은 것은?**

① 안전밸브 ② 릴리프밸브
③ 체크밸브 ④ 앵글밸브

111 **소화펌프 중 가장 널리 사용되고 있는 펌프로서 회전차(Impeller)의 원심력을 이용하여 액체를 송수하며, 케이싱 내부에 안내깃이 있는 펌프로 옳은 것은?**

① 볼류트 펌프 ② 터빈 펌프
③ 수직회전축 펌프 ④ 왕복 펌프

원심펌프

소화펌프 중 가장 널리 사용되고 있는 펌프로서 회전차(Impeller)의 원심력을 이용하여 액체를 송수하는 펌프

볼류트 펌프	터빈 펌프
케이싱 내부에 안내깃이 없다.	케이싱 내부에 안내깃이 있다.
양정이 낮고 토출량이 많은 곳에 사용	양정이 높고 토출량이 적은 곳에 사용

※ 왕복 펌프

① 피스톤의 왕복 직선운동에 의해 실린더 내부가 진공이 되어 액체를 송수하는 펌프
② 양정이 크고, 유량이 작은 경우에 적합

112 **다음 중 공동현상(Cavitation) 방지대책으로 옳지 않은 것은?**

① 펌프 위치를 가급적 수면에 가깝게 설치한다.
② 흡입 관경을 크게 한다.
③ 2대 이상의 펌프를 사용한다.
④ 토출 측 배관의 길이를 가급적 짧게 한다.

공동현상

펌프의 내부나 흡입 배관에서 물이 국부적으로 증발하여 증기 공동이 발생하는 현상

발생원인	방지대책
① 펌프의 설치 위치가 수원보다 높을 경우 ② 펌프의 흡입관경이 작은 경우 ③ 펌프의 마찰손실, 흡입 측 수두가 큰 경우 ④ 흡입 측 배관의 유속이 빠른 경우 ⑤ 펌프의 흡입 압력이 유체의 증기압보다 낮은 경우	① 펌프 위치를 가급적 수면에 가깝게 설치한다. ② 펌프의 회전수를 낮춘다. ③ 흡입 관경을 크게 한다. ④ 2대 이상의 펌프를 사용한다. ⑤ 양흡입 펌프를 사용한다.

정답 110. ② 111. ② 112. ④

113 **펌프의 순간적인 정지, 밸브의 급격한 개폐, 배관의 급격한 굴곡에 의해 관속을 흐르는 액체의 속도가 급격히 변하면서 운동에너지가 압력에너지로 바뀌면 고압이 발생되어 배관이나 관 부속물에 무리한 힘을 가하게 되는 현상으로 옳은 것은?**

① 수격현상 ② 맥동현상
③ 공동현상 ④ Air Lock 현상

수격현상(작용)

발생원인	방지대책
① 펌프를 급격히 기동 또는 정지하는 경우 ② 밸브를 급격히 개방 또는 폐쇄를 하는 경우	① 펌프에 플라이휠(Fly Wheel)을 설치한다. ② 펌프 토출 측에 Air Chamber를 설치한다. ③ 배관의 관경을 가능한 한 크게 하여 유속을 낮춘다. ④ 토출 측에 수격방지기(Water Hammering Cushion)를 설치한다. ⑤ 각종 밸브는 서서히 조작한다. ⑥ 대규모 설비에는 Surge Tank를 설치한다.

※ Air Lock 현상

압력수조와 고가수조를 설치하고 토출 측 배관을 같이 사용하여 소화수를 공급하는 경우, 압력수조의 물이 모두 공급된 후 압력수조의 잔류 공기압이 배관에 채워지면서 고가수조의 물이 소화설비에 공급되지 못하는 현상을 말한다.

114 **펌프의 맥동현상(Surging) 방지대책으로 옳지 않은 것은?**

① 배관 내 필요 없는 수조는 제거한다.
② 배관 중에 공기탱크나 물탱크를 설치한다.
③ 배관 내에 기체상태인 부분이 없도록 한다.
④ 유량조절밸브를 펌프 토출 측 직후에 설치한다.

맥동현상(Surging)

펌프 운전 시 토출량이 주기적으로 변하면서 압력계의 눈금이 흔들리고 토출배관에 진동과 소음을 수반하는 현상으로 배관의 장치나 기계의 파손을 일으킬 수 있다.

발생원인	방지대책
① 펌프의 양정곡선이 산형곡선이고 곡선의 상승부에서 운전이 되는 경우 ② 배관의 개폐밸브가 닫혀 있는 경우 ③ 유량조절밸브가 탱크 뒤쪽에 있는 경우 ④ 배관 중에 공기탱크나 물탱크가 있는 경우	① 배관 내 필요 없는 수조는 제거한다. ② 배관 내 기체상태인 부분이 없도록 한다. ③ 펌프의 양수량을 증가시키거나 임펠러의 회전수를 변경한다. ④ 유량조절밸브를 펌프 토출 측 직후에 설치한다. ⑤ 배관 내 유속을 조절한다.

정답 113. ① 114. ②

115 소화설비의 배관 속을 흐르는 물의 압력손실이 0.04[MPa]이고, 유량이 3[m³/s]일 때 펌프의 동력[kW]으로 옳은 것은?(단, 1[atm]=0.1[MPa]=10[mH₂O]이다.)

① 88.7 ② 117.6 ③ 157.6 ④ 214

동력

$$P_w = \frac{\gamma \times Q \times H}{102} = \frac{1{,}000 \times 3 \times 4}{102} = 117.647\,[\mathrm{kW}]$$

여기서, γ : 비중량[kg_f/m^3]
Q : 유량[m^3/s]
H : 양정[m]

※ 압력을 수두로 단위변환

0.1[MPa] : 10[mH_2O]=0.04[MPa] : x[mH_2O]

$$\therefore\ x = \frac{0.04\,[\mathrm{MPa}]}{0.1\,[\mathrm{MPa}]} \times 10\,[\mathrm{mH_2O}] = 4\,[\mathrm{mH_2O}]$$

※ 동력계산

수동력 (Water Horse Power)	축동력 (Brake Horse Power)	전달동력 (Electrical or Engine Horse Power)
펌프에 의해 유체(물)에 주어지는 동력	모터에 의해 펌프에 주어지는 동력	실제 운전에 필요한 동력
$P_w = \frac{\gamma \times Q \times H}{102 \times 60}$[kW]	$P_s = \frac{\gamma \times Q \times H}{102 \times 60 \times \eta}$[kW]	$P = \frac{\gamma \times Q \times H}{102 \times 60 \times \eta} \times K$[kW]

여기서, H : 전양정[m]
γ : 비중량[kg_f/m^3]
Q : 유량[m^3/min]
η : 펌프효율
K : 전달계수(전동기 : 1.1, 내연기관 : 1.15~1.2)

116 그림과 같은 펌프가 물을 낮은 저수조에서 높은 저수조로 직경 20[cm]인 관을 통하여 350[m³/hr]로 전달한다. 관 마찰손실 $h_f = \frac{25\,V^2}{2g}$ (V : 관내 평균 유속)이고 전동기용량은 90[kW], 효율이 75[%]일 때 두 수조의 높이 차[m]로 옳은 것은?(단, 물의 비중량은 9,790[N/m³]이고, 기타 부차적 손실은 무시한다.)

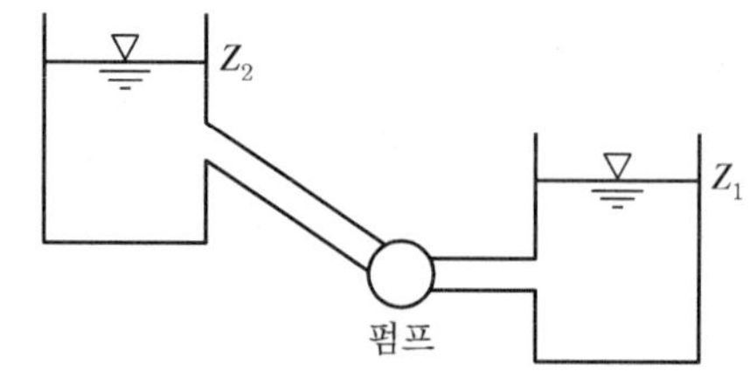

① 8.7 ② 18.7 ③ 38.7 ④ 52.3

정답 115. ② 116. ④

동력

$P = \frac{\gamma QH}{\eta} \times K[\text{kW}]$에서,

$$90 = \frac{9.79 \times \frac{350}{3,600} \times (h_1 + 12.18)}{0.75} \times 1.1$$

$\therefore\ h_1 = 52.29[\text{m}]$

• $H = h_1$(낙차) + h_2(마찰손실수두)

$$= h_1 + \frac{25V^2}{2g} = h_1 + \frac{25 \times 3.09^2}{2 \times 9.8} = h_1 + 12.18$$

$\therefore\ H = h_1 + 12.18$

117 **펌프에 직결된 전동기(Motor)에 공급되는 전원의 주파수가 50[Hz]이며, 전동기의 극수는 4극, 펌프의 전양정이 110[m], 펌프의 토출량은 18[l/s], 펌프 운전 시 미끄럼률(Slip)이 3[%]인 전동기가 부착된 편흡입 2단 펌프의 비속도[rpm, m^3/min, m]로 옳은 것은?**

① 99.54　② 140.78
③ 236.76　④ 362.67

비속도(specific speed, 비교회전도)

$$N_s = \frac{N\sqrt{Q}}{\left(\frac{H}{n}\right)^{\frac{3}{4}}} = \frac{1,455 \times \sqrt{10.8}}{55^{\frac{3}{4}}} = 236.757[\text{rpm, m}^3/\text{min, m}]$$

① 임펠러 회전속도

$$N = \frac{120 \cdot f}{P}(1-s) = \frac{120 \times 50}{4} \times (1 - 0.03) = 1,455[\text{rpm}]$$

② 토출량 $Q = 180 \times 10^{-3} \times 60 = 10.8[\text{m}^3/\text{min}]$

③ 전양정 $H = 110 \div 2 = 55[\text{m}]$

※ 비속도

① 실제 펌프와 기하학적으로 닮은 펌프를 가상하고, 이 가상의 펌프가 토출량이 1[m^3/min], 전양정이 1[m]일 때 펌프 임펠러(Impeller)의 회전수를 비속도(비교회전도)라 하며, 임펠러의 형상을 나타내는 값이다.

② 비속도는 펌프의 구조와 유체의 유동상태가 같을 때에는 일정하고, 펌프의 크기나 회전수에 따라 변화하지 않는 값을 가진다.

③ $N_s = \frac{N\sqrt{Q}}{\left(\frac{H}{n}\right)^{\frac{3}{4}}}$

정답 117. ③

여기서, N_s : 비속도[rpm, m³/min, m]
N : 임펠러의 회전속도[rpm]
Q : 토출량[m³/min](양흡입펌프 : 토출량÷2)
H : 펌프의 전양정[m](다단펌프 : 전양정÷단수)
n : 단수

※ 임펠러의 회전속도

$$N = \frac{120 \cdot f}{P}(1-s)$$

여기서, f : 주파수[Hz]
P : 극수
s : 슬립

118 회전수가 1,650[rpm]일 때 양정이 70[m]인 펌프를 양정을 80[m]로 하기 위한 조치로 옳은 것은?

① 회전수를 1,443[rpm]으로 변경한다.
② 회전수를 1,543[rpm]으로 변경한다.
③ 회전수를 1,764[rpm]으로 변경한다.
④ 회전수를 1,885[rpm]으로 변경한다.

펌프의 상사법칙

$$\frac{H_2}{H_1} = \left(\frac{N_2}{N_1}\right)^2 \text{에서, } \frac{H_2}{H_1} = \frac{N_2^2}{N_1^2}\left(H_1 \cdot N_2^2 = H_2 \cdot N_1^2,\ N_2^2 = \frac{H_2}{H_1} \cdot N_1^2\right)$$

$$\therefore N_2 = \sqrt{\frac{H_2}{H_1}} \times N_1 = \sqrt{\frac{80}{70}} \times 1{,}650 = 1{,}763.92 \fallingdotseq 1{,}764[\text{rpm}]$$

※ 펌프의 상사법칙

펌프의 크기가 다를 경우라도 비속도가 같으면 이를 상사라고 표현하며, 원심펌프에서 상사일 경우에는 회전수나 임펠러의 지름에 따라 토출량, 양정, 축동력에는 다음과 같은 관계식이 성립된다.

구 분	펌프 1대	펌프 2대
유 량	$Q_2 = \left(\frac{N_2}{N_1}\right) \times Q_1$	$Q_2 = \left(\frac{N_2}{N_1}\right) \times \left(\frac{D_2}{D_1}\right)^3 \times Q_1$
양 정	$H_2 = \left(\frac{N_2}{N_1}\right)^2 \times H_1$	$H_2 = \left(\frac{N_2}{N_1}\right)^2 \times \left(\frac{D_2}{D_1}\right)^2 \times H_1$
축동력	$L_2 = \left(\frac{N_2}{N_1}\right)^3 \times L_1$	$L_2 = \left(\frac{N_2}{N_1}\right)^3 \times \left(\frac{D_2}{D_1}\right)^5 \times L_1$

정답 118. ③

119 다음 중 펌프의 직 · 병렬 운전을 설명한 것으로 옳은 것은?

① 펌프의 직렬 운전 시 양정은 2배가 된다.
② 펌프의 병렬 운전 시 양정은 2배가 된다.
③ 펌프의 직렬 운전 시 양정은 변하지 않는다.
④ 펌프의 병렬 운전 시 유량은 변하지 않는다.

펌프의 직 · 병렬 운전

구분		직렬 연결	병렬 연결
성능	유량(Q)	Q	$2Q$
	양정(H)	$2H$	H

120 다음 중 유효흡입수두($NPSH_{av}$)와 가장 관계가 깊은 것은?

① 수격현상 ② 맥동현상 ③ 공동현상 ④ Air Lock 현상

유효흡입수두($NPSH_{av}$; Available Net Positive Suction Head)

펌프 운전 시 공동현상 발생 없이 펌프를 안전하게 운전할 수 있는 흡입에 필요한 수두로, 펌프의 특성과는 무관하게 펌프를 설치하는 주변 조건 및 환경에 따라 결정되는 값이다.

$NPSH_{av} = 10.3 \pm H_h - H_f - H_v$

① H_h : 펌프의 흡입양정(낙차환산수두)[m]
　㉠ 수조가 펌프보다 낮은 경우 : $-H_h$
　㉡ 수조가 펌프보다 높은 경우 : $+H_h$
② H_f : 흡입배관의 마찰손실 수두[m]
　=직관의 손실수두+관 부속류 등의 손실수두
③ H_v : 물의 포화증기압 환산수두[m]

121 다음 중 펌프의 공동현상이 발생되지 아니할 설계 시의 조건으로 옳은 것은?

① $NPSH_{av} \geq NPSH_{re}$ ② $NPSH_{av} \leq NPSH_{re}$
③ $NPSH_{av} \geq NPSH_{re} \times 1.3$ ④ $NPSH_{re} \geq NPSH_{av} \times 1.3$

① 공동현상이 발생되지 않을 조건 : $NPSH_{av} \geq NPSH_{re}$
② 공동현상이 발생되지 않을 설계 시 조건 : $NPSH_{av} \geq NPSH_{re} \times 1.3$

122 다음 중 펌프의 필요흡입수두를 계산하는 방법으로 옳지 않은 것은?

① $NPSH_{re} = \sigma H$ ② $NPSH_{re} = 0.03 \times H$

정답 119. ① 120. ③ 121. ③ 122. ④

③ $H_{re} = \left(\frac{N\sqrt{Q}}{N_s} \right)^{\frac{4}{3}}$　　　④ $N_s = \frac{N\sqrt{Q}}{H^{\frac{3}{4}}}$

필요흡입수두(NPSH$_{re}$)

펌프 회전에 의해 만들어지는 펌프 내부의 진공도이며, 펌프의 특성에 따라 펌프가 가지고 있는 고유한 값이다.

① Thoma의 캐비테이션 계수

$$NPSH_{re} = \sigma H$$

여기서, σ : 캐비테이션 계수
H : 펌프의 전양정[m]

② 실험에 의한 방법

$$\frac{NPSH_{re}}{H} = 0.03 \quad \therefore\ NPSH_{re} = 0.03 \times H$$

③ 비속도에 의한 계산

$$N_s = \frac{N\sqrt{Q}}{H^{\frac{3}{4}}} \quad \therefore\ H_{re} = \left(\frac{N\sqrt{Q}}{N_s} \right)^{\frac{4}{3}}$$

여기서, N_s : 비속도[rpm, m³/min, m]
N : 임펠러의 회전속도[rpm]
Q : 토출량[m³/min]
H : 펌프의 전양정[m]
n : 단수
H_{re} : 필요흡입양정[m]

123 전양정 30[m], 토출량 1,200[l/min], 효율이 75[%]인 소방용 펌프의 축동력[Hp]으로 옳은 것은?

① 6.31　② 7.84　③ 10.53　④ 61.92

펌프의 축동력

$$Hp = \frac{\gamma QH}{76\eta} = \frac{1,000 \times 0.02 \times 30}{76 \times 0.75} = 10.526[\text{Hp}]$$

① 비중량 $\gamma = 1,000[\text{kg}_f/\text{m}^3]$

② 토출량 $Q = 1,200[l/\text{min}] = 1,200 \times 10^{-3} \div 60 = 0.02[\text{m}^3/\text{s}]$

③ 효율 $\eta = 0.75$

※ $1[\text{Hp}] = 76[\text{kg}_f \cdot \text{m/s}]$이므로, $1[\text{kg}_f \cdot \text{m/s}] = \frac{1}{76}[\text{Hp}]$가 된다.

정답 123. ③

124 소화펌프의 흡입 측 배관에 설치된 진공계의 눈금이 560[mmHg]일 때 이 펌프의 이론흡입양정[m]으로 옳은 것은?(단, 대기압은 표준대기압 상태이다.)

① 0.76　　② 1.4

③ 7.61　　④ 14.02

진공계는 흡입 측 배관의 진공압을 측정하는 장치이므로, 진공압의 크기가 펌프의 흡입양정이 된다.

760[mmHg] : 10.332[mH_2O] = 560[mmHg] : x[mH_2O]

$$\therefore\ x = \frac{560[\text{mmHg}]}{760[\text{mmHg}]} \times 10.332[\text{mH}_2\text{O}] = 7.613[\text{mH}_2\text{O}]$$

※ 표준대기압

1atm = 760[mmHg] = 0.76[mHg]
= 10,332[mmH_2O] = 10.332[mH_2O]
= 1.0332[kg_f/cm^2] = 10,332[kg_f/m^2]
= 101,325[N/m^2][Pa] = 0.101325[MPa]
= 1,013[mbar] = 14.7Psi[lbf/in^2]

125 제연설비에서 급기 FAN의 풍량 Q = 45,000[CMH], 전압 P_t = 80[mmH_2O]일 때 송풍기의 전동기 용량[kW]으로 옳은 것은?(단, FAN의 효율은 60[%]이다.)

① 10.89　　② 16.33

③ 17.97　　④ 24.12

송풍기의 전동기 용량

$$P = \frac{P_t \times Q}{102 \times 60 \times \eta} \times K = \frac{80 \times 750}{102 \times 60 \times 0.6} \times 1.1 = 17.973[\text{kW}]$$

여기서, P_t : 전압[mmH_2O]
Q : 풍량[m^3/min]
η : 효율
K : 전달계수

※ 송풍기의 동력

공기동력 (Air Horse Power)	축동력 (Brake Horse Power)	전달동력 (Electrical or Engine Horse Power)
송풍기에 의해 유체(공기)에 주어지는 동력	모터에 의해 송풍기에 주어지는 동력	실제 운전에 필요한 동력
$P_a = \frac{P_t \times Q}{102 \times 60}$[kW]	$P_s = \frac{P_t \times Q}{102 \times 60 \times \eta}$[kW]	$P = \frac{P_t \times Q}{102 \times 60 \times \eta} \times K$[kW]

126 다음 중 유체 기계들의 압력 상승이 일반적으로 큰 것부터 순서대로 나열한 것으로 옳은 것은?

① 팬(Fan) – 압축기(Compressor) – 블로어(Blower)
② 압축기(Compressor) – 블로어(Blower) – 팬(Fan)
③ 블로어(Blower) – 압축기(Compressor) – 팬(Fan)
④ 팬(Fan) – 블로어(Blower) – 압축기(Compressor)

송풍기의 풍압에 의한 분류

① Fan : 압력 상승이 0.1[kg_f/cm^2] 이하인 것
② Blower : 압력 상승이 0.1[kg_f/cm^2] 이상, 1.0[kg_f/cm^2] 이하인 것
③ Compressor : 압력 상승이 1.0[kg_f/cm^2] 이상인 것

127 다음 그림과 같이 단면이 원형인 역 지점 축소 관에서 상부에서 하부로 물이 0.3 [m^3/s]로 흐를 경우, 상 · 하 단면에서의 압력차로 옳은 것은?(단, 물의 밀도는 1,000[kg/m^3], 중력가속도는 10.0[m/s^2], 원주율은 3.0이고, 기타 에너지손실은 무시한다.)

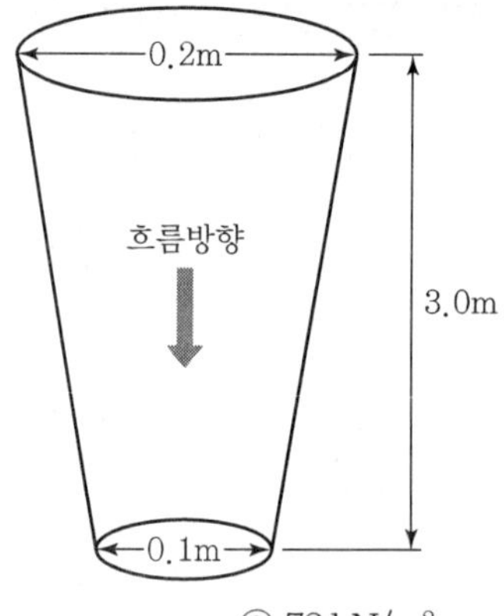

① 72 N/cm^2
② 72 kN/m^2
③ 73 N/cm^2
④ 73 kN/m^2

베르누이 방정식

$$\frac{P_1}{\gamma}+Z_1+\frac{V_1^2}{2g}=\frac{P_2}{\gamma}+Z_2+\frac{V_2^2}{2g}$$

$$\frac{P_1-P_2}{\gamma}=(Z_2-Z_1)+\frac{V_2^2-V_1^2}{2g}$$

정답 126. ② 127. ①

$$P_1 - P_2 = \gamma(Z_2 - Z_1) + \gamma\left(\frac{V_2^2 - V_1^2}{2g}\right)$$
$$= \rho g(Z_2 - Z_1) + \rho\left(\frac{V_2^2 - V_1^2}{2}\right)$$
$$= 1{,}000 \times 10 \times (0-3) + 1{,}000\left(\frac{40^2 - 10^2}{2}\right)$$
$$= 720{,}000[\mathrm{N/m^2}] = 72[\mathrm{N/cm^2}]$$

- $V_1 = \dfrac{4Q}{\pi D_1^2} = \dfrac{4 \times 0.3}{3 \times 0.2^2} = 10[\mathrm{m/s}]$
- $V_2 = \dfrac{4Q}{\pi D_2^2} = \dfrac{4 \times 0.3}{3 \times 0.1^2} = 40[\mathrm{m/s}]$

128 안지름 3.0[cm]인 노즐을 통하여 초당 0.05[m³]의 물을 수평으로 방사할 때, 노즐에서 발생하는 반발력[kN]으로 옳은 것은?(단, 물의 밀도는 1,000[kg/m³]이고, 원주율은 3.0이다.)

① 0.11　② 111　③ 3.7　④ 3,700

노즐에서 발생하는 반발력

$$F = \rho Q V$$
$$= 1{,}000 \times 0.05 \times \frac{4 \times 0.05}{3 \times 0.03^2}$$
$$= 3{,}703.7[\mathrm{N}] = 3.7[\mathrm{kN}]$$

129 개방된 물탱크 A지점의 수면으로부터 3[m] 아래에 직경이 1[cm]인 오리피스를 부착하였다. 그 아래쪽에 설치한 한 변의 길이가 75[cm]인 정사각형 수조안으로 물을 낙하시켜서 16분 40초 후에 수조의 수심이 0.8[m]로 상승된 경우, 오리피스의 유량 계수로 옳은 것은?(단, 물탱크 A지점 수심의 변화는 없고, 수축계수는 1.0, 원주율은 3.0, 중력가속도는 10.0[m/s²]이다.)

① 0.45　② 0.50　③ 0.60　④ 0.78

실제유량(Q') = 유량계수(C) × 이론유량(Q)

$$C = \frac{Q'}{Q} = \frac{0.45 \times 10^{-3}}{5.8 \times 10^{-4}} = 0.775$$

- 실제유량 $Q' = \dfrac{0.75 \times 0.75 \times 0.8}{1{,}000} = 0.45 \times 10^{-3}[\mathrm{m^3/s}]$
- 이론유량 $Q = AV = \dfrac{\pi D^2}{4} \times \sqrt{2gH} = \dfrac{3 \times 0.01^2}{4} \times \sqrt{2 \times 10 \times 3} = 5.8 \times 10^{-4}[\mathrm{m^3/s}]$

정답 128. ③ 129. ④

130 체적 2,000[l]의 용기 내에서 압력 0.4[MPa], 온도 55[℃]의 혼합기체의 체적비가 각각 메탄 35[%], 수소 40[%], 질소 25[%]일 때 이 혼합 기체의 질량[kg]으로 옳은 것은?(단, 일반기체상수는 8.314[kJ/kmol · K]이다.)

① 0.05　　② 3.93　　③ 39.34　　④ 47.26

이상기체상태방정식

$$PV = nRT\left(n = \frac{m}{M}\right)$$

$$m = \frac{PVM}{RT} = \frac{0.4 \times 10^6 \times 2 \times 13.41}{8{,}314 \times (55+273)} = 3.934[\text{kg}]$$

- P(압력)$= 0.4 \times 10^6$[Pa = N/m^2]
- V(체적)$= 2$[m^3]
- M(분자량)$= (16 \times 0.35) + (2 \times 0.4) + (28 \times 0.25) = 13.41$[kg]
- R(기체상수)$= 8{,}314$[N · m/kmol · K]
- T(절대온도)$= 55 + 273 = 328$[K]

정답 130. ②

CHAPTER 03 약제화학

01 다음 중 물 소화약제의 성질을 설명한 것으로 옳지 않은 것은?

① 비열과 잠열이 커서 냉각효과가 크다. ② B급, C급 화재에 적응성이 좋다.
③ 쉽게 구할 수 있고 독성이 없다. ④ 화학적으로 안정하다.

물 소화약제의 장점 및 단점

장 점	단 점
① 쉽게 구할 수 있으며, 독성이 없다. ② 비열과 잠열이 커서 냉각효과가 크다. ③ 방사형태가 다양하다.(봉상주수, 적상주수, 무상주수) ④ 화학적으로 안정하여 첨가제를 혼합하여 사용할 수 있다.	① 0℃ 이하에서는 동결의 우려가 있다. ② 소화 후 수손에 의한 2차 피해 우려가 있다. ③ B급 화재(유류화재), C급 화재(전기화재), D급 화재(금속 화재)에는 적응성이 없다.

02 다음 중 물의 특성으로 옳지 않은 것은?

① 대기압하에서 액체 상태의 물이 수증기로 되면 체적은 약 1,000배로 증가한다.
② 물의 기화잠열은 539[kcal/kg]이다.
③ 0[℃]의 물 1[kg]이 100[℃]의 수증기로 되기 위해서는 639[kcal]의 열량이 필요하다.
④ 얼음의 융해잠열은 80[kcal/kg]이다.

물의 특성

① 비열 : 1kcal/kg · ℃ ② 증발잠열 : 539kcal/kg
③ 융해잠열 : 80kcal/kg ④ 기화 체적 : 약 1,700배
⑤ 비중 : 1 ⑥ 밀도 : 1,000kg/m^3
⑦ 비중량 : 9,800N/m^3

03 냉각소화란 물의 어떤 성질을 이용한 것인가?

① 증발잠열 ② 응고열 ③ 응축열 ④ 용해열

04 물의 소화성능을 향상시키기 위해 첨가하는 첨가제로 옳지 않은 것은?

① 부동액 ② 유화제 ③ 침투제 ④ 내유제

정답 01. ② 02. ① 03. ① 04. ④

첨가제

첨가제	특성
부동액 (Antifreeze Agent)	• 0℃ 이하의 온도에서 물의 특성상 동결로 인한 부피 팽창에 의하여 배관을 파손하게 되므로 겨울철 등 한랭지역에서는 물의 어는 온도를 낮추기 위하여 동결 방지제인 부동액을 사용 예 에틸렌글리콜, 프로필렌글리콜, 글리세린 등
침투제 (Wetting Agent)	• 물은 표면장력이 크므로 심부화재에 사용 시 가연물에 깊게 침투하지 못하는 성질이 있다. 침투제는 물에 계면활성제 첨가로 표면장력을 낮추어 침투효과를 높인 첨가제이다. 예 계면활성제 등
증점제 (Viscosity Agent)	• 물의 점성을 강화하여 부착력을 증대시켜 산불화재 등에 사용하여 잎 및 가지 등에 소화가 곤란한 부분에 소화효과를 증대시키는 첨가제 예 CMC 등
유화제 (Emulsifier Agent))	• 에멀션(물과 기름의 혼용상태) 효과를 이용하여 산소의 차단 및 가연성 가스의 증발을 막아 소화효과를 증대시킨 소화약제 예 친수성 콜로이드, 에틸렌글리콜, 계면활성제 등

05 다음 중 강화액 소화약제에 대한 설명으로 옳은 것은?

① 물에 침투제를 혼합한 소화약제이다.
② 물의 침투효과를 증가시키기 위해서 첨가하는 계면활성제이다.
③ 알칼리 금속염을 주성분으로 한 것으로 무색의 점성이 있는 수용액이다.
④ 탄산칼륨 등의 수용액을 주성분으로 하여 물 소화약제의 단점을 보완한 것이다.

강화액 소화약제

심부화재 또는 주방의 식용유 화재에 대해서 신속한 소화를 위하여 개발되었으며, 물 소화약제의 단점을 보완하기 위하여 탄산칼륨 등의 수용액을 주성분으로 하여, -20℃에서도 동결하지 않고 재발화 방지에도 효과가 있으며, A급(일반화재), K급(식용유화재) 등에 우수한 소화능력이 있다.

06 다음 중 강화액 소화약제의 특징을 설명한 것으로 옳지 않은 것은?

① 물에 탄산칼륨(K_2CO_3) 등을 첨가한 것이다.
② 표면장력이 72.75[dyne/cm]로 심부화재에 효과적이다.
③ 비중이 약 1.3으로 물보다 무겁다.
④ 심부화재 또는 주방의 식용유 화재에 적응성이 좋다.

강화액 소화약제

① 첨가물 : 탄산칼륨(K_2CO_3) 등
② 비중 : 1.3 이상
③ pH 값 : pH 12 이상의 강알칼리성
④ 동결점 : -20℃ 이하
⑤ 소화효과 : 미분일 경우 유류화재에도 소화효과 있음
⑥ 표면장력 : 33dyne/cm 이하(물소화약제 72.75dyne/cm)로 표면장력이 낮아서 심부화재에 효과적

정답 05. ④ 06. ②

07 다음 중 포 소화약제의 장점으로 옳지 않은 것은?

① 인체에 무해하고, 화재 시 열분해에 의한 독성가스의 생성이 없다.
② 인화성 · 가연성 액체 화재 시 매우 효과적이다.
③ 옥외에서도 소화효과가 우수하다.
④ 동결의 우려가 없어 설치상 제약이 없다.

포 소화약제의 장점 및 단점

장 점	단 점
① 인체에 무해하고, 화재 시 열분해에 의한 독성가스의 생성이 없다. ② 인화성 · 가연성 액체 화재 시 매우 효과적이다. ③ 옥외에서도 소화효과가 우수하다.	① 동절기에는 동결로 인한 포의 유동성의 한계로 설치상 제약이 있다. ② 단백포 약제의 경우에는 변질 · 부패의 우려가 있다. ③ 소화약제 잔존물로 인한 2차 피해가 우려된다.

08 다음 중 포 소화약제의 주된 소화효과로 옳은 것은?

① 질식효과 · 제거효과
② 유화효과 · 부촉매효과
③ 제거효과 · 냉각효과
④ 질식효과 · 냉각효과

포 소화약제의 소화효과

① 질식효과 : 방사된 포 약제가 가연물을 덮어 가연성 가스의 생성을 억제함과 동시에 산소 공급을 차단시킨다.
② 냉각효과 : 포 수용액에 포함되어 있는 물이 증발되면서 화재면 주위를 냉각시킨다.

09 다음 중 포소화약제가 갖추어야 할 구비조건으로 옳지 않은 것은?

① 파포 현상이 커야 한다.
② 유면에 잘 확산되어야 한다.
③ 표면에 잘 흡착되어야 한다.
④ 열에 잘 견딜 수 있어야 한다.

포 소화약제의 구비조건

① 소포성 : 포가 잘 깨지지 않아야 한다.
② 유동성 : 유면에 잘 확산되어야 한다.
③ 접착성 : 표면에 잘 흡착되어야 질식효과를 극대화할 수 있다.
④ 안정성, 응집성 : 경년기간이 길고 포의 안정성이 좋아야 한다.
⑤ 내유성 : 기름에 오염되지 않아야 한다.
⑥ 내열성 : 열에 견딜 수 있어야 한다.
⑦ 무독성 : 독성이 없어야 한다.

정답 07. ④ 08. ④ 09. ①

10 다음 중 화학포 소화약제의 주성분으로 옳은 것은?

① 황산알루미늄과 탄산나트륨
② 황산나트륨과 탄산소다
③ 황산암모늄과 중탄산소다
④ 황산알루미늄과 탄산수소나트륨

화학포 소화약제

탄산수소나트륨($NaHCO_3$)과 황산알루미늄 수용액($Al_2(SO_4)_3 \cdot 18H_2O$)에 기포안정제를 첨가한 것으로 화학반응에 의해 포를 생성한다.

① 외약제(A제) : 탄산수소나트륨($NaHCO_3$), 기포안정제
② 내약제(B제) : 황산알루미늄[$Al_2(SO_4)_3$]
③ 화학식

$6NaHCO_3 + Al_2(SO_4)_3 \cdot 18H_2O \rightarrow 3Na_2SO_4 + 2Al(OH)_3 + 6CO_2 + 18H_2O$

탄산수소나트륨(외) 황산알루미늄(내) 황산나트륨 수산화알루미늄

11 다음 중 화학포 소화약제의 화학반응식으로 옳은 것은?

① $6NaHCO_3 + Al_2(SO_4)_3 \cdot 18H_2O \rightarrow Na_2SO_4 + Al(OH)_3 + CO_2 + H_2O$
② $6NaHCO_3 + Al_2(SO_4)_3 \cdot 18H_2O \rightarrow Na_2SO_4 + Al(OH)_3 + 3CO_2 + 9H_2O$
③ $6NaHCO_3 + Al_2(SO_4)_3 \cdot 18H_2O \rightarrow 3Na_2SO_4 + 2Al(OH)_3 + 3CO_2 + 18H_2O$
④ $6NaHCO_3 + Al_2(SO_4)_3 \cdot 18H_2O \rightarrow 3Na_2SO_4 + 2Al(OH)_3 + 6CO_2 + 18H_2O$

12 다음 중 화학포 소화약제의 기포 안정제로 옳지 않은 것은?

① 비수용성 단백질
② 계면활성제
③ 사포닌
④ 젤라틴

화학포 소화약제의 기포 안정제

① 가수분해 단백질(=수용성 단백질)
② 계면활성제
③ 사포닌
④ 젤라틴
⑤ 카세인

13 다음 중 수성막포(AFFF)의 특징을 설명한 것으로 옳지 않은 것은?

① 석유류 화재에는 휘발성이 좋아 소화효과가 좋다.
② 액면에 수성막을 형성함으로써 질식소화 작용을 한다.
③ 수명이 반영구적이다.
④ 포 소화약제의 사용 농도는 3[%], 6[%]이다.

정답 10. ④ 11. ④ 12. ① 13. ①

◐ 수성막포

일명 Light Water라는 상품명으로 쓰이기도 하며 불소계 계면활성제포의 일종으로 1960년 초 미국에서 개발되었다. 액면에 수성막을 형성함으로써 질식소화, 냉각소화 작용으로서 소화한다. 사용 농도는 3%, 6%이다.
① 수명이 반영구적이다.
② 수성막과 거품의 이중 효과로 소화 성능이 우수하다.
③ 석유류 화재는 휘발성이 커서 부적합하다.
④ C급 화재에는 사용이 곤란하다.

14 일명 Light Water라는 상품명으로 쓰이기도 하며 불소계 계면활성제포의 일종인 것은?

① 단백포 ② 수성막포
③ 합성계면활성제포 ④ 불화단백포

15 다음 중 유류 저장탱크의 화재에 가장 적합한 포 소화약제로 옳은 것은?

① 합성계면활성제포 ② 단백포
③ 수성막포 ④ 내알코올형포

◐ 합성계면활성제포

탄화수소계 합성계면활성제를 주원료로 하며, 모든 농도(1%, 1.5%, 2%, 3%, 6%)에 사용이 가능하다.
① 저발포, 중발포, 고발포에 사용이 가능하다.
② 인체에 무해하며, 포의 유동성이 우수하고, 반영구적이다.
③ 유류화재 외에 A급 화재에도 적용이 가능하다.
④ 내열성과 내유성이 좋지 않아 윤화 현상이 발생할 우려가 있다.
⑤ 쉽게 분해되지 않으므로, 환경오염을 유발할 수 있다.

16 알코올이나 아세트알데히드와 같은 수용성 액체 화재에 적합한 포소화약제로 옳은 것은?

① 합성계면활성제포 ② 단백포
③ 수성막포 ④ 내알코올형 포

17 기계포(공기포)를 팽창비로 구분하는 경우 제2종 기계포의 팽창비로 옳은 것은?

① 50배 이상 100배 미만
② 80배 이상 250배 미만
③ 250배 이상 500배 미만
④ 500배 이상 1,000배 미만

정답 14. ② 15. ① 16. ④ 17. ③

18 수성막포의 팽창비가 500일 경우 방출 후 포의 체적[m³]으로 옳은 것은?(단, 포 원액은 3[l], 사용농도는 3[%]이다.)

① 5 ② 50 ③ 5,000 ④ 50,000

$$\text{팽창비}=\frac{\text{방출 후 포의 체적}}{\text{방출 전 포수용액의 체적(포 원액+물)}}=\frac{\text{방출 후 포의 체적}(l)}{\frac{\text{원액의 양}(l)}{\text{농도}(\%)}\times 100}\text{에서,}$$

$$\text{방출 후 포의 체적}=\text{팽창비}\times\frac{\text{원액의 양}(l)}{\text{농도}(\%)}\times 100$$

$$=500\times\frac{3}{3}\times 100=50{,}000[l]=50[m^3]$$

19 다음 중 이산화탄소 소화약제의 특징을 설명한 것으로 옳은 것은?

① A급의 심부화재에는 적응성이 없다.
② 임계온도가 높아 표준상태에서 액체 상태로 저장할 수 있다.
③ 액상을 유지할 수 있는 최고 온도는 21.25[℃]이다.
④ 삼중점일 때의 온도는 −56.7[℃]이다.

이산화탄소

구분	기준값	구분	기준값
분자량	44	삼중점	−56.7℃
비중	1.53	임계온도	31.25℃
융해열	45.2cal/g	임계압력	75.2kg_f/cm^2
증발열	137cal/g	비점	−78℃
밀도	1.98g/l	승화점	−78.5℃

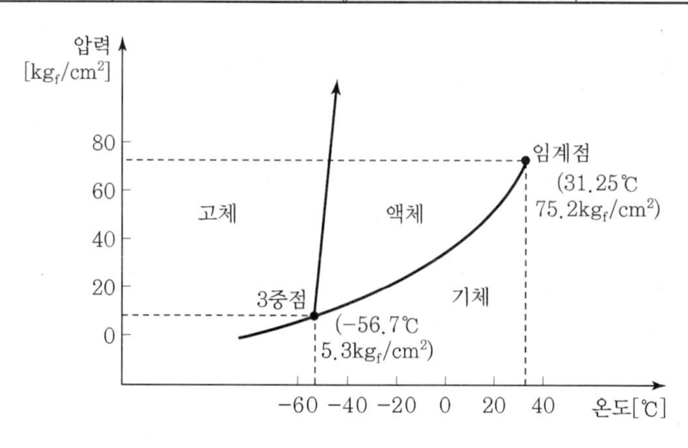

정답 18. ② 19. ④

※ 이산화탄소 소화약제의 장점 및 단점

장 점	단 점
① 비중이 커서 A급 심부화재에 적용이 가능하다. ② 잔존물이 남지 않으며, 부패 및 변질 등의 우려가 없다. ③ 무색 · 무취이며, 화학적으로 매우 안정한 물질이다. ④ 전기적 비전도성인 기체로 전기화재에 적용 가능하다. ⑤ 자체 증기압이 커서 별도의 가압원이 필요하지 않다. ⑥ 임계온도가 높아 액체 상태로 저장이 가능하다.	① 방출 시 인명 피해 우려가 크다. ② 고압으로 방사되므로 소음이 매우 크다. ③ 줄-톰슨 효과에 의한 운무현상과 동상 등의 피해 우려가 크다. ④ 지구 온난화 물질이다.

20 이산화탄소 소화약제의 저장 및 취급 시 주의사항으로 옳지 않은 것은?

① 주위온도가 55[℃] 이하가 되게 하여야 한다.
② 직사광선 및 빗물이 침투할 우려가 없는 곳에 설치하여야 한다.
③ 방화문으로 구획된 실에 설치하여야 한다.
④ 저장용기 간의 간격은 점검에 지장이 없도록 3[cm] 이상을 유지하여야 한다.

21 이산화탄소 소화약제의 소화효과에 대한 설명으로 옳지 않은 것은?

① 질식효과 ② 냉각효과
③ 희석효과 ④ 피복효과

22 1[kg]의 액화 이산화탄소가 20[℃]의 대기 중으로 방출될 경우 이산화탄소의 부피[l]로 옳은 것은 ?

① 0.546 ② 10.69 ③ 546 ④ 10,690

기체의 비체적

$$S = K_1 + K_2 \times t$$

$$= \left(\frac{22.4}{\text{분자량}}\right) + \left\{\left(\frac{22.4}{\text{분자량}} \times \frac{1}{273}\right)\right\} \times t = \left(\frac{22.4}{44}\right) + \left\{\left(\frac{22.4}{44} \times \frac{1}{273}\right)\right\} \times 20$$

$$= 0.546[\text{m}^3/\text{kg}] = 546.38[l/\text{kg}]$$

23 다음 중 이산화탄소의 농도를 계산하는 식으로 옳은 것은?(단, 소화약제는 외부로 유출되지 않는다고 가정한다.)

① $C[\%] = \frac{21 - O_2}{O_2} \times 100$ ② $C[\%] = \frac{O_2 - 21}{O_2} \times 100$

③ $C[\%] = \frac{21 - O_2}{21} \times 100$ ④ $C[\%] = \frac{O_2 - 21}{21} \times 100$

정답 20. ① 21. ③ 22. ③ 23. ③

이산화탄소의 농도 및 기화체적(무유출)

① 농도 $C[\%] = \frac{21 - O_2}{21} \times 100$

② 기화체적 $x[m^3] = \frac{21 - O_2}{O_2} \times V$

24 이산화탄소의 농도가 34[%]로 되기 위한 산소의 농도[%]로 옳은 것은?

① 7.14　② 10.14　③ 13.86　④ 14.86

이산화탄소의 농도(무유출)

$C[\%] = \frac{21 - O_2}{21} \times 100$ 에서,

$O_2 = 21 - \frac{C \times 21}{100} = 21 - \frac{34 \times 21}{100} = 13.86[\%]$

25 이산화탄소의 줄-톰슨 효과에 의한 운무현상을 설명한 것으로 옳은 것은?

① 저압의 이산화탄소 방사 시 온도 상승으로 다량의 수증기가 발생한다.
② 저압의 이산화탄소의 방사 시 공기 중의 수증기가 응결하여 안개가 발생한다.
③ 고압의 이산화탄소의 방사 시 온도 상승으로 다량의 수증기가 발생한다.
④ 고압의 이산화탄소의 방사 시 공기 중의 수증기가 응결하여 안개가 발생한다.

줄-톰슨 효과

1. 액체상태의 이산화탄소가 기체상태로 변화할 때 주변의 열을 흡수하여 냉각되는 효과로 공기 중의 수증기가 응결하여 안개가 생기는 현상을 운무현상이라 한다.
2. 배관으로 고압의 이산화탄소가 저압인 대기 중으로 방출되면 −78℃로 급랭(줄 · 톰슨 효과)되어 배관에 소량의 수분이 있으면 결빙하여 고체 이산화탄소인 드라이아이스로 변하여 배관을 막는 현상으로, 이산화탄소의 품질을 제2종 이상으로 제한한다.

26 다음 중 이산화탄소 소화약제의 주된 소화효과로 옳은 것은?

① 부촉매효과　② 질식효과
③ 제거효과　④ 억제효과

27 다음 중 독성이 매우 강하여 소화약제로 사용하지 않는 할로겐화합물 소화약제로 옳은 것은?

① 할론2402　② 할론1301
③ 할론1211　④ 할론1040

정답 24. ③ 25. ④ 26. ② 27. ④

28 다음 중 할론1301의 증기 비중으로 옳은 것은?

① 5.14 ② 5.31 ③ 5.71 ④ 8.97

증기비중

$$할론1301의\ 증기\ 비중\ s = \frac{할론1301의\ 분자량}{공기의\ 분자량} = \frac{149}{29} = 5.137$$

29 할론1301의 화학적 성질을 설명한 것으로 옳은 것은?

① 상온에서 액체이며, 무색 · 무취의 비전도성이 있다.
② 푸른색의 비전도성 기체이며 증기 비중은 상온 · 상압에서 약 8.97배이다.
③ 할론 소화약제 중 소화효과가 가장 우수하지만, 오존파괴지수 또한 가장 크다.
④ 비전도성의 기체이고 화염과 접촉 시 생긴 분해 생성물은 인체에 무해하다.

할론1301

① 상온에서 기체이며 무색 · 무취의 비전도성 물질로, 증기 비중은 5.13이다.
② 자체 증기압이 1.4[MPa]이므로, 질소로 충전하여 4.2[MPa]로 사용한다.
③ 할론 소화약제 중에서 소화효과가 가장 우수하지만, 오존파괴지수 또한 가장 크다.

30 다음의 할로겐 원소 중 소화능력이 가장 우수한 것으로 옳은 것은?

① F ② Cl ③ Br ④ I

할로겐 원소의 특징

원소	원자량	원소	원자량
F	19	Br	80
Cl	35.5	I	127

① 전기음성도 크기, 이온화 에너지 크기
F > Cl > Br > I
② 소화 효과, 오존층 파괴 지수
F < Cl < Br < I

31 다음의 할론 소화약제 중 수분과 반응하여 포스겐($COCl_2$)을 생성할 수 있는 것으로 옳은 것은?

① 할론1040 ② 할론1211
③ 할론1301 ④ 할론2040

정답 28. ① 29. ③ 30. ④ 31. ①

사염화탄소 반응식

포스겐($COCl_2$) 가스의 발생으로 현재 사용 중지

① 탄산가스와의 반응 : $CCl_4+CO_2 \rightarrow 2COCl_2$

② 공기와의 반응 : $2CCl_4+O_2 \rightarrow 2COCl_2+2Cl_2$

③ 물과의 반응 : $CCl_4+H_2O \rightarrow COCl_2+2HCl$

④ 금속과의 반응 : $3CCl_4+Fe_2O_3 \rightarrow 3COCl_2+2FeCl_2$

32 어떤 물질이 기여하는 온난화 정도를 상대적으로 나타내는 지표인 지구온난화지수로 옳은 것은?

① $GWP = \dfrac{\text{어떤 물질 1kg이 기여하는 온난화 정도}}{CO_2\text{ 1kg이 기여하는 온난화 정도}}$

② $GWP = \dfrac{CO_2\text{ 1kg이 기여하는 온난화 정도}}{\text{어떤 물질 1kg이 기여하는 온난화 정도}}$

③ $GWP = \dfrac{\text{어떤 물질 1kg이 기여하는 온난화 정도}}{\text{CFC}-11\text{ 1kg이 기여하는 온난화 정도}}$

④ $GWP = \dfrac{\text{CFC}-11\text{ 1kg이 기여하는 온난화 정도}}{\text{어떤 물질 1kg이 기여하는 온난화 정도}}$

가스계 관련 소화약제 용어

① 오존파괴지수(ODP ; Ozone Depletion Potential) : 어떤 물질의 오존파괴능력을 상대적으로 나타내는 지표

$$ODP = \frac{\text{어떤 물질 1kg이 파괴하는 오존량}}{\text{CFC}-11(CFCl_3)\text{ 1kg이 파괴하는 오존량}}$$

② 지구온난화지수(GWP ; Global Warming Potential) : 어떤 물질이 기여하는 온난화 정도를 상대적으로 나타내는 지표

$$GWP = \frac{\text{어떤 물질 1kg이 기여하는 온난화 정도}}{CO_2\text{ 1kg이 기여하는 온난화 정도}}$$

③ NOAEL(No Observed Adverse Effect Level, 최대허용설계농도) : 농도를 증가시킬 때 아무런 악영향도 감지할 수 없는 최대허용농도

④ LOAEL(Lowest Observed Adverse Effect Level, 최소허용농도) : 농도를 감소시킬 때 아무런 악영향도 감지할 수 있는 최소허용농도

⑤ ALT(Atmospheric Life Time, 대기권 잔존수명) : 물질이 방사된 후 대기권 내에서 분해되지 않고 체류하는 잔류기간(단위 : 년)

⑥ LC 50 : 4시간 동안 쥐에게 노출했을 때 그중 50%가 사망하는 농도

⑦ ALC(Approximate Lethal Concentration) : 사망에 이르게 할 수 있는 최소농도

정답 32. ①

33 다음 중 청정소화약제의 구비조건으로 옳지 않은 것은?

① 소화성능이 기존의 할론 소화약제와 유사하여야 한다.

② 독성이 낮아야 하며 설계농도는 최대허용농도(NOAEL) 이상이어야 한다.

③ 환경영향성 ODP, GWP, ALT가 낮아야 한다.

④ 소화 후 잔존물이 없어야 하고 전기적으로 비전도성이며 냉각효과가 커야 한다.

청정소화약제의 구비조건

① 독성이 낮아야 하며 설계농도는 최대허용농도(NOAEL) 이하이어야 한다.

② 저장 시 분해되지 않고 금속용기를 부식시키지 않아야 한다.

③ 기존의 할론 소화약제보다 설치비용이 크게 높지 않아야 한다.

34 다음 중 할로겐화합물 청정소화약제로 옳지 않은 것은?

① HFC－124

② HCFC BLEND A

③ FIC－13I1

④ FK－5－1－12

청정소화약제의 종류

① 할로겐화합물 청정소화약제

구 분	소화약제	화학식		최대허용 설계농도
HFC 계열 (수소－불소－탄소화합물)	HFC－125	C_2HF_5	CHF_2CF_3	11.5%
	HFC－227ea	C_3HF_7	CF_3CHFCF_3	10.5%
	HFC－23	CHF_3	CHF_3	30%
	HFC－236fa	$C_3H_2F_6$	$CF_3CH_2CF_3$	12.5%
HCFC 계열 (수소－염소－불소－탄소 화합물)	HCFC BLEND A	• HCFC－123($CHCl_2CF_3$) : 4.75% • HCFC－22($CHClF_2$) : 82% • HCFC－124($CHClFCF_3$) : 9.5% • $C_{10}H_{16}$: 3.75%		10%
	HCFC－124	C_2HClF_4	$CHClFCF_3$	1.0%
PFC 계열 (불소－탄소화합물)	FC－3－1－10	C_4F_{10}	C_4F_{10}	40%
	FK－5－1－12	C_6OF_{12}	$CF_3CF_2C(O)CF(CF_3)_2$	10%
FIC 계열 (불소－옥소－탄소화합물)	FIC－13I1	CF_3I	CF_3I	0.3%

정답 33. ② 34. ①

② 불활성가스 청정소화약제

소화약제	화학식	최대허용 설계농도
IG-541	N_2 : 52%, Ar : 40%, CO_2 : 8%	43%
IG-100	N_2	
IG-55	N_2 : 50%, Ar : 50%	
IG-01	Ar	

35 다음의 청정소화약제 중 최대허용 설계농도가 가장 낮은 것으로 옳은 것은?

① HFC-23
② FIC-13I1
③ FK-5-1-12
④ IG-541

36 다음 중 FK-5-1-12의 특성을 설명한 것으로 옳지 않은 것은?

① 물보다 약 1.7배 무겁고 다른 물질과 접촉 시 산화반응을 하지 않는다.
② 무색 · 무취이고, 점성이 물과 비슷하며, 비점은 49[℃]이다.
③ ODP는 0이고, GWP는 1이며, ALT는 5년이다.
④ 화학식은 $CF_3CF_2(O)CF(CF_3)_2$이며, 분자량은 316이다.

FK-5-1-12

ALT(대기권 잔존연수) : 5일

37 다음 중 IG-541의 분자량으로 옳은 것은?

① 28
② 34
③ 34.08
④ 40

불활성가스 청정소화약제

종류	화학식	분자량
IG-01	Ar(100%)	40
IG-100	N_2(100%)	28
IG-55	N_2(50%), Ar(50%)	(28×0.5)+(40×0.5)=34
IG-541	N_2(52%), Ar(40%), CO_2(8%)	(28×0.52)+(40×0.4)+(44×0.08)=34.08

정답 35. ② 36. ③ 37. ③

38 다음 중 질소에 대한 설명으로 옳지 않은 것은?

① 질소의 분자량은 28이며, 공기 중에는 79[%]가 포함되어 있다.
② 질소는 산소와 반응 시 발열반응을 한다.
③ 질소의 끓는점은 −196[℃]이고, 임계온도는 −147[℃]이다.
④ 질소는 이산화탄소보다 증기 비중이 작다.

39 다음 중 분말소화약제의 색상으로 옳지 않은 것은?

① 제1종 분말 : 백색　② 제2종 분말 : 담회색
③ 제3종 분말 : 담황색　④ 제4종 분말 : 회색

분말소화약제

분말 종류	주성분	분자식	성분비	색 상	적응 화재
제1종 분말	탄산수소나트륨	$NaHCO_3$	90wt% 이상	백색	B, C급
제2종 분말	탄산수소칼륨	$KHCO_3$	92wt% 이상	담회색	B, C급
제3종 분말	인산암모늄	$NH_4H_2PO_4$	75wt% 이상	담홍색	A, B, C급
제4종 분말	탄산수소칼륨과 요소	$KHCO_3+CO(NH_2)_2$	−	회색	B, C급

40 다음의 분말소화약제 중 A · B · C급의 화재에 적응성이 있는 것으로 옳은 것은?

① 제1종 분말　② 제2종 분말
③ 제3종 분말　④ 제4종 분말

41 주방 화재의 소화에 제1종 분말소화약제가 제2종 분말소화약제보다 적응성이 좋은 이유로 가장 옳은 것은?

① 분말소화약제에 결합된 알칼리 금속의 분자량이 가벼워 식용유 화재에 대한 소화성능이 우수하다.
② 기름의 지방산과 Na^+ 이온이 결합하여 비누거품을 형성하여 재발화를 방지한다.
③ 연쇄반응을 촉진하는 활성라디칼의 흡착력이 우수하다.
④ 나트륨이 칼륨보다 화학반응이 빨라 소화효과가 우수하다.

42 제1종 분말소화약제인 탄산수소나트륨의 열분해 시 생성되는 물질로 옳지 않은 것은?

① Na_2CO_3　② Na_2O_2　③ CO_2　④ H_2O

정답 38. ② 39. ③ 40. ③ 41. ② 42. ②

NaHCO$_3$(탄산수소나트륨)의 열 분해 반응식

① 270[℃]

$2NaHCO_3 \rightarrow Na_2CO_3 + CO_2 \uparrow + H_2O \uparrow - 30.3$[kcal]

② 850[℃]

$2NaHCO_3 \rightarrow Na_2O + 2CO_2 \uparrow + H_2O \uparrow - 104.4$[kcal]

43 제1종 분말소화약제인 중탄산나트륨의 성분비[wt%]로 옳은 것은?

① 92
② 90
③ 80
④ 75

44 다음 중 제3종 분말소화약제인 제1인산암모늄의 열분해 반응식으로 옳지 않은 것은?

① $NH_4H_2PO_4 \rightarrow H_3PO_4 + NH_3 \uparrow$

② $2H_3PO_4 \rightarrow H_4P_2O_7 + H_2O \uparrow - 77$[kcal]

③ $H_4P_2O_7 \rightarrow 2HPO_3 + H_2O \uparrow$

④ $2KHCO_3 \rightarrow K_2CO_3 + CO_2 \uparrow + H_2O \uparrow - 29.82$[kcal]

NH$_4$H$_2$PO$_4$의 열분해 반응식(제1인산암모늄)

① 166[℃]

$NH_4H_2PO_4 \rightarrow H_3PO_4 + NH_3 \uparrow$ → 질식작용

② 216[℃]

$2H_3PO_4 \rightarrow H_4P_2O_7 + H_2O \uparrow - 77$[kcal] → 냉각작용

③ 360[℃]

$H_4P_2O_7 \rightarrow 2HPO_3 + H_2O \uparrow$ → 피막을 형성하여 재연 방지

45 다음 중 분말소화약제의 열분해 시 이산화탄소를 생성하지 아니하는 소화약제로 옳은 것은?

① 제1종 분말
② 제2종 분말
③ 제3종 분말
④ 제4종 분말

46 다음 중 제4종 분말소화약제의 주성분으로 옳은 것은?

① $NaHCO_3$
② $KHCO_3$
③ $NH_4H_2PO_4$
④ $KHCO_3 + CO(NH_2)_2$

정답 43. ② 44. ④ 45. ③ 46. ④

47 분말소화약제의 소화효과가 가장 좋은 입자범위로 옳은 것은?

① 10~50micron
② 10~75micron
③ 20~25micron
④ 20~75micron

48 CDC(Compatible Dry Chemical) 소화약제의 특징으로 옳지 않은 것은?

① 분말소화약제의 빠른 소화능력과 포소화약제의 재착화 방지능력을 적용시킨 소화약제이다.
② 소화효과로는 희석효과, 질식효과, 냉각효과, 부촉매효과 등이 있다.
③ TWIN 20/20는 ABC 분말약제 20[kg]과 수성막포 20[l]를 혼합한 소화약제이다.
④ TWIN 40/40는 ABC 분말약제 40[kg]과 단백포 40[l]를 혼합한 소화약제이다.

49 금속화재용 분말 소화약제(Dry Powder)가 가져야 할 특성으로 옳지 않은 것은?

① 요철이 있는 금속 표면을 피복할 수 있어야 한다.
② 냉각효과가 좋아야 한다.
③ 고온에 견딜 수 있어야 한다.
④ 금속이 용융된 경우에는 용융된 액면 아래로 가라앉을 수 있어야 한다.

금속화재용 분말 소화약제(Dry Powder)

① 일반적으로 금속화재는 가연성 금속인 알루미늄(Al), 마그네슘(Mg), 나트륨(Na), 칼륨(K) 등이 연소하는 것을 말하며, 이러한 금속화재는 연소 온도가 매우 높아 소화의 어려움이 있다. 금속화재 시 주수소화를 하는 경우 물은 금속과 급격한 반응을 일으키거나 수증기 폭발을 일으킬 위험이 있으므로 주수소화를 금지하여야 한다.
② 금속화재용 분말소화약제(Dry Powder)는 금속 표면을 덮어서 산소의 공급을 차단하거나 온도를 낮추는 것이 주된 소화원리이다.

50 다음 중 간이소화용구에 대한 설명으로 옳지 않은 것은?

① 간이소화용구의 능력단위는 1단위 이상이 되어야 한다.
② 마른 모래에는 가연물이 포함되지 않고, 반드시 건조되어 있어야 한다.
③ 팽창질석은 운모가 풍화 또는 변질되어 생성된 것이다.
④ 팽창진주암은 천연유리를 조각으로 분쇄한 것이며, 3~4[%]의 수분을 함유하고 있다.

정답 47. ③ 48. ④ 49. ④ 50. ①

PART

03

소방관련법령

CHAPTER 01 소방기본법

01 다음 중 소방기본법의 목적과 거리가 가장 먼 것은?

① 화재를 예방 · 경계하고 진압하는 것
② 건축물의 안전한 사용을 통하여 안락한 국민생활을 보장해 주는 것
③ 공공의 안녕질서 유지와 복리증진에 기여하는 것
④ 화재, 재난 · 재해로부터 구조 · 구급하는 것

법 제1조 관련

소방기본법은 화재를 예방 · 경계하거나 진압하고 화재, 재난 · 재해 그 밖의 상황에서의 구조 · 구급 활동 등을 통하여 국민의 생명 · 신체 및 재산을 보호함으로써 공공의 안녕질서 유지와 복리증진에 이바지함을 목적으로 한다.

02 다음 용어의 정의 중 틀린 것은?

① "소방대상물"이라 함은 건축물, 차량, 선박(모든 선박), 선박건조물, 산림 그 밖의 공작물 또는 물건을 말한다.
② "관계지역"이라 함은 소방대상물이 있는 장소 및 그 이웃지역으로서 화재의 예방 · 경계 · 진압 · 구조 · 구급 등의 활동에 필요한 지역을 말한다.
③ "관계인"이라 함은 소방대상물의 소유자 · 관리자 또는 점유자를 말한다.
④ "소방대장"이라 함은 소방본부장 또는 소방서장 등 화재 재난 · 재해 그 밖의 위급한 상황이 발생한 현장에서 소방대를 지휘하는 자를 말한다.

법 제2조 관련

1. 소방대상물 : 건축물 차량 선박(항구 안에 매어둔 선박에 한함), 선박건조구조물, 산림 그 밖의 공작물 또는 물건
2. 관계지역 : 소방대상물이 있는 장소 및 그 이웃지역으로서 화재의 예방 · 경계 · 진압, 구조 · 구급 등의 활동에 필요한 지역
3. 소방본부장 : 특별시 · 광역시 또는 도(시 · 도)에서 화재의 예방 · 경계 · 진압 · 조사 및 구조 · 구급 등의 업무를 담당하는 부서의 장
4. 소방대 : 화재를 진압하고 화재 재난 · 재해 그 밖의 위급한 상황에서의 구조 · 구급활동 등을 하기 위하여 소방공무원, 의무소방원, 의용소방대원으로 구성된 조직제
5. 소방대장 : 소방본부장 또는 소방서장 등 화재, 재난 · 재해 그 밖의 위급한 상황이 발생한 현장에서 소방대를 지휘하는 자

정답 01. ② 02. ①

03 소방대상물에 해당되지 않는 것은?

① 항해 중인 선박
② 자동차 통행 터널
③ 위험물취급소
④ 주민 대피용 방공호 내부

소방대상물

건축물, 차량, 선박(항구 안에 매어둔 선박), 선박건조구조물, 산림 그 밖의 공작물 또는 물건

04 소방대장과 관계없는 자는?

① 의용소방대장
② 소방본부장
③ 소방서장
④ 화재현장에서 소방대를 지휘하는 자

법 제2조 관련

소방본부장 또는 소방서장 등은 화재 등 상황이 발생한 현장에서 소방대를 지휘하는 자를 말한다.

05 소방기본법에서 정하는 관계인이 아닌 사람은?

① 건축물을 임대하여 사용하는 자
② 물건의 보관만을 전문으로 하는 옥외창고의 주인
③ 위험물을 저장하는 관리인
④ 운행 중인 관광버스 안에 승객

법 제2조 관련

관계인은 소방대상물의 소유자 · 관리자 · 점유자를 말한다.

06 시 · 도에서 화재의 예방 · 경계 · 진압 · 조사 및 구조 · 구급 등의 업무를 담당하는 부서의 장을 무엇이라 하는가?

① 시 · 도지사
② 소방본부장
③ 소방청장
④ 소방서장

소방본부장

특별시 · 광역시 · 도 또는 특별 자치도에서 화재의 예방 · 경계 · 진압 · 조사 및 구조 · 구급 등의 업무를 담당하는 부서의 장

07 소방업무를 수행하는 소방본부장 또는 소방서장은 누구의 지휘 · 감독을 받는가?

① 대통령
② 소방청장
③ 소방청장
④ 시 · 도지사

정답 03. ① 04. ① 05. ④ 06. ② 07. ④

08 화재를 진압하고 화재, 재난 · 재해 그 밖의 위급한 상황에서의 구조 · 구급활동을 위하여 구성된 조직체를 무엇이라 하는가?

① 기초구급대　　② 의무소방대
③ 소방대　　④ 의용소방대

법 제2조 관련

소방대는 소방공무원, 의무소방원, 의용소방대원으로 구성된 조직체이다.

09 소방대라 함은 어떠한 사람으로 편성된 조직체를 말하는가?

① 소방공무원, 구급대원, 의용소방대원
② 소방공무원, 의무소방대원, 응급구조대원
③ 소방공무원, 구급대원, 응급구조대원
④ 소방공무원, 의무소방원, 의용소방대원

소방대

화재를 진압하고 화재, 재난 · 재해, 그 밖의 위급한 상황에서 구조 · 구급활동 등을 하기 위하여 소방공무원 , 의무소방원, 의용소방대원으로 구성된 조직체

10 소방본부장 또는 소방서장 등 화재 · 재난 재해 그 밖의 위급한 상황이 발생한 현장에서 소방대를 지휘하는 자를 무엇이라 하는가?

① 소방청장　　② 시 · 도지사
③ 소방대장　　④ 의용소방대장

소방대장

소방본부장 또는 소방서장 등 화재, 재난 · 재해 그 밖의 위급한 상황이 발생한 현장에서 소방대를 지휘하는 자

11 시 · 도의 소방업무를 수행하는 소방기관의 설치에 관하여 필요한 사항은 무엇으로 정하는가?

① 대통령령　　② 행정안전부령
③ 국토교통부령　　④ 시 · 도 조례

시 · 도의 소방업무를 수행하는 소방기관의 설치에 관하여 필요한 사항 : 대통령령

정답 08. ③ 09. ④ 10. ③ 11. ①

12 **소방청장 또는 소방본부장이 화재 등 재해가 발생한 때에 신속한 소방활동을 위한 정보를 수집 · 전파하기 위해 설치 · 운영하는 것은?**

① 통합감시실 ② 종합상황실 ③ 직할구조대 ④ 항공구조대

소방기본법 제4조(종합상황실)

- 설치 · 운영권자 : 소방청장 · 소방본부장 및 소방서장
- 설치목적 : 화재, 재난 · 재해 그 밖에 구조 · 구급이 필요한 상황이 발생한 때에 신속한 소방활동을 위한 정보를 수집 · 전파하기 위함

13 **화재 · 재난 · 재해 그 밖에 구조 · 구급이 필요한 상황이 발생한 때에 신속한 소방활동을 위한 정보를 수집, 전파하기 위하여 종합상황실을 설치 운영하여야 한다. 이에 관계되지 않는 사람은?**

① 소방청장 ② 시 · 도지사
③ 소방본부장 ④ 소방서장

종합상황실 설치 · 운영권자

소방청장 · 소방본부장 및 소방서장

14 **소방기본법에서 종합상황실 운영자가 하는 업무로 적합하지 않은 것은?**

① 접수된 재난상황을 검토하여 가까운 소방서에 인력 및 장비의 동원을 요청하는 등의 사고수습
② 화재, 재난 · 재해 그 밖에 구조 · 구급이 필요한 상황 발생의 신고접수
③ 상급소방기관에 대한 출동지령 또는 동급 이상의 소방기관 및 유관기관에 대한 지원 요청
④ 재난상황의 수습에 필요한 정보수집 및 제공

기본법 제4조(종합상황실장의 업무)

1. 화재, 재난 · 재해 그 밖에 구조 · 구급이 필요한 상황의 발생의 신고 접수
2. 접수된 재난상황을 검토하여 가까운 소방서에 인력 및 장비의 동원을 요청하는 등의 사고접수
3. 하급소방기관에 대한 출동지령 또는 동급 이상의 소방기관 및 유관기관에 대한 지원요청
4. 재난상황의 전파 및 보고
5. 재난상황이 발생한 현장에 대한 지휘 및 피해현황의 파악
6. 재난상황의 수습에 필요한 정보수집 및 제공

15 **소방서의 종합상황실의 경우는 소방본부의 종합상황실에, 소방본부의 종합상황실의 경우는 소방청의 종합상황실에 각각 보고하여야 한다. 그 보고사항이 아닌 것은?**

① 다중이용업소에서 화재가 발생한 경우
② 층수가 5층 이상이거나 객실이 10실 이상인 숙박시설에서 발생한 화재

정답 12. ② 13. ② 14. ③ 15. ②

③ 사망자가 5인 이상 발생하거나 사상자가 10인 이상 발생한 화재

④ 관공서 · 학교 · 문화재 · 지하구 또는 11층 이상인 건축물의 화재

▶ 소방기본법 시행규칙 제3조(종합상황실의 실장의 업무 등)

조사활동 중 긴급상황을 보고하여야 할 화재는 다음과 같다.

1. 다음 각 목에 해당하는 화재
   가. 사망자가 5인 이상 발생하거나 사상자가 10인 이상 발생한 화재
   나. 이재민이 100인 이상 발생한 화재
   다. 재산피해액이 50억 원 이상 발생한 화재
   라. 관공서 · 학교 · 정부미도정공장 · 문화재 · 지하철 또는 지하구의 화재
   마. 관광호텔, 11층 이상인 건축물, 지하상가, 시장, 백화점, 제조소등(지정수량의 3,000배 이상의 위험물), 5층 이상이거나 객실 30실 이상인 숙박시설, 5층 이상이거나 병상이 30개 이상인 종합병원 · 정신병원 · 한방병원 · 요양소, 공장(연면적 15,000m² 이상), 화재경계지구에서 발생한 화재
   바. 철도차량, 선박(항구에 매어둔 1,000톤 이상), 항공기, 발전기 또는 변전소에서 발생한 화재
   사. 가스 및 화약류의 폭발에 의한 화재
   아. 다중이용업소의 화재
2. 통제단장의 현장지휘가 필요한 재난상황
3. 언론에 보도된 재난상황
4. 그 밖에 소방청장이 정하는 재난상황

16 종합상황실의 설치운영에 대한 사항으로 옳지 않은 것은?

① 소방청장 · 소방본부장 또는 소방서장이 설치 운영한다.

② 화재, 재난 · 재해 및 그 밖에 구조 구급이 필요한 상황이 발생한 때 신속한 소방활동을 위한 정보를 수집 · 전파하기 위하여 설치한다.

③ 24시간 운영체제를 유지한다.

④ 소방기본법 시행규칙에 의한 통신요원과 유 · 무선통신시설을 갖추어야 한다.

▶ 기본법 제4조

④ 전산 · 통신요원을 배치하고, 소방청장이 정하는 유 · 무선통신시설을 갖추어야 한다.

17 소방박물관과 소방체험관의 설립 및 운영권자로 옳은 것은?

	소방박물관	소방체험관
①	소방청장	소방청장
②	소방청장	시 · 도지사
③	시 · 도지사	소방청장
④	시 · 도지사	시 · 도지사

정답 16. ④ 17. ②

구분	소방박물관	소방체험관
설립과 운영	소방청장	시 · 도지사
관련 법규	행정안전부령	시 · 도 조례

18 **소방박물관 등의 설립과 운영에 관한 사항으로 옳지 않은 것은?**

① 소방의 역사와 안전문화를 발전시키고 국민의 안전의식을 높이기 위하여 설치한다.
② 소방청장이 소방공무원 중 소방박물관장을 임명한다.
③ 구성은 소방박물관장 1인, 부관장 2인과 운영위원 10인으로 한다.
④ 시 · 도지사가 소방체험관을 설립 운영할 수 있다.

기본법 제5조

구성은 관장 1인, 부관장 1인, 운영위원 7인 이내로 한다.

19 **다음 중 적용기준이 다른 하나는?**

① 소방박물관의 설립과 운영에 관하여 필요한 상황
② 소방력의 기준
③ 종합상황실의 설치 운영에 관하여 필요한 사항
④ 소방장비 등의 국고보조의 대상 및 기준

① 행정안전부령 : 소방박물관의 설립과 운영에 관하여 필요한 상황, 소방력의 기준, 종합상황실의 설치 운영에 관하여 필요한 사항
② 대통령령 : 소방장비 등의 국고보조의 대상 및 기준

20 **소방본부장은 화재의 예방상 위험하다고 인정되는 행위를 하는 자에 대해서 명령을 할 수 있는데 그 명령으로 옳지 않은 것은?**

① 불장난, 모닥불의 금지 또는 제한
② 타고 남은 불 또는 화기의 우려가 있는 재의 처리
③ 방치되어 있는 위험물의 이동 또는 제거
④ 공장 굴뚝 연기의 제한

불장난, 모닥불, 흡연, 화기(화기) 취급 ,풍등 등 소형 열기구 날리기, 그 밖에 화재 예방상 위험하다고 인정되는 행위의 금지 또는 제한, 타고 남은 불 또는 화기(화기)의 우려가 있는 재의 처리, 함부로 버려두거나 그냥 둔 위험물
그 밖에 불에 탈 수 있는 물건을 옮기거나 치우게 하는 등의 조치를 할 수 있다.

정답 18. ③ 19. ④ 20. ④

21 화재경계지구로 지정하여야 하는 지역으로 옳지 않은 것은?

① 위험물의 저장 및 처리시설이 밀집한 지역
② 공장 및 창고가 밀집한 지역
③ 소방시설이 없는 지역
④ 고층건물이 밀집된 지역

화재경계지구의 지정대상지역

① 시장지역
② 공장 · 창고가 밀집한 지역
③ 목조건물이 밀집한 지역
④ 위험물의 저장 및 처리시설이 밀집한 지역
⑤ 석유화학제품을 생산하는 공장이 있는 지역
⑥ 소방시설 · 소방용수시설 또는 소방 출동로가 없는 지역

22 소방본부장 또는 소방서장은 화재경계지구 안의 관계인에 대하여 소방상 필요한 훈련 및 교육을 실시하고자 하는 때에는 화재경계지구 안의 관계인에게 훈련 및 교육 며칠 전까지 그 사실을 통보하여야 하는가?

① 3일　　② 7일
③ 10일　　④ 14일

화재경계지구안의 소방훈련 및 교육

소방본부장 또는 소방서장은 소방상 필요한 훈련 및 교육을 실시하고자 하는 때에는 화재경계지구 안의 관계인에게 훈련 또는 교육 10일 전까지 그 사실을 통보하여야 한다.

23 소방기본법상 특수가연물이란?

① 화재 시에 많은 열을 발생하는 물품
② 화재가 발생하면 그 확대가 빠른 물품
③ 화재가 발생할 때 폭발하는 물품
④ 화재 시 많은 연기를 발생하는 물품

소방기본법 제15조(불을 사용하는 설비 등의 관리와 특수가연물의 저장 · 취급)

특수가연물 : 화재가 발생하는 경우 불길이 빠르게 번지는 고무류, 면화류, 석탄, 목탄 등 대통령령으로 정하는 것

정답 21. ④ 22. ③ 23. ②

24 다음 중 특수가연물에 해당하는 가연성 액체의 기준으로 옳지 않은 것은?

① 인화점이 섭씨 40도 이상 100도 미만인 것
② 섭씨 20도 이하에서 액상인 것으로서 인화점이 섭씨 40도 이상 섭씨 70도 미만이고 연소점이 섭씨 60도 이상인 물품
③ 섭씨 20도에서 액상인 것으로서 인화점이 섭씨 70도 이상 섭씨 250도 미만인 물품
④ 동물의 기름기와 살코기 또는 식물의 씨나 과일의 살로부터 추출한 것으로서 섭씨 20도에서 액상이고 인화점이 섭씨 250도 이상인 것

가연성 액체류(1기압과 20℃ 이하)

구 분	가연성 액체량	인화점	연소점
액상	40wt% 이하	40℃ 이상 70℃ 미만	60℃ 이상
	40wt% 이하	70℃ 이상 250℃ 미만	–
동물의 기름기와 살코기 또는 식물의 씨나 과일의 살로부터 추출한 것		250℃ 미만	위험물 안전관리법에 의거 표지
		250℃ 이상	–

25 특수가연물을 저장 · 취급함에 있어서 기준으로 옳은 것은?

① 쌓는 부분의 바닥면적 사이는 1m 이하가 되도록 할 것
② 살수설비를 설치하는 경우에는 쌓는 높이를 15m 이하, 쌓는 부분의 바닥면적을 200m²(석탄 · 목탄류의 경우에는 300m²) 이하로 할 수 있다.
③ 쌓는 높이는 10m 이하가 되도록 하고, 쌓는 부분의 바닥면적은 50m²(발전용으로 사용하는 석탄 · 목탄의 경우 200m²) 이하가 되도록 할 것
④ 특수가연물을 저장 · 취급하는 장소에는 품명 · 최대수량 · 위험물안전관리자성명 및 화기취급금지 표지를 설치할 것

특수가연물의 저장 및 취급기준

1. 특수가연물을 저장 또는 취급하는 장소에는 품명 · 최대수량 및 화기취급의 금지표지를 설치할 것
2. 다음 각 목의 기준에 따라 쌓아 저장할 것. 다만, 석탄 · 목탄류를 발전용으로 저장하는 경우에는 그러하지 아니하다.
   ① 품명별로 구분하여 쌓을 것
   ② 쌓는 높이는 10m 이하가 되도록 하고, 쌓는 부분의 바닥면적은 50m²(석탄 · 목탄류의 경우에는 200m²) 이하가 되도록 할 것. 다만, 살수설비를 설치하거나, 방사능력 범위에 해당 특수가연물이 포함되도록 대형수동식소화기를 설치하는 경우에는 쌓는 높이를 15m 이하, 쌓는 부분의 바닥면적을 200m²(석탄 · 목탄류의 경우에는 300m²) 이하로 할 수 있다.
   ③ 쌓는 부분의 바닥면적 사이는 1m 이상이 되도록 할 것

	간격	저장높이	저장 바닥면적
일반	1m 이상	10m 이하	50m² 이하(석탄 · 목탄 200m² 이하)
살수설비 or 대형소화기	1m 이상	15m 이하	200m² 이하(석탄 · 목탄 300m² 이하)

정답 24. ① 25. ②

26 다음 중 특수가연물에 대한 것 중 틀린 것은?

① 가연성 고체 – 1,000kg 이상
② 가연성 액체 – $2m^2$ 이상
③ 면화류 – 200kg 이상
④ 나무부스러기 – $10m^3$ 이상

27 소방기본법령상 특수가연물로서 가연성 고체류에 대한 설명으로 틀린 것은?

① 고체로서 인화점이 섭씨 40℃ 이상 100℃ 미만인 것
② 고체로서 인화점이 섭씨 100℃ 이상 200℃ 미만이고, 연소열량이 1g당 8kcal 이상인 것
③ 고체로서 인화점이 섭씨 200℃ 이상이고 연소열량이 1g당 8kcal 이상인 것으로서 융점이 200도 미만인 것
④ 1기압과 섭씨 20℃ 초과 40℃ 이하에서 액상인 것으로서 인화점이 섭씨 70℃ 이상 섭씨 200℃ 미만

가연성 고체류

구분	인화점	연소열량	융점
고체	40℃ 이상 100℃ 미만	–	–
	100℃ 이상 200℃ 미만	8kcal 이상	–
	200℃ 이상	8kcal 이상	100℃ 미만
액체 (1기압에서 20℃ 초과 40℃ 이하)	70℃ 이상 100℃ 미만	–	–
	100℃ 이상 200℃ 미만	8kcal 이상	–
	200℃ 이상	8kcal 이상	100℃ 미만

28 특수가연물의 저장 및 취급의 기준을 위반한 자가 2차 위반 시 과태료 금액은?

① 20만 원
② 50만 원
③ 100만 원
④ 150만 원

과태료 부과기준

위반행위	과태료 금액(만 원)			
	1회	2회	3회	4회 이상
특수가연물의 저장 및 취급의 기준을 위반한 경우	20	50	100	100

정답 26. ① 27. ③ 28. ②

29 **화재가 발생한 현장에는 출입을 제한할 수 있다. 다음 중 소방활동구역에 출입할 수 없는 사람은?**

① 의사 · 간호사 그 밖의 구조 · 구급업무에 종사하는 자
② 소방서장이 소방활동을 위하여 출입을 허가한 자
③ 취재인력 등 보도업무에 종사하는 자
④ 소방활동구역 안에 있는 소방대상물의 소유자 · 관리자 또는 점유자

출입자(대통령령으로 정함)

- 소방활동구역 안에 있는 소방대상물의 소유자 · 관리자 · 점유자
- 전기 · 가스 · 수도 · 통신 · 교통의 업무에 종사하는 사람으로서 원활한 소방활동을 위하여 필요한 사람
- 의사 · 간호사 그 밖의 구조 · 구급업무에 종사하는 사람
- 취재인력 등 보도업무에 종사하는 사람
- 수사업무에 종사하는 사람
- 그 밖에 소방대장이 소방활동을 위하여 출입을 허가한 사람

30 **보일러 등의 위치 · 구조 및 관리와 화재예방을 위하여 불의 사용에 있어서 지켜야 할 사항으로 건조설비와 벽 · 천장 사이의 거리는 몇 m 이상이 되어야 하는가?**

① 0.5m　　② 0.6m
③ 0.7m　　④ 0.8m

건조설비

- 벽 · 천장 사이 거리 : 0.5m 이상
- 건조물품이 열원과 직접 접촉하지 아니할 것
- 벽 · 천장 · 바닥 : 불연재료

31 **소방관서의 배치기준과 소방관서가 화재의 예방 · 경계 · 진압과 구급 · 구조 업무를 수행하는 데 필요한 장비 · 인력 등에 관한 소방력의 기준으로 옳지 않은 것은?**

① 소방기관이 소방업무들 수행하는 데 필요한 인력과 장비 등에 관한 기준이다.
② 소방본부장 또는 소방서장은 관할구역 안의 소방력 확충을 위하여 필요한 계획, 수립 시행한다.
③ 소방자동차 등 소방장비의 분류 · 표준화와 그 관리에 관한 사항이 포함된다.
④ 행정안전부령으로 정한다.

법 제8조 관련

소방력의 확충을 위하여 필요한 계획, 수립은 시 · 도지사가 실시한다.

정답 29. ② 30. ① 31. ②

32 소방활동장비 및 설비의 종류와 규격별 국고보조산정을 위한 기준가격 중 국내조달품의 가격기준으로 옳은 것은?

① 해외시장의 시가 ② 조달청 가격
③ 정부고시가격 ④ 물가조사기관에서 조사한 가격

소방활동장비 및 설비	① 국내조달품	정부고시가격
	② 수입물품	조달청에서 조사한 해외시장의 시가
	③ 금액이 없는 경우	2 이상의 공신력 있는 물가조사기관에서 조사한 가격의 평균가격
소방기술용역 산정기준	① 소방시설 설계	통신부문에 적용하는 공사비 요율에 따른 방식
	② 소방공사 감리	실비정액 가산방식
소방안전관리	③ 관리업자 대행	엔지니어링산업진흥법

33 국고보조의 대상 등과 관련한 사항으로 옳지 않은 것은?

① 소방자동차의 경우 기준보조율은 대통령령으로 정한다.
② 소방관서용청사의 경우 일부를 보조한다.
③ 국고보조산정 기준가격은 수입물품의 경우 2 이상 공신력 있는 물가조사기관에서 조사한 가격의 평균가격으로 한다.
④ 방화복 등 소방활동에 필요한 소방장비도 국고보조 대상이다.

- 대상범위, 기준보조율 : 대통령령
- 소방활동장비의 설비 종류와 규격 : 행정안전부령
- 국고보조 대상사업의 범위
  1. 소방활동장비와 설비의 구입 및 설치
     ① 소방자동차
     ② 소방헬리콥터 및 소방정
     ③ 소방전용통신설비 및 전산설비
     ④ 방화복 등 소방활동에 필요한 소방장비 ※ 주의 : 방열복 아님
  2. 소방관서용 청사의 건축

34 다음 중 소방기본법 시행령에서 규정하는 국고보조대상이 아닌 것은?

① 소화설비 ② 소방전용 통신설비
③ 소방자동차 ④ 소방전용 전산설비

정답 32. ③ 33. ③ 34. ①

국고보조 대상

1) 소방활동장비 및 설비
   ① 소방자동차
   ② 소방헬리콥터 및 소방정
   ③ 소방전용통신설비 및 전산설비
   ④ 그 밖의 방화복 등 소방활동에 필요한 소방장비
2) 소방관서용 청사

35 소방용수시설 및 지리조사의 실시횟수로 옳은 것은?

① 월 1회 이상
② 3개월에 1회 이상
③ 6개월에 1회 이상
④ 연 1회 이상

설치기준	행정안전부령	
설치 · 유지	시 · 도지사	
조사	소방본부장, 소방서장(월 1회 이상 조사, 결과 2년간 보관)	
조사내용	① 도로의 폭 ② 교통상황 ③ 도로 주변 토지의 고저 ④ 건축물의 개황 ⑤ 그 밖의 소방활동에 필요한 지리에 대한 조사	
소방대상물 수평거리	주거 · 상업 · 공업 지역	• 100미터 이하
	그 외 지역	• 140미터 이하

36 소방기본법령에서 정하는 소방용수시설의 설치기준 사항으로 틀린 것은?

① 급수탑의 급수배관의 구경은 100mm 이상으로 한다.
② 급수탑의 개폐밸브는 지상에서 0.8m 이상 1.5m 이하의 위치에 설치하도록 한다.
③ 소화전은 상수도와 연결하여 지하식 또는 지상식의 구조로 한다.
④ 상업지역 및 공업지역에 설치하는 경우는 소방대상물과의 수평거리를 100m 이하가 되도록 한다.

소방용수시설의 설치기준

1) 공통기준
   ① 주거지역 · 상업지역 및 공업지역에 설치하는 경우 : 소방대상물과의 수평거리를 100m 이하가 되도록 할 것
   ② ① 외의 지역에 설치하는 경우 : 소방대상물과의 수평거리를 140m 이하가 되도록 할 것

정답 35. ① 36. ②

2) 소방용수시설별 설치기준
   ① 소화전의 설치기준 : 상수도와 연결하여 지하식 또는 지상식의 구조로 하고, 소방용 호스와 연결하는 소화전의 연결금속구의 구경은 65mm로 할 것
   ② 급수탑의 설치기준 : 급수배관의 구경은 100mm 이상으로 하고, 개폐밸브는 지상에서 1.5m 이상 1.7m 이하의 위치에 설치하도록 할 것

37 소방용수시설의 설치 및 관리 등으로 맞지 않는 것은?

① 시 · 도지사는 소방 활동에 필요한 소방용수시설을 설치하고 유지 · 관리하여야 한다.
② 수도법에 따라 소화전을 설치하는 일반 수도사업자는 관할 소방서장과 사전협의를 거친 후 소화전을 설치하여야 한다.
③ 일반수도사업자는 소화전 설치 사실을 관할 소방서장에게 통지하고 그 소화전을 유지 · 관리하여야 한다.
④ 주거지역 상업지역 및 공업지역에 설치하는 경우에는 소방대상물과는 수평거리 140m 이하가 되도록 하여야 한다.

38 시 · 도의 소방업무 상호응원협정을 체결하고자 하는 경우 체결내용으로 부적절한 것은?

① 응원출동대상지역 및 규모
② 지휘권의 범위
③ 소요경비의 부담에 관한 사항
④ 응원출동의 요청방법

---

1) 소방활동에 관한 사항
   ① 화재의 경계 · 진압활동
   ② 구조 · 구급업무의 지원
   ③ 화재조사활동
2) 소요경비의 부담에 관한 사항
   ① 출동대원의 수당 · 식사 및 피복의 수선
   ② 소방장비 및 기구의 정비와 연료의 보급
   ③ 그 밖의 경비
3) 응원출동대상지역 및 규모
4) 응원출동의 요청방법
5) 응원출동훈련 및 평가

정답 37. ④ 38. ②

39 소방대원에게 실시하는 소방교육 · 훈련의 실시횟수와 기간으로 옳은 것은?

① 1년마다 2회 이상 실시, 기간은 2주 이상
② 1년마다 1회 이상 실시, 기간은 1주 이상
③ 2년마다 1회 이상 실시, 기간은 2주 이상
④ 2년마다 2회 이상 실시, 기간은 1주 이상

소방대원의 소방교육 및 훈련

① 2년마다 1회 이상 실시하며, 기간은 2주 이상으로 한다.
② 화재진압훈련, 인명구조훈련, 응급처치훈련, 인명대피훈련, 현장지휘훈련

40 소방용수시설의 저수조 설치기준으로 옳지 않은 것은?

① 흡수부분의 수심이 0.5m 이상일 것
② 지면으로부터의 낙차가 4.5m 이상일 것
③ 흡수관의 투입구가 사각형인 경우 한 변의 길이가 60cm 이상일 것
④ 소방펌프자동차가 쉽게 접근할 수 있도록 할 것

저수조 설치기준

① 지면으로부터의 낙차가 4.5m 이하일 것
② 흡수부분의 수심이 0.5m 이상일 것
③ 소방펌프자동차가 쉽게 접근할 수 있도록 할 것
④ 흡수에 지장이 없도록 토사 및 쓰레기 등을 제거할 수 있는 설비를 갖출 것
⑤ 흡수관의 투입구가 사각형의 경우에는 한 변의 길이가 60cm 이상, 원형의 경우에는 지름이 60cm 이상일 것
⑥ 저수조에 물을 공급하는 방법은 상수도에 연결하여 자동으로 급수되는 구조일 것

41 다음 중 화재원인조사에 해당되지 않는 것은?

① 발화원인 조사 ② 훈련상황 조사
③ 연소상황 조사 ④ 피난상황 조사

화재 원인 조사

발화원인 조사	화재가 발생한 과정, 화재가 발생한 지점 및 불이 붙기 시작한 물질
발견 · 통보 · 초기소화상황 조사	화재의 발견 · 통보 및 초기소화 등 일련의 과정
연소상황 조사	화재의 연소경로 및 확대원인 등의 상황
피난상황 조사	피난경로, 피난상의 장애요인 등의 상황
소방시설등 조사	소방시설의 사용 또는 작동 등의 상황

정답 39. ③ 40. ② 41. ②

42 소방훈련 등을 위하여 사용되는 소방신호의 종류와 방법은 어디에서 정하는가?

① 대통령령 ② 행정안전부령
③ 시 · 도지사 ④ 소방기술기준에 관한 규칙

43 소방신호의 타종 및 사이렌 신호의 설명이 틀린 것은?

① 경계신호는 타종으로 1타와 연 2타를 반복, 사이렌은 5초 간격을 두고 30초씩 3회
② 발화신호는 타종으로 난타, 사이렌은 1초 간격을 두고 1초씩 3회
③ 해제신호는 타종으로 상당한 간격을 두고 1타씩 반복, 사이렌은 1분간 1회
④ 훈련신호는 타종으로 연 3타 반복, 사이렌은 10초 간격을 두고 1분씩 3회

소방신호의 방법

구분	발령 시	타종	사이렌		
			간격	시간	횟수
경계신호	화재예방상 필요하다고 인정될 때 화재위험경보 시	1타와 연2타를 반복	5초	30초	3회
발화신호	화재가 발생한 때	난타	5초	5초	3회
해제신호	소화활동이 필요 없다고 인정될 때	상당한 간격을 두고 1타씩 반복	–	1분	1회
훈련신호	훈련상 필요하다고 인정되는 때	연 3타 반복	10초	1분	3회

44 소방신호를 발하는 요건으로 틀린 것은?

① 경계신호는 화재발생지역에 출동할 때
② 발화신호는 화재가 발생한 때
③ 해제신호는 진화 또는 소화활동의 필요가 없다고 인정될 때
④ 훈련신호는 훈련상 필요하다고 인정할 때

45 소방신호를 발하는 요건으로 틀린 것은?

① 훈련신호 – 비상소집 시
② 발화신호 – 화재가 발생한 때
③ 해제신호 – 진화 또는 소화활동이 필요 없다고 인정될 때
④ 경계신호 – 화재예방상 필요하다고 인정되거나 화재발생지역에 출동할 때

정답 42. ② 43. ② 44. ① 45. ④

46 **시 · 도 소방본부 및 소방서에서 운영하는 화재조사부서의 고유 업무관장 내용으로 적절하지 않는 것은?**

① 화재조사의 발전과 조사요원의 능력 향상 사항
② 화재조사를 위한 장비의 관리운영 사항
③ 화재조사의 실시
④ 화재피해를 감소하기 위한 예방 홍보

화재조사전담부서의 장의 업무

1. 화재조사의 총괄 · 조정
2. 화재조사의 실시
3. 화재조사의 발전과 조사요원의 능력 향상에 관한 사항
4. 화재조사를 위한 장비의 관리운영에 관한 사항
5. 그 밖의 화재조사에 관한 사항

47 **소방활동에 종사하여 시 · 도지사로부터 소방활동의 비용을 지급받을 수 있는 자는?**

① 화재 또는 구조 · 구급현장에서 물건을 가져간 자
② 고의 또는 과실로 인하여 화재 또는 구조 · 구급활동이 필요한 상황을 발생시킨 자
③ 소방대상물에 화재, 재난 · 재해 그 밖의 상황이 발생한 경우 그 관계인
④ 소방대상물에 화재, 재난 · 재해 그 밖의 상황이 발생한 경우 구급활동을 한 자

소방활동의 비용을 지급받을 수 없는 자

1. 소방대상물에 화재, 재난 · 재해 그 밖의 위급한 상황이 발생한 경우 그 관계인
2. 고의 또는 과실로 인하여 화재 또는 구조 · 구급활동이 필요한 상황을 발생시킨 자
3. 화재 또는 구조 · 구급현장에서 물건을 가져간 자

48 **다음은 소방기본법상 소방업무를 수행하여야 할 주체이다. 설명이 옳은 것은?**

① 소방청장, 시 · 도지사는 화재, 재난 · 재해 그 밖에 구조 · 구급이 필요한 상황이 발생하였을 때에 신속한 소방활동을 위한 정보를 수집 · 전파하기 위하여 종합상황실을 설치 · 운영하여야 한다.
② 소방의 역사와 안전문화를 발전시키고 국민의 안전의식을 높이기 위하여 소방청장은 소방박물관을, 소방본부장이나 소방서장은 소방체험관을 설립하여 운영할 수 있다.
③ 시 · 도지사는 관할 지역의 특성을 고려하여 종합계획의 시행에 필요한 세부 계획을 매년 수립하고 이에 따른 소방업무를 성실히 수행하여야 한다.
④ 소방본부장이나 소방서장은 소방활동에 필요한 소화전 · 급수탑 · 저수조를 설치하고 유지관리하여야 한다.

정답 46. ④ 47. ④ 48. ③

소방업무

1) 소방청장 · 소방본부장이나 소방서장은 화재, 재난 · 재해 그 밖에 구조 · 구급이 필요한 상황이 발생한 때에 시속한 소방활동(소방업무를 위한 모든 활동을 말한다.)을 위한 정보를 수집 · 전파하기 위하여 종합상황실을 설치 · 운영하여야 한다.
2) 소방의 역사와 안전문화를 발전시키고 국민의 안전의식을 높이기 위하여 소방청장은 소방박물관을, 시 · 도지사는 소방체험관(화재 현장에서의 피난 등을 체험할 수 있는 체험관을 말한다.)을 설립하여 운영할 수 있다.
3) 시 · 도지사는 소방활동에 필요한 소화전 · 급수탑 · 저수조(이하 "소방용수시설"이라 한다.)를 설치하고 유지 · 관리하여야한다.

49 소방활동구역의 출입자로서 대통령령이 정하는 자에 속하지 않는 사람은?

① 취재인력 등 보도업무에 종사하는 자
② 수사업무에 종사하는 자
③ 의사 · 간호사 그 밖의 구조 구급업무에 종사하는 자
④ 소방활동구역 밖에 있는 소방대상물의 소유자 · 관리자 또는 점유자

④ 소방활동구역 안에 있는 소방대상물의 소유자 · 관리자 또는 점유자

50 화재 · 재난 · 재해 그 밖의 위급한 사항이 발생한 경우 소방대가 현장에 도착할 때까지 관계인의 소방활동에 포함되지 않는 것은?

① 불을 끄거나 불이 번지지 아니하도록 필요한 조치
② 소방활동에 필요한 보호장구 지급 등 안전을 위한 조치
③ 경보를 울리는 방법으로 사람을 구출하는 조치
④ 대피를 유도하는 방법으로 사람을 구출하는 조치

관계인은 소방대상물에 화재, 재난 · 재해, 그 밖의 위급한 상황이 발생한 경우에는 소방대가 현장에 도착할 때까지 경보를 울리거나 대피를 유도하는 등의 방법으로 사람을 구출하는 조치 또는 불을 끄거나 불이 번지지 아니하도록 필요한 조치를 하여야 한다.

51 한국소방안전원의 업무와 거리가 먼 것은?

① 소방기술과 안전관리에 관한 각종 간행물의 발간
② 소방기술과 안전관리에 관한 교육 및 조사 · 연구
③ 화재보험 가입에 관한 업무
④ 화재예방과 안전관리의식의 고취를 위한 대국민 홍보

정답 49. ④ 50. ② 51. ③

한국소방안전원의 업무

① 소방기술과 안전관리에 관한 교육 및 조사 · 연구
② 소방기술과 안전관리에 관한 각종 간행물 발간
③ 화재 예방과 안전관리의식 고취를 위한 대국민 홍보
④ 소방업무에 관하여 행정기관이 위탁하는 업무
⑤ 그 밖에 회원의 복리 증진 등 정관으로 정하는 사항

52 화재가 발생할 때 화재조사의 시기는?

① 소화활동과 동시에 실시한다.
② 소화활동 전에 실시한다.
③ 소화활동 후 즉시 실시한다.
④ 소화활동과 무관하게 적절한 때에 실시한다.

화재조사는 소화활동과 동시에 실시한다.

53 다음 중 소방특별조사의 결과에 따라 관계인에게 그 소방대상물의 개수(改修) · 이전 · 제거, 사용의 금지 또는 제한, 사용폐쇄, 공사의 정지 또는 중지, 그 밖의 필요한 조치를 명할 수 있는 사람이 아닌 것은?

① 소방청장 ② 소방본부장 ③ 시 · 도지사 ④ 소방서장

소방청장, 소방본부장 또는 소방서장은 소방특별조사 결과 소방대상물 의 위치 · 구조 · 설비 또는 관리의 상황이 화재나 재난 · 재해 예방을 위하여 보완될 필요가 있거나 화재가 발생하면 인명 또는 재산의 피해가 클 것으로 예상되는 때에는 행정안전부령으로 정하는 바에 따라 관계인에게 그 소방대상물의 개수(改修) · 이전 · 제거, 사용의 금지 또는 제한, 사용폐쇄, 공사의 정지 또는 중지, 그 밖의 필요한 조치를 명할 수 있다.

54 소방대장은 화재, 재난 · 재해, 그 밖의 위급한 상황이 발생한 현장에 소방활동구역을 정하여 소방활동에 필요한 사람으로서 대통령령으로 정하는 사람 외에는 그 구역에 출입하는 것을 제한할 수 있다. 다음 중 소방활동구역에 출입할 수 없는 사람은?

① 소방활동구역 안에 있는 소방대상물의 소유자 · 관리자 또는 점유자
② 전기 · 가스 · 수도 · 통신 · 교통의 업무에 종사하는 자로서 원활한 소방활동을 위하여 필요한 자
③ 의사 · 간호사 그 밖의 구조 · 구급업무에 종사하는 자와 취재인력 등 보도업무에 종사하는 자
④ 소방대장의 출입허가를 받지 않은 소방대상물 소유자의 친척

정답 52. ① 53. ③ 54. ④

소방활동구역 출입자

① 소방활동구역 안에 있는 소방대상물의 소유자 · 관리자 또는 점유자
② 전기 · 가스 · 수도 · 통신 · 교통의 업무에 종사하는 자로서 원활한 소방활동을 위하여 필요한 자
③ 의사 · 간호사 그 밖의 구조 · 구급업무에 종사하는 자
④ 취재인력 등 보도업무에 종사하는 자
⑤ 수사업무에 종사하는 자
⑥ 그 밖에 소방대장이 소방활동을 위하여 출입을 허가한 자

55 화재의 예방조치 등을 위한 옮긴 위험물 또는 물건의 보관기간은 규정에 따라 소방본부나 소방서의 게시판에 공고한 후 어느 기간까지 보관하여야 하는가?

① 공고기간 종료일 다음 날로부터 5일 ② 공고기간 종료일로부터 5일
③ 공고기간 종료일 다음 날부터 7일 ④ 공고기간 종료일로부터 7일

위험물 또는 물건의 보관기간은 소방본부 또는 소방서의 게시판에 공고하는 기간의 종료일 다음 날부터 7일로 한다.

56 화재에 관한 위험경보를 발령할 수 있는 자는?

① 국무총리 ② 소방서장 ③ 시 · 도지사 ④ 소방청장

화재에 관한 위험경보

소방본부장이나 소방서장은 기상법에 따른 이상기상의 예보 또는 특보 가 있을 때에는 화재에 관한 경보를 발령하고 그에 따른 조치를 할 수 있다.

57 함부로 버려두거나 그냥 둔 위험물의 소유자, 관리자, 점유자의 주소, 성명을 알 수 없어 필요한 명령을 할 수 없는 때에 소방본부장 또는 소방서장이 취하여야 하는 조치로 옳은 것은?

① 시 · 도지사에게 보고하여야 한다.
② 경찰서장에게 통보하여 위험물을 처리하도록 하여야 한다.
③ 소속 공무원으로 하여금 그 위험물을 옮기거나 치우게 할 수 있다.
④ 소유자가 나타날 때까지 기다린다.

소방본부장이나 소방서장은 위험물 또는 물건의 소유자 · 관리자 또는 점유자의 주소와 성명을 알 수 없어서 필요한 명령을 할 수 없을 때에는 소속 공무원으로 하여금 그 위험물 또는 물건을 옮기거나 치우게 할 수 있다.

정답 55. ③ 56. ② 57. ③

58 소방관서에서 실시하는 화재원인조사 범위에 해당하는 것은?

① 소방활동 중 발생한 사망자 및 부상자
② 소방시설의 사용 또는 작동 등의 상황
③ 열에 의한 탄화, 용융, 파손 등의 피해
④ 소방활동 중 사용된 물로 인한 피해

화재원인조사

① 발화원인 조사 : 화재가 발생한 과정, 화재가 발생한 지점 및 불이 붙기 시작한 물질
② 발견 · 통보 및 초기 소화상황 조사 : 화재의 발견 · 통보 및 초기소화 등 일련의 과정
③ 연소상황 조사 : 화재의 연소경로 및 확대원인 등의 상황
④ 피난상황 조사 : 피난경로, 피난상의 장애요인 등의 상황
⑤ 소방시설등 조사 : 소방시설의 사용 또는 작동 등의 상황

59 화재경계지구의 지정 등에 관한 설명으로 잘못된 것은?

① 화재경계지구는 소방본부장이나 소방서장이 지정한다.
② 화재의 발생 우려가 높거나 화재가 발생하는 경우 그로 인하여 피해가 클 것으로 예상되는 지역을 지정할 수 있다.
③ 소방본부장은 화재의 예방과 경계를 위하여 필요하다고 인정하는 때에는 관계인에 대하여 소방용수시설 또는 소화기구의 설치를 명할 수 있다.
④ 소방서장은 화재경계지구 안의 관계인에 대하여 소방상 필요한 훈련 및 교육을 실시할 수 있다.

화재경계지구의 지정권자 : 시 · 도지사

대통령령으로 정하는 지역	• 시장지역 • 공장 · 창고가 밀집한 지역 • 목조건물이 밀집한 지역 • 위험물의 저장 및 처리시설이 밀집한 지역 • 석유화학제품을 생산하는 공장이 있는 지역 • 산업단지 • 소방시설 · 소방용수시설 또는 소방출동로가 없는 지역 • 소방본부장 또는 소방서장이 화재가 발생할 우려가 높거나 화재가 발생하는 경우 그로 인하여 피해가 클 것으로 인정하는 지역
소방 특별조사	• 실시권자 : 소방본부장, 소방서장 • 횟수 : 연 1회 이상 실시 • 화재경계지구 내 소방대상물의 위치 · 구조 및 설비 등에 대한 소방특별조사
훈련 및 교육	• 실시자 : 소방본부장, 소방서장 • 횟수 : 연 1회 이상 실시 • 관계인 훈련 · 교육 통보 : 10일 전까지

정답 58. ② 59. ①

60 **소방안전관리자에 대한 강습교육을 실시하고자 할 때 한국소방안전원장은 강습교육 며칠 전까지 교육실시에 관하여 필요한 사항을 공고하여야 하는가?**

① 14일 ② 20일
③ 30일 ④ 45일

안전원장은 강습교육을 실시하고자 하는 때에는 강습교육실시 20일 전까지 일시 · 장소 그 밖의 강습교육실시에 관하여 필요한 사항을 한국소방안전원의 인터넷 홈페이지 및 게시판에 공고하여야 한다.

61 **다음 중 소방본부장 또는 소방서장의 역할로 옳지 않은 것은?**

① 기상법에 따른 이상기상의 예보 또는 특보가 있는 때에는 화재에 관한 경보를 발하고 그에 따른 조치를 할 수 있다.
② 소방력의 기준에 따라 관할구역 안의 소방력을 확충하기 위하여 필요한 계획을 수립하여 시행한다.
③ 화재, 재난 · 재해 그 밖의 위급한 상황이 발생한 때에는 소방대를 현장에 신속하게 출동시켜 화재진압과 인명구조 등 소방에 필요한 활동을 하게 하여야 한다.
④ 소방업무를 전문적이고 효과적으로 수행하기 위하여 소방대원에게 필요한 교육 및 훈련을 실시한다.

시 · 도지사는 소방력의 기준에 따라 관할구역 안의 소방력을 확충하기 위하여 필요한 계획을 수립하여 시행한다.

62 **다음 중에서 성격이 다른 것은?**

① 화재예방 · 소방활동 또는 소방훈련을 위하여 사용되는 소방신호의 종류와 방법
② 소방자동차 등 소방장비의 분류 · 표준화와 그 관리 등에 관하여 필요한 사항
③ 소방장비 등에 대한 국고보조 대상사업의 범위와 기준 보조율
④ 소방박물관의 설립과 운영에 관하여 필요한 사항

소방기본법 중 대통령령과 행정안전부령 및 시 · 도의 조례

1. 대통령령
    - 소방장비 등에 대한 국고보조 대상사업의 범위와 기준 보조율
    - 소방업무를 수행하는 소방기관의 설치에 관하여 필요한 사항
    - 화재경계지구의 지정
    - 불을 사용하는 설비 등의 관리와 특수가연물의 저장 · 취급기준

정답 60. ② 61. ② 62. ③

2. 행정안전부령
   - 종합상황실의 설치 · 운영에 관하여 필요한 사항
   - 소방자동차 등 소방장비의 분류, 표준화와 그 관리 등에 관하여 필요한 사항
   - 소방용수시설 설치의 기준
   - 소방업무의 응원을 요청하는 경우를 대비하여 출동의 대상지역 및 규모와 소요경비의 부담 등에 관하여 필요한 사항
   - 소방신호의 종류와 방법
   - 화재조사에 관하여 필요한 사항
3. 시 · 도의 조례
   - 소방체험관의 설립과 운영에 관하여 필요한 사항
   - 의용소방대의 운영 등에 관하여 필요한 사항

63 화재조사 전담부서의 설치 · 운영 등에 관련된 사항으로 옳지 않은 것은?

① 화재조사에 관한 시험에 합격한 자에게 1년마다 전문보수교육을 실시하여야 한다.
② 화재조사 전담부서에는 발굴용구, 기록용기기, 감식용기기 등을 갖추어야 한다.
③ 화재의 원인과 피해 조사를 위하여 소방청장, 시 · 도의 소방본부와 소방서에 화재조사를 전담하는 부서를 설치 · 운영한다.
④ 화재조사는 소화활동과 동시에 실시되어야 한다.

화재조사

① 2년마다 전문보수교육을 실시한다.
② 화재조사 방법 : 소화활동과 동시에 실시한다.

64 소방용수시설용 소방용수표지의 설치기준으로 틀린 것은?

① 시 · 도지사가 설치함
② 문자는 청색, 내측 바탕은 백색, 외측 바탕은 적색으로 하고 반사도료를 사용할 것
③ 위의 표지가 현저하게 곤란 또는 부적당할 경우에는 그 규격 등을 달리할 것
④ 지하식 소화전 또는 저수조의 맨홀뚜껑은 지름 648mm 이상의 것으로 하되, 그 뚜껑에는 "소화전 · 주차금지" 또는 "저수조 · 주차금지"의 표시할 것

법제 10조 관련

문자는 백색, 내측 바탕은 적색, 외측 바탕은 청색으로 하고 반사도료를 사용할 것

65 소방용수시설의 사용에 대한 법 규정 위반행위 사항이 아닌 것은?

① 정당한 사유 없이 사용하는 행위
② 정당한 사유 없이 손상 · 파괴, 철거행위

정답 63. ① 64. ② 65. ④

③ 효용을 해치거나 방해하는 행위
④ 관계인이 적합하게 유지관리하지 않는 행위

법 제28조 관련

④의 경우 소방용수시설에 대한 유지관리는 관계인이 아닌 시 · 도지사의 업무이다.

66 정당한 사유 없이 소방용수시설을 사용하거나 손상 · 파괴 · 철거한 사람의 벌칙은?

① 1년 이하의 징역 또는 500만 원 이하의 벌금
② 2년 이하의 징역
③ 3년 이하의 징역 또는 1,500만 원 이하의 벌금
④ 5년 이하의 징역 또는 5,000만 원 이하의 벌금

소방기본법 제50조(벌칙)

다음에 해당하는 자는 5년 이하의 징역 또는 5천만 원 이하의 벌금에 처한다.
1. 소방자동차의 출동을 방해한 자
2. 화재, 재난 · 재해 현장에서 사람을 구출하는 일 또는 불을 끄거나 불이 번지지 아니하도록 하는 일을 방해한 자
3. 정당한 사유 없이 소방용수시설을 사용하거나 소방용수시설의 효용을 해하거나 그 정당한 사용을 방해한 자

67 다음 중 소방안전교육사 배치대상 기준이 아닌 것은?

① 소방청 2명 이상
② 한국소방산업기술원 2명 이상
③ 소방서 1명 이상
④ 한국소방안전원(지회) 2명 이상

배치 대상	배치 기준
소방청	2명 이상
소방본부	2명 이상
한국소방산업기술원	2명 이상
한국소방안전원	본회 2명 이상
	시 · 도지부 : 1명 이상
소방서	1명 이상

정답 66. ④ 67. ④

68 한국소방안전원의 업무가 아닌 것은?

① 소방기술과 안전관리에 관한 조사 · 연구 및 교육
② 소방기술과 안전관리에 관한 각종 간행물의 발간
③ 화재예방과 안전관리의식의 고취를 위한 대국민홍보
④ 전 지역의 화재진압활동 및 예방업무

소방기본법 제41조(협회의 업무)

1. 소방기술과 안전관리에 관한 교육 및 조사 · 연구
2. 소방기술과 안전관리에 관한 각종 간행물 발간
3. 화재 예방과 안전관리의식 고취를 위한 대국민 홍보
4. 소방업무에 관하여 행정기관이 위탁하는 업무
5. 그 밖에 회원의 복리 증진 등 정관으로 정하는 사항

69 한국소방안전원의 정관을 변경하고자 할 때에는 누구의 무엇을 받아야 하는가?

① 시 · 도지사의 인가
② 소방청장의 인가
③ 시 · 도의 조례사항
④ 행정안전부장관의 승인

소방기본법 제43조(협회의 정관)

- 협회 정관의 기재사항 : 대통령령
- 협회의 정관 변경 인가권자 : 소방청장

70 소방기본법상 벌칙으로 5년 이하의 징역 또는 5,000만 원 이하의 벌금에 해당하지 않는 것은?

① 소방자동차의 출동을 방해한 자
② 강제처분을 방해하거나 강제처분에 따르지 아니한 자
③ 화재 등 현장에서 사람을 구출하거나 불을 끄거나 불이 번지지 아니하도록 하는 일을 방해한 자
④ 정당한 사유 없이 소방용수시설의 효용을 해하거나 방해한 자

5년 이하의 징역 또는 5천만 원 이하의 벌금

① 소방자동차의 출동을 방해한 자
② 사람을 구출하는 일 또는 불을 끄거나 불이 번지지 않도록 하는 일을 방해한 자
③ 정당한 사유 없이 소방용수시설을 사용하거나 소방용수시설의 효용을 해하거나 그 정당한 사용을 방해한 자
④ 강제처분 명령위반 → 3년 이하의 징역 또는 3천만 원 이하의 벌금

정답 68. ④ 69. ② 70. ②

71 다음 중 100만 원 이하의 벌금에 해당되지 않는 것은?

① 화재경계지구 안의 소방대상물에 대한 소방검사를 거부한 자
② 피난명령을 위반한 자
③ 위험시설 등에 대한 긴급조치를 방해한 자
④ 소방용수시설의 효용을 방해한 자

소방용수시설의 효용을 방해한 자 : 5년 이하의 징역 또는 5천만 원 이하의 벌금

72 위급한 때에 소방서장의 토지의 강제처분을 방해한 자는 어떤 벌칙을 받게 되는가?

① 2년 이하의 징역 또는 1,500만 원 이하의 벌금
② 2년 이하의 징역 또는 3,000만 원 이하의 벌금
③ 3년 이하의 징역 또는 1,500만 원 이하의 벌금
④ 3년 이하의 징역 또는 3,000만 원 이하의 벌금

위급한 때에 소방서장의 토지의 강제처분을 방해한 자 : 3년 이하의 징역 또는 3천만 원 이하의 벌금에 처한다.

73 소방용수시설 · 소화기구 및 설비 등의 설치명령을 위반한 자에 대한 과태료 처분기준으로 옳지 않은 것은?

① 1회 위반 시 : 50만 원
② 2회 위반 시 : 100만 원
③ 3회 위반 시 : 150만 원
④ 4회 위반 시 : 250만 원

과태료 부과기준

위반행위	과태료 금액(만 원)			
	1회	2회	3회	4회 이상
소방용수시설 · 소화기구 및 설비 등의 설치명령을 위반한 경우	50	100	150	200

정답 71. ④ 72. ④ 73. ④

74 소방기본법에 의하여 5년 이하의 징역 또는 5천만 원 이하의 벌금에 해당하는 위반사항이 아닌 것은?

① 불이 번질 우려가 있는 특정소방대상물 및 토지를 일시적으로 사용하거나 그 사용의 제한 또는 소방활동에 필요한 처분을 방해한 사람
② 정당한 사유 없이 소방용수시설을 사용하거나 소방용수시설의 효용을 해치거나 그 정당한 사용을 방해한 사람
③ 화재현장에서 사람을 구출하는 일 또는 불을 끄거나 불이 번지지 아니하도록 하는 일을 방해한 사람
④ 화재진압을 위하여 출동하는 소방자동차의 출동을 방해한 사람

5년 이하의 징역 또는 5천만 원 이하의 벌금

① 정당한 사유 없이 소방용수시설을 사용하거나 소방용수시설의 효용을 해치거나 그 정당한 사용을 방해한 사람
② 사람을 구출하는 일 또는 불을 끄거나 불이 번지지 아니하도록 하는 일을 방해한 사람
③ 소방자동차의 출동을 방해한 사람
④ 위력(威力)을 사용하여 출동한 소방대의 화재진압 · 인명구조 또는 구급활동을 방해하는 행위
⑤ 소방대가 화재진압 · 인명구조 또는 구급활동을 위하여 현장에 출동하거나 현장에 출입하는 것을 고의로 방해하는 행위
⑥ 출동한 소방대원에게 폭행 또는 협박을 행사하여 화재진압 · 인명구조 또는 구급활동을 방해하는 행위
⑦ 출동한 소방대의 소방장비를 파손하거나 그 효용을 해하여 화재진압 · 인명구조 또는 구급활동을 방해하는 행위

75 소방기본법상의 소방자동차전용구역에 대한 설명 중 틀린 것은?

① 공동주택 중 대통령령으로 정하는 공동주택의 건축주는 소방활동의 원활한 수행을 위하여 공동주택에 소방자동차 전용구역을 설치하여야 한다.
② 누구든지 전용구역에 차를 주차하거나 전용구역에의 진입을 가로막는 등의 방해행위를 하여서는 아니 된다.
③ 전용구역의 설치 기준 · 방법, 방해행위의 기준, 그 밖의 필요한 사항은 대통령령으로 정한다.
④ 자동차 전용구역에 차를 주차하는 경우 도로교통법상의 주차위반행위로 과태료대상이다.

자동차 전용구역은 소방기본법상의 위반행위이다.

정답 74. ① 75. ④

76 소방자동차 전용구역에 주차하거나 진입을 막는 방해행위를 한 자에게 부과되는 행위는?

① 100만 원 이하의 과태료
② 100만 원 이하의 벌금
③ 200만 원 이하의 과태료
④ 200만 원 이하의 벌금

1. 전용구역에 차를 주차하거나 전용구역에의 진입을 가로막는 등의 방해행위를 한 자에게는 100만 원 이하의 과태료를 부과한다.
2. 과태료는 대통령령으로 정하는 바에 따라 관할 시 · 도지사, 소방본부장 또는 소방서장이 부과 · 징수한다.

77 소방자동차 등 소방장비의 분류 · 표준화와 그 관리 등에 필요한 사항은 무엇으로 정하는가?

① 대통령령
② 행정안전부령
③ 따로 법률에서
④ 시도조례

법개정으로 인하여 행정안전부령에서 "따로 법률에서"정하는 것으로 개정됨.

78 소방기본법에서 아래에서 나타내는 것은 무엇인가?

시 · 도지사는 소방자동차의 진입이 곤란한 지역 등 화재발생 시에 초기 대응이 필요한 지역으로서 대통령령으로 정하는 지역에 소방호스 또는 호스 릴 등을 소방용수시설에 연결하여 화재를 진압하는 시설이나 장치를 설치하고 유지 · 관리할 수 있다.

① 비상소방장치
② 비상소화장치
③ 임시소방장치
④ 임시소화장치

79 소방법상의 모든 차와 사람은 소방자동차가 화재진압 및 구조 · 구급 활동을 위하여 제2항에 따라 사이렌을 사용하여 출동하는 경우에 금지 사항이 아닌 것은?

① 전용구역 진입로에 물건 등을 쌓거나 주차하여 전용구역으로의 진입을 가로막는 행위
② 소방자동차에 진로를 양보하지 아니하는 행위
③ 전용구역의 앞면, 뒷면 또는 양 측면에 물건 등을 쌓거나 주차하는 행위.
④ 소방자동차 뒤에 끼어들거나 소방자동차를 가로막는 행위

정답 76. ① 77. ④ 78. ② 79. ④

모든 차와 사람은 소방자동차가 화재진압 및 구조 · 구급 활동을 위하여 제2항에 따라 사이렌을 사용하여 출동하는 경우에는 다음 각 호의 행위를 하여서는 아니 된다.

1. 소방자동차에 진로를 양보하지 아니하는 행위
2. 소방자동차 앞에 끼어들거나 소방자동차를 가로막는 행위
3. 전용구역에 물건 등을 쌓거나 주차하는 행위
4. 전용구역의 앞면, 뒷면 또는 양 측면에 물건 등을 쌓거나 주차하는 행위.
5. 전용구역 진입로에 물건 등을 쌓거나 주차하여 전용구역으로의 진입을 가로막는 행위
6. 전용구역 노면표지를 지우거나 훼손하는 행위
7. 그 밖의 방법으로 소방자동차가 전용구역에 주차하는 것을 방해하거나 전용구역으로 진입하는 것을 방해하는 행위

80 **소방기본법상의 소방자동차 전용구역 설치대상으로서 대통령령으로 정하는 공동주택에 해당하는 아파트는 등은?**

① 세대수가 50세대 이상인 아파트
② 세대수가 100세대 이상인 아파트
③ 세대수가 150세대 이상인 아파트
④ 세대수가 500세대 이상인 아파트

제7조의12(소방자동차 전용구역 설치 대상)

법 제21조의2 제1항에서 "대통령령으로 정하는 공동주택"이란 다음 각 호의 주택을 말한다.

1. 「건축법 시행령」 별표 1 제2호 가목의 아파트 중 세대수가 100세대 이상인 아파트
2. 「건축법 시행령」 별표 1 제2호 라목의 기숙사 중 3층 이상의 기숙사

81 **소방기본법상 시 · 도지사는 행정안전부령으로 정하는 화재경계지구 관리대장에 작성하고 관리하여야 한다. 이에 해당하지 않는 사항인 것은?**

① 소방훈련의 실시 현황
② 소방교육의 실시 현황
③ 화재경계지구의 지정 현황
④ 소방자체점검조사의 결과

화재경계지구 관리대장에 포함사항

1. 화재경계지구의 지정 현황
2. 소방특별조사의 결과
3. 소방설비의 설치 명령 현황
4. 소방교육의 실시 현황
5. 소방훈련의 실시 현황
6. 그 밖에 화재예방 및 경계에 필요한 사항

정답 80. ② 81. ④

82 **소방기본법상의 소방지원활동 중 행정안전부령으로 정하는 활동에 해당하지 않는 것은?**

① 방송제작 또는 촬영 관련 지원활동
② 소방시설 오작동 신고에 따른 조치활동
③ 군 · 경찰 등 유관기관에서 실시하는 훈련지원 활동
④ 산불에 대한 예방 · 진압 등 지원활동

소방청장 · 소방본부장 또는 소방서장은 공공의 안녕질서 유지 또는 복리증진을 위하여 필요한 경우 소방활동 외에 다음 각 호의 활동(이하 "소방지원활동"이라 한다)을 하게 할 수 있다.

1. 산불에 대한 예방 · 진압 등 지원활동
2. 자연재해에 따른 급수 · 배수 및 제설 등 지원활동
3. 집회 · 공연 등 각종 행사 시 사고에 대비한 근접대기 등 지원활동
4. 화재, 재난 · 재해로 인한 피해복구 지원활동
5. 그 밖에 행정안전부령으로 정하는 활동
   ① 군 · 경찰 등 유관기관에서 실시하는 훈련지원 활동
   ② 소방시설 오작동 신고에 따른 조치활동
   ③ 방송제작 또는 촬영 관련 지원활동

정답 82. ④

CHAPTER 02 소방시설공사업법

01 소방시설업을 하고자 하는 사람은 그 영업의 종류별로 누구에게 등록하는가?

① 시 · 도지사　　② 소방청장
③ 시장 · 군수　　④ 소방본부장

등록신청 절차

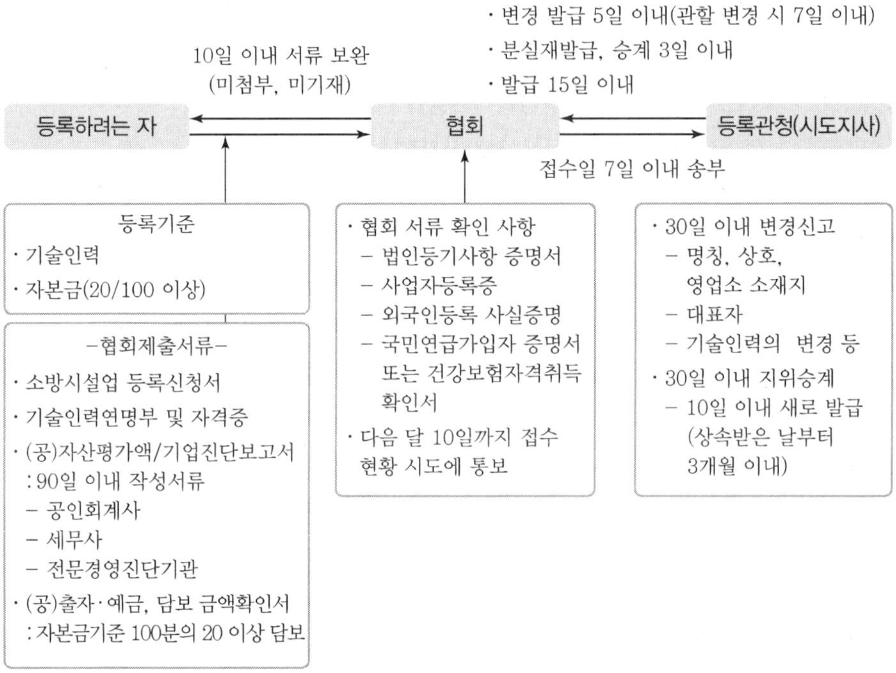

· 변경 발급 5일 이내(관할 변경 시 7일 이내)
· 분실재발급, 승계 3일 이내
· 발급 15일 이내

10일 이내 서류 보완
(미첨부, 미기재)

등록하려는 자 ⇄ 협회 ⇄ 등록관청(시도지사)

접수일 7일 이내 송부

등록기준
· 기술인력
· 자본금(20/100 이상)

−협회제출서류−
· 소방시설업 등록신청서
· 기술인력연명부 및 자격증
· (공)자산평가액/기업진단보고서
 : 90일 이내 작성서류
 − 공인회계사
 − 세무사
 − 전문경영진단기관
· (공)출자·예금, 담보 금액확인서
 : 자본금기준 100분의 20 이상 담보

· 협회 서류 확인 사항
 − 법인등기사항 증명서
 − 사업자등록증
 − 외국인등록 사실증명
 − 국민연금가입자 증명서 또는 건강보험자격취득 확인서
· 다음 달 10일까지 접수 현황 시도에 통보

· 30일 이내 변경신고
 − 명칭, 상호, 영업소 소재지
 − 대표자
 − 기술인력의 변경 등
· 30일 이내 지위승계
 − 10일 이내 새로 발급 (상속받은 날부터 3개월 이내)

02 다음 중 소방시설업에 해당되지 않는 것은?

① 소방시설설계업　　② 소방시설공사업
③ 소방공사감리업　　④ 소방시설관리업

소방시설공사업법 제2조(정의) 소방시설업의 종류 및 영업

- 소방시설설계업 : 설계도서를 작성(설계)하는 영업
- 소방시설공사업 : 소방시설을 신설 · 증설 · 개설 · 이전 및 정비하는 영업
- 소방공사감리업 : 발주자의 권한을 대행하여 소방시설공사가 적법하게 시공되는지 여부의 확인과 품질 · 시공관리에 대한 기술지도를 수행하는 영업

정답 01. ① 02. ④

03 소방시설공사업체에 기술인력이 변경된 경우 변경신고서에 첨부하는 서류가 아닌 것은?

① 법인등기부등본(개인인 경우 사업자 등록증)
② 소방기술인력 연명부 1부
③ 소방시설공사업 등록수첩
④ 변경된 기술인력의 기술자격증(수첩)

◎ 소방시설공사업법 시행규칙 제6조(등록사항의 변경신고 등)

[소방시설업 등록사항변경신고서에 첨부하여야 하는 서류]
1. 명칭 · 상호 또는 영업소 소재지를 변경하는 경우
   가. 소방시설업 등록증 및 등록수첩
2. 대표자를 변경하는 경우
   가. 소방시설업 등록증 및 등록수첩
3. 기술인력을 변경하는 경우
   가. 소방시설업 등록수첩
   나. 변경된 기술인력의 기술자격증 · 자격수첩
   다. 소방기술인력 연명부 1부

04 다음 중 소방시설공사업의 등록기준으로 맞는 것은?

① 기술인력 – 공사실적
② 기술인력 – 자본금
③ 자본금 – 공사실적
④ 기술인력 – 장비

◎ 소방시설공사업법 시행령 제2조(소방시설업의 등록기준 및 영업범위)

<table>
<tr><th colspan="2">항목
업종별</th><th>기술인력</th><th>자본금(자산평가액)</th></tr>
<tr><td colspan="2">전문
공사업</td><td>가. 주 인력 : 소방기술사 또는 기계분야와 전기분야의 소방설비기사 각 1인(기계분야 및 전기분야의 자격을 함께 취득한 자 1인) 이상
나. 보조 인력 : 2인 이상</td><td>가. 법인 : 자본금 1억 원 이상
나. 개인 : 자산평가액 1억 원 이상</td></tr>
<tr><td rowspan="2">일
반
공
사
업</td><td>기계
분야</td><td>가. 주 인력 : 소방기술사 또는 기계분야 소방설비기사 1인 이상
나. 보조 인력 : 1인 이상</td><td>가. 법인 : 자본금 1억 원 이상
나. 개인 : 자산평가액 1억 원 이상</td></tr>
<tr><td>전기
분야</td><td>가. 주 인력 : 소방기술사 또는 전기분야 소방설비기사 1인 이상
나. 보조 인력 : 1인 이상</td><td>기계분야와 동일</td></tr>
</table>

05 전문소방시설공사업의 자본금은 법인의 경우 얼마 이상인가?

① 5천만 원 이상
② 1억 원 이상
③ 2억 원 이상
④ 3억 원 이상

◎ 전문소방시설공사업

법인, 개인 및 일반, 전문 모두 1억원 이상

정답 03. ① 04. ② 05. ②

06 **소방시설업의 종류와 그 종류별 영업의 범위는 어디에서 정하는가?**

① 소방청
② 대통령령
③ 시 · 도의 조례
④ 소방청장 고시

07 **다음 중 소방시설공사업의 등록을 할 수 있는 사람은?**

① 피성년후견인
② 소방기본법에 따른 금고 이상의 형의 집행유예선고를 받고 그 유예기간인 자
③ 소방기본법에 따른 금고 이상의 형의 집행유예선고를 받고 그 유예기간이 종료된 후 2년이 지나지 아니한 자
④ 등록하고자 하는 소방시설업의 등록이 취소된 날부터 2년이 지나지 아니한 자

집행유예 기간 동안만 결격사유에 해당됨

08 **소방시설공사업의 양도 · 양수 등 승계신고는 누구에게 하는가?**

① 소방파출소장
② 소방서장
③ 소방본부장
④ 시 · 도지사

09 **소방시설공사업의 등록을 받은 자가 그 등록받은 사항에 변경이 있는 때 취하여야 할 조치로 맞는 것은?**

① 허가를 받아야 한다.
② 변경신고를 하여야 한다.
③ 인가를 받아야 한다.
④ 휴지 · 폐지 시에는 반납하고 재개 시에는 허가를 받아야 한다.

10 **다음 중 소방시설공사업 등록을 반드시 취소하여야 하는 경우는?**

① 등록기준에 미달하게 된 때
② 다른 자에게 등록증 또는 등록수첩을 빌려준 때
③ 거짓, 그 밖의 부정한 방법으로 등록을 한 때
④ 등록을 한 후 정당한 사유 없이 1년이 지날 때까지 영업을 개시하지 아니한 때

소방시설공사업 등록 취소 조건

- 거짓이나 그 밖의 부정한 방법으로 등록한 경우
- 등록 결격사유에 해당하게 된 경우
- 영업정지 기간 중에 소방시설공사등을 한 경우

정답 06. ② 07. ③ 08. ④ 09. ② 10. ③

11 소방시설설계업 및 공사업의 보조기술인력에 해당하지 않는 자는?

① 1년 이상 소방공무원으로 재직한 사람으로서 소방기술인정 자격수첩을 발급받은 사람
② 소방설비기사 자격을 취득한 자
③ 소방설비산업기사 자격을 취득한 자
④ 소방 관련 학과를 졸업한 사람으로서 소방기술인정 자격수첩을 발급받은 사람

소방시설공사업법 시행령 제2조(소방시설업의 등록기준 및 영업범위) 보조기술인력

1. 소방기술사, 소방설비기사 또는 소방설비산업기사 자격을 취득한 자
2. 소방청장이 정하여 고시하는 소방 관련 학과를 졸업한 사람으로서 소방기술인정 자격수첩을 발급받은 사람
3. 소방공무원으로 재직한 경력이 3년 이상인 사람으로서 소방기술인정 자격수첩을 발급받은 사람
4. 소방청장이 정하여 고시하는 소방기술과 관련된 자격 · 경력 및 학력을 갖춘 사람으로서 기술인정자격수첩을 발급받은 사람

12 소방시설공사업자가 소방시설공사를 하고자 할 때에는 그 공사의 내용 · 시공장소 그 밖에 필요한 사항을 소방본부장 또는 소방서장에게 하는 행위는?

① 시공통지　　② 연락
③ 인가　　④ 착공신고

착공신고 절차

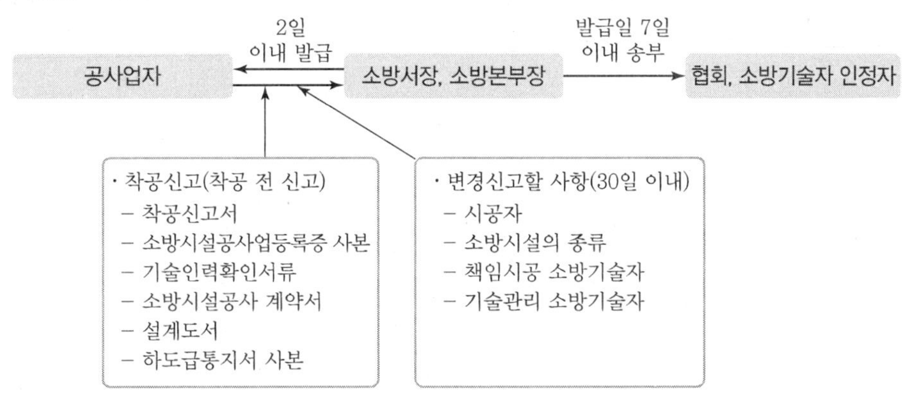

13 소방시설공사를 하고자 하는 자는 소방시설의 착공신고를 누구에게 하여야 하는가?

① 소방본부장이나 소방서장　　② 소방청장
③ 시 · 도지사　　④ 안전행정부장관

정답 11. ① 12. ④ 13. ①

14 **공사업자가 소방시설공사의 책임시공 및 기술관리를 위하여 공사현장에 배치하는 자는?**

① 관리 · 감독적 지위에 있는 자　　② 소방서장
③ 소속 소방기술자　　④ 소속 감리원

제12조(시공)

공사업자는 소방시설공사의 책임시공 및 기술관리를 위하여 대통령령으로 정하는 바에 따라 소속 소방기술자를 공사 현장에 배치하여야 한다.

15 **다음 중 전기분야의 소방설비기사가 책임시공 관리하여야 할 소방시설공사의 종류에 해당하는 것은?**

① 포소화설비의 공사　　② 할로겐화합물 소화설비의 공사
③ 자동화재탐지설비의 공사　　④ 연소방지설비의 공사

소방시설공사업법 시행령 별표 2(소방기술자의 배치기준)

- 기계분야 : 소화설비, 상수도소화용수설비, 제연설비 · 연결송수관설비 · 연결살수설비, 연소방지설비, 기계분야 소방시설에 부설되는 전기시설
- 전기분야 : 경보설비, 비상조명등, 비상콘센트설비 및 무선통신보조설비

16 **하자보수기간 내에 하자가 발생한 경우 특정소방대상물의 관계인이 소방시설공사업자에게 통보하면 통보를 받은 소방시설공사업자는 며칠 이내에 보수하거나 보수 일정을 명시한 하자보수계획을 특정소방대상물의 관계인에게 통보하여야 하는가?**

① 3일　　② 5일　　③ 7일　　④ 10일

소방시설공사업법 제15조(공사의 하자보수보증 등)

하자기간	2년	피난기구, 유도등, 유도표지, 비상경보설비, 비상조명등, 비상방송설비 무선통신보조설비
	3년	옥내소화전 · 스프링클러 · 간이스프링클러 · 물분무등소화설비 옥외소화전, 자동소화장치, 자동화재탐지설비 상수도소화용수설비 및 소화활동설비(무선통신보조설비 제외)
하자 발생 시	3일 이내 보수 or 보수일정을 기록한 하자보수계획을 관계인에게 서면통보	
하자 미조치	관계인이 소방본부장 · 소방서장에게 통지 가능한 경우 • 공사업자가 기간에 하자보수를 이행하지 아니한 경우 • 공사업자가 기간에 하자보수계획을 서면으로 알리지 아니한 경우 • 공사업자가 하자보수계획이 불합리다고 인정되는 경우	
심의요청	지방소방기술심의위원회	
하자보수 보증금	소방시설공사금액의 100분의 3 이상 (단, 500만 원 이하의 공사는 제외)	

※ 3일 이내에 보수하지 아니하거나 하자보수계획을 알리지 아니한 자 : 200만 원 이하의 과태료

정답 14. ③ 15. ③ 16. ①

17 착공신고를 하여야 할 소방설비공사가 아닌 것은?

① 비상콘센트설비의 전용회로 증설공사 ② 호스릴옥내소화전설비의 증설공사
③ 연소방지설비의 살수구역 증설공사 ④ 비상방송설비의 증설공사

소방시설공사업법 시행령 제4조(소방시설공사의 착공신고 대상)

비상방송설비는 신축현장에 신설 시에만 착공대상

구분	대상	설비
신설	신축, 증축 개축, 재축 대수선 구조변경 용도변경	• 옥내소화전설비(호스릴옥내소화전설비 포함), 옥외소화전설비 • 스프링클러설비 · 간이스프링(캐비닛형 포함), 화재조기진압용 스프링클러설비, 물분무소화설비 · 포소화설비 · 이산화탄소 소화설비 · 할로겐화합물소화설비 · 할로겐화합물 및 불활성기체 소화설비 · 미분무소화설비 · 강화액소화설비 및 분말소화설비 • 연결송수관설비, 연결살수설비, 연소방지설비 • 제연설비(기계설비공사업자가 공사할 때 제외) • 소화용수설비(기계설비공사업자 or 상 · 하수도설비공사업자가 공사할 때 제외)
		• 자동화재탐지설비, 비상경보설비, • 비상방송설비(정보통신공사업자가 공사하는 경우 제외) • 비상콘센트설비(전기공사업자가 공사하는 경우 제외) • 무선통신보조설비(정보통신공사업자가 공사하는 경우는 제외)
증설	신축, 증축 개축, 재축 대수선, 구조변경 용도변경으로 설비, 구역 증설	옥내 · 옥외소화전설비
		• 방호구역 : 스프링클러설비, 간이스프링클러설비, 물분무등소화설비 • 경계구역 : 자동화재탐지설비 • 제연구역 : 제연설비(타 용도와 겸용제연설비–기계설비공사업자가 공사할 때 제외) • 살수구역 : 연결살수설비, 연소방지설비 • 송수구역 : 연결송수관설비 • 전용회로 : 비상콘센트설비

18 소방시설공사업자의 착공신고 등에 대하여 옳지 않은 것은?

① 소방시설공사를 하고자 하는 경우에는 착공 전까지 소방시설공사착공신고서 및 서류를 첨부하여 소방본부장 또는 소방서장에게 신고하여야 한다.
② 소방청이 정하는 중요사항의 변경이 있는 경우에는 변경일로부터 30일 이내에 변경신고서 및 서류를 첨부하여 소방본부장 또는 소방서장에게 신고하여야 한다.
③ 소방시설공사 착공신고 또는 변경신고를 받은 때의 처리기간은 2일 이내이다.
④ 착공신고를 하지 않은 소방시설공사업자는 200만 원 이하의 벌금에 처한다.

착공신고 미신고 시 1차 경고, 2차 영업정지 3개월, 3차 취소

위반사항	근거 법령	행정처분 기준		
		1차	2차	3차
타. 법 제13조 또는 제14조를 위반하여 착공신고(변경신고를 포함한다.)를 하지 아니하거나 거짓으로 한 때 또는 완공검사(부분완공검사를 포함한다.)를 받지 아니한 경우	법 제9조	경고 (시정명령)	영업정지 3개월	등록 취소

정답 17. ④ 18. ④

19 **소방시설공사업자가 소방시설공사의 착공신고를 하는 경우 소방본부장 또는 소방서장에게 제출하여야 하는 서류가 아닌 것은?**

① 해당 소방시설공사의 책임시공 및 기술관리를 하는 기술인력의 기술 자격증(자격수첩) 사본
② 설계도서 및 성능시험조사표
③ 소방시설공사 하도급통지서 사본(하도급하는 경우)
④ 공사업자의 소방시설공사업 등록증 사본 및 등록수첩

착공신고 시 첨부서류

① 공사업자의 소방시설공사업 등록증 사본 및 등록수첩
② 해당 소방시설공사의 책임시공 및 기술관리를 하는 기술인력의 기술자격증(자격수첩) 사본
③ 설계도서(설계설명서를 포함하되, 건축허가 동의 시 제출된 설계도서가 변경된 경우에만 첨부한다.)
④ 소방시설공사 하도급통지서 사본(하도급하는 경우에만 첨부한다.)

20 **소방서장이 착공신고서를 접수했을 때 업무 처리절차로 틀린 것은?**

① 착공신고를 받은 때에는 2일 이내에 처리한다.
② 소방시설착공 및 완공대장에 필요한 사항을 기재하고, 관리한다.
③ 소방시설업등록수첩에 책임기술인력의 자격증번호 · 성명 · 시공현장명칭 · 현장배치기간등을 기재하여 교부한다.
④ 시공자는 소방시설에 대한 공사를 하는 날에는 현황표지를 게시하되 감독관 입회하에 실시하여야 한다.

법 제13조 관련

소방시설의 시공자는 소방시설공사 현황표지를 공사기간 동안 현장에 항상 게시하여야 한다.

21 **소방공사업자가 소방시설공사를 마친 때에는 완공검사를 받아야 하는데 완공검사를 위한 현장확인을 할 수 있는 특정소방대상물의 범위가 아닌 것은?**

① 문화 및 집회시설
② 노유자시설
③ 지하상가
④ 의료시설

소방시설공사업법 시행령 제5조(완공검사를 위한 현장 확인 대상 특정소방대상물의 범위)

1. 문화 및 집회 · 종교 · 판매 · 노유자 · 수련 · 운동 · 숙박 · 창고시설, 지하상가, 다중이용업소
2. 가스계(이산화탄소 · 할로겐화합물 · 청정소화약제) 소화설비(호스릴 제외)가 설치되는 것
3. 연면적 1만 m^2 이상이거나 11층 이상인 특정소방대상물(아파트 제외)
4. 가연성 가스시설 중 지상에 노출된 가연성 가스탱크의 저장용량 합계가 1천 톤 이상

정답 19. ② 20. ④ 21. ④

22 완공검사를 위한 현장 확인 대상 특정소방대상물의 범위로 틀린 것은?

① 수련시설, 노유자(老幼者)시설, 문화집회 및 운동시설, 판매시설, 숙박시설, 창고시설, 지하상가, 다중이용업소
② 가스계(이산화탄소 · 할로겐화합물 · 청정소화약제) 소화설비(호스릴소화설비를 포함한다.)가 설치되는 것
③ 연면적 1만 m^2 이상이거나 11층 이상인 특정소방대상물(아파트는 제외한다.)
④ 가연성 가스를 제조 · 저장 또는 취급하는 시설 중 지상에 노출된 가연성 가스탱크의 저장용량 합계가 1천 톤 이상인 시설

소방시설공사업법 시행령 제5조(완공검사를 위한 현장 확인 대상 특정소방대상물의 범위)

1. 문화 및 집회 · 종교 · 판매 · 노유자 · 수련 · 운동 · 숙박 · 창고시설, 지하상가, 다중이용업소
2. 가스계(이산화탄소 · 할로겐화합물 · 청정소화약제) 소화설비(호스릴 제외)가 설치되는 것
3. 연면적 1만 m^2 이상이거나 11층 이상인 특정소방대상물(아파트 제외)
4. 가연성 가스시설 중 지상에 노출된 가연성 가스탱크의 저장용량 합계가 1천 톤 이상

23 소방기술자에 대한 다음 설명 중 틀린 것은?

① 소방청장은 소방기술자가 다른 자에게 그 자격수첩을 빌려준 때에는 자격을 취소하여야 한다.
② 소방청장은 소방기술자가 동시에 둘 이상의 업체에 취업한 때에는 반드시 그 인정자격을 취소하여야 한다.
③ 화재의 예방, 안전관리의 효율화, 새로운 기술 등 소방에 관한 지식의 보급을 위하여 소방시설관리업의 기술인력으로 등록된 소방기술자는 실무교육을 받아야 한다.
④ 소방청장은 소방기술의 효율적인 활용과 소방기술의 향상을 위하여 소방기술과 관련된 자격 · 학력 및 경력을 가진 자를 소방기술자로 인정할 수 있다.

위반사항	행정처분기준		
	1차	2차	3차
가. 거짓이나 그 밖의 부정한 방법으로 자격수첩 또는 경력수첩을 발급받은 경우	자격취소		
나. 법 제27조제2항을 위반하여 자격수첩 또는 경력수첩을 다른 자에게 빌려준 경우	자격취소		
다. 법 제27조제3항을 위반하여 동시에 둘 이상의 업체에 취업한 경우	자격정지 1년	자격취소	
라. 법 또는 법에 따른 명령을 위반한 경우			
1) 법 제27조제1항의 업무수행 중 해당 자격과 관련하여 고의 또는 중대한 과실로 다른 자에게 손해를 입히고 형의 선고를 받은 경우	자격취소		
2) 법 제28조제4항에 따라 자격정지처분을 받고도 같은 기간 내에 자격증을 사용한 경우	자격정지 1년	자격정지 2년	자격취소

정답 22. ② 23. ②

24 **정당한 사유 없이 관계공무원의 출입 또는 검사 · 조사를 거부 · 방해 또는 기피한 소방시설업자에 대한 벌칙은?**

① 100만 원 이하의 과태료
② 100만 원 이하의 벌금
③ 1년 이하의 징역 또는 1,000만 원 이하의 벌금
④ 3년 이하의 징역 또는 1,500만 원 이하의 벌금

100만 원 이하 벌금

(기) 화재경계지구 안의 소방대상물에 대한 소방특별조사를 거부 · 방해 또는 기피한 자
(기) 정당한 사유 없이 소방대가 현장에 도착할 때까지 사람을 구출하는 조치 또는 불을 끄거나 불이 번지지 아니하도록 하는 조치를 하지 아니한 사람
(기) 피난 명령을 위반한 사람
(기) 정당한 사유 없이 물의 사용이나 수도의 개폐장치의 사용 또는 조작을 하지 못하게 하거나 방해한 자
(기) 위험물질의 공급을 차단하는 등 조치를 정당한 사유 없이 방해한 자
(공) 교육기관 또는 협회에서 명령을 위반하여 보고 또는 자료 제출을 하지 아니하거나 거짓으로 한 자
(공) 소방시설업감독 등을 위반하여 관계 공무원의 출입 · 검사 · 조사를 거부 · 방해 · 기피한 자

25 **중앙소방기술심의위원회를 두는 곳은?**

① 한국소방안전원
② 한국소방산업기술원
③ 소방청장
④ 한국소방기술사회

26 **다음 중 중앙소방기술심의위원회의 심의를 받아야 하는 사항으로 옳지 못한 것은?**

① 연면적 5만 m^2 이상의 특정소방대상물에 설치된 소방시설의 설계 · 시공 · 감리의 하자 여부에 관한 사항
② 화재안전기준에 관한 사항
③ 소방시설의 설계 및 공사감리의 방법에 관한 사항
④ 소방시설의 구조 및 원리 등에 있어서 공법이 특수한 설계 및 시공에 관한 사항

①은 지방 소방기술심의위원회의 심의사항

정답 24. ② 25. ③ 26. ①

27 다음 중 소방기술심의위원회의 심의사항이 아닌 것은?

① 화재안전기준에 관한 사항
② 소방시설의 구조와 원리 등에 있어서 공법이 특수한 설계 및 시공에 관한 사항
③ 소방시설의 설계 및 공사감리의 방법에 관한 사항
④ 소방용 기계 · 기구 등의 위치 · 규격 및 사용자재에 대한 적합성 검토에 관한 사항

구분	중앙 소방기술심의위원회	지방 소방기술심의위원회
심의 내용	• 화재안전기준에 관한 사항 • 소방시설 구조 · 원리 등에서 공법이 특수한 설계 및 시공 • 소방시설 설계 및 공사감리의 방법 • 소방시설공사 하자 판단 기준 • 기타 대통령령으로 정한사항	• 소방시설에 하자가 있는지의 판단에 관한 사항 • 기타 대통령령으로 정한 사항
대통령령	• 연면적 10만 m^2 이상 설계 · 시공 · 감리의 하자 유무 • 새로운 소방시설과 소방용품 등의 도입 여부에 관한 사항 • 기타 소방기술과 관련하여 소방청장이 심의에 부치는 사항	• 연면적 10만 m^2 미만 설계 · 시공 · 감리의 하자 유무 • 소방본부장 또는 소방서장이 화재안전기준 또는 위험물 제조소등의 시설기준의 적용에 관하여 기술검토를 요청하는 사항 • 기타 소방기술과 관련하여 시 · 도지사가 심의에 부치는 사항

28 다음 중 중앙소방기술심의위원회 위원의 자격에 해당되지 않는 사람은?

① 소방 관련 법인에서 소방 관련 업무에 3년 이상 종사한 사람
② 소방기술사
③ 소방과 관련된 교육기관에서 5년 이상 교육 또는 연구에 종사한 사람
④ 석사 이상의 소방 관련 학위를 소지한 사람

중앙위원회의 위원은 과장급 직위 이상의 소방공무원과 다음 각 호의 어느 하나에 해당하는 사람 중에서 소방청장이 임명하거나 성별을 고려하여 위촉한다.

1. 소방기술사
2. 석사 이상의 소방 관련 학위를 소지한 사람
3. 소방시설관리사
4. 소방 관련 법인 · 단체에서 소방 관련 업무에 5년 이상 종사한 사람
5. 소방공무원 교육기관, 대학교 또는 연구소에서 소방과 관련된 교육이나 연구에 5년 이상 종사한 사람

정답 27. ④ 28. ①

29 지방 소방기술 심의위원회는 위원장을 포함하여 몇 명으로 구성하고 위촉위원의 임기는 몇 년으로 하는가?

① 위원장을 포함하여 60명 이내, 임기는 1년
② 위원장을 포함하여 60명 이내, 임기는 2년
③ 위원장을 포함하여 5명 이상 9명 이하, 임기는 1년
④ 위원장을 포함하여 5명 이상 9명 이하, 임기는 2년

소방기술 심의위원회의 구성 등

① 중앙 소방기술 심의위원회(이하 "중앙위원회"라 한다.)는 위원장을 포함하여 60명 이내로 구성하고, 지방 소방기술 심의위원회(이하 "지방위원회"라 한다.)는 위원장을 포함하여 5명 이상 9명 이하의 위원으로 구성한다.
② 중앙위원회 및 지방위원회의 위원 중 위촉위원의 임기는 2년으로 한다. 다만, 보궐위원의 임기는 전임자 임기의 남은 기간으로 한다.

구분	중앙 소방기술 심의위원회	지방 소방기술 심의위원회	하도급계약 심사위원회	소방특별 조사위원회	중앙소방 특별조사단
위원장	소방청장이 위촉	시·도지사가 위촉	발주기관의 장	소방본부장	소방청장이 위촉
구성 (위원장 포함)	60명 이내 (회의 : 위원장이 13명 지정)	5명 이상 9명 이하 (위원장 포함)	10명 (위원장, 부위원장 각1명 포함)	7명 이내 (위원장 포함)	21명 이내 (단장 포함)
임기	2년 (1회 연임 가능)		3년 (1회 연임 가능)	2년 (1회 연임 가능)	

30 중앙 소방기술 심의위원회의 심의사항 중 연면적 몇 제곱미터 이상의 특정소방대상물에 설치된 소방시설의 설계 · 시공 · 감리의 하자 유무에 관한 사항을 심의하여야 하는가?

① 5만 m^2
② 10만 m^2
③ 15만 m^2
④ 20만 m^2

중앙 소방기술 심의위원회 심의사항 중 대통령령으로 정하는 사항

① 연면적 10만 m^2 이상의 특정소방대상물에 설치된 소방시설의 설계 · 시공 · 감리의 하자 유무에 관한 사항
② 새로운 소방시설과 소방용품 등의 도입 여부에 관한 사항

31 다음 중 청문을 실시하여야 하는 것은?

① 소방시설업자의 지위승계
② 도급계약의 해지
③ 소방기술인정 자격취소
④ 소방시설업의 공사제한

정답 29. ④ 30. ② 31. ③

1. 소방시설업 등록취소처분, 영업정지처분
2. 소방기술 인정 자격취소처분
3. 소방시설관리사 자격의 취소 및 정지
4. 소방시설관리업의 등록취소 및 영업정지
5. 소방용품의 형식승인 취소 및 제품검사 중지
6. 소방용품의 성능인증의 취소
7. 소방용품의 우수품질인증의 취소
5. 전문기관의 지정취소 및 업무정지
6. 다중이용업소의 평가대행자의 등록취소, 업무정지

32 거짓 그 밖의 부정한 방법으로 소방시설공사업의 등록을 받은 사람의 행정처분은?

① 3년 이하의 징역 또는 1,500만 원 이하의 벌금
② 1년 이하의 징역 또는 500만 원 이하의 벌금
③ 등록취소
④ 3,000만 원 이하의 과징금

위반사항	과징금 (3천만 원)	행정처분 기준		
		1차	2차	3차
거짓이나 그 밖의 부정한 방법으로 등록한 경우		등록취소		

33 소방시설공사업자가 공사를 마치고 완공검사를 받지 않아서 받을 수 있는 처벌은?

① 100만 원 이하의 벌금
② 100만 원 이하의 과태료
③ 200만 원 이하의 벌금
④ 200만 원 이하의 과태료

과태료 200만 원 이하

1. 신고를 하지 아니하거나 거짓으로 신고한 자
2. 관계인에게 지위승계, 행정처분 또는 휴업 · 폐업의 사실을 거짓으로 알린 자
3. 관계 서류를 보관하지 아니한 자
4. 소방기술자를 공사 현장에 배치하지 아니한 자
5. 완공검사를 받지 아니한 자
6. 3일 이내에 하자를 보수하지 아니하거나 하자보수계획을 관계인에게 거짓으로 알린 자
8. 감리 관계 서류를 인수 · 인계하지 아니한 자
8의2. 배치통보 및 변경통보를 하지 아니하거나 거짓으로 통보한 자
10의2. 방염성능기준 미만으로 방염을 한 자
10의3. 도급계약 체결 시 의무를 이행하지 아니한 자(하도급 계약의 경우에는 하도급 받은 소방시설업자는 제외한다.)
11. 하도급 등의 통지를 하지 아니한 자
14. 명령을 위반하여 보고 또는 자료 제출을 하지 아니하거나 거짓으로 보고 또는 자료 제출을 한 자

정답 32. ③ 33. ④

34 **건축물의 사용승인에 대한 동의는 소방시설공사의 무엇을 교부함으로써 갈음하는가?**

① 허가증 ② 완공검사증명서
③ 사용검사증명서 ④ 준공검사증명서

화재예방, 소방시설 설치 · 유지 및 안전관리에 관한 법률 제7조(건축허가 등의 동의)

사용승인에 대한 동의를 할 때에는 「소방시설공사업법」 제14조 제3항에 따른 소방시설공사의 완공검사증명서를 교부하는 것으로 동의를 갈음할 수 있다. 이 경우 제1항에 따른 건축허가 등의 권한이 있는 행정기관은 소방시설공사의 완공검사증명서를 확인하여야 한다.

35 **소방시설완공검사의 업무처리 과정으로 바르지 않은 것은?**

① 착공신고를 한 경우에는 소방시설등 완공검사신청서를 제출한다.
② 부분완공검사를 받고자 하는 경우 소방시설등 부분완공검사신청서를 제출한다.
③ 부분완공검사에 대해서도 감리 결과보고서로 갈음할 수 있다.
④ 소규모소방시설공사에 대한 완공검사는 소방시설공사업자가 설계도면을 첨부하여 소방서장에게 제출한다.

법 제14조 관련

④ 소규모소방시설공사에 대한 완공검사는 관계인이 설계도면을 첨부하여 소방서장에게 제출하면, 소방서장은 현장 확인을 한다.

36 **하자보수의 이행보증과 관련하여 소방시설공사업을 등록한 공사업자가 금융기관에 예치하여야 하는 하자보수 보증금은 소방시설공사금액의 얼마 이상으로 하여야 하는가?**

① 100분의 1 이상 ② 10분의 1 이상
③ 100분의 3 이상 ④ 10분의 3 이상

은행에 예치하여야 하는 하자보수 보증금은 소방시설공사금액의 100분의 3 이상으로 한다.

37 **소방시설공사업자가 3일 이내에 하자를 보수하지 아니하거나 하자 보수계획을 관계인에게 거짓으로 알린 경우에는 얼마의 과태료에 처하는가?**

① 100만 원 이하 ② 200만 원 이하
③ 300만 원 이하 ④ 400만 원 이하

정답 34. ② 35. ④ 36. ③ 37. ②

200만 원 이하의 과태료

1. 관계인에게 지위승계, 행정처분 또는 휴업 · 폐업의 사실을 거짓으로 알린 자
2. 소방기술자를 공사 현장에 배치하지 아니한 자
3. 완공검사를 받지 아니한 자
4. 3일 이내에 하자를 보수하지 아니하거나 하자 보수계획을 관계인에게 거짓으로 알린 자
5. 공사감리 결과의 통보 또는 공사감리 결과보고서의 제출을 거짓으로 한 자
6. 하도급 등의 통지를 하지 아니하거나 거짓으로 한 자
7. 공사와 감리를 함께 한 자

공사업법 위반	1차	2차	3차 이상
공사 하자보수를 위반하여 3일 이내에 하자를 미보수하거나 하자보수계획을 관계인에게 거짓으로 통보 1) 4일 이상 30일 이내에 보수하지 않은 경우 2) 30일을 초과하도록 보수하지 않은 경우 3) 거짓으로 알린 경우		50 100 200	

38 다음 중 하자보수 보증기간이 2년인 것은?

① 옥내소화전설비
② 간이스프링클러설비
③ 무선통신보조설비
④ 자동소화장치

소방시설공사업법 시행령 제6조(하자보수대상 소방시설과 하자보수보증기간)

하자기간	2년	피난기구, 유도등, 유도표지, 비상경보설비, 비상조명등, 비상방송설비 무선통신보조설비
	3년	옥내소화전 · 스프링클러 · 간이스프링클러 · 물분무등소화설비 옥외소화전, 자동소화장치, 자동화재탐지설비 상수도소화용수설비 및 소화활동설비(무선통신보조설비 제외)

39 소방시설공사업자는 소방시설공사 결과 소방시설에 하자가 있는 경우 하자보수를 하여야 한다. 다음 중 하자보수를 하여야 하는 소방시설과 소방 시설별 하자보수 보증기간이 잘못 나열된 것은?

① 유도등 : 2년
② 자동화재탐지설비 : 3년
③ 스프링클러설비 : 3년
④ 피난기구 : 3년

하자보수 보증기간

① 2년 : 피난기구, 유도등, 유도표지, 비상경보설비, 비상조명등, 비상방송설비 및 무선통신보조설비
② 3년 : 자동식소화기, 옥내소화전설비, 스프링클러설비, 간이스프링클러설비, 물분무등소화설비, 옥외소화전설비, 자동화재탐지설비, 상수도소화용수설비 및 소화활동설비(무선통신보조설비는 제외)

정답 38. ③ 39. ④

40 소방시설공사의 하자보수에 관한 설명 중 맞지 않는 것은?

① 하자보수보증금은 소방시설등의 공사금액의 10분의 3 이하로 한다.
② 계약금액이 500만 원 이하인 소방시설등의 공사는 하자보수의 이행보증에서 제외한다.
③ 자동화재탐지설비의 하자보수기간은 3년으로 한다.
④ 하자보수의 이행을 보증하여야 하는 공사업자는 특정소방대상물의 관계인에게 보증의 증서를 예치하여야 한다.

하자기간	2년	피난기구, 유도등, 유도표지, 비상경보설비, 비상조명등, 비상방송설비 무선통신보조설비
	3년	옥내소화전 · 스프링클러 · 간이스프링클러 · 물분무등소화설비 옥외소화전, 자동소화장치, 자동화재탐지설비 상수도소화용수설비 및 소화활동설비(무선통신보조설비 제외)
하자 발생 시	3일 이내 보수 or 보수일정을 기록한 하자보수계획을 관계인에게 서면통보	
하자 미조치	관계인이 소방본부장 · 소방서장에게 통지 가능한 경우 • 공사업자가 기간에 하자보수를 이행하지 아니한 경우 • 공사업자가 기간에 하자보수계획을 서면으로 알리지 아니한 경우 • 공사업자가 하자보수계획이 불합리다고 인정되는 경우	
심의요청	지방소방기술심의위원회	
하자보수 보증금	소방시설공사금액의 100분의 3 이상(단, 500만 원 이하의 공사는 제외)	

41 다음 중 감리업자의 업무로 볼 수 없는 것은?

① 소방시설등의 설치계획표의 적법성 검토
② 공사업자의 소방시설등의 시공이 설계도서 및 화재안전기준에 적합한지 감독
③ 소방용품의 위치 · 규격 및 사용 자재의 형식승인
④ 공사업자가 작성한 시공 상세도면의 적합성 검토

- 소방시설등의 설치계획표의 적법성 검토
- 소방시설등 설계도서의 적합성(=적법성+기술상의 합리성) 검토
- 소방시설등 설계 변경 사항의 적합성 검토
- 소방용품의 위치 · 규격 및 사용 자재의 적합성 검토
- 시공이 설계도서와 화재안전기준에 맞는지에 대한 지도 · 감독
- 완공된 소방시설등의 성능시험
- 공사업자가 작성한 시공 상세 도면의 적합성 검토
- 피난시설 및 방화시설의 적법성 검토
- 실내장식물의 불연화(不燃化)와 방염 물품의 적법성 검토

정답 40. ① 41. ③

42 특정소방대상물의 공사에 사용되는 실내장식물의 불연화 및 방염물품의 적법성 검토는 누가 하는가?

① 방염업자
② 한국소방산업기술원
③ 소방본부장 또는 소방서장
④ 소방공사감리업자

43 소방시설공사의 감리에 대한 다음 설명 중 틀린 것은?

① 특정소방대상물의 관계인이 특정소방대상물에 대한 소방시설공사를 하고자 하는 때에는 소방시설공사의 감리를 위하여 감리업자를 공사감리자로 지정하여야 한다.
② 관계인은 공사감리자를 지정한 때에는 소방청이 정하는 바에 따라 소방본부장 또는 소방서장에게 신고하여야 한다.
③ 용도와 구조에 있어서 특별히 안전성과 보안성이 요구되는 소방대상물로서 연면적 20만 m^2 이상의 소방시설공사에 대한 감리는 반드시 특급감리업자가 하여야 한다.
④ 감리업자는 소방시설공사의 감리를 위하여 소속감리원을 소방시설공사현장에 배치하여야 한다.

책임	보조	연면적	지하 포함 층수	기타
특급 중 소방기술사	초급	20만 m^2 이상	40층 이상	–
특급	초급	3만 m^2 이상~20만 m^2 미만 (아파트 제외)	16층 이상 40층 미만	–
고급	초급	3만 m^2 이상~20만 m^2 미만 (아파트)	–	물분무등소화설비 or 제연설비
중급		5천 m^2 이상~3만 m^2 미만	16층 미만	–
초급		5천 m^2 미만	–	지하구

44 다음 도급계약의 해지사유에 해당되지 않는 것은?

① 소방시설이 등록취소되거나 영업정지된 경우
② 소방시설업을 휴업 또는 폐업한 경우
③ 정당한 사유 없이 3주 이상 소방시설공사를 계속하지 아니하는 경우
④ 하도급의 통지를 받은 경우 그 하수급인이 적당하지 아니하다고 인정되어 하수급인의 변경을 요구하였으나 정당한 사유 없이 이에 따르지 아니하는 경우

정답 42. ④ 43. ③ 44. ③

▶ **제23조(도급계약의 해지)**

특정소방대상물의 관계인 또는 발주자는 해당 도급계약의 수급인이 다음 각 호의 어느 하나에 해당하는 경우에는 도급계약을 해지할 수 있다.
1. 소방시설업이 등록취소되거나 영업정지된 경우
2. 소방시설업을 휴업하거나 폐업한 경우
3. 정당한 사유 없이 30일 이상 소방시설공사를 계속하지 아니하는 경우
4. 제22조의2 제2항에 따른 요구(계약내용의 변경 요구)에 정당한 사유 없이 따르지 아니하는 경우

45 소방시설공사의 도급에 관한 다음 설명 중 틀린 것은?

① 특정소방대상물의 관계인 또는 발주자는 소방시설공사를 도급함에 있어서 소방시설 공사업자에게 도급하여야 한다.

② 관계인 또는 발주자는 하도급을 한 경우 하수급인이 당해 소방시설공사에 적당하지 아니하다고 인정하는 때에는 도급인에게 하수급인의 변경을 요구할 수 있다.

③ 동일인이 소방시설설계업 · 소방시설공사업 · 소방공사감리업을 동시에 하는 경우에 그 설계업자 · 공사업자 및 감리업자는 동일한 특정소방대상물의 소방시설에 대한 공사 및 감리를 함께 할 수 있다.

④ 특정소방대상물의 관계인 또는 발주자는 당해 도급계약의 수급인이 소방시설업을 폐업한 때에는 도급계약을 해지할 수 있다.

▶ **제24조(공사업자의 감리 제한)**

다음 각 호의 어느 하나에 해당되면 동일한 특정소방대상물의 소방시설에 대한 시공과 감리를 함께 할 수 없다.
1. 공사업자와 감리업자가 같은 자인 경우
2. 「독점규제 및 공정거래에 관한 법률」 제2조 제2호에 따른 기업집단의 관계인 경우
3. 법인과 그 법인의 임직원의 관계인 경우
4. 「민법」 제777조에 따른 친족관계인 경우

46 세대수가 200세대이며 층수가 21층 이상인 주상복합아파트인 경우 소방공사감리원의 배치기준은?

① 특급소방감리원 1인 이상+초급감리원 1인 이상

② 고급소방감리원 1인 이상+초급감리원 2인 이상

③ 중급소방감리원 1인 이상+초급감리원 1인 이상

④ 초급소방감리원 1인 이상+초급감리원 2인 이상

정답 45. ③ 46. ①

◐ 소방시설공사업법 시행령 제11조(소방공사감리원의 배치기준)

책임	보조	연면적	지하 포함 층수	기타
특급 중 소방기술사	초급	20만 m^2 이상	40층 이상	–
특급	초급	3만 m^2 이상~20만 m^2 미만 (아파트 제외)	16층 이상 40층 미만	–
고급	초급	3만 m^2 이상~20만 m^2 미만 (아파트)	–	물분무등소화설비 or 제연설비
중급		5천 m^2 이상~3만 m^2 미만	16층 미만	–
초급		5천 m^2 미만	–	지하구

※ 연면적 3만 m^2 이상인 아파트의 고급 이상 감리기준은 연면적 20만 m^2 미만 또는 지하층 포함 16층 미만인 아파트에 적용한다.

47 소방시설공사가 설계도서나 화재안전기준에 맞지 아니 할 경우 감리업자가 가장 우선하여 조치하여야 할 사항은?

① 공사업자에게 공사의 시정 또는 보완을 요구하여야 한다.
② 공사업자의 규정위반 사실을 관계인에게 알리고 관계인으로 하여금 시정 요구토록 조치한다.
③ 공사업자의 규정위반 사실을 발견 즉시 소방본부장 또는 소방서장에게 보고한다.
④ 공사업자의 규정위반 사실을 시 · 도지사에게 신고한다.

◐ 소방시설공사업법 제19조(위반사항에 대한 조치)

① 감리업자는 감리를 할 때 소방시설공사가 설계도서나 화재안전기준에 맞지 아니할 때에는 관계인에게 알리고, 공사업자에게 그 공사의 시정 또는 보완 등을 요구하여야 한다.
② 공사업자가 ①항에 따른 요구를 받았을 때에는 그 요구에 따라야 한다.
③ 감리업자는 공사업자가 ①에 따른 요구를 이행하지 아니하고 그 공사를 계속할 때에는 행정안전부령으로 정하는 바에 따라 소방본부장이나 소방서장에게 그 사실을 보고하여야 한다.
④ 관계인은 감리업자가 ③항에 따라 소방본부장이나 소방서장에게 보고한 것을 이유로 감리계약을 해지하거나 감리의 대가 지급을 거부하거나 지연시키거나 그 밖의 불이익을 주어서는 아니 된다.

정답 47. ①

48 소방공사감리의 종류 및 방법 등에서 틀린 것은?

① 연면적 3만 m^2 이상의 특정소방대상물은 상주공사감리 대상이다.
② 일반공사감리대상인 경우 1인의 책임감리원이 담당하는 소방공사감리현장은 5개 이하로서 감리현장의 연면적의 총 합계가 10만 m^2 이하일 것
③ 전문공사감리대상인 경우 책임감리원이 부득이한 사유로 1일 이상 현장을 이탈하는 경우에는 감리일지 등에 기록하여 발주청 또는 발주자의 확인을 받아야 한다.
④ 일반공사감리대상인 경우 책임감리원은 주 2회 이상 공사현장을 방문하여 업무를 수행하고 감리일지에 기록하여야 한다.

종류	대상	방법
상주 감리	1. 연면적 3만 m^2 이상 (아파트 제외) 2. 아파트(지하층 포함 16층 이상, 500세대 이상)	• 공사 현장 상주 → 업무 수행 → 감리일지기록 • 감리업자는 책임감리원 업무대행 • 1일 이상 현장이탈 시 → 감리일지기록 → 발주청, 발주자 확인 • 민방위기본법, 향토예비군 설치법에 따른 교육, 유급휴가로 현장 이탈 시
일반 감리	상주공사감리 제외 대상	• 공사 현장 방문하여 감리업무 수행 • 주 1회 이상 방문 → 감리업무수행 → 감리일지 기록 • 업무대행자 지정 : 14일 이내 • 지정된 업무대행자 : 주 2회 이상 방문 → 감리업무수행 → 책임감리원 통보 → 감리일지 기록

49 소방공사감리업자는 감리결과보고서를 소방서장에게 며칠 이내에 보고하여야 하는가?

① 즉시 ② 5일 ③ 7일 ④ 10일

시행규칙 19조 감리결과의 통보

법 제20조에 따라 감리업자가 소방공사의 감리를 마쳤을 때에는 별지 제29호 서식의 소방공사감리 결과보고(통보)서[전자문서로 된 소방공사감리 결과보고(통보)서를 포함한다.]에 서류(전자문서를 포함한다.)를 첨부하여 공사가 완료된 날부터 7일 이내에 특정소방대상물의 관계인, 소방시설공사의 도급인 및 특정소방대상물의 공사를 감리한 건축사에게 알리고, 소방본부장 또는 소방서장에게 보고하여야 한다.

50 소방시설설계업자 또는 소방공사감리업자가 설계 · 감리를 할 때에는 설계 · 감리 기록부 등을 언제까지 보관하여야 하는가?

① 3년 ② 5년
③ 7년 ④ 하자보수기간 만료일까지

제8조(소방시설업의 운영)

소방시설업자는 행정안전부령으로 정하는 관계 서류를 제15조 제1항에 따른 하자보수 보증기간 동안 보관하여야 한다.

정답 48. ④ 49. ③ 50. ④

51 소방설비공사업등록증을 다른 사람에게 대여한 때의 1차 행정처분은?

① 경고　　② 영업정지 3개월

③ 영업정지 6개월　　④ 등록취소

<table>
<tr><th rowspan="2">위반사항</th><th rowspan="2">과징금
(3천만 원)</th><th colspan="3">행정처분 기준</th></tr>
<tr><th>1차</th><th>2차</th><th>3차</th></tr>
<tr><td>다른 자에게 등록증 또는 등록수첩을 빌려준 경우</td><td></td><td>정지 6개월</td><td>취소</td><td>–</td></tr>
</table>

52 일반소방시설공사업을 하는 사람은 연면적 몇 m^2 미만의 특정소방대상물에 설치되는 소방시설의 공사를 할 수 있는가?

① 1만 m^2 미만　　② 1만 5천 m^2 미만

③ 3만 m^2 미만　　④ 5만 m^2 미만

공사업

<table>
<tr><td colspan="2" rowspan="2">전문</td><td>주</td><td>각 명 이상(기계&전기)
소방기술사 or 소방설비기사</td><td rowspan="2">모든 특정소방대상물
공사 · 개설 · 이전 및 정비</td><td rowspan="2">법인 : 1억 원 이상
개인 : 자산평가액
1억 원 이상</td></tr>
<tr><td>보조</td><td>2명 이상</td></tr>
<tr><td rowspan="4">일반</td><td rowspan="2">기계</td><td>주</td><td>1명 이상(소방기술사 or 소방설비기사(기계))</td><td rowspan="2">연면적 1만m^2 미만 기계분야 위험물제조소등에 설치되는 기계분야</td><td rowspan="2">법인 : 1억 원 이상
개인 : 자산평가액
1억 원 이상</td></tr>
<tr><td>보조</td><td>1명 이상</td></tr>
<tr><td rowspan="2">전기</td><td>주</td><td>1명 이상(소방기술사 or 소방설비기사(전기))</td><td rowspan="2">연면적 1만m^2 미만 전기분야 위험물제조소등에 설치되는 전기분야</td><td rowspan="2">법인 : 1억 원 이상
개인 : 자산평가액
1억 원 이상</td></tr>
<tr><td>보조</td><td>1명 이상</td></tr>
</table>

53 소방공사감리업자가 감리하는 소방시설공사의 경우 소방기술자가 공사현장에 배치되어야 하는 경우는?

① 소방시설의 비상전원을 전기공사업법에 의한 전기공사업자가 공사하는 경우

② 소화용수설비를 건설업법에 의한 기계설비공사업자 또는 상 · 하수도설비 공사업자가 공사하는 경우

③ 소방 외의 용도와 겸용되는 제연설비를 건설업법에 의한 기계설비공사업자가 공사하는 경우

④ 상수도 설비업자가 옥내소화전설비를 공사하는 경우

정답 51. ③ 52. ① 53. ④

▶ 소방시설공사업법 시행령 제3조(소방기술자의 배치)

[소방기술자를 소방시설공사현장에 배치하지 아니할 수 있는 공사]

1. 소방시설의 비상전원(비상콘센트 포함)을 전기공사업자가 공사하는 경우
2. 소화용수시설을 기계설비공사업자 또는 상 · 하수도설비공사업자가 공사하는 경우
3. 소방 외의 용도와 겸용되는 제연설비를 기계설비공사업자가 공사하는 경우
4. 소방 외의 용도와 겸용되는 비상방송설비 또는 무선통신보조설비를 정보통신공사업자가 시공하는 경우

54 소방시설공사업자의 시공능력평가 방법에서 시공능력평가액 산정방식으로 옳지 않은 것은?

> 시공능력평가액 = 실적평가액 + 자본금평가액 + 기술력평가액 + 경력평가액 ± 신인도평가액

① 실적평가액은 연평균 공사실적액으로 최근 3년간의 평균실적을 기준으로 한다.
② 자본금평가액은 최근 결산일 현재의 총자산으로 한다.
③ 기술력평가액 산정에서 보유기술인력의 특급기술자 가중치는 2.5로 한다.
④ 경력평가액 공사업영위기간은 등록을 한 날 · 양도신고를 한 날 또는 합병신고를 한 날부터 평가를 산정기준일까지로 한다.

▶ 소방시설공사업법 시행규칙 제23조(시공능력의 평가) 자본금평가액의 산정

- 실질자본금 = 총 자산(최근 결산일 현재) − 총 부채
- 기술력 평가
  가) 보유인력 : 6개월 이상 근무한 사람
  나) 등급 가중치

보유기술인력	특급기술자	고급기술자	중급기술자	초급기술자
가중치	2.5	2	1.5	1

55 소방기술용역의 대가기준 산정방식이 옳게 설명된 것은?

① 소방공사감리의 대가 : 실비정액 가산방식
소방시설설계의 대가 : 통신부문에 적용하는 공사비 요율에 따른 방식
② 소방공사감리의 대가 : 통신부문에 적용하는 공사비 요율에 따른 방식
소방시설설계의 대가 : 실비정액 가산방식
③ 소방공사감리의 대가 : 통신부문에 적용하는 공사비 요율에 따른 방식
소방시설설계의 대가 : 통신부문에 적용하는 공사비 요율에 따른 방식
④ 소방공사감리의 대가 : 실비정액 가산방식
소방시설설계의 대가 : 실비정액 가산방식

정답 54. ② 55. ①

소방활동장비 및 설비	① 국내조달품	정부고시가격
	② 수입물품	조달청에서 조사한 해외시장의 시가
	③ 금액이 없는 경우	2 이상의 공신력 있는 물가조사기관에서 조사한 가격의 평균가격
소방기술용역 산정기준	① 소방시설설계	통신부문에 적용하는 공사비 요율에 따른 방식
	② 소방공사감리	실비정액 가산방식
소방안전관리	③ 관리업자 대행	엔지니어링산업 진흥법

56 다음 중 200만 원 이하의 과태료 처분에 처해지는 자는?

① 동시에 둘 이상의 업체에 취업한 소방기술자
② 공사업자가 아닌 자에게 소방시설공사를 도급한 자
③ 거짓으로 감리한 자
④ 소방기술자를 공사현장에 배치하지 아니한 자

공사업법 위반	1차	2차	3차 이상
공사 하자보수를 위반하여 3일 이내에 하자를 미보수하거나 하자보수계획을 관계인에게 거짓으로 통보 1) 4일 이상 30일 이내에 보수하지 않은 경우 2) 30일을 초과하도록 보수하지 않은 경우 3) 거짓으로 알린 경우		50 100 200	
방염성능기준 미만으로 방염을 한 경우		200	
하자보증기간 서류보관을 위반하여 관계 서류를 보관하지 않은 경우		200	
소방기술자를 공사 현장에 배치하지 않은 경우		200	
도급계약 체결 시 의무를 이행하지 아니한 경우		200	
감리 관계 서류를 인수 · 인계하지 않은 경우		200	
소방시설업 등록 및 변경신고, 감리자변경신고 착공신고 위반 미신고, 거짓 신고	10	50	200
관계인에게 지위승계, 행정처분 또는 휴업 · 폐업의 사실을 거짓으로 알린 경우	10	50	200
감리 배치통보 및 변경통보를 하지 아니하거나 거짓으로 통보한 경우	50	100	200
하도급 등의 통지를 하지 않거나 거짓으로 한 경우	50	100	200
명령을 위반하여 보고 또는 자료 미제출, 거짓으로 보고 또는 자료 제출을 한 경우	50	100	200

정답 56. ④

57 **관계인 및 발주자가 소방시설공사를 함에 있어서 적정한 공사업자를 선정할 수 있도록 소방청장이 하는 방법은?**

① 소방시설공사업자가 자신의 시공능력을 발주자에게 공개하도록 한다.
② 소방시설공사업자의 시공능력을 평가하여 공시한다.
③ 소방시설공사업자가 자신의 시공능력을 발주자에게 제출하도록 한다.
④ 소방시설공사업자의 도급순위를 정하여 공시한다.

58 **새로운 기술 등 소방에 관한 지식의 보급을 위하여 소방시설업과 소방시설관리업의 기술인력으로 등록된 소방기술자는 소방청이 정하는 바에 따라 실무교육을 받아야 한다. 이 때 소방기술자의 실무교육에 관한 업무는 어디에 위탁하는가?**

① 소방기술심의위원회
② 한국소방안전원
③ 한국소방산업기술원
④ 지방소방학교

▶ 제33조(권한의 위임 · 위탁 등)

① 소방청장은 이 법에 따른 권한의 일부를 대통령령으로 정하는 바에 따라 시 · 도지사에게 위임할 수 있다.
② 소방청장은 제29조에 따른 실무교육에 관한 업무를 대통령령으로 정하는 바에 따라 실무교육기관 또는 한국소방안전원에 위탁할 수 있다.

59 **소방시설공사업을 등록하지 아니하고 소방시설에 대한 공사를 한 자의 벌칙은?**

① 1년 이하의 징역 또는 500만 원 이하의 벌금
② 3년 이하의 징역 또는 1,500만 원 이하의 벌금
③ 3년 이하의 징역 또는 3,000만 원 이하의 벌금
④ 5년 이하의 징역 또는 3,000만 원 이하의 벌금

▶ 3년 이하의 징역 또는 3천만 원 이하 벌금

(기) 강제처분(소방대상물 · 토지)을 방해한 자 또는 정당한 사유 없이 그 처분에 따르지 아니한 자
(공) 소방시설업 등록을 하지 아니하고 영업을 한 자
(설) 명령을 정당한 사유 없이 위반한 자
(설) 관리업의 등록을 하지 아니하고 영업을 한 자
(설) 소방용품의 형식승인을 받지 아니하고 소방용품을 제조하거나 수입한 자
(설) 형식승인제품의 제품검사를 받지 아니한 자
(설) 형식승인되지 않은 소방용품을 판매 · 진열하거나 소방시설공사에 사용한 자
(설) 거짓이나 그 밖의 부정한 방법으로 제42조 제1항에 따른 전문기관으로 지정을 받은 자

정답 57. ② 58. ② 59. ③

60 소방시설공사업 등록 시 첨부하여야 하는 자산평가액 또는 기업진단보고서는 신청일로부터 최근 며칠 이내에 작성한 것이어야 하는가?

① 30일 ② 60일 ③ 90일 ④ 180일

협회제출서류

- 소방시설업 등록신청서
- 기술인력연명부 및 자격증
- (공) 자산평가액/기업진단보고서 : 90일 이내 작성서류
  –공인회계사, 세무사, 전문경영진단기관
- (공) 출자 · 예금, 담보 금액확인서 : 자본금기준 100분의 20 이상 담보

61 소방시설공사의 시공능력을 평가받고자 하는 공사업자는 소방기술자 보유현황을 협회에 매년 언제까지 제출하여야 하는가?

① 2월 15일 ② 6월 15일 ③ 10월 31일 ④ 12월 31일

소방시설공사 시공능력평가	매년 2월 15일까지(실적증빙서류 : 법인 4월 15일, 개인 6월 10일)
소방시설공사 시공능력평가 공시	매년 7월 31일

62 소방기술자의 실무교육은 몇 회 이상 받아야 하는가?

① 1년에 1회 이상 ② 1년에 2회 이상
③ 2년에 1회 이상 ④ 2년에 1회 이상

제36조(소방안전관리자 및 소방안전관리보조자의 실무교육 등)

③ 소방안전관리보조자는 그 선임된 날부터 6개월(영 제23조 제4항 제4호에 따라 소방안전관리보조자로 지정된 사람의 경우 3개월을 말한다.) 이내에 법 제41조에 따른 실무교육을 받아야 하며, 그 후에는 2년마다 1회 이상 실무교육을 받아야 한다. 다만, 소방안전관리자 강습교육 또는 실무교육이나 소방안전관리보조자 실무교육을 받은 후 1년 이내에 소방안전관리보조자로 선임된 사람은 해당 강습교육 또는 실무교육을 받은 날에 실무교육을 받은 것으로 본다.

63 소방기술자에 대한 실무교육을 실시하고자 하는 때에는 교육일정 등을 교육실시 며칠 전까지 교육대상자에게 알려야 하는가?

① 24시간 전 ② 10일 전
③ 15일 전 ④ 30일 전

정답 60. ③ 61. ① 62. ③ 63. ②

제36조(소방안전관리자 및 소방안전관리보조자의 실무교육 등)

협회장은 법 제41조 제1항에 따른 소방안전관리자 및 소방안전관리보조자에 대한 실무교육의 교육대상, 교육일정 등 실무교육에 필요한 계획을 수립하여 매년 소방청장의 승인을 얻어 교육실시 10일 전까지 교육대상자에게 통보하여야 한다.

64 피난기구의 경우 일반공사 감리기간으로 맞는 것은?

① 감리지정신고 후 감리결과보고서를 제출하는 기간
② 고정금속구를 설치하는 기간
③ 착공신고 후 완공검사를 받는 기간
④ 현장상황을 파악하여 적절하다고 인정되는 기간

일반 공사감리기간

피난기구의 경우 : 고정금속구를 설치하는 기간

65 시 · 도지사는 등록 신청을 받은 소방시설업의 업종별 자본금, 기술인력 및 장비가 소방시설업의 업종별 등록기준에 적합하다고 인정되는 경우에는 등록신청을 받은 날부터 며칠 이내에 소방시설업 등록증 및 소방시설업 등록수첩을 교부하여야 하는가?

① 3일 ② 5일 ③ 10일 ④ 15일

소방시설공사업 등록

- 3일 이내 : 분실 등에 의한 등록증의 재교부
- 5일 이내 : 변경신고 등에 의한 등록증의 재교부
- 10일 이내 : 등록신청서류의 보완
- 14일 이내 : 등록증 지위승계시의 재교부
- 15일 이내 : 등록증의 교부
- 30일 이내 : 등록사항의 변경신고, 지위승계

66 발주자가 도급계약을 해지할 수 있는 경우에 해당되지 않는 것은?

① 소방시설업의 휴업 ② 소방시설업의 폐업
③ 소방시설업의 등록취소 ④ 하도급의 통지를 받은 경우

도급계약의 해지

① 소방시설업이 등록취소되거나 영업 정지된 경우
② 소방시설업을 휴업하거나 폐업한 경우
③ 정당한 사유 없이 30일 이상 소방시설공사를 계속하지 아니하는 경우
④ 요구에 정당한 사유 없이 따르지 아니하는 경우

정답 64. ② 65. ④ 66. ④

67 상주공사감리를 하여야 하는 대상으로 옳은 것은?

① 16층 이상으로서 300세대 이상인 아파트에 대한 소방시설 공사
② 16층 이상으로서 500세대 이상인 아파트에 대한 소방시설 공사
③ 지하층 포함 16층 이상으로 300세대 이상인 아파트에 대한 소방시설 공사
④ 지하층 포함 16층 이상으로 500세대 이상인 아파트에 대한 소방시설 공사

종류	대상	방법
상주 감리	1. 연면적 3만 m^2 이상 (아파트 제외) 2. 아파트(지하층 포함 16층 이상, 500세대 이상)	• 공사 현장 상주 → 업무 수행 → 감리일지기록 • 감리업자는 책임감리원 업무대행 • 1일 이상 현장이탈 시 → 감리일지기록 → 발주청, 발주자 확인 • 민방위기본법, 향토예비군 설치법에 따른 교육, 유급휴가로 현장 이탈 시
일반 감리	상주공사감리 제외 대상	• 공사 현장 방문하여 감리업무 수행 • 주 1회 이상 방문 → 감리업무 수행 → 감리일지 기록 • 업무대행자 지정 : 14일 이내 • 지정된 업무대행자 : 주 2회 이상 방문 → 감리업무 수행 → 책임감리원 통보 → 감리일지 기록

68 소방공사감리업자의 업무로 옳지 않은 것은?

① 피난 · 방화시설의 적법성 검토
② 실내장식물의 불연화 및 방염물품의 적법성 검토
③ 당해 공사업 기술인력의 적법성 검토
④ 소방시설등 설계변경 사항의 적합성 검토

감리자 업무

• 소방시설등의 설치계획표의 적법성 검토
• 소방시설등 설계도서의 적합성(=적법성+기술상의 합리성) 검토
• 소방시설등 설계변경 사항의 적합성 검토
• 소방용품의 위치 · 규격 및 사용 자재의 적합성 검토
• 시공이 설계도서와 화재안전기준에 맞는지에 대한 지도 · 감독
 –완공된 소방시설등의 성능시험
 –공사업자가 작성한 시공 상세 도면의 적합성 검토
 –피난시설 및 방화시설의 적법성 검토
 –실내장식물의 불연화(不燃化)와 방염물품의 적법성 검토

정답 67. ④ 68. ③

69 상주공사 감리 시 감리현장에 책임감리원 배치에 관하여 맞는 것은?

① 소방시설용 배관을 설치하거나 매립하는 때부터
② 소방시설용 배관을 설치하거나 매립하는 때부터 착공신고 때까지
③ 소방시설용 배관을 설치하거나 매립하는 때부터 준공검사 때까지
④ 소방시설용 배관을 설치하거나 매립하는 때부터 완공검사필증을 교부받는 때까지

70 성능위주설계를 할 수 있는 자가 보유하여야 하는 기술력의 기준은?

① 소방기술사 2인 이상
② 소방기술사 1인 및 소방설비기사 2인(기계 및 전기분야 각 1인) 이상
③ 소방분야 공학박사 2인 이상
④ 소방기술사 1인 및 소방분야 공학박사 1인 이상

성능위주설계

구분	내용
대통령령	자격, 기술인력 및 자격에 따른 설계의 범위와 그 밖에 필요한 사항
행정안전부령	성능위주설계의 방법과 그 밖에 필요한 사항
자 격	전문소방시설설계업 등록자로서 소방기술사 2명 이상
고려사항	용도, 위치, 구조, 수용 인원, 가연물의 종류 및 양 등
대상물	• 연면적 20만m^2 이상 특정소방대상물(단, 아파트 제외) • 건축물의 높이 100m 이상, 지하층을 포함한 층수가 30층 이상(단, 아파트 제외) • 연면적 3만 m^2 이상 : 철도 및 도시철도 시설, 공항시설 • 하나의 건축물 영화상영관이 10개 이상인 특정소방대상물

71 소방시설공사업자의 시공능력 평가방법에 있어서 자본금평가액 산출 공식으로 옳은 것은?

① 자본금평가액＝(실질자본금×실질자본금의 평점＋소방청장이 지정한 금융 회사 또는 소방산업 공제조합에 출자・예치・담보한 금액)×70/100
② 자본금평가액＝(실질자본금×실질자본금의 평점＋소방청장이 지정한 금융 회사 또는 소방산업 공제조합에 출자・예치・담보한 금액)×50/100
③ 자본금평가액＝(실질자본금×실질자본금의 평점＋소방청장이 지정한 금융 회사 또는 소방산업 공제조합에 출자・예치・담보한 금액)×40/100
④ 자본금평가액＝(실질자본금×실질자본금의 평점＋소방청장이 지정한 금융 회사 또는 소방산업 공제조합에 출자・예치・담보한 금액)×20/100

정답 69. ④ 70. ① 71. ①

◎ **시공능력 평가방법**

시공능력 평가액 = 합계	㉠ 실적평가액	연평균 공사 실적액
	㉡ 자본금평가액(70%)	(실질자본금×실질자본금의 평점+소방청장이 지정한 금융회사 또는 소방산업공제조합에 출자·예치·담보한 금액)×70/100
	㉢ 기술력평가액(30%)	전년도 공사업계의 기술자 1인당 평균생산액×보유기술인력 가중치합계×30/100+전년도 기술개발투자액
	㉣ 경력평가액(20%)	실적평가액×공사업 경영기간 평점×20/100
	㉤ 신인도평가액	(실적평가액+자본금평가액+기술력평가액+경력평가액)×신인도 반영비율 합계

72 성능위주설계를 하여야 하는 특정소방대상물의 범위로 옳지 않은 것은?

① 건축물의 높이가 100m 이상인 특정소방대상물
② 연면적이 3만 m^2 이상인 철도 및 도시철도 시설, 공항시설
③ 하나의 건축물에 영화상영관이 10개 이상인 특정소방대상물
④ 연면적 20만 m^2 이상인 아파트

◎ **성능위주설계 특정소방대상물**

- 연면적 20만 m^2 이상 특정소방대상물(단, 아파트 제외)
- 건축물의 높이 100m 이상, 지하층을 포함한 층수가 30층 이상(단, 아파트 제외)
- 연면적 3만 m^2 이상 : 철도 및 도시철도 시설, 공항시설
- 하나의 건축물 영화상영관이 10개 이상인 특정소방대상물

73 소방시설업자가 설계, 시공 또는 감리를 맡긴 특정소방대상물의 관계인에게 지체 없이 그 사실을 알려야 하는 것에 해당하지 않는 것은?

① 소방시설업자의 지위를 승계한 경우
② 소방시설업자가 시공능력이 증가한 경우
③ 소방시설업의 등록취소처분 또는 영업정지처분을 받은 경우
④ 휴업하거나 폐업한 경우

◎

소방시설업자는 다음 각 호의 어느 하나에 해당하는 경우에는 소방시설공사 등을 맡긴 특정소방대상물의 관계인에게 지체 없이 그 사실을 알려야 한다.
1. 소방시설업자의 지위를 승계한 경우
2. 소방시설업의 등록취소처분 또는 영업정지처분을 받은 경우
3. 휴업하거나 폐업한 경우

정답 72. ④ 73. ②

74 **일반공사 감리대상의 경우 감리현장 연면적의 총 합계가 10만 m^2 이하일 때 1인의 책임 감리원이 담당하는 소방공사 감리현장은 몇 개 이하인가?**

① 2개 ② 3개
③ 4개 ④ 5개

1인의 책임 감리원이 담당하는 소방공사 감리현장의 수 : 5개 이하

75 **특정소방대상물의 관계인 또는 발주자는 정당한 사유 없이 며칠 동안 소방시설공사를 계속하지 아니하는 경우 도급계약을 해지할 수 있는가?**

① 10일 이상 ② 15일 이상
③ 30일 이상 ④ 60일 이상

관계인 또는 발주자는 정당한 사유 없이 30일 이상 소방시설공사를 계속하지 아니하는 경우 도급계약을 해지할 수 있다.

76 **다음 중 소방시설공사업을 하려는 공사업 등록 신청 시에 제출하여야 하는 서류로 볼 수 없는 것은?**

① 소방기술인력 연명부
② 소방산업공제조합에 출자 예치 · 담보한 금액 확인서
③ 전문경영진단기관이 신청일 전 최근 90일 이내에 작성한 기업진단보고서
④ 법인 등기부 등본

등록 시 제출서류

1. 소방기술인력연명부 및 기술자격증(자격수첩)
2. 소방청장이 지정하는 금융회사 또는 소방산업공제조합에 출자 · 예치 · 담보한 금액 확인서 1부
3. 금융위원회에 등록한 공인회계사나 전문경영진단기관이 신청일 전 최근 90일 이내에 작성한 자산평가액 또는 기업진단보고서(소방시설공사업만 해당한다.)

77 **연면적 5,000m^2 미만인 특정소방대상물에 대한 소방공사감리원 배치기준은?**

① 특급 소방감리원 1인 이상
② 초급 이상 소방감리원 1인 이상
③ 중급 이상 소방감리원 1인 이상
④ 고급 이상 소방감리원 1인 이상

정답 74. ④ 75. ③ 76. ④ 77. ②

책임	보조	연면적	지하 포함 층수	기타
특급 중 소방기술사	초급	20만 m² 이상	40층 이상	–
특급	초급	3만 m² 이상~20만 m² 미만 (아파트 제외)	16층 이상 40층 미만	–
고급	초급	3만 m² 이상~20만 m² 미만 (아파트)	–	물분무등소화설비 or 제연설비
중급		5천 m² 이상~3만 m² 미만	16층 미만	–
초급		5천 m² 미만	–	지하구

78 소방시설공사업자가 소속 소방기술자를 소방시설공사 현장에 배치하지 않았을 경우 얼마의 과태료에 처하는가?

① 100만 원 이하　② 200만 원 이하
③ 300만 원 이하　④ 400만 원 이하

200만 원 이하의 과태료

1. 관계인에게 지위승계, 행정처분 또는 휴업 · 폐업의 사실을 거짓으로 알린 자
2. 소방기술자를 공사 현장에 배치하지 아니한 자
3. 완공검사를 받지 아니한 자
4. 3일 이내에 하자를 보수하지 아니하거나 하자 보수계획을 관계인에게 거짓으로 알린 자
5. 공사감리 결과의 통보 또는 공사감리 결과보고서의 제출을 거짓으로 한 자
6. 하도급 등의 통지를 하지 아니하거나 거짓으로 한 자
7. 공사와 감리를 함께 한 자

79 감리업자는 책임감리원이 부득이한 사유로 며칠 이내의 범위에서 감리업무를 수행할 수 없는 경우에는 업무대행자를 지정하여 그 업무를 수행하게 해야 하는가?

① 1일　② 7일
③ 14일　④ 21일

일반 공사감리

① 책임감리원은 행정안전부령으로 정하는 기간 중에는 주 1회 이상 공사 현장을 방문하여 감리업무를 수행하고 감리일지에 기록해야 한다.
② 감리업자는 책임감리원이 부득이한 사유로 14일 이내의 범위에서 감리업무를 수행할 수 없는 경우에는 업무대행자를 지정하여 그 업무를 수행하게 해야 한다.
③ 지정된 업무대행자는 주 2회 이상 공사 현장을 방문하여 감리업무를 수행하며, 그 업무수행 내용을 책임감리원에게 통보하고 감리일지에 기록해야 한다.

정답 78. ② 79. ③

80 1년 이하의 징역 또는 1천만 원 이하의 벌금에 해당하지 않는 것은?

① 소방시설업 등록을 하지 아니하고 영업을 한 자
② 공사업자가 아닌 자에게 소방시설공사를 도급한 자
③ 영업정지처분을 받고 그 영업정지 기간에 영업을 한 자
④ 제3자에게 소방시설공사 시공을 하도급한 자

1년 이하의 징역 또는 1천만 원 이하 벌금

(공) 영업정지처분을 받고 그 영업정지 기간에 영업을 한 자
(공) 설계나 시공을 적법하게 하지 아니한 자
(공) 감리업자의 업무를 수행하지 아니하거나 거짓으로 감리한 자
(공) 공사감리자를 지정하지 아니한 자
(공) 감리 보고를 거짓으로 한 자
(공) 공사감리 결과의 통보 또는 공사감리 결과보고서의 제출을 거짓으로 한 자
(공) 소방시설업자가 아닌 자에게 소방시설공사등을 도급한 자
(공) 제3자에게 소방시설공사 시공을 하도급한 자
(공) 소방기술자의 업무를 위반하여 법 또는 명령을 따르지 아니하고 업무를 수행한 자
(다) 평가대행자로 등록하지 아니하고 화재위험평가 업무를 대행한 자
(다) 다른 사람에게 정보를 제공하거나 부당한 목적으로 이용한 자
(설) 정당한 사유 없이 소방특별조사 결과에 따른 조치명령을 위반한 자
(설) 관리업의 등록증이나 등록수첩을 다른 자에게 빌려준 자
(설) 영업정지처분을 받고 그 영업정지기간 중에 관리업의 업무를 한 자
(설) 소방시설등에 대한 자체 점검을 하지 않거나 관리업자 등에게 정기적으로 점검하게 하지 아니한 자
(설) 소방시설관리사증을 다른 자에게 빌려주거나 동시에 둘 이상의 업체에 취업한 사람
(설) 제37조 제1항을 위반하여 형식승인의 변경승인을 받지 아니한 자

81 소방기술자를 공사현장에 배치하여야 하는 기준으로 특급기술자인 소방기술자를 배치하여야 하는 대상물로서 맞는 것은?

① 연면적 10만 제곱미터 이상 또는 지하층을 포함한 층수가 16층 이상인 특정소방대상물의 공사 현장
② 연면적 20만 제곱미터 이상 또는 지하층을 포함한 층수가 16층 이상인 특정소방대상물의 공사 현장
③ 연면적 10만 제곱미터 이상 또는 지하층을 포함한 층수가 40층 이상인 특정소방대상물의 공사 현장
④ 연면적 20만 제곱미터 이상 또는 지하층을 포함한 층수가 40층 이상인 특정소방대상물의 공사 현장

정답 80. ① 81. ④

소방 기술자 공사 현장배치

구 분	배치기준
특급기술자인 소방기술자 (기계분야 or 전기분야)	• 연면적 20만 m^2 이상 공사 현장 • 지하층을 포함한 층수가 40층 이상 공사 현장
고급기술자 이상 (기계분야 or 전기분야)	• 연면적 3만 m^2 이상 20만 m^2 미만(아파트 제외) • 지하층을 포함한 층수가 16층 이상 40층 미만
중급기술자 이상 (기계분야 or 전기분야)	• 물분무등소화설비 or 제연설비 설치 공사 현장 • 일반 : 연면적 5천 m^2 이상 3만 m^2 미만(아파트 제외) • 아파트 : 연면적 1만 m^2 이상 20만 m^2 미만 아파트
초급기술자 이상 (기계분야 or 전기분야)	• 지하구 • 일반 : 연면적 1천 m^2 이상 5천 m^2 미만(아파트 제외) • 아파트 : 연면적 1천 m^2 이상 1만 m^2 미만
자격수첩 받은 소방기술자	연면적 1천 m^2 미만

82 **특정소방대상물에 설치된 소방시설등을 구성하는 것의 전부 또는 일부를 개설(改設), 이전(移轉) 또는 정비(整備)하는 공사는 착공신고를 하여야 하지만 고장 또는 파손 등으로 인하여 작동시킬 수 없는 소방시설을 긴급히 교체하거나 보수하여야 하는 경우에는 신고하지 않을 수 있는 경우가 아닌 것은?**

① 수신반(受信盤)　　② 비상전원
③ 동력(감시)제어반　　④ 소화펌프

83 **소방시설공사의 시공을 하도급할 경우 소방시설공사업에 해당하는 사업을 함께 하는 소방시설공사업자가 소방시설공사와 해당 사업의 공사를 함께 도급받을 수 있는 경우가 아닌 것은?**

① 주택법에 따른 주택건설사업
② 기계산업기본법에 따른 기계업
③ 전기공사업법에 따른 전기공사업
④ 정보통신공사업법에 따른 정보통신공사업

12조(소방시설공사의 시공을 하도급할 수 있는 경우)

① 법 제22조 제1항 단서에서 "대통령령으로 정하는 경우"란 소방시설공사업과 다음 각 호의 어느 하나에 해당하는 사업을 함께 하는 소방시설공사업자가 소방시설공사와 해당 사업의 공사를 함께 도급받은 경우를 말한다.
1. 「주택법」 제4조에 따른 주택건설사업
2. 「건설산업기본법」 제9조에 따른 건설업
3. 「전기공사업법」 제4조에 따른 전기공사업
4. 「정보통신공사업법」 제14조에 따른 정보통신공사업

정답 82. ② 83. ②

84 다음 소방시설공사의 시공을 하도급에 관한 설명으로 옳지 않은 것은?

① 발주자는 하수급인의 시공 및 수행능력, 하도급계약 내용의 적정성 등을 심사하기 위하여 하도급계약심사위원회를 두어야 한다.

② 발주자는 수급인이 정당한 사유 없이 요구에 따르지 아니하여 공사 등의 결과에 중대한 영향을 끼칠 우려가 있는 경우에는 해당 소방시설공사등의 도급계약을 해지할 수 있다.

③ 소방청장은 하수급인의 시공 및 수행능력, 하도급계약 내용의 적정성 등을 심사하는 경우에 활용할 수 있는 기준을 정하여 고시하여야 한다.

④ 발주자는 하수급인 또는 하도급계약 내용의 변경을 요구하려는 경우에는 하도급에 관한 사항을 통보받은 날 또는 그 사유가 있음을 안 날부터 10일 이내에 서면으로 하여야 한다.

하도급계약의 적정성 심사 등

발주자는 하수급인 또는 하도급계약 내용의 변경을 요구하려는 경우에는 법 제21조의3 제4항에 따라 하도급에 관한 사항을 통보받은 날 또는 그 사유가 있음을 안 날부터 30일 이내에 서면으로 하여야 한다.

85 소방시설업자협회의 설립에 관한 것으로 틀린 것은?

① 소방시설업자는 소방시설업자의 권익보호와 소방기술의 개발 등 소방시설업의 건전한 발전을 위하여 소방시설업자협회를 설립할 수 있다.

② 협회는 법인으로 한다.

③ 협회는 소방청장의 승인을 받아 주된 사무소의 소재지에 설립등기를 함으로써 성립한다.

④ 협회의 설립인가 절차, 정관의 기재사항 및 협회에 대한 감독에 관하여 필요한 사항은 대통령령으로 정한다.

③ 협회는 소방청장의 인가를 받아 주된 사무소의 소재지에 설립등기를 함으로써 성립한다.

정답 84. ④ 85. ③

CHAPTER 03 화재예방, 소방시설 설치유지 및 안전관리에 관한 법률, 시행령, 시행규칙

01 화재예방, 소방시설 설치유지 및 안전관리에 관한 법률의 목적으로 옳지 않은 것은?

① 공공의 안전 확보
② 국민의 생명, 신체 및 재산보호
③ 복리증진
④ 국민 경제에 이바지

화재예방, 소방시설 설치유지 및 안전관리에 관한 법률의 목적

① 화재와 재난 · 재해 등 위급한 상황으로부터 국민의 생명 · 신체 및 재산을 보호하기 위해
② 화재의 예방 및 안전관리에 관한 국가와 지방자치단체의 책무와 소방시설등의 설치 · 유지 및 소방대상물의 안전관리에 관하여 필요한 사항을 정함으로써
③ 공공의 안전과 복리 증진에 이바지함을 목적

02 다음 용어 설명 중 옳은 것은?

① 소방시설이란 소화설비 · 경보설비 · 피난구조설비 · 소화용수설비 그 밖에 소화활동설비로서 대통령령으로 정하는 것을 말한다.
② 소방시설등이란 소방시설과 비상구 그 밖에 소방 관련 시설로서 행정안전부령으로 정하는 것을 말한다.
③ 특정소방대상물이란 소방시설을 설치하여야 하는 소방대상물로서 소방청장이 정하는 것을 말한다.
④ 소방용품이란 소방시설등을 구성하거나 소방용으로 사용되는 제품 또는 기기로서 행정안전부령으로 정하는 것을 말한다.

② 행정안전부령 → 대통령령
③ 소방청장 → 대통령령
④ 행정안전부령 → 대통령령

03 소방시설등에 해당하지 않는 것은?

① 소방시설
② 비상구
③ 방화문
④ 배연창

소방시설등이란 소방시설과 비상구, 방화문, 방화셔터를 말한다.

정답 01. ④ 02. ① 03. ④

04 **무창층(無窓層)이란 지상층 중 유효개구부의 면적합계가 당해층 바닥면적의 30분의 1 이하가 되는 층을 말한다. 이때의 개구부 조건과 거리가 먼 것은?**

① 개구부의 크기가 지름 50cm 이상의 원이 내접할 수 있을 것
② 그 층의 바닥면으로부터 개구부 밑부분까지의 높이가 1.2m 이하일 것
③ 도로 또는 차량의 진입이 가능한 공지에 면할 것
④ 방범을 위하여 개구부에는 창살을 설치할 것

무창층

지상층 중 모든 요건을 갖춘 개구부의 면적의 합계가 해당 층의 바닥면적의 30분의 1이하인 층
1. 크기는 지름 50cm 이상의 원이 내접할 수 있는 크기일 것
2. 해당 층의 바닥면으로부터 개구부 밑부분까지의 높이가 1.2m 이내일 것
3. 도로 또는 차량이 진입할 수 있는 빈터를 향할 것
4. 화재 시 건축물로부터 쉽게 피난할 수 있도록 창살이나 그 밖의 장애물이 설치되지 아니할 것
5. 내부 또는 외부에서 쉽게 부수거나 열 수 있을 것

05 **피난층에 대한 정의로 옳은 것은?**

① 지상으로 통하는 직통계단에 있는 층
② 지상 1층
③ 곧바로 지상으로 갈 수 있는 출입구가 있는 층
④ 비상계단으로 연결되는 층

피난층

곧바로 지상으로 갈 수 있는 출입구가 있는 층을 말한다.

06 **화재예방, 소방시설 설치유지 및 안전관리에 관한 법률에서 국가는 화재안전 기반 확충을 위하여 화재안전정책에 관한 기본계획을 수립 · 시행하여야 한다. 기본정책에 포함되지 않는 것은?**

① 화재안전정책의 기본목표 및 추진방향
② 화재예방을 위한 대국민 홍보 · 교육에 관한 사항
③ 안전관리정보의 전달 · 관리체계 구축
④ 화재안전분야 국제경쟁력 향상에 관한 사항

기본계획에는 다음 각 호의 사항이 포함되어야 한다.
1. 화재안전정책의 기본목표 및 추진방향
2. 화재안전을 위한 법령 · 제도의 마련 등 기반 조성에 관한 사항
3. 화재예방을 위한 대국민 홍보 · 교육에 관한 사항

정답 04. ④ 05. ③ 06. ③

4. 화재안전 관련 기술의 개발 · 보급에 관한 사항
5. 화재안전분야 전문인력의 육성 · 지원 및 관리에 관한 사항
6. 화재안전분야 국제경쟁력 향상에 관한 사항

07 화재예방, 소방시설 설치유지 및 안전관리에 관한 법률의 화재안전정책기본계획에 관한 내용으로 틀린 것은?

① 대통령은 화재안전정책에 관한 기본계획을 수립하여야 한다.
② 기본계획은 시행 전년도 8월 31일까지 관계 중앙행정기관의 장과 협의를 마쳐야 한다.
③ 기본계획은 계획 시행 전년도 9월 30일까지 수립하여야 한다.
④ 관계 중앙행정기관의 장 또는 특별시장 · 광역시장 · 특별자치시장 · 도지사 · 특별자치도지사는 세부시행계획을 계획 시행 전년도 12월 31일까지 수립하여야 한다.

소방청장은 법 제2조의3에 따른 화재안전정책에 관한 기본계획(이하 "기본계획"이라 한다.)을 계획 시행 전년도 8월 31일까지 관계 중앙행정기관의 장과 협의를 마친 후 계획 시행 전년도 9월 30일까지 수립하여야 한다.

08 소방청장이 시 · 도지사에게 위임하는 업무가 아닌 것은?

① 방염성능검사 중 합판 · 목재를 설치하는 현장에서 방염처리한 경우의 방염성능검사
② 우수 소방대상물의 선정, 표지 발급 및 관계인에 대한 포상
③ 소방용품에 대한 수거 · 폐기 또는 교체 등의 명령
④ 우수품질인증

권한의 위임 · 위탁 등

1. 시 · 도지사
   ① 방염성능검사 중 합판 · 목재를 설치하는 현장에서 방염처리한 경우의 방염성능검사
   ② 우수 소방대상물의 선정, 표지 발급 및 관계인에 대한 포상
   ③ 소방용품에 대한 수거 · 폐기 또는 교체 등의 명령
2. 한국소방산업기술원에 위탁
   ① 방염성능검사 업무(합판 · 목재를 설치하는 현장에서 방염처리한 경우의 방염성능검사는 제외한다.)
   ② 형식승인(시험시설의 심사를 포함한다.)
   ③ 형식승인의 변경승인
   ④ 성능인증
   ⑤ 우수품질인증

정답 07. ① 08. ④

09 소방시설관리유지업의 등록을 할 수 있는 사람은?

① 소방시설관리유지업의 등록이 취소된 날부터 2년이 경과되지 않은 사람
② 피성년후견인
③ 파산자로서 복권되지 않은 사람
④ 금고 이상의 형의 집행유예선고를 받고 그 유예기간 중에 있는 사람

관리업의 등록 결격사유

1) 피성년후견인
2) 소방시설설치유지법률, 소방기본법, 소방시설공사업법 및 위험물안전관리법에 따른 금고 이상의 실형의 선고를 받고 그 집행이 끝나거나(집행이 끝난 것으로 보는 경우를 포함한다.) 집행이 면제된 날부터 2년이 지나지 아니한 사람
3) 이 법, 소방기본법, 소방시설공사업법 또는 위험물안전관리법에 따른 금고 이상의 형의 집행유예를 받고 그 유예기간 중에 있는 사람
4) 관리업의 등록이 취소된 날부터 2년이 지나지 아니한 사람

10 다음 중 소방시설관리업의 등록이 불가능한 사람은?

① 소방기본법의 위반으로 실형을 선고받고 그 집행이 끝난 후 3년이 지난 사람
② 관리업 등록이 취소된 날부터 6개월이 지난 사람
③ 위험물안전관리법 위반으로 집행유예를 선고받고 집행유예기간이 끝난 날부터 6개월이 지난 사람
④ 소방시설공사업법 위반으로 금고형의 실형을 선고받고 그 집행이 면제된 날부터 2년이 지난 사람

결격 사유	소방안전 교육사	소방시설 관리사	소방 시설업	소방시설 관리업
① 피성년한정후견인	○			
② 피성년후견인	○	○	○	○
③ 금고 이상의 실형을 선고받고 그 집행이 끝나거나(집행이 끝난 것으로 보는 경우 포함) 집행이 면제된 날부터 2년 미경과	○	○	○	○
④ 금고 이상의 형의 집행유예를 선고받고 그 유예기간 중	○	○	○	○
⑤ 등록이 취소된 날로부터 2년이 지나지 아니한 자		○	○	○
⑥ 법원의 판결 또는 다른 법률에 따라 자격이 정지되거나 상실된 사람	○		대표 ②~⑤ 임원 ③~⑤	임원 ②~④

정답 09. ③ 10. ②

11 소방시설관리업의 등록기준으로 그 내용이 옳은 것은?

① 소방시설관리사 1인 이상+보조인력 2인 이상
② 소방시설관리사 1인 이상+보조인력 1인 이상
③ 소방시설관리사 1인 이상
④ 바닥면적 $33m^2$ 이상의 사무실

12 소방시설관리업자가 기술 인력을 변경해야 하는 경우 제출하지 않아도 되는 서류는?

① 사업자등록증 사본
② 소방시설관리업 등록수첩
③ 기술인력 연명부
④ 변경된 기술인력의 기술자격증

소방시설업 기술 인력 변경 시 제출서류

① 소방시설업 등록수첩
② 변경된 기술인력의 기술자격증 · 자격수첩
③ 소방기술인력 연명부 1부

13 부정한 방법으로 소방시설관리업을 등록하여 영업정지를 명한 경우에 그 영업정지가 국민에게 심한 불편을 줄 우려가 있는 경우에 취하는 조치는?

① 500만 원 이하의 벌금
② 3,000만 원 이하의 벌금
③ 500만 원 이하의 과징금
④ 3,000만 원 이하의 과징금

14 소방시설관리업의 등록을 반드시 취소해야 하는 사유에 해당하지 않는 것은?

① 거짓으로 등록을 한 경우
② 등록기준에 미달하게 된 경우
③ 다른 사람에게 등록증을 빌려준 경우
④ 등록의 결격사유에 해당하게 된 경우

소방시설 설치유지 및 안전관리 제34조(등록의 취소와 영업정지 등)

등록의 취소 또는 6개월 이내의 시정이나 영업의 정지

1. 거짓이나 그 밖의 부정한 방법으로 등록을 한 경우(등록의 취소)
2. 점검을 하지 아니하거나 거짓으로 한 경우
3. 등록기준에 미달하게 된 경우
4. 등록의 결격사유에 해당하게 된 경우. 다만, 임원 중 결격사유가 있는 법인으로서 결격사유에 해당하게 된 날부터 2개월 이내에 그 임원을 결격사유가 없는 임원으로 바꾸어 선임한 경우는 제외한다.(등록의 취소)
5. 다른 자에게 등록증이나 등록수첩을 빌려준 경우(등록의 취소)

정답 11. ① 12. ① 13. ④ 14. ②

15 소방청장, 소방본부장 또는 소방서장은 관할구역에 있는 소방대상물, 관계 지역 또는 관계인에 대하여 소방시설등이 이 법 또는 소방 관계 법령에 적합하게 설치 · 유지 · 관리되고 있는지, 소방대상물에 화재, 재난 · 재해 등의 발생 위험이 있는지 등을 확인하기 위하여 관계 공무원으로 하여금 소방안전관리에 관한 특별조사를 하게 할 수 있다. 이 경우 소방특별조사를 실시하는 경우가 아닌 것은?

① 관계인이 이 법 또는 다른 법령에 따라 실시하는 소방시설등, 방화시설, 피난시설 등에 대한 자체점검 등이 불성실하거나 불완전하다고 인정되는 경우
② 화재위험평가에 대한 소방특별조사 등 다른 법률에서 소방특별조사를 실시하도록 한 경우
③ 국가적 행사 등 주요 행사가 개최되는 장소 및 그 주변의 관계 지역에 대하여 소방안전관리 실태를 점검할 필요가 있는 경우
④ 화재가 자주 발생하였거나 발생할 우려가 뚜렷한 곳에 대한 점검이 필요한 경우

소방특별조사 사유

1. 관계인이 이 법 또는 다른 법령에 따라 실시하는 소방시설등, 방화시설, 피난시설 등에 대한 자체점검 등이 불성실하거나 불완전하다고 인정되는 경우
2. 화재경계지구에 대한 소방특별조사 등 다른 법률에서 소방특별조사를 실시하도록 한 경우
3. 국가적 행사 등 주요 행사가 개최되는 장소 및 그 주변의 관계 지역에 대하여 소방안전관리 실태를 점검할 필요가 있는 경우
4. 화재가 자주 발생하였거나 발생할 우려가 뚜렷한 곳에 대한 점검이 필요한 경우
5. 재난예측정보, 기상예보 등을 분석한 결과 소방대상물에 화재, 재난 · 재해의 발생 위험이 높다고 판단되는 경우
6. 제1호부터 제5호까지에서 규정한 경우 외에 화재, 재난 · 재해, 그 밖의 긴급한 상황이 발생할 경우 인명 또는 재산 피해의 우려가 현저하다고 판단되는 경우

16 소방특별조사에 대한 설명으로 틀린 것은?

① 개인의 주거에 대하여는 관계인의 승낙이 있거나 화재 발생의 우려가 뚜렷하여 긴급한 필요가 있는 때에 한정한다.
② 소방청장, 소방본부장 또는 소방서장은 객관적이고 공정한 기준에 따라 소방특별조사의 대상을 선정하여야 하며, 소방본부장은 소방특별조사의 대상을 객관적이고 공정하게 선정하기 위하여 필요하면 소방특별조사위원회를 구성하여 소방특별조사의 대상을 선정할 수 있다.
③ 소방청장은 소방특별조사를 할 때 필요하면 행정안전부령으로 정하는 바에 따라 중앙소방특별조사단을 편성하여 운영할 수 있다.
④ 소방청장, 소방본부장 또는 소방서장은 소방특별조사를 실시하는 경우 다른 목적을 위하여 조사권을 남용하여서는 아니 된다.

③ 소방청장은 소방특별조사를 할 때 필요하면 대통령령으로 정하는 바에 따라 중앙소방특별조사단을 편성하여 운영할 수 있다.

정답 15. ② 16. ③

17 소방대상물 관계인의 승낙 없이 수시로 소방특별조사를 할 수 없는 것은?

① 공장 ② 병원 ③ 주택 ④ 교회

소방대상물의 소방특별조사

관계인의 승낙이 있어야 하는 곳 : 주거공간(주택)

18 소방특별조사의 세부항목으로 옳지 않은 것은?

① 소방안전관리 업무 수행에 관한 사항
② 소방시설의 자체점검 및 정기적 점검 등에 관한 사항
③ 자위소방대 구성의 적합성과 화재의 예방조치 등에 관한 사항
④ 불을 사용하는 설비 등의 관리와 특수가연물의 저장 · 취급에 관한 사항

조사항목

- 소방안전관리 업무 수행에 관한 사항
- 소방계획서의 이행에 관한 사항
- 자체 점검 및 정기적 점검 등에 관한 사항
- 화재의 예방조치 등에 관한 사항
- 불을 사용하는 설비 등의 관리와 특수가연물의 저장 · 취급에 관한 사항
- 다중이용업소의 안전관리에 관한 특별법에 따른 안전관리에 관한 사항
- 위험물 안전관리법에 따른 안전관리에 관한 사항

19 소방특별조사위원회는 위원장 1명을 포함한 (㉠) 이내의 위원으로 구성하고, 위원장은 (㉡)이(가) 된다. 다음 중 옳은 것은?

① ㉠ 5인, ㉡ 소방본부장 ② ㉠ 7인, ㉡ 소방청장
③ ㉠ 5인, ㉡ 소방청장 ④ ㉠ 7인, ㉡ 소방본부장

소방특별조사위원회는 위원장 1명을 포함한 7명 이내의 위원으로 구성하고, 위원장은 소방청장 또는 소방본부장이 된다.

구분	중앙 소방기술 심의위원회	지방 소방기술 심의위원회	하도급계약 심사위원회	소방특별 조사위원회	중앙소방 특별조사단
위원장	소방청장이 위촉	시 · 도지사가 위촉	발주기관의 장	소방본부장	소방청장이 위촉
구성 (위원장 포함)	60명 이내 (회의 : 위원장이 13명 지정)	5명 이상 9명 이하 (위원장 포함)	10명 (위원장, 부위원장 각 1명 포함)	7명 이내 (위원장 포함)	21명 이내 (단장 포함)
임기	2년 (1회 연임 가능)		3년 (1회 연임 가능)	2년 (1회 연임 가능)	

정답 17. ③ 18. ③ 19. ④

20 소방특별조사위원회의 위원이 될 수 없는 사람은?

① 소방기술사 또는 소방시설관리사
② 소방 관련 분야의 석사학위를 취득한 사람
③ 소방 관련 법인 또는 단체에서 소방 관련 업무에 3년 종사한 사람
④ 소방공무원 교육기관, 학교 또는 연구소에서 소방과 관련한 교육 또는 연구에 5년 종사한 사람

소방특별조사위원회의 위원이 될 수 있는 사람의 자격

① 과장급 직위 이상의 소방공무원
② 소방기술사
③ 소방시설관리사
④ 소방 관련 분야의 석사학위 이상을 취득한 사람
⑤ 소방 관련 법인 또는 단체에서 소방 관련 업무에 5년 이상 종사한 사람
⑥ 소방공무원 교육기관, 학교 또는 연구소에서 소방과 관련한 교육 또는 연구에 5년 이상 종사한 사람

21 중앙소방특별조사단은 단장을 포함하여 몇 인으로 구성되는가?

① 7인 ② 10인
③ 21인 ④ 60인

중앙소방특별조사단(이하 "조사단"이라 한다.)은 단장을 포함하여 21명 이내의 단원으로 구성한다.

22 소방특별조사의 방법 및 절차에 관한 사항으로 잘못된 것은?

① 소방청장, 소방본부장 또는 소방서장은 소방특별조사를 하려면 3일 전에 관계인에게 조사대상, 조사기간 및 조사사유 등을 서면으로 알려야 한다.
② 화재, 재난 · 재해가 발생할 우려가 뚜렷하여 긴급하게 조사할 필요가 있는 경우는 통지하지 아니하고 할 수 있다.
③ 소방특별조사의 실시를 사전에 통지하면 조사목적을 달성할 수 없다고 인정되는 경우 통지하지 아니하고 할 수 있다.
④ 소방특별조사는 관계인의 승낙 없이 해가 뜨기 전이나 해가 진 뒤에 할 수 없다.

소방청장, 소방본부장 또는 소방서장은 소방특별조사를 하려면 7일 전에 관계인에게 조사대상, 조사기간 및 조사사유 등을 서면으로 알려야 한다. 다만, 다음 각 호의 어느 하나에 해당하는 경우에는 그러하지 아니하다.

1. 화재, 재난 · 재해가 발생할 우려가 뚜렷하여 긴급하게 조사할 필요가 있는 경우
2. 소방특별조사의 실시를 사전에 통지하면 조사목적을 달성할 수 없다고 인정되는 경우

정답 20. ③ 21. ③ 22. ①

23 **관계인은 부득이한 경우로서 대통령령으로 정하는 사유에 해당할 경우 소방특별조사를 연기할 수 있다. 이에 대한 사유가 아닌 것은?**

① 태풍, 홍수 등 재난이 발생하여 소방대상물을 관리하기가 매우 어려운 경우
② 관계인이 질병, 장기출장 등으로 소방특별조사에 참여할 수 없는 경우
③ 권한 있는 기관에 자체 점검기록부, 교육·훈련일지 등 소방특별조사에 필요한 장부·서류 등이 압수되거나 영치(領置)되어 있는 경우
④ 소방설비를 긴급을 요하여 수리할 경우

1. 태풍, 홍수 등 재난(「재난 및 안전관리 기본법」 제3조 제1호에 해당하는 재난을 말한다.)이 발생하여 소방대상물을 관리하기가 매우 어려운 경우
2. 관계인이 질병, 장기출장 등으로 소방특별조사에 참여할 수 없는 경우
3. 권한 있는 기관에 자체 점검기록부, 교육·훈련일지 등 소방특별조사에 필요한 장부·서류 등이 압수되거나 영치(領置)되어 있는 경우

24 **관계인은 부득이한 경우로서 대통령령으로 정하는 사유에 해당할 경우 소방특별조사를 연기할 수 있다. 다음 중 연기신청에 대한 잘못된 것을 고르면?**

① 소방청장, 소방본부장 또는 소방서장은 소방특별조사의 연기를 승인한 경우라도 연기기간이 끝나기 전에 연기사유가 없어졌거나 긴급히 조사를 하여야 할 사유가 발생하였을 때에는 관계인에게 통보하고 소방특별조사를 할 수 있다.
② 소방특별조사의 연기를 신청하려는 자는 소방특별조사 시작 3일 전까지 소방특별조사 연기신청서에 소방특별조사를 받기가 곤란함을 증명할 수 있는 서류를 첨부하여 소방청장, 소방본부장 또는 소방서장에게 제출하여야 한다.
③ 연기신청서를 제출받은 소방청장, 소방본부장 또는 소방서장은 연기신청의 승인 여부를 결정한 때에는 소방특별조사 연기신청 결과 통지서를 조사 시작 3일 전까지 연기신청을 한 자에게 통지하여야 하고, 연기기간이 종료하면 지체 없이 조사를 시작하여야 한다.
④ 소방특별조사의 연기를 신청하려는 관계인은 행정안전부령으로 정하는 연기신청서에 연기의 사유 및 기간 등을 적어 소방청장, 소방본부장 또는 소방서장에게 제출하여야 한다.

③ 제1항에 따른 신청서를 제출받은 소방청장, 소방본부장 또는 소방서장은 연기신청의 승인 여부를 결정한 때에는 별지 제1호의2 서식의 소방특별조사 연기신청 결과 통지서를 조사 시작 전까지 연기신청을 한 자에게 통지하여야 하고, 연기기간이 종료하면 지체 없이 조사를 시작하여야 한다.

정답 23. ④ 24. ③

25 **소방특별조사에 따른 명령으로 손실을 입은 자가 있는 경우에는 대통령령으로 정하는 바에 따라 보상하여야 한다. 손실 보상에 관한 잘못된 것은?**

① 시 · 도지사가 손실을 보상하는 경우에는 시가(時價)로 보상하여야 한다.
② 손실 보상에 관하여는 시 · 도지사와 손실을 입은 자가 협의하여야 한다.
③ 보상금액에 관한 협의가 성립되지 아니한 경우에는 시 · 도지사는 그 보상금액을 지급하거나 공탁하고 이를 상대방에게 알려야 한다.
④ 보상금의 지급 또는 공탁의 통지에 불복하는 자는 지급 또는 공탁의 통지를 받은 날부터 14일 이내에 관할 토지수용위원회에 재결(裁決)을 신청할 수 있다.

보상금의 지급 또는 공탁의 통지에 불복하는 자는 지급 또는 공탁의 통지를 받은 날부터 30일 이내에 관할 토지수용위원회에 재결(裁決)을 신청할 수 있다.

26 **건축허가 등의 동의에 있어서 당해 건축물의 공사 시공지 또는 소재지를 관할하는 누구의 동의를 받아야만 허가 또는 사용승인을 할 수 있는가?**

① 시장
② 소방서장
③ 소방청장
④ 시 · 도지사

건축허가 등의 동의권자 : 소방본부장 또는 소방서장

27 **소방본부장 또는 소방서장은 건축허가 등의 동의요구서류를 접수한 날부터 며칠 이내에 건축허가 등의 동의 여부를 회신하여야 하는가?(단, 허가를 신청한 특정소방대상물은 지하층을 포함하여 30층 이상으로 주상복합건축물이다.)**

① 3일
② 5일
③ 7일
④ 10일

건축허가 등의 동의 여부 회신기한

1. 5일 이내 : 일반시설
2. 10일 이내(특급 소방안전관리대상물)
① 30층 이상(지하층을 포함한다.)이거나 지상으로부터 높이가 120m 이상
② 연면적이 20만 m^2 이상인 특정소방대상물
③ 아파트의 경우에는 지하층 제외한 층수 50층 이상 또는 높이 200m 이상
※ 참고 : 성능위주 설계대상은 높이가 100m 이상

정답 25. ④ 26. ② 27. ④

28 건축허가 등의 동의대상물에 해당하지 않는 것은?

① 연면적 400m² 이상인 건축물
② 위험물 저장 및 처리시설
③ 노유자 생활시설
④ 차고, 주차장으로 사용되는 층 중 바닥면적이 100m² 이상인 층이 있는 시설

건축허가 등의 동의대상물

1. 연면적이 400m²인 건축물
   ① 학교시설 : 100m²
   ② 노유자 시설 및 수련시설 : 200m²
   ③ 정신의료기관(입원실이 없는 정신건강의학과 의원은 제외) : 300m²
2. 차고 · 주차장 또는 주차용도로 사용되는 시설로서 다음 각 목의 1에 해당하는 것
   ① 차고 · 주차장으로 사용되는 층 중 바닥면적이 200m² 이상인 층이 있는 시설
   ② 승강기 등 기계장치에 의한 주차시설로서 자동차 20대 이상을 주차할 수 있는 시설
3. 항공기격납고, 관망탑, 항공관제탑, 방송용 송 · 수신탑
4. 지하층 또는 무창층이 있는 건축물로서 바닥면적이 150m²(공연장의 경우에는 100m²) 이상인 층이 있는 것
5. 특정소방대상물 중 위험물 저장 및 처리 시설, 지하구
6. 노유자시설 중 다음 각 목의 어느 하나에 해당하는 시설
   ① 아동복지시설(아동상담소, 아동전용시설 및 지역아동센터는 제외)
   ② 장애인 거주시설
   ③ 정신질환자 관련 시설(공동생활가정을 제외한 정신질환자지역사회 재활시설, 정신질환자직업재활시설과 정신질환자종합시설 중 24시간 주거를 제공하지 아니하는 시설은 제외)
   ④ 결핵환자, 한센인이 24시간 생활하는 노유자시설

29 건축허가 등의 동의를 요구한 건축허가청이 그 건축허가를 취소한 때에는 취소한 날로부터 며칠 이내에 그 사실을 소방본부장 또는 소방서장에게 통보하여야 하는가?

① 4일
② 7일
③ 10일
④ 30일

시행규칙 제4조 5항

건축허가 등의 동의를 요구한 기관이 그 건축허가 등을 취소하였을 때에는 취소한 날부터 7일 이내에 건축물 등의 시공지 또는 소재지를 관할하는 소방본부장 또는 소방서장에게 그 사실을 통보하여야 한다.

30 건축허가 등의 동의 요구 시 첨부하여야 할 서류가 아닌 것은?

① 건축허가신청서 사본
② 소방안전관리자선임신고서
③ 소방시설설치계획표
④ 소방시설설계업자의 등록증

정답 28. ④ 29. ② 30. ②

법률 시행규칙 제4조(건축허가 등의 동의요구)

건축허가 등의 동의를 요구하는 때에는 동의요구서에 다음 각 호의 서류(전자문서를 포함)를 첨부하여야 한다.

1. 건축허가신청서 및 건축허가서 사본
2. 설계도서
3. 소방시설 설치계획표
4. 소방시설설계업등록증과 설계한 기술인력자의 기술자격증

31 주택에는 소화기 및 단독경보형 감지기를 설치하여야 한다. 다음 중 주택에 해당하는 것은?

ㄱ. 단독주택 ㄴ. 공동주택 ㄷ. 아파트 ㄹ. 기숙사

① ㄱ, ㄴ ② ㄱ, ㄷ
③ ㄴ, ㄷ ④ ㄴ, ㄹ

다음 각 호의 주택의 소유자는 대통령령으로 정하는 소방시설을 설치하여야 한다.

1. 「건축법」 제2조 제2항 제1호의 단독주택
2. 「건축법」 제2조 제2항 제2호의 공동주택(아파트 및 기숙사는 제외한다.)

32 특정소방대상물의 관계인은 대통령령으로 정하는 소방시설을 소방청장이 정하여 고시하는 화재안전기준에 따라 설치 또는 유지·관리하여야 한다. 이 경우 「장애인·노인·임산부 등의 편의증진 보장에 관한 법률」에 따른 장애인 등이 사용하는 소방시설(Ⓐ 및 Ⓑ를 말한다.)은 대통령령으로 정하는 바에 따라 장애인등에 적합하게 설치 또는 유지·관리하여야 한다. Ⓐ, Ⓑ로 맞는 것은?

① Ⓐ 소화설비 및 Ⓑ 소화활동설비
② Ⓐ 소화설비 및 Ⓑ 피난구조설비
③ Ⓐ 경보설비 및 Ⓑ 소화활동설비
④ Ⓐ 경보설비 및 Ⓑ 피난구조설비

33 강의실의 수용인원 산정방법으로서 적합한 것은?

① 강의실 용도로 사용하는 바닥면적의 합계를 $1.9m^2$로 나누어 얻은 수
② 강의실 용도로 사용하는 바닥면적의 합계를 $3m^2$로 나누어 얻은 수
③ 강의실 용도로 사용하는 바닥면적의 합계를 $4.6m^2$로 나누어 얻은 수
④ 강의실의 의자 수

정답 31. ① 32. ④ 33. ①

숙박시설	침대 있음	종사자 수+침대의 수(2인용 침대는 2인으로 산정)
숙박시설	침대 없음	종사자 수+ $\frac{\text{바닥면적의 합계}}{3m^2}$
숙박 외	강의실, 상담실, 실습실, 휴게실, 교무실	$\frac{\text{바닥면적의 합계}}{1.9m^2}$
숙박 외	강당, 문화 및 집회시설, 운동시설, 종교시설 (긴의자 정면너비를 0.45m로 나누어 얻은 수)	$\frac{\text{바닥면적의 합계}}{4.6m^2}$
숙박 외	그 밖의 소방대상물	$\frac{\text{바닥면적의 합계}}{3m^2}$

※ 바닥면적 산정 시 제외 장소 : 복도, 계단, 화장실의 바닥면적 제외(계산결과 소수점 이하는 반올림)

34 다음 수용인원의 산정방법에 대한 설명으로 옳지 않은 것은?

① 바닥면적을 산정할 때는 복도, 계단 및 화장실의 바닥면적을 포함하지 않는다.
② 침대가 없는 숙박시설은 해당 특정소방대상물의 종사자 수에 숙박시설 바닥면적의 합계를 $3m^2$로 나누어 얻은 수를 합한 수
③ 강당, 문화 및 집회시설, 운동시설, 종교시설은 해당 용도로 사용하는 바닥면적의 합계를 $3m^2$로 나누어 얻은 수
④ 강의실, 교무실, 상담실, 실습실, 휴게실 용도로 쓰이는 특정소방대상물은 해당 용도로 사용하는 바닥면적의 합계를 $1.9m^2$로 나누어 얻은 수

강당, 문화 및 집회시설, 운동시설, 종교시설은 해당 용도로 사용하는 바닥면적의 합계를 $4.6m^2$로 나누어 얻은 수

35 화재예방, 소방시설설치유지 및 안전관리에 관한 법률시행령에서 규정하는 특정소방대상물의 분류로 옳지 않은 것은?

① 박물관 – 문화 및 집회시설
② 카지노영업소 – 위락시설
③ 주민자치센터 – 업무시설
④ 여객자동차터미널 및 화물자동차 차고 – 항공기 및 자동차 관련 시설

특정소방대상물의 분류

① 여객자동차터미널 : 운수시설
② 화물자동차 차고 : 항공기 및 자동차 관련 시설

정답 34. ③ 35. ④

36 특정소방대상물의 근린생활시설에 해당되는 것은?

① 기원 ② 전시장 ③ 기숙사 ④ 유치원

▶ 특정소방대상물

① 기원 : 근린생활시설
② 전시장 : 문화 및 집회시설
③ 기숙사 : 공동주택
④ 유치원 : 노유자시설

37 특정소방대상물로서 의료시설에 해당되지 않는 것은?

① 요양병원
② 마약진료소
③ 장애인 의료재활시설
④ 노인의료복지시설

▶

1. 노인의료복지시설 : 노유자시설
2. 의료시설
   ① 병원 : 종합병원, 병원, 치과병원, 한방병원, 요양병원
   ② 격리병원 : 전염병원, 마약진료소, 그 밖에 이와 비슷한 것
   ③ 정신의료기관, 장애인 의료재활시설

38 다음의 특정소방대상물 중 근린생활시설에 해당하는 것은?

① 체력단련장으로 쓰는 바닥면적의 합계가 1,000m²인 것
② 슈퍼마켓으로 쓰는 바닥면적의 합계가 1,000m²인 것
③ 공연장으로 쓰는 바닥면적의 합계가 200m²인 것
④ 금융업소로 쓰는 바닥면적의 합계가 500m²인 것

▶

미만	면적기준	이상
단란주점	150m²	위락시설
공연장 · 집회장 · 비디오물업 등	300m²	문화 및 집회시설
탁구장, 테니스장, 체육도장, 체력단련장, 볼링장, 당구장, 골프연습장, 물놀이형시설	500m²	운동시설
금융업소 · 사무소 등		업무시설
제조업소 · 수리점 등		공장
게임제공업 등		판매시설(상점)
학원		교육연구시설
고시원		숙박시설
슈퍼마켓, 일용품 등 소매점	1,000m²	판매시설(상점)
의약품 및 의료기기 판매소, 자동차영업소		판매시설
운동시설(체육관)		문화 및 집회시설(체육관)

정답 36. ① 37. ④ 38. ③

39 다음 중 교육연구시설에 해당하지 않는 것은?

① 직업훈련소 ② 도서관
③ 자동차운전학원 ④ 연수원

교육연구시설

① 학교
② 교육원(연수원, 그 밖에 이와 비슷한 것을 포함한다.)
③ 직업훈련소
④ 학원(근린생활시설에 해당하는 것과 자동차운전학원 · 정비학원 및 무도학원은 제외한다.)
⑤ 연구소(연구소에 준하는 시험소와 계량계측소를 포함한다.)
⑥ 도서관

※ 자동차운전학원, 정비학원 → 항공기 및 자동차 관련시설

40 특정소방대상물의 용도별 구분에 대한 설명 중 틀린 것은?

① 오피스텔 : 업무시설 ② 유스호스텔 : 수련시설
③ 보건소 : 의료시설 ④ 항만시설 : 운수시설

보건소 : 업무시설

41 특정소방대상물로서 근린생활시설인 종교집회장의 바닥면적은 몇 m^2 미만이어야 하는가?

① $150m^2$ ② $300m^2$
③ $500m^2$ ④ $1,000m^2$

42 옥외소화전설비를 설치할 특정소방대상물로서 같은 구(區) 내의 둘 이상의 특정소방대상물이 행정안전부령으로 정하는 연소(延燒) 우려가 있는 구조인 경우에는 이를 하나의 특정소방대상물로 본다. 여기서 행정안전부령으로 정하는 연소(延燒) 우려가 있는 구조는 3가지 기준에 모두 해당하는 구조를 말한다. 이에 해당하지 않는 것은?

① 건축물대장의 건축물 현황도에 표시된 대지경계선 안에 둘 이상의 건축물이 있는 경우
② 각 방화구획을 관통하는 컨베이어 · 에스컬레이터 또는 이와 유사한 시설의 주위로서 방화구획을 할 수 없는 부분을 말한다.
③ 각각의 건축물이 다른 건축물의 외벽으로부터 수평거리가 1층의 경우에는 6미터 이하, 2층 이상의 층의 경우에는 10미터 이하인 경우
④ 개구부가 다른 건축물을 향하여 설치되어 있는 경우

정답 39. ③ 40. ③ 41. ② 42. ②

영 별표 5 제1호 사목 1) 후단에서 "행정안전부령으로 정하는 연소(延燒) 우려가 있는 구조"란 다음 각 호의 기준에 모두 해당하는 구조를 말한다.

1. 건축물대장의 건축물 현황도에 표시된 대지경계선 안에 둘 이상의 건축물이 있는 경우
2. 각각의 건축물이 다른 건축물의 외벽으로부터 수평거리가 1층의 경우에는 6미터 이하, 2층 이상의 층의 경우에는 10미터 이하인 경우
3. 개구부(영 제2조 제1호에 따른 개구부를 말한다.)가 다른 건축물을 향하여 설치되어 있는 경우

43 다음 (　) 안에 들어갈 내용으로 옳은 것은?

> 둘 이상의 특정소방대상물이 내화구조로 된 연결통로가 벽이 없는 구조로서 그 길이가 (㉠) 이하인 경우, 벽이 있는 구조로서 그 길이가 (㉡) 이하인 경우에는 하나의 소방대상물로 본다.

① ㉠ : 3m 이하, ㉡ : 5m 이하　　② ㉠ : 5m 이하, ㉡ : 3m 이하
③ ㉠ : 6m 이하, ㉡ : 10m 이하　　④ ㉠ : 10m 이하, ㉡ : 6m 이하

내화구조로 된 연결통로가 다음의 어느 하나에 해당되는 경우

① 벽이 없는 구조로서 그 길이가 6m 이하인 경우
② 벽이 있는 구조로서 그 길이가 10m 이하인 경우

44 대통령령으로 정한 특정소방대상물 중 복합건축물에 대한 설명으로 맞는 것은?

① 위험물저장소도 복합건축물에 해당된다.
② 대통령령이 정하는 특정소방대상물이 하나의 건축물 안에 2개 이상의 용도로 사용되고 있는 것을 말한다.
③ 복합건축물에 시설하는 소방시설 및 피난시설은 각각의 건축물로 보고 별개로 시설하여야 한다.
④ 둘 이상의 소방대상물이 붙어 있는 것을 복합건축물이라 한다.

복합건축물

가. 하나의 건축물이 둘 이상의 용도로 사용되는 것. 다만, 다음의 어느 하나에 해당하는 경우에는 복합건축물로 보지 않는다.
　1) 관계 법령에서 주된 용도의 부수시설로서 그 설치를 의무화하고 있는 용도 또는 시설
　2) 주택 안에 부대시설 또는 복리시설이 설치되는 특정소방대상물
　3) 건축물의 주된 용도의 기능에 필수적인 용도로서 다음의 어느 하나에 해당하는 용도
　　가) 건축물의 설비, 대피 또는 위생을 위한 용도, 그 밖에 이와 비슷한 용도
　　나) 사무, 작업, 집회, 물품저장 또는 주차를 위한 용도, 그 밖에 이와 비슷한 용도
　　다) 구내식당, 구내세탁소, 구내운동시설 등 종업원후생복리시설(기숙사는 제외한다.) 또는 구내소각시설의 용도, 그 밖에 이와 비슷한 용도
나. 하나의 건축물이 근린생활시설, 판매시설, 업무시설, 숙박시설 또는 위락시설의 용도와 주택의 용도로 함께 사용되는 것

정답 43. ③ 44. ②

45 대통령령으로 정한 특정소방대상물 중 복합건축물로서 하나의 건축물이 둘 이상의 용도로 사용되는 것이다. 다음 중 복합건축물로 보지 않는 경우가 아닌 것은?

① 주택 밖에 부대시설 또는 복리시설이 설치되는 특정소방대상물
② 관계 법령에서 주된 용도의 부수시설로서 그 설치를 의무화하고 있는 용도 또는 시설
③ 건축물의 설비, 대피 또는 위생을 위한 용도, 그 밖에 이와 비슷한 용도
④ 사무, 작업, 집회, 물품저장 또는 주차를 위한 용도, 그 밖에 이와 비슷한 용도

위 문제 해설 참조

46 둘 이상의 특정소방대상물이 연결통로로 연결된 경우에는 이를 하나의 소방대상물로 본다. 이에 해당하지 않는 것은?

① 내화구조가 아닌 연결통로로 연결된 경우
② 지하보도, 지하상가, 지하가로 연결된 경우
③ 방화셔터 또는 갑종방화문이 설치되지 않은 피트로 연결된 경우
④ 내화구조로 된 연결통로가 벽이 없는 구조로서 그 길이가 10m 이상인 경우

둘 이상의 특정소방대상물이 다음 각 목의 어느 하나에 해당되는 구조의 복도 또는 통로(이하 이 표에서 "연결통로"라 한다.)로 연결된 경우에는 이를 하나의 소방대상물로 본다.
가. 내화구조로 된 연결통로가 다음의 어느 하나에 해당되는 경우
  1) 벽이 없는 구조로서 그 길이가 6m 이하인 경우
  2) 벽이 있는 구조로서 그 길이가 10m 이하인 경우. 다만, 벽 높이가 바닥에서 천장까지의 높이의 2분의 1 이상인 경우에는 벽이 있는 구조로 보고, 벽 높이가 바닥에서 천장까지의 높이의 2분의 1 미만인 경우에는 벽이 없는 구조로 본다.
나. 내화구조가 아닌 연결통로로 연결된 경우
다. 컨베이어로 연결되거나 플랜트설비의 배관 등으로 연결되어 있는 경우
라. 지하보도, 지하상가, 지하가로 연결된 경우
마. 방화셔터 또는 갑종방화문이 설치되지 않은 피트로 연결된 경우
바. 지하구로 연결된 경우

47 노유자시설로서 옥내소화전설비를 모든 층에 설치하여야 할 소방대상물은 연면적 몇 제곱미터 이상이어야 하는가?

① 1,000 ② 1,500 ③ 2,000 ④ 3,000

근린생활시설, 판매시설, 운수시설, 의료시설, 노유자시설, 업무시설, 숙박시설, 장례식장 등 : 연면적 1,500m² 이상

정답 45. ① 46. ④ 47. ②

48 가스 관계 법령에 따라 설치되는 물분무장치 등에 소방대가 사용할 수 있는 연결송수구가 설치되거나 물분무장치 등에 몇 시간 이상 공급할 수 있는 수원(水源)이 확보된 경우에는 연결살수설비의 설치가 면제되는가?

① 2시간 ② 4시간 ③ 6시간 ④ 8시간

가스 관계 법령에 따라 설치되는 물분무장치 등에 소방대가 사용할 수 있는 연결송수구가 설치되거나 물분무장치 등에 6시간 이상 공급할 수 있는 수원(水源)이 확보된 경우에는 설치가 면제된다.

49 다음 ( )에 알맞은 용어는?

> 직접 외부 공기와 통하는 배출구의 면적의 합계가 해당 제연구역 바닥면적의 ( ) 이상이고, 배출구부터 각 부분까지의 수평거리가 ( ) 이내이며, 공기유입구가 화재안전기준에 적합하게 설치되어 있는 경우에는 제연설비의 설치가 면제된다.

① 100분의 1, 10m ② 100분의 1, 30m
③ 10분의 1, 10m ④ 10분의 1, 30m

직접 외부 공기와 통하는 배출구의 면적의 합계가 해당 제연구역[제연경계(제연설비의 일부인 천장을 포함한다.)에 의하여 구획된 건축물 내의 공간을 말한다] 바닥면적의 100분의 1 이상이고, 배출구부터 각 부분까지의 수평거리가 30m 이내이며, 공기유입구가 화재안전기준에 적합하게(외부 공기를 직접 자연 유입할 경우에 유입구의 크기는 배출구의 크기 이상이어야 한다.) 설치되어 있는 경우

50 연결송수관설비를 설치하여야 할 특정 소방대상물이 아닌 것은?

① 지하가 중 터널로서 길이가 1천 m 이상인 것
② 층수가 5층 이상으로서 연면적 6천 m^2 이상인 것
③ 지하층을 제외하는 층수가 7층 이상안 것
④ 지하층의 층수가 3층 이상이고 지하층의 바닥면적의 합계가 1천 m^2 이상인 것

연결송수관설비를 설치하여야 하는 특정소방대상물(위험물 저장 및 처리 시설 중 가스시설 또는 지하구는 제외한다.)은 다음의 어느 하나와 같다.

1) 층수가 5층 이상으로서 연면적 6천 m^2 이상인 것
2) 1)에 해당하지 않는 특정소방대상물로서 지하층을 포함하는 층수가 7층 이상인 것
3) 1) 및 2)에 해당하지 않는 특정소방대상물로서 지하층의 층수가 3층 이상이고 지하층의 바닥면적의 합계가 1천 m^2 이상인 것
4) 지하가 중 터널로서 길이가 1천 m 이상인 것

정답 48. ③ 49. ② 50. ③

51 비상방송설비를 설치하여야 할 특정 소방대상물은?

① 지하층을 포함한 층수가 10층 이상인 것
② 연면적 3,500m^2 이상인 것
③ 지하층의 층수가 2개 층 이상인 것
④ 사람이 거주하지 않는 동식물 관련시설인 것

비상방송설비의 설치기준

1. 연면적 3,500m^2 이상인 것
2. 지하층을 제외한 층수가 11층 이상인 것
3. 지하층의 층수가 3개 층 이상인 것

52 다음 ( ) 안에 들어갈 숫자로 알맞은 것은?

> 인명구조기구는 지하층을 포함하는 층수가 (㉠)층 이상인 관광호텔 및 (㉡)층 이상인 병원에 설치하여야 한다.

① ㉠ 11, ㉡ 7 ② ㉠ 7, ㉡ 11
③ ㉠ 7, ㉡ 5 ④ ㉠ 5, ㉡ 7

지하층을 포함하는 층수가 7층 이상인 관광호텔 및 5층 이상인 병원에 설치하여야 한다. 다만, 병원의 경우에는 인공소생기를 설치하지 아니할 수 있다.

53 비상조명등을 설치하여야 할 특정소방대상물로 옳은 것은?

① 지하층을 포함하는 층수가 5층 이상, 연면적 3,000m^2 이상
② 지하층을 포함하는 층수가 5층 이상, 연면적 3,500m^2 이상
③ 지하층을 제외하는 층수가 5층 초과, 연면적 3,000m^2 이상
④ 지하층을 제외하는 층수가 5층 초과, 연면적 3,500m^2 이상

비상조명등 설치 특정소방대상물

1. 지하층을 포함하는 층수가 5층 이상인 건축물로서 연면적 3천 m^2 이상인 것
2. 지하층 또는 무창층의 바닥면적이 450m^2 이상인 경우에는 그 지하층 또는 무창층
3. 지하가 중 터널로서 그 길이가 500m 이상인 것

54 근린생활시설 중 일반목욕장인 경우 연면적 몇 m^2 이상이면 자동화재탐지설비를 설치해야 하는가?

① 500 ② 1,000 ③ 1,500 ④ 2,000

정답 51. ② 52. ③ 53. ① 54. ②

◐ 자동화재탐지설비 설치대상

① 근린생활시설(목욕장은 제외), 의료시설, 숙박시설, 위락시설, 장례식장 및 복합건축물로서 연면적 600m^2 이상인 것

② 공동주택, 근린생활시설 중 목욕장, 문화 및 집회시설, 종교시설, 판매시설, 운수시설, 운동시설, 업무시설, 공장, 창고시설, 위험물 저장 및 처리시설, 항공기 및 자동차 관련 시설, 교정 및 군사시설 중 국방·군사시설, 방송통신시설, 발전시설, 관광 휴게시설, 지하가(터널은 제외)로서 연면적 1천 m^2 이상인 것

55 다음 중 물분무등소화설비에 해당하지 않는 것은?

① 미분무소화설비　② 포소화설비
③ 스프링클러설비　④ 할로겐화합물 및 불활성기체 소화설비

◐ 물분무등소화설비

1) 물분무소화설비
2) 미분무소화설비
3) 포소화설비
4) 이산화탄소 소화설비
5) 할로겐화합물소화설비
6) 할로겐화합물 및 불활성기체 소화설비
7) 분말소화설비
8) 강화액소화설비

56 다음 중 무선통신 보조설비를 반드시 설치하여야 하는 특정소방대상물로 볼 수 없는 것은?

① 지하층의 층수가 3개 층으로 지하층의 바닥면적의 합계가 1,000m^2인 경우
② 지하층의 바닥면적의 합계가 1,000m^2인 경우
③ 지하가 중 터널로서 길이가 500m인 경우
④ 지하가(터널 제외)의 연면적이 1,500m^2인 경우

◐ 무선통신보조설비 설치대상물

1) 지하가(터널은 제외한다.)로서 연면적 1천 m^2 이상인 것
2) 지하층의 바닥면적의 합계가 3천 m^2 이상인 것 또는 지하층의 층수가 3층 이상이고 지하층의 바닥면적의 합계가 1천 m^2 이상인 것은 지하층의 모든 층
3) 지하가 중 터널로서 길이가 5백 m 이상인 것
4) 국토의 계획 및 이용에 관한 법률 제2조 제9호에 따른 공동구
5) 층수가 30층 이상인 것으로서 16층 이상 부분의 모든 층

정답 55. ③ 56. ②

57 다음의 빈칸에 들어가는 것은?

상수도소화용수설비를 설치하여야 하는 특정소방대상물은 다음 각 목의 어느 하나와 같다. 다만, 상수도소화용수설비를 설치하여야 하는 특정소방대상물의 대지 경계선으로부터 (Ⓐ)에 지름 (Ⓑ) 이상인 상수도용 배수관이 설치되지 않은 지역의 경우에는 화재안전기준에 따른 소화수조 또는 저수조를 설치하여야 한다.

① Ⓐ 140m 이내, Ⓑ 65mm 이상
② Ⓐ 140m 이내, Ⓑ 75mm 이상
③ Ⓐ 180m 이내, Ⓑ 75mm 이상
④ Ⓐ 180m 이내, Ⓑ 65mm 이상

상수도소화용수설비를 설치하여야 하는 특정소방대상물은 다음 각 목의 어느 하나와 같다. 다만, 상수도소화용수설비를 설치하여야 하는 특정소방대상물의 대지 경계선으로부터 180m 이내에 지름 75mm 이상인 상수도용 배수관이 설치되지 않은 지역의 경우에는 화재안전기준에 따른 소화수조 또는 저수조를 설치하여야 한다.

가. 연면적 5천 m^2 이상인 것. 다만, 위험물 저장 및 처리 시설 중 가스시설, 지하가 중 터널 또는 지하구의 경우에는 그러하지 아니하다.

나. 가스시설로서 지상에 노출된 탱크의 저장용량의 합계가 100톤 이상인 것

58 다음 소화설비 중 자동소화장치에 해당하지 않는 것은?

① 캐비닛형 자동소화장치
② 자동확산소화용구
③ 분말자동소화장치
④ 가스자동소화장치

자동소화장치의 종류

① 주방용 자동소화장치
② 캐비닛형 자동소화장치
③ 자동확산소화장치
④ 가스자동소화장치
⑤ 분말자동소화장치
⑥ 고체에어로졸자동소화장치

정답 57. ③ 58. ②

59 비상콘센트 설치 대상이 아닌 것은?

① 층수가 11층 이상인 특정소방대상물의 경우에는 11층 이상의 층
② 지하층의 층수가 3층 이상이고 지하층의 바닥면적의 합계가 1천 m^2 이상인 것은 지하층의 모든 층
③ 지하가 중 터널로서 길이가 500m 이상인 것
④ 층수가 30층 이상인 것으로서 16층 이상 부분의 모든 층

비상콘센트설비를 설치하여야 하는 특정소방대상물(위험물 저장 및 처리 시설 중 가스시설 또는 지하구는 제외한다.)은 다음의 어느 하나와 같다.
1) 층수가 11층 이상인 특정소방대상물의 경우에는 11층 이상의 층
2) 지하층의 층수가 3층 이상이고 지하층의 바닥면적 합계가 1천 m^2 이상인 것은 지하층의 모든 층
3) 지하가 중 터널로서 길이가 500m 이상인 것

60 물분무등소화설비를 설치하여야 하는 특정소방대상물이 아닌 것은?

① 항공기 및 자동차 관련 시설 중 항공기격납고
② 주차용 건축물(기계식주차장을 포함한다.)로서 연면적 600m^2 이상인 것
③ 건축물 내부에 설치된 차고 또는 주차장으로서 차고 또는 주차의 용도로 사용되는 부분(필로티를 주차용도로 사용하는 경우를 포함)의 바닥면적의 합계가 200m^2 이상인 것
④ 특정소방대상물에 설치된 전기실 · 발전실 · 변전실 · 축전지실 · 통신기기실 또는 전산실, 그 밖에 이와 비슷한 것으로서 바닥면적이 300m^2 이상인 것

물분무등소화설비를 설치하여야 하는 특정소방대상물

1. 항공기 및 자동차 관련 시설 중 항공기격납고
2. 주차용 건축물(기계식 주차장을 포함한다.)로서 연면적 800m^2 이상인 것
3. 건축물 내부에 설치된 차고 또는 주차장으로서 차고 또는 주차의 용도로 사용되는 부분(필로티를 주차용도로 사용하는 경우를 포함한다.)의 바닥면적의 합계가 200m^2 이상인 것
4. 기계식 주차장치를 이용하여 20대 이상의 차량을 주차할 수 있는 것
5. 특정소방대상물에 설치된 전기실 · 발전실 · 변전실 · 축전지실 · 통신기기실 또는 전산실, 그 밖에 이와 비슷한 것으로서 바닥면적이 300m^2 이상인 것

정답 59. ④ 60. ②

61 다음 ( )에 알맞은 것은?

> 물분무등소화설비를 설치하여야 하는 특정소방대상물 중 ( )를 설치한 경우 해당 특정소방대상물의 출입구 외부 인근에 보조마스크가 장착된 인명구조용 공기호흡기를 한 대 이상 갖추어 두어야 한다.

① 할로겐화합물소화설비 ② 청정소화약제소화설비
③ 분말소화설비 ④ 이산화탄소 소화설비

물분무등소화설비를 설치하여야 하는 특정소방대상물 중 이산화탄소 소화설비를 설치한 경우 해당 특정소방대상물의 출입구 외부 인근에 보조마스크가 장착된 인명구조용 공기호흡기를 한 대 이상 갖추어 두어야 한다.

62 피난구조설비 중 공기호흡기를 설치하여야 하는 특정소방대상물이 아닌 것은?

① 수용인원 100명 이상인 문화 및 집회시설 중 영화상영관
② 도매시장, 소매시장
③ 운수시설 중 지하역사
④ 지하가 중 지하상가

공기호흡기를 설치하여야 하는 특정소방대상물은 다음의 어느 하나와 같다.
가) 수용인원 100명 이상인 문화 및 집회시설 중 영화상영관
나) 판매시설 중 대규모점포
다) 운수시설 중 지하역사
라) 지하가 중 지하상가
마) 화재안전기준에 따라 이산화탄소 소화설비를 설치하여야 하는 특정소방대상물

63 제연설비를 설치하여야 하는 특정소방대상물에 대한 설명으로 잘못된 것은?

① 문화 및 집회시설, 종교시설, 운동시설로서 무대부의 바닥면적이 200m^2 이상 또는 문화 및 집회시설 중 영화상영관으로서 수용인원 100명 이상인 것
② 지하층이나 무창층에 설치된 근린생활시설, 판매시설, 운수시설, 숙박시설, 위락시설 또는 창고시설(물류터미널만 해당)로서 해당 용도로 사용되는 바닥면적의 합계가 1천 m^2 이상인 것
③ 지하가(터널은 제외한다.)로서 연면적 1천 m^2 이상인 것
④ 특정소방대상물(갓복도형 아파트는 포함한다.)에 부설된 특별피난계단 또는 비상용 승강기의 승강장

정답 61. ④ 62. ② 63. ④

제연설비를 설치하여야 하는 특정소방대상물

① 문화 및 집회시설, 종교시설, 운동시설로서 무대부의 바닥면적이 200m² 이상 또는 문화 및 집회시설 중 영화상영관으로서 수용인원 100명 이상인 것
② 지하층이나 무창층에 설치된 근린생활시설, 판매시설, 운수시설, 숙박시설, 위락시설 또는 창고시설(물류터미널만 해당한다.)로서 해당 용도로 사용되는 바닥면적의 합계가 1천 m² 이상인 것
③ 운수시설 중 시외버스정류장, 철도 및 도시철도 시설, 공항시설 및 항만시설의 대합실 또는 휴게시설로서 지하층 또는 무창층의 바닥면적이 1천 m² 이상인 것
④ 지하가(터널은 제외한다.)로서 연면적 1천 m² 이상인 것
⑤ 특정소방대상물(갓복도형 아파트는 제외한다.)에 부설된 특별피난계단 또는 비상용 승강기의 승강장

64 전력 또는 통신사업용인 지하구에는 무엇을 설치하여야 하는가?

① 연결살수설비 및 방화벽
② 연소방지설비 및 방화벽
③ 스프링클러설비 및 방화벽
④ 연결송수관설비 및 방화벽

연소방지설비 및 방화벽은 지하구(전력 또는 통신사업용인 것만 해당한다.)에 설치하여야 한다.

65 다음 중 화재예방 소방시설설치유지 및 안전관리에 관한 법률에서 정하고 있는 소방시설이 아닌 것은?

① 자동확산소화용구
② 비상조명등
③ 비상벨설비
④ 비상구

비상구

다중이용업소의 안전관리에 관한 특별법에서 규정하고 있는 방화시설

66 피난시설, 방화구획 또는 방화시설을 폐쇄, 훼손, 변경하는 등의 행위를 한 경우에 1차 위반 시 과태료는 얼마인가?

① 50만 원
② 100만 원
③ 150만 원
④ 200만 원

피난시설, 방화구획 또는 방화시설을 폐쇄 · 훼손 · 변경하는 등의 행위를 한 경우

설치유지관리법 위반	1차 위반	2차 위반	3차 이상
피난시설, 방화구획 또는 방화시설을 폐쇄 · 훼손 · 변경하는 등의 행위를 한 경우	100	200	300

정답 64. ② 65. ④ 66. ②

67 소방시설 중 소방시설의 내진설계를 적용하여야 하는 설비가 아닌 것은?

① 옥내소화전설비　　② 스프링클러설비
③ 물분무등소화설비　　④ 자동화재탐지설비

소방시설의 내진설계

옥내소화전설비, 스프링클러설비, 물분무등소화설비

68 다음 중 성능위주설계대상인 특정소방대상물이 아닌 것은?

① 연면적 20만 m^2 이상인 특정소방대상물
② 건축물의 높이가 100m 이상인 특정소방대상물
③ 지하층을 제외한 층수가 30층 이상인 특정소방대상물
④ 연면적 3만 m^2 이상 인 철도 및 도시철도 시설

1. 연면적 20만 m^2 이상인 특정소방대상물(단, 아파트 제외)
2. 다음 각 목의 어느 하나에 해당하는 특정소방대상물(단, 아파트 제외)
   가. 건축물의 높이가 100m 이상인 특정소방대상물
   나. 지하층을 포함한 층수가 30층 이상인 특정소방대상물
3. 연면적 3만 m^2 이상인 철도 및 도시철도 시설, 공항시설
4. 하나의 건축물에 영화상영관이 10개 이상인 특정소방대상물

69 특정소방대상물별로 설치하여야 하는 소방시설의 정비에 대한 다음의 설명 중 틀린 것은?

① 대통령령으로 소방시설을 정할 때에는 특정소방대상물의 규모 · 용도 및 수용인원 등을 고려하여야 한다.
② 소방청장은 건축 환경 및 화재위험특성 변화사항을 효과적으로 반영할 수 있도록 소방시설 규정을 2년에 1회 이상 정비하여야 한다.
③ 소방청장은 건축 환경 및 화재위험특성 변화 추세를 체계적으로 연구하여 정비를 위한 개선방안을 마련하여야 한다.
④ 연구의 수행 등에 필요한 사항은 행정안전부령으로 정한다.

② 소방청장은 건축 환경 및 화재위험특성 변화사항을 효과적으로 반영할 수 있도록 소방시설 규정을 3년에 1회 이상 정비하여야 한다.

정답 67. ④ 68. ③ 69. ②

70 **특정소방대상물의 관계인은 건축법에 따른 피난시설, 방화구획(防火區劃) 및 방화벽, 내부 마감재료 등(이하 "방화시설"이라 한다.)에 대하여 하여서는 안 되는 행위가 아닌 것은?**

① 피난시설, 방화구획 및 방화시설을 설치하지 아니하는 행위
② 피난시설, 방화구획 및 방화시설의 주위에 물건을 쌓아두거나 장애물을 설치하는 행위
③ 피난시설, 방화구획 및 방화시설의 용도에 장애를 주거나 소방활동에 지장을 주는 행위
④ 피난시설, 방화구획 및 방화시설을 변경하는 행위

1. 피난시설, 방화구획 및 방화시설을 폐쇄하거나 훼손하는 등의 행위
2. 피난시설, 방화구획 및 방화시설의 주위에 물건을 쌓아두거나 장애물을 설치하는 행위
3. 피난시설, 방화구획 및 방화시설의 용도에 장애를 주거나 「소방기본법」 제16조에 따른 소방활동에 지장을 주는 행위
4. 그 밖에 피난시설, 방화구획 및 방화시설을 변경하는 행위

71 **화재위험작업은 인화성(引火性) 물품을 취급하는 작업 등 대통령령으로 정하는 작업이다. 이에 해당하지 않는 것은?**

① 소방청장이 정하여 고시하는 분진성 폭발분진을 발생시킬 수 있는 작업
② 전열기구, 가열전선 등 열을 발생시키는 기구를 취급하는 작업
③ 용접 · 용단 등 불꽃을 발생시키거나 화기를 취급하는 작업
④ 인화성 · 가연성 · 폭발성 물질을 취급하거나 가연성 가스를 발생시키는 작업

1. 인화성 · 가연성 · 폭발성 물질을 취급하거나 가연성 가스를 발생시키는 작업
2. 용접 · 용단 등 불꽃을 발생시키거나 화기를 취급하는 작업
3. 전열기구, 가열전선 등 열을 발생시키는 기구를 취급하는 작업
4. 소방청장이 정하여 고시하는 폭발성 부유분진을 발생시킬 수 있는 작업
5. 그 밖에 제1호부터 제4호까지와 비슷한 작업으로 소방청장이 정하여 고시하는 작업

72 **특정소방대상물의 건축 · 대수선 · 용도변경 또는 설치 등을 위한 공사를 시공하는 자는 공사 현장에서 인화성(引火性) 물품을 취급하는 작업 등 대통령령으로 정하는 작업을 하기 전에 설치 및 철거가 쉬운 화재대비시설을 설치하고 유지 · 관리하여야 한다. 다음 중 임시소방시설이 아닌 것은?**

① 소화기
② 비상방송설비
③ 간이소화장치
④ 간이피난유도선

② 비상방송설비 → 비상경보장치

정답 70. ① 71. ① 72. ②

73 임시소방시설과 성능이 유사한 소방설비를 설치한 경우 임시소방시설을 설치한 것으로 본다. 간이피난유도선을 설치한 것으로 보는 설비가 아닌 것은?

① 피난유도선 ② 통로유도등
③ 피난구유도표지 ④ 비상조명등

임시소방시설을 설치한 것으로 보는 소방시설

가. 간이소화장치를 설치한 것으로 보는 소방시설 : 옥내소화전 및 소방청장이 정하여 고시하는 기준에 맞는 소화기
나. 비상경보장치를 설치한 것으로 보는 소방시설 : 비상방송설비 또는 자동화재탐지설비
다. 간이피난유도선을 설치한 것으로 보는 소방시설 : 피난유도선, 피난구유도등, 통로유도등, 비상조명등

74 소방시설의 설치기준이 강화되는 경우 강화된 기준을 적용하는 소방시설이 아닌 것은?

① 소화기구 ② 옥내소화전설비
③ 유도표지 ④ 유도등

강화된 기준 적용 설비

- 소화기구, 비상경보설비, 자동화재속보설비, 피난구조설비
- 지하구 중 공동구
- 노유자시설 : 간이스프링클러설비 및 자동화재탐지설비
- 의료시설 : 스프링클러설비, 간이스프링클러설비, 자동화재탐지설비, 자동화재속보설비

75 강화된 소방시설의 적용대상 중 대통령령으로 정하는 것이 아닌 것은?

① 노유자(老幼者)시설에 설치하는 자동화재탐지설비
② 노유자(老幼者)시설에 설치하는 간이스프링클러설비
③ 의료시설에 설치하는 스프링클러설비
④ 의료시설에 설치하는 비상경보설비

강화된 기준을 적용하여야 하는 소방설비 중 대통령령으로 정하는 것

1. 노유자(老幼者)시설에 설치하는 간이스프링클러설비 및 자동화재탐지설비, 단독경보형감지기
2. 의료시설에 설치하는 스프링클러설비, 간이스프링클러설비, 자동화재탐지설비 및 자동화재속보설비

정답 73. ③ 74. ② 75. ④

76 **특정소방대상물의 증축 또는 용도 변경 시의 소방시설기준 적용의 특례에 관한 설명 중 옳지 않은 것은?**

① 증축되는 경우에는 기존 부분을 포함한 전체에 대하여 증축 당시의 소방시설등의 설치에 관한 대통령령 또는 화재안전기준을 적용한다.

② 증축 시 기존 부분과 증축되는 부분이 내화구조로 된 바닥과 벽으로 구획되어 있는 경우에는 기존 부분에 대하여는 증축 당시의 소방시설등의 설치에 관한 대통령령 또는 화재안전기준을 적용하지 아니한다.

③ 용도 변경되는 경우에는 기존 부분을 포함한 전체에 대하여 용도 변경 당시의 소방시설등의 설치에 관한 대통령령 또는 화재안전기준을 적용한다.

④ 용도 변경 시 특정소방대상물의 구조, 설비가 화재연소 확대 요인이 적어지거나 피난 또는 화재진압 활동이 쉬워지도록 용도 변경되는 경우에는 전체에 용도 변경 전의 소방시설등의 설치에 관한 대통령령 또는 화재안전기준을 적용한다.

특정소방대상물의 증축 또는 용도변경 시의 소방시설기준 적용의 특례

1. 소방본부장 또는 소방서장은 특정소방대상물이 증축되는 경우에는 기존 부분을 포함한 특정소방대상물의 전체에 대하여 증축 당시의 소방시설등의 설치에 관한 대통령령 또는 화재안전기준을 적용하여야 한다. 다만, 다음 각 호의 어느 하나에 해당하는 경우에는 기존 부분에 대하여는 증축 당시의 소방시설등의 설치에 관한 대통령령 또는 화재안전기준을 적용하지 아니한다.
   ① 기존 부분과 증축 부분이 내화구조로 된 바닥과 벽으로 구획된 경우
   ② 기존 부분과 증축 부분이 갑종 방화문으로 구획되어 있는 경우
2. 소방본부장 또는 소방서장은 특정소방대상물이 용도 변경되는 경우에는 용도변경되는 부분에 대해서만 용도변경 당시의 소방시설등의 설치에 관한 대통령령 또는 화재안전기준을 적용한다.

77 **소방시설기준 적용의 특례에서 특정소방대상물의 관계인이 소방시설을 갖추어야 함에도 불구하고 관련 소방시설을 설치하지 아니할 수 있는 특정소방대상물을 설명한 것 중 옳지 않은 것은?**

① 피난 위험도가 낮은 특정소방대상물

② 화재안전기준을 적용하기가 어려운 특정소방대상물

③ 화재안전기준을 달리 적용하여야 하는 특수한 용도 또는 구조를 가지는 특정소방대상물

④ 위험물안전관리법에 따른 자체 소방대가 설치된 특정소방대상물

1. 화재 위험도가 낮은 특정소방대상물
2. 화재안전기준을 적용하기 어려운 특정소방대상물
3. 화재안전기준을 달리 적용하여야 하는 특수한 용도 또는 구조를 가진 특정소방대상물
4. 위험물안전관리법에 따른 자체 소방대가 설치된 특정소방대상물

정답 76. ③ 77. ①

78 화재안전기준을 적용하기 어려운 정수장, 수영장, 목욕장, 농예, 축산, 어류양식용 시설 등에 설치하지 않을 수 있는 소방시설이 아닌 것은?

① 자동화재탐지설비 ② 연결살수설비

③ 상수도소화용수설비 ④ 스프링클러설비

화재안전기준을 적용하기 어려운 특정소방대상물

① 펄프공장의 작업장, 음료수 공장의 세정 또는 충전하는 작업장, 그 밖에 이와 비슷한 용도로 사용하는 것 : 스프링클러설비, 상수도소화용수설비 및 연결살수설비

② 정수장, 수영장, 목욕장, 농예 · 축산 · 어류양식용 시설, 그 밖에 이와 비슷한 용도로 사용되는 것 : 자동화재탐지설비, 상수도소화용수설비 및 연결살수설비

79 증축되는 경우에는 기존 부분을 포함한 특정소방대상물의 전체에 대하여 증축 당시의 소방시설의 설치에 관한 대통령령 또는 화재안전기준을 적용하여야 한다. 다만, 기존 부분에 대해서는 증축 당시의 소방시설의 설치에 관한 대통령령 또는 화재안전기준을 적용하지 아니할 수 있는 경우가 아닌 것은?

① 기존 부분과 증축 부분이 내화구조(耐火構造)로 된 바닥과 벽으로 구획된 경우

② 자동차 생산공장 등 화재 위험이 낮은 특정소방대상물 내부에 연면적 33m^2 이하의 직원 휴게실을 증축하는 경우

③ 기존 부분과 증축 부분이 갑종방화문 또는 을종방화문(국토교통부장관이 정하는 기준에 적합한 자동방화셔터를 포함한다.)으로 구획되어 있는 경우

④ 자동차 생산공장 등 화재 위험이 낮은 특정소방대상물에 캐노피(3면 이상에 벽이 없는 구조의 캐노피를 말한다.)를 설치하는 경우

기존 부분에 증축 당시의 화재안전기준을 적용하지 아니할 수 있는 경우

- 기존 부분과 증축 부분이 내화구조로 된 바닥과 벽으로 구획된 경우
- 기존 부분과 증축 부분이 갑종방화문(자동방화셔터 포함)으로 구획되어 있는 경우
- 자동차 생산공장 등 화재 위험이 낮은 특정소방대상물 내부에 연면적 33m^2 이하의 직원 휴게실을 증축하는 경우
- 자동차 생산공장 등 화재 위험이 낮은 특정소방대상물에 캐노피를 설치하는 경우

80 다음 중 소방시설을 설치하여야 하는 것은?

① 소규모의 특정소방대상물

② 화재안전기준을 적용하기가 어려운 특정소방대상물

③ 화재안전기준을 달리 적용하여야 하는 특수한 용도를 가진 특정소방대상물

④ 자체 소방대가 설치된 특정소방대상물

정답 78. ④ 79. ③ 80. ①

81 소방대가 조직되어 24시간 근무하고 있는 청사 및 창고에 설치하지 아니할 수 있는 소방시설이 아닌 것은?

① 옥외소화전설비 ② 스프링클러설비 ③ 비상방송설비 ④ 연결송수관설비

소방기본법 따른 소방대가 조직되어 24시간 근무하고 있는 청사 및 차고

옥내소화전, 스프링클러, 물분무등, 비상방송, 피난기구, 소화용수, 연결송수관, 연결살수

82 자동화재탐지설비의 화재안전기준을 적용하기 어려운 특정소방대상물로 볼 수 없는 경우는?

① 정수장 ② 수영장

③ 어류양식용 시설 ④ 펄프공장의 작업장

화재안전기준을 적용하기 어려운 특정소방대상물

특정소방대상물	소방시설
펄프공장의 작업장, 음료수 공장의 세정 또는 충전을 하는 작업장, 그 밖에 이와 비슷한 용도로 사용하는 것	스프링클러, 상수도소화용수, 연결살수
정수장, 수영장, 목욕장, 농예·축산·어류양식용 시설, 그 밖에 이와 비슷한 용도로 사용되는 것	자동화재탐지, 상수도소화용수, 연결살수

83 물분무등소화설비를 하여야 할 차고·주차장 또는 특수가연물을 저장·취급하는 소방대상물에 무엇을 설치하면 유효범위 안의 부분에 물분무등소화설비의 면제를 할 수 있는가?

① 동력소방펌프설비 ② 스프링클러설비

③ 옥외소화전설비 ④ 옥내소화전설비

설치면제 소방시설	설치면제 요건 소방시설
1. 스프링클러설비	물분무등소화설비
2. 물분무등소화설비	스프링클러설비
3. 간이스프링클러설비	스프링클러설비, 물분무소화설비, 미분무소화설비
4. 비상경보설비 또는 단독경보형 감지기	자동화재탐지설비
5. 피난구조설비	피난상 지장이 없다고 인정되는 경우 설치가 면제
6. 연결살수설비	스프링클러설비·간이스프링클러설비, 물분무·미분무소화설비
7. 제연설비	공기조화설비
8. 비상조명등	피난구유도등 또는 통로유도등
9. 무선통신보조설비	이동통신구내중계기선로설비 또는 무선이동중계기
10. 연결송수관설비	옥내소화전설비·스프링클러설비·간이스프링클러 또는 연결살수설비
11. 자동화재탐지설비	준비작동식 스프링클러설비

정답 81. ① 82. ④ 83. ②

84 **옥외에 연결송수구 및 옥내에 방수구가 부설된 옥내소화전설비, 스프링클러설비, 간이스프링클러설비 또는 연결살수설비를 화재안전기준에 적합하게 설치한 경우 그 설비의 유효범위 안의 부분에서 설치가 면제되는 것은?**

① 연소방지설비　　② 상수도소화용수설비
③ 물분무등소화설비　　④ 연결송수관설비

연결송수관설비를 설치하여야 하는 특정소방대상물 옥외에 연결송수구 및 옥내에 방수구가 부설된 옥내소화전 설비 · 스프링클러설비 · 간이스프링클러설비 또는 연결살수설비를 화재안전기준에 적합하게 설치한 경우에는 그 설비의 유효범위에서 설치가 면제된다.

85 **비상경보설비 또는 단독경보형 감지기를 설치하여야 하는 특정소방대상물에 어떤 설비를 화재안전기준에 적합하게 설치한 경우에는 그 설비의 유효범위에서 설치가 면제되는가?**

① 비상경보설비　　② 자동화재탐지설비
③ 비상방송설비　　④ 자동화재속보설비

비상경보설비 또는 단독경보형 감지기를 설치하여야 하는 특정소방대상물에 자동화재탐지설비를 화재안전기준에 적합하게 설치한 경우에는 그 설비의 유효범위에서 설치가 면제된다.

86 **옥내소화전을 설치하여야 하는 장소에 호스릴 방식의 무슨 소화설비를 화재안전기준에 적합하게 설치한 경우에는 그 설비의 유효범위에서 설치가 면제되는가?**

① 물분무소화설비　　② 미분무소화설비
③ 옥내소화전설비　　④ 포소화전설비

옥내소화전을 설치하여야 하는 장소에 호스릴 방식의 미분무소화설비를 화재안전기준에 적합하게 설치한 경우에는 그 설비의 유효범위에서 설치가 면제된다.

87 **소방청에는 중앙소방기술심의위원회를 둔다. 중앙소방기술심의위원회의 심의사항이 아닌 것은?**

① 화재안전기준에 관한 사항
② 소방시설의 구조 및 원리 등에서 공법이 특수한 설계 및 시공에 관한 사항
③ 연면적 10만 m^2 미만의 특정소방대상물에 설치된 소방시설의 설계 · 시공 · 감리의 하자 유무에 관한 사항
④ 소방시설공사의 하자를 판단하는 기준에 관한 사항

정답 84. ④ 85. ② 86. ② 87. ③

중앙소방기술심의위원회의 심의사항

1. 화재안전기준에 관한 사항
2. 소방시설의 구조 및 원리 등에서 공법이 특수한 설계 및 시공에 관한 사항
3. 소방시설의 설계 및 공사감리의 방법에 관한 사항
4. 소방시설공사의 하자를 판단하는 기준에 관한 사항

88 중앙소방기술심의위원회는 위원장을 포함하여 (Ⓐ) 이내로 구성한다. 중앙위원회의 회의는 위원장이 회의마다 지정하는 (Ⓑ) 으로 구성하고, 중앙위원회는 분야별 소위원회를 구성 · 운영할 수 있다. Ⓐ, Ⓑ로 맞는 것은?

① Ⓐ 10명 이내, Ⓑ 7명
② Ⓐ 10명 이내, Ⓑ 13명
③ Ⓐ 60명 이내, Ⓑ 7명
④ Ⓐ 60명 이내, Ⓑ 13명

구분	중앙 소방기술 심의위원회	지방 소방기술 심의위원회	하도급계약 심사위원회	소방특별 조사위원회	중앙소방 특별조사단
위원장	소방청장이 위촉	시 · 도지사가 위촉	발주기관의 장	소방본부장	소방청장이 위촉
구성 (위원장 포함)	60명 이내 (회의 : 위원장이 13명 지정)	5명 이상 9명 이하 (위원장 포함)	10명 (위원장, 부위원장 각 1명 포함)	7명 이내 (위원장 포함)	21명 이내 (단장 포함)
임기	2년 (1회 연임 가능)		3년 (1회 연임 가능)	2년 (1회 연임 가능)	

89 시 · 도지사는 방염처리업의 등록신청을 위하여 제출된 서류를 심사한 결과 첨부서류가 미비되었을 때에는 며칠 이내의 기간을 정하여 보완하게 할 수 있는가?

① 3일
② 5일
③ 7일
④ 10일

시 · 도지사는 방염처리업의 등록신청을 위하여 제출된 서류를 심사한 결과 다음에 해당하는 때에는 10일 이내의 기간을 정하여 이를 보완하게 할 수 있다.

① 첨부서류가 미비되어 있는 때
② 신청서 및 첨부서류의 기재내용이 명확하지 아니한 때

정답 88. ④ 89. ④

90 방염성능기준 이상의 실내장식물 등을 설치하여야 하는 특정소방대상물이 아닌 것은?

① 근린생활시설 중 체력단련장　② 노유자시설
③ 11층 이상인 아파트　④ 다중이용업의 영업장

방염성능기준 이상의 실내장식물 설치대상

1. 근린생활시설 중 체력단련장, 숙박시설, 방송통신시설 중 방송국 및 촬영소
2. 건축물의 옥내에 있는 시설로서 다음 각 목의 시설
   가. 문화 및 집회시설
   나. 종교시설
   다. 운동시설(수영장은 제외한다.)
3. 의료시설 중 종합병원과 정신의료기관, 노유자시설 및 숙박이 가능한 수련시설
4. 다중이용업의 영업장, 교육연구시설 중 합숙소
5. 층수가 11층 이상인 것(아파트는 제외한다.)

91 창문에 커튼을 설치하고자 한다. 이때 방염성능이 있는 것으로만 설치해야 하는 건축물은?

① 아파트　② 학교
③ 공장　④ 유치원

방염대상

의료시설 중 종합병원과 정신의료기관, 노유자시설 및 숙박이 가능한 수련시설
※ 유치원 : 노유자시설

92 다음 중 방염성능기준에 대한 설명으로 옳지 않은 것은?

① 버너의 불꽃을 제거한 때부터 불꽃을 올리며 연소하는 상태가 그칠 때까지 시간은 20초 이내
② 버너의 불꽃을 제거한 때부터 불꽃을 올리지 아니하고 연소하는 상태가 그칠 때까지 시간은 30초 이내
③ 불꽃에 의하여 완전히 녹을 때까지 불꽃의 접촉횟수는 3회 이상
④ 탄화한 면적은 30cm^2 이내, 탄화한 길이는 20cm 이내

방염성능 기준

① 버너의 불꽃을 제거한 때부터 불꽃을 올리며 연소하는 상태가 그칠 때까지 시간은 20초 이내
② 버너의 불꽃을 제거한 때부터 불꽃을 올리지 아니하고 연소하는 상태가 그칠 때까지 시간은 30초 이내
③ 탄화한 면적은 50cm^2 이내, 탄화한 길이는 20cm 이내
④ 불꽃에 의하여 완전히 녹을 때까지 불꽃의 접촉횟수는 3회 이상
⑤ 발연량을 측정하는 경우 최대연기밀도는 400 이하

정답 90. ③ 91. ④ 92. ④

93 방염업의 종류에 해당되지 않는 것은?

① 합성수지류 방염업 ② 실내장식물 방염업
③ 섬유류 방염업 ④ 합판, 목재류 방염업

방염업의 종류

① 섬유류 방염업 : 커튼 · 카펫 등 섬유류를 주된 원료로 하는 방염대상물품을 제조 또는 가공공정에서 방염처리
② 합성수지류 방염업 : 합성수지류를 주된 원료로 한 방염대상물품을 제조 또는 가공공정에서 방염처리
③ 합판 · 목재류 방염업 : 합판 또는 목재를 제조 · 가공공정 또는 설치현장에서 방염처리

94 방염성능기준 미만으로 방염처리한 경우에 1차 위반 시 과태료의 부과기준은?

① 50만 원 ② 100만 원
③ 150만 원 ④ 200만 원

방염성능기준 미만으로 방염처리한 경우에는 위반횟수와 상관없이 200만 원의 과태료를 부과한다.

설치유지관리법 위반	1차 위반	2차 위반	3차 이상
방염업자가 방염업자의 지위승계, 방염업의 등록취소 · 영업정지 또는 휴업 · 폐업의 사실을 특정소방대상물의 관계인에게 알리지 아니하거나 거짓으로 알린 경우	200		
방염성능기준 미만으로 방염처리한 경우	200		

95 다음 중 특급소방안전관리 대상물의 소방안전관리자 선임대상자에 대한 기준으로 옳지 않은 것은?

① 소방기술사 또는 소방시설관리사의 자격이 있는 사람
② 소방설비기사의 자격을 취득한 후 5년 이상 1급 소방안전관리대상물의 소방안전관리자로 근무한 실무경력이 있는 사람
③ 소방설비기사의 경우 3년 이상 1급 소방안전관리대상물의 소방안전관리자로 근무한 실무경력이 있고, 소방청장이 정하여 실시하는 특급 소방안전관리 대상물의 소방안전관리에 관한 시험에 합격한 사람
④ 소방공무원으로 20년 이상 근무한 경력이 있는 사람

특급 소방안전관리자 선임대상자

① 소방기술사 또는 소방시설관리사의 자격이 있는 사람
② 소방설비기사의 자격을 취득한 후 5년 이상 1급 소방안전관리대상물의 소방안전관리자로 근무한 실무경력이 있는 사람

정답 93. ② 94. ④ 95. ③

③ 소방설비산업기사의 자격을 취득한 후 7년 이상 1급 소방안전관리대상물의 소방안전관리자로 근무한 실무경력이 있는 사람
④ 소방공무원으로 20년 이상 근무한 경력이 있는 사람
⑤ 5년(소방설비기사의 경우 2년, 소방설비산업기사의 경우 3년) 이상 1급 소방안전관리대상물의 소방안전관리자로 근무한 실무경력이 있고, 소방청장이 정하여 실시하는 특급 소방안전관리대상물의 소방안전관리에 관한 시험에 합격한 사람
⑥ 특급 소방안전관리대상물의 소방안전관리에 대한 강습교육을 수료하고 소방청장이 실시하는 특급 소방안전관리대상물의 소방안전관리에 관한 시험에 합격한 사람

96 1급 소방안전관리대상물의 관계인이 소방안전관리자를 선임하고자 한다. 다음 중 1급 소방안전관리대상물의 소방안전관리자로 선임될 수 없는 사람은?

① 소방설비기사 또는 소방설비산업기사의 자격이 있는 사람
② 산업안전기사 또는 산업안전산업기사의 자격을 가지고 2년 이상 2급 소방 안전 관리대상물의 소방안전관리자로 근무한 실무경력이 있는 사람
③ 소방공무원으로 7년 이상 근무한 경력이 있는 사람
④ 대학에서 소방안전관리학과를 전공하고 졸업한 사람으로서 2년 이상 2급 소방안전관리대상물의 소방안전관리에 관한 실무경력이 있는 사람

1급 소방안전관리대상물에 선임 가능한 사람

1. 소방설비기사 또는 소방설비산업기사의 자격이 있는 사람
2. 산업안전기사 또는 산업안전산업기사의 자격을 가지고 2년 이상 2급 소방안전관리대상물의 소방안전관리자로 근무한 실무경력이 있는 사람
3. 소방공무원으로 7년 이상 근무한 경력이 있는 사람
4. 위험물기능장 · 위험물산업기사 또는 위험물기능사 자격을 가진 사람으로서 위험물안전관리자로 선임된 사람
5. 고압가스 안전관리법, 액화석유가스의 안전관리 및 사업법, 도시가스 사업법에 따라 안전관리자로 선임된 사람
6. 전기사업법에 따라 전기안전관리자로 선임된 사람
7. 대학에서 소방안전관리학과를 전공하고 졸업한 사람으로서 2년 이상 2급 소방안전관리대상물의 소방안전관리에 관한 실무경력이 있는 사람으로서 소방청장이 실시하는 1급 소방안전관리대상물의 소방안전관리에 관한 시험에 합격한 사람

97 1급 소방안전관리 대상물에 해당하는 건축물은?

① 연면적 15,000[m^2] 이상인 동물원
② 층수가 15층인 업무시설
③ 층수가 20층인 아파트
④ 지하구

정답 96. ④ 97. ②

1급 소방안전관리대상물의 종류

1. 층수 11층 이상
2. 연면적 1만 5천m^2 이상
3. 가연성가스 1천톤 이상 저장 · 취급 시설
4. 아파트 : 30층 이상 또는 120m 이상
   동 · 식물원, 철강 등 불연성 물품을 저장 · 취급하는 창고, 위험물 저장 및 처리 시설 중 위험물 제조소등, 지하구를 제외

98 소방안전관리자를 두어야 할 특정소방대상물로서 1급 소방안전관리대상물의 기준으로 옳은 것은?

① 가스제조설비를 갖추고 도시가스사업허가를 받아야 하는 시설
② 지하구
③ 문화재보호법에 따라 국보 또는 보물로 지정된 목조건축물
④ 가연성 가스를 1천 톤 이상 저장 · 취급하는 시설

소방안전관리 대상물

1) 일반건축물

구분	내용
특급	1. 30층 이상(지하층포함), 높이 120m 이상 2. 연면적 20만m^2 이상 3. 아파트 : 50층 이상(지하층제외) 또는 높이 200m 이상 동 · 식물원, 철강 등 불연성 물품을 저장 · 취급하는 창고, 위험물 저장 및 처리 시설 중 위험물 제조소등, 지하구를 제외
1급	1. 층수 11층 이상 2. 연면적 1만 5천m^2 이상 3. 가연성가스 1천톤 이상 저장 · 취급 시설 4. 아파트 : 30층 이상(지하층 제외) 또는 120m 이상 동 · 식물원, 철강 등 불연성 물품을 저장 · 취급하는 창고, 위험물 저장 및 처리 시설 중 위험물 제조소등, 지하구를 제외
2급	1. 옥내소화전설비, 스프링클러, 간이스프링클러설비, 물분무등소화설비(호스릴(Hose Reel) 방식의 물분무등소화설비만을 설치한 경우는 제외) 설치 2. 도시가스사업 허가받은 시설, 가연성가스 100톤 이상 1천톤 미만 3. 지하구, 공동주택, 보물 · 국보로 지정된 목조건축물
3급	자동화재탐지설비 설치

2) 아파트

구분	내용
특급	아파트 50층 이상(지하층제외) 또는 높이 200m 이상
1급	아파트 30층 이상 또는 120m 이상
2급	특급과 1급을 제외한 공동주택

정답 98. ④

99 다음 중에서 소방안전관리자를 두어야 할 특정소방대상물로서 2급 소방안전관리대상물이 아닌 것은?(단, 아파트는 제외)

① 지하구 ② 공동주택
③ 건물의 층수가 11층 이상인 것 ④ 목조건축물

2급 소방안전관리대상물

1. 옥내소화전설비, 스프링클러, 간이스프링클러설비, 물분무등소화설비(호스릴(Hose Reel) 방식의 물분무등소화설비만을 설치한 경우는 제외) 설치
2. 도시가스사업 허가받은 시설, 가연성가스 100톤이상 1천톤미만
3. 지하구, 공동주택, 보물 · 국보로 지정된 목조건축물
4. 특급과 1급을 제외한 공동주택

100 소방안전관리보조자를 선임하여야 하는 특정소방대상물로서 규모에 관계없이 소방안전관리보조자를 두어야 하는 특정소방대상물이 아닌 것은?

① 의료시설 ② 문화 및 집회시설
③ 노유자시설 ④ 수련시설

소방안전관리보조자를 두어야 하는 특정소방대상물

1. 아파트(300세대 이상인 아파트만 해당한다.)
2. 1.에 따른 아파트를 제외한 연면적이 1만5천 m^2 이상인 특정소방대상물
3. 특정소방대상물을 제외한 특정소방대상물 중 다음 각 목의 어느 하나에 해당하는 특정소방대상물
   1) 공동주택 중 기숙사
   2) 의료시설
   3) 노유자시설
   4) 수련시설
   5) 숙박시설(숙박시설로 사용되는 바닥면적의 합계가 1천500m^2 미만이고 관계인이 24시간 상시 근무하고 있는 숙박시설은 제외한다.)

101 보조자선임대상 특정소방대상물의 관계인이 선임하여야 하는 특정소방대상물로서 300세대 이상 공동주택에 추가로 선임하여야 할 소방안전관리보조자의 최소 선임기준으로 맞는 것은?

① 기본 1명. 다만, 초과되는 300세대마다 1명 이상을 추가로 선임하여야 한다.
② 기본 2명. 다만, 초과되는 300세대마다 1명 이상을 추가로 선임하여야 한다.
③ 기본 1명. 다만, 초과되는 300세대마다 2명 이상을 추가로 선임하여야 한다.
④ 기본 2명. 다만, 초과되는 300세대마다 2명 이상을 추가로 선임하여야 한다.

정답 99. ③ 100. ② 101. ①

보조자선임대상 특정소방대상물의 관계인이 선임하여야 하는 소방안전관리보조자의 최소 선임기준
1. 300세대 공동주택 경우 : 1명. 다만, 초과되는 300세대마다 1명 이상을 추가로 선임하여야 한다.
2. 연면적 1만5천 m^2 이상의 경우 : 1명. 다만, 초과되는 연면적 1만5천 m^2마다 1명 이상을 추가로 선임하여야 한다.

102 특정소방대상물로서 소방안전관리업무를 대행할 수 있는 경우는?

① 층수가 11층 이상이고 특정소방대상물로서 연면적 1만5천 m^2 이상
② 층수가 11층 이상이고 특정소방대상물로서 연면적 1만5천 m^2 미만
③ 층수가 16층 이상이거나 특정소방대상물로서 연면적 1만5천 m^2 이상
④ 층수가 16층 이상이거나 특정소방대상물로서 연면적 1만5천 m^2 미만

103 관리권원이 분리되어 있는 특정소방대상물로서 공동 소방안전관리자를 선임하여야 하는 소방대상물은?

① 11층 이상인 고층건축물
② 복합건축물로서 연면적 3,000m^2인 건축물
③ 높이 31m인 소방대상물
④ 지하구

공동 소방안전관리자 선임대상(대통령령으로 정하는 특정소방대상물)

1. 고층 건축물(지하층을 제외한 층수가 11층 이상인 건축물만 해당한다.)
2. 지하가(지하의 인공구조물 안에 설치된 상점 및 사무실, 그 밖에 이와 비슷한 시설이 연속하여 지하도에 접하여 설치된 것과 그 지하도를 합한 것을 말한다.)
3. 대통령령으로 정하는 특정소방대상물
   ① 복합건축물로서 연면적이 5천 m^2 이상인 것 또는 층수가 5층 이상인 것
   ② 판매시설 중 도매시장 및 소매시장
   ③ 특정소방대상물 중 소방본부장 또는 소방서장이 지정하는 것

104 특정소방대상물에 설치되어 있는 소방시설등에 대하여 정기적으로 자체 점검을 실시하는 자로 맞지 않는 것은?

① 소방시설관리업을 등록한 자
② 특정소방대상물의 관계인
③ 소방청이 정하는 기술자격자
④ 소방본부장 또는 소방서장

법률 제25조(소방시설등의 자체 점검 등)

점검 구분	점검자의 자격
작동기능점검	당해 특정 소방대상물의 관계인 · 소방안전관리자 또는 소방시설관리업자
종합정밀점검	소방시설관리업자 또는 소방안전관리자로 선임된 소방시설관리사 · 소방기술사

정답 102. ② 103. ① 104. ④

105 소방안전관리자의 피난계획수립 및 시행 등에 포함되는 내용이 아닌 것은?

① 각 거실에서 옥외(옥상 또는 피난안전구역을 포함한다.)로 이르는 피난경로
② 층별, 구역별 피난대상 인원의 현황
③ 소화설비의 화재진압 수단 및 방식
④ 재해약자 및 재해약자를 동반한 사람의 피난동선과 피난방법

피난계획에 포함할 내용

1. 화재경보의 수단 및 방식
2. 층별, 구역별 피난대상 인원의 현황
3. 장애인, 노인, 임산부, 영유아 및 어린이 등 이동이 어려운 사람(이하 "재해약자"라 한다.)의 현황
4. 각 거실에서 옥외(옥상 또는 피난안전구역을 포함한다.)로 이르는 피난경로
5. 재해약자 및 재해약자를 동반한 사람의 피난동선과 피난방법
6. 피난시설, 방화구획, 그 밖에 피난에 영향을 줄 수 있는 제반 사항

106 다음 중 소방시설등의 자체 점검 중 종합정밀점검을 시행해야 하는 시기를 맞게 설명한 것은?(단, 소방시설완공검사필증을 발급받은 신축 건축물이 아닌 경우)

① 건축물 사용승인일(건축물관리대장 또는 건축물의 등기부등본에 기재된 날을 말한다.)이 속하는 달로부터 1개월 이내에 실시
② 건축물 사용승인일(건축물관리대장 또는 건축물의 등기부등본에 기재된 날을 말한다.)이 속하는 달에 실시
③ 건축물 사용승인일(건축물관리대장 또는 건축물의 등기부등본에 기재된 날을 말한다.)이 속하는 달로부터 3개월 이내에 실시
④ 건축물 사용승인일(건축물관리대장 또는 건축물의 등기부등본에 기재된 날을 말한다.)이 속하는 달로부터 2개월 이내에 실시

종합정밀점검 시행시기

1. 건축물 사용승인일(건축물관리대장 또는 건축물의 등기부등본에 기재된 날을 말한다.)이 속하는 달에 실시한다.
2. 소방시설완공검사필증을 발급받은 신축 건축물은 검사필증을 받은 다음 연도부터 실시한다.

107 특정소방대상물의 관계인은 당해 대상물에 설치된 소방시설등에 대하여 정기적으로 작동기능점검을 실시하여야 하는데 그 점검결과를 몇 년간 자체 보관하여야 하는가?

① 2년　　② 3년
③ 5년　　④ 25년

정답 105. ③ 106. ② 107. ①

108 소방시설등의 점검결과를 거짓으로 보고한 경우에 1차 위반 시 과태료는 얼마인가?

① 50만 원　② 100만 원
③ 150만 원　④ 200만 원

소방시설등의 점검결과를 거짓으로 보고한 경우에는 위반횟수와 상관없이 200만 원의 과태료를 부과한다.

소방시설등의 점검결과를 보고하지 않거나 거짓으로 보고한 경우	
1) 지연보고기간이 1개월 미만인 경우	30
2) 지연보고기간이 1개월 이상 3개월 미만인 경우	50
3) 지연보고기간이 3개월 이상 또는 보고하지 않은 경우	100
4) 거짓으로 보고한 경우	200

109 소방시설관리업의 등록기준 중 보조 기술인력에 해당하지 않는 사람은?

① 소방설비기사
② 소방공무원으로 2년 이상 근무한 사람
③ 소방설비산업기사
④ 대학의 소방 관련 학과를 졸업한 사람으로 소방기술 인정자격수첩을 교부받은 사람

보조 기술인력

다음의 어느 하나에 해당하는 사람 2명 이상. 다만, ②부터 ④까지의 어느 하나에 해당하는 사람은 소방기술 인정 자격수첩을 발급받은 사람이어야 한다.
① 소방설비기사 또는 소방설비산업기사
② 소방공무원으로 3년 이상 근무한 사람
③ 대학의 소방 관련 학과를 졸업한 사람
④ 소방청장이 정하여 고시하는 소방기술과 관련된 자격 · 경력 및 학력이 있는 사람

110 특정소방대상물의 소방시설 자체 점검에 관한 설명 중 종합정밀점검 대상이 아닌 것은?

① 스프링클러설비가 설치된 연면적 5,000m^2 이상인 특정소방대상물
② 옥내소화전설비가 설치된 연면적 5,000m^2 이상인 특정소방대상물
③ 물분무소화설비가 설치된 연면적 5,000m^2 이상인 특정소방대상물
④ 스프링클러설비가 설치된 연면적 5,000m^2 이상이고 층수가 11층 이상인 아파트

스프링클러설비 또는 물분무등소화설비가 설치된 연면적 5천 m^2 이상인 특정소방대상물(위험물제조소등을 제외한다.)을 대상으로 하되, 아파트의 경우에는 연면적이 5천 m^2 이상이고 층수가 11층 이상

정답 108. ④ 109. ② 110. ②

111 **30층 이상, 높이 120미터 이상 또는 연면적 20만 m^2 이상인 특정소방대상물은 종합정밀 점검을 연 몇 회 이상 실시하여야 하는가?**

① 연 1회 이상
② 연 2회 이상
③ 연 3회 이상
④ 연 4회 이상

30층 이상, 높이 120m 이상 또는 연면적 20만 m^2 이상인 특정소방대상물 특급소방안전관리대상으로 반기별로 1회 이상 실시하므로 연 2회 이상 실시

112 **소방시설관리업자는 점검을 실시한 경우 점검이 끝난 날부터 며칠 이내에 점검인력 배치 상황을 포함한 점검실적을 평가기관에 통보하여야 하는가?**

① 3일 이내
② 5일 이내
③ 7일 이내
④ 10일 이내

소방시설관리업자는 점검을 실시한 경우 점검이 끝난 날부터 10일 이내에 점검인력 배치 상황을 포함한 점검실적을 평가기관에 통보

113 **소방시설등에 대한 자체 점검을 하지 아니하거나, 관리업자 등으로 하여금 정기적으로 점검하게 하지 아니한 자의 벌칙은?**

① 3년 이하의 징역 또는 1천 500만 원 이하의 벌금
② 300만 원 이하의 벌금
③ 1년 이하의 징역 또는 1천만 원 이하의 벌금
④ 6개월 이상의 징역 또는 1천만 원 이하의 벌금

1년 이하의 징역 또는 1천만 원 이하 벌금

(설) 정당한 사유 없이 소방특별조사 결과에 따른 조치명령을 위반한 자
(설) 관리업의 등록증이나 등록수첩을 다른 자에게 빌려준 자
(설) 영업정지처분을 받고 그 영업정지기간 중에 관리업의 업무를 한 자
(설) 소방시설등에 대한 자체 점검을 하지 않거나 관리업자 등에게 정기적으로 점검하게 하지 아니한 자
(설) 소방시설관리사증을 다른 자에게 빌려주거나 동시에 둘 이상의 업체에 취업한 사람
(설) 형식승인의 변경승인을 받지 아니한 자
(다) 평가대행자로 등록하지 아니하고 화재위험평가 업무를 대행한 자
(다) 다른 사람에게 정보를 제공하거나 부당한 목적으로 이용한 자

정답 111. ② 112. ④ 113. ③

114 다음의 종합정밀점검에 대한 설명의 ( ) 안에 알맞은 말은?

> 소방시설등의 작동기능점검을 포함하여 소방시설등의 설비별 주요 구성 부품의 구조기준이 법 제9조 제1항에 따라 (Ⓐ) 정하여 고시하는 (Ⓑ) 및 (Ⓒ) 등 관련 법령에서 정하는 기준에 적합한지 여부를 점검하는 것을 말한다.

① Ⓐ 소방청장 Ⓑ 화재안전기준 Ⓒ 소방관련법
② Ⓐ 대통령령 Ⓑ 소방법 Ⓒ 건축법
③ Ⓐ 소방청장 Ⓑ 화재안전기준 Ⓒ 건축법
④ Ⓐ 대통령령 Ⓑ 소방관련법 Ⓒ 소방관련법

종합정밀점검

소방시설등의 작동기능점검을 포함하여 소방시설등의 설비별 주요 구성 부품의 구조기준이 소방청장이 정하여 고시하는 화재안전기준 및 「건축법」 등 관련 법령에서 정하는 기준에 적합한지 여부를 점검하는 것을 말한다.

115 종합정밀점검 대상으로 「다중이용업소의 안전관리에 관한 특별법 시행령」의 다중이용업의 영업장이 설치된 특정소방대상물로서 연면적이 2,000m² 이상인 것은 종합정밀점검 대상이다. 이에 해당하는 영업이 아닌 것은?

① 단란주점영업, 유흥주점영업
② 영화상영관, 비디오물감상실업
③ 고시원업, 학원
④ 노래연습장업, 산후조리업

단란주점영업, 유흥주점영업, 영화상영관, 비디오물감상실업, 복합영상물제공업, 노래연습장업, 산후조리업, 고시원업, 안마시술소

116 점검인력 1단위가 1일 동안 점검할 수 있는 기준을 세대 단위로 구분하는 경우 옳게 표현된 것은?

① 종합정밀점검 : 270세대, 작동기능점검 : 320세대
② 종합정밀점검 : 320세대, 작동기능점검 : 270세대
③ 종합정밀점검 : 300세대, 작동기능점검 : 350세대
④ 종합정밀점검 : 350세대, 작동기능점검 : 300세대

정답 114. ③ 115. ③ 116. ③

구분		1단위 (관리사+보조 2)	보조인력 (최대 4일)	최대
일반건축물	종합	10,000m²/일	3,000m²/일	22,000m²/일
	작동	12,000m²/일	3,500m²/일	26,000m²/일
아파트	종합	300세대/일	70세대/일	580세대/일
	작동	350세대/일	90세대/일	710세대/일

117 관리업자가 하루 동안 점검한 면적은 실제 점검면적에서 소방설비의 유무에 따라 점검면적에 곱하여 산출한다. 소방설비에 대한 점검면적의 가산값으로 맞지 않는 것은?

① 스프링클러설비 : 0.1 물분무등소화설비 : 0.15 제연설비 : 0.1
② 스프링클러설비 : 0.15 물분무등소화설비 : 0.1 제연설비 : 0.15
③ 스프링클러설비 : 0.1 물분무등소화설비 : 0.1 제연설비 : 0.15
④ 스프링클러설비 : 0.15 물분무등소화설비 : 0.1 제연설비 : 0.1

점검한 특정소방대상물이 다음의 어느 하나에 해당할 때에는 다음에 따라 계산된 값을 실제 점검면적에 따라 계산된 값에서 뺀다.
1) 스프링클러설비가 설치되지 않은 경우 : 실제 점검면적에 따라 계산된 값에 0.1을 곱한 값
2) 물분무등소화설비가 설치되지 않은 경우 : 실제 점검면적에 따라 계산된 값에 0.15를 곱한 값
3) 제연설비가 설치되지 않은 경우 : 실제 점검면적에 따라 계산된 값에 0.1을 곱한 값

118 소방시설관리사의 자격정지 사유로 반드시 자격취소 사유가 아닌 것은?

① 거짓이나 그 밖의 부정한 방법으로 시험에 합격한 경우
② 소방안전관리 업무를 하지 아니하거나 거짓으로 한 경우
③ 소방시설관리사증을 다른 자에게 빌려준 경우
④ 동시에 둘 이상의 업체에 취업한 경우

1. 거짓이나 그 밖의 부정한 방법으로 시험에 합격한 경우(자격취소)
2. 제20조 제6항에 따른 소방안전관리 업무를 하지 아니하거나 거짓으로 한 경우
3. 제25조에 따른 점검을 하지 아니하거나 거짓으로 한 경우
4. 제26조 제6항을 위반하여 소방시설관리사증을 다른 자에게 빌려준 경우(자격취소)
5. 제26조 제7항을 위반하여 동시에 둘 이상의 업체에 취업한 경우(자격취소)
6. 제26조 제8항을 위반하여 성실하게 자체 점검 업무를 수행하지 아니한 경우
7. 제27조 각 호의 어느 하나에 따른 결격사유에 해당하게 된 경우(자격취소)

정답 117. ① 118. ②

119 소방시설관리업의 등록 시 보조인력 자격에 해당되지 않는 사람은?

① 소방설비산업기사
② 소방설비기사
③ 소방공무원으로 1년 이상 근무한 사람
④ 행정안전부령으로 정하는 소방기술과 관련된 자격 · 경력 및 학력이 있는 사람

소방시설관리업의 보조 기술

1. 소방설비기사 또는 소방설비산업기사
2. 소방공무원으로 3년 이상 근무한 사람
3. 대학의 소방 관련 학과를 졸업한 사람
4. 행정안전부령으로 정하는 소방기술과 관련된 자격 · 경력 및 학력이 있는 사람

120 소방안전관리자에 대한 강습교육을 실시하고자 하는 때에는 강습교육 며칠 전까지 교육 실시에 관하여 필요한 사항을 게시판 등에 공고하여야 하는가?

① 7일　　② 10일
③ 20일　　④ 30일

시행규칙 제36조

협회장은 법 제41조 제1항에 따른 소방안전관리자 및 소방안전관리보조자에 대한 실무교육의 교육대상, 교육일정 등 실무교육에 필요한 계획을 수립하여 매년 소방청장의 승인을 얻어 교육실시 10일 전까지 교육대상자에게 통보하여야 한다.

121 한국소방안전원장이 실시하는 소방안전관리자에 대한 실무교육의 주기는?

① 1년마다 1회 이상　　② 1년마다 2회 이상
③ 2년마다 1회 이상　　④ 3년마다 1회 이상

시행규칙 제36조

소방안전관리자는 그 선임된 날부터 6개월 이내에 법 제41조 제1항에 따른 실무교육을 받아야 하며, 그 후에는 2년마다 1회 이상 실무교육을 받아야 한다. 다만, 소방안전관리 강습교육 또는 실무교육을 받은 후 1년 이내에 소방안전관리자로 선임된 사람은 해당 강습교육 또는 실무교육을 받은 날에 실무교육을 받은 것으로 본다.

122 소방안전관리자를 선임하지 아니한 경우의 벌칙은?

① 50만 원 이하의 과태료　　② 100만 원 이하의 벌금
③ 200만 원 이하의 과태료　　④ 300만 원 이하의 벌금

정답 119. ③　120. ③　121. ③　122. ④

300만 원 이하 벌금

(설) 소방특별조사를 정당한 사유 없이 거부 · 방해 또는 기피한 자
(설) 조사 · 검사 업무를 수행하면서 알게 된 비밀을 제공 또는 누설하거나 목적 외의 용도로 사용한 자
(설) 방염성능검사에 불합격한 물품에 합격표시를 하거나 합격표시를 위 · 변조하여 사용한 자
(설) 방염성능 시 거짓 시료를 제출한 자
(설) 소방안전관리자 또는 소방안전관리보조자를 선임하지 아니한 자

123 특정소방대상물의 (A)은 (B)이 정하는 소방시설등을 소방청이 정하는 기준에 따라 설치 · 유지하여야 한다. 보기 중 (   ) 안에 들어갈 말은?

	A	B
①	설치자	대통령령
②	관계인	대통령령
③	관계인	소방청장
④	설치자	소방청장

124 소방훈련을 하여야 할 특정소방대상물로서 상시근무 또는 거주하는 인원이 몇 명 이하일 때 소방훈련 및 교육을 하지 않아도 되는가?

① 5명
② 10명
③ 15명
④ 20명

125 동일 구내에 있는 2 이상의 특정소방대상물의 관리에 관한 권한을 가진 사람이 동일인일 때 소방안전관리대상물의 등급이 다른 경우 어떻게 적용하는가?

① 각각 개별적으로
② 소방서장이 판단
③ 낮은 등급으로
④ 높은 등급으로

126 특정소방대상물에 선임된 소방안전관리자의 업무가 아닌 것은?

① 특정소방대상물에 대한 소방계획서 작성
② 자위소방대의 조직
③ 소방계획에 의한 소화 · 통보 · 피난 등의 훈련 및 교육
④ 소방시설의 개수공사

정답 123. ② 124. ② 125. ④ 126. ④

◎ 법률 제20조(특정소방대상물의 방화관리) 관계인과 소방안전관리자의 업무

1. 소방시설, 피난시설 및 방화시설의 유지 · 관리
2. 화기(火氣) 취급의 감독
3. 그 밖에 방화관리상 필요한 업무

127 특정소방대상물의 관계인은 그 특정소방대상물에 대하여 소방안전관리업무를 수행하여야 한다. 그 업무에 속하지 않는 것은?

① 피난시설, 방화구획 및 방화시설의 유지, 관리
② 화재에 관한 위험 경보
③ 화기취급의 감독
④ 소방시설이나 그 밖의 소방 관련 시설의 유지, 관리

◎ 관계인 및 소방안전관리자의 업무

1. 대통령령으로 정하는 사항이 포함된 소방계획서의 작성
2. 자위소방대(自衛消防隊)의 조직
3. 피난시설, 방화구획 및 방화시설의 유지 · 관리
4. 소방훈련 및 교육
5. 소방시설이나 그 밖의 소방 관련 시설의 유지 · 관리
6. 화기(火氣) 취급의 감독

128 특정소방대상물의 소방계획에 포함되지 않아도 되는 내용은?

① 화재예방을 위한 진압대책 및 민방위 조직계획
② 화재예방을 위한 자체 점검계획
③ 소방시설의 점검 및 정비계획
④ 방화관리대상물의 위치 및 수용인원

◎ 소방계획서에 포함되어야 하는 사항

① 소방안전관리대상물의 위치 · 구조 · 연면적 · 용도 및 수용인원 등 일반현황
② 소방안전관리대상물에 설치한 소방시설 및 방화시설, 전기시설 · 가스시설 및 위험물시설의 현황
③ 화재예방을 위한 자체 점검계획 및 진압대책
④ 소방시설 · 피난시설 및 방화시설의 점검 · 정비계획
⑤ 소방교육 및 훈련에 관한 계획
⑥ 특정소방대상물의 근무자 및 거주자의 자위소방대 조직과 대원의 임무에 관한 사항

정답 127. ② 128. ①

129 형식승인을 받지 아니한 소방용품을 판매할 목적으로 진열했을 때의 벌칙으로 옳은 것은?

① 1년 이하의 징역 또는 1,000만 원 이하의 벌금
② 1년 이하의 징역 또는 1,500만 원 이하의 벌금
③ 3년 이하의 징역 또는 1,500만 원 이하의 벌금
④ 3년 이하의 징역 또는 3,000만 원 이하의 벌금

3년 이하의 징역 또는 3천만 원 이하 벌금

(설) 소방용품의 형식승인을 받지 아니하고 소방용품을 제조하거나 수입한 자
(설) 형식승인제품의 제품검사를 받지 아니한 자
(설) 형식승인되지 않은 소방용품을 판매 · 진열하거나 소방시설공사에 사용한 자
(설) 제품검사를 받지 않거나 합격표시를 하지 아니한 소방용품을 판매 · 진열하거나 소방시설공사에 사용한 자
(설) 거짓이나 그 밖의 부정한 방법으로 전문기관으로 지정을 받은 자

130 소방공무원이 업무수행 중 알게 된 비밀을 다른 사람에게 누설한 경우 벌칙은?

① 100만 원 이하의 벌금
② 200만 원 이하의 벌금
③ 300만 원 이하의 벌금
④ 200만 원 이하의 과태료

300만 원 이하의 벌금에 처한다.

131 다음 중 청문대상이 아닌 것은?

① 소방시설관리사 자격의 취소
② 소방시설관리업의 등록취소
③ 소방용 기계 · 기구의 형식승인취소
④ 방염처리업의 등록취소

1. 소방시설업 등록취소처분, 영업정지처분
2. 소방기술 인정 자격취소처분
3. 소방시설관리사 자격의 취소 및 정지
4. 소방시설관리업의 등록취소 및 영업정지
5. 소방용품의 형식승인 취소 및 제품검사 중지
6. 소방용품의 성능인증의 취소
7. 소방용품의 우수품질인증의 취소
8. 전문기관의 지정취소 및 업무정지
9. 다중이용업소의 평가대행자의 등록취소, 업무정지

정답 129. ④ 130. ③ 131. ④

132 소방용품을 판매하거나 또는 판매의 목적으로 진열하거나 소방시설공사에 사용할 수 없는 경우에 해당하지 않는 것은?

① 형식승인을 얻지 아니한 것　② 제품검사를 받지 아니한 것
③ 성능확인시험을 받지 아니한 것　④ 형상 등을 임의로 변경한 것

누구든지 다음 각 호의 어느 하나에 해당하는 소방용품을 판매하거나 판매 목적으로 진열하거나 소방시설공사에 사용할 수 없다.
① 형식승인을 받지 아니한 것
② 형상 등을 임의로 변경한 것
③ 제품검사를 받지 아니하거나 합격표시를 하지 아니한 것

133 다음 중 소방용 기계 · 기구가 아닌 것은?

① 비상콘센트　② 가스관 선택밸브
③ 기동용 수압개폐장치　④ 방염액

구분	내용
소화설비	• 소화기구(소화약제 외 간이소화용구는 제외) • 자동소화장치 • 소화전, 송수구, 관창, 소방호스, 스프링클러헤드, 기동용 수압개폐장치, 유수제어밸브, 가스관선택밸브
경보설비	• 누전경보기, 가스누설경보기 • 발신기, 수신기, 중계기, 감지기 및 음향장치(경종만 해당)
피난구조설비	• 피난사다리, 구조대, 완강기(간이완강기 및 지지대 포함) • 공기호흡기(충전기 포함) • 피난구유도등, 통로유도등, 객석유도등, 예비전원이 내장된 비상조명등
소화용 사용	• 소화약제(상업용, 캐비닛형 자동소화장치, 포이할청분강의 소화설비용약제) • 방염제(방염액, 방염도료, 방염성 물질)

134 형식승인을 얻어야 할 소방용품이 아닌 것은?

① 감지기　② 휴대용 비상조명등
③ 소화기　④ 방염액

형식승인을 받아야 하는 소방용품(소방시설 설치유지 및 안전관리 시행령[별표 4])

① 소화설비를 구성하는 제품 또는 기기
㉮ 소화기구(소화약제 외의 것을 이용한 간이소화용구는 제외한다.)
㉯ 자동소화장치(상업용 주방소화장치는 제외한다.)
㉰ 소화설비를 구성하는 소화전, 송수구, 관창(菅槍), 소방호스, 스프링클러헤드, 기동용 수압개폐장치, 유수제어밸브 및 가스관선택밸브

정답 132. ③　133. ①　134. ②

② 경보설비를 구성하는 제품 또는 기기
㉮ 누전경보기 및 가스누설경보기
㉯ 경보설비를 구성하는 발신기, 수신기, 중계기, 감지기 및 음향장치(경종만 해당한다.)
③ 피난구조설비를 구성하는 제품 또는 기기
㉮ 피난사다리, 구조대, 완강기(간이완강기 및 지지대를 포함한다.)
㉯ 공기호흡기(충전기를 포함한다.)
㉰ 피난구유도등, 통로유도등, 객석유도등 및 예비 전원이 내장된 비상조명등
④ 소화용으로 사용하는 제품 또는 기기
㉮ 소화약제[상업용 주방자동소화장치, 캐비닛형 자동소화장치 소화설비(포, 이산화탄소, 할로겐화합물, 청정소화약제, 분말, 강화액 소화설비)용만 해당한다.]
㉯ 방염제(방염액, 방염도료 및 방염성물질을 말한다.)

135 소방시설등에 대한 자체 점검을 하지 않거나 관리업자 등에게 점검하게 하지 아니한 자에 대한 벌칙으로 맞는 것은?

① 1년 이하의 징역 또는 1,000만 원 이하의 벌금
② 2년 이하의 징역
③ 3년 이하의 징역 또는 1,500만 원 이하의 벌금
④ 5년 이하의 징역

1년 이하의 징역 또는 1천만 원 이하 벌금

(설) 정당한 사유 없이 소방특별조사 결과에 따른 조치명령을 위반한 자
(설) 관리업의 등록증이나 등록수첩을 다른 자에게 빌려준 자
(설) 영업정지처분을 받고 그 영업정지기간 중에 관리업의 업무를 한 자
(설) 소방시설등에 대한 자체 점검을 하지 않거나 관리업자 등에게 정기적으로 점검하게 하지 아니한 자
(설) 소방시설관리사증을 다른 자에게 빌려주거나 동시에 둘 이상의 업체에 취업한 사람
(설) 형식승인의 변경승인을 받지 아니한 자

136 화재예방, 소방시설 설치유지 및 안전에 관한 법률의 벌칙으로 소방시설에 폐쇄 · 차단 등의 행위를 한 자는 5년 이하의 징역 또는 5천만 원 이하의 벌금에 처한다. 이 경우 사람을 상해에 이르게 한 때에는 벌칙 및 벌금은?

① 5년 이하의 징역 또는 5천만 원 이하의 벌금
② 7년 이하의 징역 또는 7천만 원 이하의 벌금
③ 7년 이하의 징역 또는 5천만 원 이하의 벌금
④ 5년 이하의 징역 또는 7천만 원 이하의 벌금

정답 135. ① 136. ②

137 다음은 소방대상물 중 지하구에 대한 설명이다. (㉠), (㉡), (㉢) 안에 들어갈 내용으로 알맞은 것은?

> 전력 및 통신용의 전선이나 가스 · 냉난방용의 배관을 집합수용하기 위하여 설치한 지하공작물로서 사람이 점검 또는 보수하기 위하여 출입이 가능한 것 중 폭이 (㉠) 이상이고, 높이가 (㉡) 이상이며 길이가 (㉢) 이상인 것

① ㉠ 1.8m, ㉡ 2.0m, ㉢ 50m
② ㉠ 1.8m, ㉡ 2.0m, ㉢ 500m
③ ㉠ 2.0m, ㉡ 1.8m, ㉢ 50m
④ ㉠ 2.0m, ㉡ 1.8m, ㉢ 500m

지하구

전력 · 통신용의 전선이나 가스 · 냉난방용의 배관 또는 이와 비슷한 것을 집합수용하기 위하여 설치한 지하 인공구조물로서 사람이 점검 또는 보수를 하기 위하여 출입이 가능한 것 중 폭 1.8m 이상이고 높이가 2m 이상이며 길이가 50m 이상(전력 또는 통신사업용인 것은 500m 이상)인 것

138 다음 중 터널에 설치하여야 하는 소방시설 중 설치하여야할 터널의 규정이 다른 것은?

① 비상경보설비
② 제연설비
③ 무선통신보조설비
④ 옥내소화전설비

터널에 설치하여야 할 소방설비

- 500m 이상 : 비상경보설비, 비상조명등, 비상콘센트, 제연설비, 무선통신보조설비
- 1,000m 이상 : 자동화재탐지설비, 옥내소화전설비, 연결송수관설비

139 화재예방, 소방시설 설치 유지 및 안전관리에 관한 법률에서 소방시설을 강화된 기준을 적용하는 설비로서 노유자시설에 설치하여야 하는 시설 중 법개정에 의하여 강화된 설비를 설치하여야 하는 소방시설이 아닌 것은?

① 간이스프링클러설비
② 자동화재탐지설비
③ 단독경보형감지기
④ 자동화재속보설비

제15조의6(강화된 소방시설기준의 적용대상)

노유자(老幼者)시설 : 간이스프링클러설비 및 자동화재탐지설비 및 단독경보형 감지기

정답 137. ④ 138. ④ 139. ④

140 **화재예방, 소방시설 설치 유지 및 안전관리에 관한 법률에서 소방안전 특별관리 시설물의 안전관리를 하여야 하는 대상 중 「전통시장 및 상점가 육성을 위한 특별법」 제2조 제1호의 전통시장으로서 대통령령으로 정하는 전통시장에 해당하는 것은?**

① 점포 100개 이상
② 점포 150개 이상
③ 점포 300개 이상
④ 점포 500개 이상

점포가 500개 이상인 전통시장

141 **화재예방, 소방시설 설치 유지 및 안전관리에 관한 법률에서 판매시설중 전통시장에 설치하여야 하는 소방시설로 짝지어 놓은 것은?**

① 자동화재탐지설비, 자동화재속보설비
② 자동화재탐지설비, 비상소화장치
③ 옥내소화전설비, 자동화재속보설비
④ 비상경보설비, 옥내소화전설비

점포가 500개 이상인 전통시장에는 자동화재탐지설비, 자동화재속보설비를 설치하여야 함.

142 **화재예방, 소방시설 설치 유지 및 안전관리에 관한 법률에서 특정소방대상물의 규모 · 용도 및 수용인원 등을 고려하여 갖추어야 하는 소방시설의 종류 중 스프링클러 설치 대상은 몇 층 이상인가?**

① 5층 ② 6층
③ 10층 ④ 11층

스프링클러설비를 설치 대상

층수가 6층 이상인 특정소방대상물의 경우에는 모든 층. 다만, 주택 관련 법령에 따라 기존의 아파트 등을 리모델링하는 경우로서 건축물의 연면적 및 층높이가 변경되지 않는 경우에는 해당 아파트 등의 사용검사 당시의 소방시설 적용기준을 적용한다.

정답 140. ④ 141. ① 142. ②

143 화재예방, 소방시설 설치유지 및 안전관리에 관한 법률에서 특정소방대상물의 용도가 다르게 나타낸 것은?

① 견본주택 : 문화 및 집회시설
② 전통시장 : 판매시설
③ 병설유치원 : 교육연구시설
④ 동물화장시설, 동물건조장시설 및 동물 전용의 납골시설 → 묘지관련시설

특정소방대상물의 용도 변경사항

- 견본주택 → 문화 및 집회시설에 추가됨
- 전통시장 → 판매시설에 추가됨
- 병설유치원이 교육연구시설에서 노유자시설로 명칭 변경
- 분뇨 및 쓰레기 처리시설 → 자원순환 관련시설로 명칭 변경
- 분뇨처리시설 → 하수 등 처리시설로 명칭 변경
- 동물화장시설, 동물건조장시설 및 동물 전용의 납골시설 → 묘지관련시설 추가됨
- 동물전용의 장례식장 → 장례시설 추가됨
- 건축물 내부에 설치된 단독주택, 공동주택 중 50세대 미만인 연립주택, 공동주택 중 50세대 미만인 연립주택의 주차장을 제외한 주차장 → 주차장 추가

144 소방관련법령을 위반할 경우 받게 되는 벌칙으로 3년 이하의 징역 또는 3천만 원 이하 벌금에 해당하는 것이 아닌 것은?

① 소방시설업 등록을 하지 아니하고 영업을 한 자
② 관리업의 등록을 하지 아니하고 영업을 한 자
③ 소방용품의 형식승인을 받지 아니하고 소방용품을 제조하거나 수입한 자
④ 관리업의 등록증이나 등록수첩을 다른 자에게 빌려준 자

3년 이하의 징역 또는 3천만 원 이하 벌금

(기) 강제처분(소방대상물 · 토지)을 방해한 자 또는 정당한 사유 없이 그 처분에 따르지 아니한 자
(공) 소방시설업 등록을 하지 아니하고 영업을 한 자
(설) 명령을 정당한 사유 없이 위반한 자
(설) 관리업의 등록을 하지 아니하고 영업을 한 자
(설) 소방용품의 형식승인을 받지 아니하고 소방용품을 제조하거나 수입한 자
(설) 형식승인제품의 제품검사를 받지 아니한 자
(설) 형식승인되지 않은 소방용품을 판매 · 진열하거나 소방시설공사에 사용한 자
(설) 제품검사를 받지 않거나 합격표시를 하지 아니한 소방용품을 판매 · 진열하거나 소방시설공사에 사용한 자
(설) 거짓이나 그 밖의 부정한 방법으로 전문기관으로 지정을 받은 자

정답 143. ③ 144. ④

CHAPTER 04 다중이용업소 특별법

01 **다음 중 다중이용업소의 안전관리에 관한 특별법의 목적이 아닌 것은?**

① 다중이용업소의 소방시설 및 안전시설 등의 설치 · 유지 및 안전관리
② 화재위험평가를 하여 공공의 안전과 복리증신에 이바지
③ 다중이용업주의 화재배상책임보험에 필요한 사항을 정함
④ 화재로부터 공공의 안전을 확보하고 국민경제에 이바지 함

이 법은 화재 등 재난 그 밖의 위급한 상황으로부터 국민의 생명 · 신체 및 재산을 보호하기 위하여 다중이용업소의 안전시설 등의 설치 · 유지 및 안전관리와 화재위험평가, 다중이용업 주의 화재배상책임보험에 필요한 사항을 정함으로써 공공의 안전과 복리증진에 이바지함을 목적으로 한다.

02 **소방청장은 다중이용업소의 화재 등 재난이나 그 밖의 위급한 상황으로 인한 인적 · 물적 피해의 감소, 안전기준의 개발, 자율적인 안전관리능력의 향상, 화재배상책임보험제도의 정착 등을 위하여 몇 년마다 다중이용업소의 안전관리기본계획을 수립 · 시행하여야 하는가?**

① 2년　　② 3년
③ 4년　　④ 5년

5년마다 안전관리기본계획의 수립 · 시행

03 **국민의 생명 · 신체 및 재산을 보호하기 위하여 불특정 다수인이 이용하는 다중이용업소의 소방시설등 · 안전시설 등의 설치 · 유지 및 안전관리에 필요한 시책을 강구하여야 기관은?**

① 국가 및 지방자치단체　　② 시 · 도
③ 행정자치부, 소방청장　　④ 소방본부장, 소방서장

국가 및 지방자치단체는 국민의 생명 · 신체 및 재산을 보호하기 위하여 불특정 다수인이 이용하는 다중이용업소의 소방시설등 · 안전시설 등의 설치 · 유지 빛 안전관리에 필요한 시책을 강구하여야 한다.

정답 01. ④ 02. ④ 03. ①

04 다중이용업소의 안전관리기본계획에 대한 다음의 설명 중 틀린 것은?

① 소방청장은 다중이용업소의 안전관리기본계획을 관계 중앙행정기관의장과 협의를 거쳐 5년마다 수립해야 한다.
② 소방청장은 매년 연도별 안전관리계획을 전년도 12월 31일까지 수립해야 한다.
③ 소방서장은 연도별 계획에 따라 안전관리집행계획을 수립해야 하며, 수립된 집행계획과 전년도 추진실적을 매년 1월 31일까지 소방본부장에게 제출해야 한다.
④ 안전관리집행계획의 수립 시기는 해당 연도 전년 12월 31일까지로 한다.

소방본부장은 연도별 계획에 따라 안전관리집행계획을 수립해야 하며, 수립된 집행계획과 전년도 추진실적을 매년 1월 31일까지 소방청장에게 제출해야 한다.

05 소방청장은 다중이용업소에 대한 매년 연도별 안전관리계획을 전년도 언제까지 수립하여야 하는가?

① 10월 31일 ② 11월 31일
③ 12월 31일 ④ 1월 31일

소방청장은 매년 연도별 안전관리계획을 전년도 12월 31일까지 수립하여야 하며, 관계 중앙행정기관의 장과 시 · 도지사 및 소방본부장에게 통보하여야 한다.

06 다중이용업소의 안전관리집행계획의 수립시기, 대상, 내용 등에 필요한 사항은 무엇으로 정하는가?

① 대통령령 ② 시 · 도의 조례
③ 행정안전부령 ④ 국토교통부령

안전관리집행계획

① 집행계획의 수립 시기, 대상, 내용 등에 관하여 필요한 사항은 대통령령
② 소방본부장은 기본계획 및 연도별계획에 따라 관할 지역 다중이용업소의 안전관리를 위하여 매년 안전관리집행계획(이하 "집행계획")을 수립하여 소방청장에게 제출

07 다중이용업에 대한 다음의 설명 중 옳은 것은?

① 다중이용업주는 영업내용을 변경한 때에는 30일 이내에 소방본부장 또는 소방서장에게 통보하여야 한다.
② 다중이용업주는 다중이용업소의 안전관리를 위하여 정기적으로 안전시설 등을 점검하고 그 점검결과서를 2년간 보관하여야 한다.

정답 04. ③ 05. ③ 06. ① 07. ③

③ 2천 m^2 지역 안에 다중이용업소가 50개 이상 밀집하여 있는 경우에는 화재위험평가를 실시하여야 한다.
④ 화재위험평가대행자로 등록하지 아니하고 화재위험평가 업무를 대행한 자는 1년 이하의 징역 또는 1천 5백만 원 이하의 벌금에 처한다.

① 허가관청은 다중이용업주의 신고를 수리한 날부터 30일 이내에 소방본부장 또는 소방서장에게 통보하여야 한다.
- 휴 · 폐업을 한 때 또는 휴업 후 영업을 재개한 때
- 영업내용을 변경한 때
- 다중이용업주의 성명 또는 주소를 변경한 때
- 다중이용업소의 상호 또는 주소를 변경한 때

② 다중이용업주는 다중이용업소의 안전관리를 위하여 정기적으로 안전시설 등을 점검하고 그 점검 결과서를 1년간 보관하여야 한다.
③ 화재위험평가대행자로 등록하지 아니하고 화재위험평가 업무를 대행한 자는 1년 이하의 징역 또는 1천만 원 이하의 벌금에 처한다.

08 다음 중 다중이용업소에 해당하지 않는 것은?

① 수용인원 100명 이상 300명 미만으로서 하나의 건축물에 학원과 기숙사가 함께 있는 학원
② 일반음식점영업으로서 영업장으로 사용하는 바닥면적이 60m^2 이상
③ 실내의 구획된 실에 스크린과 영사기 등의 시설을 갖추고 골프를 연습할 수 있도록 공중의 이용에 제공하는 골프 연습장업
④ 구획된 실 안에 학습자가 공부할 수 있는 시설을 갖추고 숙박 또는 숙식을 제공하는 형태의 고시원업

제2조(다중이용업) 다중이용업소의 안전관리에 관한 특별법(이하 "법"이라 한다.) 제2조 제1항 제1호에 따른 "대통령령이 정하는 영업"이라 함은 다음 각 호의 어느 하나에 해당하는 영업을 말한다.

1. 식품접객업 중 다음 각 목의 어느 하나에 해당하는 것
   가. 휴게음식점영업 · 제과점영업 또는 일반음식점 영업으로서 영업장으로 사용하는 바닥 면적의 합계가 100m^2(영업장이 지하층에 설지된 경우에는 그 영업장의 바닥면적 합계가 66m^2) 이상인 것. 다만, 영업장(내부계단으로 연결된 복층구조의 영업장을 제외한다.)이 지상 1층 또는 지상과 직접 접하는 층에 설치되고 그 영업장의 주된 출입구가 건축물 외부의 지면과 직접 연결되는 곳에서 하는 영업을 제외한다.
   나. 단란주점영업과 유흥주점영업
2. 영화상영관 · 비디오물감상실업 · 비디오물소극장업
3. 학원으로서 다음 각 목의 어느 하나에 해당하는 것
   가. 수용인원이 300인 이상인 것
   나. 수용인원 100명 이상 300명 미만으로서 다음의 어느 하나에 해당하는 것. 다만, 학원으로 사용하는 부분과 다른 용도로 사용하는 부분(학원의 운영권자를 달리하는 학원과 학원을 포

함한다.)이 방화구획으로 나누어진 경우는 제외한다.
① 하나의 건축물에 학원과 기숙사가 함께 있는 학원
② 하나의 건축물에 학원이 둘 이상 있는 경우로서 학원의 수용인원이 300명 이상인 학원
③ 하나의 건축물에 제1호 · 제2호 및 제4호부터 제12호까지에 규정된 다중이용업 중 어느 하나 이상의 다중이용업과 학원이 함께 있는 경우

4. 목욕장업으로서 다음 각 목에 해당하는 것
가. 하나의 영업장에서 목욕장업 중 맥반석이나 대리석 등 돌을 가열하여 발생하는 열기
나. 원적외선 등을 이용하여 땀을 배출하게 할 수 있는 시설을 갖춘 것으로서 수용인원(물로 목욕을 할 수 있는 시설부분의 수용인원은 제외한다.)이 100명 이상인 것
나. 목욕장업
5. 게임제공업 · 인터넷컴퓨터게임 시 설제공업 및 복합유통게임 제공업. 다만, 게임제공업 및 인터넷컴퓨터게임시설제공업의 경우에는 영업장(내부계단으로 연결된 복층구조의 영업장은 제외한다.)이 지상 1층 또는 지상과 직접 접하는 층에 설치되고 그 영업장의 주된 출입구가 건축물외부의 지면과 직접 연결된 구조에 해당하는 경우는 제외한다.
6. 노래연습장업
7. 산후조리업
7의 2. 고시원업
7의 3. 권총사격장(옥내사격장에 한정, 종합사격장에 설치된 경우 포함)
7의 4. 골프 연습장업(실내의 구획된 실에 스크린과 영사기 등의 시설을 갖추고 골프를 연습할 수 있도록 공중의 이용에 제공하는 영업에 한정한다.)
7의5. 안마시술소
8. 법 제15조 제2항에 따른 화재위험평가결과 위험유발지수가 D등급 · E등급에 해당하거나 화재 발생 시 인명 피해가 발생할 우려가 높은 불특정다수인이 출입하는 영업으로서 소방청장이 관계 중앙행정기관의 장과 협의하여 소방청령으로 정하는 영업

09 식품접객업 중 휴게음식점영업의 영업장이 지하층에 설치된 경우 영업장 바닥면적의 합계가 얼마 이상인 것을 다중이용업소라 하는가?

① $50m^2$ ② $66m^2$ ③ $100m^2$ ④ $150m^2$

다중이용업소 중 식품접객업

① 휴게음식점영업, 제과점영업 또는 일반음식점영업으로서 영업장으로 사용하는 바닥면적의 합계가 $100m^2$(영업장이 지하층에 설치된 경우에는 그 영업장의 바닥면적의 합계가 $66m^2$) 이상인 것
② 단란주점영업과 유흥주점영업

10 학원으로 다중이용업이 아닌 것은?

① 수용인원이 300인 이상인 것
② 하나의 건물에 있는 2개 학원의 수용인원이 300명 이상인 경우
③ 하나의 건물에 제과점과 학원이 함께 있으며 수용인원이 200명 인 경우
④ 방화구획으로 구획되어 있는 2개 학원의 수용인원이 200명인 경우

정답 09. ② 10. ④

11 **실내장식물이라 함은 건축물 내부의 천장 또는 벽에 설치하는 것으로 무엇으로 정하는 것을 말하는가?**

① 대통령령 ② 행정안전부령
③ 시 · 도의 조례 ④ 국토교통부령

실내장식물이란 건축물 내부의 천장 또는 벽에 설치하는 것으로 대통령령으로 정한 것을 말한다.

12 **다음 중 다중이용업소의 안전관리에 관한 특별법에서 규정한 다중이용업소에 설치하는 실내장식물로 옳지 않은 것은?**

① 합판이나 목재
② 흡음재 또는 방음재
③ 가구류
④ 합성수지류를 주원료로 한 물품

실내장식물

(단, 가구류와 너비 10cm 이하인 반자돌림대 등은 제외한다.)
1. 종이류(두께 2mm 이상인 것을 말한다.) · 합성수지류 또는 섬유류를 주원료로 한 물품
2. 합판이나 목재
3. 실 또는 공간을 구획하기 위하여 설치하는 칸막이 또는 간이 칸막이
4. 흡음이나 방음을 위하여 설치하는 흡음재(흡음용 커튼을 포함) 또는 방음재(방음용 커튼을 포함)

13 **다중이용업소에 설치하거나 교체하는 실내장식물은 불연재료 또는 준불연재료로 설치하여야 한다. 그럼에도 불구하고 합판 또는 목재로 실내 장식물을 설치하는 경우로서 그 면적이 영업장 천장과 벽을 합한 면적의 얼마 이하인 부분은 방염성능기준 이상의 것으로 설치할 수 있는가?(단, 간이스프링클러설비가 설치된 경우이다.)**

① 10분의 2 ② 10분의 3
③ 10분의 4 ④ 10분의 5

다중이용업소의 실내장식물

1. 다중이용업소에 설치하거나 교체하는 실내장식물(반자 돌림대 등의 너비가 10cm 이하인 것은 제외)은 불연재료 또는 준불연재료로 설치하여야 한다.
2. 제1항에도 불구하고 합판 또는 목재로 실내장식물을 설치하는 경우로서 그 면적이 영업장 천장과 벽을 합한 면적의 10분의 3(스프링클러설비 또는 간이스프링클러설비가 설치된 경우에는 10분의 5) 이하인 부분은 방염성능기준 이상의 것으로 설치할 수 있다.

정답 11. ① 12. ③ 13. ④

14 실내장식물에 해당되지 않는 것은?

① 두께 2.5mm인 종이벽지
② 합판으로 만든 게시판
③ 목재로 된 붙박이장
④ 폭 15cm의 반자돌림대

제3조(실내장식물)

법 제2조 제3호에서 "대통령령이 정하는 것"이라 함은 건축물 내부의 천장이나 벽에 붙이는(설치하는) 것으로서 다음 각 호의 어느 하나에 해당하는 것을 말한다. 다만, 가구류(옷장, 창장, 식탁, 식탁용 의자, 사무용 책상, 사무용의자 및 계산대 그 밖에 이와 비슷한 것을 말한다.)와 너비 10cm 이하인 반자돌림대 등과 「건축법」 제43조에 따른 내부마감재료는 제외한다.

1. 종이류(두께 2mm 이상인 것을 말한다.)…합성수지류 또는 섬유류를 주원료로 한 물품
2. 합판이나 목재
3. 실(室) 또는 공간을 구획하기 위하여 설치하는 칸막이 또는 간이 칸막이
4. 흡음(吸音)이나 방음(防音)을 위하여 설치하는 흡음재(흡음용 커튼을 포함한다.) 또는 방음재(방음용 커튼을 포함한다.)

15 다중이용업주는 다중이용업소의 안전관리를 위하여 정기적으로 안전시설 등을 점검하고 그 점검결과서는 몇 년간 보관하여야 하는가?

① 1년
② 2년
③ 3년
④ 5년

다중이용업주의 안전시설 등에 대한 정기점검

① 점검결과서 : 1년간 보관
② 안전점검의 대상, 점검자의 자격, 점검주기, 점검방법 그 밖에 필요한 사항은 행정안전부령으로 정한다.

16 다중이용업소의 허가 · 인가 · 등록 · 신고수리를 하는 허가관청이 소방본부장 또는 소방서장에게 통보하여야 하는 변경내용으로 옳지 않은 것은?

① 영업주의 성명
② 다중이용업소의 상호
③ 다중이용업소의 종업원 수
④ 다중이용업소의 소재지

다중이용업의 허가 · 인가 · 등록 · 신고수리(이하 "허가 등"이라 한다.)를 하는 행정기관은 허가 등을 한 날부터 14일 이내에 다음 각 호의 사항을 다중이용업 허가 등 사항(변경사항) 통보서에 따라 관할 소방본부장 또는 소방서장에게 통보하여야 한다.

① 영업주의 성명 · 주소
② 다중이용업소의 상호 · 소재지
③ 다중이용업의 종류 · 영업장 면적
④ 허가 등 일자

정답 14. ③ 15. ① 16. ③

17 다중이용업의 허가관청이 다중이용업 소재지의 소방본부장 또는 소방서장에게 통보하여야 하는 사항이 아닌 것은?

① 허가 일자　② 다중이용업의 종류
③ 다중이용업의 영업장 면적　④ 다중이용업의 소방시설등

▶ 제4조(관련 행정기관의 허가 등의 통보)

「다중이용업소의 안전관리에 관한 특별법」(이하 "법"이라 한다.) 제7조 제1항에 따른 다중이용업의 허가 · 인가 · 등록 · 신고수리(이하 "허가 등"이라 한다.)를 하는 행정기관(이하 "허가관청"이라 한다.)은 허가 등을 한 날부터 14일 이내에 다음 각 호의 사항을 별지 제1호 서식의 다중이용업 허가 등 사항(변경사항) 통보서에 따라 관할 소방본부장 또는 소방서장에게 통보하여야 한다.

1. 영업주의 성명 · 주소
2. 다중이용업소의 상호 · 소재지
3. 다중이용업의 종류 · 영업장 면적
4. 허가 등 일자

18 다중이용업소에 설치하여야 하는 소화설비가 아닌 것은?

① 자동식 소화기　② 자동확산소화용구
③ 간이스프링클러설비　④ 드렌처설비

▶ 제9조(소방시설과 영업장 내부피난통로)

제1항에 따른 "안전시설 등"(이하 "안전시설 등"이라 한다.)이라 함은 다음 각 호와 같다.

1. 소방시설등
   가. 소화설비 : 수동식 또는 자동식 소화기, 자동확산소화용구 및 간이스프링클러설비(캐비닛형 간이스프링클러설비를 포함한다.). 간이스프링클러설비의 경우에는 제2조 제7호의3에 따른 권총사격장과 지하층 또는 무창층에 설치된 영업장에 설치한다.
   나. 피난구조설비 · 유도등 · 유도표지 비상조명등 · 휴대용 비상조명등 및 피난기구
   다. 경보설비 : 비상벨설비 · 비상방송설비 · 가스누설경보기 및 단독경보형 감지기
   라. 방화시설(防火施設) : 방화문과 비상구
2. 영업장 내부 통로와 창문(소방청령으로 정하는 영업의 경우에만 적용한다.)
3. 그 밖의 안전시설 : 영상음향차단장치 · 누전차단기 · 피난유도선

19 대통령령으로 정하는 숙박을 제공하는 형태의 다중이용업소 영업장에는 소방시설 중 무엇을 행정안전부령으로 정하는 기준에 따라 설치하여야 하는가?

① 자동화재속보설비　② 자동화재탐지설비
③ 간이스프링클러설비　④ 피난유도선

▶

대통령령으로 정하는 숙박을 제공하는 형태의 다중이용업소 영업장에는 소방시설 중 간이스프링클러설비를 행정안전부령으로 정하는 기준에 따라 설치하여야 한다.

정답　17. ④　18. ④　19. ③

20 다중이용업소에 설치하여야 하는 방화시설로 옳은 것은?

① 방화문　② 방화구획
③ 방화벽　④ 방연창

21 다중이용업소에 설치하여야 하는 안전시설로 옳지 않은 것은?

① 영상음향차단장치　② 누전차단기
③ 방독면　④ 피난유도선

22 다중이용업소에 설치하여야 하는 피난구조설비가 아닌 것은?

① 유도등, 유도표지　② 비상조명등, 휴대용 비상조명등
③ 피난기구　④ 공기 호흡기, 인공소생기

23 다중이용업소의 방화문을 화재로 인한 연기의 발생 또는 온도의 상승에 따라 자동적으로 닫히는 구조로 하고자 한다. 폐쇄방법으로 옳지 않은 것은?

① 열감지기에 의한 폐쇄　② 연기감지기에 의한 폐쇄
③ 공기흡입형 감지기에 의한 폐쇄　④ 열에 녹는 퓨즈에 의한 폐쇄

"방화문(放火門)"이라 함은 「건축법 시행령」 제64조에 따른 갑종방화문 또는 을종방화문으로서 언제나 닫힌 상태를 유지하거나 화재로 인한 연기의 발생 또는 온도의 상승에 따라 자동적으로 닫히는 구조를 말한다. 다만, 자동으로 닫히는 구조 중 열에 녹는 퓨즈(도화선, 導火線) 타입 구조의 방화문을 제외한다.

24 다중이용업 영업장의 구획된 실마다 설치하는 것이 아닌 것은?

① 소화기 또는 자동확산소화용구　② 피난기구
③ 유도등 · 유도표지 또는 비상조명등　④ 비상벨설비 또는 비상방송설비

25 다중이용업소에 안전시설 등을 설치 시 첨부서류로 옳지 않은 것은?

① 소방시설의 계통도
② 실내장식물의 재료 및 설치면적이 표시된 설계도서
③ 방염처리 계획서
④ 안전시설 등의 설치내역서

정답　20. ①　21. ③　22. ④　23. ④　24. ②　25. ③

제11조(안전시설 등의 설치신고)

1. 「소방시설공사업법」 제4조 제1항에 따른 소방시설설계업자가 작성한 안전시설 등의 설계도서(소방시설의 계통도, 실내장식물의 재료 및 설치변척, 비상구 등이 표시된 것을 말한다.). 완공신고의 경우에는 설계도서가 변경된 경우에 제출한다.
2. 안전시설 등의 설치내역서(설치신고의 경우에 한한다.)
3. 구획된 실(室)의 세부용도 등이 표시된 영업장의 평면도(복도 · 계단 등 해당 영업장의 부수시설이 포함된 평면도를 말한다.)

26 다중이용업소의 피난층에 설치된 영업장(영업장으로 사용하는 바닥면적이 33m² 이하인 경우로서 영업장 내부에 구획된 실이 없는 영업장 전체가 개방된 구조의 영업장에 한함)으로서 그 영업장의 각 부분으로부터 출입구까지의 수평거리가 몇 미터 이하의 경우에는 비상구 설치를 제외할 수 있는가?

① 3m 이하　② 5m 이하　③ 10m 이하　④ 20m 이하

비상구 설치 제외

① 주 출입구 외에 해당 영업장 내부에서 피난층 또는 지상으로 통하는 직통계단이 별도로 설치된 경우
② 피난층에 설치된 영업장으로서 그 영업장의 각 부분으로부터 출입구까지의 수평거리가 10m 이하인 경우

27 다중이용업영업장의 위치가 4층 이하인 경우 비상구 설치 기준으로 옳지 않은 것은?

① 부속실의 크기는 75cm×150cm 이상으로 한다.
② 발코니에 있는 난간의 크기는 75cm×150cm×높이 100cm 이상으로 한다.
③ 부속실의 구조는 불연재료 이상의 것으로 한다.
④ 발코니와 부속실에는 알맞은 피난기구를 설치한다.

피난 시에 유효한 발코니(가로 75cm×세로 150cm×높이 100cm) 이상인 난간 또는 부속실[준불연재료 이상으로 바닥에서 천장까지 구획된 실로서(가로 75cm×세로 150cm) 이상인 것]을 설치하고, 그 장소에 적합한 피난기구를 설치할 것

28 다중이용업소의 비상구 설치기준으로 옳지 않은 것은?

① 영업장마다 1개 이상 설치　② 주 출입구 반대방향에 설치
③ 갑종방화문으로 설치　④ 피난방향으로 열리는 구조

비상구와 주된 출입구의 문은 방화문

정답 26. ③　27. ③　28. ③

29 **비상구의 문이 열리는 방향은 피난방향으로 열리는 구조로 하여야 하나 주된 출입구의 문이 피난계단 또는 특별피난계단의 설치 기준에 따라 설치하여야 하는 문이 아니거나 방화구획이 아닌 곳에 위치한 주된 출입구가 일정 기준을 충족하는 경우에는 자동문[미서기(슬라이딩)문을 말한다.]으로 설치할 수 있다. 이에 해당하지 않는 것은?**

① 화재감지기와 연동하여 개방되는 구조
② 스프링클러설비와 연동하여 개방되는 구조
③ 정전 시 자동으로 개방되는 구조
④ 수동으로 개방되는 구조

자동문[미서기(슬라이딩)문을 말한다.]으로 설치할 수 있는 경우

1. 화재감지기와 연동하여 개방되는 구조
2. 정전 시 자동으로 개방되는 구조
3. 수동으로 개방되는 구조

30 **영업장 내부 피난통로의 폭은 양옆에 구획된 실이 있는 영업장으로서 구획된 실의 출입문 열리는 방향이 피난통로 방향인 경우에는 몇 센티미터 이상으로 설치하여야 하는가?**

① 90cm 이상
② 120cm 이상
③ 150cm 이상
④ 180cm 이상

영업장 내부 피난통로

① 내부 피난통로의 폭은 120cm 이상으로 할 것. 다만, 양옆에 구획된 실이 있는 영업장으로서 구획된 실의 출입문 열리는 방향이 피난통로 방향인 경우에는 150cm 이상으로 설치하여야 한다.
② 구획된 실부터 주된 출입구 또는 비상구까지의 내부 피난통로의 구조는 세 번 이상 구부러지는 형태로 설치하지 말 것

31 **보일러실과 영업장 사이의 출입문은 방화문으로 설치하고, 개구부(開口部)에는 무엇을 설치하여야 하는가?**

① 피스톤릴리저 댐퍼
② 자동방연댐퍼
③ 스모크전동댐퍼
④ 자동방화댐퍼

보일러실과 영업장 사이의 출입문은 방화문으로 설치하고, 개구부에는 자동방화댐퍼를 설치할 것

정답 29. ② 30. ③ 31. ④

32 고시원업의 영업장에 설치하는 창문은 영업장 층별로 가로, 세로 각각 몇 센티미터 이상으로 하여야 하는가?

① 가로 50cm 이상, 세로 50cm 이상
② 가로 50cm 이상, 세로 100cm 이상
③ 가로 100cm 이상, 세로 50cm 이상
④ 가로 75cm 이상, 세로 150cm 이상

창문

1. 영업장 층별로 가로 50cm 이상, 세로 50cm 이상 열리는 창문을 1개 이상 설치할 것
2. 영업장 내부 피난통로 또는 복도에 바깥 공기와 접하는 부분에 설치할 것(구획된 실에 설치하는 것을 제외한다.)

33 다중이용업소영업장의 복도·통로 설치기준으로 옳지 않은 것은?

① 내부에 구획된 실이 있는 고시원 영업장에만 설치
② 복도·통로 폭은 최소 120cm 이상
③ 구획된 실에서 주 출입구에 이르는 복도·통로의 구조는 2번 이하로 구부러질 것
④ 노래방 등의 복도·통로는 문을 개방 시에도 피난할 수 있는 폭으로 할 것

영업장 내부 피난통로

- 폭 : 120cm 이상(양옆에 구획된 실 : 150cm 이상)
- 주 출입구 or 비상구까지 세 번 이상 구부러지지 않을 것

34 나머지 셋과 크기가 다른 하나는?

① 무창층을 구별하는 개구부의 크기
② 지하수조 저수조의 흡수관 투입구의 크기
③ 피난기구인 구조대의 입구 크기
④ 고시원에 설치하는 창문의 크기

- 50cm 이상 : 무창층의 개구부 크기, 고시원 창문 크기
- 60cm 이상 : 흡수관 투입구의 크기

35 다음의 다중이용업소 중 피난유도선을 설치하여야 하는 대상에 해당하지 않는 것은?

① 단란주점영업과 유흥주점영업의 영업장
② 노래연습장업의 영업장
③ 지하층에 설치된 영업장
④ 고시원업의 영업장

정답 32. ① 33. ① 34. ② 35. 모두

피난유도선 설치대상 변경

다중이용업소로서 영업장 내부 피난통로 또는 복도가 있는 영업장에만 설치한다.
※ 법령 개정에 따라 보기의 영업장이 모두 해당된다.

36 다음 중 피난안내도 및 피난안내 영상물에 포함되어야 하는 내용으로 옳지 않은 것은?

① 화재 시 대피할 수 있는 비상구의 위치
② 소화기, 옥내소화전 등 소방시설의 위치 및 사용방법
③ 구획된 실 등에서 비상구 및 출입구까지의 피난동선
④ 화재 발생 시 초기대응요령

제12조(피난안내도의 비치 등)

법 제12조 제2항에 따른 피난안내도 비치대상 및 피난안내에 관한 영상물을 상영하여야 하는 대상, 피난안내도 비치장소, 피난안내에 관한 영상물 상영시간, 피난안내도에 포함되어야 할 사항은 다음 각 호와 같다.

1. 피난안내도 비치 대상은 영 제2조에서 정하는 모든 다중이용업소로 한다. 다만, 다음 각 목의 어느 하나에 해당하는 경우에는 설치하지 아니할 수 있다.
   가. 영업장으로 사용하는 바닥면적의 합계가 $33m^2$ 이하인 경우
   나. 영업장 내 구획된 실이 없고 영업장 어느 부분에서도 출입구 및 비상구 확인이 가능한 경우
2. 피난안내 영상물 상영대상은 다음 각 목과 같다.
   가. 영화상영관 및 비디오물 소극장업
   나. 노래 연습장업, 단란주점영업 및 유흥주점영업. 다만, 피난안내 영상물을 상영할 수 있는 시설이 설치된 경우에 한한다.
   라. 인터넷컴퓨터게임시설제공업. 다만, 인터넷컴퓨터게임시설이 설치된 책상마다 피난안내도를 비치한 경우에는 제외할 수 있다.
   마. 피난안내 영상물을 상영할 수 있는 시설을 갖춘 영업
3. 피난안내도 비치 위치는 다음 각 목과 같다.
   가. 영업장 주 출입구 부분의 손님이 쉽게 볼 수 있는 위치
   나. 구획된 실의 벽 탁자 등 손님이 쉽게 볼 수 있는 위치
4. 피난안내 영상물 상영시간은 영업장의 내부구조 등을 고려하여 정하되, 상영 시기는 다음 각 목과 같다.
   가. 영화상영관 및 비디오물소극장업 : 매 회 영화상영 또는 비디오물 상영 시작 전
   나. 노래연습장업 등 그 밖의 영업 : 노래방 기기가 처음 작동될 때
5. 피난안내도 및 피난안내 영상물에 포함되어야 할 내용은 다음 각 목과 같다.
   가. 화재 시 대피할 수 있는 비상구 위치
   나. 구획된 실 등에서 비상구 및 출입구까지의 피난동선
   다. 소화기, 옥내소화전 등 소방시설의 위치 빛 사용방법
   라. 피난 및 대처방법

정답 36. ④

37 **다중이용업소에 설치하는 피난안내도의 설치위치로 적절하지 않은 것은?**

① 영업장 바닥
② 영업장 주 출입구 부분
③ 구획된 실의 벽
④ 구획된 실의 탁자

38 **영업장으로 사용하는 바닥면적의 합계가 몇 제곱미터 이하인 경우에는 피난안내도를 비치하지 않을 수 있는가?**

① $33m^2$
② $66m^2$
③ $100m^2$
④ $150m^2$

피난안내도 비치 대상 : 다중이용업의 영업장. 다만, 다음 각 목의 어느 하나에 해당하는 경우에는 비치하지 않을 수 있다.
① 영업장으로 사용하는 바닥면적의 합계가 $33m^2$ 이하인 경우
② 영업장 내 구획된 실이 없고, 영업장 어느 부분에서도 출입구 및 비상구를 확인할 수 있는 경우

39 **피난안내도는 각 층별 영업장의 면적 또는 영업장이 위치한 층의 바닥면적이 각각 몇 m^2 이상인 경우에는 A3 이상의 크기로 하여야 하는가?**

① $100m^2$
② $200m^2$
③ $300m^2$
④ $400m^2$

피난안내도의 크기 및 재질

① 크기 : B4(257mm×364mm) 이상의 크기로 할 것. 다만, 각 층별 영업장의 면적 또는 영업장이 위치한 층의 바닥면적이 각각 $400m^2$ 이상인 경우에는 A3(297mm×420mm) 이상의 크기로 하여야 한다.
② 재질 : 종이(코팅처리한 것), 아크릴, 강판 등 쉽게 훼손 또는 변형되지 않는 것으로 할 것

40 **피난안내도를 갖추어 두거나 피난안내에 관한 영상물을 상영하여야 하는 대상, 피난안내도를 갖추어 두어야 하는 위치, 피난안내에 관한 영상물의 상영시간, 피난안내도 및 피난안내에 관한 영상물에 포함되어야 할 내용과 그 밖에 필요한 사항은 무엇으로 정하는가?**

① 대통령령
② 국토해양부령
③ 행정안전부령
④ 시 · 도의 조례

피난안내도를 갖추어 두거나 피난 안내에 관한 영상물을 상영하여야 하는 대상, 피난안내도를 갖추어 두어야 하는 위치, 피난안내에 관한 영상물의 상영시간, 피난안내도 및 피난안내에 관한 영상물에 포함되어야 할 내용과 그 밖에 필요한 사항은 행정안전부령으로 정한다.

정답 37. ① 38. ① 39. ④ 40. ③

41 피난안내도 및 피난안내 영상물에 포함되어야 할 내용으로 옳지 않은 것은?

① 화재 시 대피할 수 있는 출입구의 위치
② 구획된 실(室) 등에서 비상구 및 출입구까지의 피난동선
③ 소화기, 옥내소화전 등 소방시설의 위치 및 사용방법
④ 피난 및 대처방법

피난안내도 및 피난안내 영상물에 포함되어야 할 내용

1. 화재 시 대피할 수 있는 비상구 위치
2. 구획된 실(室) 등에서 비상구 및 출입구까지의 피난동선
3. 소화기, 옥내소화전 등 소방시설의 위치 및 사용방법
4. 피난 및 대처방법

42 소방본부장이나 소방서장은 공사완료의 신고를 받았을 때에는 안전시설 등이 행정안전부령으로 정하는 기준에 맞게 설치되었다고 인정하는 경우에는 무엇을 발급하여야 하는가?

① 소방공사감리결과보고서 ② 안전시설 성능시험성적서
③ 안전시설 등 완비증명서 ④ 소방공사 완비증명서

43 다중이용업소의 영업주가 발급받은 안전시설 등 완비증명서를 잃어버리거나 헐어 못 쓰게 된 경우에는 소방본부장 또는 소방서장에게 재교부신청을 하는 경우 소방본부장 또는 소방서장은 며칠 이내 안전시설 등 완비증명서를 재교부하여야 하는가?

① 3일 ② 5일 ③ 7일 ④ 14일

소방본부장 또는 소방서장은 재교부 신청이 있는 경우 3일 이내 안전시설 등 완비증명서를 재교부하여야 한다.

44 다음 다중이용업소에 설치하는 경보설비 중 반드시 자동화재탐지설비를 설치하여야 하는 것은?

① 단란주점영업과 유흥주점영업
② 노래반주기 등 영상음향장치를 사용하는 영업장
③ 권총사격장의 영업장
④ 가스시설을 사용하는 주방이나 난방시설이 있는 영업장

경보설비

1. 비상벨설비 또는 자동화재탐지설비. 다만, 노래반주기 등 영상음향장치를 사용하는 영업장에는 자동화재탐지설비를 설치하여야 한다.
2. 가스누설경보기. 다만, 가스시설을 사용하는 주방이나 난방시설이 있는 영업장에만 설치한다.

정답 41. ① 42. ③ 43. ① 44. ②

45 **다중이용업의 허가 · 인가 · 등록 · 신고수리(이하 "허가 등")를 하는 행정기관은 허가 등을 한 날부터 며칠 이내에 다중이용업의 허가 등 사항(변경사항) 통보서에 따라 관할 소방본부장 또는 소방서장에게 통보하여야 하는가?**

① 7일　② 10일　③ 14일　④ 30일

다중이용업의 허가 등

1) 관련 행정기관의 허가 등의 통보 : 허가 등을 한 날부터 14일 이내
2) 변경사항
   ① 영업주의 성명 · 주소
   ② 다중이용업소의 상호 · 소재지
   ③ 다중이용업의 종류 · 영업장 면적
   ④ 허가 등 일자
3) 허가관청은 변경사항의 신고를 수리한 때 : 수리한 날부터 30일 이내에 소방본부장 또는 소방서장에게 통보
4) 휴 · 폐업과 휴업 후 영업재개신고를 수리한 때 : 30일 이내에 소방본부장 또는 소방서장에게 통보

46 **소방청장 · 소방본부장 또는 소방서장은 소방 안전교육을 실시하려는 때에는 교육일시 · 장소 등 교육에 필요한 사항을 교육일 며칠 전까지 교육대상 자에게 통보하여야 하는가?**

① 5일　② 10일　③ 14일　④ 30일

교육일시 · 장소 등 교육에 필요한 사항을 교육일 10일 전까지 교육대상자에게 통보하여야 한다.

47 **다중이용업을 하려는 사람은 안전시설 등을 설치하기 전에 미리 소방본부장이나 소방서장에게 행정안전부령으로 정하는 안전시설 등의 설계도서를 첨부하여 신고하여야 한다. 이에 해당하지 않는 것은?**

① 안전시설 등을 설치하려는 경우
② 다중이용업의 영업장 실내장식물을 변경하고자 하는 경우
③ 영업장 내부구조를 변경하려는 경우
④ 안전시설 등의 공사를 마친 경우

신고하여야 하는 경우

1. 안전시설 등을 설치하려는 경우
2. 영업장 내부구조를 변경[영업장 면적의 증감, 영업장의 구획된 실(室)의 증감 및 내부통로 구조의 변경을 말한다.]하려는 경우
3. 안전시설 등의 공사를 마친 경우

정답 45. ③ 46. ② 47. ②

48 소방청장 · 소방본부장 또는 소방서장은 소방안전교육을 실시하려는 때에는 교육 일시 및 장소 등 소방안전교육에 필요한 사항을 교육일 며칠 전까지 소방청장 · 소방본부 또는 소방서의 홈페이지에 게재하여야 하는가?

① 10일 ② 20일
③ 30일 ④ 40일

교육일 30일 전까지 소방청장 · 소방본부 또는 소방서의 홈페이지에 게재하고, 다음 각 호의 구분에 따라 교육대상자에게 알려야 한다.

1. 안전시설 등의 설치신고 또는 영업장 내부구조 변경신고를 하는 자 : 신고 접수 시
2. 제1호 외의 교육대상자 : 교육일 10일 전

49 다중이용업소의 소방안전교육에 필요한 교육인력 및 시설 · 장비기준으로 옳지 않은 것은?

① 교육인력 : 강사 4인 및 교무요원 2인 이상
② 사무실 : 바닥면적이 $100m^2$ 이상일 것
③ 실습실 · 체험실 : 바닥면적이 $100m^2$ 이상일 것
④ 강의실 : 바닥면적이 $100m^2$ 이상이고, 의자 · 탁자 및 교육용 비품을 갖출 것

사무실 : 바닥면적이 $60m^2$ 이상일 것

50 화재위험성평가의 항목이 아닌 것은?

① 화재의 가능성
② 불특정 다수인의 생명 · 신체 · 재산상의 피해
③ 주변에 미치는 영향을 예측 · 분석
④ 성능 위주의 제도개선

제2조(정의)

"화재위험평가"라 함은 다중이용업의 영업소(이하 "다중이용업소"라 한다.)가 밀집한 지역 또는 건축물에 대하여 화재의 가능성과 화재로 인한 불특정 다수인의 생명 · 신체 · 재산상의 피해 및 주변에 미치는 영향을 예측 · 분석하고 이에 대한 대책을 강구하는 것을 말한다.

51 숙박시설로 종업원 3명, 1인용 침대실 20, 2인용 침대실 15, 바닥면적 $12m^2$인 온돌방 2개가 있다. 수용인원을 산정하면 얼마인가?

① 42 ② 46
③ 57 ④ 61

정답 48. ③ 49. ② 50. ④ 51. ④

수용인원의 산정방법

계산방법 : $3+20+30+(12/3)\times2=61$

1. 숙박시설이 있는 특정소방대상물
   가. 침대가 있는 숙박시설 : 당해 특정소방물의 종사자의 수에 침대의 수(2인용 침대는 2인으로 산정한다.)를 합한 수
   나. 침대가 없는 숙박시설 : 당해 특정소방대상물의 종사자 수에 숙박시설의 바닥면적의 합계를 $3m^2$로 나누어 얻은 수를 합한 수
2. 제1호 외의 특정소방대상물
   가. 강의실 · 교무실 · 상담실 · 실습실 · 휴게실 용도로 쓰이는 특정소방대상물 : 당해 용도로 사용하는 바닥면적의 합계를 $1.9m^2$로 나누어 얻은 수
   나. 강당 · 문화집회시설 및 운동시설 : 당해 용도로 사용하는 바닥면적의 합계를 $4.6m^2$로 나누어 얻은 수(관람석이 있는 경우 고정식 의자를 설치한 부분에 있어서는 당해 부분의 의자 수로 하고, 긴 의자의 경우에는 의자의 정면너비를 0.45m로 나누어 얻은 수로 한다.)
   다. 그 밖의 특정소방대상물. 당해 용도로 사용하는 바닥면적의 합계를 $3m^2$로 나누어 얻은 수
3. 위 표에서 바닥면적을 산정하는 때에는 복도 · 계단 및 화장실의 바닥면적을 포함하지 아니한다.
4. 계산결과 1 미만의 소수는 반올림한다.

52 강의실 바닥면적 $40m^2$와 강당 바닥면적 $200m^2$인 경우 수용인원 합은?

① 52 ② 56
③ 64 ④ 65

계산방법 : $40/1.9+200/4.6=21.05+43.48=64.53$

53 다중이용업소에서 소방안전교육을 받아야 할 대상자는?

① 영업장을 관리하는 종업원 1인 이상
② 의료보험 가입의무대상자인 종업원 전원
③ 의료보험 가입의무대상자인 종업원 1인 이상
④ 바닥면적에 따라 교육인원의 수를 결정

제5조(소방안전교육의 대상자 등)

소방안전교육을 받아야 할 대상자는 다음 각 호에 해당하는 자로 한다.

1. 영 제2조에 따른 영업을 영위하는 다중이용업주
2. 해당 다중이용업주를 대리하여 영업장을 관리하는 종업원 1인 이상 또는 「국민연금법」 제8조 제1항에 따라 국민연금 가입의무대상자인 종업원 1인 이상

정답 52. ④ 53. ①

54 소방안전교육에 대한 설명 중 잘못된 것은?

① 다중이용업을 새로이 하려는 영업주는 영업을 시작하기 전 반드시 교육을 받아야 한다.
② 소방안전교육시간은 4시간 이내로 한다.
③ 소방안전교육을 받은 후 유효기간은 2년으로 한다.
④ 소방안전교육이수증명서는 재발급할 수 있다.

▶ 제15조(소방안전교육의 대상자 등)

소방안전교육의 횟수 및 시기는 다음 각 호와 같다.
신규교육 : 영 제2조에 따른 다중이용업을 새로이 하려는 영업주는 영업을 시작하기 전에, 제3항 제2호에 따라 교육을 받아야 하는 종업원은 그 영업에 종사하기 전에 소방안전교육을 받아야 한다. 다만 국외여행 등 부득이한 사유로 미리 교육을 받을 수 없는 경우에는 영업개시 또는 영업에 종사 후 3개월 이내에 소방청장이 정하는 바에 따라 교육을 받을 수 있다.

55 프로판가스를 사용하는 난로를 설치 시 가스누설경보기의 설치위치로 적절한 것은?

① 천장에서 30cm 이내 ② 바닥에서 30cm 이내
③ 난로 주변 ④ 천장 환기구 주변

56 다중이용업의 정기점검을 위탁받아 점검할 수 있는 자는?

① 방염업자
② 시설관리업자
③ 안전관리자로 선임된 시설관리사, 소방기술사
④ 자체 소방대장

▶ 제13조(다중이용업주의 안전시설 등에 대한 정기점검 등)

다중이용업주는 제1항의 규정에 의한 정기점검을 행정자치부령이 정하는 바에 따라 「화재예방, 소방시설 설치유지 및 안전관리에 관한 법률」 제29조의 규정에 의한 소방시설관라업자에게 위탁할 수 있다.

57 개수명령을 몇 회 이상 받고 이행하지 않으면 인터넷에 공개하는가?

① 1회 ② 2회
③ 3회 ④ 4회

▶ 제120조(법령위반업소의 공개)

소방청장 · 소방본부장 또는 소방서장은 다중이용업주가 제9조 제2항 및 제15조 제2항의 규정에 의한 조치 명령을 2회 이상 받고도 이를 이행하지 아니하는 때에는 그 조치 내용(동 위반사항에 대하여 수사기관에 고발된 경우에는 그 고발된 사실을 포함한다.)을 인터넷 등에 공개할 수 있다.

정답 54. ① 55. ② 56. ② 57. ②

58 조치명령 미이행업소의 공개사항이 아닌 것은?

① 업소명 ② 업소의 주소
③ 미이행 횟수 ④ 업주의 사진

법 제20조 제1항에 따라 조치명령 미이행업소를 공개할 때에는 다음 각 호의 사항을 포함해야 하며, 공개기간은 그 업소가 조치명령을 이행하지 아니한 때부터 조치명령을 이행할 때까지로 한다.
1. 미이행업소명
2. 미이행업소의 주소
3. 소방방재청장 · 소방본부장 또는 소방서장이 조치한 내용
4. 미이행의 횟수

59 화재위험평가를 실시해야 하는 다중이용업소가 아닌 것은?

① 2천 m^2 지역 안에 다중이용업소가 50개 이상 밀집하여 있는 경우
② 고층(11층 이상)에 다중이용업소가 있는 경우
③ 5층 이상인 건축물로서 다중이용업소가 10개 이상 있는 경우
④ 하나의 건축물에 다중이용업소들의 영업장 바닥면적의 합계가 1천 m^2 이상인 경우

제15조(다중이용업소에 대한 화재위험평가 등)

소방청장 · 소방본부장 또는 소방서장은 다음 각 호의 어느 하나에 해당하는 지역 또는 건축물에 대하여 화재예방과 화재로 인한 생명 · 신체 · 재산상의 피해를 방지하기 위하여 필요하다고 인정되는 경우에는 화재위험평가를 실시할 수 있다.
1. 2천 m^2 지역 안에 다중이용업소가 50개 이상 밀집하여 있는 경우
2. 5층 이상인 건축물로서 다중이용업소가 10개 이상 있는 경우
3. 하나의 건축물에 다중이용업소로 사용하는 영업장 바닥면적의 합계가 1천 m^2 이상인 경우

60 소방청장은 화재위험평가대행자의 등록신청이 기준에 적합하다고 인정되는 경우에는 등록신청을 받은 날부터 며칠 이내에 화재위험평가대행자등록증을 발급하여야 하는가?

① 5일 ② 10일
③ 15일 ④ 30일

① 화재위험평가대행자의 등록증 발급 : 30일 이내
② 화재위험평가대행자등록증 재발급 : 3일 이내

정답 58. ④ 59. ② 60. ④

61 다중이용업소의 화재위험평가에 대한 다음의 설명 중 옳지 않은 것은?

① 소방청장, 소방본부장 또는 소방서장은 화재위험평가의 결과 그 위험유발지수가 에이(A) 등급인 다중이용업소에 대하여는 안전시설 등의 일부를 설치하지 아니하게 할 수 있다.
② 화재위험유발지수가 B등급이라 함은 평가점수가 60 이상 79 이하, 위험수준은 20 이상 39 이하를 말한다.
③ 화재위험평가 대행자는 화재 모의시험이 가능한 컴퓨터 1대 이상, 화재 모의시험을 위한 프로그램 및 조도계 1개 이상을 갖추어야 한다.
④ 화재위험평가 대행자는 대표자가 변경되는 경우 변경되는 날부터 30일 이내에 행정안전부령으로 정하는 바에 따라 시 · 도지사에게 변경등록을 하여야 한다.

화재위험평가 대행자는 대표자가 변경되는 경우 변경되는 날부터 30일 이내에 행정안전부령으로 정하는 바에 따라 소방청장에게 변경등록을 하여야 한다.

62 화재위험평가 대행자로 등록하지 아니하고 화재위험평가 업무를 대행한 자에 대한 벌칙은?

① 1년 이하의 징역 또는 1천만 원 이하의 벌금
② 1년 이하의 징역 또는 2천만 원 이하의 벌금
③ 3년 이하의 징역 또는 1천만 원 이하의 벌금
④ 3년 이하의 징역 또는 1천5백만 원 이하의 벌금

화재위험평가 대행자로 미등록하고 업무를 한 경우 : 1년 이하의 징역 또는 1천만 원 이하의 벌금에 처한다.

63 다중이용업의 화재위험평가대행자 등록에 대한 사항으로 옳지 않은 것은?

① 화재위험평가대행을 하려는 자는 화재위험평가대행자 등록신청서에 필요서류를 첨부하여 소방청장에게 제출하여야 한다.
② 소방청장은 등록신청서를 제출받은 경우 평가대행자가 갖추어야 할 기술인력 · 시설 · 장비 기준에 적합하다고 인정되는 경우 등록신청을 받은 날부터 30일 이내에 화재위험 평가대행자등록증을 교부하여야 한다.
③ 평가대행자는 변경사유가 발생하면 변경사유가 발생한 날부터 30일 이내에 소방청장에게 변경등록을 해야 한다.
④ 화재위험평가대행자의 등록이 취소된 자는 7일 이내에 화재위험평가대행자등록증을 소방청장에게 반납하여야 한다.

정답 61. ④ 62. ① 63. ④

64 다중이용업의 화재위험평가대행자 등록 시 갖추어야 하는 것이 아닌 것은?

① 기술인력　　② 시설
③ 자본금　　④ 장비

65 다중이용업소의 화재위험평가 대행자가 변경등록을 하여야 하는 경우에 해당하지 않는 것은?

① 기술인력의 보유 현황　　② 평가대행자의 명칭이나 상호
③ 대표자　　④ 평가대행자의 장비

평가대행자는 아래의 어느 하나에 해당하는 변경사유가 발생하면 변경사유가 발생한 날부터 30일 이내에 행정안전부령으로 정하는 서류를 첨부하여 행정안전부령으로 정하는 바에 따라 소방청장에게 변경등록을 해야 한다.
① 대표자
② 사무소의 소재지
③ 평가대행자의 명칭이나 상호
④ 기술인력의 보유현황

66 화재위험평가 결과 그 위험유발지수가 대통령령으로 정하는 기준 이상인 경우에는 해당 다중이용업주에게 소방시설 설치 · 유지 및 안전관리에 관한 법률 제5조에 따른 조치를 명할 수 있다. 이 과정에서 손실이 발생할 경우 보상하여야 하는 사람으로 옳지 않은 것은?

① 소방청장　　② 소방본부장
③ 소방서장　　④ 시 · 도지사

손실 보상권자

소방청장, 소방본부장 또는 소방서장

67 화재위험평가대행자의 등록사항이 변경되는 경우 변경신청을 하여야 하는 사항으로 옳지 않은 것은?

① 사무소의 소재지　　② 평가대행자의 명칭이나 상호
③ 기술인력의 보유현황　　④ 대표자의 주소

화재위험평가대행자의 등록사항 변경신청

① 대표자　　② 사무소의 소재지
③ 평가대행자의 명칭이나 상호　　④ 기술인력의 보유현황

정답 64. ③　65. ④　66. ④　67. ④

68 **화재위험유발지수에서 A등급의 평가점수와 위험수준을 옳게 설명한 것은 어느 것인가?**

① 평가점수 : 60 이상 79 이하, 위험수준 : 20 미만
② 평가점수 : 80 이상, 위험수준 : 20 미만
③ 평가점수 : 20 미만, 위험수준 : 80 이상
④ 평가점수 : 20 미만, 위험수준 : 60 이상 79 이하

화재위험유발지수

① 평가점수 : 영업소 등에 사용되거나 설치된 가연물의 양, 소방시설의 화재진화를 위한 성능 등을 고려한 영업소의 화재안정성을 100점 만점 기준으로 환산한 점수를 말한다.
② 위험수준 : 영업소 등에 사용되거나 설치된 가연물의 양, 화기 취급의 종류 등을 고려한 영업소의 화재 발생 가능성을 100점 만점 기준으로 환산한 점수를 말한다.

※ 위험유발지수의 산정기준 · 방법 등은 소방청장이 정하여 고시

등급	평가점수	위험수준
A	80 이상	20 미만
B	60 이상 79 이하	20 이상 39 이하
C	40 이상 59 이하	40 이상 59 이하
D	20 이상 39 이하	60 이상 79 이하
E	20 미만	80 이상

69 **화재위험유발지수에 대한 설명 중 잘못된 것은?**

① 개수명령의 기준이 될 수 있다.
② 소방기술사가 평가할 수 있다.
③ 평가점수와 위험수준의 합이 100이다.
④ 평가점수가 높으면 화재 발생 가능성이 높다.

70 **다중이용업소에서 화재위험평가를 실시한 결과 평가점수가 얼마 이상이면 안전시설 등의 설치기준의 일부를 적용하지 아니할 수 있는가?**

① 75　② 80
③ 85　④ 90

정답 68. ② 69. ④ 70. ②

71 화재위험평가 대행자가 갖추어야 할 기술인력 · 시설 및 장비에 해당하지 않는 것은?

① 소방기술사 자격을 취득한 사람 1명 이상
② $33m^2$ 이상의 사무실과 조도계 1개 이상, 화재 모의시험이 가능한 컴퓨터 1대 이상, 화재 모의시험을 위한 프로그램
③ 소방 · 건축 · 전기 · 가스분야 기사 자격을 취득한 후 관련 분야에 3년 이상 실무경력이 있는 사람 1명 이상
④ 소방설비산업기사 자격을 취득한 사람 1명 이상

$33m^2$ 이상의 사무실은 삭제(개정 2012.12.27.)

72 화재위험평가서의 보존기간으로 옳은 것은?

① 1년　② 2년
③ 3년　④ 4년

화재위험평가결과보고서를 소방청장 · 소방본부장 또는 소방서장 등에게 제출한 날부터 2년간을 말한다.

73 안전관리우수업소 지정 요건이 아닌 것은?

① 최근 3년 동안 소방 · 건축 · 전기 및 가스 관련 법령 위반 사실이 없을 것
② 최근 3년 동안 화재 발생 사실이 없을 것
③ 최근 3년 동안 소방교육 훈련을 정기적으로 실시하고 그 기록을 보관하고 있을 것
④ 최근 3년 동안 안전관리 우수업소 지정 사실이 없을 것

제19조(안전관리우수업소) 법 제21조 제1항에 따른 안전관리우수업소(이하 "안전관리우수업소"라 한다.)의 요건은 다음 각 호와 같다.

1. 공표일 기준으로 최근 3년 동안 「화재예방, 소방시설 설치유지 및 안전관리에 관한 법률」 제10조 제1항 각 호의 위반행위가 없을 것
2. 공표일 기준으로 최근 3년 동안 소방 · 건축 · 전기 및 가스 관련 법령 위반 사실이 없을 것
3. 공표일 기준으로 최근 3년 동안 화재 발생 사실이 없을 것
4. 자체 계획을 수립하여 종업원의 소방교육 또는 소방훈련을 정기적으로 실시하고 공표일 기준으로 최근 3년 동안 그 기록을 보관하고 있을 것

정답 71. ② 72. ② 73. ④

74 **안전관리우수업소 인정 예정공고의 내용에 이의가 있는 사람은 안전관리 우수업소 인정 예정공고일부터 며칠 이내에 소방본부장이나 소방서장에게 전자우편이나 서면으로 이의 신청을 하여야 하는가?**

① 5일 ② 10일
③ 15일 ④ 20일

안전관리우수업소 인정 예정공고일로부터 20일 이내에 이의신청

75 **소방본부장이나 소방서장은 안전관리우수업소에 대하여 안전관리우수업소 표지를 내준 날부터 몇 년마다 정기적으로 심사를 하여 위반사항이 없는 경우에는 안전관리우수업소 표지를 갱신하여 내줘야 하는가?**

① 1년 ② 2년
③ 3년 ④ 4년

안전관리우수업소표지 갱신 : 2년

76 **안전관리우수업소의 요건에 해당하는 것은?**

① 공표일 기준으로 최근 2년 동안 화재예방, 소방시설 설치유지 및 안전관리에 관한 법률에서 규정한 위반행위가 없을 것
② 공표일 기준으로 최근 3년 동안 화재 발생 사실이 없을 것
③ 자체 계획을 수립하여 종업원의 소방교육 또는 소방훈련을 정기적으로 실시하고 공표일 기준으로 최근 2년 동안 그 기록을 보관하고 있을 것
④ 공표일 기준으로 최근 3년 동안 소방 · 기계 · 전기 및 가스 관련 법령 위반사실이 없을 것

안전관리우수업소의 요건

① 공표일 기준으로 최근 3년 동안 화재예방, 소방시설 설치유지 및 안전관리에 관한 법률 제10조 제1항 각 호의 위반행위가 없을 것
② 공표일 기준으로 최근 3년 동안 소방 · 건축 · 전기 및 가스 관련 법령 위반사실이 없을 것
③ 공표일 기준으로 최근 3년 동안 화재 발생 사실이 없을 것
④ 자체 계획을 수립하여 종업원의 소방교육 또는 소방훈련을 정기적으로 실시하고 공표일 기준으로 최근 3년 동안 그 기록을 보관하고 있을 것

정답 74. ④ 75. ② 76. ②

77 다중이용업소의 화재배상책임보험에 대한 설명 중 옳지 않은 것은?

① 보험회사는 다중이용업주가 화재배상책임보험에 가입할 때에는 계약의 체결을 거부할 수 없다.
② 보험회사는 화재배상책임보험 외에 다른 보험의 가입을 다중이용업주에게 강요할 수 없다.
③ 다중이용업주가 화재배상책임보험에 이중으로 가입되어 그중 하나의 계약을 해제 또는 해지하려는 경우 화재배상 책임보험 계약의 해제 또는 해지를 할 수 있다.
④ 다중이용업주가 화재배상책임보험 청약 당시 보험회사가 요청한 안전시설 등의 유지 · 관리에 관한 사항 등 화재 발생 위험에 관한 중요한 사항을 알리지 아니하거나 거짓으로 알린 경우에도 보험회사는 화재배상책임보험 계약의 체결을 거부할 수 없다.

보험회사는 다중이용업주가 화재배상책임보험에 가입할 때에는 계약의 체결을 거부할 수 없다. 다만, 대통령령으로 정하는 경우에는 그러하지 아니하다.

※ 대통령령으로 정하는 경우 : 다중이용업주가 화재배상책임보험 청약 당시 보험회사가 요청한 안전시설 등의 유지 · 관리에 관한 사항 등 화재 발생 위험에 관한 중요한 사항을 알리지 아니하거나 거짓으로 알린 경우

78 보험회사는 화재배상책임보험의 보험금 청구를 받은 때에는 지체 없이 지급할 보험금을 결정하고 보험금 결정 후 며칠 이내에 피해자에게 보험금을 지급하여야 하는가?

① 3일 ② 7일
③ 14일 ④ 15일

보험금의 지급

보험회사는 화재배상책임보험의 보험금 청구를 받은 때에는 지체 없이 지급할 보험금을 결정하고 보험금 결정 후 14일 이내에 피해자에게 보험금을 지급하여야 한다.

79 다중이용업주가 가입하여야 하는 화재배상책임보험은 사망의 경우 피해자 1명당 얼마의 범위에서 피해자에게 발생한 손해액을 지급하여야 하는가?

① 2천만 원 ② 5천만 원
③ 1억 원 ④ 2억 원

화재배상책임보험의 보험금액

① 사망의 경우 : 피해자 1명당 1억 원의 범위에서 피해자에게 발생한 손해액을 지급할 것. 다만, 그 손해액이 2천만 원 미만인 경우에는 2천만 원으로 한다.
② 재산상 손해의 경우 : 사고 1건당 1억 원의 범위에서 피해자에게 발생한 손해액을 지급할 것

정답 77. ④ 78. ③ 79. ③

80 **다중이용업주가 화재배상책임보험에 가입하지 않은 경우 부과하는 과태료 기준으로 틀린 것은?**

① 가입하지 않은 기간이 10일 이하인 경우 : 10만 원
② 가입하지 않은 기간이 10일 초과 30일 이하인 경우 : 10만 원+1일당 1만 원
③ 가입하지 않은 기간이 30일 초과 60일 이하인 경우 : 30만 원+1일당 3만 원
④ 가입하지 않은 기간이 60일 초과인 경우 : 120만 원+1일당 5만 원

가입하지 않은 기간이 60일 초과 : 120만 원에 61일째부터 계산하여 1일마다 6만 원을 더한 금액. 단, 과태료의 총액은 300만 원을 넘지 못한다.

81 **다중이용업 특별법에서 과태료 부과금액이 1차 300만 원이 아닌 것은?**

① 안전시설 등을 설치하지 아니한 경우
② 실내장식물을 기준에 따라 설치 · 유지하지 아니한 자
③ 안전관리업무를 하지 아니한 자
④ 피난시설이나 방화시설을 폐쇄 · 훼손 · 변경하는 등의 행위를 한 자

82 **다중이용업소의 관계인이 소방시설등에 대한 보완조치명령을 위반한 경우 벌칙은?**

① 3년 이하의 징역 또는 1,500만 원 이하의 벌금
② 5년 이하의 징역
③ 1년 이하의 징역 또는 1,000만 원 이하의 벌금
④ 300만 원 이하의 벌금

법 제8조 관련

다중이용업소의 관계인이 소방시설등에 대하여 소방본부장 또는 소방서장의 보완조치명령에 대하여 위반한 경우 3년 이하의 징역 또는 1,500만 원 이하의 벌금에 처한다.

정답 80. ④ 81. ④ 82. ①

CHAPTER 05 위험물 안전관리법

01 다음 중 위험물의 정의에 해당되는 내용으로 가장 옳은 것은?

① 인화성 · 발화성 등을 가진 물품으로 대통령령이 정하는 물품이다.
② 인화성 · 폭발성 등을 가진 물품으로 대통령령이 정하는 물품이다.
③ 산화성 · 발화성 등을 가진 물품으로 대통령령이 정하는 물품이다.
④ 인화성 · 산화성 등을 가진 물품으로 대통령령이 정하는 물품이다.

위험물의 정의

인화성 · 산화성 등을 가진 물품으로 대통령령이 정하는 물품이다.

02 다음 중 위험물안전관리법에서 정하는 위험물에 관한 설명으로 옳지 않은 것은?

① 대통령령이 정하는 인화성 · 발화성 등의 물품이다.
② 점화원 없이 화재를 일으킬 수 있는 물질로 위험성이 크다.
③ 위험물의 유별은 제1류 위험물에서 제6류 위험물까지 분류한다.
④ 위험물은 인체에 손상을 주기 쉬운 물질이다.

03 위험물안전관리법에서 위험물을 취급할 수 있는 제조소의 종류가 아닌 것은?

① 일반취급소
② 주유취급소
③ 이송취급소
④ 지하탱크저장소

04 위험물안전관리법의 제조소 등에 대한 직접적인 목적이 아닌 것은?

① 판매
② 제조
③ 저장
④ 취급

05 위험물안전관리법에서 대통령령이 정하는 위험물 품목별 수량은?

① 지정수량
② 기준수량
③ 위험수량
④ 방호수량

정답 01. ① 02. ④ 03. ④ 04. ① 05. ①

06 두 종류 이상의 위험물을 같은 장소에서 저장 · 취급하는 경우, 해당 위험물을 지정수량 이상의 위험물로 정할 수 있는 것으로 옳은 것은?

① 둘 이상의 위험물을 2개를 각각 합으로 하여 1로 한다.
② 둘 이상의 위험물을 2개를 각각 합으로 하여 2로 한다.
③ 각 위험물의 수량을 그 위험물의 지정수량으로 각각 나누어 얻은 수의 합계가 1/2 이상인 경우로 한다.
④ 각 위험물의 수량을 그 위험물의 지정수량으로 각각 나누어 얻은 수의 합계가 1 이상인 경우로 한다.

지정수량으로 각각 나누어 얻은 수의 합계가 1 이상인 경우 지정수량 이상으로 본다.

07 다음 중 허가를 받지 않고 당해 제조소 등을 설치하거나 그 위치 · 구조 · 설비의 변경을 할수 있는 장소가 아닌 것은?

① 주택의 난방을 위한 시설로서 공동주택의 중앙난방시설을 포함한 저장소 또는 취급소
② 농예용으로 필요하여 사용하는 건조설비를 위한 지정수량 20배 이하의 저장소
③ 수산용으로 필요하여 사용하는 건조설비를 위한 지정수량 20배 이하의 저장소
④ 축산용으로 필요하여 사용하는 건조설비를 위한 지정수량 20배 이하의 저장소

제조소의 허가 없이 사용 가능

1. 주택의 난방시설(공동주택의 중앙난방시설을 제외)을 위한 저장소 또는 취급소
2. 농예용 · 축산용 · 수산용으로 난방시설, 건조시설을 위한 지정수량 20배 이하 저장소

08 다음 중 탱크의 성능이 안전한지 확인하는 검사가 아닌 것은?

① 기초 · 지반 검사 ② 탱크형상 검사
③ 용접부 검사 ④ 암반탱크 검사

검사 구분	검사 대상	신청 시기
기초 · 지반 검사	특정 옥외탱크저장소	위험물탱크 기초 · 지반에 관한 공사의 개시 전
충수 · 수압 검사	액체위험물을 저장 · 취급하는 탱크 (시 · 도지사가 면제 가능)	위험물을 저장 · 취급하는 탱크에 배관 그 밖의 부속설비를 부착하기 전
용접부 검사	특정 옥외탱크저장소	탱크 본체에 관한 공사의 개시 전
암반탱크 검사	액체위험물을 저장 · 취급하는 암반 내의 공간을 이용한 탱크	암반탱크 본체에 관한 공사의 개시 전

정답 06. ④ 07. ① 08. ②

09 지하탱크가 있는 제조소 등의 경우 위험물 완공검사의 신청시기는?

① 지하탱크 매설 전에
② 지하탱크 매설 후에
③ 공사가 완공된 전에
④ 공사가 완공된 후에

지하탱크가 있는 제조소 등	해당 지하탱크를 매설하기 전
이동탱크저장소	이동저장탱크를 완공하고 상치장소를 확보한 후
이송취급소	이송배관 공사의 전체 또는 일부를 완료한 후
완공검사 실시가 곤란한 경우	• 배관설치 후 기밀시험, 내압시험을 실시하는 시기 • 지하에 설치하는 경우 매몰하기 직전 • 비파괴시험을 실시하는 시기
위에 해당하지 않는 경우	제조소 등의 공사를 완료한 후

10 위험물안전관리법에 대한 설명 중 각 항목에 따른 기간이 옳은 것은?

① 제조소 등 지위승계 신고 : 30일 이내
② 위험물 임시저장기간 : 30일 이내
③ 탱크시험자 등록 변경신고 기간 : 7일 이내
④ 제조소 등 용도폐지 신고기간 : 7일 이내

기간	내용	
1일	제조소등	1일 이내 변경 신고기간
7일	암반탱크	7일간 용출되는 지하수의 양의 용적과 해당 탱크 용적의 1/100 용적 중 큰 용적을 공간용적으로 정함
14일 이내	용도 폐지한 날로부터 신고기간	
	안전관리자의 선임 · 해임 시 신고기간	
30일 이내	안전관리자의 선임 · 재선임 기간	
	제조소 등의 승계 신고기간	
	안전관리자 직무대행기간(대리자 지정)	
90일 이내	관할소방서장의 승인을 받아 임시로 저장 · 취급할 수 있는 기간	

11 다음 중 위험물의 지정수량이 48만 배 이상일 때 자체 소방대에 두는 화학소방차 보유대수는?

① 1대
② 2대
③ 3대
④ 4대

정답 09. ① 10. ① 11. ④

◐ 화학소방차 보유(12 미만(4류×3천 배)이 두 배씩 1대에 5명)

제조소 및 일반취급소 구분	소방차	인원
지정수량의 12만 배 미만	1대	5인
지정수량의 12만 배 이상 24만 배 미만	2대	10인
지정수량의 24만 배 이상 48만 배 미만	3대	15인
지정수량의 48만 배 이상	4대	20인

12 위험물의 운반 시 용기 · 적재방법 및 운반방법에 관한 사항 중 화재 등의 위해예방과 응급조치상의 중요성을 감안한 중요기준 및 세부기준은 어느 법령에 따라야 하는가?

① 행정안전부령
② 대통령령
③ 시 · 도의 조례
④ 총리령

13 위험물 중 운송책임자의 감독 · 지원을 받아 운송하여야 하는 것이 아닌 것은?

① 알킬리튬
② 알킬알루미늄
③ 알킬리튬과 알킬알루미늄을 함유하는 위험물
④ 아세트알데히드

14 위험물자격자가 위험물을 취급할 수 있는 범위에 대한 사항으로 옳지 않은 것은?

① 위험물기능장 · 위험물산업기사는 모든 위험물을 취급할 수 있다.
② 위험물기능사는 모든 위험물을 취급할 수 있다.
③ 안전관리교육을 이수한 자는 제5류와 제6류 위험물 외에는 취급할 수 없다.
④ 소방공무원 3년 이상 경력자는 제4류 위험물만을 취급할 수 있다.

◐

위험물 안전관리자의 구분	취급할 수 있는 위험물
위험물기능장 · 위험물산업기사 · 위험물기능사	모든 위험물
안전관리자 교육이수자	제4류 위험물
소방공무원 근무경력 3년 이상인 경력자	

정답 12. ① 13. ④ 14. ③

15 다음 중 위험물 기능사가 취급할 수 있는 위험물의 종류로 옳은 것은?

① 제1~2류 위험물
② 제1~5류 위험물
③ 제1~6류 위험물
④ 국가 기술자격증에 기재된 유(類)의 위험물

16 위험물제조소 등에는 지정수량 이상의 기준이 되면 위험물 안전관리자를 선임하여야 하는데 안전관리자로 선임될 수 없는 사람은?

① 위험물 가능장
② 위험물 산업기사
③ 위험물 안전관리교육이수자
④ 소방공무원 경력 1년 이상인 자

17 위험물은 1소요단위가 지정수량의 몇 배인가?

① 5배
② 10배
③ 20배
④ 30배

1. 위험물수량별 : 1소요단위 = 지정수량 10배
2. 제조소면적별 : 1소요단위 = 기준면적

건축물의 외벽	일반	내화(일반×2)
제조 · 취급소	$50m^2$	$100m^2$
저장소	$75m^2$	$150m^2$

18 외벽이 내화구조인 옥내저장소의 건축물에서 소요단위 1단위에 해당하는 면적은?

① $50m^3$
② $75m^3$
③ $100m^3$
④ $150m^3$

19 다음 위험물제조소의 정기점검 대상이 아닌 것은?

① 이동탱크저장소
② 암반탱크저장소
③ 옥내탱크저장소
④ 지하탱크저장소

예방규정 + 지하탱크 + 이동탱크 + 특정옥외탱크 + 지하매설된 제조소, 일반 · 주유취급소

정답 15. ③ 16. ④ 17. ② 18. ④ 19. ③

20 제4류 위험물을 취급하는 제조소 또는 일반취급소에는 지정수량의 몇 배 이상일 때 자체 소방대를 두어야 하는가?

① 1,000배 ② 2,000배 ③ 3,000배 ④ 4,000배

제4류 위험물을 지정수량 3,000배 이상 저장

21 위험물안전관리법에서 정하는 용어의 정의로 옳지 않은 것은?

① "위험물"이라 함은 인화성 또는 발화성 등의 성질을 가지는 것으로서 대통령령이 정하는 물품을 말한다.
② "제조소"라 함은 위험물을 제조할 목적으로 지정수량 이상의 위험물을 취급하기 위하여 규정에 따른 허가를 받은 장소를 말한다.
③ "저장소"라 함은 지정수량 이상의 위험물을 저장하기 위한 대통령령이 정하는 장소로서 규정에 따른 허가를 받은 장소를 말한다.
④ "취급소"라 함은 지정수량 이상의 위험물을 제조 외의 목적으로 취급하기 위한 관할 지자체장이 정하는 장소로서 허가를 받은 장소를 말한다.

22 위험물안전관리법상 위험물 제조소 등의 설치허가의 취소 또는 사용정지 처분권자는?

① 행정자치부장관 ② 시 · 도지사
③ 경찰서장 ④ 시장 · 군수

23 위험물의 취급소를 구분할 때 제조 이외의 목적에 따른 구분으로 볼 수 없는 것은?

① 판매취급소 ② 이송취급소 ③ 옥외취급소 ④ 일반취급소

취급소

이송취급소, 주유취급소, 일반취급소, 판매취급소

24 위험물안전관리자의 선임 등에 대한 설명으로 옳은 것은?

① 안전관리자는 국가기술자격 취득자 중에서만 선임하여야 한다.
② 안전관리자를 해임한 때에는 14일 이내에 다시 선임하여야 한다.
③ 제조소 등의 관계인은 안전관리자가 일시적으로 직무를 수행할 수 없는 경우에는 14일 이내의 범위에서 안전관리자의 대리자를 지정하여 직무를 대행하게 하여야 한다.
④ 안전관리자를 선임 또는 해임한 때는 14일 이내에 신고하여야 한다.

정답 20. ③ 21. ④ 22. ② 23. ③ 24. ④

25 위험물 운송에 관한 규정으로 틀린 것은?

① 이동탱크저장소에 의하여 위험물을 운송하는 자는 당해 위험물을 취급할 수 있는 국가기술자격자 또는 안전교육을 받은 자이어야 한다.
② 안전관리자 · 탱크시험자 · 위험물운송자 등 위험물의 안전관리와 관련된 업무를 수행하는 자는 시 · 도지사가 실시하는 안전교육을 받아야 한다.
③ 운송책임자의 범위, 감독 또는 지원의 방법 등에 관한 구체적인 기준은 행정안전부령으로 정한다.
④ 위험물운송자는 행정안전부령이 정하는 기준을 준수하는 등 당해 위험물의 안전확보를 위해 세심한 주의를 기울여야 한다.

안전교육은 소방안전원에 위탁한 사항

26 위험물 안전관리자를 선임한 제조소 등의 관계인은 그 안전관리자를 해임하거나 안전관리자가 퇴직한 때에는 해임하거나 퇴직한 날부터 며칠 이내에 안전관리자를 선임해야 하는가?

① 10일　② 20일　③ 30일　④ 40일

27 지정수량 이상의 위험물을 소방서장의 승인을 받아 제조소 등이 아닌 장소에서 임시로 저장 또는 취급할 수 있는 기간은 얼마 이내인가?(단, 군부대가 군사목적으로 임시로 저장 또는 취급하는 경우는 제외한다.)

① 30일　② 60일
③ 90일　④ 180일

기간	내용	
1일	제조소등	1일 이내 변경 신고기간
7일	암반탱크	7일간 용출되는 지하수의 양의 용적과 해당 탱크 용적의 1/100 용적 중 큰 용적을 공간용적으로 정함
14일 이내	용도 폐지한 날로부터 신고기간	
	안전관리자의 선임 · 해임 시 신고기간	
30일 이내	안전관리자의 선임 · 재선임 기간	
	제조소 등의 승계 신고기간	
	안전관리자 직무대행기간(대리자 지정)	
90일 이내	관할소방서장의 승인을 받아 임시로 저장 · 취급할 수 있는 기간	

정답 25. ② 26. ③ 27. ③

28 제조소 등의 위치 · 구조 또는 설비의 변경 없이 당해 제조소 등에서 취급하는 위험물의 품명을 변경하고자 하는 자는 변경하고자 하는 날의 며칠(개월) 전까지 신고하여야 하는가?

① 1일 ② 14일
③ 1개월 ④ 6개월

29 위험물안전관리법령에 따라 제조소 등의 관계인이 화재예방과 재해 발생 시 비상조치를 위하여 작성하는 예방규정에 관한 설명으로 틀린 것은?

① 제조소의 관계인은 해당 제조소에서 지정수량 5배의 위험물을 취급하는 경우 예방규정을 작성하여 제출하여야 한다.
② 지정수량의 200배의 위험물을 저장하는 옥외저장소의 관계인은 예방규정을 작성하여 제출하여야 한다.
③ 위험물시설의 운전 또는 조작에 관한 사항, 위험물 취급작업의 기준에 관한 사항은 예방규정에 포함되어야 한다.
④ 제조소 등의 예방규정은 산업안전보건법의 규정에 의한 안전보건관리규정과 통합하여 작성할 수 있다.

30 위험물 안전관리법상 화재 예방규정을 정하여야 할 제조소 등으로 옳지 않은 것은?

① 지정수량 10배 이상의 위험물을 취급하는 제조소
② 지정수량 5배 이상의 위험물을 취급하는 일반취급소
③ 지정수량 100배 이상을 저장 · 취급하는 옥외 저장소
④ 지정수량 150배 이상을 저장 · 취급하는 옥내 저장소

제조소 등	지정수량의 배수	암기
제조소 · 일반취급소	10배 이상	십
옥외저장소	100배 이상	백
옥내저장소	150배 이상	오
옥외탱크저장소	200배 이상	이
암반탱크저장소 · 이송취급소	모두	모두

31 정기점검 대상에 해당하지 않는 것은?

① 지정수량 15배 제조소 ② 지정수량 40배의 옥내탱크 저장소
③ 지정수량 50배의 이동탱크 저장소 ④ 지정수량 20배의 지하탱크 저장소

정답 28. ① 29. ① 30. ② 31. ②

32 **제조소 등의 관계인은 위험물제조소 등에 대하여 기술기준에 적합한지의 여부를 정기적으로 점검을 하여야 하는바, 법적 최소 점검주기에 해당하는 것은?**

① 주 1회 이상
② 월 1회 이상
③ 6개월 1회 이상
④ 연 1회 이상

33 **위험물안전관리법령에서 규정하고 있는 사항으로 틀린 것은?**

① 법정의 안전교육을 받아야 하는 사람은 안전관리자로 선임된 자, 탱크시험자의 기술인력으로 종사하는 자, 위험물 운송자로 종사하는 자이다.
② 지정수량의 150배 이상의 위험물을 저장하는 옥내저장소는 관계인이 예방규정을 정하여야 하는 제조소 등에 해당한다.
③ 정기검사의 대상이 되는 것은 액체위험물을 저장 또는 취급하는 10만l 이상의 옥외 탱크저장소, 암반탱크저장소, 이송취급소이다.
④ 법정의 안전관리자교육이수자와 소방공무원으로 근무한 경력이 3년 이상인자는 제4류 위험물에 대한 위험물취급 자격자가 될 수 있다.

100만l 이상인 특정옥외탱크저장소

34 **다음 중 자체 소방대를 반드시 설치하여야 하는 곳은?**

① 지정수량 2천 배 이상의 제6류 위험물을 취급하는 제조소가 있는 사업소
② 지정수량 3천 배 이상의 제6류 위험물을 취급하는 제조소가 있는 사업소
③ 지정수량 2천 배 이상의 제4류 위험물을 취급하는 제조소가 있는 사업소
④ 지정수량 3천 배 이상의 제4류 위험물을 취급하는 제조소가 있는 사업소

35 **위험물안전관리법에서 정한 위험물의 운반에 관한 다음 내용 중 ( ) 안에 들어갈 용어가 아닌 것은?**

위험물의 운반은 ( ), ( ) 및 ( )에 관해 법에서 정한 중요기준과 세부기준을 따라 행하여야 한다.

① 용기
② 적재방법
③ 운반방법
④ 검사방법

정답 32. ④ 33. ③ 34. ④ 35. ④

36 제조소 등의 소화설비 설치 시 소요단위 산정에 관한 내용으로 다음 ( ) 안에 알맞은 수치를 차례대로 나열한 것은?

> 제조소 또는 취급소의 건축물은 외벽이 내화구조인 것은 연면적 ( )m^2를 1소요 단위로 하며, 외벽이 내화구조가 아닌 것은 연면적 ( )m^2 1소요단위로 한다.

① 200, 100　　② 150, 100
③ 150, 50　　④ 100, 50

건축물의 외벽	일반	내화(일반×2)
제조 · 취급소	50m^2	100m^2
저장소	75m^2	150m^2

37 위험물시설에 설치하는 소화설비와 관련한 소요단위의 산출방법에 관한 설명 중 옳은 것은?

① 제조소 등의 옥외에 설치된 공작물은 외벽이 내화구조인 것으로 간주한다.
② 위험물은 지정수량의 20배를 1소요단위로 한다.
③ 취급소의 건축물은 외벽이 내화구조인 것은 연면적 75m^2를 1소요단위로 한다.
④ 제조소의 건축물은 외벽이 내화구조인 것은 연면적 150m^2를 1소요단위로 한다.

38 소화설비의 소요단위 산정방법에 대한 설명 중 옳은 것은?

① 위험물은 지정수량의 100배를 1소요단위로 함
② 저장소용 건출물로 외벽이 내화구조인 것은 연면적 100m^2를 1소요단위로 함
③ 제조소용 건출물로 외벽이 내화구조가 아닌 것은 연면적 50m^2를 1소요단위로 함
④ 저장소용 건출물로 외벽이 내화구조가 아닌 것은 연면적 20m^2를 1소요단위로 함

39 소화설비의 설치기준에서 유기과산화물 2,000kg은 몇 소요단위에 해당하는가?

① 10　　② 20
③ 30　　④ 40

위험물 : 지정수량의 10배(소요 1단위), 1소요단위 $= \frac{2{,}000\text{kg}}{10\text{kg} \times 10} = 20$단위

정답 36. ④ 37. ① 38. ③ 39. ②

40 위험물의 운반에 관한 기준에서 규정한 운반용기의 재질에 해당하지 않는 것은?

① 금속판　　② 양철판
③ 짚　　④ 도자기

용기 재질

금속관 · 유리 · 플라스틱 · 파이버 · 폴리에틸렌 · 합성수지 · 종이 · 나무

41 내용적이 20,000l인 옥내저장탱크에 대하여 저장 또는 취급의 허가를 받을 수 있는 최대 용량은?(단, 원칙적인 경우에 한한다.)

① 18,000l　　② 19,000l
③ 19,400l　　④ 20,000l

탱크 내용적의 최대 95%이므로 20,000×0.95=19,000l

42 그림과 같이 횡으로 설치한 원형탱크의 용량은 약 몇 m^2인가?(단, 공간용적은 내용적 10% 이다.)

① 1,690.9
② 1,335.1
③ 1,268.4
④ 1,201.0

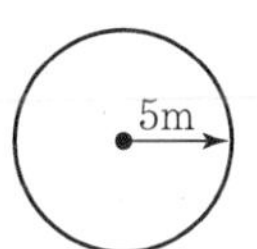

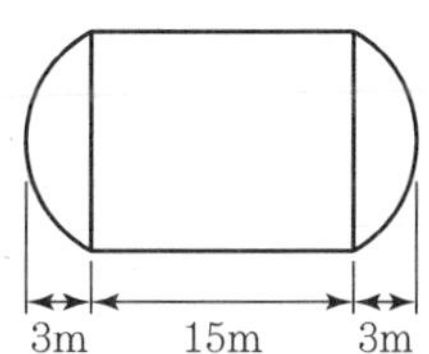

$$v=\pi r^2\left(L+\frac{L_1+L_2}{3}\right)\times 0.9=3.14\times 5^2\times\left(15+\frac{3+3}{3}\right)\times 0.9=1{,}201.05$$

43 위험물탱크의 용량은 탱크의 내용적에서 공간용적을 뺀 용적으로 한다. 이 경우 소화약제 방출구를 탱크 안의 윗부분에 설치하는 탱크의 공간용적은 당해 소화설비의 소화약제 방출구 아래의 어느 범위의 면으로부터 윗부분의 용적으로 하는가?

① 0.1m 이상 0.5m 미만 사이의 면
② 0.3m 이상 1m 미만 사이의 면
③ 0.5m 이상 1m 미만 사이의 면
④ 0.5m 이상 1.5m 미만 사이의 면

정답 40. ④ 41. ② 42. ④ 43. ②

44 위험물 저장탱크의 내용적이 300l일 때, 탱크에 저장하는 위험물의 용량의 범위로 적합한 것은?(단, 원칙적인 경우에 한한다.)

① 240~270l ② 270~285l
③ 290~295l ④ 295~298l

저장탱크의 공간용적

5~10%이므로 (300×0.05)~(300×0.1)=285~270l

45 다음 중 위험물 저장 탱크의 용량을 구하는 계산식을 옳게 나타낸 것은?

① 탱크의 공간용적－탱크의 내용적 ② 탱크의 내용적×0.05
③ 탱크의 내용적－탱크의 공간용적 ④ 탱크의 공간용적×0.95

46 위험물 운반용기에 수납하여 적재할 때 차광성이 있는 피복으로 가려야 하는 위험물이 아닌 것은?

① 제1류 위험물 ② 제2류 위험물
③ 제5류 위험물 ④ 제6류 위험물

47 다음 중 방수성이 있는 피복으로 덮어야 하는 위험물로만 구성된 것은?

① 과염소산염류, 삼산화크롬, 황린
② 무기과산화물, 과산화수소, 마그네슘
③ 철분, 금속분, 마그네슘
④ 염소산염류, 과산화수소, 금속분

구분	내용
차광성 피복	• 제1류 위험물 • 제3류 위험물 중 자연발화성 물품 • 제4류 위험물 중 특수인화물 • 제5류 위험물 • 제6류 위험물
방수성 피복	• 제1류 위험물 중 알칼리 금속의 과산화물 또는 이를 함유한 것 • 제2류 위험물 중 철분, 마그네슘, 금속분 또는 이를 함유한 것
물의 침투를 막는 구조로 하여야 하는 위험물	• 제1류 위험물 중 알칼리 금속의 과산화물 • 제2류 위험물 중 철분, 금속분, 마그네슘 • 제3류 위험물 중 금수성 물질 • 제4류 위험물

정답 44. ② 45. ③ 46. ② 47. ③

48 옥내저장소 저장창고의 바닥은 물이 스며 나오거나 스며들지 아니하는 구조로 하여야 한다. 다음 중 반드시 이 구조로 하지 않아도 되는 위험물은?

① 제1류 위험물 중 알칼리금속의 과산화물
② 제4류 위험물
③ 제5류 위험물
④ 제2류 위험물 중 철분

49 위험물의 운반에 관한 기준에 따라 다음의 (㉠)과 (㉡)에 적합한 것은?

> 액체위험물은 운반용기의 내용적의 (㉠) 이하의 수납률로 수납하되 (㉡)의 온도에서 누설되지 않도록 충분한 공간용적을 두어야 한다.

① ㉠ 98% ㉡ 40℃　　② ㉠ 98% ㉡ 55℃
③ ㉠ 95% ㉡ 40℃　　④ ㉠ 95% ㉡ 55℃

위험물 운반용기

구분		
고체	95% 이하	
액체	98% 이하 55℃	
알킬알루미늄	90% 이하 50℃에서 5%	
운반용기	금속	30리터
	유리, 플라스틱	10리터
	철재 드럼	250리터

정답 48. ③ 49. ②

04

위험물의 성상 및 시설기준

CHAPTER 01 위험물의 성상

01 다음 위험물의 류별에 따른 성질이 맞지 않는 것은?

① 제1류 위험물 – 산화성 고체
② 제2류 위험물 – 가연성 고체
③ 제4류 위험물 – 인화성 액체
④ 제5류 위험물 – 자연발화성 물질

류 별	공통성질	가연물	산소공급원	점화원	물과의 반응 시 생성가스
제1류	산화성 고체		○		산소가스 발생
제2류	가연성 고체	○			수소가스 발생(철마금)
제3류	자연발화성 물질 금수성 물질	○		○	수소가스 가연성 가스 발생
제4류	인화성 액체	○		△	
제5류	자기반응성 물질	○	○		
제6류	산화성 액체		○		산소가스 발생

02 산소를 함유하고 있지 않기 때문에 산화성 물질과의 혼합 위험성이 있는 위험물은?

① 제1류 위험물
② 제2류 위험물
③ 제5류 위험물
④ 제6류 위험물

- 제1류 위험물, 제6류 위험물 : 산화성 성질로 산소 함유
- 제5류 위험물 : 자기반응성으로 자체 내에 산소 함유

03 다음 중 제6류 위험물의 공통성질로 맞지 않는 것은?

① 비중이 1보다 크고 물에 녹지 않는다.
② 산화성 물질로 다른 물질을 산화시킨다.
③ 자신들은 모두 불연성 물질이다.
④ 대부분 분해하며 유독성 가스를 발생하여 부식성이 강하다.

대부분 비중이 1보다 크고, 물에 녹는다.

정답 01. ④ 02. ② 03. ①

04 운반 시 위험물을 혼합하여 적재 가능한 것은?(단, 지정수량 10분의 1 초과이다.)

① 제1류 위험물+제5류 위험물　　② 제3류 위험물+제5류 위험물
③ 제1류 위험물+제4류 위험물　　④ 제2류 위험물+제5류 위험물

유별을 달리하는 위험물의 혼재기준

혼촉발화는 서로 다른 두 가지 이상의 위험물이 혼합·혼촉하였을 때 발열·발화하는 현상이다.
(단, 지정수량의 10분의 1 이하 위험물에 대하여는 적용하지 아니한다.)

류 별	제1류	제2류	제3류	제4류	제5류	제6류
제1류		×	×	×	×	○
제2류	×		×	○	○	×
제3류	×	×		○	×	×
제4류	×	○	○		○	×
제5류	×	○	×	○		×
제6류	○	×	×	×	×	

1－6
2－5
3－4

05 제6류 위험물의 저장 및 취급 시 주의사항으로 옳지 않은 것은?

① 의류 또는 피부에 닿지 않도록 한다.
② 마른 모래로 위험물의 비산을 방지한다.
③ 습기가 많은 곳에서 취급한다.
④ 소화 후에는 다량의 물로 씻어낸다.

1. 대부분 위험물은 밀전, 밀봉, 밀폐하며, 건조한 냉암소에 보관한다.
2. 제6류 위험물은 대부분 물과 반응하여 발열한다.

06 다음 중 제6류 위험물이 아닌 것은?

① 과염소산　　② 과산화수소
③ 질산　　④ 과요오드산

과요오드산 : 제1류 위험물

07 과산화수소의 분해방지 안정제로 사용할 수 있는 물질은?

① 구리　　② 은　　③ 요산　　④ 목탄분

정답 04. ④ 05. ③ 06. ④ 07. ③

보호액	제3류	칼륨(K), 나트륨(Na)	석유(경유, 등유, 파라핀)
		황린(P_4)	물(pH 9 약알칼리성 물)
	제4류	이황화탄소(CS_2)	수조(물)
	제5류	니트로셀룰로오스	함수알코올
희석제	제3류	알킬알루미늄	벤젠, 헥산
안정제	제5류	유기과산화물	프탈산디메틸, 프탈산디부틸
	제6류	과산화수소(H_2O_2)	인산(H_3PO_4), 요산($C_5H_4N_4O_3$)
기타	아세틸렌(C_2H_2)		아세톤(CH_3COCH_3), 디메틸포름아미드(DMF)

08 제6류 위험물인 과산화수소에 대한 설명 중 옳지 않은 것은?

① 주로 산화제로 사용되나 환원제로 사용될 때도 있다.
② 상온 이하에서 묽은 황산에 과산화바륨을 조금씩 넣으면 발생한다.
③ 상온에서도 분해되어 물과 산소로 분해된다.
④ 순수한 것은 점성이 없는 무색투명한 액체이다.

과산화수소

순수한 것은 점성이 있는 무색의 액체, 많을 경우에는 청색

09 제6류 위험물인 질산의 위험성에 관한 설명 중 옳은 것은?

① 충격에 의해 착화한다.
② 공기 속에서 자연발화한다.
③ 인화점이 낮고 발화하기 쉽다.
④ 환원성물질과 혼합 시 발화한다.

제6류 위험물의 산화성 물질과 제2류 위험물의 환원성 물질의 혼촉은 발화한다.

10 다음은 위험물의 저장 및 취급 시 주의사항이다. 어떤 위험물인가?

> 농도 36[%] 이상의 위험물로서 수용액은 안정제를 가하여 분해를 방지시키고 용기는 착색된 것을 사용하여야 하며, 금속류의 용기 사용은 금한다.

① 염소산칼륨
② 염산
③ 과산화나트륨
④ 과산화수소

과산화수소 농도 36wt% 이상은 위험물, 농도 60wt% 이상은 단독으로 폭발가능

정답 08. ④ 09. ④ 10. ④

11 질산의 성질에 대한 설명으로 맞는 것은?

① 진한 질산을 가열하면 적갈색의 갈색증기인 SO_2가 발생한다.
② 습한 공기 중에서 흡열반응을 하는 무색의 무거운 액체이다.
③ 질산의 비중이 1.82 이상이면 위험물로 본다.
④ 환원성 물질과 혼합 시 발화한다.

① 분해하여 NO_2가 발생
② 습한 공기 중에서 발열반응을 하는 무색의 무거운 액체이다.
③ 질산의 비중이 1.49 이상이면 위험물로 본다.

12 다음 위험물 중 그 성질이 산화성 고체인 것은?

① 셀룰로이드　② 금속분　③ 아염소산염류　④ 과염소산

- 산화성 고체 : 제1류 위험물
- 셀룰로이드 : 제5류 위험물
- 아염소산염류 : 제1류 위험물
- 금속분 : 제2류 위험물
- 과염소산 : 제6류 위험물

13 다음 ( ) 안에 적당한 말을 넣으시오.

> 산화성 고체라 함은 고체[액체(1기압 및 섭씨 (①)도에서 액상인 것 또는 섭씨 (②)도 초과 섭씨 (③) 도 이하에서 액상인 것을 말한다.) 또는 기체(1기압 및 섭씨 20도에서 기상인 것을 말한다.) 외의 것을 말한다. 이하 같다.] 로서 산화력의 잠재적인 위험성 또는 충격에 대한 민감성을 판단하기 위하여 소방청장이 정하여 고시(이하 "고시"라 한다.)하는 시험에서 고시로 정하는 성질과 상태를 나타내는 것을 말한다.

① 20－20－40　② 40－20－40　③ 20－20－20　④ 40－40－40

"산화성 고체"라 함은 고체[액체(1기압 및 섭씨 20도에서 액상인 것 또는 섭씨 20도 초과 섭씨 40도 이하에서 액상인 것을 말한다. 이하 같다.)또는 기체(1기압 및 섭씨 20도에서 기상인 것을 말한다.) 외의 것을 말한다. 이하 같다.]로서 산화력의 잠재적인 위험성 또는 충격에 대한 민감성을 판단하기 위하여 소방청장이 정하여 고시(이하 "고시"라 한다.)하는 시험에서 고시로 정하는 성질과 상태를 나타내는 것을 말한다. 이 경우 "액상"이라 함은 수직으로 된 시험관(안지름 30밀리미터, 높이 120밀리미터의 원통형 유리관을 말한다.)에 시료를 55밀리미터까지 채운 다음 당해 시험관을 수평으로 하였을 때 시료액면의 선단이 30밀리미터를 이동하는 데 걸리는 시간이 90초 이내에 있는 것을 말한다.

정답 11. ④ 12. ③ 13. ①

※ 위험물 안전관리법상의 고체와 액체의 구분

1. 고체 : 액체 또는 기체 외의 것
   액체 : 1기압 및 섭씨 20도에서 액상인 것 또는 섭씨 20도 초과 섭씨 40도 이하에서 액상인 것
   기체 : 1기압 및 섭씨 20도에서 기상인 것
2. 액상 : 수직으로 된 시험관(안지름 30밀리미터, 높이 120밀리미터의 원통형 유리관을 말한다.)에 시료를 55밀리미터까지 채운 다음 당해 시험관을 수평으로 하였을 때 시료액면의 선단이 30밀리미터를 이동하는 데 걸리는 시간이 90초 이내에 있는 것

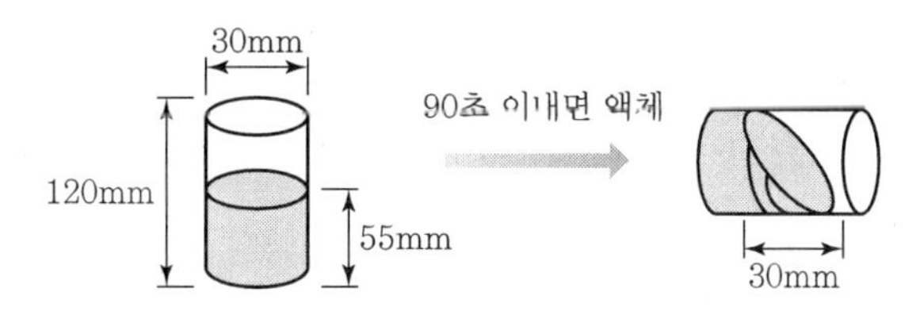

14 대부분 무색결정 또는 백색분말의 산화성 고체로서 비중이 1보다 크며, 대부분 물에 잘 녹는 위험물은?

① 제1류 위험물 ② 제2류 위험물 ③ 제3류 위험물 ④ 제4류 위험물

제1류 위험물 : 산화성 고체

15 다음 위험물 중 백색의 결정이 아닌 물질은?

① 과산화나트륨 ② 과망간산칼륨 ③ 과산화바륨 ④ 과산화마그네슘

제1류 위험물의 색상

품명	색상	품명	색상	품명	색상
과망간산칼륨	흑자색	중크롬산칼륨	등적색	과산화칼륨	백색 or 등적색
과망간산암모늄	흑자색	중크롬산나트륨	등적색	과산화나트륨	백색 or 황백색
과망간산나트륨	적자색	중크롬산암모늄	적색		
과망간산칼슘	자색				

16 제1류 위험물의 무기과산화물에 대한 설명 중 틀린 것은?

① 불연성 물질이다.
② 가열 · 충격에 의하여 폭발하는 것도 있다.
③ 물과 반응하여 발열하고 수소가스를 발생시킨다.
④ 가열 또는 산화되기 쉬운 물질과 혼합하면 분해되어 산소를 발생한다.

정답 14. ① 15. ② 16. ③

무기과산화물과 물과의 반응은 산소(조연성 가스) 발생

17 위험물안전관리법상 제1류 위험물의 특징이 아닌 것은?

① 다른 가연물의 연소를 돕는다.
② 가열에 의해 산소를 방출한다.
③ 물과 반응하여 수소를 발생한다.
④ 가연물과 혼재하면 화재 시 위험하다.

③ 제1류 위험물 중 무기과산화물은 물과 반응하여 산소를 발생

18 제1류 위험물로서 그 성질이 산화성 고체인 것은?

① 과염소산염류
② 아염소산
③ 금속분
④ 셀룰로이드

② 아염소산 : 비위험물
③ 금속분 : 제2류 위험물
④ 셀룰로이드 : 제5류 위험물

19 위험물을 제조소에서 아래와 같이 위험물을 저장하고 있는 경우 지정수량의 몇 배가 보관되어 있는 것인가?

염소산칼륨 50kg, 요오드산칼륨 300kg, 과염소산 300kg

① 2배 ② 2.5배 ③ 3배 ④ 3.5배

지정수량 : 염소산칼륨 50kg, 요오드산칼륨 300kg, 과염소산 300kg

$$\frac{50}{50}+\frac{300}{300}+\frac{300}{300}=3$$

20 과산화칼륨이 황산과 반응하여 생성되는 물질은?

① 황화수소 ② 과산화수소 ③ 수산화칼륨 ④ 산소

무기과산화물과 산과의 반응으로 과산화수소 발생

정답 17. ③ 18. ① 19. ③ 20. ②

21 다음 중 제1류 위험물 취급 시 주의사항이 아닌 것은?

① 가연물과의 접촉을 피한다.
② 가열, 충격, 마찰을 피한다.
③ 환기가 잘 되는 찬 곳에 저장한다.
④ 저장 시 개방용기를 사용한다.

④ 모든 위험물은 용기를 밀봉, 밀폐, 밀전하며, 과산화수소만 구멍 뚫린 마개를 사용하여 저장한다.

22 제1류 위험물의 취급방법으로서 잘못된 것은?

① 환기가 잘 되는 찬 곳에 저장한다.
② 가열, 충격, 마찰 등의 요인을 피한다.
③ 가연물과 접촉은 피해야 하나 습기와는 무관하다.
④ 화재 위험이 있는 장소에서 떨어진 곳에 저장한다.

③ 제1류위험물은 대부분 습기와 반응하여 발열반응한다. 또한 무기과산화물은 물과 반응하여 산소를 발생한다.

23 제1류 위험물에 대한 일반적인 화재예방방법이 아닌 것은?

① 반응성이 크므로 가열, 마찰, 충격 등에 주의한다.
② 불연성이나 화기접촉은 피해야 한다.
③ 가연물과의 접촉, 혼합 등을 피한다.
④ 가스를 이용한 질식소화는 효과가 좋다.

제1류 위험물은 냉각소화가 효과적이다.

24 아염소산나트륨의 위험성으로 옳지 않은 것은?

① 물에 잘 녹는다.
② 유기물, 금속분 등 환원성 물질과 혼합될 경우 위험하다.
③ 단독으로 폭발 가능하고 분해 온도 이상에서는 산소를 발생한다.
④ 수용액 중에서 강력한 환원력이 있다.

④ 환원력 → 산화력

정답 21. ④ 22. ③ 23. ④ 24. ④

25 **질산칼륨에 대한 설명으로 틀린 것은?**

① 황화린, 질소와 혼합하면 흑색화약이 된다.
② 에테르에 잘 녹지 않는다.
③ 물에 녹으므로 저장 시 수분과의 접촉에 주의한다.
④ 400℃ 로 가열하면 분해하여 산소를 방출한다.

질산칼륨과 황가루, 숯가루의 혼합은 흑색화약이 된다.

26 **다음은 제1류 위험물인 염소산염류에 대한 설명이다. 옳지 않은 것은?**

① 햇빛에 장기간 방치하였을 때는 분해하여 아염소산염이 생성된다.
② 녹는점 이상의 높은 온도가 되면 분해되어 가연성 기체인 수소가 발생한다.
③ NH_4ClO_3는 물보다 무거운 무색의 결정이며, 조해성이 있다.
④ 염소산염에 가열, 충격 및 산을 첨가시키면 폭발 위험성이 나타난다.

27 **BaO_2에 대한 설명으로 옳지 않은 것은?**

① 알칼리토금속의 과산화물 중 가장 불안정하다,
② 가열하면 산소를 분해 방출한다.
③ 환원제, 섬유와 혼합하면 발화의 위험이 있다.
④ 지정수량이 50kg이고 묽은 산에 녹는다.

과산화바륨의 분해온도는 820℃ 정도로 무기과산화물중에서 가장 높고, 알칼리토금속의 과산화물 중 가장 안정하다.

28 **과산화나트륨(Na_2O_2)의 화재 시 적합한 소화약제는?**

① 포말소화약제 ② 마른 모래 ③ 분말약제 ④ 물

무기과산화물 : 물소화약제 사용 금지

29 **다음 위험물 중 질산염류에 속하지 않는 것은 어느 것인가?**

① 질산칼륨 ② 질산메틸
③ 질산암모늄 ④ 질산나트륨

정답 25. ① 26. ② 27. ① 28. ② 29. ②

제6류 위험물(지정수량 300kg)	질산 HNO_3	
제1류 위험물(지정수량 300kg)	질산염류	질산칼륨 KNO_3
		질산나트륨 $NaNO_3$
		질산암모늄 HH_4NO_3
제5류 위험물(지정수량 10kg)	질산에스테르류	질산메틸 CH_3ONO_2
		질산에틸 $C_2H_5ONO_2$

30 다음 질산암모늄에 대한 설명 중 옳은 것은?

① 물에 녹을 때에는 발열반응을 하므로 위험하다.
② 가열하면 폭발적으로 분해하여 산소와 이산화탄소를 생성한다.
③ 소화방법으로는 질식소화가 좋다.
④ 단독으로도 급격한 가열, 충격으로 분해, 폭발하는 수도 있다.

① 물에 녹을 때에는 흡열반응한다.
② 가열하면 폭발적으로 분해하여 아산화질소(N_2O)와 수증기(H_2O)를 발생하며 폭발한다.
③ 소화방법으로는 다량의 주수소화가 좋다.

31 다음 중 질산암모늄의 성상이 올바른 것은?

① 상온에서 황색의 액체이다.
② 상온에서 폭발성의 액체이다.
③ 물을 흡수하면 발열반응을 한다.
④ 무색, 무취의 결정으로 알코올에 녹는다.

제1류 위험물의 질산암모늄은 무색의 고체, 물과는 흡열반응한다.

32 다음 중 과망간산칼륨($KMnO_4$)의 성질에 맞지 않는 것은?

① 물과 에탄올에 녹는다.
② 가열분해 시 이산화망간과 물이 생성된다.
③ 강한 알칼리와 접촉시키면 산소를 방출한다.
④ 흑자색의 결정으로 강한 산화력과 살균력을 나타낸다.

가열분해 시 이산화망간과 산소가 생성된다.

$$2KMnO_4 \rightarrow K_2MnO_4 + MnO_2 + O_2$$

정답 30. ④ 31. ④ 32. ②

33 과염소산칼륨과 제2류 위험물이 혼합되는 것은 대단히 위험하다. 그 이유로 타당한 것은?

① 전류가 발생하고 자연발화하기 때문이다.
② 혼합하면 과염소산칼륨이 불연성 물질로 바뀌기 때문이다.
③ 가열, 충격 및 마찰에 의하여 착화 폭발하기 때문이다.
④ 혼합하면 용해하기 때문이다.

제1류 위험물과 제2류 위험물의 혼합은 혼촉발화함

34 가연성 고체 위험물의 공통적인 성질이 아닌 것은?

① 낮은 온도에서 발화하기 쉬운 가연성 물질이다.
② 연소속도가 빠른 고체이다.
③ 물과 반응하여 산소를 발생한다.
④ 비중은 1보다 크다.

제2류 위험물 중 철분, 마그네슘, 금속분은 물과 반응하여 수소를 발생

35 제2류 위험물의 저장 및 취급 시 주의사항으로 맞지 않는 것은?

① 가열이나 산화제와의 접촉을 피한다.
② 금속분은 물속에 저장한다.
③ 연소 시에 발생하는 유독가스에 주의하여야 한다.
④ 마그네슘, 금속분의 화재 시에는 마른모래의 피복소화가 좋다.

금속분은 물과 반응 시 격렬히 반응하며 수소를 발생한다.

36 다음 중 제2류, 제5류 위험물의 공통점에 해당하는 것은?

① 산화력이 강하다.
② 산소 함유물질이다.
③ 가연성 물질이다.
④ 무기물이다.

- 제2류 위험물 : 가연성
- 제5류 위험물 : 가연성, 산소 함유

정답 33. ③ 34. ③ 35. ② 36. ③

37 **제2류 위험물과 제4류 위험물의 공통적인 성질로 맞는 것은?**

① 모두 물에 의해 소화가 불가능하다.
② 모두 산소원소를 포함하고 있다.
③ 모두 물보다 가볍다.
④ 모두 가연성 물질이다.

- 제2류 위험물 : 가연성
- 제4류 위험물 : 가연성, 인화성

38 **제2류 위험물의 금속분의 화재 시 주수소화 하여서는 안 되는 이유는?**

① 산소 발생
② 질소 발생
③ 수소 발생
④ 유독가스 발생

금속분은 물과 반응 시 격렬히 반응하며 수소를 발생한다.

39 **제2류 위험물의 화재시 소화방법으로 틀린 것은?**

① 유황은 다량의 물로 냉각소화가 적당하다.
② 알루미늄분은 건조사로 질식소화가 효과적이다.
③ 마그네슘은 이산화탄소에 의한 소화가 가능하다.
④ 인화성 고체는 이산화탄소에 의한 소화가 가능하다.

마그네슘은 이산화탄소와 반응하여 산화마그네슘과 가연성의 탄소를 발생하므로 이산화탄소 소화약제 사용금지

40 **다음 제2류 위험물 성질에 관한 설명 중 틀린 것은?**

① 가열이나 산화제를 멀리한다.
② 모두 비금속 원소이다.
③ 연소 시 유독한 가스에 주의하여야 한다.
④ 금속분의 화재 시에는 건조사의 피복 소화가 좋다.

정답 37. ④ 38. ③ 39. ③ 40. ②

41 다음 위험물에 대한 설명 중 틀린 것은?

① 황린은 공기 중에서 자연발화할 때가 있다.
② 유황은 물과 작용해서 자연발화할 때가 있다.
③ 적린은 염소산칼륨의 산화제와 혼합하면 발화폭발할 수 있다.
④ 마그네슘 분말을 수분과 장시간 접촉하면 자연발화할 수 있다.

유황은 물과 반응하지 않으며, 소화 시 주수소화한다.

42 유황, 마그네슘, 금속분 등을 저장할 때 가장 주의하여야 할 사항은?

① 가연성 물질과 함께 보관하거나 접촉을 피해야 한다.
② 빛이 닿지 않는 어두운 곳에 보관해야 한다.
③ 통풍이 잘 되는 양지 바른 장소에 보관해야 한다.
④ 화기의 접근이나 과열을 피해야 한다.

제2류 위험물로 가연성 고체 또는 이연성 고체이므로 화기의 접근을 금지한다.

43 가연성 고체 위험물에 산화제를 혼합하면 위험한 이유는 다음 중 어느 것인가?

① 온도가 올라가며 자연 발화되기 때문에
② 즉시 착화폭발하기 때문에
③ 약간의 가열, 충격, 마찰에 의하여 착화폭발하기 때문에
④ 조연성 가스를 발생하기 때문에

44 다음 위험물 지정수량이 제일 적은 것은?

① 유황　　② 황린　　③ 황화린　　④ 적린

- 100kg : 유황, 황화린, 적린
- 20kg : 황린

45 오황화린이 물과 작용하여 발생하는 기체는?

① 황화수소　　② 수소
③ 산소　　④ 아세틸렌

정답 41. ② 42. ④ 43. ③ 44. ② 45. ①

오황화린, 칠황화린이 물과 반응 시 황화수소와 인산이 발생된다.
$P_2S_5 + 8H_2O \rightarrow 5H_2S$(황화수소) + $2H_3PO_4$(인산)

46 다음 중 적린에 대한 설명 중 틀린 것은?

① 물이나 알코올에는 녹지 않는다.
② 착화온도는 약 260℃이다.
③ 공기 중에서 연소하면 인화수소가스가 발생한다.
④ 산화제인 제1류 위험물과 혼합하여 발화하기 쉽다.

적린은 연소 시 백색의 연기인 오산화인을 생성한다.
$4P + 5O_2 \rightarrow 2P_2O_5$

47 적린에 대한 설명으로 틀린 것은?

① 황린의 동소체이다.
② 무취의 암적색 분말이다.
③ 이황화탄소, 에테르에 녹는다.
④ 이황화탄소, 황, 암모니아와 접촉하면 발화한다.

- 적린은 물 또는 이황화탄소에 녹지 않는다.
- 황린은 물에 녹지 않지만, 이황화탄소에는 녹는다.

48 유황의 성질에 대한 설명으로 옳은 것은?

① 상온에서 가연성 액체물질이다.
② 전기도체로서 연소할 때 황색 불꽃을 보인다.
③ 고온에서 용융되며, 유황은 수소와 반응하여 황화수소가 발생한다.
④ 물이나 산에 잘 녹으며, 환원성 물질과 혼합하면 폭발의 위험이 있다.

① 가연성 액체 → 가연성 고체
② 전기의 도체 → 전기의 부도체
④ 물에는 불용

정답 46. ③ 47. ③ 48. ③

49 다음은 황의 성질에 관한 설명이다. 옳은 것은?(단, 고무상황 제외)

① 물에 잘 녹는다.
② 이황화탄소에 녹는다.
③ 완전연소 시 무색의 유독한 가스(CO)가 발생한다.
④ 전기의 도체이므로 마찰에 의하여 정전기가 발생된다.

① 물에 녹지 않는다.
③ 완전연소 시 SO_2 가스가 발생한다.
④ 전기의 부도체

50 다음은 황에 관한 설명이다. 옳지 않은 것은?

① 황은 4종류의 동소체가 존재한다.
② 황은 연소하면 모두 이산화황으로 된다.
③ 황색의 고체 또는 분말이다.
④ 황은 물에는 녹지 않는다.

① 황은 단사황, 사방황, 고무상황의 3가지 동소체가 있다.

51 황(S)의 저장 및 취급 시의 주의사항으로 옳지 않은 것은?

① 정전기의 축적을 방지한다.
② 산화제로부터 격리시켜 저장한다.
③ 저장 시 목탄가루와 혼합하면 안전하다.
④ 금속과는 반응하지 않으므로 금속제 통에 보관한다.

황가루, 목탄의 혼합은 위험하다. 특히 질산칼륨과 황가루, 숯의 혼합은 흑색화약의 원료이다.

52 적린, 유황 ,철의 위험물과 혼재할 수 있는 유별은?

① 제1류
② 제3류
③ 제4류
④ 제6류

적린, 유황, 철 : 제2류 위험물

정답 49. ② 50. ① 51. ③ 52. ③

류 별	제1류	제2류	제3류	제4류	제5류	제6류
제1류		×	×	×	×	○
제2류	×		×	○	○	×
제3류	×	×		○	×	×
제4류	×	○	○		○	×
제5류	×	○	×	○		×
제6류	○	×	×	×	×	

1－6
2－5
3－4

53 위험물로서 철분에 대한 정의가 옳은 것은?

① 철의 분말로서 53[μm]의 표준체를 통과하는 것이 50[wt%] 미만
② 철의 분말로서 53[μm]의 표준체를 통과하는 것이 50[wt%] 미만인 것 제외
③ 철의 분말로서 150[μm]의 표준체를 통과하는 것이 50[wt%] 미만
④ 철의 분말로서 150[μm]의 표준체를 통과하는 것이 50[wt%] 미만인 것 제외

제2류 위험물

유황	순도 60wt% 이상
철분	철분으로 53μm 표준체를 통과하는 것이 50wt% 미만인 것 제외
마그네슘	2mm 체를 통과하지 아니하는 덩어리 및 직경 2mm 이상의 막대모양의 것은 제외
금속분	구리분, 니켈분 및 150μm의 체를 통과하는 것이 50wt% 미만인 것 제외
인화성 고체	고형 알코올, 그밖에 1기압에서 인화점이 40℃ 미만인 고체

54 은백색의 광택이 있는 금속으로 비중이 약 7.86, 융점은 약 1,530[℃]이고 열이나 전기의 양도체이며 염산과 반응하여 수소를 발생하는 것은?

① 알루미늄
② 철
③ 아 연
④ 마그네슘

경금속(비중 4.5 이하)		중금속(비중 4.5 이상)
• 리튬(Li) : 0.53	• 칼륨(K) : 0.86	• 철(Fe) : 7.8
• 나트륨(Na) : 0.97	• 칼슘(Ca) : 1.55	• 구리(Cu) : 8.9
• 마그네슘(Mg) : 1.74	• 알루미늄(Al) : 2.7	• 수은(Hg) : 13.6

정답 53. ② 54. ②

55 마그네슘분에 관한 설명 중 옳은 것은?

① 가벼운 금속분으로 비중은 물보다 약간 작다.
② 금속이므로 연소하지 않는다.
③ 산 및 알칼리와 반응하여 산소를 발생한다.
④ 분진폭발의 위험이 있다.

① 비중이 1.74로 물보다 무겁다.
② 금속으로 분진폭발한다.
③ 수소 발생

56 위험물안전관리법에서 마그네슘은 몇 [mm]의 체를 통과하지 않는 덩어리 상태의 것을 위험물에서 제외하고 있는가?

① 1 ② 2
③ 3 ④ 4

마그네슘

2mm체를 통과하지 아니하는 덩어리 및 직경 2mm 이상의 막대모양의 것은 제외

57 철분과 황린의 지정수량을 합한 값은?

① 1,020[kg] ② 520[kg]
③ 220[kg] ④ 70[kg]

- 철분 지정수량 : 500kg
- 황린 지정수량 : 20kg

58 알루미늄의 화재에 가열 수증기와 반응하여 발생하는 가스는?

① 질소 ② 산소
③ 수소 ④ 염소

$2Al + 6H_2O \rightarrow 2Al(OH)_3 + 3H_2 \uparrow$

정답 55. ④ 56. ② 57. ② 58. ③

59 고형 알코올에 대한 설명으로 맞는 것은?

① 합성수지에 메탄올을 혼합 침투시켜 한천상(寒天狀)으로 만든 것이다.
② 50℃ 미만에서 가연성의 증기를 발생하기 쉽고 인화되기 매우 쉽다.
③ 제4류 위험물로서 알코올류에 해당한다.
④ 가열 또는 화염에 의해 화재위험성이 매우 낮다.

② 40℃ 미만에서 가연성의 증기를 발생하기 쉽고 인화되기 매우 쉽다.
③ 제2류 위험물로서 인화성 고체에 해당한다.
④ 가열 또는 화염에 의해 화재위험성이 매우 높다.

60 인화성 고체가 인화점이 몇 [℃]일 때 제2류 위험물로 보는가?

① 40[℃] 미만
② 40[℃] 이상
③ 50[℃] 미만
④ 50[℃] 이상

인화성 고체

고형 알코올, 그밖에 1기압에서 인화점이 40℃ 미만인 고체

61 다음 중 자연발화성 물질 및 금수성 물질은 몇 류 위험물인가?

① 제1류 위험물
② 제2류 위험물
③ 제3류 위험물
④ 제4류 위험물

류 별	공통성질	가연물	산소공급원	점화원	물과의 반응 시 생성가스
제1류	산화성 고체		○		산소가스 발생
제2류	가연성 고체	○			수소가스 발생(철마금)
제3류	자연발화성 물질 금수성 물질	○		○	수소가스 가연성 가스 발생
제4류	인화성 액체	○		△	
제5류	자기반응성 물질	○	○		
제6류	산화성 액체		○		산소가스 발생

정답 59. ① 60. ① 61. ③

62 제2류, 제3류 위험물에 대한 설명 중 틀린 것은?

① 황린은 다량의 물로 소화하는 것이 좋다.
② 아연분과 황은 어떤 비율로 혼합되어 있어도 가열하면 폭발한다.
③ 적린은 연소 시에 오산화인의 흰 연기를 발생한다.
④ 마그네슘은 알칼리에는 안정하나 산과 반응하여 산소를 발생한다.

④ 마그네슘은 알칼리에는 안정하나 산과 반응하여 수소를 발생한다.

63 제3류 위험물의 일반적인 성질에 해당되는 것은?

① 나트륨을 제외하고 물보다 무겁다.
② 황린을 제외하고 물과 반응하는 물질이다.
③ 류별이 다른 위험물과는 일정한 거리를 유지하는 경우 동일한 장소에 저장할 수 있다.
④ 위험물제조소에 청색 바탕에 백색 글씨로 "물기주의"를 표시한 주의사항 게시판을 설치한다.

① 나트륨 비중 0.97, 칼륨비중 : 0.86
③ 류별을 달리하는 위험물은 혼재 불가
④ 제3류 위험물 중 금수성 물질의 표시사항 "물기엄금"

64 다음은 제3류 위험물 저장 및 취급 시 주의사항이다. 적합하지 않은 것은?

① 모든 물질은 물과 반응하여 수소를 발생한다.
② K, Na 및 알칼리금속은 석유류에 저장한다.
③ 류별이 다른 위험물과는 동일한 위험물 저장소에 함께 저장해서는 아니 된다.
④ 소화방법은 건조사, 팽창질석, 건조석회를 상황에 따라 조심스럽게 사용하여 질식 소화한다.

제3류 위험물은 물과 반응하여 가연성 가스 생성

65 다음은 제3류 위험물의 공통된 특성에 대한 설명이다. 옳은 것은?

① 일반적으로 불연성 물질이고 강산화제이다.
② 가연성이고 자기반응성 물질이다.
③ 저온에서 발화하기 쉬운 가연성 물질이며 산과 접촉하면 발화한다.
④ 물과 반응하여 가연성 가스를 발생하는 것이 많다.

정답 62. ④ 63. ② 64. ① 65. ④

66 제3류 위험물의 화재 시 가장 적당한 소화방법은?

① 주수소화가 적당하다.
② 이산화탄소가 적당하다.
③ 할로겐화물 소화가 적당하다.
④ 건조사가 적당하다.

67 다음 물질의 저장방법 중 틀린 것은 어느 것인가?

① 탄화칼슘－밀폐용기
② 나트륨－석유에 보관
③ 칼륨－석유에 보관
④ 알킬알루미늄－물에 보관

④ 알킬알루미늄은 물과 반응하여 가연성 가스를 발생하므로 주수금지이다.

68 트리에틸알루미늄의 성질 중 틀린 것은?

① 유기금속화합물이다.
② 폴리에틸렌 · 폴리스티렌 등을 공업적으로 합성하기 위해서 사용한다.
③ 공기와 접촉하면 산화한다.
④ 무색 액체로, 분자량 114.17, 녹는점 －52.5℃, 끓는점 194℃이다.

알킬알루미늄은 공기와 접촉하면 발화한다.

69 물 또는 습기와 접촉하면 급격히 발화하는 물질은?

① 질산
② 나트륨
③ 황린
④ 아세톤

나트륨은 공기 중의 습기와 발열 반응하여 발화하므로 석유류 등 보호액 속에 보관함

70 다음 중 칼륨 보관 시에 사용하는 것은?

① 수은
② 에탄올
③ 글리세린
④ 경유

칼륨, 나트륨, 리튬 등의 금속 보호액 : 석유(등유, 경유, 파라핀)

정답 66. ④ 67. ④ 68. ③ 69. ② 70. ④

71 제3류 위험물인 칼륨의 특성으로 맞지 않는 것은?

① 물보다 비중이 크다.
② 은백색의 광택이 있는 무른 경금속이다.
③ 연소 시 보라색 불꽃을 내면서 연소한다.
④ 융점이 63.5℃이고 비점은 762℃이다.

금속의 불꽃반응 시 색상

암기법 불꽃놀이할 때 불꽃 색깔 – 빨리 노나보카 청녹개구리

리튬 → 적색	나트륨 → 노란색	칼륨 → 보라색	구리 → 청녹색	칼슘 → 황적색

※ 금속의 비중

경금속(비중 4.5 이하)		중금속(비중 4.5 이상)
• 리튬(Li) : 0.53 • 나트륨(Na) : 0.97 • 마그네슘(Mg) : 1.74	• 칼륨(K) : 0.86 • 칼슘(Ca) : 1.55 • 알루미늄(Al) : 2.7	• 철(Fe) : 7.8 • 구리(Cu) : 8.9 • 수은(Hg) : 13.6
제4류 위험물의 비중 • 이황화탄소 : 1.26 • 비중이 1보다 큰 것 : 의산, 초산, 클로로벤젠, 니트로벤젠, 글리세린		

72 다음은 칼륨과 물이 반응하여 생성된 화학반응식을 나타낸 것이다. 옳은 것은?

① 산화칼륨+수소+발열반응
② 산화칼륨+수소+흡열반응
③ 수산화칼륨+수소+흡열반응
④ 수산화칼륨+수소+발열반응

칼륨+물 → 수산화칼륨+수소+발열반응

$2K + 2H_2O \rightarrow 2KOH + H_2\uparrow$

73 칼륨과 나트륨의 공통적인 성질로서 틀린 것은?

① 경유 속에 저장한다.
② 피부 접촉 시 화상을 입는다.
③ 물과 반응하여 수소를 발생한다.
④ 알코올과 반응하여 산소를 발생한다.

$2K + 2C_2H_5OH \rightarrow 2C_2H_5OK + H_2$

알코올과 반응하여 금속의 아세틸레이드와 수소를 발생시킨다.

정답 71. ① 72. ④ 73. ④

74 칼륨이나 나트륨의 취급상 주의사항이 아닌 것은 어느 것인가?

① 보호액 속에 노출되지 않게 저장할 것
② 수분, 습기 등과의 접촉을 피할 것
③ 용기의 파손에 주의할 것
④ 손으로 꺼낼 때는 맨손으로 다룰 것

칼륨과 나트륨은 수분과 반응하므로 손으로 직접 만지면 손의 수분으로 인해 화상의 위험이 있다.

75 황린에 관한 설명 중 틀린 것은?

① 독성이 없다.
② 공기 중에 방치하면 자연발화될 가능성이 크다.
③ 물속에 저장한다.
④ 연소 시 오산화인의 흰 연기가 발생한다.

적린은 독성이 없으며, 황린은 독성이 있다.

76 다음 중 황린의 화재 설명에 대하여 옳지 않은 것은?

① 황린이 발화하면 검은색의 연기를 낸다.
② 황린은 공기 중에서 산화하고 산화열이 축적되어 자연발화한다.
③ 황린 자체와 증기 모두 인체에 유독하다.
④ 황린은 수중에 저장하여야 한다.

황린이 연소하면 백색연기를 내는 오산화인이 생성된다.

77 황린의 위험성에 대한 설명으로 맞지 않는 것은?

① 발화점은 34℃로 낮아 매우 위험하다.
② 증기는 유독하며 피부에 접촉되면 화상을 입는다.
③ 상온에 방치하면 증기를 발생시키고 산화하여 발열한다.
④ 백색 또는 담황색의 고체로 물에 잘 녹는다.

황린은 고체로 물에 녹지 않으므로 보관 시 pH 9(약 알칼리성) 물에 보관한다.

정답 74. ④ 75. ① 76. ① 77. ④

78 **황린이 자연발화하기 쉬운 이유는 어느 것인가?**

① 비등점이 낮고 증기의 비중이 작기 때문
② 녹는점이 낮고 상온에서 액체로 되어 있기 때문
③ 착화 온도가 낮고 산소와 결합력이 강하기 때문
④ 인화점이 낮고 인화성 물질이기 때문

황린의 발화점은 34℃이며, 산소와 반응이 크다.

79 **황린의 저장 및 취급에 있어서 주의사항으로 옳지 않은 것은?**

① 물과의 접촉을 금할 것
② 독성이 강하므로 취급에 주의할 것
③ 산화제와의 접촉을 피할 것
④ 발화점이 낮으므로 화기의 접근을 피할 것

황린은 물속에 저장한다.

80 **다음 중 착화 온도가 가장 낮은 것은?**

① 유황　② 삼황화린　③ 적린　④ 황린

황린의 발화(착화)점은 34℃로서 위험물 중에서 가장 낮다.

81 **다음 위험물의 화재 시 주수소화에 의하여 가장 위험이 있는 것은?**

① CaO　② Ca_3P_2
③ P　④ $C_6H_2(NO_2)_3CH_3$

① CaO : 산화칼슘 – 위험물 아님
② Ca_3P_2 : 인화칼슘 – 제3류 위험물 : 물과 반응하여 포스핀가스 생성
③ P : 적린 – 제2류위험물 : 주수소화
④ $C_6H_2(NO_2)_3CH_3$: 트리니트로톨루엔 – 제5류위험물 : 주수소화

정답 78. ③　79. ①　80. ④　81. ②

류 별	품명	발생가스	반응식
제1류	무기과산화물	산소	$2Na_2O_2+2H_2O \rightarrow 4NaOH+O_2\uparrow$
제2류	오황화린, 칠황화린	황화수소	$P_2S5+8H_2O \rightarrow 2H_3PO_4$(인산)$+5H_2S\uparrow$
	철분, 마그네슘, 금속분	수소	$Mg+2H_2O \rightarrow Mg(OH)_2+H_2\uparrow$
제3류	칼륨, 나트륨, 리튬	수소	$2K+2H_2O \rightarrow 2KOH+H_2\uparrow$
	수소화칼륨, 수소화나트륨	수소	$KH+H_2O \rightarrow KOH+H_2\uparrow$
	트리메틸알루미늄	메탄	$(CH_3)_3Al+3H_2O \rightarrow Al(OH)_3+3CH_4\uparrow$
	트리에틸알루미늄	에탄	$(C_2H_5)_3Al+3H_2O \rightarrow Al(OH)_3+3C_2H_6\uparrow$
	인화칼슘, 인화알루미늄	포스핀(PH_3)	$Ca_3P_2+6H_2O \rightarrow 3Ca(OH)_2+2PH_3\uparrow$
	탄화칼슘	아세틸렌(C_2H_2)	$CaC_2+2H_2O \rightarrow Ca(OH)_2+C_2H_2\uparrow$
	탄화알루미늄	메탄(CH_4)	$Al_4C_3+12H_2O \rightarrow 4Al(OH)_3+3CH_4\uparrow$

82 인화칼슘(Ca_3P_2)이 물과 반응 시 생성되는 가연성 가스는?

① 수소 ② 아세틸렌 ③ 인화수소 ④ 염화수소

인화칼슘이 물과 반응하면 인화수소(PH_3, 포스핀가스) 발생

$Ca_3P_2+6H_2O \rightarrow 3Ca(OH)_2+2PH_3\uparrow$

83 칼슘카바이드의 위험성으로 옳은 것은?

① 습기와 접촉하면 아세틸렌가스를 발생시킨다.
② 밀폐용기에 저장하거나 질소가스 등으로 밀봉하여 저장한다.
③ 고온에서 질소와 반응하여 석회질소가 된다.
④ 구리와 반응하여 아세틸렌화 구리가 생성된다.

탄화칼슘=칼슘카이드

84 다음 중 카바이드에서 아세틸렌가스 제조반응식으로 옳은 것은?

① $CaC_2 + 2H_2O \rightarrow Ca(OH)_2 + C_2H_2\uparrow$
② $CaC_2 + H_2O \rightarrow CaO + C_2H_2\uparrow$
③ $2CaC_2 + 6H_2O \rightarrow 3Ca(OH)_2 + 2C_2H_2\uparrow$
④ $CaC_2 + 3H_2O \rightarrow CaCO_3 + 2CH_3\uparrow$

정답 82. ③ 83. ① 84. ①

85 **탄화칼슘 90,000[kg]를 소요단위로 산정하면?**

① 10단위 ② 20단위 ③ 30단위 ④ 40단위

탄화칼슘의 지정수량 : 300kg

$$\frac{90,000}{10 \times 300} = 30$$

86 **다음 제3류 위험물 중 물과 작용하여 메탄가스를 발생시키는 것은?**

① 수소화나트륨 ② 탄화알루미늄 ③ 수소화칼륨 ④ 수소화리튬

제3류 위험물 중 메탄가스 발생 : 탄화알루미늄, 트리메틸알루미늄

87 **다음 제4류 위험물의 일반적인 성질에 대한 설명으로 가장 거리가 먼 것은?**

① 증기는 공기와 약간 혼합되어도 연소의 우려가 있다.
② 액체비중은 물보다 가벼운 것이 많다.
③ 인화의 위험이 높은 것이 많다.
④ 증기비중은 공기보다 가벼운 것이 많다.

제4류위험물 중 증기비중이 공기보다 가벼운 것은 제1석유류 중 시안화수소(HCN)이다.

88 **제4류 위험물의 석유류 분류는 다음 어느 성질에 따라 구분하는가?**

① 비등점 ② 연소점 ③ 착화점 ④ 인화점

인화점의 차이로 석유류를 제1석유류, 제2석유류, 제3석유류, 제4석유류로 구분한다.

89 **인화성 액체 위험물의 특징으로 맞는 것은?**

① 착화 온도가 높다.
② 증기의 비중은 1보다 작으며 높은 곳에 체류한다.
③ 전기 부도체로 정전기 발생에 주의하여야 한다.
④ 대부분 비중이 물보다 크다.

증기비중은 대부분 1보다 크며, 액체비중은 1보다 작은 것이 대부분이다.

정답 85. ③ 86. ② 87. ④ 88. ④ 89. ③

90 제4류 위험물 취급 시 주의사항 중 틀린 것은 어느 것인가?

① 인화위험은 액체보다 증기에 있다.
② 증기는 공기보다 무거우므로 높은 곳으로 배출하는 것이 좋다.
③ 화기 및 점화원으로부터 멀리 저장할 것
④ 인화점 이상 가열하여 취급할 것

보관 시 인화점 이하로 보관한다.

91 제4류 위험물에 가장 많이 사용하는 소화방법은?

① 물을 뿌린다.
② 연소물을 제거한다.
③ 공기를 차단한다.
④ 인화점 이하로 냉각한다.

제4류 위험물은 인화성 액체로 인화점이 낮으며 대부분 유기화합물로 물에 녹지 않으며 비중이 1보다 작으므로 주수소화 시 연소면의 확대 우려가 있으며, 포소화설비 등을 이용한 질식소화를 한다.

92 다음 제4류 위험물 중 석유류의 분류가 옳은 것은?

① 제1석유류 : 아세톤, 가솔린, 이황화탄소
② 제2석유류 : 등유, 경유, 장뇌유
③ 제3석유류 : 중유, 송근유, 클레오소트유
④ 제4석유류 : 윤활유, 가소제, 글리세린

① 제1석유류 : 아세톤, 가솔린　　특수인화물 : 이황화탄소
③ 제3석유류 : 중유, 클레오소트유　　제2석유류 : 송근유
④ 제4석유류 : 윤활유, 가소제　　제3석유류 : 글리세린

93 제4류 위험물 중 물에 잘 녹지 않는 물질은?

① 피리딘　② 아세톤　③ 초산　④ 아닐린

- 아닐린 : 제3석유류 비수용성
- 피리딘, 아세톤, 초산 : 수용성

정답 90. ④ 91. ③ 92. ② 93. ④

분류	지정품목	비수용성	수용성	수용성
특수인화물	에테르, 이황화탄소	50		아세트알데히드, 산화프로필렌
제1석유류	아세톤, 가솔린	200	400	아세톤, 피리딘, 시안화수소
알코올류	–	400		메틸 · 에틸 · 프로필알코올
제2석유류	등유, 경유	1000	2,000	초산, 의산, 에틸셀르솔브
제3석유류	중유, 클레오소트유	2000	4,000	에틸렌글리콜, 글리세린
제4석유류	기어유, 실린더유	6000		–
동식물류	–	1,000		–

94 위험물을 옥내저장소에 다음과 같이 저장할 때 지정수량의 배수는 얼마인가?

휘발유 $400l$, 아세톤 $400l$, 니트로벤젠 $4,000l$, 글리세린 $8,000l$

① 3배
② 4배
③ 6배
④ 7배

지정수량의 배수 : 휘발유 $200l$, 아세톤 $400l$, 니트로벤젠 $2,000l$, 글리세린 $4,000l$

$$\frac{400}{200}+\frac{400}{400}+\frac{4,000}{2,000}+\frac{8,000}{4,000}=2+1+2+2=7$$

95 다음 중 BTX에 해당되지 않는 것은?

① 벤젠
② 톨루엔
③ 크세논
④ 크실렌

벤젠(Benzene), 톨루엔(Toluene), 크실렌(Xylene)의 앞글자로 만든 약어

벤젠(B)	톨루엔(T)	크실렌
C_6H_6	$C_6H_5CH_3$	$C_6H_4(CH_3)_2$
 또는 	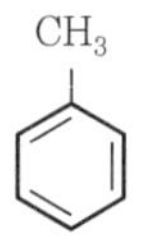 CH_3	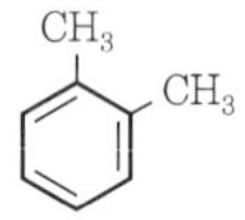 CH_3 CH_3 (O-크실렌) 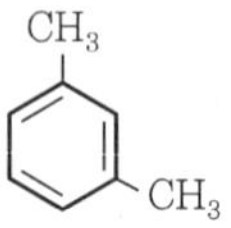 CH_3 CH_3 (m-크실렌) 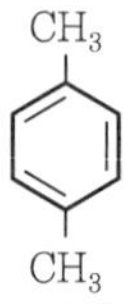 CH_3 CH_3 (P-크실렌)

정답 94. ④ 95. ③

96 물에 잘 녹지 않고 물보다 가벼우며 인화점이 가장 낮은 위험물은?

① 아세톤 ② 디에틸에테르
③ 이황화탄소 ④ 산화프로필렌

① 아세톤 : 제1석유류 – 수용성, 인화점 : –18℃
② 디에틸에테르 : 특수인화물 – 비수용성, 인화점 : –45℃
③ 이황화탄소 : 특수인화물 – 비수용성, 인화점 : –30℃, 비중 : 1.26
④ 산화프로필렌 : 특수인화물 – 수용성, 인화점 : –37℃

97 다음 중 착화온도가 가장 낮은 것은?

① 휘발유 ② 삼황화린 ③ 적린 ④ 황린

인화점(특에이아산, –5087), 착화점

인화점	
20℃	피리딘
13℃	에틸알코올
11℃	메틸알코올
4℃	톨루엔
-----	------------
–1℃	메틸에틸케톤
–4℃	초산에틸
–10℃	초산메틸
–11℃	벤젠
–18℃	아세톤, 콜로디온
–20~–43℃	가솔린
–30℃	이황화탄소, 펜타보란
–37℃	산화프로필렌
–38℃	아세트알데히드 황화디메틸
–45℃	디에틸에테르
–51℃	펜탄
–54℃	이소프렌

발화점	
360℃	유황
300℃	TNT, TNP
300℃	휘발류
260℃	적린
232℃	황
220℃	등유
200℃	경유
185℃	아세트알데히드
180℃	디에틸에테르
170℃	니트로셀룰로오스
125℃	과산화벤조일
100℃	삼황화린
90℃	이황화탄소
34℃	황린(미분), 펜타보란

비점	
35℃	이황화탄소
34℃	산화프로필렌, 디에틸에테르
21℃	아세트알데히드

98 특수인화물에 대한 설명으로 옳은 것은?

① 디에틸에테르, 이황화탄소, 아세트알데히드는 이에 해당한다.
② 1기압에서 비점이 100[℃] 이하인 것이다.
③ 인화점이 영하 20[℃] 이하로서 발화점이 90[℃] 이하인 것이다.
④ 1기압에서 비점이 100[℃] 이상인 것이다.

정답 96. ② 97. ④ 98. ①

이황화탄소, 디에틸에테르 그밖에 1기압에서 발화점이 섭씨 100℃ 이하인 것 또는 인화점이 섭씨 영하 20℃ 이하이고 비점이 섭씨 40℃ 이하인 것

99 다음 특수인화물이 아닌 것은?

① 디에틸에테르 ② 아세트알데히드
③ 이황화탄소 ④ 콜로디온

콜로디온 : 제4류 위험물 중 제1석유류

100 다음 물질 중 인화점이 가장 낮은 것은?

① 에테르 ② 이황화탄소
③ 아세톤 ④ 벤젠

① 에테르 : −45℃ ② 이황화탄소 : −30℃
③ 아세톤 : −18℃ ④ 벤젠 : −11℃

101 인화점이 낮은 것에서 높은 순서로 올바르게 나열된 것은?

① 디에틸에테르 → 아세트알데히드 → 이황화탄소 → 아세톤
② 아세톤 → 디에틸에테르 → 이황화탄소 → 아세트알데히드
③ 이황화탄소 → 아세톤 → 디에틸에테르 → 아세트알데히드
④ 아세트알데히드 → 이황화탄소 → 아세톤 → 디에틸에테르

디에틸에테르(−45℃) → 아세트알데히드(−38℃) → 이황화탄소(−30℃) → 아세톤(−18℃)

102 디에틸에테르($C_2H_5OC_2H_5$)의 증기 비중은?

① 1.55 ② 2.5
③ 2.55 ④ 3.05

디에틸에테르의 분자량 : $C_4H_{10}O = 12 \times 4 + 10 + 16 = 74$

$$증기비중 = \frac{물질의\ 분자량}{29(공기의\ 평균분자량)} = \frac{74}{29} = 2.551 ≒ 2.55$$

정답 99. ④ 100. ① 101. ① 102. ③

103 다음 중 디에틸에테르의 성질로 맞지 않은 것은?

① 증기는 마취성이 있다.
② 무색, 투명하다.
③ 물에는 녹기 어려우나 알코올에는 잘 녹는다.
④ 정전기가 발생하기 어렵다.

유기화합물은 대부분 비극성으로 물에 녹기 어렵고 전기의 부도체로 정전기 발생에 주의한다. (물은 극성으로 전기의 도체이다.)

104 에테르를 저장, 취급할 때의 주의사항으로 틀린 것은?

① 장시간 공기와 접촉하고 있으면 과산화물이 생성되어 폭발위험이 있다.
② 연소범위는 휘발유보다 좁지만 인화점과 착화 온도가 낮으므로 주의를 요한다.
③ 건조한 에테르는 비전도성이므로 정전기 발생에 주의를 요한다.
④ 소화약제로서 CO_2가 가장 적당하다.

에테르 연소범위 1.9~48%, 휘발유 연소범위 1.4~7.6%

105 디에틸에테르에 대한 설명 중 틀린 것은?

① 디에틸에테르는 특수인화물로서 지정수량이 200리터이다.
② 물에 약간 녹고, 알코올에 잘 녹으며 발생된 증기는 마취성이 있다.
③ 공기와 장기간 접촉하면 과산화물이 생성되므로 갈색병에 저장하여야 한다.
④ 디에틸에테르는 인화점이 영하 45℃이고, 착화점은 180℃이다.

특수인화물의 지정수량 : 50리터

106 이황화탄소를 물속에 저장하는 이유로 맞는 것은?

① 불순물을 용해시키기 위하여
② 가연성 가스의 발생을 억제하기 위하여
③ 상온에서 수소를 방출하기 때문에
④ 공기와 접촉하면 즉시 폭발하기 때문에

이황화탄소(CS_2)를 수조에 보관하는 이유는 가연성 가스의 발생방지이다.

정답 103. ④ 104. ② 105. ① 106. ②

107 이황화탄소에 대한 설명으로 잘못된 것은?

① 순수한 것은 황색을 띠고, 액체는 물보다 가볍다.
② 증기는 유독하며 피부를 해치고 신경계통을 마비시킨다.
③ 물에는 녹지 않으나 유지, 황 고무 등을 잘 녹인다.
④ 인화되기 쉬우며 점화되면 연한 파란 불꽃을 나타낸다.

이황화탄소 비중은 1.26

108 순수한 것은 무색, 투명한 휘발성 액체이고 물보다 무겁고 물에 녹지 않으며 연소 시 아황산가스를 발생하는 물질은?

① 에테르 ② 이황화탄소
③ 아세트알데히드 ④ 산화프로필렌

109 제4류 위험물 중 착화온도가 가장 낮고 대단히 휘발하기 쉬우므로 용기를 탱크에 저장 시 물로 덮어서 증발을 막는 위험물은 어느 것인가?

① 이황화탄소 ② 콜로디온 ③ 에틸에테르 ④ 가솔린

이황화탄소(CS_2)를 수조에 보관하는 이유는 가연성 가스의 발생을 방지하기 위해서이다.

110 다음 중 제4류 위험물인 아세트알데히드의 인화점은 몇 ℃인가?

① −45℃ ② −38℃ ③ −30℃ ④ −11℃

인화점(특에이아산, −5087)

에테르 : −45℃, 이황화탄소 : −30℃, 아세트알데히드 : −38℃, 산화프로필렌 : −37℃

111 다음 위험물 중 물보다 가볍고 인화점이 0℃ 이하인 물질은?

① 이황화탄소 ② 아세트알데히드
③ 테레핀유 ④ 경유

① 이황화탄소 : 비중 1.26 인화점−30℃
② 아세트알데히드 : 비중 0.78, 인화점 −38℃
③ 테레핀유 : 제2석유류 인화점 21~70℃(암기하는 것이 아니고 인화점의 석유류 구별 감으로)
④ 경유 : 제2석유류 인화점 21~70℃(암기하는 것이 아니고 인화점의 석유류 구별 감으로)

정답 107. ① 108. ② 109. ① 110. ② 111. ②

112 **구리(Cu), 은(Ag), 마그네슘(Mg), 수은(Hg)과 반응하면 아세틸라이드를 생성하고 연소 범위가 2.5~38.5%인 물질은?**

① 아세트알데히드 ② 알킬알루미늄
③ 산화프로필렌 ④ 콜로디온

- 아세트알데히드 연소범위 : 4.1~57%
- 산화프로필렌 연소범위 : 2.5~38.5%

113 **산화프로필렌의 성질로서 가장 옳은 것은?**

① 산, 알칼리 또는 구리(Cu), 마그네슘(Mg)의 촉매에서 중합반응을 한다.
② 물속에서 분해하여 에탄(C_2H_6)을 발생한다.
③ 폭발범위가 4~58[%]이다.
④ 물에 녹기 힘들며 흡열반응을 한다.

② 저장 시 수증기 또는 질소를 봉입한다.
③ 폭발범위는 2.5~38.5%
④ 물에 녹는다.

114 **다음 중 제4류 위험물의 제1석유류에 속하는 것은?**

① 이황화탄소 ② 휘발유
③ 디에틸에테르 ④ 크실렌

- 이황화탄소 : 특수인화물
- 휘발유 : 제1석유류
- 디에틸에테르 : 특수인화물
- 크실렌 : 제2석유류

115 **다음 중 물에 잘 녹지 않는 위험물은?**

① 벤젠 ② 에틸알코올
③ 글리세린 ④ 아세트알데히드

수용성 : 에틸알코올, 글리세린, 아세트알데히드

정답 112. ③ 113. ① 114. ② 115. ①

116 **위험물 저장소에 특수인화물 200[l], 제1석유류(비수용성)400[l], 제2석유류(비수용성)1,000[l]를 저장할 경우 지정수량은 몇 배인가?**

① 9배 ② 8배 ③ 7배 ④ 6배

지정수량

특수인화물 50[l], 제1석유류(비수용성) 200[l], 제2석유류(비수용성)1,000[l]

$$\frac{200}{50}+\frac{400}{200}+\frac{1,000}{1,000}=4+2+1=7$$

117 **다음은 위험물의 성질에 관한 설명 중 옳은 것은?**

① 이황화탄소, 가솔린, 벤젠 가운데 인화 온도가 가장 낮은 것은 벤젠이다.
② 에테르는 인화점이 낮아 인화하기 쉬우며 그 증기는 마취성이 있다.
③ 에틸알코올은 인화점이 13[℃]이지만 물이 조금이라도 섞이면 불연성 액체가 된다.
④ 석유에테르의 증기는 마취성이 있으며 공기보다 무겁고 비중은 1보다 크다.

① 이황화탄소(−30℃), 가솔린(−20∼−43℃), 벤젠(−11℃)
③ 불연성 액체 → 가연성 액체
④ 증기비중은 1보다 크지만, 액체비중은 1보다 작다.

118 **다음 위험물 중 위험등급 2등급에 해당하는 것은?**

① 등유 ② 디에틸에테르 ③ 클레오소오트유 ④ 아세톤

- 위험등급 I등급 : 특수인화물
- 위험등급 II등급 : 알코올류, 제1석유류

※ 등유 : 제2석유류
디에틸에테르 : 특수인화물
클레오소오트유 : 제3석유류
아세톤 : 제1석유류

119 **휘발유에 대한 설명 중 틀린 것은?**

① 연소범위는 약 1.4~7.6[%]이다.
② 제1석유류로 지정수량이 200[ℓ]이다.
③ 비전도성이므로 정전기에 의한 발화의 위험이 없다.
④ 착화점이 약 300[℃]이다.

정답 116. ③ 117. ② 118. ④ 119. ③

비전도성이므로 정전기가 발생됨

120 제4류 위험물 제1석유류인 휘발유의 지정수량은?

① 200[l] ② 400[l] ③ 1,000[l] ④ 2,000[l]

제1석유류 비수용성 지정수량 $200l$, 수용성 $400l$

121 제4류 위험물인 톨루엔의 특성으로 맞지 않는 것은?

① 무색의 휘발성 액체이다.
② 인화점은 4℃이고 착화점은 552℃이다.
③ 독성이 있고 방향성을 갖는다.
④ 물에는 녹으나 유기용제에는 녹지 않는다.

톨루엔

제1석유류 – 비수용성

122 톨루엔의 성질을 벤젠과 비교한 것 중 틀린 것은?

① 독성은 벤젠보다 크다. ② 인화점은 벤젠보다 높다.
③ 비점은 벤젠보다 높다. ④ 연소범위는 벤젠보다 좁다.

독성의 크기

벤젠 > 톨루엔 > 크실렌

123 제4류 위험물인 톨루엔($C_6H_5CH_3$)에 대한 일반적 성질 중 틀린 것은?

① 증기는 공기보다 가볍다.
② 인화점이 낮고 물에는 잘 녹지 않는다.
③ 휘발성이 있는 무색 · 투명한 액체이다.
④ 증기는 독성이 있지만 벤젠에 비해 약한 편이다.

제4류 위험물 중 증기가 공기보다 가벼운 것은 시안화수소(HCN)이다.

정답 120. ① 121. ④ 122. ① 123. ①

124 **제4류 위험물의 제1석유류인 메틸에틸케톤의 지정수량은?**

① 100l　　② 200l
③ 300l　　④ 400l

메틸에틸케톤(MEK)은 수용성이지만 지정수량은 200l이다.

125 **다음 위험물 중 알코올류에 속하지 않는 것은 무엇인가?**

① 에틸알코올　　② 메틸알코올
③ 변성알코올　　④ 1－부탄올

한 분자 내의 탄소원자가 1개에서 3개인 포화1가(OH의 개수)의 알코올로서 변성 알코올을 포함한다.
1－부탄올 : 제2석유류 비수용성

126 **제4류 위험물의 발생증기와 비교하여 시안화수소(HCN)가 갖는 대표적인 특징은?**

① 물에 녹기 쉽다.　　② 물보다 무겁다.
③ 증기는 공기보다 가볍다.　　④ 인화성이 낮다.

시안화수소의 증기비중은 HCN=1+12+14=27로 공기의 평균비중 29보다 작다.

127 **알코올류에서 탄소수가 증가할 때 변화하는 현상이 아닌 것은?**

① 인화점이 높아진다.
② 발화점이 높아진다.
③ 연소범위가 좁아진다.
④ 수용성이 감소된다.

탄화수소계 화합물의 탄소수 증가 시 변화현상

탄화수소계 화합물의 탄소수가 증가할수록 위험성은 작아진다.
1. 비중, 착화점, 연소범위, 휘발성, 연소속도는 낮아진다.
2. 비점, 인화점, 발열량, 증기비중, 점도는 높아진다.
3. 이성질체가 많아진다.

정답 124. ② 125. ④ 126. ③ 127. ②

128 제4류 위험물 중 알코올에 대한 설명이다. 옳지 않은 것은?

① 수용성이 가장 큰 알코올은 에틸알코올이다.
② 분자량이 증가함에 따라 수용성은 감소한다.
③ 분자량이 커질수록 이성질체도 많아진다.
④ 변성알코올도 알코올류에 포함된다.

수용성이 가장 큰 것은 메틸알코올이다.

129 메틸알코올을 취급할 때의 위험성으로 틀린 것은?

① 겨울에는 폭발성의 혼합 가스가 생기지 않는다.
② 연소범위는 에틸알코올보다 넓다.
③ 독성이 있다.
④ 증기는 공기보다 약간 가볍다.

제4류 위험물의 증기는 시안화수소를 제외하고 모두 공기보다 무겁다.
- 메틸알코올 연소범위 : 7.3~36%
- 에틸알코올 연소범위 : 4.3~19%

130 알코올류 60,000[l]의 소화설비의 설치 시 소요단위는 얼마인가?

① 5단위　② 10단위
③ 15단위　④ 20단위

알코올의 지정수량 : 400[l]

$$\frac{60,000}{10 \times 400} = 15$$

131 다음 중 위험물 중 알코올류에 속하는 것은?

① 메틸알코올　② 부탄올
③ 퓨젤유　④ 클레오소트유

분자를 구성하는 탄소원자의 수가 1개부터 3개까지인 포화1가 알코올(변성알코올 포함)

정답 128. ① 129. ④ 130. ③ 131. ①

132 다음 중 2가 알코올에 해당되는 것은?

① 메탄올　② 에탄올
③ 에틸렌글리콜　④ 글리세린

2가 알코올 : OH가 2개

<table>
<tr><td rowspan="3">1가</td><td>메틸알코올
CH_3OH</td><td>H
|
H − C − OH
|
H</td><td>2가</td><td>에텔렌글리콜
$C_2H_4(OH)_2$</td><td>H　H
|　|
H − C − C − H
|　|
OH　OH</td></tr>
<tr><td>에틸알코올
C_2H_5OH</td><td>H　H
|　|
H − C − C − OH
|　|
H　H</td><td rowspan="2">3가</td><td rowspan="2">글리세린
$C_3H_5(OH)_3$</td><td rowspan="2">H　H　H
|　|　|
H − C − C − C − H
|　|　|
OH　OH　OH</td></tr>
<tr><td>프로필알코올
C_3H_7OH</td><td>H　H　H
|　|　|
H − C − C − C − OH
|　|　|
H　H　H</td></tr>
</table>

133 다음 중 제4류 위험물의 제2석유류에 해당하는 것은?

① 클로로벤젠　② 피리딘
③ 시안화수소　④ 휘발유

- 클로로벤젠 : 제2석유류
- 피리딘 : 제1석유류
- 시안화수소 : 제1석유류
- 휘발유 : 제1석유류

134 1기압에서 액체로서 인화점이 21[℃] 이상 70[℃] 미만인 위험물은?

① 제1석유류 – 아세톤, 휘발유
② 제2석유류 – 등유, 경유
③ 제3석유류 – 중유, 클레오소트유
④ 제4석유류 – 기어유, 실린더유

인화점이 21[℃] 이상 70[℃] 미만은 제2석유류

정답 132. ③　133. ①　134. ②

135 **경유의 화재 발생 시 주수소화가 부적당한 이유로서 가장 옳은 것은?**

① 경유가 연소할 때 물과 반응하여 수소가스를 발생하여 연소를 돕기 때문에
② 주수소화하면 경유의 연소열 때문에 분해하여 산소를 발생하여 연소를 돕기 때문에
③ 경유는 물과 반응하여 독성가스를 발생하므로
④ 경유는 물보다 가볍고 또 물에 녹지 않기 때문에 화재가 널리 확대되므로

비수용성이며 물보다 가벼워 제4류 위험물은 주수소화를 금지한다.

136 **다음 물질 중 부동액으로 사용되는 것은?**

① 니트로벤젠 ② 에틸렌글리콜
③ 크실렌 ④ 중유

• 에틸렌글리콜 : 제4류 위험물 중 제3석유류 수용성(부동액의 원료)

137 **다음 설명 중 옳은 것은?**

① 건성유는 공기 중의 산소와 반응하여 자연발화를 일으킨다.
② 요오드 값이 클수록 불포화결합은 적다.
③ 불포화도가 크면 산소와의 결합이 어렵다.
④ 반건성유는 요오드가값 100 이상 150 이하이다.

② 요오드 값이 클수록 불포화결합은 많다.
③ 포화도가 크면 산소와의 결합이 어렵다.
④ 반건성유는 요오드가값 100 이상 130 이하이다.

138 **동식물유류에 대한 설명 중 틀린 것은?**

① 아마인유는 건성유이므로 자연발화의 위험이 있다.
② 화재 시 소화방법으로는 분말, 이산화탄소 소화약제가 적합하다.
③ 요오드값이 100 이하인 불건성유는 야자유, 해바라기유 등이 있다.
④ 동식물유류는 동물의 지육 등 또는 식물의 종자나 과육으로부터 추출한 것으로서 1기압에서 인화점이 250℃ 미만인 것을 말한다.

③ 해바라기유는 요오드값 130 이상으로 건성유이다.

정답 135. ④ 136. ② 137. ① 138. ③

139 다음 위험물 중 자연발화의 위험성이 가장 큰 물질은?

① 아마인유 ② 파라핀 ③ 휘발유 ④ 콩기름

건성유는 자연발화의 위험이 있다.
건성유의 종류 : 해바라기유, 동유, 아마인유, 들기름, 정어리유

140 동 · 식물 유류가 흡수된 기름걸레를 모아둔 곳에서 화재가 발생한 이유 중 관계가 가장 적은 것은?

① 습도가 높았다.
② 통풍이 잘 되는 곳에 두었다.
③ 산화되기 쉬운 기름이었다.
④ 온도가 높은 곳에 두었다.

통풍이 잘 되는 곳은 열의 축적이 어렵기 때문에 자연발화가 되기 어렵다.

141 요오드값의 정의를 올바르게 설명한 것은?

① 유지 100[kg]에 부가되는 요오드의 [g]수
② 유지 10[kg]에 부가되는 요오드의 [g]수
③ 유지 100[g]에 부가되는 요오드의 [g]수
④ 유지 10[g]에 부가되는 요오드의 [g]수

142 동 · 식물유류의 일반적 성질에 관한 내용이다. 거리가 먼 것은?

① 아마인유는 건성유이므로 자연발화의 위험이 존재한다.
② 요오드값이 클수록 포화지방산이 많으므로 자연발화의 위험이 적다.
③ 산화제 및 점화원과 격리시켜 저장한다.
④ 동 · 식물유는 대체로 인화점이 250[℃] 미만 정도이므로 연소위험성 측면에서 제4석유류와 유사하다.

② 포화지방산 → 불포화지방산

정답 139. ① 140. ② 141. ③ 142. ②

143 물에 녹지 않고 물과 반응하지 않아서 물에 의한 냉각소화가 효과적인 것은?

① 제3류 위험물 ② 제4류 위험물
③ 제5류 위험물 ④ 제6류 위험물

제5류 위험물은 초기 화재 시 다량의 주수소화를 한다.

144 다음 위험물의 지정수량이 같은 것은?

① 과염소산염류와 과염소산
② 인화칼슘과 적린
③ 마그네슘과 질산
④ 히드록실아민과 황화린

① 과염소산염류 : 50kg 과염소산 : 300kg
② 인화칼슘 : 300kg과 적린 : 100kg
③ 마그네슘 : 500kg과 질산 : 300kg
④ 히드록실아민 : 100kg과 황화린 : 100kg

145 순수한 것으로서 건조상태에서 충격 · 마찰에 의해 폭발의 위험성이 가장 높은 것은?

① 삼산화크롬 ② 철분
③ 칼슘탄화물 ④ 아조화합물

건조상태에서 충격 · 마찰에 의해 폭발의 위험성이 높은 것은 제5류 위험물에 대한 특징이다.

146 자기반응성 물질에 대한 설명으로 옳지 않은 것은?

① 가연성 물질로 그 자체가 산소함유 물질로 자기연소가 가능한 물질이다.
② 연소속도가 대단히 빨라서 폭발성이 있다.
③ 비중이 1보다 작고 수용성 액체로 되어 있다.
④ 시간의 경과에 따라 자연발화의 위험성을 갖는다.

③ 제5류 위험물은 대부분 비중이 1보다 크고 액체 또는 고체이다.

정답 143. ③ 144. ④ 145. ④ 146. ③

147 자체에서 가연물과 산소를 함유하고 있어 공기 중의 산소를 필요로 하지 않고 자기연소하는 것은?

① 인화석회 ② 유기과산화물 ③ 초산 ④ 무기과산화물

자체에서 가연물과 산소를 함유하고 있어 공기 중의 산소를 필요로 하지 않고 자기연소하는 것은 제5류 위험물에 대한 특징이다.

148 제5류 위험물에 속하지 않는 물질은?

① 니트로글리세린 ② 니트로벤젠
③ 니트로셀룰로오스 ④ 과산화벤조일

니트로벤젠 : 제4류 위험물 중 제3석유류

149 제5류 위험물인 메틸에틸케톤퍼옥사이드(MEKPO)의 희석제로서 옳은 것은?

① 니트로글리세린 ② 나프탈렌 ③ 아세틸퍼옥사이드 ④ 프탈산디부틸

<table>
<tr><td rowspan="4">보호액</td><td rowspan="2">제3류</td><td>칼륨(K), 나트륨(Na)</td><td>석유(경유, 등유, 파라핀)</td></tr>
<tr><td>황린(P_4)</td><td>물(pH9 약알칼리성 물)</td></tr>
<tr><td>제4류</td><td>이황화탄소(CS_2)</td><td>수조(물)</td></tr>
<tr><td>제5류</td><td>니트로셀룰로오스</td><td>함수알코올</td></tr>
<tr><td>희석제</td><td>제3류</td><td>알킬알루미늄</td><td>벤젠, 헥산</td></tr>
<tr><td rowspan="2">안정제</td><td>제5류</td><td>유기과산화물</td><td>프탈산디메틸, 프탈산디부틸</td></tr>
<tr><td>제6류</td><td>과산화수소(H_2O_2)</td><td>인산(H_3PO_4), 요산($C_5H_4N_4O_3$)</td></tr>
<tr><td>기타</td><td colspan="2">아세틸렌(C_2H_2)</td><td>아세톤(CH_3COCH_3), 디메틸포름아미드(DMF)</td></tr>
</table>

150 다음 과산화벤조일에 대한 설명 중 틀린 것은?

① 무색의 백색 결정으로 강산화성 물질이다.
② 물에는 녹지 않고 알코올에는 약간 녹는다.
③ 발화되면 연소속도가 빠르고 습한 상태에서는 위험하다.
④ 용기는 완전히 밀전, 밀봉하고 환기가 잘되는 찬 곳에 저장한다.

발화되면 연소속도가 빠르고 건조한 상태에서는 위험하다.

정답 147. ② 148. ② 149. ④ 150. ③

151 다음 중 유기과산화물의 화재예방상 주의사항으로 틀린 것은?

① 모든 열원으로부터 멀리한다.
② 직사광선을 피해야 한다.
③ 용기의 파손에 의하여 누출위험이 있으므로 정기적으로 점검한다.
④ 환원제는 상관없으나 산화제와는 멀리할 것

제5류 위험물의 유기과산화물은 환원제, 산화제와 멀리할 것

152 위험물 자체에서 산소를 함유하고 있어 공기 중의 산소를 필요로 하지 않고 자기연소하는 것은?

① 카바이드
② 생석회
③ 초산에스테르류
④ 질산에스테르류

질산에스테르류는 제5류 위험물로 자기반응성 물질의 특징

153 다음 중 질산에스테르류에 속하지 않는 것은?

① 니트로벤젠
② 질산메틸
③ 니트로셀룰로오스
④ 니트로글리세린

각 류별 니트로 화합물

제4류	제3석유류	니트로벤젠, 니트로톨루엔
제5류	질산에스테르류	니트로글리세린, 니르로셀룰로오스, 니트로글리콜
	니트로(소) 화합물	트리니트로톨루엔, 트리니트로페놀(피크린산)

154 제5류 위험물 중 질산에스테르류에 속하지 않는 것은?

① 질산에틸
② 니트로셀룰로오스
③ 디니트로벤젠
④ 니트로글리세린

디니트로벤젠 : 제5류 위험물 중 니트로화합물

정답 151. ④ 152. ④ 153. ① 154. ③

155 과산화벤조일의 성질 중 맞는 것은?

① 무색의 결정으로 물에 잘 녹는다.
② 상온에서 안정한 물질이다.
③ 수분을 포함하고 있으면 폭발하기 쉽다.
④ 다른 가연물과 접촉 시에 상온에서는 위험성이 적다.

156 다음 중 질산에스테르류에 속하지 않는 것은?

① 니트로셀룰로오스
② 질산메틸
③ 니트로글리세린
④ 트리니트로톨루엔

질산에스테르류의 종류

- 질산메틸(CH_3ONO_2)
- 질산에틸($C_2H_5ONO_2$)
- 니트로 글리세린($C_3H_5(ONO_2)_3$)
- 니르로 셀룰로오스[$C_6H_7O_2(ONO_2)_3$]
- 니트로 글리콜($C_2H_4(ONO_2)_2$)

157 질산에틸의 성상에 대한 설명으로 옳은 것은?

① 물에는 잘 녹는다.
② 상온에서 액체이다.
③ 알코올에는 녹지 않는다.
④ 청색이고 불쾌한 냄새가 난다.

158 유기과산화물의 희석제로 널리 사용되는 것은?

① 알코올
② 벤젠
③ MEKPO
④ 프탈산디메틸

보호액	제3류	칼륨(K), 나트륨(Na)	석유(경유, 등유, 파라핀)
		황린(P_4)	물(pH 9 약알칼리성 물)
	제4류	이황화탄소(CS_2)	수조(물)
	제5류	니트로셀룰로오스	함수알코올
희석제	제3류	알킬알루미늄	벤젠, 헥산
안정제	제5류	유기과산화물	프탈산디메틸, 프탈산디부틸
	제6류	과산화수소(H_2O_2)	인산(H_3PO_4), 요산($C_5H_4N_4O_3$)
기타	아세틸렌(C_2H_2)		아세톤(CH_3COCH_3), 디메틸포름아미드(DMF)

정답 155. ② 156. ④ 157. ② 158. ④

159 다음 위험물 중 성상이 고체인 것은?

① 과산화벤조일　　② 질산에틸
③ 니트로글리세린　　④ 질산메틸

제5류 위험물의 고체 : 과산화벤조일, 니트로셀룰로오스

160 위험물안전관리법령에서 규정한 니트로화합물은?

① 피크린산　　② 니트로벤젠
③ 니트로글리세린　　④ 질산에틸

피크린산(트리니트로페놀) – 니트로화합물

161 니트로글리세린에 대한 설명으로 옳지 않은 것은?

① 순수한 액은 상온에서 청색을 띤다.
② 혓바닥을 찌르는 듯한 단맛을 갖는다.
③ 일부가 동결한 것은 액상의 것보다 충격에 민감하다.
④ 피부 및 호흡에 의해 인체의 순환계통에 용이하게 흡수된다.

162 니트로셀룰로오스의 성질로서 맞는 것은?

① 질화도가 클수록 폭발성이 세다.
② 수분이 많이 포함될수록 폭발성이 크다.
③ 외관상 솜과 같은 진한 갈색의 물질이다.
④ 질화도가 낮을수록 아세톤에 녹기 힘들다.

질화도 및 요도드값은 클수록 위험

163 니트로셀룰로오스의 질화도를 구분하는 기준은?

① 질화할 때의 온도차　　② 분자의 크기
③ 수분 함유량의 차　　④ 질소 함유량의 차

질화도는 질소함유량을 %로 나타낸 것

정답 159. ① 160. ① 161. ① 162. ① 163. ④

164 다음 중 T.N.T가 폭발하였을 때 생성되는 가스가 아닌 것은?

① CO ② N_2 ③ SO_2 ④ H_2

분해반응

$2C_6H_2CH_3(NO_2)_3 \rightarrow 2C + 12CO + 3N_2 + 5H_2$

165 제5류 위험물인 니트로화합물의 특징으로 틀린 것은?

① 충격이나 열을 가하면 위험하다.
② 연소소도가 빠르다.
③ 산소 함유 물질이다.
④ 불연성 물질이지만 산소를 많이 함유한 화합물이다.

제5류 위험물은 산소를 함유한 가연성이다.

166 유기과산화물의 일반성질에 대한 설명 중 틀린 것은?

① 물에 잘 용해된다.
② 직사일광에 분해가 촉진된다.
③ 순도가 높아지면 위험성이 증가한다.
④ 열에 의한 위험성이 높다.

제5류 위험물의 유기과상화물은 물에 잘 용해되지 않는다.

167 피크린산의 위험성과 소화방법으로 틀린 것은?

① 건조할수록 위험성이 증가한다.
② 이 산의 금속염은 대단히 위험하다.
③ 알코올 등과 혼합된 것은 폭발의 위험이 있다.
④ 화재 시 소화효과는 질식소화가 제일 좋다.

④ 제5류 위험물의 소화방법은 초기 다량의 주수소화이다.

정답 164. ③ 165. ④ 166. ① 167. ④

168 니트로화합물 중 쓴맛이 있고 유독하며, 물에 전리하여 강한 산이 되며, 뇌관의 첨장약으로 사용되는 것은?

① 니트로글리세린 ② 셀룰로이드
③ 트리니트로페놀 ④ 트리니트로톨루엔

169 과산화벤조일(벤조일퍼옥사이드)에 대한 설명 중 틀린 것은?

① 점화하면 흑연을 내면서 연소하지만 폭발성은 있다.
② 수분이 포함되면 폭발의 위험이 있다.
③ 가열, 충격, 마찰 등에 의하여 분해되며, 폭발의 우려가 있다.
④ 진한황산, 질산 등의 산과는 폭발반응을 한다.

수분이 흡수되거나 희석제의 첨가에 희해 분해가 감소되는 성질이 있다.

170 질화면(니트로셀룰로오스)의 강질화면, 약질화면의 차이점은?

① 질화물의 분자 크기 ② 비점
③ 수분 함유량 ④ 질소 함유량

질화도

어떤 물질에 포함되어 있는 질소분자의 비

171 상온에서 액체인 위험물로만 짝지어 진것은?

① 질산메틸, 피크르산
② 질산에틸, 니트로글리세린
③ 니트로셀룰로오스, 니트로글리세린
④ 니트로글리세린, 셀룰로이드류

질산메틸(액체), 질산에틸(액체) 니트로글리세린(액체), 셀룰로이드류(고체), 니트로셀룰로이드(고체), 피크르산(고체)

정답 168. ③ 169. ② 170. ④ 171. ②

172 다음에서 설명하는 제5류 위험물에 해당하는 것은?

- 담황색의 고체이다.
- 강한 폭발력을 가지고 있고, 에테르에 잘 녹는다.
- 융점은 약 81℃이다.

① 질산메틸
② 트리니트로톨루엔
③ 니트로글리세린
④ 질산에틸

트리니트로톨루엔

- 담황색 주상 결정이다.
- 융점 81℃, 비점 280℃, 착화점 300℃
- 물에 녹지 않으며 아세톤, 벤젠, 알콜, 에테르에 잘 녹는다.
- 강력한 폭약이며 가열 및 타격에 의해 폭발한다.

173 다음 물질 중 황색염료와 산업용도폭선의 심약으로 사용되는 것으로 페놀에 진한황산을 녹이고 이것을 질산에 작용시켜 생성되는 것은?

① 트리니트로페놀
② 질산에틸
③ 니트로셀룰로오스
④ 트리니트로페놀니트로아민

일명 피크린산으로 뇌관의 첨장약, 군용폭파약의 용도로 쓰인다. 뇌관에 넣어 폭발시키면 폭굉 8,100m/s의 폭속을 나타낸다.

174 위험물안전관리법령상 위험등급이 나머지 셋과 다른 하나는?

① 아염소산나트륨
② 알킬알루미늄
③ 아세톤
④ 황린

아염소산나트륨 – Ⅰ등급, 알킬알루미늄 – Ⅰ등급, 아세톤 – Ⅱ등급, 황린 – Ⅰ등급

175 각 유별 위험물의 화재예방대책이나 소화방법에 관한 설명으로 틀린 것은?

① 제1류 – 염소산나트륨은 철제용기에 넣은 후 나무상자에 보관한다.
② 제2류 – 적린은 다량의 물로 냉각 소화한다.
③ 제3류 – 강산화제와의 접촉을 피하고, 건조사, 팽창질석, 팽창진주암 등을 사용하여 질식소화를 시도한다.
④ 제5류 – 분말, 할론, 포 등에 의한 질식소화는 효과가 없으며, 다량의 주수소화가 효과적이다.

정답 172. ② 173. ① 174. ③ 175. ①

제1류, 제6류 위험물은 산화성 성질로 철제용기 사용을 금지한다.

176 다음 중 크산토프로테인 반응을 하는 물질은?

① H_2O_2
② HNO_3
③ $HClO_4$
④ $NH_4H_2PO_4$

제6류 위험물 중 질산이 단백질과 반응하여 황색으로 변화하는 반응 : 크산토프로테인 반응
H_2O_2 : 과산화수소
HNO_3 : 질산
$HClO_4$: 과염소산
$NH_4H_2PO_4$: 인산암모늄

177 위험물안전관리법령상 제5류 위험물에 속하지 않는 것은?

① $C_3H_5(ONO_2)_3$
② $C_6H_2(NO_2)_3OH$
③ CH_3COOH
④ CH_2N_2

$C_2H_5(ONO_2)_3$: 니크로글리세린 – 제5류 위험물 중 질산에스테르류
$C_6H_2(NO_2)_3OH$: 피크린산 – 제5류 위험물 중 니트로화합물
CH_3COOH : 제4류 위험물 중 제2석유류
CH_2N_2 : 디아조메테인 – 제5류 위험물 중 니트로화합물

178 모두 액체인 위험물로만 나열된 것은?

① 제3석유류, 특수인화물, 과염소산염류, 과염소산
② 과염소산, 과요오드산, 질산, 과산화수소
③ 동식물유류, 과산화수소, 과염소산, 질산
④ 염소화이소시아눌산, 특수인화물, 과염소산, 질산

① 과염소산염류 – 고체(제1류 위험물)
② 과요오드산 – 고체(제1류 위험물)
④ 염소화이소시아눌산 – 고체(제1류 위험물)

정답 176. ② 177. ③ 178. ③

179 **다음은 위험물안전관리법령에서 정한 유황이 위험물로 취급되는 기준이다. ( )에 알맞은 말을 차례대로 나타낸 것은?**

유황은 순도가 (　　) 중량퍼센트 이상인 것을 말한다. 이 경우 순도측정에 있어서 불순물은 활석등 불연성물질과 (　　)에 한한다.

① 40, 가연성물질　　② 40, 수분
③ 60, 가연성물질　　④ 60, 수분

유황은 순도가 60wt% 중량퍼센트 이상인 것을 말한다. 이 경우 순도측정에 있어서 불순물은 활석등 불연성물질과 수분에 한한다.

180 **황린과 적린의 비교 설명 중 잘못된 것은?**

① 상온에서 황린은 황색 또는 백색이며 적린은 암색적이다.
② 황린은 승화성이 있으며 적린은 승화성이 없다.
③ 황린은 물속에 보관하고 적린은 냉암소에 저장한다.
④ 황린은 독성이 있으며 적린은 독성이 없다.

황린은 승화성이 없고 적린은 승화성이 있다.

정답 179. ④ 180. ②

CHAPTER 02 위험물의 시설기준

01 용어의 정의 중 지정수량이란 무엇을 말하는가?

① 대통령령이 정하는 수량으로 제조소등의 설치허가 등에 기준이 되는 수량
② 행정안전부령이 정하는 수량으로 제조소등의 설치허가 등에 기준이 되는 수량
③ 시 · 도지사가 정하는 수량으로 제조소등의 설치허가 등에 기준이 되는 수량
④ 소방기술기준에 관한 규칙이 정하는 수량으로 제조소 등의 설치허가 등에 기준이 되는 수량

02 위험물안전관리법에서 위험물에 관한 내용으로 옳지 않은 것은?

① 지정수량 미만의 위험물 취급기준은 시 · 도의 조례에 의한다.
② 제조소등이 아닌 장소에서 위험물의 임시저장 최대일수는 90일 이내이다.
③ 제조소등이란 대통령령이 정하는 장소로서 저장소, 취급소, 제조소를 말한다.
④ 위험물은 모든 물질로서 이루어진 대통령령이 정하는 인화성, 발화성 등의 물품이다.

위험물

인화성, 발화성 등의 성질을 가진 물품으로 대통령령으로 정하는 물품

03 위험물안전관리법상 도로에 해당하지 않는 것은?

① 사도법에 의한 사도
② 일반교통에 이용되는 너비 1m 이상의 도로로서 자동차의 통행이 가능한 것
③ 도로법에 의한 도로
④ 항만법에 의한 항만시설 중 임항교통시설에 해당하는 도로

② 1m 이상 → 2m 이상

04 다음 중 위험물안전관리법의 적용을 받는 것은?

① 항공기에 의한 위험물의 운반
② 선박에 의한 위험물의 운반
③ 대형 트레일러에 의한 위험물의 운반
④ 철도나 궤도에 의한 위험물의 운반

정답 01. ① 02. ④ 03. ② 04. ③

항공기, 선박, 철도 및 궤도에 의한 위험물의 저장 · 취급 및 운반은 적용 제외

05 지정수량 미만의 위험물을 저장 · 취급하는 기준은 어디에서 정하는가?

① 대통령령　　② 행정안전부령
③ 시 · 도의 조례　　④ 소방기술기준에 관한 규칙

- 지정수량 미만 : 시 · 도 조례 적용
- 지정수량 이상 : 위험물안전관리법 적용
- 제조소등의 위치 · 구조 및 설비의 기술기준 : 행정안정부령 적용
- 제조소등의 허가 · 신고권자 : 시 · 도지사

06 위험물안전관리법령에서 정의하는 산화성 고체에 대해 다음 (　) 안에 알맞은 용어를 차례대로 나타낸 것은?

산화성 고체라 함은 고체로서 (　)의 잠재적인 위험성 또는 (　)에 대한 민감성을 판단하기 위하여 소방청장이 정하여 고시하는 시험에서 고시로 정하는 성질과 상태를 나타내는 것을 말한다.

① 산화력, 온도　② 착화, 온도　③ 착화, 충격　④ 산화력, 충격

07 인화성 또는 발화성 등의 성질을 가지는 것으로서 대통령령이 정하는 물품을 무엇이라 하는가?

① 발화성 물질　② 인화성 물질　③ 위험물　④ 가연성 물질

위험물안전관리법 용어의 정의

① 위험물 : 인화성 또는 발화성 등의 성질을 가지는 것으로서 대통령령이 정하는 물품
② 지정수량 : 위험물의 종류별로 위험성을 고려하여 대통령령이 정하는 수량으로서 제조소등의 설치허가 등에 있어서 최저의 기준이 되는 수량을 말한다.
③ 제조소등 : 제조소 · 저장소 및 취급소를 말한다.

08 위험물의 제조소 등이라 함은?

① 제조만을 목적으로 하는 위험물의 제조소
② 제조소, 저장소 및 취급소
③ 위험물의 저장시설을 갖춘 제조소
④ 제조 및 저장시설을 갖춘 판매취급소

정답 05. ③ 06. ④ 07. ③ 08. ②

제조소 등

제조소, 저장소 및 취급소를 말한다.

09 지정수량 이상의 위험물을 임시 저장할 수 있는 기간은 며칠 이내인가?

① 30일 이내 ② 60일 이내 ③ 90일 이내 ④ 180일 이내

관할소방서장의 승인을 받아 임시로 저장 · 취급할 수 있는 기간 → 90일

10 위험물의 운반 시 용기 · 적재방법 및 운반방법에 관하여는 화재 등의 위해 예방과 응급조치상의 중요성을 감안하여 중요기준 및 세부기준은 어느 기준에 따라야 하는가?

① 행정안정부령 ② 대통령령 ③ 소방본부장 ④ 시 · 도 조례

위험물 세부기준 : 행정안전부령

11 운반용기 내용적 95% 이하의 수납률로 수납하여야 하는 위험물은?

① 과산화벤조일 ② 질산에틸
③ 니트로글리세린 ④ 메틸에틸케톤퍼옥사이드

과산화벤조일 : 고체 : 95% 이하 수납

12 고체 위험물은 운반용기 내용적의 몇 % 이하의 수납률로 수납하여야 하는가?

① 36 ② 60 ③ 95 ④ 98

고체 용기는 내용적의 95% 이하, 액체 용기는 내용적의 98% 이하로 수납하되, 55℃에서 충분한 공간용적을 둘 것

13 50℃에서 유지하여야 할 알킬알루미늄 운반용기의 공간용적기준으로 옳은 것은?

① 5% 이상 ② 10% 이상 ③ 15% 이상 ④ 20% 이상

알킬알루미늄 운반용기기준

90% 이하(단 50℃에서 5% 이상의 공간용적 유지)

정답 09. ③ 10. ① 11. ① 12. ③ 13. ①

14 위험물의 운반에 관한 기준에서 적재방법 기준으로 옳지 않은 것은?

① 고체 위험물은 운반용기의 내용적 95% 이하의 수납률로 수납할 것
② 액체 위험물은 운반용기의 내용적 98% 이하의 수납률로 수납할 것
③ 알킬알루미늄은 운반용기 내용적의 95% 이하의 수납률로 수납하되, 50℃의 온도에서 5% 이상의 공간용적을 유지할 것
④ 제3류 위험물 중 자연발화성 물질에 있어서는 불활성 기체를 봉입하여 밀봉하는 등 공기와 접하지 아니하도록 할 것

알킬알루미늄 등은 운반용기 내용적의 90% 이하의 수납률로 수납하되, 50℃의 온도에서 5% 이상의 공간용적을 유지할 것

15 위험물을 저장 또는 취급하는 탱크의 용적 산정 기준으로 옳은 것은?

① 탱크의 용량=탱크의 내용적+탱크의 공간용적
② 탱크의 용량=탱크의 내용적−탱크의 공간용적
③ 탱크의 용량=탱크의 내용적×탱크의 공간용적
④ 탱크의 용량=탱크의 내용적÷탱크의 공간용적

탱크의 용량=탱크 내용적−탱크 공간용적

16 소화설비를 설치하는 탱크의 공간용적은?

① 소화약제 방출구 아래 0.1m 이상 0.5m 미만 사이의 면으로부터 윗부분의 용적
② 소화약제 방출구 아래 0.3m 이상 0.5m 미만 사이의 면으로부터 윗부분의 용적
③ 소화약제 방출구 아래 0.1m 이상 1.0m 미만 사이의 면으로부터 윗부분의 용적
④ 소화약제 방출구 아래 0.3m 이상 1.0m 미만 사이의 면으로부터 윗부분의 용적

17 위험물 암반탱크가 다음과 같은 조건일 때 탱크의 용량은 몇 L인가?

- 암반탱크의 내용적 : 600,000L
- 1일간 탱크 내에 용출하는 지하수의 양 : 1,000L

① 595,000L ② 594,000L ③ 593,000L ④ 592,000L

암반탱크의 공간용적은 탱크 내에 용출하는 7일간의 지하수 용량과 당해 탱크 용적의 1/100 중 큰 값으로 한다.
7×1,000=7,000 > 600,000/100=6,000

정답 14. ③ 15. ② 16. ④ 17. ③

18 **위험물의 취급 중 제조에 관한 기준으로 틀린 것은?**

① 증류공정에 있어서는 위험물을 취급하는 설비의 내부압력의 변동 등에 의하여 액체 또는 증기가 새지 아니하도록 할 것
② 추출공정에 있어서는 추출관의 내부압력이 정상으로 상승하지 아니하도록 할 것
③ 분쇄공정에 있어서는 위험물의 분말이 현저하게 부유하고 있거나 위험물의 분말이 현저하게 기계 · 기구 등에 부착하고 있는 상태로 그 기계 · 기구를 취급하지 아니할 것
④ 건조공정에 있어서는 위험물의 온도가 국부적으로 상승하지 아니하는 방법으로 가열 또는 건조할 것

- 증류공정 : 위험물 취급설비의 내부압력의 변동으로 액체 및 증기가 새지 않을 것
- 추출공정 : 추출관의 내부압력이 비정상으로 상승하지 않을 것
- 건조공정 : 위험물의 온도가 국부적으로 상승하지 아니하도록 가열 건조할 것
- 분쇄공정 : 분말이 부착되어 있는 상태로 기계, 기구를 사용하지 않을 것

19 **위험물의 취급 중 소비에 관한 기준으로 틀린 것은?**

① 추출관의 내부온도가 국부적으로 상승하지 아니하도록 하여야 한다.
② 분사도장작업은 방화상 유효한 격벽 등으로 구획된 안전한 장소에서 하여야 한다.
③ 열처리작업은 위험물이 위험한 온도에 이르지 아니하도록 하여야 한다.
④ 버너를 사용하는 경우에는 버너의 역화를 방지하고 위험물이 넘치지 아니하도록 할 것

- 분사 · 도장작업 : 방화상 유효한 격벽 등으로 구획한 안전한 장소에서 작업할 것
- 담금질 · 열처리 : 위험물이 위험한 온도에 달하지 아니하도록 할 것
- 버너의 사용 : 버너의 역화를 방지하고 석유류가 넘치지 않도록 할 것

20 **위험물의 취급 중 소비에 관한 기준으로 틀린 것은?**

① 열처리 작업은 위험물이 위험한 온도에 이르지 아니하도록 하여 실시하야야 한다.
② 담금질 작업은 위험물이 위험한 온도에 이르지 아니하도록 하여 실시하여야 한다.
③ 분사도장작업은 방화상 유효한 격벽 등으로 구획된 안전한 장소에서 실시하여야 한다.
④ 버너를 사용하는 경우에는 버너의 액화를 유지하고 위험물이 넘치지 아니하도록 한다.

위험물의 취급 중 소비에 관한 기준

- 분사도장작업은 방화상 유효한 격벽 등으로 구획된 안전한 장소에서 실시할 것
- 담금질, 열처리작업은 위험물이 위험한 온도에 이르지 아니하도록 하여 실시할 것
- 버너를 사용하는 경우에는 버너의 액화를 방지하고 위험물이 넘치지 아니하도록 할 것

정답 18. ② 19. ① 20. ④

21 위험물 취급 시 정전기에 의한 화재를 방지하기 위한 방법이 아닌 것은?

① 접지를 할 것
② 공기를 이온화 할 것
③ 상대습도를 70% 이상으로 할 것
④ 유속을 빠르게 할 것

- 접지에 의한 방법
- 공기 중의 상대습도를 70% 이상으로 하는 방법
- 공기를 이온화하는 방법

22 위험물의 저장 및 취급에 대한 다음 설명 중 틀린 것은?

① 지정수량 이상의 위험물을 제조소 등이 아닌 장소에서 취급하여서는 아니 된다.
② 군부대가 지정수량 이상의 위험물을 군사목적으로 임시로 저장하는 경우에는 저장소가 아닌 장소에서 저장할 수 있다.
③ 시 · 도의 조례가 정하는 바에 따라 시 · 도지사의 승인을 받아 지정수량 이상의 위험물을 90일 이내의 기간 동안 임시로 취급하는 경우에는 저장소 등이 아닌 장소에서 취급할 수 있다.
④ 지정수량 이상의 위험물을 저장 및 취급하는 제조소 등의 위치 · 구조 및 설비의 기술기준은 행정안전부령으로 정한다.

③ 시 · 도지사의 승인 → 관할소방서장의 승인

23 제조소 등의 용도폐지를 한 경우 (　) 이내에 시 · 도지사에게 (　)하여야 하는가?

① 7일, 통보
② 14일, 신고
③ 15일, 신고
④ 30일, 폐지

14일 이내 – 용도폐지한 날로부터 신고기간, 안전관리자의 선임 · 해임 시 신고기간

24 Boil over 현상이 일어날 가능성이 가장 큰 것은?

① 휘발유
② 중유
③ 아세톤
④ MEK

중질유의 화재에서 주로 발생

정답 21. ④ 22. ③ 23. ② 24. ②

25 **위험물을 저장한 탱크에서 화재가 발생하였을 때 Slop over 현상이 일어날 수 있는 위험물은?**

① 제1류 위험물 ② 제2류 위험물
③ 제3류 위험물 ④ 제4류 위험물

중질유인 제4류 위험물의 인화성 액체에서 발생한다.

26 **위험물 배관과 탱크부분의 완충조치로서 적당하지 않은 이음방법은?**

① 리벳 조인트 ② 볼 조인트
③ 루프 조인트 ④ 플렉시블 조인트

27 **인화성 액체위험물을 저장하는 옥외저장탱크 주위에는 높이 얼마 이상의 방유제를 설치하여야 하는가?**

① 0.8m 이상~1.5m 이하 ② 0.5m 이상~1.5m 이하
③ 1m 이상~3m 이하 ④ 0.5m 이상~3m 이하

방유제

- 방유제 용량 : 최대탱크 용량×110% 이상일 것
- 방유제 높이 : 0.5m 이상~3m 이하일 것
- 방유제 면적 : 80,000m^2 이하일 것
- 방유제 내에 설치탱크의 수 : 10개 이하일 것
- 방유제 외면의 1/2분 이상은 3m 이상의 노면폭을 확보한 구내도로에 직접 접하도록 할 것
- 방유제는 옥외저장탱크의 지름에 따라 다음에 정하는 거리를 유지할 것
  - 지름이 15m 미만인 경우에는 탱크 높이의 1/3 이상
  - 지름이 15m 이상인 경우에는 탱크 높이의 1/2 이상

28 **옥외탱크저장소의 방유제 설치기준으로 옳지 않은 것은?**

① 방유제의 용량은 방유제 안에 설치된 탱크가 하나인 때는 그 탱크용량의 110% 이상으로 한다.
② 방유제의 높이는 0.5m 이상 3m 이하로 한다.
③ 방유제 내의 면적은 8만m^2 이하로 한다.
④ 높이가 1m를 넘는 방유제의 안팎에는 계단 또는 경사로를 70m마다 설치한다.

높이가 1m를 넘는 방유제의 안팎에는 계단 또는 경사로를 50m마다 설치한다.

정답 25. ④ 26. ① 27. ④ 28. ④

29 **위험물안전관리법령상 이황화탄소를 제외한 인화성 액체위험물을 저장하는 옥외 탱크 저장소의 방유제 시설기준에 관한 내용으로 옳지 않은 것은?**

① 방유제의 높이는 0.5m 이상, 3m 이하로 한다.
② 옥외저장탱크의 총용량이 20만l 초과인 경우 방유제 내에 설치하는 탱크 수는 10 이하로 한다.
③ 방유제 안에 탱크가 1개 설치된 경우 방유제의 용량은 그 탱크 용량으로 한다.
④ 높이가 1m를 넘는 방유제의 안팎에는 계단 또는 경사로를 약 50m마다 설치해야 한다.

옥외탱크저장소의 방유제 용량 : 탱크 용량의 1.1배

30 **다음 중 옥외탱크저장소의 방유제 설치기준으로 틀린 것은?**

① 방유제의 용량은 방유제 안에 설치된 탱크가 하나인 때에는 그 탱크용량의 110% 이상, 2기 이상인 때에는 그 탱크 중 최대인 것의 용량에 나머지 탱크용량 합계의 10%를 가산한 양 이상이 되게 할 것
② 방유제의 높이는 0.5m 이상 3m 이하로 할 것
③ 방유제는 철근콘크리트 또는 흙으로 만들고 외부로 유출되지 아니하는 구조로 할 것
④ 방유제 내의 면적은 8만m^2 이하로 할 것

옥외탱크저장소의 방유제 용량 : 최대 탱크용량의 110% 이상

31 **옥외탱크저장소의 방유제는 탱크의 지름이 15m 이상인 경우 그 탱크의 측면으로부터 탱크 높이의 얼마 이상인 거리를 확보하여야 하는가?**

① $\frac{1}{2}$ 이상　　② $\frac{1}{3}$ 이상
③ $\frac{1}{4}$ 이상　　④ $\frac{1}{5}$ 이상

- 방유제는 옥외저장탱크의 지름에 따라 다음에 정하는 거리를 유지할 것
- 지름이 15m 미만인 경우에는 탱크 높이의 1/3 이상
- 지름이 15m 이상인 경우에는 탱크 높이의 1/2 이상

정답 29. ③ 30. ① 31. ①

32 위험물안전관리법령상 이동탱크저장소의 시설기준에 관한 내용으로 옳은 것은?

① 옥외 상치장소로서 인근에 1층 건축물이 있는 경우에는 5m 이상 거리를 두어야 한다.

② 압력탱크 외의 탱크는 70kPa의 압력으로 30분간 수압시험을 실시하여 새거나 변형되지 않아야 한다.

③ 액체위험물의 탱크 내부에는 4,000리터 이하마다 3.2mm 이상의 강철판 등으로 칸막이를 설치해야 한다.

④ 차량의 전면 및 후면에는 사각형의 백색 바탕에 적색의 반사도료로 "위험물"이라고 표시한 표지를 설치해야 한다.

① 상치장소는 화기취급장소 또는 인근건축물에서 5m를 확보(단, 1층인 경우 3m)
② 압력탱크 외의 탱크는 70kPa의 압력으로 10분간 수압시험
④ 흑색 바탕에 황색의 반사도료로 "위험물"이라고 표시

33 다음 중 위험물제조소의 게시판 기재사항이 아닌 것은?

① 위험물의 유별 ② 안전관리자의 성명
③ 위험물의 제조일 ④ 취급최대수량

제조소등의 표지사항 및 색상

구분	표지사항	색상
제조소등	위험물제조소	백색 바탕에 흑색 문자
방화에 관하여 필요한 사항을 게시한 게시판	유별 · 품명 저장최대수량 또는 취급최대수량 지정수량의 배수 안전관리자의 성명 또는 직명	

34 위험물제조소의 보기 쉬운 곳에는 방화에 관한 필요사항을 게시판으로 설치하여야 한다. 잘못된 것은?

① 게시판은 가로 0.6m 이상, 세로 0.3m 이상의 직사각형으로 하였다.

② 제1류 위험물 중 알칼리금속의 과산화물과 이를 함유한 것에 "물기주의", 제3류 위험물 중 금수성 물품에는 "물기엄금"의 게시판을 설치할 것

③ 게시판의 바탕은 백색으로, 문자는 흑색으로 하였다.

④ 게시판에는 취급하는 위험물의 유별, 품명 및 취급 최대수량과 위험물안전관리자의 성명 등을 기재할 것

정답 32. ③ 33. ③ 34. ②

위험물 제조소 표지판

- 표지는 한 변의 길이가 0.3m 이상, 다른 한 변의 길이가 0.6m 이상인 직사각형으로 할 것
- 표지의 바탕은 백색으로, 문자는 흑색으로 할 것
- "물기주의" 표지는 없으며 "물기엄금"으로 표시한다.

35 위험물의 운반용기 외부에 표시하여야 하는 주의사항을 틀리게 연결한 것은?

① 염소산암모늄－화기주의, 충격주의 및 가연물 접촉주의
② 철분－화기주의 및 물기엄금
③ 아세틸퍼옥사이드－화기엄금 및 충격주의
④ 과염소산－물기엄금 및 가연물접촉주의

④ 제6류위험물－가연물접촉주의

36 위험물 제조소등에 설치하는 주의사항을 표시한 게시판의 내용이 잘못된 것은?

① 제5류 위험물－적색 바탕에 백색 문자－화기엄금
② 제4류 위험물－적색 바탕에 백색 문자－화기엄금
③ 제3류 위험물(금수성 물질)－청색 바탕에 백색 문자－물기엄금
④ 제2류 위험물－청색바탕에 백색문자－물기엄금

류 별		운방용기 및 외부표시사항	제조소등 게시판
제1류 위험물	알칼리금속의 과산화물	화기 · 충격주의, 물기엄금, 가연물접촉주의	물기엄금
	그 밖의 것	화기 · 충격주의, 가연물접촉주의	－
제2류 위험물	철분 · 금속분 · 마그네슘	화기주의, 물기엄금	화기주의
	인화성 고체	화기엄금	화기엄금
	그 밖의 것	화기주의	화기주의
제3류 위험물	자연발화성 물질	화기엄금, 공기접촉엄금	화기엄금
	금수성 물질	물기엄금	물기엄금
제4류 위험물		화기엄금	화기엄금
제5류 위험물		화기엄금, 충격주의	화기엄금
제6류 위험물		가연물접촉주의	－

정답 35. ④ 36. ④

37 다음 중 위험물제조소별 주의사항으로 틀린것은?

① 황화린－화기주의
② 인화성 고체－화기주의
③ 클레오소트유－화기엄금
④ 니트로화합물－화기엄금

① 황화린－제2류위험물 －화기주의
② 인화성 고체－제2류위험물 －화기엄금
③ 클레오소트유－제4류위험물－화기엄금
④ 니트로화합물－제5류위험물－화기엄금

38 옥내저장소에 제1류 위험물인 알칼리금속의 과산화물을 저장할 때 표시하는 "물기엄금" 이라는 게시판의 색깔은?

① 황색 바탕에 흑색 문자
② 황색 바탕에 백색 문자
③ 청색 바탕에 백색 문자
④ 적색 바탕에 흑색 문자

- 물기엄금 : 청색 바탕에 백색 문자
- 화기엄금 : 적색 바탕에 백색 문자
- 화기주의 : 적색 바탕에 백색 문자

39 위험물제조소에 주의사항을 표시한 게시판을 설치하고자 한다. 게시판의 내용과 표기 및 위험물과의 관계가 옳게 된 것은?

① 화기엄금－적색 바탕에 백색 문자－제4류위험물
② 물기주의－청색 바탕에 백색 문자－제3류위험물
③ 물기주의－적색 바탕에 백색 문자－제3류위험물
④ 물기주의－청색 바탕에 백색 문자－제4류위험물

위험물안전관리법 시행규칙 [별표 4] Ⅲ. 표지 및 게시판

주의사항	대 상	게시판 색
물기엄금	제1류 위험물 중 알칼리금속의 과산화물 제3류 위험물 중 금수성 물품	청색 바탕에 백색 문자
화기주의	제2류 위험물(인화성 고체를 제외)	적색 바탕에 백색 문자
화기엄금	제2류 위험물 중 인화성 고체 제3류 위험물 중 자연발화성 물품 제4류 위험물 제5류 위험물	

정답 37. ② 38. ③ 39. ①

40 다음 위험물을 운반하고자 할 때 주의사항으로 틀린 것은?

① 제6류 위험물－화기엄금
② 제5류 위험물－화기엄금, 충격주의
③ 제4류 위험물－화기엄금
④ 제2류 위험물(인화성 고체)－화기엄금

제6류 위험물 : 가연물 접촉주의

41 운송책임자의 감독 지원을 받아 운송하여야 하는 위험물은?

① 칼륨
② 히드라진유도체
③ 특수인화물
④ 알킬리튬

알킬리튬, 알킬알루미늄은 운반 시 운송책임자의 감독 지원을 받아 운송한다.

42 다음 중 위험물 기능사가 취급할 수 있는 위험물의 종류로 옳은 것은?

① 제1~2류 위험물
② 제1~5류 위험물
③ 제1~6류 위험물
④ 국가 기술자격증에 기재된 유(類)의 위험물

위험물 안전관리자의 구분	취급할 수 있는 위험물
위험물기능장 · 위험물산업기사 · 위험물기능사	모든 위험물
안전관리자 교육이수자	제4류 위험물
소방공무원 근무경력 3년 이상인 경력자	

43 위험물안전관리자에 대한 다음 설명 중 틀린 것은?

① 안전관리자를 선임한 제조소 등의 관계인은 그 안전관리자를 해임한 때에는 해임한 날부터 30일 이내에 다시 안전관리자를 선임하여야 한다.
② 안전관리자는 위험물을 취급하는 작업을 하는 때에는 작업자에게 위험물의 취급에 관한 안전관리와 감독을 하여야 한다.
③ 다수의 제조소 등을 동일인이 설치한 경우에는 관계인은 각 제조소등별로 대리자를 지정하여 안전관리자를 보조하게 하여야 한다.
④ 제조소등에서 안전관리자를 선임한 경우에 14일 이내에 소방본부장 또는 소방서장에게 신고하여야 하며 해임 및 퇴직신고는 임의사항이다.

④ 선임은 30일 이내, 신고기간은 14일 이내, 해임 및 퇴직신고는 필수사항이다.

정답 40. ① 41. ④ 42. ③ 43. ④

44 위험물제조소 등에는 지정수량 이상의 기준이 되면 위험물 안전관리자를 선임하여야 하는데 안전관리자로 선임될 수 없는 사람은?

① 위험물 기능장
② 위험물 산업기사
③ 위험물 안전관리교육 이수자
④ 소방공무원 경력 1년 이상인 자

소방공무원 경력 1년 이상인 자 → 3년 이상인 자

45 위험물은 1소요단위가 지정수량의 몇 배인가?

① 5배　② 10배
③ 20배　④ 30배

소요단위

- 지정수량기준 : 1소요단위=지정수량의 10배
- 바닥면적기준

구분	건축물의 외벽	
	내화(기타×2)	기타
제조 · 취급소	100m^2	50m^2
저장소	150m^2	75m^2

46 외벽이 내화구조인 옥내저장소의 건축물에서 소요단위 1단위에 해당하는 면적은?

① 50 m^3　② 75 m^3
③ 100 m^3　④ 150 m^3

상기 문제 해설 참조

47 위험물 제조소등에 경보설비를 설치하여야 할 대상은?

① 지정수량 10배 이상
② 지정수량 20배 이상
③ 지정수량 30배 이상
④ 지정수량 40배 이상

정답 44. ④ 45. ② 46. ④ 47. ①

제조소등별로 설치하여야 하는 경보설비의 종류

제조소등 구분	제조소등의 규모, 저장 또는 취급하는 위험물의 종류 및 최대수량 등	경보설비
제조소 및 일반취급소	• 연면적 500m² 이상인 것 • 옥내에서 지정수량의 100배 이상을 취급하는 것	자동화재 탐지설비
옥내저장소	• 지정수수량의 100배 이상을 저장 또는 취급하는 것 • 저장창고의 연면적이 150m²를 초과하는 것 • 처마높이가 6m 이상인 단층건물의 것	
옥내탱크 저장소	단층 건물 외의 건축물에 설치된 옥내탱크저장소로서 소화난이도 등급 I에 해당하는 것	
주유취급소	옥내주유취급소	

• 자동화재탐지설비 설치 대상에 해당하지 아니하는 제조소등
  – 지정수량의 10배 이상을 저장 또는 취급하는 것

48 다음 중 위험물 제조소 등에 설치하는 경보설비의 종류가 아닌 것은?

① 자동화재탐지설비 ② 비상경보설비
③ 자동화재속보설비 ④ 확성장치

경보 설비

• 자동화재 탐지설비 • 비상경보설비
• 확성장치 • 비상방송설비

49 다음 중 제조소에서 30m 이상의 안전거리를 두지 않아도 되는 것은?

① 100명 이상을 수용하는 학교 ② 20명 이상을 수용하는 노인복지시설
③ 100명 이상을 수용하는 공연장 ④ 종합병원

건축물	안전거리
사용전압 7,000V 초과 35,000V 이하의 특고압가공전선	3m 이상
사용전압 35,000V 초과의 특고압가공전선	5m 이상
주거용으로 사용되는 것(제조소가 설치된 부지 내에 있는 것을 제외)	10m 이상
고압가스, 액화석유가스, 도시가스를 저장 또는 취급하는 시설	20m 이상
1. 학교 2. 병원 : 종합병원, 병원, 치과병원, 한방병원 및 요양병원 3. 수용인원 300인 이상 : 극장, 공연장, 영화상영관 4. 수용인원 20인 이상 : 복지시설(아동 · 노인 · 장애인 · 모부자복지시설) 보육시설, 정신보건시설, 가정폭력피해자보호시설	30m 이상
유형문화재, 지정문화재	50m 이상

정답 48. ③ 49. ③

50 위험물제조소의 안전거리로서 옳지 않은 것은?

① 3m 이상－7,000V 초과 35,000V 이하의 특고압가공전선
② 5m 이상－35,000V를 초과하는 특고압가공전선
③ 20m 이상－주거용으로 사용하는 것
④ 50m 이상－유형 문화재

주거용으로 사용되는 것(제조소가 설치된 부지 내에 있는 것을 제외) : 10m 이상

51 고압가스안전관리법의 규정에 의하여 허가를 받거나 신고를 하여야 하는 고압가스 저장시설을 저장 또는 취급하는 시설은 제조소와 몇 [m] 이상의 안전거리를 두어야 하는가?

① 10 ② 15 ③ 20 ④ 25

고압가스, 액화석유가스, 도시가스를 저장 또는 취급하는 시설－20m 이상

52 위험물 옥내저장소 설치할 때 안전거리를 두지 않아도 되는 것은?

① 제1석유류를 저장하는 옥내저장소로서 지정수량의 20배 미만
② 제2석유류를 저장하는 옥내저장소로서 지정수량의 20배 미만
③ 제3석유류를 저장하는 옥내저장소로서 지정수량의 20배 미만
④ 제4석유류를 저장하는 옥내저장소로서 지정수량의 20배 미만

옥내저장소 안전거리 제외

암기법 옥내 안에서 2미 4동육은 제외
① 지정수량의 20배 미만의 제4석유류 저장 또는 취급
② 지정수량의 20배 미만의 동식물유류 저장 또는 취급
③ 제6류 위험물 저장 또는 취급

53 위험물옥내저장소에는 안전거리를 두어야 한다. 안전거리 제외대상이 아닌 것은?

① 지정수량 20배 미만의 제4석유류를 저장하는 옥내저장소
② 지정수량 20배 미만의 동 · 식물류를 취급하는 옥내저장소
③ 제5류 위험물을 저장하는 옥내저장소
④ 제6류 위험물을 저장 또는 취급하는 옥내 저장소

위 문제 해설 참조

정답 50. ③ 51. ③ 52. ④ 53. ③

54 배관을 지하에 매설하는 이송취급소에서 배관이 그 외면으로부터 건축물(지하가 내의 건축물은 제외)과의 안전거리로 맞는 것은?

① 1.5m 이상 ② 10m 이상 ③ 100m 이상 ④ 300m 이상

이송취급소 배관 안전거리

- 건축물(지하가 내의 건축물을 제외한다.) : 1.5m 이상
- 지하가 및 터널 : 10m 이상
- 수도법에 의한 수도시설(위험물의 유입 우려가 있는 것) : 300m 이상

55 이송취급소에서 배관을 지하에 매설하는 경우 배관은 그 외면으로부터 지하가 및 터널까지 몇 m 이상의 안전거리를 두어야 하는가?

① 0.3 ② 1.5 ③ 10 ④ 300

위 문제 해설 참조

56 히드록실아민 등을 취급하는 제조소의 벽으로부터 공작물의 외측까지의 안전거리(m)로 맞는 것은?(단, 히드록실아민의 저장량은 200kg이다.)

① 46.21 ② 64.38 ③ 150.3 ④ 153.3

히드록실아민등의 제조소 안전거리 특례

$D = 51.1\sqrt[3]{N} = 51.1 \times \sqrt[3]{\frac{200}{100}} = 64.381 \fallingdotseq 64.38\text{m}$ 이상

57 히드록실아민 1,000kg을 취급하는 제조소의 안전거리는?

① 100m 이상 ② 110m 이상 ③ 170m 이상 ④ 180m 이상

위험물안전관리법 시행규칙 [별표 4] XII. 위험물의 성질에 따른 제조소의 특례

$N = \frac{1,000}{100} = 10$ 배, $D = 51.1 \times \sqrt[3]{10} = 51.1 \times 2.15 = 109.8 \fallingdotseq 110$

$\therefore$ 110[m] 이상

58 지정수량의 10배인 위험물을 옥내저장소에 저장 할 때 보유 공지는?(단, 벽 · 기둥 및 바닥이 내화구조로 된 건축물이다.)

① 1.5m 이상 ② 2m 이상 ③ 1m 이상 ④ 5m 이상

정답 54. ① 55. ③ 56. ② 57. ② 58. ③

옥내저장소의 보유공지

저장 또는 취급하는 위험물의 최대수량	공지의 너비	
	벽·기둥 및 바닥이 내화구조로 된 건축물	그 밖의 건축물
지정수량의 5배 이하	–	0.5m 이상
지정수량의 5배 초과 10배 이하	1m 이상	1.5m 이상
지정수량의 10배 초과 20배 이하	2m 이상	3m 이상
지정수량의 20배 초과 50배 이하	3m 이상	5m 이상
지정수량의 50배 초과 200배 이하	5m 이상	10m 이상
지정수량의 200배 초과	10m 이상	15m 이상

※ 동일 부지 내에 지정수량의 20배를 초과하는 저장창고를 2 이상 인접할 경우 상호거리에 해당하는 보유공지 너비의 1/3 이상을 보유할 수 있다.(단, 3m 미만인 경우 3m)

59 화재 발생 시 소화활동을 원활히 하기 위한 보유공지의 기능으로 적당하지 않은 것은?

① 위험물시설의 화재 시 연소방지 ② 위험물의 원활한 공급
③ 소방활동의 공간 확보 ④ 피난상 필요한 공간 확보

보유공지의 기능(공지이므로 적재 및 설치 불가)

- 위험물시설의 화재 시 연소확대 방지
- 소방활동상의 공간 확보
- 피난상 유효한 공간 확보

60 위험물을 취급하는 건축물의 방화벽을 불연재료로 하였다. 위험물 주위에 보유공지를 두지 않아도 되는 것은?

① 제1류 위험물 ② 제3류 위험물
③ 제5류 위험물 ④ 제6류 위험물

불연성 격벽에 의한 보유공지 면제

- 방화벽 : 내화구조(단, 제6류 위험물 – 불연재료)
- 출입구 및 창 : 자동폐쇄식 갑종방화문

61 지정수량의 몇 배 이상의 위험물을 취급하는 제조소, 일반취급소에는 화재예방을 위한 예방규정을 정하여야 하는가?

① 10 ② 20
③ 30 ④ 40

정답 59. ② 60. ④ 61. ①

예방규정

제조소등	지정수량의 배수	암기
제조소 · 일반취급소	10배 이상	십
옥외저장소	100배 이상	백
옥내저장소	150배 이상	오
옥외탱크저장소	200배 이상	이
암반탱크저장소 · 이송취급소	모두	모두

62 **화재예방과 재해 발생 시 비상조치를 하기 위하여 제조소등에 예방규정을 작성하여야 하는데 대상 기준이 아닌 것은?**

① 지정수량의 10배 이상의 위험물을 취급하는 제조소
② 지정수량의 100배 이상의 위험물을 저장하는 옥외탱크저장소
③ 지정수량의 150배 이상의 위험물을 저장하는 옥내저장소
④ 암반탱크저장소

위 문제 해설 참조

63 **예방규정을 정하여야 하는 제조소 등의 관계인은 예방규정을 정하여 시 · 도지사에게 언제까지 제출하여야 하는가?**

① 제조소 등의 사용 시작 전
② 제조소 등의 착공 신고 전
③ 제조소 등의 완공 신고 전
④ 제조소 등의 탱크안전성능시험 전

대통령령이 정하는 제조소등의 관계인은 당해 제조소등의 화재예방과 화재 등 재해발생시의 비상조치를 위하여 행정안정부령이 정하는 바에 따라 예방규정을 정하여 당해 제조소등의 사용을 시작하기 전에 시 · 도지사에게 제출하여야 한다.

64 **다음 중 정기검사의 대상인 제조소등에 해당하는 것은?**

① 액체 위험물을 저장 또는 취급하는 50만리터 이상의 옥외저장소
② 액체 위험물을 저장 또는 취급하는 50만리터 이상의 옥외탱크저장소
③ 액체 위험물을 저장 또는 취급하는 50만리터 이상의 지하탱크저장소
④ 액체 위험물을 저장 또는 취급하는 50만리터 이상의 제조소

정답 62. ② 63. ① 64. ②

특정옥외탱크저장소 : 50만리터 이상의 옥외탱크저장소

제조소등	지정수량의 배수	암기	정기점검대상
제조소 · 일반취급소	10배 이상	십	1. 지하탱크 2. 이동탱크 3. 예방규정 4. 특정옥외탱크 5. 지하매설 제조, 일반주유취급소
옥외저장소	100배 이상	백	
옥내저장소	150배 이상	오	
옥외탱크저장소	200배 이상	이	
암반탱크저장소 · 이송취급소	모두	모두	

65 다음 위험물제조소의 정기점검 대상이 아닌 것은?

① 이동탱크저장소 ② 암반탱크저장소
③ 옥내탱크저장소 ④ 지하탱크저장소

위 문제 해설 참조

66 제조소등의 관계인은 그 제조소등에 대하여 기술기준에 적합한지의 여부를 정기적으로 점검하고 점검결과를 기록하여 보존하여야 하는데 이때 정기점검 횟수는?

① 년 1회 이상 ② 년 2회 이상 ③ 2년에 1회 이상 ④ 4년에 1회 이상

- 정기점검 : 년 1회 이상
- 소방시설의 자체점검 : 년 1회 이상

67 제조소등의 정기점검 자격이 있는 사람은?

① 위험물안전관리자 ② 방화관리자
③ 소방시설관리사 ④ 소방기술사

정기점검 구분과 점검횟수

점검구분	점검대상	점검자의 자격	횟 수	기록보존
일반점검	령 제16조	• 위험물안전관리자 • 위험물운송자	연 1회	3년
구조안전 점검	500만l 이상의 옥외탱크저장소	• 위험물안전관리자(인력과 장비를 갖춘 후 실시) • 안전관리대행기관 • 위험물탱크안전성능시험자	• 완공검사필증을 교부받은 날부터 12년 이내 • 최근정기검사를 받은 날부터 11년마다	25년 (연장신청시는 30년)

정답 65. ③ 66. ① 67. ①

68 특정옥외탱크 저장소에 구조안전점검은 제조소 등의 설치허가에 따른 완공검사필증을 교부받은 날부터 몇 년 이내에 하여야 하는가?

① 10년 ② 11년 ③ 12년 ④ 13년

▶ **특정 옥외탱크저장소의 구조안전점검**

① 제조소등의 설치허가에 따른 완공검사필증을 교부받은 날부터 12년
② 최근의 정기검사를 받은 날부터 11년
③ 특정옥외저장탱크에 안전조치를 한 후 구조안전점검시기 연장신청을 하여 당해 안전조치가 적정한 것으로 인정받은 경우에는 최근의 정기검사를 받은 날부터 13년

69 제4류 위험물을 취급하는 제조소 또는 일반취급소에는 지정수량의 몇 배 이상일 때 자체소방대를 두어야 하는가?

① 1,000배 ② 2,000배 ③ 3,000배 ④ 4,000배

▶

제4류 위험물을 취급하는 제조소 또는 일반취급소로서 지정수량의 3천 배 이상

제조소 및 일반취급소 구분	소방차	인원
최대수량의 합이 지정수량의 12만 배 미만	1대	5인
최대수량의 합이 지정수량의 12 만배 이상 24만 배 미만	2대	10인
최대수량의 합이 지정수량의 24만 배 이상 48만 배 미만	3대	15인
최대수량의 합이 지정수량의 48만 배 이상	4대	20인

70 위험물제조소에서 취급하는 제4류 위험물의 최대수량의 합이 지정수량의 15만 배인 사업소에 두어야 할 자체소방대의 화학소방자동차와 자체소방대원의 수는 각각 얼마로 규정되어 있는가?(단, 상호응원협정을 체결한 경우는 제외한다.)

① 1대, 5인 ② 2대, 10인
③ 3대, 15인 ④ 4대, 20인

▶

위 문제 해설 참조

71 자체소방대를 설치하여야 하는 일반취급소로 옳은 것은?

① 이동저장탱크에 위험물을 주입하는 일반취급소
② 용기에 위험물을 옮겨 담는 일반취급소
③ 위험물을 이용하여 제품을 생산 또는 가공하는 일반취급소
④ 보일러, 버너로 위험물을 소비하는 일반취급소

정답 68. ③ 69. ③ 70. ② 71. ③

자체소방대 설치 제외 일반취급소

- 보일러, 버너 그 밖에 이와 유사한 장치로 위험물을 소비하는 일반취급소
- 이동저장탱크 그 밖에 이와 유사한 것에 위험물을 주입하는 일반취급소
- 용기에 위험물을 옮겨 담는 일반취급소
- 유압장치, 윤활유순환장치 등 유사한 장치로 위험물을 취급하는 일반취급소
- 광산보안법의 적용을 받는 일반취급소

72 화학소방자동차의 소화능력 및 설비의 기준이 아닌 것은?

① 이산화탄소를 방사하는 차의 탑재능력은 1,000kg 이상
② 할로겐화합물을 방사하는 차의 탑재능력은 1,000kg 이상
③ 포말을 방사하는 차의 탑재능력은 10만L 이상
④ 분말을 방사하는 차의 탑재능력은 1,400kg 이상

자체소방대에 설치하는 화학소방자동차

분류	방사능력	방사시간	저장량	비치설비
포수용액 방사차	2,000lpm 이상	50분	10만 리터	소화약액탱크 소화약액 혼합장치
분말 방사차	35kg/sec 이상	40초	1,400kg 이상	분말탱크 가압용 가스설비
할로겐화합물 방사차	40kg/sec 이상	25초	1,000kg 이상	할로겐화합물 탱크 가압용 가스설비
이산화탄소 방사차	40kg/sec 이상	75초	3,000kg 이상	이산화탄소 저장용기
제독차	가성소다 및 규조토를 각각 50kg 이상 비치			

73 위험물제조소 중 위험물을 취급하는 건축물은 특별한 경우를 제외하고 어떤 구조로 하여야 하는가?

① 지하층이 없도록 하여야 한다.
② 지하층이 주로 사용하는 구조이어야 한다.
③ 지하층이 있는 2층 이내의 건축물이어야 한다.
④ 지하층이 있는 3층 이내의 건축물이어야 한다.

74 제조소에 환기설비를 설치하지 않아도 되는 경우는?

① 비상발전설비를 갖춘 조명설비를 유효하게 설치한 경우
② 배출설비를 유효하게 설치한 경우
③ 채광설비를 유효하게 설치한 경우
④ 공기조화설비를 유효하게 설치한 경우

정답 72. ① 73. ① 74. ②

배출설비가 유효하게 설치된 경우 환기설비 설치 제외

75 제조소등의 환기설비에 대한 설명으로 틀린 것은?

① 급기구는 당해 급기구가 설치된 실의 바닥면적이 150m²마다 1개 이상으로 하되 급기구의 크기는 800cm² 이상으로 할 것
② 환기설비는 강제배출방식으로 한다.
③ 급기구는 낮은 곳에 설치하고 가는 눈의 구리망으로 인화방지망을 설치할 것
④ 환기구는 지붕 위 또는 지상 2m 이상의 높이에 회전식 고정벤티레이터 또는 루프팬방식으로 설치할 것

환기설비와 배출설비

	환기설비(자연배기)	배출설비(강제배기)
용 량	급기구 : 바닥면적 150m²마다	국소 : 1시간 배출용적의 20배
급기구 위치	낮은 곳	높은 곳
급기구 재질	구리망의 인화방지망	구리망의 인화방지망
배출구 위치	2m 이상	2m 이상
배출구 구조	고정벤틸레이터, 루프팬	배풍기, 배출닥트, 후드

76 위험물제조소의 환기구는 지붕 위 또는 지상 몇 m 이상의 높이에 설치하여야 하는가?

① 1m 이상 ② 2m 이상 ③ 3m 이상 ④ 5m 이상

위 문제 해설 참조

77 위험물 제조소의 환기설비를 하고자 한다. 이때 바닥면적이 60m²일 때 급기구의 면적은 얼마 이상으로 하여야 하는가?

① 150cm² 이상 ② 300cm² 이상 ③ 450cm² 이상 ④ 800cm² 이상

바닥면적	급기구의 면적
150m² 이상	800cm² 이상
120m² 이상~150m² 미만	600cm² 이상
90m² 이상~120m² 미만	450cm² 이상
60m² 이상~90m² 미만	300cm² 이상
60m² 미만	150cm² 이상

정답 75. ② 76. ② 77. ②

78 위험물 제조소의 환기설비 중 급기구의 바닥면적이 $150m^2$ 이상일 때 급기구의 크기는?

① $150cm^2$ 이상
② $30cm^2$ 이상
③ $450cm^2$ 이상
④ $800cm^2$ 이상

위 문제 해설 참조

79 위험물제조소의 배출설비의 배출능력은 1시간당 배출장소 용적의 몇 배 이상으로 하여야 하는가?

① 10
② 20
③ 30
④ 40

배출능력

국소방식	1시간당 배출장소 용적의 20배 이상
전역방식	바닥면적 $1m^2$마다 $18m^3$ 이상

80 제조소에 설치된 옥외에서 액체위험물을 취급하는 바닥의 기준으로 틀린 것은?

① 바닥의 둘레에 높이 0.3m 이상의 턱을 설치할 것
② 바닥은 콘크리트 등 위험물이 스며들지 아니하는 재료로 할 것
③ 바닥은 턱이 있는 쪽이 낮게 경사지게 할 것
④ 바닥의 최저부에 집유설비를 할 것

액체위험물을 취급하는 설비의 바닥

- 바닥 둘레의 턱 : 높이 0.15m 이상(펌프실은 0.2m 이상)
- 콘크리트등 위험물이 스며들지 아니하는 재료
- 바닥의 최저부에 집유설비를 할 것 적당한 경사를 할 것
- 집유설비 방향으로 적당한 경사
- 비수용성 위험물 : 집유설비에 유분리장치 설치

※ 비수용성 : 20℃ 물 100g에 용해되는 양이 1g 미만인 것

81 위험물 제조소의 건축물의 구조에 대한 설명 중 틀린 것은?

① 건축물의 구조는 지하층이 없도록 한다.
② 연소 우려가 있는 외벽은 개구부가 없는 내화구조의 벽으로 한다.
③ 밀폐형 구조의 건축물인 경우에는 외부화재에 60분 이상 견딜 수 있는 구조로 하여야 한다.
④ 액체 위험물을 취급하는 건축물의 바닥은 위험물이 스며들지 않는 재료로 하고 적당한 경사를 두어 그 최저부에는 집유설비를 하여야 한다.

정답 78. ④ 79. ② 80. ① 81. ③

82 위험물을 취급하는 제조소의 건축물의 구조 중 반드시 내화구조로 하여야 할 것은?

① 바닥 ② 기둥
③ 서까래 ④ 연소우려가 있는 외벽

83 위험물안전관리법령상 '고인화점 위험물'이란?

① 인화점이 섭씨 100℃ 이상인 제4류 위험물
② 인화점이 섭씨 130℃ 이상인 제4류 위험물
③ 인화점이 섭씨 100℃ 이상인 제4류 위험물 또는 제3류 위험물
④ 인화점이 섭씨 100℃ 이상인 위험물

고인화점 위험물 : 인화점이 섭씨 100℃ 이상인 제4류 위험물

84 옥내저장소의 바닥을 반드시 물이 스며들지 않는 구조로 하여야 하는데 그러하지 않는 것은?

① 유기과산화물 ② 금속분
③ 제4류 위험물 ④ 제3류 위험물(금수성 물질)

구분	위험물
차광성 피복	제1류 위험물 제3류 위험물 중 자연발화성물품 제4류 위험물 중 특수인화물 제5류 위험물 제6류 위험물
방수성 피복	제1류 위험물 중 알칼리 금속의 과산화물 또는 이를 함유한 것 제2류 위험물 중 철분, 마그네슘, 금속분 또는 이를 함유한 것
물의 침투를 막는 구조로 하여야 하는 위험물	제1류 위험물 중 알칼리금속의 과산화물 제2류 위험물 중 철분, 금속분, 마그네슘 제3류 위험물 중 금수성 물질 제4류 위험물

85 위험물안전관리법령상 위험물의 운반에 관한 기준에 따라 차광성이 있는 피복으로 가리는 조치를 하여야 하는 위험물에 해당하지 않는 것은?

① 특수인화물 ② 제1석유류
③ 제1류 위험물 ④ 제6류 위험물

위 문제 해설 참조

정답 82. ④ 83. ① 84. ① 85. ②

86 옥외위험물저장탱크 중 압력탱크의 수압시험방법으로 옳은 것은?

① 70kPa의 압력으로 10분간 시험
② 150kPa의 압력으로 10분간 시험
③ 최대상용압력의 0.7배의 압력으로 10분간 시험
④ 최대상용압력의 1.5배의 압력으로 10분간 시험

구분		
옥외탱크 옥내탱크	특정옥외저장탱크	방사선 투과시험, 진공시험 등의 비파괴시험
	압력탱크 외	충수시험
	압력탱크	최대상용압력×1.5배로 10분간 시험
이동탱크 지하탱크	압력탱크	최대상용압력×1.5배로 10분간 시험(최대상용압력이 46.7kPa 이상탱크)
	압력탱크 외	70kPa의 압력으로 10분간 수압시험
간이탱크		70kPa의 압력으로 10분간 수압시험
압력안전 장치	상용압력 20kPa 이하	20kPa 이상 24kPa 이하
	상용압력 20kPa 초과	최대상용압력의 1.1배 이하

87 이동탱크저장소의 상용압력이 20kPa 초과할 경우 안전장치의 작동압력은?

① 상용압력의 1.1배 이하
② 상용압력의 1.5배 이하
③ 20kPa 이상 24kPa 이하
④ 40kPa 이상 48kPa 이하

위 문제 해설 참조

88 이송취급소에서 이송기지는 부지경계선에 높이 몇 cm 이상의 방유제를 설치하여야 하는가?

① 10 ② 20
③ 30 ④ 50

이송기지의 부지경계선에 높이 50cm 이상의 방유제를 설치하여야 한다.

정답 86. ④ 87. ① 88. ④

89 **간이저장탱크의 수압시험방법으로 옳은 것은?**

① 10kPa의 압력으로 10분간의 수압시험을 실시하여 새거나 변형되지 아니하여야 한다.
② 10kPa의 압력으로 30분간의 수압시험을 실시하여 새거나 변형되지 아니하여야 한다.
③ 70kPa의 압력으로 30분간의 수압시험을 실시하여 새거나 변형되지 아니하여야 한다.
④ 70kPa의 압력으로 10분간의 수압시험을 실시하여 새거나 변형되지 아니하여야 한다.

90 **다음은 위험물제조소에 설치하는 안전장치 중 위험물의 성질에 따라 안전밸브의 작동이 곤란한 가압설비에 한하여 설치하는 것은?**

① 자동적으로 압력의 상승을 정지시키는 장치
② 감압 측에 안전밸브를 부착한 감압밸브
③ 안전밸브를 병용하는 경보장치
④ 파괴판

압력계 및 안전장치

- 자동적으로 압력의 상승을 정지시키는 장치
- 감압 측에 안전밸브를 부착한 감압밸브
- 안전밸브를 병용하는 경보장치
- 파괴판 : 안전밸브의 작동이 곤란한 경우 작동

91 **알킬알루미늄 등의 이동탱크저장소에 있어서 이동저장탱크로부터 알킬알루미늄 등을 꺼낼 때에는 동시에 몇 kPa 이하의 압력으로 불활성의 기체를 봉입하여야 하는가?**

① 100 ② 200
③ 300 ④ 400

알킬알루미늄 봉입 압력 : 보관 시 20kPa, 꺼낼 때는 200kPa

92 **위험물 제조소에는 지정수량의 10배 이상이 되면 피뢰설비를 설치하여야 하는데 하지 않아도 되는 위험물은?**

① 제2류 위험물 ② 제3류 위험물
③ 제4류 위험물 ④ 제6류 위험물

제6류 위험물은 피뢰설비 설치 제외

정답 89. ④ 90. ④ 91. ② 92. ④

93 위험물제조소의 옥외에 있는 액체위험물을 취급하는 100m² 및 200m²의 용량인 2개의 탱크 주위에 설치하여야 하는 방유제의 최소 기준용량은?

① $50m^3$ ② $90\ m^3$
③ $110\ m^3$ ④ $150m^3$

- 방유제 용량=최대탱크용량×0.5+(나머지합계×0.1) 이상=200×0.5+100×0.1=110
- 방유제의 용량

구분	옥내취급탱크	옥외 취급탱크	옥외탱크저장소
1기	탱크용량 이상	탱크용량×0.5 이상(50%)	탱크용량×1.1 이상(110%) (비인화성 물질×1.0)
2기 이상	최대 탱크용량 이상	최대탱크용량×0.5+ (나머지 탱크용량합계×0.1) 이상	최대탱크용량×1.1 이상(110%) (비인화성 물질×1.0)

94 위험물 제조소의 옥외에 있는 위험물을 취급하는 취급탱크의 용량이 1,000*l* 2기와 2,000*l* 1기의 용량인 탱크 주위에 설치하여야 하는 방유제의 최소 기준 용량은?

① 1,000*l* ② 1,100*l*
③ 1,200*l* ④ 1,500*l*

방유제 용량=최대탱크용량×0.5+(나머지 합계×0.1) 이상=2,000×0.5+2,000×0.1=1,200

95 위험물제조소에 용량이 $50m^3$인 탱크 1기와 $150m^3$인 탱크 2기가 설치되어 있다. 탱크 주위에 설치하여야 할 방유제의 용량은?

① $50m^3$ 이상 ② $75m^3$ 이상
③ $95m^3$ 이상 ④ $150m^3$ 이상

150 × 0.5+(150 +50) × 0.1=$95m^3$ 이상

96 위험물제조소의 옥외에 있는 하나의 취급 탱크에 설치하는 방유제의 용량은 당해 탱크 용량의 몇 % 이상으로 하는가?

① 50 ② 60 ③ 70 ④ 80

위 문제 해설 참조

정답 93. ③ 94. ③ 95. ③ 96. ①

97 **다음 중 옥외탱크저장소의 방유제에 대한 설명으로 틀린 것은?**

① 방유제 내의 면적은 50,000m^2 이하로 할 것
② 방유제의 높이는 0.5m 이상 3m 이하로 할 것
③ 방유제 내에 설치하는 옥외저장탱크의 수는 10 이하로 할 것
④ 방유제는 철근콘크리트 또는 흙으로 만들 것

방유제 내의 면적은 80,000m^2 이하로 할 것

98 **용량이 1,000만l 이상인 옥외저장탱크의 주위에 설치하는 방유제에는 당해 탱크마다 간막이 둑을 설치하여야 하는데 설치기준으로 틀린 것은?**

① 간막이 둑은 흙 또는 철근콘크리트로 할 것
② 간막이 둑의 용량은 간막이 둑 안에 설치된 탱크의 용량의 5% 이상일 것
③ 간막이 둑의 높이는 0.3m 이상으로 하되, 방유제의 높이보다 0.2m 이상 낮게 할 것
④ 방유제 내에 설치되는 옥외저장탱크의 용량의 합계가 2억l를 넘는 방유제에 있어서는1m 이상으로 하되, 방유제의 높이보다 0.2m 이상 낮게 할 것

간막이 둑의 용량은 간막이 둑 안에 설치된 탱크의 용량의 10% 이상일 것

99 **옥외탱크저장소의 방유제 설치기준 중 틀린 것은?**

① 면적은 80,000m^2 이하로 할 것
② 방유제는 흙담 이외의 구조로 할 것
③ 높이는 0.5m 이상 3m 이하로 할 것
④ 방유제 내에는 배수구를 설치할 것

② 방유제는 철근콘크리트 또는 흙으로 구성

100 **옥내저장소의 저장창고는 지면에서 처마까지의 높이가 몇 m 미만인 단층 건물로 하고 그 바닥을 지반면보다 높게 하여야 하는가?**

① 3m ② 6m
③ 10m ④ 12m

저장창고 지면에서 처마까지 6m 이내

정답 97. ① 98. ② 99. ② 100. ②

101 위험물의 성질에 따른 제조소의 특례를 적용하지 않는 위험물은 어느 것인가?

① 산화프로필렌 ② 알킬알루미늄
③ 아세트알데히드 ④ 디에틸에테르

- 아세트알데히드, 산화프로필렌 등 : 불활성 가스 또는 수증기 봉입 등 특례 적용
- 알킬알루미늄 등 : 불활성 가스 봉입 등 특례적용

102 위험물의 성질에 따른 제조소의 특례 중 적절하지 못한 것은?

① 알킬알루미늄등을 취급하는 설비에는 불활성 기체를 봉입하는 장치를 갖출 것
② 아세트알데히드등을 취급하는 설비에는 은 · 수은 · 동 · 마그네슘 또는 이들을 성분으로 하는 합금으로 만들 것
③ 아세트알데히드등을 취급하는 설비에는 불활성 기체 또는 수증기를 봉입하는 장치를 갖출 것
④ 아세트알데히드등을 취급하는 설비에는 냉각장치 등 보냉장치를 갖출 것

아세트알데히드등을 취급하는 설비에는 은 · 수은 · 동 · 마그네슘 또는 이들을 성분으로 하는 합금 사용 금지

103 보냉장치가 없는 이동저장탱크에 저장하는 아세트알데히드등 또는 디에틸에테르등의 유지온도는?

① 30℃ 이하 ② 30℃ 이상
③ 40℃ 이하 ④ 40℃ 이상

저장온도 기준

암기법 보유비 무사의 암4동 외3촌 아오

1. 보냉장치 있(유)으면 비점, 없(무)으면 40℃
2. 압력탱크 40℃ 이하, 압력탱크외 30℃ 이하, 아세트알데히드 15℃ 이하
3. 저장온도 기준
   1) 보냉장치가 있는 경우 : 비점 이하
   2) 보냉장치가 없는 경우 : 40℃ 이하
   3) 압력탱크

압력탱크	아세트알데히드, 에테르 산화프로필렌	40℃ 이하
압력탱크 이외	에테르, 산화프로필렌	30℃ 이하
	아세트알데히드	15℃ 이하

104 다음 중 소화난이도 I등급에 해당하지 않는 것은?

① 연면적 1,000m² 이상 제조소
② 지정수량 100배 이상 옥내저장소
③ 지반면으로부터 탱크 상단까지 높이가 6m 이상인 옥외탱크저장소
④ 인화성 고체 지정수량 100배 이상 저장하는 옥외저장소

② 지정수량 100배 이상 옥내저장소 → 150배

105 옥외저장소에 저장할 수 있는 위험물은?

① 제6류 위험물
② 제2류 위험물의 마그네슘분
③ 제4류 위험물 제1석유류
④ 제3류 위험물

옥외저장소 저장가능 위험물

1. 제2류 위험물 중 유황 또는 인화성 고체(인화점이 섭씨0℃ 이상인 것에 한한다.)
2. 제4류 위험물 중 제1석유류(인화점 0℃ 이상인 것) · 알코올류
   제2석유류 · 제3석유류 · 제4석유류 · 동식물유류
   ※ 제1석유류 중 톨루엔(4℃), 피리딘(20℃)은 저장가능
3. 제6류 위험물

106 다음 위험물 중 옥외저장소에 저장할 수 없는 위험물은?

① 유황
② 휘발유
③ 알코올
④ 등유

옥외저장소에 저장할 수 없는 위험물의 품명

1. 제1류, 제3류, 제5류 위험물 : 전부
2. 제2류 위험물 : 황화린, 적린, 철, 마그네슘분, 금속분
3. 제4류 위험물 : 특수인화물, 인화점이 0℃ 미만인 제1석유류

107 옥외저장소에 선반을 설치하는 경우 선반의 높이는?

① 1m 이하
② 1.5m 이하
③ 2m 이하
④ 6m 이하

선반

1. 선반의 높이 : 6m 이하
2. 견고한 지반면에 고정할 것
3. 선반은 선반 및 부속설비의 자중 및 중량, 풍하중, 지진 등에 의한 응력에 안전할 것
4. 선반은 위험물을 수납한 용기가 쉽게 낙하하지 아니하는 조치를 강구할 것

정답 104. ② 105. ① 106. ② 107. ④

108 **옥내저장소에서 위험물 용기를 겹쳐 쌓는 경우에 있어서 제4류 위험물 중 제3석유류만을 수납하는 용기를 겹쳐 쌓을 수 있는 높이는 최대 몇 m인가?**

① 3 ② 4 ③ 5 ④ 6

▶ 옥내저장소, 옥외저장소 적재높이

- 6m 이하 : 기계에 의하여 하역하는 구조로 된 용기만을 겹쳐 쌓는 경우
- 4m 이하 : 제4류 위험물 중 제3석유류, 제4석유류, 동식물유류를 수납하는 용기만을 겹쳐 쌓는 경우
- 3m 이하 : 그 밖의 경우(특수인화물, 제1석유류, 제2석유류, 알코올류) : 3m 이하

109 **옥내저장소에 위험물을 수납한 용기를 겹쳐쌓는 경우 높이의 상한에 관한 설명 중 틀린 것은?**

① 기계에 의하여 하역하는 구조로 된 용기만 겹쳐 쌓는 경우는 6미터
② 제3석유류를 수납한 소형 용기만 겹쳐쌓는 경우는 4미터
③ 제2석유류를 수납한 소형 용기만 겹쳐쌓는 경우는 4미터
④ 제1석유류를 수납한 소형 용기만 겹쳐쌓는 경우는 3미터

▶

위 문제 해설 참조

110 **가솔린 20,000리터를 저장하는 내화구조가 아닌 옥내저장소의 보유공지는 몇 m 이상을 확보하여야 하는가?**

① 2m ② 5m ③ 10m ④ 15m

▶

가솔린의 지정수량 : 200리터, $\frac{20,000}{200} = 100$배이므로

※ 옥내저장소의 보유공지

저장 또는 취급하는 위험물의 최대수량	공지의 너비	
	벽 · 기둥 및 바닥이 내화구조로 된 건축물	그 밖의 건축물
지정수량의 5배 이하	–	0.5m 이상
지정수량의 5배 초과 10배 이하	1m 이상	1.5m 이상
지정수량의 10배 초과 20배 이하	2m 이상	3m 이상
지정수량의 20배 초과 50배 이하	3m 이상	5m 이상
지정수량의 50배 초과 200배 이하	5m 이상	10m 이상
지정수량의 200배 초과	10m 이상	15m 이상

정답 108. ② 109. ③ 110. ③

111 저장 또는 취급하는 위험물의 저장수량이 지정수량의 50배일 때 옥내저장소의 공지의 너비는?

① 1.5m 이상 ② 2m 이상 ③ 3m 이상 ④ 5m 이상

보유공지 암기방법

구분	지정수량의 배수	거리[m]
옥외저장소	10, 20, 50, 200, 초	3, 5, 9, 12, 15
옥내저장소	10, 20, 50, 200, 초	1, 2, 3, 5, 10
옥외탱크저장소	500, 1,000, 2,000, 3,000, 4,000	3, 5, 9, 12, 15

112 위험물저장소로서 옥내저장소의 저장 창고는 위험물 저장을 전용으로 하여야 하며, 지면에서 처마까지의 높이는 몇 m 미만인 단층건축물로 하여야 하는가?

① 6 ② 6.5 ③ 7 ④ 7.5

113 자연발화의 위험 또는 현저하게 화재가 발생할 우려가 있는 위험물을 옥내저장소에 저장할 때 지정수량의 몇 배 이하마다 구분하여 저장하여야 하는가?

① 2배 ② 5배 ③ 10배 ④ 20배

자연발화성 위험물의 지정수량 10배 이하마다 소분하여 저장 시 이격거리 0.3m 이상

114 옥내저장소의 하나의 저장창고의 바닥면적을 1,000m^2 이하로 하여야 하는 데 해당되지 않는 위험물은?

① 무기과산화물 ② 나트륨 ③ 특수인화물 ④ 초산

옥내저장소 저장창고의 기준면적

위험물을 저장하는 창고의 종류	기준면적
• 제1류위험물 중 지정수량 50kg – 위험등급 I • 제3류위험물 중 지정수량 10kg, 황린 10kg – 위험등급 I • 제4류위험물 중 특수인화물 – 위험등급 I, 제1석유류 및 알코올류 – 위험등급 II • 제5류위험물 중 지정수량 10kg – 위험등급 I • 제6류위험물 모두 – 위험등급 I	1,000m^2 이하
위(1,000m^2 이하) 위험물 외의 위험물을 저장하는 창고	2,000m^2 이하
위의 전부에 해당하는 위험물을 내화구조의 격벽으로 완전히 구획된 실에 각각 저장하는 창고(제4석유류, 동식물유, 제6류 위험물은 500m^{2}를 초과할 수 없다.)	1,500m^2 이하

정답 111. ③ 112. ① 113. ③ 114. ④

115 옥내저장소의 하나의 저장창고의 바닥 면적을 1,000m² 이하로 하는 것으로 틀린 것은?

① 제1류 위험물 중 아염소산염류, 염소산염류, 과염소산염류, 무기과산화물, 그 밖에 지정수량이 50kg인 위험물
② 제3류 위험물 중 칼륨, 나트륨, 알킬알루미늄, 알킬리튬, 그 밖에 지정수량이 10kg인 위험물 및 황린
③ 제4류 위험물 중 특수인화물, 제2석유류 및 알코올류
④ 제6류 위험물

위 문제 해설 참조

116 위험물저장소로서 옥내저장소의 저장창고의 기준으로 옳은 것은?

① 지면에서 처마까지의 높이가 8m 미만인 단층건축물로 하고 그 바닥은 지반면보다 낮게 하여야 한다.
② 지면에서 처마까지의 높이가 8m 미만인 단층건축물로 하고 그 바닥은 지반면보다 높게 하여야 한다.
③ 지면에서 처마까지의 높이가 6m 미만인 단층건축물로 하고 그 바닥은 지반면보다 낮게 하여야 한다.
④ 지면에서 처마까지의 높이가 6m 미만인 단층건축물로 하고 그 바닥은 지반면보다 높게 하여야 한다.

117 옥내탱크저장소의 탱크와 탱크전용실의 벽 및 탱크 상호 간의 간격은?

① 0.2m 이상　　② 0.3m 이상
③ 0.4m 이상　　④ 0.5m 이상

옥내탱크저장소 이격거리

탱크 상호 간 0.5m 이상
- 0.3m 이상 : 자연발화성 위험물의 지정수량 10배 이하마다 소분하여 저장 시 이격거리
- 1m 이상 : 혼재할 수 있는 위험물 상호거리

118 지정유기관산화물의 옥내저장소 외벽의 기준으로 옳지 않은 것은?

① 두께 20cm 이상의 철근콘크리트조
② 두께 20cm 이상의 철골철근콘크리트조
③ 두께 40cm 이상의 보강시멘트블록조
④ 두께 30cm 이상의 보강콘크리트블록조

정답 115. ③　116. ④　117. ④　118. ③

▶ 지정유기과산화물 벽 두께

담	15cm 이상	철근콘크리트조, 철골철근콘크리트조
	20cm 이상	보강시멘트블록조
외벽	20cm 이상	철근콘크리트조, 철골철근콘크리트조
	30cm 이상	보강시멘트블록조
격벽 (150m² 이내마다)	30cm 이상	철근콘크리트조, 철골철근콘크리트조
	40cm 이상	보강시멘트블록조
지정수량 5배 이하	30cm 이상	철근콘크리트조, 철골철근콘크리트조의 벽을 설치 시 담 또는 토제 설치 제외

119 위험물 안전관리법령에서 정한 이황화탄소의 옥외탱크 저장시설에 대한 기준으로 옳은 것은?

① 벽 및 바닥의 두께가 0.2m 이상이고, 누수가 되지 아니하는 철근콘크리트의 수조에 넣어 보관하여야 한다.

② 벽 및 바닥의 두께가 0.2m 이상이고, 누수가 되지 아니하는 철근콘크리트의 석유조에 넣어 보관하여야 한다.

① 벽 및 바닥의 두께가 0.3m 이상이고, 누수가 되지 아니하는 철근콘크리트의 수조에 넣어 보관하여야 한다.

④ 벽 및 바닥의 두께가 0.3m 이상이고, 누수가 되지 아니하는 철근콘크리트의 석유조에 넣어 보관하여야 한다.

120 옥외탱크저장소 주위에는 공지를 보유하여야 한다. 저장 또는 취급하는 위험물의 최대 저장량이 지정수량의 600배라면 몇 m 이상인 너비의 공지를 보유하여야 하는가?

① 3　　② 5

③ 9　　④ 12

▶ 보유공지 암기방법

구분	지정수량의 배수	거리[m]
옥외저장소	10, 20, 50, 200, 초	3, 5, 9, 12, 15
옥내저장소	10, 20, 50, 200, 초	1, 2, 3, 5, 10
옥외탱크저장소	500, 1,000, 2,000, 3,000, 4,000	3, 5, 9, 12, 15

정답 119. ① 120. ②

※ 옥외탱크저장소의 보유공지

저장 또는 취급하는 위험물의 최대수량	공지의 너비
지정수량의 500배 이하	3m 이상
지정수량의 500배 초과 1,000배 이하	5m 이상
지정수량의 1,000배 초과 2,000배 이하	9m 이상
지정수량의 2,000배 초과 3,000배 이하	12m 이상
지정수량의 3,000배 초과 4,000배 이하	15m 이상
지정수량의 4,000배 초과	당해 탱크의 수평단면의 최대지름(횡형인 경우에는 긴 변)과 높이 중 큰 것과 같은 거리 이상. 다만, 30m 초과의 경우에는 30m 이상으로 할 수 있고, 15m 미만의 경우에는 15m 이상으로 하여야 한다.

121 옥외탱크저장소의 저장탱크의 강철판 두께는 몇 mm 이상이어야 하는가?

① 2.5 ② 2.8 ③ 3.2 ④ 4.0

122 인화점이 200℃ 미만인 위험물을 저장하는 옥외탱크저장소의 방유제는 탱크의 지름이 15m 이상인 경우 그 탱크의 측면으로부터 탱크 높이의 얼마 이상의 거리를 확보하여야 하는가?

① $\frac{1}{2}$ ② $\frac{1}{3}$ ③ $\frac{1}{4}$ ④ $\frac{1}{5}$

- 탱크 지름 15m 미만 : 탱크 높이의 $\frac{1}{3}$ 이상 확보
- 탱크 지름 15m 이상 : 탱크 높이의 $\frac{1}{2}$ 이상 확보

123 다음 ( ) 안에 알맞은 수치는?(단, 인화점이 200℃ 이상인 위험물은 제외한다.)

> 옥외저장탱크의 지름이 15m 미만인 경우에 방유제는 탱크의 옆판으로부터 탱크 높이의 ( ) 이상 이격하여야 한다.

① 1/3 ② 1/2 ③ 1/4 ④ 2/3

방유제는 탱크의 옆판으로부터 일정거리를 유지할 것(단, 인화점이 200℃ 이상인 위험물은 제외)
- 지름이 15m 미만인 경우 : 탱크 높이의 1/3 이상
- 지름이 15m 이상인 경우 : 탱크 높이의 1/2 이상

정답 121. ③ 122. ① 123. ①

124 **아세톤 옥외저장탱크 중 압력탱크 외의 탱크에 설치하는 대기밸브 부착 통기관은 몇 kPa 이하의 압력차이로 작동할 수 있어야 하는가?**

① 5 ② 7 ③ 9 ④ 10

대기밸브 부착 통기관은 5kPa 이하의 압력에서 작동

125 **위험물안전관리법령에 따라 제4류 위험물 옥내저장탱크에 설치하는 밸브 없는 통기관의 설치기준으로 가장 거리가 먼 것은?**

① 통기관의 지름은 30mm 이상으로 한다.
② 통기관의 선단은 수평단면에 대하여 아래로 45도 이상 구부려 설치한다.
③ 통기관은 가스가 체류하지 않도록 그 선단을 건축물의 출입구로부터 0.5m 이상 떨어진 곳에 설치하고 끝에 팬을 설치한다.
④ 가는 눈의 구리망으로 인화방지장치를 한다.

기관의 선단은 건축물의 창 · 출입구 등의 개구부로부터 1[m] 이상 떨어진 옥외의 장소에 지면으로부터 4 [m] 이상의 높이로 설치하되, 인화점이 40[℃] 미만인 위험물의 탱크에 설치하는 통기관에 있어서는 부지경계선으로부터 1.5[m] 이상 이격할 것

126 **제4류 위험물을 저장하는 옥외저장탱크에 설치하는 밸브 없는 통기관의 선단은 수평면보다 몇 도 이상 구부려야 하는가?**

① 15도 ② 30도
③ 45도 ④ 90도

선단은 45° 이상 구부려야 한다.

127 **소화난이도 등급 Ⅲ의 지하 탱크 저장소에 설치하여야 할 소화설비는?**

① 능력단위의 수치가 2단위 이상인 대형 수동식 소화기 1개 이상
② 능력단위의 수치가 2단위 이상인 대형 수동식 소화기 2개 이상
③ 능력단위의 수치가 3단위 이상인 대형 수동식 소화기 2개 이상
④ 능력단위의 수치가 3단위 이상인 대형 수동식 소화기 3개 이상

지하탱크 저장소 : 소형 수동식 소화기 등 능력단위의 수치가 3 이상 2개 이상

정답 124. ① 125. ③ 126. ③ 127. ③

128 지하탱크저장소의 배관은 탱크의 윗부분에 설치하여야 하는데 탱크의 직근에 유효한 제어밸브를 설치하여야 하는 것이 아닌 것은 ?

① 제1석유류　　② 제3석유류
③ 제4석유류　　④ 동식물유류

탱크 상부 배관설치 예외

제2석유류(인화점 40℃ 이상), 제3석유류, 제4석유류, 동식물유류
그 직근에 유효한 제어밸브를 설치한 경우

129 지하탱크가 있는 제조소등의 경우 완공검사의 신청시기로 맞는 것은?

① 탱크를 완공하고 상치장소를 확보한 후
② 지하탱크를 매설하기 전
③ 공사 전체 또는 일부를 완료한 후
④ 공사의 일부를 완료한 후

제조소등의 완공검사 신청시기

지하탱크가 있는 제조소등	해당 지하탱크를 매설하기 전
이동탱크저장소	이동저장탱크를 완공하고 상치장소를 확보한 후
이송취급소	이송배관 공사의 전체 또는 일부를 완료한 후
완공검사 실시가 곤란한 경우	1. 배관설치 완료 후 기밀시험, 내압시험을 실시하는 시기 2. 지하에 설치하는 경우 매몰하기 직전 3. 비파괴시험을 실시하는 시기
위에 해당하지 않는 경우	제조소 등의 공사를 완료한 후

130 지하탱크저장소에 대한 설명으로 맞는 것은?

① 지하저장탱크 윗부분과 지면과의 거리는 0.6m 이상일 것
② 지하저장탱크와 탱크전용실의 간격은 0.8m 이상일 것
③ 지하저장탱크 상호 간 거리는 0.5m 이상일 것
④ 지하의 가장 가까운 벽, 피트 등의 시설물 및 대지경계선은 0.5m 이상일 것

② 지하저장탱크와 탱크전용실의 간격은 0.1m 이상일 것
③ 지하저장탱크 상호 간 거리는 1m 이상일 것
④ 지하의 가장 가까운 벽, 피트 등의 시설물 및 대지경계선은 0.1m 이상일 것

정답 128. ① 129. ② 130. ①

131 **지하저장탱크의 주위에 당해 탱크로부터 액체위험물의 누설을 검사하기 위한 관의 설치 기준으로 옳지 않은 것은?**

① 소공이 없는 상부는 단관으로 할 수 있다.
② 재료는 금속관 또는 결질합성수지관으로 한다.
③ 관은 탱크실의 바닥에서 0.2m 이격하여 설치한다.
④ 관의 밑부분으로부터 탱크의 중심 높이까지의 부분에는 소공이 뚫려 있어야 한다.

1. 이중관으로 할 것. 다만, 소공이 없는 상부는 단관으로 할 수 있다.
2. 재료는 금속관 또는 경질합성수지관으로 할 것
3. 관은 탱크전용실의 바닥 또는 탱크의 기초까지 닿게 할 것
4. 관의 밑부분으로부터 탱크의 중심 높이까지의 부분에는 소공이 뚫려 있을 것. 다만, 지하수위가 높은 장소에 있어서는 지하수위 높이까지의 부분에 소공이 뚫려 있어야 한다.
5. 상부는 물이 침투하지 아니하는 구조로 하고, 뚜껑은 검사 시에 쉽게 열 수 있도록 할 것

132 **지하탱크저장소의 액체위험물의 누설을 검사하기 위한 관의 기준으로 틀린 것은?**

① 단관으로 할 것
② 관은 탱크실의 바닥에 닿게 할 것
③ 재료는 금속관 또는 경질합성수지관으로 할 것
④ 관의 밑부분으로부터 탱크의 중심높이까지의 부분에는 소공이 뚫려 있을 것

위 문제 해설 참조

133 **소화난이도 등급 III의 알킬알루미늄을 저장하는 이동탱크저장소에 자동차용 소화기 2개 이상을 설치한 후 추가로 설치하여야 할 마른 모래의 양은 몇 l인가?**

① 50l 이상 ② 100l 이상
③ 150l 이상 ④ 200l 이상

소화난이도등급 III 이동탱크저장소의 소화설비

- 마른모래 150l 이상
- 팽창질석 또는 팽창진주암 640l 이상

134 **이동탱크저장소의 방호틀의 두께 몇 mm 이상의 강철판으로 제작하여야 하는가?**

① 1.6mm 이상 ② 2.3mm 이상
③ 3.2mm 이상 ④ 5.0mm 이상

정답 131. ③ 132. ① 133. ③ 134. ②

철판의 두께

이동탱크	방파판	1.6mm	운송 중 내부의 위험물의 출렁임, 쏠림 등을 완화하여 차량의 안전 확보
	방호틀	2.3mm	탱크 전복 시 부속장치(주입구, 맨홀, 안전장치) 보호하기 위하여 부속장치보다 50mm 이상 높게 설치
	측면틀	3.2mm	탱크 전복 시 탱크 본체 파손 방지
	칸막이	3.2mm	탱크 전복 시 탱크의 일부가 파손되더라도 전량의 위험물의 누출 방지
기타		3.2mm	특별한 언급이 없으면 철판의 두께는 모두 3.2mm 이상으로 함
		6mm	콘테이너식 저장탱크 이동저장탱크, 맨홀, 주입구의 뚜껑
		10mm	알킬알루미늄 저장탱크 철판두께

135 이동탱크저장소의 구조에 대한 설명 중 맞는 것은?

① 방파판은 두께 1.6mm 이상의 강철판으로 할 것
② 하나의 구획부분에 2개 이상의 방파판을 이동탱크저장소의 반대방향과 평행으로 설치하되, 각 방파판은 그 높이 및 칸막이로부터의 거리를 다르게 할 것
③ 하나의 구획부분에 설치하는 각 방파판의 면적의 합계는 당해 구획부분의 최대 수직단면적의 40% 이상으로 할 것
④ 방호틀의 두께는 3.2mm 이상의 강철판 또는 이와 동등 이상의 기계적 성질이 있는 재료로서 산 모양의 형상으로 하거나 이와 동등 이상의 강도가 있는 형상으로 할 것

② 반대방향과 평행 → 진행방향과 평행
③ 최대 수직단면적의 40% 이상 → 최대 수직단면적의 50% 이상
④ 방호틀의 두께는 2.3mm 이상의 강철판 또는 이와 동등 이상의 기계적 성질이 있는 재료로서 산 모양의 형상으로 하거나 이와 동등 이상의 강도가 있는 형상으로 할 것

136 액체위험물을 저장하는 옥외저장탱크 주입구의 설치기준으로 적합하지 않은 것은?

① 화재예방상 지장이 없는 장소에 설치할 것
② 특수인화물, 제1석유류, 제2석유류, 알코올류를 저장하는 옥외저장탱크의 주입구에는 보기 쉬운 곳에 게시판을 설치할 것
③ 주입호스 또는 주입관과 결합하였을 때 위험물이 새지 아니할 것
④ 휘발유, 벤젠을 저장하는 옥외저장탱크의 주입구 부근에는 정전기를 유효하게 제거하기 위한 접지전극을 설치할 것

인화점이 21℃ 미만인 위험물의 옥외저장탱크의 주입구에는 보기 쉬운 곳에 게시판을 설치할 것

정답 135. ① 136. ②

137 이동탱크저장소의 탱크에서 방파판은 하나의 구획부분에 몇 개 이상의 방파판을 이동탱크저장소의 진행방향과 평행으로 설치하여야 하는가?

① 1개　　② 2개
③ 3개　　④ 4개

진행방향과 평행하게 2개를 설치한다.(단, 2,000l 초과 탱크만 적용한다.)

138 액체위험물을 저장하는 용량 10,000L의 이동저장탱크는 최소 몇 개 이상의 실로 구획하여야 하는가?

① 1개　　② 2개
③ 3개　　④ 4개

4,000L마다 칸막이로 구분하여 설치하므로 $\frac{10,000}{4,000}=2.5$이므로 3개로 구획

139 제3류 위험물 중 알킬알류미늄을 저장하는 이동탱크저장소의 탱크 용량이 5,000L일 때 탱크의 칸막이는 최소 몇 개를 설치하여야 하는가?

① 2　　② 3　　③ 4　　④ 5

1,900L마다 칸막이로 구분하여 설치하므로 $\frac{5,000}{1,900}=2.63$이고 3개로 구획하므로 칸막이의 수는 2개임

140 이동탱크저장소의 탱크의 구조에 대한 설치기준으로 틀리는 것은?

① 탱크 내부에는 4,000l 이하마다 3.2mm 이상의 강철판으로 칸막이를 설치
② 칸막이로 구획된 각 부분마다 맨홀과 두께 1.6mm 이상의 방파판을 설치
③ 방호틀 정상부분은 부속장치보다 50mm 이상 높게 할 것
④ 맨홀의 두께는 2.3mm 이상의 강철판으로 할 것

141 이동탱크저장소에 주유설비를 설치하는 경우 선단의 개폐밸브를 포함한 주유관의 길이는?

① 5m 이내　　② 15m 이내
③ 30m 이내　　④ 50m 이내

정답 137. ② 138. ③ 139. ① 140. ④ 141. ④

142 지하암반저장소의 지하공동은 암반투수계수가 몇 (m/sec) 이하인 천연암반 내에 설치하여야 하는가?

① 10^{-5} ② 10^{-6}
③ 10^{-7} ④ 10^{-8}

143 600리터를 하나의 간이탱크저장소에 저장하려고 할 때 필요한 최소 탱크 수는?

① 4개 ② 3개
③ 2개 ④ 1개

600l 간이탱크 3기 이하

144 다음 중 허가용량을 제한하고 있는 저장소는?

① 옥외저장소 ② 옥외탱크저장소
③ 간이탱크저장소 ④ 암반탱크저장소

600l 간이탱크 3기 이하

145 다음 중 간이탱크저장소의 설치기준으로 옳지 않은 것은?

① 1개의 간이탱크저장소에 설치하는 간이저장탱크는 3개 이하로 한다.
② 간이저장탱크의 용량은 800l 이하로 한다.
③ 간이저장탱크는 두께 3.2mm 이상의 강판으로 제작한다.
④ 간이저장탱크에는 통기관을 설치하여야 한다.

146 위험물 간이저장 탱크의 밸브 없는 통기관의 설치기준으로 맞지 않는 것은?

① 통기관은 지름 30mm 이상으로 한다.
② 통기관은 옥외에 설치하되 그 선단의 높이는 지상 1.5m 이상으로 한다.
③ 통기관의 선단은 수평면에 대하여 아래로 45도 이상 구부려야 한다.
④ 가는 눈의 구리망 등으로 인화방지망을 설치하여야 한다.

① 통기관은 지름 25mm 이상으로 한다.

정답 142. ① 143. ② 144. ③ 145. ② 146. ①

147 위험물 간이탱크 저장소의 간이저장탱크 수압시험 기준으로 옳은 것은?(단, 압력탱크 이외)

① 50kPa의 압력으로 7분간 수압시험
② 70kPa의 압력으로 10분간 수압시험
③ 50kPa의 압력으로 10분간 수압시험
④ 70kPa의 압력으로 7분간 수압시험

148 다음 중 간이탱크저장소의 통기관의 지름은 몇 mm 이상으로 하는가?

① 20mm　② 25mm　③ 30mm　④ 40mm

간이탱크통기관의 지름은 25mm 이상

149 주유취급소의 표지 및 게시판에서 "주유 중 엔진정지"의 표시 색상은?

① 황색 바탕에 흑색 문자　② 흑색 바탕에 황색 문자
③ 적색 바탕에 백색 문자　④ 백색 바탕에 적색 문자

주유취급소와 이동탱크저장소의 게시판

구분	주의사항	게시판의 색상(상호 반대)	
이동탱크저장소	위험물	흑색 바탕에 황색 문자	반대
주유취급소	주유 중 엔진정지	황색 바탕에 흑색 문자	

150 주유취급소에 설치하여서는 아니되는 것은?

① 볼링장 또는 대중이 모이는 체육시설
② 주유취급소의 관계자가 거주하는 주거시설
③ 자동차 등의 세정을 위한 작업장
④ 주유취급소에 출입하는 사람을 대상으로 하는 점포

체육시설 등은 주유취급소 설치할 수 없다.

151 주유취급소에 대한 설명으로 틀린 것은?

① 주유원 간이대기실의 바닥면적은 $5m^2$ 이하일 것
② 자동차 등에 주유하기 위한 고정주유설비에 직접 접속하는 전용탱크로서 50,000l 이하
③ 고정주유설비의 중심선을 기점으로 하여 도로경계선까지 4m 이상의 거리를 유지
④ 고정주유설비와 고정급유설비 사이에는 4m 이상의 거리를 유지

정답 147. ② 148. ② 149. ① 150. ① 151. ①

주유원 간이대기실의 기준

1. 불연재료로 할 것
2. 바퀴가 부착되지 아니한 고정식일 것
3. 차량의 출입 및 주유작업에 장애를 주지 아니하는 위치에 설치할 것
4. 바닥면적이 2.5m² 이하일 것
   단, 주유공지 및 급유공지 외의 장소에 설치하는 것 제외

152 주유취급소에서 주유원 간이대기실의 적합기준으로 틀린 것은?

① 불연재료로 할 것
② 바퀴가 부착되어 있는 고정식일 것
③ 차량의 출입 및 주유작업에 장애를 주지 아니하는 위치에 설치할 것
④ 바닥면적이 2.5m² 이하일 것

위 문제 해설 참조

153 위험물을 취급하는 주유취급소의 시설기준 중 옳은 것은?

① 보일러 등에 직접 접속하는 전용탱크의 용량은 2,000l 이하이다.
② 휴게음식점을 설치할 수 있다.
③ 고정주유설비와 도로경계선과는 거리제한이 없다.
④ 주유관의 길이는 20m 이내이어야 한다.

① 보일러 등에 직접 접속하는 전용탱크의 용량은 10,000l 이하
③ 고정주유설비와 도로경계선과는 4m 이상 이격할 것
④ 주유관의 길이는 5m 이내

154 등유를 취급하는 고정주유설비의 펌프기기는 주유관 선단에서의 최대 토출량이 몇 l/min 이하인 것으로 하여야 하는가?

① 40 ② 50
③ 80 ④ 180

주유설비 펌프의 토출량

	제1석유류	등유	경유	이동탱크 급유	고정 급유
토출량(lpm) 이하	50	80	180	200	300

정답 152. ② 153. ② 154. ③

155 **주유취급소의 고정주유설비의 주위에는 주유를 받으려는 자동차 등이 출입할 수 있도록 너비 몇 m 이상, 길이 몇 m 이상의 콘크리트로 포장한 공지를 보유하여야 하는가?**

① 너비 : 12m, 길이 : 4m
② 너비 : 12m, 길이 : 6m
③ 너비 : 15m, 길이 : 4m
④ 너비 : 15m, 길이 : 6m

주유취급소 주유공지

- 너비 15m 이상, 길이 6m 이상
- 공지의 바닥 : 주위 지면보다 높게 하고, 적당한 기울기, 배수구, 집유설비, 유분리장치를 설치

156 **주유취급소의 고정주유설비에 대한 설명이다 ( )에 적당한 말을 넣으시오.**

> 고정주유설비의 중심선을 기점으로 하여 도로경계선까지 (①)m 이상, 부지 경계선 · 담 및 건축물의 벽까지 (②)m(개구부가 없는 벽까지는 1m) 이상의 거리를 유지하고, 고정급유설비의 중심선을 기점으로 하여 도로경계선까지 4m 이상, 부지경계선 및 담까지 (③)m 이상, 건축물의 벽까지 2m(개구부가 없는 벽까지는 1m) 이상의 거리를 유지할 것

① 4, 2, 1
② 4, 2, 2
③ 4, 4, 2
④ 2, 2, 4

주유 및 급유설비의 이격거리

	주유설비	급유설비	점검, 정비	증기세차기 외
부지 경계선에서 담까지	2m 이상	1m 이상		
개구부 없는 벽까지	1m 이상			
건축물 벽까지	2m 이상			
도로 경계선까지, 상호 간	4m 이상		2m 이상	2m 이상
고정주유설비			4m 이상	4m 이상

157 **주유취급소에 대한 시설기준으로 틀린 것은?**

① 고정주유설비 또는 고정급유설비의 중심선을 기점으로 하여 도로경계선까지의 거리는 5m 이상으로 한다.
② 이동저장탱크에 주입하기 위한 고정급유설비의 펌프기기는 최대토출량이 300l/min 이하의 것으로 한다.
③ 연료탱크에 직접 주유하기 위한 고정주유설비를 설치하여야 한다.
④ 고정주유설비 또는 고정급유설비 주유관의 길이는 5m 이내로 한다.

위 문제 해설 참조

정답 155. ④ 156. ① 157. ①

158 **주유취급소의 고정주유설비와 고정급유설비의 사이에는 몇 m 이상의 거리를 유지해야 하는가?**

① 2m 이상　　② 3m 이상
③ 4m 이상　　④ 5m 이상

156번 해설 참조

159 **셀프용 고정주유설비의 기준으로 맞지 않는 것은?**

① 주유호스의 선단부에 수동개폐장치를 부착한 주유노즐을 설치하여야 한다.
② 경유의 1회 연속주유량의 상한은 200l 이하로 하며, 주유시간의 상한은 4분 이하로 한다.
③ 1회의 연속주유량 및 주유시간의 상한을 미리 설정할 수 있는 구조이어야 한다.
④ 휘발유 1회 주유량의 상한은 200l 이하이고, 주유시간의 상한은 6분 이하로 한다.

④ 휘발유 1회 주유량의 상한은 100l 이하이고, 주유시간의 상한은 4분 이하로 한다.

※ 셀프용 주유취급소

- 주유호스 : 200kg 중 이하의 하중으로 이탈, 누출을 방지할 수 있는 구조일 것
- 주유량의 상한 : 휘발유 100l 이하(주유시간 4분 이하)
  경유는 200l 이하(주유시간 4분 이하)

160 **다음 중 주유취급소의 특례 기준의 적용대상에서 제외되는 것은?**

① 항공기주유취급소의 특례
② 철도주유취급소의 특례
③ 고객이 직접 주유하는 주유취급소의 특례
④ 영업용 주유취급소의 특례

161 **주유취급소에서 자동차 등에 주유하기 위한 고정주유설비에 직접 접속하는 전용탱크의 크기는 얼마로 하여야 하는가?**

① 600리터 이하　　② 2,000리터 이하
③ 20,000리터 이하　　④ 50,000리터 이하

주유탱크 50,000l 이하(단, 고속국도의 경우 60,000l 이하)

정답 158. ③　159. ④　160. ④　161. ④

162 주유취급소에서 고정주유설비의 주유관의 길이는 몇 m 이내로 하고 그 선단에는 축적된 정전기를 유효하게 제거할 수 있는 장치를 설치하여야 하는가?

① 3　② 5　③ 7　④ 10

주유관 길이 : 5m 이내, 급유관 길이 : 50m 이내

163 위험물을 배합하는 제1종 판매취급소의 실의 기준에 적합하지 않은 것은 어느 것인가?

① 바닥면적을 $6m^2$ 이상 $15m^2$ 이하로 할 것
② 내화구조 또는 불연재료로 된 벽을 구획할 것
③ 바닥에는 적당한 경사를 두고, 집유설비를 할 것
④ 출입구에는 갑종방화문 또는 을종방화문을 설치할 것

위험물을 배합하는 실의 기준

1. 바닥면적은 $6m^2$ 이상 $15m^2$ 이하로 할 것
2. 내화구조 또는 불연재료로 된 벽으로 구획할 것
3. 바닥은 위험물이 침투하지 아니하는 구조로 하여 적당한 경사를 두고 집유설비를 할 것
4. 출입구에는 수시로 열 수 있는 자동폐쇄식의 갑종방화문을 설치할 것
5. 출입구 문턱의 높이는 바닥면으로부터 0.1m 이상으로 할 것
6. 내부에 체류한 가연성의 증기 또는 가연성의 미분을 지붕 위로 방출하는 설비를 할 것

164 판매취급소의 위험물배합실(작업실)의 조건으로 틀린 것은?

① 내화구조로 된 벽으로 구획하여야 한다.
② 바닥면적은 $6m^2$ 이상 $15m^2$ 이하로 하여야 한다.
③ 출입구에는 갑종방화문을 설치하여야 한다.
④ 출입구에는 바닥으로부터 0.5m 이상의 턱을 설치하여야 한다.

④ 출입구 문턱의 높이는 바닥면으로부터 0.1m 이상으로 할 것
※ 위 문제 해설 참조

165 판매취급소의 위치 및 시설로서 옳은 것은?

① 건축물의 지하층에 설치하여야 한다.
② 건축물의 1층에 설치하여야 한다.
③ 지하층만 있는 건축물에 설치하여야 한다.
④ 2층 건물에 설치할 때에는 1층에는 판매취급소, 2층에는 작업실을 두도록 한다.

정답 162. ② 163. ④ 164. ④ 165. ②

건축물은 1층에만 설치

166 위험물제조소등의 제2종 판매취급소에 대한 설명으로 틀린 것은?

① 건축물의 1층, 2층에 설치한다.
② 제2종 판매취급소의 용도로 사용하는 부분의 창 또는 출입구에 유리를 이용하는 경우에는 망입유리로 한다.
③ 제2종 판매취급소의 용도로 사용하는 부분은 벽 · 기둥 · 바닥 및 보를 내화구조하고, 천장이 있는 경우에는 이를 불연재료로 한다.
④ 제2종 판매취급소의 용도로 사용하는 부분의 출입구에는 갑종방화문 또는 을종방화문을 설치한다.

① 건축물의 1층에 설치한다.

167 저장 또는 취급하는 1종 판매취급소의 지정수량은 몇 배 이하인가?

① 지정수량의 10배 이하를 말한다.
② 지정수량의 20배 이하를 말한다.
③ 지정수량의 40배 이하를 말한다.
④지정수량의 100배 이하를 말한다.

- 1종 20배 이하, 2종 40배 이하

168 다음 중 이송취급소를 설치할 수 있는 곳은?

① 철도 및 도로의 터널 안
② 고속국도 및 자동차전용도로의 차도 · 길어깨 및 중앙분리대
③ 지형상황 등 부득이한 사유가 있고 안전에 필요한 조치를 한 곳
④ 급경사지역으로서 붕괴의 위험이 있는 지역

이송취급소 설치 제외 장소

1. 철도 및 도로의 터널 안
2. 고속국도 및 자동차전용도로의 차도 · 길어깨 및 중앙분리대
3. 호수 · 저수지 등으로서 수리의 수원이 되는 곳
4. 급경사지역으로서 붕괴의 위험이 있는 지역

정답 166. ① 167. ② 168. ③

169 위험물취급소에 대한 다음 설명 중 틀린 것은?

① 점포에서 위험물을 용기에 담아 판매하기 위하여 지정수량 40배 이하의 위험물을 취급하는 취급소를 판매취급소라고 한다.
② 고정된 주유설비에 의하여 자동차 등의 연료탱크에 직접 주유하기 위하여 위험물을 취급하는 취급소를 주유취급소라 한다.
③ 배관 및 이에 부속하는 설비에 의하여 위험물을 이송하는 취급소를 이송취급소라 한다.
④ 배관을 포함한 제조소 등에 관계된 시설의 부지 안에서만 위험물을 이송하는 취급소를 일반취급소라 한다.

④ 일반취급소 → 이송취급소

※ 위험물안전관리법 시행령 [별표 3] 위험물취급소

위험물을 제조 외의 목적으로 취급하기 위한 장소	취급소의 구분
1. 고정된 주유설비에 의하여 자동차항공기 또는 선박 등의 연료탱크에 직접 주유하기 위하여 위험물을 취급하는 장소	주유취급소
2. 점포에서 위험물을 용기에 담아 판매하기 위하여 지정수량의 40배 이하의 위험물을 취급하는 장소	판매취급소
3. 배관 및 이에 부속된 설비에 의하여 위험물을 이송하는 장소	이송취급소
4. 주유취급소, 판매취급소, 이송취급소 이외의 장소	일반취급소

170 이송취급소 내의 지상에 설치된 배관 등은 전체 용접부의 몇 % 이상을 발췌하여 비파괴시험을 실시하는가?

① 10　② 20　③ 30　④ 40

비파괴시험

지상에 설치 된 배관 등은 전체 용접부의 20% 이상을 발췌하여 시험

171 이송취급소에서 이송기지 배관의 최대 상용압력이 0.5 MPa일 때 공지의 너비는?

① 3m 이상　② 5m 이상　③ 9m 이상　④ 15m 이상

배관의 최대상용압력	공지의 너비
0.3MPa 미만	5m 이상
0.3MPa 이상 1MPa 미만	9m 이상
1MPa 이상	15m 이상

정답 169. ④ 170. ② 171. ③

172 **이송취급소에서 배관을 지하에 매설하는 경우 배관은 그 외면으로부터 지하가 및 터널까지 몇 m 이상의 안전거리를 두어야 하는가?**

① 0.3 ② 1.5 ③ 10 ④ 300

지하매설 배관

1. 안전거리
   ① 건축물(지하가 내의 건축물을 제외한다.) : 1.5m 이상
   ② 지하가 및 터널 : 10m 이상
   ③ 수도법에 의한 수도시설(위험물의 유입 우려가 있는 것) : 300m 이상
2. 다른 공작물과의 보유공지 : 0.3m 이상
3. 배관의 외면과 지표면과의 이격거리
   ① 산, 들 : 0.9m 이상
   ② 그 밖의 지역 : 1.2m 이상

173 **배관을 지하에 매설하는 이송취급소에서 배관은 그 외면으로부터 건축물(지하가 내의 건축물은 제외)과의 안전거리로 맞는 것은?**

① 1.5m 이상 ② 10m 이상 ③ 100m 이상 ④ 300m 이상

위 문제 해설 참조

174 **이송취급소의 배관에는 긴급차단밸브를 설치하여야 하는데 시가지에 설치하는 경우에는 몇 km의 간격으로 설치하여야 하는가?**

① 2km ② 4km ③ 5km ④ 10km

긴급차단밸브

1. 시가지에 설치하는 경우 약 4km 간격
2. 산림지역에 설치하는 경우에는 약 10km 간격
3. 하천, 호수 등을 횡단하여 설치하는 경우에는 횡단하는 부분의 양끝
4. 해상 또는 해저를 통과하여 설치하는 경우에는 횡단하는 부분의 양끝
5. 도로 또는 철도를 횡단하여 설치하는 경우에는 횡단하는 부분의 양끝

175 **열처리작업 또는 방전가공을 위한 위험물을 취급하는 일반취급소로서 지정수량 30배 미만에는 특례기준이 적용되는데 이때 제4류 위험물은 인화점이 몇 ℃ 이상인가?**

① 21℃ ② 30℃ ③ 50℃ ④ 70℃

정답 172. ③ 173. ① 174. ② 175. ④

열처리작업 또는 방전가공을 위하여 위험물(인화점이 70℃ 이상인 제4류 위험물에 한한다.)을 취급하는 일반취급소로서 지정수량의 30배 미만의 것(위험물을 취급하는 설비를 건축물에 설치하는 것에 한하며, 이하 "열처리작업 등의 일반취급소"라 한다.)

176 제4류 위험물을 저장하는 옥외탱크저장소에 설치하는 밸브 없는 통기관의 지름은?

① 30mm 이하　② 30mm 이상　③ 45mm 이하　④ 45mm 이상

밸브 없는 통기관 지름 30mm 이상

177 스프링클러설비의 가지배관을 신축배관으로 하는 경우 틀린 것은?

① 최고사용압력은 1.5MPa 이상이어야 하고, 최고사용압력의 1.5배의 수압에 변형 · 누수되지 아니할 것
② 진폭을 5mm, 진동수를 매초당 25회로 하여 6시간 동안 작동시킨 경우 또는 매초 0.35MPa부터 3.5MPa까지의 압력변동을 4,000회 실시한 경우에도 변형 · 누수되지 아니할 것
③ 천장 · 반자 · 천장과 반자 사이 · 덕트 · 선반 등의 각 부분으로부터 하나의 스프링클러헤드까지의 수평거리는 특수가연물을 저장 또는 취급하는 장소에 있어서는 1.7m 이하일 것
④ 천장 · 반자 · 천장과 반자 사이 · 덕트 · 선반 등의 각 부분으로부터 하나의 스프링클러헤드까지의 수평거리는 공동주택(아파트)세대 내의 거실 3.2m 이하일 것

178 위험물 제조소 등에 옥외소화전을 4개 설치하고자 할 때 필요한 수원의 양은 얼마인가?

① $13m^3$ 이상　② $14m^3$ 이상　③ $24m^3$ 이상　④ $54m^3$ 이상

옥외소화전 $Q=N\times450\times30=4\times450\times30=54m^3$

구분	수평거리	방수량 (l/min)	방사시간	수원량(m^3)	방사압력
옥내 소화전	25m 이하	260	30	Q=N×260×30 N : 가장 많은 층의 설치 개수 (최대 5개)	0.35MPa 이상
옥외 소화전	40m 이하	450	30	Q=N×450×30 N : 가장 많은 층의 설치 개수 (최대 4개, 최소 2개)	0.35MPa 이상
스프링 클러	1.7m 이하	80	30	Q=N×80×30 (N : 개방형은 설치 개수 패쇄형은 30개)	0.1MPa 이상

정답 176. ② 177. ① 178. ④

179 제조소에 전기설비가 설치된 경우 면적 500m²라면 소형 수동식 소화기의 설치개수는?

① 1개 이상 ② 3개 이상
③ 5개 이상 ④ 7개 이상

전기설비의 소화설비

제조소등에 전기설비(전기배선, 조명기구 등은 제외한다.)가 설치된 경우에는 당해 장소의 면적 100m²마다 소형수동식 소화기를 1개 이상 설치할 것

180 위험물제조소등의 소화설비 설치기준으로 틀린 것은?

① 전기설비가 설치된 장소에는 면적 100m²마다 소형 수동식 소화기를 1개 이상 설치할 것
② 건축물 외벽이 내화구조인 제조소나 취급소에는 연면적 100m²를 1소요단위로 할 것
③ 저장소의 건축물은 외벽이 내화구조인 것은 연면적 200m²를 1소요단위로 할 것
④ 위험물은 지정수량의 10배를 1소요단위로 할 것

저장소의 건축물은 외벽이 내화구조인 것은 연면적 150m²를 1소요단위로 할 것

181 다음 ( )에 알맞은 숫자를 순서대로 나열한 것은?

> 주유취급소 중 건축물의 ( )층의 이상의 부분을 점포, 휴게음식점 또는 전시장의 용도로 사용하는 것에 있어서는 당해 건축물의 ( )층 이상으로부터 직접 주유취급소의 부지 밖으로 통하는 출입구와 당해 출입구로 통하는 통로, 계단 및 출입구에 유도등을 설치하여야 한다.

① 2층, 1층 ② 1층, 1층
③ 2층, 2층 ④ 1층, 2층

182 위험물을 저장하는 원통형 탱크를 종으로 설치할 경우 공간용적을 옳게 나타낸 것은? (단, 탱크의 지름은 10m, 높이는 16m이다.)

① 72.8m³ 이상, 135.5m³ 이하
② 62.8m³ 이상, 125.7m³ 이하
③ 72.8m³ 이상, 125.7m³ 이하
④ 62.8m³ 이상, 135.5m³ 이하

탱크의 공간용적은 탱크 용적의 5~10%이며, 탱크의 용적은 $\pi \times r^2 \times l = \pi \times 5^2 \times 16 = 1{,}256[m^3]$
$(1{,}256 \times 0.05) \sim (1{,}256 \times 0.1) = 62.8 \sim 125.7[m^3]$

정답 179. ③ 180. ③ 181. ③ 182. ②

183 제조소등의 안전거리의 단축기준에서 방화상 유효한 담의 높이는 다음에 의하여 산정한 높이 이상으로 하여야 한다. 다음 중 a의 의미는 무엇인가?

$H\leq PD^2+a$인 경우 $h=2$ 이상

① 제조소등의 외벽의 높이
② 제소소등과 방화상 유효한 담과의 거리
③ 인근건축물 또는 공작물의 높이
④ 방화상 유효한 담의 높이

D : 제조소등과 인근건축물 또는 공작물과의 거리(m)
H : 인근건축물 또는 공작물의 높이(m)
a : 제조소등의 외벽의 높이(m)
d : 제조소등과 방화상 유효한 담과의 거리(m)
h : 방화상 유효한 담의 높이(m)
P : 상수

184 이송취급소의 철도부지 , 매설배관의 외면과 지표면과의 거리는 몇 m 이상으로 하여야 하는가?

① 0.6 ② 1.2
③ 3 ④ 6

철도부지 및 매설배관 기준

1. 배관은 그 외면으로부터 철도 중심선에 대하여는 4m 이상
2. 당해 철도부지의 용지경계에 대하여는 1m 이상의 거리를 유지할 것
3. 배관의 외면과 지표면과의 거리는 1.2m 이상으로 할 것

185 지정과산화물을 저장하는 옥내저장소의 저장창고를 일정 면적마다 구획하는 격벽의 설치기준에 해당하지 않는 것은?

① 철근콘크리트조의 경우 두께가 0.3m 이상이어야 한다.
② 저장창고 상부의 지붕으로부터 0.5m 이상 돌출하게 하여야 한다.
③ 바닥면적 200m² 이내마다 완전하게 구획하여야 한다.
④ 저장창고 양측의 외벽으로부터 1m 이상 돌출하게 하여야 한다.

저장창고 150m² 이내마다 격벽으로 완전하게 구획할 것

정답 183. ① 184. ② 185. ③

186 다층건물의 옥내저장소의 기준으로 틀린 것은?

① 하나의 저장창고의 바닥면적 합계는 1,500m^2 이하로 하여야 한다.
② 2층 이상의 층의 바닥에는 개구부를 두지 아니하여야 한다.
③ 연소의 우려가 있는 외벽은 출입구 외의 개구부를 갖지 아니하는 벽으로 하여야 한다.
④ 저장창고의 각 층의 바닥을 지면보다 높게 하고 층고는 6m 미만으로 하여야 한다.

하나의 저장창고의 바닥면적 합계는 1,000m^2 이하로 할 것

187 옥외탱크저장소 중 액체위험물의 탱크주입구에 대한 설명 중 틀린 것은?

① 화재 예방에 편리한 위치에 설치할 것
② 주입호스 또는 주입관과 결합할 수 있고, 위험물이 새지 아니하도록 할 것
③ 주입구에는 밸브 또는 뚜껑을 설치할 것
④ 인화점이 섭씨 70℃ 미만인 위험물의 탱크의 주입구에는 그 보기 쉬운 곳에 탱크의 주입구라는 뜻을 표시한 표지와 정전기제거설비를 설치하고, 방화에 관하여 필요한 사항을 기재한 게시판을 설치할 것

주입구 표시는 인화점 21℃ 미만의 옥외저장탱크 주입구일 경우

188 옥외탱크저장소의 펌프설비에 대한 설명 중 틀린 것은 어느 것인가?

① 펌프설비는 견고한 기초 위에 고정할 것
② 펌프 및 이에 부속하는 전동기를 설치하기 위한 건축물 기타 시설의 벽 · 기둥 · 바닥 · 보 및 서까래는 불연재료로 할 것
③ 펌프실의 지붕은 가벼운 불연재료로 할 것
④ 펌프실의 바닥은 콘크리트 기타 불침윤재료로 적당히 경사지게 하고, 그 둘레에 높이 0.1m 이상의 턱을 설치하며, 바닥의 최저부에는 집유설비를 설치할 것

펌프실의 바닥의 턱 높이는 0.2m 이상의 할 것

189 접지도선을 설치하지 않는 이동탱크저장소에 의하여도 저장, 취급할 수 있는 위험물은?

① 알코올류 ② 제1석유류
③ 제2석유류 ④ 특수인화물

정답 186. ① 187. ④ 188. ④ 189. ①

제4류 위험물 중 특수인화물, 제1석유류, 제2석유류의 이동탱크저장소에는 접지도선을 설치하여야 한다.

190 이동탱크저장소로 위험물을 운송하는 자가 위험물안전카드를 휴대하지 않아도 되는 것은?

① 벤젠 ② 디에틸에테르
③ 휘발유 ④ 경유

위험물(제4류 위험물 중 특수인화물, 제1석유류)을 운송하는 자는 위험물 안전카드를 위험물 운송자로 하여금 휴대하게 할 것

191 이동탱크저장소의 맨홀 · 주입구 및 안전장치 등이 탱크의 상부에 돌출되어 있는 탱크에 부속장치의 손상을 방지하기 위해 설치하는 측면틀에 대한 설명 중 틀린 것은?

① 탱크 뒷부분의 입면도에 있어서 측면틀의 최외측과 탱크의 최외측을 연결하는 직선의 수평면에 대한 내각이 35도 이상이 되도록 할 것
② 외부로부터의 하중에 견딜 수 있는 구조로 할 것
③ 탱크 상부의 네 모퉁이에 당해 탱크의 전단 또는 후단으로부터 각각1m 이내의 위치에 설치할 것
④ 측면틀에 걸리는 하중에 의하여 탱크가 손상되지 아니하도록 측면틀의 부착부분에 받침판을 설치할 것

탱크 뒷부분의 입면도에 있어서 측면틀의 최외측과 탱크의 최외측을 연결하는 직선의 수평면에 대한 내각이 75도 이상이 되도록 할 것

192 다음 중 방파판을 설치하여야 하는 이동저장탱크의 용량 기준은?

① 1,000L ② 2,000L ③ 4,000L ④ 5,000L

이동저장탱크의 용량 2,000리터 이상일 경우 방파판을 설치할 것

193 주유취급소에 출입하는 사람을 대상으로 하는 휴게음식점 용도의 제한 면적은?

① 300m² 초과 금지 ② 500m² 초과 금지
③ 1,000m² 초과 금지 ④ 1,500m² 초과 금지

정답 190. ④ 191. ① 192. ② 193. ③

(주유취급소의 업무를 행하기 위한 사무소+자동차 등의 점검 및 간이정비를 위한 작업장+주유취급소에 출입하는 사람을 대상으로 한 점포 · 휴게음식점 또는 전시장) 면적의 합계가 1,000m²를 초과하면 안 된다.

194 고객이 직접 주유하는 주유취급소의 셀프용 고정급유설비의 기준으로 틀린 것은?

① 급유 호스의 선단부에 자동개폐장치를 부착한 급유노즐을 설치할 것
② 급유 노즐은 용기가 가득 찰 경우에는 자동으로 정지시키는 구조일 것
③ 1회의 연속 급유량의 상한은 100리터 이하일 것
④ 1회의 연속 급유시간의 상한은 6분 이하일 것

급유호스의 선단부에 수동개폐장치를 부착한 주유노즐을 설치할 것

195 이송취급소의 하천 등 횡단설치 배관의 기준 중 하천을 횡단하는 경우 매설깊이로 맞는 것은?

① 1.2m 이상　② 2.5m 이상
③ 4m 이상　④ 6m 이상

하천 등 횡단설치 배관의 기준

1. 하천을 횡단하는 경우 매설깊이 : 4m 이상
2. 수로를 횡단하는 경우 매설깊이 : 2.5m 이상-하수도 또는 운하, 1.2m-좁은 수로

196 다음의 괄호에 알맞은 것은?

> 옥내저장소에서 동일 품명의 위험물이더라도 자연발화할 우려가 있는 위험물 또는 재해가 현저하게 증대할 우려가 있는 위험물을 다량 저장하는 경우에는 지정수량의 (㉠) 배 이하마다 구분하여 상호간 (㉡)m 이상의 간격을 두어 저장하여야 한다.

① ㉠ 10배 ㉡ 0.3m　② ㉠ 10배 ㉡ 0.5m
③ ㉠ 20배 ㉡ 0.3m　④ ㉠ 20배 ㉡ 0.5m

지정수량의 10배 이하마다 구분하여 상호간 0.3m 이상 간격으로 저장

정답 194. ① 195. ③ 196. ①

197 위험물의 성질에 따라 일광의 직사 또는 빗물의 침투를 방지하기 위하여 유효하게 피복하는 등의 조치를 하여야 한다. 다음 중 차광성 있는 피복으로 가리는 위험물은?

① 휘발유 ② 등유
③ 디에틸에테르 ④ 기어유

차광성 피복으로 가리는 위험물

① 제1류 위험물
② 제3류 위험물 중 자연발화성 물질
③ 제4류 위험물 중 특수인화물
④ 제5류 위험물
⑤ 제6류 위험물

198 위험물제조소등에 옥내소화전을 설치하려고 한다. 옥내소화전을 5개 설치 시 필요한 수원의 양은?

① $14m^3$ 이상 ② $30m^3$ 이상
③ $39m^3$ 이상 ④ $48m^3$ 이상

수원 = N(최대 5개일 경우 5개) × 7.8 = 39[m^3] 이상

정답 197. ③ 198. ③

PART

05

소방시설의 구조원리

CHAPTER 01 소화설비

01 **소방대상물의 각 부분으로부터 하나의 소형소화기까지의 보행거리는 몇 m 이내이어야 하는가?**

① 30[m] 이내　　② 25[m] 이내
③ 20[m] 이내　　④ 15[m] 이내

◐ 소화기 설치기준

① 각 층마다 설치하되, 특정소방대상물의 각 부분으로부터 1개의 소화기까지의 보행거리가 소형소화기의 경우에는 20m 이내, 대형소화기의 경우에는 30m 이내가 되도록 배치할 것
② 바닥면적이 $33m^2$ 이상으로 구획된 각 거실(아파트의 경우에는 각 세대를 말한다.)에도 배치할 것

02 **능력단위가 2단위 이상이 되도록 소화기를 설치하여야 할 특정소방대상물 또는 그 부분에 있어서는 간이소화용구의 능력단위가 전체 능력단위의 1/2를 초과하지 아니하게 하여야 하는데 이에 해당되지 않는 특정소방대상물은?**

① 노유자시설　　② 문화시설
③ 교육연구시설　　④ 업무시설

◐ 소화기구 및 자동소화장치(제4조 제⑤항)

능력단위가 2단위 이상이 되도록 소화기를 설치하여야 할 특정소방대상물 또는 그 부분에 있어서는 간이소화용구의 능력단위가 전체 능력단위의 1/2을 초과하지 아니하게 할 것(단, 노유자시설의 경우에는 그렇지 않다.)

03 **소화기구(자동소화장치를 제외한다.)는 거주자 등이 손쉽게 사용할 수 있는 장소에 바닥으로부터 몇 m 이하의 높이에 비치하여야 하는가?**

① 1m　　② 1.2m
③ 1.5m　　④ 2m

◐ 소화기구 및 자동소화장치(제4조 제⑥항)

소화기구(자동소화장치를 제외한다.)는 거주자 등이 손쉽게 사용할 수 있는 장소에 바닥으로부터 높이 1.5m 이하의 곳에 비치한다.

정답 01. ③ 02. ① 03. ③

04 아파트에 설치하는 주거용 주방자동소화장치의 설치기준 중 옳지 않은 것은?

① 소화약제 방출구는 환기구의 청소부분과 분리되어 있어야 할 것
② 감지부는 형식승인 받은 유효한 높이 및 위치에 설치할 것
③ 차단장치는 주방배관의 개폐밸브로부터 2[m] 이하의 위치에 설치할 것
④ 가스용 주방자동소화장치를 사용하는 경우 탐지부는 수신부와 분리하여 설치하되, 공기보다 가벼운 가스를 사용하는 경우에는 천장 면으로부터 30[cm] 이하의 위치에 설치하여야 한다.

주거용 주방자동소화장치 설치기준

아파트의 각 세대별 주방 및 오피스텔의 각 실별 주방에 설치할 것
① 소화약제 방출구는 환기구(주방에서 발생하는 열기류 등을 밖으로 배출하는 장치를 말한다.)의 청소부분과 분리되어 있어야 하며, 형식승인 받은 유효설치 높이 및 방호면적에 따라 설치할 것
② 감지부는 형식승인 받은 유효한 높이 및 위치에 설치할 것
③ 차단장치(전기 또는 가스)는 상시 확인 및 점검이 가능하도록 설치할 것
④ 가스용 주방자동소화장치를 사용하는 경우 탐지부는 수신부와 분리하여 설치하되, ㉮ 공기보다 가벼운 가스를 사용하는 경우 : 천장 면으로부터 30cm 이하의 위치 ㉯ 공기보다 무거운 가스를 사용하는 장소 : 바닥 면으로부터 30cm 이하의 위치
⑤ 수신부는 주위의 열기류 또는 습기 등과 주위온도에 영향을 받지 아니하고 사용자가 상시 볼 수 있는 장소에 설치할 것

05 캐비닛형 자동소화장치의 설치기준으로 틀린 것은?

① 분사헤드의 설치 높이는 방호구역의 바닥으로부터 최소 0.2[m] 이상 최대 3.7[m] 이하로 하여야 한다.
② 방호구역 내 화재감지기의 감지에 따라 작동되도록 할 것
③ 화재감지기의 회로는 교차회로방식으로 설치할 것
④ 구획된 장소의 방호체적 이하를 방호할 수 있는 소화성능이 있을 것

캐비닛형 자동소화장치의 설치기준

① 분사헤드의 설치 높이는 방호구역의 바닥으로부터 최소 0.2m 이상 최대 3.7m 이하로 하여야 한다. 다만, 별도의 높이로 형식승인 받은 경우에는 그 범위 내에서 설치할 수 있다.
② 화재감지기는 방호구역 내의 천장 또는 옥내에 면하는 부분에 설치하되 「자동화재탐지설비의 화재안전기준(NFSC 203)」 제7조에 적합하도록 설치할 것
③ 방호구역 내 화재감지기의 감지에 따라 작동되도록 할 것
④ 화재감지기의 회로는 교차회로방식으로 설치할 것. 다만, 화재감지기를 「자동화재탐지설비의 화재안전기준(NFSC 203)」 제7조 제1항 단서의 각 호의 감지기로 설치하는 경우에는 그러하지 아니하다.
⑤ 교차회로 내의 각 화재감지기회로별로 설치된 화재감지기 1개가 담당하는 바닥면적은 자동화재탐지설비의 화재안전기준(NFSC 203)」 제7조 제3항 제5호 · 제8호 및 제10호에 따른 바닥 면적으로 할 것

정답 04. ③ 05. ④

⑥ 개구부 및 통기구(환기장치를 포함한다.)를 설치한 것에 있어서는 약제가 방사되기 전에 해당 개구부 및 통기구를 자동으로 폐쇄할 수 있도록 할 것. 다만, 가스압에 의하여 폐쇄되는 것은 소화약제 방출과 동시에 폐쇄할 수 있다.
⑦ 작동에 지장이 없도록 견고하게 고정시킬 것
⑧ 구획된 장소의 방호체적 이상을 방호할 수 있는 소화성능이 있을 것

06 지하층, 무창층, 밀폐된 거실로서 그 바닥 면적이 20[m^2] 미만의 장소에 설치할 수 있는 소화기는?

① 이산화탄소 소화기
② 자동확산소화기
③ 할론 2402 소화기
④ 할론 1211 소화기

소화기구 설치 제외

① 설치제외 장소 : 지하층이나 무창층 또는 밀폐된 거실로서 그 바닥면적이 20m^2 미만의 장소
② 설치할 수 없는 소화기구 : 이산화탄소, 할로겐화합물을 방사하는 소화기구
③ 설치 가능한 소화기구 : 자동확산소화기

07 간이소화용구인 마른모래(삽을 상비한 50[l] 이상의 것 1포)의 능력단위는?

① 0.5단위
② 1단위
③ 1.5단위
④ 2단위

소화약제 외의 것을 이용한 간이소화용구의 능력단위[별표 2]

간이 소화용구		능력단위
마른 모래	삽을 상비한 50l 이상의 것 1포	0.5 단위
팽창질석 또는 팽창진주암	삽을 상비한 80l 이상의 것 1포	

08 소형소화기를 설치하여야 할 특정소방대상물에 해당 설비의 유효범위의 부분에 대하여 소화기의 3분의 2를 감소할 수 있는 기준을 적용할 수 있는 소방시설로 옳지 않은 것은?

① 옥내소화전설비
② 스프링클러설비
③ 이산화탄소 소화설비
④ 대형소화기

소형소화기 감소

① 소화설비를 설치한 경우 : 소요단위수의 $\frac{2}{3}$를 감소 → $\frac{1}{3}$만 설치

② 대형소화기를 설치한 경우 : 소요단위수의 $\frac{1}{2}$을 감소 → $\frac{1}{2}$만 설치

정답 06. ② 07. ① 08. ④

09 건축물의 주요 구조부가 내화구조이고, 벽 및 반자의 실내에 면하는 부분이 불연재료로 된 교육연구시설은 해당 바닥 면적의 몇 [m²]마다 소화기구의 능력단위를 1단위 이상으로 하여야 하는가?

① 50[m²] ② 100[m²]
③ 200[m²] ④ 400[m²]

▶ 특정소방대상물별 소화기구의 능력단위기준[별표 3]

특정소방대상물	소화기구의 능력단위
위락시설	바닥면적 30m²마다 능력단위 1단위 이상
공연장 · 집회장 · 관람장 · 문화재 · 장례식장 및 의료시설	바닥면적 50m²마다 능력단위 1단위 이상
근린생활시설 · 판매시설 · 운수시설 · 숙박시설 · 노유자시설 · 전시장 · 공동주택 · 업무시설 · 방송통신시설 · 공장 · 창고시설 · 항공기 및 자동차 관련 시설 및 관광휴게시설	바닥면적 100m²마다 능력단위 1단위 이상
그 밖의 것	바닥면적 200m²마다 능력단위 1단위 이상

(주) 주요 구조부가 내화구조이고, 벽 및 반자의 실내에 면하는 부분이 불연재료 · 준불연재료 또는 난연재료로 된 특정소방대상물에 있어서는 위 표의 기준면적의 2배를 해당 특정소방대상물의 기준면적으로 한다.

10 건축물의 주요 구조부가 내화구조이고, 벽 및 반자의 실내에 면하는 부분이 불연재료로 되어 있는 바닥 면적이 40,000[m²]인 교육연구시설은 필요한 소화기구의 능력단위가 얼마인가?

① 10단위 ② 50단위
③ 100단위 ④ 400단위

▶ 소요단위 산정

$$\text{소요단위} = \frac{\text{바닥면적}}{\text{기준면적}} = \frac{40{,}000\text{m}^2}{400\text{m}^2} = 100\text{단위}$$

11 소화기구의 소화 약제별 적응성의 소화약제 구분에서 액체 소화약제가 아닌 것은?

① 산알칼리소화약제 ② 인산염류소화약제
③ 강화액소화약제 ④ 포소화약제

정답 09. ④ 10. ③ 11. ②

[별표 1]소화기구의 소화약제별 적응성

소화약제 구분 / 적응대상	가스			분말		액체				기타			
	이산화탄소소화약제	할론소화약제	할로겐화합물및불활성기체소화약제	인산염류소화약제	중탄산염류소화약제	산알칼리소화약제	강화액소화약제	포소화약제	물·침윤소화약제	고체에어로졸화합물	마른모래	팽창질석·팽창진주암	그 밖의 것
일반화재(A급 화재)	–	○	○	○	–	○	○	○	○	○	○	○	–
유류화재(B급 화재)	○	○	○	○	○	○	○	○	○	○	○	○	–
전기화재(C급 화재)	○	○	○	○	○	*	*	*	*	○	–	–	–
주방화재(K급 화재)	–	–	–	–	*	–	*	*	*	–	–	–	*

(주) "*"의 소화약제별 적응성은 「화재예방, 소방시설 설치유지 및 안전관리에 관한 법률」 제36조에 의한 형식승인 및 제품검사의 기술기준에 따라 화재 종류별 적응성에 적합한 것으로 인정되는 경우에 한한다.

12 소화기구의 소화 약제별 적응성의 소화약제 구분에서 가스 소화약제가 아닌 것은?

① 고체에어로졸화합물 ② 이산화탄소 소화약제
③ 할론소화약제 ④ 불활성기체 소화약제

13 소화기구의 소화 약제별 적응성에서 일반화재에 적응성이 있는 소화약제가 아닌 것은?

① 인산염류소화약제 ② 할론소화약제
③ 할로겐화합물 소화약제 ④ 중탄산염류소화약제

14 보일러실에 자동확산소화기를 설치하지 아니 할 수 있는 경우가 아닌 것은?

① 스프링클러설비가 설치된 경우
② 물분무소화설비가 설치된 경우
③ 이산화탄소 소화설비가 설치된 경우
④ 옥내소화전설비가 설치된 경우

정답 12. ① 13. ④ 14. ④

◐ 부속용도별로 추가하여야 할 소화기구[별표 4]

① 다음 각 목의 시설. 다만, 스프링클러설비 · 간이스프링클러설비 · 물분무등소화설비 또는 상업용 주방자동소화장치가 설치된 경우에는 자동확산소화기를 설치하지 아니할 수 있다.

㉮ 보일러실(아파트의 경우 방화구획된 것을 제외한다.) · 건조실 · 세탁소 · 대량화기취급소

㉯ 음식점(지하가의 음식점을 포함한다.) · 다중이용업소 · 호텔 · 기숙사 · 노유자시설 · 의료시설 · 업무시설 · 공장의 주방. 다만, 의료시설 · 업무시설 및 공장의 주방은 공동취사를 위한 것에 한한다.

㉰ 관리자의 출입이 곤란한 변전실 · 송전실 · 변압기실 및 배전반실(불연재료로된 상자 안에 장치된 것을 제외한다.)

㉱ 지하구의 제어반 또는 분전반

⇒ 이 경우 소화기구의 능력단위는 해당 용도의 바닥면적 $25m^2$마다 능력단위 1단위 이상의 소화기로 하고, 그 외에 자동확산소화기를 바닥면적 $10m^2$ 이하는 1개, $10m^2$ 초과는 2개를 설치할 것. 다만, 지하구의 제어반 또는 분전반의 경우에는 제어반 또는 분전반마다 그 내부에 가스 · 분말 · 고체에어로졸 자동소화장치를 설치하여야 한다.

15 보일러실 등에 추가로 설치하여야 하는 자동확산소화기는 바닥면적 몇 $[m^2]$일 때 2개를 설치하여야 하는가?

① $10[m^2]$ 이하
② $10[m^2]$ 초과
③ $20[m^2]$ 이하
④ $20[m^2]$ 초과

16 분말 자동소화장치의 감지부는 평상시 최고주위온도가 45℃인 경우 표시온도는 몇 ℃의 것으로 설치하여야 하는가?

① 79℃ 미만
② 79℃ 이상 121℃ 미만
③ 121℃ 이상 162℃ 미만
④ 162℃ 이상

◐ 가스 · 분말 · 고체에어로졸 자동소화장치 설치기준

감지부는 형식승인된 유효설치범위 내에 설치하여야 하며 설치장소의 평상시 최고주위온도에 따라 다음 표에 따른 표시온도의 것으로 설치할 것. 다만, 열감지선의 감지부는 형식승인 받은 최고주위온도범위 내에 설치하여야 한다.

설치 장소의 최고주위온도[℃]	표시온도[℃]
39 미만	79 미만
39 이상~64 미만	79 이상~121 미만
64 이상~106 미만	121 이상~162 미만
106 이상	162 이상

정답 15. ② 16. ②

17 옥내소화전설비의 규정 방수압력과 규정 방사량으로 옳은 것은?

① 0.1[MPa] 이상, 80[l/min] 이상
② 0.17[MPa] 이상, 130[l/min] 이상
③ 0.25[MPa] 이상, 350[l/min] 이상
④ 0.35[MPa] 이상, 350[l/min] 이상

규정 방수압력과 규정 방사량

① 0.1[MPa] 이상, 80[l/min] 이상 – 스프링클러설비
③ 0.25[MPa] 이상, 350[l/min] 이상 – 옥외소화전설비

18 옥내소화전설비에서 송수펌프의 토출량[l/min]을 바르게 나타낸 것은?

① $Q = N \times 130$[l/min] 이상
② $Q = N \times 350$[l/min] 이상
③ $Q = N \times 80$[l/min] 이상
④ $Q = N \times 50$[l/min] 이상

19 옥내소화전설비의 층별 설치개수는 다음과 같다. 본 소화설비에 필요한 전용수원의 용량은 얼마 이상이어야 하는가?(건물의 층수는 25층이고, 1층은 5개, 2층은 5개, 3층은 4개, 4층은 4개, 5층 이상 층은 3개가 설치되어 있다.)

① 5.2[m^3] ② 7.8[m^3] ③ 13[m^3] ④ 54.6[m^3]

옥내소화전 수원의 양

$$Q[l] = N \times 130[l/\text{min}] \times T[\text{min}]$$
$$= 5 \times 130 \times 20 = 13{,}000[l] = 13[\text{m}^3]$$

여기서, N : 옥내소화전의 설치개수 가장 많은 층의 설치개수(최대 5개)
T : 20분(30층 이상 49층 이하 : 40분, 50층 이상 : 60분)

20 펌프의 토출 측에 설치하여야 하는 것이 아닌 것은?

① 연성계
② 수온의 상승을 방지하기 위한 배관
③ 성능시험배관
④ 압력계

펌프 주변의 부속설비

① 펌프의 토출 측 : 압력계를 체크밸브 이전에 펌프 토출 측 플랜지에서 가까운 곳에 설치
② 흡입 측 : 연성계 또는 진공계를 설치

※ 흡입 측에 연성계 또는 진공계를 설치하지 아니할 수 있는 경우

1. 수원의 수위가 펌프의 위치보다 높은 경우
2. 수직회전축 펌프를 사용하는 경우

정답 17. ② 18. ① 19. ③ 20. ①

21 옥내소화전설비의 가압송수장치에 대한 설명 중 잘못된 것은?

① 내연기관의 기동은 소화전 함의 위치에서 원격 조작이 가능하고, 기동을 명시하는 황색 표시등을 설치할 것
② 펌프에는 토출 측에 압력계, 흡입 측에 연성계를 설치할 것
③ 가압송수장치에는 정격 부하 운전 시 펌프 성능을 시험하기 위한 배관을 할 것
④ 가압송수장치에는 체절 운전 시 수온의 상승을 방지하기 위한 순환배관을 설치할 것

옥내소화전설비의 가압송수장치

① 쉽게 접근할 수 있고 점검하기에 충분한 공간이 있는 장소로서 화재 및 침수 등의 재해로 인한 피해를 받을 우려가 없는 곳에 설치할 것
② 동결방지조치를 하거나 동결의 우려가 없는 장소에 설치할 것
③ 펌프는 전용으로 할 것. 다만, 다른 소화설비와 겸용하는 경우 각각의 소화설비의 성능에 지장이 없을 때에는 그러하지 아니하다.[미분무소화설비 : 전용으로 할 것]
④ 펌프의 토출 측에는 압력계를 체크밸브 이전에 펌프 토출 측 플랜지에서 가까운 곳에 설치하고, 흡입 측에는 연성계 또는 진공계를 설치할 것. 다만, 수원의 수위가 펌프의 위치보다 높거나 수직회전축 펌프의 경우에는 연성계 또는 진공계를 설치하지 아니할 수 있다.
⑤ 가압송수장치에는 정격부하운전 시 펌프의 성능을 시험하기 위한 배관을 설치할 것. 다만, 충압펌프의 경우에는 그러하지 아니하다.
⑥ 가압송수장치에는 체절운전 시 수온의 상승을 방지하기 위한 순환배관을 설치할 것. 다만, 충압펌프의 경우에는 그러하지 아니하다.
⑦ 수원의 수위가 펌프보다 낮은 위치에 있는 가압송수장치에는 다음 각 목의 기준에 따른 물올림장치를 설치할 것
㉮ 물올림장치에는 전용의 탱크를 설치할 것
㉯ 탱크의 유효수량은 100l 이상으로 하되, 구경 15mm 이상의 급수배관에 따라 해당 탱크에 물이 계속 보급되도록 할 것
⑧ 기동용 수압개폐장치를 기동장치로 사용할 경우에는 다음 각 목의 기준에 따른 충압펌프를 설치할 것
㉮ 펌프의 토출압력은 그 설비의 최고위 호스접결구의 자연압보다 적어도 0.2MPa이 더 크도록 하거나 가압송수장치의 정격토출압력과 같게 할 것
㉯ 펌프의 정격토출량은 정상적인 누설량보다 적어서는 아니 되며, 옥내소화전설비가 자동적으로 작동할 수 있도록 충분한 토출량을 유지할 것
⑨ 가압송수장치에는 "옥내소화전펌프"라고 표시한 표지를 할 것. 이 경우 그 가압송수 장치를 다른 설비와 겸용하는 때에는 그 겸용되는 설비의 이름을 표시한 표지를 함께 하여야 한다.
⑩ 가압송수장치가 기동이 된 경우에는 자동으로 정지되지 아니하도록 하여야 한다. 다만, 충압펌프의 경우에는 그러하지 아니하다.
⑪ 특정소방대상물의 어느 층에 있어서도 해당 층의 옥내소화전(5개 이상 설치된 경우에는 5개의 옥내소화전)을 동시에 사용할 경우 각 소화전의 노즐선단에서의 방수압력이 0.17MPa(호스릴옥내소화전설비를 포함한다.) 이상이고, 방수량이 130l/min(호스릴 옥내소화전설비를 포함한다.) 이상이 되는 성능의 것으로 할 것. 다만, 하나의 옥내소화전을 사용하는 노즐선단에서의 방수압력이 0.7MPa을 초과할 경우에는 호스접결구의 인입 측에 감압장치를 설치하여야 한다.

정답 21. ①

⑫ 펌프의 토출량은 옥내소화전이 가장 많이 설치된 층의 설치개수(옥내소화전이 5개 이상 설치된 경우에는 5개)에 130l/min를 곱한 양 이상이 되도록 할 것
⑬ 기동장치로는 기동용 수압개폐장치 또는 이와 동등 이상의 성능이 있는 것을 설치할 것. 다만, 학교 · 공장 · 창고시설(제4조 제2항에 따라 옥상수조를 설치한 대상은 제외한다.)로서 동결의 우려가 있는 장소에 있어서는 기동스위치에 보호판을 부착하여 옥내소화전함 내에 설치할 수 있다.
⑭ 기동용 수압개폐장치(압력챔버)를 사용할 경우 그 용적은 100l 이상의 것으로 할 것
⑮ 내연기관을 사용하는 경우 가압송수장치 설치기준
㉮ 내연기관의 기동은 기동장치를 설치하거나, 또는 소화전함의 위치에서 원격조작이 가능하고, 기동을 명시하는 적색등을 설치할 것
㉯ 제어반에 따라 내연기관의 자동기동 및 수동기동이 가능하고, 상시 충전되어 있는 축전지 설비를 갖출 것
㉰ 내연기관의 연료량은 펌프를 20분(층수가 30층 이상 49층 이하는 40분, 50층 이 상은 60분) 이상 운전할 수 있는 용량일 것

22 저수조에서 옥내소화전용 수조와 일반급수용 수조를 겸용 시 소화에 필요한 유효수량 [m^3]은?

① 저수조의 바닥면과 일반 급수용 펌프의 후드밸브 사이의 수량
② 일반 급수펌프의 후드밸브와 옥내소화전용 펌프의 후드밸브 사이의 수량
③ 옥내소화전용 펌프의 후드밸브와 지하수조 상단 사이의 수량
④ 저수조의 바닥면과 상단 사이의 전체 수량

설비 겸용 시 유효수량(제4조 제⑥항)

옥내소화전설비의 후드밸브 · 흡수구 또는 수직배관의 급수구와 다른 설비의 후드밸브 · 흡수구 또는 수직배관의 급수구와의 사이의 수량을 그 유효수량으로 한다.

23 옥내소화전설비의 수원에 대한 설명으로 옳은 것은?

① 30층인 소방대상물에 소화전이 가장 많은 층의 개수가 4개일 때 수원의 용량은 10.4[m^3] 이상이어야 한다.
② 가압송수장치를 고가수조로 설치할 경우 유효수량의 1/3을 옥상에 별도로 설치할 필요가 없다.
③ 지하층만 있는 경우 유효수량의 1/3 이상을 지상 1층 높이에 설치하여야 한다.
④ 수조에 맨홀을 설치할 경우 수조의 외측에 수위계는 설치하지 않아도 좋다.

옥내소화전설비의 수원

① $Q = N \times 130[l/\text{min}] \times 40[\text{min}]$
$= 4 \times 130 \times 40 = 20{,}800[l] = 20.8[m^3]$
② 옥상수원 설치 제외
㉮ 지하층만 있는 건축물
㉯ 고가수조를 가압송수장치로 설치한 옥내소화전설비

정답 22. ② 23. ②

㉰ 수원이 건축물의 최상층에 설치된 방수구보다 높은 위치에 설치된 경우(SP : 최상층에 설치된 헤드, ESFR : 지붕)
㉱ 건축물의 높이가 지표면으로부터 10m 이하인 경우
㉲ 주펌프와 동등 이상의 성능이 있는 별도의 펌프로서 내연기관의 기동과 연동하여 작동 되거나 비상전원을 연결하여 설치한 경우
㉳ 가압수조를 가압송수장치로 설치한 옥내소화전설비
㉴ 학교 · 공장 · 창고시설(제4조 제2항에 따라 옥상수조를 설치한 대상은 제외한다.)로서 동결의 우려가 있는 장소에 있어서는 기동스위치에 보호판을 부착하여 옥내소화전함 내에 설치한 경우

③ 수조에 맨홀을 설치할 경우 수조의 외측에 수위계를 설치할 것

24 옥내소화전설비 수조의 설치기준으로 틀린 것은?

① 수조를 실내에 설치하였을 경우에는 조명설비를 설치한다.
② 수조의 상단이 바닥보다 높을 때는 수조 내측에 사다리를 설치한다.
③ 점검이 편리한 곳에 설치한다.
④ 수조 밑부분에 청소용 배수밸브, 배수관을 설치한다.

▶ 수조 설치기준

① 점검에 편리한 곳에 설치할 것
② 동결방지조치를 하거나 동결의 우려가 없는 장소에 설치할 것
③ 수조의 외측에 수위계를 설치할 것. 다만, 구조상 불가피한 경우에는 수조의 맨홀 등을 통하여 수조 안의 물의 양을 쉽게 확인할 수 있도록 하여야 한다.
④ 수조의 상단이 바닥보다 높은 때에는 수조의 외측에 고정식 사다리를 설치할 것
⑤ 수조가 실내에 설치된 때에는 그 실내에 조명설비를 설치할 것
⑥ 수조의 밑 부분에는 청소용 배수밸브 또는 배수관을 설치할 것
⑦ 수조의 외측의 보기 쉬운 곳에 "옥내소화전설비용 수조"라고 표시한 표지를 할 것. 이 경우 그 수조를 다른 설비와 겸용하는 때에는 그 겸용되는 설비의 이름을 표시한 표지를 함께 하여야 한다.
⑧ 옥내소화전펌프의 흡수배관 또는 옥내소화전설비의 수직배관과 수조의 접속부분에는 "옥내소화전설비용 배관"이라고 표시한 표지를 할 것. 다만, 수조와 가까운 장소에 옥내소화전펌프가 설치되고 옥내소화전 펌프에 제5조 제1항 제14호에 따른 표지를 설치한 때에는 그러하지 아니하다.

25 옥내소화전설비 중 펌프를 이용하는 가압송수장치에 대한 설명으로 옳지 않은 것은?

① 기동용 수압개폐장치를 사용할 경우에 압력챔버 용적은 100[l] 이상으로 한다.
② 펌프의 흡입 측에는 진공계, 토출 측에는 연성계를 설치한다.
③ 가압송수장치에는 체절운전 시 수온의 상승을 방지하기 위한 순환배관을 설치한다.
④ 가압송수장치에는 정격부하 운전 시 펌프의 성능을 시험하기 위하여 배관을 사용한다.

▶ 옥내소화전설비의 펌프를 이용하는 가압송수장치

펌프의 토출 측에는 압력계를 체크밸브 이전에 펌프 토출 측 플랜지에서 가까운 곳에 설치하고, 흡입 측에는 연성계 또는 진공계를 설치할 것

정답 24. ② 25. ②

26 송수펌프의 수원에 설치하는 후드밸브의 기능은?

① 여과, 체크밸브기능 ② 송수 및 여과기능
③ 급수 및 체크밸브기능 ④ 여과 및 유량측정기능

후드밸브의 기능

① 펌프가 수조 위에 설치된 경우(부압수조)에 설치한다.
② 역류방지 기능과 이물질이 흡입되는 것을 방지하기 위하여 여과망이 설치되어 있다.

27 소화펌프의 성능시험방법 및 배관에 대한 설명으로 맞는 것은?

① 펌프의 성능은 체절운전 시 정격토출압력의 150[%]를 초과하지 아니하여야 할 것
② 정격토출량의 150[%]로 운전 시 정격토출압력의 65[%] 이상이어야 할 것
③ 성능시험배관은 펌프의 토출 측에 설치된 개폐밸브 이후에서 분기할 것
④ 유량측정장치는 펌프의 정격토출압력의 165[%] 이상 측정할 수 있는 성능이 있을 것

소화펌프의 성능 및 성능시험배관

① 펌프의 성능 펌프의 성능은 체절운전 시 정격토출압력의 140%를 초과하지 아니하고, 정격토출량의 150%로 운전 시 정격토출압력의 65% 이상이 되어야 한다.
② 성능시험배관 설치기준
㉮ 성능시험배관은 펌프의 토출 측에 설치된 개폐밸브 이전에서 분기하여 직선으로 설치하고, 유량측정장치를 기준으로 전단 직관부에는 개폐밸브를 후단 직관부에는 유량조절밸브를 설치할 것
㉯ 유입구에는 개폐밸브를 둘 것
㉰ 개폐밸브와 유량측정장치 사이의 직관부 거리 및 유량측정장치와 유량조절밸브 사이의 직관부 거리는 해당 유량측정장치 제조사의 설치사양에 따른다.
㉱ 유량측정장치는 펌프의 정격토출량의 175% 이상까지 측정할 수 있는 성능이 있을 것
㉲ 성능시험배관의 호칭은 유량계 호칭에 따를 것

28 옥내소화전설비에서 펌프의 성능시험배관의 설치 위치로서 적합한 것은?

① 펌프의 토출 측과 개폐밸브 사이에
② 펌프의 흡입 측과 개폐밸브 사이에
③ 펌프로부터 가장 가까운 소화전 사이에
④ 펌프로부터 가장 먼 소화전 사이에

펌프의 성능시험배관의 설치 위치 성능시험배관은 펌프의 토출 측에 설치된 개폐밸브 이전에서 분기하여 직선으로 설치

정답 26. ① 27. ② 28. ①

29 **옥내소화전설비에서 정격부하 시 펌프의 성능을 시험하기 위해 설치하는 배관은?**

① 순환배관　② 급수배관　③ 성능시험배관　④ 드레인배관

30 **충압펌프의 토출압력은 그 설비의 최고위 호스접결구의 자연압보다 몇 [MPa]이 더 커야 하는가?**

① 0.1　② 0.2　③ 0.3　④ 0.5

충압펌프 설치기준

① 펌프의 토출압력은 그 설비의 최고위 호스접결구의 자연압보다 적어도 0.2MPa이 더 크도록 하거나 가압송수장치의 정격토출압력과 같게 할 것
② 펌프의 정격토출량은 정상적인 누설량보다 적어서는 아니 되며, 옥내소화전설비가 자동적으로 작동할 수 있도록 충분한 토출량을 유지할 것

31 **물올림장치의 용량은 얼마 이상이어야 하는가?**

① 50[l]　② 100[l]　③ 150[l]　④ 200[l]

물올림장치 설치기준

① 물올림장치에는 전용의 탱크를 설치할 것
② 탱크의 유효수량은 100l 이상으로 하되, 구경 15mm 이상의 급수배관에 따라 해당 탱크에 물이 계속 보급되도록 할 것

32 **학교 · 공장 · 창고시설(제4조 제2항에 따라 옥상수조를 설치한 대상은 제외한다.)로서 동결의 우려가 있는 장소에 있어서는 기동스위치에 보호판을 부착하여 옥내소화전함 내에 설치한 경우 주 펌프와 동등 이상의 성능이 있는 별도의 펌프를 설치하여야 하나 그러하지 아니할 수 있는 경우로 옳지 않은 것은?**

① 지하층만 있는 건축물
② 수원이 건축물의 지붕보다 높은 위치에 설치된 경우
③ 건축물의 높이가 지표면으로부터 10m 이하인 경우
④ 가압수조를 가압송수장치로 설치한 옥내소화전설비

별도의 펌프를 설치하지 아니할 수 있는 경우

① 지하층만 있는 건축물
② 고가수조를 가압송수장치로 설치한 경우
③ 수원이 건축물의 최상층에 설치된 방수구보다 높은 위치에 설치된 경우
④ 건축물의 높이가 지표면으로부터 10m 이하인 경우
⑤ 가압수조를 가압송수장치로 설치한 경우

정답 29. ③　30. ②　31. ②　32. ②

33 옥내소화전이 2개소 설치되어 있고 수원의 공급은 모터펌프로 한다. 수원으로부터 가장 먼 소화전의 앵글밸브까지의 요구되는 수두가 29.4m라고 할 때 모터의 용량은 몇 [kW] 이상이어야 하는가?(단, 호스 및 관창의 마찰손실수두는 3.6m, 펌프의 효율은 65%이며, 전동기에 직결한 것으로 한다.)

① 1.59kW ② 2.59kW ③ 3.59kW ④ 4.59kW

◐ 전동기 용량계산 전동기 용량

$$P = \frac{1{,}000 \times Q \times H}{102 \times 60 \times \eta} \times K[\mathrm{kW}]$$

① 토출량 $Q = N \times 130l/\mathrm{min} = 2 \times 130 = 260l/\mathrm{min} = 0.26\mathrm{m}^3/\mathrm{min}$

② 전양정 $H = h_1 + h_2 + h_3 + 17 = 29.4 + 3.6 + 17 = 50\mathrm{m}$

③ $P = \dfrac{1{,}000 \times Q \times H}{102 \times 60 \times \eta} \times K = \dfrac{1{,}000 \times 0.26 \times 50}{102 \times 60 \times 0.65} \times 1.1 = 3.59[\mathrm{kW}]$

34 기동용 수압개폐장치의 구성요소 중 압력챔버의 역할이 아닌 것은?

① 수격작용 방지
② 배관 내의 이물질 침투방지
③ 배관 내의 압력 저하 시 충압펌프의 자동기동
④ 배관 내의 압력 저하 시 주 펌프의 자동기동

◐ 압력챔버의 역할

① 수격작용 방지
② 배관 내의 압력 저하 시 충압펌프의 자동기동
③ 배관 내의 압력 저하 시 주 펌프의 자동기동

35 소방용 펌프의 체절운전 시 체절 압력 미만에서 개방되는 밸브의 명칭으로 옳은 것은?

① Glove Valve ② Relief Valve
③ Check Valve ④ Drain Valve

◐ 릴리프밸브(Relief Valve)

① 소방펌프 등에 설치하여 액체가 일정 압력이 될 때 그 압력의 상승에 따라 자동적으로 개방되는 기능이 있는 밸브이다.
② 체절압력 미만에서 개방될 수 있도록 해야 한다.
③ 작동압력을 임의로 조정할 수 있다.

정답 33. ③ 34. ② 35. ②

36 옥내소화전설비의 펌프 토출 측 배관에 설치되는 부속장치 중에서 펌프와 체크밸브(또는 개폐밸브) 사이에 연결되는 것이 아닌 것은?

① 펌프의 성능시험배관　② 기동용 수압개폐장치
③ 물올림장치　④ 순환배관

◐ 펌프 주변 배관

① 펌프와 체크밸브(또는 개폐밸브) 사이 : 순환배관, 물올림장치, 성능시험배관
② 기동용 수압개폐장치 : 펌프 토출 측 개폐밸브 이후에 설치

37 옥내소화전설비의 노즐에서의 방수량[l/min] 계산식으로 옳은 것은?

① $Q = 0.653d^2\sqrt{10P}$　② $Q = K\sqrt{10P}$
③ $Q = N \times 250[l/\text{min}]$　④ $Q = N \times 350[l/\text{min}]$

◐ 옥내소화전 방수량

① $Q[l/\text{min}] = 0.653d^2\sqrt{10P}$
여기서, $Q[l/\text{min}]$: 방수량, d[mm] : 노즐내경(13mm), P[MPa] : 방수압력
② $Q[l/\text{min}] = 0.653d^2\sqrt{P}$
여기서, $Q[l/\text{min}]$: 방수량, d[mm] : 노즐내경(13mm), $P[\text{kgf/cm}^2]$: 방수압력

38 옥내소화전설비의 가압송수장치에 해당하지 아니하는 것은?

① 전동기에 따른 펌프를 이용하는 가압송수장치
② 고가수조의 자연낙차를 이용하는 가압송수장치
③ 가압수조를 이용하는 가압송수장치
④ 상수도직결형

◐ 옥내소화전 가압송수장치 종류

① 펌프방식(전동기 또는 내연기관을 이용)　② 고가수조방식(자연낙차 이용)
③ 압력수조방식　④ 가압수조방식

39 가압송수장치 중 압력수조에 설치하여야 하는 것이 아닌 것은?

① 급기관　② 급수관　③ 압력계　④ 수동식 공기압축기

◐ 압력수조를 이용한 가압송수장치

① 압력수조란 소화용수와 공기를 채우고 일정 압력 이상으로 가압하여 그 압력으로 급수하는 수조를 말한다.
② 압력수조에는 수위계 · 급수관 · 배수관 · 급기관 · 맨홀 · 압력계 · 안전장치 및 압력저하 방지를 위한 자동식 공기압축기를 설치할 것

정답 36. ② 37. ① 38. ④ 39. ④

40 연결송수관설비의 배관과 옥내소화전의 배관을 겸용할 경우 주 배관의 구경은?

① 50[mm] 이상　　② 80[mm] 이상
③ 100[mm] 이상　　④ 120[mm] 이상

옥내소화전설비 제6조(배관 등)

연결송수관설비의 배관과 겸용할 경우의 주 배관은 구경 100mm 이상, 방수구로 연결되는 배관의 구경은 65mm 이상의 것으로 하여야 한다.

41 옥내소화전펌프의 토출 측 주 배관의 구경은 유속이 얼마 이하가 될 수 있는 크기 이상으로 하여야 하는가?

① 3[m/s]　　② 4[m/s]
③ 6[m/s]　　④ 10[m/s]

옥내소화전설비 제6조(배관 등)

펌프의 토출 측 주 배관의 구경은 유속이 4m/s 이하가 될 수 있는 크기 이상으로 하여야 하고, 옥내소화전방수구와 연결되는 가지배관의 구경은 40mm(호스릴옥내소화전설비의 경우에는 25mm) 이상으로 하여야 하며, 주 배관 중 수직배관의 구경은 50mm(호스릴옥내소화전설비의 경우에는 32mm) 이상으로 하여야 한다.

42 옥내소화전설비의 흡입 측 배관을 설명한 것으로 틀린 것은?

① 공기고임이 생기지 아니하는 구조로 하고 여과장치를 설치할 것
② 후드밸브는 펌프가 수조 위에 설치된 경우에 설치한다.
③ 수조가 펌프보다 낮게 설치된 경우에는 각 펌프(충압펌프는 제외한다.)마다 수조로부터 별도로 설치할 것
④ 펌프의 흡입 측에는 연성계 또는 진공계를 설치할 것

옥내소화전설비의 배관 등(제6조)

① 펌프 흡입 측 배관 설치기준
　㉮ 공기고임이 생기지 아니하는 구조로 하고 여과장치를 설치할 것
　㉯ 수조가 펌프보다 낮게 설치된 경우에는 각 펌프(충압펌프를 포함한다.)마다 수조로부터 별도로 설치할 것
② 후드밸브(Foot Valve)
　㉮ 펌프가 수조 위에 설치된 경우(부압수조)에 설치한다.
　㉯ 역류방지 기능과 이물질이 흡입되는 것을 방지하기 위하여 여과망이 설치되어 있다.

정답 40. ③ 41. ② 42. ③

43 옥내소화전의 배관설비에 대한 설명으로 부적합한 것은?

① 펌프의 흡수관에 여과장치를 한다.
② 주 배관 중 수직배관은 구경 50[mm] 이상의 것으로 한다.
③ 연결송수관과 겸용하는 경우의 가지관은 구경 50[mm] 이상의 것으로 한다.
④ 연결송수관의 설비와 겸용할 경우의 주 배관의 구경은 100[mm] 이상의 것으로 한다.

옥내소화전설비의 배관 등(제6조)

연결송수관과 겸용하는 경우의 가지관은 구경 65[mm] 이상의 것으로 한다.

44 배관의 팽창 등에 따른 사고방지를 위해 배관의 도중에 설치하는 신축이음에 해당되지 않는 것은?

① 슬래브형 ② 벨로스형
③ 루프형 ④ 유니온형

배관 이음 방식

① 나사이음 ② 용접이음
③ 플랜지 이음 ④ 기계식 이음
⑤ 신축이음
㉮ 슬래브형, ㉯ 벨로스형, ㉰ 스위블형, ㉱ 루프형, ㉲ 볼 조인트

45 옥내소화전설비의 전동기 또는 내연기관에 따른 펌프를 이용하는 가압송수장치 설치기준을 설명한 것 중 틀린 것은?

① 가압송수장치의 주펌프는 전동기 이외의 펌프로 설치하여야 한다.
② 펌프의 토출량은 옥내소화전이 가장 많이 설치된 층의 설치개수(옥내소화전이 5개 이상 설치된 경우에는 5개)에 130l를 곱한 양 이상이 되도록 할 것
③ 학교 · 공장 · 창고시설(옥상수조를 설치한 대상은 제외한다.) 등으로서 동결의 우려가 있는 장소에 있어서는 기동스위치에 보호판을 부착하여 옥내소화전함 내에 설치할 수 있다.
④ 하나의 옥내소화전을 사용하는 노즐선단에서의 방수압력이 0.7MPa을 초과할 경우에는 호스접결구의 인입 측에 감압장치를 설치하여야 한다.

옥내소화전설비 제5조(가압송수장치)

가압송수장치의 주펌프는 전동기에 따른 펌프로 설치하여야 한다.

정답 43. ③ 44. ④ 45. ①

46 옥내소화전설비의 송수구 설치기준을 설명한 것 중 틀린 것은?

① 지면으로부터 높이가 0.5m 이상 1m 이하의 위치에 설치할 것
② 구경 65mm의 쌍구형 또는 단구형으로 할 것
③ 송수구로부터 주 배관에 이르는 연결배관에는 개폐밸브를 설치하지 아니할 것
④ 송수구는 하나의 층의 바닥면적이 3,000m^{2}를 넘을 때마다 1개 이상을 설치할 것

옥내소화전설비 송수구 설치기준

① 지면으로부터 높이가 0.5m 이상 1m 이하의 위치에 설치할 것
② 송수구의 가까운 부분에 자동배수밸브(또는 직경 5mm의 배수공) 및 체크밸브를 설치할 것. 이 경우 자동 배수밸브는 배관 안의 물이 잘 빠질 수 있는 위치에 설치하되, 배수로 인하여 다른 물건 또는 장소에 피해를 주지 아니하여야 한다.
③ 송수구에는 이물질을 막기 위한 마개를 씌울 것
④ 송수구는 소방차가 쉽게 접근할 수 있는 잘 보이는 장소에 설치하되 화재층으로부터 지면으로 떨어지는 유리창 등이 송수 및 그 밖의 소화 작업에 지장을 주지 아니 하는 장소에 설치할 것[옥내 · SP · 간이SP · 연송]
⑤ 구경 65mm의 쌍구형 또는 단구형으로 할 것[옥내]
⑥ 송수구로부터 주 배관에 이르는 연결배관에는 개폐밸브를 설치하지 아니할 것. 다만, 스프링클러설비 · 물분무소화설비 · 포소화설비 또는 연결송수관 설비의 배관과 겸용하는 경우에는 그러하지 아니하다.[옥내 · 연살 · 연방 : 단서조항 없음]
[스프링클러설비 · 화재조기진압용 스프링클러설비 · 물분무소화설비 · 포소화설비]
⑦ 송수구는 하나의 층의 바닥면적이 3,000m^{2}를 넘을 때마다 1개 이상을 설치할 것

47 옥내소화전설비의 방수구 설치기준을 설명한 것 중 틀린 것은?

① 특정소방대상물의 층마다 설치하되, 해당 특정소방대상물의 각 부분으로부터 하나의 옥내소화전방수구까지의 수평거리가 25m 이하가 되도록 할 것
② 바닥으로부터의 높이가 1.5m 이하가 되도록 할 것
③ 호스는 구경 40mm(호스릴옥내소화전설비를 포함한다.) 이상의 것으로 할 것
④ 복층형 구조의 공동주택의 경우에는 세대의 출입구가 설치된 층에만 설치할 수 있다.

옥내소화전설비 방수구 설치기준(제7조)

① 특정소방대상물의 층마다 설치하되, 해당 특정소방대상물의 각 부분으로부터 하나의 옥내소화전 방수구까지의 수평거리가 25m(호스릴옥내소화전설비를 포함한다.) 이하가 되도록 할 것. 다만, 복층형 구조의 공동주택의 경우에는 세대의 출입구가 설치된 층에만 설치할 수 있다.
② 바닥으로부터의 높이가 1.5m 이하가 되도록 할 것
③ 호스는 구경 40mm(호스릴옥내소화전설비의 경우에는 25mm) 이상의 것으로서 특정 소방대상물의 각 부분에 물이 유효하게 뿌려질 수 있는 길이로 설치할 것
④ 호스릴옥내소화전설비의 경우 그 노즐에는 노즐을 쉽게 개폐할 수 있는 장치를 부착할 것

정답 46. ④ 47. ③

48 옥내소화전설비의 방수구 설치제외 장소 기준을 설명한 것 중 틀린 것은?

① 냉장창고 중 온도가 영하인 냉장실 또는 냉동창고의 냉동실
② 고온의 물질 및 증류범위가 넓어 끓어 넘치는 위험이 있는 물질을 저장 또는 취급하는 장소
③ 발전소 · 변전소 등으로서 전기시설이 설치된 장소
④ 야외음악당 · 야외극장 또는 그 밖의 이와 비슷한 장소

옥내소화전설비 방수구 설치제외 장소(제11조)

① 냉장창고 중 온도가 영하인 냉장실 또는 냉동창고의 냉동실
② 고온의 노가 설치된 장소 또는 물과 격렬하게 반응하는 물품의 저장 또는 취급 장소
③ 발전소 · 변전소 등으로서 전기시설이 설치된 장소
④ 식물원 · 수족관 · 목욕실 · 수영장(관람석 부분을 제외한다.) 또는 그 밖의 이와 비슷한 장소
⑤ 야외음악당 · 야외극장 또는 그 밖의 이와 비슷한 장소

49 옥내소화전설비의 상용전원 회로의 배선을 설명한 것 중 옳은 것은?

① 저압수전인 경우에는 인입개폐기 직전에서 분기하여 전용배선으로 할 것
② 특별고압수전인 경우에는 전력용 변압기 1차 측의 주 차단기 1차 측에서 분기하여 전용배선으로 할 것
③ 고압수전일 경우 상용전원의 상시 공급에 지장이 없을 경우에는 주 차단기 1차 측에서 분기하여 전용배선으로 할 것
④ 고압수전일 경우 전력용 변압기 2차 측의 주 차단기 1차 측에서 분기하여 전용배선으로 할 것

상용전원 회로의 배선

① 저압수전인 경우 : 인입개폐기의 직후에서 분기하여 전용배선으로 하여야 하며, 전용의 전선관에 보호되도록 할 것

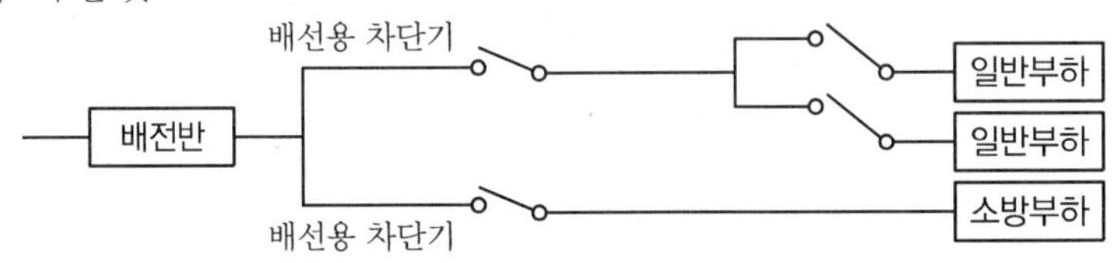

② 특별고압수전 또는 고압수전일 경우 : 전력용 변압기 2차 측의 주 차단기 1차 측에서 분기하여 전용배선으로 하되, 상용 전원의 상시공급에 지장이 없을 경우에는 주 차단기 2차 측에서 분기하여 전용배선으로 할 것. 다만, 가압송수장치의 정격입력전압이 수전전압과 같은 경우에는 제1호의 기준에 따른다.

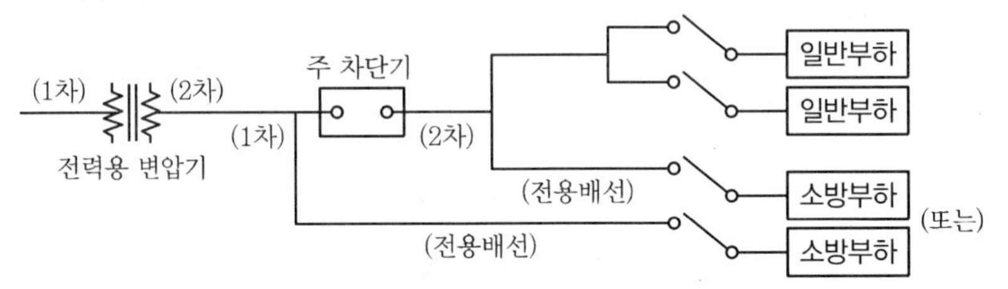

정답 48. ② 49. ④

50 옥내소화전설비의 비상전원 설치기준을 설명한 것 중 옳은 것은?

① 층수가 7층 이상으로서 연면적이 2,000m^2 이상인 것에 설치된 옥내소화전설비에는 비상전원을 설치하여야 한다.
② 옥내소화전설비의 비상전원으로는 자가발전설비, 비상전원수전설비를 설치할 수 있다.
③ 옥내소화전설비의 가압송수장치로 압력수조를 설치한 경우에는 비상전원을 설치하지 아니할 수 있다.
④ 비상전원을 실내에 설치하는 때에는 그 실내에 조명설비를 설치할 것

옥내소화전설비의 비상전원 설치기준

① 설치대상
㉮ 층수가 7층 이상으로서 연면적이 2,000m^2 이상인 것
㉯ 특정소방대상물로서 지하층의 바닥면적의 합계가 3,000m^2 이상인 것
② 종류
㉮ 자가발전설비
㉯ 축전지설비
㉰ 전기저장장치
③ 설치기준
㉮ 점검에 편리하고 화재 및 침수 등의 재해로 인한 피해를 받을 우려가 없는 곳에 설치할 것
㉯ 옥내소화전설비를 유효하게 20분 이상 작동할 수 있어야 할 것
㉰ 상용전원으로부터 전력의 공급이 중단된 때에는 자동으로 비상전원으로부터 전력을 공급받을 수 있도록 할 것
㉱ 비상전원(내연기관의 기동 및 제어용 축전기를 제외한다.)의 설치장소는 다른 장소와 방화구획 할 것. 이 경우 그 장소에는 비상전원의 공급에 필요한 기구나 설비 외의 것(열병합발전설비에 필요한 기구나 설비는 제외한다.)을 두어서는 아니 된다.
㉲ 비상전원을 실내에 설치하는 때에는 그 실내에 비상조명등을 설치할 것

51 옥내소화전설비 제어반의 종류로 옳은 것은?

① 주전원제어반과 예비전원제어반
② 상시제어반과 임시제어반
③ 감시제어반과 동력제어반
④ 옥내제어반과 옥외제어반

옥내소화전설비의 제어반(제9조)

옥내소화전설비에는 제어반을 설치하되, 감시제어반과 동력제어반으로 구분하여 설치하여야 한다.

52 구경이 50[mm]의 배관에 0.26[m^3/min]의 유체가 흐르고 있다. 이 배관의 길이가 100[m]일 경우 압력손실[MPa]을 구하시오(단, 배관의 조도는 100이다.).

① 0.115
② 0.189
③ 0.315
④ 0.415

하젠-윌리엄스방정식

$$\triangle P = 6.053 \times 10^4 \times \frac{Q^{1.85}}{C^{1.85} \times d^{4.87}} \times L = 6.053 \times 10^4 \times \frac{260^{1.85}}{100^{1.85} \times 50^{4.87}} \times 100 = 0.189\,[\mathrm{MPa}]$$

정답 50. ① 51. ③ 52. ②

53 건축물의 내부에 옥내소화전이 3개 설치되어 있으며, 옥내소화전의 노즐 구경이 13[mm], 총 양정이 80[m], 펌프의 효율이 55[%]이라면 이곳에 설치하여야 할 펌프의 전동기 용량은 얼마가 되겠는가?(단, 전달계수는 1.1이다.)

① 9.3[kW] ② 10.2[kW]
③ 12[kW] ④ 15[kW]

◎ 전동기 용량

$$P = \frac{1{,}000 \times Q \times H}{102 \times 60 \times \eta} \times K[\mathrm{kW}]$$

① 토출량 $Q = N \times 130l/\mathrm{min} = 3 \times 130 = 390l/\mathrm{min} = 0.39\mathrm{m}^3/\mathrm{min}$

② 전양정 H(전양정) $= h_1 + h_2 + h_3 + 17 = 80\mathrm{m}$

③ $P = \dfrac{1{,}000 \times Q \times H}{102 \times 60 \times \eta} \times K = \dfrac{1{,}000 \times 0.39 \times 80}{102 \times 60 \times 0.55} \times 1.1 = 10.196[\mathrm{kW}]$

54 옥내소화전설비에서 방화구획을 하여야 하는 부분에 해당되지 아니하는 것은?

① 가압수조를 이용한 가압송수장치
② 감시제어반의 전용실
③ 비상전원 설치장소
④ 수조 설치장소

◎ 옥내소화전설비에서 방화구획을 하여야 하는 부분

① 가압수조를 이용한 가압송수장치 가압수조 및 가압원은 「건축법 시행령」 제46조에 따른 방화구획된 장소에 설치할 것
② 감시제어반 전용실은 다른 부분과 방화구획을 할 것. 이 경우 전용실의 벽에는 기계실 또는 전기실 등의 감시를 위하여 두께 7mm 이상의 망입유리(두께 16.3mm 이상의 접합유리 또는 두께 28mm 이상의 복층유리를 포함한다.)로 된 4m² 미만의 붙박이창을 설치할 수 있다.
③ 비상전원(내연기관의 기동 및 제어용 축전기를 제외한다.)의 설치장소는 다른 장소와 방화구획할 것. 이 경우 그 장소에는 비상전원의 공급에 필요한 기구나 설비 외의 것(열병합발전설비에 필요한 기구나 설비는 제외한다.)을 두어서는 아니 된다.

※ 수조 설치장소

① 점검에 편리한 장소
② 동결 방지조치를 하거나 동결 우려가 없는 장소

55 옥내소화전이 각 층에 3개씩 설치되어 있고, 스프링클러헤드가 각 층에 50개씩 설치된 15층 건축물에 펌프와 수조를 겸용하여 사용한다. 이때 필요한 최소 저수량은 몇 m³인가?

① 42.8m³ ② 52.8m³
③ 55.8m³ ④ 60.8m³

정답 53. ② 54. ④ 55. ③

저수량 산정

① 토출량

$Q = (N \times 130l/\text{min}) + (N \times 80l/\text{min})$

$= (3 \times 130) + (30 \times 80) = 2{,}790l/\text{min}$

② 저수량 m^3

$Q = 2{,}790\,l/\text{min} \times 20\text{min} \times 10^{-3}\text{m}^3/l$

$= 55.8\text{m}^3$

56 옥내소화전설비의 가압송수장치 설치기준을 설명한 것 중 틀린 것은?

① 내연기관을 사용하는 경우 내연기관의 연료량은 펌프를 20분 이상 운전할 수 있는 용량일 것

② 고가수조의 자연낙차 수두는 다음 식과 같다. $H = h_1 + h_2 + 17$(h_1 : 소방용 호스마찰손실수두[m], h_2 : 배관의 마찰손실수두[m])

③ 가압수조에는 수위계 · 급수관 · 배수관 · 급기관 · 압력계 · 안전장치 및 수조에 소화수와 압력을 보충할 수 있는 장치를 설치할 것

④ 가압송수장치가 기동이 된 경우에는 자동으로 정지되지 아니하도록 하여야 한다.

가압송수장치 설치기준(제5조)

가압수조에는 수위계 · 급수관 · 배수관 · 급기관 · 압력계 · 안전장치 및 수조에 소화수와 압력을 보충할 수 있는 장치를 설치할 것〈2015.01.23. 기준 삭제〉

57 스프링클러설비를 설명한 것 중 틀린 것은?

① 습식 스프링클러설비에는 폐쇄형 하향식 헤드를 사용한다.

② 준비작동식 스프링클러설비에는 폐쇄형 하향식 헤드를 사용한다.

③ 건식 스프링클러설비에는 폐쇄형 상향식 헤드를 사용한다.

④ 일제살수식 스프링클러설비에는 개방형 하향식 헤드를 사용한다.

스프링클러설비 종류

종 류	1차 측	2차 측	헤드	감지기	수동기동장치
습식(Alram Valve)	가압수	가압수	폐쇄형(하향식)	×	×
건식(Dry Valve)		압축공기	폐쇄형(상향식)	×	×
준작(Preaction Valve)		대기압	폐쇄형(상향식)	O(교차회로)	O
부압(Preaction Valve)		부압	폐쇄형(하향식)	O	O
일제(Deluge Valve)		대기압	개방형(하향식)	O(교차회로)	O

정답 56. ③ 57. ②

58 가압송수장치에서 준비작동식 유수검지장치의 1차 측까지는 항상 정압의 물이 가압되고, 2차 측 폐쇄형 스프링클러헤드까지는 소화수가 부압으로 되어 있다가 화재 시 감지기의 작동에 의해 정압으로 변하여 유수가 발생하면 작동하는 스프링클러설비에 해당하는 설비로 알맞은 것은?

① 준비작동식 스프링클러설비　② 일제살수식 스프링클러설비
③ 습식 스프링클러설비　④ 부압식 스프링클러설비

59 건식 스프링클러설비의 긴급개방장치에 해당하는 것은?

① 익조스터(Exhauster)　② 리타딩 챔버(Retarding Chamber)
③ 파일럿 밸브(Pilot Valve)　④ 중간 챔버(Intermediate Chamber)

◐ 건식 스프링클러설비의 긴급개방장치(Quick Opening Device)

종류	설치위치		작동
	입구	출구	
액셀러레이터 (Accelerator)	건식 밸브 2차 측 토출 측 배관	건식 밸브 중간챔버	헤드 개방 시 차압 챔버의 압력에 의해 건식 밸브 중간 챔버로 압축 공기가 배출되어 개방
익조스터 (Exhauster)	건식 밸브 2차 측 토출 측 배관	대기 중에 노출	헤드 개방 시 익조스터 내부 밸브가 개방되어 건식 밸브 2차 측 공기를 대기 중으로 방출하여 개방

60 준비작동식 스프링클러설비의 준비작동식 밸브 2차 측에는 무엇을 채워 놓는가?

① 가압수　② 부동액　③ 압축공기　④ 대기압의 공기

61 개방형 헤드를 설치하여야 하는 장소로 옳은 것은?

① 공동주택의 거실　② 병원의 입원실
③ 연소할 우려가 있는 개구부　④ 숙박시설의 침실

◐ 스프링클러설비 헤드(제10조)

① 개방형 헤드 설치장소
　㉮ 연소할 우려가 있는 개구부
　㉯ 무대부
② 조기반응형 스프링클러헤드 설치장소
　㉮ 공동주택 · 노유자시설의 거실
　㉯ 오피스텔 · 숙박시설의 침실, 병원의 입원실

정답 58. ④　59. ①　60. ④　61. ③

※ 개방형 헤드 설치 시 수원의 양

① 30개 이하 : $Q = N \times 1.6\text{m}^3$

② 30개 초과 : $Q = q[l/\text{min}] \times 20\text{min}$ 이상, $q = N \times q'[l/\text{min}]$, $q' = K\sqrt{10P}$

여기서, q' : 스프링클러헤드 방수량

62 천장의 기울기가 10분의 1을 초과하는 경우 최상부의 스프링클러헤드는 천장으로부터 수직거리 몇 cm 이내에 설치하여야 하는가?

① 50cm　　② 70cm

③ 90cm　　④ 120cm

▶ 스프링클러설비 헤드 설치기준 제10조(헤드)

천장의 기울기가 10분의 1을 초과하는 경우, 가지관을 천장의 마루와 평행하게 설치

① 천장의 최상부에 스프링클러헤드를 설치하는 경우에는 최상부에 설치하는 스프링클러헤드의 반사판을 수평으로 설치할 것

② 천장의 최상부를 중심으로 가지관을 서로 마주보게 설치하는 경우에는 최상부의 가지관 상호 간의 거리가 가지관상의 스프링클러헤드 상호 간의 거리의 2분의 1 이하(최소 1m 이상이 되어야 한다.)가 되게 스프링클러헤드를 설치하고, 가지관의 최상부에 설치하는 스프링클러헤드는 천장의 최상부로부터의 수직거리가 90cm 이하가 되도록 할 것. 톱날지붕, 둥근지붕 기타 이와 유사한 지붕의 경우에도 이에 준한다.

63 무대부에 개방형 스프링클러헤드를 정방형으로 배치하고자 할 때 헤드 간의 거리는 몇 m 이내로 하여야 하는가?

① 약 1.86m　　② 약 2.40m

③ 약 3.25m　　④ 약 3.6m

▶ 헤드의 간격

① 스프링클러헤드 수평거리(R)

특정소방대상물			수평거리
①	무대부 · 특수가연물을 저장 또는 취급하는 장소		1.7m 이하
②	랙크식 창고	특수가연물을 저장 또는 취급하는 경우	1.7m 이하
		특수가연물 이외의 물품을 저장 · 취급하는 경우	2.5m 이하
③	공동주택(아파트) 세대 내의 거실(「스프링클러헤드의 형식승인 및 제품검사의 기술기준」의 유효반경으로 한다.)		3.2m 이하
④	기타 소방대상물	내화구조	2.3m 이하
		비내화구조	2.1m 이하

② 정방형(정사각형) 배치 $S = 2R\cos 45° = \sqrt{2}R = \sqrt{2} \times 1.7 = 2.4\text{m}$

정답 62. ③ 63. ②

64 스프링클러설비의 최소 방수량과 방수압으로 알맞은 것은?

① 80[l/min] 이상, 0.1[MPa] 이상
② 130[l/min] 이상, 0.1[MPa] 이상
③ 80[l/min] 이상, 0.17[MPa] 이상
④ 130[l/min] 이상, 0.17[MPa] 이상

65 지하층을 제외한 층수가 10층인 병원 건물에 습식 스프링클러설비가 설치되어 있다면 스프링클러설비에 필요한 수원의 양은 얼마 이상이어야 하는가?(단, 헤드는 각 층별로 200개씩 설치되어 있고 헤드의 부착높이는 3m이다.)

① 16m³ ② 24m³ ③ 32m³ ④ 48m³

▶ 수원의 양

$Q = N \times 80l/\text{min} \times T\text{min}$ 이상

$= 10 \times 80 \times 20 = 16{,}000l = 16\text{m}^3$

여기서, N : 설치장소별 스프링클러헤드의 기준개수
T : 20min(29층 이하), 40min(30층 이상 49층 이하), 60min(50층 이상)

※ 스프링클러설비의 기준개수

<table>
<tr><th colspan="4">스프링클러설비의 설치장소</th><th>기준개수</th></tr>
<tr><td>아파트</td><td colspan="3">층수에 관계 없음</td><td>10개</td></tr>
<tr><td rowspan="7">아파트가 아닌 경우</td><td colspan="3">11층 이상(지하층 제외 · 아파트 제외), 지하가, 지하역사</td><td>30개</td></tr>
<tr><td rowspan="6">10층 이하</td><td rowspan="2">공장 · 창고
(랙크식 창고 포함)</td><td>특수가연물을 저장 · 취급하는 것</td><td>30개</td></tr>
<tr><td>그 밖의 것</td><td>20개</td></tr>
<tr><td rowspan="2">근린생활시설 · 판매시설
운수시설 · 복합건축물</td><td>판매시설 · 복합건축물
(판매시설이 설치된 복합건축물)</td><td>30개</td></tr>
<tr><td>그 밖의 것</td><td>20개</td></tr>
<tr><td rowspan="2">그 밖의 것</td><td>헤드의 부착 높이가 8m 이상</td><td>20개</td></tr>
<tr><td>헤드의 부착 높이가 8m 미만</td><td>10개</td></tr>
</table>

66 정격토출량이 2.4[m³/min]인 펌프를 설치한 스프링클러설비에서 성능시험배관의 유량측정장치는 얼마까지 측정할 수 있어야 하는가?

① 1.56[m³/min] ② 2.4[m³/min]
③ 3.6[m³/min] ④ 4.2[m³/min]

▶ 성능시험배관의 유량측정장치

$2.4\text{m}^3/\text{min} \times 1.75 = 4.2[\text{m}^3/\text{min}]$

정답 64. ① 65. ① 66. ④

67 폐쇄형 스프링클러헤드를 사용하는 경우 스프링클러설비 설치장소별 스프링클러헤드의 기준 개수가 맞지 않는 것은?

① 10층 이하 창고(특수가연물을 저장 · 취급하는 것) : 30개
② 10층 이하의 도매시장, 백화점 : 30개
③ 15층의 아파트 : 30개
④ 지하가 · 지하역사 : 30개

스프링클러설비의 기준개수

③ 15층의 아파트 : 10개

68 10층의 근린생활시설로서 헤드의 부착높이가 4[m]인 장소에 스프링클러설비를 설치하였을 경우 수원의 양은?

① $16m^3$　② $32m^3$　③ $48m^3$　④ $64m^3$

수원의 양

$Q = N \times 80l/\text{min} \times T\text{min}$ 이상$= 20 \times 80 \times 20 = 32{,}000l = 32\text{m}^3$

69 스프링클러설비에서 헤드의 방사량이 150[l/min]일 경우 스프링클러헤드의 방사압력[MPa]은 약 얼마인가?(단, 방출계수 K는 80이다.)

① 0.25　② 0.35　③ 0.45　④ 0.55

스프링클러헤드의 방사압력[MPa]

$$Q = K\sqrt{P[\text{kg}_f/\text{cm}^2]} = K\sqrt{10P[\text{MPa}]}$$

$$P = \left(\frac{Q}{K\sqrt{10}}\right)^2 = \left(\frac{150}{80\sqrt{10}}\right)^2 = 0.3516[\text{MPa}]$$

70 내화구조의 건축물(12[m]×15[m])에 폐쇄형 스프링클러헤드를 정방형으로 설치한다면 헤드는 몇 개를 설치하여야 하는가?

① 10　② 20　③ 30　④ 40

헤드 개수

① 정방형(정사각형) 배치 $S = 2R\cos 45° = \sqrt{2}R = \sqrt{2} \times 2.3 = 3.25\text{m}$

② 가로 설치개수 $N_1 = \dfrac{12}{3.25} = 3.7$　∴ 4개

세로 설치개수 $N_2 = \dfrac{15}{3.25} = 4.6$　∴ 5개

③ 설치개수 $N = N_1 \times N_2 = 4 \times 5 = 20$개

정답　67. ③　68. ②　69. ②　70. ②

71 폐쇄형 스프링클러헤드의 설치장소의 평상시 최고주위온도가 102[℃]라면 이곳에 설치하는 스프링클러헤드의 표시온도는 얼마의 것으로 하여야 하는가?

① 79[℃] 미만
② 79[℃] 이상~121[℃] 미만
③ 121[℃] 이상~162[℃] 미만
④ 180[℃] 미만

스프링클러헤드의 표시온도(제10조 제⑥항)

설치장소의 최고주위온도[℃]	표시온도[℃]
39[℃] 미만	79[℃] 미만
39[℃] 이상~64[℃] 미만	79[℃] 이상~121[℃] 미만
64[℃] 이상~106[℃] 미만	121[℃] 이상~162[℃] 미만
106[℃] 이상	162[℃] 이상

72 다음은 스프링클러헤드의 설치기준이다. 맞지 않는 것은?

① 살수가 방해되지 아니하도록 스프링클러헤드로부터 반경 60[cm] 이상의 공간을 보유할 것
② 스프링클러헤드와 그 부착면과의 거리는 30[cm] 이하로 할 것
③ 스프링클러헤드의 반사판은 그 부착 면과 평행하게 설치할 것
④ 벽과 스프링클러헤드 간의 공간은 10[cm] 이하로 할 것

스프링클러헤드의 설치기준(제10조 제⑦항)

① 살수가 방해되지 아니하도록 스프링클러헤드로부터 반경 60cm 이상의 공간을 보유할 것. 다만, 벽과 스프링클러헤드 간의 공간은 10cm 이상으로 한다.
② 스프링클러헤드와 그 부착면(상향식 헤드의 경우에는 그 헤드의 직상부의 천장·반자 또는 이와 비슷한 것을 말한다.)과의 거리는 30cm 이하로 할 것

73 연소할 우려가 있는 개구부에 설치하는 스프링클러헤드 설치기준 중 틀린 것은?

① 개구부에는 개방형 헤드를 설치하여야 한다.
② 개구부에는 그 상하좌우에 2.5m 간격으로 스프링클러헤드를 설치하여야 한다.
③ 스프링클러헤드와 개구부의 내측면으로부터 직선거리는 15cm 이상이 되도록 할 것
④ 사람이 상시 출입하는 개구부로서 통행에 지장이 있는 때에는 개구부의 상부 또는 측면에 설치하되, 헤드 상호 간의 간격은 1.2m 이하로 설치하여야 한다.

연소할 우려가 있는 개구부 헤드 설치(제10조 제⑦항)

연소할 우려가 있는 개구부에는 그 상하좌우에 2.5m 간격으로(개구부의 폭이 2.5m 이하인 경우에는 그 중앙에) 스프링클러헤드를 설치하되, 스프링클러헤드와 개구부의 내측면으로부터 직선거리는 15cm 이하가 되도록 할 것. 이 경우 사람이 상시 출입하는 개구부로서 통행에 지장이 있는 때에는 개구부의 상부 또는 측면(개구부의 폭이 9m 이하인 경우에 한한다.)에 설치하되, 헤드 상호 간의 간격은 1.2m 이하로 설치하여야 한다.

정답 71. ③ 72. ④ 73. ③

74 폐쇄형 스프링클러설비의 방호구역 · 유수검지장치 적합기준을 설명한 것 중 틀린 것은?

① 하나의 방호구역의 바닥면적은 3,000m²를 초과하지 아니할 것
② 조기반응형 스프링클러헤드를 설치하는 경우에는 건식 유수검지장치 또는 준비작동식 유수검지장치를 설치할 것
③ 하나의 방호구역에는 1개 이상의 유수검지장치를 설치할 것
④ 유수검지장치를 실내에 설치하거나 보호용 철망 등으로 구획하여 바닥으로부터 0.8m 이상 1.5m 이하의 위치에 설치할 것

폐쇄형 스프링클러설비의 방호구역 · 유수검지장치 적합기준

조기반응형 스프링클러헤드를 설치하는 경우에는 습식 유수검지장치 또는 부압식 스프링클러유수검지장치를 설치할 것

75 습식 스프링클러설비 및 부압식 스프링클러설비 외의 설비에 하향식 헤드를 설치할 수 있는 경우에 해당되지 아니하는 것은?

① 드라이펜던트스프링클러헤드를 사용하는 경우
② 개방형 스프링클러헤드를 사용하는 경우
③ 스프링클러헤드의 설치장소가 동파의 우려가 없는 곳인 경우
④ 조기반응형 스프링클러헤드를 사용하는 경우

하향식 헤드를 설치할 수 있는 경우

① 드라이펜던트스프링클러헤드를 사용하는 경우
② 스프링클러헤드의 설치장소가 동파의 우려가 없는 곳인 경우
③ 개방형 스프링클러헤드를 사용하는 경우

76 폐쇄형 미분무헤드의 설치장소에 관한 기준이 되는 최고주위온도(T_A)는 다음 식에 의해 구하여진 온도를 말한다. 여기서, 상수 K는 얼마인가?(단, T_M은 헤드의 표시온도이다.)

$$T_a = K \cdot T_m - 27.3$$

① 1.0　　② 0.7　　③ 0.8　　④ 0.9

폐쇄형 미분무헤드의 최고주위온도

$T_a = 0.9\,T_m - 27.3$℃

여기서, T_a : 최고주위온도
T_m : 헤드의 표시온도

정답 74. ② 75. ④ 76. ④

77 스프링클러설비의 음향장치 및 기동장치 설치기준 중 틀린 것은?

① 준비작동식 유수검지장치 또는 일제개방밸브를 사용하는 설비의 화재감지기회로는 교차회로 방식으로 할 것
② 음향장치는 유수검지장치 및 일제개방밸브 등의 담당 구역마다 설치하되 그 구역의 각 부분으로부터 하나의 음향장치까지의 수평거리는 25m 이하가 되도록 할 것
③ 음향장치의 음량은 부착된 음향장치의 중심으로부터 1m 떨어진 위치에서 80dB 이상이 되는 것으로 할 것
④ 주 음향장치는 수신기의 내부 또는 그 직근에 설치할 것

스프링클러설비의 음향장치 및 기동장치 설치기준

① 습식 유수검지장치 또는 건식 유수검지장치를 사용하는 설비에 있어서는 헤드가 개방되면 유수검지장치가 화재신호를 발신하고 그에 따라 음향장치가 경보되도록 할 것
② 준비작동식 유수검지장치 또는 일제개방밸브를 사용하는 설비에는 화재감지기의 감지에 따라 음향장치가 경보되도록 할 것. 이 경우 화재감지기회로를 교차회로방식으로 하는 때에는 하나의 화재감지기회로가 화재를 감지하는 때에도 음향장치가 경보되도록 하여야 한다.
③ 음향장치는 유수검지장치 및 일제개방밸브 등의 담당 구역마다 설치하되 그 구역의 각 부분으로부터 하나의 음향장치까지의 수평거리는 25m 이하가 되도록 할 것
④ 음향장치는 경종 또는 사이렌(전자식 사이렌을 포함한다.)으로 하되, 주위의 소음 및 다른 용도의 경보와 구별이 가능한 음색으로 할 것. 이 경우 경종 또는 사이렌은 자동화재탐지설비 · 비상벨설비 또는 자동식 사이렌설비의 음향장치와 겸용할 수 있다.
⑤ 주 음향장치는 수신기의 내부 또는 그 직근에 설치할 것
⑥ 층수가 5층 이상으로서 연면적이 3,000m^2를 초과하는 특정소방대상물은 다음에 따라 경보를 발할 수 있도록 하여야 한다.
㉮ 2층 이상의 층에서 발화한 때에는 발화층 및 그 직상층에 경보를 발할 것
㉯ 1층에서 발화한 때에는 발화층 · 그 직상층 및 지하층에 경보를 발할 것
㉰ 지하층에서 발화한 때에는 발화층 · 그 직상층 및 기타의 지하층에 경보를 발할 것
⑦ 음향장치는 다음 각 목의 기준에 따른 구조 및 성능의 것으로 할 것
㉮ 정격전압의 80% 전압에서 음향을 발할 수 있는 것으로 할 것
㉯ 음량은 부착된 음향장치의 중심으로부터 1m 떨어진 위치에서 90dB 이상이 되는 것으로 할 것

78 스프링클러설비의 비상전원 설치기준 중 틀린 것은?

① 점검에 편리하고 화재 및 침수 등의 재해로 인한 피해를 받을 우려가 없는 곳에 설치할 것
② 옥내에 설치하는 비상전원실에는 옥내로 직접 통하는 충분한 용량의 급배기설비를 설치할 것
③ 스프링클러설비를 유효하게 20분 이상 작동할 수 있어야 할 것
④ 비상전원실의 출입구 외부에는 실의 위치와 비상전원의 종류를 식별할 수 있도록 표지판을 부착할 것

정답 77. ③ 78. ②

스프링클러설비의 비상전원 설치기준

① 점검에 편리하고 화재 및 침수 등의 재해로 인한 피해를 받을 우려가 없는 곳에 설치할 것
② 스프링클러설비를 유효하게 20분 이상 작동할 수 있어야 할 것
③ 상용전원으로부터 전력의 공급이 중단된 때에는 자동으로 비상전원으로부터 전원을 공급받을 수 있도록 할 것
④ 비상전원(내연기관의 기동 및 제어용 축전기를 제외한다.)의 설치장소는 다른 장소와 방화구획할 것. 이 경우 그 장소에는 비상전원의 공급에 필요한 기구나 설비 외의 것(열병합발전설비에 필요한 기구나 설비는 제외한다.)을 두어서는 아니 된다.
⑤ 비상전원을 실내에 설치하는 때에는 그 실내에 비상조명등을 설치할 것
⑥ 옥내에 설치하는 비상전원실에는 옥외로 직접 통하는 충분한 용량의 급배기설비를 설치할 것
⑦ 비상전원의 출력용량은 다음 기준을 충족할 것
㉮ 비상전원 설비에 설치되어 동시에 운전될 수 있는 모든 부하의 합계 입력용량을 기준으로 정격출력을 선정할 것. 다만, 소방전원 보존형발전기를 사용할 경우에는 그러하지 아니하다.
㉯ 기동전류가 가장 큰 부하가 기동될 때에도 부하의 허용 최저입력전압이상의 출력전압을 유지할 것
㉰ 단시간 과전류에 견디는 내력은 입력용량이 가장 큰 부하가 최종 기동할 경우에도 견딜 수 있을 것
⑧ 자가발전설비는 부하의 용도와 조건에 따라 다음 중의 하나를 설치하고 그 부하용도별 표지를 부착하여야 한다. 다만, 자가발전설비의 정격출력용량은 하나의 건축물에 있어서 소방부하의 설비용량을 기준으로 하고, ㉯목의 경우 비상부하는 국토해양부장관이 정한 건축전기설비설계기준의 수용률 범위 중 최댓값 이상을 적용한다.
㉮ 소방전용 발전기 : 소방부하용량을 기준으로 정격출력용량을 산정하여 사용하는 발전기
㉯ 소방부하 겸용 발전기 : 소방 및 비상부하 겸용으로서 소방부하와 비상부하의 전원용량을 합산하여 정격출력용량을 산정하여 사용하는 발전기
㉰ 소방전원 보존형 발전기 : 소방 및 비상부하 겸용으로서 소방부하의 전원용량을 기준으로 정격출력 용량을 산정하여 사용하는 발전기
⑨ 비상전원실의 출입구 외부에는 실의 위치와 비상전원의 종류를 식별할 수 있도록 표지판을 부착할 것

79 스프링클러헤드를 설치하지 아니할 수 있는 장소가 아닌 것은?

① 통신기기실 · 전자기기실 · 기타 이와 유사한 장소
② 발전실 · 변전실 · 변압기 · 기타 이와 유사한 전기설비가 설치되어 있는 장소
③ 천장 · 반자 중 한쪽이 불연재료로 되어 있고 천장과 반자 사이의 거리가 1[m] 미만인 부분
④ 현관 또는 로비 등으로서 바닥으로부터 높이가 10m 이상인 장소

헤드 설치 제외 장소(제15조)

④ 현관 또는 로비 등으로서 바닥으로부터 높이가 20m 이상인 장소

정답 79. ④

80 글라스벌브형(Glass Bulb Type)의 스프링클러헤드에 봉입하는 물질은?

① 물　② 휘발유
③ 경유　④ 알코올–에테르

81 스프링클러설비의 경보장치인 리타딩 챔버의 역할에 해당하지 않는 것은?

① 안전 밸브의 역할　② 배관 및 압력스위치 손상 보호
③ 오보 방지　④ 자동 배수장치

리타딩 챔버의 역할

① 안전 밸브의 역할
② 배관 및 압력스위치 손상 보호
③ 오보 방지

82 스프링클러설비에서 펌프 토출 측 배관상에 설치되는 압력챔버(Chamber)의 기능으로 볼 수 없는 것은?

① 일정범위의 방수압력 유지　② 펌프기동 확인
③ 수격의 완충작용　④ 펌프의 자동기동

압력챔버(Chamber)의 기능

① 펌프의 자동 기동 및 정지
② 압력변화의 완충작용
③ 압력변동에 따른 설비보호

83 개방형 스프링클러설비에서 하나의 방수구역을 담당하는 헤드의 개수는 몇 개 이하로 설치하여야 하는가?

① 25개　② 30개　③ 40개　④ 50개

개방형 스프링클러설비의 방수구역

① 하나의 방수구역은 2개 층에 미치지 아니할 것
② 방수구역마다 일제개방밸브를 설치할 것
③ 하나의 방수구역을 담당하는 헤드의 개수는 50개 이하로 할 것. 다만, 2개 이상의 방수구역으로 나눌 경우에는 하나의 방수구역을 담당하는 헤드의 개수는 25개 이상으로 할 것
④ 일제개방밸브의 설치위치는 제6조 제4호의 기준에 따르고, 표지는 "일제개방밸브실"이라고 표시할 것

정답 80. ④ 81. ④ 82. ① 83. ④

84 습식 스프링클러설비에서 하향식 헤드를 회향식으로 설치하는 이유로서 옳은 것은?

① 시공 시 행거의 설치를 용이하게 하기 위해서이다.
② 관내의 유수에 따라 발생할 수도 있는 충격으로 인한 헤드의 진동을 완화시켜주기 위해서이다.
③ 설치 예정지점에 헤드의 설치, 시공을 용이하게 하기 위해서이다.
④ 관내에 축적될 수도 있는 이물질에 의해 헤드의 오리피스가 막히는 것을 가급적 방지하기 위해서이다.

회향식 접속

① 하향식 헤드를 설치하는 경우에 가지배관으로부터 헤드에 이르는 헤드 접속배관은 가지관부터 헤드에 이르는 헤드 접속배관은 가지관상부에서 분기할 것
② 물속의 침전물로 인하여 헤드에서 물이 방사될 경우 헤드가 막히는 것을 방지하기 위하여 회향식으로 접속한다.

85 표시온도가 163~203[℃]인 퓨지블링크형 스프링클러헤드 프레임의 색상은?

① 흰색
② 파랑색
③ 빨간색
④ 초록색

스프링클러헤드의 형식승인 및 제품검사의 기술기준

유리벌브형		퓨지블링크형	
표시온도(℃)	액체의 색별	표시온도(℃)	프레임의 색별
57	오렌지	77 미만	색 표시 안 함
68	빨강	78~120	흰색
79	노랑	121~162	파랑
93	초록	163~203	빨강
141	파랑	204~259	초록
182	연한 자주	260~319	오렌지
227 이상	검정	320 이상	검정

86 스프링클러설비에서 하나의 가지관에 설치되는 스프링클러헤드의 수는 몇 개 이하로 하여야 하는가?

① 6
② 8
③ 10
④ 12

정답 84. ④ 85. ③ 86. ②

가지배관의 배열기준(제8조 제⑨항)

① 토너먼트(tournament) 방식이 아닐 것
② 교차배관에서 분기되는 지점을 기점으로 한쪽 가지배관에 설치되는 헤드의 개수(반자 아래와 반자속의 헤드를 하나의 가지배관 상에 병설하는 경우에는 반자 아래에 설치하는 헤드의 개수)는 8개 이하로 할 것. 다만, 다음 어느 하나에 해당하는 경우에는 그러하지 아니하다.
㉮ 기존의 방호구역 안에서 칸막이 등으로 구획하여 1개의 헤드를 증설하는 경우
㉯ 습식 스프링클러설비 또는 부압식 스프링클러설비에 격자형 배관방식(2 이상의 수평 주행배관 사이를 가지배관으로 연결하는 방식을 말한다.)을 채택하는 때에는 펌프의 용량, 배관의 구경 등을 수리학적으로 계산한 결과 헤드의 방수압 및 방수량이 소화 목적을 달성하는 데 충분하다고 인정되는 경우
③ 가지배관과 스프링클러헤드 사이의 배관을 신축배관으로 하는 경우에는 소방청장이 정하여 고시한 「스프링클러설비신축배관 성능인증 및 제품검사의 기술기준」에 적합한 것으로 설치할 것. 이 경우 신축배관의 설치길이는 제10조 제③항의 거리를 초과하지 아니할 것

87 스프링클러설비의 배관에 관한 설명 중 옳은 것은?

① 교차배관의 최소 구경은 20[mm] 이하로 한다.
② 수직관에 청소구를 설치하여야 한다.
③ 수직배수배관의 구경은 50[mm] 이상으로 한다.
④ 가지배관의 배열은 토너먼트 방식으로 한다.

스프링클러설비의 배관(제8조)

① 교차배관의 최소 구경은 40[mm] 이상이 되도록 한다.
② 청소구는 교차배관 끝에 개폐밸브를 설치하고, 호스접결이 가능한 나사식 또는 고정배수 배관식으로 할 것
④ 가지배관의 배열은 토너먼트 방식이 아닐 것

88 수평주행배관에 설치하는 행가는 몇 [m] 이내마다 1개 이상 설치하는가?

① 2.5　　② 3.5
③ 4.5　　④ 5.5

행가 설치기준(제8조 제⑬항)

① 가지배관에는 헤드의 설치지점 사이마다 1개 이상의 행가를 설치하되, 헤드 간의 거리가 3.5m를 초과하는 경우에는 3.5m 이내마다 1개 이상 설치할 것. 이 경우 상향식 헤드와 행가 사이에는 8cm 이상의 간격을 두어야 한다.
② 교차배관에는 가지배관과 가지배관 사이마다 1개 이상의 행가를 설치하되, 가지배관 사이의 거리가 4.5m를 초과하는 경우에는 4.5m 이내마다 1개 이상 설치할 것
③ 수평주행배관에는 4.5m 이내마다 1개 이상 설치할 것

정답 87. ③ 88. ③

89 교차배관은 가지배관과 수평으로 설치하거나 또는 가지배관 밑에 설치하고 최소구경은 얼마 이상으로 하여야 하는가?

① 20[mm] ② 30[mm] ③ 40[mm] ④ 50[mm]

스프링클러설비의 배관(제8조 제⑩항)

교차배관의 최소 구경은 40[mm] 이상이 되도록 한다.

90 유수검지장치의 음향장치 수평거리는 몇 [m] 이하가 되도록 하여야 하는가?

① 10 ② 15 ③ 20 ④ 25

유수검지장치의 음향장치(제9조 제①항)

음향장치는 유수검지장치 및 일제개방밸브 등의 담당 구역마다 설치하되 그 구역의 각 부분으로부터 하나의 음향장치까지의 수평거리는 25m 이하가 되도록 할 것

91 스프링클러설비를 설치한 하나 층의 바닥면적이 7,500[m²]일 때 유수검지장치는 몇 개 이상 설치하여야 하는가?

① 1개 ② 2개 ③ 3개 ④ 4개

방호구역 적합기준(제6조)

하나의 방호구역의 바닥면적은 3,000m²를 초과하지 아니할 것

$$N = \frac{\text{바닥면적}}{\text{기준면적}} = \frac{7,500}{3,000} = 2.5 \quad \therefore 3\text{개}$$

92 습식 스프링클러설비 또는 부압식 스프링클러설비 외의 설비에는 헤드를 향하여 상향으로 수평주행배관의 기울기를 얼마 이상으로 하여야 하는가?

① 수평주행배관은 헤드를 향하여 상향으로 1 / 500 이상의 기울기를 가질 것
② 수평주행배관은 헤드를 향하여 상향으로 2 / 200 이상의 기울기를 가질 것
③ 수평주행배관은 헤드를 향하여 상향으로 1 / 100 이상의 기울기를 가질 것
④ 수평주행배관은 헤드를 향하여 상향으로 1 / 250 이상의 기울기를 가질 것

배관의 배수를 위한 기울기 기준(제8조 제⑰항)

① 습식 스프링클러설비 또는 부압식 스프링클러설비의 배관을 수평으로 할 것. 다만, 배관의 구조상 소화수가 남아 있는 곳에는 배수밸브를 설치하여야 한다.
② 습식 스프링클러설비 또는 부압식 스프링클러설비 외의 설비에는 헤드를 향하여 상향으로 수평주행배관의 기울기를 500분의 1 이상, 가지배관의 기울기를 250분의 1 이상으로 할 것. 다만, 배관의 구조상 기울기를 줄 수 없는 경우에는 배수를 원활하게 할 수 있도록 배수밸브를 설치하여야 한다.

정답 89. ③ 90. ④ 91. ③ 92. ①

93 습식 스프링클러설비 배관의 동파방지법으로 적당하지 않은 것은?

① 보온재를 이용한 배관보온법
② 히팅코일을 이용한 가열법
③ 순환펌프를 이용한 물의 유동법
④ 에어 컴프레서를 이용한 방법

배관의 동파방지법

① 배관에 가열코일(Heating coil)을 설치한다.
② 배관을 단열재로 보온조치한다.
③ 배관 내 물을 상시 유동시킨다.
④ 부동액을 혼입한다.
⑤ 지하배관을 동결심도 이상으로 매설한다.

94 스프링클러설비의 제어반의 기능에 대한 설명 중 틀린 것은?

① 각 펌프의 작동 여부를 확인할 수 있는 표시등 및 음향경보기능이 있을 것
② 각 펌프를 자동 및 수동으로 작동시키거나 작동을 중단시킬 수 있어야 할 것
③ 수조 또는 물올림탱크가 저수위로 될 때 표시등 및 음향으로 경보할 것
④ 절연저항시험을 할 수 있을 것

스프링클러설비의 제어반의 기능(제13조 제②항)

① 각 펌프의 작동 여부를 확인할 수 있는 표시등 및 음향경보기능이 있어야 할 것
② 각 펌프를 자동 및 수동으로 작동시키거나 중단시킬 수 있어야 할 것
③ 비상전원을 설치한 경우에는 상용전원 및 비상전원의 공급 여부를 확인할 수 있어야 할 것
④ 수조 또는 물올림탱크가 저수위로 될 때 표시등 및 음향으로 경보할 것
⑤ 예비전원이 확보되고 예비전원의 적합 여부를 시험할 수 있어야 할 것

95 유량 2,400[lpm], 양정 100[m]인 스프링클러설비 펌프를 구동시킬 전동기의 용량은 몇 [HP]인가?(단, 이때 펌프의 효율은 0.6, 전달계수는 1.1이라 한다.)

① 75　　② 98　　③ 125　　④ 200

전동기 용량

$$P = \frac{1{,}000 \times Q \times H}{75 \times 60 \times \eta} \times K[\text{HP}]$$

① 토출량 $Q = 2{,}400l/\text{min} = 2.4\text{m}^3/\text{min}$
② 전양정 H = 100m
③ $P = \frac{1{,}000 \times Q \times H}{75 \times 60 \times \eta} \times K = \frac{1{,}000 \times 2.4 \times 100}{75 \times 60 \times 0.6} \times 1.1 = 97.78[\text{HP}]$

정답 93. ④ 94. ④ 95. ②

96 준비작동식 스프링클러설비에서 화재 발생 시 헤드가 개방되었음에도 불구하고 정상적인 살수가 되지 않을 경우 그 원인으로 볼 수 없는 것은?

① 화재감지기의 고장
② 전자개방밸브 회로의 고장
③ 경보용 압력스위치의 고장
④ 준비작동밸브 1차 측의 개폐밸브 차단

③ 경보용 압력스위치의 고장 : 경보가 울리지 않았을 때의 원인

97 폐쇄형 스프링클러헤드의 감도를 예상하는 지수인 RTI와 관련이 깊은 것은?

① 기류의 온도와 비열
② 기류의 온도, 속도 및 작동시간
③ 기류의 비열 및 유동방향
④ 기류의 온도, 속도 및 비열

RTI(Response Time Index, 반응시간지수)

① 화재 시 스프링클러 작동에 필요한 충분한 양의 열을 감열부가 얼마나 빨리 흡수할 수 있는지를 나타낸 지수
② 공기 온도와 기류속도에 의해 달라지며, RTI가 작을수록 조기에 작동한다.

$RTI = \tau\sqrt{u}\,[\sqrt{m \cdot s}]$, $\tau = \dfrac{mC}{hA}[\mathrm{s}]$

㉠ τ : 감열체의 시간상수[sec]
㉡ u : 기류속도[m/sec]
㉢ m : 감열체 질량
㉣ C : 감열체 비열
㉤ h : 대류열 전달계수[kJ/kg · ℃]
㉥ A : 감열체 표면적[m²]

98 드렌처설비의 헤드 설치수가 5개일 때 그 수원의 수량은?

① 2,000[l]
② 3,000[l]
③ 4,000[l]
④ 8,000[l]

드렌처설비 설치(제15조 제②항)

수원의 수량은 드렌처헤드가 가장 많이 설치된 제어밸브의 드렌처헤드의 설치개수에 1.6m³을 곱하여 얻은 수치 이상이 되도록 할 것

$Q = N \times 1.6\mathrm{m}^3 = 5 \times 1.6 = 8\mathrm{m}^3 \times 1{,}000l/\mathrm{m}^3 = 8{,}000l$

정답 96. ③ 97. ② 98. ④

99 소방대상물의 각 부분으로부터 하나의 간이스프링클러헤드까지의 수평거리는 몇 m 이하인가?

① 1.7m ② 2.1m ③ 2.3m ④ 2.5m

간이헤드 설치기준(제9조)

① 천장 · 반자 · 천장과 반자 사이 · 덕트 · 선반 등의 각 부분으로부터 간이헤드까지 수평거리는 2.3m 이하

100 근린생활시설에 간이스프링클러설비가 설치된 경우 수원의 양으로 옳은 것은?

① $1m^3$ ② $2m^3$ ③ $5m^3$ ④ $7m^3$

근린생활시설 · 생활형 숙박시설 · 복합건축물 수원의 양

$Q = 5 \times 50 l/\text{min} \times 20\text{min} = 5{,}000 l = 5\text{m}^3$

101 간이스프링클러설비의 하나의 방호구역의 면적은 몇 m^2 이하로 하여야 하는가?

① $500m^2$ ② $1{,}000m^2$
③ $2{,}000m^2$ ④ $3{,}000m^2$

간이스프링클러설비 방호구역 적합기준(제6조)

① 하나의 방호구역의 바닥면적은 $1{,}000m^2$를 초과하지 아니할 것
② 하나의 방호구역에는 1개 이상의 유수검지장치를 설치하되, 화재 발생 시 접근이 쉽고 점검하기 편리한 장소에 설치할 것
③ 하나의 방호구역은 2개 층에 미치지 아니하도록 할 것. 다만, 1개 층에 설치되는 간이헤드의 수가 10개 이하인 경우에는 3개 층 이내로 할 수 있다.

102 간이스프링클러설비에 상수도 직결방식으로 가압송수장치를 사용하는 경우 배관 및 밸브의 설치순서로 옳은 것은?

① 수도용 계량기, 급수차단장치, 개폐표시형 밸브, 체크밸브, 압력계, 유수검지장치(압력스위치 등 유수검지장치와 동등 이상의 기능과 성능이 있는 것을 포함한다.), 2개의 시험밸브
② 수원, 연성계 또는 진공계(수원이 펌프보다 높은 경우를 제외한다.), 펌프 또는 압력수조, 압력계, 체크밸브, 성능시험배관, 개폐표시형밸브, 유수검지장치, 시험밸브
③ 수원, 가압수조, 압력계, 체크밸브, 성능시험배관, 개폐표시형 밸브, 유수검지장치, 2개의 시험밸브
④ 수원, 연성계 또는 진공계(수원이 펌프보다 높은 경우를 제외한다.), 펌프 또는 압력수조, 압력계, 체크밸브, 개폐표시형 밸브, 2개의 시험밸브

정답 99. ③ 100. ③ 101. ② 102. ①

▶ 간이스프링클러설비의 배관 및 밸브 등의 순서(제8조 제⑯항)

① 상수도직결형
수도용 계량기, 급수차단장치, 개폐표시형 밸브, 체크밸브, 압력계, 유수검지장치(압력스위치 등 유수검지장치와 동등 이상의 기능과 성능이 있는 것을 포함한다.), 2개의 시험밸브의 순으로 설치할 것
② 펌프 등의 가압송수장치를 이용하여 배관 및 밸브 등을 설치하는 경우
수원, 연성계 또는 진공계(수원이 펌프보다 높은 경우를 제외한다.), 펌프 또는 압력수조, 압력계, 체크밸브, 성능시험배관, 개폐표시형 밸브, 유수검지장치, 시험밸브의 순으로 설치할 것
③ 가압수조를 가압송수장치로 이용하여 배관 및 밸브 등을 설치하는 경우
수원, 가압수조, 압력계, 체크밸브, 성능시험배관, 개폐표시형 밸브, 유수검지장치, 2개의 시험밸브의 순으로 설치할 것
④ 캐비닛형의 가압송수장치에 배관 및 밸브 등을 설치하는 경우
수원, 연성계 또는 진공계(수원이 펌프보다 높은 경우를 제외한다.), 펌프 또는 압력 수조, 압력계, 체크밸브, 개폐표시형 밸브, 2개의 시험밸브의 순으로 설치할 것

103 **폐쇄형 간이헤드의 작동온도는 실내의 최대 주위 온도가 0℃ 이상 38℃ 이하인 경우 공칭작동온도는 몇 ℃ 범위의 것을 사용하여야 하는가?**

① 57℃에서 77℃의 것
② 79℃에서 109℃의 것
③ 47℃에서 59℃의 것
④ 79℃에서 107℃의 것

▶ 간이헤드 설치기준

폐쇄형 간이헤드를 사용할 것

실내의 최대 주위천장온도[℃]	공칭작동온도[℃]
0℃ 이상 38℃ 이하	57~77℃
39℃ 이상 66℃ 이하	79~109℃

104 **간이스프링클러설비의 설치기준으로 옳지 않은 것은?**

① 간이헤드의 작동온도는 실내의 최대 주위 천장온도가 0℃ 이상 38℃ 이하인 경우 공칭작동온도가 57℃에서 77℃의 것을 사용할 것
② 상수도직결형의 상수도압력은 가장 먼 가지배관에서 2개의 간이헤드를 동시에 개방할 경우 각각의 간이헤드 선단 방수압력은 0.1MPa 이상으로 할 것
③ 비상전원은 간이스프링클러설비를 유효하게 10분(근린생활시설의 경우 20분) 이상 작동될 수 있도록 할 것
④ 송수구는 구경 65mm의 단구형 또는 쌍구형으로 하여야 하며, 송수배관의 안지름은 32mm 이상으로 할 것

정답 103. ① 104. ④

간이스프링클러설비의 설치기준

④ 송수구는 구경 65mm의 단구형 또는 쌍구형으로 하여야 하며, 송수배관의 안지름은 40mm 이상으로 할 것

105 화재조기진압용 스프링클러설비의 수원의 양을 선정하는 공식으로 옳은 것은?

① 수원의 양 $Q(l) = 12 \times K\sqrt{10P} \times 60$

② 수원의 양 $Q(l) = 6 \times K\sqrt{10P} \times 60$

③ 수원의 양 $Q(l) = 12 \times K\sqrt{10P} \times 20$

④ 수원의 양 $Q(l) = 8 \times K\sqrt{10P} \times 40$

화재조기진압용 스프링클러설비의 수원의 양(제5조 제①항)

$Q = 12 \times 60 \times K\sqrt{10P}$

여기서, Q : 수원의 양[l]

12 : 가장 먼 가지배관 3개에 각각 4개의 스프링클러헤드

60 : 방사시간

K : 상수[l/min/(MPa)$^{1/2}$]

P : 헤드선단의 압력[MPa]

106 화재조기진압용 스프링클러설비를 설치할 수 있는 랙크식 창고의 구조에 대한 설명 중 틀린 것은?

① 해당 층의 높이가 14.7m 이하일 것. 다만, 2층 이상일 경우에는 해당 층의 바닥을 내화구조로 하고 다른 부분과 방화구획할 것

② 천장의 기울기가 1,000분의 168을 초과하지 않아야 하고, 이를 초과하는 경우에는 반자를 지면과 수평으로 설치할 것

③ 천장은 평평하여야 하며 철재나 목재트러스 구조인 경우, 철재나 목재의 돌출부분이 102mm를 초과하지 아니할 것

④ 보로 사용되는 목재 · 콘크리트 및 철재 사이의 간격이 0.9m 이상 2.3m 이하일 것. 다만, 보의 간격이 2.3m 이상인 경우에는 화재조기진압용 스프링클러헤드의 동작을 원활히 하기 위하여 보로 구획된 부분의 천장 및 반자의 넓이가 28m^{2}를 초과하지 아니할 것

설치장소의 구조(제4조)

① 해당 층의 높이가 13.7m 이하일 것. 다만, 2층 이상일 경우에는 해당 층의 바닥을 내화구조로 하고 다른 부분과 방화구획할 것

② 천장의 기울기가 1,000분의 168을 초과하지 않아야 하고, 이를 초과하는 경우에는 반자를 지면과 수평으로 설치할 것

③ 천장은 평평하여야 하며 철재나 목재트러스 구조인 경우, 철재나 목재의 돌출부분이 102mm를 초과하지 아니할 것

정답 105. ① 106. ①

④ 보로 사용되는 목재 · 콘크리트 및 철재 사이의 간격이 0.9m 이상 2.3m 이하일 것. 다만, 보의 간격이 2.3m 이상인 경우에는 화재조기진압용 스프링클러헤드의 동작을 원활히 하기 위하여 보로 구획된 부분의 천장 및 반자의 넓이가 28m²를 초과하지 아니할 것
⑤ 창고 내의 선반의 형태는 하부로 물이 침투되는 구조로 할 것

107 화재조기진압용 스프링클러헤드에 대한 설명 중 틀린 것은?

① 헤드 하나의 방호면적은 6.0m² 이상 9.3m² 이하로 할 것
② 가지배관의 헤드 사이의 거리는 천장의 높이가 9.1m 미만인 경우에는 2.4m 이상 3.7m 이하로, 9.1m 이상 13.7m 이하인 경우에는 3.1m 이하로 할 것
③ 헤드의 반사판은 천장 또는 반자와 평행하게 설치하고 저장물의 최상부와 514mm 이상 확보되도록 할 것
④ 하향식 헤드의 반사판의 위치는 천장이나 반자 아래 125mm 이상 355mm 이하일 것

화재조기진압용 스프링클러헤드 기준(제10조)

① 헤드 하나의 방호면적은 6.0m² 이상 9.3m² 이하로 할 것
② 가지배관의 헤드 사이의 거리는 천장의 높이가 9.1m 미만인 경우에는 2.4m 이상 3.7m 이하로, 9.1m 이상 13.7m 이하인 경우에는 3.1m 이하로 할 것
③ 헤드의 반사판은 천장 또는 반자와 평행하게 설치하고 저장물의 최상부와 914mm 이상 확보되도록 할 것
④ 하향식 헤드의 반사판의 위치는 천장이나 반자 아래 125mm 이상 355mm 이하일 것
⑤ 상향식 헤드의 감지부 중앙은 천장 또는 반자와 101mm 이상 152mm 이하이어야 하며, 반사판의 위치는 스프링클러배관의 윗부분에서 최소 178mm 상부에 설치되도록 할 것
⑥ 헤드와 벽과의 거리는 헤드 상호 간 거리의 2분의 1을 초과하지 않아야 하며 최소 102mm 이상일 것
⑦ 헤드의 작동온도는 74℃ 이하일 것. 다만, 헤드 주위의 온도가 38℃ 이상의 경우에는 그 온도에서의 화재 시험 등에서 헤드작동에 관하여 공인기관의 시험을 거친 것을 사용할 것
⑧ 헤드의 살수분포에 장애를 주는 장애물이 있는 경우
㉮ 천장 또는 천장 근처에 있는 장애물과 반사판의 위치는 별도 1 또는 별도 2와 같이 하며, 천장 또는 천장 근처에 보 · 덕트 · 기둥 · 난방기구 · 조명기구 · 전선관 및 배관 등의 기타 장애물이 있는 경우에는 장애물과 헤드 사이의 수평거리에 따른 장애물의 하단과 그보다 윗부분에 설치되는 헤드 반사판 사이의 수직거리는 별표 1 또는 별도 3에 따를 것
㉯ 헤드 아래에 덕트 · 전선관 · 난방용 배관 등이 설치되어 헤드의 살수를 방해하는 경우에는 별표 1 또는 별도 3에 따를 것. 다만, 2개 이상의 헤드의 살수를 방해하는 경우에는 별표 2를 참고로 한다.
⑨ 상부에 설치된 헤드의 방출수에 따라 감열부에 영향을 받을 우려가 있는 헤드에는 방출수를 차단할 수 있는 유효한 차폐판을 설치할 것

정답 107. ③

108 화재조기진압용 스프링클러설비에서 저장물의 간격은 모든 방향에서 몇 mm 이상이어야 하는가?

① 102mm ② 120mm ③ 152mm ④ 182mm

저장물의 간격(제11조)

저장물품 사이의 간격은 모든 방향에서 152mm 이상의 간격을 유지하여야 한다.

109 화재조기진압용 스프링클러설비에 대한 기준을 설명한 것 중 틀린 것은?

① 옥상이 없는 건축물에 설치된 경우에는 옥상수원을 설치하지 아니할 수 있다.
② 화재감지기와 연동하는 자동식 환기장치를 설치하여야 한다.
③ 제4류 위험물을 저장 · 취급하는 장소에는 설치할 수 없다.
④ 화재 초기에 진압하기 위하여 습식 설비만 사용할 수 있다.

화재조기진압용 스프링클러설비 환기구 기준(제12조)

① 공기의 유동으로 인하여 헤드의 작동온도에 영향을 주지 않는 구조일 것
② 화재감지기와 연동하여 동작하는 자동식 환기장치를 설치하지 아니할 것. 다만, 자동식 환기장치를 설치할 경우에는 최소작동온도가 180℃ 이상일 것

110 물분무소화설비의 수원의 저수량을 산출하는 방법 중 틀린 것은?

① 특수가연물을 저장 또는 취급하는 특정소방대상물 또는 그 부분에 있어서 그 바닥면적(최대 방수구역의 바닥면적을 기준으로 하며, 50m² 이하인 경우에는 50m²) 1m²에 대하여 10l/min로 20분간 방수할 수 있는 양 이상으로 할 것
② 차고 또는 주차장은 그 바닥면적(최대 방수구역의 바닥면적을 기준으로 하며, 50m² 이하인 경우에는 50m²) 1m²에 대하여 20l/min로 20분간 방수할 수 있는 양 이상으로 할 것
③ 케이블트레이, 케이블덕트 등은 투영된 바닥면적 1m²에 대하여 10l/min로 20분간 방수할 수 있는 양 이상으로 할 것
④ 컨베이어 벨트 등은 벨트부분의 바닥면적 1m²에 대하여 10l/min로 20분간 방수할 수 있는 양 이상으로 할 것

물분무소화설비의 수원의 저수량(제4조 제①항)

소방대상물	수원[l]	기준면적 A[m²]
특수가연물 저장 · 취급	$Q = A \times 10 \times 20$	A : 최대방수구역 바닥면적(50[m²] 이하는 50[m²])
절연유 봉입 변압기	$Q = A \times 10 \times 20$	A : 바닥부분을 제외한 변압기 표면적을 합한 면적(5면의 합)
컨베이어벨트	$Q = A \times 10 \times 20$	A : 벨트부분의 바닥면적
케이블트레이 · 덕트	$Q = A \times 12 \times 20$	A : 투영된 바닥면적
차고 · 주차장	$Q = A \times 20 \times 20$	A : 최대방수구역 바닥면적(50[m²] 이하는 50[m²])
터널	$Q = A \times 3 \times 6 \times 40$	A : $L \times W$(L : 길이 25m, W : 폭)

정답 108. ③ 109. ② 110. ③

111 물분무 헤드와 고압의 전기기기 사이에는 일정한 거리를 두도록 되어 있다. 이때 전압이 155[kV]일 때 최소한 얼마 이상의 거리를 유지하여야 하는가?

① 80[cm] 이상
② 110[cm] 이상
③ 150[cm] 이상
④ 180[cm] 이상

고압의 전기기기가 있는 장소의 전기기기와 물분무헤드 사이의 이격거리(제10조 제①항)

전압[kV]	거리[cm]	전압[kV]	거리[cm]
66 이하	70 이상	154 초과 181 이하	180 이상
66 초과 77 이하	80 이상	181 초과 220 이하	210 이상
77 초과 110 이하	110 이상	220 초과 275 이하	260 이상
110 초과 154 이하	150 이상	–	–

112 물분무소화설비의 제어밸브는 바닥으로부터 얼마의 위치에 설치하여야 하는가?

① 0.5m 이상 1.0m 이하
② 0.8m 이상 1.5m 이하
③ 1.0m 이상 1.5m 이하
④ 1.5m 이하

물분무소화설비 제어밸브 설치기준(제9조 제①항)

① 제어밸브는 바닥으로부터 0.8m 이상 1.5m 이하의 위치에 설치할 것
② 제어밸브의 가까운 곳의 보기 쉬운 곳에 "제어밸브"라고 표시한 표지를 할 것

113 물분무헤드의 종류에 해당되지 아니하는 것은?

① 슬래브형
② 충돌형
③ 선회류형
④ 디플렉터형

물분무헤드의 종류

㉠ 충돌형 : 유수와 유수의 충돌에 의해 미세한 물방울을 만드는 물분무헤드
㉡ 분사형 : 소구경의 오리피스로부터 고압으로 분사하여 미세한 물방울을 만드는 물분무헤드
㉢ 선회류형 : 직선류와 와류간의 충돌 또는 와류에 의해 확산 방출시키는 물분무헤드
㉣ 디플렉터형 : 수류를 디플렉터에 출동시켜 미세한 물방물을 만드는 물분무헤드
㉤ 슬리트형 : 수류를 Slit(물이 통과하도록 만든 좁은 틈새)를 통해 방출하여 수막 상의 분무를 만드는 물분무헤드

정답 111. ④ 112. ② 113. ①

114 물분무소화설비의 배수설비에 관한 설명 중 맞지 않는 것은?

① 차량이 주차하는 장소의 적당한 곳에 높이 10[cm] 이상의 경계턱으로 배수구를 설치할 것
② 배수구에는 새어나온 기름을 모아 소화할 수 있도록 길이 40[m] 이하마다 집수관, 소화 피트 등 기름분리장치를 설치할 것
③ 차량이 주차하는 바닥은 배수구를 향하여 1/200 이상의 기울기를 유지할 것
④ 배수설비는 가압송수장치의 최대 송수능력의 수량을 유효하게 배수할 수 있는 크기 및 기울기로 할 것

물분무소화설비 배수설비(제11조)

① 차량이 주차하는 장소의 적당한 곳에 높이 10cm 이상의 경계턱으로 배수구를 설치할 것
② 배수구에는 새어나온 기름을 모아 소화할 수 있도록 길이 40m 이하마다 집수관 · 소화 피트 등 기름분리장치를 설치할 것
③ 차량이 주차하는 바닥은 배수구를 향하여 100분의 2 이상의 기울기를 유지할 것
④ 배수설비는 가압송수장치의 최대송수능력의 수량을 유효하게 배수할 수 있는 크기 및 기울기로 할 것

115 물문부헤드를 설치하지 아니할 수 있는 장소에 해당되지 아니하는 것은?

① 물에 심하게 반응하는 물질 또는 물과 반응하여 위험한 물질을 생성하는 물질을 저장 또는 취급하는 장소
② 고온의 물질 및 증류범위가 넓어 끓어 넘치는 위험이 있는 물질을 저장 또는 취급하는 장소
③ 운전 시에 표면의 온도가 260℃ 이상으로 되는 등 직접 분무를 하는 경우 그 부분에 손상을 입힐 우려가 있는 기계장치 등이 있는 장소
④ 냉장창고 중 온도가 영하인 냉장실 또는 냉동창고의 냉동실

물분무헤드 설치 제외 장소(제15조)

① 물에 심하게 반응하는 물질 또는 물과 반응하여 위험한 물질을 생성하는 물질을 저장 또는 취급하는 장소
② 고온의 물질 및 증류범위가 넓어 끓어 넘치는 위험이 있는 물질을 저장 또는 취급하는 장소
③ 운전 시에 표면의 온도가 260℃ 이상으로 되는 등 직접 분무를 하는 경우 그 부분에 손상을 입힐 우려가 있는 기계장치 등이 있는 장소

116 미분무소화설비란 가압된 물이 헤드 통과 후 미세한 입자로 분무됨으로써 소화성능을 가지는 설비를 말하며, 소화력을 증가시키기 위하여 첨가할 수 있는 것은?

① 기포안정제 ② 중탄산나트륨 ③ 강화액 ④ 분말소화약제

미분무소화설비의 정의

가압된 물이 헤드 통과 후 미세한 입자로 분무됨으로써 소화성능을 가지는 설비를 말하며, 소화력을 증가시키기 위해 강화액 등을 첨가할 수 있다.

정답 114. ③ 115. ④ 116. ③

117 미분무소화설비는 어느 화재에 적응성이 있는가?

① A급 화재　　② A, B급 화재
③ A, B, C급 화재　　④ D급 화재

◆ 미분무소화설비(제3조)

미분무라 함은 물만을 사용하여 소화하는 방식으로 최소설계압력에서 헤드로부터 방출되는 물입자 중 99%의 누적체적분포가 400μm 이하로 분무되고 A, B, C급 화재에 적응성을 갖는 것을 말한다.

118 미분무소화설비를 사용압력에 따라 분류한 것 중 알맞은 것은?

① 사용압력이 1.0[MPa] 초과 2.5[MPa] 이하－중압
② 사용압력이 1.2[MPa] 초과 3.5[MPa] 이하－중압
③ 최저사용압력이 2.5[MPa] 초과－고압
④ 최고사용압력이 1.0[MPa] 이하－저압

◆ 사용압력별 분류(제3조)

분류	정의
저압 미분무소화설비	최고사용압력이 1.2MPa 이하인 미분무소화설비를 말한다.
중압 미분무소화설비	사용압력이 1.2MPa를 초과하고 3.5MPa 이하인 미분무소화설비를 말한다.
고압 미분무소화설비	최저사용압력이 3.5MPa을 초과하는 미분무소화설비를 말한다.

119 미분무소화설비에서 수원의 양을 구하는 공식의 설명으로 틀린 것은?

$$Q = N \times D \times T \times S + V$$

① N : 방호구역(방수구역) 내 헤드의 개수
② D : 설계유량[m^3 / min]
③ T : 설계방수시간[min]
④ V : 방호구역의 체적[m^3]

◆ 미분무소화설비에서 수원의 양(제6조 제④항)

$Q = N \times D \times T \times S + V$[$m^3$] 이상

여기서, Q : 수원의 양[m^3]
N : 방호구역(방수구역)내 헤드의 개수
D : 설계유량[m^3/min]
T : 설계방수시간[min]
S : 안전율(1.2 이상)
V : 배관의 총 체적[m^3]

정답 117. ③ 118. ② 119. ④

120 미분무소화설비의 수원에 사용되는 필터 또는 스트레이너의 메시는 헤드 오리피스 지름의 몇 [%] 이하가 되어야 하는가?

① 50[%] ② 60[%] ③ 70[%] ④ 80[%]

▶ 미분무소화설비에서 수원의 기준(제6조)

① 미분무수 소화설비에 사용되는 용수는 「먹는물관리법」 제5조에 적합하고, 저수조 등에 충수할 경우 필터 또는 스트레이너를 통하여야 하며, 사용되는 물에는 입자 · 용해고체 또는 염분이 없어야 한다.

② 배관의 연결부(용접부 제외) 또는 주 배관의 유입 측에는 필터 또는 스트레이너를 설치하여야 하고, 사용되는 스트레이너에는 청소구가 있어야 하며, 검사 · 유지관리 및 보수 시에 배치위치를 변경하지 아니하여야 한다. 다만, 노즐이 막힐 우려가 없는 경우에는 설치하지 아니할 수 있다.

③ 사용되는 필터 또는 스트레이너의 메시는 헤드 오리피스 지름의 80% 이하가 되어야 한다.

121 미분무소화설비의 가압송수장치에 해당되지 아니하는 것은?

① 전동기 또는 내연기관에 따른 펌프를 이용하는 가압송수장치

② 고가수조의 자연낙차 수두를 이용하는 가압송수장치

③ 압력수조를 이용하는 가압송수장치

④ 가압수조를 이용하는 가압송수장치

▶ 미분무 소화설비의 가압송수장치 종류(제8조)

① 전동기 또는 내연기관에 따른 펌프를 이용하는 가압송수장치

② 압력수조를 이용한 가압송수장치

③ 가압수조를 이용하는 가압송수장치

122 미분무소화설비의 가압송수장치에 대한 설명으로 틀린 것은?

① 펌프를 이용하는 가압송수장치는 펌프를 겸용할 수 있다.

② 펌프의 토출 측에는 압력계를 체크밸브 이전의 펌프 토출 측 가까운 곳에 설치해야 한다.

③ 압력수조의 토출 측에는 사용압력의 1.5배 범위를 초과하는 압력계를 설치하여야 한다.

④ 가압수조의 압력은 설계 방수량 및 방수압이 설계방수시간 이상 유지되도록 해야 한다.

▶ 미분무소화설비의 가압송수장치(제8조 제①항)

① 펌프는 전용으로 할 것

123 호스릴미분무소화설비는 방호대상물의 각 부분으로부터 하나의 호스접결구까지의 수평거리가 몇 [m] 이하가 되도록 하여야 하는가?

① 15[m] ② 20[m] ③ 25[m] ④ 50[m]

정답 120. ④ 121. ② 122. ① 123. ③

◐ 호스릴미분무소화설비 설치기준(제11조 제⑭항)

① 방호대상물의 각 부분으로부터 하나의 호스 접결구까지의 수평거리가 25m 이하가 되도록 할 것
② 소화약제 저장용기의 개방밸브는 호스의 설치 장소에서 수동으로 개폐할 수 있는 것으로 할 것
③ 소화약제 저장용기의 가장 가까운 곳의 보기 쉬운 곳에 표시등을 설치하고 호스릴 미분무 소화설비가 있다는 뜻을 표시한 표지를 할 것

124 미분무소화설비의 감시제어반 전용실 설치기준 중 틀린 것은?

① 다른 부분과 방화구획을 할 것. 이 경우 전용실의 벽에는 기계실 또는 전기실 등의 감시를 위하여 두께 7mm 이상의 망입유리(두께 16.3mm 이상의 접합유리 또는 두께 28mm 이상의 복층유리를 포함한다.)로 된 $4m^2$ 미만의 붙박이창을 설치할 수 있다.
② 특별피난계단이 설치되고 그 계단(부속실을 포함한다.) 출입구로부터 보행거리 5m 이내에 전용실의 출입구가 있는 경우 경우에는 지상 2층에 설치하거나 지하 1층 외의 지하층에 설치할 수 있다.
③ 비상조명등 및 급 · 배기설비를 설치해야 한다.
④ 바닥면적은 감시제어반의 설치에 필요한 면적 외에 화재 시 소방대원이 그 감시제어반의 조작에 필요한 최소 면적 이상으로 해야 한다.

◐ 미분무소화설비의 감시제어반 전용실 설치기준(제15조 제③항)

① 다른 부분과 방화구획을 할 것. 이 경우 전용실의 벽에는 기계실 또는 전기실 등의 감시를 위하여 두께 7mm 이상의 망입유리(두께 16.3mm 이상의 접합유리 또는 두께 28mm 이상의 복층유리를 포함한다.)로 된 $4m^2$ 미만의 붙박이창을 설치할 수 있다.
② 피난층 또는 지하 1층에 설치할 것
③ 무선통신보조설비의 화재안전기준(NFSC 505) 제6조의 규정에 따른 무선기기 접속단자(영 별표 5의 제5호 마목에 따른 무선통신보조설비가 설치된 특정소방대상물에 한한다.)를 설치할 것
④ 바닥면적은 감시제어반의 설치에 필요한 면적 외에 화재 시 소방대원이 그 감시제어반의 조작에 필요한 최소면적 이상으로 할 것

125 미분무소화설비의 청소 · 유지 및 관리 등은 건축물의 모든 부분을 완성한 시점부터 최소 몇 회 이상을 실시하여야 하는가?

① 매월 1회 ② 3개월 1회 ③ 6개월 1회 ④ 연 1회

◐ 미분무소화설비의 청소 · 유지 및 관리 등(제17조)

① 미분무소화설비의 청소 · 유지 및 관리 등은 건축물의 모든 부분(건축설비를 포함한다.)을 완성한 시점부터 최소 연 1회 이상 실시하여 그 성능 등을 확인하여야 한다.
② 미분무소화설비의 배관 등의 청소는 배관의 수리계산 시 설계된 최대방출량으로 방출하여 배관 내 이물질이 제거될 수 있는 충분한 시간 동안 실시하여야 한다.
③ 미분무소화설비의 성능시험은 제8조에서 정한 기준에 따라 실시한다.

정답 124. ② 125. ④

126 다음 중 포소화설비의 특징이 아닌 것은?

① 포의 내화성이 커서 대규모 화재에 적합하다.
② 옥외에서는 옥외소화전보다 소화 효과가 적다.
③ 화재의 확대를 방지하여 화재를 최소한으로 줄일 수 있다.
④ 소화약제는 인체에 무해하다.

포소화설비의 특징

① 포의 내화성이 커서 대규모 화재에 적합하다.
② 옥외에서도 충분한 소화효과를 발휘한다.
③ 화재의 확대를 방지하여 화재를 최소한으로 줄일 수 있다.
④ 소화약제는 인체에 무해하며, 화재 시 열분해에 의한 독성가스 생성이 없다.

127 포소화설비에 사용되는 가압송수장치인 펌프의 수두[m] 계산식으로 적합한 것은?

① $H = h_1 + h_2$
② $H = h_1 + h_2 + h_3$
③ $H = h_2 + h_3 + h_4$
④ $H = h_1 + h_2 + h_3 + h_4$

펌프의 양정

$$H = h_1 + h_2 + h_3 + h_4$$

여기서, H = 펌프의 양정[m]
h_1 = 방출구의 설계압력 환산수두 또는 노즐선단의 방사압력 환산수두[m]
h_2 = 낙차[m]
h_3 = 관로의 마찰손실수두[m]
h_4 = 소방용 호스의 마찰손실수두[m]

128 특정소방대상물에 따라 적응하는 포소화설비를 설명한 것으로 틀린 것은?

① 「소방기본법 시행령」 별표 2의 특수가연물을 저장 · 취급하는 공장 또는 창고에는 포워터스프링클러설비 · 포헤드설비 또는 고정포방출설비, 압축공기포소화설비를 설치할 수 있다.
② 차고 또는 주차장에는 포워터스프링클러설비 · 포헤드설비 또는 고정포방출설비, 압축공기포소화설비를 설치할 수 있다.
③ 항공기격납고에는 포워터스프링클러설비 · 포헤드설비 또는 고정포방출설비, 압축공기포소화설비를 설치 할 수 있다.
④ 발전기실, 엔진펌프실, 변압기, 전기케이블실, 유압설비인 경우 바닥면적의 합계가 500m² 미만의 장소에는 고정식 압축공기포소화설비를 설치할 수 있다.

특정소방대상물에 따라 적응하는 포소화설비(제4조)

④ 발전기실, 엔진펌프실, 변압기, 전기케이블실, 유압설비인 경우 바닥면적의 합계가 300m² 미만의 장소에는 고정식 압축공기포소화설비를 설치할 수 있다.

정답 126. ② 127. ④ 128. ④

129 **차고, 주차장에 설치하는 호스릴포소화설비의 설치기준에 맞지 않는 것은?**

① 저발포의 포소화약제를 사용할 수 있는 것으로 할 것
② 호스릴 또는 호스를 호스릴포방수구 또는 포소화전방수구로부터 분리하여 비치하는 때에는 그로부터 5[m] 이내의 거리에 호스릴함 또는 호스함을 설치하여야 한다.
③ 호스릴함 또는 호스함은 바닥으로부터 높이 1.5[m] 이하의 위치에 설치하여야 한다.
④ 방호대상물의 각 부분으로부터 하나의 호스릴포방수구까지의 수평거리는 15[m] 이하가 되도록 하여야 한다.

차고, 주차장에 설치하는 호스릴포소화설비의 설치기준(제12조 제③항)

① 특정소방대상물의 어느 층에 있어서도 그 층에 설치된 호스릴포방수구 또는 포소화전 방수구(호스릴포방수구 또는 포소화전방수구가 5개 이상 설치된 경우에는 5개)를 동시에 사용할 경우 각 이동식 포노즐 선단의 포수용액 방사압력이 0.35MPa 이상이고 300l/min 이상(1개 층의 바닥면적이 200m^2 이하인 경우에는 230l/min 이상)의 포수용액을 수평거리 15m 이상으로 방사할 수 있도록 할 것
② 저발포의 포소화약제를 사용할 수 있는 것으로 할 것
③ 호스릴 또는 호스를 호스릴포방수구 또는 포소화전방수구로 분리하여 비치하는 때에는 그로부터 3m 이내의 거리에 호스릴함 또는 호스함을 설치할 것
④ 호스릴함 또는 호스함은 바닥으로부터 높이 1.5m 이하의 위치에 설치하고 그 표면에는 "포호스릴함(또는 포소화전함)"이라고 표시한 표지와 적색의 위치표시등을 설치할 것
⑤ 방호대상물의 각 부분으로부터 하나의 호스릴포방수구까지의 수평거리는 15m 이하(포소화전방수구의 경우에는 25m 이하)가 되도록 하고 호스릴 또는 호스의 길이는 방호 대상물의 각 부분에 포가 유효하게 뿌려질 수 있도록 할 것

130 **공기포혼합기를 사용하여 약제와 물 그리고 압축공기를 혼합하여 방출하는 방식의 혼합장치는?**

① 펌프프로포셔너방식
② 압축공기포 믹싱챔버방식
③ 프레저프로포셔너방식
④ 프레저사이드프로포셔너방식

131 **펌프와 발포기의 중간에 설치된 벤투리관의 벤투리작용과 펌프 가압수의 포소화약제 저장 탱크에 대한 압력에 따라 포소화약제를 흡입 · 혼합하는 방식은?**

① 펌프프로포셔너방식
② 라인프로포셔너방식
③ 프레저프로포셔너방식
④ 프레저사이드프로포셔너방식

정답 129. ② 130. ② 131. ③

◎ 혼합장치의 종류

㉠ 펌프프로포셔너방식 : 펌프의 토출관과 흡입관 사이의 배관 도중에 설치한 흡입기에 펌프에서 토출된 물의 일부를 보내고, 농도조정밸브에서 조정된 포소화약제의 필요량을 포소화약제 탱크에서 펌프 흡입 측으로 보내어 이를 혼합하는 방식을 말한다.

㉡ 프레저프로포셔너방식 : 펌프와 발포기의 중간에 설치된 벤투리관의 벤투리작용과 펌프 가압수의 포소화약제 저장탱크에 대한 압력에 따라 포 소화약제를 흡입 · 혼합하는 방식을 말한다.

㉢ 라인프로포셔너방식 : 펌프와 발포기의 중간에 설치된 벤투리관의 벤투리작용에 따라 포소화약제를 흡입 · 혼합하는 방식을 말한다.

㉣ 프레저사이드프로포셔너방식 : 펌프의 토출관에 압입기를 설치하여 포소화약제 압입용 펌프로 포소화약제를 압입시켜 혼합하는 방식을 말한다.

㉤ 압축공기포 믹싱챔버방식 : 공기포혼합기를 사용하여 약제와 물 그리고 압축공기를 혼합하여 방출하는 방식으로, 물의 확보가 곤란한 장소라도 소화 효율을 높이는 시스템이다.

132 탱크 옆판의 내측으로부터 1.2m 이상 이격하여 금속제 칸막이를 설치하고 탱크 옆판과 칸막이에 의하여 형성된 환상부분에 포를 주입하는 것이 가능한 구조의 반사판을 갖는 포방출구는?

① Ⅰ형 포방출구
② Ⅲ형 포방출구
③ Ⅱ형 포방출구
④ 특형 포방출구

◎ 포방출구의 분류

① Ⅰ형 포방출구 : 고정지붕구조의 탱크에 상부포주입법(고정포방출구를탱크옆판의 상부에 설치하여 액표면 상에 포를 방출하는 방법을 말한다.)을 이용하는 것으로서 방출된 포가 액면 아래로 몰입되거나 액면을 뒤섞지 않고 액면 상을 덮을 수 있는 통 또는 미끄럼판 등의 설비 및 탱크 내의 위험물 증기가 외부로 역류되는 것을 저지할 수 있는 구조 · 기구를 갖는 포방출구

② Ⅱ형 포방출구 : 고정지붕구조 또는 부상덮개 부착 고정지붕구조(옥외저장탱크의 액상에 금속제의 플로팅, 팬 등의 덮개를 부착한 고정지붕구조의 것을 말한다.)의 탱크에 상부포주입법을 이용하는 것으로서 방출된 포가 탱크옆판의 내면을 따라 흘러내려 가면서 액면 아래로 몰입되거나 액면을 뒤섞지 않고 액면 상을 덮을 수 있는 반사판 및 탱크내의 위험물 증기가 외부로 역류되는 것을 저지할 수 있는 구조 · 기구를 갖는 포방출구

③ Ⅲ형 포방출구 : 고정지붕구조의 탱크에 저부포주입법(탱크의 액면하에 설치된 포방출구로부터 포를 탱크내에 주입하는 방법을 말한다.)을 이용하는 것으로서 송포관(발포기 또는 포발생기에 의하여 발생된 포를 보내는 배관을 말한다. 당해 배관으로 탱크 내의 위험물이 역류되는 것을 저지할 수 있는 구조 · 기구를 갖는 것에 한한다.)으로부터 포를 방출하는 포방출구

④ Ⅳ형 포방출구 : 고정지붕구조의 탱크에 저부포주입법을 이용하는 것으로서 평상시에는 탱크의 액면하의 저부에 설치된 격납통에 수납되어 있는 특수호스 등이 송포관의 말단에 접속되어 있다가 포를 보내는 것에 의하여 특수호스 등이 전개되어 그 선단이 액면까지 도달한 후 포를 방출하는 포방출구

⑤ 특형 포방출구 : 부상지붕구조의 탱크에 상부포주입법을 이용하는 것으로서 부상지붕의 부상부분상에 높이 0.9m 이상의 금속제의 칸막이를 탱크옆판의 내측으로부터 1.2m 이상 이격하여 설치하고 탱크옆판과 칸막이에 의하여 형성된 환상부분에 포를 주입하는 것이 가능한 구조의 반사판을 갖는 포방출구

정답 132. ④

133 플루팅루프탱크(Floating roof tank)에서 환상부분의 면적을 알맞게 계산한 것은?(단, D : 탱크 직경[m], d : 부상지붕 직경[m]이다.)

① $\frac{\pi}{2}(D^2-d^2)$　　② $\frac{\pi}{2}(D-d)^2$

③ $\frac{\pi}{4}(D^2-d^2)$　　④ $\frac{\pi}{4}(D-d)^2$

플루팅루프탱크(Floating roof tank) 면적계산

① 휘발성의 위험물을 대량으로 저장하는 탱크에 적용한다.

② 부상형 지붕구조로 환상부분의 면적에 대해서만 약제량을 계산한다.

③ $A=\frac{\pi}{4}(D^2-d^2)[\text{m}^2]$

여기서, D : 탱크 직경[m]
d : 부상지붕 직경[m]

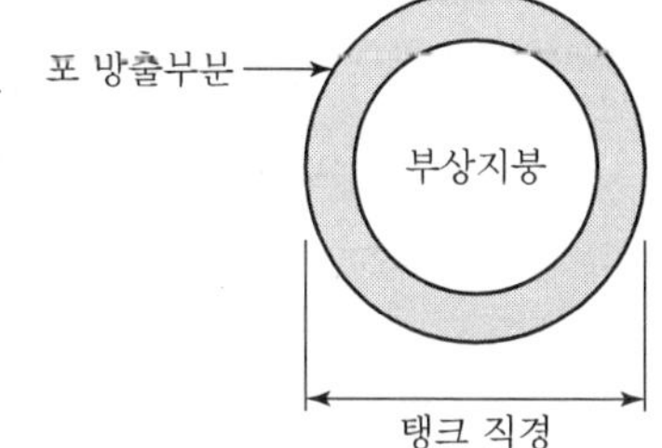

134 포의 팽창비율에 따른 고발포인 제2종 기계포의 팽창비율은?

① 80배 이상 250배 미만　　② 250배 이상 500배 미만

③ 500배 이상 1,000배 미만　　④ 1,000배 이상

기계포의 팽창비

기계포 종류	팽창비
제1종 기계포	80배 이상~250배 미만
제2종 기계포	250배 이상~500배 미만
제3종 기계포	500배 이상~1,000배 미만

135 직경이 30[m]인 특수가연물 저장소에 고정포방출구를 1개 설치하였다. 소화에 필요한 포 원액량은 얼마인가?(단, 표면적당 방출량 4[l/min · m²], 3[%]원액, 방출 시간 20분이다.)

① 1,700[l] 이상　　② 2,546[l] 이상

③ 2,950[l] 이상　　④ 3,280[l] 이상

고정포방출구 포원액의 양

$$Q = A[\text{m}^2]\times Q_1[l/\text{min}\cdot\text{m}^2]\times T[\text{min}]\times S[l]$$

$$=\frac{\pi\times 30^2}{4}\times 4\times 20\times 0.03 = 1{,}696.46[l]$$

정답 133. ③ 134. ② 135. ①

136 포소화약제의 저장량은 다음 공식에 의해 고정포방출구에서 방출하기 위하여 필요한 양 이상으로 하여야 한다. 공식에 대한 설명이 틀린 것은?

$$Q = A \times Q_1 \times T \times S$$

① Q_1 : 단위포소화수용액의 양[l/min · m²]

② T : 방출시간[min]

③ A : 탱크의 면적[m²]

④ S : 포소화약제의 사용농도

고정포방출구 약제의 양

$Q = A \times Q_1 \times T \times S$

여기서, A : 탱크의 액표면적[m²]

Q_1 : 방출률[l/min · m²]

T : 방사시간[min]

S : 농도[%]

137 포소화설비에서 포워터 스프링클러헤드가 5개 설치된 경우 수원의 양[m³]은?

① 1.75[m³] ② 2.75[m³] ③ 3.75[m³] ④ 4.75[m³]

포워터 스프링클러헤드 수원의 양

$Q = N \times Q_s \times 10[l]$ 이상

$= 5 \times 75 \times 10 = 3{,}750[l] = 3.75[m^3]$

여기서, N : ㉠ 포워터 스프링클러설비 또는 포헤드설비의 경우 포헤드가 가장 많이 설치된 층의 포헤드 수(바닥면적이 200m²를 초과한 층은 바닥면적 200m² 이내)

㉡ 고정포방출설비의 경우

고정포방출구가 가장 많이 설치된 방호구역 안의 고정포방출구 수

Q_s : 표준방사량[l/min] – 포워터 스프링클러헤드는 75[l/min]

10 : 방사시간[min]

138 바닥면적이 150[m²]인 주차장에 호스릴방식으로 포소화설비를 하였다. 이곳에 설치한 포방출구는 5개이고 포소화약제의 농도는 6[%]이다. 이때 필요한 포소화약제의 양[l]은 얼마인가?

① 810[l] ② 1,080[l] ③ 1,350[l] ④ 1,800[l]

옥내포소화전방식 또는 호스릴방식의 포소화약제 양

$Q = N \times S \times 6{,}000[l]$

$= 5 \times 0.06 \times 6{,}000 \times 0.75 = 1{,}350[l]$

정답 136. ③ 137. ③ 138. ③

여기서, Q : 포소화약제의 양[l]
N : 호스 접결구 수(5개 이상인 경우는 5, 쌍구형인 경우 2개를 적용)
S : 포소화약제의 사용 농도[%]
6,000 : 300[l/min]×20[min]

☞ 바닥면적이 200[m²] 미만인 건축물에 있어서는 산출량의 75[%]를 적용할 수 있다.

139 차고 또는 주차장에 설치하는 포소화설비의 수동식 기동장치는 방사구역마다 몇 개 이상 설치하여야 하는가?

① 1
② 2
③ 3
④ 4

수동식 기동장치(제11조 제①항)

① 직접조작 또는 원격조작에 따라 가압송수장치 · 수동식 개방밸브 및 소화약제 혼합장치를 기동할 수 있는 것으로 할 것
② 2 이상의 방사구역을 가진 포소화설비에는 방사구역을 선택할 수 있는 구조로 할 것
③ 기동장치의 조작부는 화재 시 쉽게 접근할 수 있는 곳에 설치하되, 바닥으로부터 0.8m 이상 1.5m 이하의 위치에 설치하고, 유효한 보호장치를 설치할 것
④ 기동장치의 조작부 및 호스 접결구에는 가까운 곳의 보기 쉬운 곳에 각각 "기동장치의 조작부" 및 "접결구"라고 표시한 표지를 설치할 것
⑤ 차고 또는 주차장에 설치하는 포소화설비의 수동식 기동장치는 방사구역마다 1개 이상 설치할 것
⑥ 항공기격납고에 설치하는 포소화설비의 수동식 기동장치는 각 방사구역마다 2개 이상을 설치하되, 그중 1개는 각 방사구역으로부터 가장 가까운 곳 또는 조작에 편리한 장소에 설치하고, 1개는 화재감지수신기를 설치한 감시실 등에 설치할 것

140 포소화설비의 자동식 기동장치로 폐쇄형 스프링클러헤드를 사용하는 경우 설치기준으로 옳지 않은 것은?

① 표시온도가 103℃ 이상인 것을 사용할 것
② 부착면의 높이는 바닥으로부터 5m 이하로 할 것
③ 1개의 스프링클러헤드의 경계면적은 20m² 이하로 할 것
④ 하나의 감지장치 경계구역은 하나의 층이 되도록 할 것

자동식 기동장치(제11조 제②항)

① 표시온도가 79℃ 미만인 것을 사용하고, 1개의 스프링클러헤드의 경계면적은 20m² 이하로 할 것
② 부착면의 높이는 바닥으로부터 5m 이하로 하고, 화재를 유효하게 감지할 수 있도록 할 것
③ 하나의 감지장치 경계구역은 하나의 층이 되도록 할 것

정답 139. ① 140. ①

141 해당 바닥면으로부터 방호대상물의 높이보다 0.5m 높은 위치까지의 체적을 무엇이라 하는가?

① 관포체적 ② 방호체적
③ 방호구역체적 ④ 방호공간체적

◐ 관포체적(제12조 제④항)

① 해당 바닥면으로부터 방호대상물의 높이보다 0.5m 높은 위치까지의 체적
② V=방호구역 가로길이×방호구역 세로길이×(방호대상물 높이+0.5)

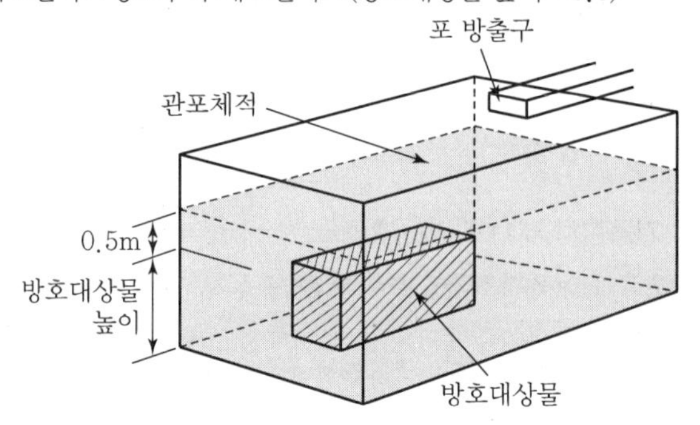

142 전역방출방식의 고발포용 고정포방출구는 바닥면적 몇 [m²]마다 1개 이상으로 하여야 하는가?

① 100[m²] ② 200[m²]
③ 300[m²] ④ 500[m²]

◐ 전역방출방식의 고발포용 고정포방출구 기준(제12조 제④항)

고정포방출구는 바닥면적 500m²마다 1개 이상으로 하여 방호대상물의 화재를 유효하게 소화할 수 있도록 할 것

143 6[%]형 단백포의 원액 300[l]를 취해서 포를 방출시켰더니 발포배율이 16배로 되었다. 방출된 포의 체적[m³]은 얼마인가?

① 80 ② 80,000
③ 8 ④ 8,000

◐ 포 팽창비

$$팽창비=\frac{방출\ 후\ 포체적}{방출\ 전\ 포수용액}\left(방출\ 전\ 포수용액=\frac{포원액}{농도}\right)$$

방출 후 포 체적=팽창비×방출 전 포수용액 체적
$=16\times(300\div0.06)=80,000[l]=80[m^3]$

정답 141. ① 142. ④ 143. ①

144 다음 중 포소화설비의 화재안전기준을 설명한 것으로 틀린 것은?

① 압축공기포소화설비의 설계방출밀도(l/min · m^2)는 설계사양에 따라 정하여야 하며 일반가연물, 탄화수소류는 1.63l/min · m^2 이상, 특수가연물, 알코올류와 케톤류는 2.3l/min · m^2 이상으로 하여야 한다.

② 압축공기포소화설비에 설치되는 펌프의 양정은 0.35MPa 이상이 되어야 한다.

③ 압축공기포소화설비의 배관은 토너먼트방식으로 하여야 하고 소화약제가 균일하게 방출되는 등거리 배관구조로 설치하여야 한다.

④ 압축공기포소화설비의 분사헤드는 천장 또는 반자에 설치하되 방호대상물에 따라 측벽에 설치할 수 있으며 유류탱크주위에는 바닥면적 13.9m^2마다 1개 이상, 특수가연물저장소에는 바닥면적 9.3m^2마다 1개 이상으로 당해 방호대상물의 화재를 유효하게 소화할 수 있도록 할 것

▶ 가압송수장치(제6조 제①항)

② 압축공기포소화설비에 설치되는 펌프의 양정은 0.4MPa 이상이 되어야 한다.

145 다음 옥외소화전 설명 중 옳지 않은 것은?

① 옥외소화전설비의 수원은 옥외소화전설치개수(옥외소화전이 2개 이상 설치된 경우에는 2개)에 7[m^3]를 곱한 양 이상이 되도록 하여야 한다.

② 각 옥외소화전의 노즐선단에서의 방수압은 0.25[MPa] 이상이다.

③ 호스접결구는 지면으로부터 높이가 1m 이상 1.5m 이하이다.

④ 호스접결구는 특정소방대상물의 각 부분으로부터 하나의 호스접결구까지의 수평거리가 40m 이하가 되도록 설치하여야 한다.

▶ 옥외소화전 설비

① 옥외소화전설비의 수원 $Q = N \times 350[l/\text{min}] \times 20[\text{min}]$

② 방수압력 : 0.25MPa 이상, 방수량 : 350l/min 이상

③ 호스접결구는 지면으로부터 높이가 0.5m 이상 1m 이하의 위치에 설치하고 특정소방 대상물의 각 부분으로부터 하나의 호스접결구까지의 수평거리가 40m 이하가 되도록 설치하여야 한다.

146 옥외소화전설비의 법정 방수압력과 방수량으로 옳은 것은?

① 0.13[MPa] − 130[l/min]　　② 0.25[MPa] − 350[l/min]

③ 0.35[MPa] − 350[l/min]　　④ 0.17[MPa] − 130[l/min]

▶ 옥외소화전설비의 법정 방수압력과 방수량(제5조)

해당 특정소방대상물에 설치된 옥외소화전(2개 이상 설치된 경우에는 2개의 옥외소화전)을 동시에 사용할 경우 각 옥외소화전의 노즐선단에서의 방수압력이 0.25MPa 이상이고, 방수량이 350l/min 이상이 되는 성능의 것으로 할 것. 이 경우 하나의 옥외소화전을 사용하는 노즐선단에서의 방수압력이 0.7MPa을 초과할 경우에는 호스접결구의 인입 측에 감압장치를 설치하여야 한다.

정답 144. ② 145. ③ 146. ②

147 일반 건축물에 옥외소화전이 6개 설치되어 있는데 송수펌프를 설치한다면 펌프의 토출량[m^3/min]은 얼마인가?

① 0.5 ② 0.7 ③ 1.05 ④ 0.65

옥외소화전 토출량

$Q = N \times 350[l/\text{min}] = 2 \times 350[l/\text{min}] \times 10^{-3}[m^3/l] = 0.7[m^3/\text{min}]$

148 어떤 소방대상물에 옥외소화전이 3개 설치되어 있다. 이곳에 설치하여야 할 수원의 양 [m^3]은 얼마 이상으로 하여야 하는가?

① 7 ② 14 ③ 18 ④ 21

옥외소화전 수원의 양

$Q = 2 \times 350[l/\text{min}] \times 20\text{min} \times 10^{-3}[m^3/l] = 14[m^3]$

149 옥외소화전설비의 호스 노즐의 구경은 얼마인가?

① 11[mm] ② 13[mm] ③ 16[mm] ④ 19[mm]

호스 노즐의 구경

① 옥내소화전 호스노즐의 구경 : 13[mm]
② 옥외소화전 호스노즐의 구경 : 19[mm]

150 옥외소화전설비의 가압송수장치로 고가수조를 설치할 경우 필요한 낙차는?

① $H = h_1 + h_2 + 10$ ② $H = h_1 + h_2 + 17$
③ $H = h_1 + h_2 + 25$ ④ $H = h_1 + h_2 + 35$

고가수조의 자연낙차를 이용한 가압송수장치

① 스프링클러설비 : $H = h_1 + h_2 + 10$
② 옥내소화전 : $H = h_1 + h_2 + 17$
③ 옥외소화전 : $H = h_1 + h_2 + 25$

151 소화용 펌프가 옥외소화전보다 10[m] 낮은 곳에 설치된 옥외소화전설비가 있다. 배관에서의 마찰손실수두가 15[m], 소방용 호스에서의 마찰손실 수두가 2[m]일 경우 소화용 펌프의 토출압력은 몇 [MPa] 이상이어야 하는가?

① 0.32 ② 0.42 ③ 0.51 ④ 0.57

정답 147. ② 148. ② 149. ④ 150. ③ 151. ③

옥외소화전 토출압력

$H = h_1 + h_2 + h_3 + 25[\text{m}] = 10 + 15 + 2 + 25 = 52[\text{m}]$

$10.332[\text{mH}_2\text{O}] : 0.101325[\text{MPa}] = 52[\text{mH}_2\text{O}] : x[\text{MPa}]$

$x = \dfrac{0.101325}{10.332} \times 52 = 0.51[\text{MPa}]$

152 건축물의 외부에 옥외소화전이 3개 설치되어 있으며 총양정은 150[m]이었다. 이때 사용된 펌프의 효율은 60[%]이다. 펌프의 전동기 용량[kW]으로 옳은 것은?

① 21[kW] ② 24[kW] ③ 32[kW] ④ 51[kW]

전동기 용량 계산식

전동기 용량 $P = \dfrac{1{,}000 \times Q \times H}{102 \times 60 \times \eta} \times K[\text{kW}]$

① 토출량 $Q = N \times 350l/\text{min} = 2 \times 350 = 700l/\text{min} = 0.7\text{m}^3/\text{min}$

② 전양정 $H = 150\text{m}$

③ $P = \dfrac{1{,}000 \times Q \times H}{102 \times 60 \times \eta} \times K = \dfrac{1{,}000 \times 0.7 \times 150}{102 \times 60 \times 0.6} \times 1.1 = 31.45[\text{kW}]$ 이상

153 옥외소화전설비에서 사용되는 소방용 호스의 구경은?

① 40[mm] ② 50[mm] ③ 65[mm] ④ 100[mm]

옥외소화전 설비(제6조 제②항)

호스는 구경 65mm의 것으로 하여야 한다.

154 옥외소화전설비에는 옥외소화전마다 그로부터 몇 [m] 이내의 장소에 소화전함을 설치하여야 하는가?

① 5[m] 이내 ② 6[m] 이내
③ 7[m] 이내 ④ 8[m] 이내

옥외소화전설비(제7조)

① 옥외소화전함 설치개수

옥외소화전설비에는 옥외소화전마다 그로부터 5m 이내의 장소에 소화전함을 다음 각 호의 기준에 따라 설치하여야 한다.

㉮ 옥외소화전이 10개 이하 설치된 때에는 옥외소화전마다 5m 이내의 장소에 1개 이상의 소화전함을 설치하여야 한다.

㉯ 옥외소화전이 11개 이상 30개 이하 설치된 때에는 11개 이상의 소화전함을 각각 분산하여 설치하여야 한다.

정답 152. ③ 153. ③ 154. ①

㉰ 옥외소화전이 31개 이상 설치된 때에는 옥외소화전 3개마다 1개 이상의 소화전함을 설치하여야 한다.

② 옥외소화전설비의 함은 소방청장이 정하여 고시한 「소화전함 성능인증 및 제품검사의 기술기준」에 적합한 것으로 설치하되 밸브의 조작, 호스의 수납 등에 충분한 여유를 가질 수 있도록 할 것. 연결송수관의 방수구를 같이 설치하는 경우에도 또한 같다.

③ 옥외소화전설비의 소화전함 표면에는 "옥외소화전"이라고 표시한 표지를 하고, 가압송수장 치의 조작부 또는 그 부근에는 가압송수장치의 기동을 명시하는 적색등을 설치하여야 한다.

④ 표시등은 다음 각 호의 기준에 따라 설치하여야 한다.

㉮ 옥외소화전설비의 위치를 표시하는 표시등은 함의 상부에 설치하되, 설치하되, 소방청장이 정하여 고시한 「표시등의 성능인증 및 제품검사의 기술기준」에 적합한 것으로 할 것

㉯ 가압송수장치의 기동을 표시하는 표시등은 옥외소화전함의 상부 또는 그 직근에 설치하되 적색등으로 할 것. 다만, 자체소방대를 구성하여 운영하는 경우(「위험물안전관리법 시행령」 별표 8에서 정한 소방자동차와 자체소방대원의 규모를 말한다.) 가압송수 장치의 기동표시등을 설치하지 않을 수 있다.

155 옥외소화전이 60개 설치되어 있을 때 소화전함 설치개수는 몇 개인가?

① 5 ② 11 ③ 20 ④ 30

◐ 옥외소화전함 설치개수

옥외소화전이 31개 이상 설치된 때에는 옥외소화전 3개마다 1개 이상의 소화전함을 설치하여야 한다.
∴ 60개÷3개=20개 설치

156 용량 2[t]의 탱크에 물을 가득 채운 소방차가 화재현장에 출동하여 노즐압력 0.4[MPa], 노즐구경 2.5[cm]를 사용하여 방수한다면 소방차 내의 물이 전부 방수되는 데 약 몇 분이 소요되는가?

① 약 2분 30초 ② 약 3분 30초
③ 약 4분 30초 ④ 약 5분 30초

◐ 방사시간 계산

- 방사시간 $t = \dfrac{\text{수원 } Q}{\text{방사량 } Q_1} = \dfrac{2{,}000[l]}{816.25[l/\text{min}]} = 2.45\text{min} = 2\text{분 } 27\text{초}$
- 방사량 $Q_1 = 0.653d^2\sqrt{10P}$
  $= 0.653 \times 25^2 \times \sqrt{10 \times 0.4} = 816.25[l/\text{min}]$
- 수원 $Q = 2[\text{m}^3] = 2{,}000[l]$

157 이산화탄소 소화설비의 특징이 아닌 것은?

① 화재 진화 후 깨끗하다. ② 전기화재에 적응성이 좋다.

정답 155. ③ 156. ① 157. ③

③ 소음이 적다.
④ 지구온난화 물질로 사용이 규제될 수 있다.

이산화탄소 소화설비의 특징

① 소화 후, 잔존물을 남기지 않으며 부패 및 변질 우려가 없다.
② 전기적으로 비전도성이므로, 전기화재에 적응성이 좋다.
③ 방출 시 소음이 매우 크다.
④ 지구온난화 물질로 사용이 규제될 수 있다.

158 이산화탄소 소화설비의 저장용기 설치장소 기준을 설명한 것 중 옳지 않은 것은?

① 방호구역 외의 장소에 설치할 것. 다만, 방호구역 내에 설치하는 경우에는 피난 및 조작이 용이하도록 피난구 부근에 설치할 것
② 온도가 55℃ 이하이고, 온도 변화가 적은 곳에 설치할 것
③ 용기 간의 간격은 점검에 지장이 없도록 3cm 이상의 간격을 유지할 것
④ 방화문으로 구획된 실에 설치할 것

이산화탄소 소화설비의 저장용기 설치장소 기준(제4조 제①항)

① 방호구역 외의 장소에 설치할 것. 다만, 방호구역 내에 설치할 경우에는 피난 및 조작이 용이하도록 피난구 부근에 설치하여야 한다.
② 온도가 40℃ 이하이고, 온도 변화가 적은 곳에 설치할 것
③ 직사광선 및 빗물이 침투할 우려가 없는 곳에 설치할 것
④ 방화문으로 구획된 실에 설치할 것
⑤ 용기의 설치장소에는 해당 용기가 설치된 곳임을 표시하는 표지를 할 것
⑥ 용기 간의 간격은 점검에 지장이 없도록 3cm 이상의 간격을 유지할 것
⑦ 저장용기와 집합관을 연결하는 연결배관에는 체크밸브를 설치할 것. 다만, 저장용기가 하나의 방호구역만을 담당하는 경우에는 그러하지 아니하다.

159 이산화탄소 소화설비의 저압식 저장용기에 설치하는 것으로 옳지 않은 것은?

① 액면계
② 압력계
③ 압력경보장치
④ 선택밸브

이산화탄소 소화설비소화약제의 저장용기 설치기준(제4조 제②항)

① 저장용기의 충전비는 고압식은 1.5 이상 1.9 이하, 저압식은 1.1 이상 1.4 이하로 할 것
② 저장용기는 고압식은 25MPa 이상, 저압식은 3.5MPa 이상의 내압시험압력에 합격한 것으로 할 것
③ 저압식 저장용기에는 내압시험압력의 0.64배부터 0.8배의 압력에서 작동하는 안전밸브와 내압시험압력의 0.8배부터 내압시험압력에서 작동하는 봉판을 설치할 것
④ 저압식 저장용기에는 액면계 및 압력계와 2.3MPa 이상 1.9MPa 이하의 압력에서 작동하는 압력경보장치를 설치할 것
⑤ 저압식 저장용기에는 용기내부의 온도가 섭씨 영하 18℃ 이하에서 2.1MPa의 압력을 유지할 수 있는 자동냉동장치를 설치할 것

정답 158. ② 159. ④

160 이산화탄소 소화설비의 저압식 저장용기 내부의 온도와 압력으로 옳은 것은?

① 15[℃], 5.3[MPa]
② 15[℃], 2.1[MPa]
③ −18[℃], 5.3[MPa]
④ −18[℃], 2.1[MPa]

161 이산화탄소 소화설비의 저압식 저장용기에 설치하는 압력경보장치의 작동압력으로 옳은 것은?

① 2.1[MPa] 이상 1.9[MPa] 이하
② 2.3[MPa] 이상 1.9[MPa] 이하
③ 2.1[MPa] 이상 1.4[MPa] 이하
④ 2.3[MPa] 이상 1.4[MPa] 이하

162 이산화탄소 소화약제의 저장용기 충전비로서 옳은 것은?

① 저압식은 1.1 이상 1.5 이하, 고압식은 1.4 이상 1.9 이하
② 저압식은 1.1 이상 1.4 이하, 고압식은 1.5 이상 1.9 이하
③ 저압식은 1.5 이상 1.9 이하, 고압식은 1.1 이상 1.4 이하
④ 저압식은 1.5 이상 1.9 이하, 고압식은 2.0 이상 2.5 이하

163 이산화탄소 소화설비의 저압식 저장용기에 설치하는 안전밸브와 봉판의 작동압력으로 옳은 것은?

① 안전밸브 : 내압시험압력의 0.8배부터 내압시험압력에서 작동
봉판 : 내압시험압력의 0.64배부터 0.8배의 압력에서 작동
② 안전밸브 : 내압시험압력의 0.8배부터 내압시험압력 이하에서 작동
봉판 : 내압시험압력의 0.64배부터 0.8배의 압력에서 작동
③ 안전밸브 : 내압시험압력의 0.64배부터 0.8배의 압력에서 작동
봉판 : 내압시험압력의 0.8배부터 내압시험압력에서 작동
④ 안전밸브 : 내압시험압력의 0.64배부터 0.8배의 압력에서 작동
봉판 : 내압시험압력의 0.8배부터 내압시험압력 이하에서 작동

164 이산화탄소 소화설비의 가스압력식 기동장치에 대한 설명 중 옳지 않은 것은?

① 기동용 가스용기 및 해당 용기에 사용하는 밸브는 25MPa 이상의 압력에 견딜 수 있는 것으로 할 것
② 기동용 가스용기에는 충전 여부를 확인할 수 있는 압력게이지를 설치할 것
③ 기동용 가스용기의 용적은 1L 이상으로 하고, 해당 용기에 저장하는 이산화탄소의 양은 0.6kg 이상으로 하며, 충전비는 1.5 이상으로 할 것

정답 160. ④ 161. ② 162. ② 163. ③ 164. ③

④ 기동용 가스용기에는 내압시험압력의 0.8배부터 내압시험압력 이하에서 작동하는 안전장치를 설치할 것

이산화탄소 소화설비의 가스압력식 기동장치(제6조 제②항)

① 기동용 가스용기 및 해당 용기에 사용하는 밸브는 25MPa 이상의 압력에 견딜 수 있는 것으로 할 것
② 기동용 가스용기에는 내압시험압력의 0.8배부터 내압시험압력 이하에서 작동하는 안전장치를 설치할 것
③ 기동용 가스용기의 용적은 5L 이상으로 하고, 해당 용기에 저장하는 질소 등의 비활성기체는 6.0MPa 이상(21℃ 기준)의 압력으로 충전할 것
④ 기동용 가스용기에는 충전 여부를 확인할 수 있는 압력게이지를 설치할 것

165 이산화탄소 소화설비에서 소화약제가 오작동 등으로 인하여 방출될 경우 인명보호를 목적으로 해당 방호구역마다 설치하는 것의 명칭과 설치위치로 옳은 것은?

① 명칭 : 비상스위치, 설치위치 : 수동조작함 부근
② 명칭 : 비상스위치, 설치위치 : 선택밸브 직전
③ 명칭 : 수동잠금밸브, 설치위치 : 선택밸브 직후
④ 명칭 : 수동잠금밸브, 설치위치 : 선택밸브 직전

수동잠금밸브(제8조 제③항)

소화약제의 저장용기와 선택밸브 사이의 집합배관에는 수동잠금밸브를 설치하되 선택밸브 직전에 설치할 것. 다만, 선택밸브가 없는 설비의 경우에는 저장 용기실 내에 설치하되 조작 및 점검이 쉬운 위치에 설치하여야 한다.

166 이산화탄소 소화설비의 수동식 기동장치의 설치기준 중 옳지 않은 것은?

① 해당 방호구역의 출입구 부분 등 조작을 하는 자가 쉽게 피난할 수 있는 장소에 설치할 것
② 기동장치의 조작부는 바닥으로부터 높이 0.8[m] 이상 1.5[m] 이하의 위치에 설치할 것
③ 기동장치의 방출용 스위치는 음향 경보장치와 연동하여 조작될 수 있는 것으로 할 것
④ 모든 기동장치에는 전원 표시등을 설치할 것

이산화탄소 소화설비의 수동식 기동장치의 설치기준(제6조 제①항)

① 전역방출방식은 방호구역마다, 국소방출방식은 방호대상물마다 설치할 것
② 해당 방호구역의 출입구부분 등 조작을 하는 자가 쉽게 피난할 수 있는 장소에 설치할 것
③ 기동장치의 조작부는 바닥으로부터 높이 0.8m 이상 1.5m 이하의 위치에 설치하고, 보호판 등에 따른 보호장치를 설치할 것
④ 기동장치에는 그 가까운 곳의 보기 쉬운 곳에 "이산화탄소 소화설비 기동장치"라고 표시한 표지를 할 것
⑤ 전기를 사용하는 기동장치에는 전원표시등을 설치할 것
⑥ 기동장치의 방출용 스위치는 음향경보장치와 연동하여 조작될 수 있는 것으로 할 것

정답 165. ④ 166. ④

167 이산화탄소 소화설비의 전기식 기동장치로서 7병 이상 저장용기를 동시 개방하는 설비에는 몇 병 이상의 저장용기에 전자개방밸브를 부착하여야 하는가?

① 1병　② 2병　③ 3병　④ 4병

이산화탄소 소화설비의 전기식 기동장치(제6조 제②항)

전기식 기동장치로서 7병 이상의 저장용기를 동시에 개방하는 설비는 2병 이상의 저장용기에 전자개방밸브를 부착할 것

168 면화류를 저장하는 창고에 CO_2 소화설비를 전역방출방식으로 설치하려고 한다. 창고의 체적은 100[m^3], 설계농도는 75[%]이다. 자동 폐쇄장치가 설치되어 있지 않으며 개구부 면적은 2[m^2]이다. 이산화탄소 소화약제 저장량[kg]은?

① 210　② 220　③ 280　④ 290

이산화탄소 소화설비의 소화약제 저장량(제5조) : 심부화재

심부화재 : 종이 · 목재 · 석탄 · 합성수지류 등과 같은 A급의 심부성 화재

W = 기본량 + 가산량 = $(V \cdot K_1) + (A \cdot K_2)$[kg]

= $(100 \times 2.7) + (2 \times 10) = 290$[kg]

여기서, V : 방호구역 체적[m^3]

A : 개구부 면적[m^2]

K_1 : 방호구역 체적 1m^3에 대한 소화약제 양[kg/m^3]

K_2 : 개구부 면적 1m^2당 10kg 가산

방호대상물	방호구역 체적 1m^3에 대한 소화약제의 양	설계농도 [%]
유압기기를 제외한 전기설비 · 케이블실	1.3kg	50
체적 55m^3 미만의 전기설비	1.6kg	50
서고 · 전자제품창고 · 목재가공품창고 · 박물관	2.0kg	65
고무류 · 면화류창고 · 모피창고 · 석탄창고 · 집진설비	2.7kg	75

169 방호체적 500[m^3]인 전산기기실에 이산화탄소 소화설비를 전역방출방식으로 설치하고자 한다. 이산화탄소 소화약제 저장량[kg]은?(단, 자동폐쇄장치는 설치되어 있다.)

① 1,120　② 520　③ 680　④ 650

이산화탄소 소화설비의 소화약제 저장량(제5조) : 심부화재

W = 기본량 + 가산량 = $(V \cdot K_1) + (A \cdot K_2)$[kg]

= $(500 \times 1.3) = 650$[kg]

정답 167. ② 168. ④ 169. ④

170 이산화탄소 소화설비에서 다음의 방호대상물 중 가연성 액체 또는 가연성 가스의 소화에 필요한 설계농도가 가장 높은 것은?

① 수소 ② 아세틸렌 ③ 에탄 ④ 메탄

가연성 액체 또는 가연성 가스의 소화에 필요한 설계농도

방호대상물	설계농도(%)	방호대상물	설계농도(%)
수소	75	석탄가스, 천연가스	37
아세틸렌	66	사이크로프로판	37
일산화탄소	64	이소부탄	36
산화에틸렌	53	프로판	36
에틸렌	49	부탄	34
에탄	40	메탄	34

171 에탄올 저장창고의 크기가 40[m³]이고, 개구부에는 자동폐쇄장치가 설치되어 있는 경우 에탄올 저장창고의 최소 소화약제 저장량[kg]은?(단, 에탄올의 설계농도는 40[%], 보정계수는 1.2이다.)

① 40[kg] ② 45[kg] ③ 48[kg] ④ 54[kg]

이산화탄소 소화설비의 소화약제 저장량(제5조) : 표면화재

가연성 액체 · 가스화재인 경우 : 설계농도가 34% 이상

W=기본량×N+가산량$=(V \cdot K_1)N+(A \cdot K_2)$[kg]

$=(45\times1.2)=54$[kg]

여기서, V : 방호구역 체적[m³]
A : 개구부 면적[m²]
K_1 : 방호구역 체적 1m³에 대한 소화약제 양[kg/m³]
K_2 : 개구부 면적 1m²당 10kg 가산
N : 보정계수

※ 주의사항

1. 방호구역의 체적 1m³에 대하여 다음 표에 따른 양. 다만, 다음 표에 따라 산출한 양(기본량)이 동표에 따른 저장량의 최저한도의 양 미만이 될 경우에는 그 최저한도의 양으로 한다.

방호구역 체적	방호구역 체적 1[m³]에 대한 소화약제의 양	소화약제 저장량의 최저한도의 양
45m³ 미만	1.00kg	45kg
45m³ 이상 150m³ 미만	0.90kg	
150m³ 이상 1,450m³ 미만	0.80kg	135kg
1,450m³ 이상	0.75kg	1,125kg

정답 170. ① 171. ④

2. 별표 1에 따른 설계농도가 34% 이상인 방호대상물의 소화약제량은 기본 소화약제량에 다음 표에 따른 보정계수를 곱하여 산출한다.

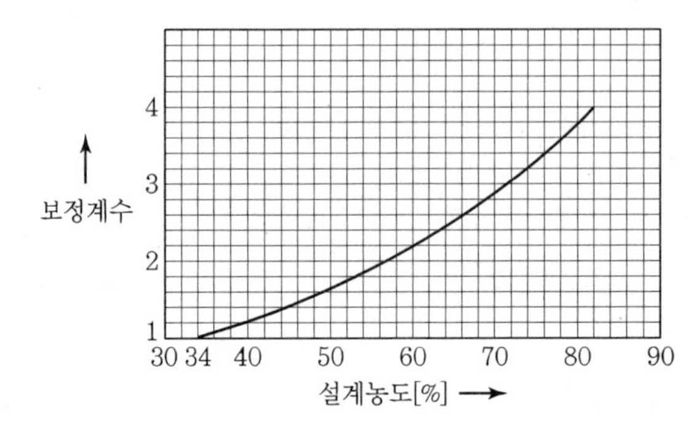

3. 방호구역의 개구부에 자동폐쇄장치를 설치하지 아니한 경우에는 기본량에 개구부면적 1m²당 5kg을 가산하여야 한다. 이 경우 개구부의 면적은 방호구역 전체 표면적의 3% 이하로 하여야 한다.

172 이산화탄소 소화설비의 배관 설치 기준 중 옳지 않은 것은?

① 고압식의 경우 개폐밸브 또는 선택밸브의 2차 측 배관 부속은 호칭압력 2.0MPa 이상의 것을 사용하여야 한다.

② 저압식의 경우 1차 측 배관 부속은 호칭압력 2.0MPa의 압력에 견딜 수 있는 배관 부속을 사용할 것

③ 강관을 사용하는 경우의 배관은 압력배관용탄소강관 중 고압식은 스케줄 40 이상의 것을 사용할 것

④ 동관을 사용하는 경우의 배관은 이음이 없는 동 및 동합금관으로서 고압식은 16.5MPa 이상, 저압식은 3.75MPa 이상의 압력에 견딜 수 있는 것을 사용할 것

이산화탄소 소화설비의 배관 설치 기준(제8조 제①항)

① 배관은 전용으로 할 것

② 강관을 사용하는 경우의 배관은 압력배관용탄소강관 중 스케줄 80(저압식은 스케쥴 40) 이상의 것 또는 이와 동등 이상의 강도를 가진 것으로 아연도금 등으로 방식처리된 것을 사용할 것. 다만, 배관의 호칭구경이 20mm 이하인 경우에는 스케줄 40 이상인 것을 사용할 수 있다.

③ 동관을 사용하는 경우의 배관은 이음이 없는 동 및 동합금관으로서 고압식은 16.5MPa 이상, 저압식은 3.75MPa 이상의 압력에 견딜 수 있는 것을 사용할 것

④ 고압식의 경우 개폐밸브 또는 선택밸브의 2차 측 배관부속은 호칭압력 2.0MPa 이상의 것을 사용하여야 하며, 1차 측 배관부속은 호칭압력 4.0MPa 이상의 것을 사용하여야 하고, 저압식의 경우에는 2.0MPa의 압력에 견딜 수 있는 배관부속을 사용할 것

정답 172. ③

173 이산화탄소 소화설비에 대한 설명 중 옳지 않은 것은?

① 배관의 구경은 이산화탄소의 소요량이 전역방출방식의 표면화재 방호대상물의 경우에는 1분 이내에 방사될 수 있는 것으로 할 것
② 배관의 구경은 이산화탄소의 소요량이 전역방출방식의 심부화재 방호대상물의 경우에는 7분 이내에 방사될 수 있는 것으로 할 것
③ 전역방출방식의 이산화탄소 소화설비의 분사헤드의 방사압력이 고압식은 1.05MPa 이상의 것으로 할 것
④ 국소방출방식의 이산화탄소 소화설비의 분사헤드는 이산화탄소 소화약제의 저장량을 30초 이내에 방사할 수 있는 것으로 할 것

이산화탄소 소화설비

전역방출방식의 이산화탄소 소화설비의 분사헤드의 방사압력이 고압식은 2.1MPa 이상의 것으로 할 것(저압식 : 1.05MPa 이상)

174 CO_2 소화설비에서 소화 약제를 방사하여 CO_2의 농도가 40[%]가 되었을 때 O_2의 연소한계 농도는?(단, 방사된 CO_2는 방호구역 내에서 외부로 유출되지 않는다고 가정한다.)

① 1.26[%]
② 8.4[%]
③ 12.6[%]
④ 15.6[%]

약제 방사 후 CO_2 농도

$$C[\%] = \frac{21 - O_2}{21} \times 100$$

$$O_2 = 21 - \frac{C\% \times 21}{100} = 21 - \frac{40 \times 21}{100} = 12.6\%$$

여기서, C : CO_2 방사 후 실내의 CO_2의 농도[%]
O_2 : CO_2 방사 후 실내의 산소농도[%]

175 이산화탄소 소화설비의 음향경보장치는 소화약제의 방사 개시 후 몇 분 이상 경보를 계속할 수 있어야 하는가?

① 1
② 2
③ 3
④ 4

이산화탄소 소화설비의 음향경보장치(제13조 제①항)

① 수동식 기동장치를 설치한 것은 그 기동장치의 조작과정에서, 자동식 기동장치를 설치한 것은 화재감지기와 연동하여 자동으로 경보를 발하는 것으로 할 것
② 소화약제의 방사개시 후 1분 이상 경보를 계속할 수 있는 것으로 할 것
③ 방호구역 또는 방호대상물이 있는 구획 안에 있는 자에게 유효하게 경보할 수 있는 것으로 할 것

정답 173. ③ 174. ③ 175. ①

176 다음 중 이산화탄소 소화설비의 분사헤드를 설치하지 아니할 수 있는 장소로 옳지 않는 것은?

① 방재실 · 제어실 등 사람이 상시 근무하는 장소
② 나트륨 · 칼륨 · 칼슘 등 활성금속물질을 저장 · 취급하는 장소
③ 전시장 등의 관람을 위하여 다수인이 출입 · 통행하는 통로 및 전시실 등
④ 통신기기실 · 전자기기실 · 기타 이와 유사한 장소

이산화탄소 소화설비의 분사헤드 설치 제외 장소(제11조)

① 방재실 · 제어실 등 사람이 상시 근무하는 장소
② 니트로셀룰로스 · 셀룰로이드제품 등 자기연소성 물질을 저장 · 취급하는 장소
③ 나트륨 · 칼륨 · 칼슘 등 활성금속물질을 저장 · 취급하는 장소
④ 전시장 등의 관람을 위하여 다수인이 출입 · 통행하는 통로 및 전시실 등

177 호스릴이산화탄소 소화설비 설치기준을 설명한 것 중 옳지 않은 것은?

① 방호대상물의 각 부분으로부터 하나의 호스접결구까지의 수평거리가 15m 이하가 되도록 할 것
② 소화약제 저장용기의 개방밸브는 호스의 설치 장소에서 자동으로 개폐할 수 있는 것으로 할 것
③ 소화약제 저장용기는 호스릴을 설치하는 장소마다 설치할 것
④ 노즐은 20℃에서 하나의 노즐마다 60kg/min 이상의 소화약제를 방사할 수 있는 것으로 할 것

호스릴이산화탄소 소화설비 설치기준(제10조 제④항)

① 방호대상물의 각 부분으로부터 하나의 호스접결구까지의 수평거리가 15m 이하가 되도록 할 것
② 소화약제 저장용기의 개방밸브는 호스의 설치 장소에서 수동으로 개폐할 수 있는 것으로 할 것
③ 소화약제 저장용기는 호스릴을 설치하는 장소마다 설치할 것
④ 노즐은 20℃에서 하나의 노즐마다 60kg/min 이상의 소화약제를 방사할 수 있는 것으로 할 것
⑤ 소화약제 저장용기의 가장 가까운 곳의 보기 쉬운 곳에 표시등을 설치하고, 호스릴이산화탄소 소화설비가 있다는 뜻을 표시한 표지를 할 것

178 이산화탄소 소화설비의 비상전원에 대한 설명 중 옳지 않은 것은?

① 비상전원으로는 자가발전설비, 축전지설비 또는 전기저장장치를 설치하여야 한다.
② 비상전원을 실내에 설치하는 때에는 그 실내에 조명설비를 설치할 것
③ 이산화탄소 소화설비를 유효하게 20분 이상 작동할 수 있어야 할 것
④ 2 이상의 변전소에서 전력을 동시에 공급받을 수 있는 경우에는 비상전원을 설치하지 아니할 수 있다.

정답 176. ④ 177. ② 178. ②

◎ 이산화탄소 소화설비의 비상전원(제15조)

① 점검에 편리하고 화재 및 침수 등의 재해로 인한 피해를 받을 우려가 없는 곳에 설치
② 이산화탄소 소화설비를 유효하게 20분 이상 작동할 수 있어야 할 것
③ 상용전원으로부터 전력의 공급이 중단된 때에는 자동으로 비상전원으로부터 전력을 공급받을 수 있도록 할 것
④ 비상전원의 설치장소는 다른 장소와 방화구획할 것. 이 경우 그 장소에는 비상전원의 공급에 필요한 기구나 설비외의 것을 두어서는 아니 된다.
⑤ 비상전원을 실내에 설치하는 때에는 그 실내에 비상조명등을 설치할 것

179 이산화탄소 소화설비의 화재안전기준에 대한 설명으로 틀린 것은?

① 제어반 등에는 수동잠금밸브의 개폐 여부를 확인할 수 있는 표시등을 설치할 것
② 분사헤드의 오리피스의 면적은 분사헤드가 연결되는 배관구경면적의 70%를 초과하지 아니할 것
③ 방호구역에 소화약제가 방출 시 과압으로 인하여 구조물 등에 손상이 생길 우려가 있는 장소에는 과압배출구를 설치할 것
④ 소화약제 방출 시 방호구역 내와 부근에 가스방출 시 영향을 미칠 수 있는 장소에 방출표시등을 설치할 것

◎ 이산화탄소 소화설비의 안전시설 등(제19조)

① 소화약제 방출 시 방호구역 내와 부근에 가스 방출 시 영향을 미칠 수 있는 장소에 시각경보장치를 설치하여 소화약제가 방출되었음을 알도록 할 것
② 방호구역의 출입구 부근 잘 보이는 장소에 약제방출에 따른 위험경고표지를 부착할 것

180 할론소화설비에서 약제 저장용기 내에 사용하는 가압용 가스로 옳은 것은?

① 질소　　② 이산화탄소
③ 메탄　　④ 수소

◎ 할론소화설비의 저장용기 등(제4조 제③항)

가압용 가스용기는 질소가스가 충전된 것으로 하고, 그 압력은 21℃에서 2.5MPa 또는 4.2MPa가 되도록 하여야 한다.

181 할론소화약제의 저장용기 중 할론 1301의 충전비로 옳은 것은?

① 0.51 이상 0.67 미만　　② 0.7 이상 1.4 이하
③ 0.67 이상 2.75 이하　　④ 0.9 이상 1.6 이하

정답 179. ④ 180. ① 181. ④

▶ 할론소화약제 저장용기의 충전비(제4조 제②항)

① 축압식 저장용기의 압력은 온도 20℃에서 할론 1211을 저장하는 것은 1.1MPa 또는 2.5MPa, 할론 1301을 저장하는 것은 2.5MPa 또는 4.2MPa이 되도록 질소가스로 축압할 것
② 저장용기의 충전비는 할론 2402－가압식 : 0.51 이상 0.67 미만, 축압식 : 0.67 이상 2.75 이하, 할론 1211－0.7 이상 1.4 이하, 할론 1301－0.9 이상 1.6 이하
③ 동일 집합관에 접속되는 용기의 소화약제 충전량은 동일 충전비의 것이어야 할 것

182 체적 50[m³]의 전산실에 전역방출방식의 할론소화설비를 설치하는 경우, 할론 1301의 저장량은 몇 [kg] 이상이어야 하는가?(단, 전산실에는 자동폐쇄장치가 부착된 개구부가 있고, 저장량은 최소설계농도를 기준으로 할 것)

① 13 ② 16
③ 19 ④ 22

▶ 할론 1301의 저장량(제5조)

W = 기본량 + 가산량 = $(V \cdot K_1) + (A \cdot K_2)$[kg]

$= 50\text{m}^3 \times 0.32\text{kg/m}^3 = 16\text{kg}$[kg]

차고 · 주차장 · 전기실 · 통신기기실 · 전산실 · 기타 이와 유사한 전기설비가 설치되어 있는 부분의 할론 1301의 방호구역의 체적 1m³당 소화약제의 양 : 0.32kg 이상 0.64kg 이하

183 할론소화설비의 국소방출방식에 대한 소화약제 산출방식이 관련된 공식 $Q = X - Y\frac{a}{A}$ 의 설명으로 옳지 않은 것은?

① Q는 방호공간 1[m³]에 대한 할로겐화합물 소화약제량이다.
② a는 방호대상물 주위에 설치된 벽면적 합계이다.
③ A는 방호공간의 벽면적이다.
④ X는 개구부 면적이다.

▶ 할론소화설비의 국소방출방식(제5조)

$W = V \cdot K \cdot h$[kg]

여기서, V : 방호공간의 체적[m³]

$K = X - Y\frac{a}{A}$ (방호공간 1m³에 대한 소화약제 양[kg/m³])

a : 방호대상물 주위에 설치된 벽 면적의 합계[m²]

A : 방호공간의 벽 면적의 합계[m²](벽이 없는 경우에는 벽이 있는 것으로 가정한 당해 부분의 면적)

h : 할증계수

정답 182. ② 183. ④

약제의 종별	X의 수치	Y의 수치
할론 1301	4.0	3.0
할론 1211	4.4	3.3
할론 2402	5.2	3.9

184 호스릴할론소화설비에 있어서 하나의 노즐에 대하여 할론 1301의 소화약제의 양은 얼마 이상인가?

① 40[kg]　② 45[kg]　③ 50[kg]　④ 30[kg]

▶ 호스릴할로겐화합물소화설비 노즐당 약제량

약제의 종별		할론 1301	할론 1211	할론 2402
노즐당 약제량	화재안전기준	45kg 이상	50kg 이상	50kg 이상
	위험물안전관리법	45kg 이상	45kg 이상	50kg 이상

※ 노즐당 방사량

약제의 종별		할론 1301	할론 1211	할론 2402
노즐당 방사량	화재안전기준	35kg/min	40kg/min	45kg/min
	위험물안전관리법			

185 할론소화설비의 할론 1301의 분사헤드의 방사 압력으로 옳은 것은?

① 0.1[MPa] 이상　② 0.2[MPa] 이상
③ 0.9[MPa] 이상　④ 1.4[MPa] 이상

▶ 할로겐화합물 소화설비 분사헤드의 방사압력(제10조 제①항)

① 분사헤드의 방사압력은 할론 2402를 방사하는 것은 0.1MPa 이상, 할론 1211을 방사하는 것은 0.2MPa 이상, 할론1301을 방사하는 것은 0.9MPa 이상으로 할 것
② 기준저장량의 소화약제를 10초 이내에 방사할 수 있는 것으로 할 것

186 할로겐화합물 소화설비의 소화약제별 선형상수 값이 옳지 않은 것은?

번 호	소화약제	K1	K2
①	HCFC-124	0.1575	0.0006
②	FK-5-1-12	0.0664	0.0002741
③	HFC-23	0.3164	0.0012
④	HFC-236fa	0.2413	0.00088

정답 184. ② 185. ③ 186. ④

할로겐화합물 소화설비

선형상수 $S = k_1 + k_2 \times t = k_1 + \left(k_1 \times \frac{1}{273}\right) \times t \quad \left(k_1 = \frac{22.4m^3}{1kg\ 분자량},\ k_2 = k_1 \times \frac{1}{273}\right)$

① HCFC－124 : C_2HClF_4
② FK－5－1－12 : $C_6F_{12}O$
③ HFC－23 : CHF_3
④ HFC－236fa : $C_3H_2F_6$($K_1 = 0.1413 \quad K_2 = 0.0006$)

187 불활성기체 소화설비의 소화약제별 선형상수값이 옳지 않은 것은?

번 호	소화약제	K_1	K_2
①	IG－01	0.5685	0.00208
②	IG－100	0.0664	0.0002741
③	IG－541	0.65799	0.00239
④	IG－55	0.6598	0.00242

불활성기체 소화설비

① IG－01 : Ar 100%
② IG－100 : N_2 100%($K_1 = 0.7997, \quad K_2 = 0.00293$)
③ IG－541 : N_2 52%, Ar 40%, CO_2 8%
④ IG－55 : N_2 50%, Ar 50%

188 할로겐화합물 및 불활성기체 소화설비의 기동장치의 설치기준으로 옳지 않는 것은?

① 수동식 기동장치는 전역방출방식은 방호구역마다, 국소방출방식은 방호대상물마다 설치할 것
② 기동장치의 조작부는 바닥으로부터 0.8[m] 이상 1.5[m] 이하에 설치할 것
③ 전기를 사용하는 기동장치에는 전원표시등을 설치할 것
④ 5[kg] 이하의 힘을 가하여 기동할 수 있는 구조로 설치할 것

할로겐화합물 및 불활성기체 소화설비의 기동장치의 설치기준(제8조)

① 방호구역마다 설치
② 해당 방호구역의 출입구 부근 등 조작을 하는 자가 쉽게 피난할 수 있는 장소에 설치
③ 기동장치의 조작부는 바닥으로부터 0.8m 이상 1.5m 이하의 위치에 설치하고, 보호판 등에 따른 보호장치를 설치할 것
④ 기동장치에는 가깝고 보기 쉬운 곳에 "할로겐화합물 및 불활성기체 소화설비 기동장치"라는 표지를 할 것
⑤ 전기를 사용하는 기동장치에는 전원표시등을 설치할 것
⑥ 기동장치의 방출용스위치는 음향경보장치와 연동하여 조작될 수 있는 것으로 할 것
⑦ 5kg 이하의 힘을 가하여 기동할 수 있는 구조로 설치

정답 187. ② 188. ①

189 할로겐화합물 및 불활성기체 소화약제의 저장용기 설치기준에 대한 다음 설명 중 옳지 않은 것은?

① 저장용기는 약제명 · 저장용기의 자체 중량과 총 중량 · 충전일시 · 충전압력 및 약제의 체적을 표시할 것

② 집합관에 접속되는 저장용기는 동일한 내용적을 가진 것으로 충전량 및 충전압력이 같도록 할 것

③ 저장용기에 충전량 및 충전압력을 확인할 수 있는 장치를 하는 경우에는 해당 소화약제에 적합한 구조로 할 것

④ 저장용기의 약제량 손실이 5%를 초과하거나 압력손실이 10%를 초과할 경우 재충전하거나 저장용기를 교체할 것. 다만, 불활성기체 소화약제 저장용기의 경우에는 압력손실이 10%를 초과할 경우 재충전하거나 저장용기를 교체하여야 한다.

할로겐화합물 및 불활성기체 소화약제의 저장용기 설치기준(제6조 제②항)

① 저장용기의 충전밀도 및 충전압력은 별표 1에 따를 것

② 저장용기는 약제명 · 저장용기의 자체 중량과 총 중량 · 충전일시 · 충전압력 및 약제의 체적을 표시할 것

③ 집합관에 접속되는 저장용기는 동일한 내용적을 가진 것으로 충전량 및 충전압력이 같도록 할 것

④ 저장용기에 충전량 및 충전압력을 확인할 수 있는 장치를 하는 경우에는 해당 소화약제에 적합한 구조로 할 것

⑤ 저장용기의 약제량 손실이 5%를 초과하거나 압력손실이 10%를 초과할 경우에는 재충전하거나 저장용기를 교체할 것. 다만, 불활성기체 소화약제 저장용기의 경우에는 압력손실이 5%를 초과할 경우 재충전하거나 저장용기를 교체하여야 한다.

190 할로겐화합물 및 불활성기체 소화설비에 대한 설명 중 옳지 않은 것은?

① 배관과 배관, 배관과 배관 부속 및 밸브류의 접속은 나사접합, 용접접합, 압축접합 또는 플랜지 접합 등의 방법을 사용하여야 한다.

② 배관의 구경은 해당 방호구역에 할로겐화합물 소화약제가 10초(불활성기체 소화약제는 A · C급 화재 2분, B급 화재 1분) 이내에 방호구역 각 부분에 최소설계농도의 90% 이상 해당하는 약제량이 방출되도록 하여야 한다.

③ 분사헤드의 설치높이는 방호구역의 바닥으로부터 최소 0.2m 이상 최대 3.7m 이하로 하여야 하며, 천장 높이가 3.7m를 초과할 경우에는 추가로 다른 열의 분사헤드를 설치할 것

④ 분사헤드의 오리피스의 면적은 배관 구경 면적의 70%를 초과하여서는 아니 된다.

할로겐화합물 및 불활성기체 소화설비

② 배관의 구경은 해당 방호구역에 할로겐화합물 소화약제가 10초(불활성기체 소화약제는 A · C급 화재 2분, B급 화재 1분) 이내에 방호구역 각 부분에 최소설계농도의 95% 이상 해당하는 약제량이 방출되도록 하여야 한다.

정답 189. ④ 190. ②

191 다음의 할로겐화합물 및 불활성기체 소화약제 중 최대허용설계농도가 가장 높은 소화약제는?

① FIC－13I1　　② FC－3－1－10
③ HFC－23　　④ IG－01

▶ 할로겐화합물 및 불활성기체 소화설비 최대허용설계농도

① 할로겐화합물 계열(13종 중 9종)

구 분	소화약제	화학식		최대허용 설계농도
① HFC 계열 (수소－불소－탄소화합물)	HFC－125	C_2HF_5	CHF_2CF_3	11.5%
	HFC－227ea	C_3HF_7	CF_3CHFCF_3	10.5%
	HFC－23	CHF_3	CHF_3	30%
	HFC－236fa	$C_3H_2F_6$	$CF_3CH_2CF_3$	12.5%
② HCFC 계열 (수소－염소－불소－탄소화합물)	HCFC BLEND A 설14회	HCFC－123($CHCl_2CF_3$) : 4.75% HCFC－22($CHClF_2$) : 82% HCFC－124($CHClFCF_3$) : 9.5% $C_{10}H_{16}$: 3.75%		10%
	HCFC－124	C_2HClF_4	$CHClFCF_3$	1.0%
③ PFC 계열 (불소－탄소화합물)	FC－3－1－10	C_4F_{10}	C_4F_{10}	40%
	FK－5－1－12	C_6OF_{12}	$CF_3CF_2C(O)CF(CF_3)_2$	10%
④ FIC 계열 (불소－옥소－탄소화합물)	FIC－13I1	CF_3I	CF_3I	0.3%

② 불활성 가스 계열(13종 중 4종)

소화약제	화학식	최대허용 설계농도
IG－541	N_2 : 52%, Ar : 40%, CO_2 : 8%	43%
IG－100	N_2	
IG－55	N_2 : 50%, Ar : 50%	
IG－01	Ar	

192 할로겐화합물 및 불활성기체 소화설비의 비상전원은 몇 분 이상 작동할 수 있어야 하는가?

① 10분　　② 20분
③ 30분　　④ 60분

▶ 할로겐화합물 및 불활성기체 소화설비의 비상전원(제16조)

② (CO_2, 할론, 할로겐화합물 및 불활성기체, 분말소화설비)를 유효하게 20분 이상 작동할 수 있어야 할 것

정답 191. ④ 192. ②

193 불활성기체 소화약제 중 "IG−541"의 주성분을 옳게 나타낸 것은?

① N_2 : 40%, Ar : 40%, CO_2 : 20%
② N_2 : 52%, Ar : 40%, CO_2 : 8%
③ N_2 : 60%, Ar : 32%, CO_2 : 8%
④ N_2 : 48%, Ar : 32%, CO_2 : 20%

194 할로겐화합물 소화약제 저장량 산정식으로 옳은 것은?(단, W : 소화약제의 무게(kg), V : 방호구역의 체적(m^3), S : 소화약제별 선형상수($K_1 + K_2 \times t$)(m^3/kg), C : 체적에 따른 소화약제의 설계농도(%), t : 방호구역의 최소예상온도(℃))

① $W = V/S \times [(100 - C)/C]$
② $W = V/S \times [(100 + C)/C]$
③ $W = V/S \times [C/(100 - C)]$
④ $W = V/S \times [C/(100 + C)]$

▶ 불활성기체 소화약제 저장량(제7조)

① 할로겐화합물 소화약제

$$W = \frac{V}{S} \times \left(\frac{C}{100 - C}\right) [kg]$$

② 불활성기체 소화약제

$$X = 2.303\log\left(\frac{100}{100 - C}\right) \times \frac{Vs}{S} \times V [m^3]$$

195 가로 35m, 세로 30m, 높이 7m인 방호공간에 불활성기체소화설비(IG−541)를 설치할 경우 소화약제 양[m^3]은?(단, 설계농도는 37%, 방사 시 온도는 상온(20℃)을 기준으로 한다.)

① 485.22 ② 1,474.85 ③ 2,784.89 ④ 3,396.57

▶ 불활성기체 소화약제 저장량(제7조)

$$X = 2.303\log\left(\frac{100}{100 - C}\right) \times \frac{Vs}{S} \times V = 2.303\log\left(\frac{100}{100 - 37}\right) \times (35 \times 30 \times 7) = 3{,}396.57 [m^3]$$

※ $\frac{Vs}{S}$의 개념

① 약제량 식에 온도 변화에 따른 약제 체적의 증감을 반영하기 위하여 상온에서의 비체적과 임의의 온도에서의 비체적을 이용한 것이다.

② 약제량 적용

상온	상온 초과	상온 미만
$\frac{Vs}{S} = 1$	$\frac{Vs}{S} < 1$	$\frac{Vs}{S} > 1$
기준 약제량	약제량 감소	약제량 증가

196 배관의 두께를 선정하는 공식을 설명한 것 중 옳지 않은 것은?

$$\text{관의 두께}(t) = \frac{PD}{2SE} + A$$

① t는 관의 두께로서 단위는 mm이다.
② SE는 최대허용응력으로서 배관재질 인장강도의 2/3과 항복점의 1/4값 중 적은 값을 선정한다.
③ A는 나사이음 등의 허용 값으로서 단위는 mm이다
④ P는 최대허용압력으로서 단위는 kPa이다.

배관의 두께(제10조 제①항)

② SE는 최대허용응력으로서 배관재질 인장강도의 1/4과 항복점의 2/3 값 중 적은 값을 선정한다.

197 다음 중 소화설비의 감지기 배선을 교차회로로 하지 아니하여도 되는 것은?

① 준비작동식 스프링클러설비
② 부압식 스프링클러설비
③ 이산화탄소 소화설비
④ 할로겐화합물 및 불활성기체소화설비

교차회로 배선

교차회로 적용	교차회로 비적용
준비작동식 스프링클러설비 일제살수식 스프링클러설비 개방식 미분무소화설비 이산화탄소 소화설비 할론소화설비 할로겐화합물 및 불활성기체소화설비 분말소화설비 캐비닛형 자동소화장치	부압식 스프링클러설비 물분무소화설비 포소화설비 자동화재탐지설비 제연설비
가스식 · 분말식 · 고체에어로졸식 자동소화장치 : 화재감지기를 감지부로 사용하는 경우	

198 제1종 분말 소화약제 250[kg]을 저장하려고 한다. 저장용기의 내용적[l]은 얼마 이상 으로 하여야 하는가?

① 200[l]
② 250[l]
③ 312.5[l]
④ 375[l]

분말소화약제의 저장용기 설치기준(제4조 제②항)

저장용기 내용적[l] $= 0.8[l/kg] \times 250[kg] = 200[l]$

① 저장용기의 내용적은 다음 표에 따를 것

종별	1종 분말	2종 분말	3종 분말	4종 분말
내용적	0.8l	1l	1l	1.25l

정답 196. ② 197. ② 198. ①

② 저장용기에는 가압식은 최고사용압력의 1.8배 이하, 축압식은 용기의 내압시험압력의 0.8배 이하의 압력에서 작동하는 안전밸브를 설치할 것
③ 저장용기에는 저장용기의 내부압력이 설정압력으로 되었을 때 주 밸브를 개방하는 정압 작동장치를 설치할 것
④ 저장용기의 충전비는 0.8 이상으로 할 것
⑤ 저장용기 및 배관에는 잔류 소화약제를 처리할 수 있는 청소장치를 설치할 것
⑥ 축압식의 분말소화설비는 사용압력의 범위를 표시한 지시압력계를 설치할 것

199 분말소화약제의 저장용기 충전비는 얼마 이상으로 하여야 하는가?

① 0.8 ② 1.0 ③ 1.25 ④ 1.5

200 체적이 400[m³]인 소방대상물에 제3종 분말소화설비를 설치하려고 한다. 자동 폐쇄장치가 설치되어 있지 않는 개구부의 면적이 5[m²]일 때 소화약제 저장량은?

① 262.5[kg] ② 157.5[kg]
③ 105[kg] ④ 205[kg]

분말소화설비 소화약제 저장량(제6조)

W = 기본량 + 가산량 = $(V \cdot K_1) + (A \cdot K_2)$[kg]
$= (400 \times 0.36) + (5 \times 2.7) = 157.5$[kg]

소화약제	K_1[kg/m³]	K_2[kg/m²]
1종 분말	0.60	4.5
2종 분말 또는 3종 분말	0.36	2.7
4종 분말	0.24	1.8

201 제3종 호스릴 분말소화설비를 설치하려고 한다. 노즐의 수가 2개일 때 소화약제의 저장량은 얼마가 필요한가?

① 40[kg] ② 60[kg] ③ 80[kg] ④ 100[kg]

호스릴 노즐당 약제량 및 방사량

$W = N \cdot K$[kg] $= 2 \times 30 = 60$[kg]

약제의 종별	약제량	방사량
1종 분말	50kg 이상	45kg/min
2종 분말 또는 3종 분말	30kg 이상	27kg/min
4종 분말	20kg 이상	18kg/min

정답 199. ① 200. ② 201. ②

202 가압용 가스에 질소가스를 사용하는 것에 있어서 20[kg] 소화약제를 사용하였을 때 필요한 질소의 양은 얼마 이상으로 하는가?

① 200[l] ② 400[l] ③ 600[l] ④ 800[l]

분말소화약제의 가압용 가스 또는 축압용 가스 설치기준(제5조 제④항)

$20kg \times 40l/kg = 800[l]$

① 가압용 가스에 질소가스를 사용하는 것의 질소가스는 소화약제 1kg마다 40l 이상, 이산화탄소를 사용하는 것의 이산화탄소는 소화약제 1kg에 대하여 20g에 배관의 청소에 필요한 양을 가산한 양 이상으로 할 것
② 축압용 가스에 질소가스를 사용하는 것의 질소가스는 소화약제 1kg에 대하여 10l 이상, 이산화탄소를 사용하는 것의 이산화탄소는 소화약제 1kg에 대하여 20g에 배관의 청소에 필요한 양을 가산한 양으로 할 것
③ 배관의 청소에 필요한 양의 가스는 별도의 용기에 저장할 것
④ 가압용 가스 또는 축압용 가스는 질소가스 또는 이산화탄소로 할 것

203 차고, 주차장에 적합한 분말소화설비의 약제는?

① 제1종 분말 ② 제2종 분말
③ 제3종 분말 ④ 제4종 분말

분말소화약제(제6조 제①항)

분말소화설비에 사용하는 소화약제는 제1종 분말 · 제2종 분말 · 제3종 분말 또는 제4종 분말로 하여야 한다. 다만, 차고 또는 주차장에 설치하는 분말소화설비의 소화약제는 제3종 분말로 하여야 한다.

204 분말소화약제의 저장용기가 가압식일 경우 안전밸브 작동압력으로 옳은 것은?

① 최고 사용압력의 1.5배 이하 ② 최고 사용압력의 1.8배 이하
③ 내압시험의 0.8배 이하 ④ 내압시험의 압력의 1.8배 이하

분말소화약제의 저장용기(제4조 제②항)

저장용기에는 가압식은 최고사용압력의 1.8배 이하, 축압식은 용기의 내압시험압력의 0.8배 이하의 압력에서 작동하는 안전밸브를 설치할 것

205 분말소화약제 저장용기 및 배관에 설치하는 것으로 잔류 소화약제를 처리할 수 있는 것은?

① 배출장치 ② 청소장치
③ 분해장치 ④ 배수장치

정답 202. ④ 203. ③ 204. ② 205. ②

206 분말소화약제의 가압용 가스 용기를 몇 병 이상 설치한 경우에는 2개 이상의 용기에 전자개방밸브를 부착하여야 하는가?

① 1병 ② 3병
③ 5병 ④ 7병

분말소화설비(제5조)

① 분말소화약제의 가스용기는 분말소화약제의 저장용기에 접속하여 설치
② 가압용 가스용기를 3병 이상 설치한 경우 : 2개 이상의 용기에 전자개방밸브 부착
③ 2.5MPa 이하의 압력에서 조정이 가능한 압력조정기 설치

207 분말소화설비에서 분말소화약제의 저장량을 몇 초 이내에 방사할 수 있어야 하는가?

① 20초 ② 30초
③ 40초 ④ 60초

분말소화설비(제11조)

① 전역방출방식
㉮ 방사된 소화약제가 방호구역의 전역에 균일하고 신속하게 확산할 수 있도록 할 것
㉯ 소화약제 저장량을 30초 이내에 방사할 수 있는 것으로 할 것
② 국소방출방식
㉮ 소화약제의 방사에 따라 가연물이 비산하지 아니하는 장소에 설치할 것
㉯ 기준저장량의 소화약제를 30초 이내에 방사할 수 있는 것으로 할 것

208 호스릴분말소화설비 중 제4종 분말은 하나의 노즐마다 1분당 몇 [kg]을 방사할 수 있어야 하는가?

① 45 ② 27
③ 18 ④ 9

호스릴분말소화설비(제11조 제④항)

소화약제의 종별	1분당 방사하는 소화약제의 양
제1종 분말	45kg
제2종 분말 · 제3종 분말	27kg
제4종 분말	18kg

정답 206. ② 207. ② 208. ③

209 **분말소화설비의 전역방출방식에 있어서 방호구역의 체적이 500m³일 때 분사헤드의 수는?(단, 제1종 소화분말로서 분사헤드의 방출률은 20kg/분 · 개이다.)**

① 35개　② 134개　③ 9개　④ 30개

▶ 분사헤드 수

$$\text{방출률[kg/min} \cdot \text{개]} = \frac{\text{약제량[kg]}}{\text{분사헤드 개수[개]} \times \text{방사시간[min]}}$$

$$N = \frac{\text{약제량[kg]}}{\text{방출률[kg/min·개]} \times \text{방사시간[min]}} = \frac{500\text{m}^3 \times 0.6\text{kg/m}^3}{20\text{kg/min·개} \times (30 \div 60)\text{min}} = 30\text{개}$$

210 **분말소화설비의 저장용기에 저장용기의 내부 압력이 설정 압력으로 되었을 때 주 밸브를 개방하는 것을 무엇이라 하는가?**

① 정압작동장치　② 개방밸브
③ 압력조정장치　④ 방출전환밸브

▶ 분말소화약제의 저장용기 설치기준(제4조 제②항)

저장용기에는 저장용기의 내부압력이 설정압력으로 되었을 때 주밸브를 개방하는 정압작동장치를 설치할 것
㉮ 압력스위치방식(가스방식)
㉯ 기계식
㉰ 전기식(시한릴레이식)

211 **분말소화설비의 가압용 가스 및 축압용 가스에 대한 설명 중 옳지 않은 것은?**

① 가압용 가스 또는 축압용 가스는 질소가스 또는 이산화탄소로 할 것
② 가압용 가스에 질소가스를 사용하는 것에 있어서 질소가스는 소화약제 1kg마다 40l(25℃에서 1기압의 압력상태로 환산한 것)에 배관의 청소에 필요한 양을 가산한 양 이상으로 할 것
③ 축압용 가스에 이산화탄소를 사용하는 것에 있어서 이산화탄소는 소화약제 1kg에 대하여 20g에 배관의 청소에 필요한 양을 가산한 양 이상으로 할 것
④ 배관의 청소에 필요한 양의 가스는 별도의 용기에 저장할 것

▶ 분말소화설비의 가압용 가스 및 축압용 가스(제5조 제④항)

가압용 가스에 질소가스를 사용하는 것의 질소가스는 소화약제 1kg마다 40l 이상(35℃에서 1기압의 압력상태로 환산한 것), 이산화탄소를 사용하는 것의 이산화탄소는 소화약제 1kg에 대하여 20g에 배관의 청소에 필요한 양을 가산한 양 이상으로 할 것

정답 209. ④ 210. ① 211. ②

212 분말소화설비의 배관에 대한 설명으로 옳지 않는 것은?

① 배관은 전용으로 할 것

② 강관을 사용하는 경우의 배관은 아연도금에 따른 배관용탄소강관(KS D 3507)이나 이와 동등 이상의 강도 · 내식성 및 내열성을 가진 것으로 할 것. 다만, 축압식 분말소화설비에 사용하는 것 중 20℃에서 압력이 2.5MPa 이상, 4.2MPa 이하인 것에 있어서는 압력배관용 탄소강관(KS D 3562) 중 이음이 없는 스케줄 40 이상의 것 또는 이와 동등 이상의 강도를 가진 것으로서 아연도금으로 방식처리된 것을 사용할 것

③ 동관을 사용하는 경우의 배관은 고정압력 또는 최고사용압력의 1.8배 이상의 압력에 견딜 수 있는 것을 사용할 것

④ 밸브류는 개폐위치 또는 개폐방향을 표시한 것으로 할 것

분말소화설비의 배관(제9조)

① 배관은 전용으로 할 것

② 강관을 사용하는 경우의 배관은 아연도금에 따른 배관용 탄소강관이나 이와 동등 이상의 강도 · 내식성 및 내열성을 가진 것으로 할 것. 다만, 축압식 분말소화설비에 사용하는 것 중 20℃에서 압력이 2.5MPa 이상, 4.2MPa 이하인 것은 압력배관용탄소강관 중 이음이 없는 스케줄 40 이상의 것 또는 이와 동등 이상의 강도를 가진 것으로서 아연도금으로 방식처리된 것을 사용할 것

③ 동관을 사용하는 경우의 배관은 고정압력 또는 최고사용압력의 1.5배 이상의 압력에 견딜 수 있는 것을 사용할 것

④ 밸브류는 개폐위치 또는 개폐방향을 표시한 것으로 할 것

⑤ 배관의 관부속 및 밸브류는 배관과 동등 이상의 강도 및 내식성이 있는 것으로 할 것

⑥ 분기배관을 사용할 경우에는 법 제39조에 따라 제품검사에 합격한 것으로 설치할 것

정답 212. ③

CHAPTER 02 경보설비

01 비상경보설비의 설치대상으로 옳지 않은 것은?

① 연면적 400m²(지하가 중 터널 또는 사람이 거주하지 않거나 벽이 없는 축사는 제외한다.) 이상인 것
② 지하층 또는 무창층의 바닥면적이 100m²(공연장의 경우 50m²) 이상인 것
③ 지하가 중 터널로서 길이가 500m 이상인 것
④ 50명 이상의 근로자가 작업하는 옥내 작업장

비상경보설비의 설치대상

① 연면적 400m²(지하가 중 터널 또는 사람이 거주하지 않거나 벽이 없는 축사는 제외한다.) 이상
② 지하층 또는 무창층의 바닥면적이 150m²(공연장의 경우 100m²) 이상인 것
③ 지하가 중 터널로서 길이가 500m 이상인 것
④ 50명 이상의 근로자가 작업하는 옥내 작업장
※ 위험물저장 및 처리시설 중 가스시설 또는 지하구는 제외한다.

02 단독경보형 감지기의 설치기준으로 옳지 않은 것은?

① 각 실마다 설치하되, 바닥면적이 100m²를 초과하는 경우에는 100m²마다 1개 이상 설치할 것
② 최상층 계단실의 천장(외기가 상통하는 계단실은 제외)에 설치할 것
③ 건전지를 주 전원으로 사용하는 단독경보형 감지기는 정상적인 작동상태를 유지할 수 있도록 건전지를 교환할 것
④ 상용전원을 주 전원으로 사용하는 2차 전지는 성능시험에 합격한 것일 것

단독경보형 감지기의 설치기준(제5조)

① 각 실(이웃하는 실내의 바닥면적이 각각 30m² 미만이고 벽체의 상부의 전부 또는 일부가 개방되어 이웃하는 실내와 공기가 상호 유통 되는 경우에는 이를 1개의 실로 본다.)마다 설치하되, 바닥면적이 150m²를 초과하는 경우에는 150m²마다 1개 이상 설치할 것
② 최상층의 계단실의 천장(외기가 상통하는 계단실의 경우를 제외한다.)에 설치할 것
③ 건전지를 주 전원으로 사용하는 단독경보형 감지기는 정상적인 작동상태를 유지할 수 있도록 건전지를 교환할 것
④ 상용전원을 주 전원으로 사용하는 단독경보형 감지기의 2차 전지는 법 제39조에 따라 제품검사에 합격한 것을 사용할 것

정답 01. ② 02. ①

03 비상방송설비의 음향장치 설치기준 중 옳은 것은?

① 확성기의 음성입력은 2W(실내에 설치하는 것에 있어서는 1W) 이상일 것
② 확성기는 각 층마다 설치하되, 그 층의 각 부분으로부터 하나의 확성기까지의 수평거리가 20m 이하가 되도록 하고, 당해 층의 각 부분에 유효하게 경보를 발할 수 있도록 설치할 것
③ 음량조정기를 설치하는 경우 음량조정기의 배선은 3선식으로 할 것
④ 조작부의 조작스위치는 바닥으로부터 0.5m 이상 1.0m 이하의 높이에 설치할 것

비상방송설비의 음향장치 설치기준(제4조)

① 확성기의 음성입력은 3W(실내에 설치하는 것에 있어서는 1W) 이상일 것
② 확성기는 각 층마다 설치하되, 그 층의 각 부분으로부터 하나의 확성기까지의 수평거리가 25m 이하가 되도록 하고, 해당 층의 각 부분에 유효하게 경보를 발할 수 있도록 설치할 것
③ 음량조정기를 설치하는 경우 음량조정기의 배선은 3선식으로 할 것
④ 조작부의 조작스위치는 바닥으로부터 0.8m 이상 1.5m 이하의 높이에 설치할 것
⑤ 조작부는 기동장치의 작동과 연동하여 해당 기동장치가 작동한 층 또는 구역을 표시할 수 있는 것으로 할 것
⑥ 증폭기 및 조작부는 수위실 등 상시 사람이 근무하는 장소로서 점검이 편리하고 방화상 유효한 곳에 설치할 것
⑦ 층수가 5층 이상으로서 연면적이 3,000m²를 초과하는 특정소방대상물은 다음 각 목에 따라 경보를 발할 수 있도록 하여야 한다.
　㉮ 2층 이상의 층에서 발화한 때에는 발화층 및 그 직상층에 경보를 발할 것
　㉯ 1층에서 발화한 때에는 발화층 · 그 직상층 및 지하층에 경보를 발할 것
　㉰ 지하층에서 발화한 때에는 발화층 · 그 직상층 및 기타의 지하층에 경보를 발할 것
⑧ 다른 방송설비와 공용하는 것에 있어서는 화재 시 비상경보 외의 방송을 차단할 수 있는 구조로 할 것
⑨ 다른 전기회로에 따라 유도장애가 생기지 아니하도록 할 것
⑩ 하나의 특정소방대상물에 2 이상의 조작부가 설치되어 있는 때에는 각각의 조작부가 있는 장소 상호 간에 동시통화가 가능한 설비를 설치하고, 어느 조작부에서도 해당 특정소방대상물의 전 구역에 방송을 할 수 있도록 할 것
⑪ 기동장치에 따른 화재신고를 수신한 후 필요한 음량으로 화재 발생 상황 및 피난에 유효한 방송이 자동으로 개시될 때까지의 소요시간은 10초 이하로 할 것
⑫ 음향장치는 다음 각 목의 기준에 따른 구조 및 성능의 것으로 하여야 한다.
　㉮ 정격전압의 80% 전압에서 음향을 발할 수 있는 것으로 할 것
　㉯ 자동화재탐지설비의 작동과 연동하여 작동할 수 있는 것으로 할 것

정답 03. ③

04 발신기와 전화통화가 가능한 수신기는 몇 층 이상의 소방대상물에 설치하여야 하는가?

① 3층 ② 4층 ③ 5층 ④ 11층

수신기 적합 기준(제5조 제①항)

① 해당 특정소방대상물의 경계구역을 각각 표시할 수 있는 회선수 이상의 수신기를 설치할 것
② 4층 이상의 특정소방대상물에는 발신기와 전화통화가 가능한 수신기를 설치할 것
③ 해당 특정소방대상물에 가스누설탐지설비가 설치된 경우에는 가스누설탐지설비로부터 가스누설 신호를 수신하여 가스누설경보를 할 수 있는 수신기를 설치할 것(가스누설탐지설비의 수신부를 별도로 설치한 경우에는 제외한다.)

※ 4층 이상의 특정소방대상물에 설치 가능한 수신기 종류

① P형 1급 수신기 ② R형 수신기
③ GP형 1급 수신기 ④ GR형 수신기

05 자동화재탐지설비의 경계구역에 대한 설치기준 중 옳지 않은 것은?

① 하나의 경계구역이 2개 이상의 건축물에 미치지 아니하도록 할 것
② 하나의 경계구역이 2개 이상의 층에 미치지 아니하도록 할 것. 다만, 500m^2 이하의 범위 안에서는 2개의 층을 하나의 경계구역으로 할 수 있다.
③ 하나의 경계구역의 면적은 600m^2 이하로 하고 한 변의 길이는 50m 이하로 할 것. 다만, 당해 소방대상물의 주된 출입구에서 그 내부 전체가 보이는 것에 있어서는 한 변의 길이가 50m의 범위 내에서 800m^2 이하로 할 수 있다.
④ 지하구에 있어서 하나의 경계구역의 길이는 700m 이하로 할 것

자동화재탐지설비의 경계구역 설치기준(제4조)

① 수평적 경계구역
㉮ 하나의 경계구역이 2개 이상의 건축물에 미치지 아니하도록 할 것
㉯ 하나의 경계구역이 2개 이상의 층에 미치지 아니하도록 할 것. 다만, 500m^2 이하의 범위 안에서는 2개의 층을 하나의 경계구역으로 할 수 있다.
㉰ 하나의 경계구역의 면적은 600m^2 이하로 하고 한 변의 길이는 50m 이하로 할 것. 다만, 해당 특정소방대상물의 주된 출입구에서 그 내부 전체가 보이는 것에 있어서는 한 변의 길이가 50m의 범위 내에서 1,000m^2 이하로 할 수 있다.
㉱ 지하구의 경우 하나의 경계구역의 길이는 700m 이하로 할 것

② 수직적 경계구역
㉮ 경계구역 설정 시 별도로 경계구역을 설정하여야 하는 부분
계단(직통계단 외의 것에 있어서는 떨어져 있는 상하 계단의 상호 간의 수평거리가 5m 이하로서 서로 간에 구획되지 아니한 것에 한한다.) · 경사로(에스컬레이터 경사로 포함) · 엘리베이터 승강로(권상기실이 있는 경우에는 권상기실) · 린넨 슈트 · 파이프 피트 및 덕트 기타 이와 유사한 부분
㉯ 계단 및 경사로 : 높이 45m 이하마다 하나의 경계구역으로 할 것

정답 04. ② 05. ③

㉰ 지하층의 계단 및 경사로 : 지상 층과 별도로 경계구역을 설정할 것(단, 지하층의 층수가 1일 경우는 제외)

③ 외기에 면하여 상시 개방된 부분이 있는 차고 · 주차장 · 창고 등에 있어서는 외기에 면하는 각 부분으로부터 5m 미만의 범위 안에 있는 부분은 경계구역의 면적에 산입하지 아니한다.

④ 스프링클러설비 또는 물분무등 소화설비 또는 제연설비의 화재감지장치로서 화재감지기를 설치한 경우의 경계구역은 당해 소화설비의 방사구역 또는 제연구역과 동일하게 설정할 수 있다.

06 자동화재탐지설비의 수신기 설치기준으로 옳지 않은 것은?

① 수위실 등 상시 사람이 근무하는 장소에 설치할 것

② 수신기의 음향기구는 그 음량 및 음색이 다른 기기의 소음 등과 명확히 구별될 수 있는 것으로 할 것

③ 수신기의 조작 스위치는 바닥으로부터의 높이가 0.5[m] 이상 1.5[m] 이하인 장소에 설치할 것

④ 수신기는 감지기 · 중계기 또는 발신기가 작동하는 경계구역을 표시할 수 있는 것으로 할 것

수신기 설치기준(제5조 제③항)

① 수위실 등 상시 사람이 근무하는 장소에 설치할 것. 다만, 사람이 상시 근무하는 장소가 없는 경우에는 관계인이 쉽게 접근할 수 있고 관리가 용이한 장소에 설치할 수 있다.

② 수신기가 설치된 장소에는 경계구역 일람도를 비치할 것. 다만, 모든 수신기와 연결되어 각 수신기의 상황을 감시하고 제어할 수 있는 수신기를 설치하는 경우에는 주 수신기를 제외한 기타 수신기는 그러하지 아니하다.

③ 수신기의 음향기구는 그 음량 및 음색이 다른 기기의 소음 등과 명확히 구별될 수 있는 것으로 할 것

④ 수신기는 감지기 · 중계기 또는 발신기가 작동하는 경계구역을 표시할 수 있는 것으로 할 것

⑤ 화재 · 가스 전기등에 대한 종합 방재반을 설치한 경우에는 해당 조작반에 수신기의 작동과 연동하여 감지기 · 중계기 또는 발신기가 작동하는 경계구역을 표시할 수 있는 것으로 할 것

⑥ 하나의 경계구역은 하나의 표시등 또는 하나의 문자로 표시되도록 할 것

⑦ 수신기의 조작 스위치는 바닥으로부터의 높이가 0.8m 이상 1.5m 이하인 장소에 설치할 것

⑧ 하나의 특정소방대상물에 2 이상의 수신기를 설치하는 경우에는 수신기를 상호 간 연동하여 화재발생 상황을 각 수신기마다 확인할 수 있도록 할 것

07 P형 수신기 및 GP형 수신기의 감지기 회로의 배선에 있어서 하나의 공통선에 접속할 수 있는 경계구역은 몇 개 이하로 하여야 하는가?

① 3　② 5　③ 7　④ 15

배선(제11조)

P형 수신기 및 GP형 수신기의 감지기 회로의 배선에 있어서 하나의 공통선에 접속할 수 있는 경계구역은 7개 이하

정답 06. ③ 07. ③

08 P형 1급 수신기의 반복시험으로 수신기를 정격 사용 전압에서 몇 회의 화재동작을 실시하였을 경우 구조나 기능에 이상이 생기지 아니하여야 하는가?

① 10,000회 ② 15,000회 ③ 20,000회 ④ 25,000회

수신기의 형식승인 및 제품검사의 기술기준(제36조)

간이형 수신기는 다음 각 호에 해당하는 시험을 정격전압으로 1만 회 반복하는 경우, 구조 및 기능에 이상이 생기지 아니하여야 한다.

① 화재수신용 간이형 수신기의 경우에는 화재표시동작
② 가스누설수신용 간이형 수신기의 경우에는 가스누설표시동작
③ 화재수신 및 가스누설수신이 모두 가능한 간이형 수신기의 경우에는 화재표시동작 및 가스누설표시동작

09 자동화재탐지설비의 GP형 수신기에 연결된 감지기 회로의 전로저항은 몇 [Ω] 이하이어야 하는가?

① 30 ② 50 ③ 100 ④ 200

배선(제11조)

자동화재탐지설비의 감지기 회로의 전로저항은 50Ω 이하가 되도록 하여야 하며, 수신기의 각 회로별 종단에 설치되는 감지기에 접속되는 배선의 전압은 감지기 정격전압의 80% 이상이어야 할 것

10 R형 수신기에 대한 설명으로 옳지 않은 것은?

① 선로수가 적게 들어 경제적이다. ② 선로길이를 길게 할 수 있다.
③ 증설 및 이설이 비교적 용이하다. ④ 중계기가 불필요하다.

R형 수신기의 특징

① 간선수가 적어 경제적이다.
② 선로의 길이를 길게 할 수 있다.(전압강하의 우려가 작다.)
③ 이설 및 증설이 쉽다.
④ 신호의 전달이 명확하다.
⑤ 중계기(집합형, 분산형)가 필요하다.

11 자동화재탐지설비에서 수신기 조작스위치의 설치위치로 옳은 것은?

① 0.3[m] 이상 0.8[m] 이하 ② 0.5[m] 이상 1.2[m] 이하
③ 0.8[m] 이상 1.5[m] 이하 ④ 1[m] 이상 1.8[m] 이하

수신기 설치기준(제5조 제④항)

수신기의 조작스위치는 바닥으로부터의 높이가 0.8m 이상 1.5m 이하인 장소에 설치할 것

정답 08. ① 09. ② 10. ④ 11. ③

12 자동화재탐지설비의 수신기 설치기준에 관한 설명 중 옳은 것은?

① 감지기 · 중계기 또는 발신기가 작동하는 경계구역을 표시할 수 있는 것으로 할 것
② 조작스위치는 바닥으로부터의 높이가 0.8[m] 이상 1.8[m] 이하인 장소에 설치할 것
③ 하나의 소방대상물에 2 이상의 수신기를 설치하는 경우에는 별도로 작동하도록 할 것
④ 모든 수신기와 연결되어 각 수신기의 상황을 감지 · 제어할 수 있는 수신기를 설치한 장소에는 반드시 경계구역 일람도를 비치할 것

수신기 설치기준(제5조 제④항)

① 감지기 · 중계기 또는 발신기가 작동하는 경계구역을 표시할 수 있는 것으로 할 것
② 조작 스위치는 바닥으로부터의 높이가 0.8[m] 이상 1.5[m] 이하인 장소에 설치 할 것
③ 하나의 소방대상물에 2 이상의 수신기를 설치하는 경우에는 상호 간 연동으로 작동하도록 할 것
④ 수신기가 설치된 장소에는 경계구역 일람도를 비치할 것. 다만, 모든 수신기와 연결되어 각 수신기의 상황을 감시하고 제어할 수 있는 수신기를 설치하는 경우에는 주 수신기를 제외한 기타 수신기는 그러하지 아니하다.

13 감지기의 부착면과 실내바닥의 거리가 2.3[m] 이하인 곳으로서 일시적으로 발생한 열, 연기 등으로 인하여 화재신호를 발신할 수 있는 장소에 설치할 수 있는 감지기는?

① 정온식 스포트형 감지기
② 정온식 감지선형 감지기
③ 광전식 스포트형 감지기
④ 이온화식 감지기

비화재보 발생 우려가 있는 장소에 설치 가능한 감지기(제7조 제①항)

불꽃감지기, 정온식 감지선형 감지기, 분포형 감지기, 복합형 감지기, 광전식 분리형 감지기, 아날로그방식의 감지기, 다신호방식의 감지기, 축정방식의 감지기

※ 비화재보 발생 가능 장소(제5조 제②항)

① 지하층 · 무창층 등으로 환기가 잘 되지 아니하거나 실내면적이 $40m^2$ 미만인 장소
② 감지기의 부착면과 실내 바닥과의 거리가 2.3m 이하인 곳으로서 일시적으로 발생한 열 · 연기 또는 먼지 등으로 인하여 화재신호를 발신할 우려가 있는 장소

14 감지기 부착높이가 15[m] 이상 20[m] 미만에 설치할 수 있는 감지기의 종류가 아닌 것은?

① 차동식 분포형 감지기
② 연기복합형 감지기
③ 이온화식 1종 감지기
④ 불꽃감지기

정답 12. ① 13. ② 14. ①

감지기 부착높이별 적응성(제7조 제①항)

부착높이	감지기의 종류
8m 이상 15m 미만	① 차동식 분포형 ② 이온화식 1종 또는 2종 ③ 광전식(스포트형 · 분리형 · 공기흡입형) 1종 또는 2종 ④ 연기복합형 ⑤ 불꽃감지기
15m 이상 20m 미만	① 이온화식 1종 ② 광전식(스포트형 · 분리형 · 공기흡입형) 1종 ③ 연기복합형 ④ 불꽃감지기
20m 이상	① 불꽃감지기 ② 광전식(분리형 · 공기흡입형) 중 아날로그방식

비고) 1. 감지기별 부착높이 등에 대하여 별도로 형식승인을 받은 경우에는 그 성능 인정범위 내에서 사용할 수 있다.
2. 부착높이 20m 이상에 설치되는 광전식 중 아날로그방식의 감지기는 공칭감지농도 하한값이 감광률 5%/m 미만인 것으로 한다.

15 정온식 감지선형 감지기는 감지기와 감지구역의 각 부분과의 수평거리가 1종에 있어서는 몇 [m] 이하가 되도록 설치하여야 하는가?(단, 건물은 비내화구조이다.)

① 1 ② 2 ③ 3 ④ 4.5

정온식 감지선형 감지기 설치기준(제7조 제③항)

① 보조선이나 고정금구를 사용하여 감지선이 늘어지지 않도록 설치할 것
② 단자부와 마감 고정금구와의 설치간격은 10cm 이내로 설치할 것
③ 감지선형 감지기의 굴곡반경은 5cm 이상으로 할 것
④ 감지기와 감지구역의 각 부분과의 수평거리가 내화구조의 경우 1종 4.5m 이하, 2종 3m 이하로 할 것. 기타 구조의 경우 1종 3m 이하, 2종 1m 이하로 할 것
⑤ 케이블트레이에 감지기를 설치하는 경우에는 케이블트레이 받침대에 마감금구를 사용하여 설치할 것
⑥ 지하구나 창고의 천장 등에 지지물이 적당하지 않는 장소에서는 보조선을 설치하고 그 보조선에 설치할 것
⑦ 분전반 내부에 설치하는 경우 접착제를 이용하여 돌기를 바닥에 고정시키고 그곳에 감지기를 설치할 것
⑧ 그 밖의 설치방법은 형식승인 내용에 따르며 형식승인 사항이 아닌 것은 제조사의 시방(示方)에 따라 설치할 것

16 주방, 보일러실 등 다량의 화기를 취급하는 장소에 설치하되, 공칭작동온도가 최고주위온도보다 20℃ 이상 높은 것을 설치하여야 하는 감지기로 옳은 것은?

① 차동식 분포형 감지기 ② 차동식 스포트형 감지기
③ 정온식 스포트형 감지기 ④ 이온화식연기감지기

정답 15. ③ 16. ③

17 정온식 감지기의 공칭작동온도의 범위로 옳은 것은?

① 60~150[℃] ② 70~160[℃]
③ 80~170[℃] ④ 90~180[℃]

정온식 감지기의 공칭작동온도의 범위

① 정온식 감지기는 주방·보일러실 등으로서 다량의 화기를 취급하는 장소에 설치하되, 공칭작동온도가 최고주위온도보다 20℃ 이상 높은 것으로 설치할 것
② 감지기의 형식승인 및 제품검사의 기술기준
㉮ 공칭작동온도 : 정온식 감지기에서 감지기가 작동하는 작동점
㉯ 정온식의 공칭작동온도(아날로그식은 제외) : 60~150℃로 한다.
60~80℃ : 5℃ 간격, 60~150℃ : 10℃

18 감지기의 오동작 방지 기능이 다른 감지기는?

① 차동식 스포트형 공기팽창식
② 차동식 분포형 공기관식
③ 차동식 분포형 열전대식
④ 보상식 스포트형

감지기의 오동작 방지 기능

① 차동식 스포트형 공기팽창식
완만한 온도상승은 Leak 구멍으로 공기가 배출되어 오보방지
② 차동식 분포형 공기관식
낮은 온도상승률에 의한 공기팽창을 Leak 구멍으로 누설시켜 오보방지
③ 차동식 분포형 열전대식
완만한 온도상승은 양 접합부 사이의 온도상승에 대한 열용량 차이가 거의 없으므로, 화재신호가 발생되지 않는다.
④ 보상식 스포트형
차동식과 정온식의 감지원리를 모두 가지고 있으며, 화재 시 감지기가 작동되지 않는 실보나 지연작동을 방지하기 위해 사용

19 감지기의 동작 원리 중 제백효과를 이용한 감지기로 알맞게 짝지어진 것은?

① 차동식 스포트형 공기팽창식 · 차동식 분포형 열전대식
② 차동식 분포형 열전대식 · 차동식 분포형 열반도체식
③ 이온화식 스포트형 · 광전식 스포트형
④ 정온식 감지선형 · 보상식 스포트형

정답 17. ① 18. ③ 19. ②

▶ 제백 효과

① Seebeck 효과
　㉮ 전도체에 전류가 흐르지 않아도 온도차에 의한 에너지의 흐름에 의해 기전력이 발생한다는 원리
　㉯ 2종의 금속 또는 반도체를 폐회로로 접속하고, 접속한 2점 사이에 온도차를 주면 기전력이 발생하여 전류가 흐른다.
② 적용 감지기 : 차동식 분포형 열전대식 · 차동식 분포형 열반도체

20 공기관식 차동식 분포형 감지기의 공기관의 규격으로 알맞은 것은?

① 두께 0.2[mm] 이상, 외경 1.6[mm] 이상
② 두께 0.2[mm] 이상, 외경 1.9[mm] 이상
③ 두께 0.3[mm] 이상, 외경 1.6[mm] 이상
④ 두께 0.3[mm] 이상, 외경 1.9[mm] 이상

▶ 감지기의 형식승인 및 제품검사의 기술기준(제5조)

⑯ 차동식 분포형 감지기로서 공기관식 또는 이와 유사한 것은 다음에 적합하여야 한다.
　㉮ 리이크저항 및 접점수고를 쉽게 시험할 수 있어야 한다.
　㉯ 공기관의 누출 및 폐쇄 여부를 쉽게 시험할 수 있고, 시험 후 시험장치를 정위치에 쉽게 복귀할 수 있는 적당한 방법이 강구되어야 한다.
　㉰ 공기관은 하나의 길이(이음매가 없는 것)가 20m 이상의 것으로 안지름 및 관의 두께가 일정하고 흠, 갈라짐 및 변형이 없어야 하며 부식되지 아니하여야 한다.
　㉱ 공기관의 두께는 0.3mm 이상, 바깥지름은 1.9mm 이상이어야 한다.

21 공기관식 차동식 분포형 감지기의 설치기준으로 옳지 않는 것은?

① 공기관의 노출부분은 감지구역마다 10[m] 이상 되도록 할 것
② 공기관과 감지구역의 각 변과의 수평거리는 1.5[m] 이하가 되도록 할 것
③ 공기관 상호 간의 거리는 6[m] 이하가 되도록 할 것
④ 주요 구조부가 내화구조로 된 소방대상물은 공기관 상호 간의 거리는 9[m] 이하가 되도록 할 것

▶ 공기관식 차동식 분포형 감지기의 설치기준(제7조 제③항)

① 공기관의 노출부분은 감지구역마다 20m 이상이 되도록 할 것
② 공기관과 감지구역의 각 변과의 수평거리는 1.5m 이하가 되도록 하고, 공기관 상호 간의 거리는 6m (주요 구조부를 내화구조로 한 특정소방대상물 또는 그 부분에 있어서는 9m) 이하가 되도록 할 것
③ 공기관은 도중에서 분기하지 아니하도록 할 것
④ 하나의 검출부분에 접속하는 공기관의 길이는 100m 이하로 할 것
⑤ 검출부는 5° 이상 경사되지 아니하도록 부착할 것
⑥ 검출부는 바닥으로부터 0.8m 이상 1.5m 이하의 위치에 설치할 것

정답 20. ④ 21. ①

22 열전대식 차동식 분포형 감지기는 하나의 검출부에 접속하는 열전대부를 몇 개 이하로 하여야 하는가?

① 10　　② 20　　③ 30　　④ 40

열전대식 차동식 분포형 감지기 열전대부

① 최소수량 : 4개 이상(감지구역당)
검출부의 미터릴레이가 작동하기 위해서는 최소 4개 이상의 열전대부에서 발생하는 열기전력이 있어야 한다.

② 최대수량 : 20개 이하(검출부당)
검출부별로 최대합성 저항값을 초과하지 않아야 한다.

23 열반도체식 차동식 분포형 감지기는 하나의 검출부에 접속하는 감지부를 최대 몇 개 이하로 하여야 하는가?

① 10개　　② 15개　　③ 20개　　④ 25개

열반도체식 차동식 분포형 감지기 감지부 설치수량

① 최소수량 : 2개 이상(검출부당)
검출부의 미터릴레이가 작동하기 위해서는 최소 2개 이상의 감지부에서 발생하는 열기전력이 있어야 한다.

② 최대수량 : 15개 이하(검출부당)
검출부별로 최대합성 저항값을 초과하지 않아야 한다.

24 주요 구조부를 내화구조로 한 소방대상물에 감지기의 부착높이를 4[m] 미만에 부착한 차동식 스포트형 1종 감지기 1개의 감지 면적은 몇 [m^2]를 기준으로 하는가?

① 90　　② 70　　③ 60　　④ 20

열감지기 기준 면적(m^2)

부착높이 및 특정소방대상물의 구분		감지기의 종류						
		차동식 스포트형		보상식 스포트형		정온식 스포트형		
		1종	2종	1종	2종	특종	1종	2종
4m 미만	주요 구조부를 내화구조로 한 특정소방대상물 또는 그 부분	90	70	90	70	70	60	20
	기타 구조의 특정소방대상물 또는 그 부분	50	40	50	40	40	30	15
4m 이상 8m 미만	주요 구조부를 내화구조로 한 특정소방대상물 또는 그 부분	45	35	45	35	35	30	–
	기타 구조의 특정소방대상물 또는 그 부분	30	25	30	25	25	15	–

정답 22. ② 23. ② 24. ①

25 **열전대식 차동식 분포형 감지기의 설치기준으로 옳은 것은?(단, 주요 구조부는 내화구조이다.)**

① 열전대부는 감지구역의 바닥면적 18[m²]마다 1개 이상으로 하고 하나의 검출부에 접속하는 열전대부는 15개 이하로 한다.
② 열전대부는 감지구역의 바닥면적 22[m²]마다 1개 이상으로 하고 하나의 검출부에 접속하는 열전대부는 15개 이하로 한다.
③ 열전대부는 감지구역의 바닥면적 18[m²]마다 1개 이상으로 하고 하나의 검출부에 접속하는 열전대부는 20개 이하로 한다.
④ 열전대부는 감지구역의 바닥면적 22[m²]마다 1개 이상으로 하고 하나의 검출부에 접속하는 열전대부는 20개 이하로 한다.

▶ 열전대식 차동식 분포형 감지기의 설치기준(제7조 제③항)

① 열전대부는 감지구역의 바닥면적 $18m^2$(주요 구조부가 내화구조로 된 특정소방대상물에 있어서는 $22m^2$)마다 1개 이상으로 할 것. 다만, 바닥면적이 $72m^2$(주요 구조부가 내화구조로 된 특정소방대상물에 있어서는 $88m^2$) 이하인 특정소방대상물에 있어서는 4개 이상으로 하여야 한다.
② 하나의 검출부에 접속하는 열전대부는 20개 이하로 할 것. 다만, 각각의 열전대부에 대한 작동여부를 검출부에서 표시할 수 있는 것(주소형)은 형식승인을 받은 성능인정범위 내의 수량으로 설치할 수 있다.

26 **주위의 온도 또는 연기량의 변화에 따라 각각 다른 전류치 또는 전압치 등의 출력을 발하는 방식의 감지기는?**

① 불꽃 감지기
② 다신호식 감지기
③ 복합형 감지기
④ 아날로그방식의 감지기

▶

① 불꽃 감지기 : 화재 시 발생되는 화염 불꽃에서 발산되는 적외선(IR) 또는 자외선(UV) 또는 이들이 결합된 것을 감지
② 다신호식 감지기 : 1개의 감지기 내에 서로 다른 종별 또는 감도를 갖추고, 각각 다른 2개 이상의 화재신호를 발신하는 감지기
③ 복합형 감지기 : 2가지 성능의 감지기능이 함께 작동될 때, 화재신호를 발신하거나 2개의 화재신호를 각각 발신하는 것(차+정, 이+광)

종 류	구성 요소	신호 송출	
열복합형	차동식+정온식	단신호 (AND 회로)	다신호 (OR 회로)
연기복합형	이온화식+광전식		
열 · 연복합형	차동식+이온화식		
	차동식+광전식		
	정온식+이온화식		
	정온식+광전식		

정답 25. ④ 26. ④

④ 아날로그방식의 감지기 : 주위의 온도 또는 연기량의 변화에 따라 각각 다른 전류치 또는 전압치 등의 출력을 발하는 감지기로, 자기진단 기능이 있다.
㉮ 오염 시 : 장해신호 발신
㉯ 탈락 시 : 이상 경보신호 발신
㉰ 고장 시 : 고장신호 발신

27 감지기 설치 제외 장소에 해당되지 않는 것은?

① 천장 또는 반자 높이가 20[m] 이상인 장소
② 복욕실 · 욕조나 샤워시설이 있는 화장실 · 기타 이와 유사한 장소
③ 실내용적이 20[m^3] 이하인 장소
④ 파이트 덕트 등 그 밖의 이와 비슷한 것으로서 2개 층마다 방화구획된 것이나 수평단면적이 5[m^2] 이하인 것

감지기 설치제외 장소(제7조 제⑤항)

① 천장 또는 반자의 높이가 20m 이상인 장소. 다만, 제1항 단서 각 호의 감지기로서 부착높이에 따라 적응성이 있는 장소는 제외한다.
② 헛간 등 외부와 기류가 통하는 장소로서 감지기에 따라 화재 발생을 유효하게 감지할 수 없는 장소
③ 부식성 가스가 체류하고 있는 장소
④ 고온도 및 저온도로서 감지기의 기능이 정지되기 쉽거나 감지기의 유지관리가 어려운 장소
⑤ 목욕실 · 욕조나 샤워시설이 있는 화장실 기타 이와 유사한 장소
⑥ 파이프 덕트 등 그 밖의 이와 비슷한 것으로서 2개 층마다 방화구획된 것이나 수평단면적이 5m^2 이하인 것
⑦ 먼지 · 가루 또는 수증기가 다량으로 체류하는 장소 또는 주방 등 평시에 연기가 발생하는 장소(연기감지기에 한한다.)
⑧ 〈삭제 2015.1.23.〉 – 실내용적이 20[m^3] 이하인 장소
⑨ 프레스공장 · 주조공장 등 화재 발생의 위험이 적은 장소로서 감지기의 유지관리가 어려운 장소

28 감지기 설치기준을 설명한 것 중 옳지 않은 것은?

① 감지기(차동식 분포형의 것을 제외한다.)는 실내로의 공기유입구로부터 1.5m 이상 떨어진 위치에 설치할 것
② 감지기는 천장 또는 반자의 옥내에 면하는 부분에 설치할 것
③ 정온식 감지기는 주방 · 보일러실 등으로서 다량의 화기를 취급하는 장소에 설치하되, 공칭작동온도가 최고주위온도보다 20℃ 이상 높은 것으로 설치할 것
④ 분포형 감지기는 45° 이상 경사되지 아니하도록 부착할 것

감지기 설치기준(제7조 제③항)

④ 스포트형 감지기는 45° 이상 경사되지 아니하도록 부착할 것

정답 27. ③ 28. ④

29 광전식 분리형 감지기 설치기준을 설명한 것 중 옳지 않은 것은?

① 감지기의 수광부는 햇빛을 직접 받지 않도록 설치할 것
② 광축(송광면과 수광면의 중심을 연결한 선)은 나란한 벽으로부터 0.6m 이상 이격하여 설치할 것
③ 감지기의 송광부와 수광부는 설치된 뒷벽으로부터 1m 이내 위치에 설치할 것
④ 광축의 높이는 천장 등(천장의 실내에 면한 부분 또는 상층의 바닥 하부면을 말한다.) 높이의 80% 이상일 것

광전식 분리형 감지기 설치기준(제7조 제③항)

① 감지기의 수광면은 햇빛을 직접 받지 않도록 설치할 것
② 광축(송광면과 수광면의 중심을 연결한 선)은 나란한 벽으로부터 0.6m 이상 이격하여 설치할 것
③ 감지기의 송광부와 수광부는 설치된 뒷벽으로부터 1m 이내 위치에 설치할 것
④ 광축의 높이는 천장 등(천장의 실내에 면한 부분 또는 상층의 바닥 하부면을 말한다.) 높이의 80% 이상일 것
⑤ 감지기의 광축의 길이는 공칭감시거리 범위 이내일 것
⑥ 그 밖의 설치기준은 형식승인 내용에 따르며 형식승인 사항이 아닌 것은 제조사의 시방에 따라 설치할 것

30 연기감지기의 설치기준을 설명한 것 중 옳지 않은 것은?

① 부착높이가 4[m] 미만일 경우 연기감지기(2종) 1개가 담당하는 바닥면적은 75[m^2]이다.
② 복도 및 통로에 있어서 1종은 보행거리 30[m]마다 설치한다.
③ 계단 및 경사로에 있어서는 3종은 수직거리 10[m]마다 설치한다.
④ 감지기는 벽이나 보로부터 0.6[m] 이상 떨어진 곳에 설치하여야 한다.

연기감지기의 설치기준(제7조 제③항)

① 감지기의 부착높이에 따라 다음 표에 따른 바닥면적마다 1개 이상으로 할 것

부착 높이	감지기의 종류	
	1종 및 2종	3종
4m 미만	150	50
4m 이상 20m 미만	75	–

② 감지기는 복도 및 통로에 있어서는 보행거리 30m(3종에 있어서는 20m)마다, 계단 및 경사로에 있어서는 수직거리 15m(3종에 있어서는 10m)마다 1개 이상으로 할 것
③ 천장 또는 반자가 낮은 실내 또는 좁은 실내에 있어서는 출입구의 가까운 부분에 설치 할 것
④ 천장 또는 반자부근에 배기구가 있는 경우에는 그 부근에 설치할 것
⑤ 감지기는 벽 또는 보로부터 0.6m 이상 떨어진 곳에 설치할 것

정답 29. ① 30. ①

31 연기감지기 설치장소를 설명한 것 중 옳지 않은 것은?

① 계단 · 경사로 및 에스컬레이터 경사로(15[m] 미만의 것을 제외한다.)
② 복도(30[m] 미만의 것을 제외한다.)
③ 엘리베이터 권상기실 · 엘리베이터 승강로(권상기실이 있는 경우에는 권상기실) · 린넨슈트 · 파이프 피트 및 덕트 기타 이와 유사한 장소
④ 천장 또는 반자의 높이가 15m 이상 20m 미만의 장소

연기감지기 설치장소(제7조 제②항)

① 계단 · 경사로 및 에스컬레이터 경사로
② 복도(30m 미만의 것을 제외한다.)
③ 엘리베이터 권상기실 · 엘리베이터 승강로(권상기실이 있는 경우에는 권상기실) · 린넨슈트 · 파이프 피트 및 덕트 기타 이와 유사한 장소
④ 천장 또는 반자의 높이가 15m 이상 20m 미만의 장소
⑤ 다음 각 목의 어느 하나에 해당하는 특정소방대상물의 취침 · 숙박 · 입원 등 이와 유사한 용도로 사용되는 거실
㉮ 공동주택 · 오피스텔 · 숙박시설 · 노유자시설 · 수련시설
㉯ 교육연구시설 중 합숙소
㉰ 의료시설, 근린생활시설 중 입원실이 있는 의원 · 조산원
㉱ 교정 및 군사시설
㉲ 근린생활시설 중 고시원

32 지하구에 설치할 수 있는 감지기로 옳지 않은 것은?

① 복합형 감지기
② 축적방식의 감지기
③ 광전식 분리형 감지기
④ 정온식 스포트형 감지기

지하구에 설치할 수 있는 감지기

불꽃감지기 · 정온식 감지선형 감지기 · 분포형 감지기 · 복합형 감지기 · 광전식 분리형 감지기 아날로그방식의 감지기 · 다신호방식의 감지기 · 축적방식의 감지기

33 청각장애인용 시각경보장치의 설치 높이는 바닥으로부터 몇 [m]의 장소에 설치하여야 하는가?

① 0.5[m] 이상 1[m] 이하
② 0.5[m] 이상 1.5[m] 이하
③ 0.8[m] 이상 1.5[m] 이하
④ 2[m] 이상 2.5[m] 이하

정답 31. ① 32. ④ 33. ④

▶ 청각장애인용 시각경보장치의 설치기준(제8조 제②항)

① 복도 · 통로 · 청각장애인용 객실 및 공용으로 사용하는 거실(로비, 회의실, 강의실, 식당, 휴게실, 오락실, 대기실, 체력단련실, 접객실, 안내실, 전시실, 기타 이와 유사한 장소를 말한다.)에 설치하며, 각 부분으로부터 유효하게 경보를 발할 수 있는 위치에 설치할 것

② 공연장 · 집회장 · 관람장 또는 이와 유사한 장소에 설치하는 경우에는 시선이 집중되는 무대부 부분 등에 설치할 것

③ 설치높이는 바닥으로부터 2m 이상 2.5m 이하의 장소에 설치할 것. 다만, 천장의 높이가 2m 이하인 경우에는 천장으로부터 0.15m 이내의 장소에 설치하여야 한다.

④ 시각경보장치의 광원은 전용의 축전지설비에 의하여 점등되도록 할 것. 다만, 시각경보기에 작동전원을 공급할 수 있도록 형식승인을 얻은 수신기를 설치 한 경우에는 그러하지 아니하다.

34 자동화재탐지설비의 음향설치기준 중 옳은 것은?

① 지구음향장치는 해당 소방대상물의 각 부분으로부터 하나의 음향장치까지의 수평거리가 25[m] 이하가 되도록 한다.

② 정격전압의 90[%] 전압에서 음향을 발할 수 있어야 한다.

③ 음량은 부착된 음향장치의 중심으로부터 1[m] 떨어진 위치에서 80[dB] 이상이 되도록 하여야 한다.

④ 5층 이상으로서 연면적이 3,000[m^2]를 초과하는 소방대상물에 있어서는 2층 이상의 층에서 발화 시 발화층 및 직하층에 경보를 발하여야 한다.

▶ 자동화재탐지설비의 음향설치기준(제8조 제①항)

① 주 음향장치는 수신기의 내부 또는 그 직근에 설치할 것

② 층수가 5층 이상으로서 연면적이 3,000m^2를 초과하는 특정소방대상물은 다음 각 목에 따라 경보를 발할 수 있도록 하여야 한다.

㉮ 2층 이상의 층에서 발화한 때에는 발화층 및 그 직상층에 경보를 발할 것

㉯ 1층에서 발화한 때에는 발화층 · 그 직상층 및 지하층에 경보를 발할 것

㉰ 지하층에서 발화한 때에는 발화층 · 그 직상층 및 기타의 지하층에 경보를 발할 것

③ 지구음향장치는 특정소방대상물의 층마다 설치하되, 해당 특정소방대상물의 각 부분으로부터 하나의 음향장치까지의 수평거리가 25m 이하가 되도록 하고, 해당 층의 각 부분에 유효하게 경보를 발할 수 있도록 설치할 것. 다만, 비상 방송설비의 화재안전기준(NFSC202)에 적합한 방송설비를 자동화재탐지설비의 감지기와 연동하여 작동하도록 설치한 경우에는 지구음향장치를 설치하지 아니할 수 있다.

④ 음향장치는 다음 각 목의 기준에 따른 구조 및 성능의 것으로 하여야 한다.

㉮ 정격전압의 80% 전압에서 음향을 발할 수 있는 것으로 할 것

㉯ 음량은 부착된 음향장치의 중심으로부터 1m 떨어진 위치에서 90dB 이상이 되는 것으로 할 것

㉰ 감지기 및 발신기의 작동과 연동하여 작동할 수 있는 것으로 할 것

⑤ 제3호에도 불구하고 제3호의 기준을 초과하는 경우로서 기둥 또는 벽이 설치되지 아니한 대형공간의 경우 지구음향장치는 설치 대상 장소의 가장 가까운 장소의 벽 또는 기둥 등에 설치할 것

정답 34. ①

35 자동화재탐지설비의 감지기회로 말단에 종단저항을 설치하여야 할 수 있는 시험은?

① 도통시험 ② 절연내력시험
③ 절연저항시험 ④ 접지저항측정시험

▶ 종단저항(제11조)

① 설치목적
감지기 회로의 도통시험을 하기 위해서 회로 말단에 종단저항(10kΩ)을 설치한다.
② 설치기준
㉮ 점검 및 관리가 쉬운 장소에 설치할 것
㉯ 전용함을 설치하는 경우 그 설치 높이는 바닥으로부터 1.5m 이내로 할 것
㉰ 감지기 회로의 끝부분에 설치하며, 종단감지기에 설치할 경우에는 구별이 쉽도록 해당 감지기의 기판 및 감지기 외부 등에 별도의 표시를 할 것

36 자동화재탐지설비의 발신기의 설치기준으로 옳은 것은?

① 조작이 쉬운 장소에 설치하고, 스위치는 바닥으로부터 0.5m 이상 1.0m 이하의 높이에 설치할 것
② 특정소방대상물의 층마다 설치하되, 해당 특정소방대상물의 각 부분으로부터 하나의 발신기까지의 보행거리가 25m 이하가 되도록 할 것. 다만, 복도 또는 별도로 구획된 실로서 수평거리가 40m 이상일 경우에는 추가로 설치하여야 한다.
③ 기둥 또는 벽이 설치되지 아니한 대형공간의 경우 발신기는 설치 대상 장소의 가장 가까운 장소의 벽 또는 기둥 등에 설치할 것
④ 발신기의 위치를 표시하는 표시등은 함의 상부에 설치하되, 그 불빛은 부착면으로부터 5° 이상의 범위 안에서 부착 지점으로부터 15m 이내의 어느 곳에서도 쉽게 식별할 수 있는 적색등으로 하여야 한다.

▶ 자동화재탐지설비의 발신기의 설치기준(제9조)

① 자동화재탐지설비의 발신기는 다음 각 호의 기준에 따라 설치하여야 한다. 다만, 지하구의 경우에는 발신기를 설치하지 아니할 수 있다.
㉮ 조작이 쉬운 장소에 설치하고, 스위치는 바닥으로부터 0.8m 이상 1.5m 이하의 높이에 설치할 것
㉯ 특정소방대상물의 층마다 설치하되, 해당 특정소방대상물의 각 부분으로부터 하나의 발신기까지의 수평거리가 25m 이하가 되도록 할 것. 다만, 복도 또는 별도로 구획된 실로서 보행거리가 40m 이상일 경우에는 추가로 설치하여야 한다.
㉰ 제2호(㉯)에도 불구하고 제2호의 기준을 초과하는 경우로서 기둥 또는 벽이 설치되지 아니한 대형공간의 경우 발신기는 설치 대상 장소의 가장 가까운 장소의 벽 또는 기둥 등에 설치할 것
② 발신기의 위치를 표시하는 표시등은 함의 상부에 설치하되, 그 불빛은 부착면으로부터 15° 이상의 범위 안에서 부착 지점으로부터 10m 이내의 어느 곳에서도 쉽게 식별할 수 있는 적색등으로 하여야 한다.

정답 35. ① 36. ③

37 **수신기에서 직접 감지기회로의 도통시험을 행하지 아니하는 자동화재탐지설비의 중계기는 어디에 설치하는가?**

① 수신기와 감지기 사이에 설치 ② 감지기와 발신기 사이에 설치
③ 전원 입력 측의 배선에 설치 ④ 종단저항과 병렬로 설치

자동화재탐지설비의 중계기 설치기준(제6조)

① 수신기에서 직접 감지기회로의 도통시험을 행하지 아니하는 것에 있어서는 수신기와 감지기 사이에 설치할 것
② 조작 및 점검에 편리하고 화재 및 침수 등의 재해로 인한 피해를 받을 우려가 없는 장소에 설치할 것
③ 수신기에 따라 감시되지 아니하는 배선을 통하여 전력을 공급받는 것에 있어서는 전원 입력 측의 배선에 과전류 차단기를 설치하고 해당 전원의 정전이 즉시 수신기에 표시되는 것으로 하며, 상용전원 및 예비전원의 시험을 할 수 있도록 할 것

38 **자동화재탐지설비의 중계기에 반드시 설치하여야 할 시험 장치는?**

① 회로도통시험 및 누전시험 ② 예비전원시험 및 전로개폐시험
③ 절연저항시험 및 절연내력시험 ④ 상용전원시험 및 예비전원시험

자동화재탐지설비의 중계기 설치기준(제6조)

수신기에 따라 감시되지 아니하는 배선을 통하여 전력을 공급받는 것에 있어서는 전원 입력 측의 배선에 과전류 차단기를 설치하고 해당 전원의 정전이 즉시 수신기에 표시되는 것으로 하며, 상용전원 및 예비전원의 시험을 할 수 있도록 할 것

39 **자동화재탐지설비에 대한 다음 설명 중 옳지 않은 것은?**

① 자동화재탐지설비에는 그 설비에 대한 감시상태를 60분간 지속한 후 유효하게 10분 이상 경보할 수 있는 축전지설비(수신기에 내장하는 경우를 포함한다.) 또는 전기저장장치를 설치하여야 한다. 다만, 상용전원이 축전지설비인 경우에는 그러하지 아니하다.
② 아날로그식, 다신호식 감지기나 R형 수신기용으로 사용되는 것은 전자파 방해를 받지 아니하는 쉴드선 등을 사용하여야 한다.
③ 감지기 회로의 도통시험을 하기 위해서 감지기 회로 끝부분에 종단저항을 설치하여야 한다.
④ 감지기 회로 및 부속 회로의 전로와 대지 사이 및 배선 상호 간의 절연저항은 1경계구역마다 직류 500V의 절연저항 측정기를 사용하여 측정한 절연저항이 50MΩ 이상이 되도록 할 것

배선(제11조)

④ 감지기 회로 및 부속 회로의 전로와 대지 사이 및 배선 상호 간의 절연저항은 1경계구역마다 직류 250V의 절연저항 측정기를 사용하여 측정한 절연저항이 0.1MΩ 이상이 되도록 할 것

정답 37. ① 38. ④ 39. ④

40 자동화재탐지설비에 사용할 수 있는 비상전원으로 알맞게 짝지어진 것은?

① 자가발전설비, 축전지설비
② 축전지설비, 전기저장장치
③ 축전지설비, 비상전원수전설비
④ 자가발전설비, 전기저장장치

전원(제10조)

① 자동화재탐지설비의 상용전원은 다음 각 호의 기준에 따라 설치하여야 한다.
1. 전원은 전기가 정상적으로 공급되는 축전지, 전기저장장치(외부 전기에너지를 저장해 두었다가 필요한 때 전기를 공급하는 장치) 또는 교류전압의 옥내 간선으로 하고, 전원까지의 배선은 전용으로 할 것
2. 개폐기에는 "자동화재탐지설비용"이라고 표시한 표지를 할 것

② 자동화재탐지설비에는 그 설비에 대한 감시상태를 60분간 지속한 후 유효하게 10분 이상 경보할 수 있는 축전지설비(수신기에 내장하는 경우를 포함한다.) 또는 전기저장장치(외부 전기에너지를 저장해 두었다가 필요한 때 전기를 공급하는 장치)를 설치하여야 한다. 다만, 상용전원이 축전지설비인 경우에는 그러하지 아니하다.

41 자동화재탐지설비의 배선에서 쉴드선을 사용하여야 하는 경우로 알맞게 짝지어진 것은?

① 아날로그식 감지기, R형 수신기
② 다신호식 감지기, P형 수신기
③ 축적방식 감지기, R형 수신기
④ 복합형 감지기, P형 수신기

배선(제11조)

아날로그식, 다신호식 감지기나 R형 수신기용으로 사용되는 것은 전자파 방해를 받지 아니하는 쉴드선 등을 사용하여야 하며, 광케이블의 경우에는 전자파 방해를 받지 아니하고 내열성능이 있는 경우 사용할 수 있다. 다만, 전자파 방해를 받지 아니하는 방식의 경우에는 그러하지 아니하다.

42 자동화재탐지설비의 배선에 대한 설치기준을 설명한 것으로 옳지 않은 것은?

① 전원회로의 전로와 대지 사이 및 배선 상호 간의 절연저항은 「전기사업법」 제67조에 따른 기술기준이 정하는 바에 의하고, 감지기회로 및 부속회로의 전로와 대지 사이 및 배선 상호 간의 절연저항은 1경계구역마다 직류 500V의 절연저항측정기를 사용하여 측정한 절연저항이 0.1MΩ 이상이 되도록 할 것
② 자동화재탐지설비의 배선은 다른 전선과 별도의 관 · 덕트(절연효력이 있는 것으로 구획한 때에는 그 구획된 부분은 별개의 덕트로 본다.) · 몰드 또는 풀박스 등에 설치할 것. 다만, 60V 미만의 약 전류회로에 사용하는 전선으로서 각각의 전압이 같을 때에는 그러하지 아니하다.
③ 피(P)형 수신기 및 지피(GP)형 수신기의 감지기 회로의 배선에 있어서 하나의 공통선에 접속할 수 있는 경계구역은 7개 이하로 할 것
④ 자동화재탐지설비의 감지기회로의 전로저항은 50Ω 이하가 되도록 하여야 하며, 수신기의 각 회로별 종단에 설치되는 감지기에 접속되는 배선의 전압은 감지기 정격전압의 80% 이상이어야 할 것

정답 40. ② 41. ① 42. ①

배선(제11조)

전원회로의 전로와 대지 사이 및 배선 상호 간의 절연저항은 「전기사업법」 제67조에 따른 기술기준이 정하는 바에 의하고, 감지기회로 및 부속회로의 전로와 대지 사이 및 배선 상호 간의 절연저항은 1경계구역마다 직류 250V의 절연저항측정기를 사용하여 측정한 절연저항이 0.1MΩ 이상이 되도록 할 것

43 자동화재속보설비에 대한 설명 중 옳지 않은 것은?

① 자동화재탐지설비와 연동으로 작동하여 자동적으로 화재발생 상황을 소방관서에 전달되는 것으로 할 것. 이 경우 부가적으로 특정소방대상물의 관계인에게 화재발생상황을 전달되도록 할 수 있다.
② 조작스위치는 바닥으로부터 0.8m 이상 1.5m 이하의 높이에 설치할 것
③ 속보기는 소방관서에 통신망으로 통보하도록 하며, 데이터 또는 코드전송방식을 부가적으로 설치할 수 있다.
④ 노유자생활시설에 설치하는 자동화재속보설비는 속보기에 감지기를 직접 연결하는 방식(자동화재탐지설비 1개의 경계구역에 한한다.)으로 할 수 있다.

자동화재속보설비 설치기준(제4조)

① 자동화재탐지설비와 연동으로 작동하여 자동적으로 화재발생 상황을 소방관서에 전달되는 것으로 할 것. 이 경우 부가적으로 특정소방대상물의 관계인에게 화재발생상황을 전달되도록 할 수 있다.
② 조작스위치는 바닥으로부터 0.8m 이상 1.5m 이하의 높이에 설치할 것〈개정 2015.1.23.〉
③ 속보기는 소방관서에 통신망으로 통보하도록 하며, 데이터 또는 코드전송방식을 부가적으로 설치할 수 있다. 단, 데이터 및 코드전송방식의 기준은 소방청장이 정하여 고시한 「자동화재속보설비의 속보기의 성능인증 및 제품검사의 기술기준」 제5조 제12호에 따른다.
④ 문화재에 설치하는 자동화재속보설비는 제1호의 기준에도 불구하고 속보기에 감지기를 직접 연결하는 방식(자동화재탐지설비 1개의 경계구역에 한한다.)으로 할 수 있다.
⑤ 속보기는 소방청장이 정하여 고시한 「자동화재속보설비의 속보기의 성능인증 및 제품검사의 기술기준」에 적합한 것으로 설치하여야 한다.

44 자동화재속보설비의 속보기는 자동화재탐지설비로부터 수신한 신호를 몇 초 이내에 소방관서에 자동적으로 신호를 통보하여야 하는가?

① 10 ② 20 ③ 30 ④ 60

자동화재속보설비의 속보기 성능인증 및 제품검사의 기술기준

① 작동신호를 수신하거나 수동으로 동작시키는 경우 20초 이내에 소방관서에 자동적으로 신호를 발하여 통보하되, 3회 이상 속보할 수 있어야 한다.
② 주 전원이 정지한 경우에는 자동적으로 예비전원으로 전환되고, 주 전원이 정상상태로 복귀한 경우에는 자동적으로 예비전원에서 주 전원으로 전환되어야 한다.

정답 43. ④ 44. ②

③ 예비전원은 자동적으로 충전되어야 하며 자동 과충전 방지장치가 있어야 한다.
④ 화재신호를 수신하거나 속보기를 수동으로 동작시키는 경우 자동적으로 적색 화재표시등이 점등되고 음향장치로 화재를 경보하여야 하며 화재표시 및 경보는 수동으로 복구 및 정지시키지 않는 한 지속되어야 한다.
⑤ 연동 또는 수동으로 소방관서에 화재발생 음성정보를 속보중인 경우에도 송수화 장치를 이용한 통화가 우선적으로 가능하여야 한다.
⑥ 예비전원을 병렬로 접속하는 경우에는 역충전 방지 등의 조치를 하여야 한다.
⑦ 예비전원은 감시상태를 60분간 지속한 후 10분 이상 동작(화재속보 후 화재표시 및 경보를 10분간 유지하는 것을 말한다.)이 지속될 수 있는 용량이어야 한다.
⑧ 속보기는 연동 또는 수동 작동에 의한 다이얼링 후 소방관서와 전화접속이 이루어지지 않는 경우에는 최초 다이얼링을 포함하여 10회 이상 반복적으로 접속을 위한 다이얼링이 이루어져야 한다. 이 경우 매회 다이얼링 완료 후 호출은 30초 이상 지속되어야 한다.
⑨ 속보기의 송수화장치가 정상위치가 아닌 경우에도 연동 또는 수동으로 속보가 가능하여야 한다.
⑩ 음성으로 통보되는 속보내용을 통하여 당해 소방대상물의 위치, 화재발생 및 속보기에 의한 신고임을 확인할 수 있어야 한다.
⑪ 속보기는 음성 속보방식 외에 데이터 또는 코드전송방식 등을 이용한 속보기능을 부가로 설치할 수 있다. 이 경우 데이터 및 코드전송방식은 별표 1에 따른다.
⑫ 제12호 후단의 [별표 1]에 따라 소방관서 등에 구축된 접수 시스템 또는 별도의 시험용 시스템을 이용하여 시험한다.

45 **속보기는 연동 또는 수동 작동에 의한 다이얼링 후 소방관서와 전화 접속이 이루어지지 않는 경우에는 최초 다이얼링을 포함하여 몇 회 이상 반복적으로 접속을 위한 다이얼링을 하여야 하는가?**

① 3회　　② 5회
③ 10회　　④ 접속 시까지

46 **특정소방대상물의 용도가 노유자생활시설인 경우 규모에 관계없이 설치하여야 하는 소방시설에 해당되지 아니하는 것은?**

① 옥내소화전설비　　② 간이스프링클러설비
③ 자동화재탐지설비　　④ 자동화재속보설비

노유자생활시설 소방시설(규모에 관계없이 설치)

㉠ 간이스프링클러설비
㉡ 자동화재탐지설비
㉢ 자동화재속보설비

정답 45. ③ 46. ①

47 자동화재속보설비의 A형 속보기에 대한 설명으로 옳은 것은?

① P형 수신기가 발하는 화재신호를 20초 이내에 관할 소방관서에 자동으로 3회 이상 통보해주는 것
② R형 수신기나 P형 발신기가 발하는 화재신호를 20초 이내에 관할소방관서에 자동으로 1회 이상 통보해 주는 것
③ M형 수신기가 발하는 화재신호를 30초 이내에 관할 소방관서에 자동으로 3회 이상 통보해 주는 것
④ P형 수신기나 P형 발신기가 발하는 화재신호를 20초 이내에 관할소방관서에 자동으로 1회 이상 통보해 주는 것

자동화재속보설비의 종류

① A형 화재속보기
P형 수신기, R형 수신기로부터 발하는 화재의 신호를 수신하여 20초 이내에 소방관서에 통보하고 소방대상물의 위치를 3회 이상 소방관서에 자동적으로 통보하는 기능을 가진 속보기로 지구등이 없는 구조이다.
② B형 화재속보기
P형 수신기, R형 수신기와 A형 화재속보기의 성능을 복합한 것으로 감지기 또는 발신기에 의해 발하는 신호나 중계기를 통해 송신된 신호를 소방대상물의 관계자에게 통보하고 20초 이내에 3회 이상 소방대상물의 위치를 소방관서에 자동적으로 통보하는 기능을 가진 속보기로 지구등이 있는 구조이다.

48 누전경보기의 수신기를 설치할 수 있는 장소로 옳은 것은?

① 화약류를 제조하거나 저장 또는 취급하는 장소
② 대전류회로 · 고주파 발생회로 등에 따른 영향을 받을 우려가 있는 장소
③ 온도가 높은 장소
④ 가연성의 증기 · 먼지 · 가스 등이나 부식성의 증기 · 가스 등이 다량으로 체류하는 장소

누전경보기의 수신부 설치 제외 장소(제5조 제②항)

① 가연성의 증기 · 먼지 · 가스 등이나 부식성의 증기 · 가스 등이 다량으로 체류하는 장소
② 화약류를 제조하거나 저장 또는 취급하는 장소
③ 습도가 높은 장소
④ 온도의 변화가 급격한 장소
⑤ 대전류회로 · 고주파 발생회로 등에 따른 영향을 받을 우려가 있는 장소

정답 47. ① 48. ③

49 누전경보기의 변류기를 설치할 수 있는 장소로 옳은 것은?

① 옥외 인입선의 제1지점의 전원 측 또는 제1종 접지선 측의 점검이 쉬운 위치에 설치
② 옥외 인입선의 제1지점의 부하 측 또는 제1종 접지선 측의 점검이 쉬운 위치에 설치
③ 옥외 인입선의 제1지점의 전원 측 또는 제2종 접지선 측의 점검이 쉬운 위치에 설치
④ 옥외 인입선의 제1지점의 부하 측 또는 제2종 접지선 측의 점검이 쉬운 위치에 설치

누전경보기의 변류기 설치 장소(제4조)

① 옥외 인입선의 제1지점의 부하 측
② 제2종 접지선 측의 점검이 쉬운 위치
③ 인입구에 근접한 옥내

50 변류기가 1개일 경우 누전경보기의 주요 구성요소는?

① 변류기, 수신기, 전원장치, 증폭기
② 변류기, 수신기, 음향장치, 차단기구
③ 수신기, 감지기, 전원장치, 변류기
④ 변류기, 증폭기, 차단장치, 수신기

누전경보기의 구성요소

변류기(영상변류기, ZCT), 수신기, 음향장치, 차단기구

51 소방대상물에서 계약전류용량이 몇 [A]를 초과하는 경우 누전경보기의 설치 대상이 되는가?

① 10 ② 30 ③ 50 ④ 100

누전경보기 설치대상

누전경보기는 계약 전류 용량(같은 건축물에 계약 종류가 다른 전기가 공급되는 경우에는 그중 최대 계약 전류 용량을 말한다.)이 100[A]를 초과하는 특정소방대상물(내화구조가 아닌 건축물로서 벽·바닥 또는 반자의 전부나 일부를 불연재료 또는 준불연재료가 아닌 재료에 철망을 넣어 만든 것만 해당한다.)에 설치하여야 한다.

52 누전경보기의 전원은 분전반으로부터 전용회로로 하고 각 극을 개폐할 수 있는 몇 [A] 이하의 배선용 차단기를 설치하여야 하는가?

① 10 ② 15 ③ 20 ④ 30

누전경보기의 전원(제6조)

① 전원은 분전반으로부터 전용회로로 하고, 각 극에 개폐기 및 15A 이하의 과전류 차단기(배선용 차단기에 있어서는 20A 이하의 것으로 각 극을 개폐할 수 있는 것)를 설치
② 전원을 분기할 때에는 다른 차단기에 따라 전원이 차단되지 아니하도록 할 것
③ 전원의 개폐기에는 누전경보기용임을 표시한 표지를 할 것

정답 49. ④ 50. ② 51. ④ 52. ③

53 누전경보기에 사용되는 변압기의 정격 1차 전압은 몇 [V] 이하로 하여야 하는가?

① 100　② 150　③ 200　④ 300

◐ 누전경보기의 형식승인 및 제품검사의 기술기준(제4조)

⑦ 변압기
㉮ 변압기는 KS C 6308(전자기기용 소형전원변압기) 또는 이와 동등 이상의 성능이 있는 것이어야 한다.
㉯ 정격 1차 전압은 300V 이하로 한다.
㉰ 변압기의 외함에는 접지단자를 설치하여야 한다.
㉱ 용량은 최대사용전류에 연속하여 견딜 수 있는 크기 이상이어야 한다.

54 누전경보기의 변류기는 직류 500[V]의 절연저항계로 절연된 충전부와 외함 사이의 절연저항을 측정한 경우 몇 [MΩ] 이상이어야 하는가?

① 5　② 20　③ 50　④ 100

◐ 누전경보기의 형식승인 및 제품검사의 기술기준(제35조)

수신부는 절연된 충전부와 외함 간 및 차단기구의 개폐부(열린 상태에서는 같은 극의 전원단자와 부하측단자와의 사이, 닫힌 상태에서는 충전부와 손잡이 사이)의 절연저항을 DC 500V의 절연저항계로 측정하는 경우 5MΩ 이상이어야 한다.

55 누전경보기에서 감도조정장치의 조정범위는 최대 몇 [mA] 이하이어야 하는가?

① 200　② 500
③ 1,000　④ 2,000

◐ 누전경보기의 형식승인 및 제품검사의 기술기준(제8조)

감도조정장치를 갖는 누전경보기에 있어서 감도조정장치의 조정범위는 최대치가 1A이어야 한다.

56 누전경보기의 공칭작동 전류값은 몇 [mA] 이하이어야 하는가?

① 200　② 300　③ 500　④ 800

◐ 누전경보기의 형식승인 및 제품검사의 기술기준(제7조)

① 누전경보기의 공칭작동전류치(누전경보기를 작동시키기 위하여 필요한 누설전류의 값으로서 제조자에 의하여 표시된 값을 말한다.)는 200mA 이하이어야 한다.
② 제1항의 규정은 감도조정장치를 가지고 있는 누전경보기에 있어서도 그 조정범위의 최소치에 대하여 이를 적용한다.

정답 53. ④ 54. ① 55. ③ 56. ①

57 누전경보기의 설치방법으로 옳지 않은 것은?

① 경계전로의 정격전류가 60[A]를 초과하는 전로에 있어서는 1급을 설치한다.
② 경계전로의 정격전류가 60[A] 이하의 전로에 있어서는 1급 또는 2급을 설치한다.
③ 정격전류가 60[A]를 초과하는 경계전로에서 분기되어 각 분기회로의 정격전류가 60[A] 이하로 되는 경우에는 각 분기회로마다 2급을 설치해도 해당 경계전로에 1급을 설치한 것으로 본다.
④ 변류기는 소방대상물의 형태, 인입선의 시설방법 등에 따라 옥외인입선의 제1지점의 부하 측 또는 제1종 접지선 측에 설치한다.

누전경보기의 설치방법

① 경계전로의 정격전류가 60[A]를 초과하는 전로에 있어서는 1급 누전경보기를 설치하고, 경계전로의 정격전류가 60[A] 이하의 전로에 있어서는 1급 또는 2급을 설치한다. 단, 정격전류가 60[A]를 초과하는 경계전로에서 분기되어 각 분기회로의 정격전류가 60[A] 이하로 되는 경우에는 각 분기회로마다 2급을 설치해도 해당 경계전로에 1급을 설치한 것으로 본다.
② 변류기는 특정소방대상물의 형태, 인입선의 시설방법 등에 따라 옥외인입선의 제1지점의 부하측 또는 제2종 접지선 측의 점검이 쉬운 위치에 설치한다.(다만, 인입선의 형태 또는 구조상 부득이한 경우에는 인입구에 근접한 옥내에 설치할 수 있다.)
③ 변류기를 옥외의 전로에 설치하는 경우에는 옥외형으로 설치할 것

58 가스누설경보기의 누설등 및 지구등의 점등색으로 옳은 것은?

① 누설등 : 황색, 지구등 : 적색
② 누설등 : 황색, 지구등 : 황색
③ 누설등 : 적색, 지구등 : 황색
④ 누설등 : 적색, 지구등 : 적색

가스누설경보기의 형식승인 및 제품검사의 기술기준(표시등)

가스의 누설을 표시하는 표시등(이하 이 기준에서 "누설등"이라 한다.) 및 가스가 누설된 경계구역의 위치를 표시하는 표시등(이하 이 기준에서 "지구등"이라 한다.)은 등이 켜질 때 황색으로 표시되어야 한다. 다만, 누설등을 설치한 수신부의 지구등 및 수신기와 병용하지 아니하는 지구등은 그러하지 아니하다.

59 가스누설경보기의 탐지부를 옳게 설명한 것은?

① 가스누설을 검지하여 중계기 또는 수신부에 가스누설의 신호를 발신하는 부분
② 가스누설신호를 수신하고 이를 관계자에서 음량으로 경보하여 주는 부분
③ 탐지기의 수신부로부터 발하여진 신호를 받아 경보음을 발하는 부분
④ 탐지기에 연결하여 사용되는 환풍기 또는 지구경보부등에 작동 신호원을 공급시켜 주는 부분

가스누설경보기의 탐지부

가스누설경보기(이하 "경보기"라 한다.) 중 가스누설을 검지하여 중계기 또는 수신부에 가스누설의 신호를 발신하는 부분 또는 가스누설을 검지하여 이를 음향으로 경보하고 동시에 중계기 또는 수신부에 가스누설의 신호를 발신하는 부분을 말한다.

정답 57. ④ 58. ② 59. ①

CHAPTER 03 피난설비 및 소화용수설비

01 **소방대상물의 설치 장소별 피난기구의 적응성에서 4층의 노유자시설에 설치할 수 없는 피난기구는 어느 것인가?**

① 피난교
② 미끄럼대
③ 다수인피난장비
④ 승강식 피난기

설치 장소별 피난기구의 적응성(NFSC 301 별표 1) : 노유자시설

- 지하층 : 피난용트랩
- 1층, 2층, 3층 : 미끄럼대, 구조대, 피난교, 다수인피난장비, 승강식 피난기
- 4층 이상 10층 이하 : 피난교, 다수인피난장비, 승강식 피난기

02 **피난기구의 설치수량을 선정하는 기준 중 옳지 않은 것은?**

① 숙박시설 · 노유자시설 및 의료시설로 사용되는 층에 있어서는 그 층의 바닥면적 500m^2마다 1개 이상을 설치할 것
② 위락시설 · 문화집회 및 운동시설 · 판매시설로 사용되는 층 또는 복합용도의 층에 있어서는 그 층의 바닥면적 800m^2마다 1개 이상을 설치할 것
③ 계단실형 아파트에 있어서는 각 세대마다, 그 밖의 용도의 층에 있어서는 그 층의 바닥면적 1,000m^2마다 1개 이상을 설치할 것
④ 숙박시설(휴양콘도미니엄을 제외한다.)의 경우 피난기구를 추가 설치하는 경우에는 객실마다 완강기 또는 간이완강기를 설치할 것

피난기구의 설치수량(제4조 제②항)

① 기본 설치수량

특정소방대상물	설치수량
㉮ 숙박시설 · 노유자시설 및 의료시설로 사용되는 층	$\frac{\text{1개 이상}}{\text{그 층의 바닥면적 } 500m^2 \text{ 마다}}$
㉯ 위락시설 · 문화집회 및 운동시설 · 판매시설로 사용되는 층 또는 복합용도의 층	$\frac{\text{1개 이상}}{\text{그 층의 바닥면적 } 800m^2 \text{ 마다}}$
㉰ 그 밖의 용도의 층	$\frac{\text{1개 이상}}{\text{그 층의 바닥면적 } 1,000m^2 \text{ 마다}}$
㉱ 계단실형 아파트	각 세대마다

정답 01. ② 02. ④

② 추가 설치수량

특정소방대상물	피난기구	적용기준
㉮ 숙박시설 (휴양 콘도미니엄 제외)	완강기 또는 둘 이상의 간이완강기	객실마다 설치
㉯ 아파트	공기안전매트 1개 이상	하나의 관리주체가 관리하는 공동주택 구역마다(다만, 옥상으로 피난이 가능하거나 인접세대로 피난할 수 있는 구조인 경우에는 추가로 설치하지 아니할 수 있다.)

03 피난기구의 설치기준을 설명한 것 중 옳은 것은?

① 피난기구는 계단 · 피난구 기타 피난시설로부터 적당한 거리에 있는 안전한 구조로 된 피난 또는 소화활동상 유효한 개구부(가로 0.8m 이상, 세로 1.5m 이상인 것을 말한다. 이 경우 개부구 하단이 바닥에서 1.2m 이상이면 발판 등을 설치하여야 하고, 밀폐된 창문은 쉽게 파괴할 수 있는 파괴장치를 비치하여야 한다.)에 고정하여 설치하거나 필요한 때에 신속하고 유효하게 설치할 수 있는 상태에 둘 것

② 피난기구를 설치하는 개구부는 서로 동일 직선 상이 아닌 위치에 있을 것. 다만, 미끄럼봉 · 피난교 · 피난용 트랩 · 피난밧줄 또는 간이완강기 · 아파트에 설치되는 피난기구(다수인 피난장비는 제외한다.) 기타 피난상 지장이 없는 것에 있어서는 그러하지 아니하다.

③ 4층 이상의 층에 피난사다리(하향식 피난구용 내림식사다리는 제외한다.)를 설치하는 경우에는 금속성 고정사다리를 설치하고, 당해 고정사다리에는 쉽게 피난할 수 있는 구조의 노대를 설치할 것

④ 완강기, 미끄럼봉 및 피난로프의 길이는 부착위치에서 지면 기타 피난상 유효한 착지면까지의 길이로 할 것

피난기구의 설치기준(제4조 제③항)

① 피난기구는 계단 · 피난구 기타 피난시설로부터 적당한 거리에 있는 안전한 구조로 된 피난 또는 소화활동상 유효한 개구부(가로 0.5m 이상, 세로 1.0m 이상인 것을 말한다. 이 경우 개부구 하단이 바닥에서 1.2m 이상이면 발판 등을 설치하여야 하고, 밀폐 된 창문은 쉽게 파괴할 수 있는 파괴장치를 비치하여야 한다.)에 고정하여 설치하거나 필요한 때에 신속하고 유효하게 설치할 수 있는 상태에 둘 것

② 피난기구를 설치하는 개구부는 서로 동일직선상이 아닌 위치에 있을 것. 다만, 피난교 · 피난용 트랩 · 간이완강기 · 아파트에 설치되는 피난기구(다수인 피난장비 는 제외한다.) 기타 피난상 지장이 없는 것에 있어서는 그러하지 아니하다.

③ 4층 이상의 층에 피난사다리(하향식 피난구용 내림식사다리는 제외한다.)를 설치하는 경우에는 금속성 고정사다리를 설치하고, 당해 고정사다리에는 쉽게 피난할 수 있는 구조의 노대를 설치할 것

④ 완강기로프의 길이는 부착위치에서 지면 기타 피난상 유효한 착지면까지의 길이로 할 것

⑤ 피난기구는 소방대상물의 기둥 · 바닥 · 보 기타 구조상 견고한 부분에 볼트조임 · 매입 · 용접 기타의 방법으로 견고하게 부착할 것

⑥ 완강기는 강하 시 로프가 소방대상물과 접촉하여 손상되지 아니하도록 할 것

⑦ 미끄럼대는 안전한 강하속도를 유지하도록 하고, 전락방지를 위한 안전조치를 할 것

⑧ 구조대의 길이는 피난상 지장이 없고 안정한 강하속도를 유지할 수 있는 길이로 할 것

정답 03. ③

04 다음 중 내림식 사다리의 종류가 아닌 것은?

① 접는식 ② 와이어로프식 ③ 체인식 ④ 하향식

▶ 내림식 사다리의 종류

① 고정식사다리 ② 와이어로프식
③ 체인식 ④ 하향식

05 다수인 피난장비에 대한 설치기준 중 옳지 않은 것은?

① 다수인피난장비 보관실은 건물 외측보다 돌출되지 아니하고, 빗물 · 먼지 등으로부터 장비를 보호할 수 있는 구조일 것
② 사용 시에 보관실 외측 문이 먼저 열리고 탑승기가 외측으로 자동 및 수동으로 전개될 것
③ 하강 시에 탑승기가 건물 외벽이나 돌출물에 충돌하지 않도록 설치할 것
④ 상 · 하층에 설치할 경우에는 탑승기의 하강 경로가 중첩되지 않도록 할 것

▶ 다수인 피난장비 설치기준(제4조 제③항)

① 피난에 용이하고 안전하게 하강할 수 있는 장소에 적재 하중을 충분히 견딜 수 있도록 「건축물의 구조기준 등에 관한 규칙」 제3조에서 정하는 구조안전의 확인을 받아 견고하게 설치할 것
② 다수인피난장비 보관실은 건물 외측보다 돌출되지 아니하고, 빗물 · 먼지 등으로부터 장비를 보호할 수 있는 구조일 것
③ 사용 시에 보관실 외측 문이 먼저 열리고 탑승기가 외측으로 자동으로 전개될 것
④ 하강 시에 탑승기가 건물 외벽이나 돌출물에 충돌하지 않도록 설치할 것
⑤ 상 · 하층에 설치할 경우에는 탑승기의 하강경로가 중첩되지 않도록 할 것
⑥ 하강 시에는 안전하고 일정한 속도를 유지하도록 하고 전복, 흔들림, 경로이탈 방지를 위한 안전조치를 할 것
⑦ 보관실의 문에는 오작동 방지조치를 하고, 문 개방 시에는 당해 소방대상물에 설치된 경보설비와 연동하여 유효한 경보음을 발하도록 할 것
⑧ 피난층에는 해당 층에 설치된 피난기구가 착지에 지장이 없도록 충분한 공간을 확보할 것
⑨ 한국소방산업기술원 또는 법 제42조 제1항에 따라 성능시험기관으로 지정받은 기관에서 그 성능을 검증받은 것으로 설치할 것

06 승강식 피난기 및 하향식 피난구용 내림식 사다리에 대한 설치기준 중 옳지 않은 것은?

① 승강식 피난기 및 하향식 피난구용 내림식 사다리는 설치경로가 설치층에서 피난층까지 연계될 수 있는 구조로 설치할 것. 단, 건축물의 구조 및 설치 여건상 불가피한 경우는 그러하지 아니 한다.
② 대피실의 면적은 $3m^2$(2세대 이상일 경우에는 $5m^2$) 이상으로 하고, 건축법시행령 제46조 제4항의 규정에 적합하여야 하며 하강구(개구부) 규격은 직경 60cm 이상일 것. 단, 외기와 개방된 장소에는 그러하지 아니 한다.

정답 04. ① 05. ② 06. ②

③ 하강구 내측에는 기구의 연결 금속구 등이 없어야 하며 전개된 피난기구는 하강구 수평투영 면적 공간 내의 범위를 침범하지 않는 구조이어야 할 것. 단, 직경 60cm 크기의 범위를 벗어난 경우이거나, 직하층의 바닥 면으로부터 높이 50cm 이하의 범위는 제외한다.

④ 대피실의 출입문은 갑종방화문으로 설치하고, 피난방향에서 식별할 수 있는 위치에 "대피실" 표지판을 부착할 것. 단, 외기와 개방된 장소에는 그러하지 아니 한다.

승강식 피난기 및 하향식 피난구용 내림식 사다리 설치기준(제4조 제③항)

① 승강식 피난기 및 하향식 피난구용 내림식 사다리는 설치경로가 설치층에서 피난층까지 연계될 수 있는 구조로 설치할 것. 단, 건축물의 구조 및 설치 여건상 불가피한 경우는 그러하지 아니 한다.

② 대피실의 면적은 $2m^2$(2세대 이상일 경우에는 $3m^2$) 이상으로 하고, 건축법시행령 제46조 제4항의 규정에 적합하여야 하며 하강구(개구부) 규격은 직경 60cm 이상일 것. 단, 외기와 개방된 장소에는 그러하지 아니한다.

③ 하강구 내측에는 기구의 연결 금속구 등이 없어야 하며 전개된 피난기구는 하강구 수평투영면적 공간 내의 범위를 침범하지 않는 구조이어야 할 것. 단, 직경 60cm 크기의 범위를 벗어난 경우이거나, 직하층의 바닥면으로부터 높이 50cm 이하의 범위는 제외한다.

④ 대피실의 출입문은 갑종방화문으로 설치하고, 피난방향에서 식별할 수 있는 위치에 "대피실" 표지판을 부착할 것. 단, 외기와 개방된 장소에는 그러하지 아니한다.

⑤ 착지점과 하강구는 상호 수평거리 15cm 이상의 간격을 둘 것

⑥ 대피실 내에는 비상조명등을 설치할 것

⑦ 대피실에는 층의 위치표시와 피난기구 사용설명서 및 주의사항 표지판을 부착할 것

⑧ 대피실 출입문이 개방되거나, 피난기구 작동 시 해당 층 및 직하층 거실에 설치된 표시등 및 경보장치가 작동되고, 감시 제어반에서는 피난기구의 작동을 확인할 수 있어야 할 것

⑨ 사용 시 기울거나 흔들리지 않도록 설치할 것

⑩ 승강식 피난기는 한국소방산업기술원 또는 법 제42조 제1항에 따라 성능시험기관으로 지정받은 기관에서 그 성능을 검증받은 것으로 설치할 것

07 사다리 하부에 미끄럼 방지장치를 하여야 하는 사다리는 다음 중 어느 것인가?

① 내림식 사다리
② 수납식 사다리
③ 올림식 사다리
④ 신축식 사다리

올림식 사다리의 구조

① 상부지지점(끝 부분으로부터 60cm 이내의 임의의 부분으로 한다.)에 미끄러지거나 넘어지지 아니하도록 하기 위하여 안전장치를 설치하여야 한다.

② 하부지지점에는 미끄러짐을 막는 장치를 설치하여야 한다.

③ 신축하는 구조인 것은 사용할 때 자동적으로 작동하는 축제방지장치를 설치하여야 한다.

④ 접어지는 구조인 것은 사용할 때 자동적으로 작동하는 접힘방지장치를 설치하여야 한다.

정답 07. ③

08 피난사다리의 횡봉의 간격으로 옳은 것은?

① 30[cm] 이상 45[cm] 이하
② 25[cm] 이상 35[cm] 이하
③ 30[cm] 이상 50[cm] 이하
④ 25[cm] 이상 50[cm] 이하

피난사다리의 형식승인 및 제품검사의 기술기준(일반구조)

① 안전하고 확실하며 쉽게 사용할 수 있는 구조이어야 한다.
② 피난사다리는 2개 이상의 종봉(내림식사다리에 있어서는 이에 상당하는 와이어로프 · 체인 그 밖의 금속제의 봉 또는 관을 말한다. 이하 같다.) 및 횡봉으로 구성되어야 한다. 다만, 고정식 사다리인 경우에는 종봉의 수를 1개로 할 수 있다.
③ 피난사다리(종봉이 1개인 고정식사다리는 제외한다.)의 종봉의 간격은 최외각 종봉 사이의 안치수가 30cm 이상이어야 한다.
④ 피난사다리의 횡봉은 지름 14mm 이상 35mm 이하의 원형인 단면이거나 또는 이와 비슷한 손으로 잡을 수 있는 형태의 단면이 있는 것이어야 한다.
⑤ 피난사다리의 횡봉은 종봉에 동일한 간격으로 부착한 것이어야 하며, 그 간격은 25cm 이상 35cm 이하이어야 한다.
⑥ 피난사다리 횡봉의 디딤면은 미끄러지지 아니하는 구조이어야 한다.

09 4층 이상의 층에 설치할 수 있는 피난사다리로 옳은 것은?

① 고정식 사다리
② 이동식 사다리
③ 올림식 사다리
④ 내림식 사다리

10 주요 구조부가 내화구조이고 건널 복도가 설치된 경우 건널 복도수의 2배의 수를 뺀 수로 피난기구를 설치할 수 있다. 이때 건널 복도 구조로서 옳지 않은 것은?

① 내화구조 또는 철골조로 되어 있을 것
② 건널 복도 양단의 출입구에 자동폐쇄장치를 한 갑종 또는 을종 방화문이 설치되어 있을 것
③ 사람들이 피난 · 통행하는 용도일 것
④ 물건을 운반하는 전용 용도일 것

피난기구 감소기준(제6조)

① 피난기구의 수에서 해당 건널 복도의 수의 2배의 수를 뺀 수로 피난기구를 설치할 수 있는 건널 복도의 구조 기준
　㉮ 내화구조 또는 철골조로 되어 있을 것
　㉯ 건널 복도 양단의 출입구에 자동폐쇄장치를 한 갑종방화문(방화셔터를 제외한다.)이 설치되어 있을 것
　㉰ 피난 · 통행 또는 운반의 전용 용도일 것
② 피난기구의 2분의 1을 감소할 수 있는 층의 적합 기준
　㉮ 주요 구조부가 내화구조로 되어 있을 것
　㉯ 직통계단인 피난계단 또는 특별피난계단이 2 이상 설치되어 있을 것

정답 08. ② 09. ① 10. ②

11 **피난기구를 설치하여야 하는 소방대상물 중 피난기구를 설치하지 아니할 수 있는 옥상 직하층 또는 최상층의 적합 기준으로 옳지 않은 것은?**

① 주요 구조부가 내화구조로 되어 있어야 할 것
② 옥상의 면적이 1,000m^2 이상이어야 할 것
③ 옥상으로 쉽게 통할 수 있는 창 또는 출입구가 설치되어 있어야 할 것
④ 옥상이 소방사다리차가 쉽게 통행할 수 있는 도로 또는 공지에 면하여 설치되어 있을 것

설치 제외(제5조)

다음 각 목의 기준에 적합한 소방대상물 중 그 옥상의 직하층 또는 최상층(관람집회 및 운동시설 또는 판매시설을 제외한다.)

㉮ 주요 구조부가 내화구조로 되어 있어야 할 것
㉯ 옥상의 면적이 1,500m^2 이상이어야 할 것
㉰ 옥상으로 쉽게 통할 수 있는 창 또는 출입구가 설치되어 있어야 할 것
㉱ 옥상이 소방사다리차가 쉽게 통행할 수 있는 도로(폭 6m 이상의 것을 말한다.) 또는 공지(공원 또는 광장 등을 말한다.)에 면하여 설치되어 있거나 옥상으로부터 피난층 또는 지상으로 통하는 2 이상의 피난계단 또는 특별피난계단이 건축법시행령 제35조의 규정에 적합하게 설치되어 있어야 할 것

12 **완강기의 안전 하강속도로 옳은 것은?**

① 16[cm/s] 이상 150[cm/s] 미만
② 18[cm/s] 이상 160[cm/s] 미만
③ 20[cm/s] 이상 200[cm/s] 미만
④ 25[cm/s] 이상 250[cm/s] 미만

완강기의 안전 하강속도는 16[cm/s] 이상 150[cm/s] 미만이다

13 **다음 중 완강기의 구성품으로 가장 적합한 것은?**

① 조속기, 로프, 벨트, 훅
② 설치공구, 체인, 벨트, 훅
③ 조속기, 로프, 벨트, 세로봉
④ 조속기, 체인, 벨트, 훅

완강기의 구성품

조속기(속도조절기), 로프, 벨트, 훅

14 **다중이용업소의 안전관리에 관한 특별법 시행령 제2조에 따른 다중이용업소로서 영업장의 위치가 4층 이하인 다중이용업소에 설치할 수 있는 피난기구로 옳지 않은 것은?**

① 미끄럼대
② 피난사다리
③ 피난용트랩
④ 승강식 피난기

정답 11. ② 12. ① 13. ① 14. ③

다중이용업소의 설치 가능한 피난기구

① 미끄럼대 ② 피난사다리
③ 구조대 ④ 완강기
⑤ 다수인피난장비 ⑥ 승강식 피난기

15 **특정소방대상물의 용도 및 장소별로 설치하여야 할 인명구조기구의 종류에 대한 설명 중 옳지 않은 것은?**

① 지하층을 포함하는 층수가 7층 이상인 관광호텔에는 방열복, 공기호흡기, 인공소생기를 각 2개 이상 비치할 것
② 지하층을 포함하는 층수가 5층 이상인 병원에는 방열복, 공기호흡기를 각 2개 이상 비치할 것
③ 문화 및 집회시설 중 수용인원 100명 이상의 영화상영관, 판매시설 중 대규모점포, 운수시설 중 지하역사, 지하가 중 지하상가에는 공기호흡기를 층마다 2개 이상 비치할 것
④ 물분무등소화설비 중 이산화탄소 소화설비를 설치하여야 하는 특정소방대상물에는 공기호흡기를 이산화탄소 소화설비가 설치된 장소의 출입구 내부 인근에 2대 이상을 비치할 것

인명구조기구의 종류

특정소방대상물	인명구조기구의 종류	설치수량
지하층을 포함하는 층수가 7층 이상인 관광호텔 및 5층 이상인 병원	방열복 또는 방화복 공기호흡기 인공소생기	각 2개 이상 비치할 것. 다만, 병원의 경우에는 인공소생기를 설치하지 않을 수 있다.
• 문화 및 집회시설 중 수용인원 100명 이상의 영화상영관 • 판매시설 중 대규모 점포 • 운수시설 중 지하역사 • 지하가 중 지하상가	공기호흡기	층마다 2개 이상 비치할 것. 다만, 각 층마다 갖추어 두어야 할 공기호흡기 중 일부를 직원이 상주하는 인근 사무실에 갖추어 둘 수 있다.
물분무등소화설비 중 이산화탄소 소화설비를 설치하여야 하는 특정소방대상물	공기호흡기	이산화탄소 소화설비가 설치된 장소의 출입구 외부 인근에 1대 이상 비치할 것

※ 방화복(헬멧, 보호장갑 및 안전화를 포함한다.)

16 **특정소방대상물의 용도별로 설치하여야 할 유도등 및 유도표지의 종류에서 공연장 · 집회장(종교집회장 포함) · 관람장 · 운동시설, 유흥주점영업시설에 설치하여야 하는 것으로 옳은 것은?**

① 대형피난구유도등, 객석유도등, 통로유도표지
② 대형피난구유도등, 통로유도등, 객석유도등
③ 중형피난구유도등, 통로유도등, 객석유도등
④ 중형피난구유도등, 통로유도표지, 객석유도등

정답 15. ④ 16. ②

◐ 유도등 및 유도표지의 종류(제4조)

설치장소	유도등 및 유도표지 종류
1. 공연장 · 집회장(종교집회장 포함) · 관람장 · 운동시설 2. 유흥주점영업시설(「식품위생법 시행령」 제21조 제8호 라목의 유흥주점영업 중 손님이 춤을 출 수 있는 무대가 설치된 카바레, 나이트클럽 또는 그 밖에 이와 비슷한 영업시설만 해당한다.)	• 대형피난구유도등 • 통로유도등 • 객석유도등
3. 위락시설 · 판매시설 · 운수시설 · 「관광진흥법」 제3조 제1항 제2호에 따른 관광숙박업 · 의료시설 · 장례식장 · 방송통신시설 · 전시장 · 지하상가 · 지하철역사	• 대형피난구유도등 • 통로유도등
4. 숙박시설(제3호의 관광숙박업 외의 것을 말한다.) · 오피스텔 5. 제1호부터 제3호까지 외의 건축물로서 지하층 · 무창층 또는 층수가 11층 이상인 특정소방대상물	• 중형피난구유도등 • 통로유도등
6. 제1호부터 제5호까지 외의 건축물로서 근린생활시설 · 노유자시설 · 업무시설 · 발전시설 · 종교시설(집회장 용도로 사용하는 부분 제외) · 교육연구시설 · 수련시설 · 공장 · 창고시설 · 교정 및 군사시설(국방 · 군사시설 제외) · 기숙사 · 자동차정비공장 · 운전학원 및 정비학원 · 다중 이용업소 · 복합건축물 · 아파트	• 소형피난구유도등 • 통로유도등
7. 그 밖의 것	• 피난구유도표지 • 통로유도표지

17 피난구유도등의 설치기준으로 옳지 않은 것은?

① 옥내로부터 직접 지상으로 통하는 출입구 및 그 부속실의 출입구에 설치할 것
② 피난구의 상단에 출입구에 인접하도록 설치할 것
③ 안전구획된 거실로 통하는 출입구에 설치할 것
④ 직통계단 · 직통계단의 계단실 및 그 부속실의 출입구에 설치할 것

◐ 피난구유도등의 설치기준(제5조)

① 피난구유도등은 다음 각 호의 장소에 설치하여야 한다.
1. 옥내로부터 직접 지상으로 통하는 출입구 및 그 부속실의 출입구
2. 직통계단 · 직통계단의 계단실 및 그 부속실의 출입구
3. 제1호와 제2호에 따른 출입구에 이르는 복도 또는 통로로 통하는 출입구
4. 안전구획된 거실로 통하는 출입구

② 피난구유도등은 피난구의 바닥으로부터 높이 1.5m 이상으로서 출입구에 인접하도록 설치하여야 한다.

정답 17. ②

18 통로유도등 설치기준을 설명한 것 중 옳지 않은 것은?

① 통로유도등에는 복도통로유도등, 거실통로유도등, 계단통로유도등이 있다.
② 복도통로유도등은 지하층 또는 무창층의 용도가 도매시장 · 소매시장 · 여객자동차터미널 · 지하역사 또는 지하상가인 경우에는 복도 · 통로 중앙 부분의 바닥에 설치하여야 한다.
③ 거실통로유도등은 거실 통로에 기둥이 설치된 경우에는 기둥 부분의 천장으로부터 높이 1.5m 이하의 위치에 설치할 수 있다.
④ 주위에 이와 유사한 등화광고물 · 게시물 등을 설치하지 아니할 것

통로유도등 설치기준(제6조)

① 복도통로유도등은 다음 각 목의 기준에 따라 설치할 것
㉮ 복도에 설치할 것
㉯ 구부러진 모퉁이 및 보행거리 20m마다 설치할 것
㉰ 바닥으로부터 높이 1m 이하의 위치에 설치할 것. 다만, 지하층 또는 무창층의 용도가 도매시장 · 소매시장 · 여객자동차터미널 · 지하역사 또는 지하상가인 경우에는 복도 · 통로 중앙부분의 바닥에 설치하여야 한다.
㉱ 바닥에 설치하는 통로유도등은 하중에 따라 파괴되지 아니하는 강도의 것으로 할 것
② 거실통로유도등은 다음 각 목의 기준에 따라 설치할 것
㉮ 거실의 통로에 설치할 것. 다만, 거실의 통로가 벽체 등으로 구획된 경우에는 복도 통로유도등을 설치하여야 한다.
㉯ 구부러진 모퉁이 및 보행거리 20m마다 설치할 것
㉰ 바닥으로부터 높이 1.5m 이상의 위치에 설치할 것. 다만, 거실통로에 기둥이 설치된 경우에는 기둥부분의 바닥으로부터 높이 1.5m 이하의 위치에 설치할 수 있다.
③ 계단통로유도등은 다음 각 목의 기준에 따라 설치할 것
㉮ 각 층의 경사로 참 또는 계단참마다(1개 층에 경사로 참 또는 계단참이 2 이상 있는 경우에는 2개의 계단참마다.) 설치할 것
㉯ 바닥으로부터 높이 1m 이하의 위치에 설치할 것
④ 통행에 지장이 없도록 설치할 것
⑤ 주위에 이와 유사한 등화광고물 · 게시물 등을 설치하지 아니할 것

19 객석 통로의 직선 부분의 길이가 45[m]인 경우 객석유도등은 최소 몇 개를 설치하여야 하는가?

① 12개 ② 11개 ③ 10개 ④ 9개

객석유도등 설치개수(제7조)

$$\text{설치개수} = \frac{\text{객석 통로의 직선부분 길이[m]}}{4} - 1$$

$$= \frac{45}{4} - 1 = 10.25 \quad \therefore 11\text{개}$$

정답 18. ③ 19. ②

20 광원점등방식의 피난유도선 설치기준 중 옳지 않은 것은?

① 구획된 각 실로부터 주 출입구 또는 비상구까지 설치할 것
② 피난유도 표시부는 바닥으로부터 높이 50cm 이하의 위치 또는 바닥면에 설치할 것
③ 피난유도 표시부는 50cm 이내의 간격으로 연속되도록 설치하되 실내장식물 등으로 설치가 곤란할 경우 1m 이내로 설치할 것
④ 피난유도 제어부는 조작 및 관리가 용이하도록 바닥으로부터 0.8m 이상 1.5m 이하의 높이에 설치할 것

피난유도선 설치기준(제8조의2)

① 축광방식 피난유도선 설치기준
㉮ 구획된 각 실로부터 주 출입구 또는 비상구까지 설치할 것
㉯ 바닥으로부터 높이 50cm 이하의 위치 또는 바닥면에 설치할 것
㉰ 피난유도 표시부는 50cm 이내의 간격으로 연속되도록 설치
㉱ 부착대에 의하여 견고하게 설치할 것
㉲ 외광 또는 조명장치에 의하여 상시 조명이 제공되거나 비상조명등에 의한 조명이 제공되도록 설치할 것

② 광원점등방식 피난유도선 설치기준
㉮ 구획된 각 실로부터 주 출입구 또는 비상구까지 설치할 것
㉯ 피난유도 표시부는 바닥으로부터 높이 1m 이하의 위치 또는 바닥면에 설치할 것
㉰ 피난유도 표시부는 50cm 이내의 간격으로 연속되도록 설치하되 실내장식물 등으로 설치가 곤란할 경우 1m 이내로 설치할 것
㉱ 수신기로부터의 화재신호 및 수동조작에 의하여 광원이 점등되도록 설치할 것
㉲ 비상전원이 상시 충전상태를 유지하도록 설치할 것
㉳ 바닥에 설치되는 피난유도 표시부는 매립하는 방식을 사용할 것
㉴ 피난유도 제어부는 조작 및 관리가 용이하도록 바닥으로부터 0.8m 이상 1.5m 이하의 높이에 설치할 것

21 피난유도선을 설치하여야 하는 장소로 옳지 않은 것은?

① 지하층에 설치된 영업장, 밀폐구조의 영업장, 권총사격장의 영업장
② 산후조리업의 영업장, 고시원업의 영업장
③ 단란주점영업과 유흥주점영업의 영업장, 노래연습장업의 영업장
④ 영화상영관, 비디오물감상실업 및 복합영상물제공업의 영업장

피난유도선 설치장소

① 단란주점영업과 유흥주점영업의 영업장
② 영화상영관, 비디오물감상실업 및 복합영상물제공업의 영업장
③ 노래연습장업의 영업장
④ 산후조리업의 영업장
⑤ 고시원업의 영업장

정답 20. ② 21. ①

22 유도등의 전원에 대한 설치기준 중 옳지 않은 것은?

① 상용전원은 교류전압의 옥내 간선으로만 하여야 한다.
② 비상전원은 축전지로만 하여야 한다.
③ 비상전원은 유도등을 20분 이상 유효하게 작동시킬 수 있는 용량으로 할 것
④ 지하층을 제외한 층수가 11층 이상인 층은 비상전원 용량을 60분 이상으로 하여야 한다.

유도등의 전원(제9조)

① 상용전원
축전지, 전기저장장치 또는 교류전압의 옥내간선으로 하고, 전원까지의 배선은 전용으로 하여야 한다.
② 비상전원
㉮ 축전지로 할 것
㉯ 유도등을 20분 이상 유효하게 작동시킬 수 있는 용량으로 할 것. 다만, 다음 각 목의 특정소방대상물의 경우에는 그 부분에서 피난층에 이르는 부분의 유도등을 60분 이상 유효하게 작동시킬 수 있는 용량으로 하여야 한다.
③ 유도등을 60분 이상으로 해야 하는 장소
㉮ 지하층을 제외한 층수가 11층 이상의 층
㉯ 지하층 또는 무창층으로서 용도가 도매시장 · 소매시장 · 여객자동차터미널 · 지하역사 또는 지하상가

23 유도등의 인출선의 길이는 전선 인출부분에서 얼마 이상이어야 하는가?

① 100[mm] ② 130[mm]
③ 150[mm] ④ 200[mm]

유도등 형식승인 및 제품검사의 기술기준(전선의 굵기)

① 인출선 : 단면적 0.75mm^2 이상, 길이 : 150mm 이상
② 인출선 이외의 전선 면적 : 0.5mm^2 이상

24 유도등의 형식승인 및 제품검사의 기술기준상 식별도의 기준을 설명한 것으로 ( ) 안에 들어갈 내용으로 알맞은 것은?

피난구유도등 및 거실통로유도등은 상용전원으로 등을 켜는 (평상시 사용상태로 연결, 사용전압에 의하여 점등후 주위조도를 10[lx]에서 30[lx]까지의 범위내로 한다.) 경우에는 직선거리(ㄱ)m의 위치에서, 비상전원으로 등을 켜는 (비상전원에 의하여 유효점등시간 동안 등을 켠 후 주위조도를 0lx에서 1lx까지의 범위 내로 한다.) 경우에는 직선거리(ㄴ)m의 위치에서 각기 보통시력(시력 1.0에서 1.2의 범위 내를 말한다.)으로 피난유도표시에 대한 식별이 가능하여야 한다.

 정답 22. ① 23. ③ 24. ②

① ㄱ : 10, ㄴ : 10 ② ㄱ : 30, ㄴ : 20
③ ㄱ : 15, ㄴ : 15 ④ ㄱ : 20, ㄴ : 15

유도등의 형식승인 및 제품검사의 기술기준상 식별도의 기준

① 피난구유도등 및 거실통로유도등은 상용전원으로 등을 켜는 (평상시 사용상태로 연결, 사용전압에 의하여 점등 후 주위조도를 10[lx]에서 30[lx]까지의 범위 내로 한다.)경우에는 직선거리 30m의 위치에서, 비상전원으로 등을 켜는(비상전원에 의하여 유효점등시간 동안 등을 켠 후 주위조도를 0[lx]에서 1[lx]까지의 범위 내로 한다.) 경우에는 직선거리 20m의 위치에서 각기 보통시력(시력 1.0에서 1.2의 범위 내를 말한다.)으로 피난유도표시에 대한 식별이 가능하여야 한다.
② 복도통로유도등에 있어서 사용전원으로 등을 켜는 경우에는 직선거리 20m의 위치에서, 비상전원으로 등을 켜는 경우에는 직선거리 15m의 위치에서 보통시력에 의하여 표시면의 화살표가 쉽게 식별되어야 한다.

25 유도등의 전기회로에 점멸기를 설치할 때 점등되어야 하는 경우로 옳지 않은 것은?

① 비상경보설비의 발신기 또는 감지기가 작동되는 때
② 상용전원이 정전되거나 전원선이 단선되는 때
③ 방재업무를 통제하는 곳 또는 전기실의 배전반에서 수동으로 점등하는 때
④ 자동소화설비가 작동되는 때

유도등 3선식 배선 설치 시 점등되어야 하는 경우(제9조 제④항)

① 자동화재탐지설비의 감지기 또는 발신기가 작동되는 때
② 비상경보설비의 발신기가 작동되는 때
③ 상용전원이 정전되거나 전원선이 단선되는 때
④ 방재업무를 통제하는 곳 또는 전기실의 배전반에서 수동으로 점등하는 때
⑤ 자동소화설비가 작동되는 때

※ 유도등의 배선을 3선식으로 할 수 있는 경우

① 특정소방대상물 또는 그 부분에 사람이 없는 경우
② 외부광(光)에 따라 피난구 또는 피난방향을 쉽게 식별할 수 있는 장소
③ 공연장, 암실(暗室) 등으로서 어두워야 할 필요가 있는 장소
④ 특정소방대상물의 관계인 또는 종사원이 주로 사용하는 장소

26 비상조명등을 설치하지 아니할 수 있는 장소로 옳은 것은?

① 거실의 각 부분으로부터 하나의 출입구에 이르는 보행거리가 20m 이내인 부분
② 의원 · 경기장 · 공동주택 · 의료시설 · 학교의 거실
③ 지상 1층 또는 피난층으로서 복도 · 통로 또는 창문 등의 개구부를 통하여 피난이 용이한 경우
④ 지하층으로서 특정소방대상물의 바닥부분 2면 이상이 지표면과 동일하거나 지표면으로부터의 깊이가 1m 이하인 경우

정답 25. ① 26. ②

◐ 비상조명등 설치 제외(제5조)

① 거실의 각 부분으로부터 하나의 출입구에 이르는 보행거리가 15m 이내인 부분
② 의원 · 경기장 · 공동주택 · 의료시설 · 학교의 거실

※ 기타 설치 제외 장소

① 지상 1층 또는 피난층으로서 복도 · 통로 또는 창문 등의 개구부를 통하여 피난이 용이한 경우 : 휴대용 비상조명등 설치 제외 장소
② 지하층으로서 특정소방대상물의 바닥부분 2면 이상이 지표면과 동일하거나 지표면으로부터의 깊이가 1m 이하인 경우 : 무선통신보조설비 설치 제외 장소

27 예비전원을 내장하지 아니하는 비상조명등에 사용할 수 있는 비상전원의 종류로 옳은 것은?

① 자가발전설비, 비상전원수전설비
② 자가발전설비, 축전지설비
③ 비상전원수전설비, 축전지설비
④ 열병합발전설비, 전기저장장치

◐ 비상전원의 종류

예비전원을 내장하지 아니하는 비상조명등의 비상전원은 자가발전설비, 축전지설비를 또는 전기저장장치를 다음의 기준에 따라 설치하여야 한다.
① 점검에 편리하고 화재 및 침수 등의 재해로 인한 피해를 받을 우려가 없는 곳에 설치할 것
② 상용전원으로부터 전력의 공급이 중단된 때에는 자동으로 비상전원으로부터 전력을 공급받을 수 있도록 할 것
③ 비상전원의 설치장소는 다른 장소와 방화구획할 것. 이 경우 그 장소에는 비상전원의 공급에 필요한 기구나 설비 외의 것(열병합발전설비에 필요한 기구나 설비는 제외한다.)을 두어서는 아니 된다.
④ 비상전원을 실내에 설치하는 때에는 그 실내에 비상조명등을 설치할 것

28 휴대용 비상조명등 설치기준 중 옳지 않은 것은?

① 숙박시설 또는 다중이용업소에는 객실 또는 영업장안의 구획된 실마다 잘 보이는 곳(외부에 설치 시 출입문 손잡이로부터 1m 이내 부분)에 1개 이상 설치할 것
② 대규모점포(지하상가 및 지하역사를 제외한다.)와 영화상영관에는 보행거리 50m 이내마다 3개 이상 설치할 것
③ 지하상가 및 지하역사에는 수평거리 25m 이내마다 3개 이상 설치할 것
④ 설치높이는 바닥으로부터 0.8m 이상 1.5m 이하의 높이에 설치할 것

◐ 휴대용 비상조명등 설치기준(제4조 제②항)

① 다음 각 목의 장소에 설치할 것
㉮ 숙박시설 또는 다중이용업소에는 객실 또는 영업장안의 구획된 실마다 잘 보이는 곳(외부에 설치 시 출입문 손잡이로부터 1m 이내 부분)에 1개 이상 설치
㉯ 「유통산업발전법」 제2조 제3호에 따른 대규모점포(지하상가 및 지하역사를 제외한다.)와 영화상영관에는 보행거리 50m 이내마다 3개 이상 설치

정답 27. ② 28. ③

㉰ 지하상가 및 지하역사에는 보행거리 25m 이내마다 3개 이상 설치
② 설치높이는 바닥으로부터 0.8m 이상 1.5m 이하의 높이에 설치할 것
③ 어둠 속에서 위치를 확인할 수 있도록 할 것
④ 사용 시 자동으로 점등되는 구조일 것
⑤ 외함은 난연성능이 있을 것
⑥ 건전지를 사용하는 경우에는 방전방지조치를 하여야 하고, 충전식 배터리의 경우에는 상시 충전되도록 할 것
⑦ 건전지 및 충전식 배터리의 용량은 20분 이상 유효하게 사용할 수 있는 것으로 할 것

29 상수도 소화용수설비에 대한 설명으로 옳지 않은 것은?

① 호칭지름 75[mm] 이상의 수도배관에 호칭지름 100[mm] 이상의 소화전을 접속하여야 한다.
② 소화전함은 소화전으로부터 5[m] 이내의 거리에 설치한다.
③ 소화전은 소방자동차 등의 진입이 쉬운 도로변 또는 공지에 설치한다.
④ 소화전은 소방대상물의 수평투영면의 각 부분으로부터 140[m] 이하가 되도록 설치한다.

상수도 소화용수설비 설치기준(제4조)

① 호칭지름 75mm 이상의 수도배관에 호칭지름 100mm 이상의 소화전을 접속할 것
② 소화전은 소방자동차 등의 진입이 쉬운 도로변 또는 공지에 설치할 것
③ 소화전은 특정소방대상물의 수평투영면의 각 부분으로부터 140m 이하가 되도록 설치할 것

30 1층과 2층의 바닥 면적의 합이 15,000[m²]이고, 연면적이 20,000[m²]인 경우 소화수조를 설치하는 데 필요한 수원의 양은 얼마인가?

① 20[m³] ② 40[m³] ③ 60[m³] ④ 80[m³]

소화수조(제4조)

$$Q = K \times 20 = 3 \times 20 = 60[m^3]$$

$$K = \frac{20,000}{7,500} = 2.67 \quad \therefore K = 3$$

① 소화수조 또는 저수조의 저수량은 특정소방대상물의 연면적을 다음 표에 따른 기준 면적으로 나누어 얻은 수(소수점 이하의 수는 1로 본다.)에 $20m^3$를 곱한 양 이상이 되도록 하여야 한다.

소방대상물의 구분	면적
1. 1층 및 2층의 바닥면적 합계가 $15,000m^2$ 이상인 소방대상물	$7,500m^2$
2. 제1호에 해당되지 아니하는 그 밖의 소방대상물	$12,500m^2$

② 흡수관 투입구 또는 채수구 설치기준
지하에 설치하는 소화용수설비의 흡수관투입구는 그 한 변이 0.6m 이상이거나 직경이 0.6m 이상인 것으로 하고, 소요수량이 $80m^3$ 미만인 것은 1개 이상, $80m^3$ 이상인 것은 2개 이상을 설치하여야 하며, "흡관투입구"라고 표시한 표지를 할 것

정답 29. ② 30. ③

31 **소화수조가 지면으로부터 5[m] 깊이의 지하에 설치된 경우 소요 수량이 100[m^3]인 경우 설치하여야 할 채수구의 수(㉠)와 가압송수장치의 1분당 양수량(㉡)으로 옳은 것은?**

① ㉠ : 1개, ㉡ : 1,100[l] 이상
② ㉠ : 2개, ㉡ : 2,200[l] 이상
③ ㉠ : 3개, ㉡ : 3,300[l] 이상
④ ㉠ : 4개, ㉡ : 4,400[l] 이상

소화수조 등(제4조)

① 소화용수설비에 설치하는 채수구는 다음 각 목의 기준에 따라 설치할 것
㉮ 채수구는 다음 표에 따라 소방용 호스 또는 소방용 흡수관에 사용하는 구경 65mm 이상의 나사식 결합 금속구를 설치할 것

소요수량	20m³ 이상 40m³ 미만	40m³ 이상 100m³ 미만	100m³ 이상
채수구 수	1개	2개	3개

㉯ 채수구는 지면으로부터의 높이가 0.5m 이상 1m 이하의 위치에 설치하고, "채수구"라고 표시한 표지를 할 것

※ 가압송수장치(제5조)

소화수조 또는 저수조가 지표면으로부터의 깊이(수조 내부바닥까지의 길이를 말한다.)가 4.5m 이상인 지하에 있는 경우에는 다음 표에 따라 가압송수장치를 설치하여야 한다.

소요수량	20m³ 이상 40m³ 미만	40m³ 이상 100m³ 미만	100m³ 이상
가압송수장치의 1분당 양수량	1,100l 이상	2,200l 이상	3,300l 이상

32 **소화수조 및 저수조 설치기준 중 옳지 않은 것은?**

① 소화용수설비를 설치하여야 할 특정소방대상물에 있어서 유수의 양이 0.8m^3/min 이상인 유수를 사용할 수 있는 경우에는 소화수조를 설치하지 아니할 수 있다.
② 소화수조, 저수조의 채수구 또는 흡수관 투입구는 소방차가 2m 이내의 지점까지 접근할 수 있는 위치에 설치하여야 한다.
③ 지하에 설치하는 소화용수설비의 흡수관투입구는 그 한 변이 0.6m 이상이거나 직경이 0.6m 이상인 것으로 하고, 소요수량이 80m^3 이하인 것은 1개 이상, 80m^3 초과인 것은 2개 이상을 설치하여야 하며, "흡관투입구"라고 표시한 표지를 할 것
④ 채수구는 지면으로부터의 높이가 0.5m 이상 1m 이하의 위치에 설치하고, "채수구"라고 표시한 표지를 할 것

정답 31. ③ 32. ③

CHAPTER 04 소화활동설비

01 제연설비의 설치 장소에 대한 제연구역의 구획 기준에 대한 설명 중 옳지 않은 것은?

① 하나의 제연구역의 면적은 1,000[m^2] 이내로 할 것
② 거실과 통로(복도를 포함한다.)는 상호 제연구획할 것
③ 하나의 제연구역은 직경 60[m] 원내에 들어갈 수 있을 것
④ 통로상의 제연구역은 보행 중심선으로 길이가 50[m]를 초과하지 아니할 것

제연구역의 구획 기준(제4조 제①항)

① 하나의 제연구역의 면적은 1,000[m^2] 이내로 할 것
② 거실과 통로(복도를 포함한다.)는 상호 제연구획할 것
③ 하나의 제연구역은 직경 60[m] 원내에 들어갈 수 있을 것
④ 통로상의 제연구역은 보행 중심선으로 길이가 60[m]를 초과하지 아니할 것
⑤ 하나의 제연구역은 2개 이상 층에 미치지 아니하도록 할 것. 다만, 층의 구분이 불분명한 부분은 그 부분을 다른 부분과 별도로 제연구획하여야 한다.

02 제연설비의 화재안전기준을 설명한 것 중 옳지 않은 것은?

① 배출기의 흡입 측 풍도 안의 풍속은 20[m/s] 이하로 하고 배출 측 풍속은 15[m/s] 이하로 한다.
② 제연경계는 제연경계의 폭이 0.6[m] 이상이고, 수직거리는 2[m] 이내이어야 한다. 다만, 구조상 불가피한 경우는 2[m]를 초과할 수 있다.
③ 예상제연구역에 대해서는 화재 시 연기배출과 동시에 공기유입이 될 수 있게 하고, 배출구역이 거실일 경우에는 통로에 동시에 공기가 유입될 수 있도록 하여야 한다.
④ 예상제연구역의 각 부분으로부터 하나의 배출구까지의 수평거리는 10[m] 이내가 되도록 한다.

제연설비의 화재안전기준

① 배출기의 흡입 측 풍도 안의 풍속은 15[m/s] 이하로 하고 배출 측 풍속은 20[m/s] 이하로 한다.

03 바닥면적이 70[m^2]인 경유거실의 배출량[CMH]으로 옳은 것은?

① 4,200[CMH]
② 6,300[CMH]
③ 5,000[CMH]
④ 7,500[CMH]

정답 01. ④ 02. ① 03. ④

소규모 거실의 배출량 : 거실 바닥 면적이 400m² 미만

$Q[\mathrm{m^3/hr}] = A\mathrm{m^2} \times 1\mathrm{m^3/m^2} \cdot \mathrm{min} \times 60\mathrm{min/hr}$

$= 70 \times 1 \times 60 = 4{,}200[\mathrm{m^3/hr}]$

$Q'[\mathrm{m^3/hr}] = Q \times 1.5 = 5{,}000 \times 1.5 = 7{,}500[\mathrm{m^3/hr}]$

① 일반거실 $Q[\mathrm{m^3/hr}] = A\mathrm{m^2} \times 1\mathrm{m^3/m^2} \cdot \mathrm{min} \times 60\mathrm{min/hr}$ 이상

- $A\mathrm{m^2}$: 거실 바닥 면적(400m² 미만일 것)
- 최저 배출량은 5,000m³/hr 이상일 것

② 경유거실 $Q'[\mathrm{m^3/hr}] = Q \times 1.5$ 이상

- 배출량이 최저 배출량 이상인 경우 : 배출량×1.5 이상
- 배출량이 최저 배출량 미만인 경우 : 5,000×1.5 이상

04 내화구조의 벽으로 구획된 판매시설의 크기가 가로 30[m], 세로 15[m]일 경우 배출량 [CMH]으로 옳은 것은?

① 40,000[CMH]
② 45,000[CMH]
③ 50,000[CMH]
④ 60,000[CMH]

대규모 거실 : 거실 바닥 면적이 400m² 이상

판매시설의 크기 : 30×15=450m²(대규모거실에 해당)

직경 $x = \sqrt{(30^2 + 15^2)} = 33.54\mathrm{m}$ 이므로, 40m 범위 안에 해당된다.

제연구역이 "벽"으로 구획된 경우		제연구역이 "제연경계(보 · 제연경계벽)"로 구획된 경우		
구 분	배출량	수직거리	직경 40m 범위 안	직경 40m 범위 초과
직경 40m 범위 안	40,000m³/hr 이상	2m 이하	40,000m³/hr 이상	45,000m³/hr 이상
직경 40m 범위 초과	45,000m³/hr 이상	2m 초과 2.5m 이하	45,000m³/hr 이상	50,000m³/hr 이상
		2.5m 초과 3m 이하	50,000m³/hr 이상	55,000m³/hr 이상
		3m 초과	60,000m³/ hr 이상	65,000m³/hr 이상

05 거실의 바닥면적이 50[m²] 미만인 예상제연구역을 통로배출방식으로 하는 경우 배출량 [CMH]으로 옳은 것은?(단, 통로길이는 50[m], 수직거리는 2.7[m]이다.)

① 30,000[CMH]
② 35,000[CMH]
③ 40,000[CMH]
④ 50,000[CMH]

정답 04. ① 05. ③

통로배출방식

① 거실의 바닥 면적이 $50m^2$ 미만인 예상제연구역을 통로배출방식으로 하는 경우

통로길이	수직거리	배출량	비 고
40m 이하	2m 이하	25,000m³/hr 이상	벽으로 구획된 경우를 포함
	2m 초과 2.5m 이하	30,000m³/hr 이상	
	2.5m 초과 3m 이하	35,000m³/hr 이상	
	3m 초과	45,000m³/hr 이상	
40m 초과 60m 이하	2m 이하	30,000m³/hr 이상	벽으로 구획된 경우를 포함
	2m 초과 2.5m 이하	35,000m³/hr 이상	
	2.5m 초과 3m 이하	40,000m³/hr 이상	
	3m 초과	50,000m³/hr 이상	

② 예상제연구역이 통로인 경우의 배출량은 $45,000m^3/hr$ 이상으로 할 것. 다만, 예상제연 구역이 제연경계로 구획된 경우에는 그 수직거리에 따라 배출량은 제2항 제2호의 표에 따른다.

* 제2항 제2호의 표 : 대규모 거실로 제연구역이 제연경계(보 · 제연경계벽)로 구획된 경우

06 거실의 바닥면적이 $900[m^2]$, 거실 대각선 거리 45.9[m], 제연경계 하단까지의 수직거리 3.2[m], 배출기 흡입 측풍도 높이 600[mm]일 경우, 흡입 측 풍도 강판 두께로 옳은 것은?(단, 강판 두께는 배출 풍도의 크기에 따라 다음 표에 따른 기준 이상으로 할 것)

풍도 단면의 긴 변 또는 직경의 크기	450mm 이하	450mm 초과 750mm 이하	750mm 초과 1,500mm 이하	1,500mm 초과 2,250mm 이하	2,250mm 초과
강판두께	0.5mm	0.6mm	0.8mm	1.0mm	1.2mm

① 0.5[mm] ② 0.6[mm] ③ 0.8[mm] ④ 1.0[mm]

① 대규모 거실이고, 직경이 40m 초과, 수직거리 3m 초과 제연경계로 구획되었으므로, 배출량 : $65,000m^3/hr$ 이상, 배출기 흡입 측 풍속 : 15m/s

② 풍도단면적

$$풍도단면적[m^2] = \frac{배출량[m^3/s]}{풍속[m/s]} = \frac{65,000[m^3/h]}{15[m/s]} \times \frac{1}{3,600}[h/s] = 1.2[m^2]$$

③ 흡입 측 풍도 강판 두께

$$풍도단면적[m^2] = 폭 \times 높이$$

$$폭 = \frac{풍도단면적}{높이} = \frac{1.2m^2}{0.6m} = 2m = 2,000mm$$

∴ 강판두께는 표에 의해 1.0mm이다.

정답 06. ④

07 다음 용어의 정의를 설명한 것 중 옳지 않은 것은?

① 제연구역이라 함은 제연경계(제연설비의 일부인 천장을 포함한다.)에 의해 구획된 건물 내의 공간을 말한다.
② 예상제연구역이라 함은 화재 발생 시 연기의 제어가 요구되는 제연구역을 말한다.
③ 제연경계의 폭이라 함은 제연경계의 천장 또는 반자로부터 그 수직하단까지의 거리를 말한다.
④ 수직거리라 함은 제연구역의 바닥으로부터 그 천장까지의 거리를 말한다.

용어의 정의(제3조)

④ 수직거리라 함은 제연경계의 바닥으로부터 그 수직하단까지의 거리를 말한다.

08 예상제연구역에 공기가 유입되는 순간의 풍속으로 옳은 것은?

① 3[m/s] 이하
② 5[m/s] 이하
③ 10[m/s] 이하
④ 15[m/s] 이하

공기 유입구(제8조)

① 공기가 유입되는 순간의 풍속 : 5m/s 이하, 유입구의 구조 : 유입공기를 하향 60° 이내로 분출
② 공기유입구의 크기는 해당 예상제연구역 배출량 $1m^3/min$에 대하여 $35cm^2$ 이상

$$A[m^2] = Q(\text{배출량})[m^3/min] \times 35[cm^2 \cdot min/m^3] = \frac{Q \times 35cm^2}{10^4}$$

③ 공기유입량은 배출량 이상이 되도록 하여야 한다.

09 예상제연구역에 설치되는 공기유입구의 기준으로 옳지 않은 것은?

① 바닥면적 $400m^2$ 미만의 거실인 예상제연구역에 대하여서는 바닥 외의 장소에 설치하고 공기유입구와 배출구 간의 직선거리는 10m 이상으로 할 것
② 바닥면적이 $400m^2$ 이상의 거실인 예상제연구역에 대하여는 바닥으로부터 1.5m 이하의 높이에 설치하고 그 주변 2m 이내에는 가연성 내용물이 없도록 할 것
③ 유입구를 벽에 설치할 경우에는 바닥으로부터 1.5m 이하의 높이에 설치하고 그 주변 2m 이내에는 가연성 내용물이 없도록 할 것
④ 유입구를 벽 외의 장소에 설치할 경우에는 유입구 상단이 천장 또는 반자와 바닥 사이의 중간 아랫부분보다 낮게 되도록 하고, 수직거리가 가장 짧은 제연경계 하단보다 낮게 되도록 설치할 것

공기유입구(제8조)

① 바닥면적 $400m^2$ 미만의 거실인 예상제연구역에 대하여서는 바닥 외의 장소에 설치하고 공기유입구와 배출구 간의 직선거리는 5m 이상으로 할 것

정답 07. ④ 08. ② 09. ①

10 제연설비를 설치하여야 하는 특정소방대상물 중 배출구·공기유입구의 설치 및 배출량 산정에서 제외할 수 있는 장소로 옳지 않은 것은?

① 사람이 상주하지 않는 기계실
② 사람이 상주하지 않는 전기실
③ 사람이 상주하지 않는 공조실
④ 사람이 상주하지 않는 70m² 미만의 창고

배출구 및 공기유입구 설치 제외 장소(제13조)

화장실·목욕실·주차장·발코니를 설치한 숙박시설(가족호텔 및 휴양콘도미니엄에 한한다.)의 객실과 사람이 상주하지 아니하는 기계실·전기실·공조실·50m² 미만의 창고

11 제연설비의 기동에서 가동식의 벽, 제연경계벽, 댐퍼 및 배출기의 작동은 (가)와 연동되어야 하며, 예상제연구역(또는 인접장소) 및 제어반에서 (나)으로 기동이 가능하도록 하여야 한다. ( ) 안에 들어갈 내용으로 옳은 것은?

① 가. 자동화재 감지기 나. 자동
② 가. 자동화재 감지기 나. 수동
③ 가. 비상경보 설비 나. 자동
④ 나. 비상경보 설비 나. 수동

제연설비의 기동(제11조 제②항)

가동식의 벽·제연경계벽·댐퍼 및 배출기의 작동은 자동화재감지기와 연동되어야 하며, 예상제연구역(또는 인접장소) 및 제어반에서 수동으로 기동이 가능하도록 하여야 한다.

12 특별피난계단을 반드시 설치하여야 하는 대상이 아닌 것은?

① 건축물의 11층 이상인 층으로부터 피난층으로 통하는 직통계단
② 공동주택의 경우 16층 이상인 층으로부터 피난층으로 통하는 직통계단
③ 판매용도로 쓰이는 5층 이상의 층으로부터 피난층으로 통하는 직통계단 중 1개소 이상
④ 아파트의 지하 2층으로부터 피난층으로 통하는 직통계단

특별피난계단 설치 대상

구 분		특별피난계단 대상	비 고
일반건축물	일반건축물	① 지상 11층 이상 ② 지하 3층 이하	–
	판매시설	① 지상 5층 이상 ② 지하 2층 이하	직통계단 1개소 이상
아파트(갓복도식 아파트 제외)		① 지상 16층 이상 ② 지하 3층 이하	–

정답 10. ④ 11. ② 12. ④

13 **특별피난계단의 계단실 및 부속실 제연설비의 화재안전기준에서 정한 제연구역의 선정 기준으로 옳지 않은 것은?**

① 계단실 및 그 부속실을 동시에 제연하는 것
② 부속실만을 단독으로 제연하는 것
③ 계단실 단독 제연하는 것
④ 부속실에 연결된 복도를 단독으로 제연하는 것

제연구역 선정기준(제5조)

① 계단실 및 그 부속실을 동시에 제연하는 것
② 부속실만을 단독으로 제연하는 것
③ 계단실 단독제연하는 것
④ 비상용 승강기 승강장 단독제연하는 것

14 **특별피난계단의 계단실 및 부속실 제연설비에 대한 설명으로 옳지 않은 것은?**

① 제연구역과 옥내의 사이에 유지하여야 하는 최소 차압은 40[Pa] 이상으로 하여야 한다.
② 제연설비가 가동되었을 경우 출입문의 개방에 필요한 힘은 110[N] 이상으로 하여야 한다.
③ 계단실과 부속실을 동시에 제연하는 경우 부속실의 기압은 계단실과 같게 하거나 압력 차이가 5[Pa] 이하가 되도록 하여야 한다.
④ 계단실 및 그 부속실을 동시에 제연 하는 것 또는 계단실만 단독으로 제연하는 것의 방연풍속은 0.5[m/s] 이상이어야 한다.

특별피난계단의 계단실 및 부속실 제연설비

제연설비가 가동되었을 경우 출입문의 개방에 필요한 힘은 110[N] 이하로 하여야 한다.

15 **옥내에 스프링클러설비가 설치된 경우에 제연구역과 옥내 사이에 유지하여야 하는 최소 차압은 몇 [Pa] 이상으로 하여야 하는가?**

① 40 ② 50 ③ 28 ④ 12.5

차압기준(제6조)

① 최소 차압
㉮ 차압이란 제연구역과 옥내와의 압력차로서 옥내란 비제연구역으로 복도 · 통로 또는 거실 등과 같은 화재실을 의미한다.
㉯ 최소 차압 40Pa : 화재 시 형성되는 압력차가 아닌 평상시 제연용 송풍기를 작동시킨 경우 제연구역과 비제연구역 간에 형성되는 압력차를 의미한다.

② 최대 차압
㉮ 제연 설비가 가동되었을 경우 출입문 개방에 필요한 힘은 110N 이하로 하여야 한다.
㉯ 제연 설비 가동 시 제연구역에 형성되는 차압이 클 경우 부속실에서 방화문에 미치는 힘이 증가 되어 노약자가 거실이나 통로에서 부속실로 출입문을 개방하는 데 어려움이 있게 된다.
㉰ 따라서 이를 방지하기 위한 압력차의 상한값이 최대 차압이 된다.

정답 13. ④ 14. ② 15. ④

16 과압방지조치에 대한 다음 설명 중 옳지 않은 것은?

① 과압방지장치는 제연구역의 압력을 자동으로 조절하는 성능이 있는 것으로 할 것
② 과압방지를 위한 과압방지장치는 차압기준과 방연풍속기준을 만족해야 할 것
③ 플랩댐퍼에 사용하는 철판은 두께 1.8mm 이상의 열간압연 연강판(KS D 3501) 또는 이와 동등 이상의 내식성 및 내열성이 있는 것으로 할 것
④ 자동차압과압조절형 댐퍼를 설치하는 경우 차압 범위의 수동설정기능과 설정 범위의 차압이 유지되도록 개구율을 자동조절하는 기능이 있을 것

과압방지조치(제11조)

① 과압방지장치는 제연구역의 압력을 자동으로 조절하는 성능이 있는 것으로 할 것
② 과압방지를 위한 과압방지장치는 제6조(차압)와 제10조(방연풍속)의 해당 조건을 만족하여야 한다.
③ 플랩댐퍼에 사용하는 철판은 두께 1.5mm 이상의 열간압연 연강판(KS D 3501) 또는 이와 동등 이상의 내식성 및 내열성이 있는 것으로 할 것
④ 자동차압과압조절형댐퍼를 설치하는 경우 제17조 제3호 나목부터 마목의 기준에 적합할 것

※ 제17조 제3호

나. 자동차압 · 과압조절형 댐퍼를 설치하는 경우 차압범위의 수동설정기능과 설정범위의 차압이 유지되도록 개구율을 자동조절하는 기능이 있을 것
다. 자동차압 · 과압조절형 댐퍼는 옥내와 면하는 개방된 출입문이 완전히 닫히기 전에 개구율을 자동 감소시켜 과압을 방지하는 기능이 있을 것
라. 자동차압 · 과압조절형 댐퍼는 주위온도 및 습도의 변화에 의해 기능이 영향을 받지 아니하는 구조일 것
마. 자동차압 · 과압조절형 댐퍼는 「자동차압 · 과압조절형댐퍼의 성능인증 및 제품검사의 기술기준」에 적합한 것으로 설치할 것

17 유입공기를 옥외로 배출하는 방식의 종류로 옳지 않은 것은?

① 수직풍도에 따른 배출
② 배출구에 따른 배출
③ 제연설비에 따른 배출
④ 공조설비에 따른 배출

유입공기의 배출(제13조 제②항)

① 수직풍도에 따른 배출 : 옥상으로 직통하는 전용의 배출용 수직풍도를 설치하여 배출
㉮ 자연배출식 : 굴뚝효과에 따라 배출하는 것
㉯ 기계배출식 : 수직풍도의 상부에 전용의 배출용 송풍기를 설치하여 강제로 배출하는 것
② 배출구에 따른 배출 : 건물의 옥내와 면하는 외벽마다 옥외와 통하는 배출구를 설치
③ 제연설비에 따른 배출 : 거실제연설비가 설치되어 있고 당해 옥내로부터 옥외로 배출하여야 하는 유입공기의 양을 거실제연설비의 배출량에 합하여 배출하는 경우 유입공기의 배출은 당해 거실제연설비에 따른 배출로 갈음할 수 있다.

정답 16. ③ 17. ④

18 **각 층의 옥내와 면하는 수직 풍도의 관통부에 설치하는 배출댐퍼 설치기준 중 옳지 않은 것은?**

① 배출댐퍼는 두께 1.5mm 이상의 강판 또는 이와 동등 이상의 성능이 있는 것으로 설치하여야 하며 비내식성 재료의 경우에는 부식방지 조치를 할 것
② 화재 시 닫힌 구조로 기밀 상태를 유지할 것
③ 개폐 여부를 당해 장치 및 제어반에서 확인할 수 있는 감지기능을 내장하고 있을 것
④ 화재 층의 옥내에 설치된 화재감지기의 동작에 따라 당해 층의 댐퍼가 개방될 것

배출댐퍼 설치기준(제14조)

① 배출댐퍼는 두께 1.5mm 이상의 강판 또는 이와 동등 이상의 성능이 있는 것으로 설치하여야 하며 비내식성 재료의 경우에는 부식방지 조치를 할 것
② 평상시 닫힌 구조로 기밀상태를 유지할 것
③ 개폐 여부를 당해 장치 및 제어반에서 확인할 수 있는 감지기능을 내장하고 있을 것
④ 구동부의 작동상태와 닫혀 있을 때의 기밀상태를 수시로 점검할 수 있는 구조일 것
⑤ 풍도의 내부마감상태에 대한 점검 및 댐퍼의 정비가 가능한 이 · 탈착구조로 할 것
⑥ 화재층의 옥내에 설치된 화재감지기의 동작에 따라 당해 층의 댐퍼가 개방될 것
⑦ 개방 시의 실제개구부(개구율을 감안한 것을 말한다.)의 크기는 수직풍도의 내부단면적과 같도록 할 것
⑧ 댐퍼는 풍도 내의 공기흐름에 지장을 주지 않도록 수직풍도의 내부로 돌출하지 않게 설치할 것

19 **제연구역에 대한 급기 기준으로 옳지 않은 것은?**

① 부속실을 제연하는 경우 동일 수직선 상의 모든 부속실은 하나의 전용 수직풍도를 통해 동시에 급기할 것. 다만, 동일 수직선 상에 2대 이상의 급기송풍기가 설치되는 경우에는 수직풍도를 분리하여 설치할 수 있다.
② 계단실 및 부속실을 동시에 제연하는 경우 부속실에 대하여는 그 계단실의 수직풍도를 통해 급기할 수 있다.
③ 계단실만 제연하는 경우에는 전용 수직풍도를 설치하거나 계단실에 급기풍도 또는 급기 송풍기를 직접 연결하여 급기하는 방식으로 할 것
④ 하나의 수직풍도마다 전용의 송풍기로 급기할 것

제연구역에 대한 급기 기준(제16조)

① 부속실을 제연하는 경우 동일 수직선 상의 모든 부속실은 하나의 전용 수직풍도를 통해 동시에 급기할 것. 다만, 동일 수직선 상에 2대 이상의 급기 송풍기가 설치되는 경우에는 수직풍도를 분리하여 설치할 수 있다.
② 계단실 및 부속실을 동시에 제연하는 경우 계단실에 대하여는 그 부속실의 수직풍도를 통해 급기할 수 있다.
③ 계단실만 제연하는 경우에는 전용 수직풍도를 설치하거나 계단실에 급기풍도 또는 급기송풍기를 직접 연결하여 급기하는 방식으로 할 것
④ 하나의 수직풍도마다 전용의 송풍기로 급기할 것
⑤ 비상용 승강기의 승강장을 제연하는 경우에는 비상용 승강기의 승강로를 급기풍도로 사용할 수 있다.

정답 18. ② 19. ②

20 급기송풍기에 대한 설치기준으로 옳지 않은 것은?

① 송풍기의 송풍능력은 송풍기가 담당하는 제연구역에 대한 급기량의 1.5배 이상으로 할 것
② 송풍기에는 풍량조절장치를 설치하여 풍량조절을 할 수 있도록 할 것
③ 송풍기에는 풍량을 실측할 수 있는 유효한 조치를 할 것
④ 송풍기는 인접장소의 화재로부터 영향을 받지 아니하고 접근 및 점검이 용이한 곳에 설치할 것

급기송풍기 설치기준(제19조)

① 송풍기의 송풍능력은 송풍기가 담당하는 제연구역에 대한 급기량의 1.15배 이상으로 할 것. 다만, 풍도에서의 누설을 실측하여 조정하는 경우에는 그러하지 아니한다.
② 송풍기에는 풍량조절장치를 설치하여 풍량조절을 할 수 있도록 할 것
③ 송풍기에는 풍량을 실측할 수 있는 유효한 조치를 할 것
④ 송풍기는 인접장소의 화재로부터 영향을 받지 아니하고 접근 및 점검이 용이한 곳에 설치할 것
⑤ 송풍기는 옥내의 화재감지기의 동작에 따라 작동하도록 할 것
⑥ 송풍기와 연결되는 캔버스는 내열성(석면재료를 제외한다.)이 있는 것으로 할 것

21 제연설비에 대한 다음 설명 중 옳지 않은 것은?

① 외기취입구를 옥상에 설치하는 경우에는 옥상의 외곽 면으로부터 수평거리 5m 이상, 외곽면의 상단으로부터 하부로 수직거리 1m 이하의 위치에 설치할 것
② 취입구는 빗물과 이물질이 유입하지 아니하는 구조로 할 것
③ 제연구역의 출입문(창문을 포함한다.)은 언제나 닫힌 상태를 유지하거나 자동폐쇄장치에 의해 자동으로 닫히는 구조로 할 것. 다만, 아파트인 경우 제연구역과 계단실 사이의 출입문은 언제나 닫힌 상태를 유지하여야 한다.
④ 옥내의 출입문은 언제나 닫힌 상태를 유지하거나 자동폐쇄장치에 의해 자동으로 닫히는 구조로 할 것

제연구역 및 옥내의 출입문(제21조)

① 제연구역의 출입문 기준
㉮ 제연구역의 출입문(창문을 포함한다.)은 언제나 닫힌 상태를 유지하거나 자동폐쇄장치에 의해 자동으로 닫히는 구조로 할 것. 다만, 아파트인 경우 제연구역과 계단실 사이의 출입문은 자동폐쇄장치에 의하여 자동으로 닫히는 구조로 하여야 한다.
㉯ 제연구역의 출입문에 설치하는 자동폐쇄장치는 제연구역의 기압에도 불구하고 출입문을 용이하게 닫을 수 있는 충분한 폐쇄력이 있을 것
㉰ 제연구역의 출입문 등에 자동폐쇄장치를 사용하는 경우에는 「자동폐쇄장치의 성능인증 및 제품검사의 기술기준」에 적합한 것으로 설치하여야 한다.

② 옥내의 출입문 기준
제10조의 기준에 따른 방화구조의 복도가 있는 경우로서 복도와 거실 사이의 출입문에 한한다.
㉮ 출입문은 언제나 닫힌 상태를 유지하거나 자동폐쇄장치에 의해 자동으로 닫히는 구조로 할 것
㉯ 거실 쪽으로 열리는 구조의 출입문에 자동폐쇄장치를 설치하는 경우에는 출입문의 개방 시 유입공기의 압력에도 불구하고 출입문을 용이하게 닫을 수 있는 충분한 폐쇄력이 있는 것으로 할 것

정답 20. ① 21. ③

22 배출댐퍼 및 개폐기의 직근과 제연구역에 설치한 수동기동장치의 작동 시 연동되어야 하는 경우로 옳지 않은 것은?

① 당해 층의 제연구역에 설치된 급기 댐퍼의 개방
② 당해 층의 배출 댐퍼 또는 개폐기의 개방
③ 급기송풍기 및 유입공기의 배출용 송풍기(설치한 경우에 한한다.)의 작동
④ 개방 · 고정된 모든 출입문(제연구역과 옥내 사이의 출입문에 한한다.)의 개폐장치의 작동

수동기동장치 기준(제22조)

① 전 층의 제연구역에 설치된 급기댐퍼의 개방
② 당해 층의 배출댐퍼 또는 개폐기의 개방
③ 급기송풍기 및 유입공기의 배출용 송풍기(설치한 경우에 한한다.)의 작동
④ 개방 · 고정된 모든 출입문(제연구역과 옥내 사이의 출입문에 한한다.)의 개폐장치의 작동

23 제연설비의 제어반의 기능으로 옳지 않은 것은?

① 배출댐퍼 또는 개폐기의 작동 여부에 대한 감시 및 원격조작기능
② 급기송풍기와 유입공기의 배출용 송풍기(설치한 경우에 한한다.)의 작동 여부에 대한 감시 및 원격조작기능
③ 제연구역의 출입문의 일시적인 고정 개방 및 해정에 대한 감시 및 원격조작기능
④ 수동기동장치의 작동 여부에 대한 감시 및 원격조작기능

제연설비의 제어반의 기능(제23조)

① 급기용 댐퍼의 개폐에 대한 감시 및 원격조작기능
② 배출댐퍼 또는 개폐기의 작동 여부에 대한 감시 및 원격조작기능
③ 급기송풍기와 유입공기의 배출용 송풍기(설치한 경우에 한한다.)의 작동 여부에 대한 감시 및 원격 조작기능
④ 제연구역의 출입문의 일시적인 고정 개방 및 해정에 대한 감시 및 원격조작기능
⑤ 수동기동장치의 작동 여부에 대한 감시기능
⑥ 급기구 개구율의 자동조절장치(설치하는 경우에 한한다.)의 작동 여부에 대한 감시기능. 다만, 급기구에 차압표시계를 고정부착한 자동차압 · 과압조절형 댐퍼를 설치하고 당해 제어반에도 차압표시계를 설치한 경우에는 그러하지 아니하다.
⑦ 감시선로의 단선에 대한 감시기능
⑧ 예비전원이 확보되고 예비전원의 적합 여부를 시험할 수 있어야 할 것

24 연결송수관설비를 습식 설비로 하여야 하는 특정소방대상물은?

① 지상 3층 이상 ② 지상 5층 이상 ③ 지상 7층 이상 ④ 지상 11층 이상

연결송수관설비 습식 설비 대상

① 지면으로부터의 높이가 31m 이상인 특정소방대상물
② 지상 11층 이상인 특정소방대상물

정답 22. ① 23. ④ 24. ④

25 연결송수관설비의 송수구의 구경으로 옳은 것은?

① 40[mm] ② 50[mm] ③ 65[mm] ④ 80[mm]

연결송수관설비의 송수구

연결송수관설비 송수구 구경은 65mm의 쌍구형으로 할 것

26 연결송수관설비에 관한 설명 중 옳지 않은 것은?

① 송수구는 쌍구형으로 하고 소방자동차가 쉽게 접근할 수 있는 위치에 설치할 것
② 송수구는 부근에는 체크밸브를 설치할 것
③ 주 배관의 구경은 65[mm] 이상으로 할 것
④ 지면으로부터의 높이가 31[m] 이상인 소방대상물에 있어서는 습식 설비로 할 것

연결송수관설비

③ 주 배관의 구경은 100[mm] 이상으로 할 것

27 연결송수관설비의 가압송수장치를 설치하여야 하는 특정소방대상물의 기준으로 옳은 것은?

① 지표면에서 최상층 방수구의 높이가 50[m] 이상의 특정소방대상물
② 지표면에서 최상층 방수구의 높이가 60[m] 이상의 특정소방대상물
③ 지표면에서 최상층 방수구의 높이가 70[m] 이상의 특정소방대상물
④ 지표면에서 최상층 방수구의 높이가 80[m] 이상의 특정소방대상물

28 연결송수관설비에 가압송수장치로 펌프가 설치된 경우 최상층에 설치된 노즐 선단의 압력으로 옳은 것은?

① 0.40[MPa] 이상 ② 0.35[MPa] 이상
③ 0.25[MPa] 이상 ④ 0.17[MPa] 이상

연결송수관설비의 가압펌프

① 연결송수관설비의 가압펌프는 소화설비용 펌프와 달리 소방 펌프차의 수압을 받아 이를 중계하는 중간펌프의 역할을 하게 된다.
② 최상층에 설치된 노즐 선단의 압력이 0.35MPa 이상이 될 수 있으면, 펌프는 지하층에 설치하여도 무방하다.
③ 이 경우 소방펌프 차에서 급수한 송수구의 가압수는 반드시 연결송수관 펌프의 흡입 측을 거쳐 토출되어야 한다.
④ 펌프의 양정

$H[\mathrm{m}] = H_1 + H_2 + H_3 + H_4$

여기서, H_1 : 건물의 실양정[m], H_2 : 배관의 마찰손실수두[m]
H_3 : 호스의 마찰손실수두[m], H_4 : 노즐선단의 방사압 환산수두[=35m]

정답 25. ③ 26. ③ 27. ③ 28. ②

29 층별 방수구 수가 4개인 계단식 아파트인 경우 연결송수관설비 가압송수장치의 펌프의 토출량은 얼마 이상인가?

① 1,200[l/min] 이상
② 1,600[l/min] 이상
③ 2,400[l/min] 이상
④ 3,200[l/min] 이상

방수구별 펌프 토출량

층별 방수구의 수	펌프 토출량	
	계단식 아파트	일반 대상
3개 이하인 경우	1,200[l/min] 이상	2,400[l/min] 이상
4개인 경우	1,600[l/min] 이상	3,200[l/min] 이상
5개 이상인 경우	2,000[l/min] 이상	4,000[l/min] 이상

30 연결송수관설비의 송수구 설치기준 중 옳은 것은?

① 송수구의 부근에 설치하는 자동배수밸브 및 체크밸브는 습식의 경우, 송수구, 자동배수밸브, 체크밸브, 자동배수밸브 순으로 설치한다.
② 지면으로부터 0.5[m] 이상 0.8[m] 이하의 위치에 설치한다.
③ 구경 65[mm]의 단구형 또는 쌍구형으로 할 것
④ 소방차가 쉽게 접근할 수 있고 잘 보이는 장소에 설치하되, 화재 층으로부터 지면으로 떨어지는 유리창 등이 송수 및 그 밖의 소화 작업에 지장을 주지 아니하는 장소에 설치할 것

연결송수관설비의 송수구 설치기준(제4조)

① 소방차가 쉽게 접근할 수 있고 잘 보이는 장소에 설치하되 화재 층으로부터 지면으로 떨어지는 유리창 등이 송수 및 그 밖의 소화 작업에 지장을 주지 아니하는 장소에 설치할 것
② 지면으로부터 높이가 0.5m 이상 1m 이하의 위치에 설치할 것
③ 송수구는 화재 층으로부터 지면으로 떨어지는 유리창 등이 송수 및 그 밖의 소화 작업에 지장을 주지 아니하는 장소에 설치할 것
④ 송수구로부터 연결송수관설비의 주 배관에 이르는 연결배관에 개폐밸브를 설치한 때에는 그 개폐상태를 쉽게 확인 및 조작할 수 있는 옥외 또는 기계실 등의 장소에 설치할 것. 이 경우 개폐밸브에는 그 밸브의 개폐상태를 감시제어반에서 확인할 수 있도록 급수개폐밸브 작동표시 스위치를 설치하여야 한다.
㉮ 급수개폐밸브가 잠길 경우 탬퍼스위치의 동작으로 인하여 감시제어반 또는 수신기에 표시되어야 하며 경보음을 발할 것
㉯ 탬퍼스위치는 감시제어반 또는 수신기에서 동작의 유무 확인과 동작시험, 도통시험을 할 수 있을 것
㉰ 급수개폐밸브의 작동표시 스위치에 사용되는 전기배선은 내화전선 또는 내열전선으로 설치할 것
⑤ 구경 65mm의 쌍구형으로 할 것
⑥ 송수구에는 그 가까운 곳의 보기 쉬운 곳에 송수압력범위를 표시한 표지를 할 것
⑦ 송수구는 연결송수관의 수직배관마다 1개 이상을 설치할 것. 다만, 하나의 건축물에 설치된 각 수직배관이 중간에 개폐밸브가 설치되지 아니한 배관으로 상호 연결되어 있는 경우에는 건축물마다 1개씩 설치할 수 있다.

정답 29. ② 30. ④

⑧ 송수구의 부근에는 자동배수밸브 및 체크밸브를 다음 각 목의 기준에 따라 설치할 것. 이 경우 자동 배수 밸브는 배관 안의 물이 잘 빠질 수 있는 위치에 설치하되, 배수로 인하여 다른 물건이나 장소에 피해를 주지 아니하여야 한다.

㉮ 습식의 경우에는 송수구 · 자동배수밸브 · 체크밸브의 순으로 설치할 것

㉯ 건식의 경우에는 송수구 · 자동배수밸브 · 체크밸브 · 자동배수밸브의 순으로 설치할 것

⑨ 송수구에는 가까운 곳의 보기 쉬운 곳에 "연결송수관설비송수구"라고 표시한 표지를 설치할 것

⑩ 송수구에는 이물질을 막기 위한 마개를 씌울 것

31 연결송수관설비의 배관에 대한 설명 중 옳지 않은 것은?

① 주 배관의 구경은 100mm 이상의 것으로 할 것

② 지면으로부터의 높이가 31m 이상인 특정소방대상물 또는 지상 11층 이상인 특정소방대상물에 있어서는 습식 설비로 할 것

③ 배관 내 사용압력이 1.2MPa 미만일 경우에는 이음매 없는 구리 및 구리합금관(KS D 5301)을 건식의 배관에 한하여 사용할 수 있다.

④ 배관을 지하에 매설하는 경우 소방용 합성수지배관을 설치할 수 있다.

▶ 연결송수관설비의 배관 설치기준(제5조)

① 연결송수관설비의 배관은 다음 각 호의 기준에 따라 설치하여야 한다.

㉮ 주 배관의 구경은 100mm 이상의 것으로 할 것

㉯ 지면으로부터의 높이가 31m 이상인 특정소방대상물 또는 지상 11층 이상인 특정 소방대상물에 있어서는 습식 설비로 할 것

② 배관과 배관이음쇠는 다음 각 호의 어느 하나에 해당하는 것 또는 동등 이상의 강도 · 내식성 및 내열성을 국내 · 외 공인기관으로부터 인정받은 것을 사용하여야 하고, 배관용 스테인리스강관(KS D 3576)의 이음을 용접으로 할 경우에는 알곤용접방식에 따른다. 다만, 본조에서 정하지 않은 사항은 건설기술 진흥법 제44조 제1항의 규정에 따른 건축기계설비공사 표준설명서에 따른다.

1. 배관 내 사용압력이 1.2MPa 미만일 경우에는 다음 각 목의 어느 하나에 해당하는 것

㉮ 배관용 탄소강관(KS D 3507)

㉯ 이음매 없는 구리 및 구리합금관(KS D 5301). 다만, 습식의 배관에 한한다.

㉰ 배관용 스테인리스강관(KS D 3576) 또는 일반배관용 스테인리스강관(KS D 3595)

㉱ 덕타일 주철관(KS D 4311)

2. 배관 내 사용압력이 1.2MPa 이상일 경우에는 다음 각 목의 어느 하나에 해당하는 것

㉮ 압력배관용 탄소강관(KS D 3562)

㉯ 배관용 아크용접 탄소강강관(KS D 3583)

③ 제2항에도 불구하고 다음 각 호의 어느 하나에 해당하는 장소에는 소방용 합성수지배 관으로 설치할 수 있다.

㉮ 배관을 지하에 매설하는 경우

㉯ 다른 부분과 내화구조로 구획된 덕트 또는 피트의 내부에 설치하는 경우

㉰ 천장(상층이 있는 경우에는 상층바닥의 하단을 포함한다.)과 반자를 불연재료 또는 준불연재료로 설치하고 소화배관 내부에 항상 소화수가 채워진 상태로 설치하는 경우

정답 31. ③

32 연결송수관설비의 방수구 설치기준 중 옳지 않은 것은?

① 연결송수관설비의 방수구는 그 특정소방대상물의 층마다 설치하되, 아파트의 1층 및 2층의 경우에는 방수구를 설치하지 아니할 수 있다.

② 11층 이상의 부분에 설치하는 방수구는 쌍구형으로 할 것. 다만, 오피스텔의 용도로 사용되는 층에 있어서는 단구형으로 할 수 있다.

③ 방수구의 호스 접결구는 바닥으로부터 높이 0.5m 이상 1m 이하의 위치에 설치할 것

④ 방수구는 연결송수관설비의 전용방수구 또는 옥내소화전방수구로서 구경 65mm의 것으로 설치할 것

연결송수관설비의 방수구 설치기준(제6조)

① 연결송수관설비의 방수구는 그 특정소방대상물의 층마다 설치할 것. 다만, 다음 각 목의 어느 하나에 해당하는 층에는 설치하지 아니할 수 있다.
  ㉮ 아파트의 1층 및 2층
  ㉯ 소방차의 접근이 가능하고 소방대원이 소방차로부터 각 부분에 쉽게 도달할 수 있는 피난층
  ㉰ 송수구가 부설된 옥내소화전을 설치한 특정소방대상물(집회장 · 관람장 · 백화점 · 도매시장 · 소매시장 · 판매시설 · 공장 · 창고시설 또는 지하가를 제외한다.)로서 다음의 어느 하나에 해당하는 층
    ㉠ 지하층을 제외한 층수가 4층 이하이고 연면적이 6,000m² 미만인 특정소방대상물의 지상층
    ㉡ 지하층의 층수가 2 이하인 특정소방대상물의 지하층

② 방수구는 아파트 또는 바닥면적이 1,000m² 미만인 층에 있어서는 계단(계단의 부속실을 포함하며 계단이 2 이상 있는 경우에는 그중 1개의 계단을 말한다.)으로부터 5m 이내에, 바닥면적 1,000m² 이상인 층(아파트를 제외한다.)에 있어서는 각 계단(계단의 부속실을 포함하며 계단이 3 이상 있는 층의 경우에는 그중 2개의 계단을 말한다.)으로부터 5m 이내에 설치하되, 그 방수구로부터 그 층의 각 부분까지의 거리가 다음 각 목의 기준을 초과하는 경우에는 그 기준 이하가 되도록 방수구를 추가하여 설치할 것
  ㉮ 지하가(터널은 제외한다.) 또는 지하층의 바닥면적의 합계가 3,000m² 이상인 것은 수평거리 25m 이하
  ㉯ 가목에 해당하지 아니하는 것은 수평거리 50m 이하

③ 11층 이상의 부분에 설치하는 방수구는 쌍구형으로 할 것. 다만, 다음 각 목의 어느 하나에 해당하는 층에는 단구형으로 설치할 수 있다.
  ㉮ 아파트의 용도로 사용되는 층
  ㉯ 스프링클러설비가 유효하게 설치되어 있고 방수구가 2개소 이상 설치된 층
    ⇨ 11층 이상의 층에 단구형 방수구를 2개 이상 설치한 경우에는 쌍구형 방수구를 설치하지 아니하여도 된다.

④ 방수구의 호스 접결구는 바닥으로부터 높이 0.5m 이상 1m 이하의 위치에 설치할 것

⑤ 방수구는 연결송수관설비의 전용방수구 또는 옥내소화전방수구로서 구경 65mm의 것으로 설치할 것

⑥ 방수구의 위치표시는 표시등 또는 축광식 표지로 하되 다음 각 목의 기준에 따라 설치할 것
  ㉮ 표시등을 설치하는 경우에는 함의 상부에 설치하되, 소방청장이 고시한 「표시등의 성능인증 및 제품검사의 기술기준」에 적합한 것으로 설치하여야 한다.
  ㉯ 삭제 〈2014.8.18.〉
  ㉰ 축광식표지를 설치하는 경우에는 소방청장이 고시한 「축광표지의 성능인증 및 제품검사의 기술기준」에 적합한 것으로 설치하여야 한다.

⑦ 방수구는 개폐기능을 가진 것으로 설치하여야 하며, 평상시 닫힌 상태를 유지할 것

정답 32. ②

33 연결송수관설비의 방수기구함 설치기준 중 옳지 않은 것은?

① 방수기구함은 방수구가 가장 많이 설치된 층을 기준으로 3개 층마다 설치하되, 그 층의 방수구마다 수평거리 5m 이내에 설치할 것

② 호스는 방수구에 연결하였을 때 그 방수구가 담당하는 구역의 각 부분에 유효하게 물이 뿌려질 수 있는 개수 이상을 비치할 것. 이 경우 쌍구형 방수구는 단구형 방수구의 2배 이상의 개수를 설치하여야 한다.

③ 방사형 관창은 단구형 방수구의 경우에는 1개, 쌍구형 방수구의 경우에는 2개 이상 비치할 것

④ 방수기구 함에는 "방수기구함"이라고 표시한 축광식 표지를 할 것. 이 경우 축광식 표지는 소방청장이 고시한 「축광표지의 성능인증 및 제품검사의 기술기준」에 적합한 것으로 설치하여야 한다.

연결송수관설비의 방수기구함 설치기준(제7조)

① 방수기구함은 피난층과 가장 가까운 층을 기준으로 3개 층마다 설치하되, 그 층의 방수구마다 보행거리 5m 이내에 설치할 것

② 방수기구 함에는 길이 15m의 호스와 방사형 관창 비치

㉮ 호스는 방수구에 연결하였을 때 그 방수구가 담당하는 구역의 각 부분에 유효하게 물이 뿌려질 수 있는 개수 이상을 비치할 것. 이 경우 쌍구형 방수구는 단구형 방수구의 2배 이상의 개수를 설치하여야 한다.

㉯ 방사형 관창은 단구형 방수구의 경우에는 1개, 쌍구형 방수구의 경우에는 2개 이상 비치할 것

③ 방수기구함에는 "방수기구함"이라고 표시한 축광식 표지를 할 것. 이 경우 축광식 표지는 소방청장이 고시한 「축광표지의 성능인증 및 제품검사의 기술기준」에 적합한 것으로 설치하여야 한다.

34 연결살수설비의 송수구 기준 중 옳지 않은 것은?

① 소방차가 쉽게 접근할 수 있고 노출된 장소에 설치할 것. 이 경우 가연성가스의 저장 · 취급시설에 설치하는 연결살수설비의 송수구는 그 방호대상물로부터 20m 이상의 거리를 두거나 방호대상물에 면하는 부분이 높이 1.5m 이상 폭 2.5m 이상의 철근콘크리트 벽으로 가려진 장소에 설치하여야 한다.

② 송수구는 구경 65mm의 쌍구형으로 설치할 것. 다만, 하나의 송수구역에 부착하는 살수헤드의 수가 10개 이하인 것은 단구형의 것으로 할 수 있다.

③ 폐쇄형 헤드를 사용하는 송수구의 호스 접결구는 각 송수구역마다 설치할 것. 다만, 송수구역을 선택할 수 있는 선택밸브가 설치되어 있고 각 송수구역의 주요 구조부가 내화구조로 되어 있는 경우에는 그러하지 아니하다.

④ 송수구로부터 주 배관에 이르는 연결배관에는 개폐밸브를 설치하지 아니할 것. 다만, 스프링클러설비 · 물분무소화설비 · 포소화설비 또는 연결송수관설비의 배관과 겸용하는 경우에는 그러하지 아니하다.

정답 33. ① 34. ③

▶ 연결살수설비의 송수구 설치기준(제4조 제①항)

① 소방차가 쉽게 접근할 수 있고 노출된 장소에 설치할 것. 이 경우 가연성가스의 저장 · 취급시설에 설치하는 연결살수설비의 송수구는 그 방호대상물로부터 20m 이상의 거리를 두거나 방호대상물에 면하는 부분이 높이 1.5m 이상 폭 2.5m 이상의 철근콘크리트 벽으로 가려진 장소에 설치하여야 한다.

② 송수구는 구경 65mm의 쌍구형으로 설치할 것. 다만, 하나의 송수구역에 부착하는 살수헤드의 수가 10개 이하인 것은 단구형의 것으로 할 수 있다.

③ 개방형 헤드를 사용하는 송수구의 호스 접결구는 각 송수구역마다 설치할 것. 다만, 송수구역을 선택할 수 있는 선택밸브가 설치되어 있고 각 송수구역의 주요 구조부가 내화구조로 되어 있는 경우에는 그러하지 아니하다.

④ 지면으로부터 높이가 0.5m 이상 1m 이하의 위치에 설치할 것

⑤ 송수구로부터 주 배관에 이르는 연결배관에는 개폐밸브를 설치하지 아니할 것. 다만, 스프링클러설비 · 물분무소화설비 · 포소화설비 또는 연결송수관설비의 배관과 겸용하는 경우에는 그러하지 아니하다.

⑥ 송수구의 부근에는 "연결살수설비 송수구"라고 표시한 표지와 송수구역 일람표를 설치할 것. 다만, 제2항에 따른 선택밸브를 설치한 경우에는 그러하지 아니하다.

⑦ 송수구에는 이물질을 막기 위한 마개를 씌워야 한다.

35 연결살수설비의 송수구 부근에 설치하는 자동배수밸브 · 체크밸브 설치 순서로 옳은 것은?

① 폐쇄형 헤드를 사용하는 설비의 경우에는 송수구 · 자동배수밸브의 순으로 설치할 것
② 개방형 헤드를 사용하는 설비의 경우에는 송수구 · 자동배수밸브의 순으로 설치할 것
③ 습식의 경우에는 송수구 · 자동배수밸브 · 체크밸브의 순으로 설치할 것
④ 건식의 경우에는 송수구 · 자동배수밸브 · 체크밸브 · 자동배수밸브의 순으로 설치할 것

▶ 자동배수밸브 · 체크밸브 설치 순서(제4조 제③항)

① 폐쇄형 헤드를 사용하는 설비의 경우에는 송수구 · 자동배수밸브 · 체크밸브의 순으로 설치할 것
② 개방형 헤드를 사용하는 설비의 경우에는 송수구 · 자동배수밸브의 순으로 설치할 것
③ 자동배수밸브는 배관 안의 물이 잘 빠질 수 있는 위치에 설치하되, 배수로 인하여 다른 물건 또는 장소에 피해를 주지 아니할 것

※ 연결송수관설비

① 습식의 경우에는 송수구 · 자동배수밸브 · 체크밸브의 순으로 설치할 것
② 건식의 경우에는 송수구 · 자동배수밸브 · 체크밸브 · 자동배수밸브의 순으로 설치할 것

정답 35. ②

36 건축물에 연결살수설비의 헤드를 설치하는 경우 천장 또는 반자의 각 부분으로부터 하나의 살수헤드까지의 수평거리가 연결살수설비전용헤드일 경우에는 몇 [m] 이하에 설치하여야 하는가?

① 2.3[m] 이하
② 2.5[m] 이하
③ 3.2[m] 이하
④ 3.7[m] 이하

연결살수설비의 헤드(제6조)

1. 건축물에 설치하는 연결살수설비의 헤드 설치기준
   ① 천장 또는 반자의 실내에 면하는 부분에 설치할 것
   ② 천장 또는 반자의 각 부분으로부터 하나의 살수헤드까지의 수평거리가 연결살수설비 전용헤드의 경우는 3.7m 이하, 스프링클러헤드의 경우는 2.3m 이하로 할 것. 다만, 살수헤드의 부착면과 바닥과의 높이가 2.1m 이하인 부분은 살수헤드의 살수분포에 따른 거리로 할 수 있다.
2. 가연성 가스의 저장 · 취급시설에 설치하는 연결살수설비의 헤드 설치기준
   ① 연결살수설비 전용의 개방형 헤드를 설치할 것
   ② 가스저장탱크 · 가스홀더 및 가스발생기의 주위에 설치하되, 헤드 상호 간의 거리는 3.7m 이하로 할 것
   ③ 헤드의 살수범위는 가스저장탱크 · 가스홀더 및 가스발생기의 몸체의 중간 윗부분의 모든 부분이 포함되도록 하여야 하고 살수된 물이 흘러내리면서 살수범위에 포함되지 아니한 부분에도 모두 적셔질 수 있도록 할 것

37 연결살수설비 전용헤드를 사용하는 경우 배관의 구경이 50[mm]일 때 설치할 수 있는 살수헤드의 수는 몇 개인가?

① 1개
② 2개
③ 3개
④ 4개 또는 5개

연결살수설비 배관의 구경(제5조 제②항)

① 연결살수설비 전용헤드를 사용하는 경우

하나의 배관에 부착하는 살수헤드의 개수	1개	2개	3개	4개 또는 5개	6개 이상 10개 이하
배관의 구경[mm]	32	40	50	65	80

② 스프링클러헤드를 사용하는 경우에는 「스프링클러설비의 화재안전기준(NFSC 103)」 별표 1의 기준에 따를 것[별표 1 가란]

스프링클러헤드	2개까지	3개까지	5개까지	10개까지	30개까지
배관의 구경[mm]	25	32	40	50	65

정답 36. ④ 37. ③

38 연결살수설비에 대한 설명 중 옳지 않는 것은?

① 연결살수설비의 헤드는 연결살수설비 전용헤드 또는 스프링클러헤드로 설치하여야 한다.
② 개방형 헤드를 사용하는 연결살수설비에 하향식 헤드를 설치하는 경우에는 가지배관으로부터 헤드에 이르는 헤드접속배관은 가지관 상부에서 분기할 것
③ 가연성 가스의 저장 · 취급 시설에 설치하는 연결살수설비의 헤드는 가스저장탱크 · 가스홀더 및 가스발생기의 주위에 설치하되, 헤드 상호 간의 거리는 3.7m 이하로 할 것
④ 냉장창고의 영하의 냉장실 또는 냉동창고의 냉동실에는 헤드를 설치하지 아니할 수 있다.

연결살수설비

② 폐쇄형 헤드를 사용하는 연결살수설비에 하향식 헤드를 설치하는 경우에는 가지배관으로부터 헤드에 이르는 헤드접속배관은 가지관 상부에서 분기할 것

39 연결살수설비에 개방형헤드를 사용하는 경우 수평주행배관의 기울기로 옳은 것은?

① 헤드를 향하여 상향으로 500분의 1 이상
② 헤드를 향하여 상향으로 250분의 1 이상
③ 헤드를 향하여 상향으로 150분의 1 이상
④ 헤드를 향하여 상향으로 100분의 1 이상

기울기

개방형 헤드를 사용하는 연결살수설비의 수평주행배관은 헤드를 향하여 상향으로 100분의 1 이상의 기울기로 설치하고 주 배관 중 낮은 부분에는 자동배수밸브를 설치하여야 한다.

40 다음 중 전압에 대한 분류로 옳은 것은?

① 저압은 직류 750V 이하, 교류 600V 이하인 것을 말한다.
② 저압은 직류 600V 이하, 교류 750V 이하인 것을 말한다.
③ 고압은 직류 750V를, 교류 600V를 초과하고, 6kV 이하인 것을 말한다.
④ 고압은 직류 600V를, 교류 750V를 초과하고, 7kV 이하인 것을 말한다.

전압의 구분

구분	내용
저 압	직류는 750V 이하, 교류는 600V 이하
고 압	직류는 750V를, 교류는 600V를 초과하고, 7 kV 이하
특별고압	7kV를 초과

정답 38. ② 39. ④ 40. ①

41 비상콘센트설비에서 비상전원을 설치하여야 하는 소방대상물의 규모와 종류로 옳은 것은?

① 층수가 7층 이상으로서 연면적이 2,000m^2 이상 : 자가발전설비 · 축전지설비
② 지하층을 제외한 층수가 7층 이상으로서 연면적이 2,000m^2 이상 : 자가발전설비 · 비상전원수전설비
③ 지하층의 바닥면적의 합계가 3,000m^2 이상 : 축전지설비 · 전기저장장치
④ 지하층의 바닥면적의 합계가 2,000m^2 이상 : 자가발전설비 · 비상전원수전설비

▶ 비상콘센트설비의 비상전원 설치 대상

① 설치대상
　㉮ 지하층을 제외한 층수가 7층 이상으로서 연면적이 2,000m^2 이상
　㉯ 지하층의 바닥면적의 합계가 3,000m^2 이상
② 설치면제
　㉮ 둘 이상의 변전소에서 전력을 동시에 공급받을 수 있거나
　㉯ 하나의 변전소로부터 전력의 공급이 중단되는 때에는 자동으로 다른 변전소로부터 전력을 공급받은 수 있도록 상용전원을 설치한 경우
③ 종류 : ㉮ 자가발전설비　㉯ 비상전원수전설비　㉰ 전기저장장치

42 비상콘센트설비의 전원회로 설치기준으로 옳지 않은 것은?

① 비상콘센트설비의 전원회로는 단상교류 220V인 것으로서, 그 공급용량은 1.5kVA 이상인 것으로 할 것
② 전원회로는 각 층에 2 이상이 되도록 설치할 것. 다만, 설치하여야 할 층의 비상콘센트가 1개인 때에는 하나의 회로로 할 수 있다.
③ 콘센트마다 과전류 차단기를 설치하여야 하며, 충전부가 노출되지 아니하도록 할 것
④ 하나의 전용회로에 설치하는 비상콘센트는 10개 이하로 할 것. 이 경우 전선의 용량은 각 비상콘센트(비상콘센트가 3개 이상인 경우에는 3개)의 공급용량을 합한 용량 이상의 것으로 하여야 한다.

▶ 비상콘센트설비의 전원회로 설치기준(제4조 제②항)

① 비상콘센트설비의 전원회로는 단상교류 220V인 것으로서, 그 공급용량은 1.5kVA 이상으로 할 것
② 전원회로는 각층에 2 이상이 되도록 설치할 것. 다만, 설치하여야 할 층의 비상콘센트가 1개인 때에는 하나의 회로로 할 수 있다.
③ 전원회로는 주 배전반에서 전용회로로 할 것. 다만, 다른 설비의 회로의 사고에 따른 영향을 받지 아니 하도록 되어 있는 것은 그러하지 아니하다.
④ 전원으로부터 각 층의 비상콘센트에 분기되는 경우에는 분기배선용 차단기를 보호함 안에 설치할 것
⑤ 콘센트마다 배선용 차단기(KS C 8321)를 설치하여야 하며, 충전부가 노출되지 아니하도록 할 것
⑥ 개폐기에는 "비상콘센트"라고 표시한 표지를 할 것
⑦ 비상콘센트용의 풀박스 등은 방청도장을 한 것으로서, 두께 1.6mm 이상의 철판으로 할 것
⑧ 하나의 전용회로에 설치하는 비상콘센트는 10개 이하로 할 것. 이 경우 전선의 용량은 각 비상콘센트(비상콘센트가 3개 이상인 경우에는 3개)의 공급용량을 합한 용량 이상의 것으로 하여야 한다.

정답 41. ② 42. ③

43 비상콘센트설비의 정격전압이 220[V]일 때 절연된 충전부와 외함 사이의 누설전류 몇 [mA]인가?

① 0.044 ② 0.1 ③ 0.0044 ④ 0.025

전원부와 외함 사이의 절연저항 및 절연내력 기준(제4조 제⑥항)

① 절연저항은 전원부와 외함 사이를 500V 절연저항계로 측정할 때 20MΩ 이상일 것
② 절연내력은 전원부와 외함 사이에 정격전압이 150V 이하인 경우에는 1,000V의 실효전압을, 정격전압이 150V 이상인 경우에는 그 정격전압에 2를 곱하여 1,000을 더한 실효전압을 가하는 시험에서 1분 이상 견디는 것으로 할 것

$$누설전류 = \frac{가한전압}{절연저항} = \frac{500}{20 \times 10^6} = 0.000025\text{A} = 0.025\text{mA}$$

44 비상콘센트설비의 정격전압이 220[V]일 때 절연내력시험을 실시하기 위한 실효전압은 몇 [V]인가?

① 1,000 ② 1,200 ③ 1,440 ④ 2,440

비상콘센트설비의 실효전압

정격전압	60V 이하	60V 초과 150V 이하	150V 초과
실효전압	500V	1,000V	1,000V + 정격전압 V×2
판정기준	1분 이상 견딜 것		

$실효전압 = (정격전압 \times 2) + 1{,}000\,V = (220\,V \times 2) + 1{,}000\,V = 1{,}440\,V$

45 비상콘센트설비에서 하나의 전원회로에 설치된 비상콘센트가 8개 설치된 경우 공급용량은 몇 [VA]인가?

① 4.5 ② 4,500 ③ 12 ④ 12,000

비상콘센트설비의 전원회로 설치기준(제4조 제②항)

① 비상콘센트설비의 전원회로는 단상교류 220V인 것으로서, 그 공급용량은 1.5kVA 이상인 것으로 할 것
② 전원회로는 각 층에 2 이상이 되도록 설치할 것. 다만, 설치하여야 할 층의 비상콘센트가 1개인 때에는 하나의 회로로 할 수 있다.
③ 하나의 전용회로에 설치하는 비상콘센트는 10개 이하로 할 것. 이 경우 전선의 용량은 각 비상콘센트(비상콘센트가 3개 이상인 경우에는 3개)의 공급용량을 합한 용량 이상의 것으로 하여야 한다.

비상콘센트 수	1개	2개	3개 이상 10개 이하
공급용량	1.5kVA 이상	3kVA 이상	4.5kVA 이상

정답 43. ④ 44. ③ 45. ②

46 비상콘센트설비의 보호함 설치기준으로 옳지 않은 것은?

① 비상콘센트 보호함은 적색으로 도장할 것
② 보호함에는 쉽게 개폐할 수 있는 문을 설치할 것
③ 보호함 표면에 비상콘센트라고 표시한 표지를 할 것
④ 보호함 상부에 적색 표시등을 설치할 것. 다만, 비상콘센트의 보호함을 옥내소화전함 등과 접속하여 설치하는 경우에는 옥내소화전함 등의 표시등과 겸용할 수 있다.

◎ 비상콘센트설비의 보호함 설치기준(제5조)

① 보호함에는 쉽게 개폐할 수 있는 문을 설치할 것
② 보호함 표면에 "비상콘센트"라고 표시한 표지를 할 것
③ 보호함 상부에 적색의 표시등을 설치할 것. 다만, 비상콘센트의 보호함을 옥내소화전함 등과 접속하여 설치하는 경우에는 옥내소화전함 등의 표시등과 겸용할 수 있다.

47 비상콘센트설비의 전원부와 외함 사이의 절연저항은 몇 [MΩ] 이상이어야 하는가?(단, 500[V] 절연저항계로 측정한 경우이다.)

① 0.1　② 5　③ 10　④ 20

48 비상콘센트설비의 콘센트마다 반드시 설치하여야 하는 것은?

① 배선용 차단기　② 소형변압기　③ 변류기　④ 과전류 차단기

49 무선통신보조설비의 설치대상으로 옳지 않은 것은?

① 지하가(터널은 제외한다.)로서 연면적 1천 m^2 이상인 것
② 지하층의 바닥면적의 합계가 3천 m^2 이상인 것 또는 지하층의 층수가 3층 이상이고 지하층의 바닥면적의 합계가 1천 m^2 이상인 것은 지하층의 모든 층
③ 지하가 중 터널로서 길이가 5백 m 이상인 것
④ 층수가 30층 이상인 것으로서 11층 이상 부분의 모든 층

◎ 무선통신보조설비의 설치대상

<table>
<tr><th colspan="2">특정소방대상물</th><th colspan="2">적용기준</th></tr>
<tr><td colspan="2">1) 지하가(터널은 제외한다.)</td><td colspan="2">연면적 1천 m² 이상인 것</td></tr>
<tr><td rowspan="2">2)</td><td>① 지하층</td><td>바닥면적의 합계가 3천 m² 이상</td><td rowspan="2">지하 모든 층</td></tr>
<tr><td>② 지하 3층 이상</td><td>지하층의 바닥면적의 합계가 1천 m² 이상</td></tr>
<tr><td colspan="2">3) 지하가 중 터널</td><td colspan="2">길이가 500m 이상인 것</td></tr>
<tr><td colspan="2">4) 공동구</td><td colspan="2"></td></tr>
<tr><td colspan="2">5) 층수가 30층 이상인 것</td><td colspan="2">16층 이상 부분의 모든 층</td></tr>
</table>

정답 46. ① 47. ④ 48. ① 49. ④

50 무선통신보조설비를 설치하지 아니할 수 있는 특정소방대상물을 올바르게 설명한 것은?

① 지하층으로서 특정소방대상물의 바닥부분 1면 이상이 지표면과 동일하거나 지표면으로부터 깊이가 1[m] 이하인 경우
② 지하층으로서 특정소방대상물의 바닥부분 2면 이상이 지표면과 동일하거나 지표면으로부터 깊이가 1[m] 이하인 경우
③ 지하층으로서 특정소방대상물의 바닥부분 1면 이상이 지표면과 동일하거나 지표면으로부터 깊이가 2[m] 이하인 경우
④ 지하층으로서 특정소방대상물의 바닥부분 2면 이상이 지표면과 동일하거나 지표면으로부터 깊이가 2[m] 이하인 경우

무선통신보조설비 제외대상

① 설치면제(시행령 별표 6)
무선통신보조설비를 설치하여야 하는 특정소방대상물에 이동통신 구내 중계기 선로 설비 또는 무선이동중계기(「전파법」에 따른 적합성평가를 받은 제품만 해당한다.) 등을 화재안전기준의 무선통신보조설비기준에 적합하게 설치한 경우에는 설치가 면제된다.
② 설치제외(NFSC 505 제4조)
㉮ 지하층으로서 특정소방대상물의 바닥부분 2면 이상이 지표면과 동일하거나
㉯ 지표면으로부터의 깊이가 1m 이하인 경우에는 해당 층

51 무선통신보조설비의 종류로 옳지 않은 것은?

① 누설동축케이블방식　　② 누설동축케이블 및 안테나방식
③ 안테나방식　　④ 동축케이블 및 안테나방식

무선통신보조설비의 종류

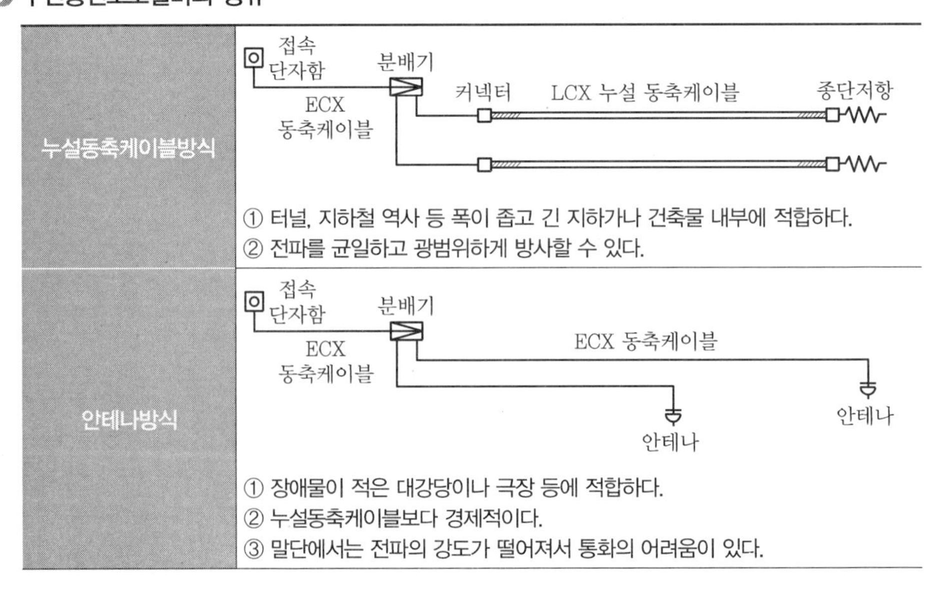

구분	내용
누설동축케이블방식	① 터널, 지하철 역사 등 폭이 좁고 긴 지하가나 건축물 내부에 적합하다. ② 전파를 균일하고 광범위하게 방사할 수 있다.
안테나방식	① 장애물이 적은 대강당이나 극장 등에 적합하다. ② 누설동축케이블보다 경제적이다. ③ 말단에서는 전파의 강도가 떨어져서 통화의 어려움이 있다.

정답 50. ② 51. ④

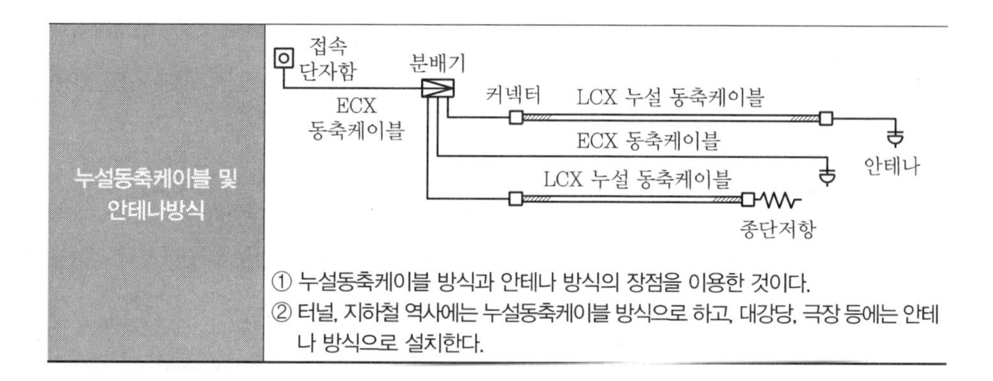

누설동축케이블 및 안테나방식	① 누설동축케이블 방식과 안테나 방식의 장점을 이용한 것이다. ② 터널, 지하철 역사에는 누설동축케이블 방식으로 하고, 대강당, 극장 등에는 안테나 방식으로 설치한다.

52 무선통신보조설비의 누설동축케이블 등의 설치기준으로 옳지 않은 것은?

① 소방전용주파수대에서 전파의 전송 또는 복사에 적합한 것으로서 소방전용의 것으로 할 것 다만, 소방대 상호 간의 무선연락에 지장이 없는 경우에는 다른 용도와 겸용할 수 있다.
② 누설동축케이블은 화재에 따라 해당 케이블의 피복이 소실된 경우에 케이블 본체가 떨어지지 아니 하도록 5m 이내마다 금속제 또는 자기제 등의 지지금구로 벽 · 천장 · 기둥 등에 견고하게 고정시킬 것. 다만, 불연재료로 구획된 반자 안에 설치하는 경우에는 그러하지 아니하다.
③ 누설동축케이블 및 안테나는 고압의 전로로부터 1.5m 이상 떨어진 위치에 설치할 것. 다만, 해당 전로에 정전기 차폐장치를 유효하게 설치한 경우에는 그러하지 아니하다.
④ 누설동축케이블의 끝부분에는 무반사 종단저항을 견고하게 설치할 것

누설동축케이블 등의 설치기준(제5조)

① 소방전용주파수대에서 전파의 전송 또는 복사에 적합한 것으로서 소방전용의 것으로 할 것. 다만, 소방대 상호 간의 무선연락에 지장이 없는 경우에는 다른 용도와 겸용할 수 있다.
② 누설동축케이블과 이에 접속하는 안테나 또는 동축케이블과 이에 접속하는 안테나에 따른 것으로 할 것
③ 누설동축케이블은 불연 또는 난연성의 것으로서 습기에 따라 전기의 특성이 변질되지 아니하는 것으로 하고, 노출하여 설치한 경우에는 피난 및 통행에 장애가 없도록 할 것
④ 누설동축케이블은 화재에 따라 해당 케이블의 피복이 소실된 경우에 케이블 본체가 떨어지지 아니하도록 4m 이내마다 금속제 또는 자기제 등의 지지금구로 벽 · 천장 · 기둥 등에 견고하게 고정시킬 것. 다만, 불연재료로 구획된 반자 안에 설치하는 경우에는 그러하지 아니하다.
⑤ 누설동축케이블 및 안테나는 금속판 등에 따라 전파의 복사 또는 특성이 현저하게 저하되지 아니하는 위치에 설치할 것
⑥ 누설동축케이블 및 안테나는 고압의 전로로부터 1.5m 이상 떨어진 위치에 설치할 것. 다만, 해당 전로에 정전기 차폐장치를 유효하게 설치한 경우에는 그러하지 아니하다.
⑦ 누설동축케이블의 끝부분에는 무반사 종단저항을 견고하게 설치할 것

※ 무반사 종단저항 설치목적

누설동축케이블로 전송된 전자파가 케이블 끝에서 반사되는 경우 교신을 방해할 수 있으므로 송신부로 되돌아오는 전자파의 반사를 방지하기 위하여 케이블 끝부분에 설치한다.

정답 52. ②

53 다음 용어의 정의를 설명한 것 중 옳지 않은 것은?

① 누설동축케이블이란 동축케이블의 외부 도체에 가느다란 홈을 만들어서 전파가 외부로 새어 나갈 수 있도록 한 케이블을 말한다.
② 분배기란 두 개 이상의 입력신호를 원하는 비율로 조합한 출력이 발생하도록 하는 장치를 말한다.
③ 분파기란 서로 다른 주파수의 합성된 신호를 분리하기 위해서 사용하는 장치를 말한다.
④ 증폭기란 신호 전송 시 신호가 약해져 수신이 불가능해지는 것을 방지하기 위해서 증폭하는 장치를 말한다.

무선통신보조설비의 정의

누설동축케이블	동축케이블의 외부도체에 가느다란 홈을 만들어서 전파가 외부로 새어 나갈 수 있도록 한 케이블
분배기	신호의 전송로가 분기되는 장소에 설치하는 것으로 임피던스 매칭(Matching)과 신호 균등분배를 위해 사용하는 장치
분파기	서로 다른 주파수의 합성된 신호를 분리하기 위해서 사용하는 장치
혼합기	두 개 이상의 입력신호를 원하는 비율로 조합한 출력이 발생하도록 하는 장치
증폭기	신호 전송 시 신호가 약해져 수신이 불가능해지는 것을 방지하기 위해서 증폭하는 장치

54 무선통신보조설비의 누설동축케이블에서 다음 기호가 의미하는 바를 틀리게 설명한 것은?

LCX	—	FR	—	SS	—	20	—	D	—	14	—	6
①				②				③				④

① LCX : 누설동축케이블
② SS : 자기지지
③ D : 특성임피던스[50Ω]
④ 6 : 사용주파수

누설동축케이블 기호

LCX－FR－SS－20－D－14－6

① LCX(Leaky Coaxial Cable) : 누설동축케이블
② FR(Flame Resistance) : 난연성
③ SS(Self Suporting) : 자기지지
④ 20 : 절연체 외경[mm]
⑤ D : 특성임피던스[50Ω]
⑥ 14 : 사용주파수

1	4	14	48
150MHz 대전용	400MHz 대전용	150 또는 400MHz 대전용	400 또는 800MHz 대전용

⑦ 6 : 결합손실[dB]

정답 53. ② 54. ④

55 지상에 설치하는 무선기기의 접속단자는 보행거리 몇 [m] 이내마다 설치하는가?

① 100　② 200　③ 300　④ 400

무선기기의 접속단자 설치기준(제6조)

① 화재층으로부터 지면으로 떨어지는 유리창 등에 의한 지장을 받지 않고 지상에서 유효하게 소방활동을 할 수 있는 장소 또는 수위실 등 상시 사람이 근무하고 있는 장소에 설치할 것
② 단자는 한국산업규격에 적합한 것으로 하고, 바닥으로부터 높이 0.8m 이상 1.5m 이하의 위치에 설치할 것
③ 지상에 설치하는 접속단자는 보행거리 300m 이내마다 설치하고, 다른 용도로 사용되는 접속단자에서 5m 이상의 거리를 둘 것
④ 지상에 설치하는 단자를 보호하기 위하여 견고하고 함부로 개폐할 수 없는 구조의 보호함을 설치하고, 먼지 · 습기 및 부식 등에 따라 영향을 받지 아니하도록 조치할 것
⑤ 단자의 보호함의 표면에 "무선기 접속단자"라고 표시한 표지를 할 것

56 무선통신보조설비의 무선기기 접속단자의 설치높이로 옳은 것은?

① 바닥으로부터 0.5[m] 이상 1.0[m] 이하
② 바닥으로부터 0.5[m] 이상 1.5[m] 이하
③ 바닥으로부터 0.8[m] 이상 1.5[m] 이하
④ 바닥으로부터 2.0[m] 이상 5.5[m] 이하

57 무선통신보조설비의 증폭기를 작동시키기 위한 비상전원 용량으로 옳은 것은?

① 10분 이상　② 20분 이상
③ 30분 이상　④ 60분 이상

증폭기 · 무선이동중계기 설치기준(제8조)

① 전원은 전기가 정상적으로 공급되는 축전지, 전기저장장치(외부 전기에너지를 저장해 두었다가 전기를 공급하는 장치) 또는 교류전압 옥내간선으로 하고, 전원까지의 배선은 전용으로 할 것
② 증폭기의 전면에는 주 회로의 전원이 정상인지의 여부를 표시할 수 있는 표시등 및 전압계를 설치할 것
③ 증폭기에는 비상전원이 부착된 것으로 하고 해당 비상전원 용량은 무선통신보조설비를 유효하게 30분 이상 작동시킬 수 있는 것으로 할 것
④ 무선이동중계기를 설치하는 경우에는 「전파법」 제58조의2에 따른 적합성 평가를 받은 제품으로 설치할 것

정답 55. ③ 56. ③ 57. ③

58 **무선통신보조설비의 증폭기 전면에 주회로의 전원이 정상인지 여부를 표시할 수 있도록 설치하는 것으로 옳은 것은?**

① 표시등, 전류계
② 표시등, 전압계
③ 지구등, 표시등
④ 전력계, 표시등

59 **연소방지설비에 대한 설명 중 옳은 것은?**

① 천장(상층이 있는 경우에는 상층 바닥의 하단을 포함한다.)과 반자를 불연재료 또는 준불연재료로 설치하고 그 내부에 습식으로 배관을 설치하는 경우에는 소방용합성수지배관을 설치할 수 있다.
② 연소방지설비에 있어서의 수평주행배관의 구경은 65mm 이상의 것으로 하되, 연소방지설비전용헤드 및 스프링클러헤드를 향하여 상향으로 500분의 1 이상의 기울기로 설치하여야 한다.
③ 방수헤드 간의 수평거리는 연소방지설비 전용헤드의 경우에는 3.7m 이하, 스프링클러헤드의 경우에는 2.3m 이하로 할 것
④ 살수구역은 환기구 등을 기준으로 지하구의 길이방향으로 350m 이내마다 1개 이상 설치하되, 하나의 살수구역의 길이는 3m 이상으로 할 것

배관(제4조)

① 소방용 합성수지배관을 설치할 수 있는 경우
㉮ 배관을 지하에 매설하는 경우
㉯ 다른 부분과 내화구조로 구획된 덕트 또는 피트의 내부에 설치하는 경우
② 연소방지설비에 있어서의 수평주행배관의 구경은 100mm 이상의 것으로 하되, 연소방지설비전용헤드 및 스프링클러헤드를 향하여 상향으로 1,000분의 1 이상의 기울기로 설치하여야 한다.
③ 방수헤드 간의 수평거리는 연소방지설비 전용헤드의 경우에는 2m 이하, 스프링클러헤드의 경우에는 1.5m 이하로 할 것

60 **연소방지도료를 도포하여야 하는 장소로서 옳지 않은 것은?**

① 지하구와 교차된 수직구 또는 분기구
② 집수정 또는 환풍기가 설치된 부분
③ 지하구로 인입 및 인출되는 부분
④ 옥외 송수구와 배관이 연결되는 부분

연소방지도료를 도포하여야 하는 장소(제7조)

연소방지도료는 다음 각 목 부분의 중심으로부터 양쪽 방향으로 전력용 케이블의 경우에는 20m(단, 통신 케이블의 경우에는 10m) 이상 도포할 것
① 지하구와 교차된 수직구 또는 분기구
② 집수정 또는 환풍기가 설치된 부분
③ 지하구로 인입 및 인출되는 부분
④ 분전반, 절연유 순환펌프 등이 설치된 부분
⑤ 케이블이 상호 연결된 부분
⑥ 기타 화재 발생 위험이 우려되는 부분

정답 58. ② 59. ④ 60. ④

61 연소방지설비 전용헤드를 사용하는 경우 배관구경이 40mm인 경우 하나의 배관에 부착하는 살수헤드의 최대개수는?

① 1개 ② 2개 ③ 3개 ④ 4개 또는 5개

▶ 연소방지설비 배관구경(제4조)

① 연소방지설비 전용헤드

하나의 배관에 부착하는 살수헤드의 개수	1개	2개	3개	4개 또는 5개	6개 이상
배관의 구경[mm]	32	40	50	65	80

② 연결살수설비 전용헤드

하나의 배관에 부착하는 살수헤드의 개수	1개	2개	3개	4개 또는 5개	6개 이상 10개 이하
배관의 구경[mm]	32	40	50	65	80

62 연소방지설비 방수헤드의 설치기준 중 옳지 않은 것은?

① 천장 또는 벽면에 설치할 것
② 방수헤드 간의 수평거리는 연소방지설비 전용헤드의 경우에는 3.7m 이하, 스프링클러헤드의 경우에는 2.3m 이하로 할 것
③ 살수구역은 환기구 등을 기준으로 지하구의 길이방향으로 350m 이내마다 1개 이상 설치할 것
④ 하나의 살수구역의 길이는 3m 이상으로 할 것

▶ 연결살수설비의 방수헤드(제5조)

방수헤드 간의 수평거리는 연소방지설비 전용헤드의 경우에는 2m 이하, 스프링클러헤드의 경우에는 1.5m 이하로 할 것

63 연소방지설비의 방화벽 설치기준으로 옳지 않은 것은?

① 내화구조로서 홀로 설 수 있는 구조일 것
② 방화벽에 출입문을 설치하는 경우에는 반드시 갑종방화문으로 할 것
③ 방화벽을 관통하는 케이블 · 전선 등에는 내화성이 있는 화재 차단재로 마감할 것
④ 방화벽의 위치는 분기구 및 환기구 등의 구조를 고려하여 설치할 것

▶ 연소방지설비의 방화벽 설치기준(제8조)

① 내화구조로서 홀로 설 수 있는 구조일 것
② 방화벽에 출입문을 설치하는 경우에는 방화문으로 할 것
③ 방화벽을 관통하는 케이블 · 전선 등에는 내화성이 있는 화재차단재로 마감할 것
④ 방화벽의 위치는 분기구 및 환기구 등의 구조를 고려하여 설치할 것

정답 61. ② 62. ② 63. ②

※ **건축물의 피난·방화구조 등의 기준에 관한 규칙에 의한 방화벽 구조**

① 내화구조로서 홀로 설 수 있는 구조일 것
② 방화벽의 양쪽 끝과 위쪽 끝을 건축물의 외벽면 및 지붕면으로부터 0.5미터 이상 튀어나오게 할 것
③ 방화벽에 설치하는 출입문의 너비 및 높이는 각각 2.5미터 이하로 하고, 해당 출입문에는 갑종방화문을 설치할 것

64 지하구의 통합감시시설에 대한 기준 중 옳지 않은 것은?

① 소방관서와 지하구의 통제실 간에 화재 등 소방활동과 관련된 정보를 상시 교환할 수 있는 정보통신망을 구축할 것
② 정보통신망은 광케이블 또는 이와 유사한 성능을 가진 선로로서 원격제어가 가능할 것
③ 주 수신기는 관할 소방관서에 보조 수신기는 지하구의 통제실에 설치하여야 하고, 수신기에는 원격제어 기능이 있을 것
④ 비상시에 대비하여 예비선로를 구축할 것

지하구의 통합감시시설 구축 등(제9조)

③ 주 수신기는 지하구의 통제실에, 보조 수신기는 관할 소방관서에 설치하여야 하고, 수신기에는 원격제어 기능이 있을 것

65 산소지수를 계산하는 식으로 옳은 것은?(단, O_2 : 산소유량(l/min), N_2 : 질소유량(l/min)이다.)

① 산소지수 = $\frac{O_2}{O_2+N_2}\times 100$
② 산소지수 = $\frac{N_2}{O_2+N_2}\times 100$
③ 산소지수 = $\frac{O_2+N_2}{O_2}\times 100$
④ 산소지수 = $\frac{O_2+N_2}{N_2}\times 100$

산소지수(제7조)

① 시험을 위한 시료는 KS M 5000 중 1121(도료 시험용 유리판 조제방법)의 방법으로 두께 3mm, 가로 6mm, 세로 150mm의 크기로 제작할 것
② 시료의 건조는 50±2℃인 항온 건조기 안에서 24시간 건조한 후 실리카겔을 넣은 데시케이터 안에 2시간 동안 넣어둘 것
③ 시료의 연소시간이 3분간 지속되거나 또는 착염 후 탄화길이가 50mm일 때까지 연소가 지속될 때의 최저의 산소유량과 질소유량을 측정하여 산소지수값을 다음 계산식에 따라 산출하되, 산소지수는 평균 30 이상이어야 할 것. 다만, 난연테이프의 산소지수는 평균 28 이상이어야 한다.

산소지수 = $\frac{O_2}{O_2+N_2}\times 100$(단, O_2 : 산소유량[l/min], N_2 : 질소유량[l/min]이다.)

정답 64. ③ 65. ①

CHAPTER 05 기타

01 비상전원수전설비를 비상전원으로 설치할 수 있는 대상이 아닌 것은?

① 차고 · 주차장으로서 스프링클러설비가 설치된 부분의 바닥면적 합계가 2,000m^2 미만인 소방대상물
② 간이스프링클러설비를 설치한 소방대상물
③ 호스릴포소화설비 또는 포소화전만을 설치한 차고, 주차장
④ 지하층을 제외한 층수가 7층 이상으로서 연면적이 2,000m^2 이상인 소방대상물에 설치한 비상콘센트설비

비상전원수전설비를 비상전원으로 설치할 수 있는 대상

① 차고 · 주차장으로서 스프링클러설비가 설치된 부분의 바닥면적 합계가 1,000m^2 미만인 소방대상물
② 간이스프링클러설비를 설치한 소방대상물
③ 호스릴포소화설비 또는 포소화전만을 설치한 차고, 주차장
④ 포헤드 또는 고정포 방출설비가 설치된 부분의 바닥면적합계가 1,000m^2 미만인 소방대상물
⑤ 지하층을 제외한 층수가 7층 이상으로서 연면적이 2,000m^2 이상인 소방대상물에 설치한 비상콘센트설비
⑥ 지하층 바닥면적의 합계가 3,000m^2 이상인 소방대상물에 설치한 비상콘센트설비

02 특별고압 또는 고압으로 수전하는 비상전원 수전설비의 종류로 옳지 않은 것은?

① 방화구획형
② 옥외개방형
③ 큐비클형
④ 지중매설형

비상전원 수전설비의 종류

① 특별고압 또는 고압으로 수전하는 경우
㉮ 방화구획형
㉯ 옥외개방형
㉰ 큐비클형
② 저압으로 수전하는 경우
㉮ 전용배전반(1 · 2종)
㉯ 전용분전반(1 · 2종)
㉰ 공용분전반(1 · 2종)

정답 01. ① 02. ④

03 특별고압 또는 고압으로 수전하는 비상전원 수전설비의 설치기준으로 옳지 않은 것은?

① 전용의 방화구획 내에 설치할 것
② 소방회로배선은 일반회로배선과 불연성 벽으로 구획할 것. 다만, 소방회로배선과 일반회로배선을 15cm 이상 떨어져 설치한 경우는 그러하지 아니한다.
③ 일반회로에서 과부하, 지락사고 또는 단락사고가 발생한 경우에도 이에 영향을 받지 아니하고 계속하여 소방회로에 전원을 공급시켜 줄 수 있어야 할 것
④ 소방회로용 개폐기 및 과전류차단기에는 "고압 및 특고압"이라 표시할 것

방화구획형 설치기준(제5조)

① 전용의 방화구획 내에 설치할 것
② 소방회로배선은 일반회로배선과 불연성 벽으로 구획할 것. 다만, 소방회로배선과 일반회로배선을 15cm 이상 떨어져 설치한 경우는 그러하지 아니한다.
③ 일반회로에서 과부하, 지락사고 또는 단락 사고가 발생한 경우에도 이에 영향을 받지 아니하고 계속하여 소방회로에 전원을 공급시켜 줄 수 있어야 할 것
④ 소방회로용 개폐기 및 과전류차단기에는 "소방시설용"이라 표시할 것

04 큐비클형의 경우 외함에 노출하여 설치할 수 있는 장치가 아닌 것은?

① 표시등(불연성 또는 난연성 재료로 덮개를 설치한 것에 한한다.)
② 전선의 인입구 및 인출구
③ 전류계(변류기의 1차 측에 접속된 것에 한한다.)
④ 전압계(퓨즈 등으로 보호한 것에 한한다.)

외함에 노출하여 설치할 수 있는 것(제5조 제③항)

① 표시등(불연성 또는 난연성 재료로 덮개를 설치한 것에 한한다.)
② 전선의 인입구 및 인출구
③ 환기장치
④ 전압계(퓨즈 등으로 보호한 것에 한한다.)
⑤ 전류계(변류기의 2차 측에 접속된 것에 한한다.)
⑥ 계기용 전환스위치(불연성 또는 난연성 재료로 제작된 것에 한한다.)

05 큐비클형의 경우 환기장치 설치기준으로 옳지 않은 것은?

① 내부의 온도가 상승하지 않도록 환기장치를 할 것
② 자연환기구의 개부구 면적의 합계는 외함의 한 면에 대하여 해당 면적의 4분의 1 이하로 할 것. 이 경우 하나의 통기구의 크기는 직경 10mm 이상의 둥근 막대가 들어가서는 아니 된다.
③ 자연환기구에 따라 충분히 환기할 수 없는 경우에는 환기설비를 설치할 것
④ 환기구에는 금속망, 방화댐퍼 등으로 방화조치를 하고, 옥외에 설치하는 것은 빗물 등이 들어가지 않도록 할 것

정답 03. ④ 04. ③ 05. ②

▶ 큐비클형의 경우 환기장치 설치기준(제5조 제③항)

① 내부의 온도가 상승하지 않도록 환기장치를 할 것
② 자연환기구의 개부구 면적의 합계는 외함의 한 면에 대하여 해당 면적의 3분의 1 이하로 할 것. 이 경우 하나의 통기구의 크기는 직경 10mm 이상의 둥근 막대가 들어가서는 아니 된다.
③ 자연환기구에 따라 충분히 환기할 수 없는 경우에는 환기설비를 설치할 것
④ 환기구에는 금속망, 방화댐퍼 등으로 방화조치를 하고, 옥외에 설치하는 것은 빗물 등이 들어가지 않도록 할 것

06 전기 사업자로부터 저압으로 수전하는 비상전원설비의 종류가 아닌 것은?

① 공용배전반(1 · 2종)
② 공용분전반(1 · 2종)
③ 전용배전반(1 · 2종)
④ 전용분전반(1 · 2종)

▶ 저압으로 수전하는 경우(제6조)

전기사업자로부터 저압으로 수전하는 비상전원설비는 전용배전반(1 · 2종) · 전용분전반(1 · 2종) 또는 공용분전반(1 · 2종)으로 하여야 한다.

07 저압수전인 경우 제1종 배전반 및 제1종 분전반의 설치기준으로 옳지 않은 것은?

① 외함은 두께 2.5mm(전면판 및 문은 3.2mm) 이상의 강판과 이와 동등 이상의 강도와 내화성능이 있는 것으로 제작할 것
② 외함의 내부는 외부의 열에 의해 영향을 받지 않도록 내열성 및 단열성이 있는 재료를 사용하여 단열할 것. 이 경우 단열부분은 열 또는 진동에 따라 쉽게 변형되지 아니하여야 한다.
③ 표시등(불연성 또는 난연성재료로 덮개를 설치한 것에 한한다.), 전선의 인입구 및 인출구는 외함에 노출하여 설치할 수 있다.
④ 외함은 금속관 또는 금속제 가요전선관을 쉽게 접속할 수 있도록 하고, 당해 접속 부분에는 단열조치를 할 것

▶ 제1종 배전반 및 제1종 분전반의 설치기준(제6조 제①항)

① 외함은 두께 1.6mm(전면판 및 문은 2.3mm) 이상의 강판과 이와 동등 이상의 강도와 내화성능이 있는 것으로 제작할 것
② 외함의 내부는 외부의 열에 의해 영향을 받지 않도록 내열성 및 단열성이 있는 재료를 사용하여 단열할 것. 이 경우 단열부분은 열 또는 진동에 따라 쉽게 변형되지 아니하여야 한다.
③ 다음 각 목에 해당하는 것은 외함에 노출하여 설치할 수 있다.
㉮ 표시등(불연성 또는 난연성 재료로 덮개를 설치한 것에 한한다.)
㉯ 전선의 인입구 및 입출구
④ 외함은 금속관 또는 금속제 가요전선관을 쉽게 접속할 수 있도록 하고, 당해 접속부분에는 단열조치를 할 것
⑤ 공용배전판 및 공용분전판의 경우 소방회로와 일반회로에 사용하는 배선 및 배선용 기기는 불연재료로 구획되어야 할 것

정답 06. ① 07. ①

08 터널 길이가 500m인 경우 설치하여야 하는 소방시설에 해당하지 아니하는 것은?

① 비상경보설비　　② 자동화재탐지설비
③ 무선통신보조설비　　④ 비상조명등

터널 길이에 따라 설치하여야 하는 소방시설의 종류

소방시설	적용기준
소화기	모든 터널
비상경보설비, 시각경보기, 비상조명등, 비상콘센트설비, 무선통신보조설비	길이가 500m 이상
옥내소화전설비, 자동화재탐지설비, 연결송수관설비	길이가 1,000m 이상
물분무소화설비, 제연설비	행정안전부령으로 정하는 지하가 중 터널

09 도로 터널에 설치하는 소화기 설치기준 중 옳지 않은 것은?

① 소화기의 능력단위는 A급 화재는 2단위 이상, B급 화재는 3단위 이상 및 C급 화재에 적응성이 있는 것으로 할 것
② 소화기의 총 중량은 사용 및 운반이 편리성을 고려하여 7kg 이하로 할 것
③ 소화기는 주행차로의 우측 측벽에 50m 이내의 간격으로 2개 이상을 설치하며, 편도 2차선 이상의 양방향 터널과 4차로 이상의 일방향 터널의 경우에는 양쪽 측벽에 각각 50m 이내의 간격으로 엇갈리게 2개 이상을 설치할 것
④ 바닥면(차로 또는 보행로를 말한다.)으로부터 1.5m 이하의 높이에 설치할 것

도로 터널에 설치하는 소화기 설치기준(제4조)

① 소화기의 능력단위는 A급 화재는 3단위 이상, B급 화재는 5단위 이상 및 C급 화재에 적응성이 있는 것으로 할 것
② 소화기의 총 중량은 사용 및 운반이 편리성을 고려하여 7kg 이하로 할 것
③ 소화기는 주행차로의 우측 측벽에 50m 이내의 간격으로 2개 이상을 설치하며, 편도 2차선 이상의 양방향 터널과 4차로 이상의 일방향 터널의 경우에는 양쪽 측벽에 각각 50m 이내의 간격으로 엇갈리게 2개 이상을 설치할 것
④ 바닥면(차로 또는 보행로를 말한다.)으로부터 1.5m 이하의 높이에 설치할 것
⑤ 소화기구함의 상부에 "소화기"라고 조명식 또는 반사식의 표지판을 부착하여 사용자가 쉽게 인지할 수 있도록 할 것

정답 08. ② 09. ①

10 도로 터널에 설치하는 옥내소화전설비의 설치기준 중 옳지 않은 것은?

① 소화전함과 방수구는 주행차로 우측 측벽을 따라 50m 이내의 간격으로 설치한다.
② 소화전함과 방수구는 편도 2차선 이상의 양방향 터널이나 4차로 이상의 일방향 터널의 경우에는 양쪽 측벽에 각각 50m 이내의 간격으로 엇갈리게 설치할 것
③ 가압송수장치는 옥내소화전 2개(4차로 이상의 터널인 경우 3개)를 동시에 사용할 경우 각 옥내소화전의 노즐선단에서의 방수압력은 0.25MPa 이상이고 방수량은 350l/min 이상이 되는 성능의 것으로 할 것
④ 방수구는 40mm 구경의 단구형을 옥내소화전이 설치된 벽면의 바닥으로부터 1.5m 이하의 높이에 설치할 것

도로 터널 옥내소화전설비의 설치기준(제5조)

① 소화전함과 방수구는 주행차로 우측 측벽을 따라 50m 이내의 간격으로 설치하고, 편도 2차선 이상의 양방향 터널이나 4차로 이상의 일방향 터널의 경우에는 양쪽 측벽에 각각 50m 이내의 간격으로 엇갈리게 설치할 것
② 수원은 그 저수량이 옥내소화전의 설치개수 2개(4차로 이상의 터널인 경우 3개)를 동시에 40분 이상 사용할 수 있는 충분한 양 이상을 확보할 것
③ 가압송수장치는 옥내소화전 2개(4차로 이상의 터널인 경우 3개)를 동시에 사용 할 경 우 각 옥내소화전의 노즐선단에서의 방수압력은 0.35MPa 이상이고 방수량은 190l/min 이상이 되는 성능의 것으로 할 것. 다만, 하나의 옥내소화전을 사용하는 노즐선단의 방 수압력이 0.7MPa을 초과할 경우에는 호스접결구의 인입측에 감압장치를 설치하여야 한다.
④ 압력수조나 고가수조가 아닌 전동기 및 내연기관에 의한 펌프를 이용하는 가압송수장치는 주펌프와 동등 이상인 별도의 예비펌프를 설치할 것
⑤ 방수구는 40mm 구경의 단구형을 옥내소화전이 설치된 벽면의 바닥으로부터 1.5m 이하의 높이에 설치할 것
⑥ 소화전함에는 옥내소화전 방수구 1개, 15m 이상의 소방호스 3본 이상 및 방수노즐을 비치할 것
⑦ 옥내소화전설비의 비상전원은 40분 이상 작동할 수 있을 것

11 도로 터널에 설치하는 물분무소화설비의 설치기준 중 옳지 않은 것은?

① 물분무 헤드는 도로면에 1m²당 6l/min 이상의 수량을 균일하게 방수할 수 있도록 할 것
② 물분무설비의 하나의 방수구역은 25m 이상으로 할 것
③ 2개의 방수구역을 동시에 40분 이상 방수할 수 있는 수량을 확보할 것
④ 물분무설비의 비상전원은 40분 이상 기능을 유지할 수 있도록 할 것

도로 터널 물분무소화설비의 설치기준(제5조의2)

① 물분무 헤드는 도로면에 1m²당 6l/min 이상의 수량을 균일하게 방수할 수 있도록 할 것
② 물분무설비의 하나의 방수구역은 25m 이상으로 하며, 3개의 방수구역을 동시에 40분 이상 방수할 수 있는 수량을 확보할 것
③ 물분무설비의 비상전원은 40분 이상 기능을 유지할 수 있도록 할 것

정답 10. ③ 11. ③

12 터널에 설치할 수 있는 감지기의 종류로 옳은 것은?

① 차동식 스포트형
② 차동식 분포형
③ 보상식 스포트형
④ 정온식 스포트형

터널에 설치할 수 있는 감지기의 종류(제7조 제①항)

① 차동식 분포형 감지기
② 정온식 감지선형 감지기(아날로그식에 한한다.)
③ 중앙기술심의위원회의 회의를 거쳐 터널화재에 적응성이 있다고 인정된 감지기

13 터널에 설치하는 자동화재탐지설비는 하나의 경계구역의 길이는 몇 [m] 이하로 하여야 하는가?

① 25[m]
② 50[m]
③ 100[m]
④ 200[m]

14 터널에 설치하는 감지기의 설치기준 중 옳지 않은 것은?

① 감지기의 감열부와 감열부 사이의 이격거리는 10m 이하로 할 것
② 감지기와 터널 좌 · 우측 벽면과의 이격거리는 10m 이하로 설치할 것
③ 터널 천장의 구조가 아치형의 터널에 감지기를 터널 진행방향으로 설치하고자 하는 경우에는 감열부와 감열부 사이의 이격거리를 10m 이하로 하여 아치형 천장의 중앙 최상부에 2열로 감지기를 설치하여야 한다.
④ 감지기를 천장면에 설치하는 경우에는 감지기가 천장면에 밀착되지 않도록 고정금구 등을 사용하여 설치할 것

터널의 자동화재탐지설비 설치기준(제7조 제③항)

① 감지기의 감열부와 감열부 사이의 이격거리는 10m 이하로, 감지기와 터널 좌 · 우측 벽면과의 이격거리는 10m 이하로 설치할 것
② 터널 천장의 구조가 아치형의 터널에 감지기를 터널 진행방향으로 설치하고자 하는 경우에는 감열부와 감열부 사이의 이격거리를 10m 이하로 하여 아치형 천장의 중앙 최상부에 1열로 감지기를 설치하여야 하며, 감지기를 2열 이상으로 설치하고자 하는 경우에는 감열부와 감열부 사이의 이격거리를 10m 이하로 감지기간의 이격거리는 6.5m 이하로 할 것
③ 감지기를 천장면에 설치하는 경우에는 감지기가 천장면에 밀착되지 않도록 고정금구 등을 사용하여 설치할 것
④ 형식승인 내용에 설치방법이 규정되니 경우 형식승인 내용에 따라 설치할 것
⑤ 감지기와 천장면의 이격거리에 대해 제조사 시방서에 규정된 경우 그 규정에 의해 설치할 수 있다.

정답 12. ② 13. ③ 14. ③

15 터널에 설치하는 비상조명등의 조도 및 비상전원 용량으로 옳은 것은?(단, 터널 안의 차도 및 보도의 바닥면의 조도를 말한다.)

① 10lx 이상, 30분 이상
② 10lx 이상, 60분 이상
③ 1lx 이상, 30분 이상
④ 1lx 이상, 60분 이상

터널의 비상조명등 설치기준(제8조)

① 상시조명이 소등된 상태에서 비상조명등이 점등되는 경우 터널 안의 차도 및 보도의 바닥면의 조도는 10lx 이상, 그 외 모든 지점의 조도는 1lx 이상이 될 수 있도록 설치할 것
② 비상조명등은 상용전원이 차단되는 경우 자동으로 비상전원으로 60분 이상 점등되도록 설치할 것
③ 비상조명등에 내장된 예비전원이나 축전지설비는 상용전원의 공급에 의하여 상시 충전상태를 유지할 수 있도록 설치할 것

16 터널에 설치하는 제연설비의 설계화재강도의 기준은 얼마인가?

① 10MW
② 20MW
③ 30MW
④ 50MW

제연설비의 설계화재강도(터널)(제9조 제①항)

① 설계화재강도는 20MW를 기준으로 하고, 연기발생률은 $80m^3/s$로 하며, 배출량은 발생된 연기와 혼합된 공기를 충분히 배출할 수 있는 용량 이상을 확보할 것
② 화재강도가 설계화재강도보다 높을 것으로 예상될 경우 위험도분석을 통하여 설계화재강도를 설정하도록 할 것

17 터널에 설치하는 제연설비의 설치기준으로 옳지 않은 것은?

① 종류환기방식의 경우 제트팬의 소손을 고려하여 예비용 제트팬을 설치하도록 할 것
② 횡류환기방식(또는 반횡류환기방식) 및 대배기구 방식의 배연용 팬은 덕트의 길이에 따라서 노출온도가 달라질 수 있으므로 수치해석 등을 통해서 내열온도 등을 검토한 후에 적용하도록 할 것
③ 대배기구의 개폐용 전동모터는 정전 등 전원이 차단되는 경우에도 조작상태를 유지할 수 있도록 할 것
④ 화재에 노출이 우려되는 제연설비와 전원공급선 및 제트팬 사이의 전원공급장치 등은 100℃의 온도에서 30분 이상 운전상태를 유지할 수 있도록 할 것

터널의 제연설비 설치기준(제9조 제②항)

④ 화재에 노출이 우려되는 제연설비와 전원공급선 및 제트팬 사이의 전원공급장치 등은 250℃의 온도에서 60분 이상 운전상태를 유지할 수 있도록 할 것

정답 15. ② 16. ② 17. ④

18 **터널에 설치된 제연설비는 자동 또는 수동으로 기동될 수 있도록 하여야 한다. 다음 중 제연설비가 기동되어야 하는 경우로 옳지 않은 것은?**

① 화재감지기가 동작되는 경우
② 발신기의 스위치 조작 또는 자동소화설비의 기동장치를 동작시키는 경우
③ 화재수신기 또는 감시제어반의 수동조작스위치를 동작시키는 경우
④ 상용전원이 정전되거나 전원선이 단선되는 경우

제연설비의 기동(제9조 제③항)

① 화재감지기가 동작되는 경우
② 발신기의 스위치 조작 또는 자동소화설비의 기동장치를 동작시키는 경우
③ 화재수신기 또는 감시제어반의 수동조작스위치를 동작시키는 경우

19 **연결송수관설비를 터널에 설치하고자 할 때 방수압력과 방수량은 얼마 이상으로 하여야 하는가?**

① 0.13MPa 이상, 130l/min 이상　② 0.35MPa 이상, 190l/min 이상
③ 0.35MPa 이상, 400l/min 이상　④ 0.25MPa 이상, 350l/min 이상

터널의 연결송구관설비 설치기준(제10조)

① 방수압력은 0.35MPa 이상, 방수량은 400l/min 이상을 유지할 수 있도록 할 것
② 방수구는 50m 이내의 간격으로 옥내소화전함에 병설하거나 독립적으로 터널출입구 부근과 피난연결통로에 설치할 것
③ 방수기구함은 50m 이내의 간격으로 옥내소화전함에 병설하거나 독립적으로 설치하고, 하나의 방수기구함에는 65mm 방수노즐 1개와 15m 이상의 호스 3본을 설치하도록 할 것

20 **터널에 설치하는 비상콘센트설비의 전원회로 기준으로 옳은 것은?**

① 단상교류 220V인 것으로서 그 공급용량은 1.5kVA 이상인 것으로 할 것
② 단상교류 220V인 것으로서 그 공급용량은 3kVA 이상인 것으로 할 것
③ 3상교류 380V인 것으로서 그 공급용량은 1.5kVA 이상인 것으로 할 것
④ 3상교류 380V인 것으로서 그 공급용량은 3kVA 이상인 것으로 할 것

터널의 비상콘센트설비 설치기준(제12조)

① 비상콘센트의 전원회로는 단상교류 220V인 것으로서 그 공급용량은 1.5kVA 이상인 것으로 할 것
② 전원회로는 주배전반에서 전용회로로 할 것. 다만, 다른 설비의 회로의 사고에 따른 영향을 받지 아니하도록 되어 있는 것은 그러하지 아니하다.
③ 콘센트마다 배선용 차단기를 설치하여야 하며, 충전부가 노출되지 않도록 할 것
④ 주행차로의 우측 측벽에 50m 이내의 간격으로 바닥으로부터 0.8m 이상 1.5m 이하의 높이에 설치할 것

정답 18. ④　19. ③　20. ①

21 고층건축물의 화재안전기준 중 옥내소화전의 설치기준으로 옳은 것은?

① 수원은 그 저수량이 옥내소화전의 설치개수가 가장 많은 층의 설치개수(5개 이상 설치된 경우에는 5개)에 7.8m³(호스릴옥내소화전설비를 포함한다.)를 곱한 양 이상이 되도록 하여야 한다.

② 급수배관은 전용으로 하여야 한다. 다만, 옥내소화전설비의 성능에 지장이 없는 경우에는 스프링클러설비의 배관과 겸용할 수 있다.

③ 50층 이상인 건축물의 옥내소화전 주 배관 중 수직배관은 3개 이상(주 배관 성능을 갖는 동일호칭배관)으로 설치하여야 하며, 하나의 수직배관의 파손 등 작동 불능 시에도 다른 수직배관으로부터 소화용수가 공급되도록 구성하여야 한다.

④ 비상전원은 자가발전설비, 축전지설비(내연기관에 따른 펌프를 사용하는 경우에는 내연기관의 기동 및 제어용 축전지를 말한다.) 또는 전기저장장치로서 옥내소화전설비를 40분 이상 작동할 수 있을 것. 다만, 50층 이상인 건축물의 경우에는 60분 이상 작동할 수 있어야 한다.

고층건축물의 옥내소화전설비(제5조)

① 수원은 그 저수량이 옥내소화전의 설치개수가 가장 많은 층의 설치개수(5개 이상 설치된 경우에는 5개)에 5.2m³(호스릴옥내소화전설비를 포함한다.)를 곱한 양 이상이 되도록 하여야 한다. 다만, 층수가 50층 이상인 건축물의 경우에는 7.8m³를 곱한 양 이상이 되도록 하여야 한다.

② 수원은 제1호에 따라 산출된 유효수량 외에 유효수량의 3분의 1 이상을 옥상(옥내소화전설비가 설치된 건축물의 주된 옥상을 말한다.)에 설치하여야 한다. 다만, 옥내소화전설비의 화재안전기준(NFSC 102) 제4조 제2항 제3호 또는 제4호에 해당하는 경우에는 그러하지 아니하다.

> [NFSC 102 제4조 제2항]
> 제3호 : 고가수조를 가압송수장치로 사용한 옥내소화전설비
> 제4호 : 수원이 건축물의 최상층에 설치된 방수구보다 높은 위치에 설치된 경우

③ 전동기 또는 내연기관을 이용한 펌프방식의 가압송수장치는 옥내소화전설비 전용으로 설치하여야 하며, 옥내소화전설비 주 펌프 이외에 동등 이상인 별도의 예비펌프를 설치하여야 한다.

④ 급수배관은 전용으로 하여야 한다. 다만, 옥내소화전설비의 성능에 지장이 없는 경우에는 연결송수관설비의 배관과 겸용할 수 있다.

⑤ 50층 이상인 건축물의 옥내소화전 주 배관 중 수직배관은 2개 이상(주 배관 성능을 갖는 동일호칭배관)으로 설치하여야 하며, 하나의 수직배관의 파손 등 작동 불능 시에도 다른 수직배관으로부터 소화용수가 공급되도록 구성하여야 한다.

⑥ 비상전원은 자가발전설비, 축전지설비(내연기관에 따른 펌프를 사용하는 경우에는 내연기관의 기동 및 제어용 축전지를 말한다.) 또는 전기저장장치로서 옥내소화전설비를 40분 이상 작동할 수 있을 것. 다만, 50층 이상인 건축물의 경우에는 60분 이상 작동할 수 있어야 한다.

정답 21. ④

22 **지상 35층, 지하 3층 건축물에 지하 1층에서 화재가 발생하여 스프링클러설비의 음향장치가 작동된 경우 우선적으로 경보를 발하여야 하는 층으로 옳은 것은?**

① 지상 1층, 지하 1층, 지하 2층, 지하 3층
② 지하 1층, 지상 1층
③ 지상 1층, 지상 2층, 지상 3층, 지상 4층, 지하 1층, 지하 2층, 지하 3층
④ 지하 1층, 지하 2층, 지하 3층

경보방식(고층건축물)

① 2층 이상의 층에서 발화한 때에는 발화층 및 그 직상 4개 층에 경보를 발할 것
② 1층에서 발화한 때에는 발화층 · 그 직상 4개 층 및 지하층에 경보를 발할 것
③ 지하층에서 발화한 때에는 발화층 · 그 직상층 및 기타의 지하층에 경보를 발할 것

23 **층수가 50층이고 각 층의 바닥면적이 4,000m²인 특정소방대상물에 스프링클러소화설비를 설치하는 경우 유수검지장치의 최소 설치 수량은 몇 개 이상인가?**

① 100　　② 200
③ 300　　④ 400

고층건축물의 스프링클러설비(제6조)

① 50층 이상인 건축물의 스프링클러설비 주 배관 중 수직배관은 2개 이상(주 배관 성능을 갖는 동일호칭배관)으로 설치하고, 하나의 수직배관이 파손 등 작동 불능 시에도 다른 수직배관으로부터 소화용수가 공급되도록 구성하여야 하며, 각각의 수직배관에 유수검지장치를 설치

② 각 층의 유수검지장치 $= \dfrac{4,000\text{m}^2}{3,700\text{m}^2} = 1.08 \quad \therefore 2$개

50층 이상은 2개의 수직배관에 각각 유수검지장치 설치해야 하므로, 50층×2개×2개=200개

24 **소방대상물의 층수가 50층 이상인 경우 건축물에 설치하는 통신 · 신호배선은 이중배선을 설치하도록 하여야 하는데 다음 중 이중배선으로 하지 아니하여도 되는 경우는?**

① 수신기와 수신기 사이의 통신배선
② 수신기와 발신기 사이의 신호배선
③ 수신기와 중계기 사이의 신호배선
④ 수신기와 감지기 사이의 신호배선

50층 이상 건축물에 설치하는 통신 · 신호배선을 이중배선으로 설치하여야 하는 배선

① 수신기와 수신기 사이의 통신배선
② 수신기와 중계기 사이의 신호배선
③ 수신기와 감지기 사이의 신호배선

정답 22. ① 23. ② 24. ②

25 고층건축물에 설치하는 소방시설에 대한 비상전원 기준을 설명한 것 중 옳지 않은 것은?

① 옥내소화전설비의 비상전원은 자가발전설비, 축전지설비(내연기관에 따른 펌프를 사용하는 경우에는 내연기관의 기동 및 제어용 축전지를 말한다.) 또는 전기저장장치로서 옥내소화전설비를 40분 이상 작동할 수 있을 것. 다만, 50층 이상인 건축물의 경우에는 60분 이상 작동할 수 있어야 한다.

② 자동화재탐지설비에는 그 설비에 대한 감시상태를 60분간 지속한 후 유효하게 60분 이상 경보할 수 있는 축전지설비(수신기에 내장하는 경우를 포함한다.) 또는 전기저장장치를 설치하여야 한다. 다만, 상용전원이 축전지설비인 경우에는 그러하지 아니하다.

③ 특별피난계단의 계단실 및 부속실 제연설비의 비상전원은 자가발전설비 등으로 하고 제연설비를 유효하게 40분 이상 작동할 수 있도록 할 것. 다만, 50층 이상인 건축물의 경우에는 60분 이상 작동할 수 있어야 한다.

④ 연결송수관설비의 비상전원은 자가발전설비, 축전지설비(내연기관에 따른 펌프를 사용하는 경우에는 내연기관의 기동 및 제어용 축전지를 말한다.) 또는 전기저장장치로서 연결송수관설비를 유효하게 40분 이상 작동할 수 있어야 할 것. 다만, 50층 이상인 건축물의 경우에는 60분 이상 작동할 수 있어야 한다.

고층건축물 비상전원 기준

② 자동화재탐지설비 및 비상방송설비
그 설비에 대한 감시상태를 60분간 지속한 후 유효하게 30분 이상 경보할 수 있는 축전지설비(수신기에 내장하는 경우를 포함한다.) 또는 전기저장장치를 설치하여야 한다. 다만, 상용전원이 축전지설비인 경우에는 그러하지 아니하다.[단서조항은 자동화재탐지설비에만 해당]

26 피난안전구역에 설치하는 소방시설의 설치기준으로 옳은 것은?

① 제연설비에서 피난안전구역과 비제연구역 간의 차압은 40Pa(옥내에 스프링클러설비가 설치된 경우에는 12.5Pa) 이상으로 하여야 한다. 다만 피난안전구역의 한쪽 면 이상이 외기에 개방된 구조의 경우에는 설치하지 아니할 수 있다.

② 피난유도선은 축광방식으로 설치하되, 30분 이상 유효하게 작동할 것

③ 피난안전구역의 비상조명등은 상시 조명이 소등된 상태에서 그 비상조명등이 점등되는 경우 각 부분의 바닥에서 조도는 10lx 이상이 될 수 있도록 설치할 것

④ 인명구조기구에는 30분 이상 사용할 수 있는 성능의 공기호흡기(보조마스크를 포함한다.)를 3개 이상 비치하여야 한다. 다만, 피난안전구역이 50층 이상에 설치되어 있을 경우에는 동일한 성능의 예비용기를 5개 이상 비치할 것

피난안전구역에 설치하는 소방시설의 설치기준

① 제연설비
피난안전구역과 비제연구역 간의 차압은 50Pa(옥내에 스프링클러설비가 설치된 경우에는 12.5Pa) 이상으로 하여야 한다. 다만 피난안전구역의 한쪽 면 이상이 외기에 개방된 구조의 경우에는 설치하지 아니할 수 있다.

정답 25. ② 26. ③

② 피난유도선
㉮ 피난안전구역이 설치된 층의 계단실 출입구에서 피난안전구역 주 출입구 또는 비상구까지 설치할 것
㉯ 계단실에 설치하는 경우 계단 및 계단참에 설치할 것
㉰ 피난유도 표시부의 너비는 최소 25mm 이상으로 설치할 것
㉱ 광원점등방식(전류에 의하여 빛을 내는 방식)으로 설치하되, 60분 이상 유효하게 작동할 것

③ 비상조명등
피난안전구역의 비상조명등은 상시 조명이 소등된 상태에서 그 비상조명등이 점등되는 경우 각 부분의 바닥에서 조도는 10lx 이상이 될 수 있도록 설치할 것

④ 휴대용 비상조명등
㉮ 피난안전구역에는 휴대용 비상조명등을 다음 각 호의 기준에 따라 설치하여야 한다.
㉠ 초고층 건축물에 설치된 피난안전구역 : 피난안전구역 위층의 재실자 수의 10분의 1 이상
㉡ 지하연계 복합건축물에 설치된 피난안전구역 : 피난안전구역이 설치된 층의 수용인원의 10분의 1 이상
㉯ 건전지 및 충전식 건전지의 용량은 40분 이상 유효하게 사용할 수 있는 것으로 한다. 다만, 피난안전구역이 50층 이상에 설치되어 있을 경우의 용량은 60분 이상으로 할 것

⑤ 인명구조기구
㉮ 방열복, 인공소생기를 각 2개 이상 비치할 것
㉯ 45분 이상 사용할 수 있는 성능의 공기호흡기(보조마스크를 포함한다.)를 2개 이상 비치하여야 한다. 다만, 피난안전구역이 50층 이상에 설치되어 있을 경우에는 동일한 성능의 예비용기를 10개 이상 비치할 것
㉰ 화재 시 쉽게 반출할 수 있는 곳에 비치할 것
㉱ 인명구조기구가 설치된 장소의 보기 쉬운 곳에 "인명구조기구"라는 표지판 등을 설치할 것

27 다음 중 화재위험작업장에 설치하여야 하는 소방시설의 종류로 옳지 않은 것은?

① 소화기
② 간이스프링클러설비
③ 비상경보장치
④ 간이피난유도선

임시소방시설의 종류

임시소방시설	설치대상	설치면제
소화기	모든 건축허가동의 대상	–
간이소화장치	① 연면적 3천 m^2 이상 ② 해당 층의 바닥면적이 600m^2 이상인 지하층, 무창층 및 4층 이상의 층	옥내소화전 및 소방청장이 정하여 고시하는 기준에 맞는 소화기
비상경보장치	① 연면적 400m^2 이상 ② 해당 층의 바닥면적이 150m^2 이상인 지하층 또는 무창층	비상방송설비 또는 자동화재탐지설비
간이피난유도선	바닥면적이 150m^2 이상인 지하층 또는 무창층	피난유도선, 피난구유도등, 통로유도등 또는 비상조명등

정답 27. ②

28 임시소방시설의 설치기준으로 옳은 것은?

① 소화기는 각 층마다 능력단위 2단위 이상인 소화기 3개 이상을 설치하고, 화재위험작업에 해당하는 경우 작업종료 시까지 작업 지점으로부터 5m 이내 쉽게 보이는 장소에 능력단위 2단위 이상인 소화기 3개 이상과 대형소화기 2개를 추가 배치하여야 한다.
② 간이소화장치의 수원은 10분 이상의 소화수를 공급할 수 있는 양을 확보하여야 하며, 소화수의 방수압력은 최소 0.1MPa 이상, 방수량은 65l 이상이어야 한다.
③ 비상경보장치는 화재사실 통보 및 대피를 해당 작업장의 모든 사람이 알 수 있을 정도의 음량을 확보하여야 한다.
④ 간이피난유도선은 축광방식으로 공사장의 출입구까지 설치하고, 설치위치는 바닥으로부터 높이 0.5m 이하로 하며, 작업장의 어느 위치에서도 출입구로의 피난방향을 알 수 있는 표시를 하여야 한다.

임시소방시설의 설치기준

① 소화기의 성능 및 설치기준
㉮ 소화기의 소화약제는 「소화기구의 화재안전기준(NFSC101)」의 별표 1에 따른 적응성이 있는 것을 설치하여야 한다.
㉯ 소화기는 각 층마다 능력단위 3단위 이상인 소화기 2개 이상을 설치하고, 화재예방, 소방시설 설치 · 유지 및 안전관리에 관한 법률 시행령 제15조의5 제1항에 해당하는 경우 작업종료 시까지 작업 지점으로부터 5m이내 쉽게 보이는 장소에 능력단위 3단위 이상인 소화기 2개 이상과 대형소화기 1개를 추가 배치하여야 한다.
② 간이소화장치 성능 및 설치기준
㉮ 수원은 20분 이상의 소화수를 공급할 수 있는 양을 확보하여야 하며, 소화수의 방수 압력은 최소 0.1MPa 이상, 방수량은 65l/min 이상이어야 한다.
㉯ 영 제15조의5 제1항에 해당하는 작업을 하는 경우 작업 종료 시까지 작업 지점으로부터 25m 이내에 설치 또는 배치하여 상시 사용이 가능하여야 하며 동결방지조치를 하여야 한다.
㉰ 넘어질 우려가 없어야 하고 손쉽게 사용할 수 있어야 하며, 식별이 용이하도록 "간이소화장치" 표시를 하여야 한다.
㉱ 간이소화장치 설치 제외
"대형소화기 기준에 맞는 소화기를 적합하게 설치한 경우"란 "대형소화기를 작업지점으로부터 25m 이내 쉽게 보이는 장소에 6개 이상을 배치한 경우"를 말한다.
③ 비상경보장치의 성능 및 설치기준
㉮ 비상경보장치는 영 제15조의5 제1항에 해당하는 작업을 하는 경우 작업종료 시까지 작업지점으로부터 5m 이내에 설치 또는 배치하여 상시 사용이 가능하여야 한다.
㉯ 비상경보장치는 화재사실 통보 및 대피를 해당 작업장의 모든 사람이 알 수 있을 정도의 음량을 확보하여야 한다.
④ 간이피난유도선의 성능 및 설치기준
㉮ 간이피난유도선은 광원점등방식으로 공사장의 출입구까지 설치하고 공사의 작업 중에는 상시 점등되어야 한다.
㉯ 설치위치는 바닥으로부터 높이 1m 이하로 하며, 작업장의 어느 위치에서도 출입구로의 피난방향을 알 수 있는 표시를 하여야 한다.

정답 28. ③

29 인화성 물품을 취급하는 작업 등 대통령령으로 정하는 작업에 해당하지 않는 것은?

① 인화성 · 가연성 · 폭발성 물질을 취급하거나 가연성 가스를 발생시키는 작업
② 용접 · 용단 등 불꽃을 발생시키거나 화기를 취급하는 작업
③ 가연성 가스를 100톤 이상 저장하는 작업
④ 소방청장이 정하여 고시하는 폭발성 부유분진을 발생시킬 수 있는 작업

인화성 물품을 취급하는 작업 등 대통령령으로 정하는 작업

(소방시설 설치 · 유지 및 안전관리에 관한 법률 시행령 제15조의5 1항)
① 인화성 · 가연성 · 폭발성 물질을 취급하거나 가연성 가스를 발생시키는 작업
② 용접 · 용단 등 불꽃을 발생시키거나 화기를 취급하는 작업
③ 전열기구, 가열전선 등 열을 발생시키는 기구를 취급하는 작업
④ 소방청장이 정하여 고시하는 폭발성 부유분진을 발생시킬 수 있는 작업
⑤ 그 밖에 제1호부터 제4호까지와 비슷한 작업으로 소방청장이 정하여 고시하는 작업

30 옥외소화전설비 노즐선단의 방수압력이 0.26MPa에서 310l/min으로 방수되었다. 350 l/min을 방수하고자 할 경우 노즐선단의 방수압력(MPa)은?

① 0.200 ② 0.231 ③ 0.331 ④ 0.462

옥외소화전 방수량

$Q = 0.653D^2\sqrt{10P}$ 즉, $Q \propto K\sqrt{10P}$ 이다.

$310l/\text{min} : \sqrt{10 \times 0.26\text{MPa}} = 350l/\text{min} : \sqrt{10 \times P}$

$$\sqrt{10P} = \frac{350 \times \sqrt{10 \times 0.26}}{310}$$

$$10P = \left(\frac{350 \times \sqrt{10 \times 0.26}}{310}\right)^2$$

$\therefore\ P = 0.331\text{MPa}$

31 한 대의 원심펌프를 회전수를 달리하여 운전할 때의 관계식은?

① $\dfrac{Q_2}{Q_1} = \dfrac{N_1}{N_2}$ ② $\dfrac{H_1}{H_2} = \left(\dfrac{N_1}{N_2}\right)^2$

③ $\dfrac{L_1}{L_2} = \left(\dfrac{N_2}{N_1}\right)^3$ ④ $\dfrac{Q_1}{Q_2} = \left(\dfrac{N_2}{N_1}\right)^4$

상사법칙

펌프의 크기는 다르지만 비속도가 같은 경우 이를 상사라고 한다. 원심펌프에서 서로 상사의 경우 일정한 관계식이 성립한다.

정답 29. ③ 30. ③ 31. ②

구 분	1대 펌프($N_1 \neq N_2$)	2대 펌프($N_1 \neq N_2$, $D_1 \neq D_2$)
유량	$\frac{Q_2}{Q_1} = \frac{N_2}{N_1}$	$\frac{Q_2}{Q_1} = \frac{N_2}{N_1} \times \left(\frac{D_2}{D_1}\right)^3$
양정	$\frac{H_2}{H_1} = \left(\frac{N_2}{N_1}\right)^2$	$\frac{H_2}{H_1} = \left(\frac{N_2}{N_1}\right)^2 \times \left(\frac{D_2}{D_1}\right)^2$
축동력	$\frac{L_2}{L_1} = \left(\frac{N_2}{N_1}\right)^3$	$\frac{L_2}{L_1} = \left(\frac{N_2}{N_1}\right)^3 \times \left(\frac{D_2}{D_1}\right)^5$

32 표시등의 성능인증 및 제품검사의 기술기준상 옥내소화전의 표시등은 사용전압의 몇 % 인 전압을 24시간 연속하여 가하는 경우 단선이 발생하지 않아야 하는가?

① 130 ② 140
③ 150 ④ 160

표시등의 성능인증 및 제품검사의 기술기준

표시등은 사용전압의 130%인 전압을 24시간 연속하여 가하는 경우에도 단선, 현저한 광속 변화, 전류 변화 등의 현상이 발생되지 아니할 것

33 바닥면적이 30m²인 변압기실에 물분무소화설비를 설치하려고 한다. 바닥부분을 제외한 절연유 봉입 변압기의 표면적을 합한 면적이 3m²일 때, 수원의 최소 저수량[l]은?

① 450 ② 600
③ 900 ④ 1,200

물분무소화설비의 수원의 양

$Q = A \times 10 \times 20$

$= 3\text{m}^2 \times 10l/\text{min} \cdot \text{m}^2 \times 20\text{min}$

$= 600l$ 이상

소방대상물	수원[l]	기준면적 A[m²]
특수가연물 저장 · 취급	$Q = A \times 10 \times 20$	A : 최대방수구역 바닥면적(50[m²] 이하는 50[m²])
절연유 봉입 변압기	$Q = A \times 10 \times 20$	A : 바닥부분을 제외한 변압기 표면적을 합한 면적(5면의 합)
컨베이어벨트	$Q = A \times 10 \times 20$	A : 벨트부분의 바닥면적
케이블트레이 · 덕트	$Q = A \times 12 \times 20$	A : 투영된 바닥면적
차고 · 주차장	$Q = A \times 20 \times 20$	A : 최대방수구역 바닥면적(50[m²] 이하는 50[m²])
터널	$Q = A \times 3 \times 6 \times 40$	A : $L \times W$(L : 길이 25[m], W : 폭)

정답 32. ① 33. ②

34 **다음과 같은 평면도에서 단독경보형 감지기의 최소 설치개수는?(단, A실과 B실 사이는 벽체 상부의 전부가 개방되어 있으며, 나머지 벽체는 전부 폐쇄되어 있음)**

실	A실	B실	C실	D실	E실
바닥면적[m²]	20	30	30	30	160

① 3 ② 4 ③ 5 ④ 6

단독경보형 감지기 설치기준

A실(1개) + B실(1개) + C실(1개) + D실(1개) + E실(2개) = 6개(B실은 바닥면적이 30m²이므로 별도로 설치하여야 한다. 만약 B실의 바닥면적이 30m² 미만일 경우에는 A실과 B실을 합하여 1개만 설치한다.)

① 각 실(이웃하는 실내의 바닥면적이 각각 30m² 미만이고 벽체의 상부의 전부 또는 일부가 개방되어 이웃하는 실내와 공기가 상호 유통되는 경우에는 이를 1개의 실로 본다.)마다 설치하되, 바닥면적이 150m²를 초과하는 경우에는 150m²마다 1개 이상 설치할 것
② 최상층의 계단실의 천장(외기가 상통하는 계단실의 경우를 제외한다.)에 설치할 것
③ 건전지를 주 전원으로 사용하는 단독경보형 감지기는 정상적인 작동상태를 유지할 수 있도록 건전지를 교환할 것
④ 상용전원을 주 전원으로 사용하는 단독경보형 감지기의 2차 전지는 법 제39조에 따라 제품검사에서 합격한 것을 사용할 것

35 **바닥면적이 750m²인 거실에 다음과 같이 제연설비를 설치하려 할 때, 배기팬 구동에 필요한 전동기 용량(kW)은?(단, 소수점 넷째 자리에서 반올림함)**

- 예상제연구역은 직경 45m이고, 제연경계벽의 수직거리는 3.2m이다.
- 직관덕트의 길이는 180m, 직관덕트의 손실저항은 0.2[mmAq/m]이며, 기타 부속류 저항의 합계는 직관덕트 손실합계의 55%로 하고, 전동기의 효율은 60%, 전달계수 K값은 1.1로 한다.

① 9.891 ② 11.683 ③ 15.332 ④ 18.109

전동기 용량

$$P = \frac{P_t \cdot Q}{102 \times 60 \times \eta}\,[\text{kW}]$$

① P_t : 전압[mmAq] 덕트저항 = 180m × 0.2mmAq/m = 36mmAq
기타 부속류 저항 = 36mmAq × 0.55 = 19.8mmAq
∴ Pt = 36mmAq + 19.8mmAq = 55.8mmAq

② Q : 풍량[m³/min] 직경 45m이고, 수직거리 3.2m이므로 65,000 m³/hr 이상
Q = 65,000m³/hr ÷ 60min/hr = 1,083.333

③ $P = \frac{P_t \cdot Q}{102 \times 60 \times \eta} = \frac{55.8 \times 1{,}083.333}{102 \times 60 \times 0.6} \times 1.1$
$= 18.10865 = 18.109\,[\text{kW}]$

정답 34. ④ 35. ④

36 길이가 1,000[m], 폭이 6[m]인 터널에 물분무소화설비를 설치하는 경우 수원[m^3]의 양은 얼마 이상으로 하여야 하는가?

① 36 ② 54 ③ 108 ④ 162

도로터널의 물분무소화설비 수원

수원 $Q = A[m^2] \times 6[l/min \cdot m^2] \times 3 \times 40[min]$

$= 25 \times 6 \times 6 \times 3 \times 40 = 108,000[l] = 108[m^3]$

37 다음과 같은 조건에서 평면에서 '실 I'에 급기하여야 할 풍량은 최소 몇 m^3/s인가?(단, 계산 결과 값은 소수점 넷째 자리에서 반올림함)

- 각 실의 출입문(d_1, d_2)은 닫혀 있으며, 각 출입문의 누설틈새는 $0.02m^2$이고, 각 실의 출입문 이외의 누설틈새는 없는 것으로 한다.
- 실 I 과 외기 간의 차압은 50Pa이다.
- 풍량 산출식 $Q=0.827 \times A \times P^{1/2}$이다.($Q$: 풍량, A : 누설틈새면적, P : 차압)

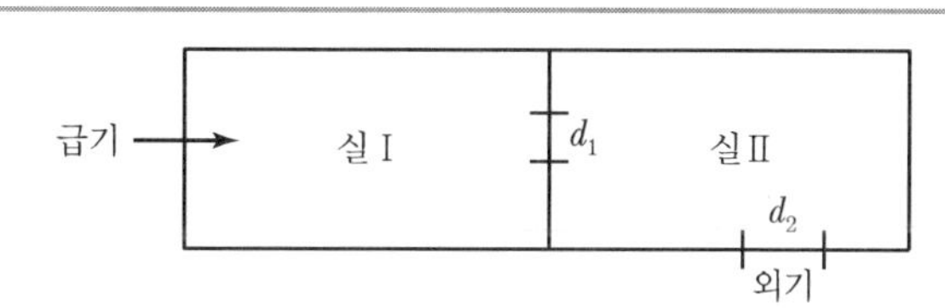

① 0.040 ② 0.083 ③ 0.117 ④ 0.234

풍량산출식

① 누설틈새면적 $A_t = \left(\frac{1}{A_1^n} + \frac{1}{A_2^n} + \frac{1}{A_3^n}\right)^{-\frac{1}{n}} = \left(\frac{1}{0.02^2} + \frac{1}{0.02^2}\right)^{-\frac{1}{2}} = 0.01414[m^2]$

② $Q = 0.827 \times A_t \times P^{\frac{1}{2}} = 0.827 \times 0.01414 \times 50^{\frac{1}{2}} = 0.08268$ ∴ $0.083[m^3/s]$

소방시설관리사

1차 문제풀이

발행일 | 2017. 2. 10 초판 발행
2018. 1. 10 개정 1판1쇄
2019. 2. 10 개정 2판1쇄

저 자 | 유정석 · 정명진
발행인 | 정용수
발행처 | 예문사

주 소 | 경기도 파주시 직지길 460(출판도시) 도서출판 예문사
TEL | 031) 955-0550
FAX | 031) 955-0660
등록번호 | 11-76호

정가 : 33,000원

ISBN 978-89-274-2943-2 13530

이 도서의 국립중앙도서관 출판예정도서목록(CIP)은 서지정보유통지원시스템 홈페이지(http://seoji.nl.go.kr)와 국가자료공동목록시스템(http://www.nl.go.kr/kolisnet)에서 이용하실 수 있습니다.
(CIP제어번호 : CIP2019000556)